基于BIM的Revit装配式建筑设计实战

（视频教学版）

卫涛 著

清华大学出版社
北 京

内 容 简 介

本书以一栋地上24层的装配式建筑（剪力墙结构）为例，全面介绍了基于BIM技术的Revit装配式建筑设计的全过程，让读者全面掌握基于装配式建筑设计的相关知识，从而更好地适应建筑行业的发展。另外，卫老师专门为本书录制了25小时高清教学视频（价值500元），以帮助读者更加高效率地学习。

本书共15章，分为5篇。全书以“**模块设计→户型设计→墙体设计→墙体拆分→构件装配→统计工程量→输出施工图**”这条正向设计流程为主线，全面介绍了常见的预制构件族（预埋金属件、钢筋、86型暗盒、整体卫浴、三板、叠合梁、梯梁和梯段等）的设计与制作方法。根据相应的设计规范要求，插入这些族，并对预制构件进行装配，从而生成主体建筑。由于该案例采用了BIM技术，其构件富有信息量，所以在后期可以统计工程量、计算预制率与估算装配率，从而自动生成相应的设计图纸。

本书内容翔实，讲解细腻，案例典型、实用，特别适合装配式设计、建筑设计和结构设计等相关领域的工作人员阅读，也适合房地产开发、建筑施工、工程造价和装配式工厂等相关领域的从业人员阅读，还适合大中专院校和培训机构的相关专业作为教材使用。

图书在版编目（CIP）数据

基于BIM的Revit装配式建筑设计实战：视频教学版/卫涛著. —北京：清华大学出版社，2019（2021.3重印）
ISBN 978-7-302-51351-3

Ⅰ. ①基…　Ⅱ. ①卫…　Ⅲ. ①建筑设计-计算机辅助设计-应用软件　Ⅳ. ①TU201.4

中国版本图书馆CIP数据核字（2018）第229198号

责任编辑： 杨如林
封面设计： 欧振旭
责任校对： 徐俊伟
责任印制： 丛怀宇

出版发行： 清华大学出版社
网　　址： http://www.tup.com.cn, http://www.wqbook.com
地　　址： 北京清华大学学研大厦A座　　**邮　　编：** 100084
社 总 机： 010-62770175　　**邮　　购：** 010-83470235
投稿与读者服务： 010-62776969，c-service@tup.tsinghua.edu.cn
质量反馈： 010-62772015，zhiliang@tup.tsinghua.edu.cn
印 装 者： 三河市铭诚印务有限公司
经　　销： 全国新华书店
开　　本： 185mm×260mm　　**印　　张：** 39.75　　**字　　数：** 966千字
版　　次： 2019年1月第1版　　**印　　次：** 2021年3月第4次印刷
定　　价： 139.00元

产品编号：081017-01

前　言

建筑业在国民经济中的作用十分突出。2017 年全国建筑业总产值达到 21 万亿元，完成房屋施工面积约 131.72 亿平方米，完成房屋竣工面积约 41.91 亿平方米，从业者超过 5336 万人，是名副其实的支柱产业。

我国现有的传统建筑技术虽然对城乡建设的快速发展贡献很大，但弊端也十分突出：一是粗放式，钢材和水泥等资源浪费严重；二是用水量过大；三是工地脏、乱、差，是城市可吸入颗粒物的重要污染源；四是质量通病严重，开裂渗漏问题突出；五是劳动力成本飙升，招工难、管理难、质量控制难。这表明传统技术已非改不可了，加上节能减排的要求，必须加快转型，大力发展装配式建筑。

中共中央、国务院《关于进一步加强城市规划建设管理工作的若干意见》指出，要大力推广装配式建筑，减少建筑垃圾和扬尘污染，缩短建造工期，提升工程质量。要求“制定装配式建筑设计、施工和验收规范。完善部品部件标准，实现建筑部品部件工厂化生产。鼓励建筑企业装配式施工，现场装配。建设国家级装配式建筑生产基地。加大政策支持力度，力争用 10 年左右时间，使装配式建筑占新建建筑的比例达到 30%”。

2018 年 3 月的两会期间，住房和城乡建设部明确了今后的建筑业发展方向，特别提出了两个关键词——装配式与 BIM。在全国装配式建筑取得突破性进展的同时，要大力推动 BIM 技术，将 BIM 技术作为建筑产业信息化的重要手段。这也是随着“一带一路”走出去所反映出来的建筑标准国际化而亟待解决的问题。

本书选择 Autodesk 公司的 Revit 作为装配式建筑设计的专业软件进行讲解。虽然其他一些专业软件（如 Planbar、Allplan 等）是专门用来做装配式建筑设计的，但是这些软件都有一个通病——只能设计，不能为预制构件添加相关信息。这与我国住建部要求的装配式与 BIM 结合的发展方向相矛盾。因此，笔者选用了 Revit 软件，让其强大的 BIM 功能为装配式建筑设计服务，甚至还可以实时自动计算预制率等核心数据。

本书特色

1．录制了25小时高品质同步配套教学视频，提高读者的学习效率

为了便于读者更加快速、高效地掌握本书内容，笔者专门为本书的每一章内容都录制了大量的高清同步配套教学视频。这些视频和本书涉及的项目文件、族文件等配套资源一起放到网盘上供读者免费下载。

2．介绍纯装配式建筑设计方法

有一些建筑是由现浇式改为装配式的，其原因是采用装配式施工，可以获得当地的一

些优惠政策的扶持。本书介绍纯装配式建筑设计方法，通过几个模块的拼接，形成建筑标准层的平面形式，这样就从源头减少了构件的种类。通过减少构件的种类，增加了构件的重复利用率，从而达到减少建筑成本的目的。

3．以“族”为核心的绘图理念

本书用大量的篇幅详细介绍了装配式建筑中各预制构件族的建立、编辑和插入，以及使用族后如何统计工程量等内容。这些预制构件有预埋金属件、钢筋、86 型暗盒、整体卫浴、三板、叠合梁、梯梁和梯段等。

4．正向的建筑设计方法

很多 Revit 和装配式建筑设计的相关图书主要介绍逆向设计方法。逆向设计方法是指在建筑设计完成并输出了施工图后，再根据施工图建模。而设计的正向流程是“模块设计→户型设计→墙体设计→墙体拆分→构件装配→统计工程量→输出施工图”。本书正是通过这样的正向设计方法，以一个全新的角度为读者展示装配式建筑设计的完整流程。

5．项目案例典型、实用，富有创新性

本书介绍的项目案例中结构专业全程不降板，采用全封装式整体卫浴。这使得预制构件的类型非常少，例如全楼的窗户只有两种型号，全楼的整体卫浴只有一种型号，等等。这在减少构件类型的同时，确保了每一户都有一个朝南的窗户。

6．使用快捷键，提高工作效率

建筑设计院制图的要求是，不仅要准确，而且要快速。本书介绍的制图操作完全按照设计院制图的要求，每一步都尽量采用快捷键。本书附录 A 中也给出了 Revit 常见快捷键的使用方法，以方便读者查阅。

7．提供完善的答疑服务

本书提供了专门的售后答疑 QQ 群 157244643 和 48469816。读者在阅读本书时若有疑问，可以通过答疑 QQ 群获得帮助。

本书内容

第1篇　模块化的户型设计（第1、2章）

第 1 章模块设计，介绍了装配式住宅（剪力墙结构）中的四大模块（基本模块、拼接模块、走道模块和核心筒模块）之间的组合，并以此来展示模块设计的一般方法。特别是，运用 BIM 技术后建筑面积会随模块组成方式的变化而联动更新。

第 2 章户型设计，介绍了如何根据模块的拼接形式，设计既符合人们的生活要求，又能减少建筑构件类型的装配式户型设计的一般方法。

第2篇　构件族的设计（第3～5章）

第 3 章金属件设计，介绍了在 Revit 中如何用“族”的方法制作预埋金属件，并且在族中设置金属件的信息量，以便可以在后期使用明细表统计相关数据。

第 4 章 PC 构件族，介绍了在预制混凝土结构中的最重要构件（PC 构件）的制作方法。这种构件使用 Revit 的族制作，在制作时不仅要把三维几何形式表达准确，而且要包含相应的信息量，从而符合装配式与 BIM 相结合的要求。

第 5 章整体卫浴，介绍了整体卫浴围合封装的设计方法，以及卫浴设施采用嵌套族的方法插入到整体卫浴族中的相关知识点。

第3篇　装配设计（第6～10章）

第 6 章装配式方案的深化，介绍了从模块和户型方案的设计向装配式建筑设计的逐步深化过程。本章特别强调了墙体划分的方法，因为划分方案会直接影响后续装配式构件的选取。

第 7 章现浇部分的设计，介绍了在进行装配式深化设计之前需要完成的一些工作，例如绘制整栋建筑的轴网与轴号，以及完成一层现浇剪力墙体的设计等。

第 8 章主体部分的装配，介绍了将叠合梁、叠合板、剪力墙外墙内叶板、剪力墙内墙和内隔墙等预制构件载入到项目中，并将其精确地插入到相应的位置，从而生成装配式建筑的主体部分。

第 9 章楼梯设计，介绍了在选择国标预制剪刀梯的前提下，如何制作梯梁、梯板和梯段等预制楼梯构件，并将其装配到标准层中。

第 10 章建筑专业构件，重点介绍了三明治外挂板的制作方法，它是装配式建筑中外墙外叶板最常用的形式之一。

第4篇　使用明细表的统计与计算（第11～13章）

第 11 章数量的统计，介绍了用“明细表/数量”统计预制构件个数的方法。只要预制构件中带有信息量，就可以使用 Revit 软件中的“明细表”命令进行统计。“明细表”有两个子命令：“明细表/数量”与“材质提取”。

第 12 章材料的统计，介绍了如何使用“明细表”的另一个子命令“材质提取”来统计预制构件材料的面积与体积。

第 13 章装配式核心参数的计算，介绍了装配式建筑中的两个核心参数“预制率与装配率”在 BIM 技术中如何快速计算与估算。

第5篇　生成施工图（第14、15章）

第 14 章装配图，介绍了在 Revit 中自动生成装配图的方法。装配图就是表达预制构件连接和装配关系的图纸。

第 15 章拆分图，介绍了在 Revit 中自动生成拆分图的方法。由于预制构件带有信息量，所以可以自动生成构件的详细信息表，并将表格插入到图纸中。

附录

附录 A 给出了 Revit 常用快捷键的用法。

附录 B 给出了本书案例的建筑构件命名规则。

附录 C 给出了本书案例的模块尺寸与拼接方法。书中选取了 3 个模块化的装配式建筑方案（采用的是两个双跑楼梯作为疏散梯的平面形式）。

附录 D 提供了本书案例的设计图纸。

本书配套资源

为了方便读者高效学习，本书特意为读者提供了超值配套学习资源：

- 25 小时高品质同步配套多教学视频（价值 500 元）；
- 本书教学课件（PPT）；
- 本书案例的图纸文件；
- 书中涉及的图集 PDF 文件；
- 本书案例的 Revit 项目文件和族文件。

这些配套资源需要读者自行下载，请登录清华大学出版社网站 www.tup.com.cn，搜索到本书，然后在本书页面上的资源下载模块即可下载。

本书读者对象

- 从事建筑设计的人员；
- 从事结构设计的人员；
- 装配式建筑工厂的从业人员；
- 从事 BIM 相关工作的人员；
- Revit 二次开发人员；
- 房地产开发人员；
- 建筑施工人员；
- 工程造价从业人员；
- 建筑学、土木工程、工程管理、工程造价和城乡规划等专业的学生；
- 需要一本案头必备查询手册的人员。

装配式建筑设计学习建议

- 在设计过程中，时刻关注预制构件的制作，一定要想办法减少构件的种类，提高构件的重复利用率，从而减少建筑成本；
- 在设计时就要考虑降低施工难度，例如能使用剪刀梯就不要使用双跑楼梯，结构专业尽量不要降板等；
- 在标志性尺寸模数的选择上能用 3M 就不用 1M，这同样可以减少构件的种类；
- 尽量选用国家标准图集中的标准化预制构件，这些预制构件价格便宜，施工简单。

致谢

本书由卫老师环艺教学实验室创始人卫涛主笔完成。本书的编写得到了卫老师环艺教学实验室各位同仁的大力支持与关怀，在此表示感谢！还要感谢出版社的各位编辑在本书的策划、编写与统稿中所给予的大力帮助！

虽然我们对本书中所述内容都尽量核实，并多次进行校对，但因时间所限，书中可能还存在疏漏和不足之处，恳请读者批评指正。联系我们请发 E-mail 到 bookservice 2008@163.com，也可以通过本书售后 QQ 群（见前文所述）和我们取得联系。

卫涛

于武汉光谷

目　　录

第1篇　模块化的户型设计

第2篇　构件族的设计

第 3 篇 装配设计

第5篇 生成施工图

附 录

第 1 篇　模块化的户型设计

卫老师妙语：

建筑专业除了看书还得看图。看书是建筑专业获得知识的其中一个途径。但为了快速掌握绘图方法与技巧，我建议还要看图，看方案图、施工图和图集。看别人对建筑的表达；看别人的绘图思路；看别人的设计逻辑。这些内容可以直接用于你的工作之中，而仅仅看书是难以达到这种提升效果的。

第1章　模块设计

（教学视频：1 小时 25 分钟）

户型是住宅设计的根本。好的户型可以为业主提供高质量的生活保障。同样，好的户型会影响一定的建筑成本。如何平衡户型设计与造价控制二者之间的关系，是装配式建筑需要重点考虑的。现浇式建筑户型的优势是由其设计的随意性决定的，而装配式建筑需要从源头开始就减少构件的类型，从而达到节约成本之目的。因此，通过几种模块的组合而形成建筑（特别是装配式建筑）主体形式的方法就应运而生了。模块的组合不仅可以指导户型设计，还可以节省建筑成本。

本章通过剪力墙装配式住宅的四大模块（基本模块、拼接模块、走道模块和核心筒模块）之间的组合，来说明模块设计的一般方法。特别是运用 BIM 技术后，信息化模块可以随着组合方式的变化而直接更新合成后的建筑面积。

1.1　核心筒设计

核心筒是高层建筑中一个很特别的区域，这个区域的建筑功能仅是交通与疏散。由于这里的建筑专业功能单一，没有过多的限制要求，因此结构专业往往可以在这个区域多布置剪力墙，而达到抗震要求。这个由多片剪力墙围成的“筒”状区域，称为“核心筒”。

核心筒由疏散楼梯间、电梯、电梯前室、走道等空间组成，往往位于高层建筑楼层平面的中部或接近于中部的位置。在高层住宅中，一个单元就由一个核心筒组成。

1.1.1　方案标高

本篇所绘制的内容只是方案，不是最终的施工图。所以，图形文件只是起一个参照作用，标高系统也是参照标高，而不是施工时的标高。由于方案与施工图在一个项目文件中，因此从创立标高开始就需要区别开来，具体操作如下。

（1）Revit 的启动。选择“项目”|“构造样板”命令，如图 1.1 所示，将启动 Revit 的项目绘图界面。

注意：在“项目”栏下面有四个样板，“建筑样板”对应建筑专业，“结构样板”对应结构专业，“机械样板”对应设备专业。而“构造样板”是在一个项目文件中包含两个及两个以上专业时选用的。本例中会涉及到建筑与结构两个专业，因此要使用“构造样板”。

（2）进入立面图。在“项目浏览器”面板中选择“视图”｜“立面”｜“西”选项，如图 1.2 所示，这样会进入到立面视图。只有在立面视图中才能操作标高。

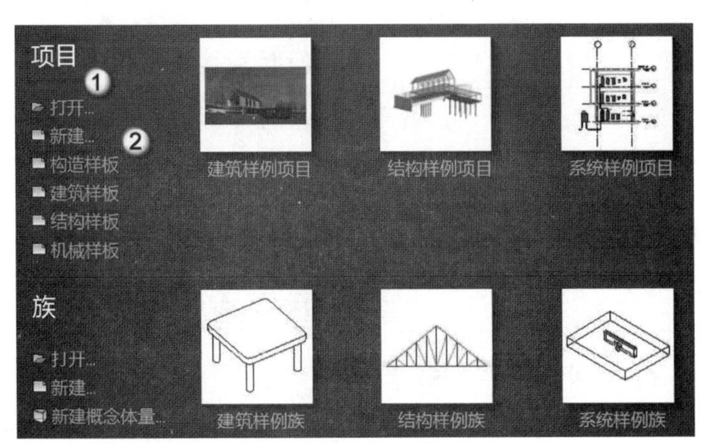

图 1.1　启动 Revit

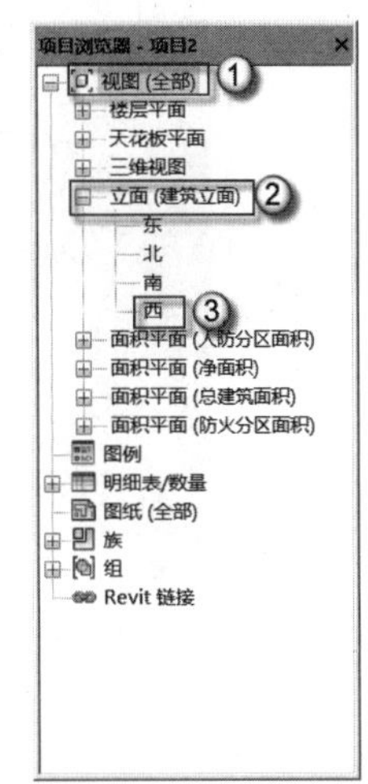

图 1.2　进入立面视图

（3）删除多余标高。选择±0.000 标高下的所有标高，按 Delete 键，把这些多余的标高删除，会弹出一个“警告-可以忽略”的对话框，单击“确定”按钮，完成删除标高操作，如图 1.3 所示。标高删除后，只留下“标高 1”和“标高 2”两个标高，如图 1.4 所示。

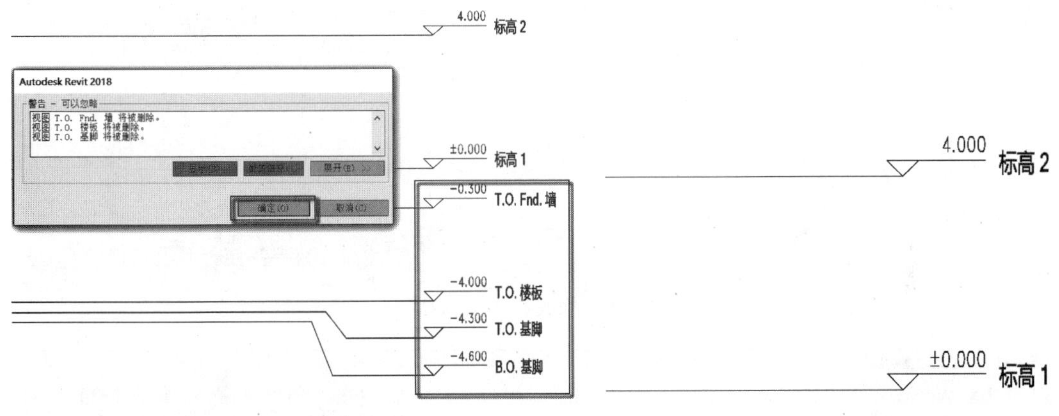

图 1.3　删除多余标高

图 1.4　完成删除标高

（4）载入标高族。选择“插入”｜“载入族”命令，在弹出的“载入族”对话框中选择配套下载资源中的 4 个标高标头族文件，单击“打开”按钮以载入，如图 1.5 所示。

（5）修改“标高 1”标高。选择±0.000 标高，单击“编辑类型”按钮，在弹出的“类型属性”对话框中的“符号”栏中切换为“正负零标高标头”选项，如图 1.6 所示。

注意： 这里选择的“正负零标高标头”，就是前面载入的 4 个标头族之一。族载入之后，项目文件中没有变化属正常现象，需要调用或切换才能看出效果。

（6）修改“标高 2”标高。选择 4.000 标高，单击“编辑类型”按钮，在弹出的“类型属性”对话框中的“符号”栏中切换为“建筑标高标头”选项，如图 1.7 所示。

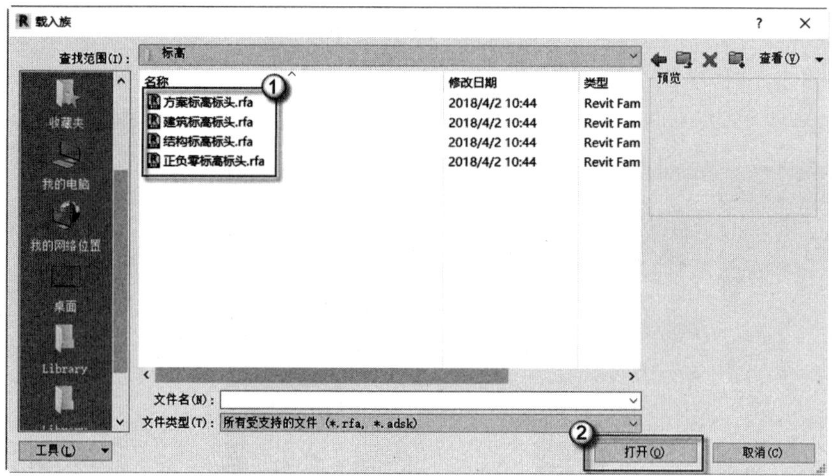

图 1.5　载入族

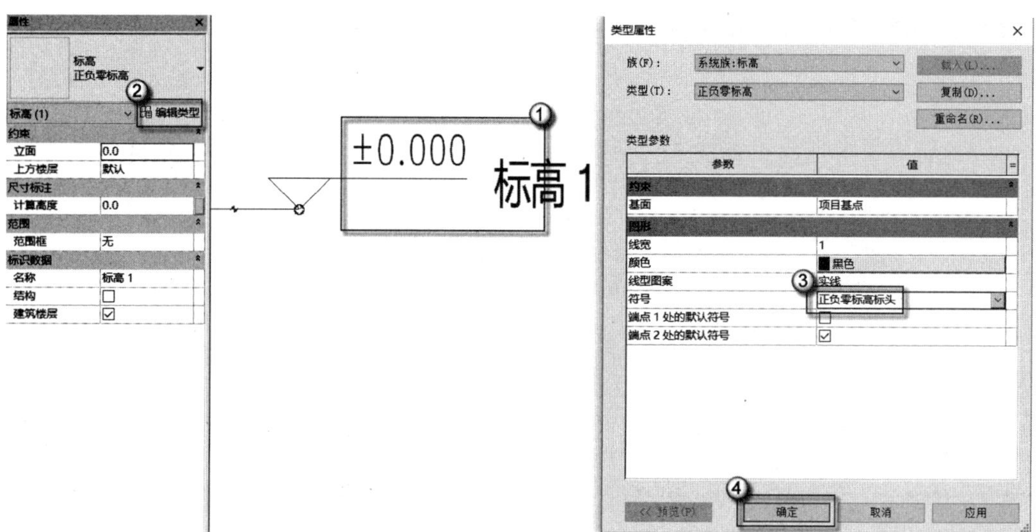

图 1.6　修改标高 1 标高

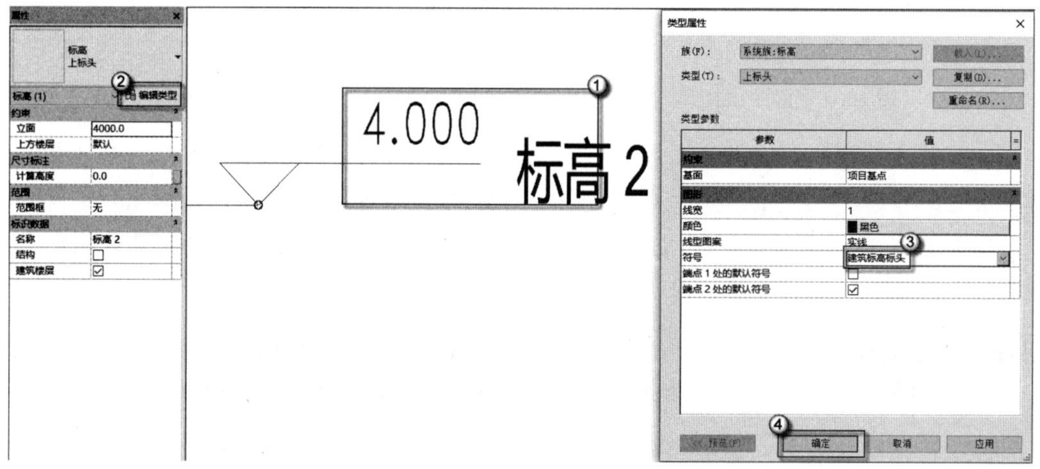

图 1.7　修改标高 2 标高

完成修改标高族后，如图 1.8 所示。可以观察到不仅字体改为了长仿宋字，而且标高全部带有专业名称，如“建筑”专业。

（7）新建结构专业标高类型。按 LL 快捷键，发出“标高”命令，在“属性”面板中选择“下标头”类型，在弹出的“类型属性”对话框中的“符号”栏中切换到“结构标高标头”选项，如图 1.9 所示。从绘图区域左侧向右侧水平绘制出一个标高，如图 1.10 所示。

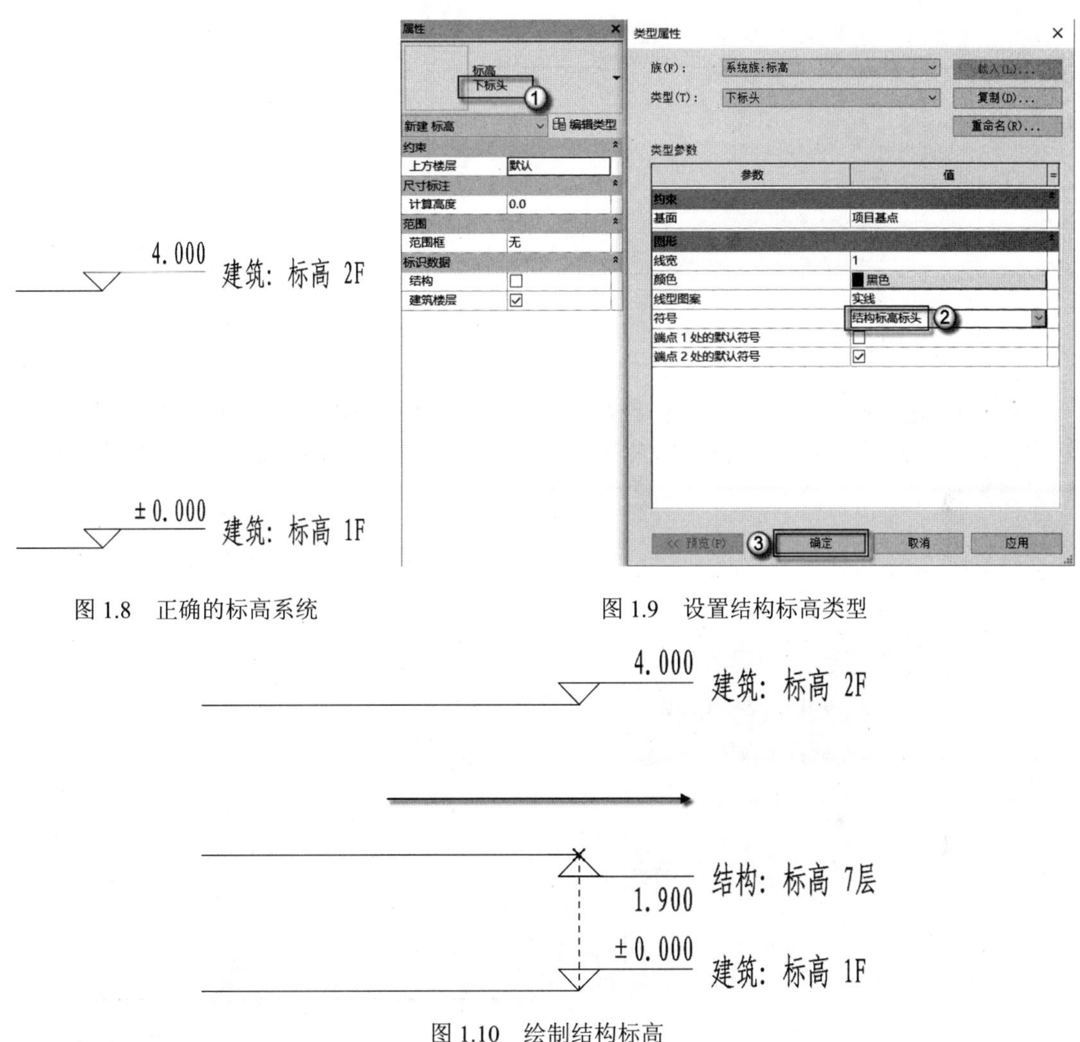

图 1.8　正确的标高系统

图 1.9　设置结构标高类型

图 1.10　绘制结构标高

（8）新建方案标头类型。按 LL 快捷键，发出“标高”命令，在“属性”面板中单击“编辑类型”按钮，在弹出的“类型属性”对话框中单击“复制”按钮，在弹出的“名称”对话框中输入名称为“方案标头”，单击“确定”按钮，如图 1.11 所示。在“符号”栏中切换到“方案标高标头”选项，如图 1.12 所示。

注意： “标高”是一个族，一个系统族。这个族下面有四种类型——上标头、下标头、方案标头、正负零标高，如图 1.13 所示。更改一个类型，这个类型的所有标高将随之变换，这就是此处用四种类型进行区分的原因。在 Revit 中，“类别｜族｜类型”的层次关系，可以参考笔者已出版本的其他 Revit 著作。

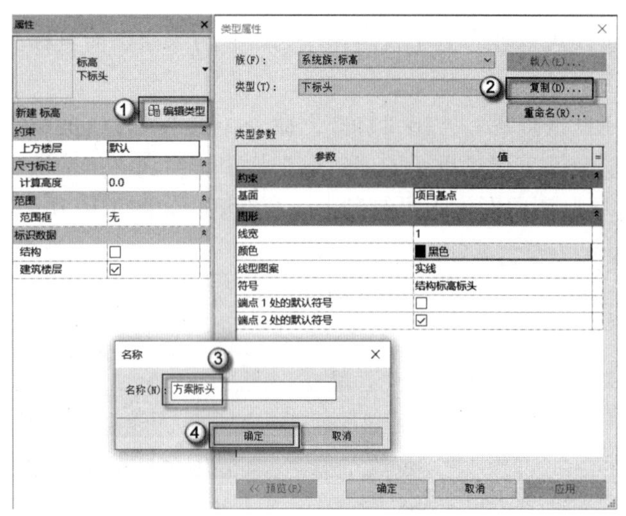

图 1.11　新建方案标头类型

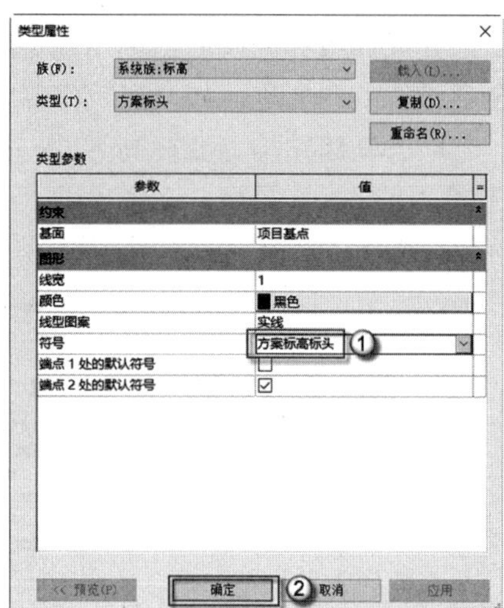

图 1.12　设置标头符号

（9）绘制方案标高。在±0.000 标高的下方，从绘图区域左侧向右侧水平绘制出一个标高，如图 1.14 所示。可以观察到方案标高是虚线显示的，表示此楼层不参与施工，只是设计参照作用。

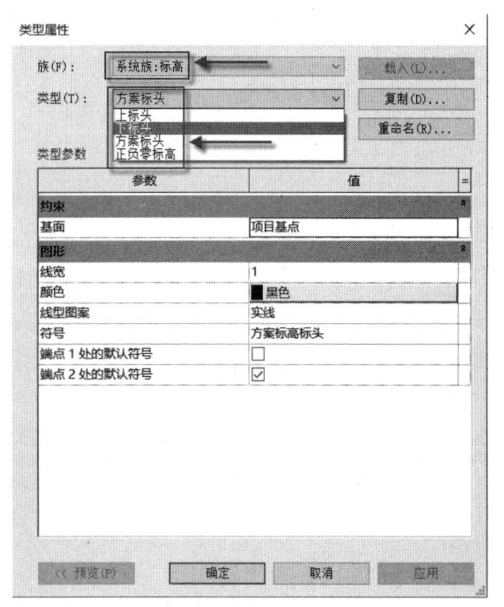

图 1.13　标高的族与其类型

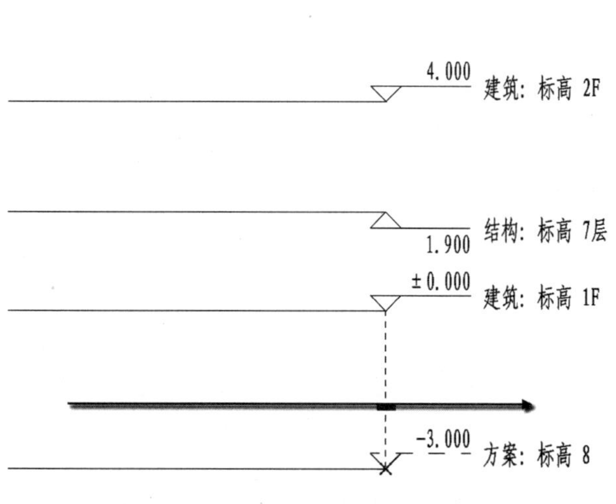

图 1.14　绘制方案标高

注意：在一个项目中如果有多个专业，可以在标高前加上专业名前缀，如“方案”“建筑”“结构”等。

（10）复制生成地坪层标高。选择“建筑：标高 2F”标高，按 CO 快捷键，发出“复制”命令，选中“约束”复选框，向下复制一个标高，如图 1.15 所示。修改标高的数值为−0.450，标高的名称为“地坪”，如图 1.16 所示。

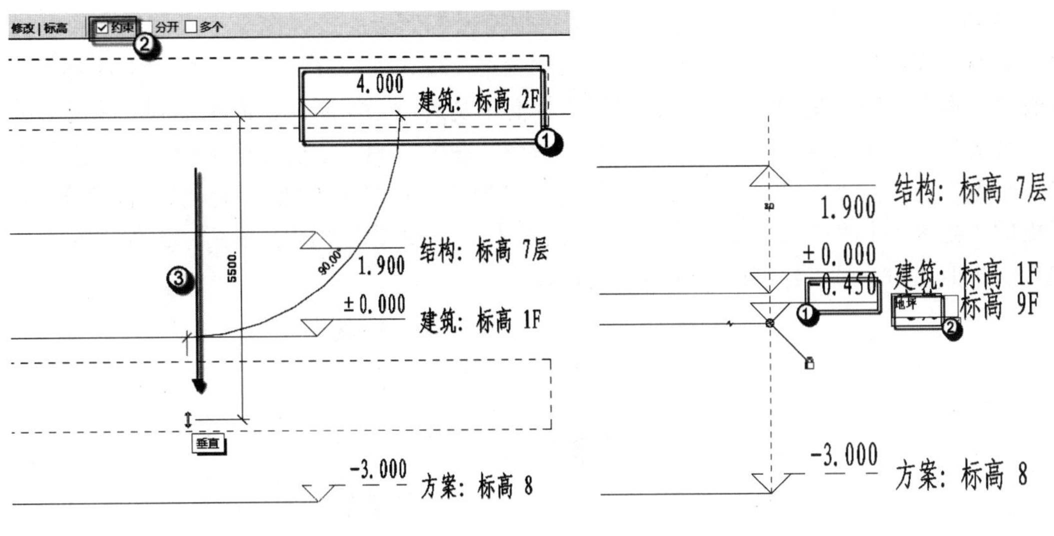

图 1.15　复制建筑专业标高　　　　图 1.16　修改标高

注意：室外地坪距离室内的正负零一般为三级台阶，每级台阶的高度为 150mm，三级台阶的高差就是 3 × 150mm=450mm=0.450m。由于地坪层在正负零下方，所以取值为−0.450。

（11）设置“方案：模块”标高。修改“方案：标高 8”的数值为−6.450，名称为“模块”，如图 1.17 所示。

（12）复制生成“方案：户型”标高。选择上一次修改过的“方案：模块”标高，按 CO 快捷键，发出复制命令，选中“约束”复选框，向上复制生成另一个标高，输入 3000 个单位，如图 1.18 所示。修改标高的名称为“户型”。

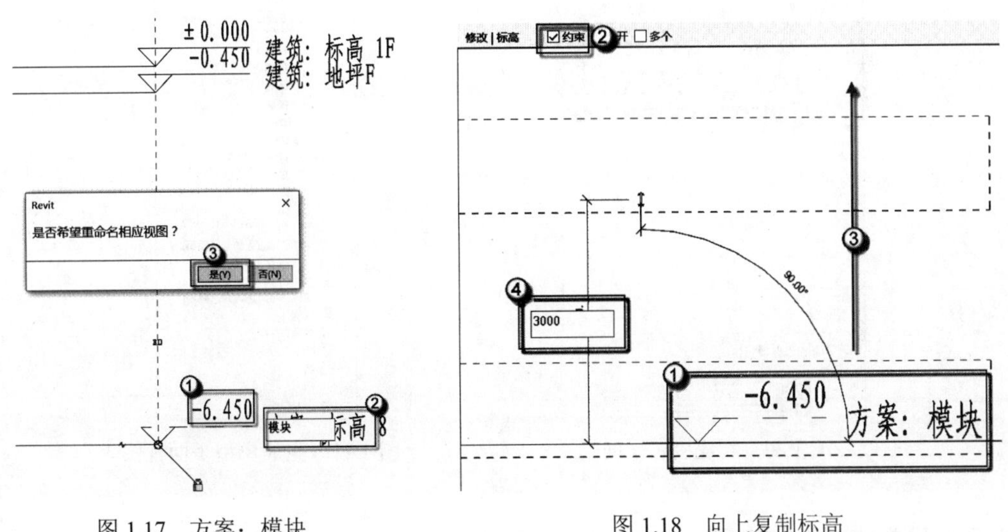

图 1.17　方案：模块　　　　图 1.18　向上复制标高

注意：“户型”标高正好在“模块”标高上方，因此二者相距一个层高（3.000m）。此时生成的“户型”的标高为−6.450m+3.000m=−3.450m。

（13）生成“户型”平面视图。在“项目浏览器”面板的“视图”｜“楼层平面”栏中，只有“模块”视图，即“模块”视图与“方案：模块”标高相对应，如图 1.19 所示。没有“户型”视图，是因为“方案：户型”标高不是用命令绘制的，而是复制生成的。选择“视图”｜“平面视图”｜“楼层平面”命令，在弹出的“新建楼层平面”对话框中选择“户型”选项，单击“确定”命令，如图 1.20 所示。这时可以观察到在“项目浏览器”面板的“视图”｜“楼层平面”栏中，出现了“户型”视图，如图 1.21 所示。如果需要其他楼层平面视图，可以使用同样的方法进行操作。

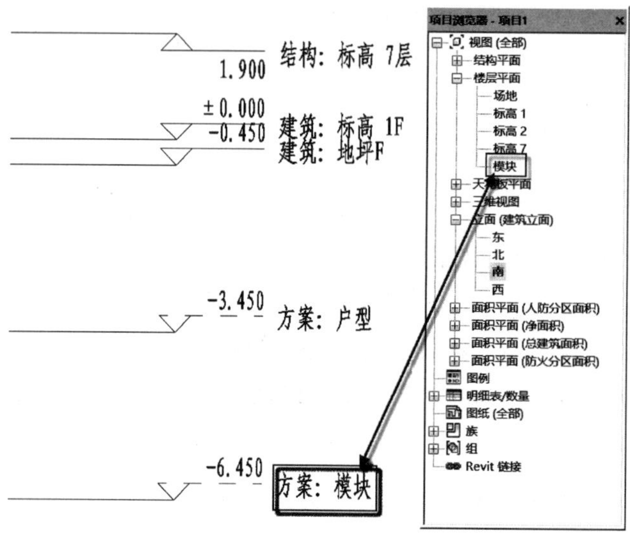

图 1.19　方案：模块与模块视图对应

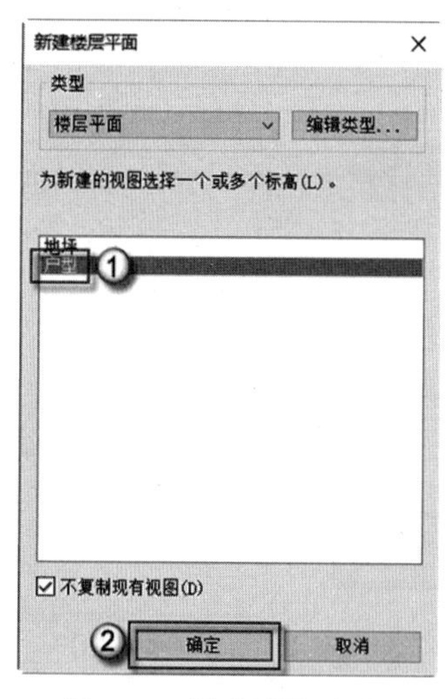

图 1.20　新建楼层平面

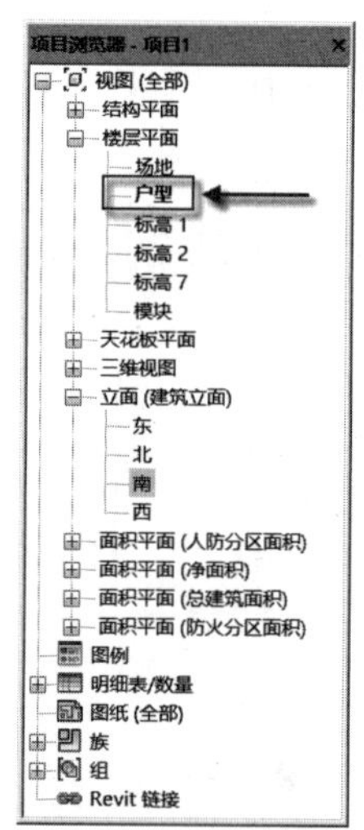

图 1.21　生成户型平面视图

1.1.2　绘制墙体方案图

在模块设计时，核心筒不能单用模块来表示，需要绘制墙体。有了墙体围合的空间，就能初步判断核心筒中人流线的方向，从而估计出入口的位置，为模块的组合提供一定的依据。

（1）进入“模块”视图。在“项目浏览器”面板中选择“视图”|“楼层平面”|“模块”选项，如图 1.22 所示。此时可以进入到“模块”视图绘制墙体方案图。

（2）绘制参照平面。按 RP 快捷键，发出“参照平面”命令，在绘图区域中，从上至下绘制出一条垂直的参照线，绘制的参照平面如图 1.23 所示。

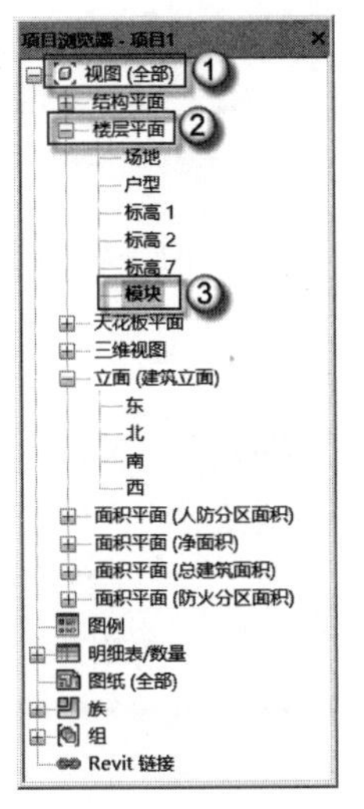

图 1.22　进入模块视图

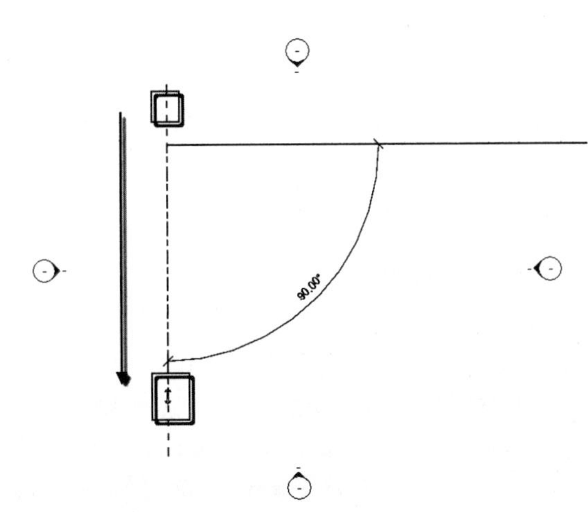

图 1.23　绘制参照平面

（3）复制参照平面。选择已经绘制好的参照平面，按 CO 快捷键，发出“复制”命令，选中“约束”“多个”复选框，依次向右复制出间距为 2700、2400、2400 的三个参照平面，如图 1.24 所示。完成后按 DI 快捷键对其进行标注，如图 1.25 所示。使用同样的方法，完成水平方向上三个参照平面的绘制与标注，如图 1.26 所示。

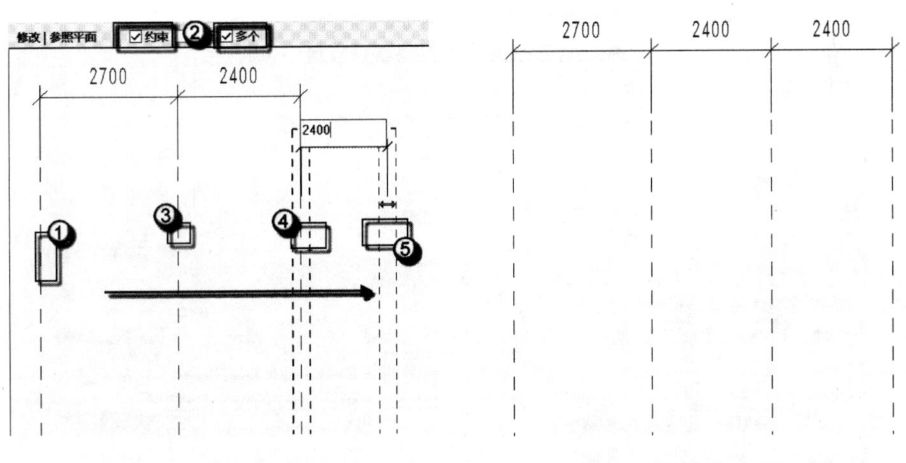

图 1.24　复制参照平面　　图 1.25　标注参照平面

（4）生成“方案墙”类型。按 WA 快捷键，发出“墙：建筑”命令，在“属性”面板中单击“编辑类型”按钮，在弹出的“类型属性”对话框中单击“复制”按钮，在弹出的“名称”对话框中输入“方案墙”字样，单击“确定”按钮完成操作，如图 1.27 所示。

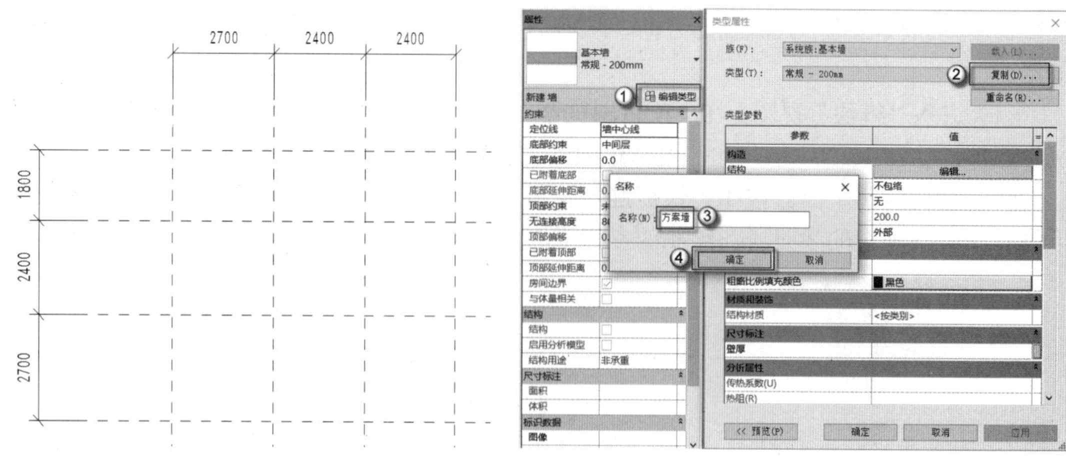

图 1.26　水平方向的三个参照平面　　　　图 1.27　生成方案墙类型

（5）复制生成方案墙材质。在“类型属性”对话框中单击“编辑”按钮，在弹出的“编辑部件”对话框中单击“<按类别>”按钮，在弹出的“材质浏览器”对话框中选择“Autodesk”｜“其他”｜“常规”｜“常规”材质，如图 1.28 所示。右击“常规材质”材质名称，选择“复制”命令，将新复制生成的材质重命名为“方案墙”，如图 1.29 所示。

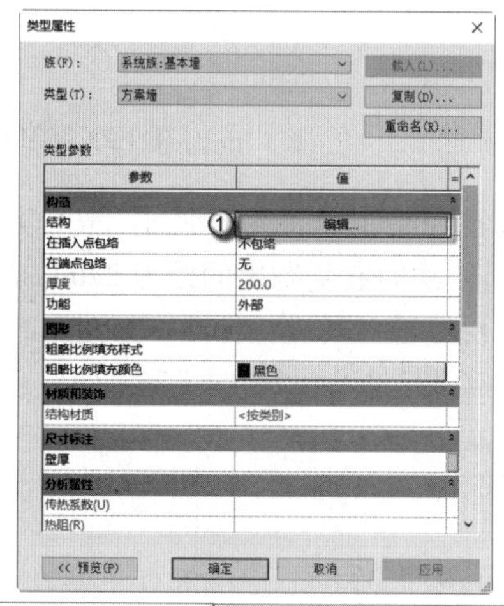

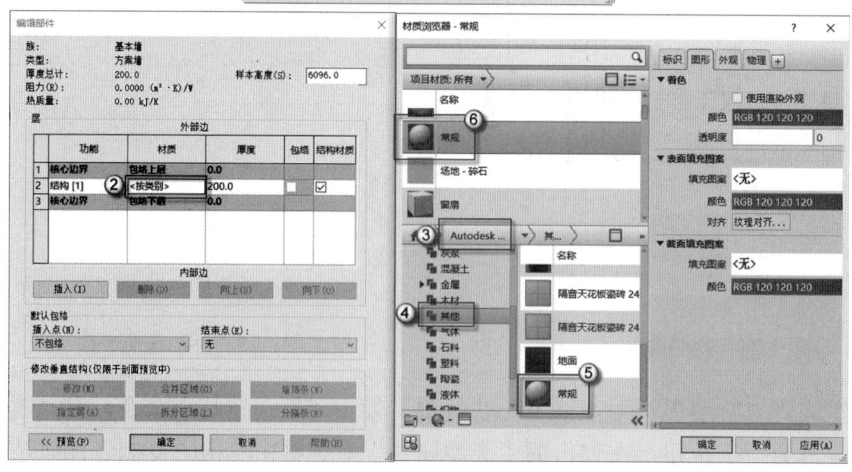

图 1.28　选择常规材质

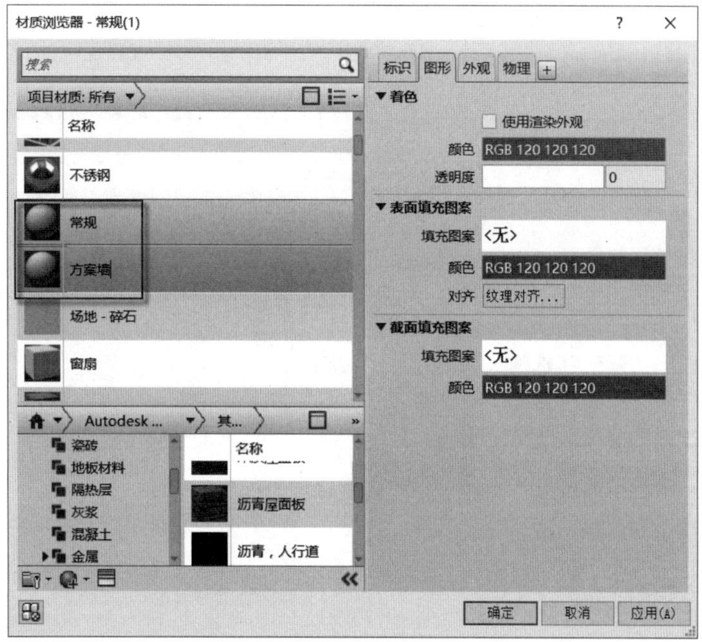

图 1.29　复制生成方案墙材质

（6）设置方案墙材质。选择“方案墙”材质，单击“<无>”按钮，在弹出的“填充样式”对话框中选择“实体填充”选项，单击“确定”按钮完成操作，如图 1.30 所示。单击 RBG 120 120 120 按钮，在弹出的“颜色”对话框中，设置“红”=255，“绿”=0，“蓝”=0，如图 1.31 所示。这样操作后，方案墙的截面填充图案将是纯红色，这个醒目的颜色有利于在上面的楼层平面视图操作时的选择与参照。

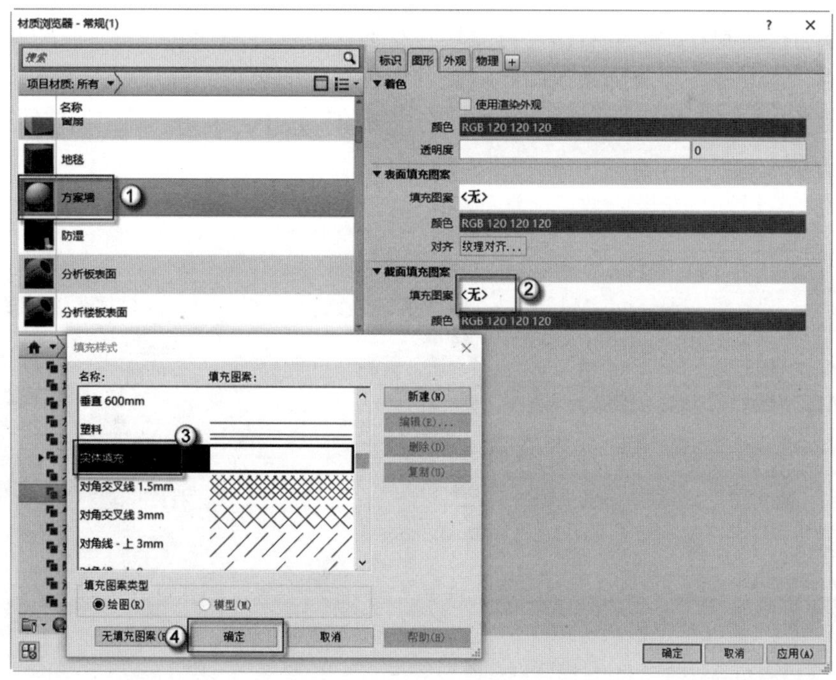

图 1.30　选择实体填充

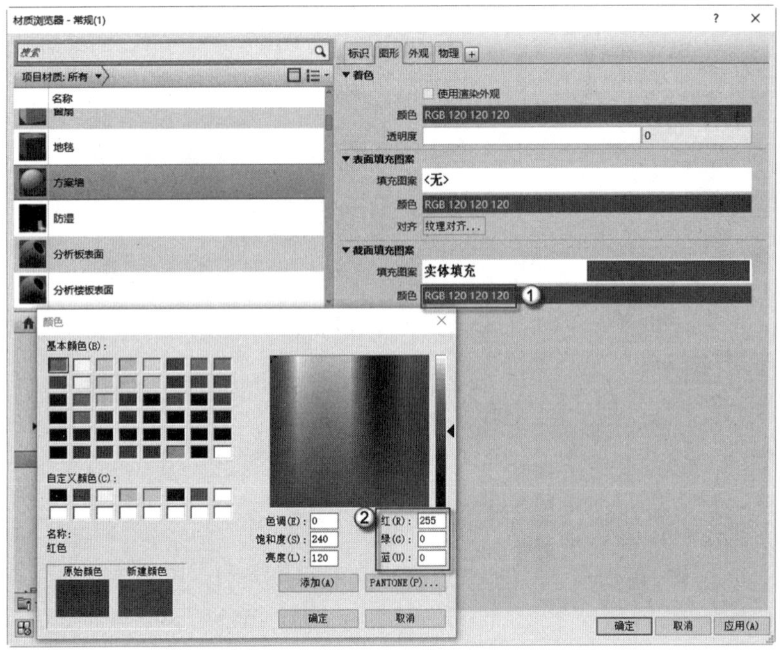

图 1.31　设置截面填充图案的颜色

🔔注意：此处只针对“截面填充图案”设置了醒目的颜色，而不需要“表面填充图案”。这是因为这里的墙体只是方案墙，并不是施工图中需要的墙体。在后续的施工图设计中，需要参照本小节中的墙体进行剪力墙与填充墙的划分、现浇墙与预制墙的划分。在参照绘图的过程中，是从上层向下层看，只看得到墙体的截面，因此要将墙体的“截面填充图案”设置为显眼的颜色。

（7）添加材质到收藏夹。右击“方案墙”材质，选择“添加到”｜“收藏夹”命令，将“方案墙”这个材质加入到系统的收藏夹，便于后续的调用，然后单击“确定”按钮，可以观察到“方案墙”材质的名称已经出现在“材质”栏中，单击“确定”按钮完成操作，如图 1.32 所示。

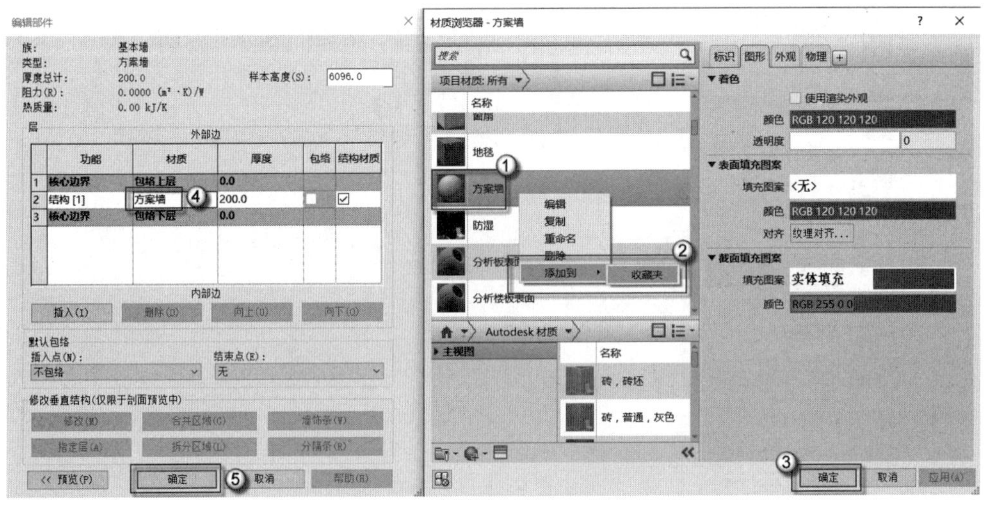

图 1.32　添加材质到收藏夹

（8）绘制墙体。根据前面设置好的参照平面作为定位，绘制墙体。注意使用“高度”的方式绘制墙体，墙体的顶部标高为“方案：户型”，采用“墙中心线”的定位线对齐，选中“链”复选框，如图 1.33 所示。绘制完墙体的平面图如图 1.34 所示，按 F4 键，切换到三维视图，检查墙体的三维模型，如图 1.35 所示。

注意：选中“链”复选框之后，可以一次性绘制多条首尾相接的线性对象，如墙、梁、符号线、模型线等。而不选择这个选项，画完一根线性对象后会自动退出绘图模式。

（9）房间的标注。选择“插入”｜“载入族”命令，在弹出的“载入族”对话框中选择配套下载资源提供的“房间标注.rfa”族文件，单击“打开”按钮以插入到项目中，如图 1.36 所示。按 SY 快捷键，发出“符号”命令，可以观察到在“属性”面板中出现了“房间标注”的族，在这个族下面有“楼梯间”“电梯”“电梯前室”等若干类型，选择相应的类型，将其插入到房间中，完成房间名称的标注，如图 1.37 所示。

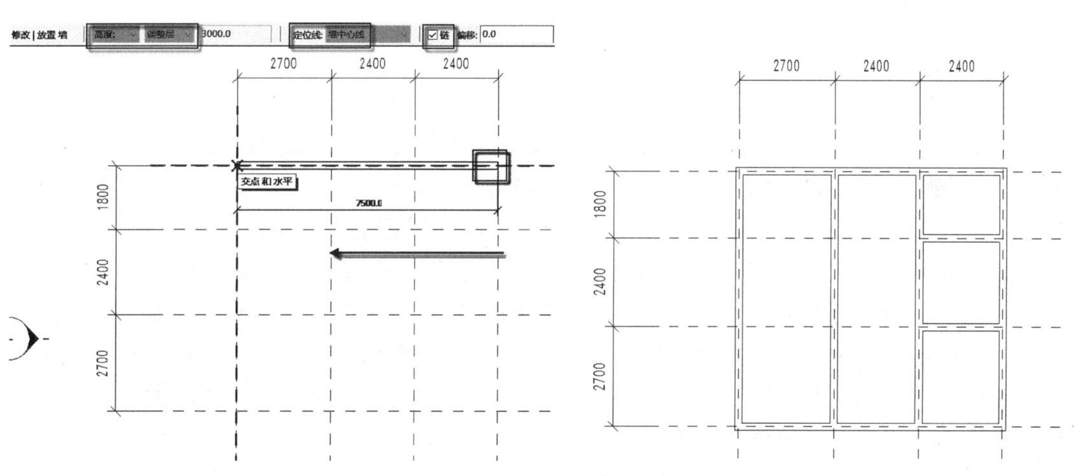

图 1.33　绘制墙体的选项　　　　图 1.34　墙体的二维形式

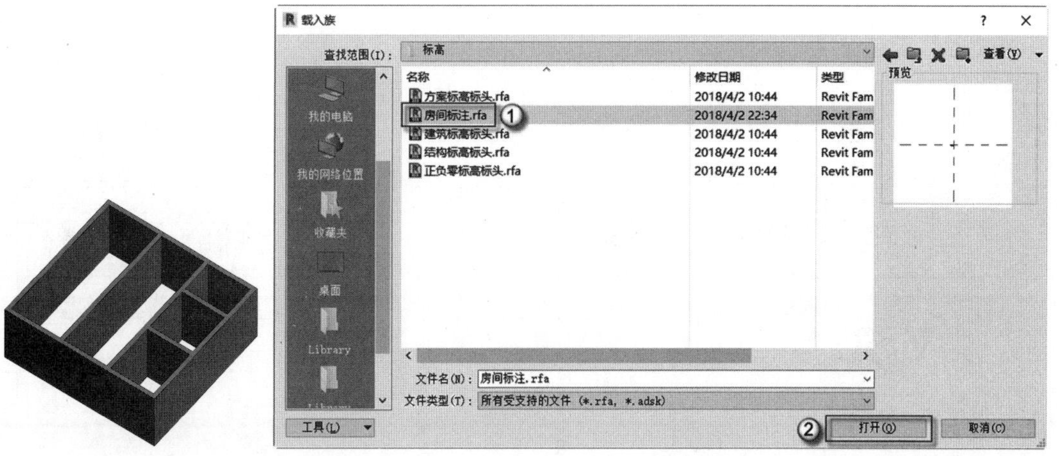

图 1.35　墙体的三维形式　　　　图 1.36　载入族

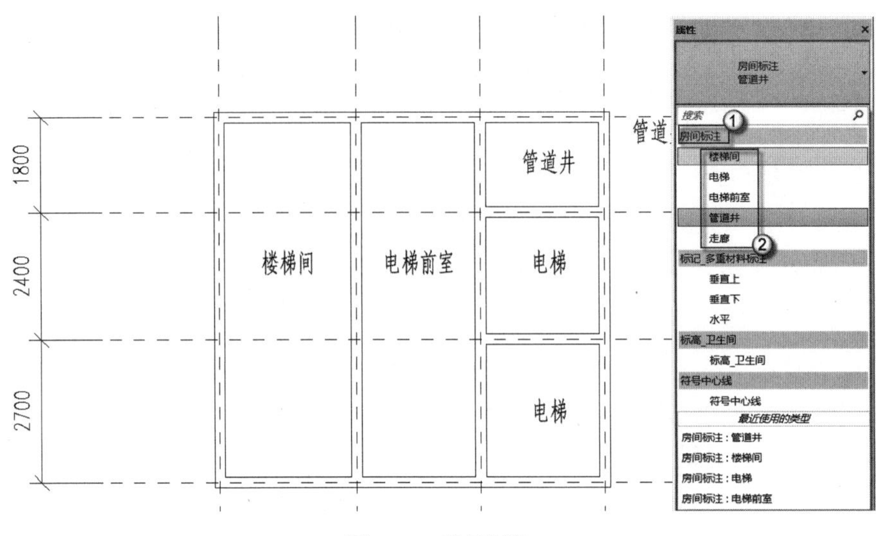

图 1.37　房间标注

1.1.3　绘制剪刀梯

18 层及以上的高层住宅建筑要求进入疏散通道有两个独立的出入口，在这种情况下要么用两部双跑楼梯，要么用一部剪刀梯。一部剪刀梯的面积显然比两部双跑楼梯少，为了减少公摊面积、提高得房率，所以在 18 层及以上的高层住宅设计中经常选用剪刀梯。

装配式高层住宅就更应当选用剪刀梯了，因为剪刀梯的楼梯间没有位于楼层中部的缓步平台，而且两个梯段完全一样，在制作预制构件与施工时比双跑楼梯简单多了。

（1）绘制 5 个参照平面。按 RP 快捷键，发出“参照平面”命令，绘制出如图 1.38 所示的 5 个参照平面。其中①、②参照平面为梯段与平层楼板的分界线，③、④、⑤为剪刀梯两梯段间的隔墙的边界线与中心线。

（2）绘制楼梯间隔断墙。按 WA 快捷键，发出“建筑：墙”命令，绘制出如图 1.39 所示的墙体，这个墙体就是剪刀梯两梯段间的隔墙。

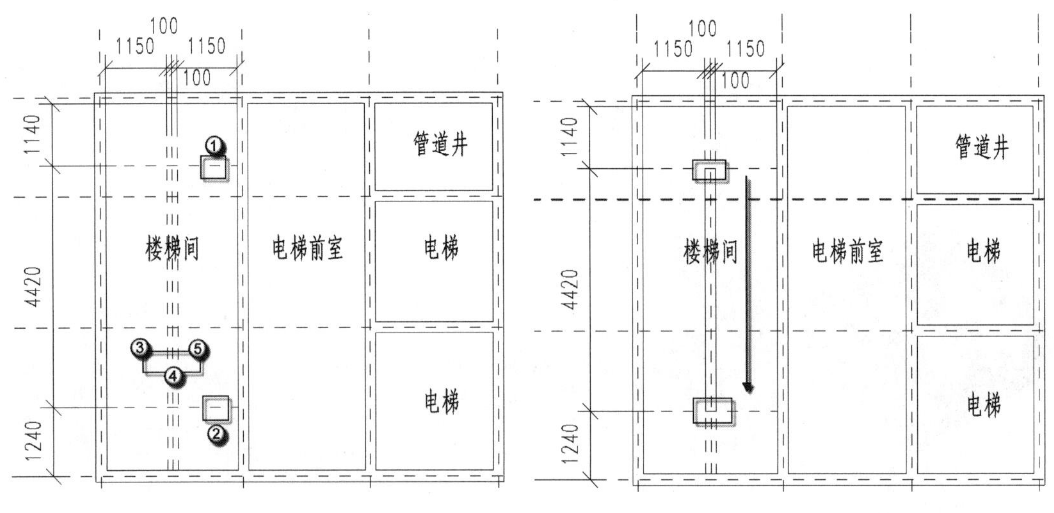

图 1.38　绘制 5 个参照平面　　　图 1.39　绘制楼梯间隔断墙

注意：剪刀梯是一个楼梯间有两个独立的出入口，为了“独立”，所以必须用墙体将两个梯段分隔开，这是高层建筑防火的要求。

（3）编辑楼梯类型。选择“建筑”｜“楼梯”命令，在“属性”面板中单击“编辑类型”按钮，在弹出的“类型属性”对话框中单击“复制”按钮，在弹出的“名称”对话框中输入名称为“方案—剪刀梯”，单击“确定”按钮，如图 1.40 所示。在“类型属性”对话框中设置“右侧支撑”“左侧支撑”均为“无”选项，单击“确定”按钮，如图 1.41 所示。

图 1.40　楼梯名称　　　　图 1.41　设置支撑

（4）绘制一个梯段。在选项栏中将“定位线”设置为“梯段：右”对齐，在“实际梯段宽度”中输入 1140，取消选中“自动平台”单选框，在“属性”面板中设置“所需踢面数”为 18 级，“实际踏板深度”为 260，然后绘制一个梯段，如图 1.42 所示。绘制完成后，效果如图 1.43 所示。

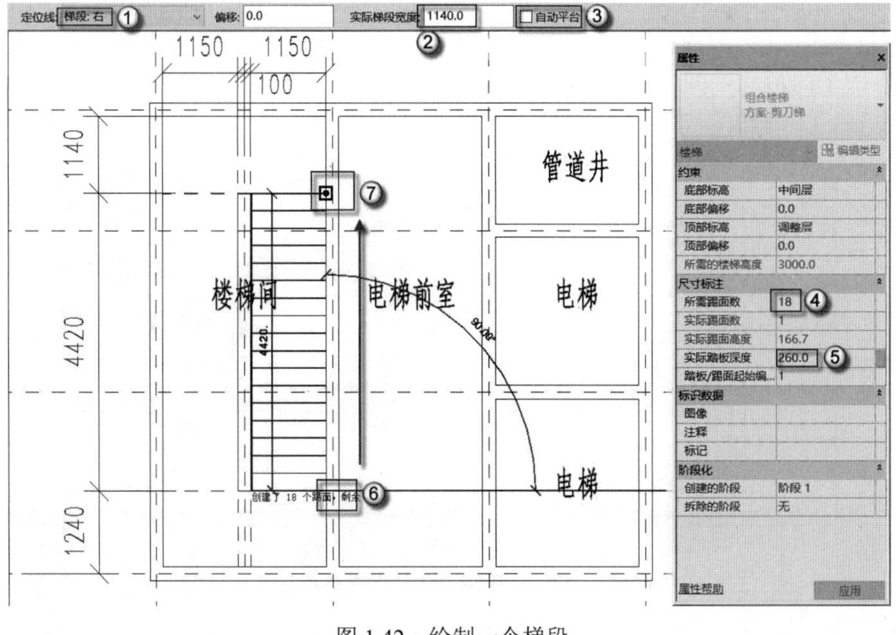

图 1.42　绘制一个梯段

注意： 在建筑专业的底线规范《民用建筑设计通则》中明文规定，一个梯段的最大踏步数（踢面数）为 18 级。因此在剪刀梯中的“所需踢面数”必须设置为 18 级，如果小于 18 级，梯段会变陡；大于 18 级，违反规范条文。

使用同样的方法绘制出剪刀梯的另一个梯段，对齐方法不变，但是需要从上向下来绘制这个梯段，绘制完成后如图 1.44 所示。

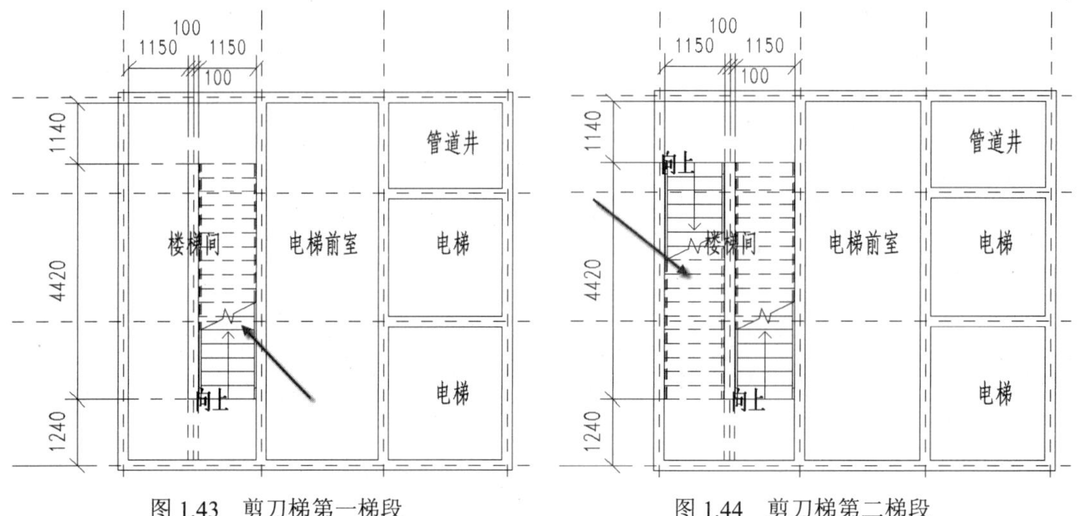

图 1.43　剪刀梯第一梯段　　　　图 1.44　剪刀梯第二梯段

注意： 剪刀梯绘制完成后有两处不符合我国制图规范的要求，一是箭头的样式不对（应该是实心箭头），二是看不见的梯段用虚线表示（应该是不显示）。

（5）设置楼梯的标注样式。选择任意梯段的向上箭头，在“属性”面板中单击“编辑类型”按钮，在弹出的“类型属性”对话框中将“箭头类型”设置为“实心箭头 15 度”选项，单击“确定”按钮完成操作，如图 1.45 所示。按 VV 快捷键，发出“可见性/图形”命令，在弹出的“楼层平面”对话框中进入“模型类别”选项卡，在“楼梯”类别中取消所有以“<高于>”开头的选项，单击“确定”按钮，如图 1.46 所示。完成操作后，可以看到楼梯正确的平面形式，如图 1.47 所示。

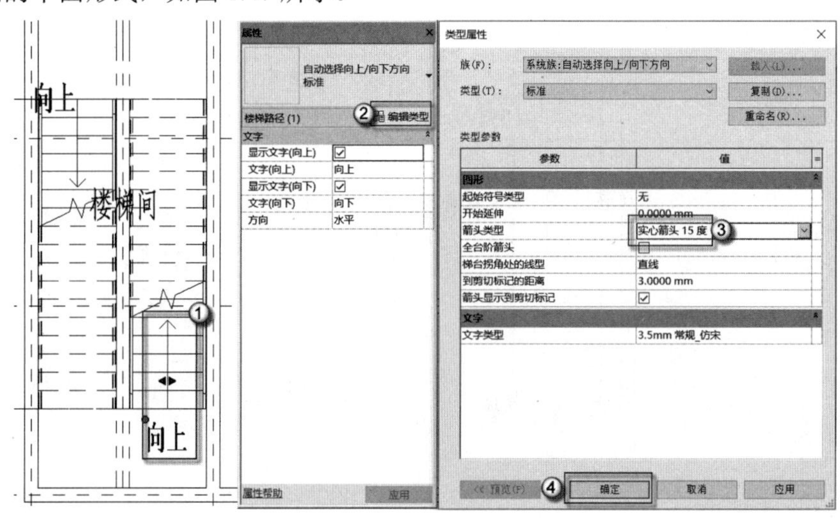

图 1.45　向上箭头

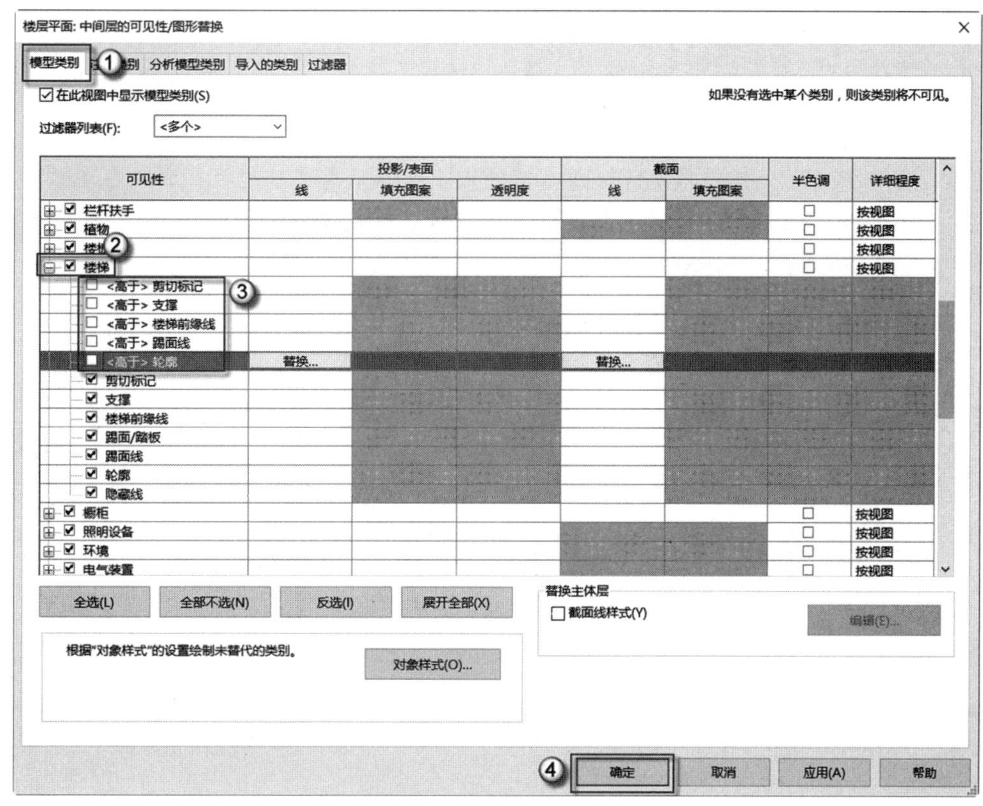

图 1.46　调整楼梯的可见性

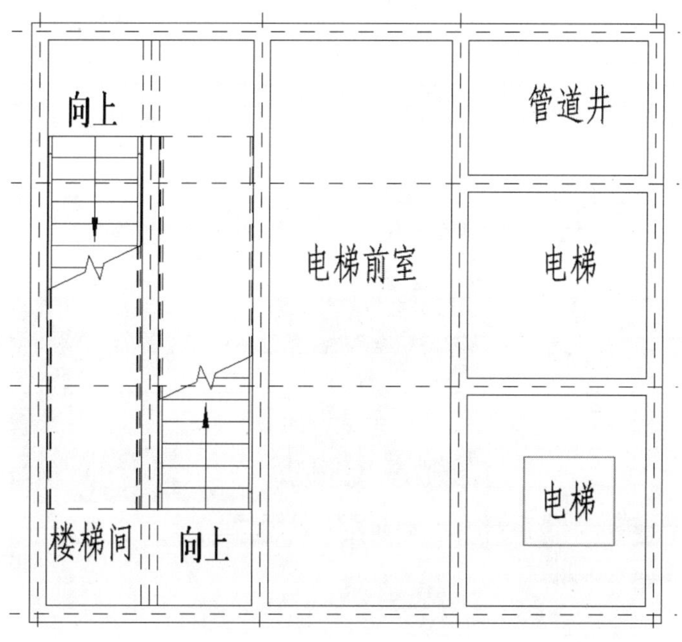

图 1.47　楼梯正确的平面形式

（6）调整楼梯栏杆。按 F4 键，切换到三维视图，选择两个梯段楼梯外侧的栏杆，如图 1.48 所示，按 Delete 键，将其删除，如图 1.49 所示。按 VV 快捷键，发出“可见性/图形”命令，在弹出的“楼层平面”对话框中进入“模型类别”选项卡，在“栏杆扶手”类别中取消所有以“<高于>”开头的选项，单击“确定”按钮，如图 1.50 所示。完成操作后，可以看到扶手正确的平面形式，如图 1.51 所示。

🔔注意：剪刀梯的一个梯段只允许一股人流通过，所以只需要一边有栏杆。在疏散时，人流是向下的，应保留规范要求的右侧栏杆也就是保留内侧的栏杆。

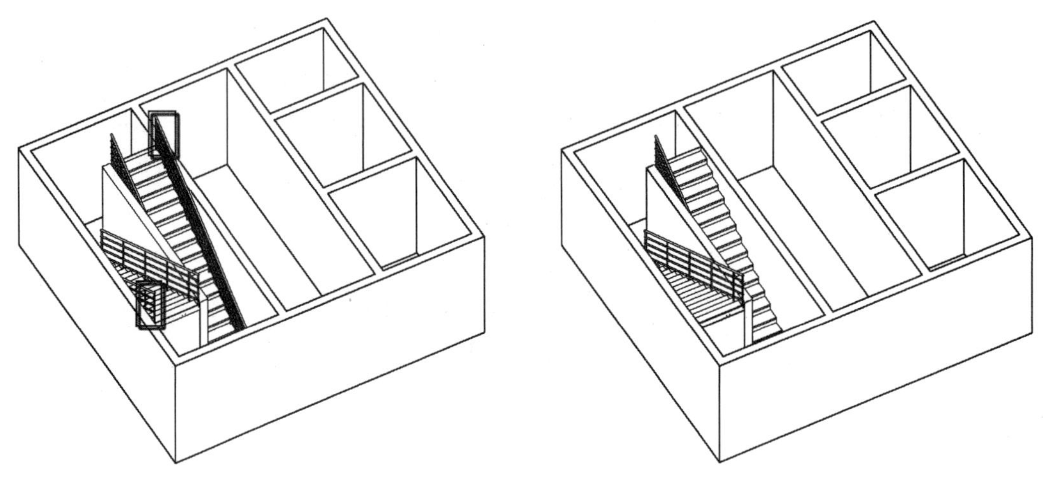

图 1.48　选择外侧栏杆　　　　图 1.49　删除外侧栏杆

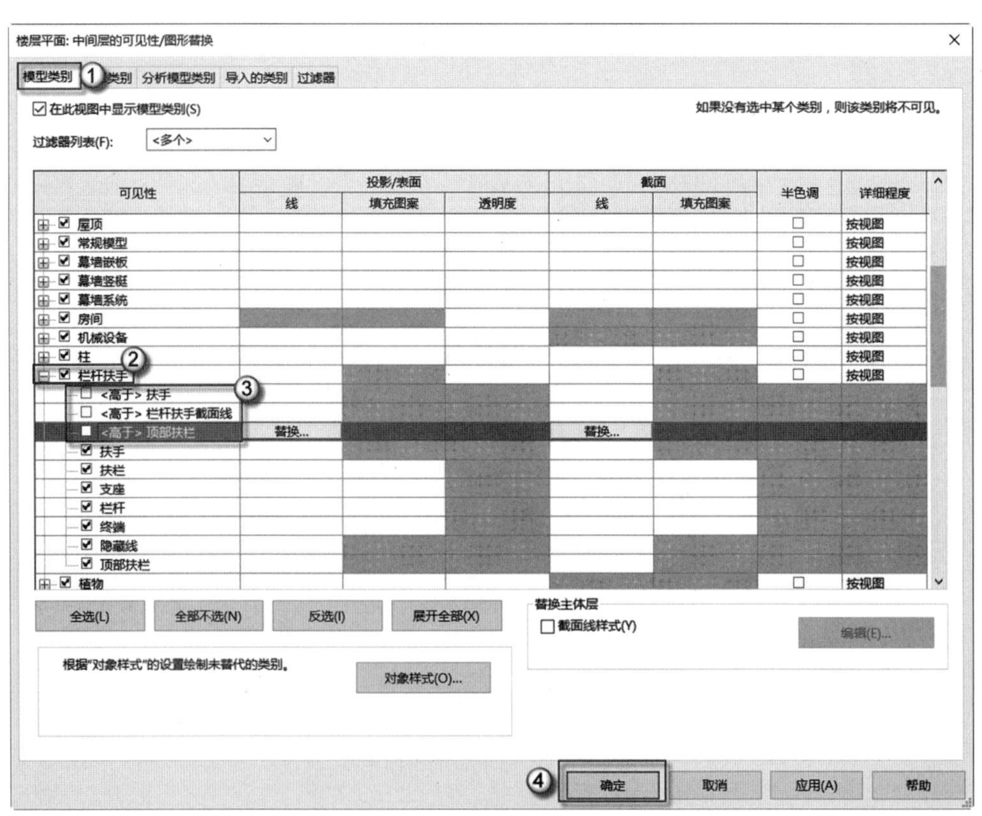

图 1.50　设置栏杆扶手的可见性

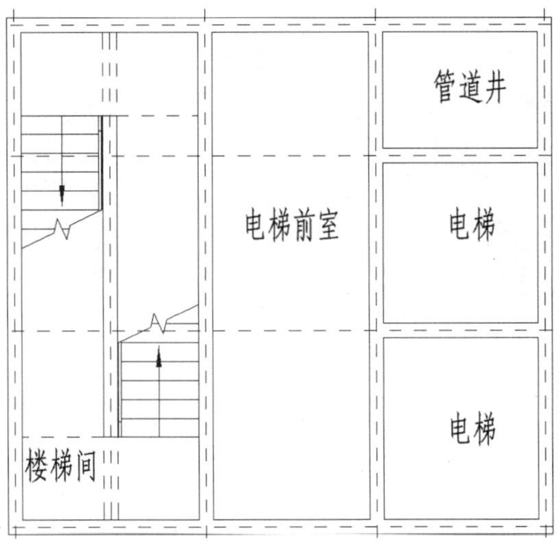

图 1.51　正确的栏杆扶手形式

1.2　模 块 设 计

通过模块的设计、模块的组合，可以大体将装配式高层的楼层平面构思出来。从而得到大致的建筑面积，并指导方案的深化——户型设计。

本节从模块的族设计开始，介绍用一个族包络四个模块的方法。并运用这个族，在项目中进行实战的模块推敲设计，得到优化方案。最后通过明细表，自动生成相应的建筑面积。

1.2.1　模块族设计

BIM 技术是要求模块带信息量的，这样可以进行相关的计算，及时得到相应的数据。本小节中用一个族——模块族，这个族的四个类型——基本模块、拼接模块、走道模块、核心筒模块，作为建筑的基本单元，从而形成一个基本楼层的组合。这个组合将作为指导户型设计的直接依据。

（1）选择族样板。选择“新建”命令，在弹出的“新族—选择样板文件”对话框中选择“基于面的公制常规模型”RFT 族样板文件，单击“打开”按钮，如图 1.52 所示。打开后的界面如图 1.53 所示，可以观察到“基于面”的操作面。

（2）绘制四个参照平面。按 RP 快捷键，发出“参照平面”命令，设置偏移量为 3450，绘制出如图 1.54 所示的四个参照平面。

（3）等分标注。按 DI 快捷键，发出“对齐尺寸标注”命令，依次对三个参照平面进行标注（图中①～③），标注完成后，单击 EQ 按钮，如图 1.55 所示。可以观察到原来标注上的数值变成了 EQ 字样，如图 1.56 所示。

注意： 这里设置等分（EQ）标注的原因是，在参数变化时，设置了等分标注的对象会以中心为中心向两侧扩展或缩小；否则只是往一侧变化。

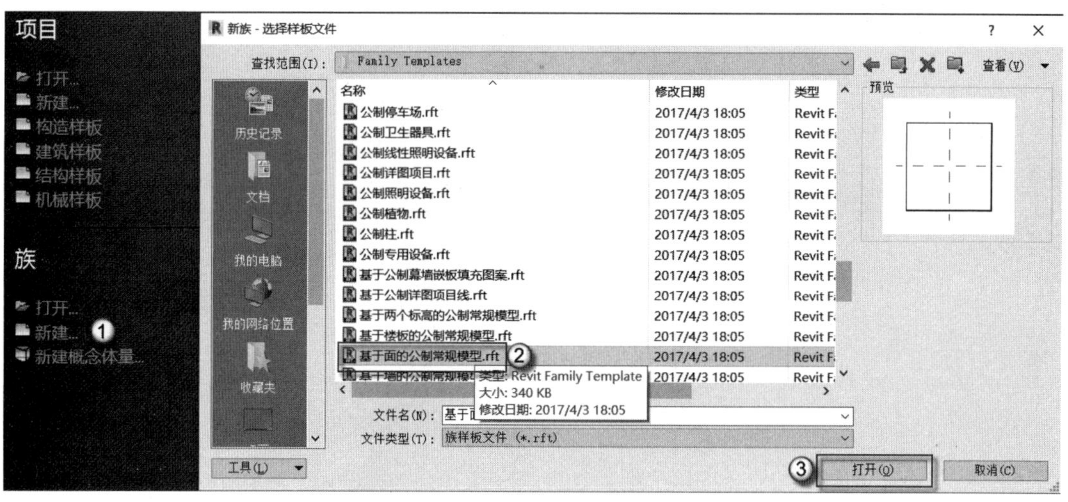

图 1.52　选择族样板

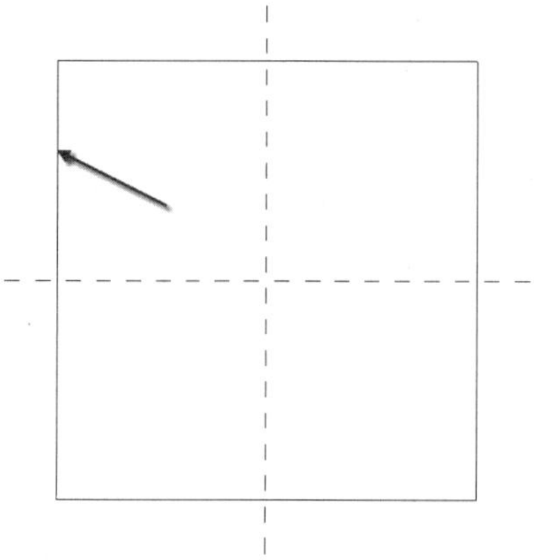

图 1.53　打开后的界面

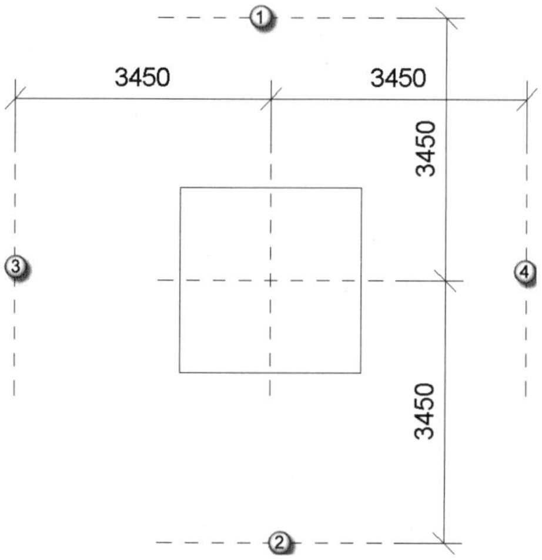

图 1.54　绘制四个参照平面

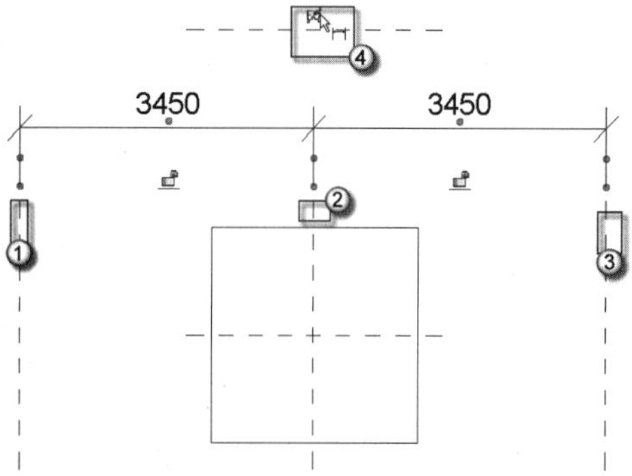

图 1.55　标注三个参照平面

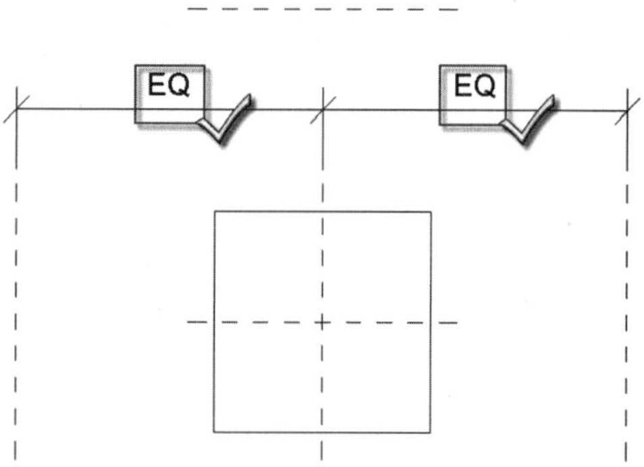

图 1.56　等分标注

（4）创建“长度”参数。再次按 DI 快捷键，发出“对齐尺寸标注”命令，依次对两个参照平面进行标注（图中①～②），标注的数值 6900 为自动生成的，选择 6900 标注，单击“创建参数”按钮，在弹出的“参数属性”对话框中输入“长度”名称，单击“确定”按钮，如图 1.57 所示。可以观察到所选标注数值改为“长度=6900”字样，说明参数关联成功，如图 1.58 所示。

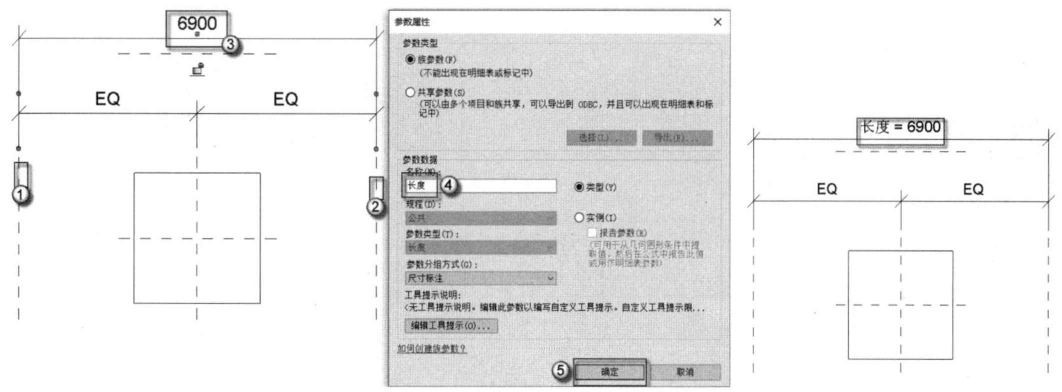

图 1.57　新建参数　　　　图 1.58　关联参数成功的标注

使用同样的方法创建“宽度”参数，如图 1.59 所示。注意在创建“宽度”参数时，也需要设置等分（EQ）标注。

（5）拉伸模型。选择“创建”｜“拉伸”命令，用矩形对角点的方式绘制出一个平面，如图 1.60 所示。在“属性”面板中，设置“拉伸起点”为 0、“拉伸终点”为 3000，单击“关联族参数”按钮，在弹出的“关联族参数”对话框中单击“新建参数”按钮，在弹出的“参数属性”对话框中选中“实例”单选按钮，在“名称”栏中输入“材质名称”字样，单击两次“确定”按钮完成操作，如图 1.61 所示。按 F4 键，切换到三维视图，检查模型如图 1.62 所示，这就是一个模块。

注意：这里的“拉伸终点”为 3000，是指层高为 3000mm，也就是 3m。因为本例中层高均为 3m 不变，所以不对模块设置高度方向的参数。

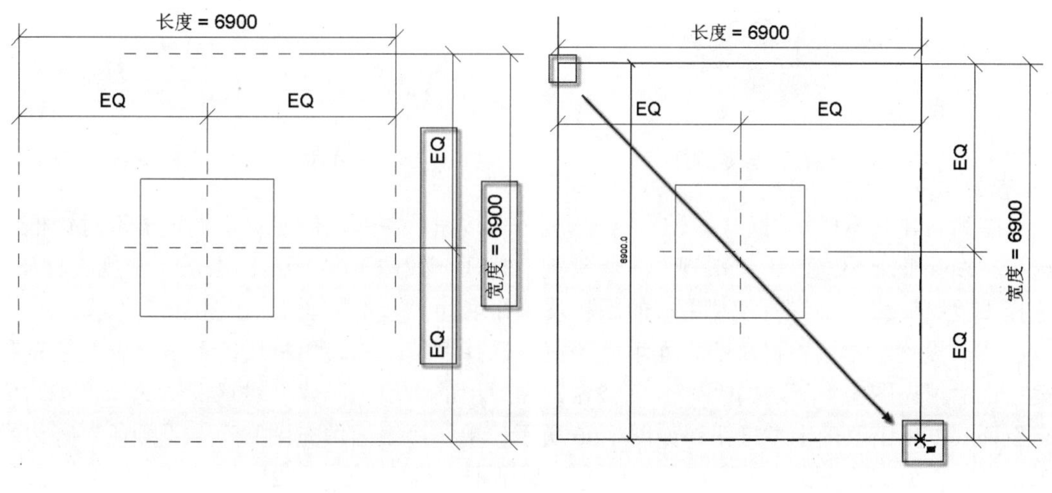

图 1.59　创建宽度参数　　　　图 1.60　绘制矩形

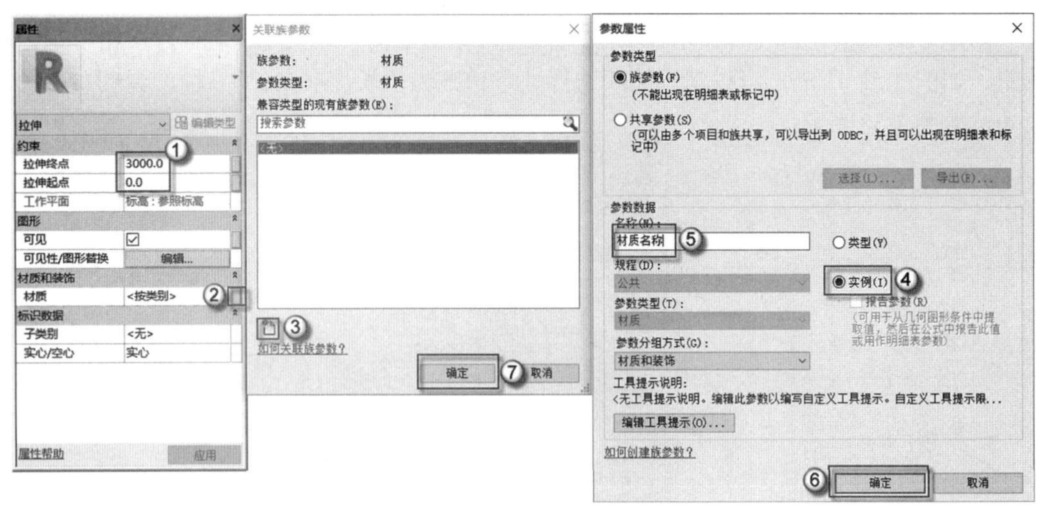

图 1.61　设置拉伸模型的参数

🔔**注意：**这四个参照平面虽然没有相交，但是在绘图时，系统会自动捕捉其延长线的交点。因此不需要画蛇添足将其拉伸相交。

（6）新建基本模块类型。选择“创建”｜“族类型”命令，在弹出的“族类型”对话框中单击“新建类型”按钮，在弹出的“名称”对话框中输入“基本模块”字样，单击“确定”按钮，如图 1.63 所示。

图 1.62　检查三维模型图

图 1.63　新建基本模块类型

（7）新建基本模块材质。单击“<按类别>”按钮，在弹出的“材质浏览器”对话框中选择“Autodesk 材质”｜“常规”｜“常规”材质，如图 1.64 所示。右击“常规”材质，选择“复制”命令，将新复制生成的新材质重命名为“基本模块”，如图 1.65 所示。

（8）设置基本模块材质的表面填充图案。选择“基本模块”材质，单击“表面填充图案”｜“填充图案”旁边的“<无>”按钮，在弹出的“填充样式”对话框中选择“实体填充”样式，单击“确定”按钮，如图 1.66 所示。单击“表面填充图案”｜“颜色”旁边的 RGB 120 120 120 按钮，在弹出的“颜色”对话框中设置“红”=255，“绿”=255，“蓝”=0，单击“确定”按钮完成操作，如图 1.67 所示。

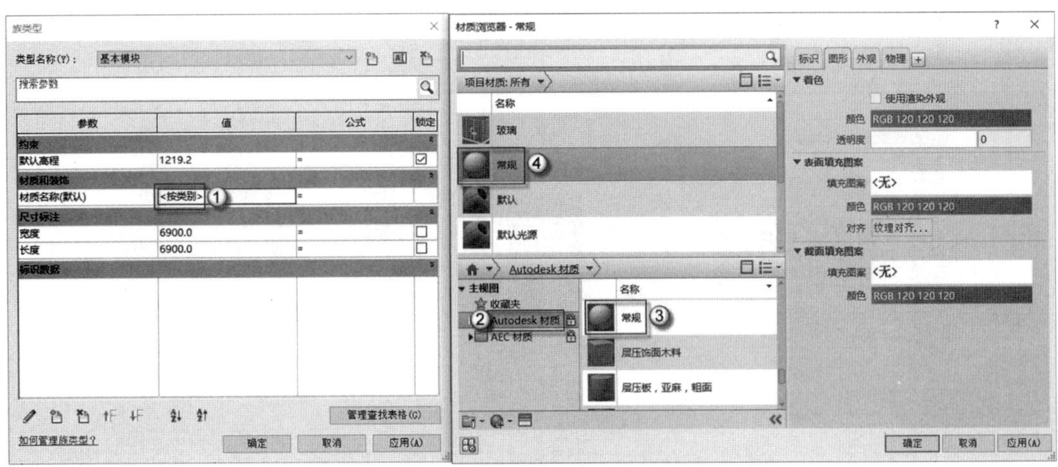

图 1.64　常规材质

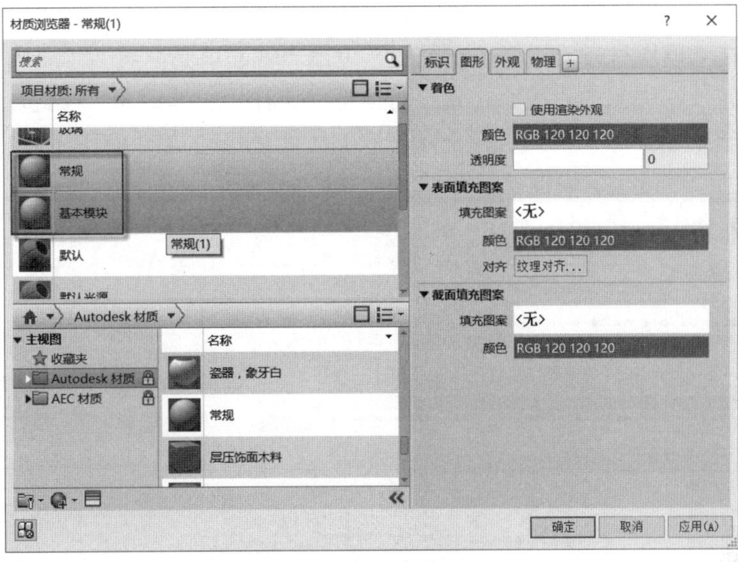

图 1.65　命名材质

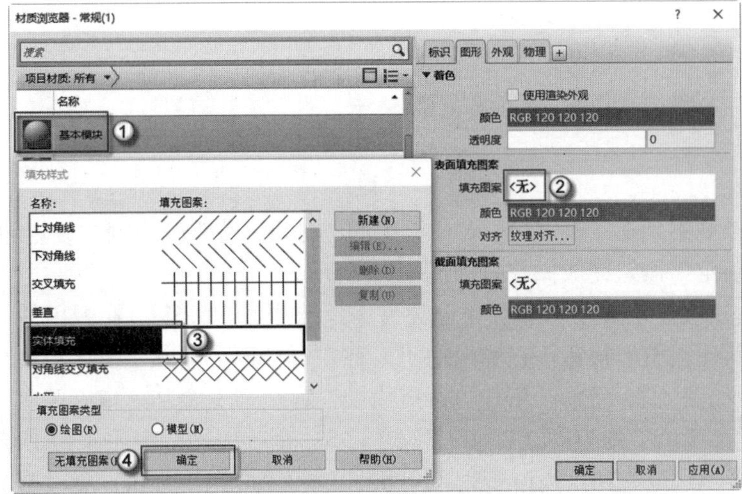

图 1.66　选择表面填充图案

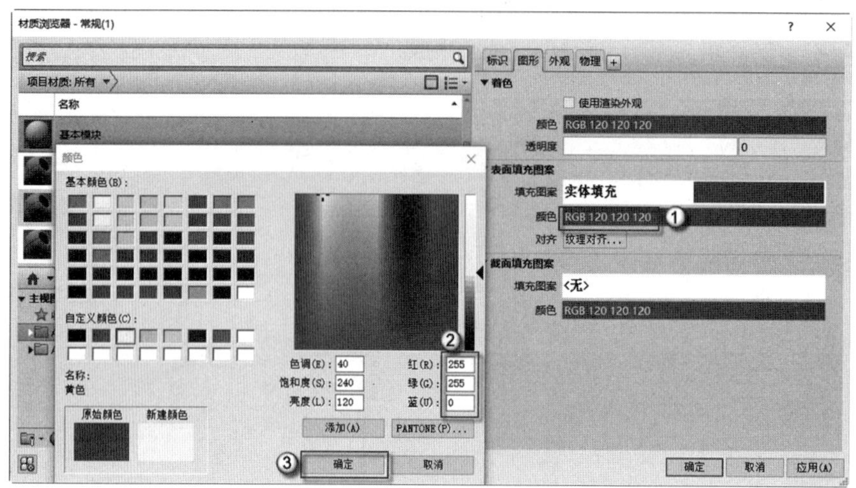

图 1.67　设置表面颜色

（9）设置基本模块材质的截面填充图案。单击“截面填充图案”｜“填充图案”旁边的“<无>”按钮，在弹出的“填充样式”对话框中选择“实体填充”样式，单击“确定”按钮，如图 1.68 所示。单击“截面填充图案”｜“颜色”旁边的 RGB 120 120 120 按钮，在弹出的“颜色”对话框中设置“红”=255，“绿”=255，“蓝”=0，单击两次“确定”按钮完成操作，如图 1.69 所示。

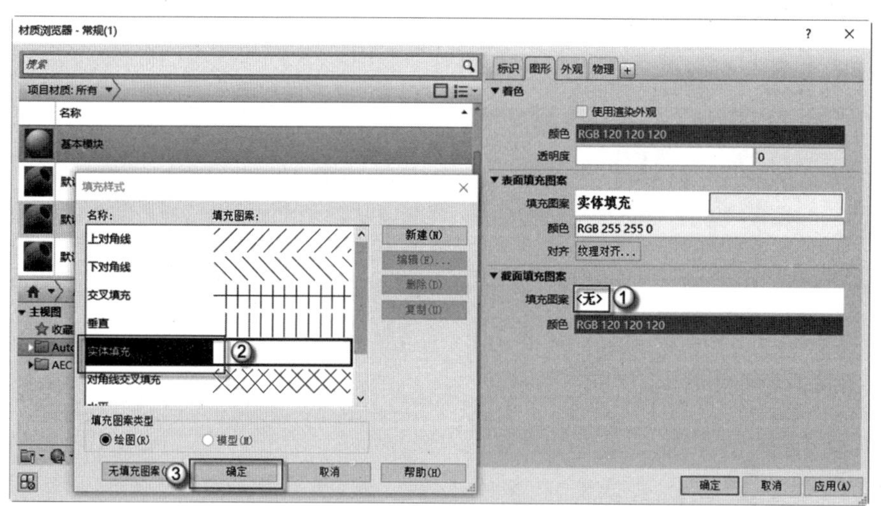

图 1.68　选择表面填充图案

完成后可以观察到在“族类型”对话框中的“材质名称”改为刚才设定的“基本模块”材质，单击“确定”按钮完成操作，如图 1.70 所示。

（10）创建拼接模块类型。选择“创建”｜“族类型”命令，在弹出的“族类型”对话框中单击“新建类型”按钮，在弹出的“名称”对话框中输入“拼接模块”字样，单击“确定”按钮，如图 1.71 所示。新建“拼接模块”材质，设置其“填充图案”均为“实体填充”，设置其“颜色”均为“红”=0，“绿”=255，“蓝”=0，如图 1.72 所示。在“尺寸标注”栏中设置“宽度”和“长度”均为 4500，单击“应用”按钮，完成新类型的创建与设置，如图 1.73 所示。

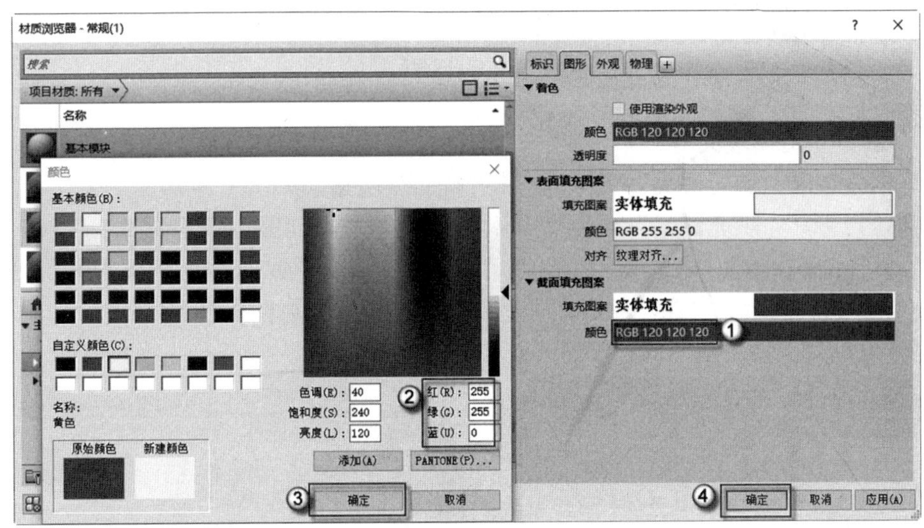

图 1.69　设置截面颜色

图 1.70　完成基本模块类型

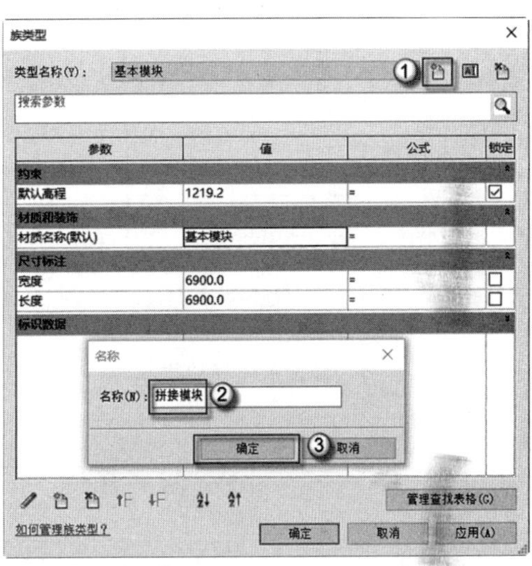

图 1.71　创建拼接模块类型

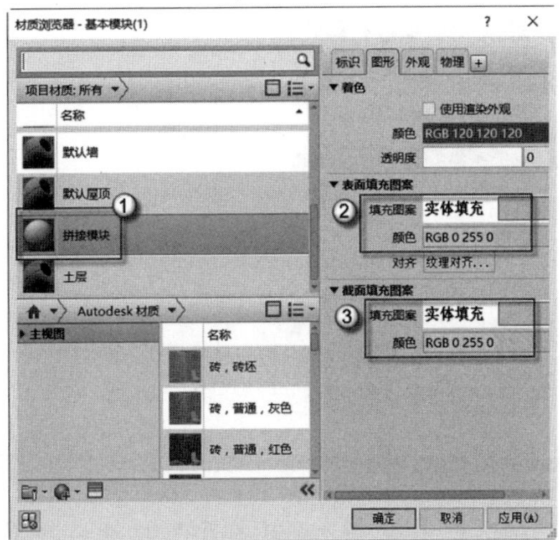

图 1.72　设置拼接模块材质

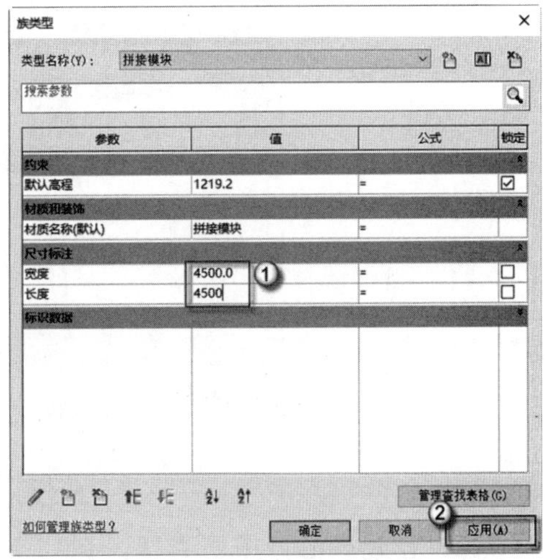

图 1.73　设置长度与宽度

🔔注意：几种模块要用简单的色块区分开，这样便于作图时的区别。颜色的设置一般用“红”“绿”“蓝”三个数值表示，每个数值的取值是 0～255。

（11）创建走道模块类型。在“族类型”对话框中单击“新建类型”按钮，在弹出的“名称”对话框中输入“走道模块”字样，单击“确定”按钮，如图 1.74 所示。新建“走道模块”材质，设置其“填充图案”均为“实体填充”，设置其“颜色”均为“红”=0，“绿”=255，“蓝”=255，如图 1.75 所示。在“尺寸标注”栏中设置“宽度”为 2400，“长度”为 11400，单击“应用”按钮，完成新类型的创建与设置，如图 1.76 所示。

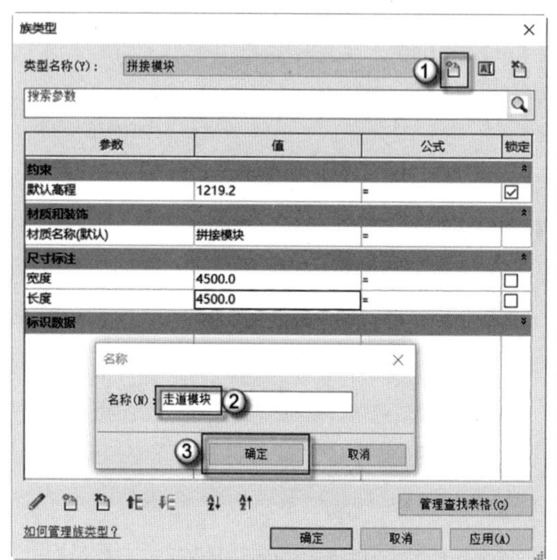

图 1.74　设置走道模块类型

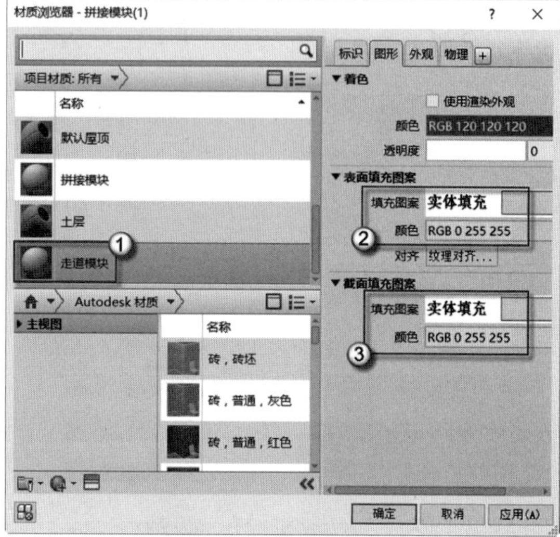

图 1.75　设置走道模块材质

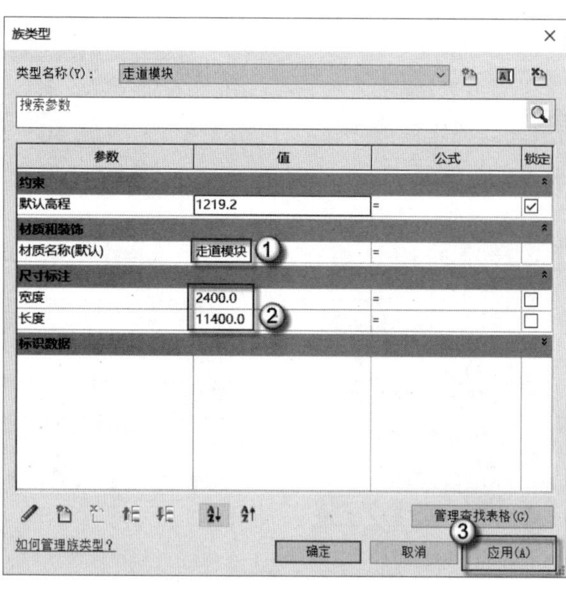

图 1.76　设置长度与宽度

（12）创建核心筒模块类型。在“族类型”对话框中单击“新建类型”按钮，在弹出的“名称”对话框中输入“核心筒模块”字样，单击“确定”按钮，如图 1.77 所示。新建“核心筒模块”材质，设置其“填充图案”均为“实体填充”，设置其“颜色”均为“红”=0，“绿”=0，“蓝”=0（即 RGB 0 0 0），如图 1.78 所示。在“尺寸标注”栏中设置“宽度”为 6900，“长度”为 7500，单击“应用”按钮，完成新类型的创建与设置，如图 1.79 所示。

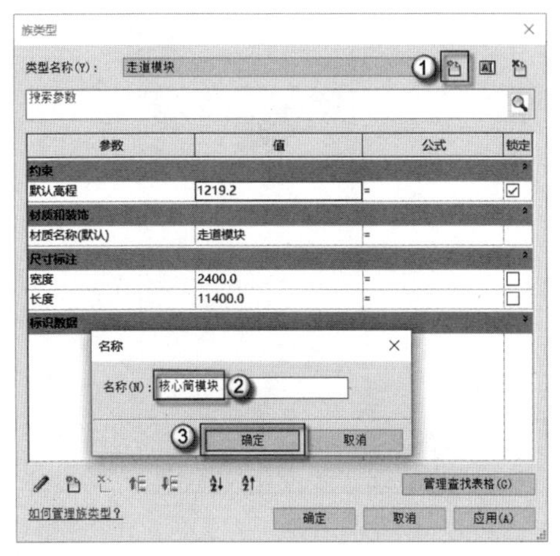

图 1.77　设置核心筒模块类型

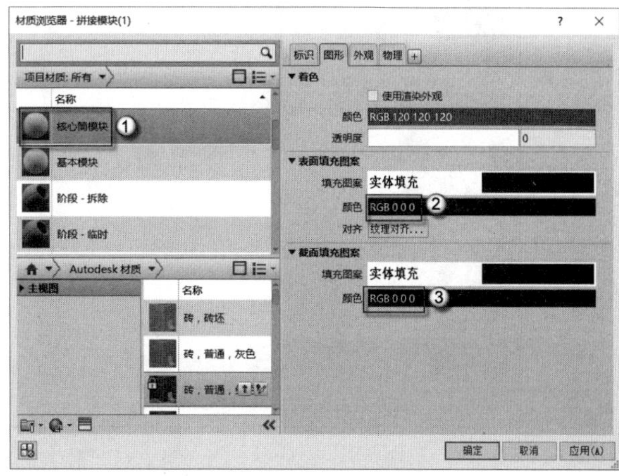

图 1.78　设置核心筒模块材质

（13）保存族文件。选择“文件”|“另存为”|“族”命令，在弹出的“另存为”对话框中的“文件名”一栏中输入“模块”，然后单击“保存”按钮，如图 1.80 所示。

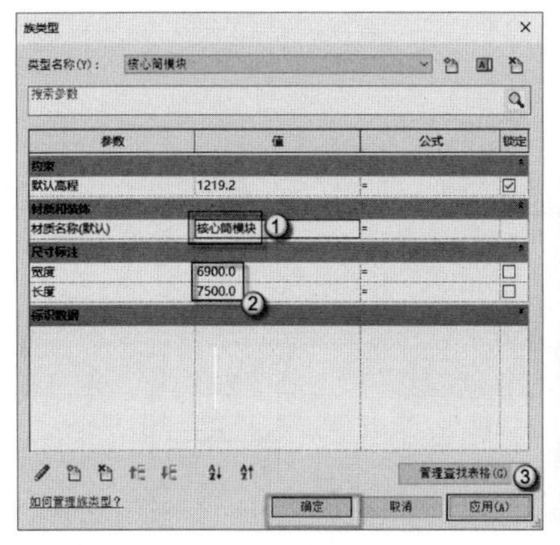

图 1.79　设置长度与宽度

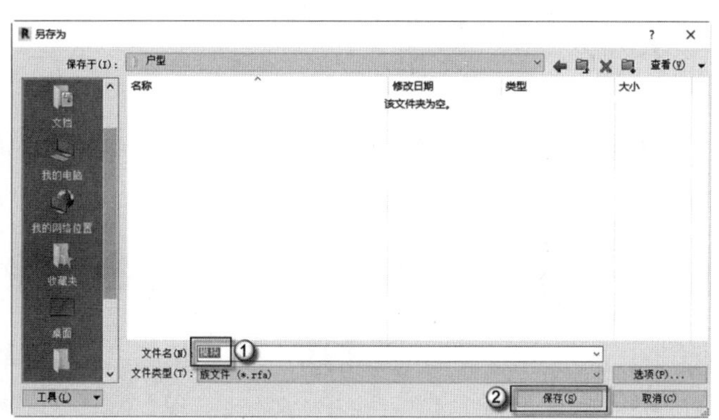

图 1.80　保存族文件

注意：基本模块、拼接模块、走道模块、核心筒模块这四个模块尺寸取值的根据，请读者参看书后的《附录 C　模块》。

1.2.2　模块化的组合

本小节中将运用前面制作的“模块”族，进行相应的组合，得到符合设计师意图的大体平面形体。具体操作如下。

（1）打开项目文件并载入族。在项目文件中选择“插入”｜“载入族”命令，在弹出的“载入族”对话框中选择上一小节保存的“模块”RFA 族文件，单击“打开”按钮，如图 1.81 所示。

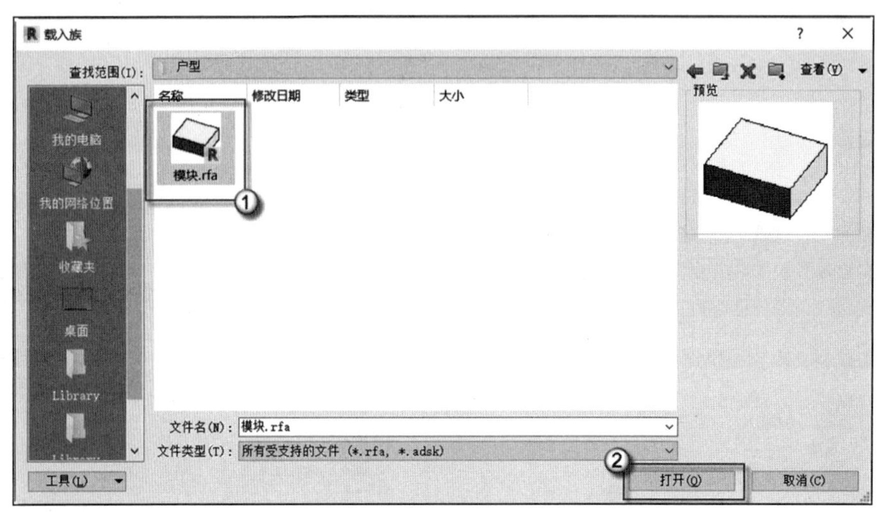

图 1.81　载入族文件

（2）放置基本模块。按 CM 快捷键，发出“放置构件”命令，单击“放置在工作平面上”按钮，在“属性”面板中选择“基本模块”类型，将第一个基本模块放置到如图 1.82 所在的位置。

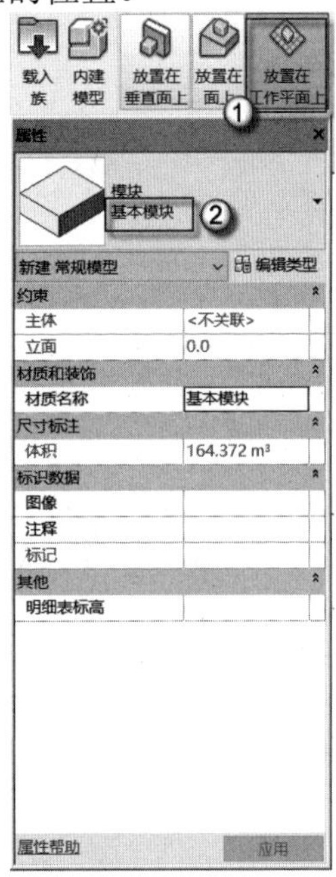

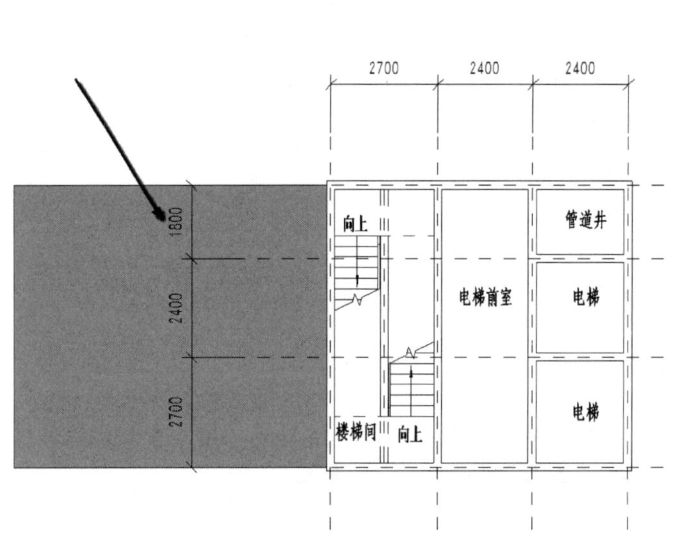

图 1.82　放置第一个基本模块

注意：“放置在工作平面上”按钮是一定要单击的，否则无法放置。因为制作的“模块”族是选用的“基于面的公制常规模型”族样板，必须有一个面才能插入。而本项目中只有工作平面这个面可以作为插入面，这个工作平面就是“方案：模块”标高所在的楼层平面。

使用同样的方法放置在另一侧的一个基本模块，如图 1.83 所示。

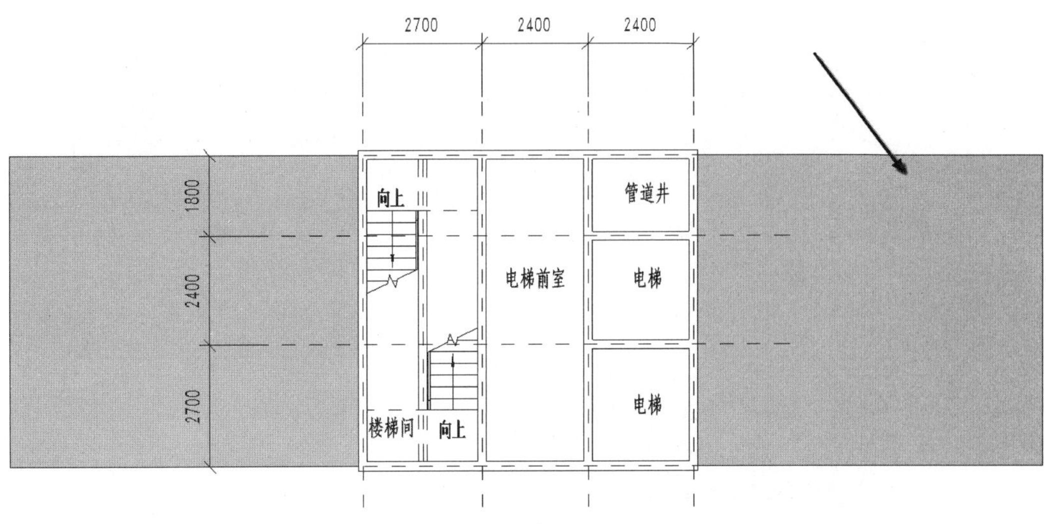

图 1.83　放置另一侧的基本模块

注意： 基本模块长度、宽度均取 6900mm 的原因就是在于正好与核心筒的进深（即楼梯间的长边）尺寸一致。

（3）放置拼接模块。按 CM 快捷键，发出“放置构件”命令，单击“放置在工作平面上”按钮，在“属性”面板中选择“拼接模块”类型，将第一个拼接模块放置到如图 1.84 所在的位置。

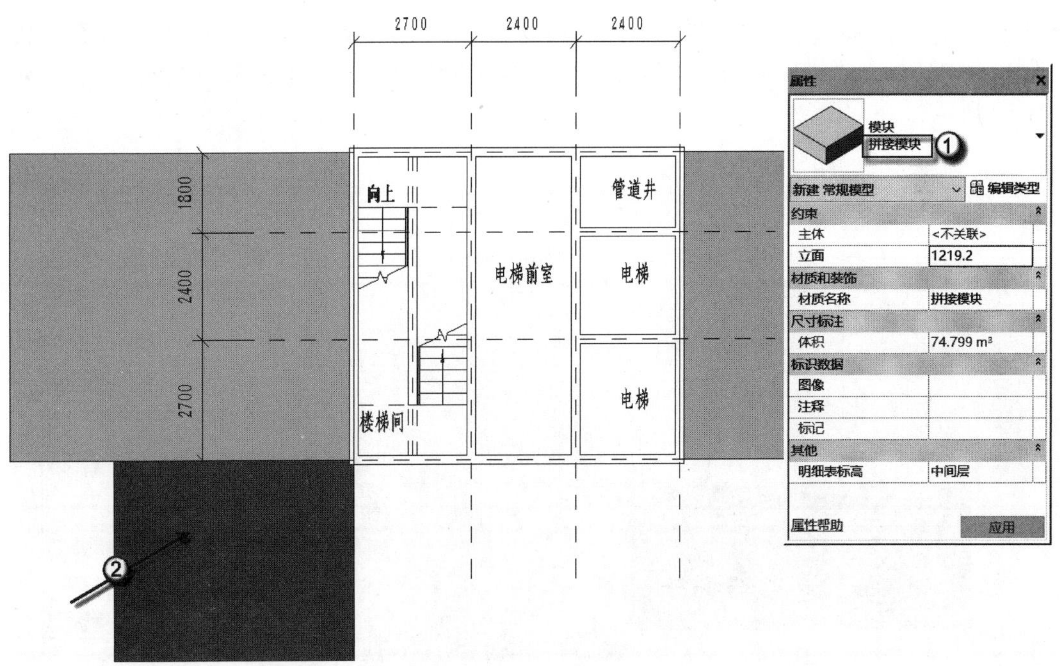

图 1.84　放置第一个拼接模块

使用同样的方法，在已放好拼接模块旁边再放置另一个拼接模块，如图 1.85 所示。

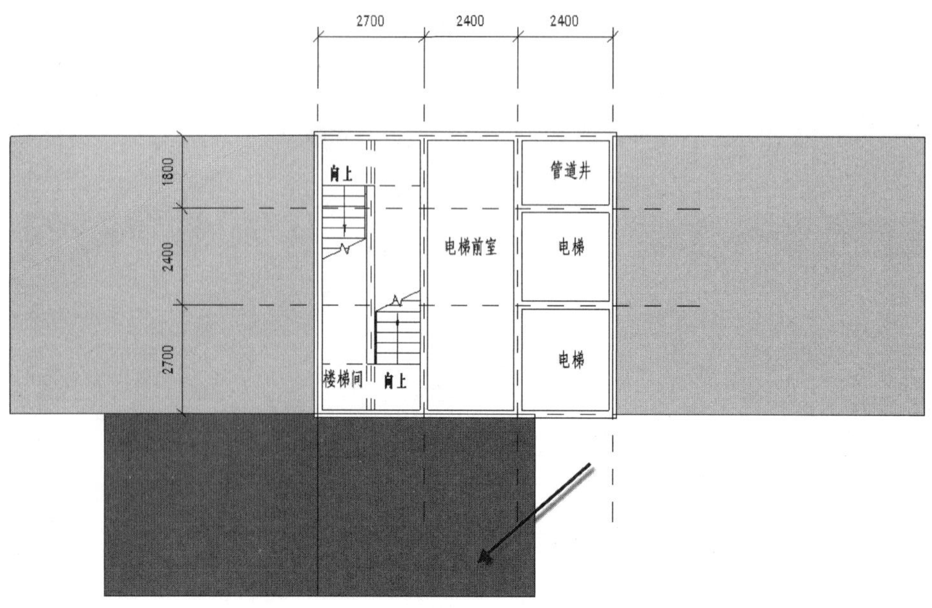

图 1.85　放置另一个拼接模块

注意：模块组合图与地图的方位是一致的，也是“上北下南左西右东”。为了保证每一户有日照，必须至少设置一个南向的窗户。所以在越向南侧组合时，要求宽度越来越小，这就是此步骤放置体积偏小的拼接模块的原因。

（4）放置其他的模块。使用同样的方法，在两块拼接模块右侧放置一个基本模块，如图 1.86 所示。然后在两块拼接模块的下方再放置一个基本模块，如图 1.87 所示。在“属性”面板中切换到“拼接模块”类型，在两块基本模块相交的位置放置一个拼接模块，如图 1.88 所示。

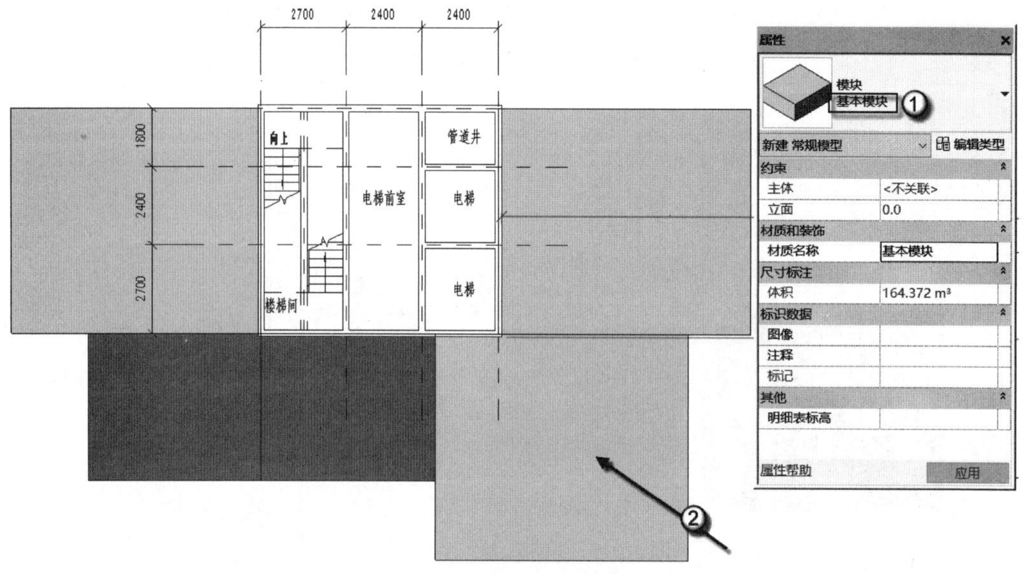

图 1.86　放置基本模块 1

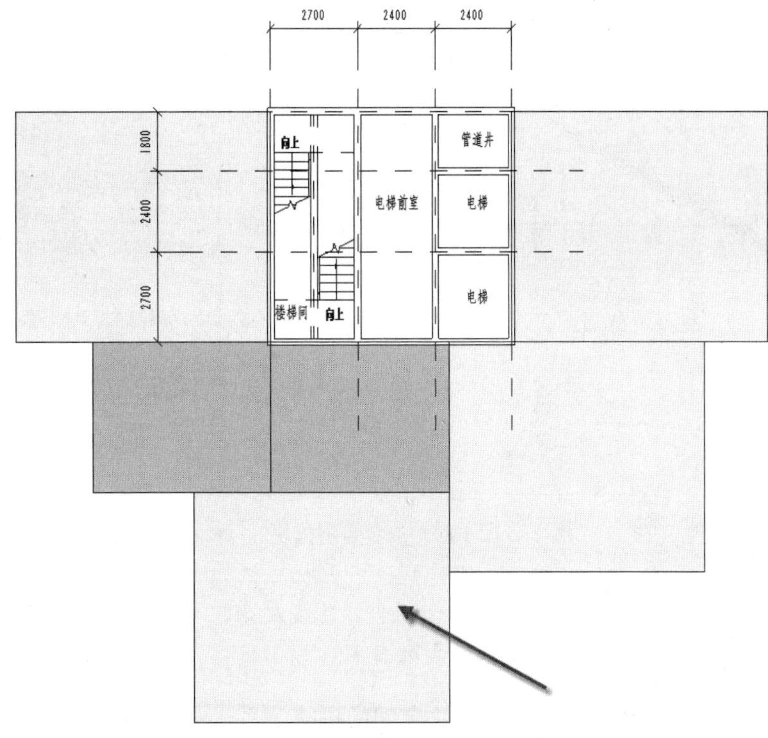

图 1.87　放置基本模块 2

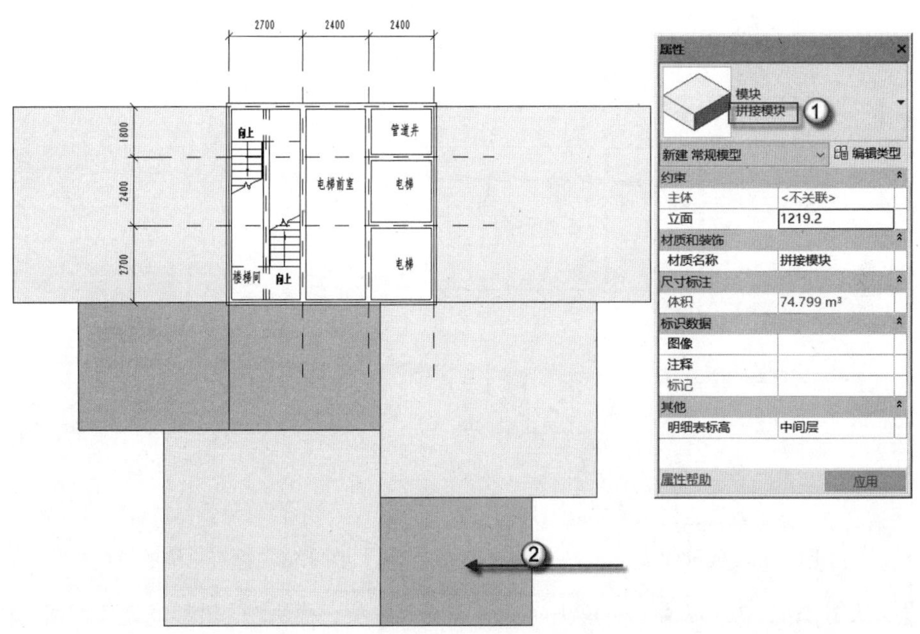

图 1.88　放置拼接模块

（5）放置走道模块。在“属性”面板中切换到“走道模块”类型，在核心筒上方的位置放置一个走道模块，注意走道模块与核心筒的中心对齐，如图 1.89 所示。

使用同样的方法，将其余的模块放置完成，如图 1.90 所示。

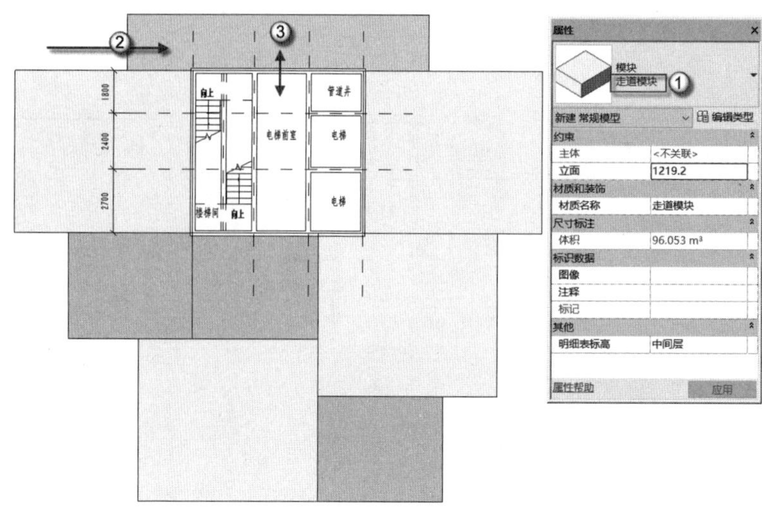

图 1.89　放置走道模块

注意： 从图 1.90 可以看到，模块越向南组合，宽度越小；越向北组合，宽度越大。这样才能保证每一户均可以获得南向的日照。

按 F4 键，切换到三维视图，检查模块之间的拼接关系，如图 1.91 所示。再切换到“南”立面图，检查模块与其他楼层之间的关系，如图 1.92 所示。

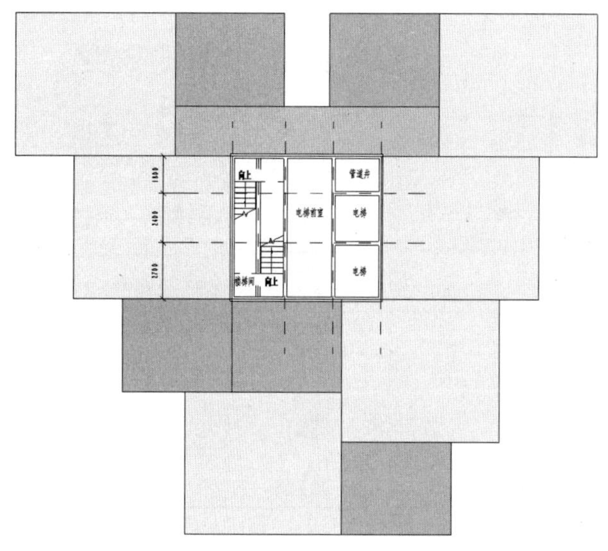

图 1.90　放置模块

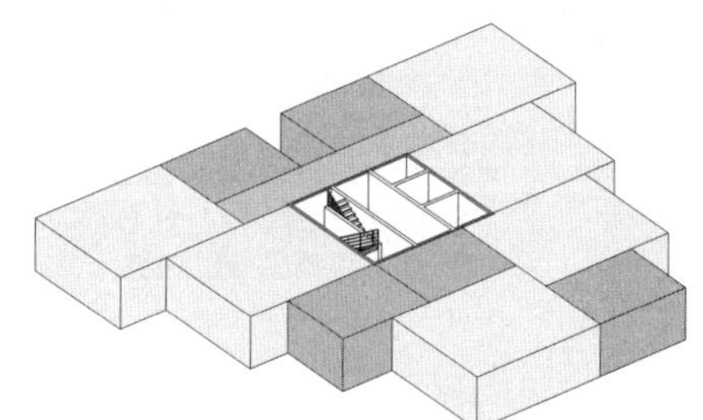

图 1.91　检查三维的模块关系

注意： 从图 1.92 中可以看到，模块的底标高是“方案：模块”、顶标高是“方案：户型”，相差 3m（6.450-3.450=3m），这就是层高。以“方案：户型”为底标高，以“建筑：地坪 F”为顶标高，将绘制户型图（在后面的章节中会详细介绍）。以“建筑：地坪 F”为底标高，向上绘制的才是正式的施工图模型。在实际项目中，“建筑：地坪 F”以下的部分是全现浇的，与本书不相关，不在这里介绍。本书只是假借“建筑：地坪 F”以下的位置，放置虚拟的户型、模块方案，作为上部绘图时的参考。

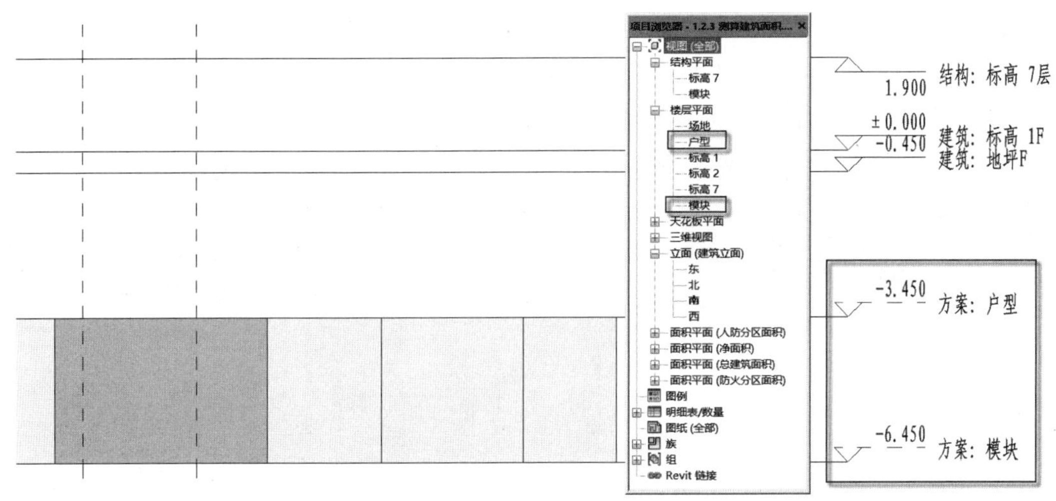

图 1.92　从立面图查看楼层关系

（6）添加核心筒模块。切换到“模块”楼层平面视图，按 CM 快捷键，发出“放置构件”命令，在“属性”面板中选择“核心筒模块”类型，将其放置到核心筒区域，注意对齐，如图 1.93 所示。右击放置好的核心筒模块，选择“在视图中隐藏”|“图元”命令，将其隐藏，如图 1.94 所示。

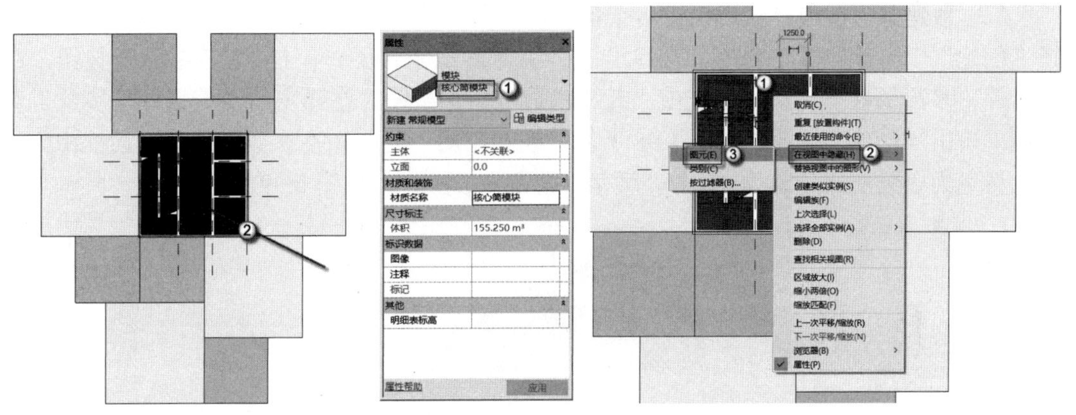

图 1.93　放置核心筒模块　　　　图 1.94　隐藏核心筒模块

注意：虽然已经绘制了核心筒的墙体、剪刀梯，但是此处还是加入了核心筒模块。原因是加入了这个模块后可以直接生成建筑面积。由于核心筒模块把核心筒挡住了，所以选择将其隐藏起来。虽然隐藏了核心筒模块，但是其还是会参与面积的计算。

1.2.3　测算建筑面积

不论是安置保障房、还是商业住宅、还是租用公寓，业主会要求一个重要的经济指标——建筑面积。如果无法满足建筑面积要求，其他的设计都是没有意义的。当模块成为建筑信息化模型（BIM）后，建筑面积会自成生成，并随模块的自由组合而实时更新。本小节将具体介绍这样的操作方法。

（1）户型框架上的变化。模块虽然结合完成了，但是由模块组成户型也是多种多样的。图 1.95 所示的户型框架是一个单元六户（①～⑥）；而图 1.96 所示的户型框架则是一个单元五户（①～⑤）。完全一样的模块组合，但是不一样的户型设计，这种多变的方式在装配式建筑设计中经常用到，设计师可以根据具体的需要，灵活地进行操作。

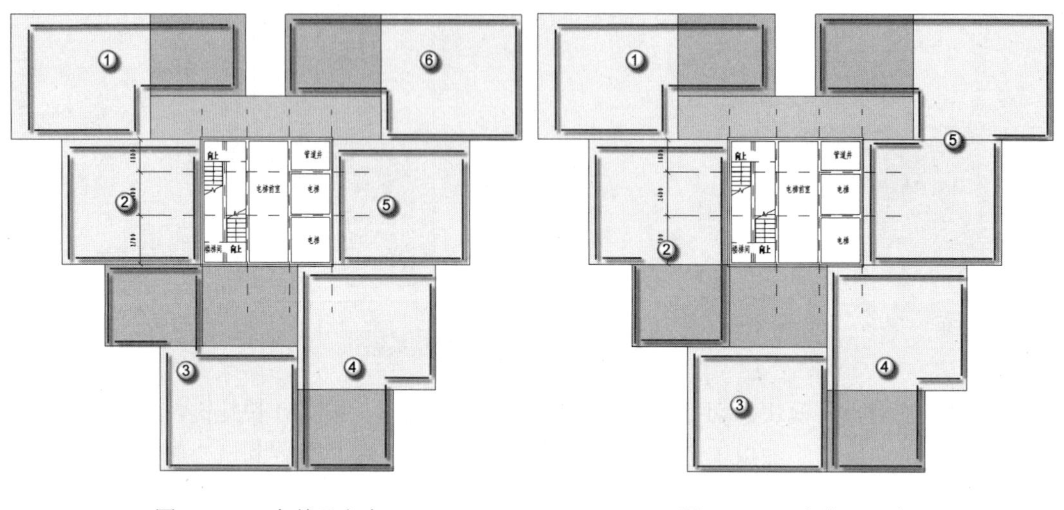

图 1.95　一个单元六户　　　　图 1.96　一个单元五户

（2）新建共享参数。双击任意一个模块，如图 1.97 所示，会进入到族的编辑模式。选择“创建”|“族类型”命令，在弹出的“族类型”对话框中单击“新建参数”按钮，在弹出的“参数属性”对话框中选中“共享参数”单选按钮，在弹出的“编辑共享参数”对话框中单击“创建”按钮，如图 1.98 所示。在弹出的“创建共享参数文件”对话框中，命名文件名为“装配式建筑”，单击“保存”按钮完成操作，如图 1.99 所示。

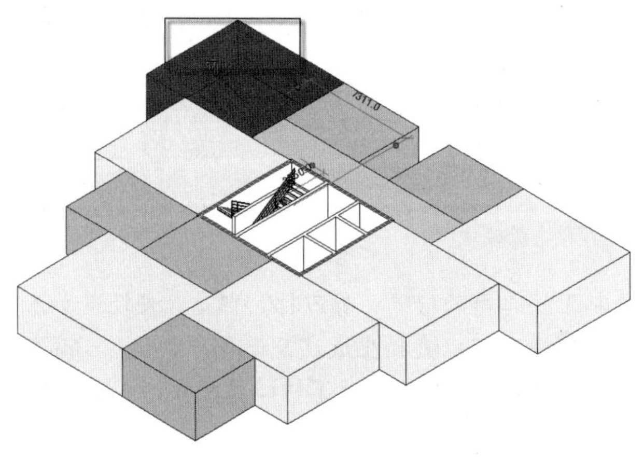

图 1.97　双击模块

（3）设置共享参数。在“编辑共享参数”对话框中单击“新建（E）”按钮，在弹出的“新参数组”对话框中输入“方案”字样，单击“确定”按钮，如图 1.100 所示。单击“新建（N）”按钮，在弹出的“参数属性”对话框中输入“模块面积”字样，将“参数类型”设为“数值”选项，单击“确定”按钮，如图 1.101 所示。

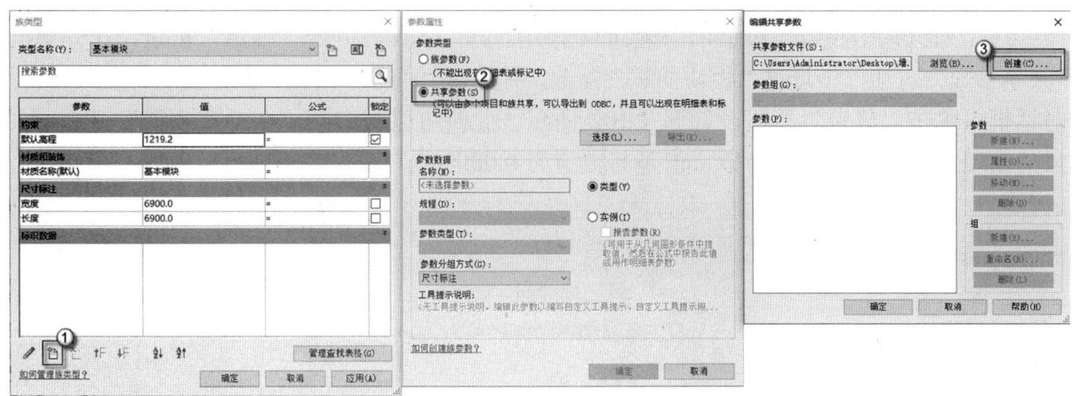

图 1.98　创建共享参数

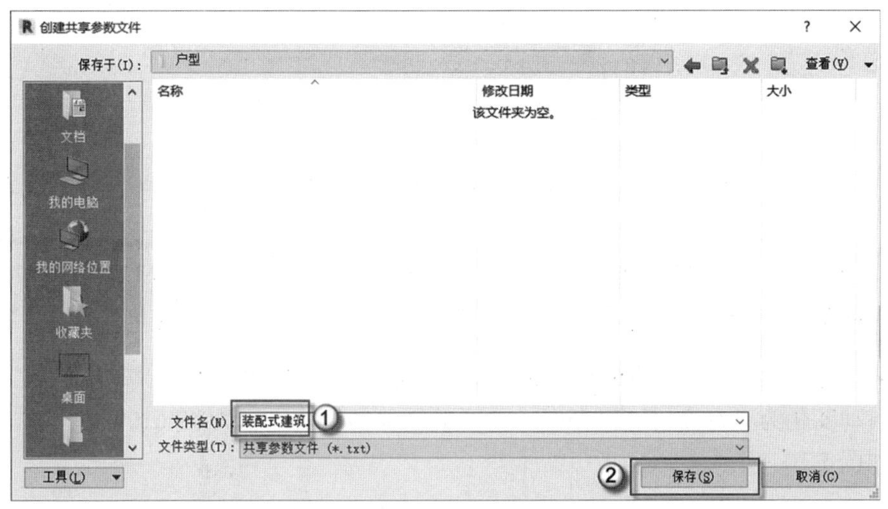

图 1.99　保存共享参数文件

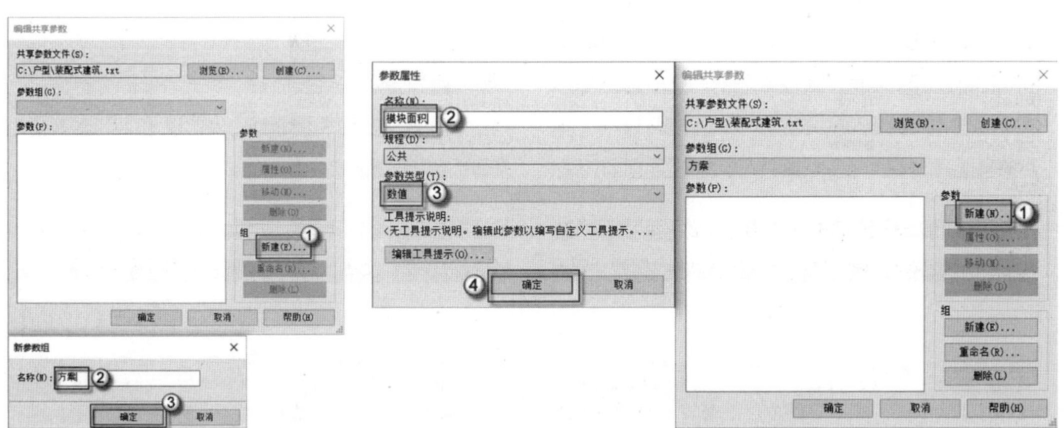

图 1.100　命名组　　　　图 1.101　新建参数属性

注意：“编辑共享参数”对话框中有两个“新建”按钮，一个是“参数”栏下的“新建（N）”按钮；一个是“组”栏下的“新建（E）”按钮。要注意区别对待。

在“编辑共享参数”对话框中选择“模块面积”参数，单击“确定”按钮，在弹出的“共享参数”对话框中选择“模块面积”参数，并单击“确定”按钮，在弹出的“参数属性”对话框中单击“确定”按钮，如图 1.102 所示。此时可以观察到，在“族类型”对话框中虽然出现了“模型面积”参数，但是其数值为 0.000000，如图 1.103 所示。

图 1.102　选择模块面积共享参数

注意： 在 Revit 中有很多种“参数”，如“族参数”与“共享参数”、“类型参数”与“实例参数”“全局参数”“项目参数”等。每个参数的概念、意义、使用方法都不一样，有相当的难度。但是这些参数就是 Revit 实现 BIM 的魅力所在，本书不在这里详细展开说明，需要的读者请参阅笔者已出版的其他 Revit 著作。

（4）设置公式。在“模块面积”的公式栏中输入“宽度*长度/1”，按 Enter 键，输入的公式会自动变化为“宽度*长度/1 m²”，并联动计算出模块面积为 47.610000，单击“确定”按钮，如图 1.104 所示。

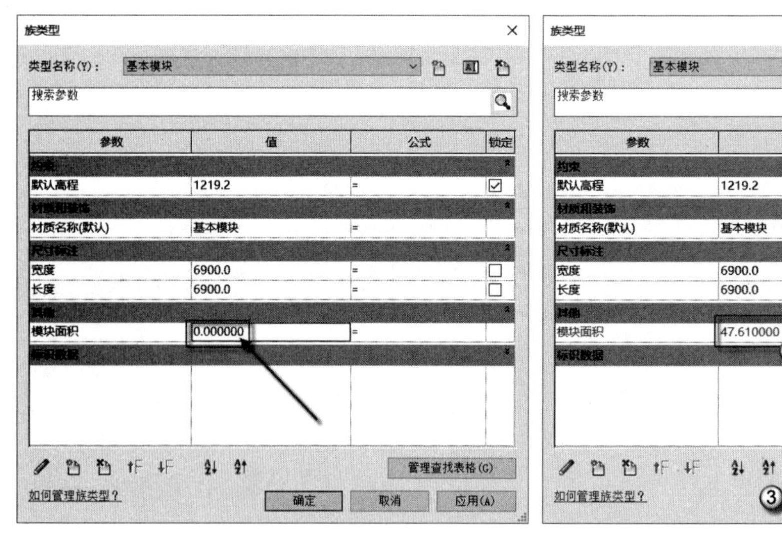

图 1.103　模块面积参数

图 1.104　输入公式

（5）回到项目绘图模式。选择“创建”|“载入到项目”命令，将编辑好的族载入到项目文件中，并且会由族编辑模式自动切换到项目绘图模式，在弹出的“族已存在”对话框中单击“覆盖现有版本及其参数值”按钮，如图 1.105 所示。

（6）使用明细表计算建筑面积。选择“视图”｜“明细表”｜“明细表/数量”命令，在弹出的“新建明细表”对话框中选择“常规模型”类别，设置“名称”为“建筑面积统计表”，单击“确定”按钮，如图 1.106 所示。

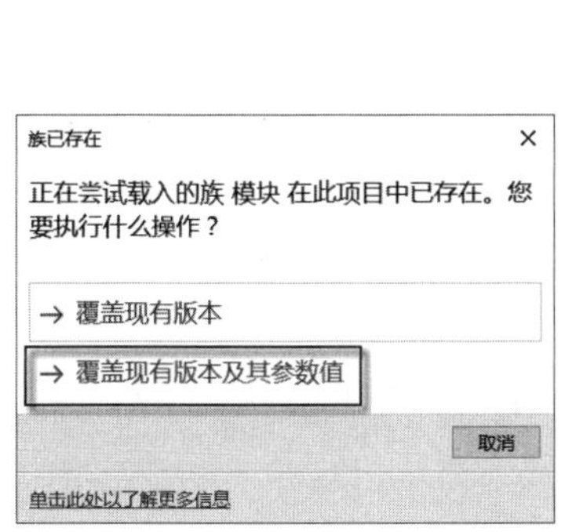

图 1.105　覆盖现有版本及其参数

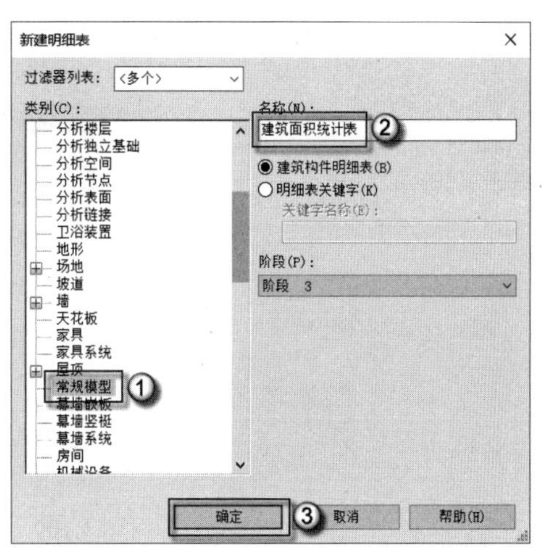

图 1.106　新建明细表

在“可用的字段”栏中选择计算建筑面积所需的字段，如“模块面积”“类型”“合计”，单击“添加字段”按钮，依次将这个字段加入到“明细表字段”栏中，如图 1.107 所示。使用“上移参数”“下移参数”命令，将“明细表字段”中的字段调整顺序（从上至下）为“类型”|“模块面积”｜“合计”，选择“排序/成组”选项卡，如图 1.108 所示。

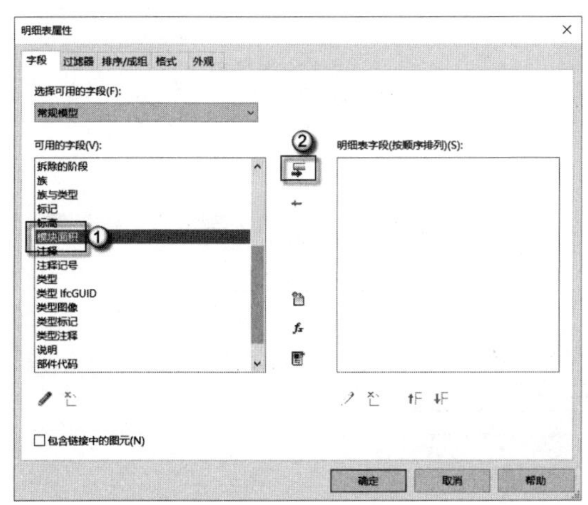

图 1.107　添加字段

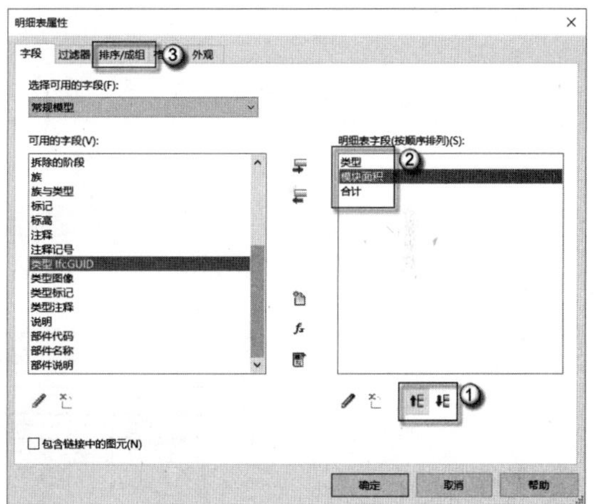

图 1.108　字段排序

设置“排序方式”为“类型”方式，选中“总计”复选框，设置为“仅总数”参数，取消选中“逐项列举每个实例”单选框，选择“格式”选项卡，如图 1.109 所示。

设置“模块面积”字段为“计算总数”选项，如图 1.110 所示。同样设置“合计”字段为“计算总数”选项，单击“确定”按钮，如图 1.111 所示。在完成整个明细表的设置之后，软件会自动进行计算，并自动弹出“建筑面积统计表”，如图 1.112 所示。表中的 466.02 就是本层建筑面积，单位为 m^2。

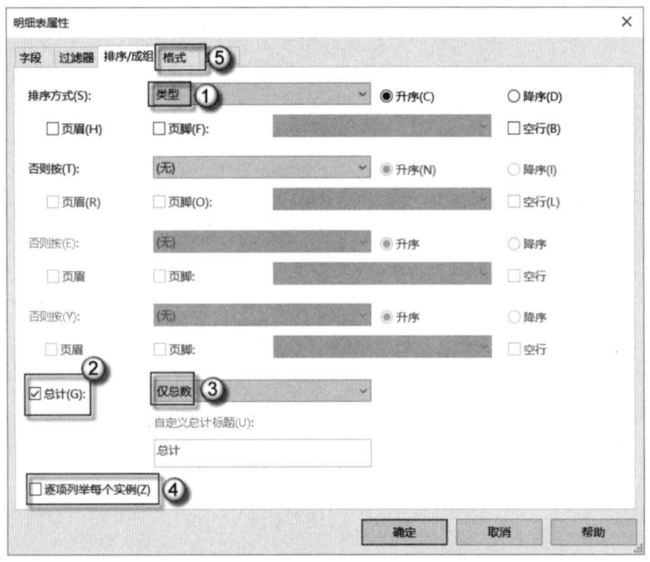

图 1.109　排序/成组

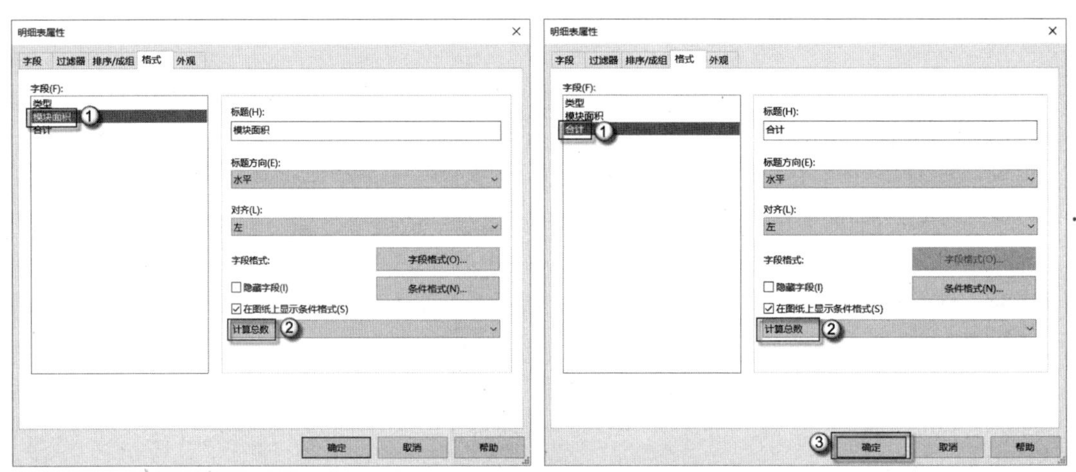

图 1.110　设置模块面积字段　　　　图 1.111　设置合计字段

<建筑面积统计表>

A	B	C
类型	模块面积	合计
基本模块	285.66	6
拼接模块	101.25	5
核心筒模块	51.75	1
走道模块	27.36	1
	466.02	13

图 1.112　建筑面积统计表

（7）其他的模块组合方式与建筑面积。模块的组合方式本来就没有定式，设计师根据业主的要求进行相应的联结，由于软件计算面积是自动的，所以会及时更新“建筑面积统计表”。图 1.113 与图 1.114 是另外两种方式的模块组合与相应的建筑面积，读者也可以根据自己的情况自行设计组合方式并判断面积的合理性。

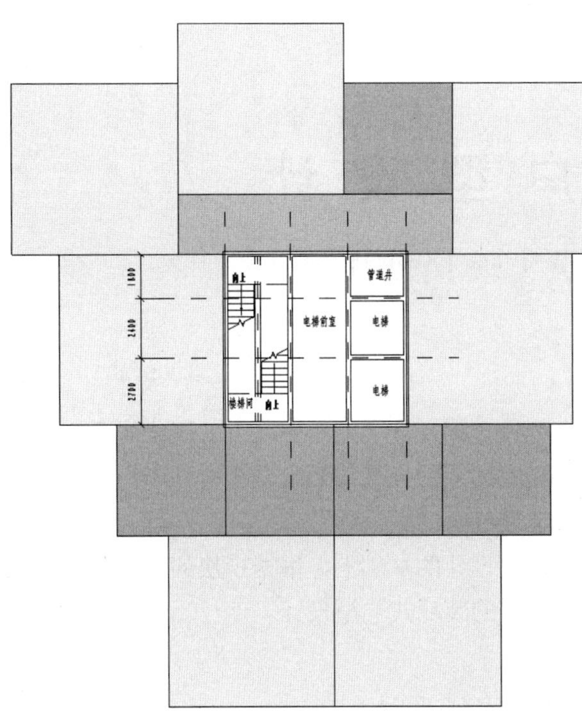

<建筑面积统计表>

A	B	C
类型	模块面积	合计
基本模块	333.27	7
拼接模块	101.25	5
核心筒模块	51.75	1
走道模块	27.36	1
	513.63	14

图 1.113　模块组合方式 1

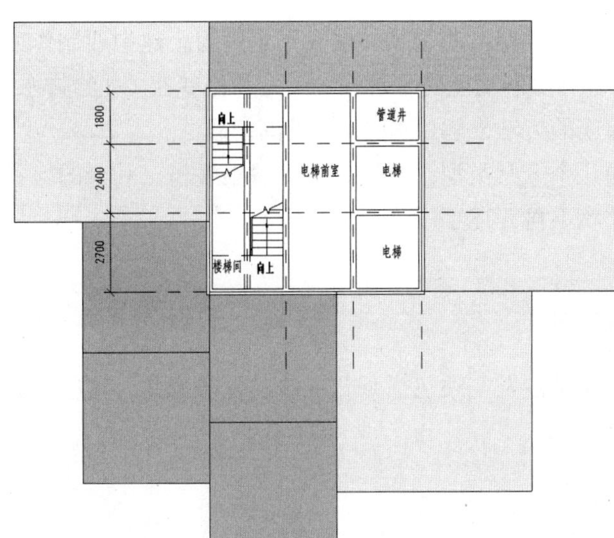

<建筑面积统计表>

A	B	C
类型	模块面积	合计
基本模块	142.83	3
拼接模块	81	4
核心筒模块	51.75	1
走道模块	27.36	1
	302.94	9

图 1.114　模块组合方式 2

第 2 章　户 型 设 计

（教学视频：3 小时 18 分钟）

不论是现浇式建筑还是装配式建筑，户型设计都是住宅的重中之重。现浇式住宅的户型可以灵活多变，体现出生活的气息；而装配式住宅的户型需要从减少构件类型、提高构件重复利用率着手，从而达到减少建筑成本的最终目的。

第 1 章介绍了模块的设计。本章在前面模块设计的基础上，根据模块的拼接形式，设计既符合人们生活要求，又能减少建筑构件类型的装配式户型设计。

2.1　家具族的设计

在建筑方案图甚至是建筑施工图中，都需要绘制家具。这并不是因为土建中要制作家具，而且绘制了家具的图纸，能直观地看到房间功能的合理性，并为其他专业（如给排水、暖通、电气）提供设计依据。本节中用族的方法来解决 Revit 家具的问题。

本节中介绍户型设计时主要使用的几个家具类型：沙发、桌、餐桌餐椅。其余的家具与这些家具制作的方法大同小异，此处就不再冗述了。

2.1.1　沙发族设计

沙发族是一个家具集成的族，不仅仅是沙发，还包括茶几、沙发框等家具。这些家具一起组成了“沙发”族，具体操作如下。

1．茶几族设计

（1）新建族。单击“新建”按钮，在弹出的“新族-选择样板文件”对话框中选择“公制家具”选项，然后单击“打开”按钮，如图 2.1 所示。进入族的绘制界面。

（2）绘制参照平面。按 RP 快捷键，在“偏移量”栏输入 390 个单位，绘制出横向参照平面。再在“偏移量”栏输入 195 个单位，绘制出纵向参照平面，如图 2.2、图 2.3 所示。

（3）绘制茶几腿。选择“创建”|“拉伸”选项，进入√ | ×选项板，在相应位置绘制出长宽均为 100 个单位的矩形，如图 2.4 所示。将绘制好的矩形框选，按 CO 快捷键，进行复制，如图 2.5 所示。

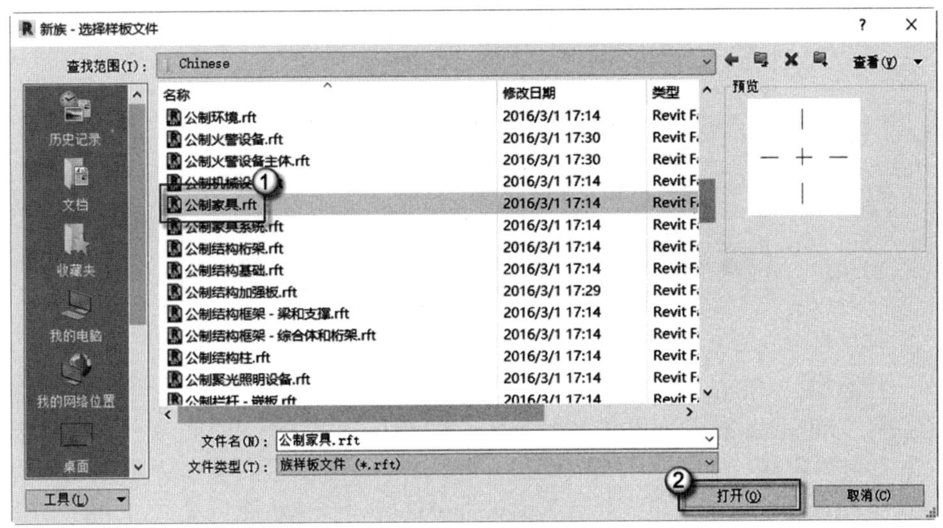

图 2.1　新建族

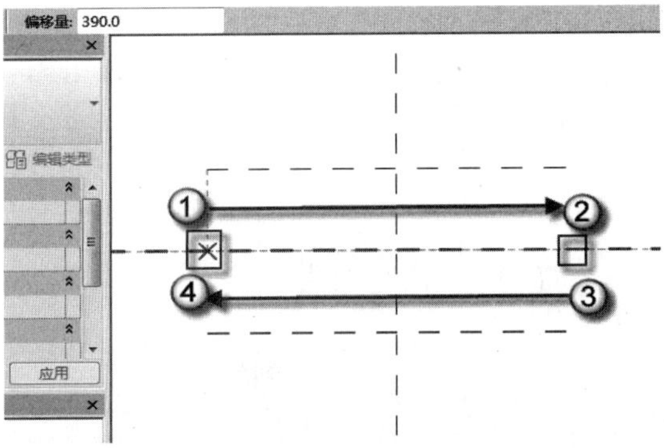

图 2.2　横向参照平面

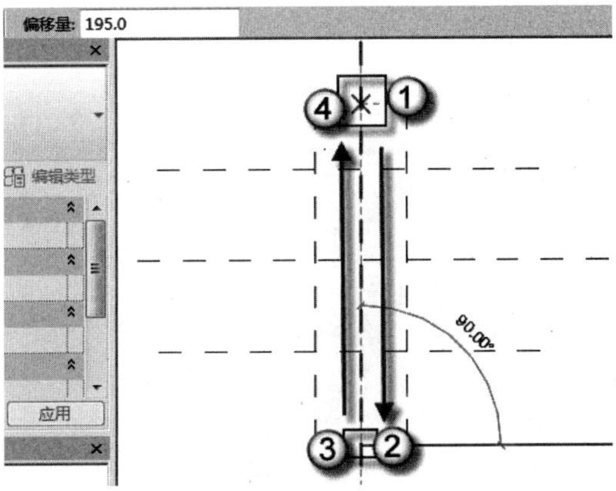

图 2.3　纵向参照平面

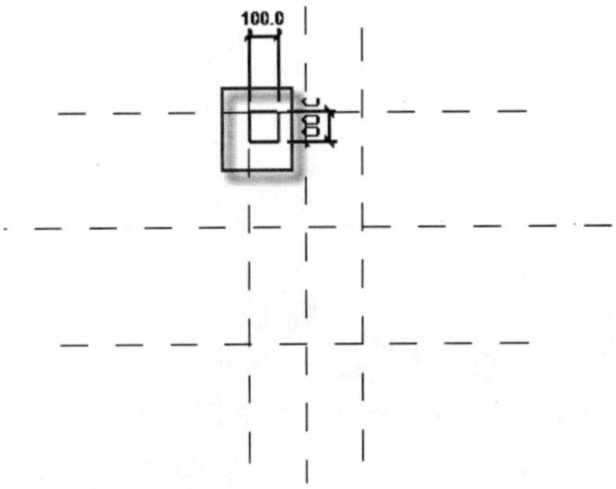

图 2.4　绘制矩形

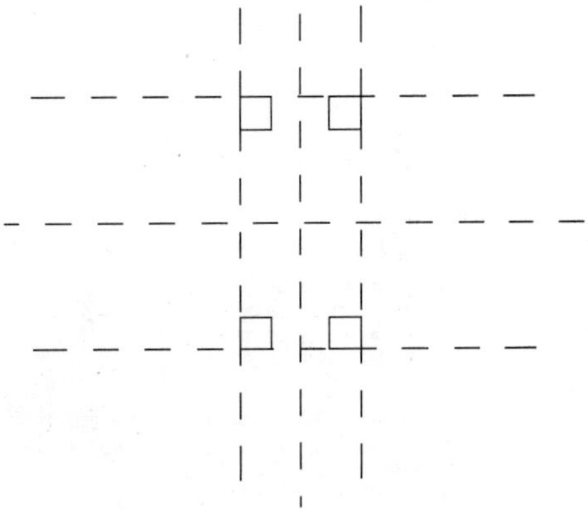

图 2.5　复制矩形

（4）拉伸及可见性设置。在“属性”面板中的“拉伸终点”栏输入 400 个单位，然后单击“可见性/图形”栏后的“编辑”按钮，在弹出的“族图元可见性设置”对话框中取消选中“平面/天花板平面视图”复选框，然后单击“确定”按钮，如图 2.6 所示。

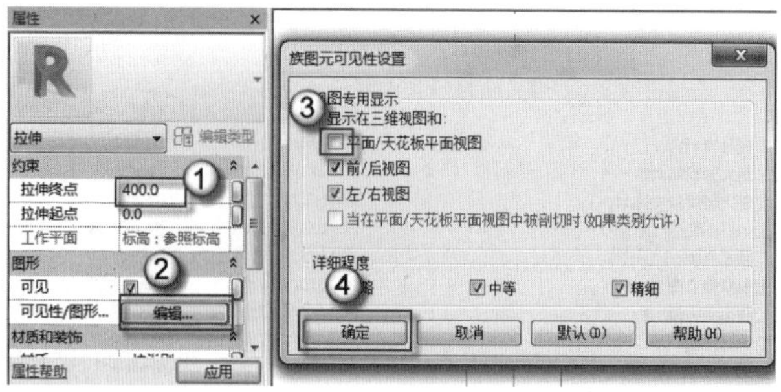

图 2.6　拉伸及可见性设置

（5）材质设置。单击“材质”后的“＜按类别＞”按钮，在弹出的“材质浏览器”对话框中选择“Autodesk 材质”|“其他”选项，然后双击“常规”按钮，在“项目材质：所有”栏下右击“常规”材质，并重命名为“家具”字样，然后单击“填充图案”后的“＜无＞”按钮，在弹出的“填充样式”对话框中选择“实体填充”选项，如图 2.7 所示。单击 RGB 120 120 120 按钮，在弹出的“颜色”对话框中分别输入红=0、绿=127、蓝=255，然后单击“确定”按钮，如图 2.8 所示。最后单击 √ 按钮，退出 √ | ×选项板，完成茶几腿的绘制。

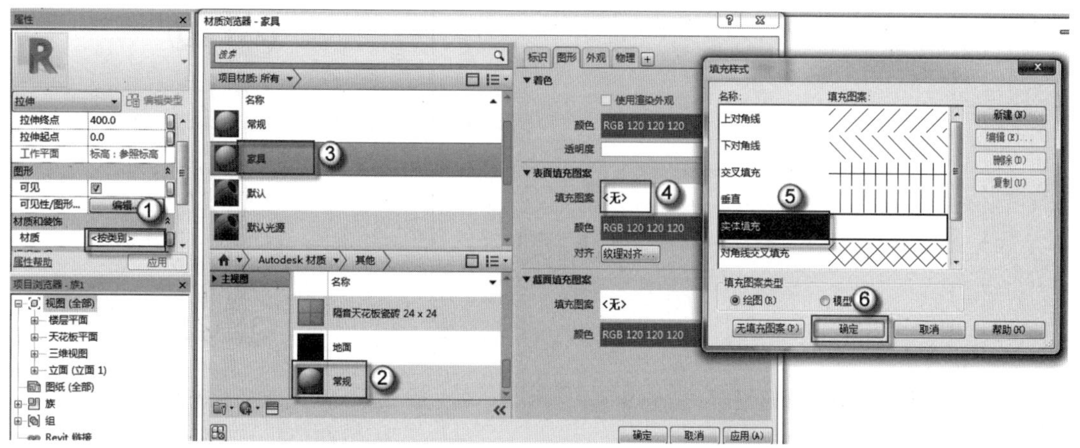

图 2.7　材质设置

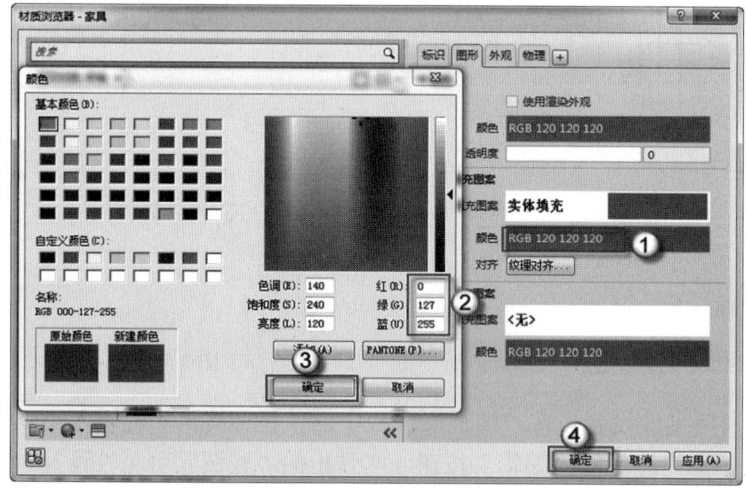

图 2.8　颜色设置

（6）绘制茶几。选择“创建”|“拉伸”选项，进入√ | ×选项板，用“矩形”绘制出茶几板，如图 2.9 所示。在“属性”面板中分别在“拉伸终点”“拉伸起点”栏输入 450、400 个单位，然后单击“应用”按钮，如图 2.10 所示。最后单击 √按钮，退出√ | ×选项板，完成茶几的绘制。

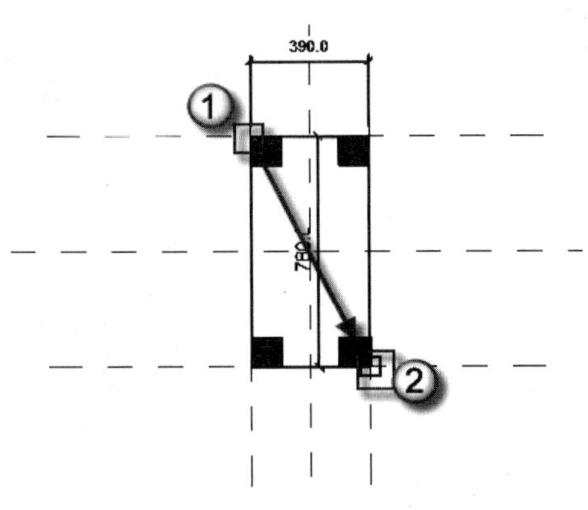

图 2.9 绘制茶几板

图 2.10 拉伸设置

（7）导入 CAD 图。选择“插入”|“导入 CAD”命令，在弹出的“导入 CAD 格式”对话框中选择“茶几”文件，在“导入单位”栏选择“毫米”选项，在“定位”栏选择“自动-中心到中心”选项，然后单击“打开”按钮，如图 2.11 所示。打开后将导入的 CAD 图块移出模型，右击 CAD 图块，选择“分解”| “完全分解”选项。然后再框选图块，单击“转换线”按钮，将其转换为符号线。

图 2.11 导入 CAD 格式

注意： 导入的 CAD 图块为一个整体，不能够编辑，需要进行分解。其次模型是在三维中可见，二维中不可见。而线是在三维中不可见，二维中可见，所以需要将模型线转换为符号线，符号线只在二维中显示。

（8）将图块创建成组。全部框选图块，按 GP 快捷键，在弹出的“创建模型组”对话框中“名称”栏输入“平面-茶几”字样，然后单击“确定”按钮，如图 2.12 所示。创建成组后选中图块，按 MV 快捷键，将图块与模型相对应，如图 2.13 所示。按 F4 键，可观察到茶几的三维视图如图 2.14 所示。然后将茶几族保存后关闭。

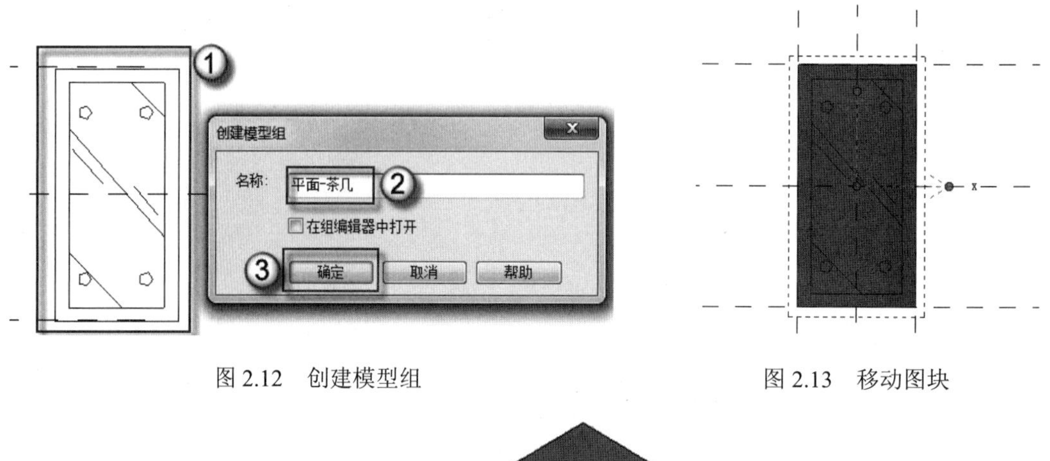

图 2.12　创建模型组　　　图 2.13　移动图块

图 2.14　茶几三维视图

2. 沙发柜族设计

（1）新建族及绘制桌腿。与茶几族相同。单击“新建”按钮，在弹出的“新族-选择样板文件”对话框中选择“公制家具”选项，然后单击“打开”按钮，进入族的绘制界面。绘制桌腿。选择“创建”|“拉伸”选项，进入“ √ | × ”选项板，用圆进行绘制，直接输入 150 个单位，如图 2.15 所示。

（2）拉伸及可见性设置。在“属性”面板中的“拉伸终点”栏输入 500 个单位，然后单击“可见性/图形”栏后的“编辑”按钮，在弹出的“族图元可见性设置”对话框中取消选中“平面/天花板平面视图”选项，然后单击“确定”按钮，如图 2.16 所示。

（3）材质设置。单击“材质”后的“＜按类型＞”按钮，在弹出的“材质浏览器”对话框中选择之前的收藏的“家具”材质，然后在“填充图案”栏选择“实体填充”选项，在“颜色”栏选择 RGB 0 127 255 选项，然后单击“确定”按钮，如图 2.17 所示。最后单击 √ 按钮，退出 √ | ×选项板，完成桌腿的绘制。

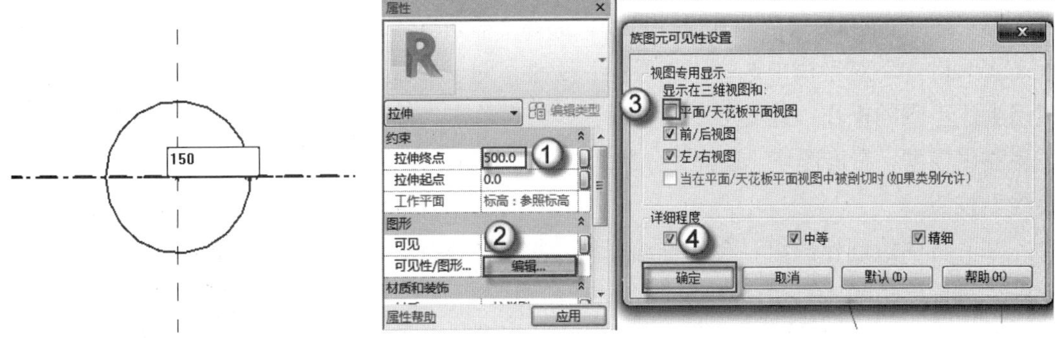

图 2.15　绘制桌腿　　　　图 2.16　拉伸及可见性设置

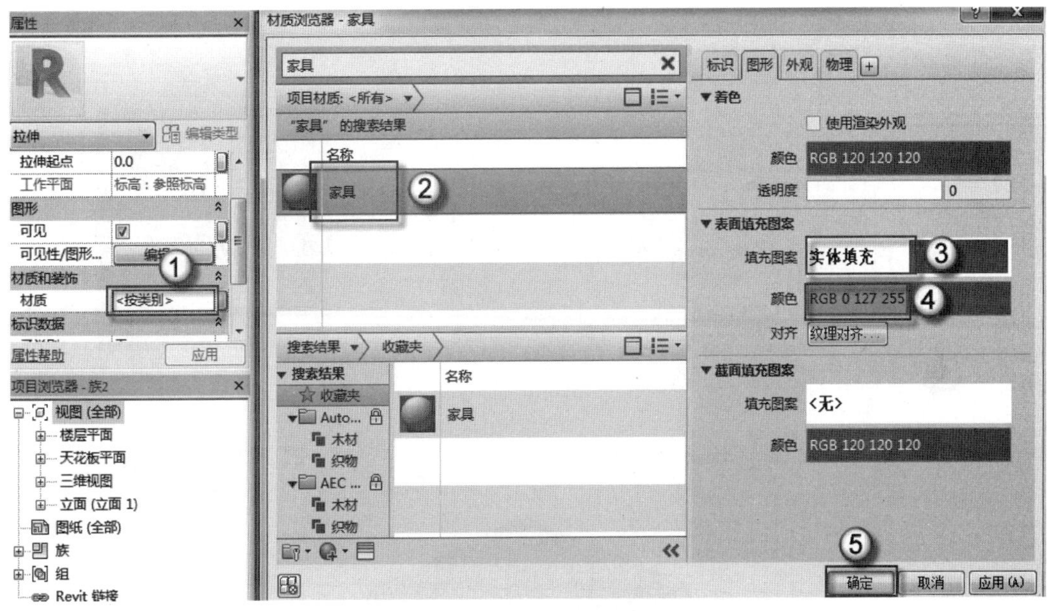

图 2.17　材质设置

（4）绘制桌板。先绘制桌板的参照平面，按 RP 快捷键，绘制偏移量为 250 个单位的矩形参照平面，如图 2.18 所示。选择“创建”|“拉伸”选项，进入 √ | ”选项板，用“矩形”绘制出桌板，如图 2.19 所示。在“属性”面板中分别在“拉伸终点”“拉伸起点”栏输入 600、500 个单位，然后单击“应用”按钮，如图 2.20 所示。最后单击 √按钮，退出√ | ×选项板，完成桌板的绘制。

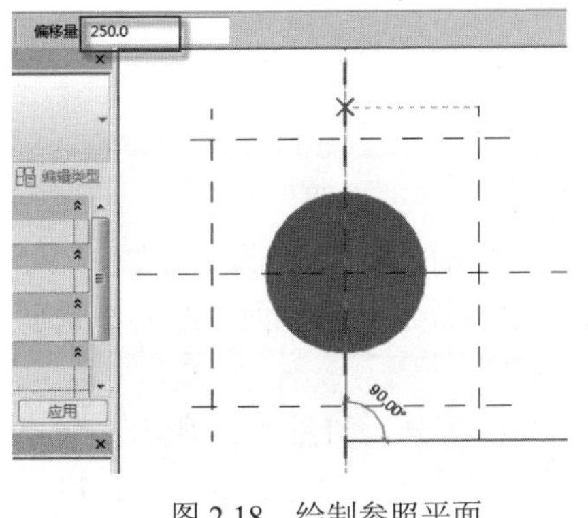

图 2.18　绘制参照平面

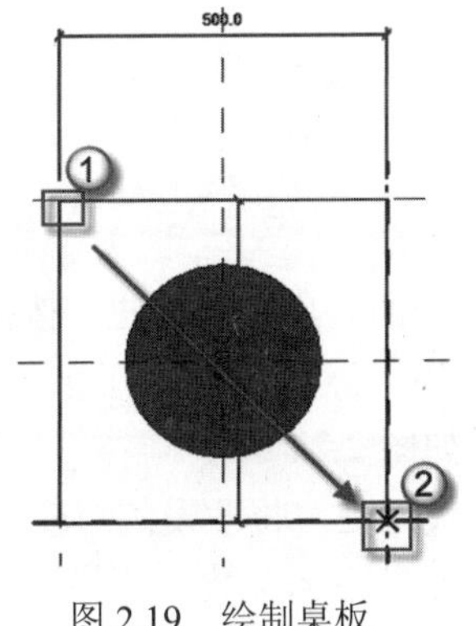

图 2.19　绘制桌板

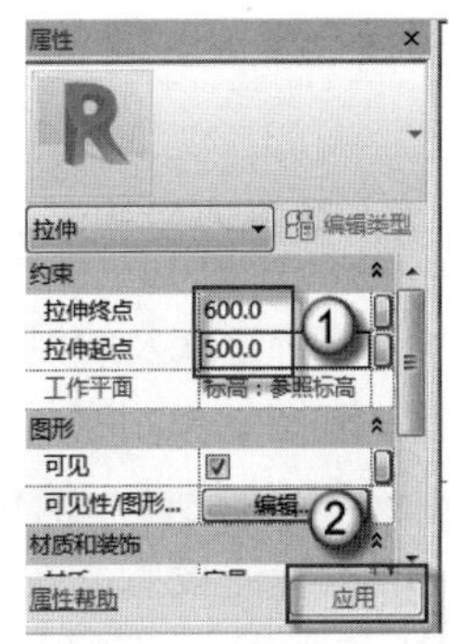

图 2.20　拉伸设置

（5）导入 CAD。与茶几族设计同理。选择“插入”|“导入 CAD”命令，在弹出的“导入 CAD 格式”对话框中选择“沙发柜”文件，对于“导入单位”和“定位”栏的选项设置因上述步骤的操作，此处可不用再设置，然后单击“打开”按钮。打开后将导入的 CAD 图块移出模型，右击图块，选择“分解”|“完全分解”命令。然后全部框选图块，单击“转换线”按钮。

（6）将图块创建成组。全部框选图块，按 GP 快捷键，在弹出的“创建模型组”对话框中“名称”栏输入“平面-沙发柜”字样，然后单击“确定”按钮，如图 2.21 所示。创建成组后选中图块，按 MV 快捷键，将图块与模型相对应，如图 2.22 所示。按 F4 键，可观察到茶几的三维视图如图 2.23 所示。然后将茶几族保存后关闭。

图 2.21　创建成组　　　图 2.22　移动图块

图 2.23　沙发柜三维视图

3. 单排沙发族设计

（1）新建族及绘制参照平面。单击“新建”按钮，在弹出的“新族-选择样板文件”对话框中选择“公制家具”选项，然后单击“打开”按钮，进入族的绘制界面。绘制参照平面。按 RP 快捷键，偏移量如图 2.24 所示。

（2）标注设置。按 DI 快捷键，将沙发的可变量进行 EQ 等分，如图 2.25 所示。继续按 DI 快捷键，将沙发的可变量添加参数，选择 500 标注，然后单击“创建参数”按钮，在弹出的“参数属性”对话框中“名称”栏输入“沙发长”字样，单击“确定”按钮，如图 2.26 所示。继续按 DI 快捷键进行标注并锁定 200 个单位的尺寸标注，如图 2.27 所示。

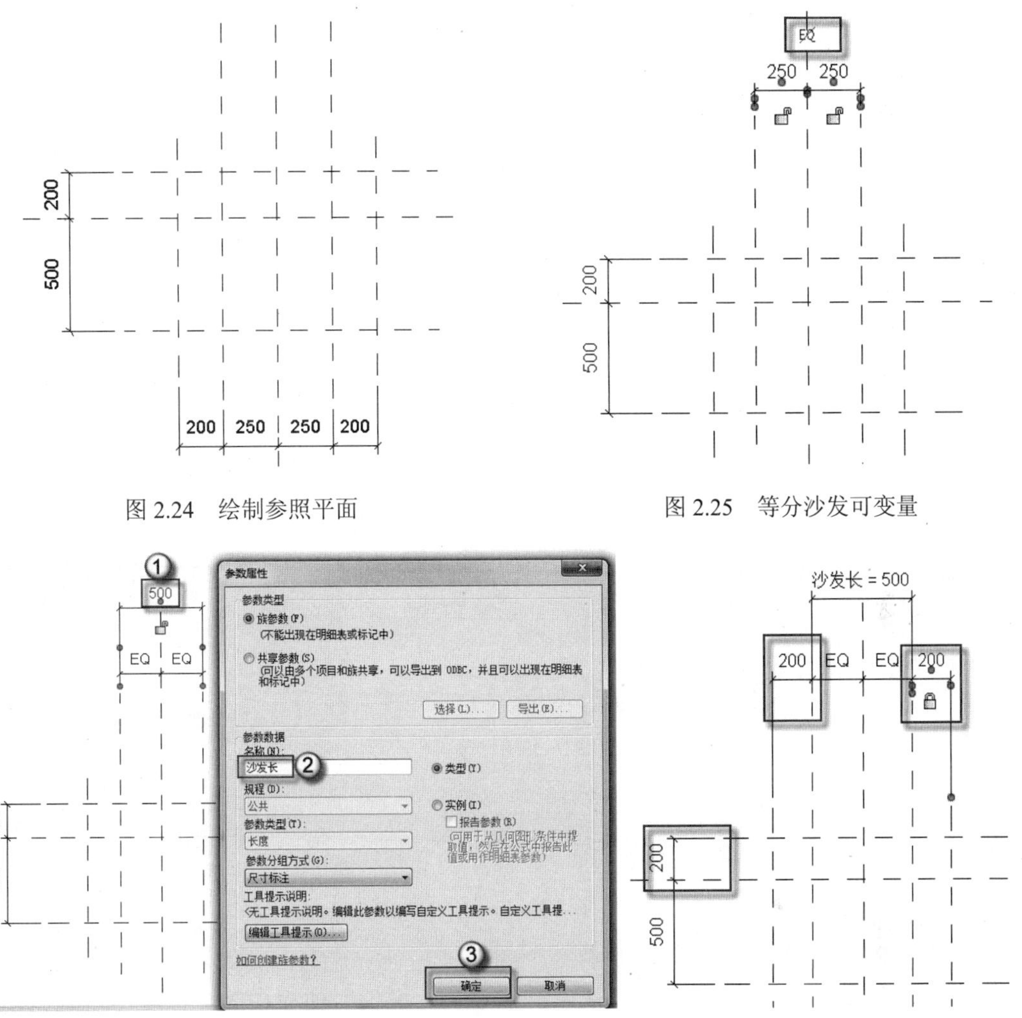

图 2.24　绘制参照平面

图 2.25　等分沙发可变量

图 2.26　添加参数

图 2.27　标注尺寸

（3）绘制沙发并拉伸及可见性设置。选择“创建”|“拉伸”选项，进入 √ | ×选项板，用“矩形”绘制出沙发，如图 2.28 所示。在“属性”面板中的“拉伸终点”栏输入 500 个单位，然后单击“可见性/图形”栏后的“编辑”按钮，在弹出的“族图元可见性设置”对话框中取消选中“平面/天花板平面视图”复选框，然后单击“确定”按钮，如图 2.29 所示。

（4）材质设置。单击“材质”后的“<按类别>”按钮，在弹出的“材质浏览器”对话框中选择之前的收藏的“家具”材质，对于“填充图案”和“颜色”的设置，在上述步骤中已进行操作，此时不用再设置，单击“确定”按钮，如图 2.30 所示。最后单击 √ 按钮，退出 √ | ×选项板，完成部分沙发的绘制。

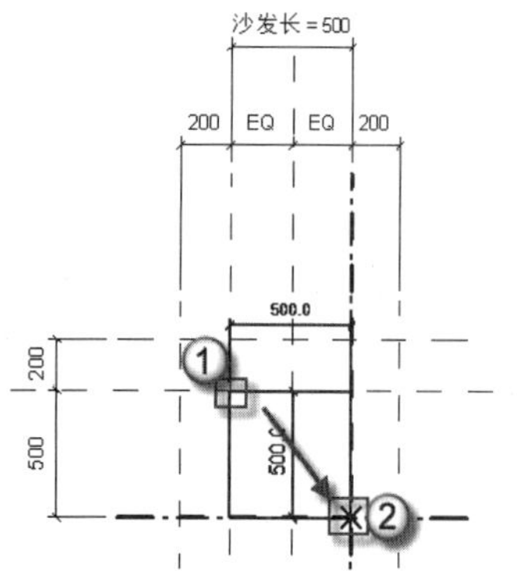

图 2.28　绘制沙发

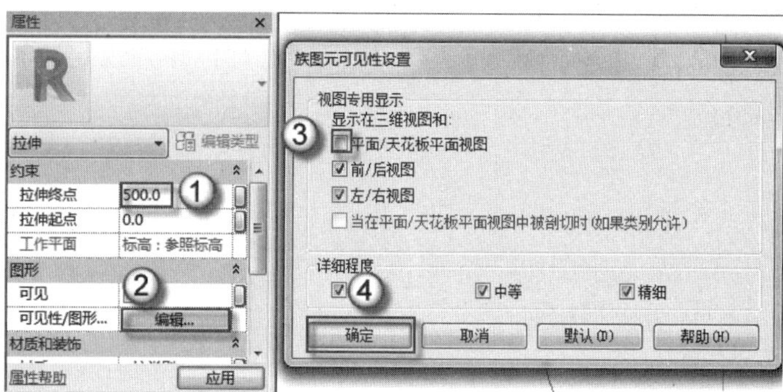

图 2.29　拉伸及可见性设置

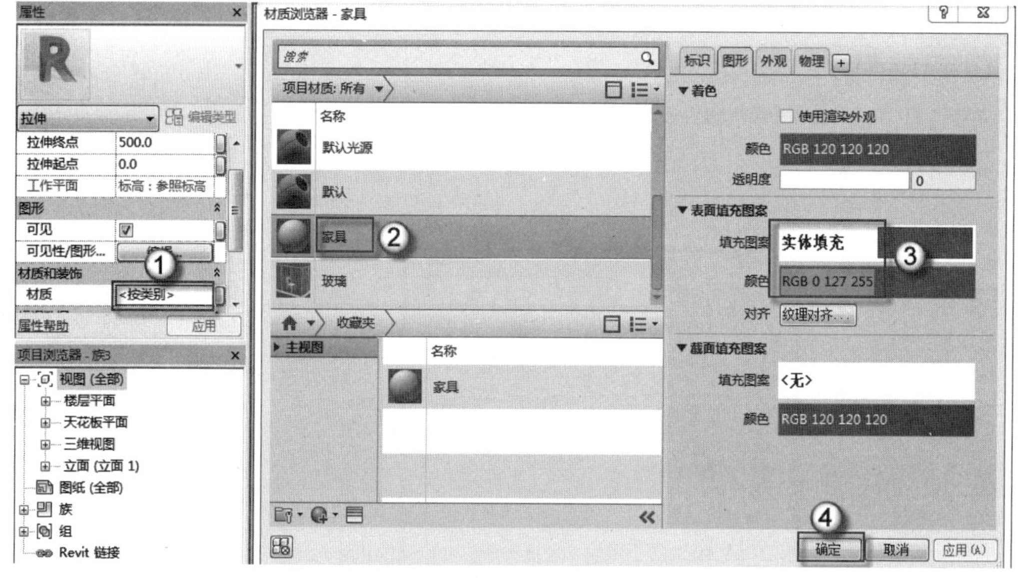

图 2.30　材质设置

（5）沙发把手及靠背的绘制。选择“创建”|“拉伸”选项，进入 √ | ×选项板，用矩形将沙发把手绘制出来，如图 2.31 所示。然后在“属性”面板中的“拉伸终点”栏输入 700 个单位，单击“应用”按钮，如图 2.32 所示。单击 √按钮，退出 √ | ×选项板。继续选择“创建”|“拉伸”选项，进入 √ | ×选项板，用矩形将沙发靠背绘制出来，如图 2.33 所示。然后在“属性”面板中的“拉伸终点”栏输入 1100 个单位，如图 2.34 所示。

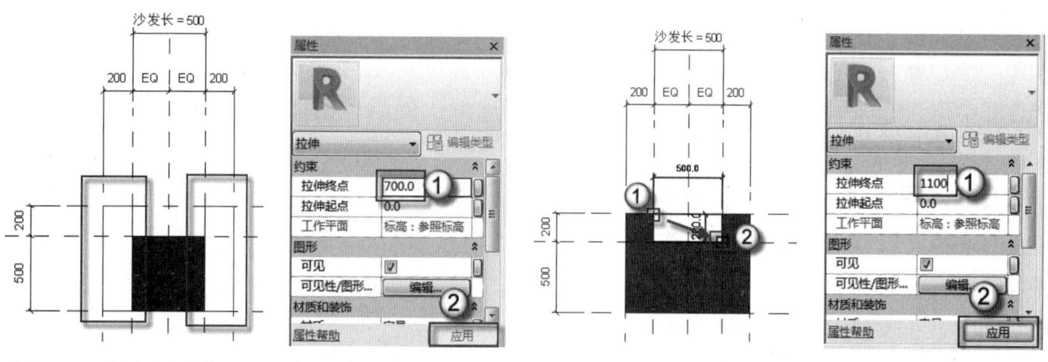

图 2.31　绘制沙发把手　图 2.32　拉伸设置　图 2.33　绘制沙发靠背　图 2.34　拉伸设置

（6）导入 CAD。选择“插入”|“导入 CAD”选项，在弹出的“导入 CAD 格式”对话框中选择“单排沙发”文件。打开后将导入的 CAD 图块移出模型，并右击图块，选择“分解”|“完全分解”命令。然后全部框选图块，单击“转换线”按钮。

（7）将图块创建成组。全部框选图块，按 GP 快捷键，在弹出的“创建模型组”对话框中“名称”栏输入“平面-单沙发”字样，然后单击“确定”按钮，如图 2.35 所示。创建成组后选中图块，先按 RO 快捷键，将图块旋转，如图 2.36 所示。然后按 MV 快捷键，将图块与模型相对应，如图 2.37 所示。

图 2.35　创建成组　　　　图 2.36　旋转图块

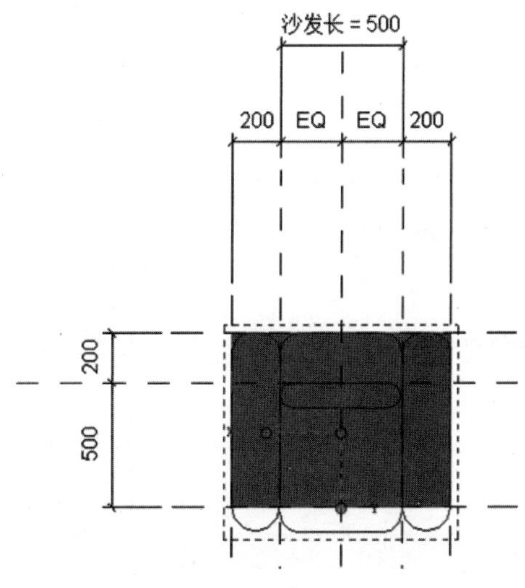

图 2.37　移动图块

4．沙发族设计

（1）三排沙发族设置。首先将单排沙发另存为“沙发”族。然后将单排沙发的平面图块删除。单击“族类型”按钮，在弹出的“族类型”对话框中“沙发长”栏输入 1500 个单位，如图 2.38 所示。选择“插入”|“导入 CAD”命令，在弹出的“导入 CAD 格式”对话框中选择“三排沙发”文件。打开后将导入的 CAD 图块移开些，右击图块，选择“分解”|“完全分解”命令。然后全部框选图块，单击“转换线”按钮。

（2）增加可见性参数。先框选图块，按 RO 快捷键，将图块旋转与模型对应，如图 2.39 所示。再次框选中图块，单击按钮，在弹出的“关联族参数”对话框中单击“添加参数”按钮，在弹出的“参数属性”对话框中“名称”栏输入“是否需要平面-三沙发”字样，然后单击“确定”按钮，如图 2.40 所示。

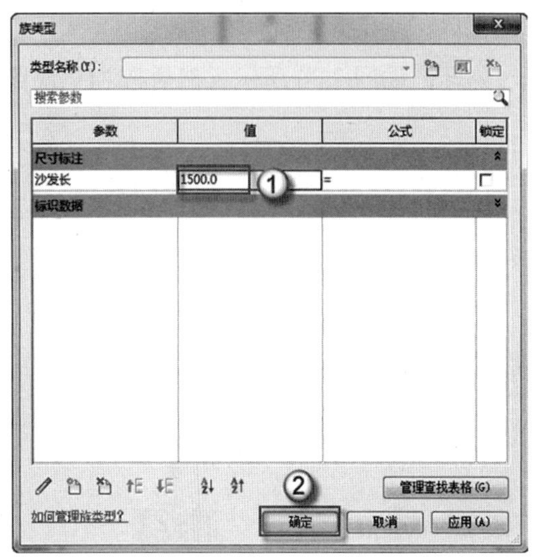

图 2.38　族类型设置

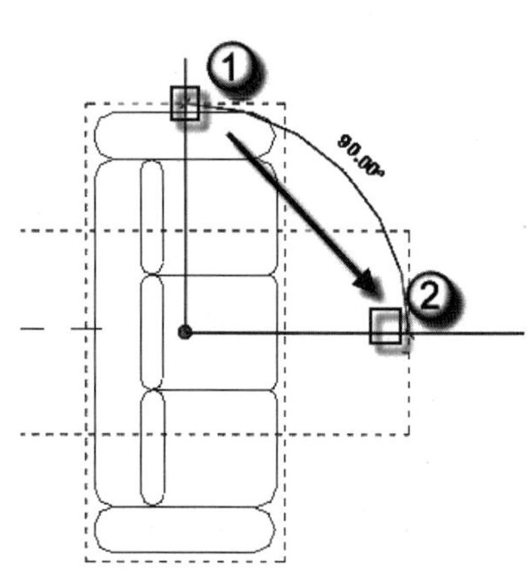

图 2.39　旋转图块

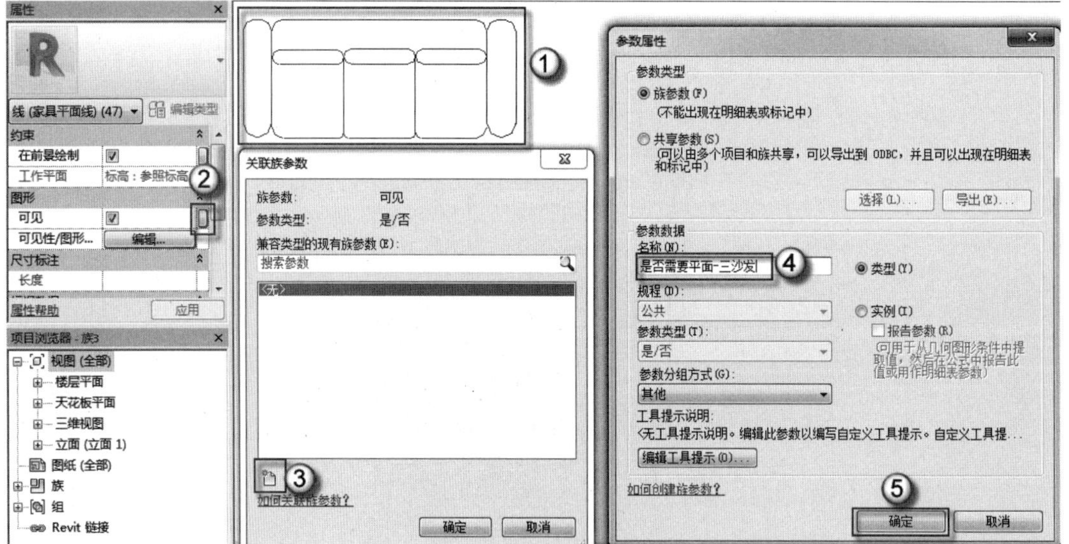

图 2.40　增加可见性参数

（3）将图块创建成组。全部框选图块，按 GP 快捷键，在弹出的“创建模型组”对话框中“名称”栏输入“平面-三排沙发”字样，然后单击“确定”按钮，如图 2.41 所示。创建成组后选中图块，按 MV 快捷键，将图块与模型相对应，如图 2.42 所示。

（4）双排沙发设置。选择“插入”|“导入 CAD”选项，在弹出的“导入 CAD 格式”对话框中选择“双排沙发”文件。打开后将导入的 CAD 图块移出模型，并选中图块，选择“分解”|“完全分解”命令。然后全部框选图块，单击“转换线”按钮。

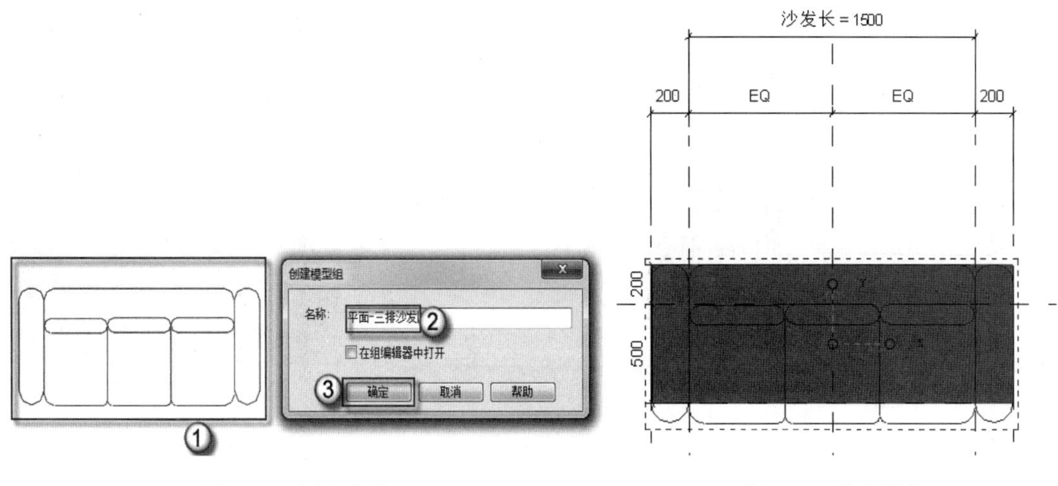

图 2.41　创建成组　　　　图 2.42　移动图块

（5）增加可见性参数。先框选图块，按 RO 快捷键，将图块旋转与模型对应。再次框选中图块，单击□按钮，在弹出的“关联族参数”对话框中单击“添加参数”按钮，在弹出的“参数属性”对话框中“名称”栏输入“是否需要平面-双沙发”字样，然后单击“确定”按钮，如图 2.43 所示。

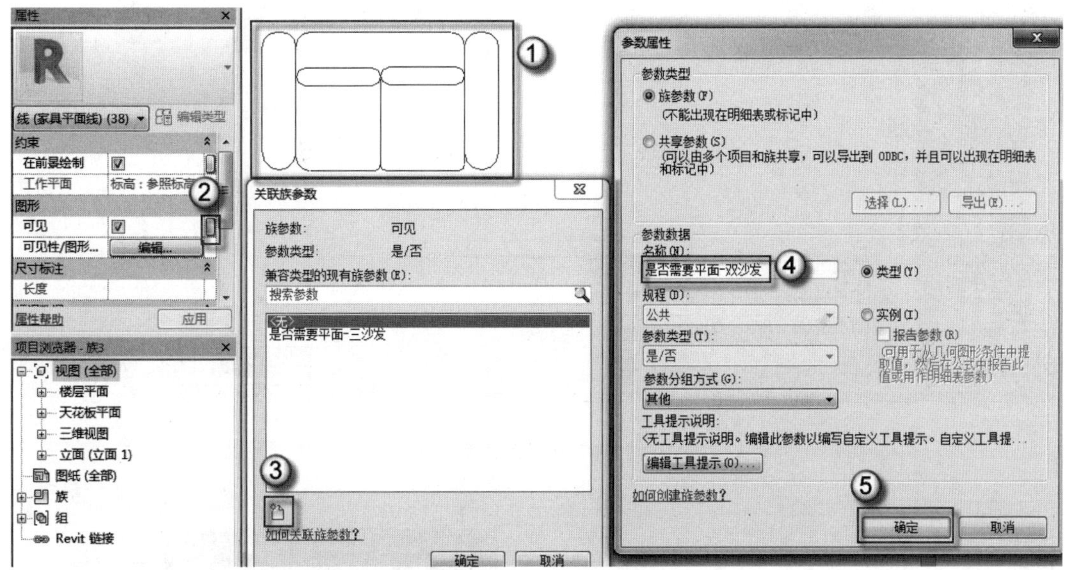

图 2.43　增加可见性参数

（6）将图块创建成组。全部框选图块，按 GP 快捷键，在弹出的“创建模型组”对话框中“名称”栏输入“平面-双排沙发”字样，然后单击“确定”按钮，如图 2.44 所示。创建成组后选中图块，按 MV 快捷键，将图块与模型相对应，如图 2.45 所示。

（7）载入并设置族。选择“插入”|“载入族”命令，在弹出的“载入族”对话框中选择上述绘制的族，然后单击“打开”按钮，如图 2.46 所示。在“项目浏览器”面板中选择“族”|“家具”|“单排沙发”选项，拖住“单排沙发”按钮到绘制区，摆放到相应单排沙发的位置，同理，将沙发柜、茶几排放到相应的位置，如图 2.47 所示。

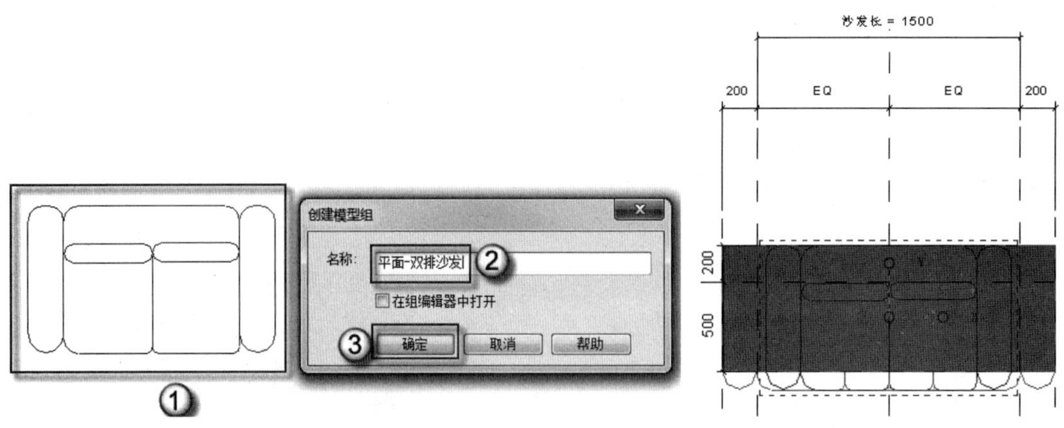

图 2.44　创建成组　　　　图 2.45　移动图块

图 2.46　载入族

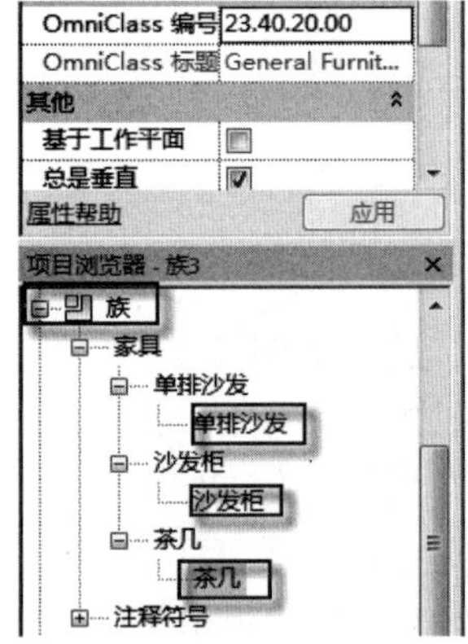

图 2.47　放置族

（8）增加可见性参数。配合 Ctrl 键，将两个沙发柜选中，单击▯按钮，在弹出的“关联族参数”对话框中单击“添加参数”按钮，在弹出的“参数属性”对话框中“名称”栏输入“是否需要沙发柜”字样，然后单击“确定”按钮，如图 2.48 所示。运用同样方法，增加单排沙发、茶几的可见性参数。还要将“地毯”的 CAD 图块导入到模型中，移动到相应位置并增加可见性参数以及创建成组，方法同理，这里不再赘述。

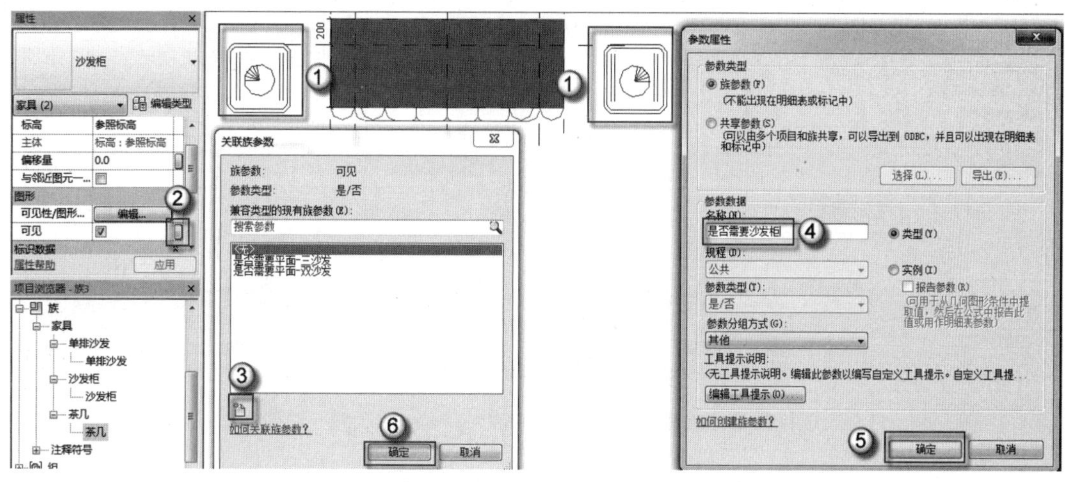

图 2.48　增加可见性参数

（9）族类型设置。单击“族类型”按钮，在弹出的“族类型”对话框中单击“新建类型”按钮，在弹出的“名称”对话框中“名称”栏输入“双连排沙发”字样，然后单击“确定”按钮，在“沙发长”栏输入 1000 个单位，在“其他”栏只勾选“是否需要平面-双沙发”单选框，然后单击“应用”按钮，如图 2.49 所示。根据此步骤新建“三连排沙发”“三连排带茶几”“L 型沙发”族类型并进行尺寸和其他的设置，如图 2.50、图 2.51、图 2.52 所示。

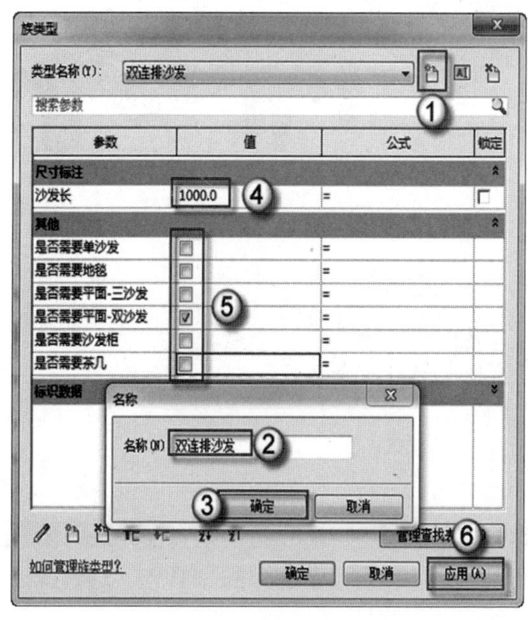

图 2.49　双连排沙发设置

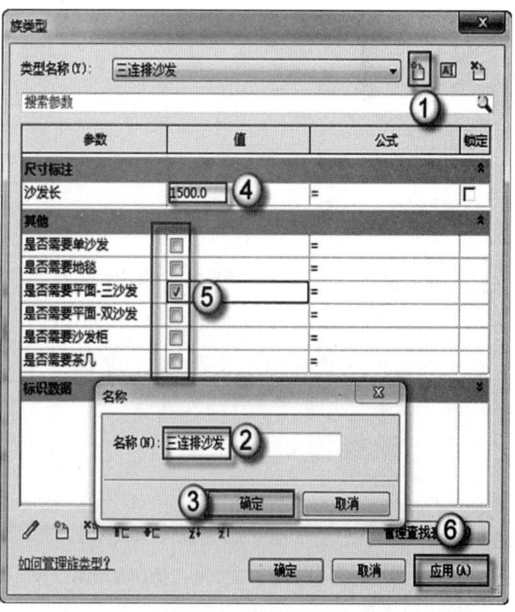

图 2.50　三连排沙发设置

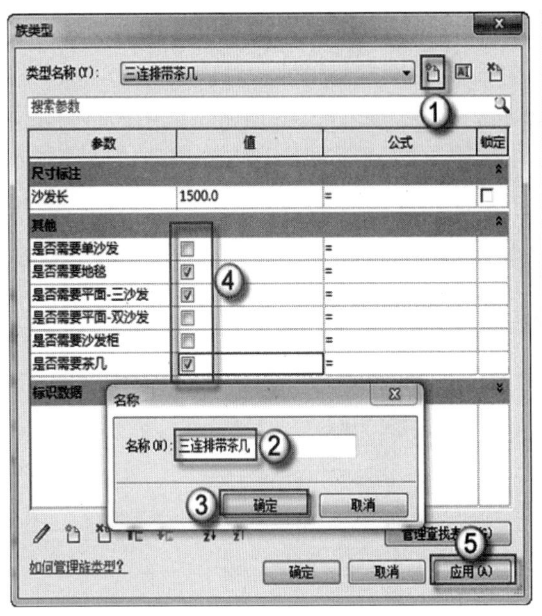

图 2.51　三连排带茶几设置

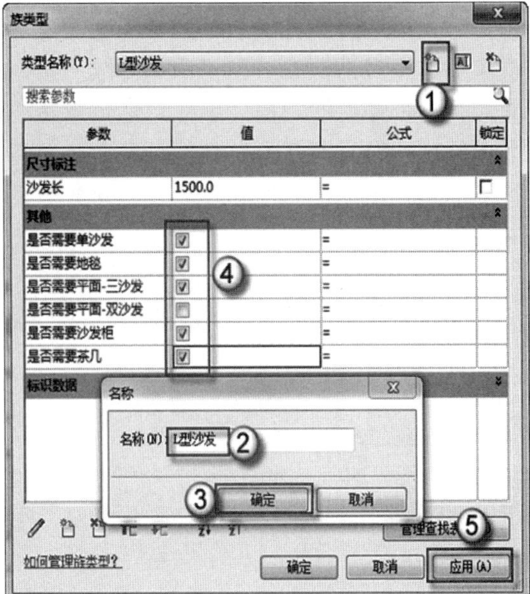

图 2.52　L 型沙发设置

（10）添加控件。选择“创建”|“控件”|“双向竖直”和“双向水平”选项，单击任意位置即可，如图 2.53 所示。沙发族即绘制完成，按 F4 键，可查看到沙发族的三维视图，如图 2.54 所示。

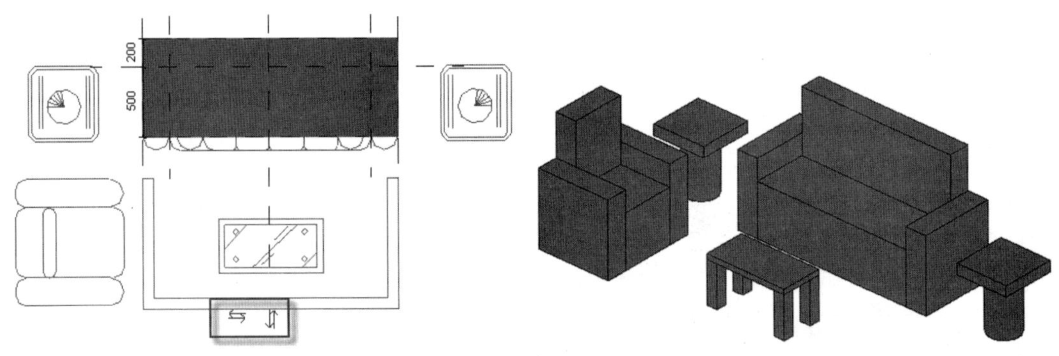

图 2.53　添加控件　　　　图 2.54　沙发族三维视图

注意：族做好之后一般都需要增加两个控件，一个是双向竖直，一个是双向水平。当这样的族载入到项目中后，可以单击“双向竖直”控件进行竖直向的翻转，也可以单击“双向水平”控件进行水平向的翻转，操作非常方便。

2.1.2　床族设计

卧室的尺寸实际上是由床决定的，单人床对应的卧室开间尺寸起步是 2700mm，双人床对应的卧室开间尺寸起步 3600mm。所以必须在卧室中放入床这样的家具族，通过家具判断房间设计的合理性，具体操作如下。

1．床头柜族设计

（1）新建族及绘制参照平面。单击“新建”按钮，在弹出的“新族-选择样板文件”对话框中选择“公制家具”选项，然后单击“打开”按钮，进入族的绘制界面。运用参照平面 RP 快捷键，将参照平面绘制出来，尺寸如图 2.55 所示。

（2）绘制床头柜。选择“创建”|“拉伸”选项，进入√ | ×选项板，用“矩形”绘制出床头柜，如图 2.56 所示。在“属性”面板中的“拉伸终点”栏输入 600 个单位，然后单击“可见性/图形”栏后的“编辑”按钮，在弹出的“族图元可见性设置”对话框中取消选中“平面/天花板平面视图”复选框，然后单击“确定”按钮，如图 2.57 所示。

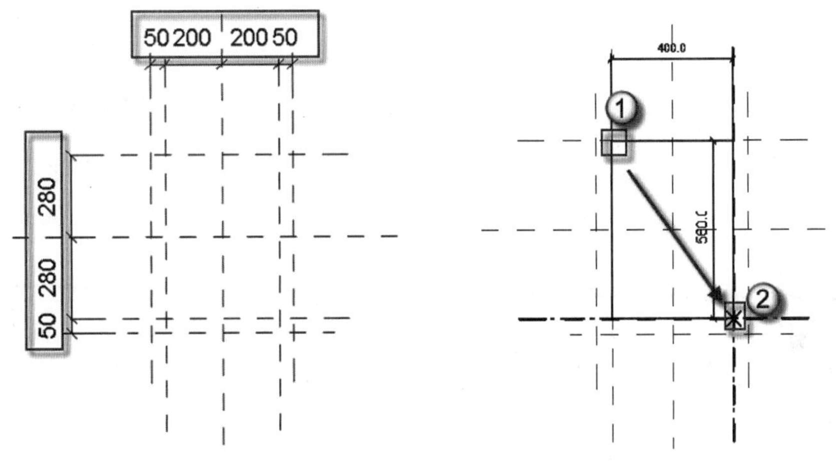

图 2.55　参照平面　　　　图 2.56　绘制床头柜

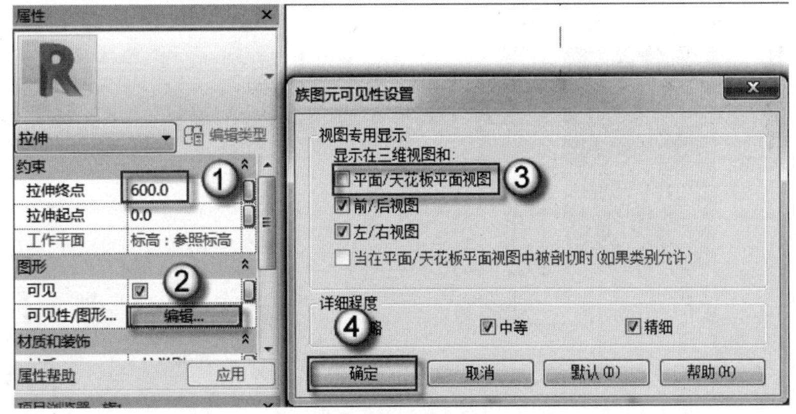

图 2.57　可见性设置

（3）材质设置。单击“材质”后的“<按类别>”按钮，在弹出的“材质浏览器”对话框中选择之前收藏的“家具”材质，对于“填充图案”和“颜色”的设置，在上述步骤中已进行操作，此时不用再设置，单击“确定”按钮，如图 2.58 所示。最后单击√按钮，退出√ | ×选项板，完成床头柜的绘制。

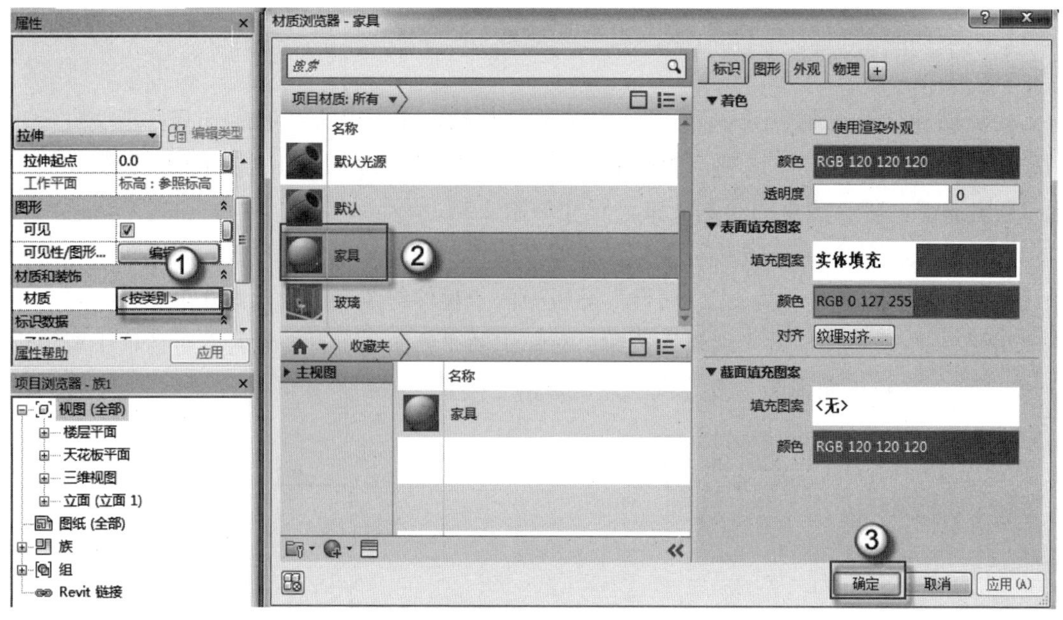

图 2.58　材质设置

（4）绘制床头柜挡板。选择“创建”|“拉伸”选项，进入√|×选项板，用“矩形”绘制出床头柜挡板，如图 2.59 所示。在“属性”面板中的“拉伸终点”栏输入 650 单位，然后单击“应用”按钮，如图 2.60 所示。最后单击 √按钮，退出√|×选项板，完成茶几的绘制。

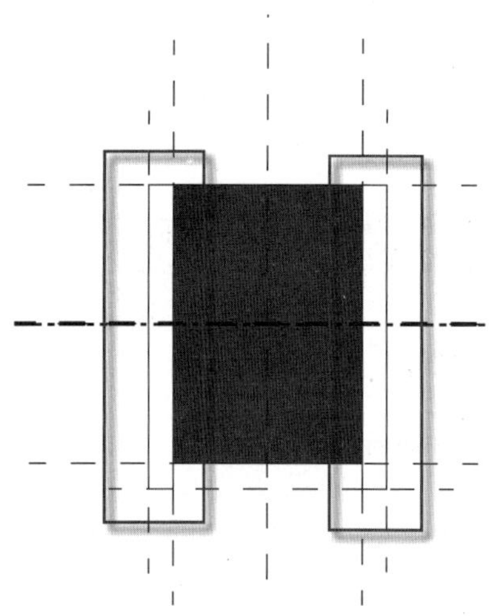

图 2.59　绘制床头柜挡板

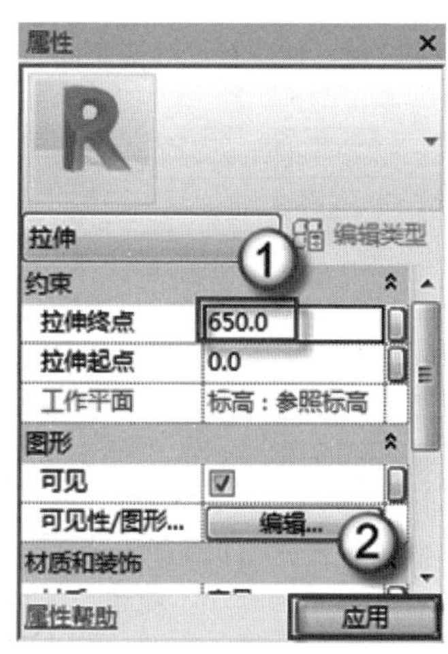

图 2.60　拉伸设置

（5）导入 CAD。与沙发族设计同理。选择“插入”|“导入 CAD”选项，在弹出的“导入 CAD 格式”对话框中选择“床头柜”文件，在“导入单位”栏选择“毫米”选项，在“定位”栏选择“自动-中心到中心”选项，然后单击“打开”按钮，如图 2.61 所示。打开后将导入的 CAD 图块移出模型，并右击图块，选择“分解”|“完全分解”命令。然后全部框选图块，单击“转换线”按钮。

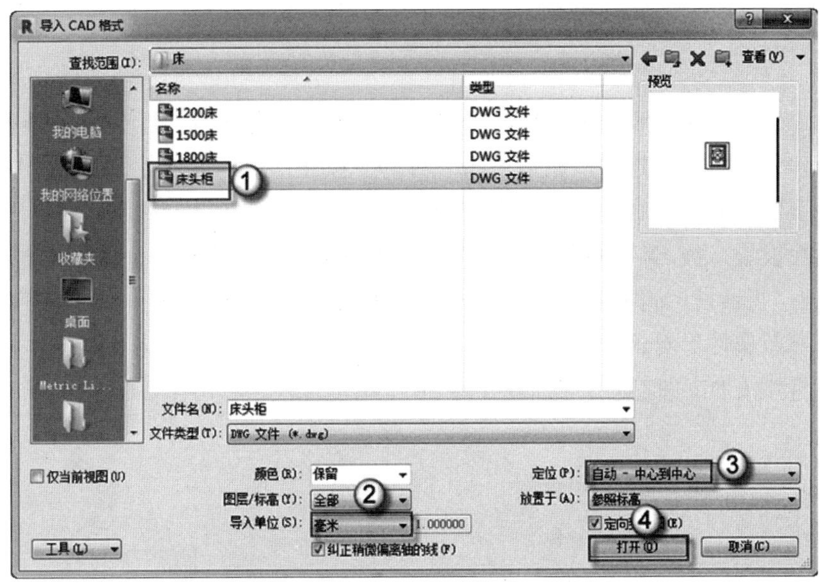

图 2.61　导入图块

（6）将图块创建成组。全部框选图块，按 GP 快捷键，在弹出的“创建模型组”对话框中“名称”栏输入“平面-床头柜”字样，然后单击“确定”按钮，如图 2.62 所示。创建成组后选中图块，按 MV 快捷键，将图块与模型相对应，如图 2.63 所示。按 F4 键，可观察到床头柜的三维视图如图 2.64 所示。然后将床头柜族保存后关闭。

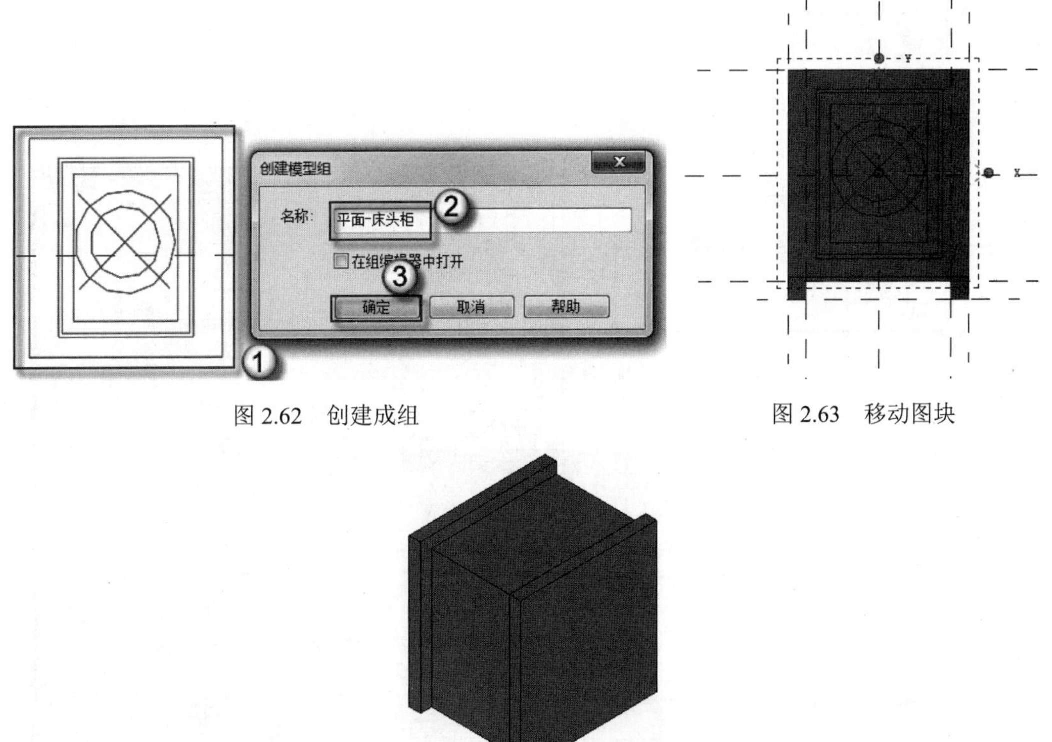

图 2.62　创建成组

图 2.63　移动图块

图 2.64　床头柜三维视图

2. 床族设计

（1）新建族及绘制参照平面。单击“新建”按钮，在弹出的“新族-选择样板文件”对话框中选择“公制家具”选项，然后单击“打开”按钮，进入族的绘制界面。按 RP 快捷键，发出“参照平面”命令，将参照平面绘制出来，尺寸如图 2.65 所示。

（2）标注设置。按 DI 快捷键，将床宽的可变量进行 EQ 等分，如图 2.66 所示。继续按 DI 快捷键，将沙发的可变量添加参数，选择 1800 标注，然后单击“创建参数”按钮，在弹出的“参数属性”对话框中“名称”栏输入“床宽”字样，单击“确定”按钮，如图 2.67 所示。继续按 DI 快捷键进行标注并将 50 个单位标注，单击图 2.68 中的锁头图标，如图 2.68 所示。

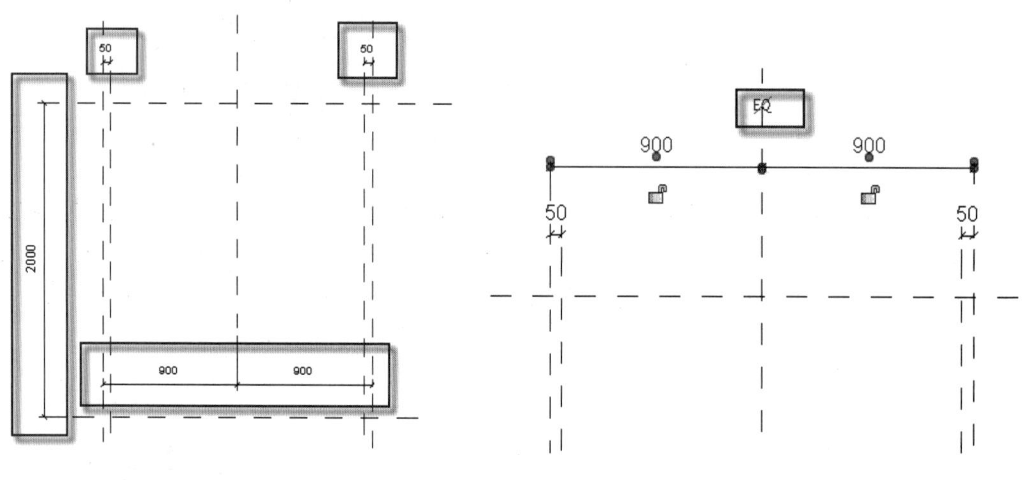

图 2.65　绘制参照平面　　　图 2.66　等分床宽

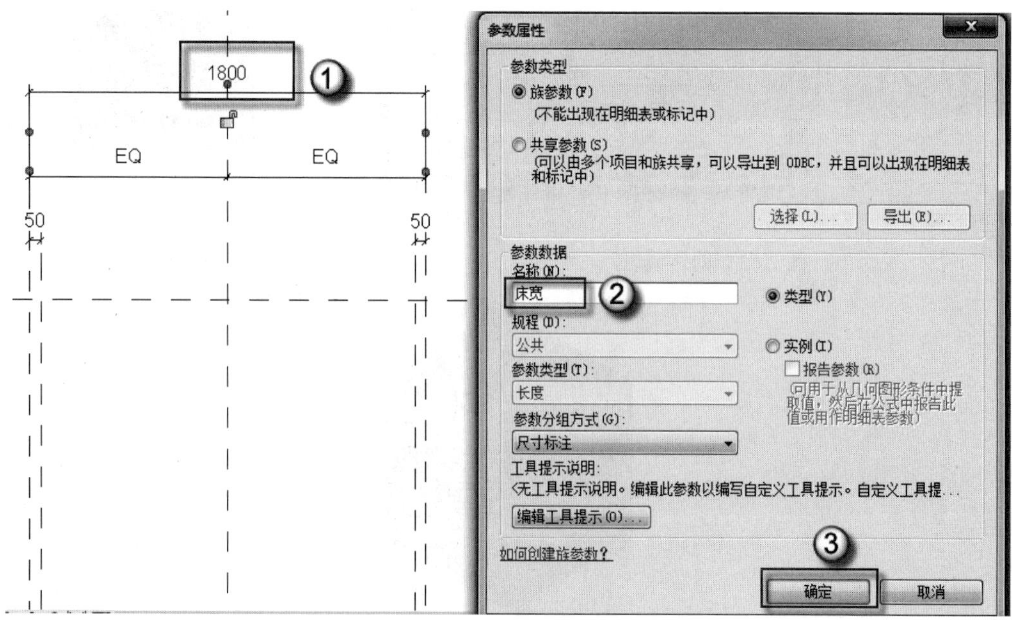

图 2.67　添加参数

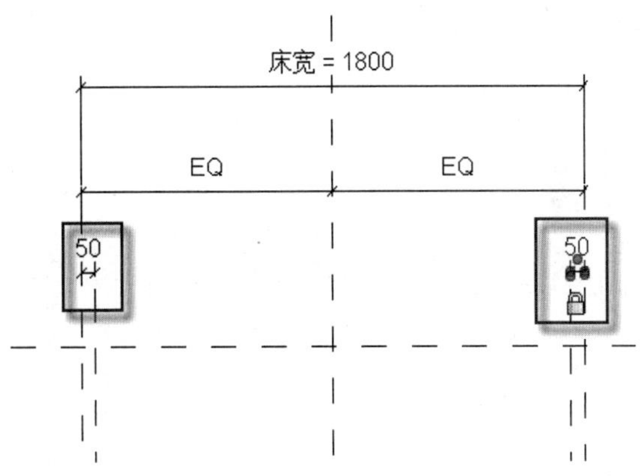

图 2.68　锁定尺寸标注

（3）绘制床。选择“创建”|“拉伸”选项，进入√ | ×选项板，用“矩形”绘制出床，如图 2.69 所示。在“属性”面板中的“拉伸终点”栏输入 450 个单位，然后单击“可见性/图形”栏后的“编辑”按钮，在弹出的“族图元可见性设置”对话框中取消选中“平面/天花板平面视图”复选框，然后单击“确定”按钮，如图 2.70 所示。

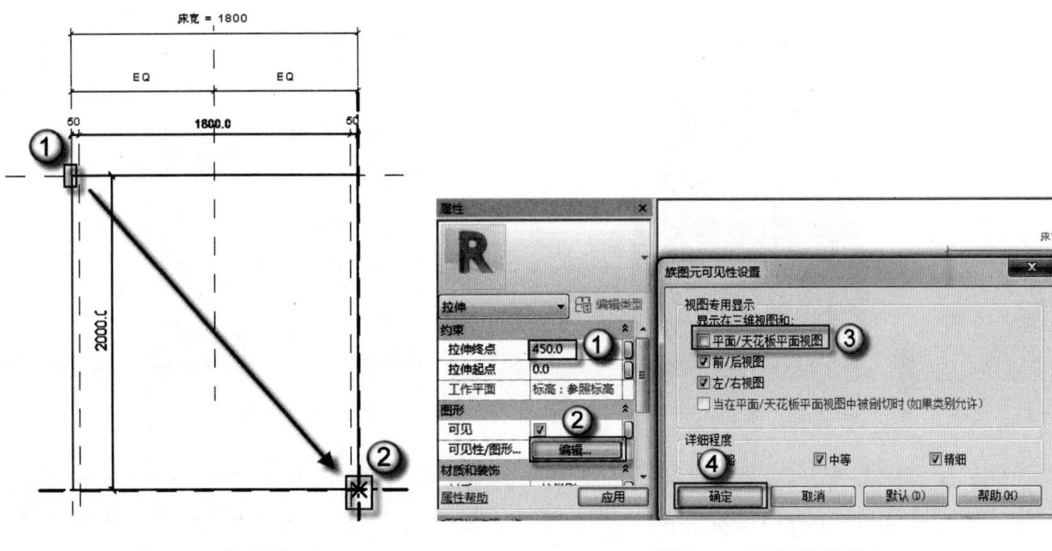

图 2.69　绘制床　　　　图 2.70　可见性设置

（4）材质设置。单击“材质”后的“＜按类别＞”按钮，在弹出的“材质浏览器”对话框中选择之前收藏的“家具”材质，对于“填充图案”和“颜色”的设置，在上述步骤中已进行操作，此时不用再设置，单击“确定”按钮，如图 2.71 所示。最后单击√按钮，退出√ | ×选项板，完成材质的绘制。

（5）绘制床垫。选择“创建”|“拉伸”选项，进入√ | ×选项板，用“矩形”绘制出床头柜，如图 2.72 所示。在“属性”面板中分别在“拉伸终点”“拉伸起点”栏输入 600、450 个单位，然后单击“应用”按钮，如图 2.73 所示。最后单击√按钮，退出√ | ×选项板，完成床垫的绘制。

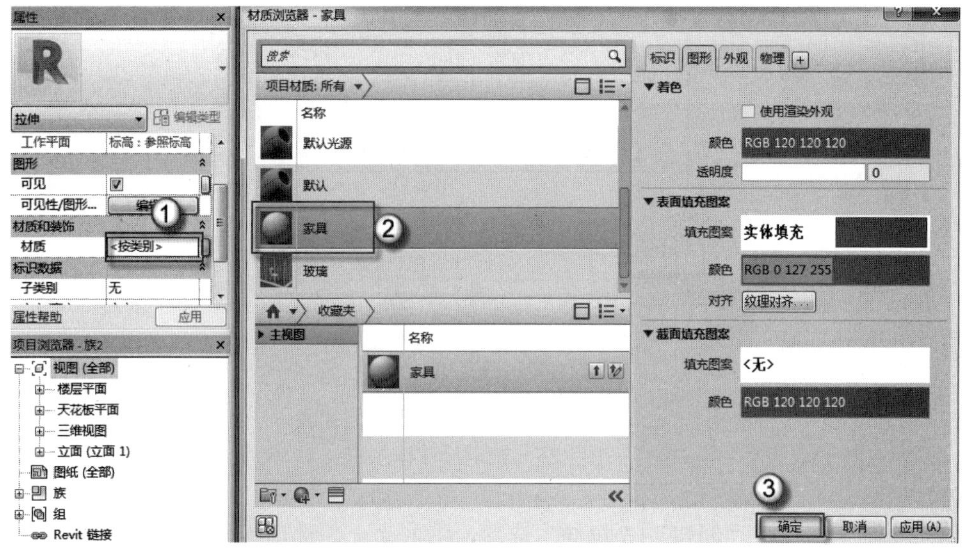

图 2.71　材质设置

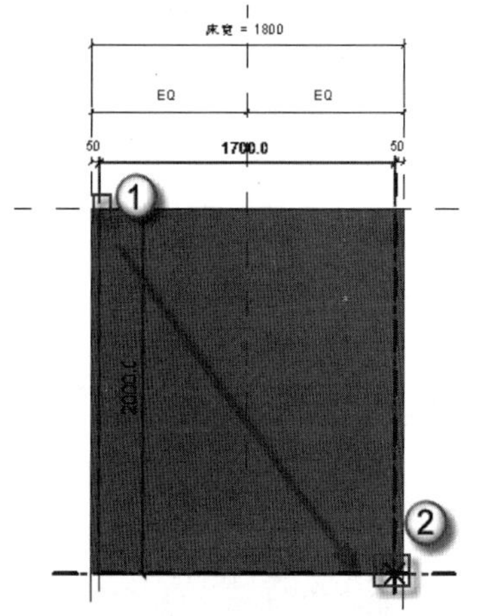

图 2.72　绘制床垫

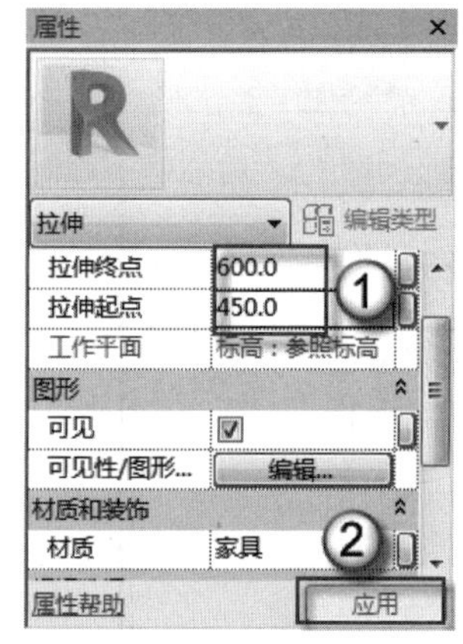

图 2.73　拉伸设置

（6）绘制床靠背。按 RP 快捷键，绘制一条偏移量为 50 个单位的参照平面，然后按 DI 快捷键进行标注并将单击标注的锁头图标，如图 2.74 所示。选择“创建”|“拉伸”命令，进入 √ | ×选项板，用“矩形”绘制出床靠背，如图 2.75 所示。在“属性”面板中分别在“拉伸终点”“拉伸起点”栏输入 800、0 个单位，然后单击“应用”按钮，如图 2.76 所示。最后单击 √按钮，退出 √ | ×选项板，完成床靠背的绘制。

（7）绘制圆弧形床靠背。在“项目浏览器”面板中选择“立面”|“前”视图，如图 2.77 所示。按 RP 快捷键，绘制所需的参照平面，尺寸如图 2.78 所示。选择“创建”|“拉伸”选项，进入 √ | ×选项板，用“直线”绘制出底边，如图 2.79 所示。用“起点-终点-半径弧”绘制出半弧，如图 2.80 所示。在“属性”面板中的“拉伸终点”栏输入−50 个单位，然后单击“应用”按钮，如图 2.81 所示。最后单击 √按钮，退出 √ | ×选项板，完成半弧形床靠背的绘制。

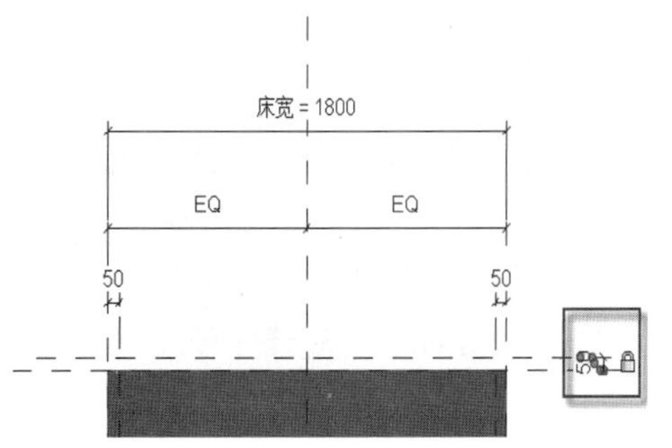

图 2.74　绘制参照平面及标注

图 2.75　绘制床靠背

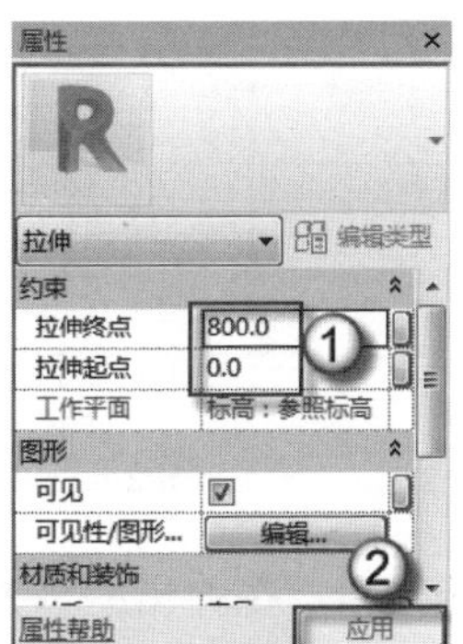

图 2.76　拉伸设置

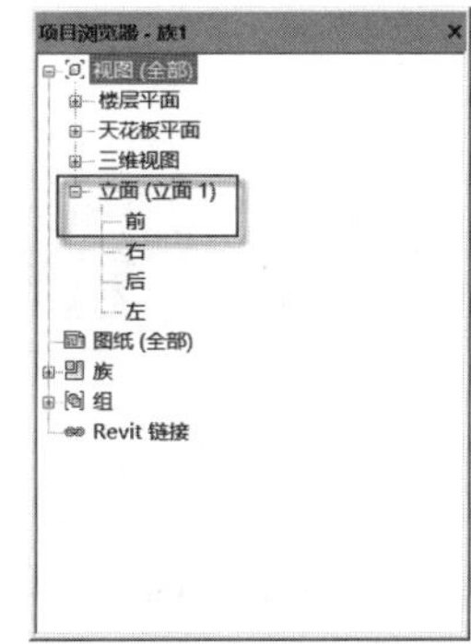

图 2.77　进入前立面

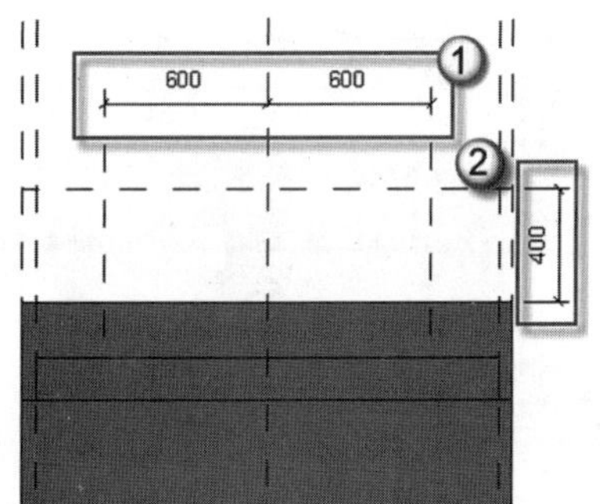

图 2.78　前视图绘制参照平面

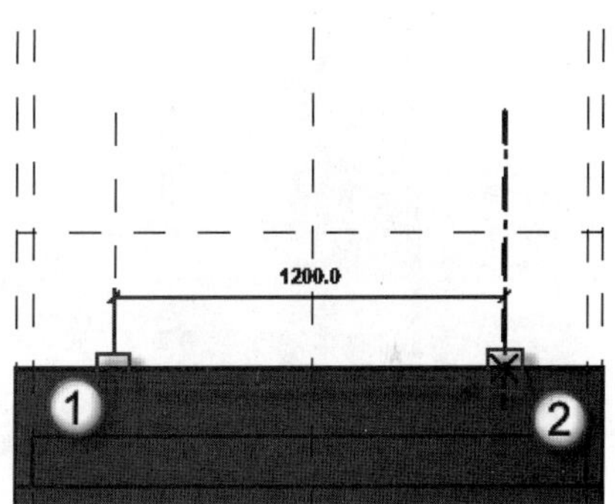

图 2.79　绘制底边

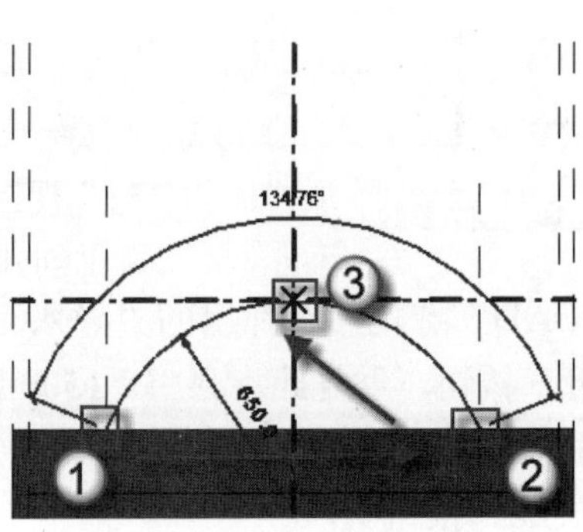

图 2.80　绘制半弧

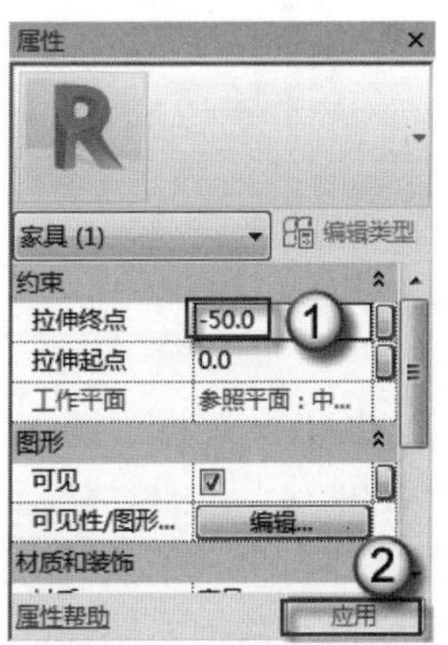

图 2.81　拉伸设置

（8）载入床头柜族。选择“插入”|“载入族”命令，在弹出的“载入族”对话框中选择之前绘制好的床头柜族，单击“确定”按钮。在“项目浏览器”面板中选择“族”|“家具”|“床头柜”选项，将“床头柜”族拖到相应位置，如图 2.82 所示。按 MM 快捷键，将床头柜镜像到床的另一边。

（9）床头柜与床的对齐设置。按 AL 快捷键，先单击父对象床的左边边缘线，再单击子对象床头柜的右边边缘线，如图 2.83 所示。同理，将另一侧的床头柜进行对齐设置。

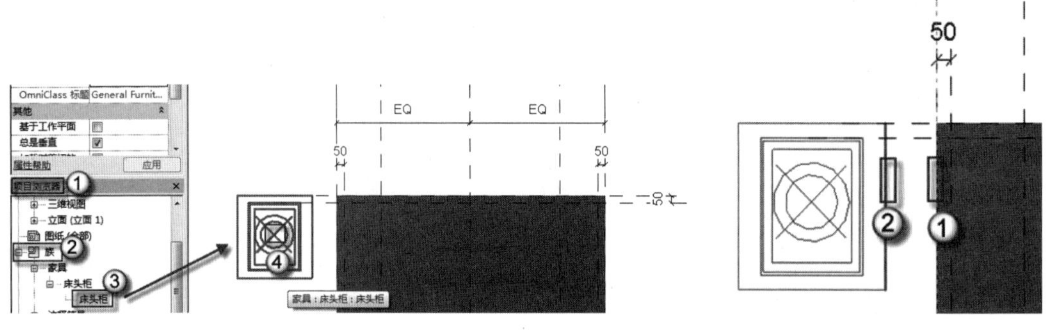

图 2.82　载入族　　　　图 2.83　对齐设置

（10）增加可见性参数。选中右侧的床头柜，单击按钮，在弹出的“关联族参数”对话框中单击“添加参数”按钮，在弹出的“参数属性”对话框中“名称”栏输入“双床头柜”字样，然后单击“确定”按钮，如图 2.84 所示。

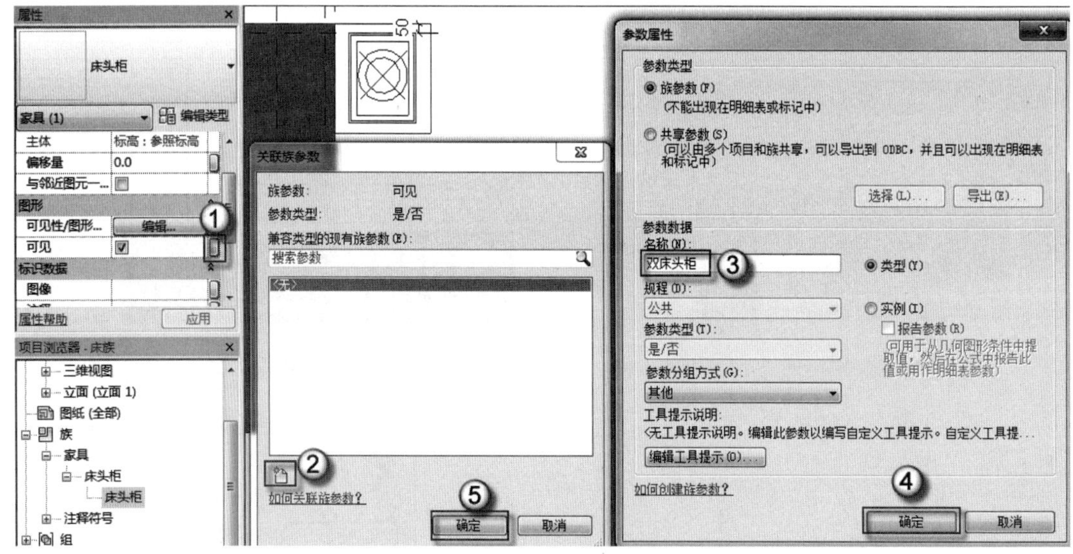

图 2.84　增加可见性参数

（11）导入 CAD。选择“插入”|“导入 CAD”选项，在弹出的“导入 CAD 格式”对话框中选择“1200 床”文件，然后单击“打开”按钮，重复此步骤将“1500 床”“1800 床”都导入模型。打开后将导入的 CAD 图块分别移出模型，右击图块，选择“分解”|“完全分解”命令。然后全部框选图块，单击“转换线”按钮。

（12）增加可见性参数。框选中 1200 床图块，单击按钮，在弹出的“关联族参数”

对话框中单击“添加参数”按钮，在弹出的“参数属性”对话框中“名称”栏输入“是否需要平面-1200 床”字样，然后单击“确定”按钮，如图 2.85 所示。同理，为 1500 床、1800 床增加可见性参数。

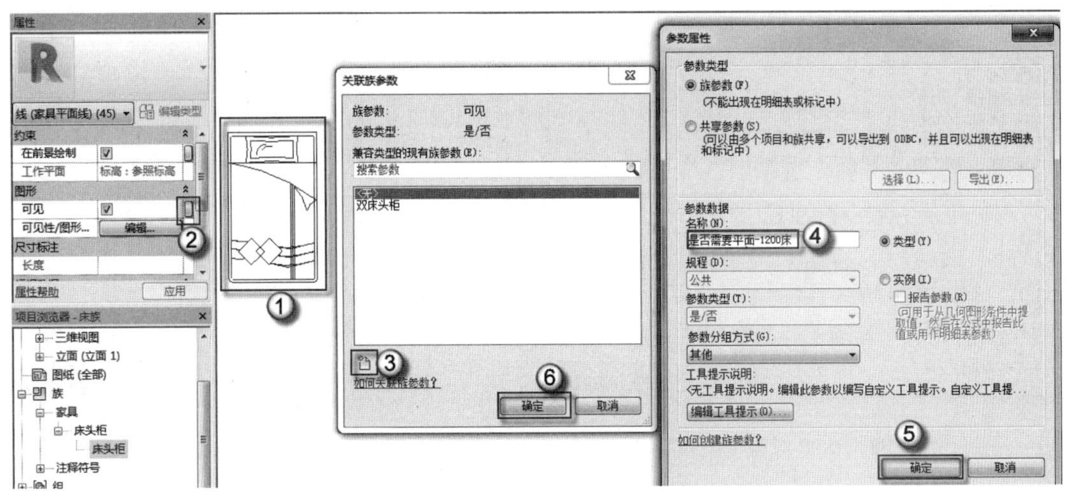

图 2.85 增加可见性参数

（13）将图块创建成组。全部框选 1200 床图块，按 GP 快捷键，在弹出的“创建模型组”对话框中“名称”栏输入“平面-1200 床”字样，然后单击“确定”按钮，如图 2.86 所示。同理，将 1500 床、1800 床都创建成组。创建成组后选中图块，按 MV 快捷键，将图块与模型相对应，如图 2.87 所示。

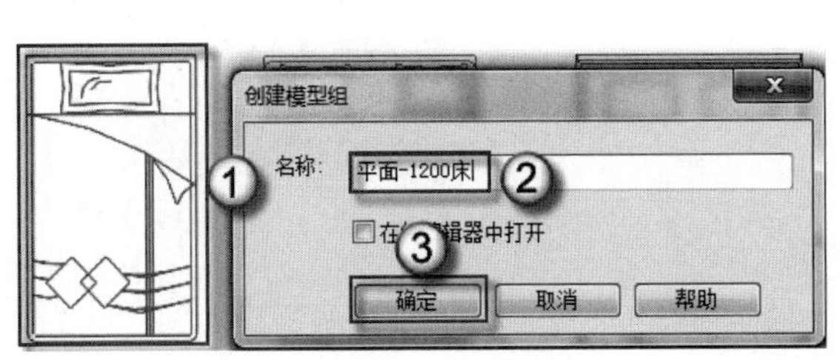

图 2.86 创建成组

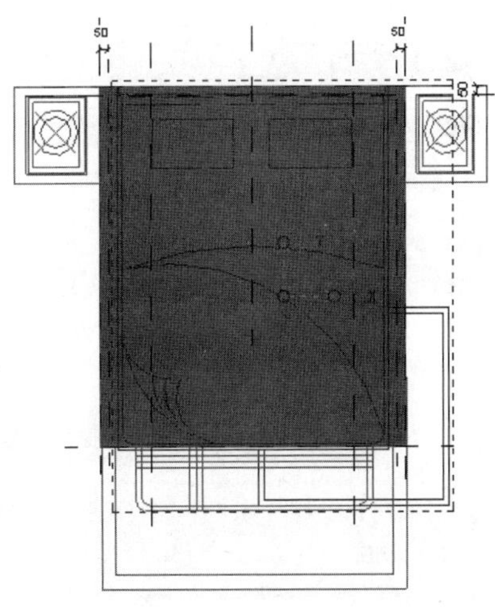

图 2.87 移动图块

（14）族类型设置。单击“族类型”按钮，在弹出的“族类型”对话框中单击“新建类型”按钮，在弹出的“名称”对话框中“名称”栏输入“1800 双人床”字样，然后单击“确定”按钮，在“床宽”栏输入 1800 个单位，在“其他”栏选中“双床头柜”“是否需要平面-1800 床”复选框，然后单击“应用”按钮，如图 2.88 所示。根据此步骤将“1500 床”“1200 床”进行族类型设置，如图 2.89、图 2.90 所示。

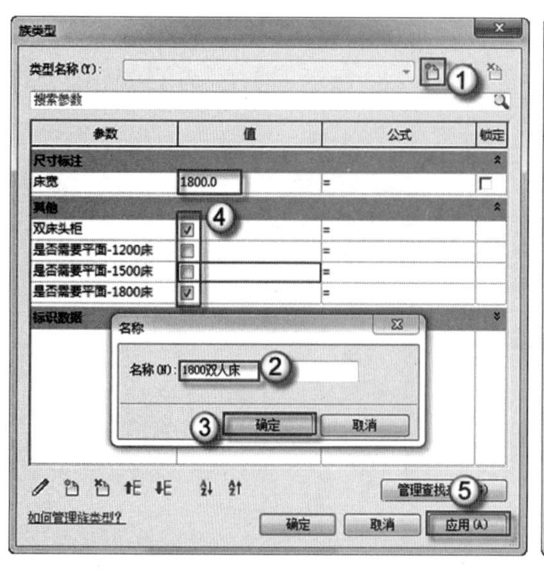

图 2.88　1800 床族类型设置

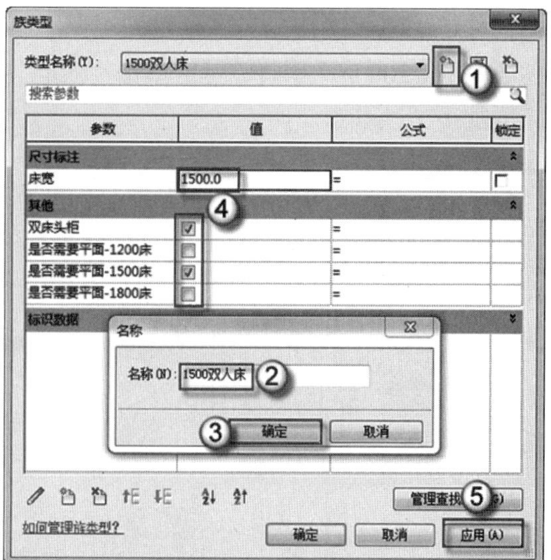

图 2.89　1500 床族类型设置

（15）添加控件。选择“创建”|“控件”|“双向竖直”和“双向水平”命令，在任意位置单击即可，如图 2.91 所示。床族即绘制完成，按 F4 键，可查看到床族的三维视图，如图 2.92 所示。最后将床族保存。

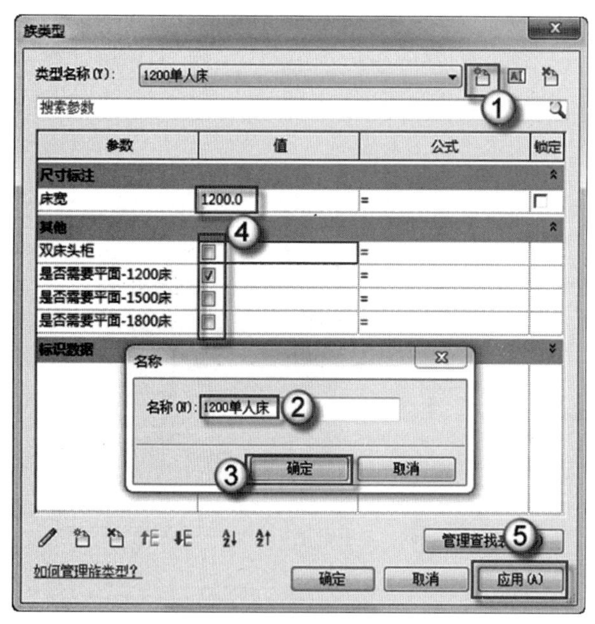

图 2.90　1200 床族类型设置

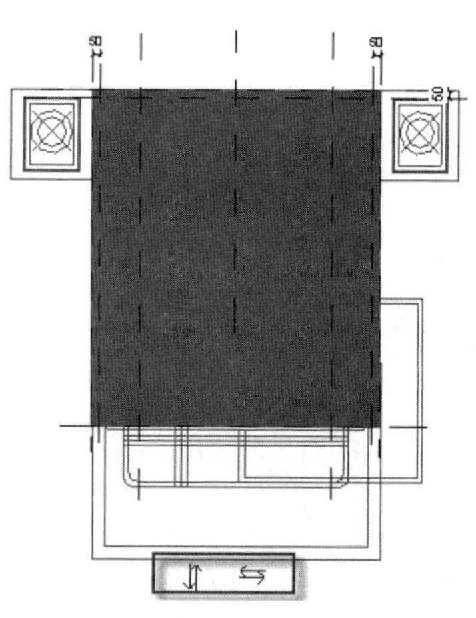

图 2.91　添加控件

2.1.3　餐桌餐椅族设计

餐厅必须要放置餐桌与餐椅这样的家具，以表达餐厅功能的合理性。本例中餐桌、餐椅的三维模型采用 SketchUp 建立，然后导入到族中，体现作图的多样性，具体操作如下。

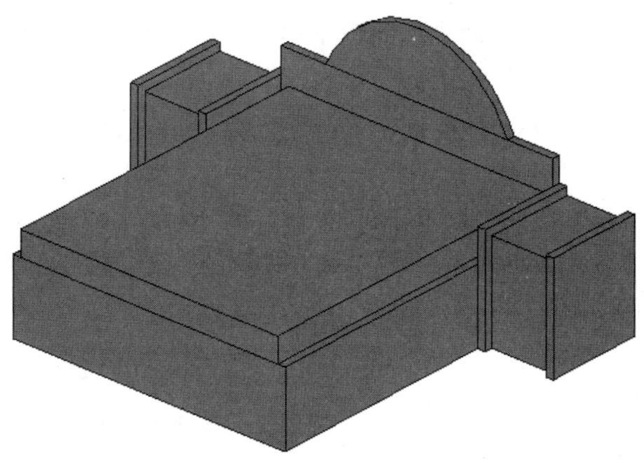

图 2.92　床族三维视图

（1）新建族。单击“新建”按钮，在弹出的“新族-选择样板文件”对话框中选择“公制家具”选项，然后单击“打开”按钮，进入族的绘制界面。

（2）导入 SketchUp 模型。选择“插入”|“导入 CAD”选项，在弹出的“导入 CAD 格式”对话框中“文件类型”栏选择“SketchUp 文件（*.skp）”选项，然后选择“餐椅”文件，在“导入单位”栏选择“自动检测”选项，在“定位”栏选择“自动-中心到中心”选项，然后单击“打开”按钮，如图 2.93 所示。

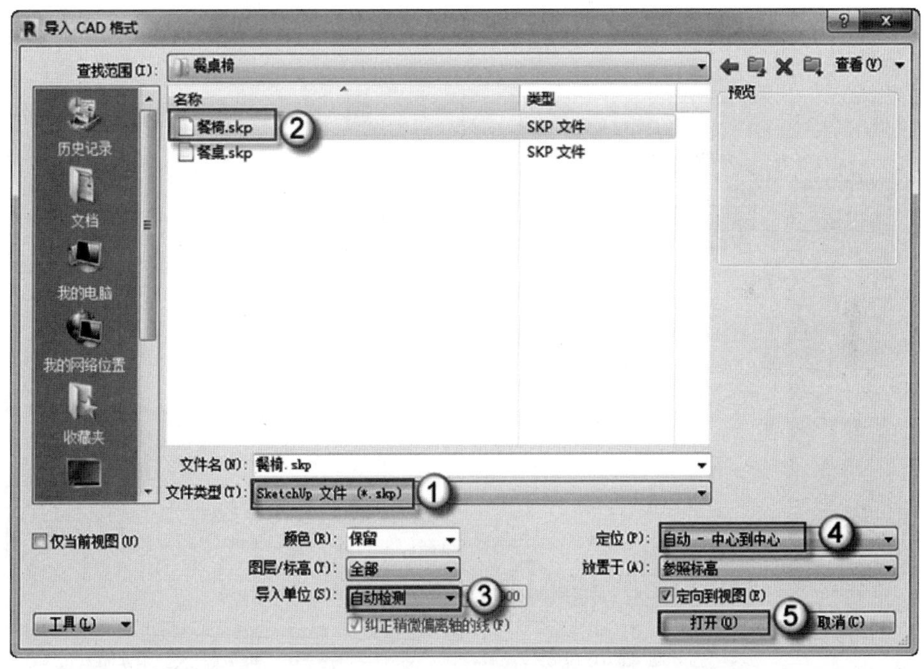

图 2.93　导入模型

注意：导入 DWG 文件时，“导入单位”选用“毫米”选项；而导入 SKP 文件时，“导入单位”选用“自动检测”选项。

（3）移动及平面可见性设置。按 RO 快捷键，将导入的模型旋转，再按 MV 快捷键，将模型移动到中心的位置。在“属性”面板中单击“可见性/图形”栏后的“编辑”按钮，在弹出的“族图元可见性设置”对话框中取消选中“平面/天花板平面视图”复选框，然后单击“确定”按钮，如图 2.94 所示。

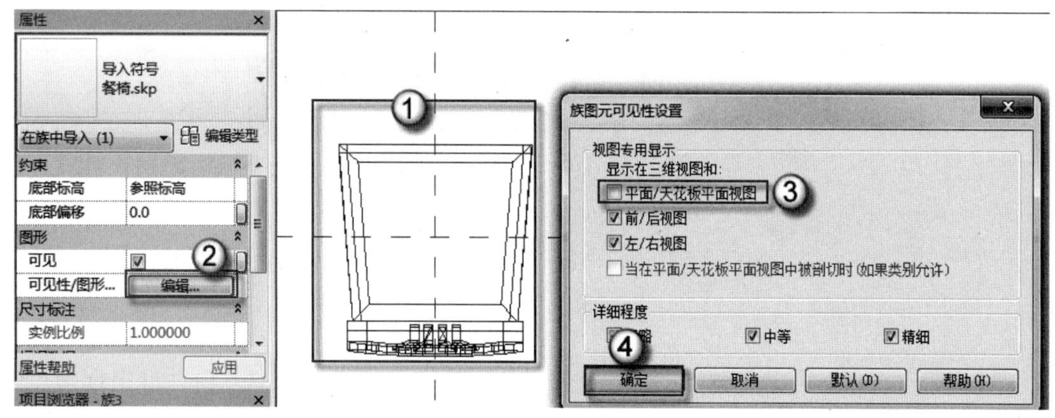

图 2.94　可见性设置

（4）导入 CAD。选择“插入”|“导入 CAD”选项，在弹出的“导入 CAD 格式”对话框中“文件类型”栏选择“DWG 文件（*.dwg）”选项，然后选择“餐椅”文件，在“导入单位”栏选择“毫米”选项，然后单击“打开”按钮，如图 2.95 所示。打开后将导入的 CAD 图块移出模型，右击图块，选择“分解”|“完全分解”命令。然后全部框选图块，单击“转换线”按钮。

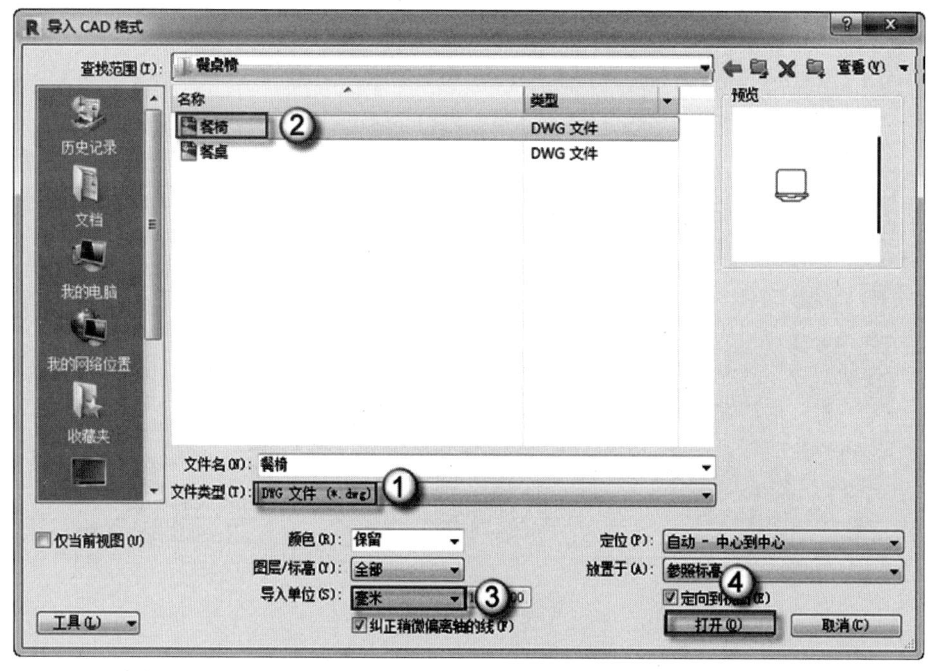

图 2.95　导入 CAD

（5）将图块创建成组。全部框选图块，按 GP 快捷键，在弹出的“创建模型组”对话框中“名称”栏输入“平面-餐椅”字样，然后单击“确定”按钮，如图 2.96 所示。创建成组后选中图块，按 MV 快捷键，将图块与模型相对应，如图 2.97 所示。按 F4 键，可观察到餐椅的三维视图如图 2.98 所示。然后将餐椅族保存后关闭。

（6）餐桌模型的建立。餐桌模型的建立与餐椅模型的建立相同。将 SketchUp 模型导入后进行移动、平面可见性设置等。建立好的餐桌模型如图 2.99 所示。

图 2.96　创建成组　　　　图 2.97　移动图块

图 2.98　餐椅三维视图

图 2.99　餐桌三维视图

（7）载入餐椅族。选择“插入”|“载入族”命令，在弹出的“载入族”对话框中选择之前绘制好的餐桌族，单击“确定”按钮。然后在“项目浏览器”面板中选择“族”|“家具”|“餐椅”选项，单击拖住“餐椅”族到相应位置，如图 2.100 所示。将其他餐椅均放置到相应位置，同时可运用 RO、MV、MM 快捷键进行旋转、移动、镜像的操作，放置好的餐椅如图 2.101 所示。

（8）增加可见性参数。配合 Ctrl 键，将短边两个餐椅选中，单击□按钮，在弹出的“关联族参数”对话框中单击“添加参数”按钮，在弹出“参数属性”对话框中“名称”栏输入“短边二餐椅”字样，然后单击“确定”按钮，如图 2.102 所示。同理，将长边两个餐椅增加可见性参数，如图 2.103 所示。

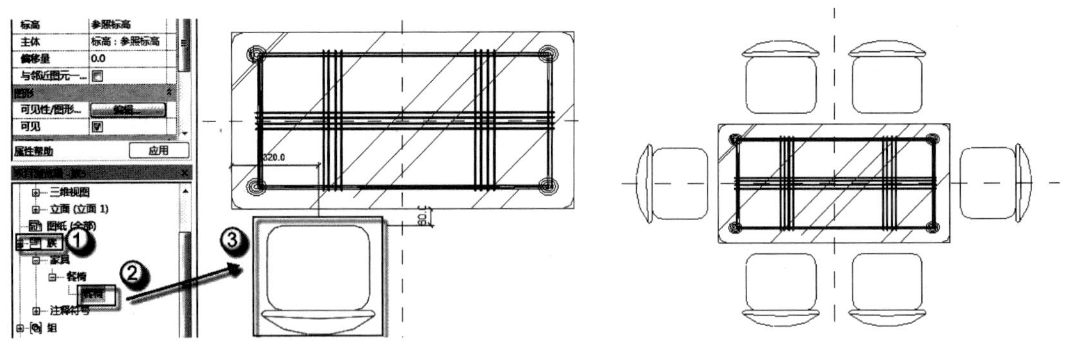

图 2.100　载入族　　　　图 2.101　全部餐椅

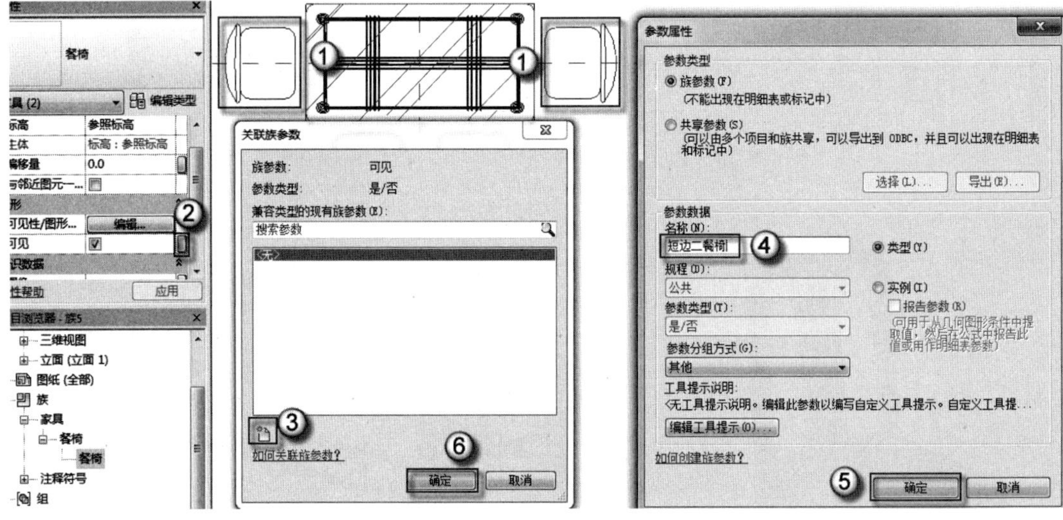

图 2.102　增加可见性参数 1

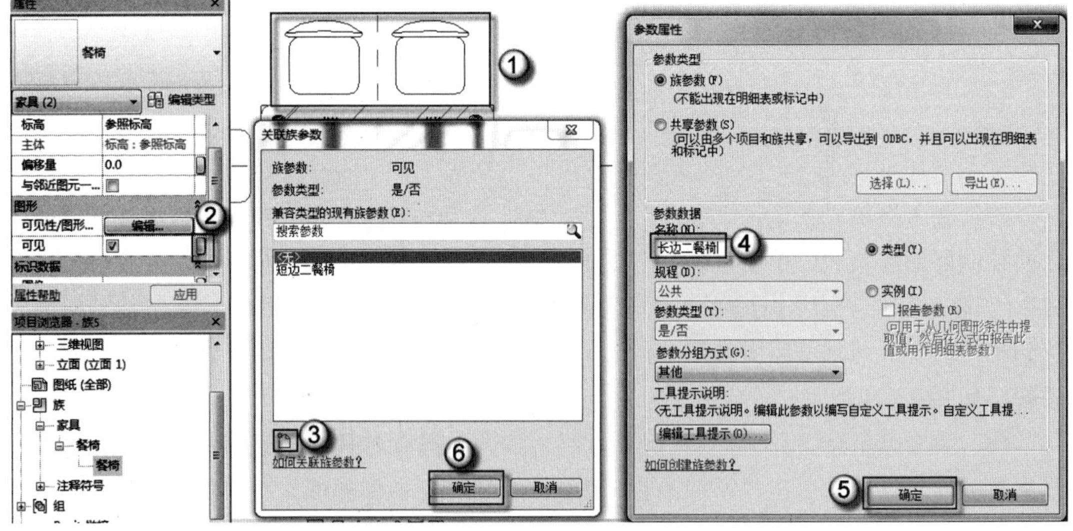

图 2.103　增加可见性参数 2

（9）族类型设置。单击“族类型”按钮，在弹出的“族类型”对话框中单击“新建类型”按钮，在弹出的“名称”对话框中“名称”栏输入“长边靠墙”字样，然后单击“确定”按钮，在“其他”栏只选中“短边二餐椅”复选框，然后单击“应用”按钮，如图 2.104 所示。根据此步骤将短边靠墙族类型进行设置，如图 2.105 所示。

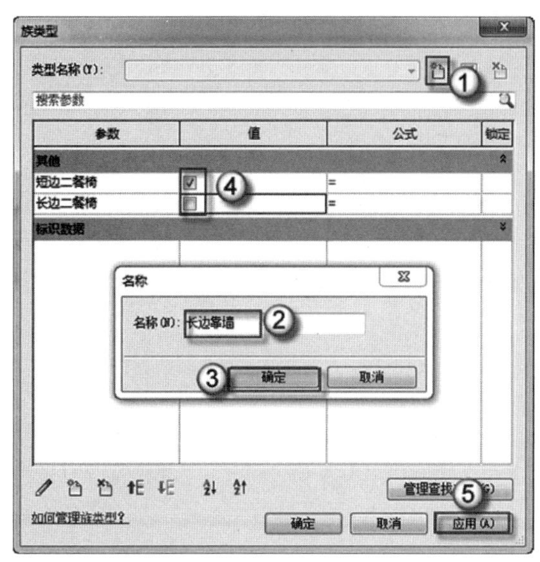

图 2.104　长边靠墙族类型设置

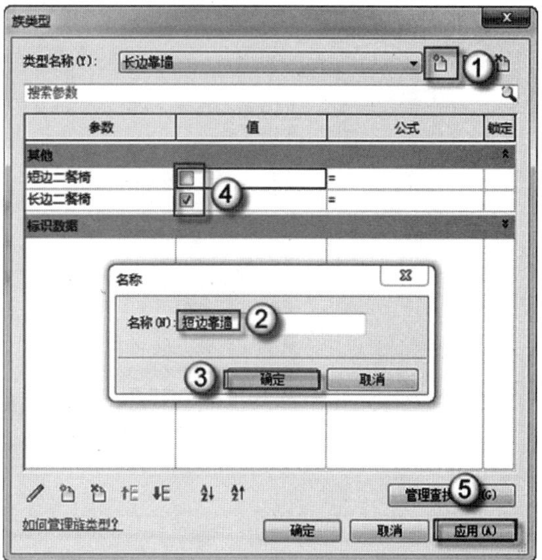

图 2.105　短边靠墙族类型设置

（10）添加控件。选择“创建”|“控件”|“双向竖直”和“双向水平”命令，在任意位置单击即可。4 座餐桌族即绘制完成，按 F4 键，可查看到 4 座餐桌族的三维视图，如图 2.106 所示。

图 2.106　4 座餐桌三维视图

2.1.4　制作电气设备族

本小节中介绍几种暗装 86 型开关、插座面板族的设计，为后面布置简单的建筑电气图作准备，具体操作如下。

（1）新建族。单击“新建”按钮，在弹出的“新族-选择样板文件”对话框中选择“基于墙的公制常规模型”选项，然后单击“打开”按钮，如图 2.107 所示。进入族的绘制界面。

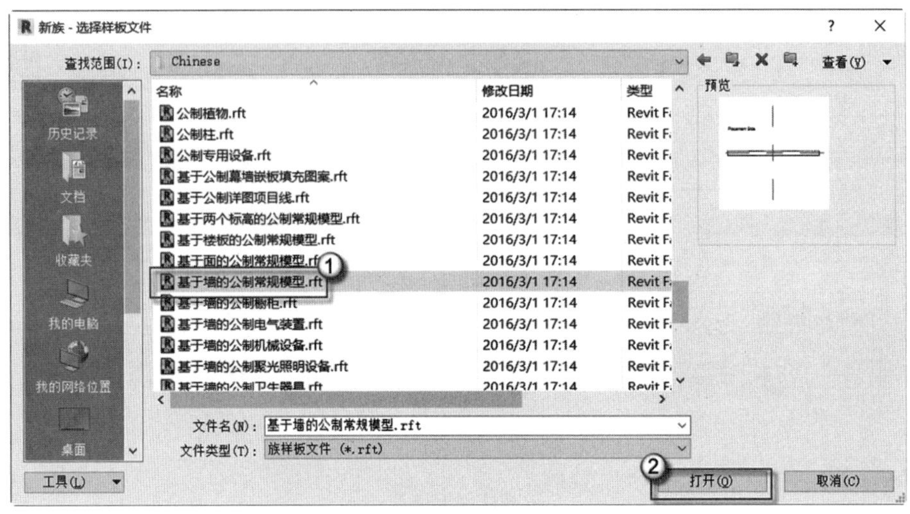

图 2.107　新建族

（2）导入平面图形。选择“插入”|“导入 CAD”选项，在弹出的“导入 CAD 格式”对话框中选择“一联跷板开关”文件，在“导入单位”栏选择“毫米”选项，在“定位”栏选择“自动-中心到中心”选项，然后单击“打开”按钮，如图 2.108 所示。重复此步骤，将电气图形都导入进来并移动好位置，如图 2.109 所示。

图 2.108　导入图形

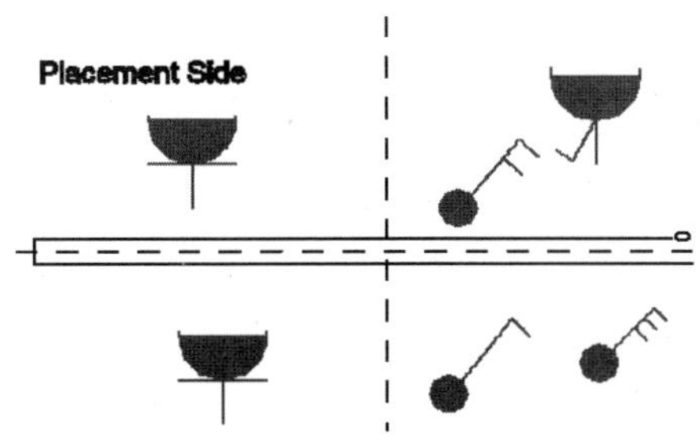

图 2.109　插入全部电气设备图形

（3）增加可见性参数。先框选中图块，单击□按钮，在弹出的“关联族参数”对话框中单击“添加参数”按钮，在弹出“参数属性”对话框中“名称”栏输入“五孔插座”字样，然后单击“确定”按钮，如图 2.110 所示。根据此步骤将其余电气图形都增加可见性参数，添加好的可见性参数如图 2.111 所示。

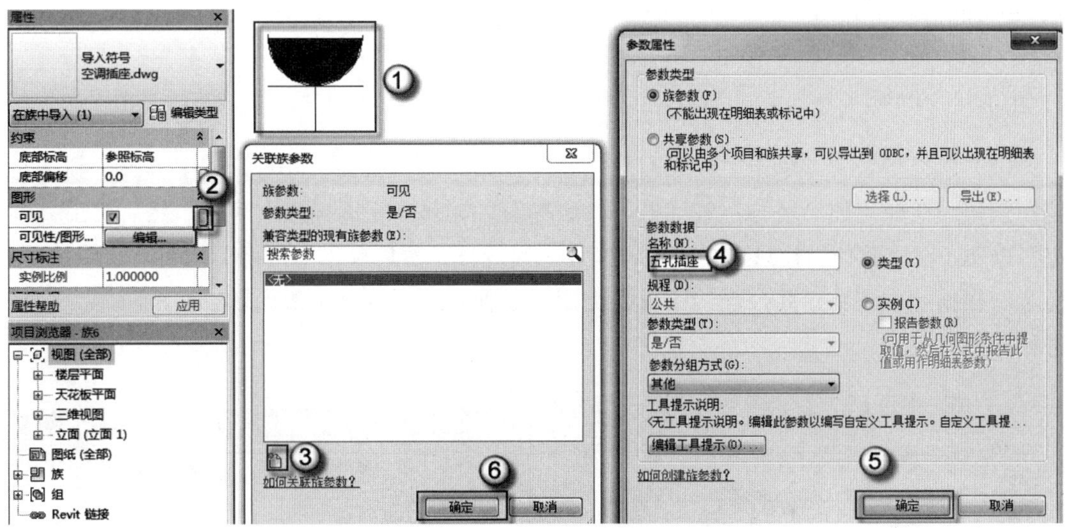

图 2.110　增加可见性参数

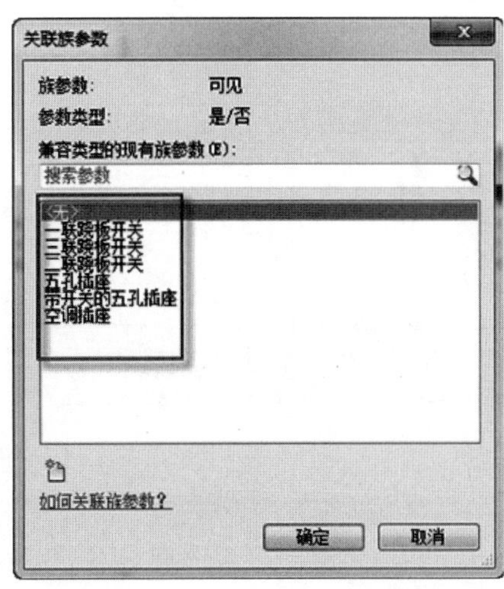

图 2.111　增加全部可见性参数

（4）图形对齐。按 AL 快捷键，先单击父对象墙边缘线，再单击子对象图形底部边缘线，然后单击图 2.112 中的锁头，如图 2.112 所示。同理，将纵轴进行对齐设置，对齐好的图形如图 2.113 所示。根据此步骤将其余电气图形均进行对齐，如图 2.114 所示。虽然所有的电气图块聚合在一个位置，但是可以通过 Revit 中族的可见性参数，将电气图块按照需要分别显示出来。

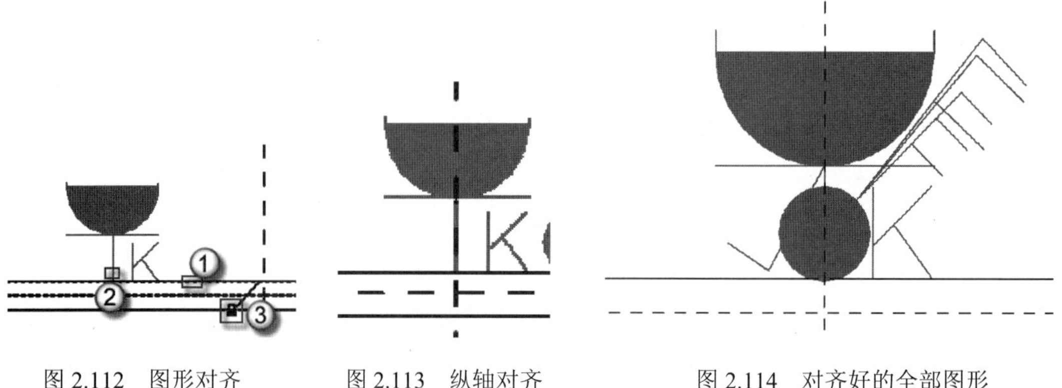

图 2.112　图形对齐　　图 2.113　纵轴对齐　　图 2.114　对齐好的全部图形

（5）族类型设置。单击“族类型”按钮，在弹出的“族类型”对话框中单击“新建类型”按钮，在弹出的“名称”对话框中“名称”栏输入“空调插座”字样，然后单击“确定”按钮，在“其他”栏只选中“空调插座”复选框，然后单击“应用”按钮，如图 2.115 所示。根据此步骤新建其余电气图形族类型，设置好的所有族类型如图 2.116 所示。最后进行保存并关闭。

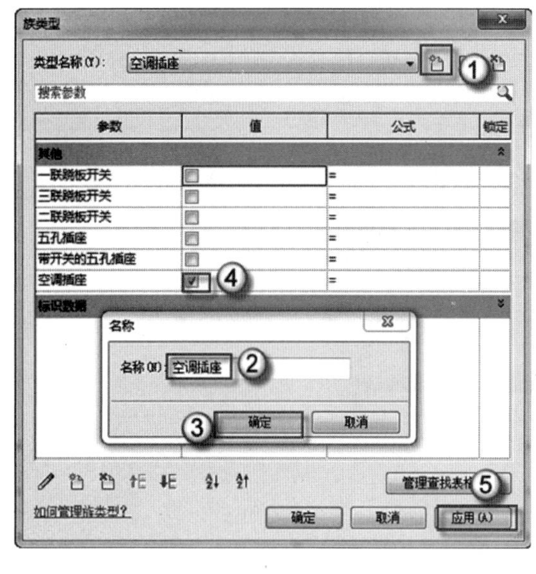

图 2.115　新建族类型

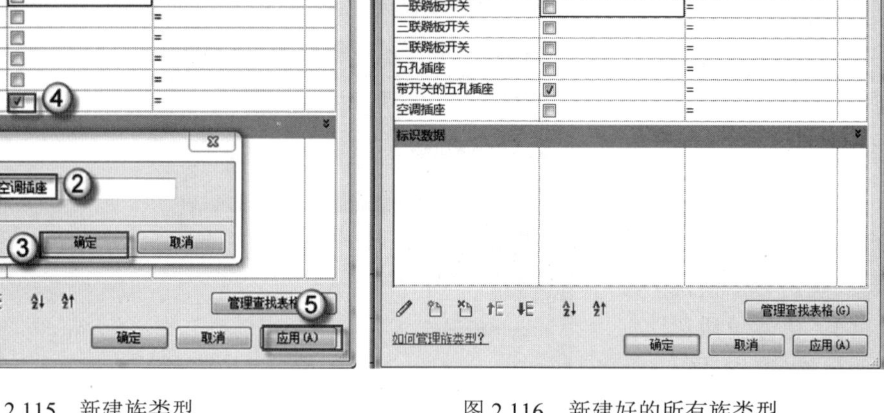

图 2.116　新建好的所有族类型

注意：建好的电气族只是一些平面的符号，而没有三维的模型。因为设计师在绘制电气图时，这个部分只需要二维的符号。

2.2　户型的推敲

本节中重点介绍根据模型的拼接，设计相应户型的一般过程。户型的设计没有定论，而是反复推敲，取最优方案。在装配式建筑设计中，优化的户型是指建筑构件类型最少的户型，这样的户型可以相应减少建筑成本。

2.2.1　设置阶段

Revit 中有一个“阶段”功能，其可以将构件分成若干个阶段进行统计与演示。如方案阶段、施工阶段等，具体操作如下。

（1）新建阶段。选择“管理”|“阶段”选项，在弹出的“阶段化”对话框中单击 2 列，然后单击“在后面插入”按钮，在 3 列“名称”栏输入“方案”字样，在“说明”栏输入“方案阶段”字样，单击“确定”按钮，如图 2.117 所示。

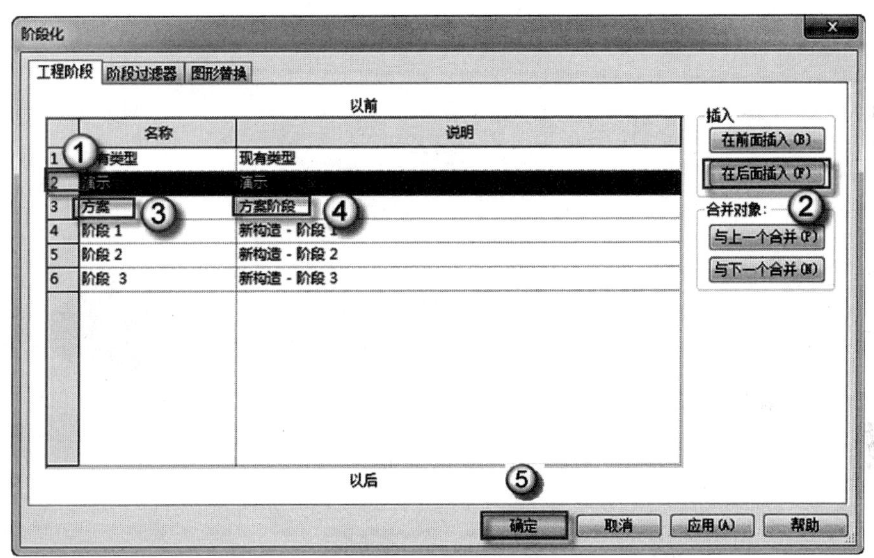

图 2.117　新建阶段

（2）模型选择。首先按 F4 键，进入三维视图，然后全部框选模型，选择“修改|选择多个”|“过滤器”命令，在弹出的“过滤器”对话框中只选中“常规模型”复选框，然后单击“确定”按钮，如图 2.118 所示。

（3）更改阶段化。在“属性”面板中“创建的阶段”栏选择“方案”选项，然后单击“应用”按钮，如图 2.119 所示。单击绘图界面的空白处（或按 Esc 键），在“属性”面板中“阶段过滤器”栏选择“显示新建”选项，然后单击“应用”按钮，如图 2.120 所示。

（4）更改墙及楼梯的阶段化。全部框选模型，选择“修改|选择多个”|“过滤器”命令，在弹出的“过滤器”对话框中只选中“墙”复选框，然后单击“确定”按钮，如图 2.121 所示。在“属性”面板中“创建的阶段”栏选择“方案”选项，然后单击“应用”按钮，

如图 2.122 所示。单击绘图界面的空白处，在“属性”面板中“阶段过滤器”栏选择“显示新建”选项，然后单击“应用”按钮。同理，将楼梯和楼梯扶手都更改阶段化。

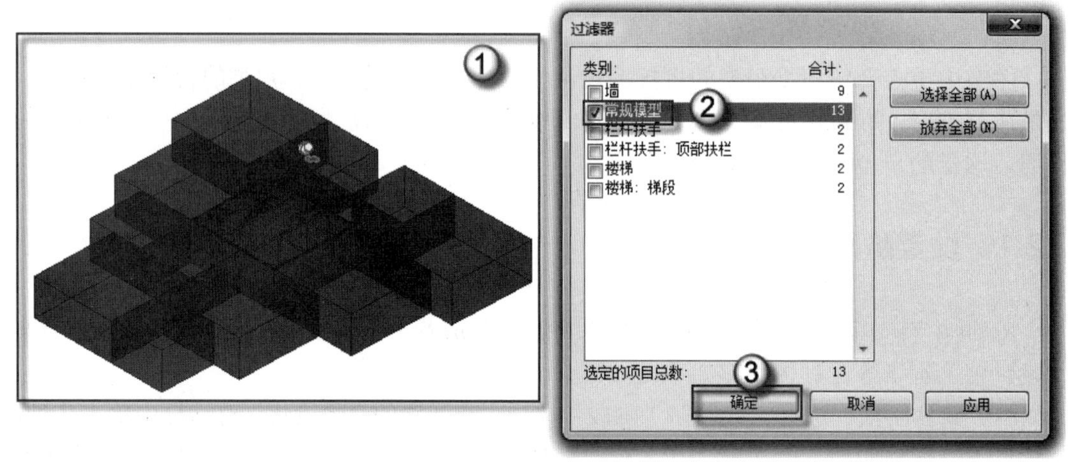

图 2.118　选择过滤器

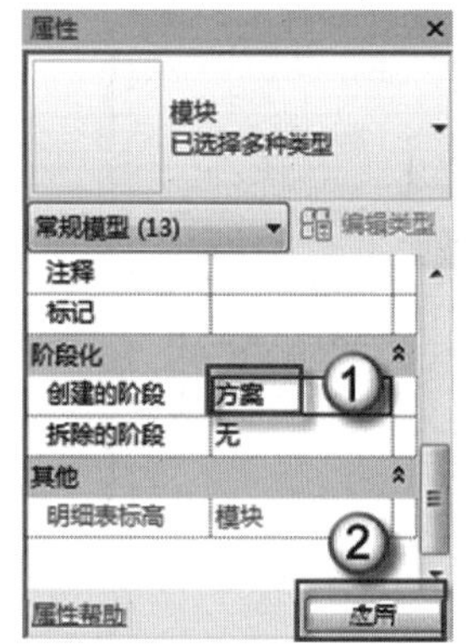

图 2.119　阶段化选择

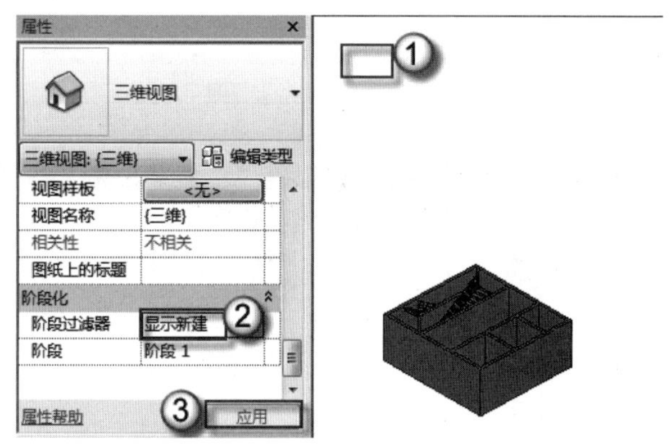

图 2.120　过滤器选择

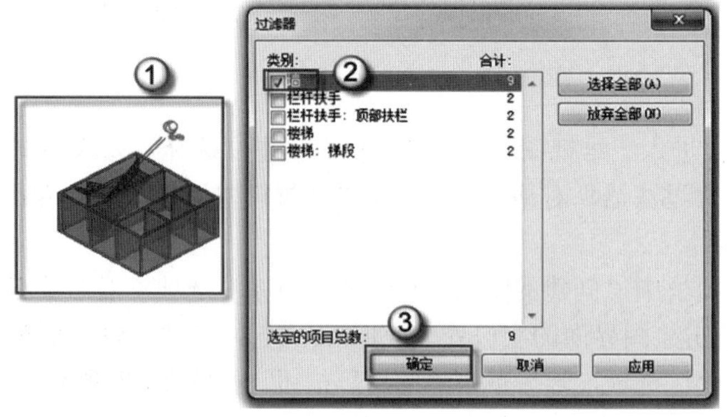

图 2.121　选择过滤器

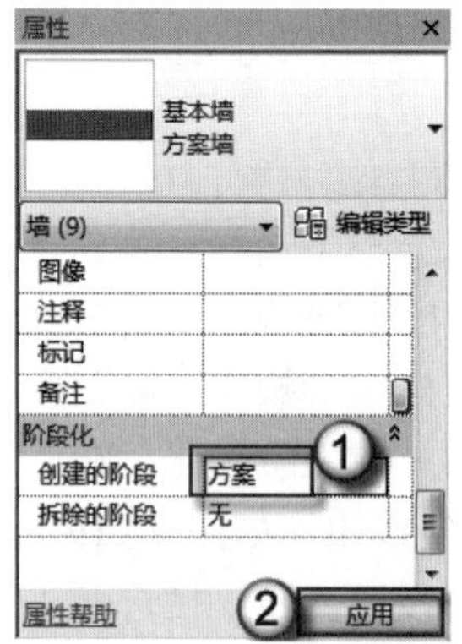

图 2.122　阶段化选择

（5）过滤器选择。在“项目浏览器”面板中选择“视图”|“楼层平面”|“模块”选项，

进入“模块”平面视图。在“属性”面板中“阶段过滤器”栏选择“显示新建”选项，然后单击“应用”按钮，即可观察到模块被隐藏，如图 2.123 所示。

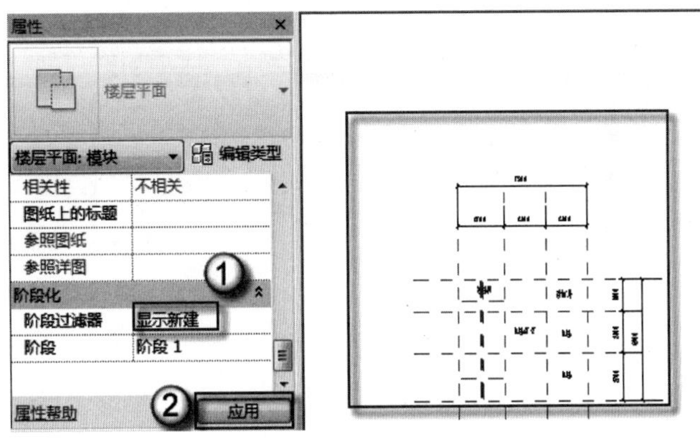

图 2.123　过滤器选择

注意：位于地面之下的模块与户型是虚拟的对象，在实际施工过程中是没有的。这里将其分在“方案”阶段，在后面的操作中，可以随时将“方案”阶段的构件隐藏起来，方便作图、方便演示。

2.2.2　根据模块拼接设计户型

“户型”层在“模块”层的上方，可以根据模块的拼接方案，绘制户型。一个户型可以由一个模块组成，也可以由多个模块组成，这要看具体的设计意图。

（1）设计户型前的准备。在“项目浏览器”面板中选择“视图”|“楼层平面”|“户型”选项，进入“户型”平面视图。在“属性”面板中“阶段”栏选择“方案”选项，然后单击“应用”按钮，如图 2.124 所示。

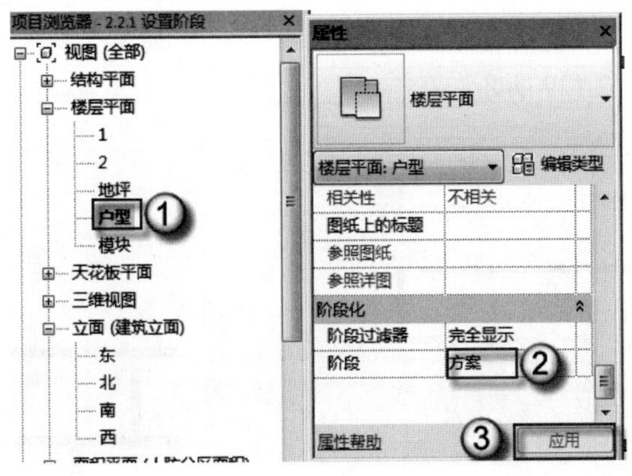

图 2.124　选择视图

（2）绘制墙体。按 WA 快捷键，选中“链”复选框，然后沿模型绘制墙体，如图 2.125 所示。绘制好外墙后，户型内的墙体可先绘制出参照平面，如图 2.126 所示。然后按 WA

快捷键，将户型内的墙体绘制出来，如图 2.127 所示。

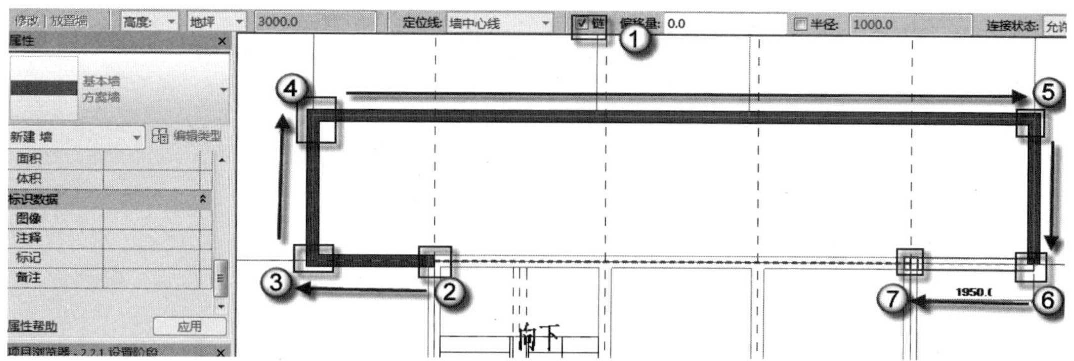

图 2.125　绘制墙体

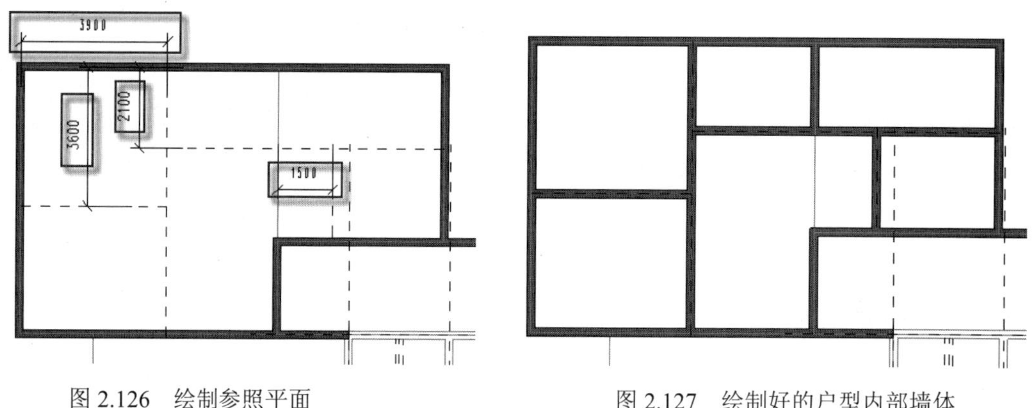

图 2.126　绘制参照平面　　图 2.127　绘制好的户型内部墙体

注意：选中“链”复选框之后，在绘制线性构件时，一次性可以绘制多条。否则一次只能绘制一条线性构件。

（3）绘制中心对称轴。根据上述步骤参照图纸将其余墙体绘制出来，如图 2.128 所示。按 RP 快捷键，绘制一条户型对称轴，然后单击“单击以命名”字样，在矩形框中输入“中心对称轴”字样，如图 2.129 所示。

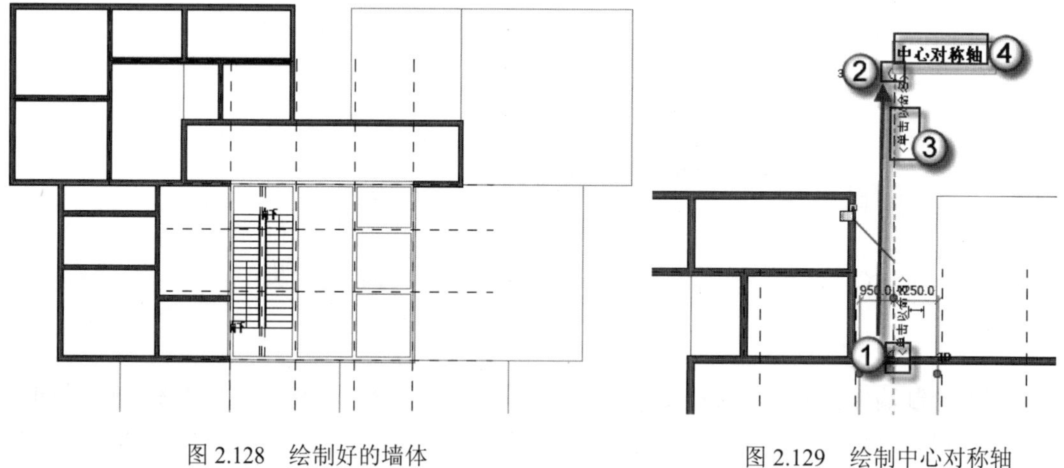

图 2.128　绘制好的墙体　　图 2.129　绘制中心对称轴

（4）镜像墙体，框选需要镜像的墙体，单击“过滤器”按钮，在弹出的“过滤器”对话框中只选中“墙”复选框，然后单击“确定”按钮，如图 2.130 所示。这样只会选择墙体构件，按 MM 键，单击中心对称轴，如图 2.131 所示，完成镜像操作。单击墙体，拖动夹点到墙的相应位置，使墙体封闭，如图 2.132 所示。

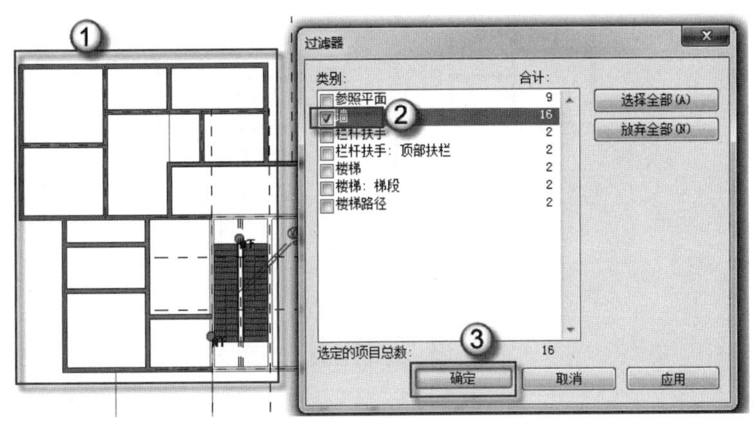

图 2.130　过滤器选择

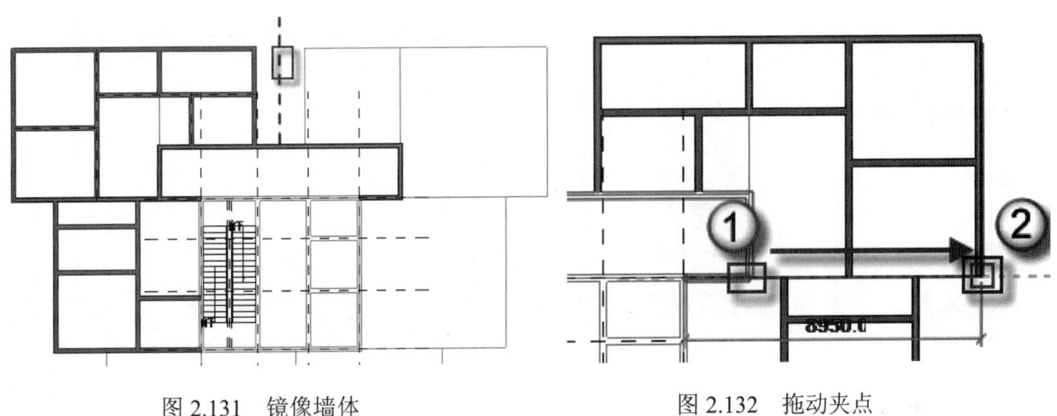

图 2.131　镜像墙体　　图 2.132　拖动夹点

（5）复制楼梯间。根据上述操作，将其余全部墙体绘制出来。绘制好的墙体如图 2.133 所示。在“项目浏览器”面板中选择“模块”视图，框选楼梯间，然后单击“过滤器”按钮，在弹出的“过滤器”对话框中选中除“参照平面”之外的复选框，单击“确定”按钮，如图 2.134 所示。按 Ctrl+C 键，回到“户型”视图，选择“修改”|“粘贴”|“与当前视图对齐”选项，按 F4 键，绘制好的户型如图 2.135 所示。

2.2.3　设置门窗

本小节中的门、窗都采用族的方式插入，然后放置到具体位置。由于本书重点介绍装配式建筑，门窗族的制作方法请读者参阅笔者的其他 Revit 著作。

（1）载入族及插入窗。选择“插入”|“载入族”命令，在弹出的“载入族”对话框中选择要插入的门窗族，单击“确定”按钮，如图 2.136 所示。按 WN 快捷键，在“属性”面板选择 C0915 窗，然后单击窗的相应位置，如图 2.137 所示。

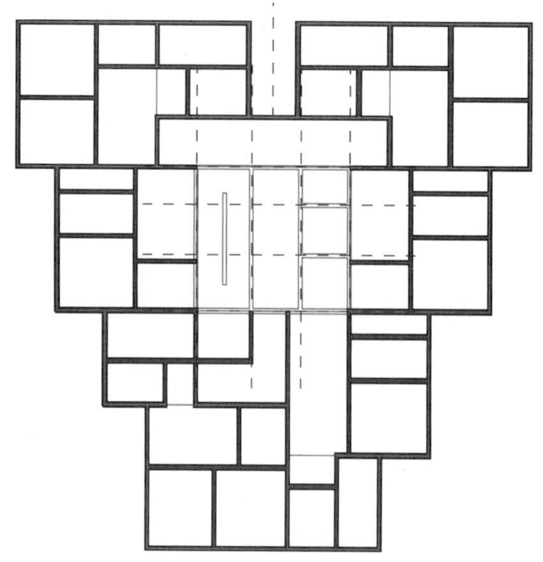

图 2.133　全部墙体

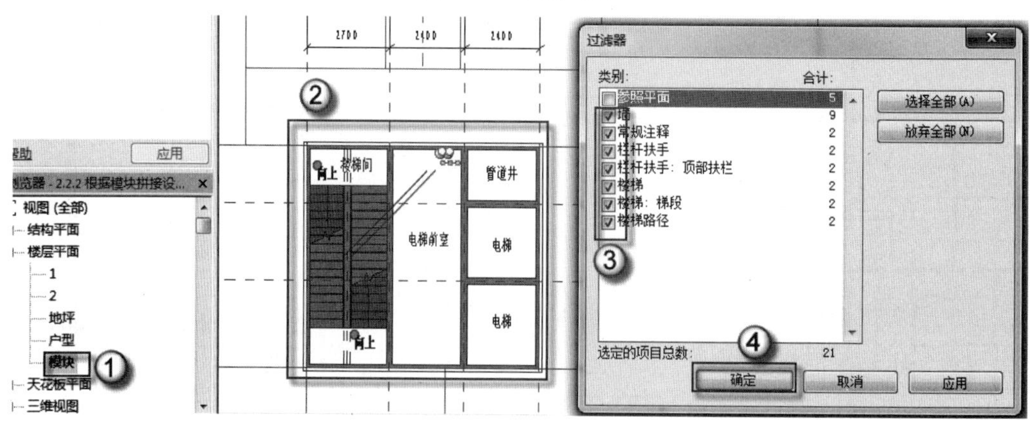

图 2.134　复制楼梯间

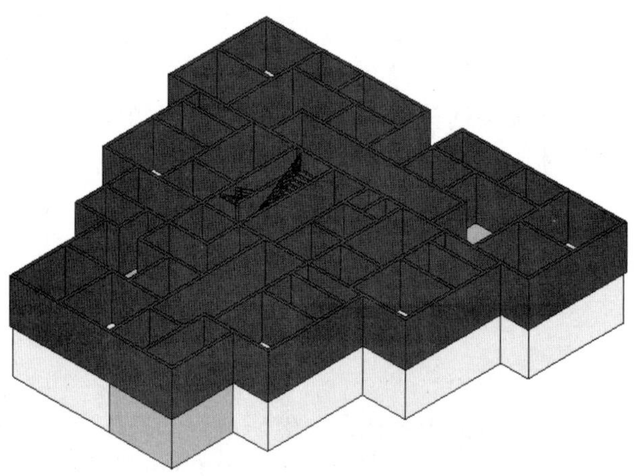

图 2.135　户型三维视图

（2）标记及镜像窗。按 TG 快捷键，不选中“引线”命令，然后单击要标记的窗，再将其拖到对应位置，如图 2.138 所示。

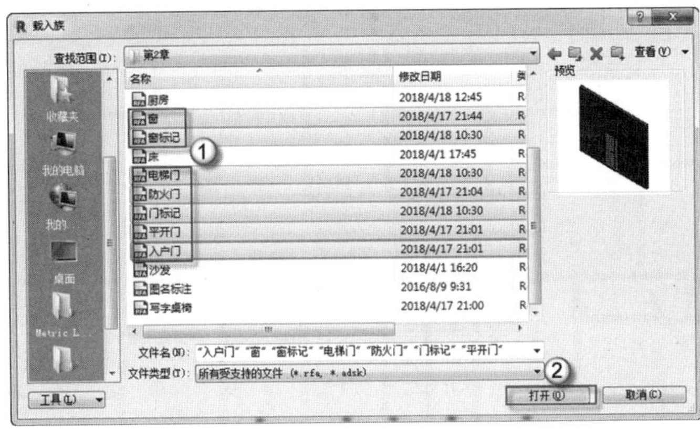

图 2.136　载入族

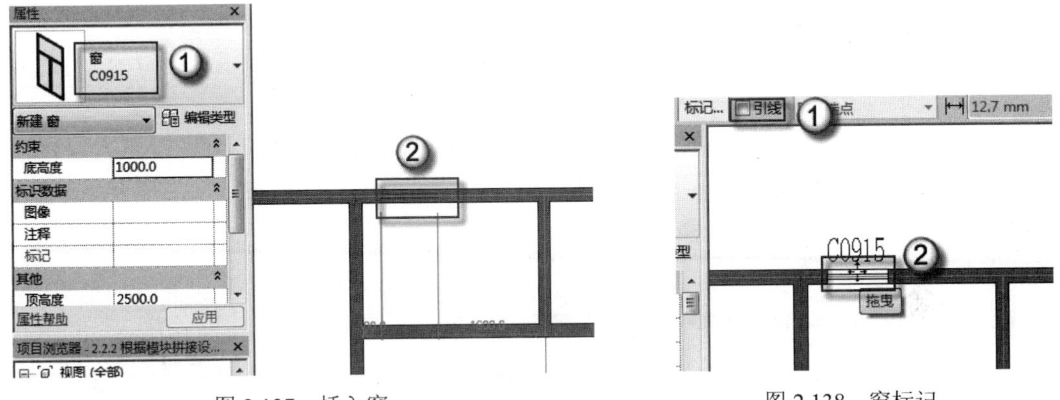

图 2.137　插入窗　　　　图 2.138　窗标记

根据上述操作，将其余窗插入，如图 2.139 所示。然后配合 Ctrl 键将需要镜像的窗及标记选中，按 MM 快捷键，单击中心对称轴进行镜像，如图 2.140 所示。全部窗插入完成。

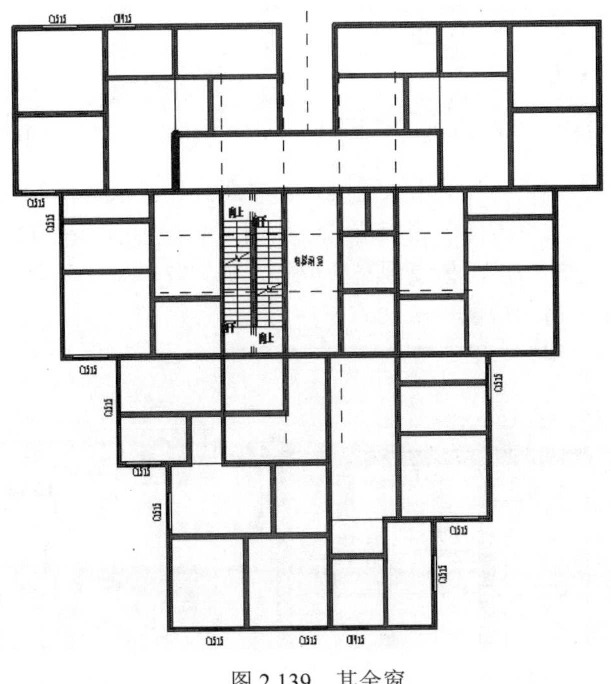

图 2.139　其余窗

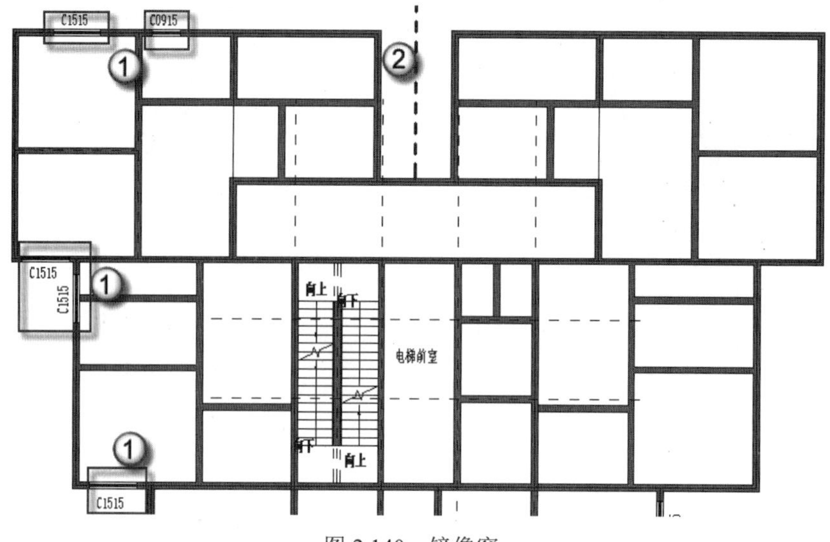

图 2.140　镜像窗

（3）插入防火门并标记。按 DR 快捷键，在“属性”面板选择防火门 ZM1221，然后单击门的相应位置，如图 2.141 所示。按 TG 快捷键，单击要标记的门，再拖曳到对应位置，如图 2.142 所示。

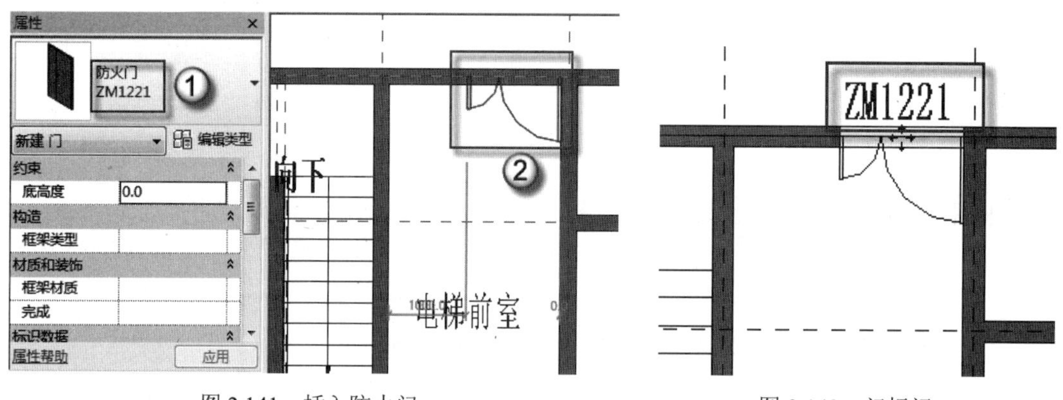

图 2.141　插入防火门　　　　图 2.142　门标记

（4）防火门的垂直标记。按 DR 快捷键，在“属性”面板选择 M0921 门，按“空格”键可更改门的方向，然后单击门的相应位置，如图 2.143 所示。按 TG 快捷键，选择“垂直”选项，单击要标记的门，再拖曳到对应位置，如图 2.144 所示。根据上述操作，将其余防火门插入，如图 2.145 所示。

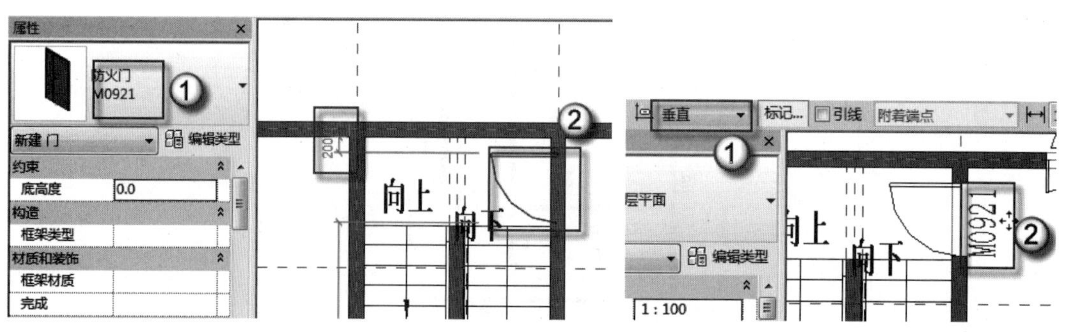

图 2.143　插入防火门　　　　图 2.144　垂直标记

（5）插入入户门。按 DR 快捷键，在“属性”面板选择 ZM1121 门，按“空格”键可更改门的方向，然后单击门的相应位置，注意门垛为 200 个单位，如图 2.146 所示。

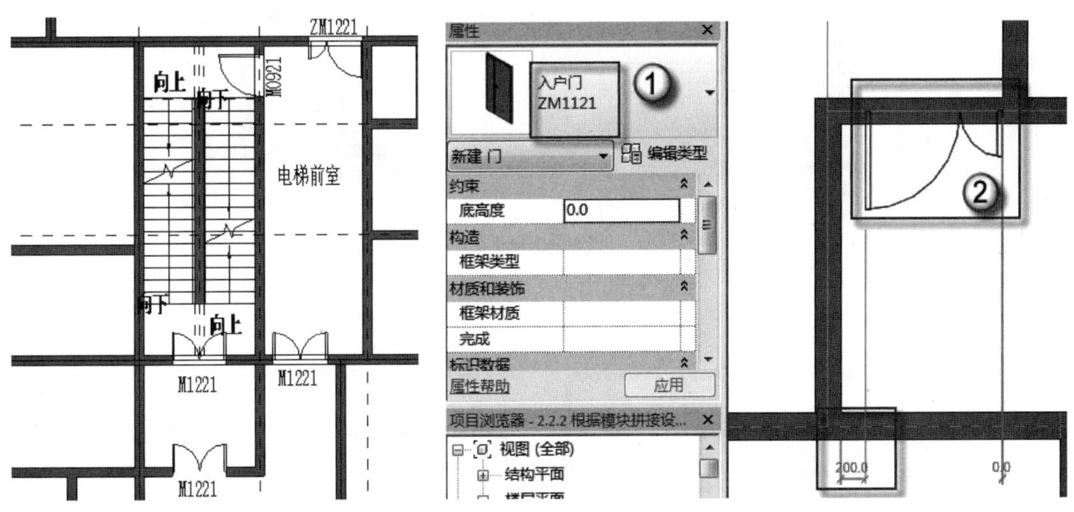

图 2.145　全部防火门　　　　图 2.146　插入入户门

（6）门的位置更改。根据上述操作，将其余的入户门插入，如图 2.147 所示。对于需要标注及更改位置距离的门，单击插入的门，将夹点拖曳到墙中心线，单击 1800 字样，输入要更改的尺寸，如图 2.148 所示。

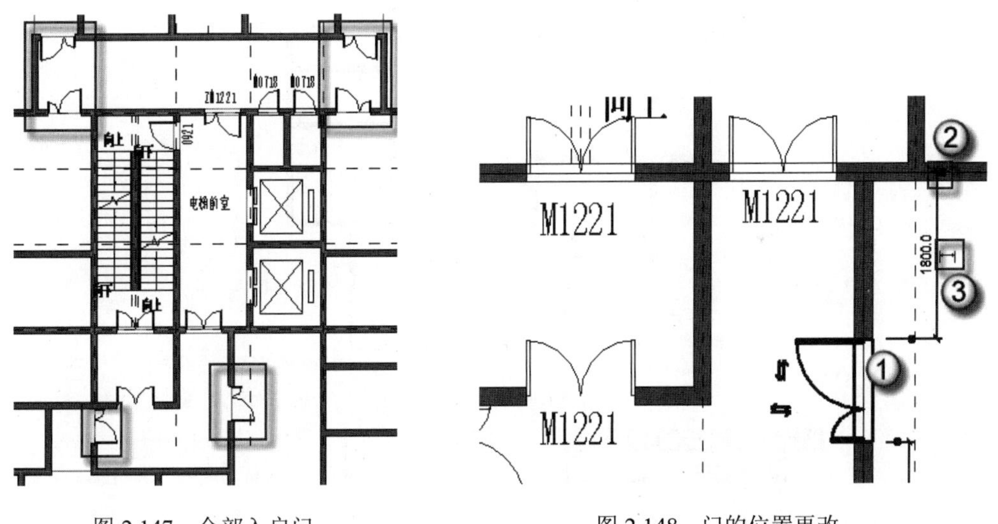

图 2.147　全部入户门　　　　图 2.148　门的位置更改

（7）插入平开门。按 DR 快捷键，在“属性”面板选择 M0821 门，按“空格”键可更改门的方向，然后单击门的相应位置，注意门垛为 200 个单位，如图 2.149 所示。同理，将其余平开门插入相应位置，如图 2.150 所示。

（8）插入电梯井的门，按 DR 快捷键，在“属性”面板选择 M0718 门，在“属性”面板中“底高度”栏输入 300 个单位，按“空格”键可更改门的方向，然后单击门的相应位置，如图 2.151 所示。将另一个电梯井的门插入。

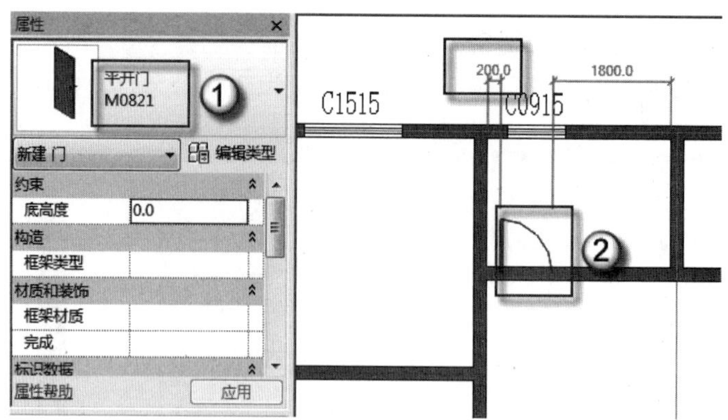

图 2.149　插入平开门

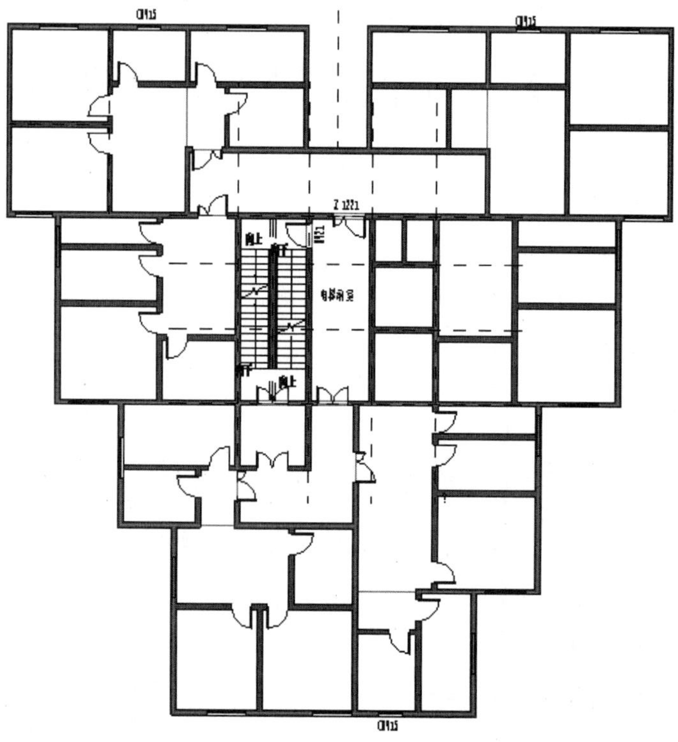

图 2.150　全部平开门

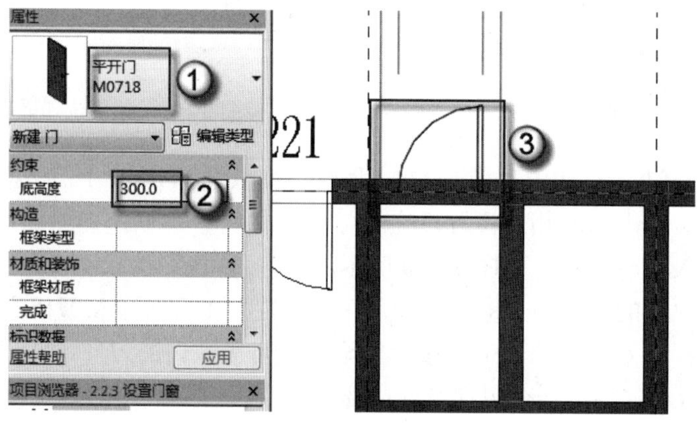

图 2.151　插入电梯井的门

（9）镜像平开门及插入电梯门。配合 Ctrl 键将需要镜像的门选中，按 MM 快捷键，然后单击中心对称轴进行镜像，如图 2.152 所示。按 DR 快捷键，在“属性”面板选择电梯门，按“空格”键可更改门的方向，然后单击电梯门的相应位置，如图 2.153 所示。同理，将另一个电梯门插入相应位置。全部门窗插入完成。

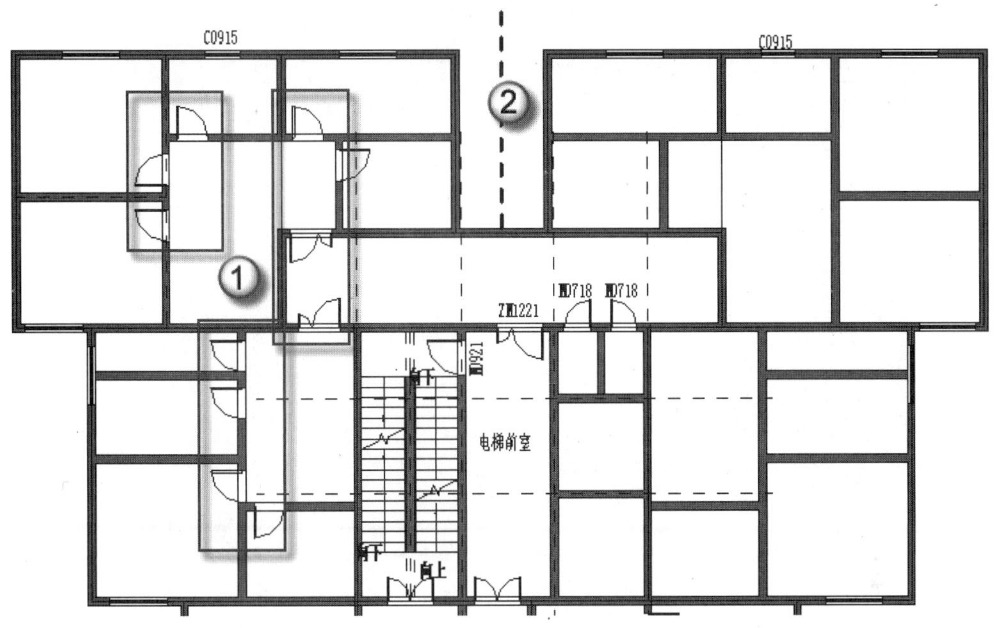

图 2.152　镜像平开门

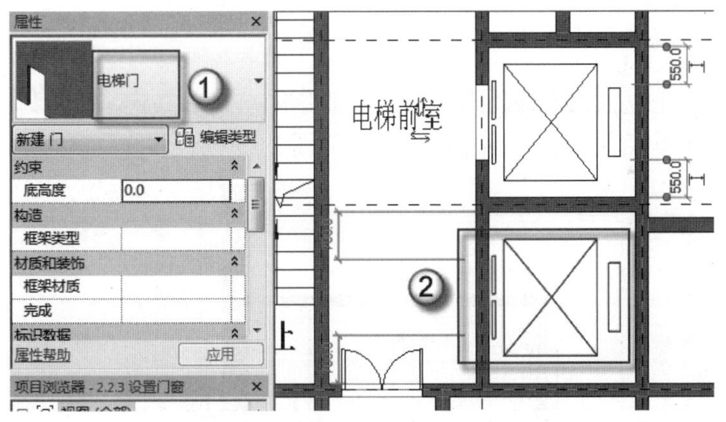

图 2.153　插入电梯门

注意：“户型”层中插入的门窗一定要设置到“方案”阶段，因为这些门窗在后面是不需要统计的。而地面之上的门窗，要设置了“阶段 1”阶段，因为其要统计生成《门窗表》。

2.2.4　插入家具

本小节介绍将前面制作的家具族插入到项目中，并根据户型方案的具体情况来摆放家具。只有户型图摆上家具之后，特别是有三维的家具，才能判断户型设计是否合理，具体操作如下。

（1）载入族及插入床。选择“插入”|“载入族”命令，在弹出的“载入族”对话框中选择要插入的家具族，单击“打开”按钮，如图 2.154 所示。按 CM 快捷键，在“属性”面板选择“1800 双人床”族，然后单击族的相应位置，如图 2.155 所示。

图 2.154　载入家具族

注意：本书中的几种家具族基本可以满足一般需求。如果有不同样式的家具，请读者参照本书的方法自行制作家具族。

（2）移动床。重复插入床族的操作，选择“1200 单人床”族，插入到户型内，选中插入的床族，按 MV 快捷键，移动到相应位置，如图 2.156 所示。

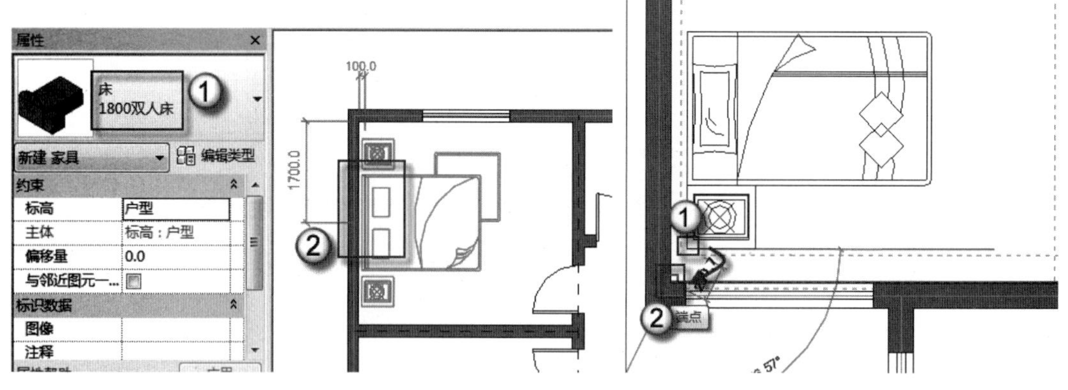

图 2.155　插入床族　　　图 2.156　移动床族

（3）插入厨房。按 CM 快捷键，在“属性”面板选择“L 型厨房”族，单击族的相应位置，然后单击翻转符号，转换厨房族的方向，如图 2.157 所示。选中插入的厨房族，按 MV 快捷键，移动到相应位置，如图 2.158 所示。

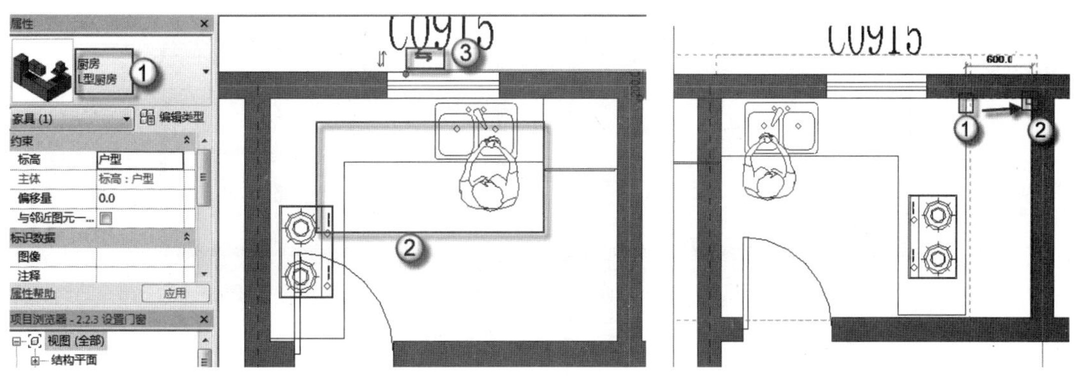

图 2.157　插入厨房族　　　　　　　　　　图 2.158　移动厨房族

（4）插入其余家具。根据上述操作，将户型内的家具插入，插入完成的家具如图 2.159 所示。按 F4 键，观察到此户型内家具的三维视图，如图 2.160 所示。将其余户型内家具插入，插入完成的全部家具如图 2.161 所示。

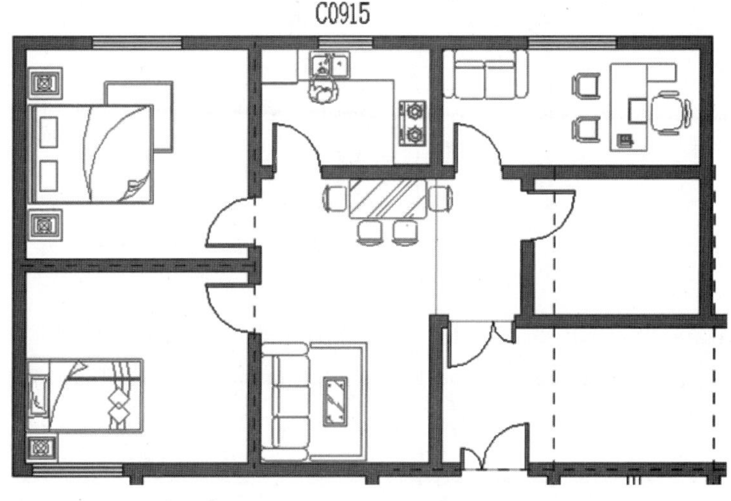

图 2.159　户型内的家具

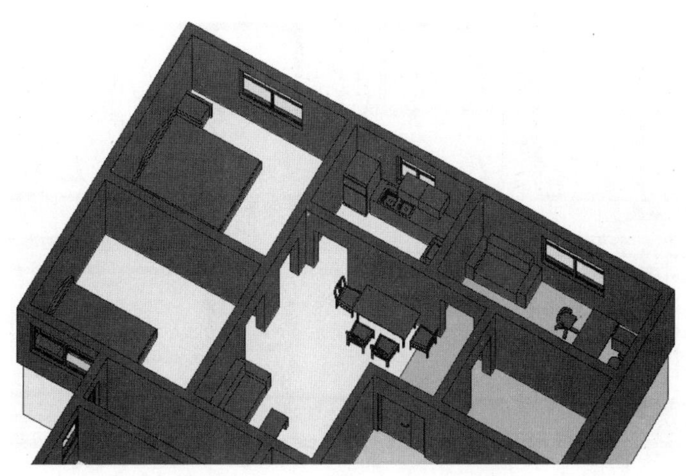

图 2.160　户型内的家具三维视图

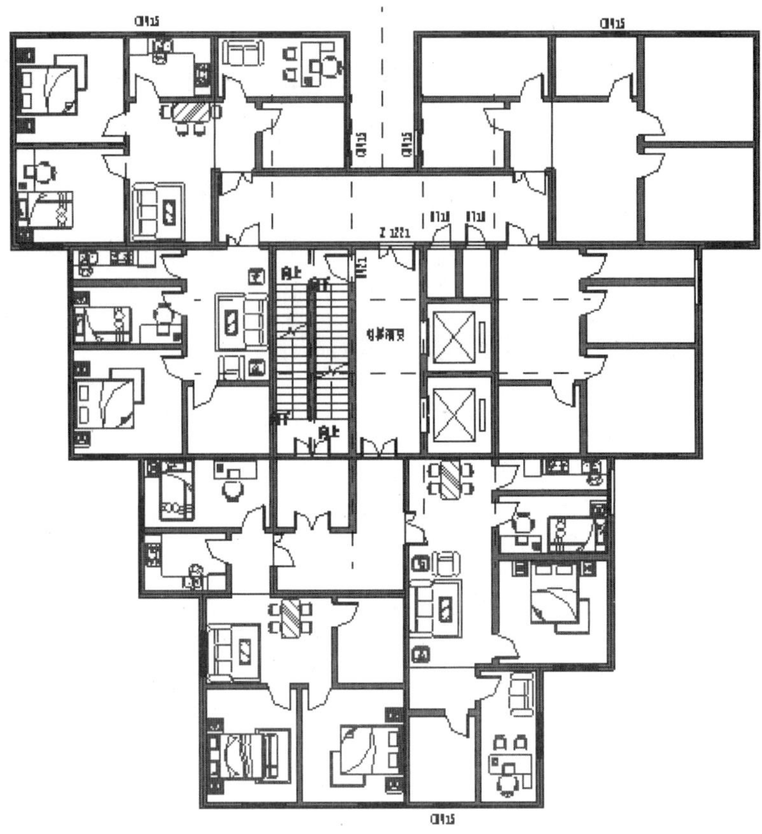

图 2.161　其余全部家具

（5）镜像家具。配合 Ctrl 键将需要镜像的家具选中，按 MM 快捷键，然后单击中心对称轴进行镜像，如图 2.162 所示。按 F4 快捷键，观察家具的三维视图，如图 2.163 所示。全部家具插入完成。

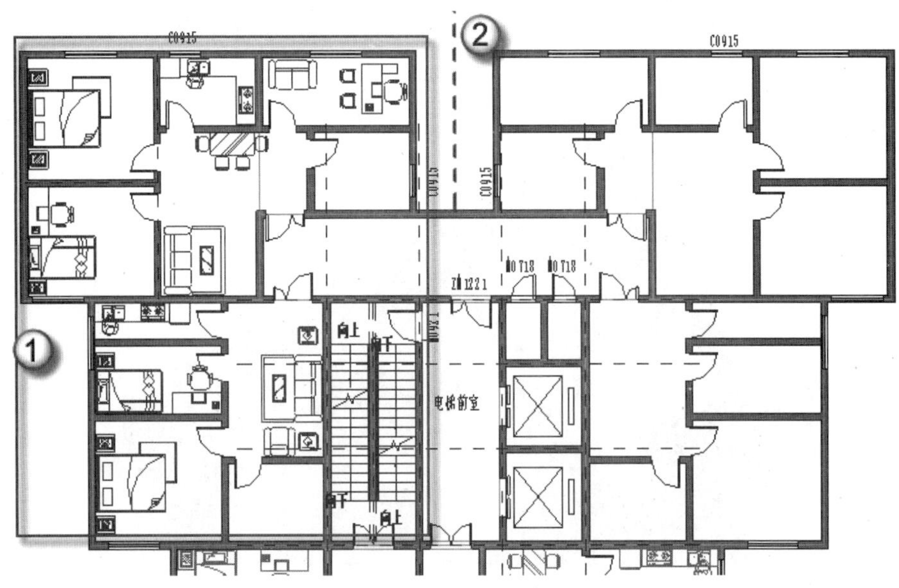

图 2.162　镜像家具

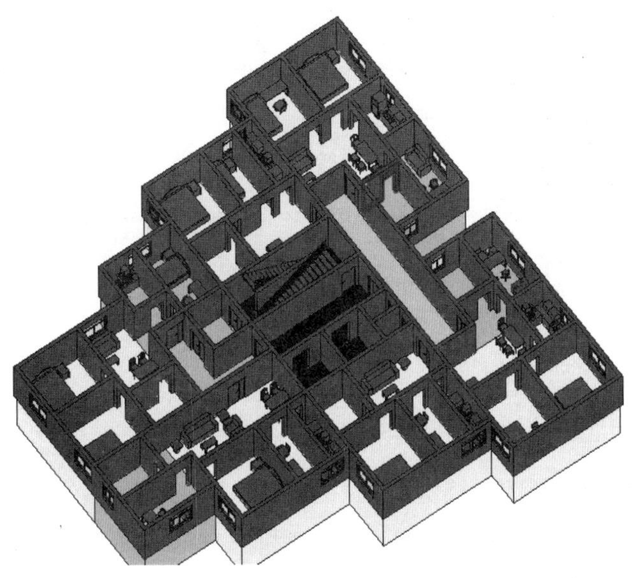

图 2.163　家具三维视图

2.2.5　标注

不论是装配式建筑还是现浇式建筑，在建筑设计图纸中都有一系列的标注。本小节中将介绍图名、房间名、文字标注的一般方法，具体操作如下。

（1）载入族及插入图名。选择“插入”|“载入族”命令，在弹出的“载入族”对话框中选择“图名标注”族，单击“打开”按钮，如图 2.164 所示。选择“注释”|“符号”命令，然后单击图名的相应位置，在“属性”面板中“请输入图名”栏输入“户型布置平面图”字样，在“图名线长度”栏输入 50 个单位，然后单击“应用”按钮，如图 2.165 所示。

图 2.164　载入图名标注族

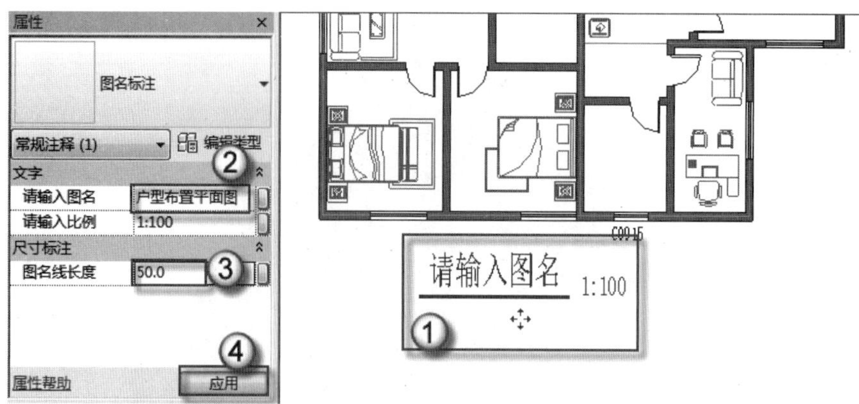

图 2.165　图名标注修改

（2）插入文字及电梯标注。按 TX 快捷键或选择“注释”|“文字”命令，单击插入文本框的位置，然后在文本框中输入文字说明，如图 2.166 所示。选择“注释”|“符号”命令，在“属性”面板中选择“电梯”标注，然后单击电梯的相应位置，如图 2.167 所示。

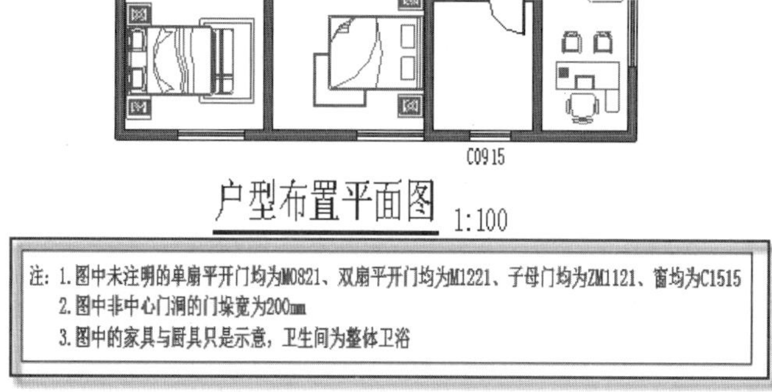

图 2.166　插入文字

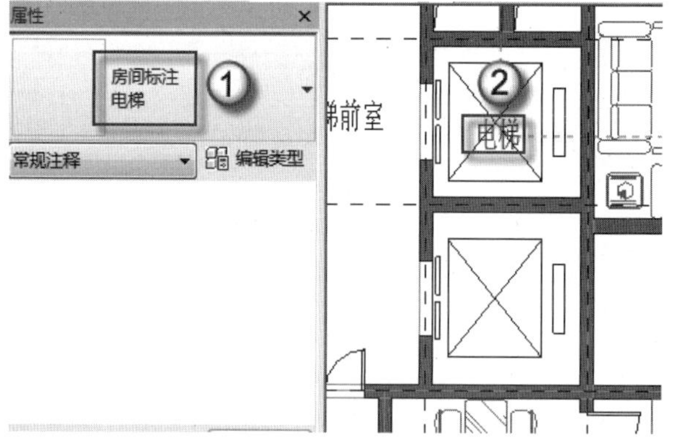

图 2.167　标注电梯

🔔注意：上面一段的文字标注，内容比较多。读者可以在配套下载资源中找到这个 TXT 的文档，然后用“复制”与“粘贴”粘入这段文字。

（3）增加标注参数。选择“注释”|“符号”命令，在“属性”面板中单击“编辑类型”按钮，在弹出的“类型属性”对话框中单击“复制”按钮，在弹出的“名称”对话框中“名称”栏输入“主卧”字样，然后单击“确定”按钮，如图 2.168 所示。同理，增加其他房

间标注参数，如图 2.169 所示。

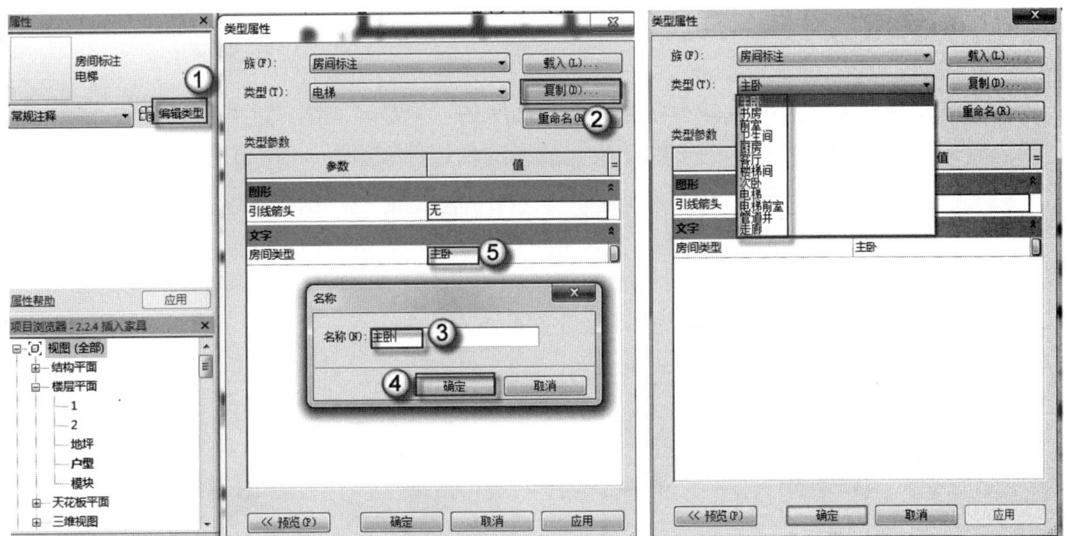

图 2.168 增加主卧标注　　图 2.169 其他房间标注

（4）根据上述操作，将其他房间进行标注，选择“注释”|“符号”命令，在“属性”面板选择进行标注的符号，将房间一一标注，全部标注完成的房间如图 2.170 所示。

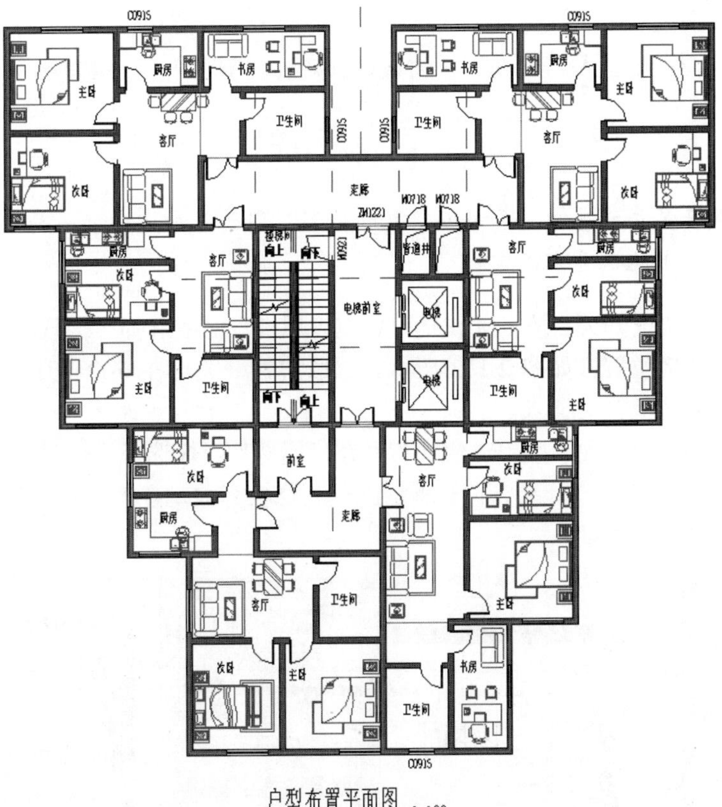

图 2.170 全部标注

2.2.6　布置电气开关与插座

在现浇式建筑中，户型图是不布置开关与插座的。但是在装配式建筑中，必须布置。这是因为装配式建筑要根据户型图中的开头与插座的位置，来预留 86 型暗盒，具体操作如下。

（1）载入族及插入开关。选择“插入”|“载入族”命令，在弹出的“载入族”对话框中选择“电气符号”族，单击“确定”按钮。按 CM 快捷键，在“属性”面板选择“三联跷板开关”选项，然后单击开关的相应位置，如图 2.171 所示。三联跷板开关均在 6 个子母门旁，根据此操作将其余 5 个三联跷板开关插入。

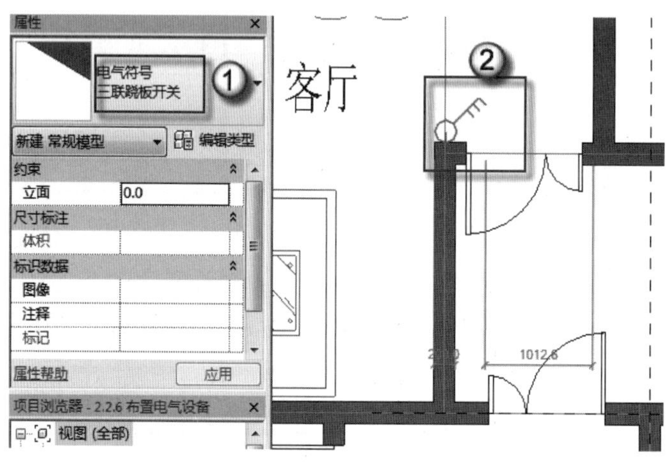

图 2.171　插入开关

注意：在布置开关与插座时，要根据家具的位置、门的开户方向来。而开关与插座的数量，要看业主的要求而定。

（2）插入二联跷板开关。按 CM 快捷键，在“属性”面板选择“二联跷板开关”选项，然后单击开关的相应位置，如图 2.172 所示。二联跷板开关均在 6 个卫生间内，根据此操作将其余 5 个二联跷板开关插入。

（3）插入一联跷板开关。按 CM 快捷键，在“属性”面板选择“一联跷板开关”选项，然后单击开关的相应位置，如图 2.173 所示。一联跷板开关均在每个户型房间内，根据此操作将其余一联跷板开关插入。

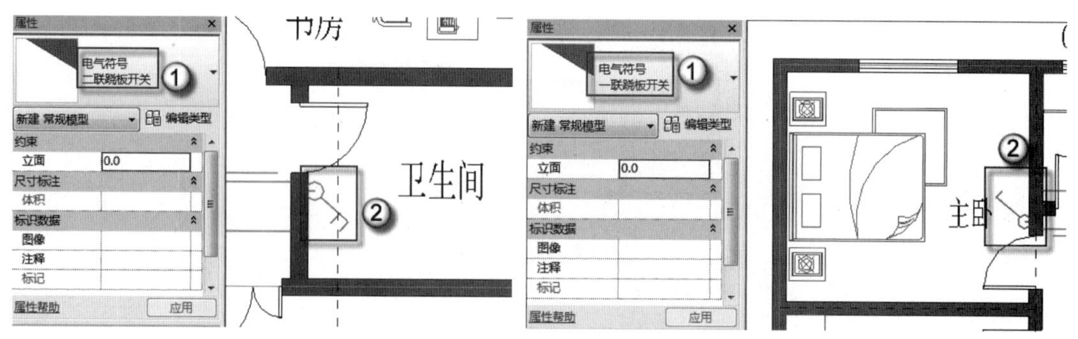

图 2.172　插入二联跷板开关　　图 2.173　插入一联跷板开关

（4）插入五孔插座。按 CM 快捷键，在“属性”面板选择“五孔插座”选项，然后单击插座的相应位置，如图 2.174 所示。五孔插座均在写字台、厨房、客厅，根据此操作将其余五孔插座插入。

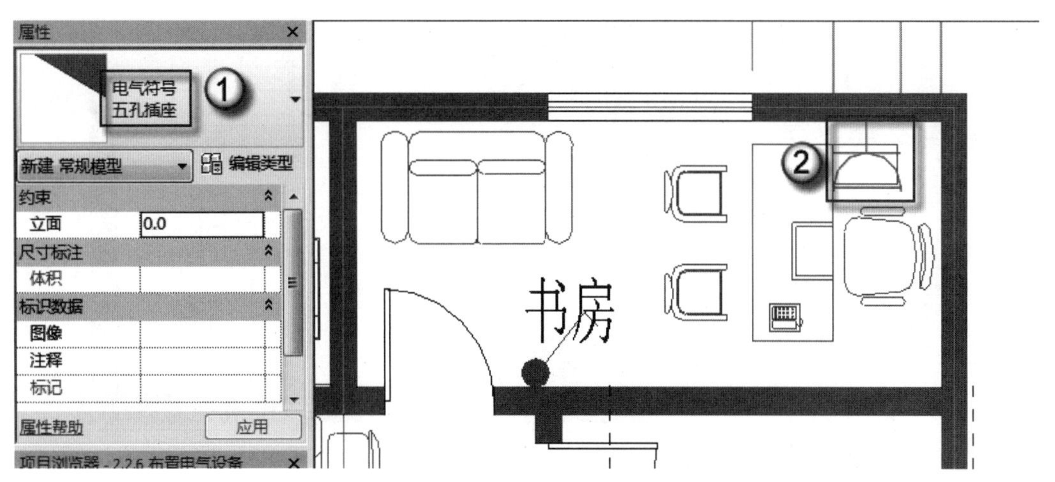

图 2.174　插入五孔插座

（5）插入带开关五孔插座。按 CM 快捷键，在“属性”面板选择“带开关五孔插座”选项，然后单击插座的相应位置，如图 2.175 所示。带开关五孔插座均在单人床头柜旁，根据此操作将其余带开关五孔插座插入。双床头柜为一个五孔插座和一个带开关五孔插座，根据上述操作将双床头柜的插座插入。

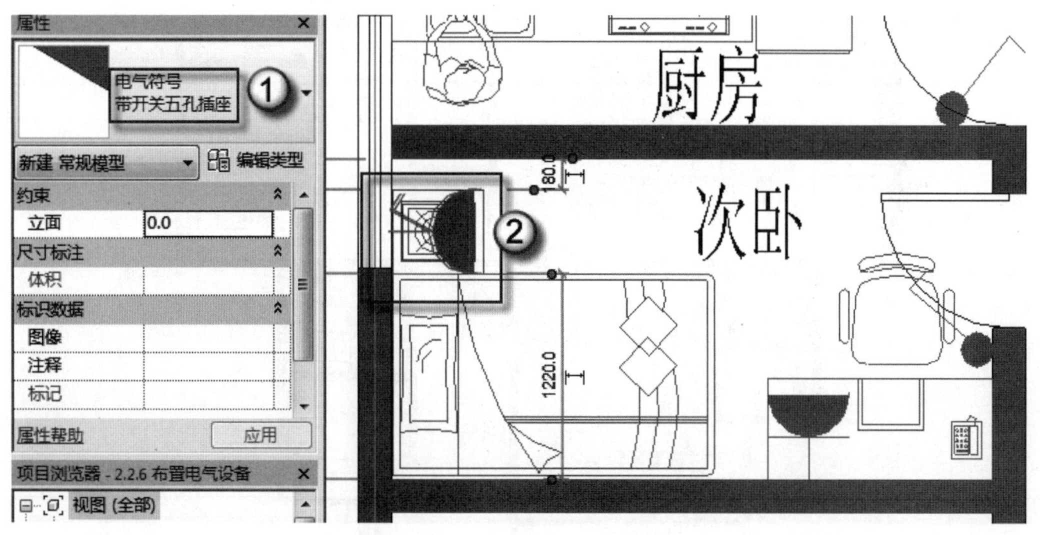

图 2.175　插入带开关五孔插座

（6）插入空调插座。按 CM 快捷键，在“属性”面板选择“空调插座”选项，然后单击插座的相应位置，如图 2.176 所示。空调插座均在主卧靠窗位置，根据此操作将其余 5 个空调插座插入。全部电气符号插入完成，如图 2.177 所示。

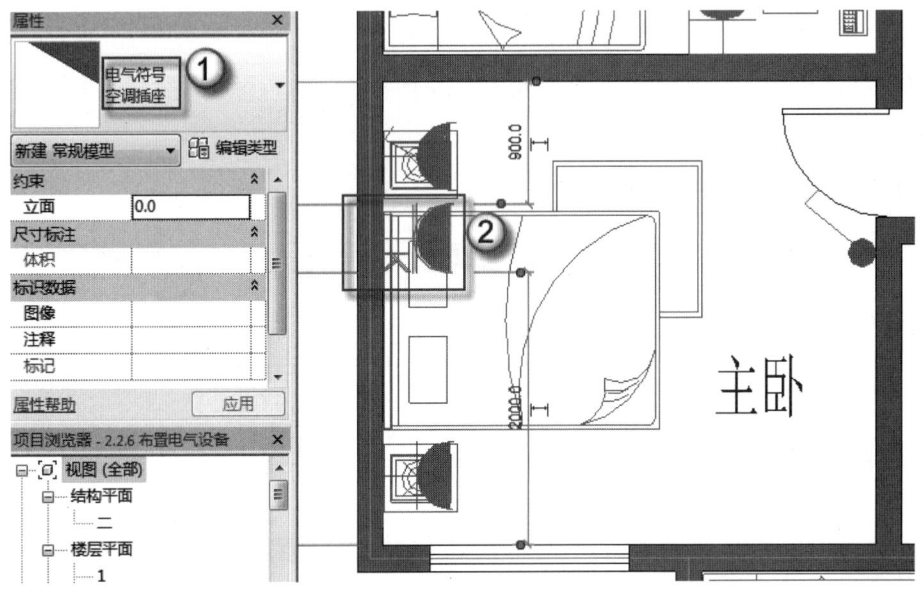

图 2.176　插入空调插座

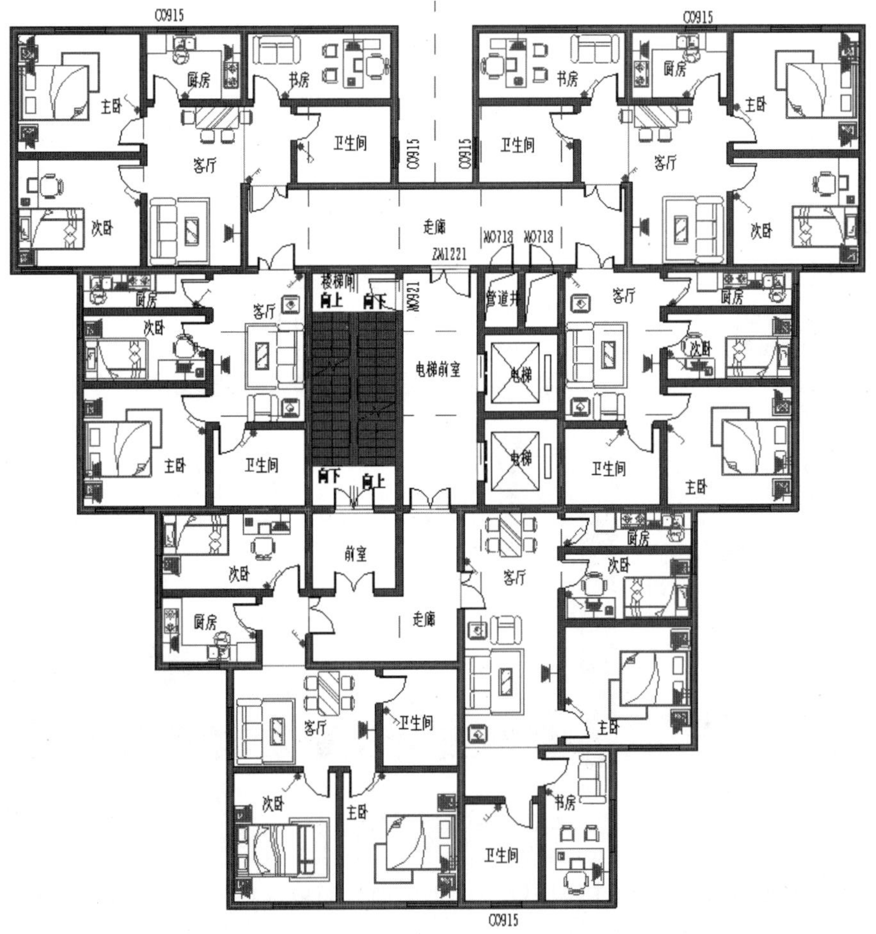

图 2.177　全部电气符号

第 2 篇　构件族的设计

卫老师妙语：

背多“钱”。记得历史老师说，《历史》课的学习方法是贝多芬（背多分），背了就多分。而在设计作图时，也要多背快捷键。背了你画图就快，画图快赚钱就多。这就是背多“钱”。

第 3 章　金属件设计

（教学视频：3 小时 18 分钟）

与现浇式建筑不一样，在装配式建筑中有很多类型的金属件存在。这些金属件的作用有连接、加固和支撑等。本章将介绍在 Revit 中如何用族的方法制作这些金属件，并且在族中设置金属件的信息量，以便在后期使用明细表统计相关数据。

3.1　预埋件设计

在装配式建筑中预埋件有两种：一是在现场浇筑混凝土时，放置在混凝土中的连接件；二是在工厂中就预先埋入预制混凝土中的金属件。随连接方式不同，预埋的可以是钢片、螺栓螺母、销栓、吊钩吊环和拉钩拉环等。预埋件是很重要的受力件，其截面形式、尺寸、直径及位置都是必须经过计算并在设计大样图上明确标注的。

3.1.1　斜撑用地面拉环

斜撑用地面拉环是固定墙面用的斜支撑杆与地面连接的金属预埋件，其截面的形式大约是一个凸字，具体制作方法如下。

（1）Revit 的启动并选择适合的族样板。双击桌面 Revit 图标，在弹出的 AUTODESK REVIT 对话框中选择“族”|“新建”选项，在弹出的“选择样板文件”对话框中选择“基于面的公制常规模型”族样板文件，单击“打开”按钮，如图 3.1 所示。进入族操作界面后，可以观察到屏幕中有一个方框，如图 3.2 所示。这个方框就是“基于面的公制常规模型”的那个“面”。这个“面”就是预埋件嵌入的墙面。

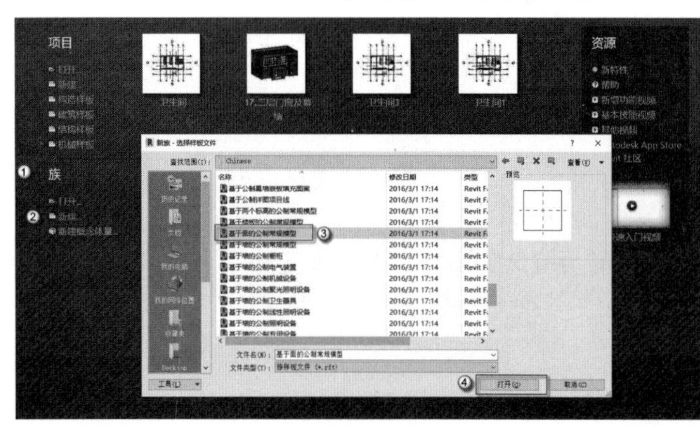

图 3.1　选择样板文件

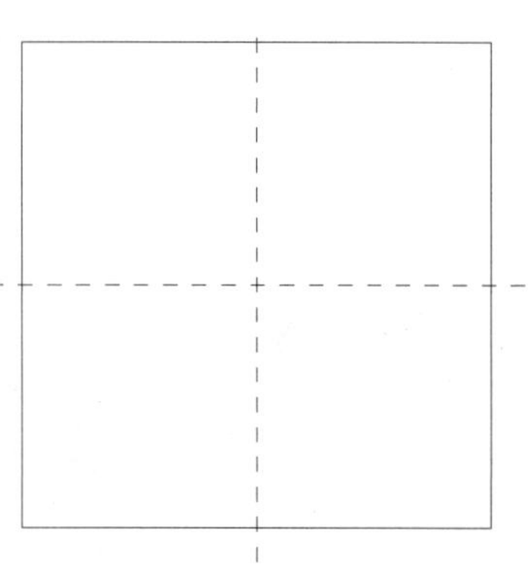
图 3.2　进入族样板

（2）绘制竖直向参照平面。选择“项目浏览器”面板中的“立面”｜“前”视图，进入前立面视图，如图 3.3 所示。按 RP 快捷键，发出“参照平面”命令，在“偏移量”栏中输入 50，捕捉屏幕中心原来的竖直向参照平面，从上至下进行绘制，可以观察到在其右侧会出现一个新的参照平面，距离为刚才设置的 50 个单位，如图 3.4 所示。再次捕捉屏幕中心原来的竖直向参照平面，从下至上进行绘制，可以观察到在其左侧会出现一个新的参照平面，距离中间竖直的参照平面为 50，如图 3.5 所示。完成后可以发现在竖直向参照平面的左右两侧，各有一条间距为 50 个单位的参照平面，如图 3.6 所示。

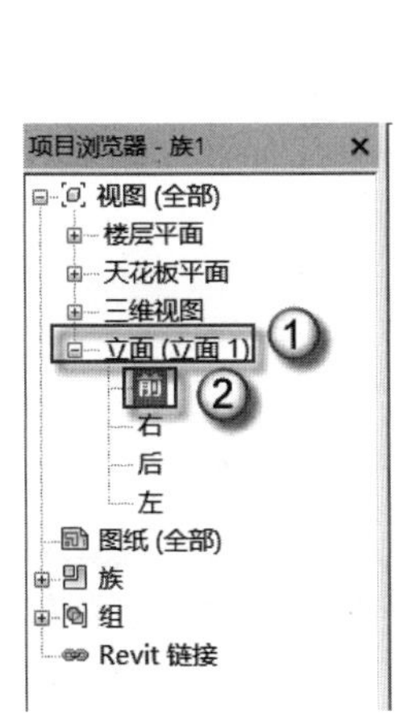

图 3.3　进入立面视图

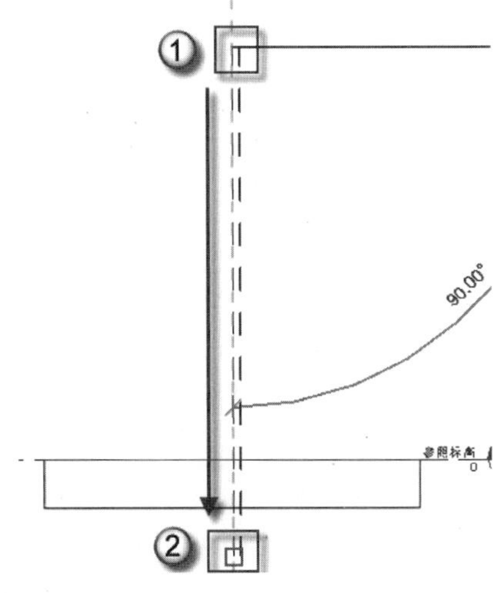

图 3.4　绘制右侧的参照平面

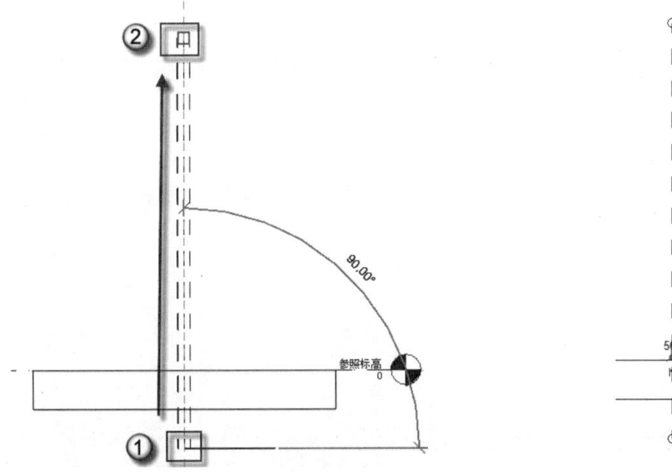

图 3.5　绘制左侧的参照平面

图 3.6　完成竖直向参照平面

（3）绘制竖直向外侧参照平面。按上述步骤继续绘制参照平面。按 RP 快捷键，发出“参照平面”命令，在“偏移量”栏中输入 250，捕捉屏幕中心原来的竖直向参照平面，从上至下进行绘制，可以观察到在其右侧会出现一个新的参照平面，距离为刚才设置的 250 个单位，如图 3.7 所示。再次捕捉屏幕中心原来的竖直向参照平面，从下至上进行绘制，可以观察到在其左侧会出现一个新的参照平面，距离为刚才设置的 250 个单位，如图 3.8

所示。完成后可以发现在竖直向参照平面的左右两侧，各有一条间距为 250 个单位的参照平面，如图 3.9 所示。

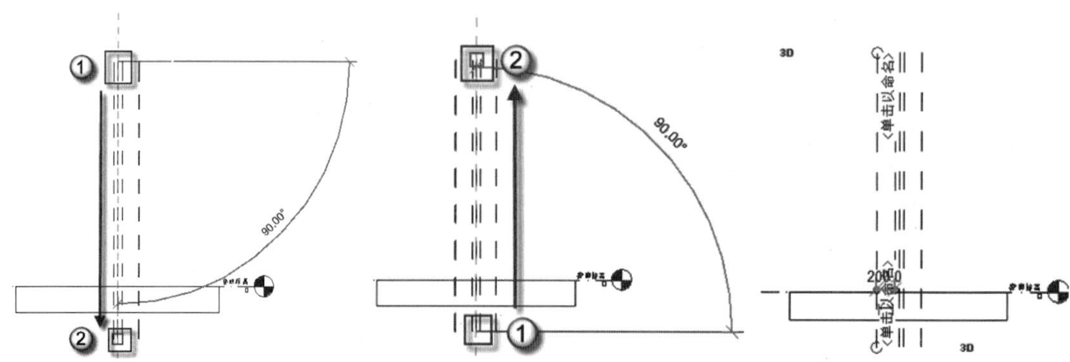

图 3.7　绘制右侧参照平面　　图 3.8　绘制左侧参照平面　　图 3.9　完成外侧参照平面绘制

（4）绘制水平向参照平面。按 RP 快捷键，发出“参照平面”命令，在“偏移量”栏中输入 70，选中参照平面会出现捕捉点，拖曳捕捉点水平向左至如图所示②的位置，如图 3.10 所示。按上述过程再次绘制参照平面，按 RP 快捷键，发出“参照平面”命令，在“偏移量”栏中输入 60，选中参照平面会出现捕捉点，拖曳捕捉点水平向右至如图所示②的位置，如图 3.11 所示。单击刚完成的水平向参照平面选中，按 CO 快捷键，发出复制命令，选中“约束”复选框，单击选中的参照平面左端点（如点①），在向上移动的过程中输入 90 的偏移量，按 Enter 键表示确定，如图 3.12 所示。按上述方法绘制另一参照平面，位于刚完成的水平参照平面下方，偏移量为 45，完成后如图 3.13 所示。

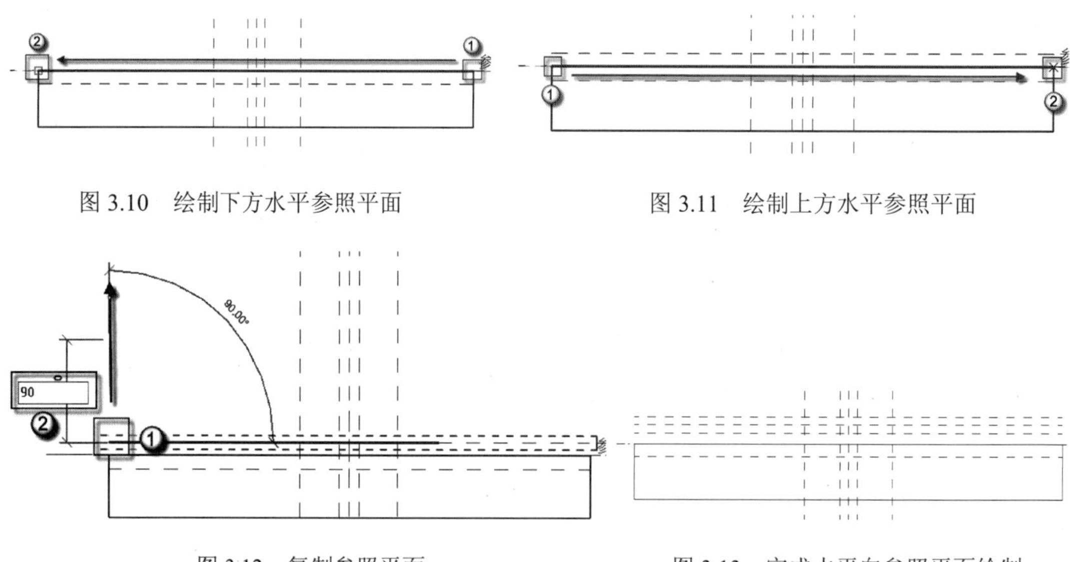

图 3.10　绘制下方水平参照平面　　图 3.11　绘制上方水平参照平面

图 3.12　复制参照平面　　图 3.13　完成水平向参照平面绘制

（5）绘制直线路径。选择菜单栏中的“创建”｜“放样”命令，在“修改｜放样”面板中选择“路径”子命令，进入√｜×选项板，选择“直线”绘图方式，选中“链”复选框。依次单击点①→②→③绘制路径，如图 3.14 所示。单击刚完成的竖向直线，配合 Ctrl 键单击刚完成的横向直线，输入 MM 快捷键发出“镜像”命令，单击中间的对称轴，如图

3.15 所示，完成镜像后如图 3.16 所示。

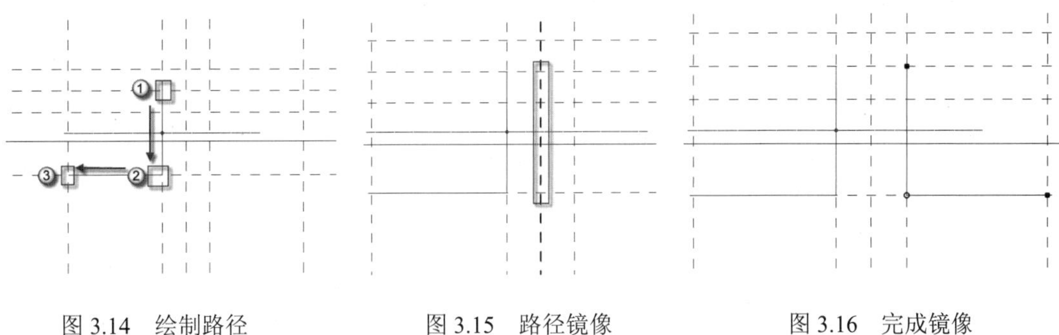

图 3.14　绘制路径　　　图 3.15　路径镜像　　　图 3.16　完成镜像

（6）绘制弧线路径。选择“起点-终点-半径弧”绘图方式，依次单击点①→点②→点③绘制路径，如图 3.17 所示。由于点③没有精准对位，因此选择刚完成的弧线路径，输入 MV 快捷键，发出移动命令，单击点①竖直向下移动单击点②进行位置调整，如图 3.18 所示。完成后如图 3.19 所示。选择“圆角弧”绘图方式，依次单击点①→点②→点③绘制路径，如图 3.20 所示。单击刚完成的弧线路径数字标注，输入 10 如图 3.21 所示。按上述方法，选择“圆角弧”绘图方式，依次单击点①→点②→点③绘制路径，如图 3.22 所示。单击刚完成的弧线路径数字标注，输入 10 如图 3.23 所示。完成后如图 3.24 所示。

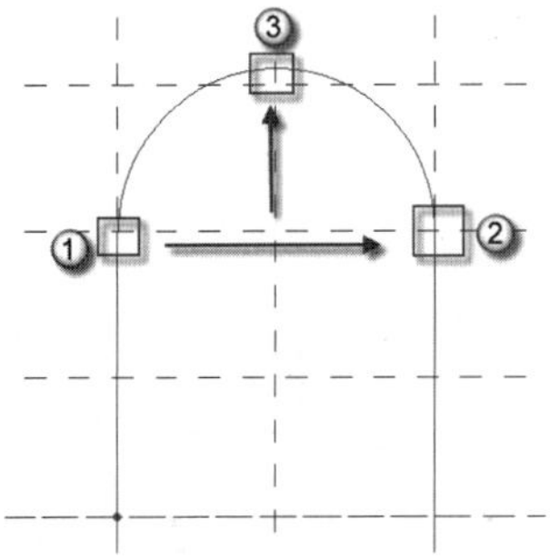

图 3.17　绘制弧线路径 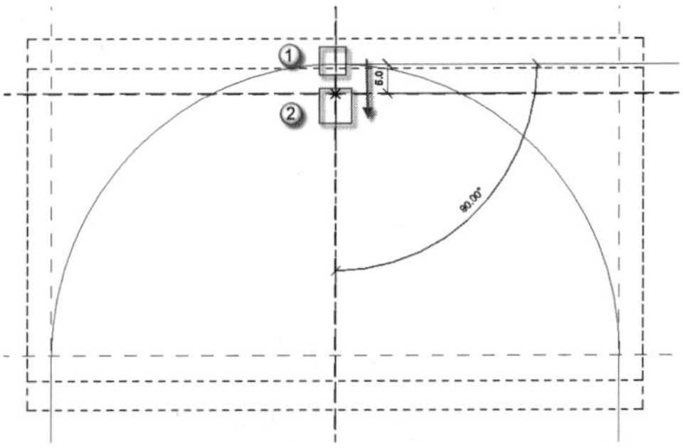　　　图 3.18　调整弧线路径 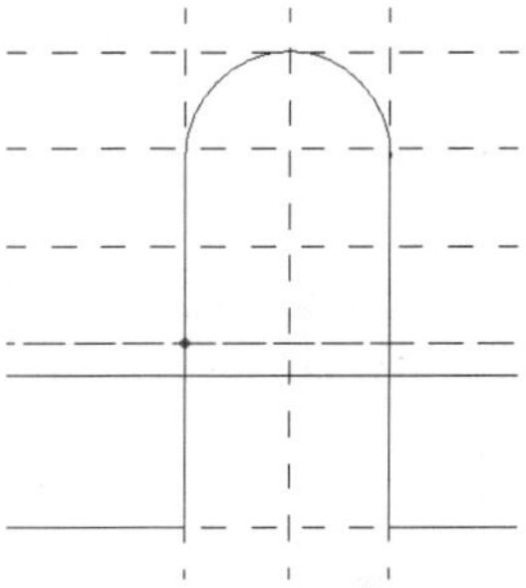　　　图 3.19　完成弧线路径调整

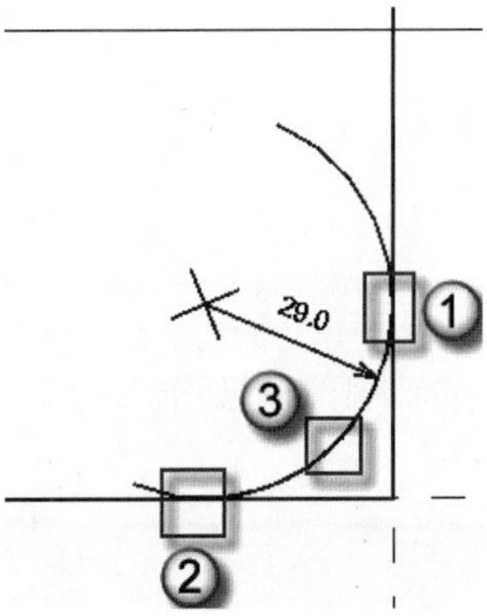

图 3.20　绘制左侧导角路径 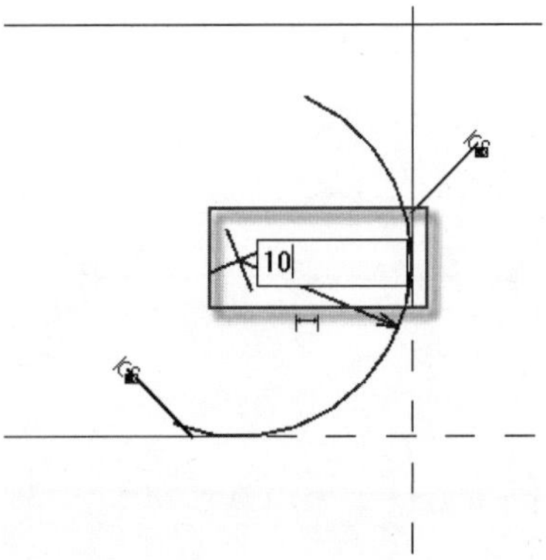　　　图 3.21　更改导角参数 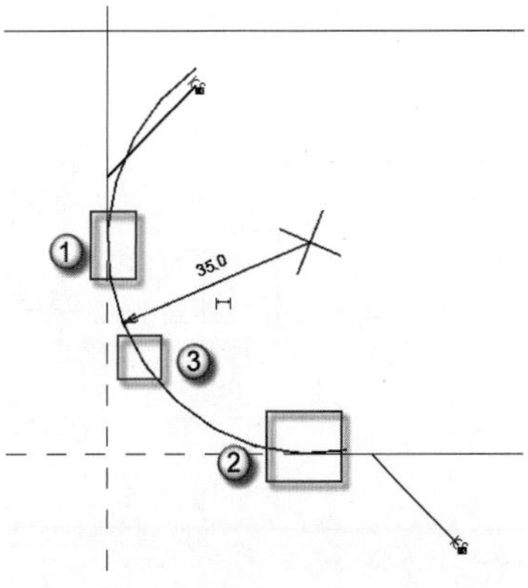　　　图 3.22　绘制右侧导角路径

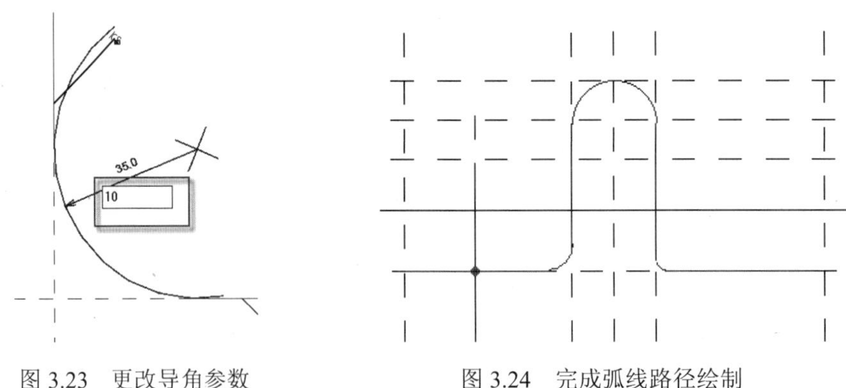

图 3.23　更改导角参数　　　　图 3.24　完成弧线路径绘制

（7）绘制轮廓。在√｜×选项板中单击√按钮，退出“路径”子命令。然后在菜单栏中选择“按草图”｜“编辑轮廓”命令，进入“轮廓”子命令，同时弹出“转到视图”对话框，在对话框中选择“立面：右”选项，然后单击“打开视图”按钮，如图 3.25 所示。选择“圆形”绘图方式，单击点①绘制轮廓，同时输入 8 为半径，如图 3.26 所示。完成后如图 3.27 所示。连续两次单击√｜×选项板中的√按钮，依次退出“编辑轮廓”子命令、“放样”命令，并返回右立面视图，完成后如图 3.28 所示。

（8）进入三维视图检查。按 F4 键，进入三维视图检查，如图 3.29 所示。检查确认斜撑用地面拉环与基面相连且无其他错误。

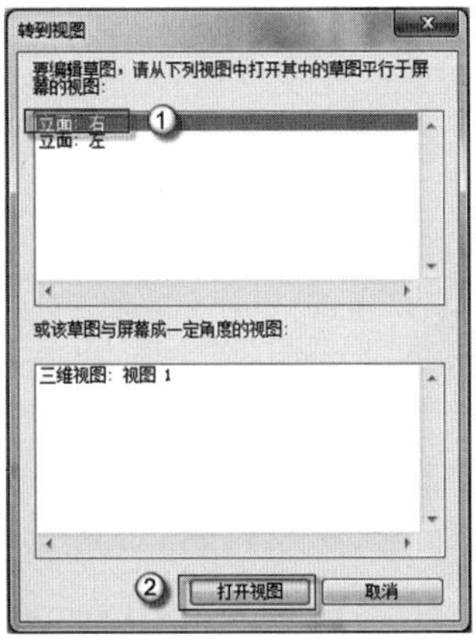

图 3.25　转到视图 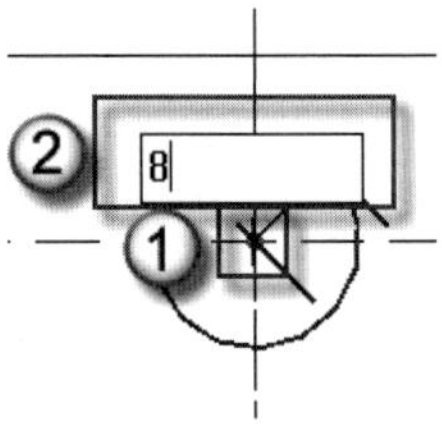　　　　图 3.26　绘制轮廓 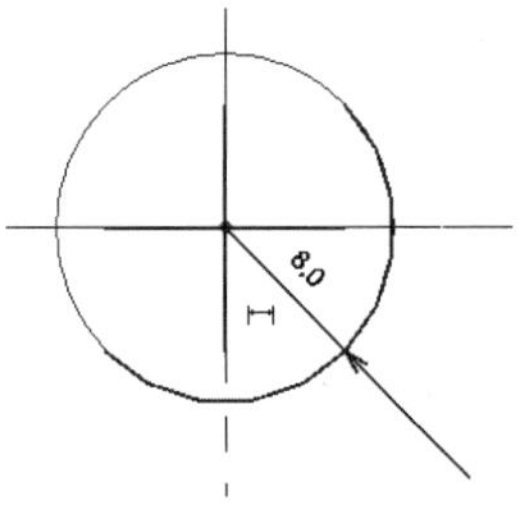　　　　图 3.27　完成轮廓绘制

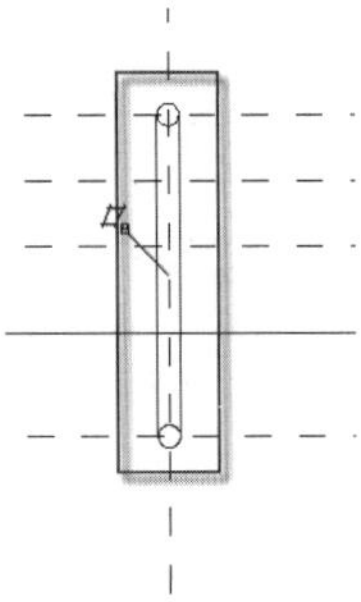

图 3.28　返回右立面视图 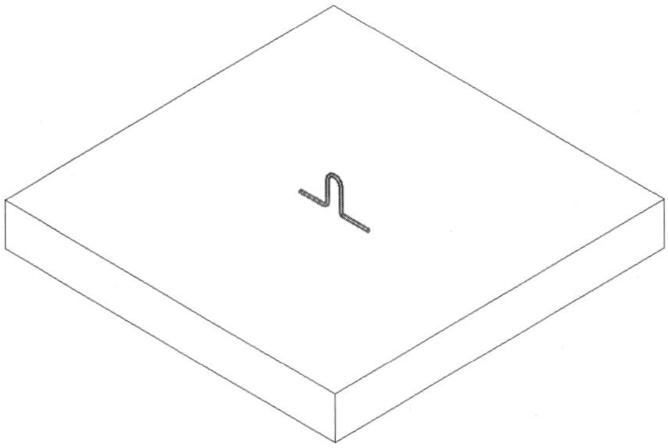　　　　图 3.29　检查三维视图

（9）绘制参照平面。选择“项目浏览器”面板中的“立面”｜“前”视图，进入前立面视图，如图 3.30 所示。完成后如图 3.31 所示。单击点①选中竖直参照平面，按 CO 快捷键，发出复制命令，向左移动同时输入 20 偏移量，按 Enter 键确定，如图 3.32 所示。选中刚完成的参照平面，按 CO 快捷键，发出复制命令，向左移动同时输入 160 偏移量，按 Enter 键确定，如图 3.33 所示。按 RP 快捷键，发出“参照平面”命令，在“偏移量”栏中输入 5，单击点①向右绘制至点②，如图 3.34 所示。

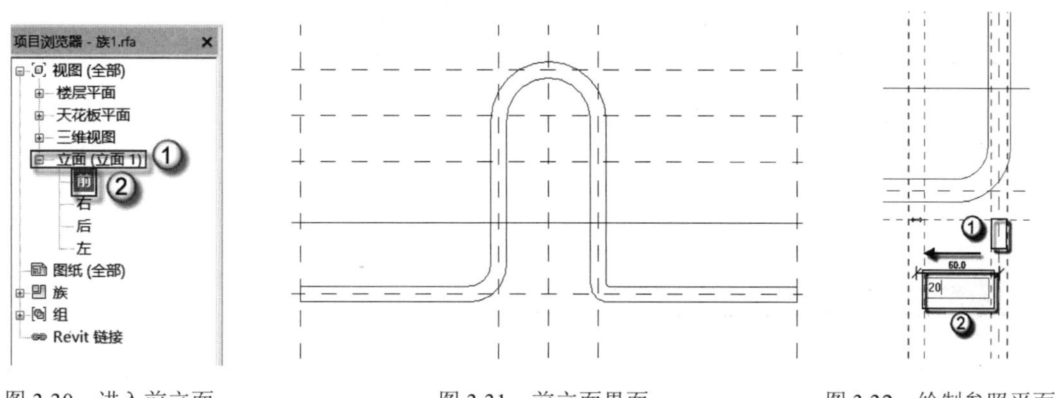

图 3.30　进入前立面　　图 3.31　前立面界面　　图 3.32　绘制参照平面

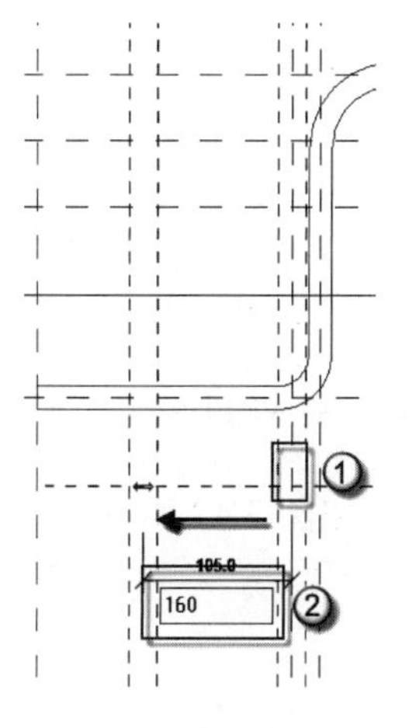

图 3.33　绘制参照平面

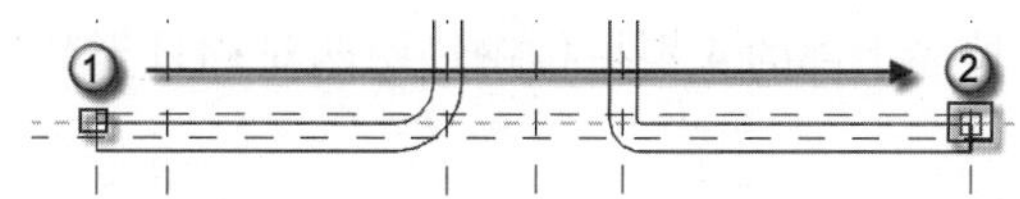

图 3.34　绘制水平参照平面

（10）绘制抗拉钢筋。在菜单栏中选择“创建”｜“拉伸”命令，在“修改”选项卡中选择“圆形”绘制方式，单击点①，竖直向下移动其至合适位置（如②所示位置），如图 3.35 所示。选择“项目浏览器”面板中的“楼层平面”｜“参照标高”视图，进入参照标高平面视图，如图 3.36 所示。在“属性”面板中“拉伸终点”一栏后输入 250，在“拉伸起点”一栏后输入−250，如图 3.37 所示。选择“项目浏览器”面板中的“立面”｜“前”视图，进入前立面视图，如图 3.38 所示。选中刚完成的圆形，按 CO 快捷键，发出复制命令，单击点①移动至点②并单击表示确定，如图 3.39 所示。完成后如图 3.40 所示。选中刚完成的圆，并配合 Ctrl 键同时选中最初画的圆，按 MM 快捷键，发出镜像命令，单击对称轴如图 3.41 所示。完成后如图 3.42 所示。

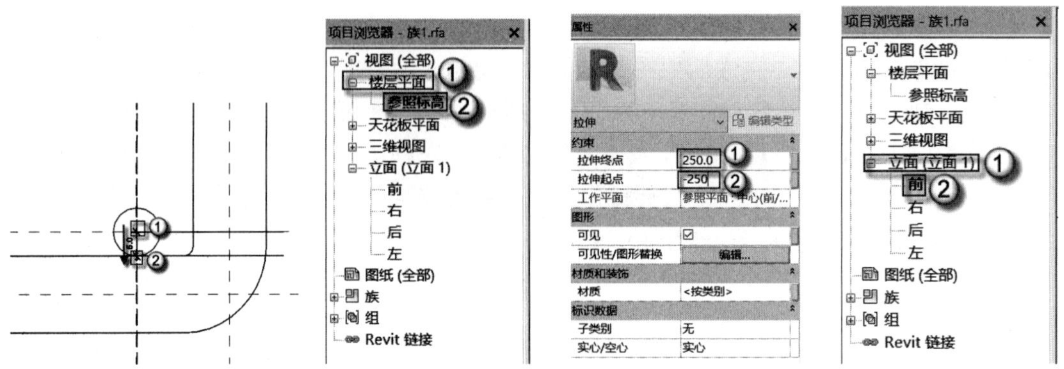

图 3.35　绘制圆形　　图 3.36　进入参照标高平面　　图 3.37　设置拉伸参数　　图 3.38　返回前立面视图

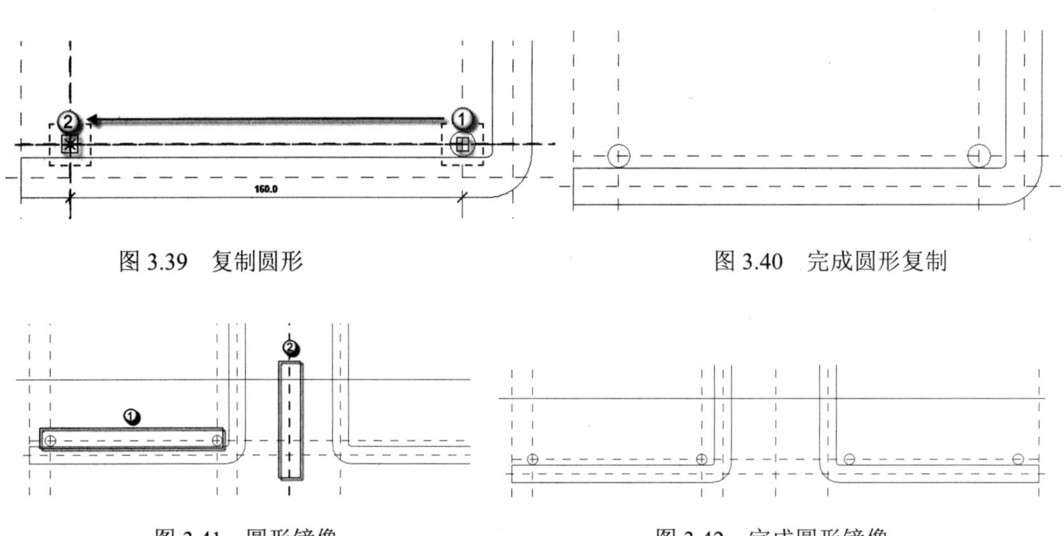

图 3.39　复制圆形　　　　图 3.40　完成圆形复制

图 3.41　圆形镜像　　　　图 3.42　完成圆形镜像

（11）进入三维视图检查。按 F4 键，进入三维视图检查，如图 3.43 所示。检查确认斜撑用地面拉环下部的 4 根抗拉钢筋两两对称且无其他错误。

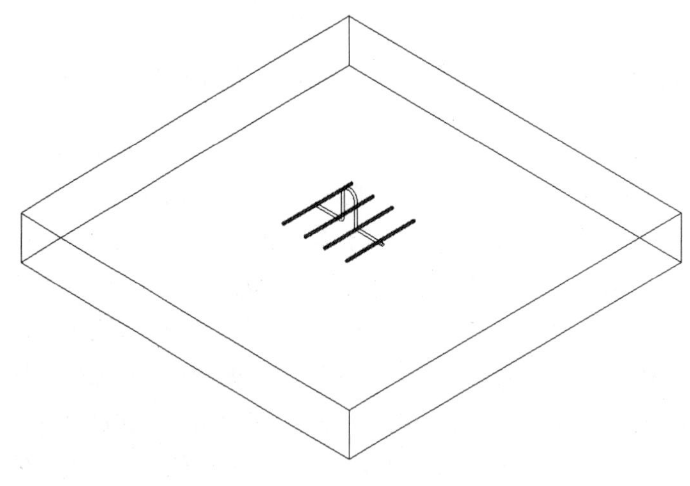

图 3.43　检查三维视图

🔔**注意**：拉环要承受斜撑的拉力，斜撑要支撑墙板的侧力。所以此处为拉环设置 4 根抗拉的水平钢筋，预埋在后浇混凝土中。

（12）绘制参照平面。选择“项目浏览器”面板中的“立面”|“前”视图，进入前立面视图，如图 3.44 所示。单击点①选中竖直参照平面，按 CO 快捷键，发出复制命令，向左移动同时输入 10 偏移量，按 Enter 键确定，如图 3.45 所示。完成后如图 3.46 所示。按上述同样的方法，单击点①选中竖直参照平面，按 CO 快捷键，发出复制命令，向右移动同时输入 10 偏移量，按 Enter 键确定，如图 3.47 所示。完成后如图 3.48 所示。按 RP 快捷键，发出“参照平面”命令，在“偏移量”栏中输入 10，单击点①向左绘制至点②，如图 3.49 所示。完成后如图 3.50 所示。

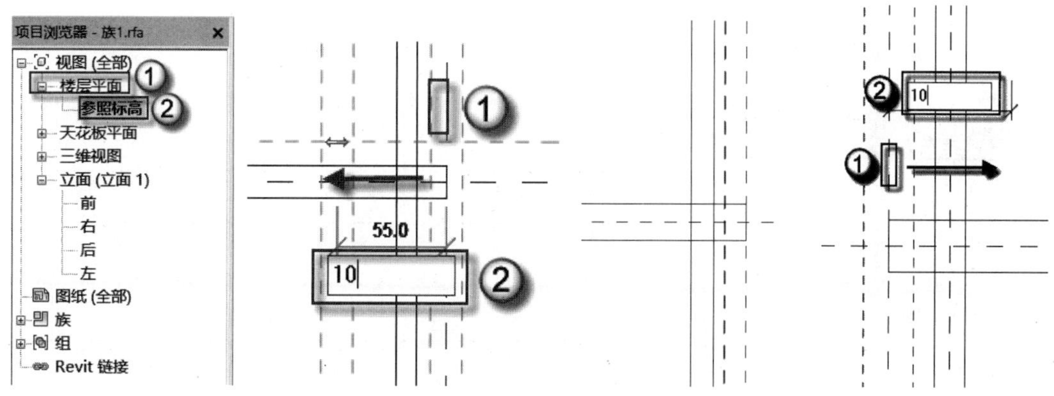

图 3.44　进入参照标高平面　图 3.45　复制参照平面　图 3.46　完成参照平面复制　图 3.47　复制参照平面

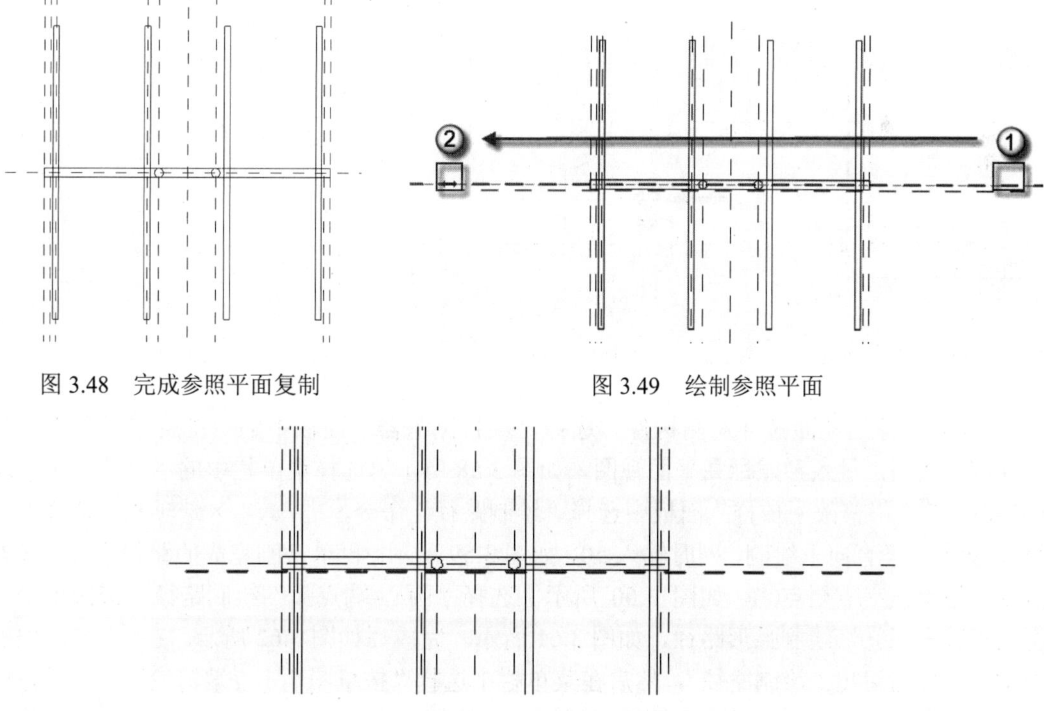

图 3.48　完成参照平面复制　图 3.49　绘制参照平面

图 3.50　完成参照平面绘制

（13）更改放样路径。双击矩形边界线，进入放样子命令界面，如图 3.51 所示。再双击矩形中间的轮廓线，如图 3.52 所示，在弹出的“转到视图”对话框中选择“立面：前”选项，然后单击“打开视图”按钮，如图 3.53 所示。进入截面子命令界面，如图 3.54 所示。用拖曳夹点的方法调整路径，将点①拖曳至点②，如图 3.55 所示。用同样的方法将左侧的夹点①拖曳至点②，如图 3.56 所示。完成后如图 3.57 所示。连续两次单击√ | ×选项板中的√按钮，依次退出“截面”子命令、“放样”命令，并返回参照标高平面。

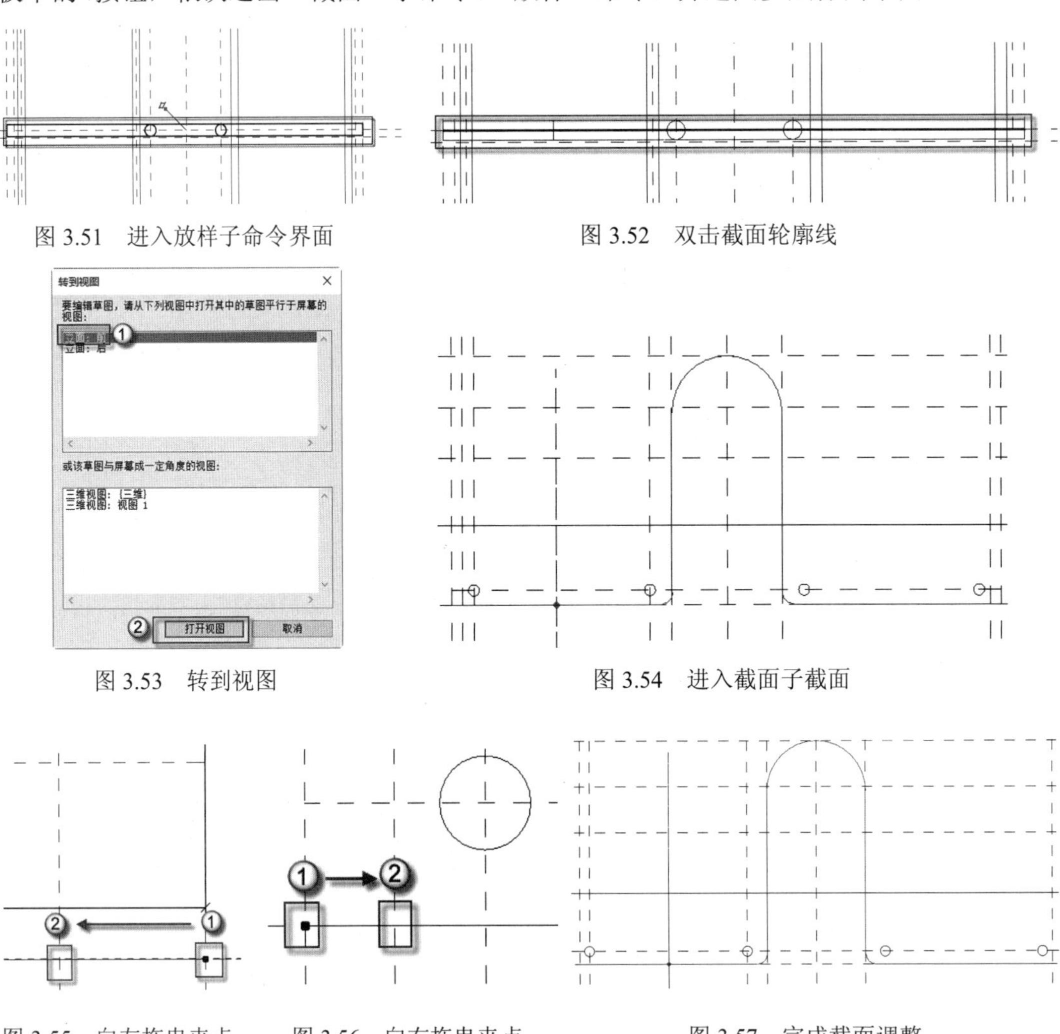

图 3.51　进入放样子命令界面

图 3.52　双击截面轮廓线

图 3.53　转到视图

图 3.54　进入截面子截面

图 3.55　向左拖曳夹点

图 3.56　向右拖曳夹点

图 3.57　完成截面调整

（14）斜撑用地面拉环左侧构件。选择“项目浏览器”面板中的“楼层平面” | “参照标高”视图，进入参照标高平面视图，如图 3.58 所示。选择菜单栏中的“创建” | “放样”命令，在“修改 | 放样”面板中选择“绘制路径”命令，进入√ | ×选项板，选择“直线”，从①处竖直向下绘制，同时输入 50，如图 3.59 所示。再单击刚完成的路径上端点（如点①）拖曳该夹点至点②，如图 3.60 所示。选择“圆心-端点弧”绘制路径，依次单击点①→点②→点③，绘制弧形路径，如图 3.61 所示。完成后如图 3.62 所示。在√ | ×选项板中单击√按钮退出“绘制路径”，然后在菜单栏中选择“按草图” | “编辑轮廓”命令，进入轮廓级别，同时弹出“转到视图”对话框，选择第一栏中“立面：前”选项，然后单击

"打开视图"按钮，如图 3.63 所示。进入轮廓√ | ×选项板，选择"圆形"，单击点①并向上移动同时输入 8，并按 Enter 键确定，如图 3.64 所示。完成后如图 3.65 所示。连续两次单击 √ | ×选项板中的 √ 按钮，依次退出"截面"子命令、"放样"命令，退出返回前立面视图。

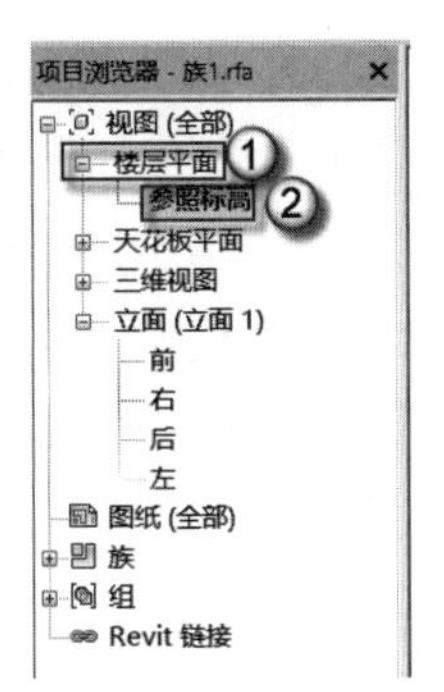

图 3.58　进入参照标高平面视图

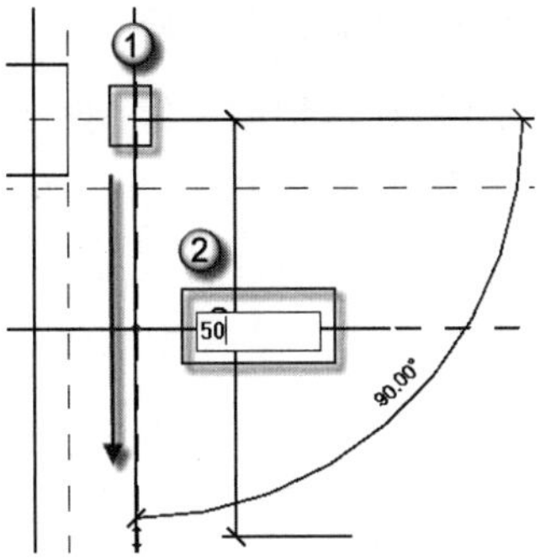

图 3.59　绘制直线路径

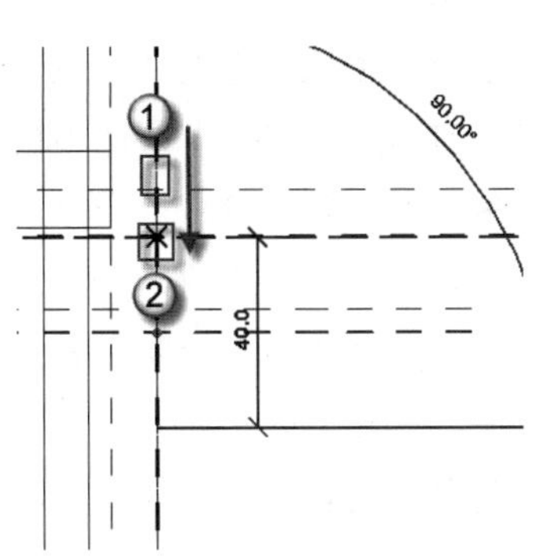

图 3.60　调整路径

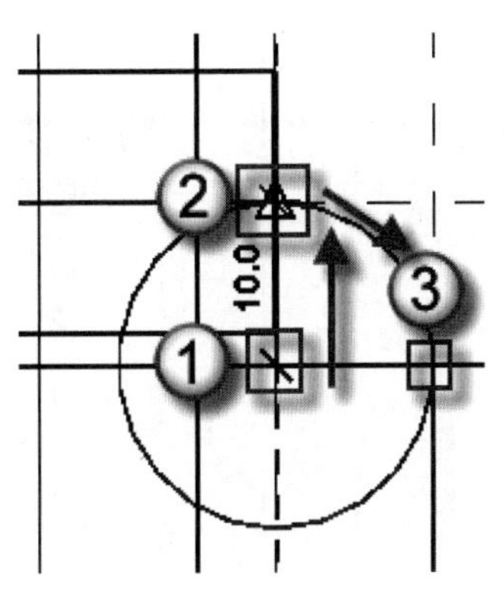

图 3.61　绘制弧线路径

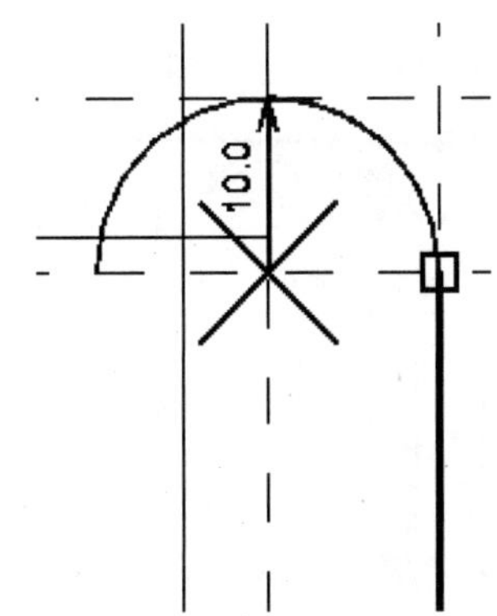

图 3.62　完成弧线路径绘制

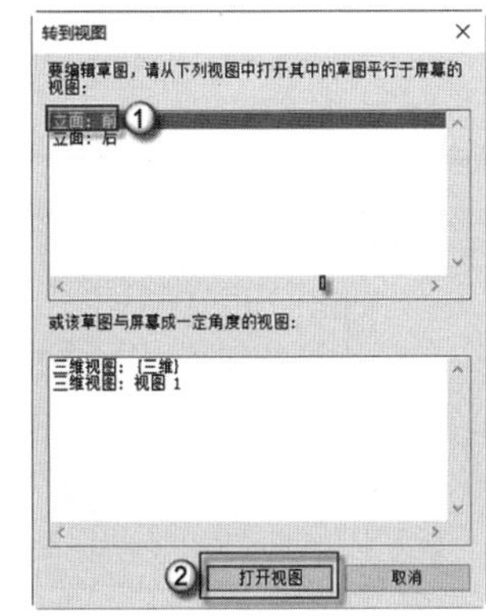

图 3.63　转到视图

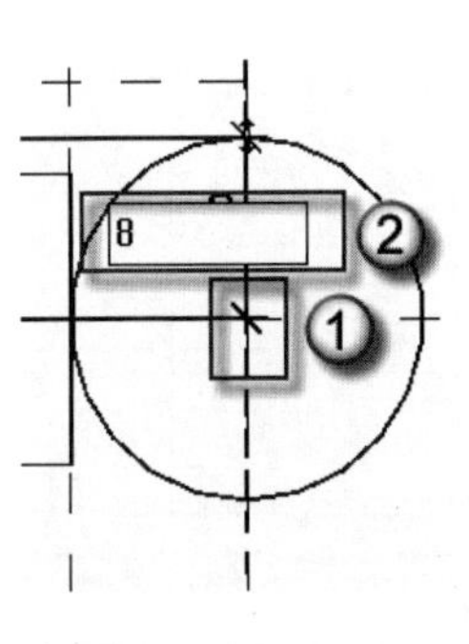

图 3.64　绘制轮廓

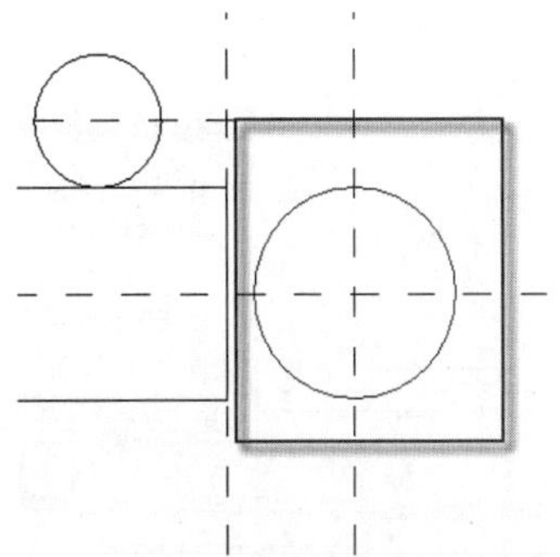

图 3.65　完成轮廓线绘制

（15）进入三维视图检查。按 F4 键，进入三维视图检查，如图 3.66 所示。检查确认斜撑用地面拉环左侧构件与"凸"字形构件连接紧密。

（16）斜撑用地面拉环右侧构件。选择"项目浏览器"面板中的"楼层平面" | "参

照标高”视图，进入参照标高平面视图，如图 3.67 所示。选中上述刚完成的斜撑用地面拉环左侧构件，按 MM 快捷键，发出镜像命令，再单击对称轴，如图 3.68 所示。完成后如图 3.69 所示。选择“项目浏览器”面板中的“立面”|“前”视图，进入前立面视图，如图 3.70 所示。选择菜单栏中的“创建”|“放样”命令，在“修改|放样”面板中选择“绘制路径”命令，进入√|×选项板，选择“直线”，从①处绘制到②处，完成路径绘制，如图 3.71 所示。在√|×选项板中单击√按钮，退出“绘制路径”，然后在菜单栏中选择“按草图”|“编辑轮廓”命令，进入轮廓级别，同时弹出“转到视图”对话框，选择第一栏中“立面：右”选项，然后单击“打开视图”按钮，如图 3.72 所示。进入轮廓√|×选项板，选择“圆形”绘制方式，单击点①，向上移动同时输入 5 为圆形半径，并按 Enter 键确定，如图 3.73 所示。完成后如图 3.74 所示。连续两次单击√|×选项板中的√按钮，依次退出“截面”子命令、“放样”命令，退出返回前立面视图。

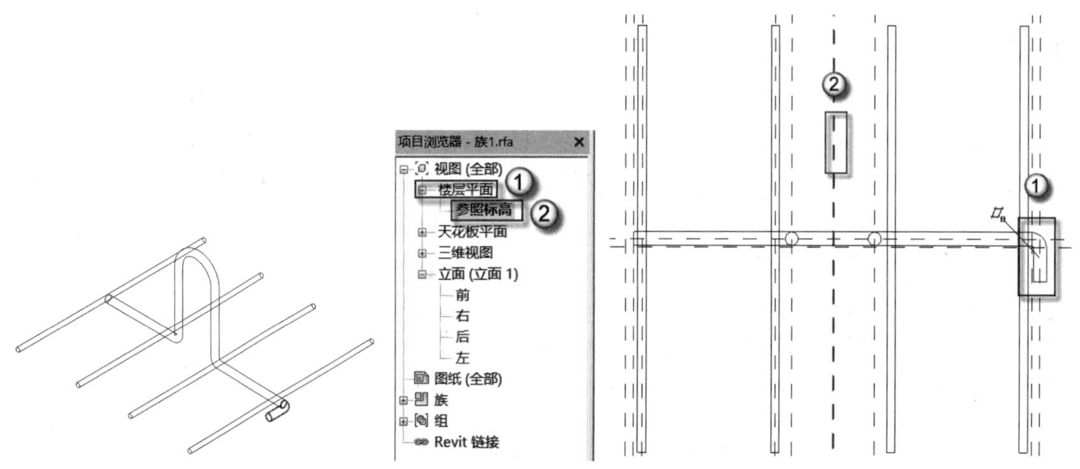

图 3.66　检查三维视图　图 3.67　进入参照标高平面视图　图 3.68　镜像绘制左侧构件

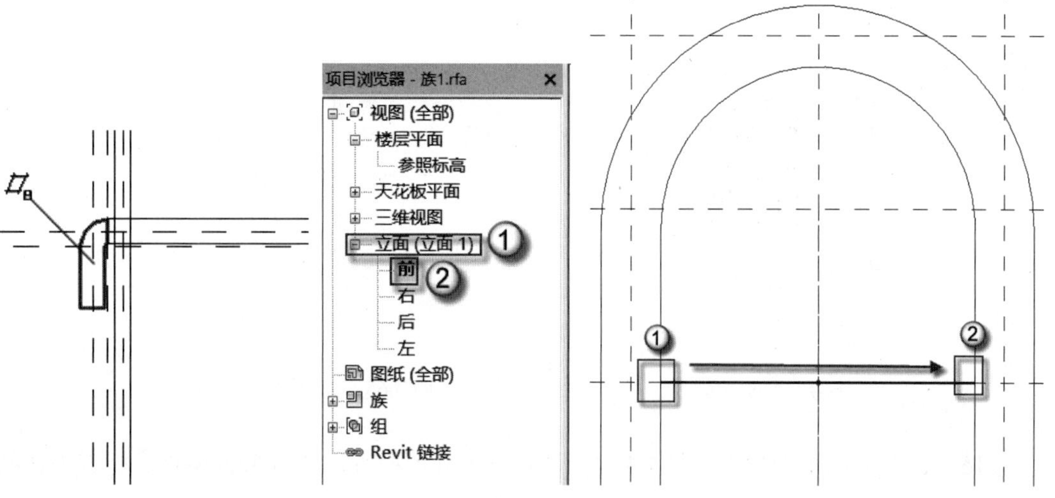

图 3.69　完成左侧构件镜像　图 3.70　进入前立面视图　图 3.71　绘制路径

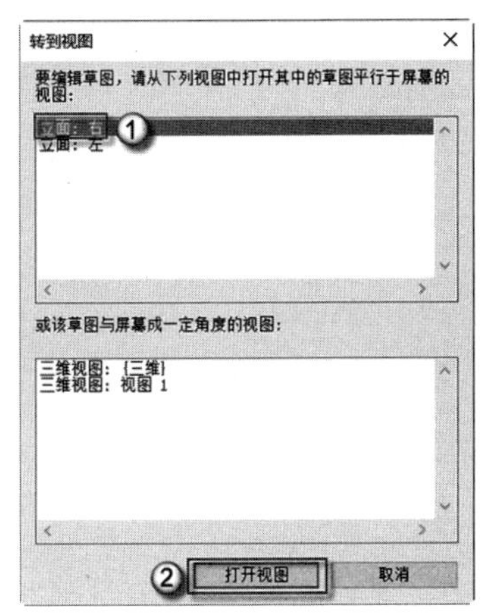

图 3.72　转到视图

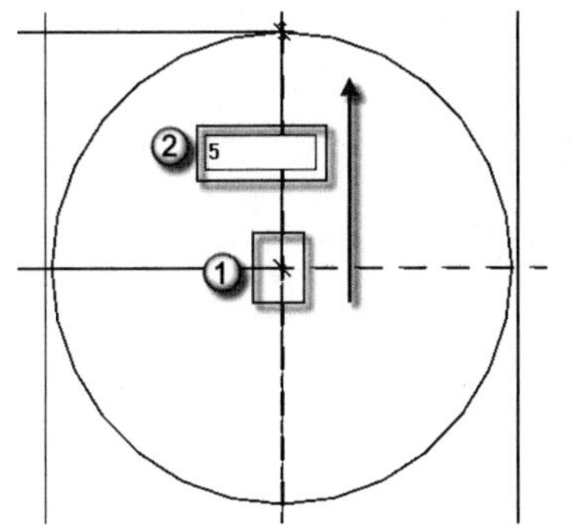

图 3.73　绘制轮廓

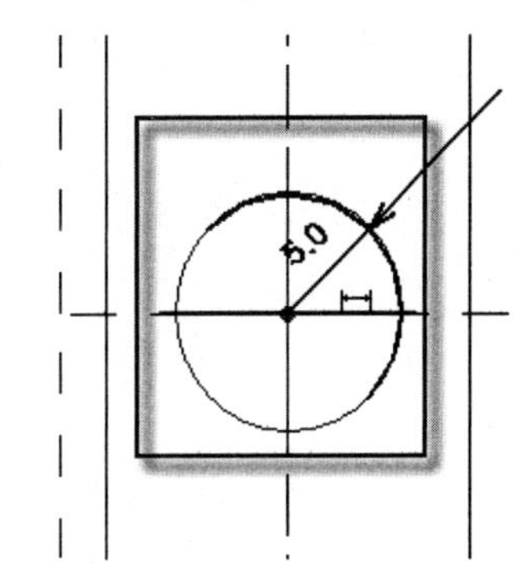

图 3.74　轮廓绘制完成

（17）进入三维视图检查。按 F4 键，进入三维视图检查，如图 3.75 所示。检查确认斜撑用地面拉环的“凸”字形中间的构件位置是否精准。

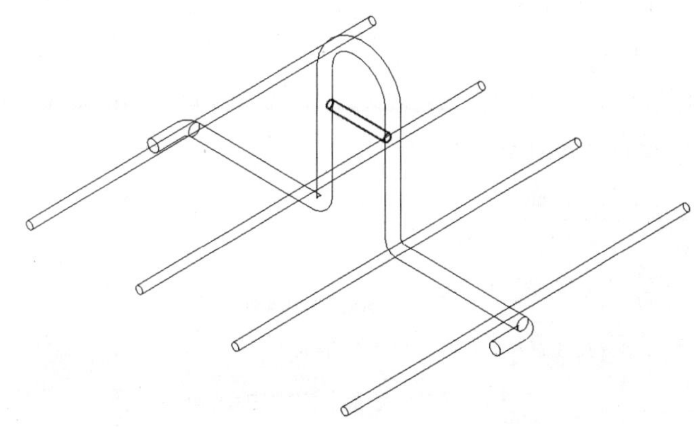

图 3.75　检查三维视图

（18）连接构件。选择菜单栏中的“修改”｜“连接”｜“连接几何图形”命令，再依次单击“凸”字形构件与“凸”字形构件中间的横杆，如图 3.76 所示。按上述方法，依次单击 “凸”字形构件左边的拐角构件与“凸”字形构件，如图 3.77 所示。连接右侧构件，如图 3.78 所示。构件连接完成后如图 3.79 所示。

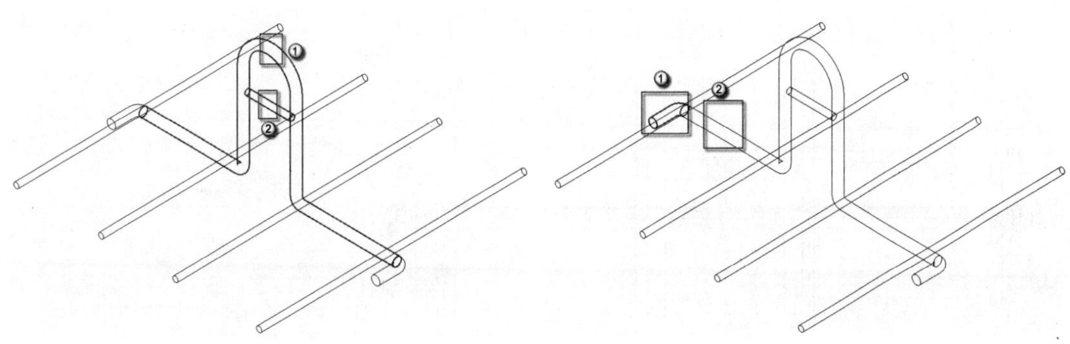

图 3.76　连接构件

图 3.77　连接拐角构件与凸字构件

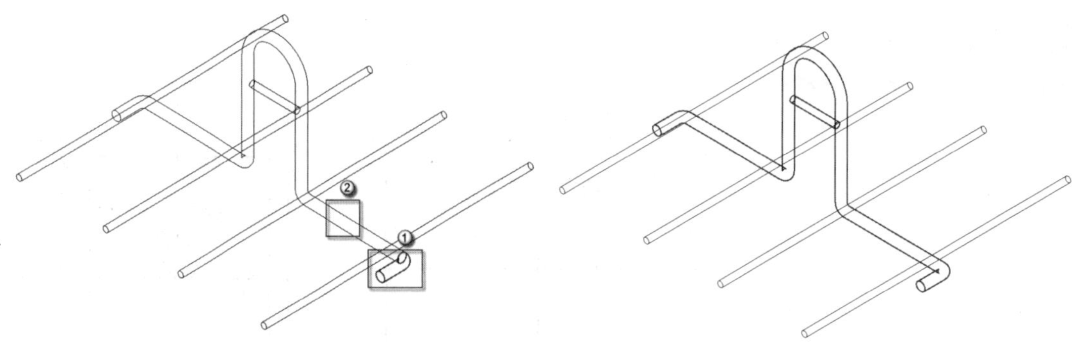

图 3.78　连接右侧构件　　　　图 3.79　完成构件连接

（19）设置斜撑用地面拉环可见性。选择“属性”面板中的“可见性/图形替换”｜“编辑”选项，如图 3.80 所示。在弹出的“族图元可见性设置”对话框中取消选中“平面/天花板平面视图”复选框，然后单击“确定”按钮，如图 3.81 所示。选择菜单栏中的“注释”｜“符号线”选项，进入修改界面选择“直线”绘图方式，按①→②→③→④的顺时针方向绘制符号线，如图 3.82 所示。

（20）进入三维视图检查。按 F4 键，进入三维视图检查，如图 3.83 所示。检查确认斜撑用地面拉环各构件是否紧密连接。

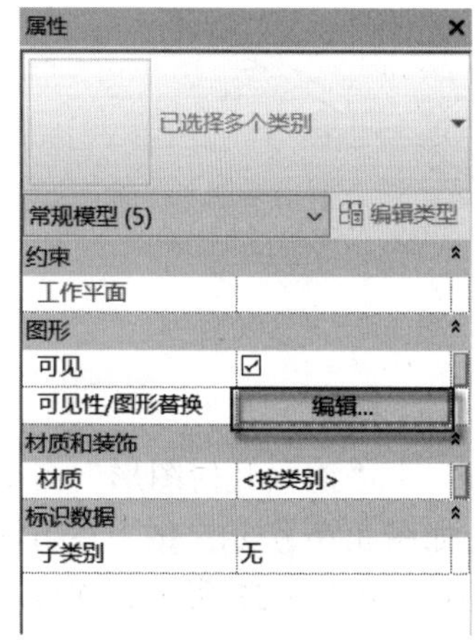

图 3.80　图形可见性编辑

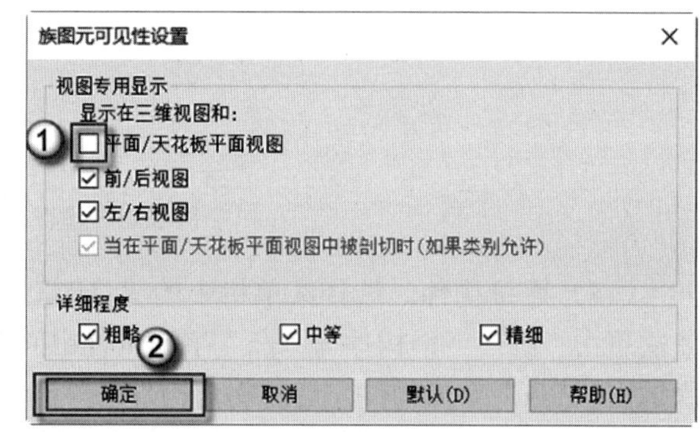

图 3.81　族图元可见性设置

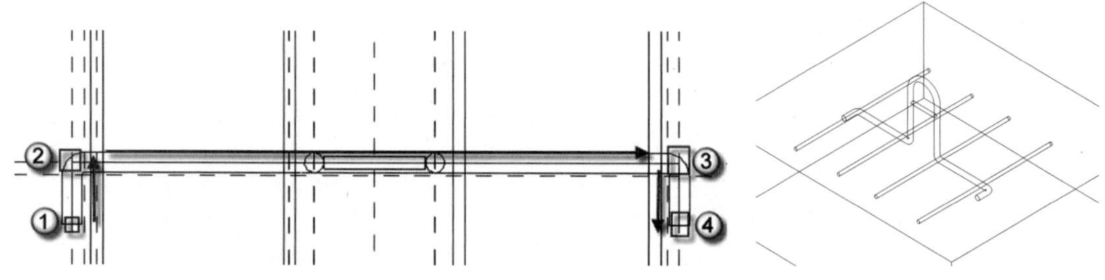

图 3.82　绘制符号线　　　　图 3.83　进入三维视图检查

（21）保存族文件。选择 R｜“另存为”｜“族”命令，在弹出的“另存为”对话框中的“文件名”一栏中输入“斜撑用地面拉环”，然后单击“保存”按钮，如图 3.84 所示。

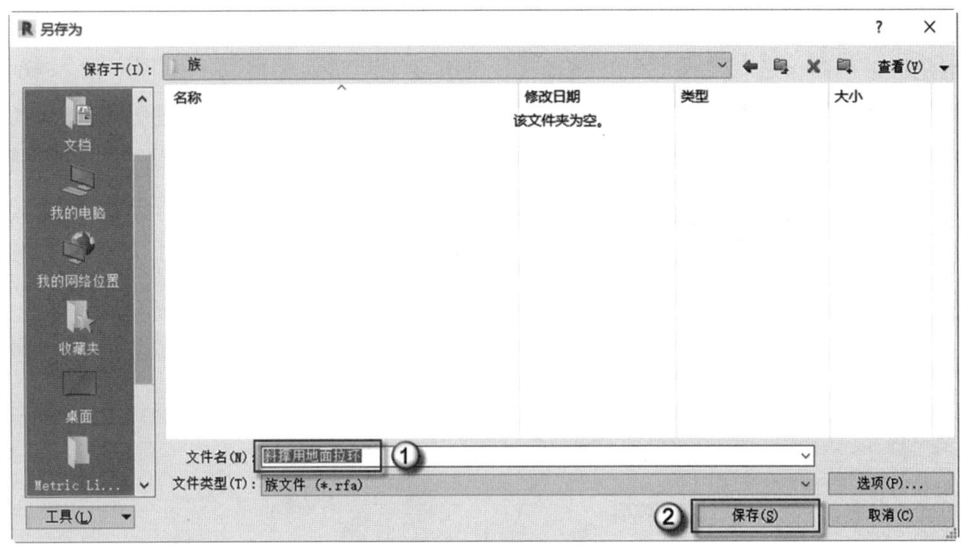

图 3.84　保存族文件

3.1.2　带插筋的螺母

螺母与螺栓是一组构件，在装配式建筑中，螺母一般需要预埋，而螺栓则不用。考虑到受力因素，在螺母的底部增加了插筋，这样可以增加构件的抗剪力能力，具体制作方法如下。

（1）Revit 的启动并选择适合的族样板。双击桌面 Revit 图标，在弹出的 AUTODESK REVIT 对话框中选择“族”｜“新建”选项，在弹出的“选择样板文件”对话框中选择“基于面的公制常规模型”族样板文件，单击“打开”按钮，如图 3.85 所示。进入族操作界面后，可以观察到屏幕中有一个方框，如图 3.86 所示。这个方框就是“基于面的公制常规模型”的那个“面”。这个“面”就是预埋件嵌入的墙面。

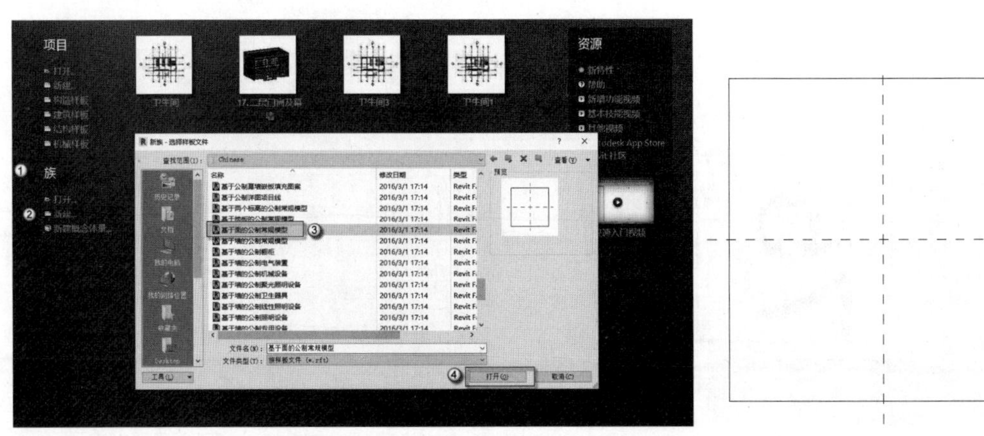

图 3.85　选择样板文件　　　　图 3.86　进入族样板

注意：由于预埋件都会嵌入墙里面，因此在放置的时候可以以“基于面的公制常规模型”中的面为工作面。

（2）绘制两个同心圆的插筋口截面。选择菜单栏中的“创建”｜“拉伸”命令，在“修改｜创建拉伸”面板选择“圆形”绘图方式，单击点①同时向上移动的过程中输入 16 的偏移量，按 Enter 键表示确定，如图 3.87 所示。用上述相同的方法绘制半径为 10 的同心圆，如图 3.88 所示。选择“项目浏览器”面板中的“立面”｜“前”视图，进入前立面视图，如图 3.89 所示。在“属性”面板中的“拉伸终点”一栏中输入−75.0，在“拉伸起点”一栏中输入 0.0，完成后如图 3.90 所示。单击√｜×选项板中的√按钮，退出“修改｜创建拉伸”界面，并返回前立面视图。

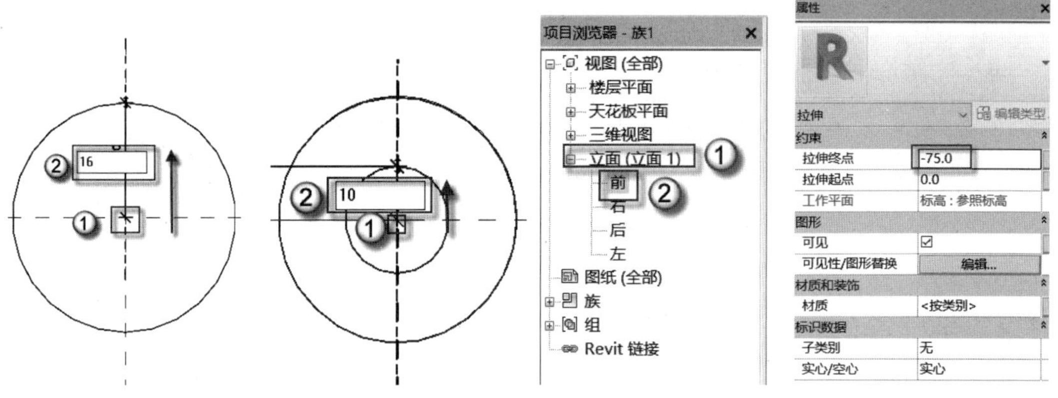

图 3.87　绘制外圆形　　图 3.88　绘制内圆形　　图 3.89　切换至前视图　　图 3.90　设置拉伸终点参数

（3）标注相关参数并命名。按 DI 快捷键发出标注参数命令，依次单击点①→点②后向右移动至点③确定标注参数的位置，避免与图形交织，如图 3.91 所示。单击刚完成参数，进入“修改｜尺寸标注”界面，单击“标签栏”下的“创建参数”按钮，在弹出的“参数属性”对话框中“名称”栏下输入 L，然后单击“确定”按钮，如图 3.92 所示。

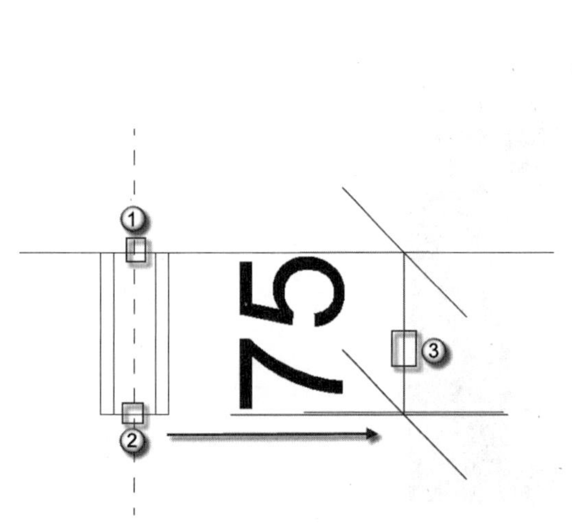

图 3.91　尺寸标注

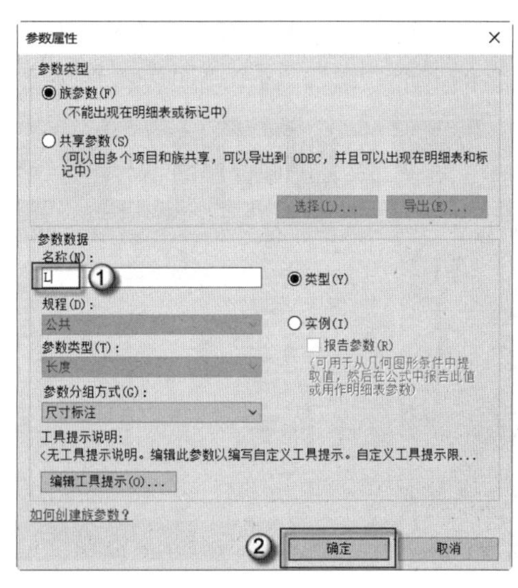

图 3.92　参数命名

（4）检查参数命名是否与对应数据成功关联。选择菜单栏中的“创建”｜“族类型”命令，将弹出的“族类型”对话框中“尺寸标注”栏下的 L 设置为 200，然后单击“确定”按钮，如图 3.93 所示。完成后可以观察到相关参数在更改后变为 L=200，如图 3.94 所示。检查关联成功后，将参数更改回 75，完成后如图 3.95 所示。

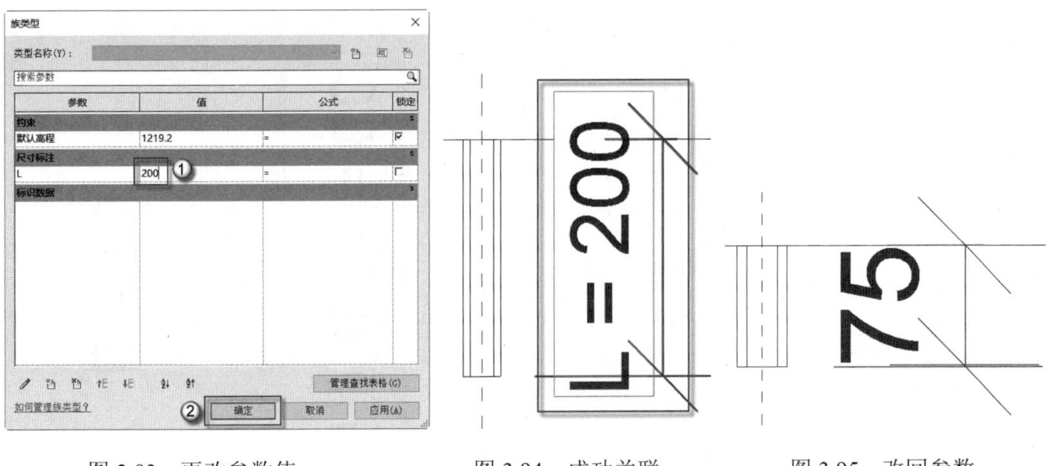

图 3.93　更改参数值　　图 3.94　成功关联　　图 3.95　改回参数

（5）绘制参照平面以及标注参数。按 RP 快捷键，发出“参照平面”命令，在“偏移量”一栏中输入 60，由点①向点②绘制，则在绘制点的正下方出现参照平面，如图 3.96 所示。按 DI 快捷键发出标注参数命令，依次单击点①→点②后向右移动至点③确定标注参数的位置，避免与图形交织，如图 3.97 所示。单击刚完成参数，进入“修改｜尺寸标注”界面，单击“标签栏”下的“创建参数”按钮，在弹出的“参数属性”对话框中“名称”栏下输入“插筋距离”，然后单击“确定”按钮，如图 3.98 所示。完成后如图 3.99 所示。

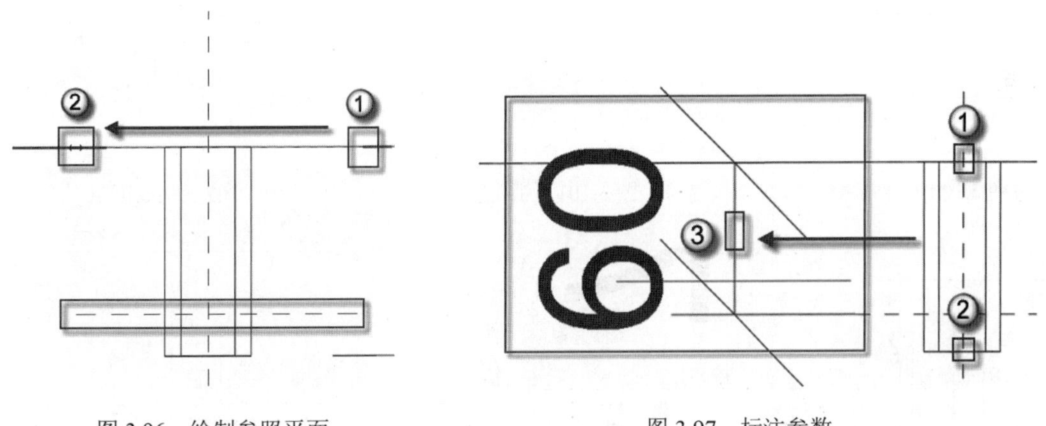

图 3.96　绘制参照平面　　图 3.97　标注参数

（6）插筋放样。选择菜单栏中的“创建”｜“放样”命令，在“修改｜放样”面板中选择“路径”子命令，进入√｜×选项板，选择“直线”绘制方式，当光标靠近①处时会出现捕捉点，单击该捕捉点向右移动的同时输入 150，并按 Enter 键表示确定，如图 3.100 所示。单击开放的锁头，锁头会变为锁定的状态，避免该尺寸随之后的操作而发生变化，如图 3.101 所示。完成后如图 3.102 所示。选中刚完成的路径，按 MM 快捷键，发出镜像命令，如图 3.103 所示。单击开放的锁头，锁头会变为锁定的状态，避免该尺寸随之后的操作而发生变化，如图 3.104 所示。

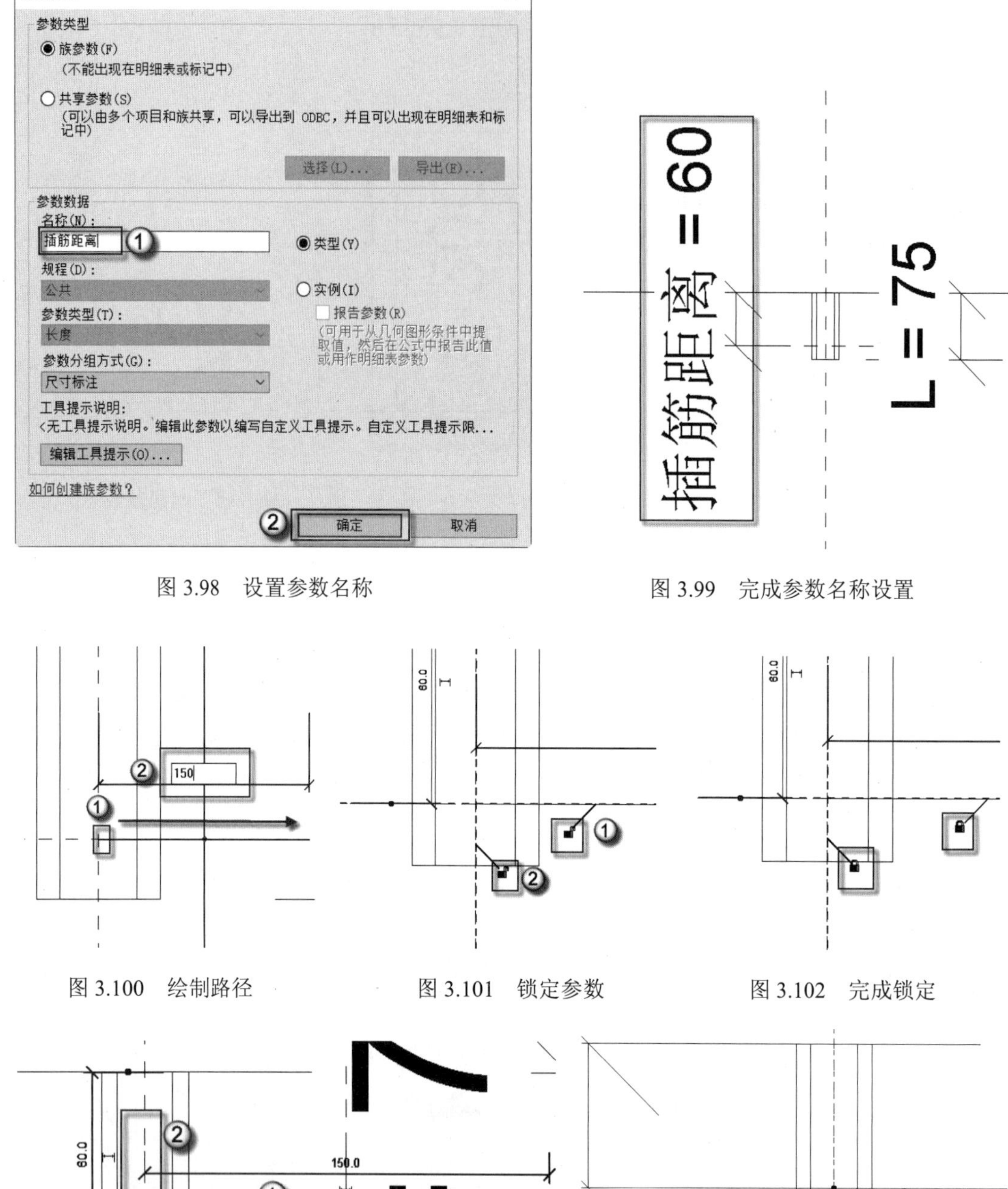

图 3.98　设置参数名称

图 3.99　完成参数名称设置

图 3.100　绘制路径

图 3.101　锁定参数

图 3.102　完成锁定

图 3.103　镜面路径

图 3.104　锁定参数

（7）绘制插筋截面轮廓。在√ | ×选项板中单击√按钮，退出“路径”子命令，然后在菜单栏中选择“按草图” | “编辑轮廓”命令，进入“轮廓”子命令，同时弹出“转到视

图”对话框，在对话框中选择“立面：右”选项，然后单击“打开视图”按钮，如图 3.105 所示。选择“圆形”绘图方式，单击点①绘制轮廓，同时输入 6 为半径，如图 3.106 所示。连续两次单击√｜×选项板中的√按钮，依次退出“编辑轮廓”子命令、“放样”命令，并返回右立面视图。

（8）检查带插筋的螺母三维视图。按 F4 键，进入三维视图检查，如图 3.107 所示。检查确认带插筋的螺母相关参数以及截面大小，确认无误后进行下一步操作。

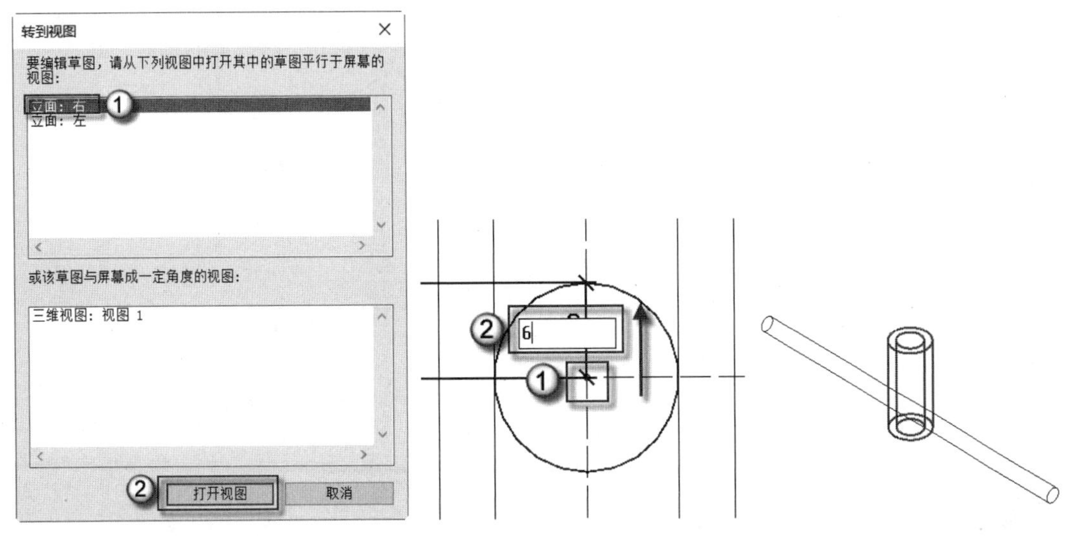

图 3.105　转到视图　　图 3.106　绘制截面轮廓　　图 3.107　检查三维视图

（9）创建新的族类型。选择菜单栏中的“创建”｜“族类型”命令，将弹出“族类型”对话框，单击“新建类型”按钮，在弹出的“名称”对话框中输入 M20 L=75，然后单击“确定”按钮，如图 3.108 所示。按上述方法定义一个新的族类型，单击“新建类型”按钮，在弹出的“名称”对话框中输入 M20 L=200，然后单击“确定”按钮，如图 3.109 所示。返回“族类型”对话框后，更改 L 的值为 200，更改插筋距离为 175，然后单击“确定”按钮，如图 3.110 所示。完成后观察到，三维视图中的图形随着参数的更改而变化，说明参数关联成功，如图 3.111 所示。

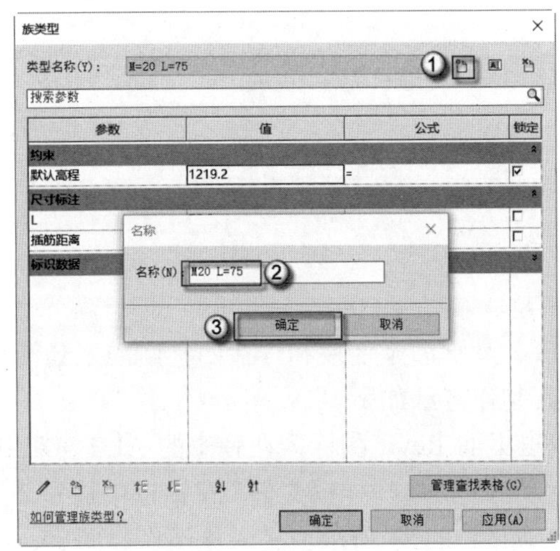

图 3.108　定义族类型名称

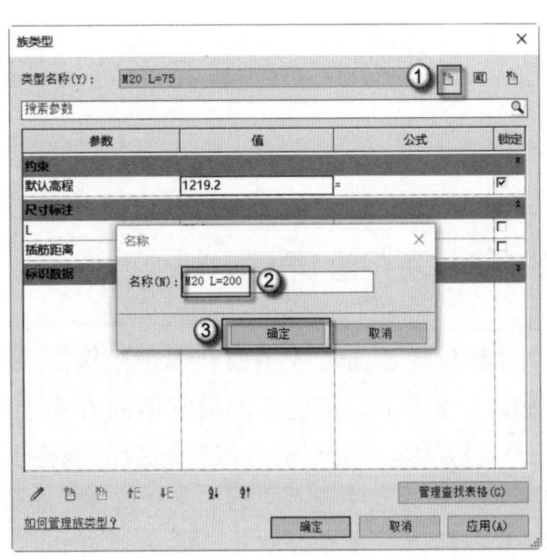

图 3.109　定义族类型名称

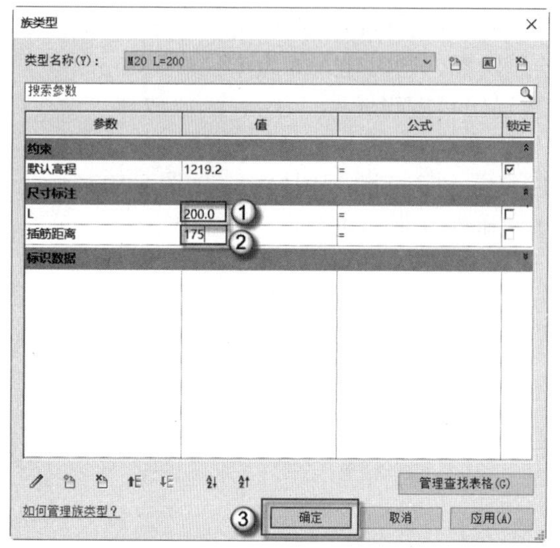

图 3.110　更改族类型参数

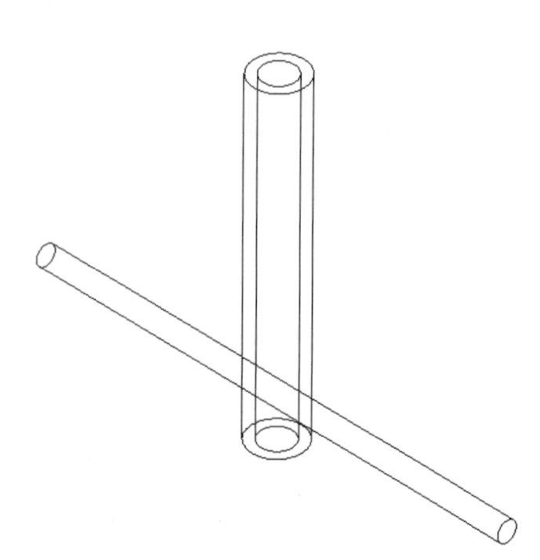

图 3.111　查看三维视图

（10）保存族文件。选择 R |“另存为”|“族”命令，在弹出的“另存为”对话框中的“文件名”一栏中输入“带插筋的螺母”，然后单击“保存”按钮，如图 3.112 所示。

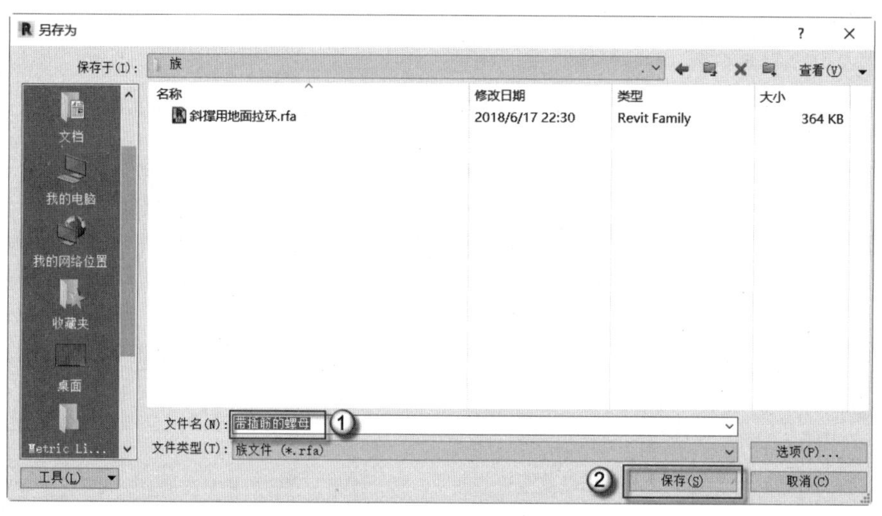

图 3.112　保存族文件

3.1.3　灌浆套筒

钢筋的连接方式主要有绑扎搭接、机械连接、套管灌浆连接和焊接四种。灌浆套筒是装配式建筑中钢筋连接的最常用的方式之一，其制作方法如下。

（1）Revit 的启动并选择适合的族样板。双击桌面 Revit 图标，在弹出的 AUTODESK REVIT 对话框中选择“族”|“新建”选项，在弹出的“选择样板文件”对话框中选择“公制常规模型”族样板文件，单击“打开”按钮，如图 3.113 所示。进入族操作界面后，可以观察到屏幕中有相互垂直的两个参照平面，如图 3.114 所示。

图 3.113　选择样板文件　　　　图 3.114　进入族样板

（2）绘制参照平面并标注。选择“项目浏览器”面板中的“立面”｜“前”视图，进入前立面视图，如图 3.115 所示。按 RP 快捷键，发出“参照平面”命令，在“偏移量”栏中输入 256，沿着原水平向参照平面，依次捕捉点①和点②，绘制新的参照平面，如图 3.116 所示。按 DI 快捷键，发出对齐尺寸标注命令，依次单击点①、点②和点③，完成标注后如图 3.117 所示。然后单击开放的锁头，锁头会变为锁定的状态，避免该尺寸随之后的操作而发生变化。

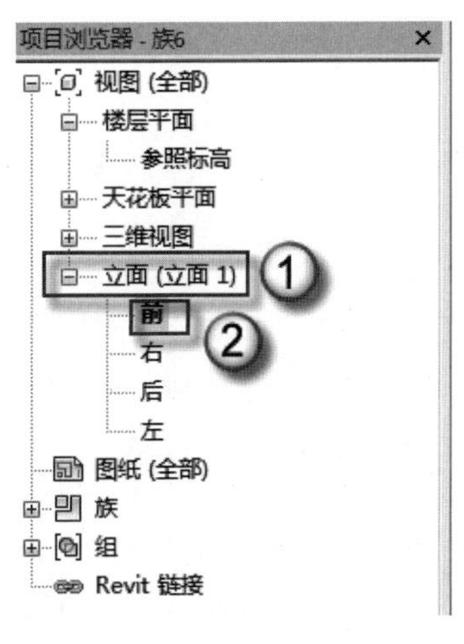

图 3.115　进入前立面

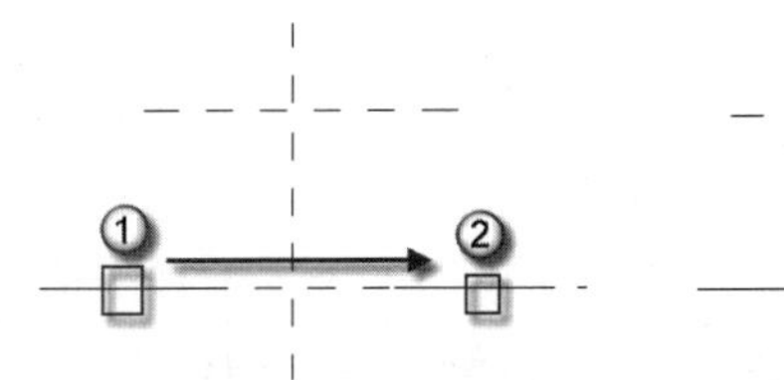

图 3.116　绘制参照平面

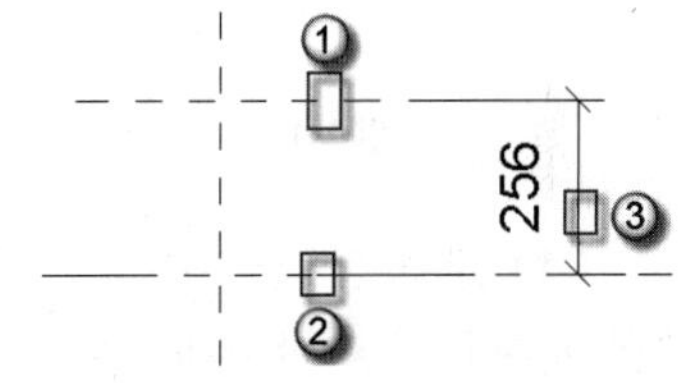

图 3.117　标注尺寸

（3）完成套筒的放样绘制。选择菜单栏中的“创建”｜“放样”命令，在“修改｜放样”面板中选择“路径”子命令，进入√｜×选项板，选择“直线”绘图方式。从①处绘制到②处，完成路径绘制，如图 3.118 所示。单击开放的锁头，锁头会变为锁定的状态，避免该尺寸随之后的操作而发生变化。在√｜×选项板中单击√按钮，退出“绘制路径”命令，然后在菜单栏中选择“按草图”｜“编辑轮廓”命令，进入轮廓级别，同时弹出“转到视图”对话框，选择第一栏中的“楼层平面：参照标高”选项，然后单击“打开视图”按钮，如图 3.119 所示。进入轮廓√｜×选项板，选择“圆形”绘制方式，单击点①，向上移动同时输入 15 为圆形半径，并按 Enter 键确定，如图 3.120 所示。同样按上述方式绘制半径为 19 的同心圆，完成后如图 3.121 所示。连续两次单击√｜×选项板中的√按钮，依次退出“截面”子命令、“放样”命令，退出返回前立面视图。

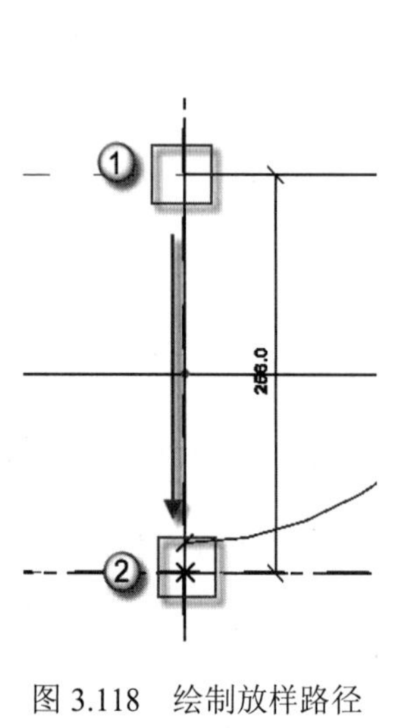

图 3.118　绘制放样路径

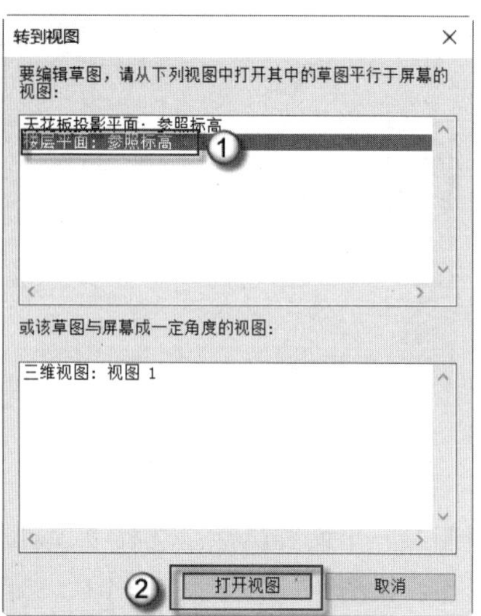

图 3.119　转到视图

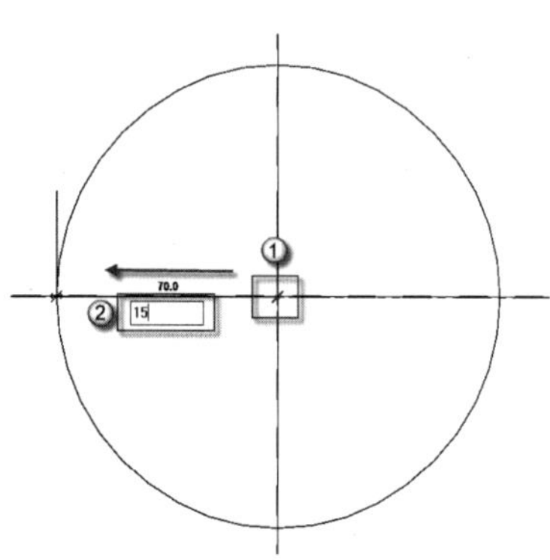

图 3.120　绘制外圆轮廓

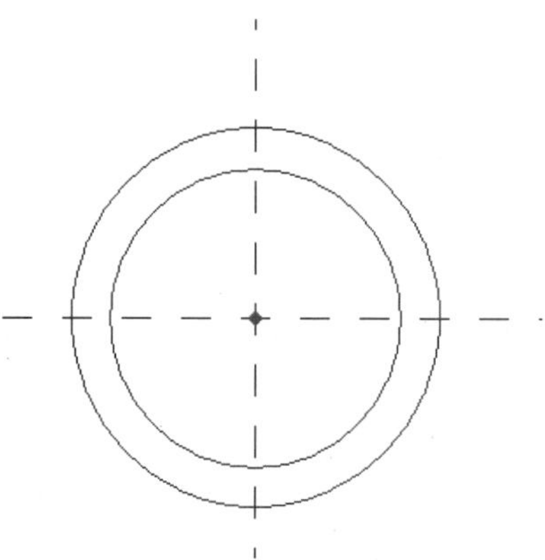

图 3.121　完成内圆轮廓绘制

（4）进入三维视图检查。按 F4 键，进入三维视图检查，如图 3.122 所示。检查确认套筒的大小尺寸是否准确。选择“项目浏览器”面板中的“立面”｜“前”视图，返回前立面视图，如图 3.123 所示。

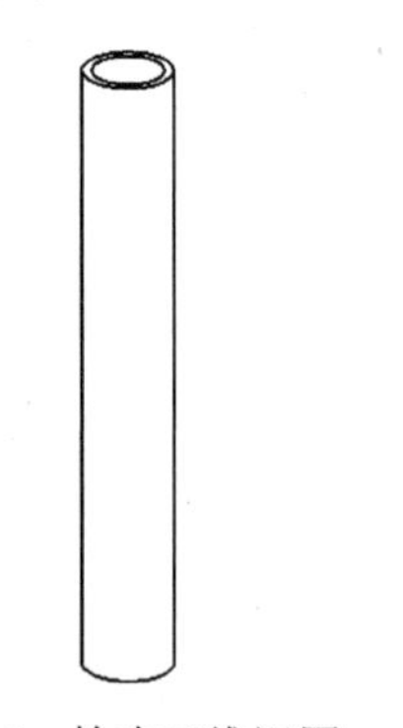

图 3.122　检查三维视图

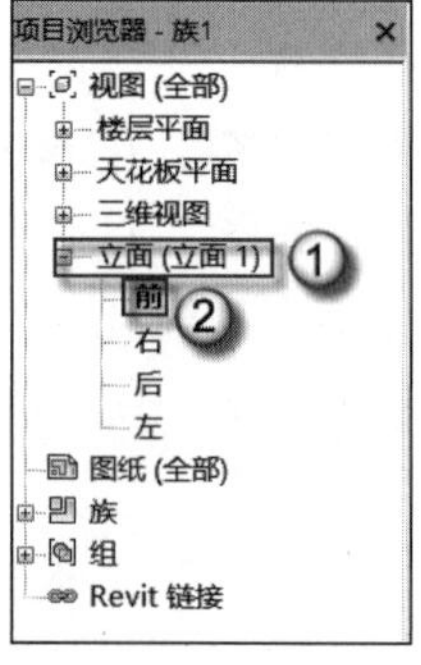

图 3.123　进入前立面

（5）绘制参照平面并标注尺寸。按 RP 快捷键，发出“参照平面”命令，在“偏移量”栏中输入 100，沿着最初的竖直向参照平面，依次捕捉点①和点②，绘制新的参照平面，如图 3.124 所示。按 DI 快捷键，发出对齐尺寸标注命令，依次单击点①、点②和点③，完成后如图 3.125 所示。

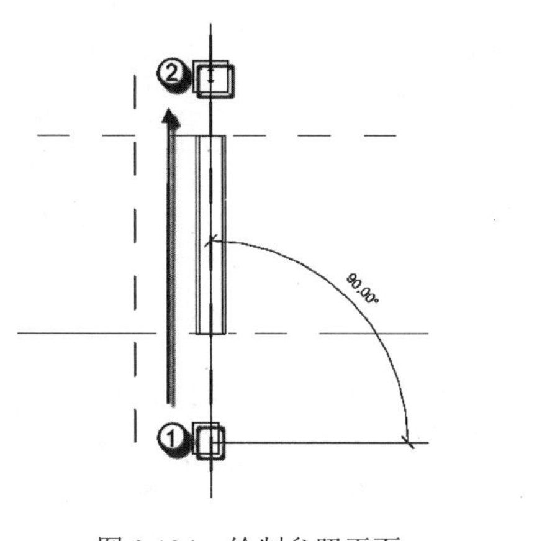

图 3.124　绘制参照平面

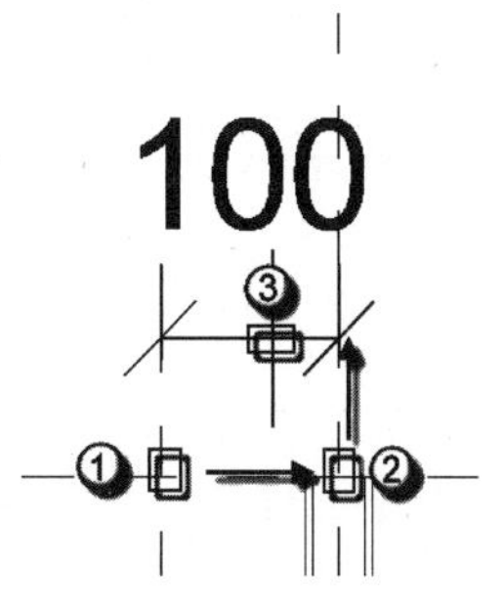

图 3.125　标注尺寸

（6）赋予尺寸以名称。单击刚完成参数，进入“修改 | 尺寸标注”界面，单击“标签栏”下的“创建参数”按钮，在弹出的“参数属性”对话框中“名称”栏下输入“灌排浆孔长”，然后单击“确定”按钮，如图 3.126 所示。完成后如图 3.127 所示。

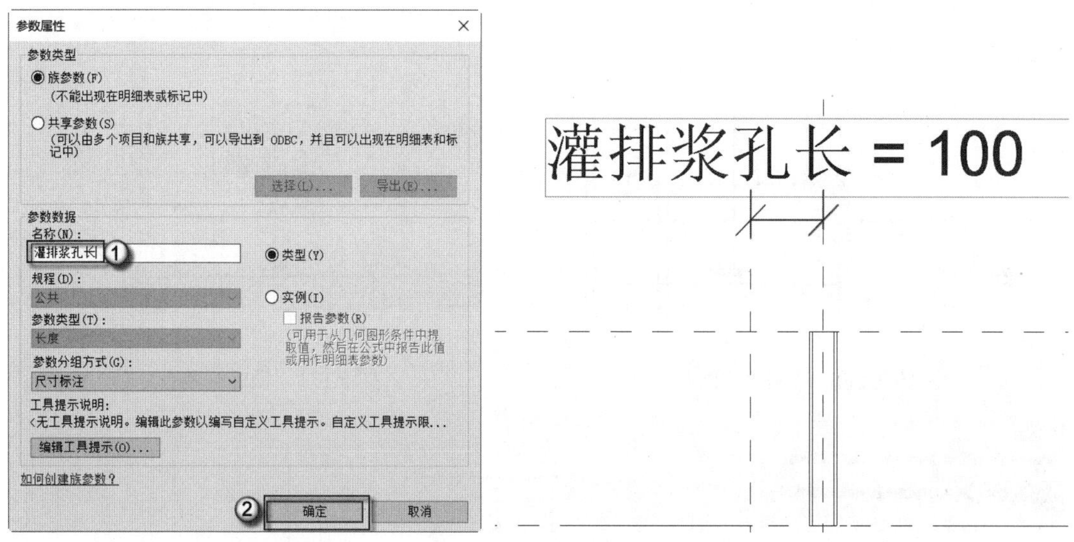

图 3.126　尺寸参数设置

图 3.127　完成尺寸命名

（7）绘制参照平面以及标注尺寸。按 RP 快捷键，发出“参照平面”命令，在“偏移量”一栏中输入 50，由点①向点②绘制，再由点③向点④绘制，如图 3.128 所示。按 DI 快捷键发出标注参数命令，依次单击点①→点②后向右移动至点③确定标注参数的位置，避免与图形交织，依次单击点④→点⑤后向右移动至点⑥确定标注参数的位置，如图 3.129 所示。

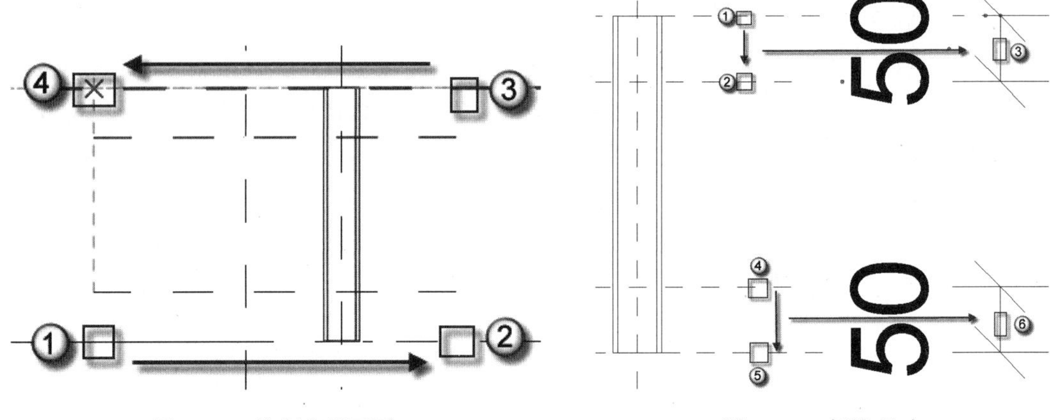

图 3.128　绘制参照平面　　　　图 3.129　标注尺寸

（8）完成灌浆套筒构件的放样绘制。选择菜单栏中的“创建”|“放样”命令，在“修改|放样”面板中选择“路径”子命令，进入√|×选项板，选择“直线”绘图方式。依次单击点①→点②绘制路径，如图 3.130 所示。单击开放的锁头，锁头会变为锁定的状态，避免该尺寸随之后的操作而发生变化，如图 3.131 所示。在√|×选项板中单击√按钮，退出“路径”子命令，然后在菜单栏中选择“按草图”|“编辑轮廓”命令，进入“轮廓”子命令，同时弹出“转到视图”对话框，在对话框中选择“立面：右”选项，然后单击“打开视图”按钮，如图 3.132 所示。选择“圆形”绘图方式，单击点①绘制轮廓，同时输入 10 为半径，如图 3.133 所示。同样按上述方式绘制半径为 12 的同心圆，完成后如图 3.134 所示。连续两次单击√|×选项板中的√按钮，依次退出“截面”子命令、“放样”命令，退出返回前立面视图。

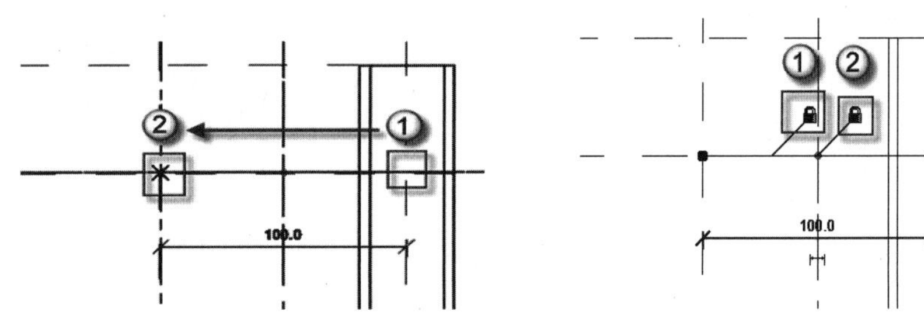

图 3.130　绘制放样路径　　　　图 3.131　锁定参数

图 3.132　转到视图

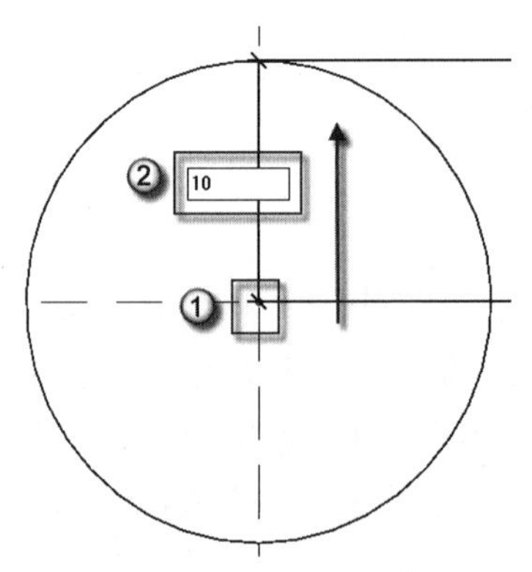

图 3.133　绘制外圆轮廓

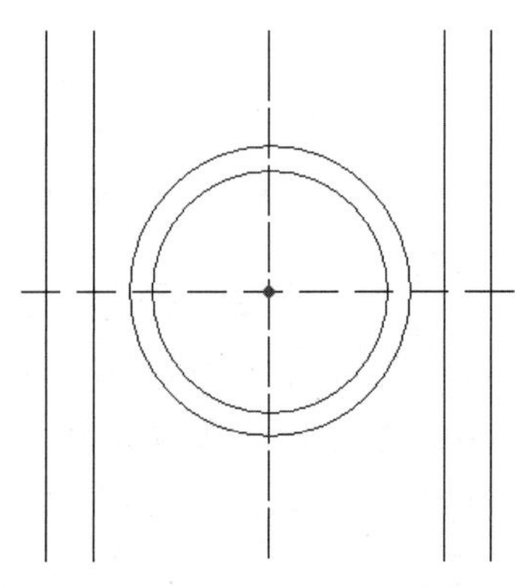

图 3.134　完成绘制内圆轮廓

注意：在锁上锁头时，可发现第三个锁头要通过按 AL 快捷键，发出对齐命令，先选中父对象再选择子对象才可找到，然后单击将其锁上。

（9）复制构件。选择“项目浏览器”面板中的“立面”|“前”视图，进入前立面视图，如图 3.135 所示。单击刚通过放样完成构件的点①，按 CO 快捷键，发出复制命令，然后向下移动至点②的位置单击确定，如图 3.136 所示。

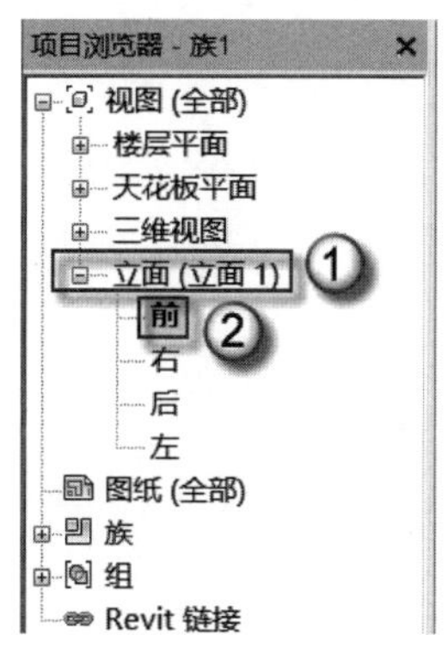

图 3.135　进入前立面视图

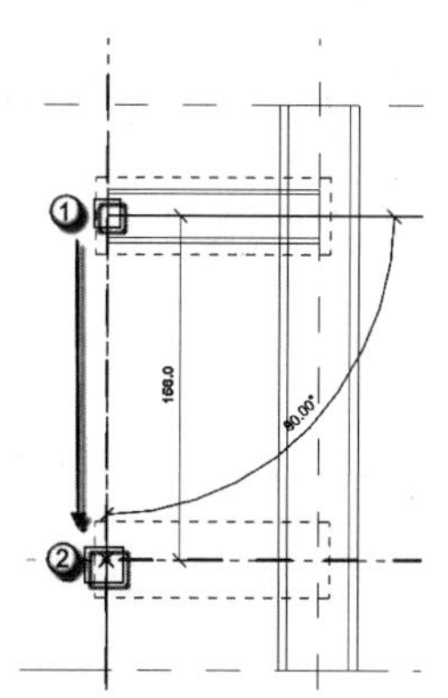

图 3.136　复制构件

（10）进入三维视图检查及连接构件。按 F4 键，进入三维视图检查，如图 3.137 所示。检查确认刚完成的灌浆套筒新构件与套筒主体是否精准连接。选择菜单栏中的“修改”|“连接”|“连接几何图形”命令，再依次单击灌浆套筒上方构件与套筒主体构件，如图 3.138 所示。按上述方法，完成灌浆套筒下方构件与套筒主体构件的连接，构件连接完成后如图 3.139 所示。

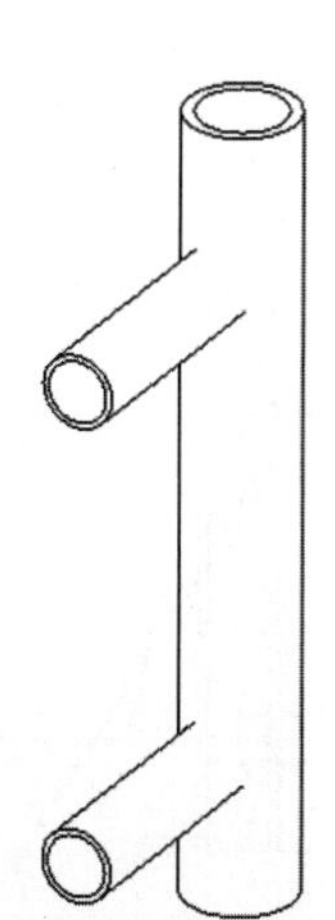

图 3.137　检查三维视图

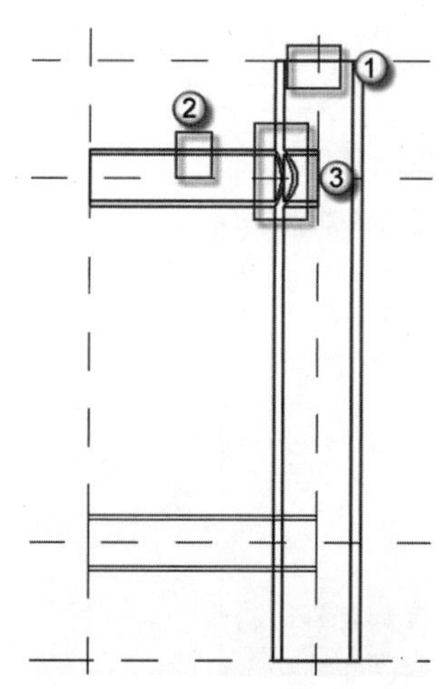

图 3.138　连接构件

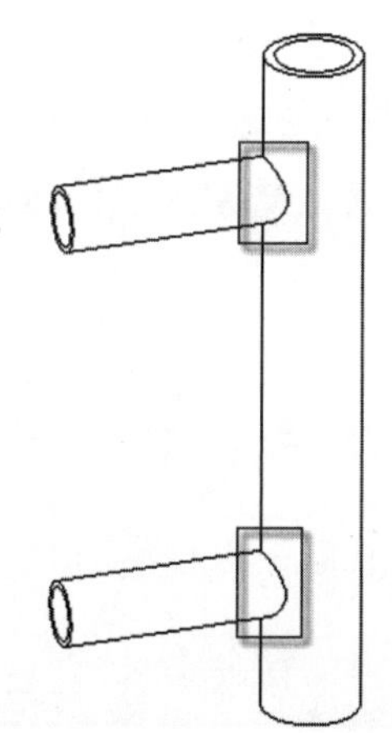

图 3.139　检查三维视图中构建连接

（11）新建族类型。选择菜单栏中的“创建”|“族类型”命令，将弹出“族类型”对话框，单击“新建类型”按钮，在弹出的“名称”对话框中输入“PC 内灌浆套筒”，然后单击“确定”按钮，如图 3.140 所示。按上述方法定义一个新的族类型，单击“新建类型”按钮，在弹出的“名称”对话框中输入“ALC 内灌浆套筒”，然后单击“确定”按钮，如

图 3.141 所示。更改灌排浆孔长的值为 50，再单击“应用”按钮，最后单击“确定”按钮，如图 3.142 所示。

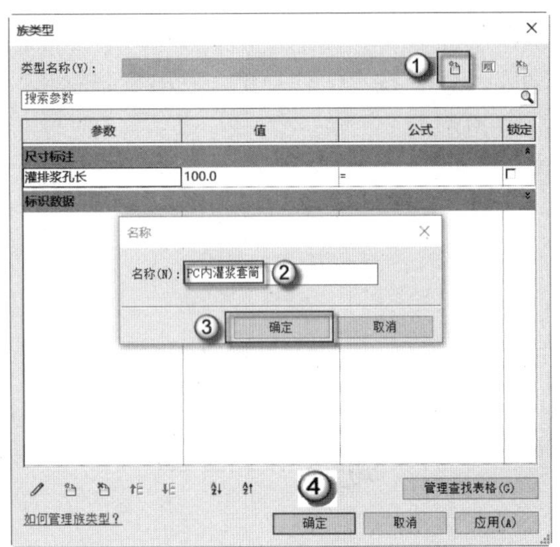

图 3.140　新建族

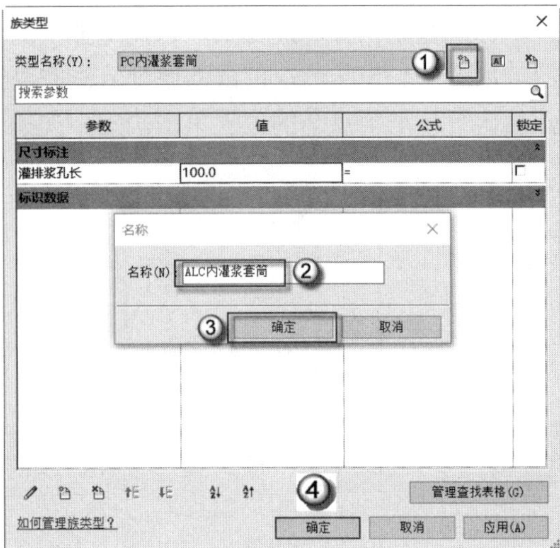

图 3.141　新建族

（12）编辑构件可见性。单击点①拖曳至点②框选整个构件，如图 3.143 所示。单击“属性”面板中“可见性/图形替换”一栏后的“编辑”按钮，如图 5.144 所示。在弹出的“族图元可见性设置”对话框中取消选中“平面/天花板平面视图”复选框，然后单击“确定”按钮退出对话框，如图 3.145 所示。

图 3.142　更改族参数

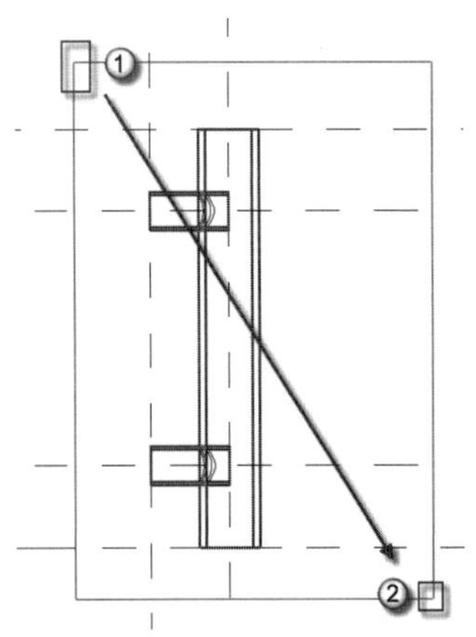

图 3.143　框选构件

（13）绘制构件的符号线。选择“项目浏览器”面板中的“楼层平面”|“参照标高”视图，进入参照标高平面视图，如图 3.146 所示。选择菜单栏中的“注释”|“符号线”命令，进入修改界面选择“圆形”绘图方式，按点①→点②的方向绘制符号线，如图 3.147 所示。按照上述方法从点①→点②以及点③→点④的方向绘制符号线，如图 3.148 所示。

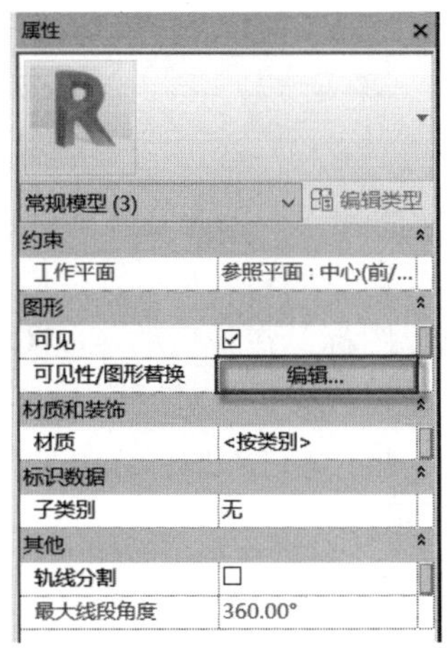

图 3.144　设置属性

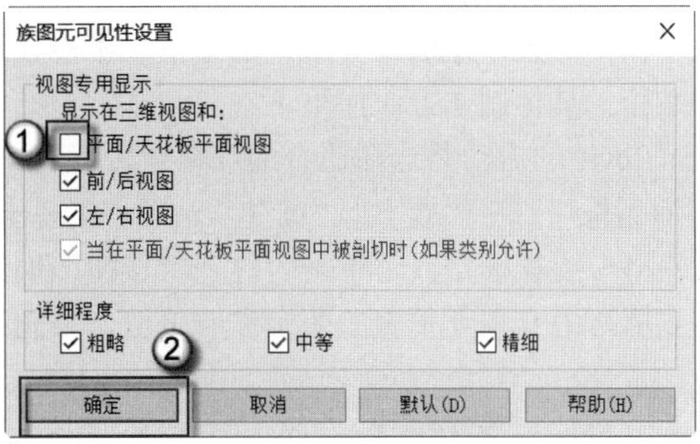

族图元可见性设置
视图专用显示
显示在三维视图和:
平面/天花板平面视图
前/后视图
左/右视图
当在平面/天花板平面视图中被剖切时(如果类别允许)
详细程度
粗略
中等
精细
确定
取消
默认(D)
帮助(H)

图 3.145　族图元可见性设置

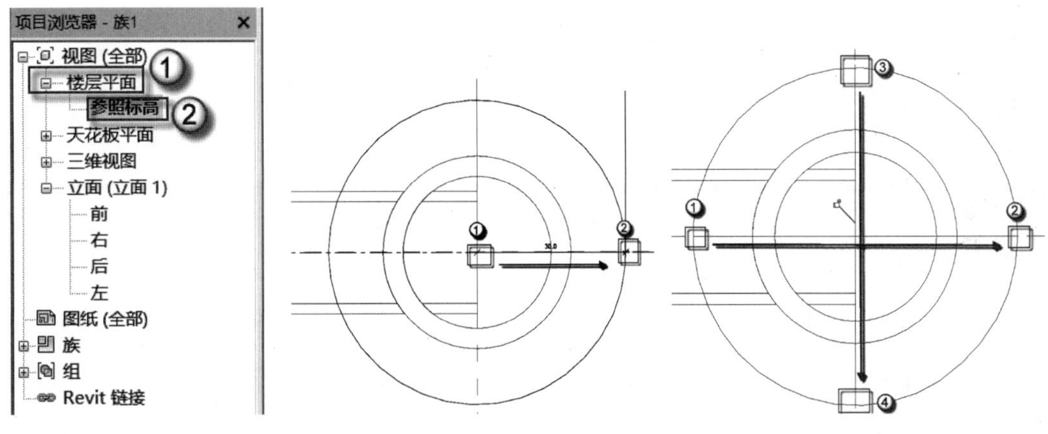

图 3.146　进入参照标高视图　　图 3.147　绘制符号线　　图 3.148　绘制符号线

（14）进入三维视图检查及连接构件。按 F4 键，进入三维视图检查，如图 3.149 所示。检查确认灌浆套筒主体与其构件之间否精准连接，以及不同的族类型是否能成功使用。

（15）保存族文件。选择 R｜“另存为”｜“族”命令，在弹出的“另存为”对话框中的“文件名”一栏中输入“灌浆套筒”，然后单击“保存”按钮，如图 3.150 所示。

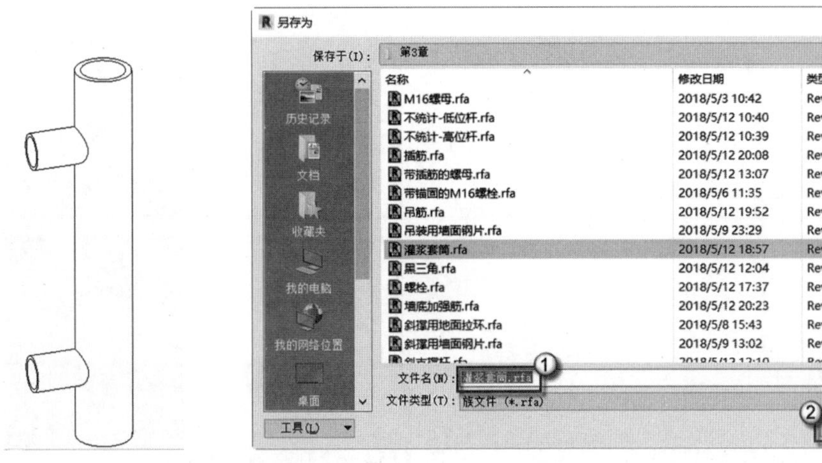

图 3.149　检查三维视图　　图 3.150　保存族

3.1.4　带锚固的 M16 螺栓与螺母

由于预制梯梁、梯板几何形式的要求，不能使用带插筋的螺母，因此其预埋件选用带锚固的螺栓。具体制作方法如下。

（1）Revit 的启动并选择适合的族样板。双击桌面 Revit 图标，在弹出的 AUTODESK REVIT 对话框中选择“族”｜“新建”选项，在弹出的“选择样板文件”对话框中选择“公制常规模型”族样板文件，单击“打开”按钮，如图 3.151 所示。进入族操作界面后，可以观察到屏幕中有相互垂直的两个参照平面，如图 3.152 所示。

图 3.151　选择族样板文件

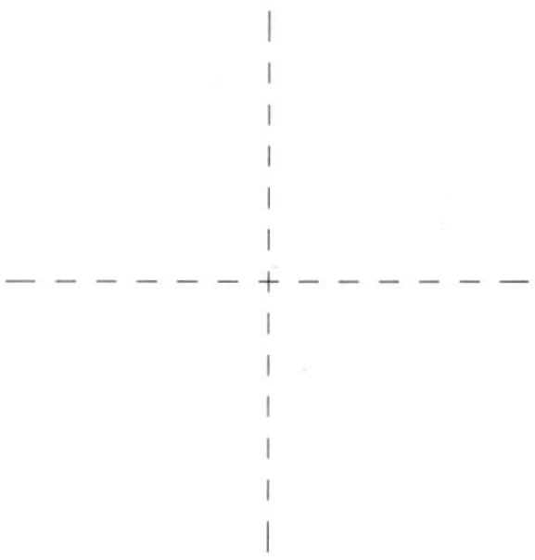

图 3.152　进入族样板

（2）绘制竖直向参照平面。按 RP 快捷键，发出“参照平面”命令，在“偏移量”栏中输入 8，捕捉屏幕中心原来的竖直向参照平面，从上至下进行绘制，可以观察到在其右侧会出现一个新的参照平面，距离为刚才设置的 8 个单位，如图 3.153 所示。再次捕捉屏幕中心原来的竖直向参照平面，从下至上进行绘制，可以观察到在其左侧会出现一个新的参照平面，距离为刚才设置的 8 个单位，如图 3.154 所示。完成后可以发现在竖直向参照平面的左右两侧，各有一条间距为 8 个单位的参照平面。

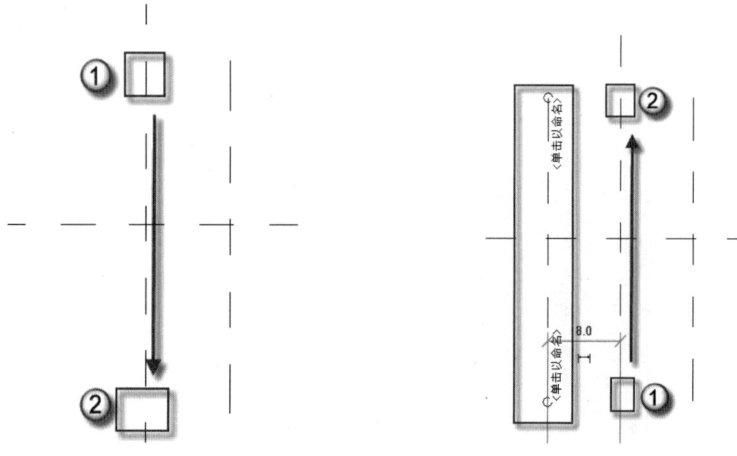

图 3.153　绘制右侧参照平面

图 3.154　绘制左侧参照平面

（3）绘制水平向参照平面。按 RP 快捷键，发出“参照平面”命令，在“偏移量”栏中输入 8，捕捉屏幕中心原来的水平向参照平面，从左至右进行绘制，可以观察到在其上方会出现一个新的参照平面，距离为刚才设置的 8 个单位，如图 3.155 所示。再次捕捉屏幕中心原来的水平向参照平面，从右至左进行绘制，可以观察到在其下方会出现一个新的参照平面，距离为刚才设置的 8 个单位，如图 3.156 所示。完成后可以发现在水平向参照平面的上下两侧，各有一条间距为 8 个单位的参照平面。

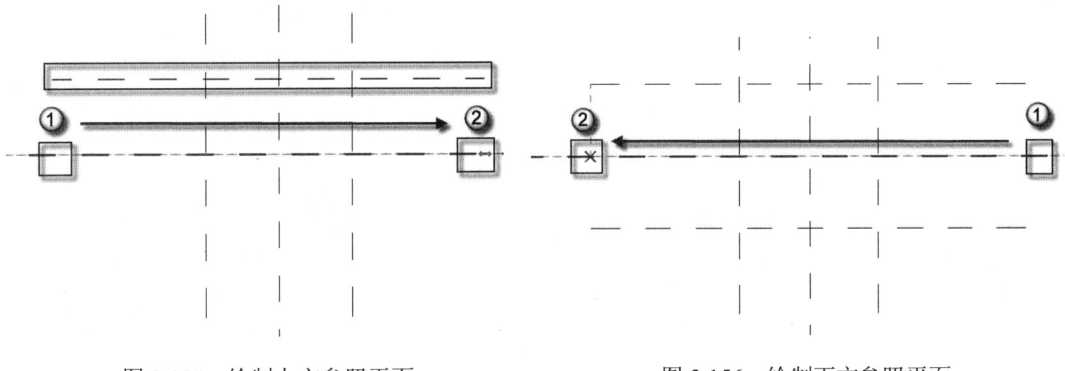

图 3.155　绘制上方参照平面　　　图 3.156　绘制下方参照平面

（4）绘制螺母的形状并设置高度。选择菜单栏中的“创建”|“拉伸”命令，进入√|×选项板，选择“圆形”绘图方式。单击点①→点②绘制辅助线，如图 3.157 所示。绘制一个同心圆，选择“圆形”绘图方式。依次单击点①向上移动的同时输入 13 为同心圆半径，如图 3.158 所示。选择“外接多边形”绘图方式。依次单击点①→点②绘制路径，如图 3.159 所示。选择之前完成的圆形辅助线，然后按 Delete 键发出删除命令，完成后如图 3.160 所示。在“属性”面板中“拉伸终点”一栏后输入 16，在“拉伸起点”一栏后输入 0，如图 3.161 所示。单击√|×选项板中的√按钮，退出“拉伸”命令，并返回参照标高平面。

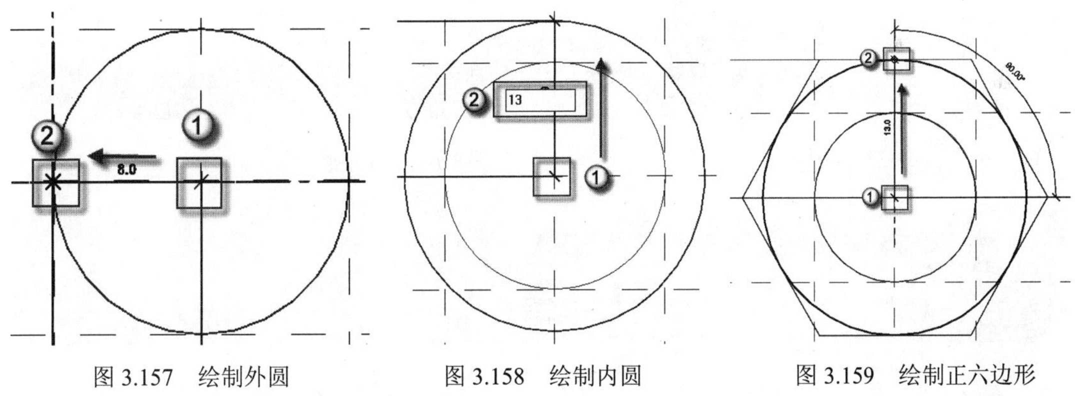

图 3.157　绘制外圆　　　图 3.158　绘制内圆　　　图 3.159　绘制正六边形

（5）进入三维视图检查并保存族。按 F4 键，进入三维视图检查，如图 3.162 所示。检查确认 M16 螺母各项参数准确无误。选择 R|“另存为”|“族”命令，在弹出的“另存为”对话框中的“文件名”一栏中输入“M16 螺母”，然后单击“保存”按钮，如图 3.163 所示。

（6）Revit 的启动并选择适合的族样板。双击桌面 Revit 图标，在弹出的 AUTODESK REVIT 对话框中选择“族”|“新建”命令，在弹出的“选择样板文件”对话框中选择“公

制常规模型”族样板文件，单击“打开”按钮，如图 3.164 所示。进入族操作界面后，可以观察到屏幕中有相互垂直的两个参照平面，如图 3.165 所示。

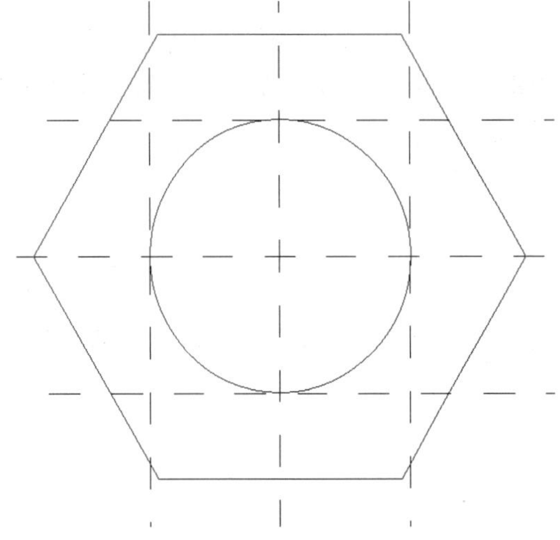

图 3.160　完成拉伸平面绘制

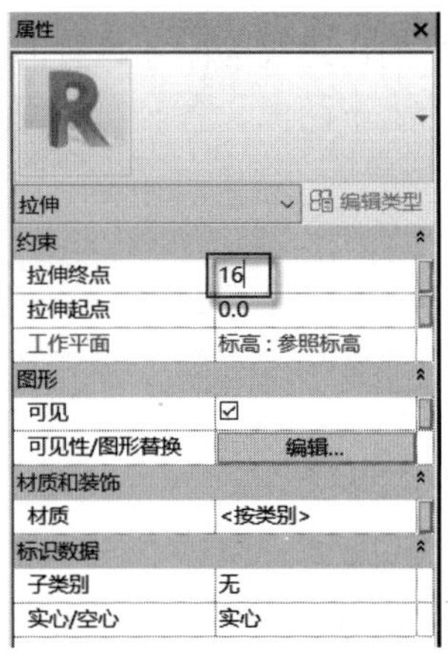

图 3.161　设置拉伸约束

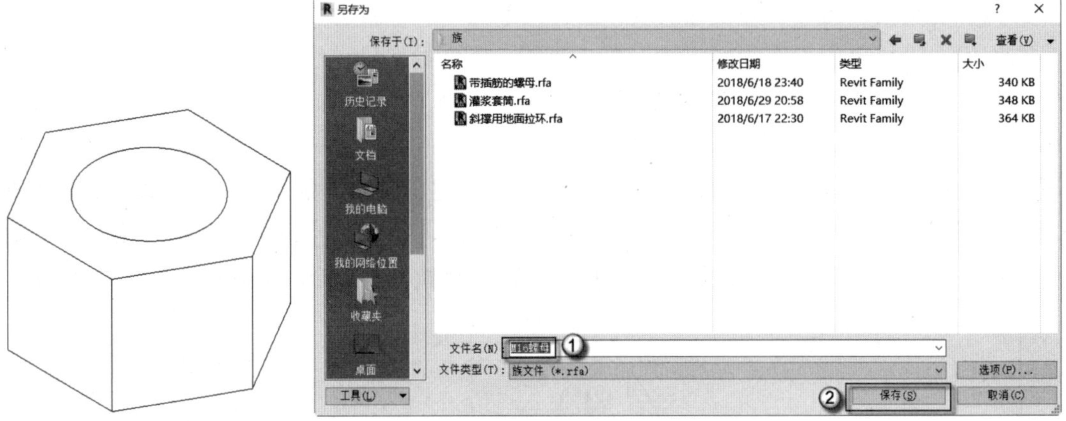

图 3.162　检查三维视图　　　　图 3.163　保存族

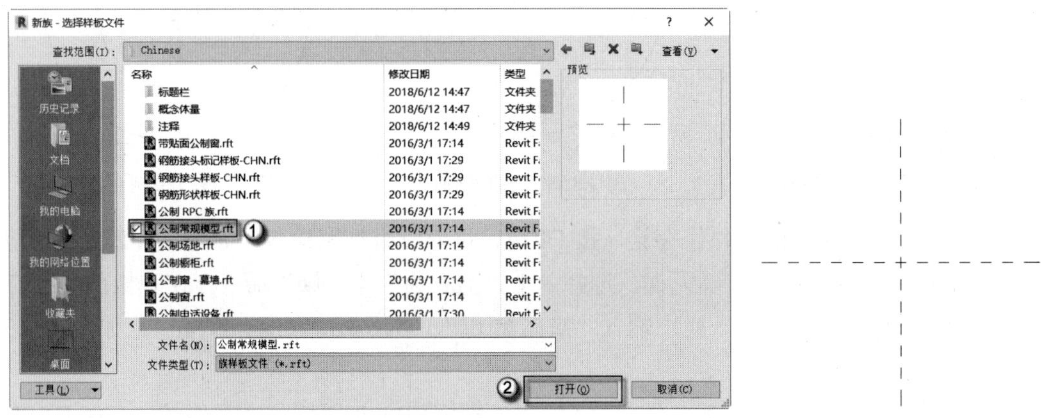

图 3.164　选择族样板文件　　　　图 3.165　进入族样板

（7）绘制参照平面。按 RP 快捷键，发出“参照平面”命令，在“偏移量”一栏中输入 8，由点①向点②绘制，则在绘制点的右侧出现新的参照平面，如图 3.166 所示。按上述相同的方法由点①向点②绘制，则在绘制点的右侧又出现新的参照平面，如图 3.167 所示，由此完成右侧竖向参照平面绘制。按上述方法，由点①向点②绘制横向参照平面，如图 3.168 所示。再次由点①向点②绘制横向参照平面，如图 3.169 所示。单击刚完成的参照平面配合 Ctrl 键，同时选中已完成的横向两个参照平面，按 MM 快捷键，发出镜像命令，如图 3.170 所示。完成后如图 3.171 所示。用上述同样的镜像法完成竖直向参照平面，单击刚完成的竖向任意一个参照平面配合 Ctrl 键，同时选中已完成的另一个参照平面，按 MM 快捷键，发出镜像命令如图 3.172 所示，完成后如图 3.173 所示。至此绘制螺栓时所需要的参照平面全部完成。

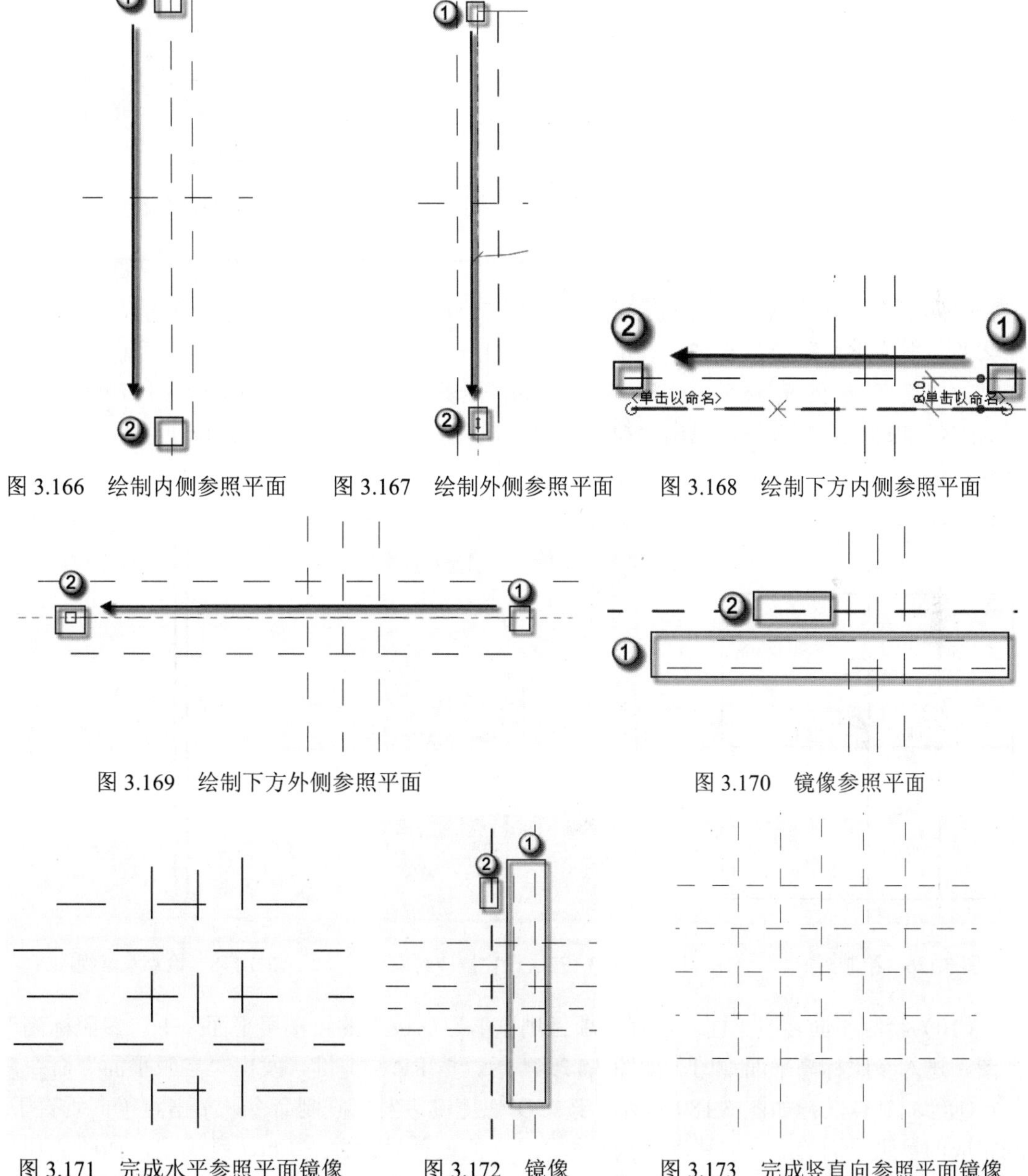

图 3.166　绘制内侧参照平面　图 3.167　绘制外侧参照平面　图 3.168　绘制下方内侧参照平面

图 3.169　绘制下方外侧参照平面　图 3.170　镜像参照平面

图 3.171　完成水平参照平面镜像　图 3.172　镜像　图 3.173　完成竖直向参照平面镜像

（8）绘制螺栓的形状并设置高度。选择菜单栏中的“创建”|“拉伸”命令，进入√|×选项板，选择“矩形”绘图方式。单击点①→点②绘制螺栓轮廓，如图 3.174 所示。在“属性”面板中“拉伸终点”一栏后输入 5，在“拉伸起点”一栏后输入 0，如图 3.175 所示。单击√|×选项板中的√按钮，退出“拉伸”命令，并返回参照标高平面。

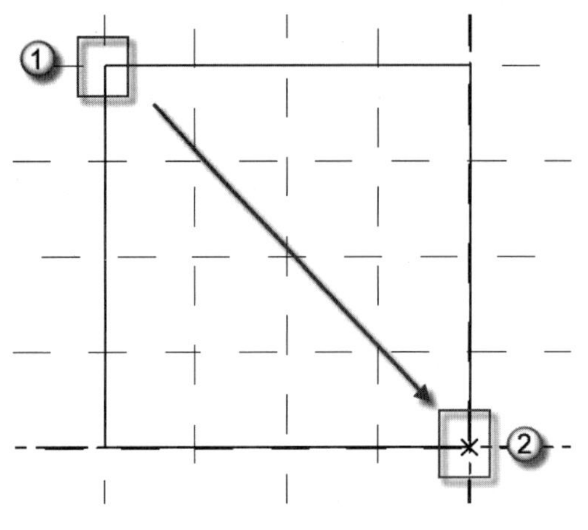

图 3.174　绘制拉伸轮廓

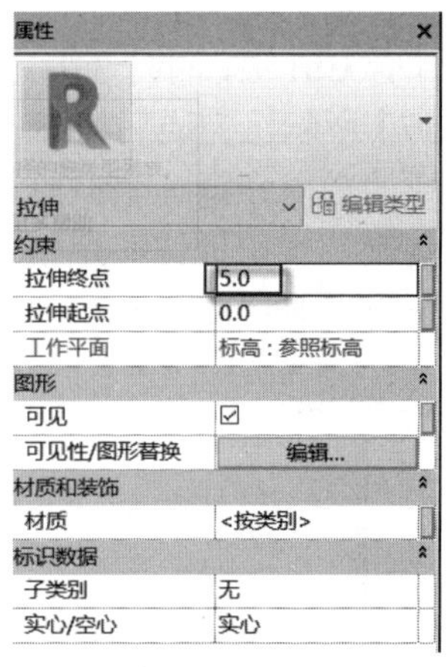

图 3.175　设置拉伸约束

（9）绘制螺栓。选择菜单栏中的“创建”|“拉伸”命令，在“修改|拉伸”面板中选择“圆形”绘制方式，当光标靠近①处时会出现捕捉点，单击该捕捉点向左移动直至点②并单击确定位置如图 3.176 所示。在“属性”面板中“拉伸终点”一栏后输入 555，在“拉伸起点”一栏后输入 5（555−5=550mm，这就是螺栓的长度），如图 3.177 所示。单击√|×选项板中的√按钮，退出“拉伸”命令，并返回参照标高平面。按 F4 键，进入三维视图检查，如图 3.178 所示。检查确认螺母相关参数以及截面大小，确认无误后进行下一步操作。

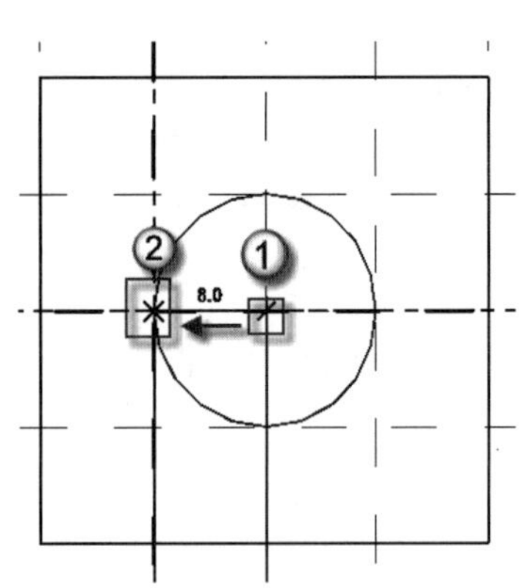

图 3.176　绘制圆形

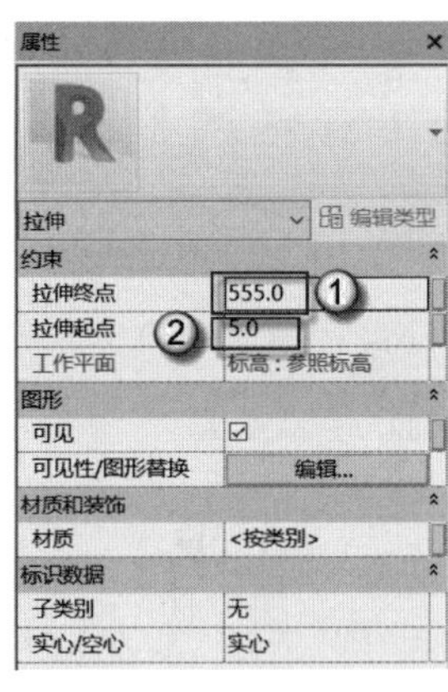

图 3.177　设置拉伸约束

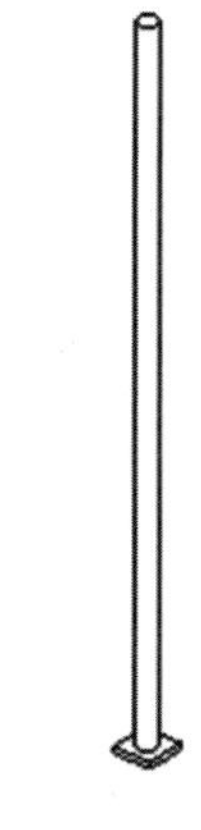

图 3.178　检查三维视图

（10）绘制斜向参照平面。选择“项目浏览器”面板中的“楼层平面”|“参照标高”视图，进入参照标高平面视图，如图 3.179 所示。按 RP 快捷键，发出“参照平面”命令，从点①绘制到点②，如图 3.180 所示。按 CO 快捷键，发出复制命令，单击点①向垂直于刚完成的参照平面的上方向移动，同时输入 1.5 的偏移量，并按 Enter 键确定，如图 3.181

所示。以同样的方法绘制参照平面，如图 3.182 所示。

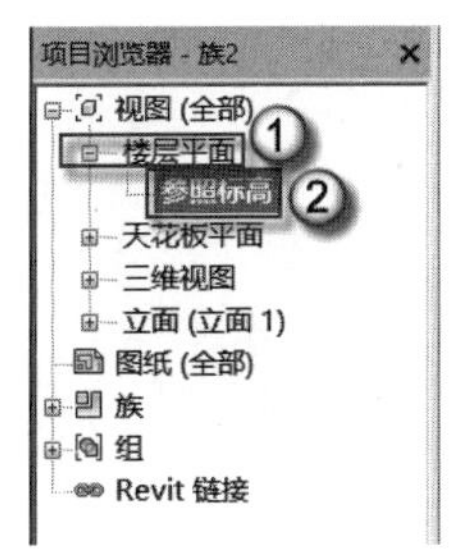

图 3.179　进入参照标高视图

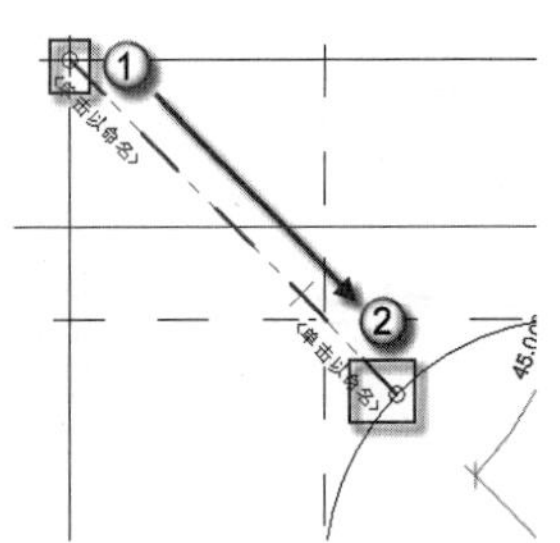

图 3.180　绘制辅助线

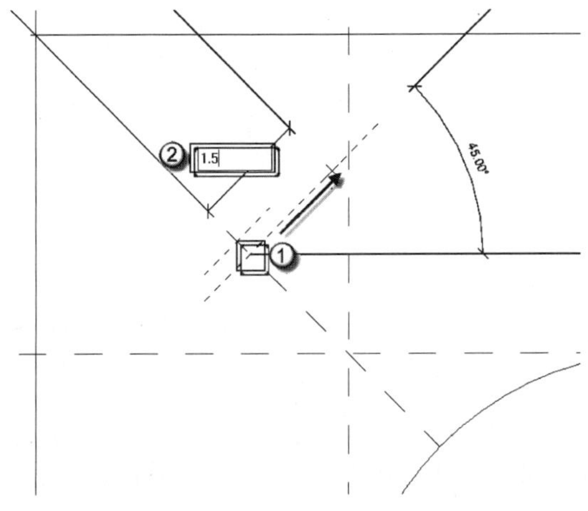

图 3.181　向上复制辅助线

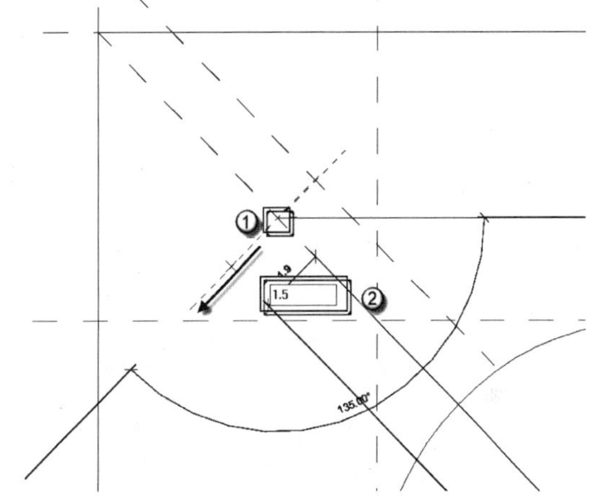

图 3.182　向下复制辅助线

（11）绘制螺栓。选择菜单栏中的“创建”｜“拉伸”命令，在“修改 | 拉伸”面板中选择“直线”绘制方式，按点①→点②→点③以及点①→点④→点⑤的顺序绘制直线，如图 3.183 所示。在“修改 | 拉伸”面板中选择“起点—终点—半径”绘制方式，依次单击点①→点②→点③，绘制螺栓如图 3.184 所示。在“属性”面板中“拉伸起点”一栏后输入 5 ，“拉伸终点”一栏后输入 30，如图 3.185 所示。单击√ | ×选项板中的√按钮，退出“拉伸”命令，并返回参照标高平面。

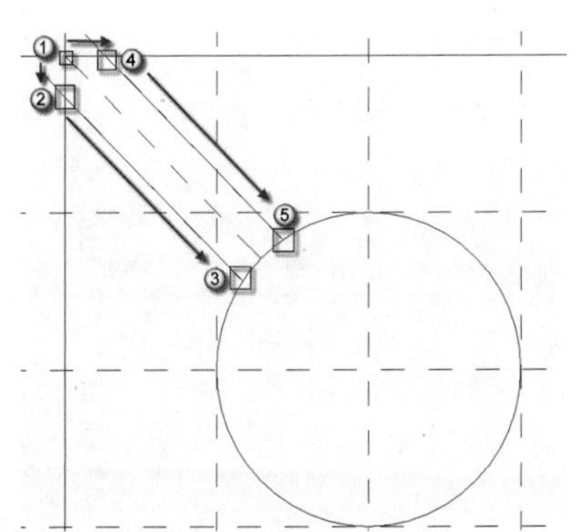

图 3.183　绘制拉伸轮廓

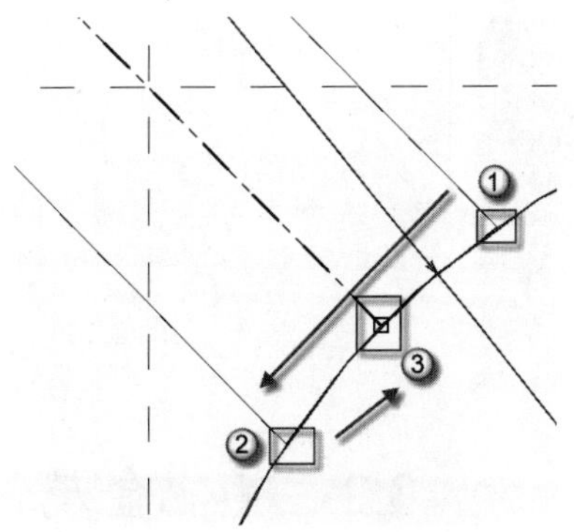

图 3.184　绘制弧形轮廓

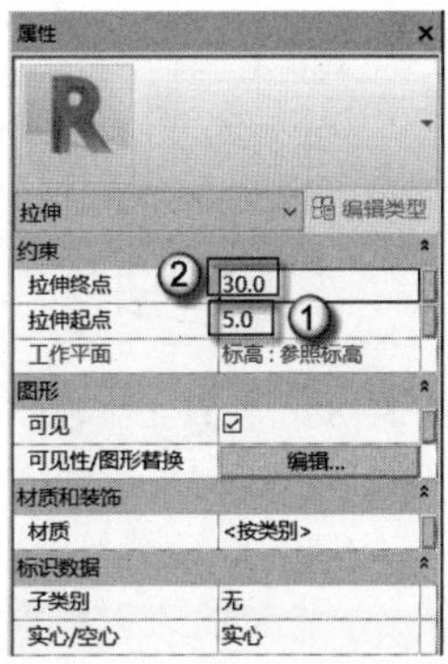

图 3.185　设置拉伸约束

（12）绘制锚固构件。按 AR 快捷键，发出阵列命令，在“修改 | 拉伸”栏中，单击“半径”按钮，取消选中“组成并关联”复选框，在“项目数”一栏中输入 4，选中“第二个”选项，最后单击“地点”。依次单击点①→点②→点③，如图 3.186 所示。完成后如图 3.187 所示。

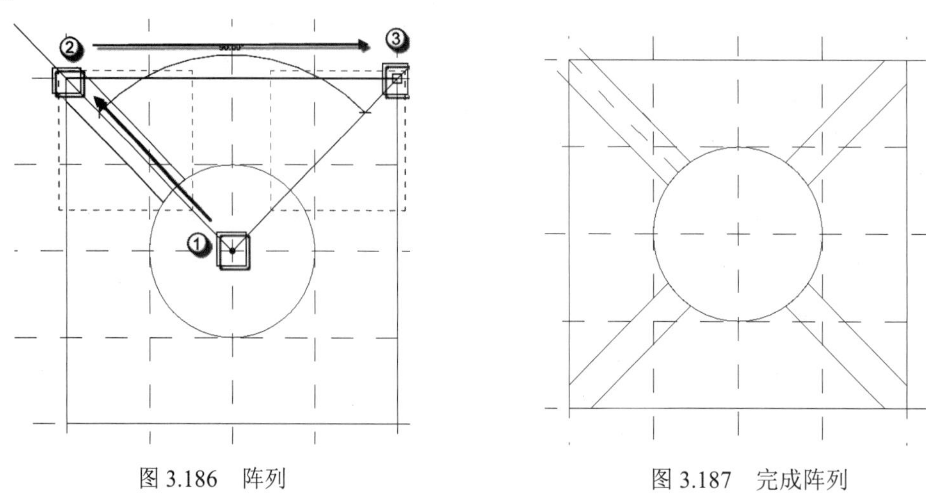

图 3.186　阵列　　　　图 3.187　完成阵列

注意：在 Revit 中，有两种类型的阵列。一类是矩形阵列，要单击“线性”按钮，一类是圆形阵列，要单击“半径”按钮。

（13）进入三维视图检查。按 F4 键，进入三维视图检查，如图 3.188 所示。检查确认 M16 螺栓各个构件的尺寸是否正确以及螺栓的底部构件是否缺失。确认无误后保存。

（14）保存族文件。选择 R | “另存为” | “族”命令，在弹出的“另存为”对话框中的“文件名”一栏中输入“M16 螺栓”，然后单击“保存”按钮，如图 3.189 所示。

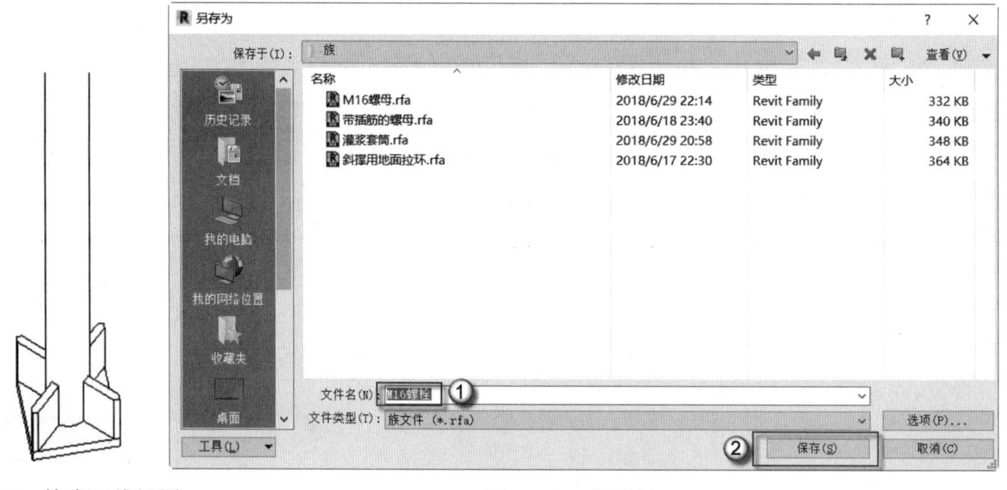

图 3.188　检查三维视图　　　　图 3.189　保存族

3.2　其他金属件

本节中介绍的这些金属件是不需要预埋的，包括螺栓、钢片、斜支撑杆等。这些金属件的功能主要是起连接作用，同样在 Revit 中采用族的方式制作，并根据情况设置相应的信息参数，方便后期使用明细表统计相关数据。

3.2.1　螺栓

螺栓是与螺母相配套的金属构件，作为预埋件的螺母在前面已经介绍过了，此处只讲授螺栓族的具体制作方法。

（1）Revit 的启动并选择适合的族样板。双击桌面 Revit 图标，在弹出的 AUTODESK REVIT 对话框中选择“族”｜“新建”选项，在弹出的“选择样板文件”对话框中选择“基于面的公制常规模型”族样板文件，单击“打开”按钮，如图 3.190 所示。进入族操作界面后，可以观察到屏幕中有一个方框，如图 3.191 所示。这个方框就是“基于面的公制常规模型”的那个“面”。这个“面”就是金属件嵌入的墙面。

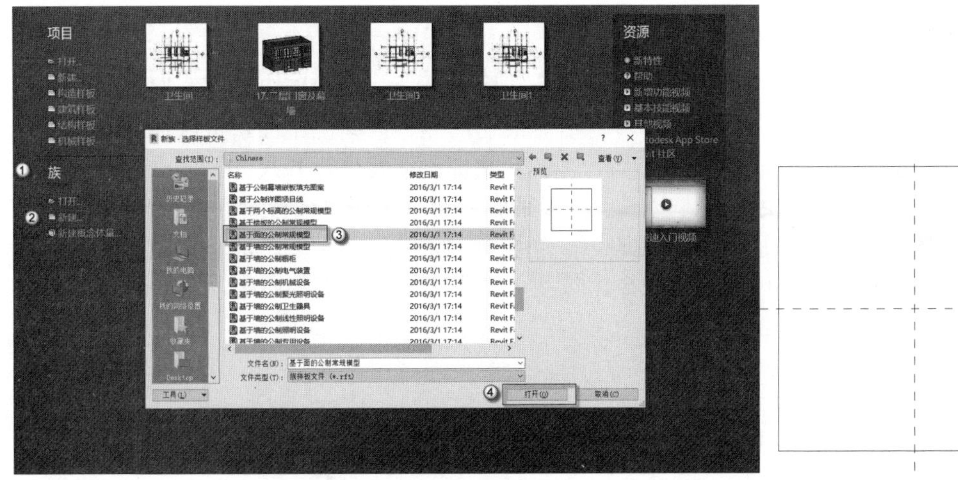

图 3.190　选择样板文件　　图 3.191　进入族样板

（2）绘制水平向参照平面并标注尺寸。选择“项目浏览器”面板中的“立面”｜“前”视图，进入前立面视图，如图 3.192 所示。按 RP 快捷键，发出“参照平面”命令，在“偏移量”栏中输入 10，在沿着最初的竖直向参照平面，依次捕捉点①和点②，绘制新的参照平面，如图 3.193 所示。按 DI 快捷键，发出对齐尺寸标注命令，依次单击点①、点②和点③，完成后如图 3.194 所示。赋予尺寸以名称。单击刚完成参数，进入“修改｜尺寸标注”界面，单击“标签栏”下的“创建参数”按钮，在弹出的“参数属性”对话框中“名称”栏下输入“钢片厚”，然后单击“确定”按钮，如图 3.195 所示。

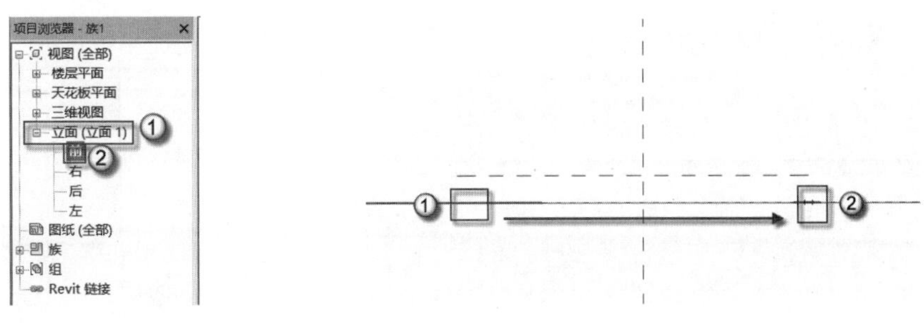

图 3.192　进入前立面视图　　图 3.193　绘制参照平面

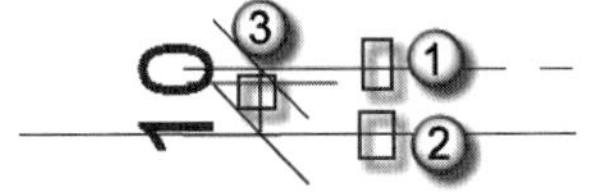

图 3.194　标注尺寸

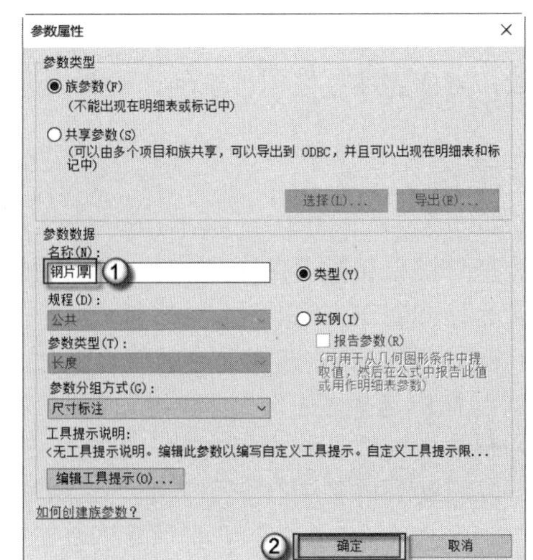

图 3.195　设置参数属性

（3）绘制水平向参照平面。绘制参照平面并标注尺寸。按 RP 快捷键，发出“参照平面”命令，在“偏移量”栏中输入 15，再沿着最初的竖直向参照平面，依次捕捉点①和点②，绘制新的参照平面，如图 3.196 所示。按 DI 快捷键，发出对齐尺寸标注命令，完成后如图 3.197 所示。按 RP 快捷键，发出“参照平面”命令，在“偏移量”栏中输入 50，再沿着最初的竖直向参照平面，依次捕捉点①和点②，绘制新的参照平面，如图 3.198 所示。按 DI 快捷键，发出对齐尺寸标注命令，依次单击点①→点②后向右移动至点③确定标注参数的位置，完成后如图 3.199 所示。

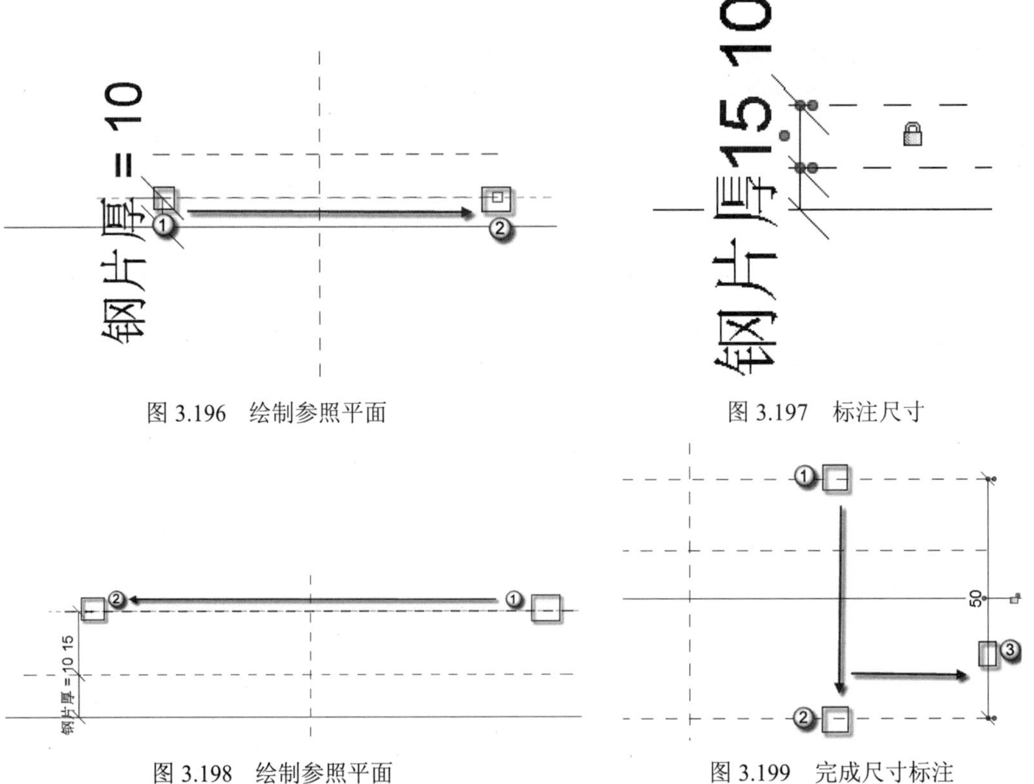

图 3.196　绘制参照平面

图 3.197　标注尺寸

图 3.198　绘制参照平面

图 3.199　完成尺寸标注

（4）赋予尺寸以名称。单击刚完成参数，进入“修改 | 尺寸标注”界面，单击“标签栏”下的“创建参数”按钮，在弹出的“参数属性”对话框中“名称”栏下输入“L”，然后单击“确定”按钮，如图 3.200 所示。

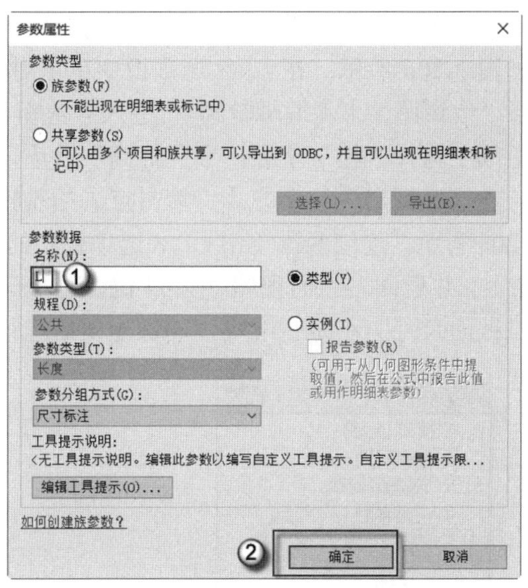

图 3.200　设置参数属性

（5）绘制螺帽轮廓。选择菜单栏中的“创建” | “放样”命令，在“修改 | 放样”面板中选择“路径”子命令，进入√ | ×选项板，选择“直线”绘制方式，当光标靠近①处时会出现捕捉点，单击该捕捉点向下移动至点②，并单击确定位置。然后单击开放的锁头，锁头会变为锁定的状态，避免该尺寸随之后的操作而发生变化，如图 3.201 所示。在√ | ×选项板中单击√按钮，退出“路径”子命令，然后在菜单栏中选择“按草图” | “编辑轮廓”命令，进入“轮廓”子命令，同时弹出“转到视图”对话框，在对话框中选择“楼层平面：参照标高”选项，然后单击“打开视图”按钮，如图 3.202 所示。选择“外接多边形”绘图方式，单击点①绘制轮廓，再向左移动并同时输入 16 为半径，如图 3.203 所示。连续两次单击√ | ×选项板中的√按钮，依次退出“编辑轮廓”子命令、“放样”命令，并返回右立面视图。

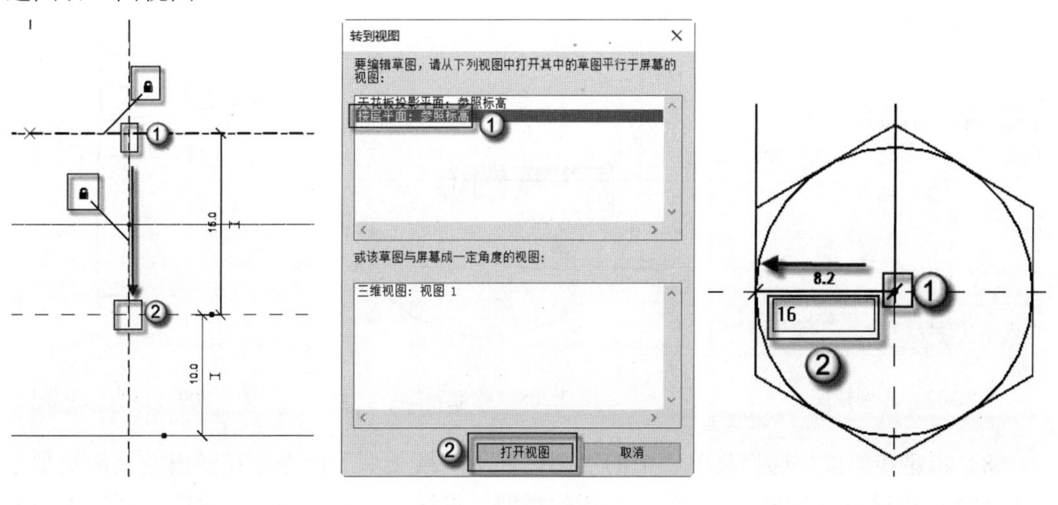

图 3.201　绘制并锁定路径　　图 3.202　转到视图　　图 3.203　绘制正六边形

（6）检查螺帽三维视图。按 F4 键，进入三维视图检查，如图 3.204 所示。检查确认螺帽是否准确，确认无误后进行下一步操作。

（7）绘制螺栓下部。在“项目浏览器”面板中选择“立面”｜“前”选项，进入到前立面视图，如图 3.205 所示。单击开放的锁头，锁头会变为锁定的状态，避免该尺寸随之后的操作而发生变化，如图 3.206 所示。在√｜×选项板中单击√按钮，退出“路径”子命令，然后在菜单栏中选择“按草图”｜“编辑轮廓”，进入“轮廓”子命令，同时弹出“转到视图”对话框，在对话框中选择“楼层平面：参照标高”选项，然后单击“打开视图”按钮，如图 3.207 所示。选择“圆形”绘图方式，单击点①绘制轮廓，再向左移动并同时输入 10 为半径，如图 3.208 所示。连续两次单击√｜×选项板中的√按钮，依次退出“编辑轮廓”子命令、“放样”命令，并返回右立面视图。按 F4 键，进入三维视图检查，如图 3.209 所示。检查确认螺栓下部截面尺寸大小是否准确，确认无误后进行下一步操作。

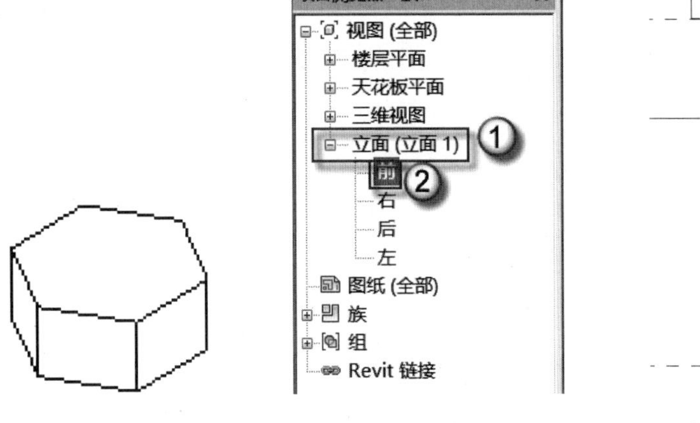

图 3.204　检查三维视图　　图 3.205　进入前立面视图　　图 3.206　绘制并锁定路径

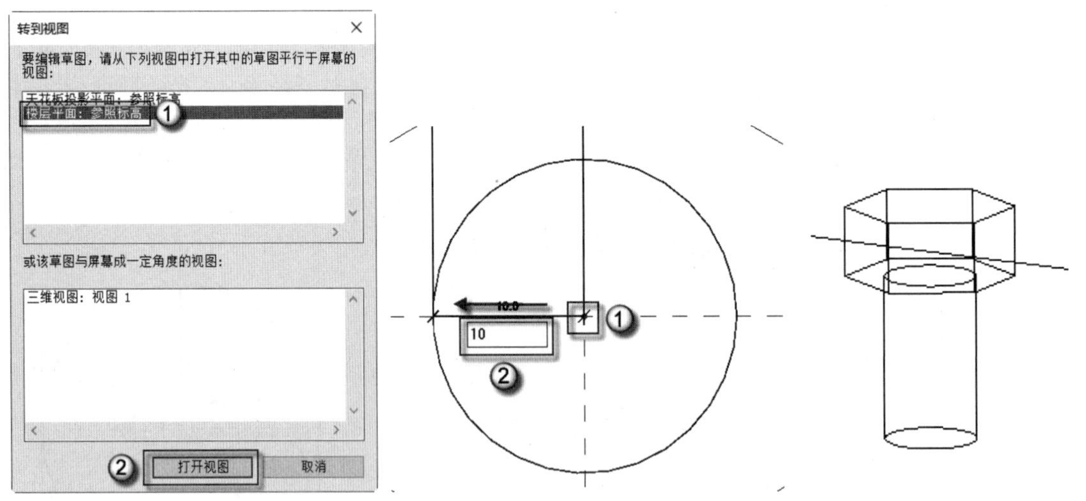

图 3.207　转到视图　　图 3.208　绘制轮廓　　图 3.209　检查三维视图

（8）新建族类型。选择菜单栏中的“创建”｜“族类型”命令，在弹出的“族类型”对话框中 L 栏后数值改为 100，单击“新建类型”按钮，在弹出的“名称”对话框中输入

M20 L=100，然后单击“确定”按钮，如图 3.210 所示。按上述方法定义一个新的族类型，单击“新建类型”按钮，在弹出的“名称”对话框中输入 M20 L=50，然后单击“确定”按钮。返回“族类型”对话框后，更改 L 的值为 50，更改插筋距离为 175，然后依次单击“应用”“确定”按钮，如图 3.211 所示。完成后测试时可观察到，视图中的图形随着参数的更改而变化，说明参数关联成功。

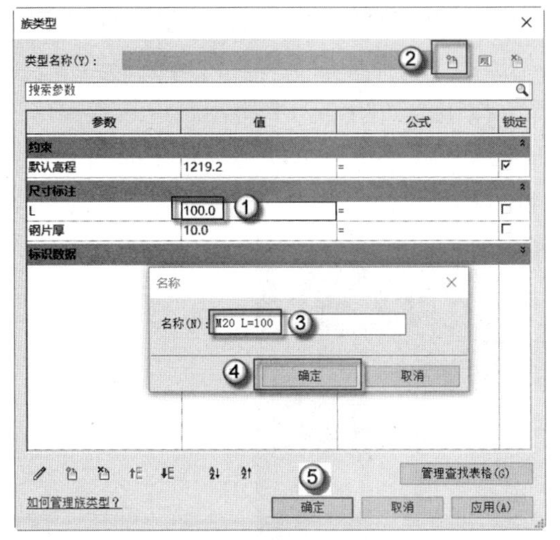

图 3.210　新建族类型（一）

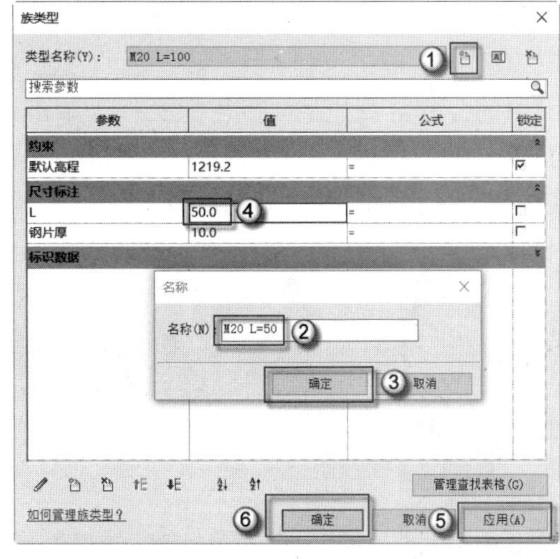

图 3.211　新建族类型（二）

注意： M20 L=100 的意思是，螺栓的横截面直径为 20mm，螺栓的全长（包换螺帽的长度）为 100mm。由于 L=100 是包括螺帽的长度的，所以在计算与螺栓对应螺母长度时要去掉螺帽的长度。

（9）检查带插筋的螺母三维视图。按 F4 键，进入三维视图检查，如图 3.212 所示。检查确认螺栓上、下部截面尺寸大小是否准确，上下构件是否连接紧密，确认无误后进行下一步操作。

（10）保存族文件。选择 R｜“另存为”｜“族”命令，在弹出的“另存为”对话框中的“文件名”一栏中输入“螺栓”，然后单击“保存”按钮，如图 3.213 所示。

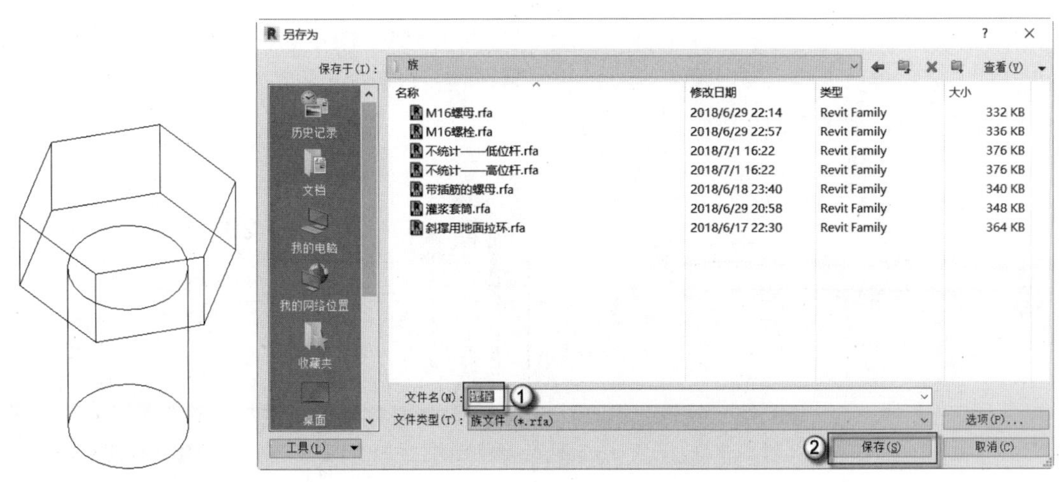

图 3.212　检查三维视图　　　　图 3.213　保存族

3.2.2　吊装用墙面钢片

钢片的英语是 Plate，在装配式现场施工时经常用其简称 PL 来代替。本小节中介绍吊装用的墙面钢片的制作方法。

（1）Revit 的启动并选择适合的族样板。双击桌面 Revit 图标，在弹出的 AUTODESK REVIT 对话框中选择“族”|“新建”选项，在弹出的“选择样板文件”对话框中选择“基于面的公制常规模型”族样板文件，单击“打开”按钮，如图 3.214 所示。进入族操作界面后，可以观察到屏幕中有一个方框，如图 3.215 所示。这个方框就是“基于面的公制常规模型”的那个“面”。这个“面”就是预埋件嵌入的墙面。

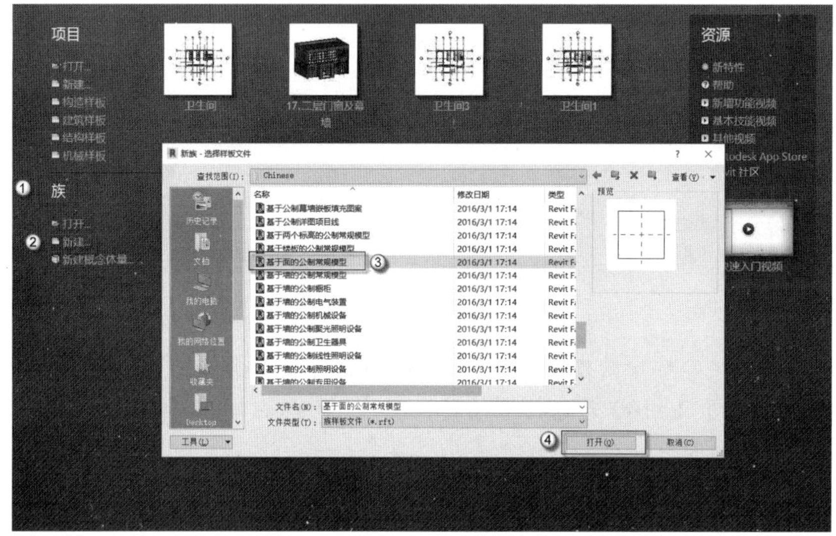

图 3.214　选择族样板文件

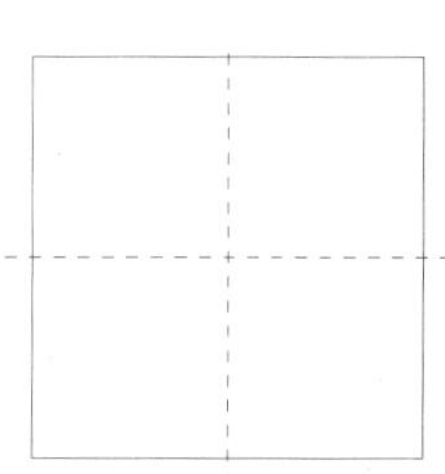

图 3.215　进入族样板

（2）绘制参照平面并添加标注。按 RP 快捷键，发出“参照平面”命令，在“偏移量”一栏中输入 50，先由点①向点②绘制，再由点②向点①绘制，可见视图中出现一对对称的参照平面，如图 3.216 所示。按上述方法绘制竖直向参照平面，如图 3.217 所示。按 DI 快捷键发出标注参数命令，依次单击点①→点②后向右移动至点③确定标注参数的位置，避免与图形交织，如图 3.218 所示。

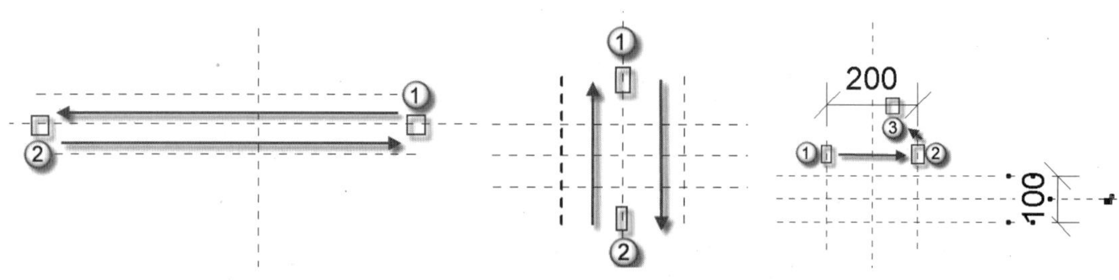

图 3.216　绘制水平参照平面　　图 3.217　绘制竖直参照平面　　图 3.218　标注尺寸

（3）选择菜单栏中的“创建”|“拉伸”命令，进入√|×选项板，选择“矩形”绘

图方式。单击点①→点②绘制矩形，如图 3.219 所示。在“属性”面板中“拉伸终点”一栏后输入 20，在“拉伸起点”一栏后输入 0，如图 3.220 所示。单击√ | ×选项板中的√按钮，退出“拉伸”命令，并返回参照标高平面。按 F4 键，进入三维视图检查，如图 3.221 所示。检查确认绘制的钢片各项参数准确无误。

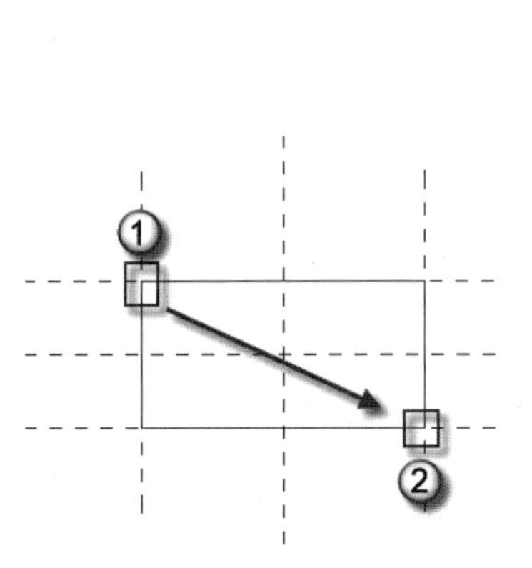
图 3.219 绘制拉伸轮廓

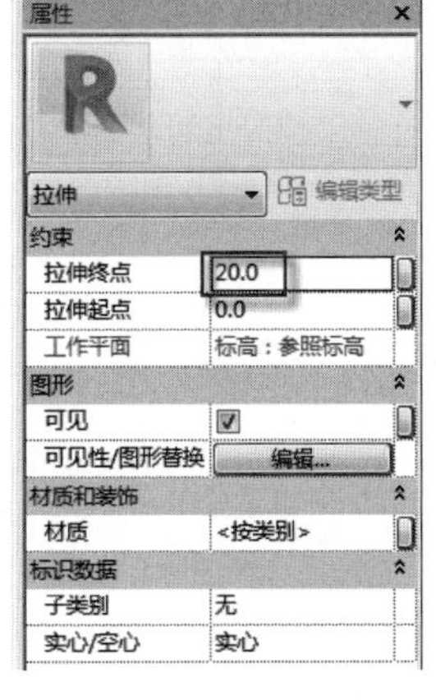

图 3.220 设置约束

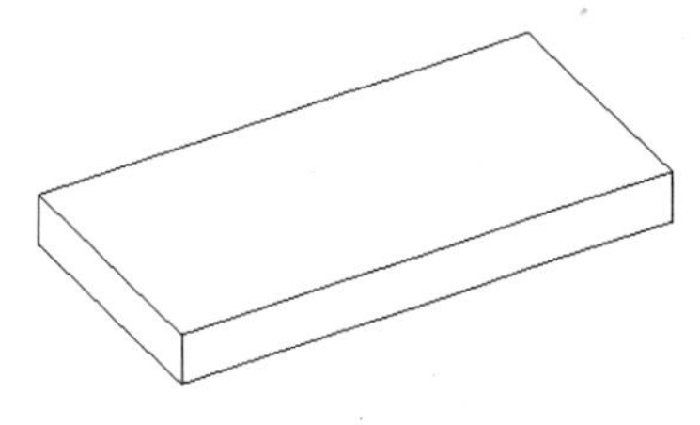
图 3.221 检查三维视图

（4）绘制参照平面。选择“项目浏览器”面板中的“楼层平面” | “参照标高”视图，进入参照标高平面视图，如图 3.222 所示。按 RP 快捷键，发出“参照平面”命令，在“偏移量”栏中输入 40，捕捉屏幕中心原来的竖直向参照平面，从上至下进行绘制，可以观察到在其右侧会出现一个新的参照平面，距离为刚才设置的 40 个单位，如图 3.223 所示。选中刚完成的参照平面，按 MM 快捷键，发出镜像命令，单击对称轴，完成后如图 3.224 所示。

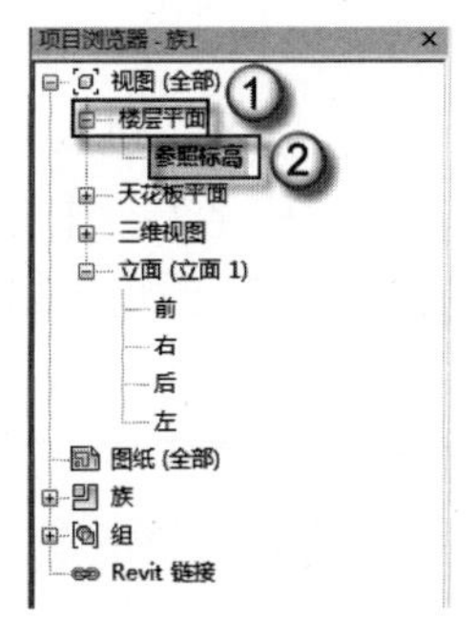

图 3.222 进入参照平面视图

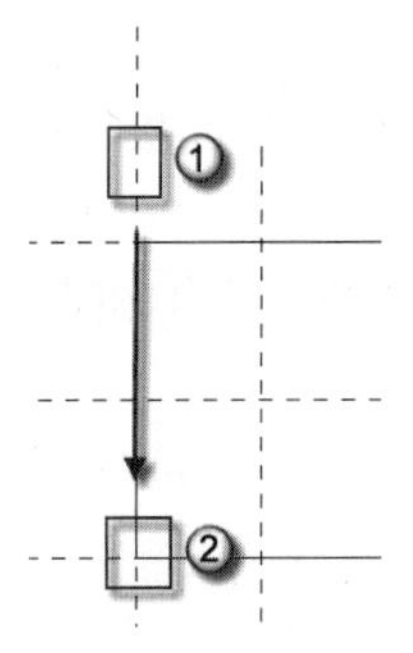
图 3.223 绘制参照平面

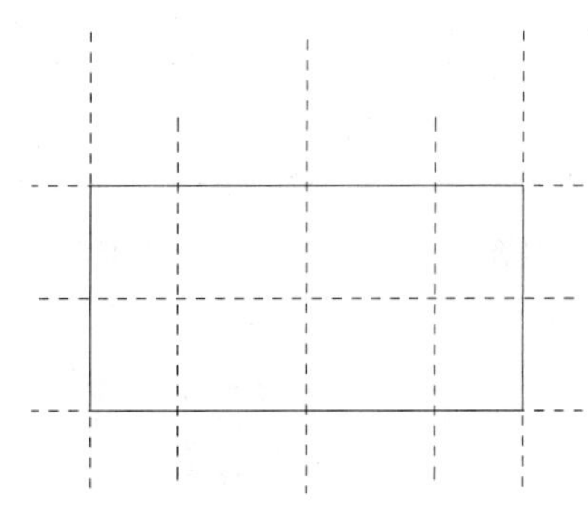
图 3.224 完成参照平面绘制

（5）绘制圆洞。选择菜单栏中的“创建” | “拉伸”命令，在“修改 | 创建拉伸”面板选择“圆形”绘图方式，单击点①同时向上移动的过程中输入 12.5 的偏移量，按 Enter 键表示确定，如图 3.225 所示。选中刚完成的圆，按 MM 快捷键，发出镜像命令，单击对称轴上的任意一点，如图 3.226 所示。完成后如图 3.227 所示。单击√ | ×选项板中的√按钮，退出“修改 | 创建拉伸”界面，并返回平面视图。

（6）检查吊装用墙面钢片三维视图。按 F4 键，进入三维视图检查，如图 3.228 所示。检查确认带吊装用墙面钢片上的两个圆是否精准，确认无误后进行下一步操作。

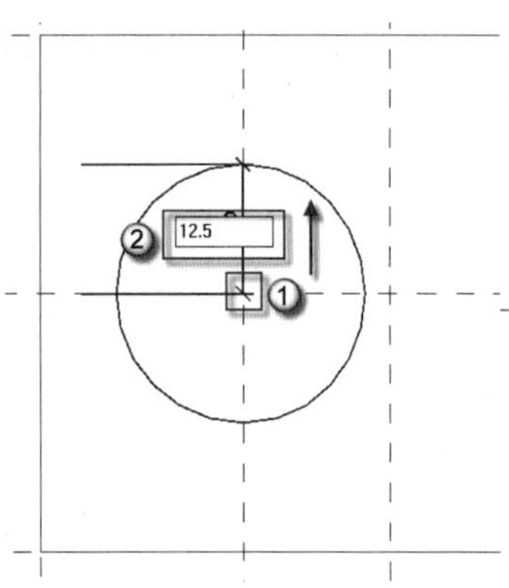

图 3.225　绘制拉伸轮廓

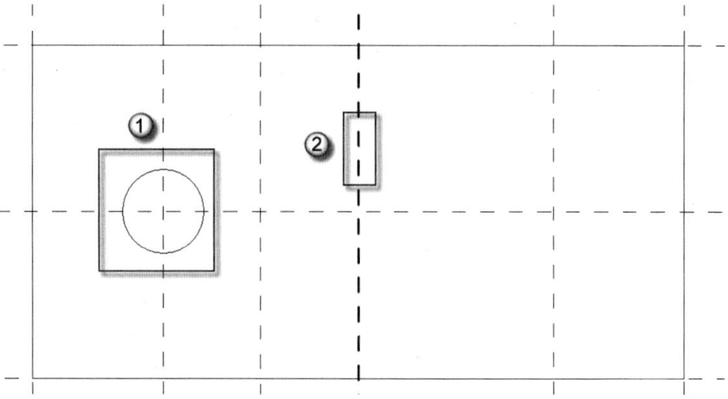

图 3.226　镜像拉伸轮廓

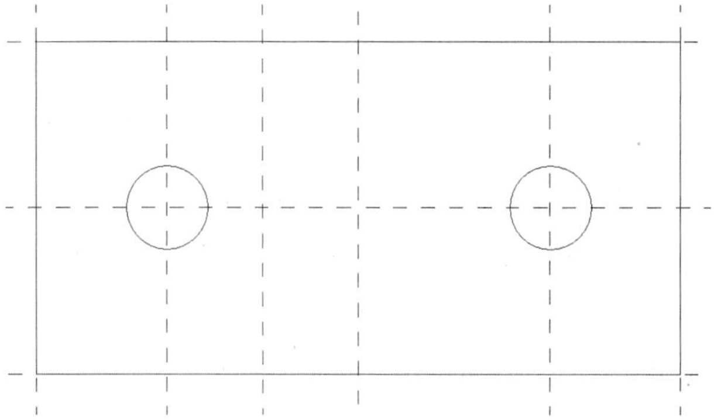

图 3.227　完成镜像

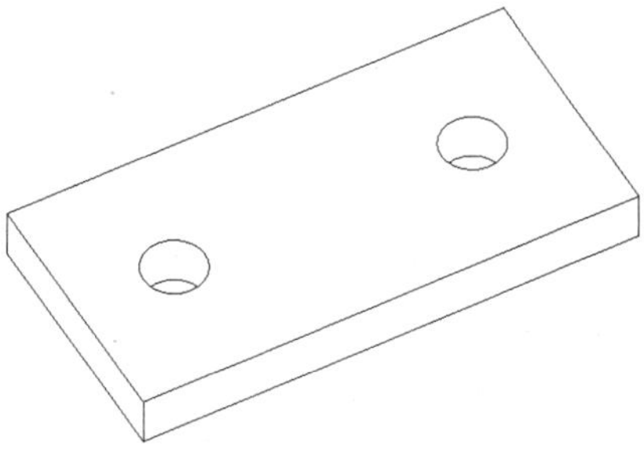

图 3.228　检查三维视图

（7）绘制参照平面。选择“项目浏览器”面板中的“立面”|“右”视图，进入右立面视图，如图 3.229 所示。按 RP 快捷键，发出“参照平面”命令，在“偏移量”栏中输入 130，沿着原水平向参照平面，依次单击捕捉点①和点②，绘制新的参照平面，如图 3.230 所示。

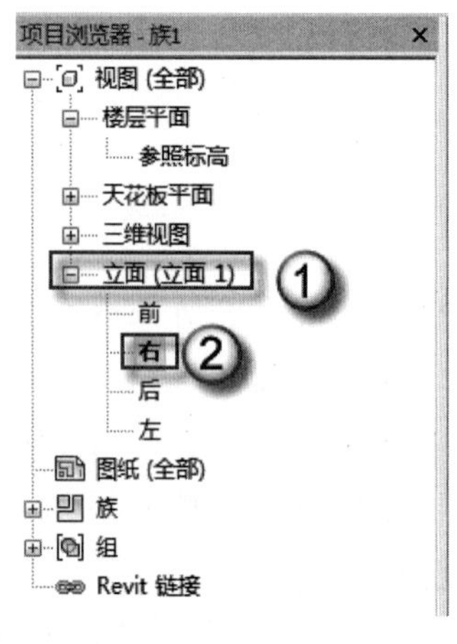

图 3.229　进入右立面视图

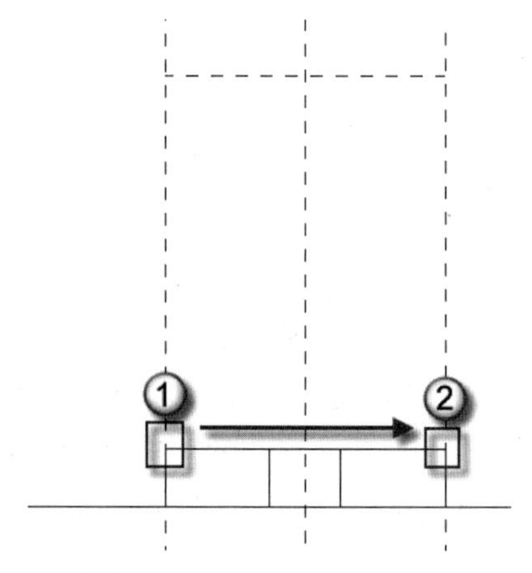

图 3.230　绘制参照平面

（8）绘制吊装用墙面钢片上半部分。选择菜单栏中的“创建”|“拉伸”命令，在“修改|创建拉伸”面板选择“矩形”绘图方式，依次单击点①和点②绘制出矩形，如图 3.231 所示。在“属性”面板中“拉伸终点”一栏后输入 10，在“拉伸起点”一栏后输入-10，如图 3.232 所示。单击√|×选项板中的√按钮，退出“拉伸”命令，并返回右立面。按 F4 键，进入三维视图检查，如图 3.233 所示。检查确认吊装用墙面钢片上半部分准确无误。

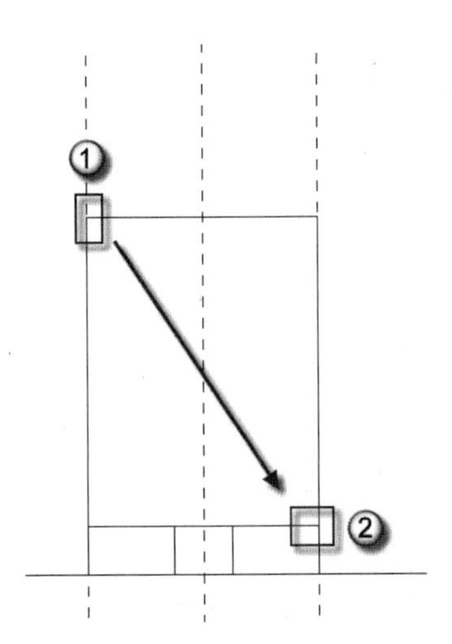

图 3.231　绘制拉伸轮廓

图 3.232　设置约束

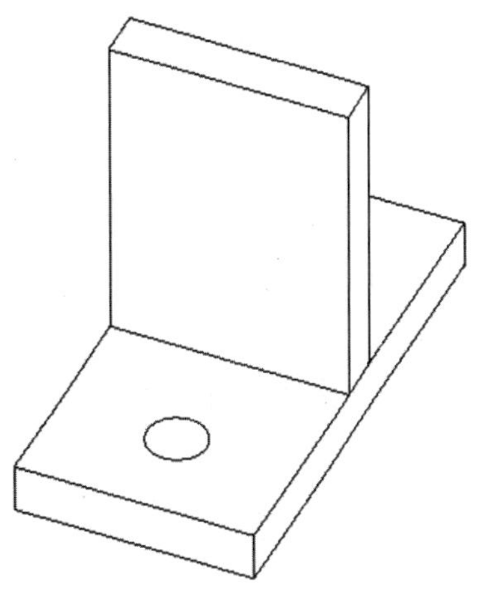

图 3.233　检查三维视图

（9）绘制参照平面。选择“项目浏览器”面板中的“立面”|“右”视图，进入右立面视图，如图 3.234 所示。按 RP 快捷键，发出“参照平面”命令，在“偏移量”一栏中输入 40，由点①向点②绘制，则在绘制点的下方出现新的参照平面，如图 3.235 所示。

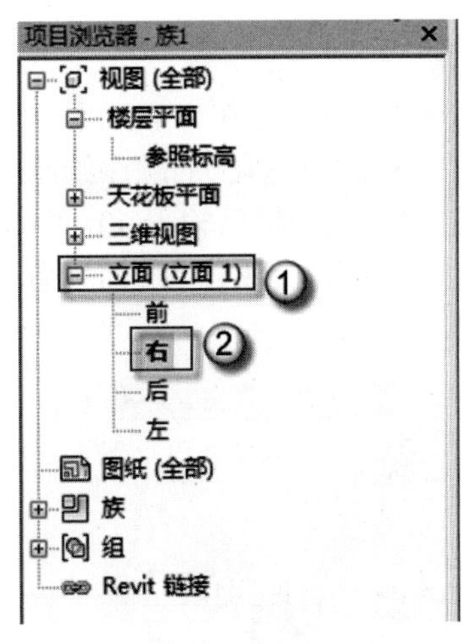

图 3.234　进入右立面视图

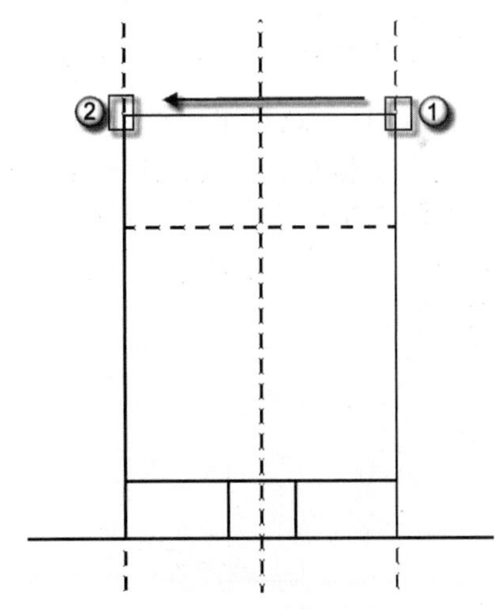

图 3.234　绘制参照平面

（10）绘制构件上部分中的圆洞。选择菜单栏中的“创建”|“拉伸”命令，在“修改|创建拉伸”面板选择“圆形”绘图方式，以点①为圆心，以 17.5 为半径画圆，如图 3.236 所示。单击√|×选项板中的√按钮，退出“拉伸”命令，并返回立面。按 F4 键，进入三维视图检查，如图 3.237 所示。检查绘制构件上部分中的圆洞位置，大小尺寸是否精确。

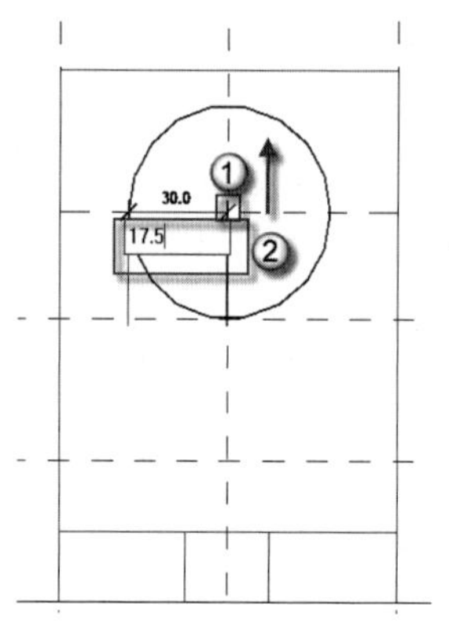

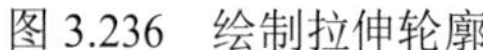

图 3.236　绘制拉伸轮廓

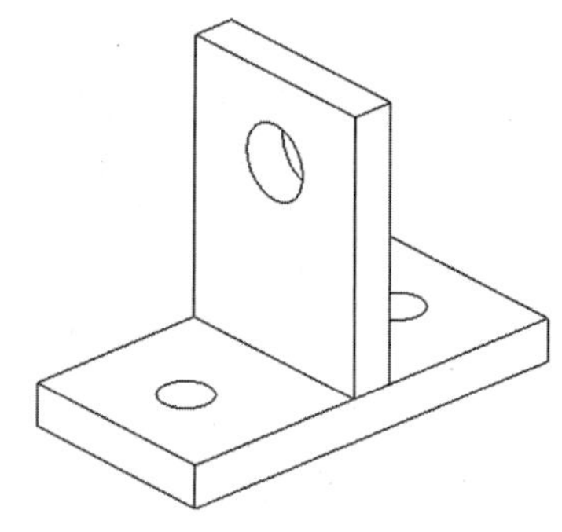

图 3.237　检查三维视图

（11）绘制参照平面。按 RP 快捷键，发出“参照平面”命令，在“偏移量”一栏中输入 20，由点①向点②绘制，则在绘制点的上方出现新的参照平面，如图 3.238 所示。按 CO 快捷键，发出复制命令，单击点①向上移动，同时输入 40 的偏移量，并按 Enter 键确定，如图 3.239 所示。按 RP 快捷键，发出“参照平面”命令，在“偏移量”一栏中输入 20，由点①向点②绘制，则在绘制点的左侧出现新的参照平面，如图 3.240 所示。

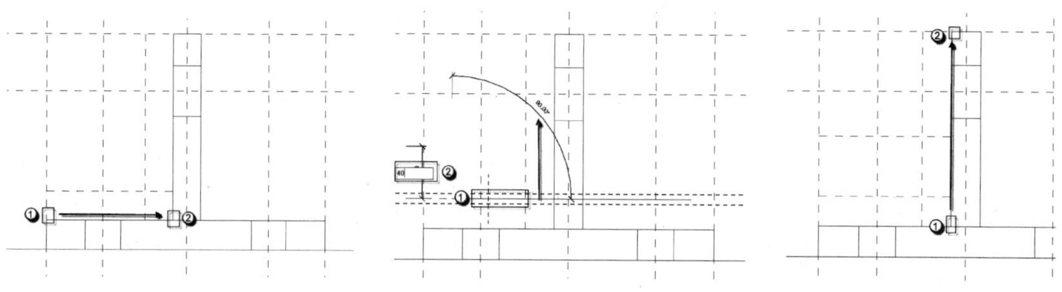

图 3.238　绘制参照平面　　图 3.239　绘制竖向参照平面　　图 3.240　绘制参照平面

（12）绘制构件。选择菜单栏中的“创建”|“拉伸”命令，在“修改 | 拉伸”面板中选择“直线”绘制方式，按点①→点②→点③→点④→点⑤→点①的顺序绘制线段形成一个梯形，如图 3.241 所示。在“属性”面板中“拉伸终点”一栏后输入 40，“拉伸起点”一栏后输入 50，如图 3.242 所示。单击√|×选项板中的√按钮，退出“拉伸”命令，并返回参照标高平面。

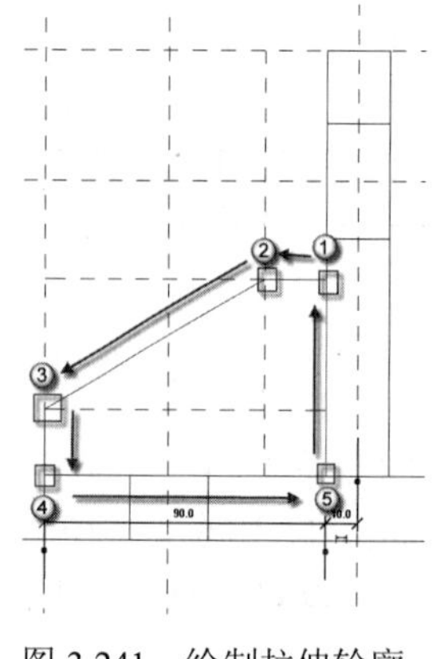

图 3.241　绘制拉伸轮廓

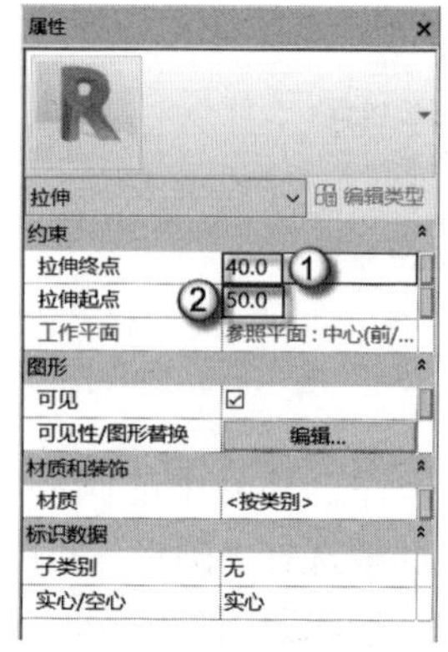

图 3.242　设置拉伸约束

（13）用镜像的方式绘制构件。单击刚完成的构件，输入 MM 快捷键发出镜像命令，单击中间的对称轴，如图 3.243 所示。按上述方法绘制构件，单击完成的一个构件，配合 Ctrl 键单击刚完成的构件，输入 MM 快捷键发出镜像命令，单击中间的对称轴，如图 3.244 所示。

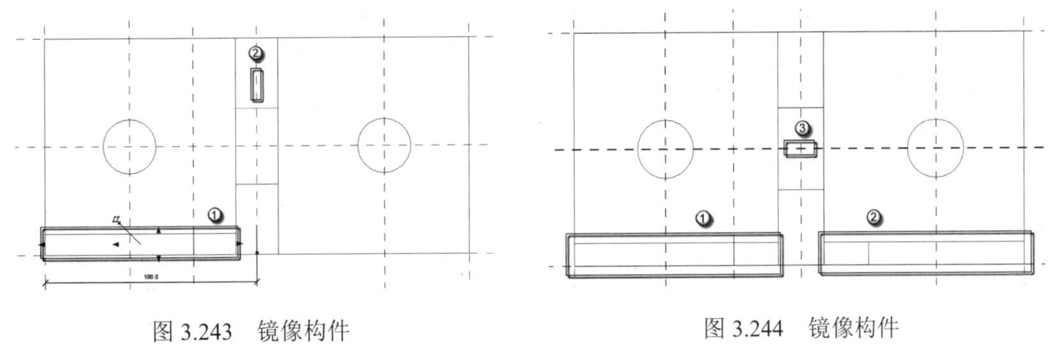

图 3.243　镜像构件　　　　图 3.244　镜像构件

（14）进入三维视图检查。按 F4 键，进入三维视图检查，如图 3.245 所示。检查确认吊装用墙面钢片各个构件之间连接紧密，尺寸大小精确无误。

（15）保存族文件。选择 R｜“另存为”｜“族”命令，在弹出的“另存为”对话框中的“文件名”一栏中输入“吊装用墙面钢片”，然后单击“保存”按钮，如图 3.246 所示。

图 3.245　检查三维视图　　　　图 3.246　保存族

3.2.3　斜撑用墙面钢片

本小节中介绍斜支撑杆与墙面连接的金属件——斜撑用墙面钢片的制作方法，而此钢片与墙的连接是使用螺栓与预埋的螺母。

（1）Revit 的启动并选择适合的族样板。双击桌面 Revit 图标，在弹出的 AUTODESK REVIT 对话框中选择“族”｜“新建”选项，在弹出的“选择样板文件”对话框中选择“基于面的公制常规模型”族样板文件，单击“打开”按钮，如图 3.247 所示。进入族操作界面后，可以观察到屏幕中有一个方框，如图 3.248 所示。这个方框就是“基于面的公制常规模型”的那个“面”。这个“面”就是预埋件嵌入的墙面。

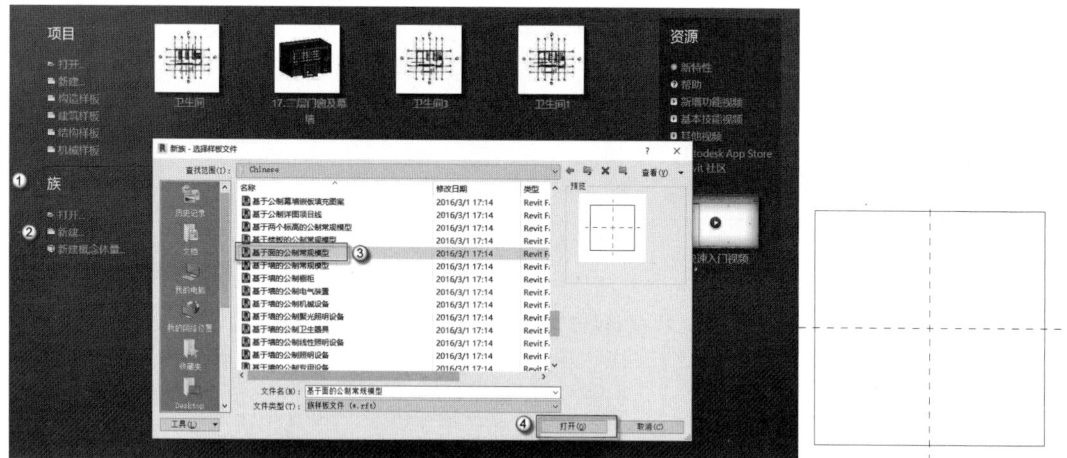

图 3.247　选择族样板文件　　图 3.248　进入族样板

（2）绘制参照平面。按 RP 快捷键，发出“参照平面”命令，在“偏移量”一栏中输入 65，由点①向点②绘制，则在绘制点的右侧出现参照平面，如图 3.249 所示。选中刚完成的参照平面，按 MM 快捷键，发出镜像命令，如图 3.250 所示。按 RP 快捷键，发出“参照平面”命令，在“偏移量”一栏中输入 65，由点①向点②绘制，则在绘制点的下方出现参照平面，如图 3.251 所示。选中刚完成的参照平面，按 MM 快捷键，发出镜像命令，完成后如图 3.252 所示。

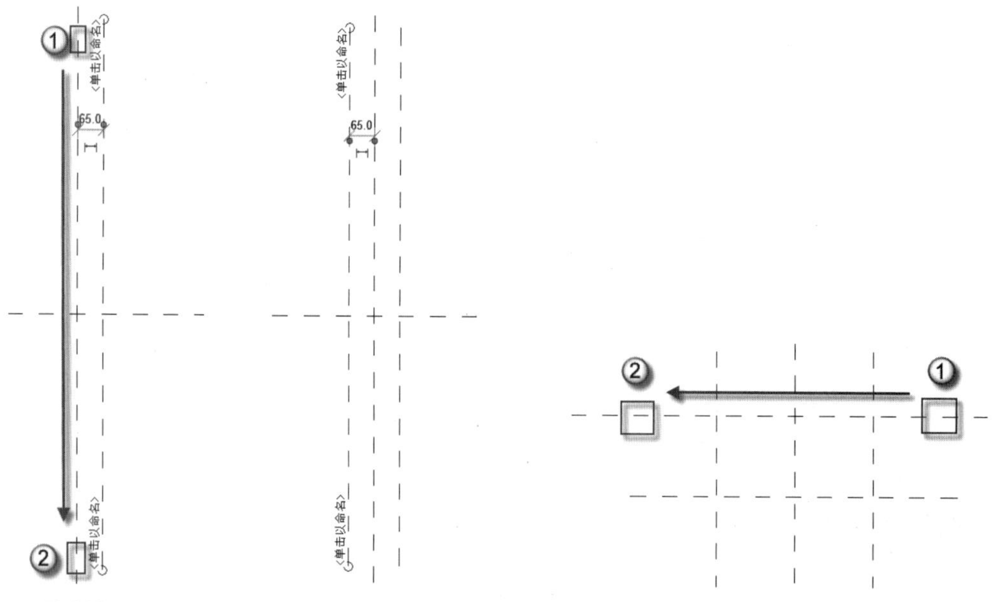

图 3.249　绘制参照平面　　图 3.250　完成参照平面镜像　　图 3.251　绘制参照平面

（3）绘制斜撑用墙面钢片底座的圆洞。在菜单栏中选择“创建”|“拉伸”命令，在“修改”选项卡中选择“矩形”绘制方式，单击点①，竖直向下移动其至合适位置（如②所示位置）并单击确定位置，如图 3.253 所示。在“属性”面板中“拉伸终点”一栏后输入 10，在“拉伸起点”一栏后输入 0，如图 3.254 所示。选择“圆形”绘图方式，单击点①向上移动的同时输入 11 为圆半径，如图 3.255 所示。单击√ | ×选项板中的√按钮，退出“拉伸”命令，并返回参照标高平面。

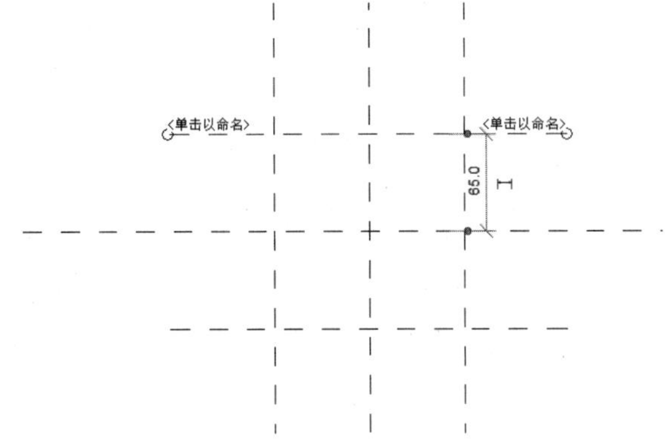

图 3.252　完成参照平面镜像

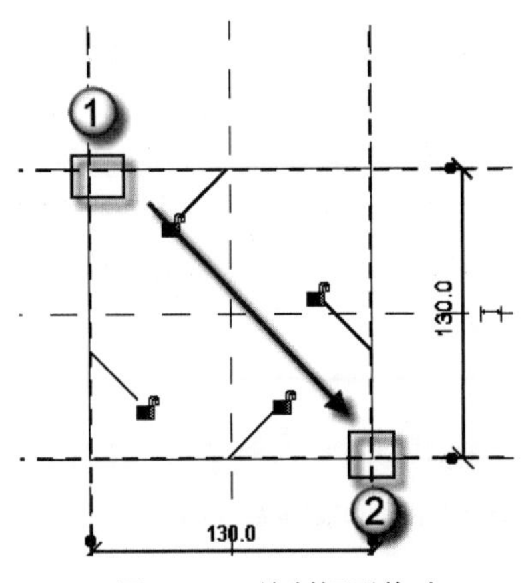

图 3.253　绘制矩形修改

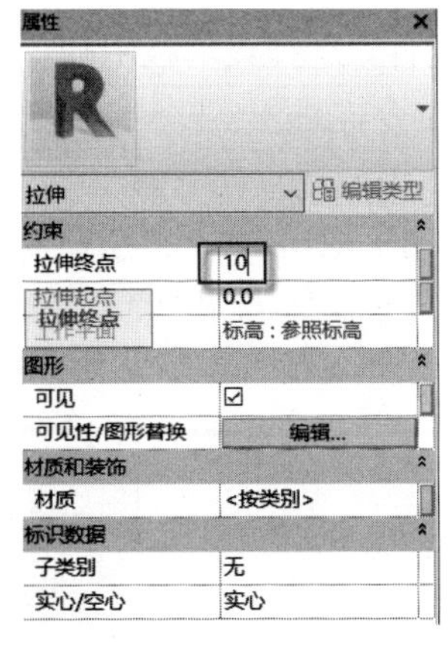

图 3.254　设置拉伸约束

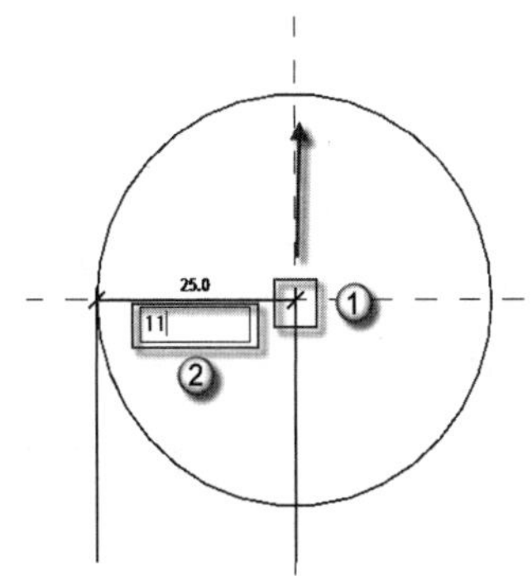

图 3.255　绘制圆形

（4）绘制参照平面。按 RP 快捷键，发出“参照平面”命令，在“偏移量”一栏中输入 20，由点①向点②绘制，则在绘制点的上方出现新的参照平面，如图 3.256 所示。按上述相同的方法绘制参照平面，更改“偏移量”为 10，由点①向点②绘制，则在绘制点的右侧又出现新的参照平面，如图 3.257 所示。选中刚完成的参照平面，按 CO 快捷键，发出复制命令，单击点①向右移动，同时输入 16 的偏移量，并按 Enter 键确定，如图 3.258 所示。再次选中第一次绘制的竖向参照平面，按 CO 快捷键，发出复制命令，单击点①向右移动，同时输入 8 的偏移量，并按 Enter 键确定，如图 3.259 所示。选中第一次绘制的水平向参照平面，按 CO 快捷键，发出复制命令，单击点①向右移动，同时输入 65 的偏移量，并按 Enter 键确定，如图 3.260 所示。完成后如图 3.261 所示。

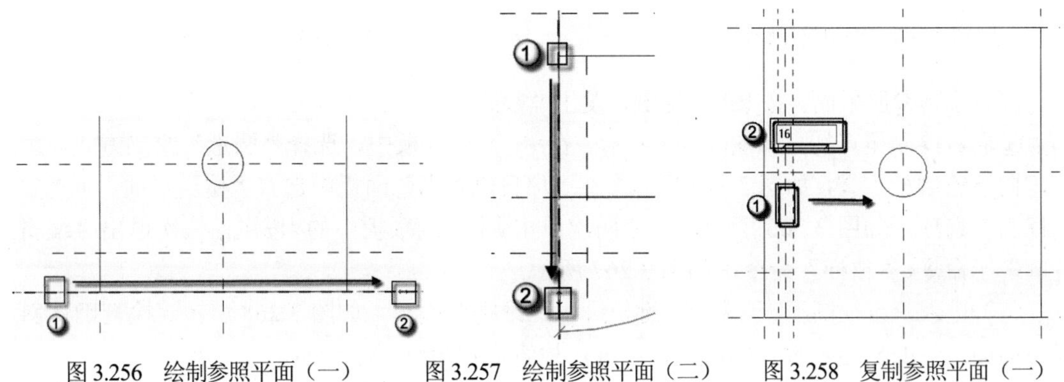

图 3.256　绘制参照平面（一）　　图 3.257　绘制参照平面（二）　　图 3.258　复制参照平面（一）

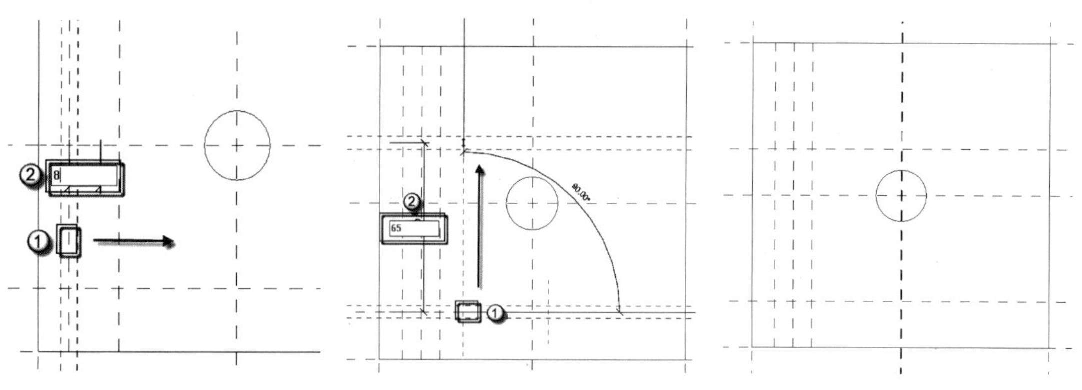

图 3.259　复制参照平面（二）　　图 3.260　复制参照平面（三）　　图 3.261　完成绘制参照平面

（5）通过放样的方法绘制构件。选择菜单栏中的“创建”|“放样”命令，在“修改 | 放样”面板中选择“路径”子命令，进入√ | ×选项板，选择“直线”绘制方式，当光标靠近①处时会出现捕捉点，单击该捕捉点向下移动至点②，并单击确定位置，如图 3.262 所示。在√ | ×选项板中单击√按钮，退出“路径”子命令，然后在菜单栏中选择“按草图”|“编辑轮廓”命令，进入“轮廓”子命令，同时弹出“转到视图”对话框，在对话框中选择“立面：前”选项，然后单击“打开视图”按钮，如图 3.263 所示。

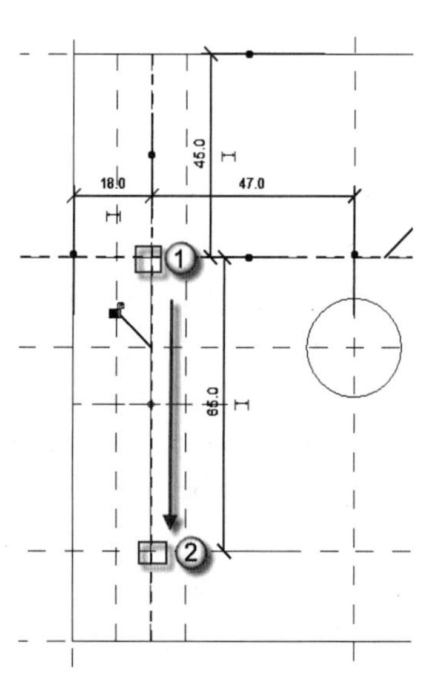

图 3.262　绘制放样路径

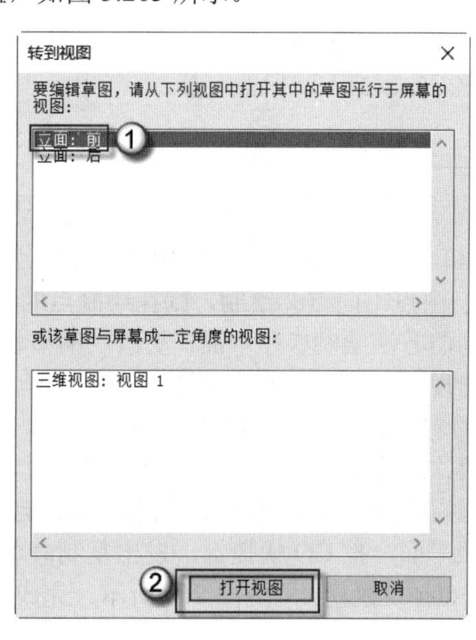

图 3.263　转到视图

（6）绘制参照平面。按 RP 快捷键，发出“参照平面”命令，在“偏移量”栏中输入 8，由点①向右绘制至点②，如图 3.264 所示。在√ | ×选项板中，选择“圆形”绘制方式，由点①向下绘制至点②，如图 3.265 所示。在“项目浏览器”面板中选择“楼层平面”|“参照标高”选项，如图 3.266 所示。连续两次单击√ | ×选项板中的√按钮，依次退出“编辑轮廓”子命令、“放样”命令，如图 3.267 所示。

（7）进入三维视图检查。按 F4 键，进入三维视图检查，如图 3.268 所示。检查确认斜撑用墙面钢片的构建参数正确，对位精准。检查无误后继续下一步。

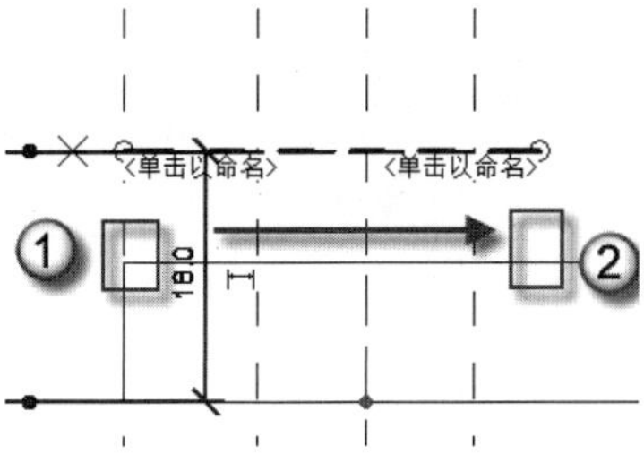

图 3.264　绘制参照平面 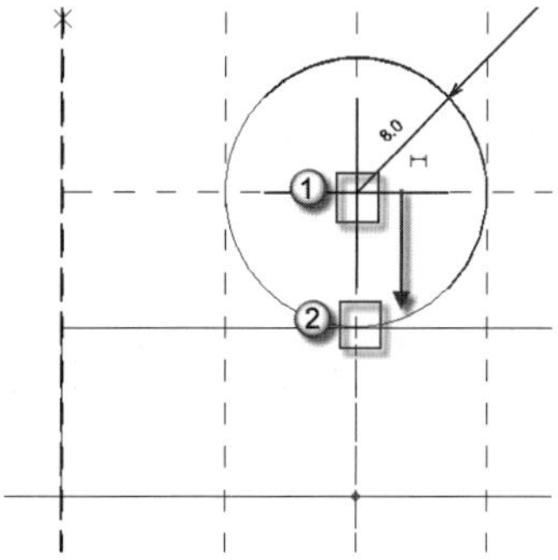　　图 3.265　绘制轮廓 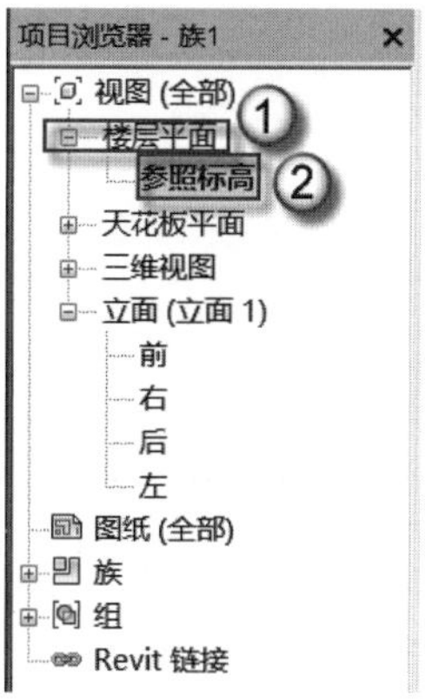　　图 3.266　进入参照标高平面

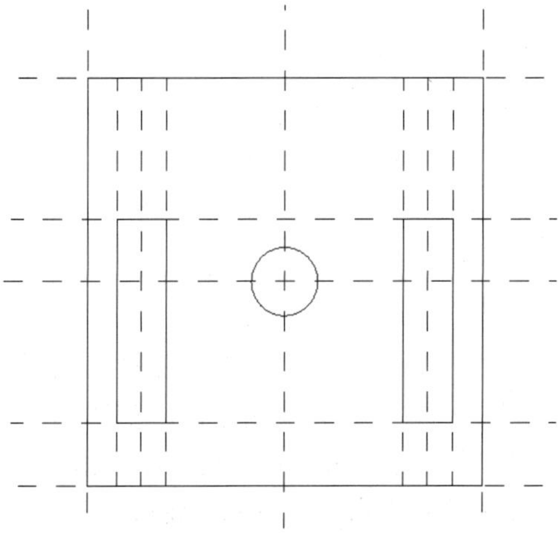

图 3.267　完成放样 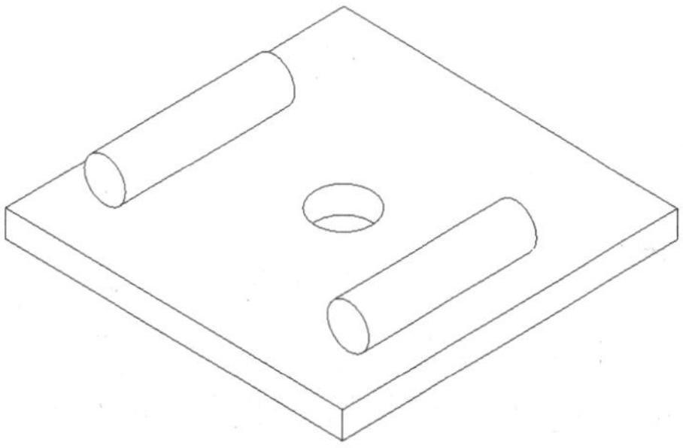　　图 3.268　检查三维视图

（8）复制参照平面。单击要复制的参照平面，按 CO 快捷键，发出复制命令，向上移动同时输入 94 的偏移量，如图 3.269 所示。按上述方式复制参照平面如图 3.270 所示。完成后如图 3.271 所示。单击要复制的参照平面，按 CO 快捷键，发出复制命令，向上移动同时输入 47 的偏移量，如图 3.272 所示。框选要复制的参照平面，按 CO 快捷键，发出复制命令，单击点①移动至点②再次单击确定位置，如图 3. 273 所示。

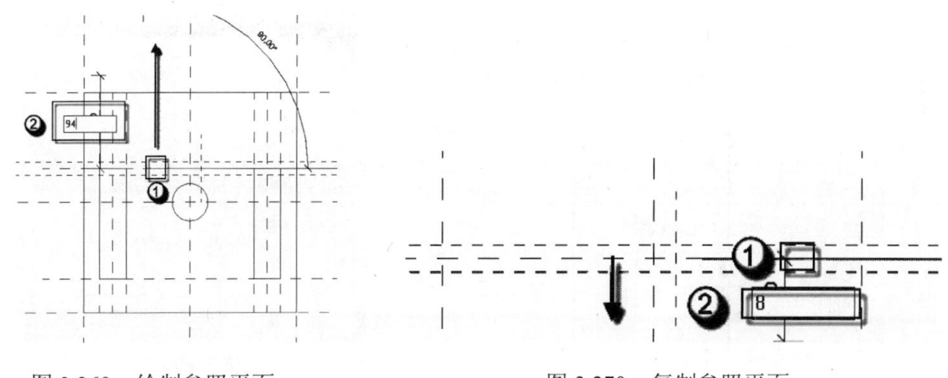

图 3.269　绘制参照平面　　图 3.270　复制参照平面

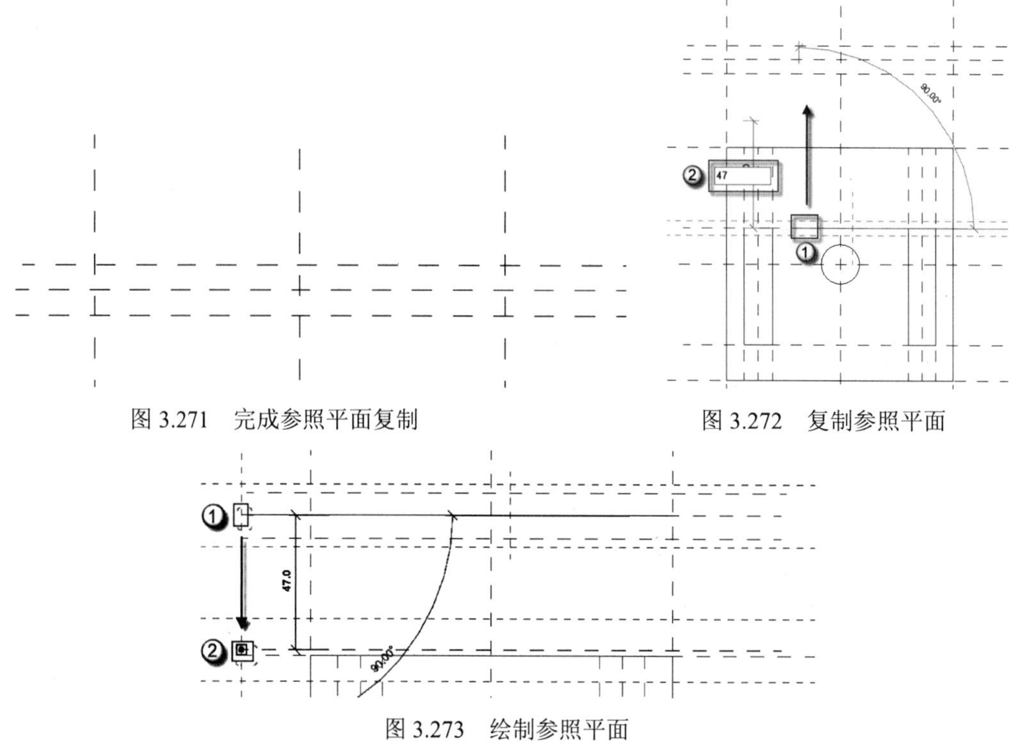

图 3.271　完成参照平面复制

图 3.272　复制参照平面

图 3.273　绘制参照平面

（9）绘制轮廓。选择菜单栏中的“创建”｜“放样”命令，在“修改｜放样”面板中选择“路径”子命令，进入√｜×选项板，选择“圆心—端点弧”绘制方式，依次单击点①→点②→点③绘制弧形路径，如图 3.274 所示。在√｜×选项板中单击√按钮，退出“路径”子命令，然后在菜单栏中选择“按草图”｜“编辑轮廓”命令，进入“轮廓”子命令，同时弹出“转到视图”对话框，在对话框中选择“立面：右”选项，然后单击“打开视图”按钮，如图 3.275 所示。按 RP 快捷键，发出“参照平面”命令，在“偏移量”栏中输入 8，沿着原水平向参照平面依次单击捕捉点①和点②，绘制新的参照平面，如图 3.276 所示。在√｜×选项板中，选择“圆形”绘图方式，依次单击捕捉点①和点②，如图 3.277 所示。连续两次单击√｜×选项板中的√按钮，依次退出“编辑轮廓”子命令、“放样”命令，并返回右立面视图。

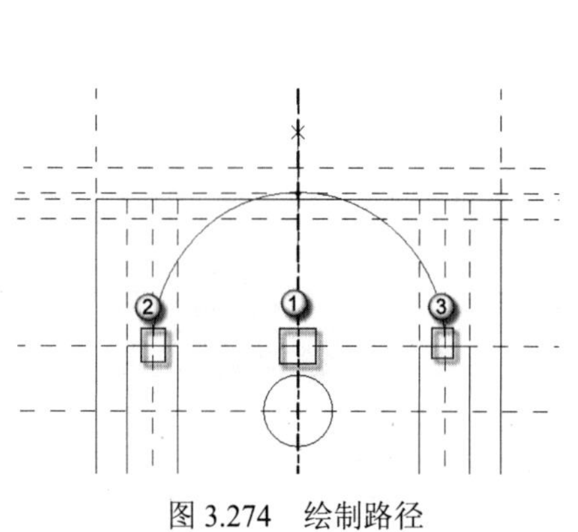

图 3.274　绘制路径

转到视图

要编辑草图，请从下列视图中打开其中的草图平行于屏幕的视图：

立面：右
立面：左

或该草图与屏幕成一定角度的视图：

三维视图：{三维}
三维视图：视图 1

打开视图　取消

图 3.275　转到视图

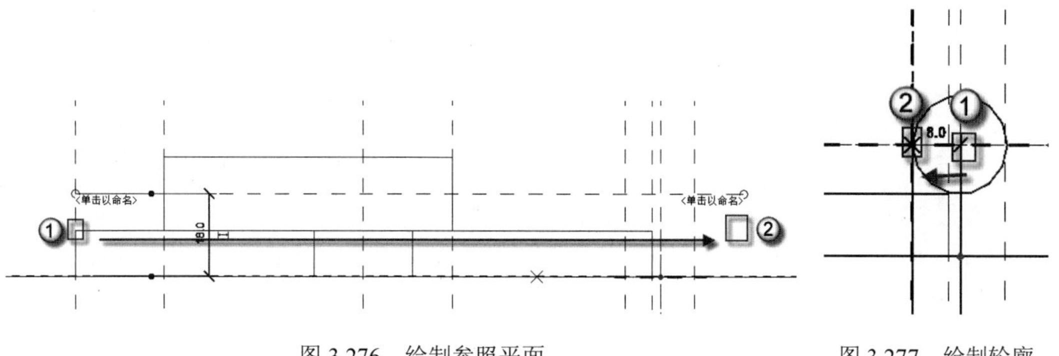

图 3.276　绘制参照平面　　　　图 3.277　绘制轮廓

（10）进入三维视图检查。按 F4 键，进入三维视图检查，如图 3.278 所示。检查确认斜撑用墙面钢片的大小尺寸是否准确。确认无误后返回参照标高平面继续绘制。

（11）旋转构件。按 RO 快捷键，发出旋转命令，单击“地点”按钮，再依次单击点①、点②和点③同时输入旋转角度 45，如图 3.279 所示。

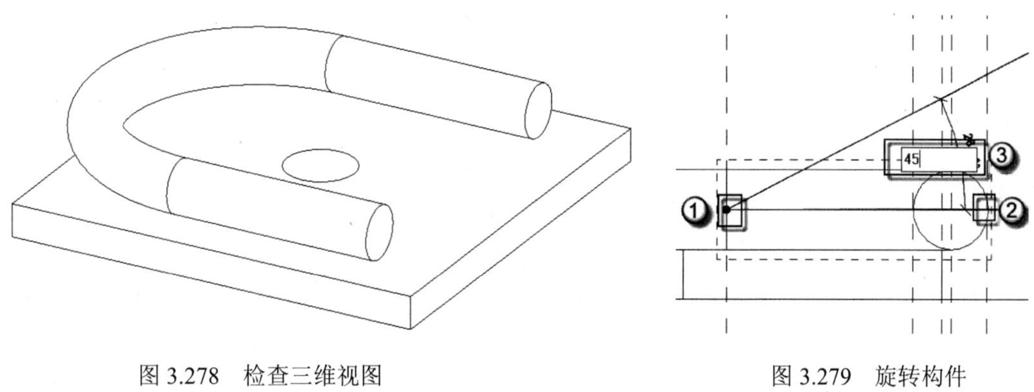

图 3.278　检查三维视图　　　　图 3.279　旋转构件

（12）连接几何图形。选择菜单栏中的“修改”｜“连接”｜“连接几何图形”命令，再依次单击构件上的点①和另一构件上的点②，如图 3.280 所示。按上述方法，完成斜撑用墙面钢片另外两个构件，如图 3.281 所示。

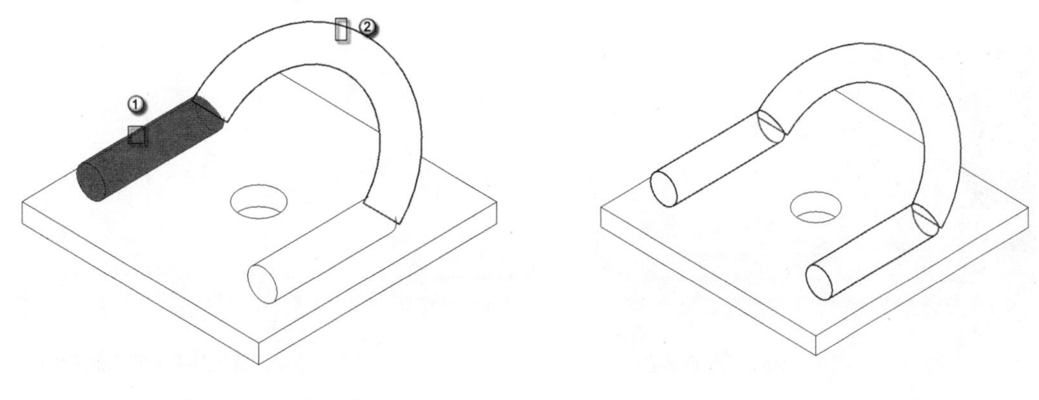

图 3.280　连接构件　　　　图 3.281　完成构件连接

（13）保存族文件。选择 R｜“另存为”｜“族”命令，在弹出的“另存为”对话框中的“文件名”一栏中输入“斜撑用墙面钢片”，然后单击“保存”按钮，如图 3.282 所示。

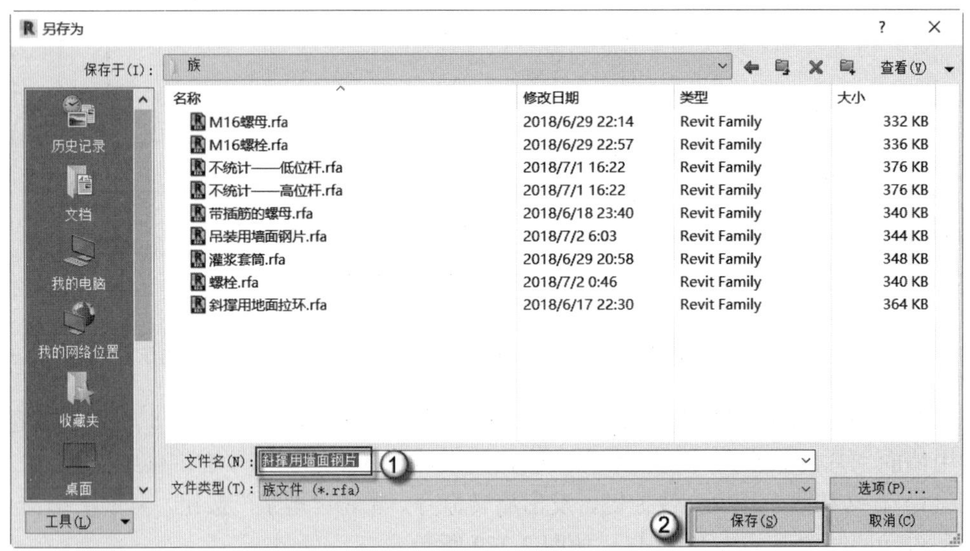

图 3.282　保存族

3.2.4　斜支撑杆

预制 PC 墙板在吊装到结构平台上后，需要临时固定，以方便施工。起临时固定作用的就是斜支撑杆，具体制作方法如下。

（1）Revit 的启动并选择适合的族样板。双击桌面 Revit 图标，在弹出的 AUTODESK REVIT 对话框中选择“族”|“新建”选项，在弹出的“选择样板文件”对话框中选择“公制常规模型”族样板文件，单击“打开”按钮，如图 3.283 所示。进入族操作界面后，可以观察到屏幕中有相互垂直的两个参照平面，如图 3.284 所示。

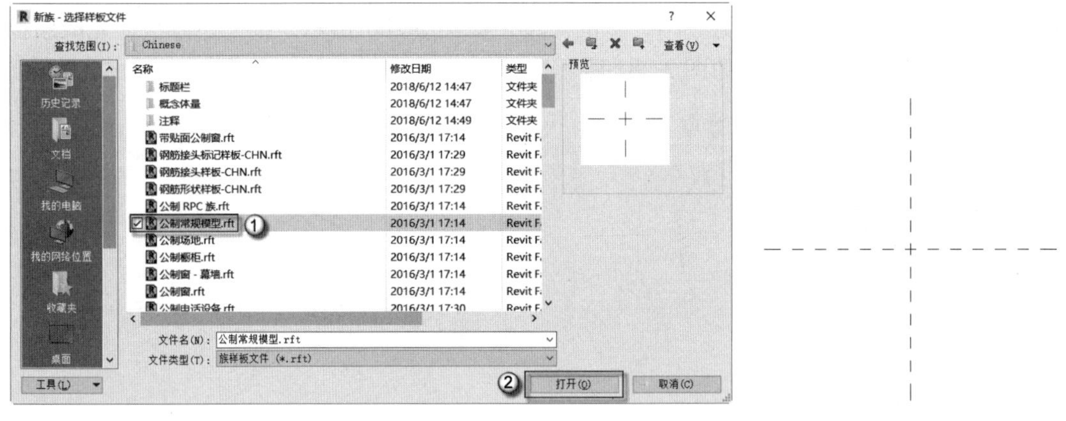

图 3.283　选择样板文件　　　　图 3.284　进入族样板

（2）绘制水平向参照平面。按 RP 快捷键，发出“参照平面”命令，依次捕捉点①和点②绘制参照平面，如图 3.285 所示。选中已完成的竖直向参照平面，按 MM 快捷键，发出镜像命令，单击对称轴，如图 3.286 所示。完成后如图 3.287 所示。

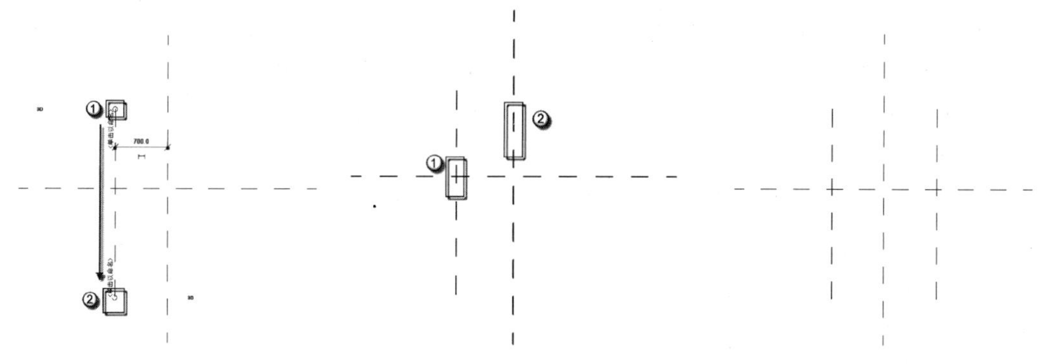

图 3.285　绘制参照平面　　图 3.286　镜像参照平面　　图 3.287　完成参照平面绘制

（3）标注尺寸。按 DI 快捷键，发出对齐尺寸标注命令，依次单击点①、点②、点③和点④，完成后如图 3.288 所示。单击EQ按钮，完成尺寸标注中的平均化，如图 3.289 所示。完成后如图 3.290 所示。按上述方法再次进行尺寸标注，按 DI 快捷键，发出对齐尺寸标注命令，依次单击点①、点②和点③，完成后如图 3.291 所示。准备赋予尺寸名称。

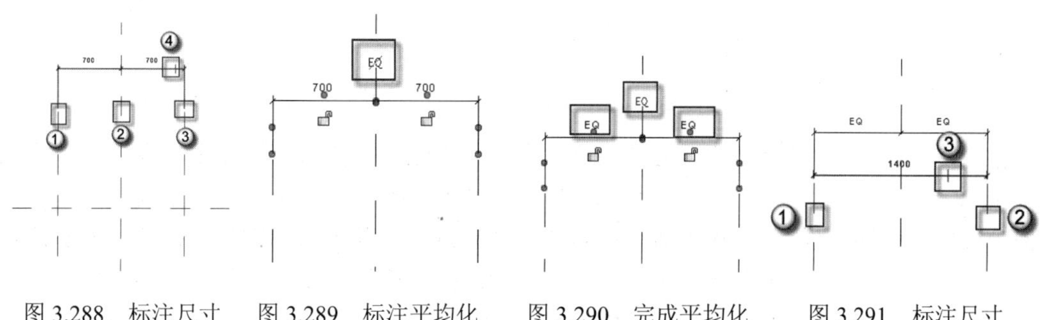

图 3.288　标注尺寸　图 3.289　标注平均化　图 3.290　完成平均化　图 3.291　标注尺寸

（4）单击刚完成参数，进入“修改丨尺寸标注”界面，单击“标签栏”下的“创建参数”按钮，在弹出的“参数属性”对话框中“名称”栏下输入“杆长”，然后单击“确定”按钮，如图 3.292 所示。完成后如图 3.293 所示。

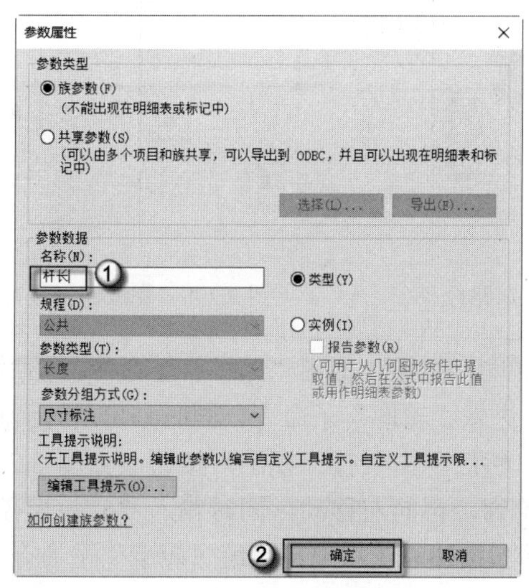

图 3.292　编辑参数属性

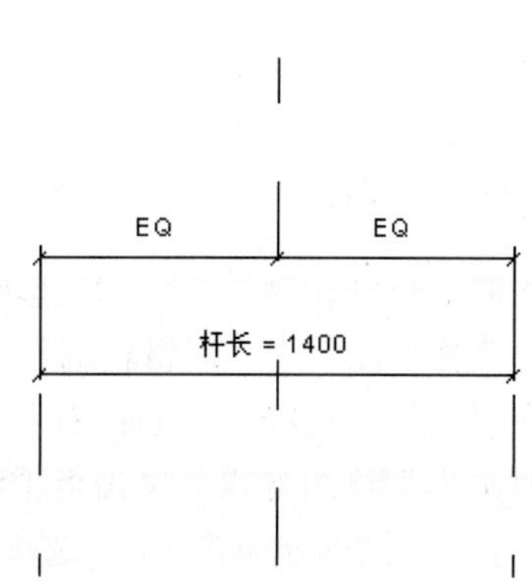

图 3.293　完成参数属性编辑

（5）更改族类型参数。选择菜单栏中的“创建”|“族类型”命令，在弹出“族类型”对话框中将“杆长”值设置为 1070，然后单击“确定”按钮，如图 3.294 所示。完成后如图 3.295 所示。

图 3.294　更改族类型参数

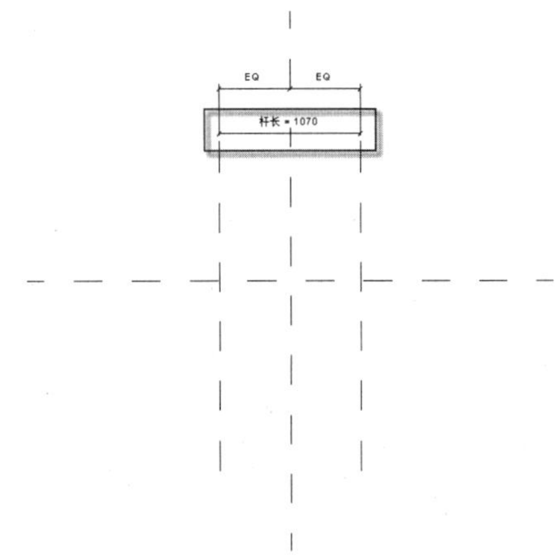

图 3.295　完成族类型参数更改

（6）绘制低位杆放样路径。选择菜单栏中的“创建”|“放样”命令，在“修改|放样”面板中选择“路径”子命令，进入√|×选项板，选择“直线”绘制方式，当光标靠近①处时会出现捕捉点，单击该捕捉点向右移动至点②，并单击确定位置，单击开放的锁头，锁头会变为锁定的状态，避免该尺寸随之后的操作而发生变化，如图 3.296 所示。但要避免该尺寸随之后的操作而发生变化，应该锁住该直线上的第三个锁头。按 AL 快捷键，发出对齐命令，先选父对象再选子对象选完后会出现第三个打开的锁头，单击该锁头锁定，如图 3.297 所示。完成后如图 3.298 所示。

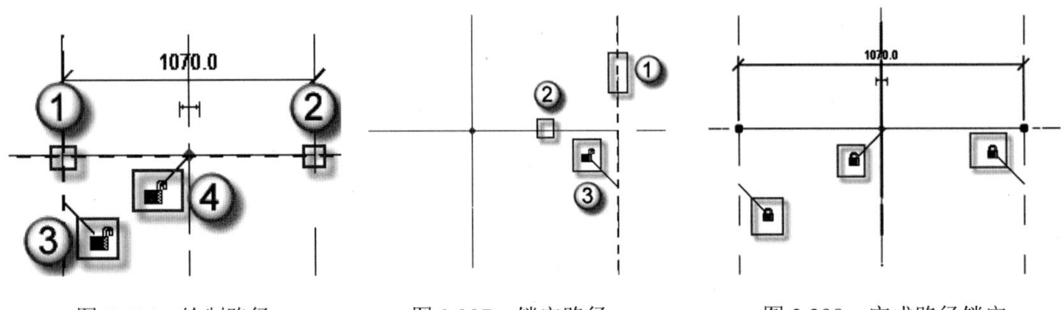

图 3.296　绘制路径　　图 3.297　锁定路径　　图 3.298　完成路径锁定

（7）绘制低位杆轮廓。在√|×选项板中单击√按钮，退出“路径”子命令，然后在菜单栏中选择“按草图”|“编辑轮廓”命令，进入“轮廓”子命令，同时弹出“转到视图”对话框，在对话框中选择“立面：右”选项，然后单击“打开视图”按钮，如图 3.299 所示。选择“圆形”绘图方式，单击点①绘制轮廓，再向左移动，同时输入 25 为半径，如图 3.300 所示。连续两次单击√|×选项板中的√按钮，依次退出“编辑轮廓”子命令、“放样”命令，并返回前立面视图。

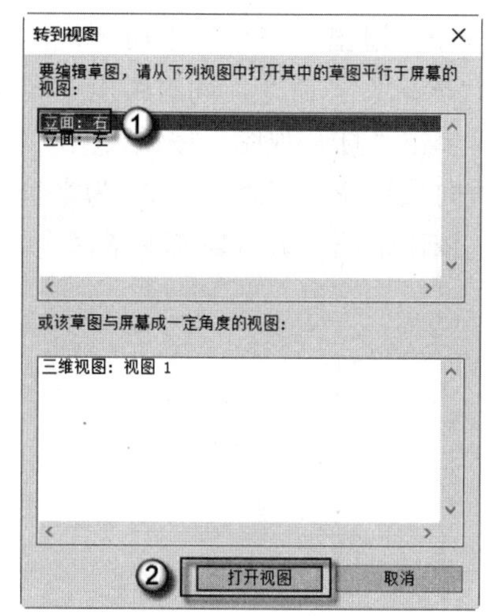

图 3.299　转到视图

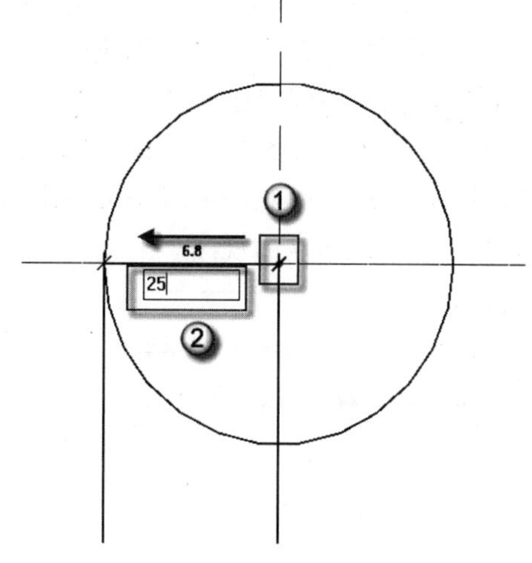

图 3.300　绘制轮廓

（8）检查低位杆三维视图。按 F4 键，进入三维视图检查，如图 3.301 所示。检查确斜支撑杆的尺寸大小正确无误，如若有明显错误应及时更正，若无错误则继续绘制。选择“项目浏览器”面板中的“楼层平面”|“参照标高”视图，进入参照标高平面视图，如图 3.302 所示。

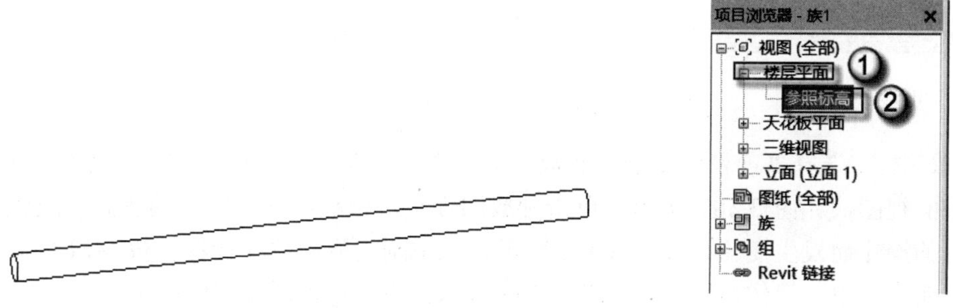

图 3.301　检查三维视图

图 3.302　进入参照标高平面

（9）绘制低位杆放样路径。选择菜单栏中的“创建”|“放样”命令，在“修改 | 放样”面板中选择“路径”子命令，进入√ | ×选项板，选择“直线”绘制方式，当光标靠近①处时会出现捕捉点，单击该捕捉点向左移动至点②，并单击确定位置，如图 3.303 所示。单击开放的锁头，锁头会变为锁定的状态，避免该尺寸随之后的操作而发生变化，如图 3.304 所示。

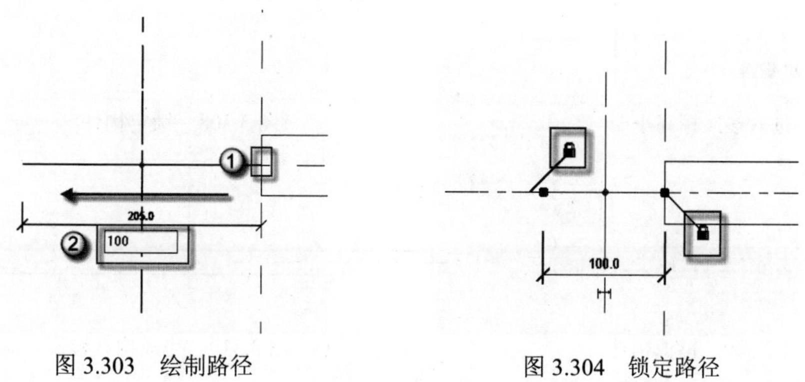

图 3.303　绘制路径

图 3.304　锁定路径

（10）绘制低位杆轮廓。在√ | ×选项板中单击√按钮，退出“路径”子命令，然后在菜单栏中选择“按草图” | “编辑轮廓”命令，进入“轮廓”子命令，同时弹出“转到视图”对话框，在对话框中选择“立面：右”选项，然后单击“打开视图”按钮，如图 3.305 所示。选择“圆形”绘图方式，单击点①绘制轮廓，再向左移动，同时输入 20 为半径，如图 3.306 所示。连续两次单击√ | ×选项板中的√按钮，依次退出“编辑轮廓”子命令、“放样”命令，并返回前立面视图。

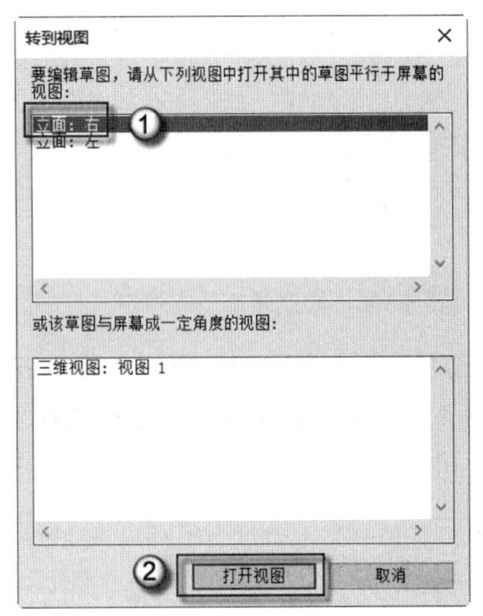

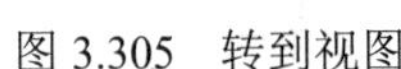
图 3.305　转到视图

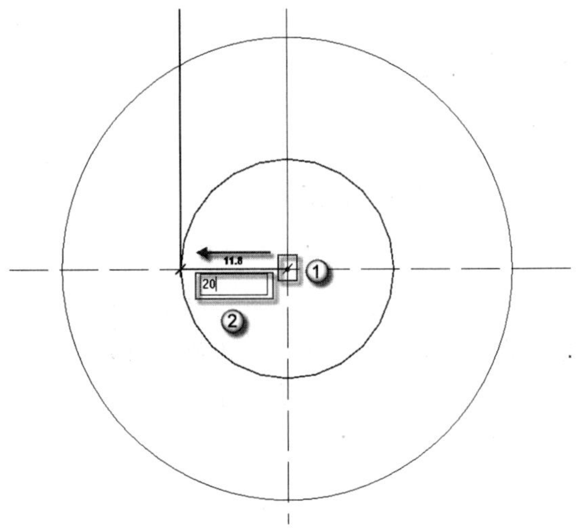

图 3.306　绘制轮廓

（11）镜像构件。选择“项目浏览器”面板中的“楼层平面” | “参照标高”视图，进入参照标高平面视图，如图 3.307 所示。单击开放的锁头，锁头会变为锁定的状态，避免该尺寸随之后的操作而发生变化，如图 3.308 所示。选中刚完成的放样构件，按 MM 快捷键，发出镜像命令，单击镜像对称轴，如图 3.309 所示。完成后如图 3.310 所示。

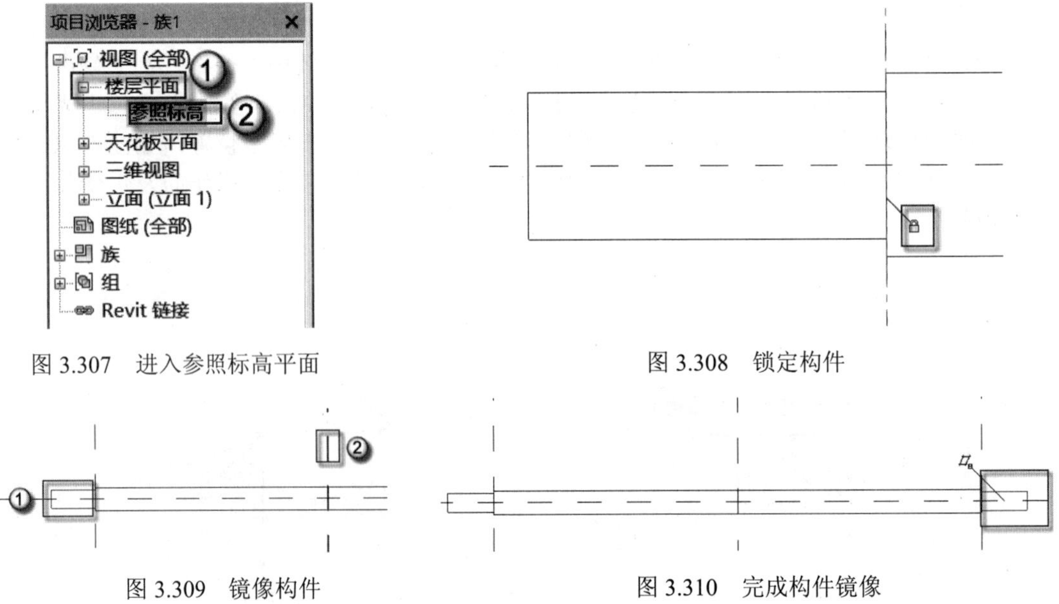

图 3.307　进入参照标高平面

图 3.308　锁定构件

图 3.309　镜像构件

图 3.310　完成构件镜像

（12）绘制低位杆放样路径。选择菜单栏中的“创建”｜“放样”命令，在“修改｜放样”面板中选择“路径”子命令，进入√｜×选项板，选择“直线”绘制方式，当光标靠近①处时会出现捕捉点，单击该捕捉点向左移动并输入 45，并按 Enter 确定，如图 3.311 所示。选择“直线”绘制方式，在“偏移量”栏中输入 6，当光标靠近①处时会出现捕捉点，单击该捕捉点向右移动并输入 23，并按 Enter 键确定如图 3.312 所示。选中刚完成的路径，输入 MM 快捷键，发出镜像命令，单击镜像对称轴，完成后如图 3.313 所示。由于刚镜像完的路径长度不够，则拖曳点①至点②处与上面的路径线对齐，如图 3.314 所示。继续绘制路径，选择“起点—终点—半径弧”绘制方式，依次单击点①和点②再向左移动，同时输入 14，如图 3.315 所示。

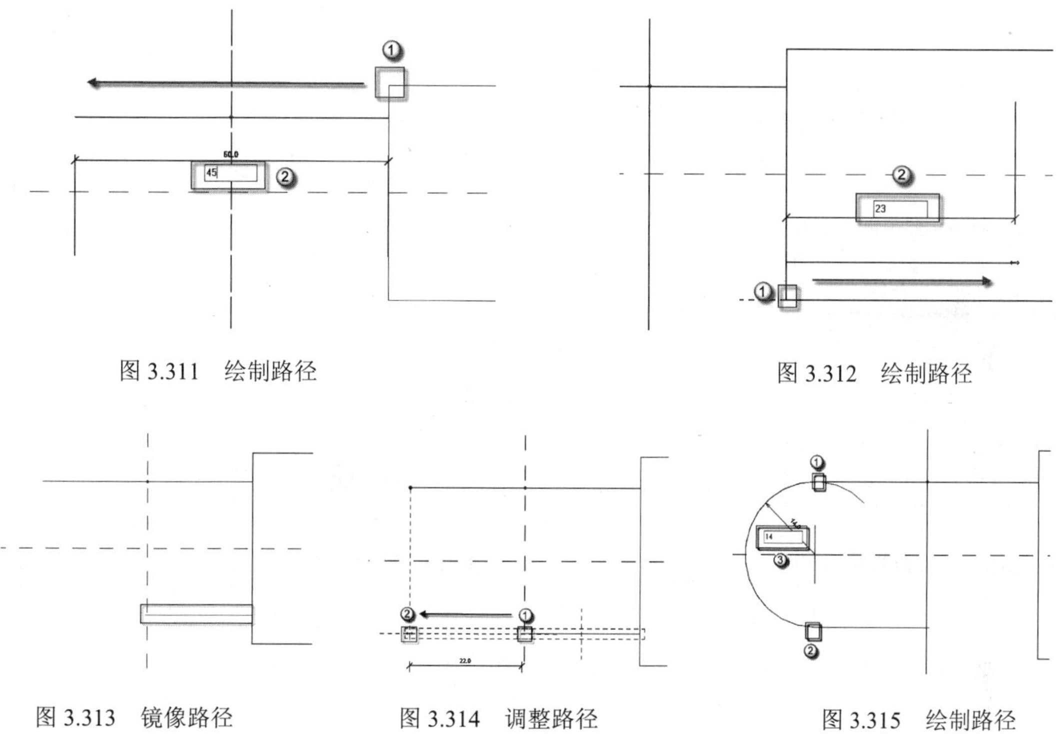

图 3.311　绘制路径

图 3.312　绘制路径

图 3.313　镜像路径

图 3.314　调整路径

图 3.315　绘制路径

（13）绘制低位杆轮廓。在√｜×选项板中单击√按钮，退出“路径”子命令，然后在菜单栏中选择“按草图”｜“编辑轮廓”命令，进入“轮廓”子命令，同时弹出“转到视图”对话框，在对话框中选择“立面：右”选项，然后单击“打开视图”按钮，如图 3.316 所示。选择“圆形”绘图方式，依次单击点①和点②绘制圆形轮廓，如图 3.317 所示。连续两次单击√｜×选项板中的√按钮，依次退出“编辑轮廓”子命令、“放样”命令，并返回前立面视图。

（14）镜像构件。选择“项目浏览器”面板中的“楼层平面”｜“参照标高”视图，进入参照标高平面视图，如图 3.318 所示。选中刚完成的放样构件，按 MM 快捷键，发出镜像命令，单击镜像对称轴，如图 3.319 所示。选中刚完成的镜像构件，按 MM 快捷键，发出镜像命令，取消选中“复制”复选框，单击需要镜像的构件，完成后如图 3.320 所示。单击低位杆左侧构件开放的锁头，锁头会变为锁定的状态，避免该构件随之后的操作而发生变化，如图 3.321 所示。以上述同样的方法锁定低位杆右侧的构件，如图 3.322 所示。

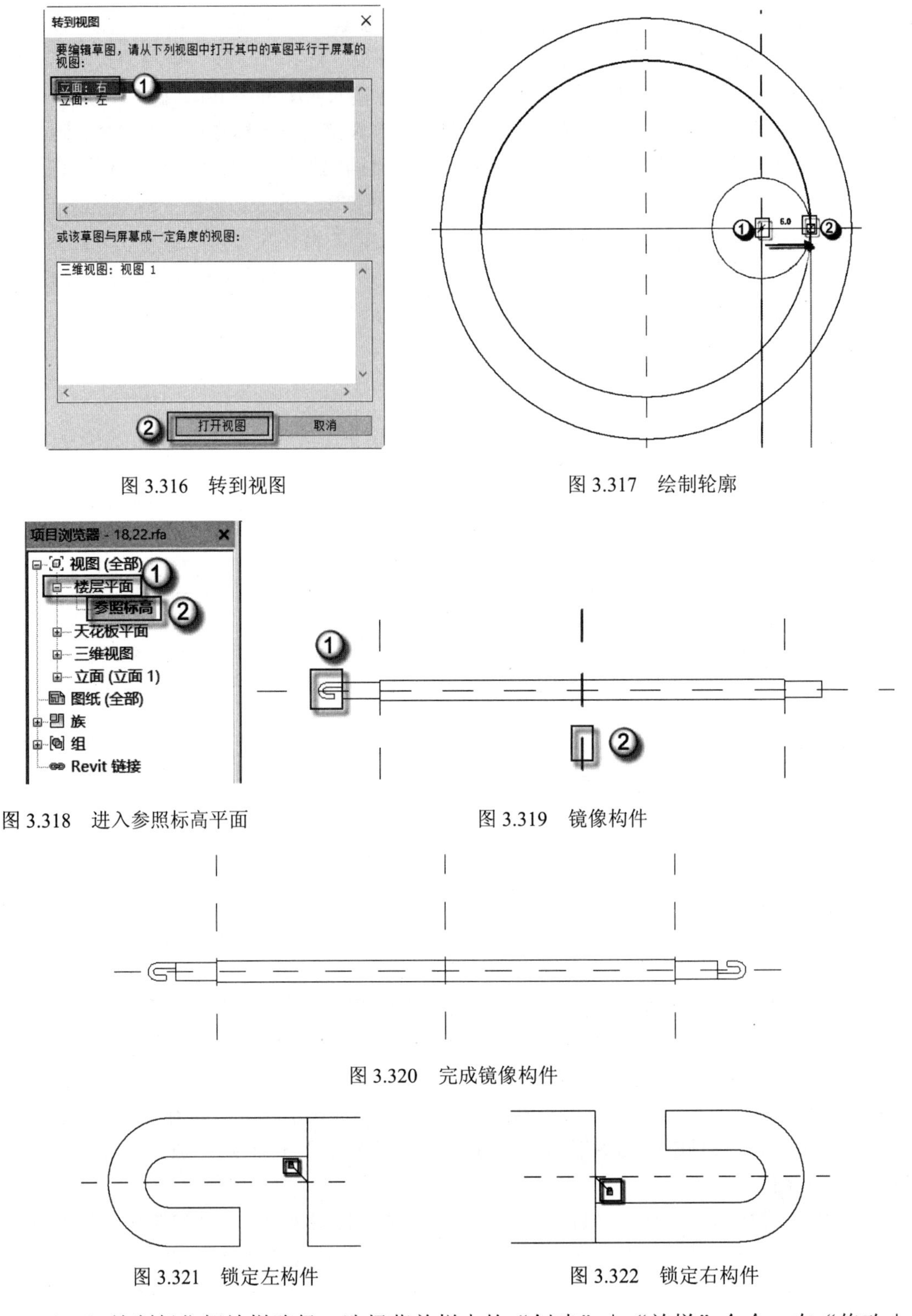

图 3.316　转到视图

图 3.317　绘制轮廓

图 3.318　进入参照标高平面

图 3.319　镜像构件

图 3.320　完成镜像构件

图 3.321　锁定左构件

图 3.322　锁定右构件

（15）绘制低位杆放样路径。选择菜单栏中的“创建”｜“放样”命令，在“修改｜放样”面板中选择“路径”子命令，进入√｜×选项板，选择“直线”绘制方式，当光标靠近①处时会出现捕捉点，单击该捕捉点向左移动，如图 3.323 所示。由点①绘制至点②

并单击其以确定位置，如图 3.324 所示。

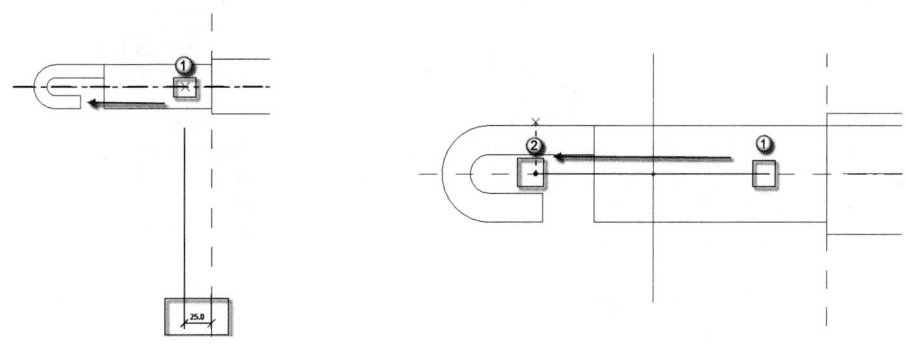

图 3.323　绘制路径　　　　图 3.324　调整路径

（16）绘制低位杆轮廓。在√丨×选项板中单击√按钮，退出“路径”子命令，然后在菜单栏中选择“按草图”丨“编辑轮廓”命令，进入“轮廓”子命令，同时弹出“转到视图”对话框，在对话框中选择“立面：右”选项，然后单击“打开视图”按钮，如图 3.325 所示。选择“圆形”绘图方式，依次单击点①和点②绘制圆形轮廓，如图 3.326 所示。用上述相同的方法绘制轮廓，选择“圆形”绘图方式，依次单击点①和点②绘制圆形轮廓，如图 3.327 所示。连续两次单击√丨×选项板中的√按钮，依次退出“编辑轮廓”子命令、“放样”命令，并返回前立面视图。

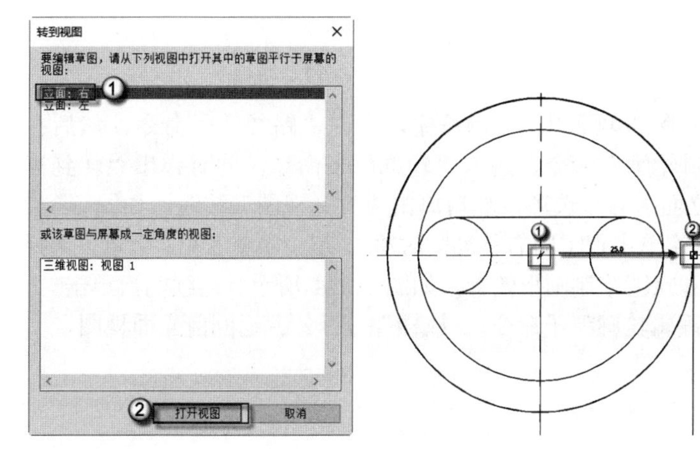

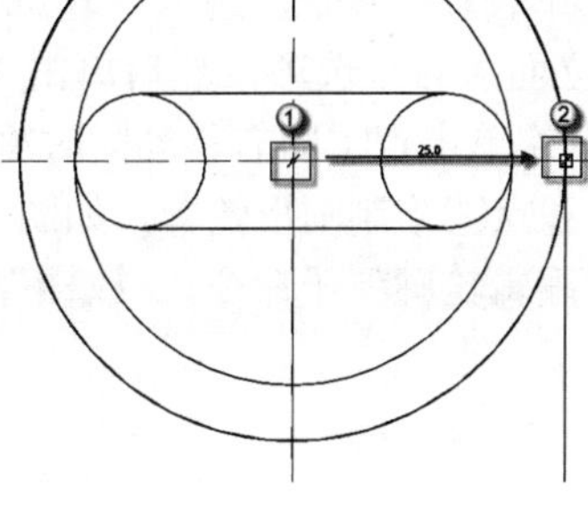

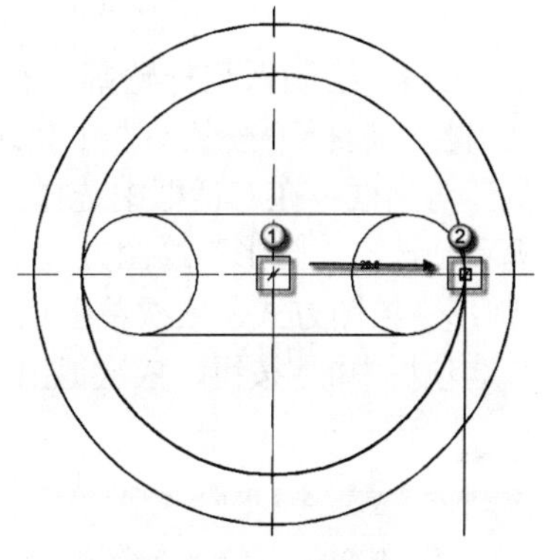

图 3.325　转到视图　　　　图 3.326　绘制外圆轮廓　　　　图 3.327　绘制内圆轮廓

（17）检查低位杆构件三维视图。按 F4 键，进入三维视图检查，如图 3.328 所示。检查确保低位杆构件的尺寸大小正确无误，如若有明显错误应及时更正，若无错误则继续绘制。选择“项目浏览器”面板中的“楼层平面”丨“参照标高”选项，进入参照标高平面视图，如图 3.329 所示。

（18）绘制低位杆放样路径。选择菜单栏中的“创建”丨“放样”命令，在“修改丨放样”面板中选择“路径”子命令，进入√丨×选项板，选择“直线”绘制方式，当光标靠近①处时会出现捕捉点，单击该捕捉点向右移动至点②并单击其以确定位置，如图 3.330 所示。单击刚完成的路径两侧开放的锁头，锁头会变为锁定的状态，避免该路径随之后的操作而发生变化，如图 3.331 所示。

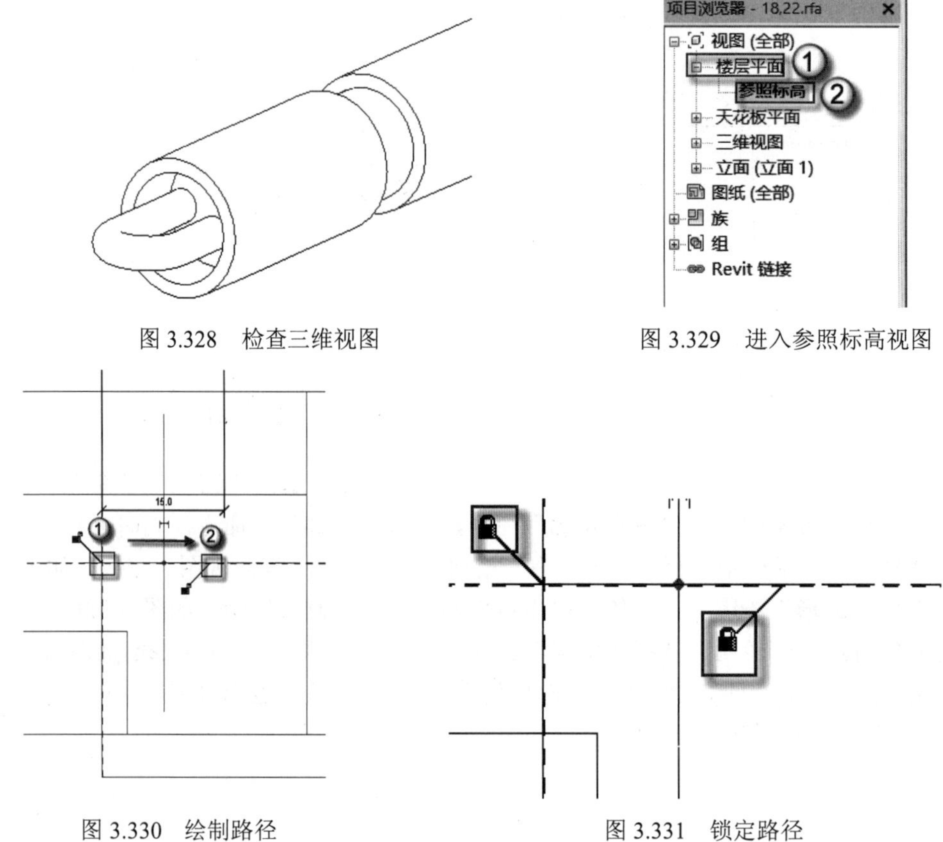

图 3.328　检查三维视图

图 3.329　进入参照标高视图

图 3.330　绘制路径

图 3.331　锁定路径

（19）绘制低位杆轮廓。在√｜×选项板中单击√按钮，退出“路径”子命令，然后在菜单栏中选择“按草图”｜“编辑轮廓”命令，进入“轮廓”子命令，同时弹出“转到视图”对话框，在对话框中选择“立面：右”选项，然后单击“打开视图”按钮，如图 3.332 所示。选择“圆形”绘图方式，依次单击点①向右移动同时输入 75，如图 3.333 所示。选择“圆形”绘图方式，依次单击点①和点②绘制圆形轮廓，如图 3.334 所示。连续两次单击√｜×选项板中的√按钮，依次退出“编辑轮廓”子命令、“放样”命令，并返回前立面视图。

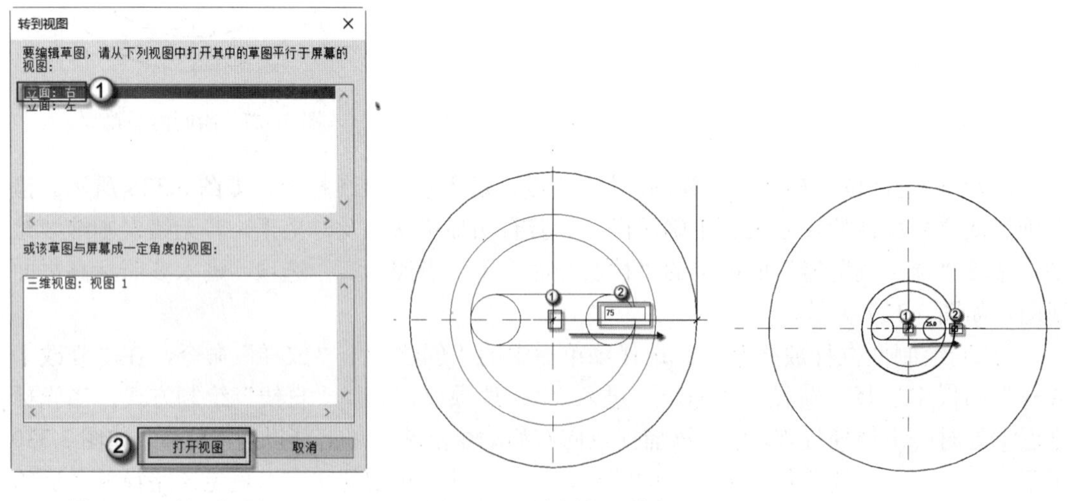

图 3.332　转到视图

图 3.333　绘制外圆轮廓

图 3.334　绘制内圆路径

（20）镜像构件。选择“项目浏览器”面板中的“楼层平面”|“参照标高”视图，进入参照标高平面视图，如图 3.335 所示。选中刚完成的放样构件，按 MM 快捷键，发出镜像命令，单击镜像对称轴，如图 3.336 所示。完成后如图 3.337 所示。

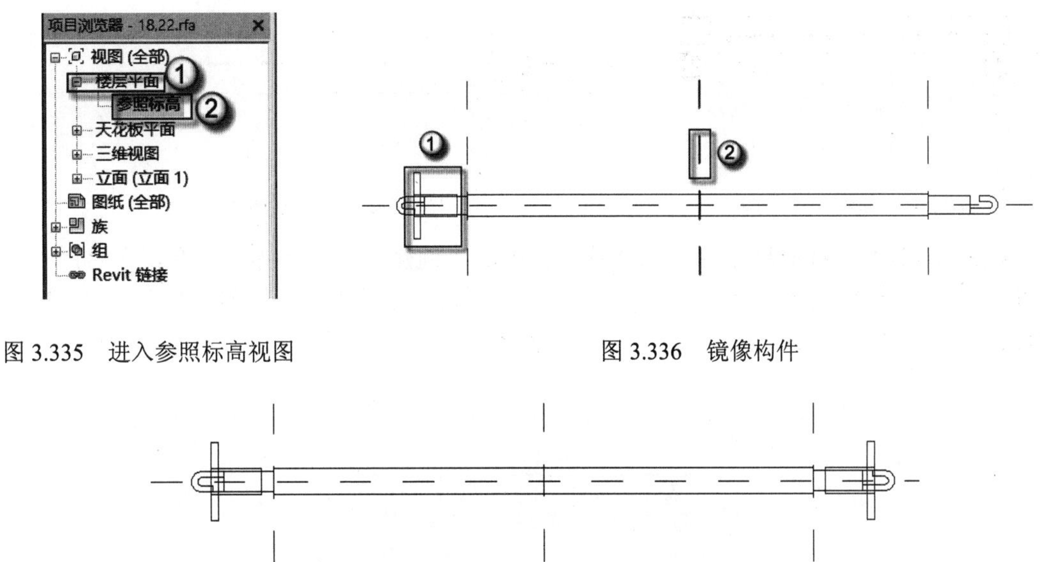

图 3.335　进入参照标高视图　　图 3.336　镜像构件

图 3.337　完成构件镜像

（21）绘制参照平面。按 RP 快捷键，发出“参照平面”命令，在“偏移量”栏中输入 100，沿着竖直向参照平面，依次捕捉点①和点②，绘制新的参照平面，如图 3.338 所示。选中已完成的竖直向参照平面，按 MM 快捷键，发出镜像命令，单击对称轴，如图 3.339 所示。完成后如图 3.340 所示。按上述方法绘制横向参照平面。按 RP 快捷键，发出“参照平面”命令，在“偏移量”栏中输入 75，沿着水平向参照平面，依次捕捉点①和点②，绘制新的参照平面，如图 3.341 所示。选中已完成的水平向参照平面，按 MM 快捷键，发出镜像命令，单击对称轴，如图 3.342 所示。

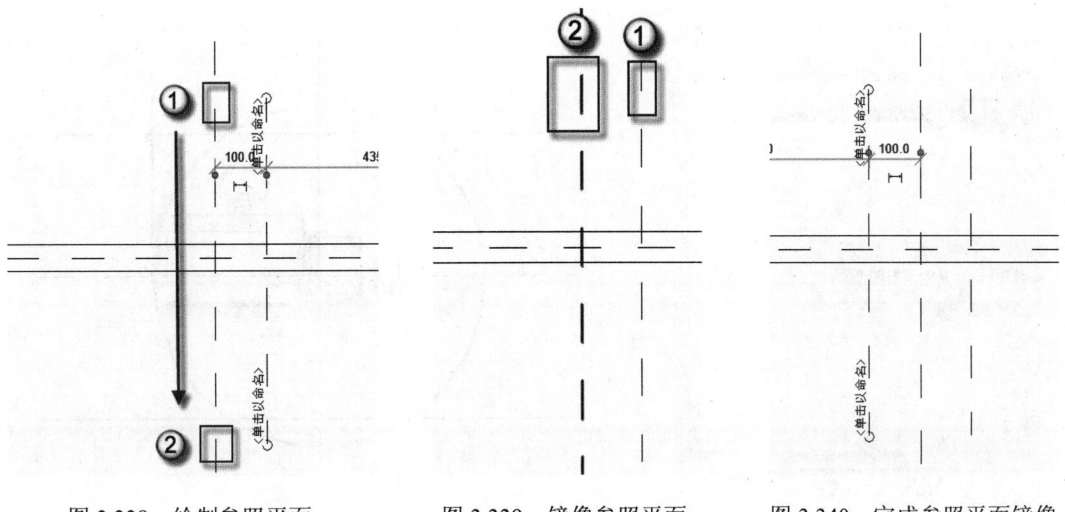

图 3.338　绘制参照平面　　图 3.339　镜像参照平面　　图 3.340　完成参照平面镜像

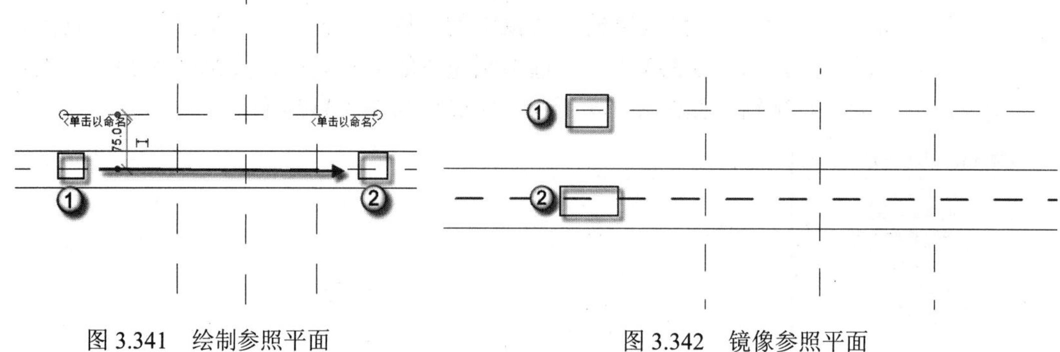

图 3.341　绘制参照平面　　　　图 3.342　镜像参照平面

（22）绘制低位杆放样路径。选择菜单栏中的“创建”|“放样”命令，在“修改 | 放样”面板中选择“路径”子命令，进入√|×选项板，选择“直线”绘制方式，选中“链”复选框，便于连续画线，依次单击点①→点②→点③→点④绘制路径，如图 3.343 所示。

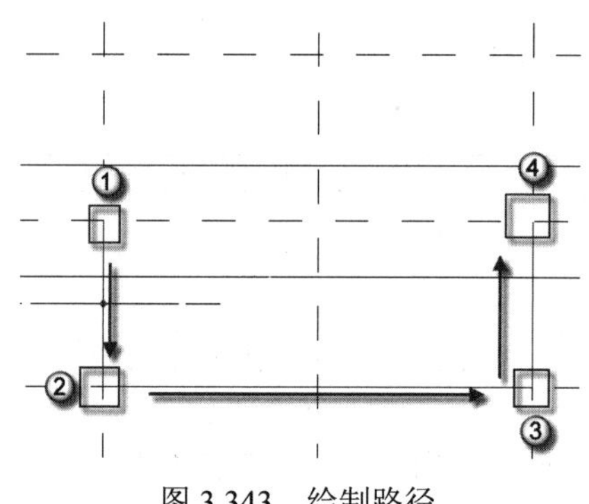

图 3.343　绘制路径

（23）绘制低位杆轮廓。在√|×选项板中单击√按钮，退出“路径”子命令，然后在菜单栏中选择“按草图”|“编辑轮廓”命令，进入“轮廓”子命令，同时弹出“转到视图”对话框，在对话框中选择“立面：前”选项，然后单击“打开视图”按钮，如图 3.344 所示。选择“圆形”绘图方式，依次单击点①向右移动同时输入 6，如图 3.345 所示。连续两次单击√|×选项板中的√按钮，依次退出“编辑轮廓”子命令、“放样”命令，并返回前立面视图。

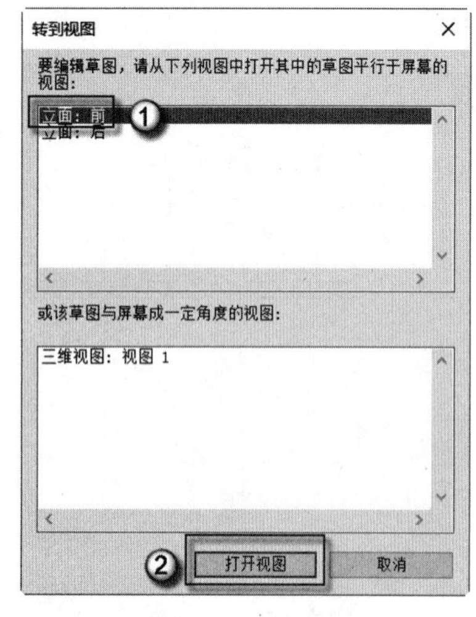

图 3.344　转到视图

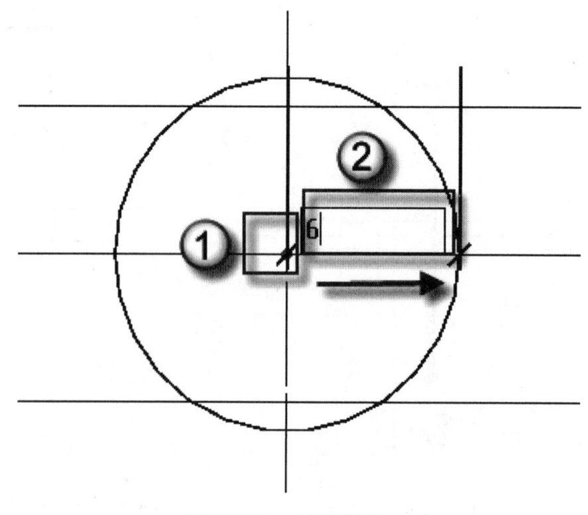

图 3.345　绘制轮廓

（24）镜像构件。选择“项目浏览器”面板中的“楼层平面”|“参照标高”视图，进入参照标高平面视图，如图 3.346 所示。选中刚完成的放样构件，按 MM 快捷键，发出镜像命令，单击镜像对称轴，如图 3.347 所示。这就是斜支撑杆的把手。

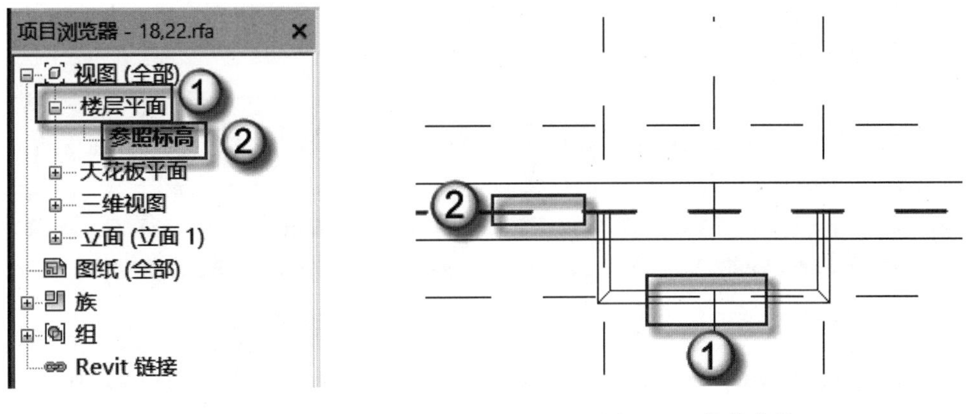

图 3.346　进入参照标高平面　　　　图 3.347　镜像构件

（25）连接构件。选择菜单栏中的“修改”|“连接”|“连接几何图形”选项，再依次单击把手构件与中间的杆件，如图 3.348 所示。构件连接完成后如图 3.349 所示。

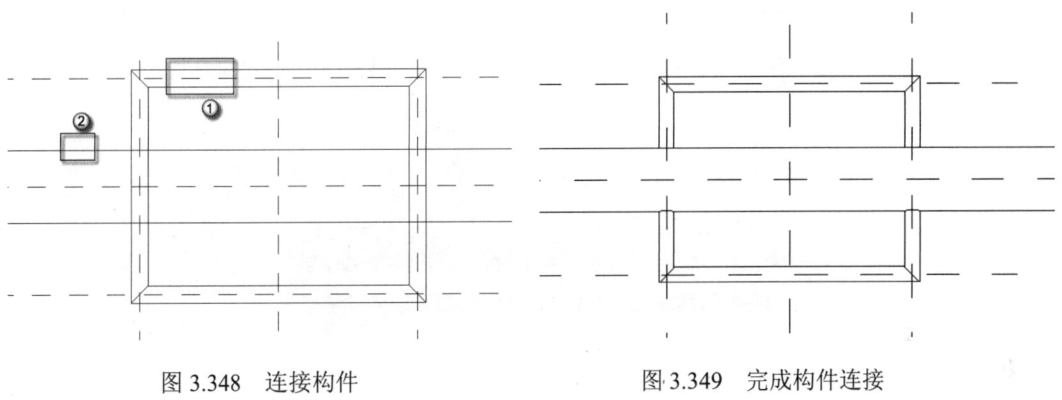

图 3.348　连接构件　　　　图 3.349　完成构件连接

（26）检查低位杆构件三维视图。按 F4 键，进入三维视图检查，如图 3.350 所示。检查确保低位杆构件的尺寸大小正确无误，并且与主题杆件连接紧密。

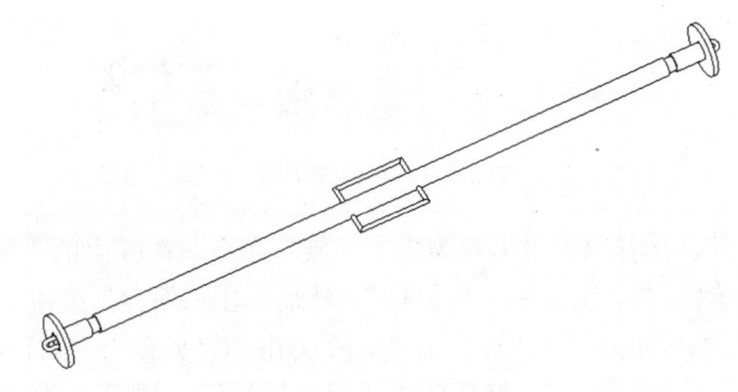

图 3.350　检查三维视图

（27）创建新的族类型。选择菜单栏中的“创建”|“族类型”命令，将弹出“族类

型”对话框，单击 “新建类型”按钮，在弹出的“名称”对话框中输入“低位”，然后单击“确定”按钮，如图 3.351 所示。按上述方法定义一个新的族类型，单击 “新建类型”按钮，在弹出的“名称”对话框中输入“高位”，然后单击“确定”按钮，如图 3.352 所示。返回“族类型”对话框后，更改杆长的值为 1750，然后单击“应用”按钮，再单击“确定”按钮，如图 3.353 所示。

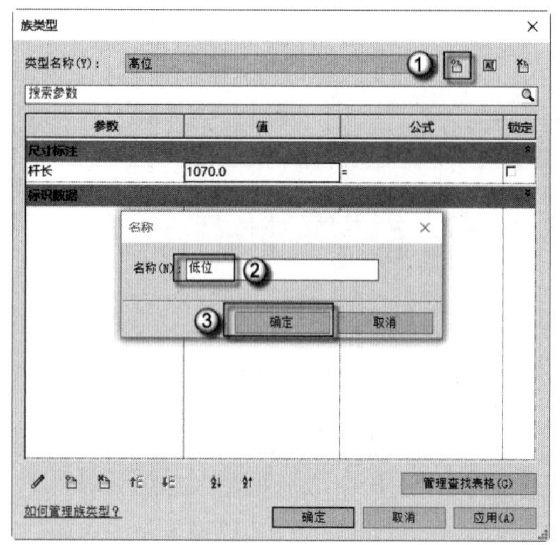

图 3.351　新建族类型

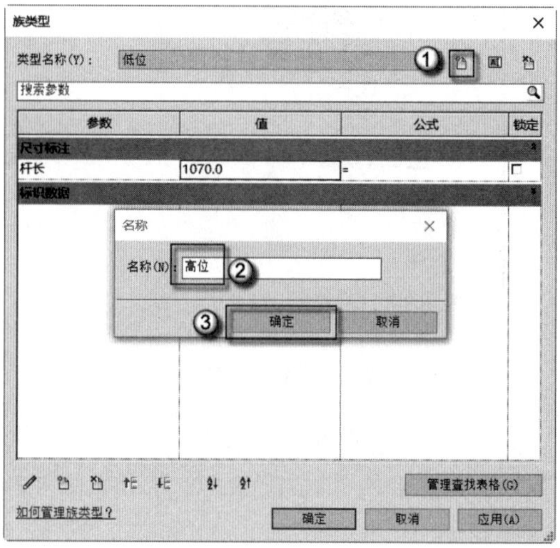

图 3.352　新建族类型

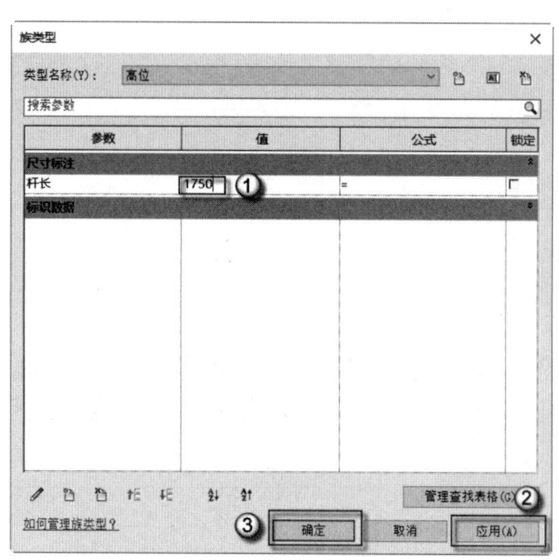

图 3.353　新建族类型

（28）保存族文件。选择 R｜“另存为”｜“族”命令，在弹出的“另存为”对话框中的“文件名”一栏中输入“不统计——高位杆”，然后单击“保存”按钮，如图 3.354 所示。完成后再次选择 R｜“另存为”｜“族”命令，在弹出的“另存为”对话框中的“文件名”一栏中输入“不统计——低位杆”，然后单击“保存”按钮，如图 3.355 所示。

注意： 此处命名有“不统计”字样，可以使用明细表的过滤功能，过滤掉带“不统计”字样的预制构件。

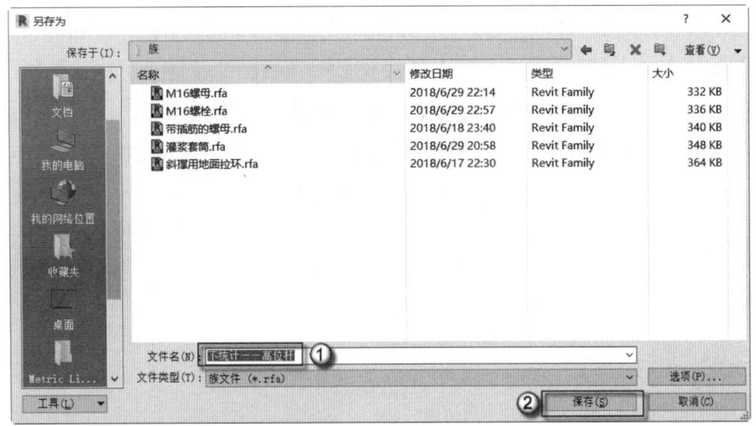

图 3.354　保存族

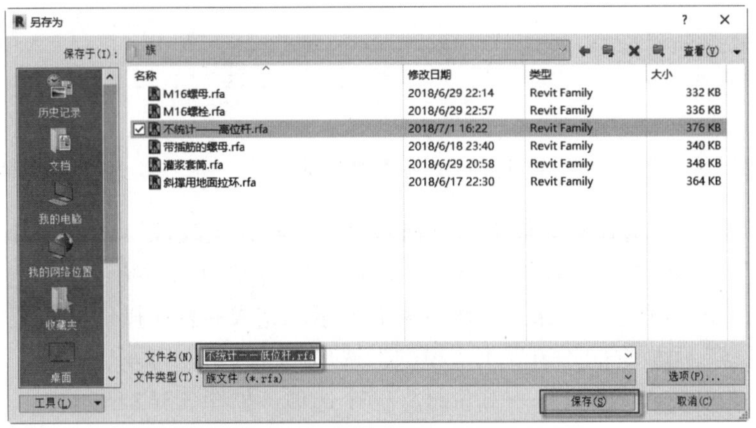

图 3.355　保存族

（29）Revit 的启动并选择适合的族样板。双击桌面 Revit 图标，在弹出的 AUTODESK REVIT 对话框中选择“族”|“新建”选项，在弹出的“选择样板文件”对话框中选择“基于面的公制常规模型”族样板文件，单击“打开”按钮，如图 3.356 所示。进入族操作界面后，可以观察到屏幕中有一个方框，如图 3.357 所示。这个方框就是“基于面的公制常规模型”的那个“面”。这个“面”就是预埋件嵌入的墙面。

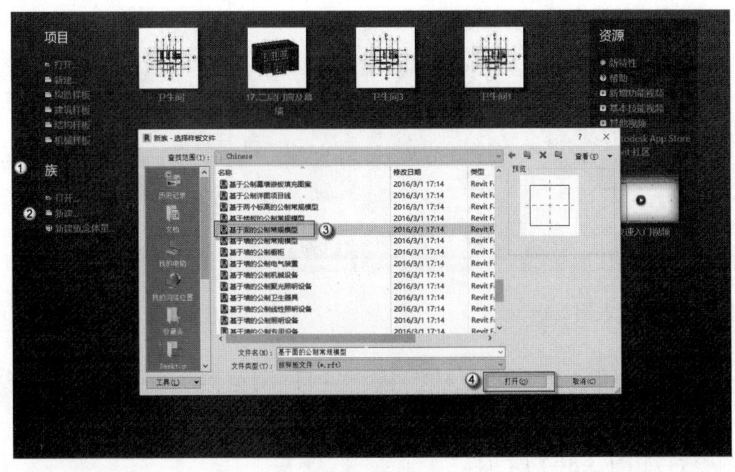

图 3.356　选择样板文件

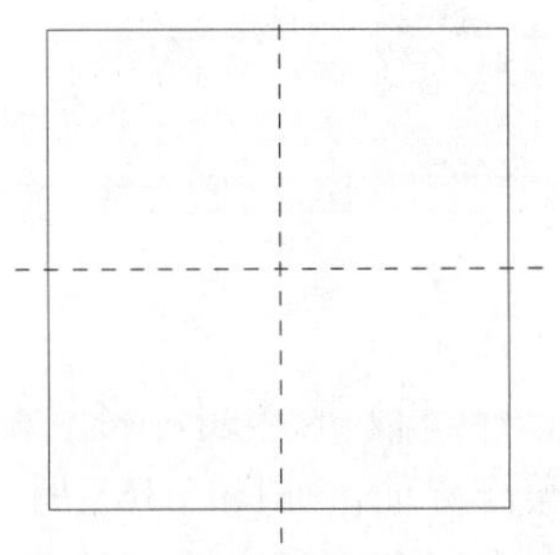

图 3.357　进入族样板

（30）绘制水平向参照平面。选择“项目浏览器”面板中的“立面”｜“前”选项，进入前立面视图，如图 3.358 所示。按 RP 快捷键，发出“参照平面”命令，在“偏移量”栏中输入 100，再沿着最初的水平向参照平面依次捕捉点①和点②，绘制新的参照平面，如图 3.359 所示。按 DI 快捷键，发出对齐尺寸标注命令，依次单击点①、点②和点③，并单击锁头（④处），锁定尺寸标注，效果如图 3.360 所示。

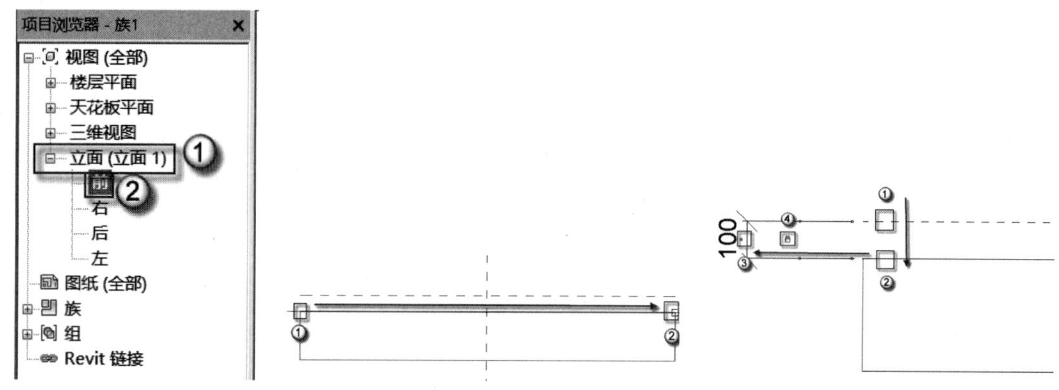

图 3.358　进入前立面视图　　图 3.359　绘制参照平面　　图 3.360　标注尺寸

（31）插入组件。选择菜单栏中的“插入”｜“作为组载入”命令，将弹出“将文件作为组载入”对话框，配合 Ctrl 键选择“不统计—低位杆”和“不统计—高位杆”两个 RFA 族文件，然后单击“确定”按钮，如图 3.361 所示。完成后发现操作界面无任何变化。选择“项目浏览器”面板中的“组”｜“模型”选项，进入组，可发现“组”下多了“不统计——低位杆”以及“不统计——高位杆”两个选项，如图 3.362 所示。

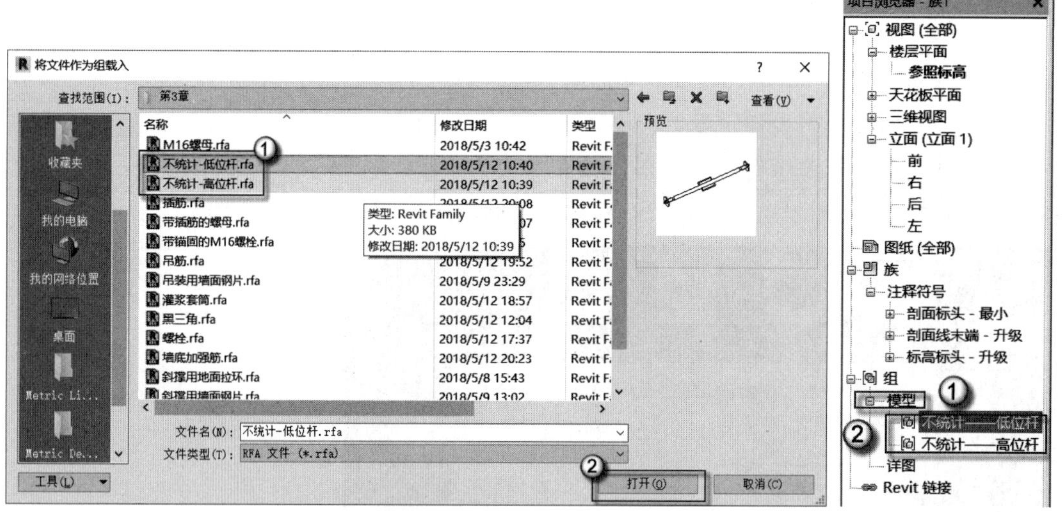

图 3.361　载入组　　图 3.362　检查载入的组

（32）拖入组。将“组”下的“不统计——低位杆”从 “项目浏览器”面板中拖曳进操作界面，如图 3.363 所示。选择刚拖入的组，输入 MV 快捷键，发出移动命令，依次单击点①和点②完成组的位置调整，如图 3.364 所示。

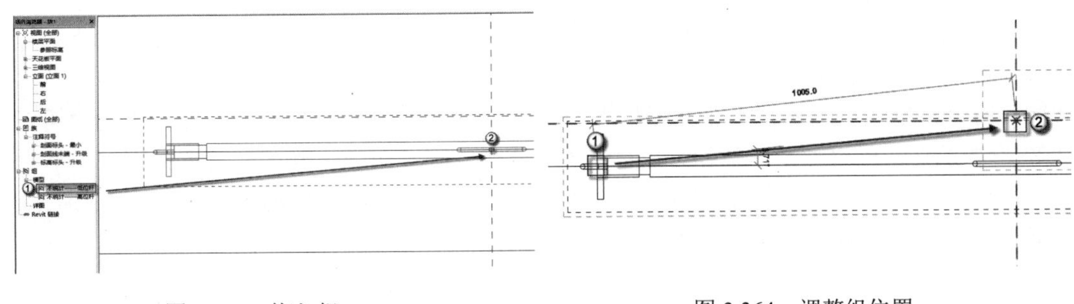

图 3.363　拖入组　　　　图 3.364　调整组位置

（33）调整组原点以及旋转组至适宜位置。选择组中间的矩形，发现该矩形的几何中心有一圆点即组原点，拖曳该点由点①至点②位置，如图 3.365 所示。然后旋转组，选择组，输入 RO 快捷键，发出旋转命令，依次单击点①和点②按箭头方向移动，输入旋转角度为 34.59（度），并按 Enter 键确定，如图 3.366 所示。

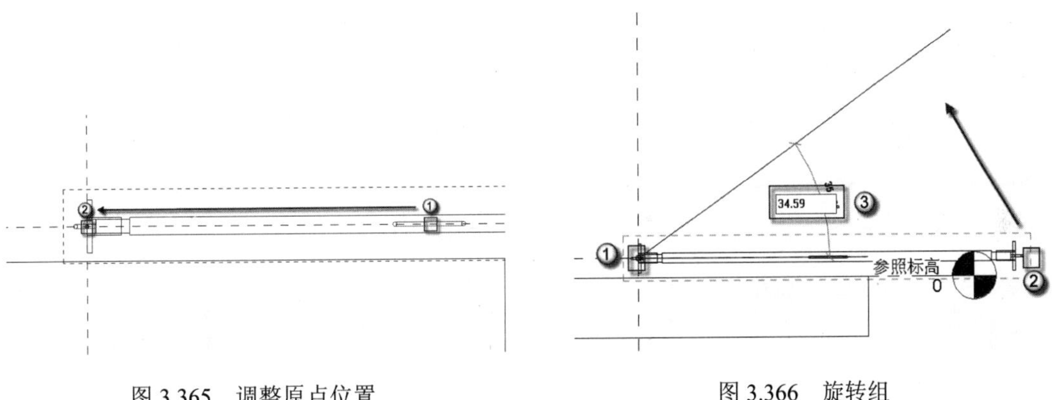

图 3.365　调整原点位置　　　　图 3.366　旋转组

（34）检查斜支撑杆三维视图。按 F4 键，进入三维视图检查，如图 3.367 所示。检查斜支撑杆旋转角度是否准确，如若有明显错误应及时更正。如若没有错误，则继续绘制。

（35）拖入“不统计——高位杆”并调整其相关位置。按上述相同的方法将“不统计——高位杆”拖入操作界面，并进行组原点位置以及组位置的调整。选择“项目浏览器”面板中的“立面”|“前”选项，进入前立面视图，如图 3.368 所示，检查斜支撑杆的高位杆和低位杆间的角度是否准确，插入墙面的角度是否正确，确认无误后继续绘制。

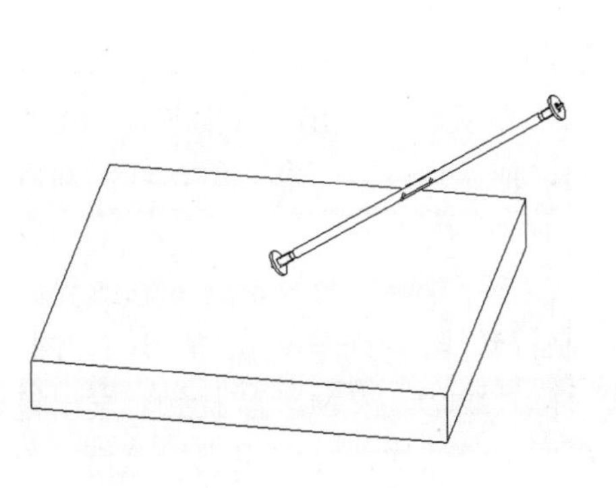

图 3.367　检查三维视图

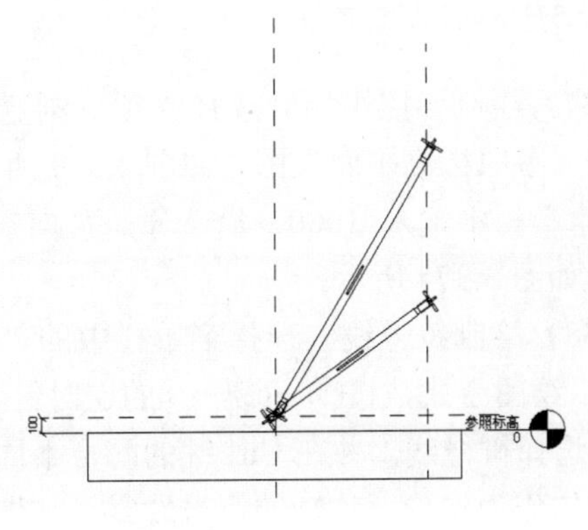

图 3.368　检查立面

（36）设置族图元可见性。选择“项目浏览器”面板中的“立面”｜“前”视图，进入前立面视图，如图 3.369 所示。双击“不统计——高位杆”组，进入编辑组界面，从①向②处拉框，框选“不统计——高位杆”，如图 3.370 所示。选择“属性”面板中的“可见性/图形替换”后的“编辑”按钮，如图 3.371 所示。在弹出的“族图元可见性设置”对话框中取消选中“平面/天花板平面视图”复选框，然后单击“确定”按钮，如图 3.372 所示。最后选择编辑组菜单栏中的√按钮，退出编辑组界面。

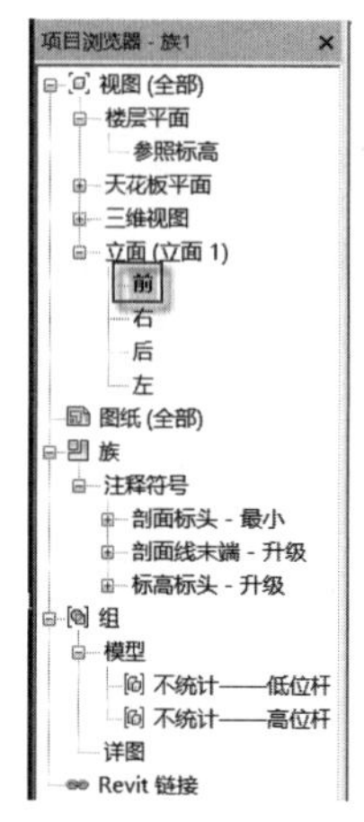

图 3.369　进入前立面视图

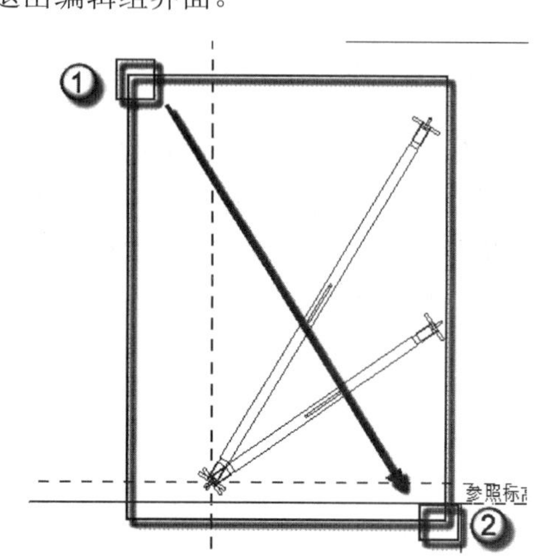

图 3.370　框选构件

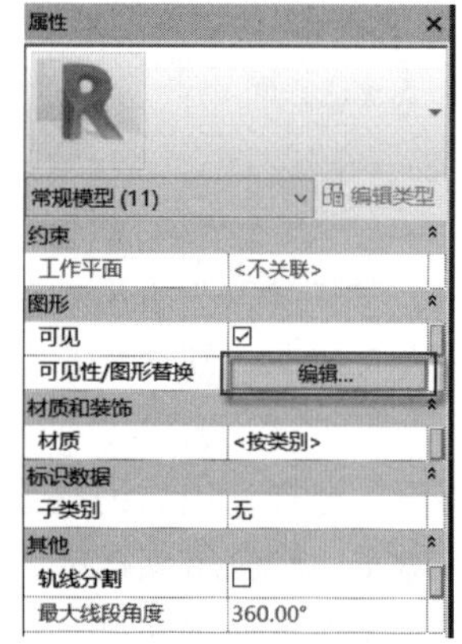

图 3.371　编辑属性参数

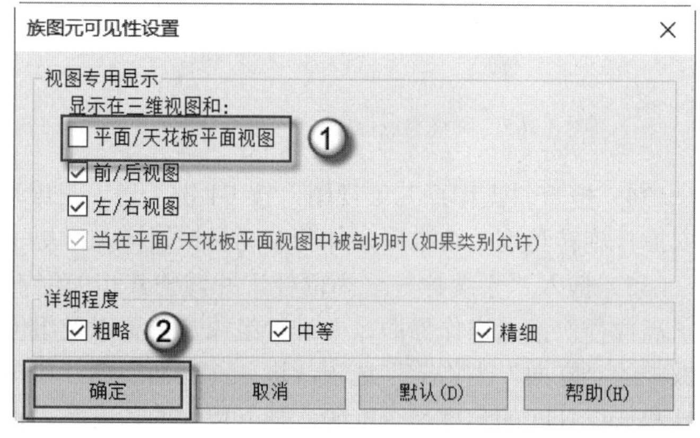

图 3.372　族图元可见性设置

（37）绘制参照平面。选择“项目浏览器”面板中的“楼层平面”｜“参照标高”视图，进入参照标高平面视图，如图 3.373 所示。按 RP 快捷键，发出“参照平面”命令，在“偏移量”栏中输入 1000，沿着原竖直向参照平面，依次捕捉点①和点②，绘制新的参照平面，如图 3.374 所示。

（38）绘制符号线。选择菜单栏中的“注释”｜“符号线”命令，进入修改界面选择“直线”绘图方式，按①→②→③的逆时针方向绘制符号线，形成一个三角形，如图 3.375 所示。选择符号线①并在 Ctrl 键的配合下同时选择符号线②，按 MM 快捷键，发出镜像命令，单击作为镜像对称轴的符号线③，如图 3.376 所示。依次选择刚完成的等腰三角形状的三条边，按 CO 快捷键，发出复制命令，单击点①，如图 3.377 所示。再次选择复制过来的等腰三角形的三条边，按 MM 快捷键，发出镜像命令，单击对称轴，并删除镜像之前的三角形，完成后如图 3.378 所示。

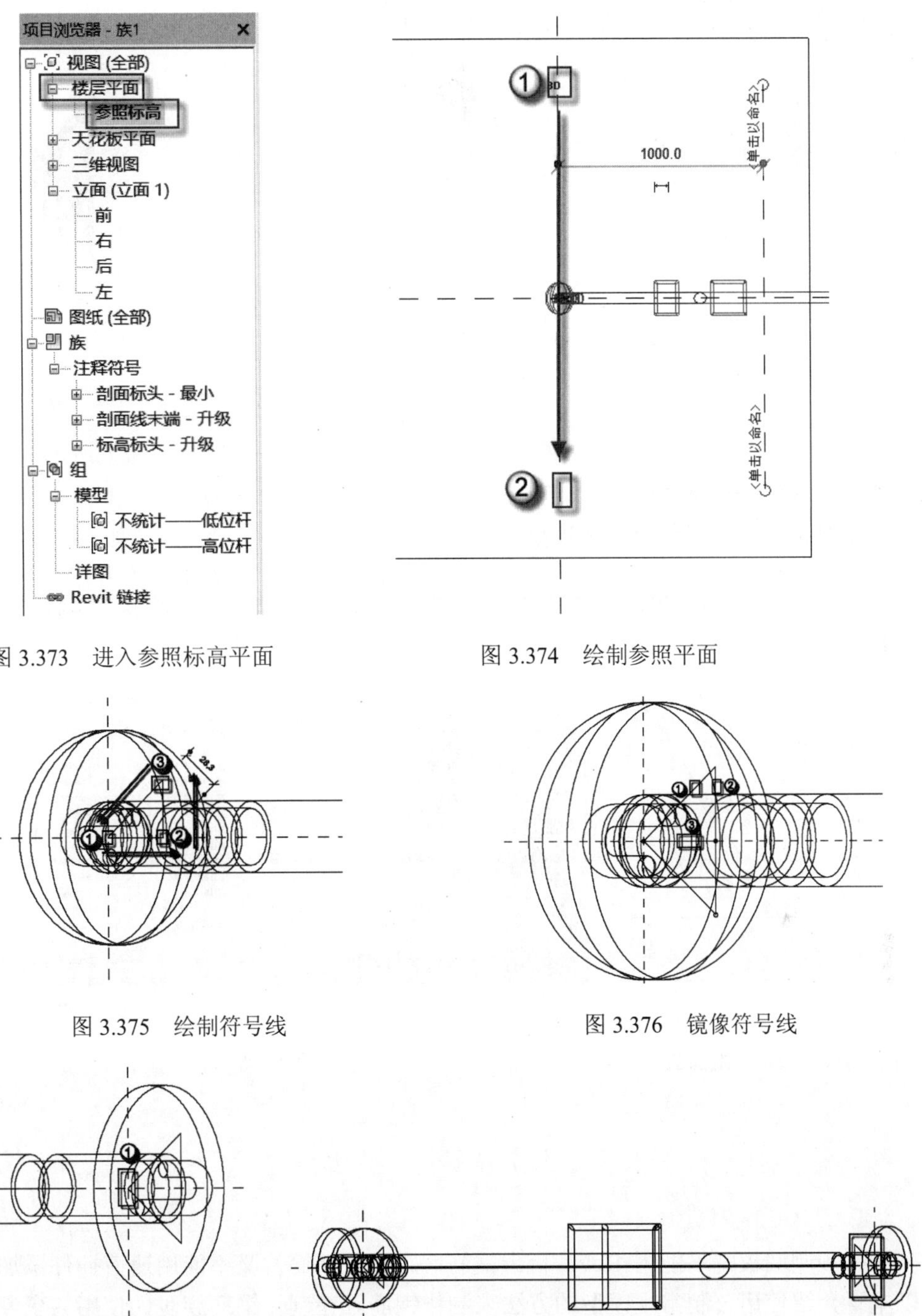

图 3.373　进入参照标高平面

图 3.374　绘制参照平面

图 3.375　绘制符号线

图 3.376　镜像符号线

图 3.377　复制符号线

图 3.378　镜像符号线

（39）将视图专有的详图构件添加至视图中。选择菜单栏中的“注释”｜“详图”选项，在弹出的“载入族”对话框中选择“黑三角”文件，单击“打开”按钮，如图 3.379 所示。将载入的黑三角族定位至构件右侧的三角形中，位置与构件右侧的三角形相对应，完成后如图 3.380 所示。

图 3.379　载入族

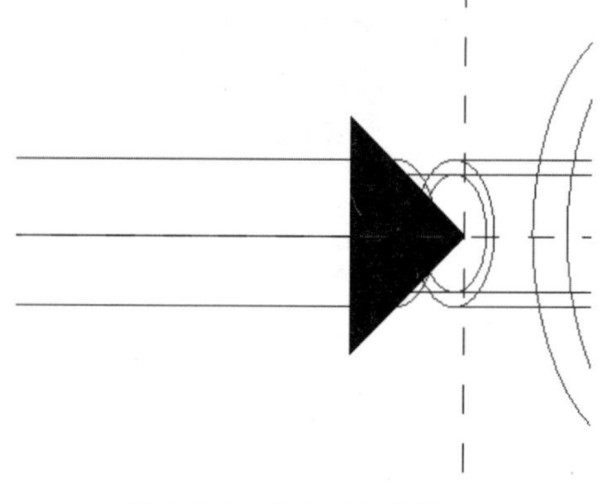

图 3.380　定位载入的族

（40）进入三维视图检查。按 F4 键，进入三维视图检查，如图 3.381 所示。检查确认斜支撑杆各构件是否紧密连接，旋转检查各角度，“不统计——低位杆”和“不统计——高位杆”绝对位置与相对位置是否准确。

（41）保存族文件。选择 R｜“另存为”｜“族”命令，在弹出的“另存为”对话框中的“文件名”一栏后输入“斜支撑杆”，然后单击“保存”按钮，如图 3.382 所示。

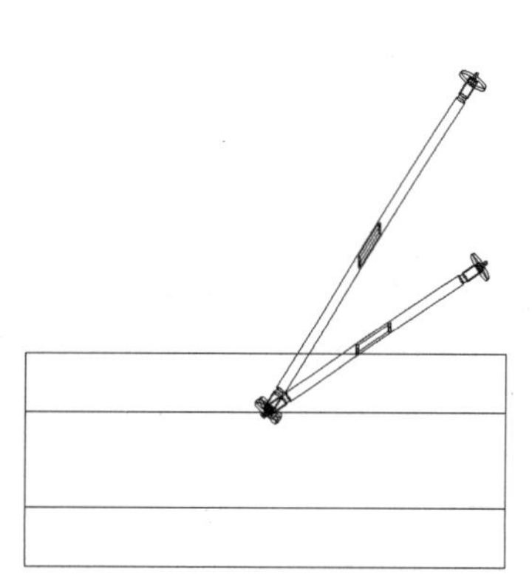

图 3.381　检查三维视图

图 3.382　保存族

3.3　钢　　筋

因为预制墙板既不能用 Revit 自带钢筋命令设置钢筋，又不能用速博插件添加钢筋。所以本章介绍使用公制常规模型的方法来制作钢筋。在制作钢筋族时，使用共享参数设置各类型钢筋的长度，方便在后期使用明细表统计钢筋的总长与总重。

3.3.1　吊筋

本小节介绍横截面直径为φ12mm，功能是给叠合梁吊装用的。此吊筋的大样图可参阅书后附录中的相关图纸。

（1）Revit 的启动并选择适合的族样板。双击桌面 Revit 图标，在弹出的 AUTODESK REVIT 对话框中选择“族”｜“新建”选项，在弹出的“选择样板文件”对话框中选择“公制常规模型”族样板文件，单击“打开”按钮，如图 3.383 所示。进入族操作界面后，可以观察到屏幕中有相互垂直的两个参照平面，如图 3.384 所示。

图 3.383　选择样板文件

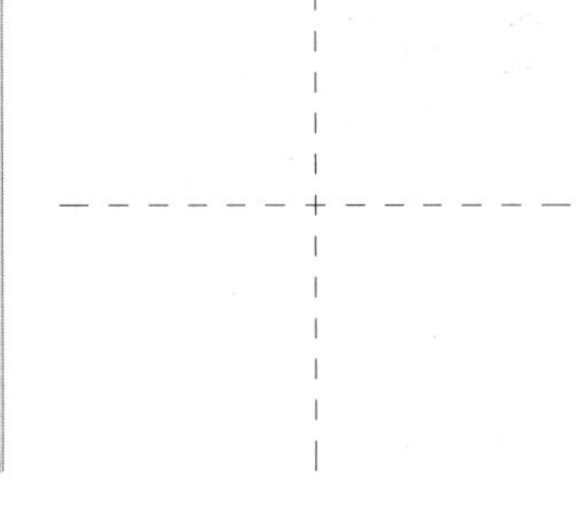

图 3.384　进入族样板

（2）绘制参照平面。选择“项目浏览器”面板中的“立面”｜“前”视图，进入前立面视图，如图 3.385 所示。按 RP 快捷键，发出“参照平面”命令，在“偏移量”栏中输入 75，沿着原竖直向参照平面，依次捕捉点①和点②，绘制新的参照平面，如图 3.386 所示。选中已完成的竖直向参照平面，按 MM 快捷键，发出镜像命令，单击对称轴，如图 3.387 所示。完成后如图 3.388 所示。

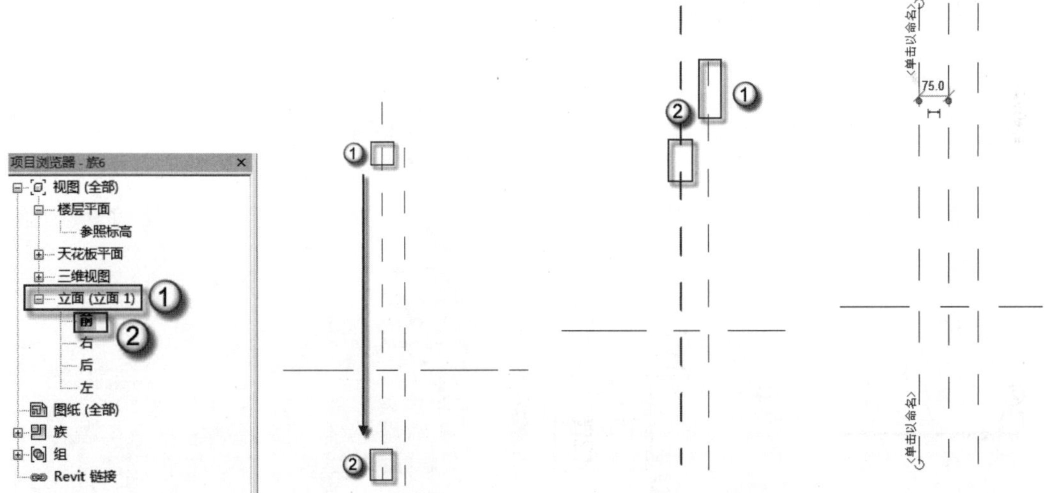

图3.385　进入前立面视图　图3.386　绘制参照平面　图3.387　镜像参照平面　图3.388　完成参照平面镜像

（3）标注尺寸。按 DI 快捷键，发出对齐尺寸标注命令，依次单击点①、点②和点③，完成后如图 3.389 所示。单击开放的锁头，锁头会变为锁定的状态，避免该尺寸随之后的操作而发生变化。最后单击**EQ**标记，完成尺寸标注中的平均化。按上述方法再次进行尺寸

标注，完成后如图 3.390 所示。赋予尺寸以名称。单击刚完成参数，进入“修改 | 尺寸标注”界面，单击“标签栏”下的“创建参数”按钮，在弹出的“参数属性”对话框中“名称”栏下输入“吊筋宽”，然后单击“确定”按钮，如图 3.391 所示。

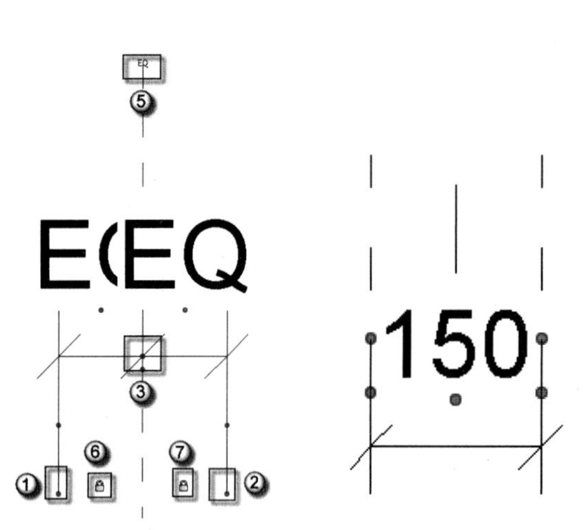

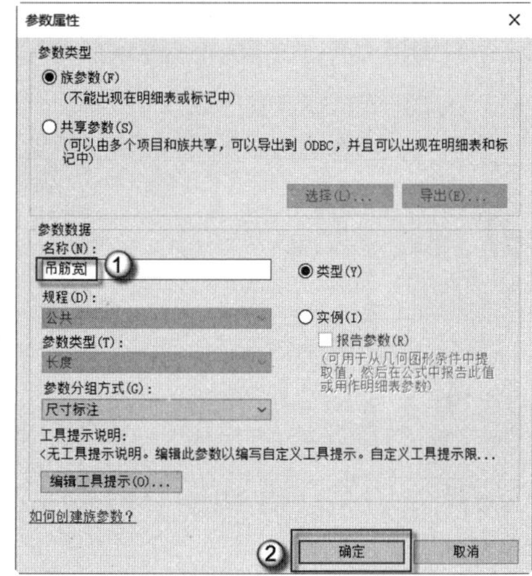

图 3.389　标注尺寸　　图 3.390　完成尺寸标注　　图 3.391　设置参数属性

（4）绘制参照平面。按 RP 快捷键，发出“参照平面”命令，在“偏移量”栏中输入 420，沿着原竖直向参照平面，依次捕捉点①和点②，绘制新的参照平面，如图 3.392 所示。

（5）进行尺寸标注。按 DI 快捷键，发出对齐尺寸标注命令，依次单击点①、点②和点③，完成后如图 3.393 所示。赋予尺寸以名称。单击刚完成参数，进入“修改 | 尺寸标注”界面，单击“标签栏”下的“创建参数”按钮，在弹出的“参数属性”对话框中“名称”栏下输入“吊筋高”，然后单击“确定”按钮，如图 3.394 所示。

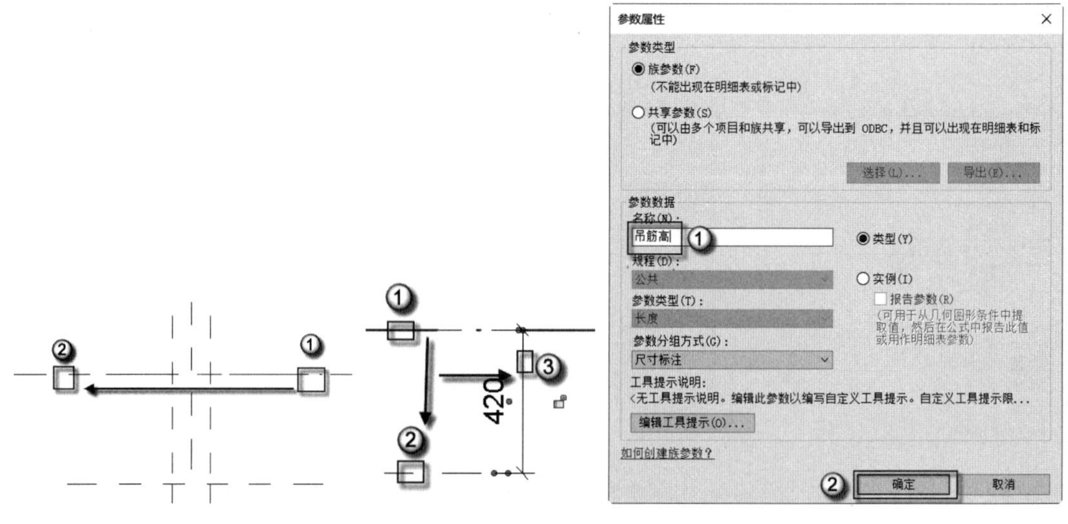

图 3.392　绘制参照平面　　图 3.393　标注尺寸　　图 3.394　设置参数属性

（6）绘制吊筋放样路径。选择菜单栏中的“创建” | “放样”命令，在“修改 | 放样”面板中选择“路径”子命令，进入√ | ×选项板，选择“矩形”绘制方式，当光标靠近①

处时会出现捕捉点，单击该捕捉点向下移动至点②，并单击确定位置，如图 3.395 所示。

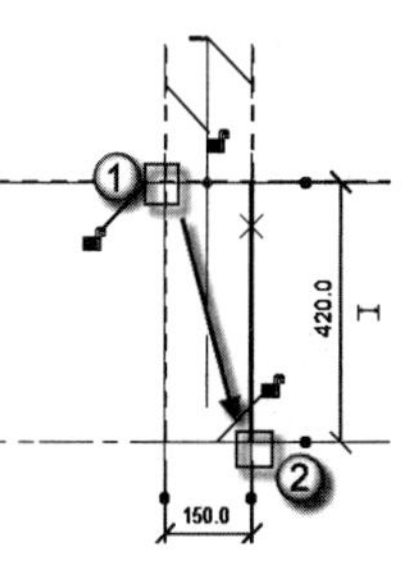

图 3.395　绘制路径

（7）绘制吊筋轮廓。在√ | ×选项板中单击√按钮，退出“路径”子命令，然后在菜单栏中选择“按草图” | “编辑轮廓”命令，进入“轮廓”子命令，同时弹出“转到视图”对话框，在对话框中选择“立面：右”选项，然后单击“打开视图”按钮，如图 3.396 所示。选择“圆形”绘图方式，单击点①绘制轮廓，在向左移动同时输入 6 为半径，如图 3.397 所示。连续两次单击√ | ×选项板中的√按钮，依次退出“编辑轮廓”子命令、“放样”命令，并返回右立面视图。

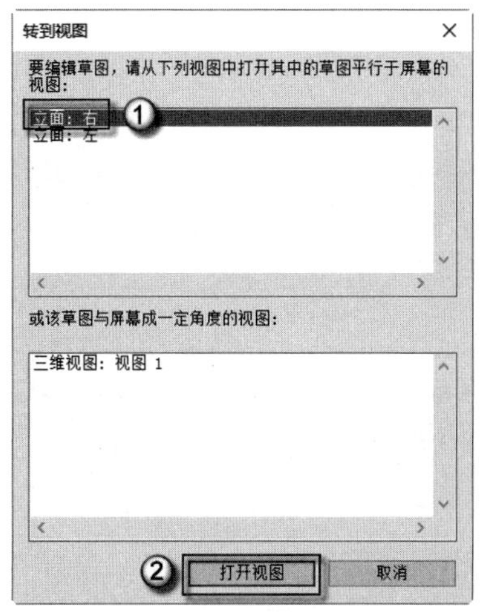

图 3.396　转到视图

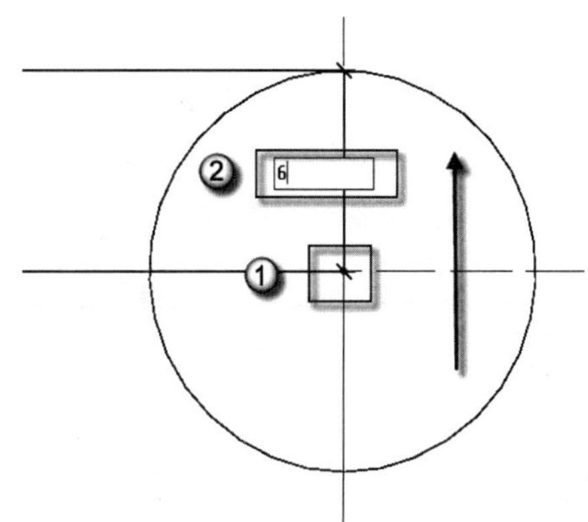

图 3.397　绘制轮廓

（8）检查吊筋三维视图。按 F4 键，进入三维视图检查，如图 3.398 所示。检查确认吊筋的构建是否严丝合缝地连接，确认吊筋的尺寸大小正确无误，如若有明显错误应及时更正。

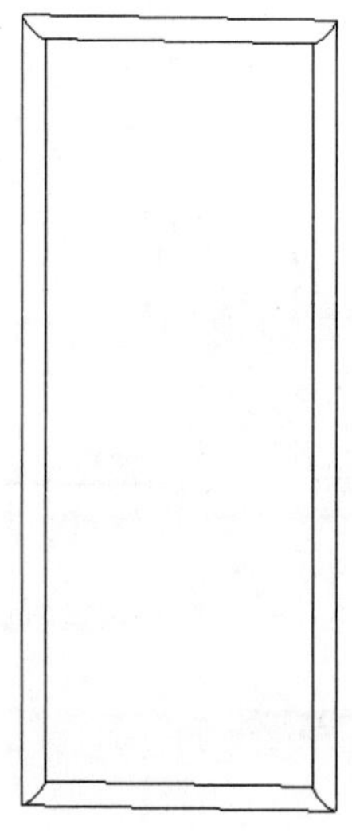
图 3.398　检查三维视图

（9）新建族类型。选择菜单栏中的“创建”｜“族类型”命令，在弹出的“族类型”对话框中单击“新建参数”按钮，在弹出的“参数属性”对话框中选中“共享参数”单选按钮，然后单击“选择”按钮，如图 3.399 所示。在弹出的“共享参数”对话框中单击“编辑”按钮，此时又弹出“编辑共享参数”对话框，单击对话框中的“组”｜“新建”按钮，在新弹出的“新参数组”对话框中的“名称”栏中输入“钢筋”，如图 3.400 所示。完成后单击“确定”按钮，退出“新参数组”对话框。单击“参数”｜“新建”按钮，进入“参数属性”对话框，在其“名称”一栏中输入“ϕ12 钢筋长度”，再连续两次单击“确定”按钮，依次退出“参数属性”对话框、“编辑共享参数”对话框，如图 3.401 所示。在“族类型”对话框中尺寸标注栏下的“ϕ12 钢筋长度”一栏后的“公式”栏下的方框中输入“(吊筋宽+吊筋高）*2”的公式，然后单击“确定”按钮，如图 3.402 所示，将新建的族类型与实际参数相关联，便于计算。

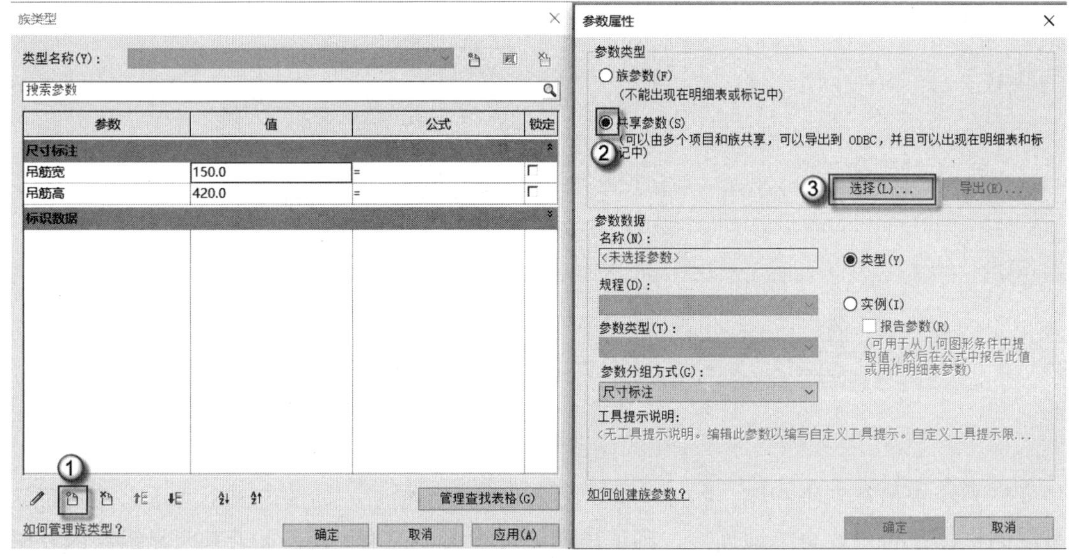

图 3.339　新建族类型

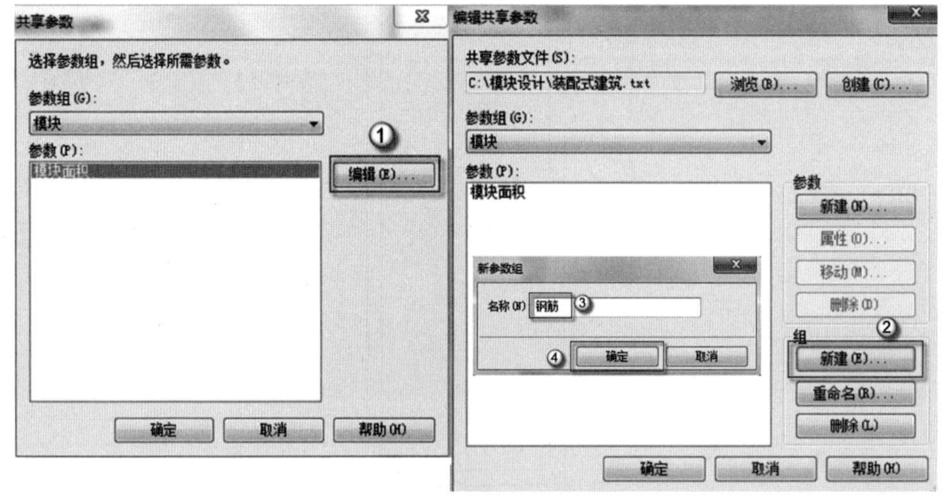

图 3.400　设置共享参数

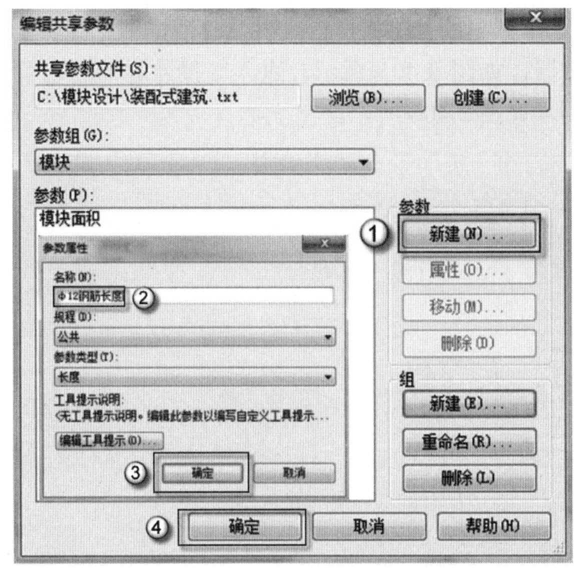

图 3.401　编辑共享参数

图 3.402　更改族类型参数

注意：“（吊筋宽+吊筋高）×2”就是吊筋的周长。

（10）新建族类型。在“吊筋高”对应的值一栏中输入 370。单击“新建类型”按钮，在弹出的“名称”对话框中输入“梯梁吊筋”并连续两次单击“确定”按钮，依次退出“名称”对话框以及“族类型”对话框，如图 3.403 所示。

（11）保存族文件。选择 R｜“另存为”｜“族”命令，在弹出的“另存为”对话框中的“文件名”一栏中输入“吊筋”，然后单击“保存”按钮，如图 3.404 所示。

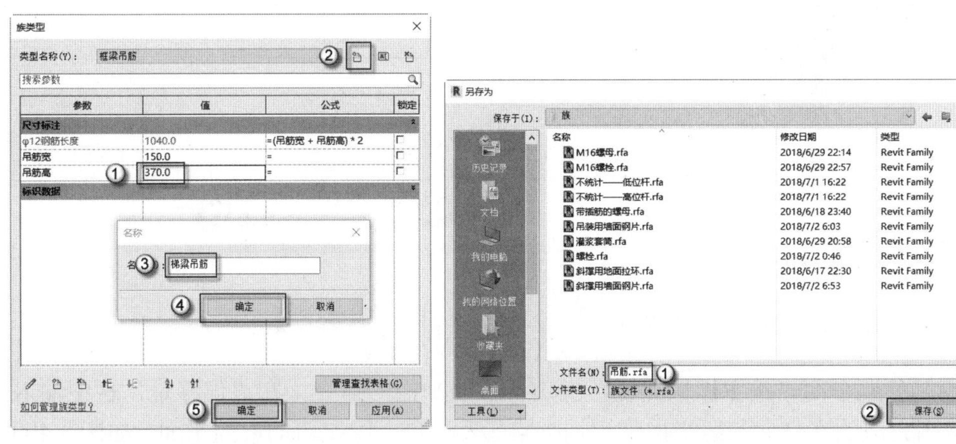

图 3.403　新建族类型

图 3.404　保存族

3.3.2　插筋

本小节介绍横截面直径为ϕ16mm，功能是垂直连接上下层内隔墙的钢筋。此插筋的大样图可参阅书后附录中的相关图纸。

（1）Revit 的启动并选择适合的族样板。双击桌面 Revit 图标，在弹出的 AUTODESK

REVIT 对话框中选择“族”|“新建”选项，在弹出的“选择样板文件”对话框中选择“公制常规模型”族样板文件，单击“打开”按钮，如图 3.405 所示。进入族操作界面后，可以观察到屏幕中有相互垂直的两个参照平面，如图 3.406 所示。

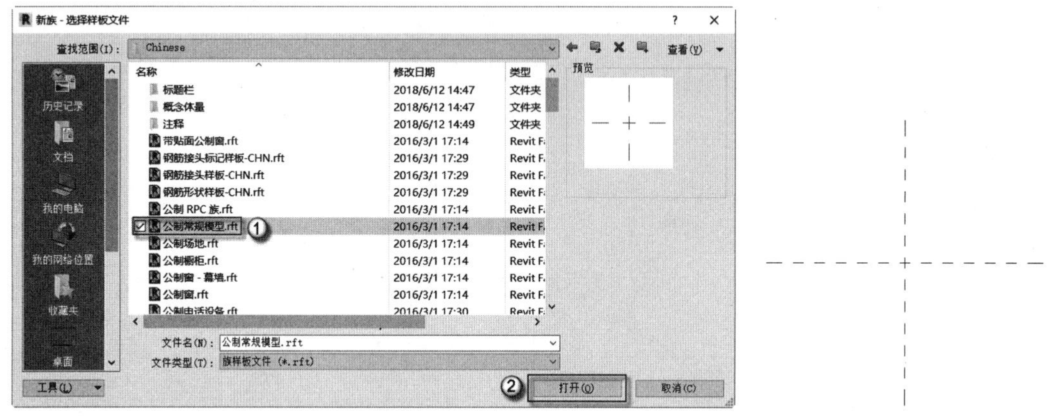

图 3.405　选择样板文件　　　　图 3.406　进入族样板

（2）绘制参照平面。选择“项目浏览器”面板中的“立面”|“前”选项，进入前立面视图，如图 3.407 所示。按 RP 快捷键，发出“参照平面”命令，在“偏移量”栏中输入 300，沿着原水平向参照平面，依次捕捉点①和点②，绘制新的参照平面，如图 3.408 所示。

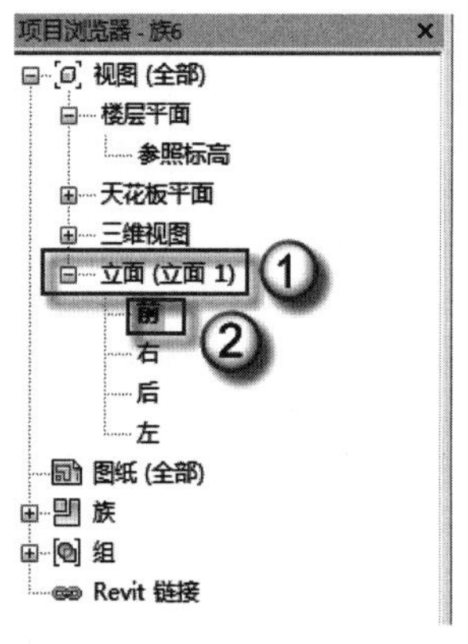

图 3.407　进入前立面视图

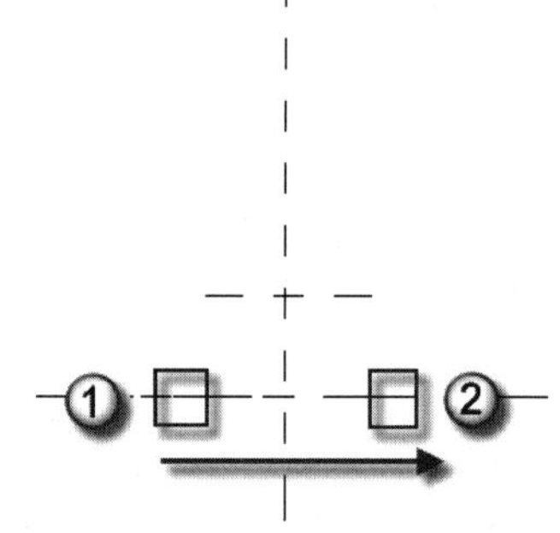

图 3.408　绘制参照平面

（3）绘制参照平面。按 RP 快捷键，发出“参照平面”命令，在“偏移量”栏中输入 2700，沿着刚完成的水平向参照平面依次捕捉点①和点②，绘制新的参照平面，如图 3.409 所示。

（4）标注尺寸。按 DI 快捷键，发出对齐尺寸标注命令，依次单击点①、点②和点③标注尺寸。单击开放的锁头，锁头会变为锁定的状态，避免该尺寸随之后的操作而发生变化。按上述方法再次进行尺寸标注，完成后如图 3.410 所示。

（5）赋予尺寸以名称。单击刚完成标注，进入“修改 | 尺寸标注”界面，单击“标签栏”下的“创建参数”按钮，在弹出的“参数属性”对话框“名称”栏中输入“钢筋距本层标高”，然后单击“确定”按钮，如图 3.411 所示。完成后，继续对距离为 2700 的参

照平面进行尺寸标注，完成后如图 3.412 所示。

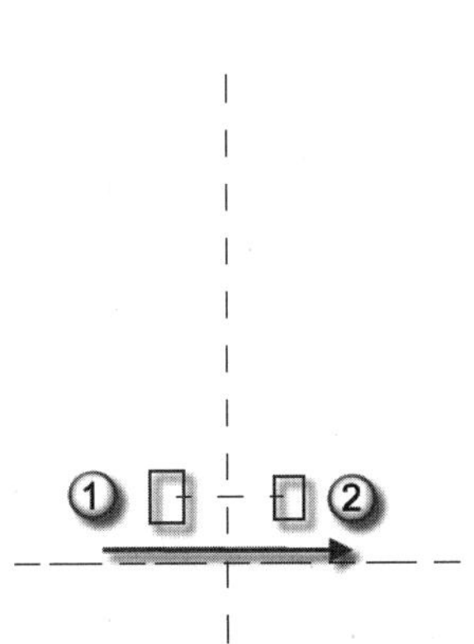

图 3.409　绘制参照平面

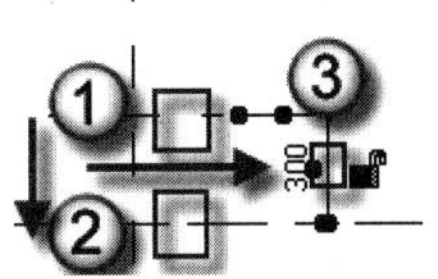

图 3.410　标注尺寸

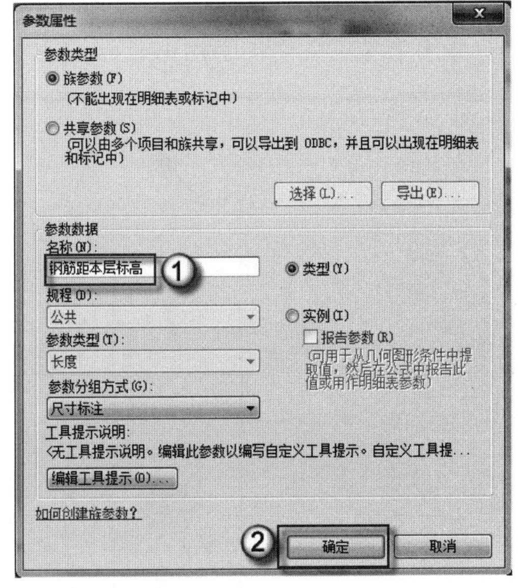

图 3.411　设置参数属性

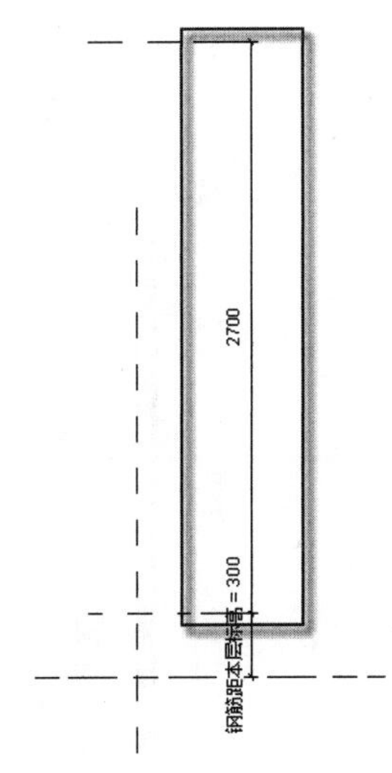

图 3.412　完成标注尺寸

（6）编辑参数。对刚完成的两个水平向参照平面进行距离标注，再选中刚完成参数，进入“修改丨尺寸标注”界面，单击“标签栏”下的“创建参数”按钮，在弹出的“参数属性”对话框中选中“共享参数”单选按钮，然后单击“选择”按钮。在新弹出的“共享参数”对话框中选择“编辑”按钮，此时又弹出“编辑共享参数”按钮，单击“参数”丨“新建”按钮，进入“参数属性”对话框，在其“名称”一栏中输入“ϕ16 钢筋长度”，再连续 4 次单击“确定”按钮，依次退出“参数属性”对话框，“编辑共享参数”对话框，“共享参数属性”对话框以及“参数属性”对话框，如图 3.413 所示。

注意： 在退出“共享参数”对话框时，“参数栏”中选中的应是“ϕ16 钢筋长度”。因为这里有几个组，有几个参数，经常会被选错。

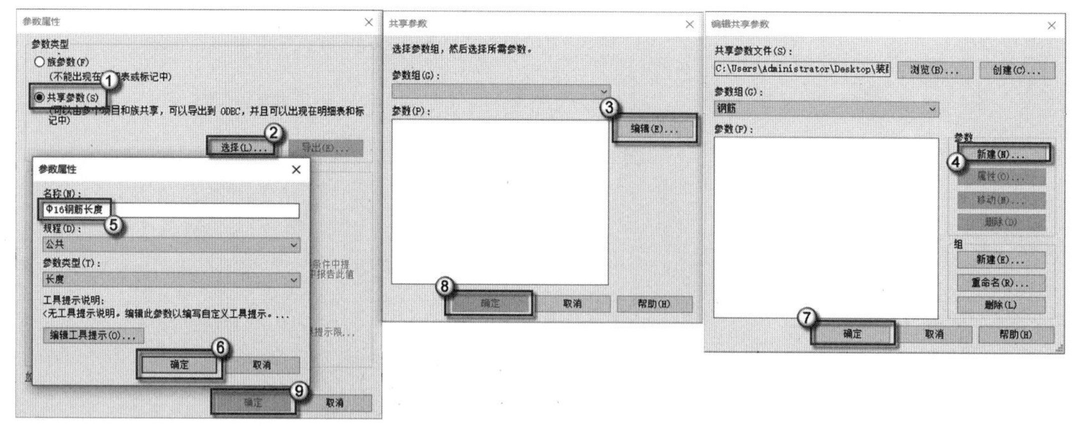

图 3.413　编辑参数

（7）绘制插筋放样路径。选择菜单栏中的“创建”｜“放样”命令，在“修改｜放样”面板中选择“路径”子命令，进入√｜×选项板，选择“直线”绘制方式，当光标靠近①处时会出现捕捉点，单击该捕捉点向上移动至点②，并单击确定位置，如图 3.414 所示。单击开放的锁头，锁头会变为锁定的状态，避免该尺寸随之后的操作而发生变化（操作见图③～⑤）。完成后如图 3.415 所示。

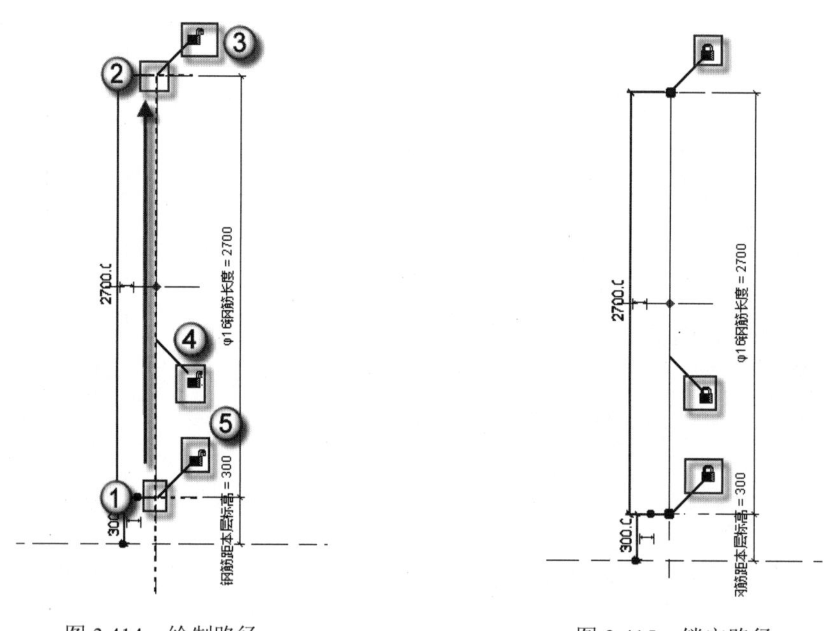

图 3.414　绘制路径　　图 3.415　锁定路径

（8）绘制插筋轮廓。在√｜×选项板中单击√按钮，退出“路径”子命令，然后在菜单栏中选择“按草图”｜“编辑轮廓”命令，进入“轮廓”子命令，同时弹出“转到视图”对话框，在对话框中选择“立面：右”选项，然后单击“打开视图”按钮，如图 3.416 所示。选择“圆形”绘图方式，单击点①绘制轮廓，在向左移动同时输入 8 为半径，如图 3.417 所示。连续两次单击√｜×选项板中的√按钮，依次退出“编辑轮廓”子命令、“放样”命令，并返回前立面视图。

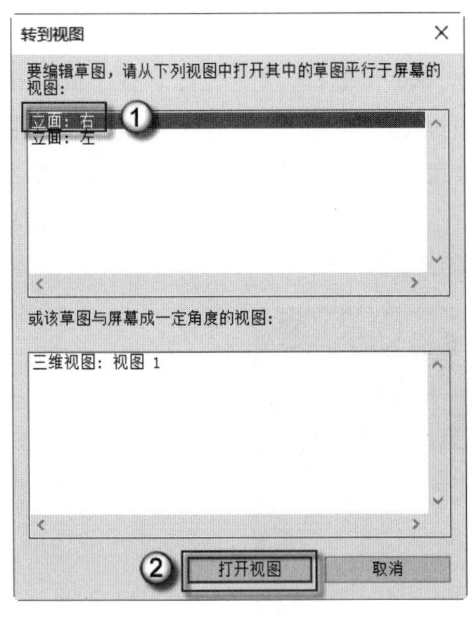

图 3.416　转到视图

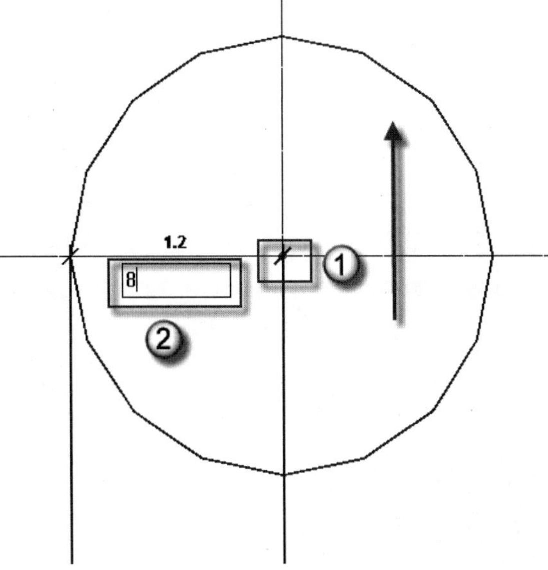

图 3.417　绘制轮廓

（9）检查吊筋三维视图。按 F4 键，进入三维视图检查，如图 3.418 所示。检查确认插筋的构建是否严丝合缝地连接，确认插筋的尺寸大小正确无误，如若有明显错误应及时更正。

（10）保存族文件。选择 R｜“另存为”｜“族”命令，在弹出的“另存为”对话框中的“文件名”一栏中输入“插筋”，然后单击“保存”按钮，如图 3.419 所示。

图 3.418　检查三维视图　　　　　　　　图 3.419　保存族

3.3.3　墙底加强筋

本小节介绍横截面直径为ϕ18 mm，功能是放置在内隔墙底部起抗弯作用的钢筋。此墙底加强筋的大样图可参阅书后附录中的相关图纸。

（1）Revit 的启动并选择适合的族样板。双击桌面 Revit 图标，在弹出的 AUTODESK REVIT 对话框中选择“族”|“新建”选项，在弹出的“选择样板文件”对话框中选择“基于面的公制常规模型”族样板文件，单击“打开”按钮，如图 3.420 所示。进入族操作界面后，可以观察到屏幕中有一个方框，如图 3.421 所示。这个方框就是“基于面的公制常规模型”的那个“面”。这个“面”就是预埋件嵌入的墙面。

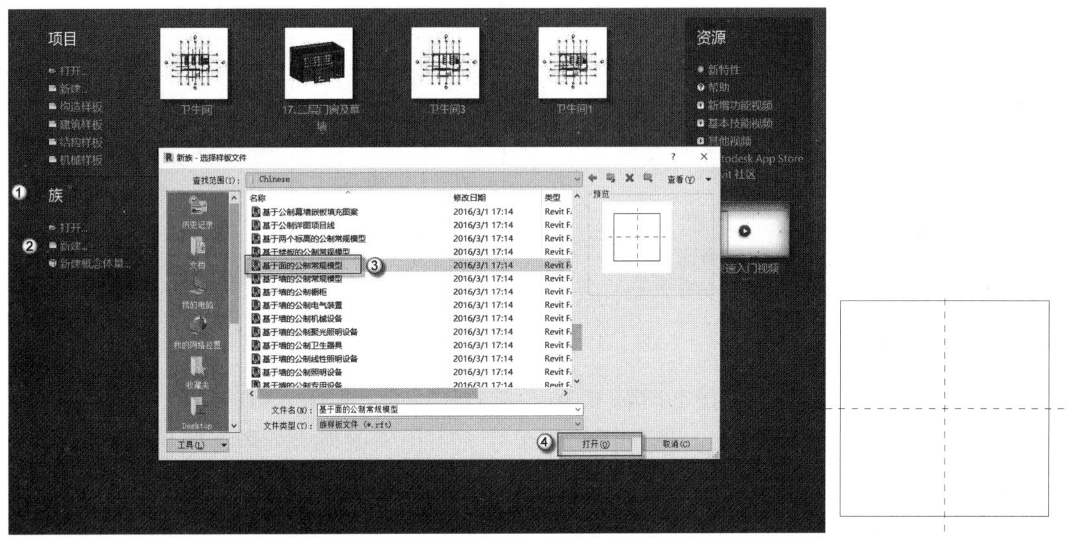

图 3.420　选择样板文件　　　图 3.421　进入族样板

（2）绘制水平向参照平面。选择“项目浏览器”面板中的“立面”|“前”视图，进入前立面视图，如图 3.422 所示。按 RP 快捷键，发出“参照平面”命令，在“偏移量”栏中输入 40，沿着最初的水平向参照平面依次捕捉点①和点②，绘制新的参照平面，如图 3.423 所示。

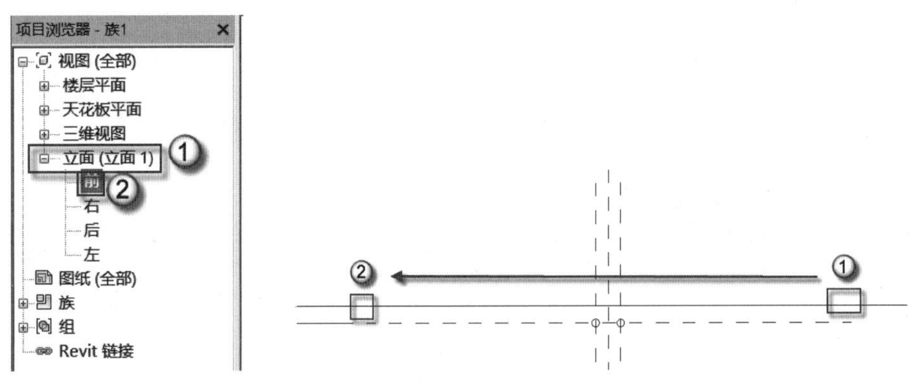

图 3.422　进入前立面视图　　　图 3.423　绘制参照平面

（3）标注尺寸。按 DI 快捷键，发出对齐尺寸标注命令，依次单击点①、点②和点③，如图 3.424 所示。添加尺寸后，可以明确不同类型构件之间的区别。

（4）绘制竖直向参照平面。选择“项目浏览器”面板中的“楼层平面”|“参照标高”视图，进入参照标高平面视图，如图 3.425 所示。按 RP 快捷键，发出“参照平面”命令，在“偏移量”栏中输入 30，沿着最初的竖直向参照平面从点①绘制直线到点②，再由点②绘制到点①，绘制出新的两个参照平面，如图 3.426 所示。

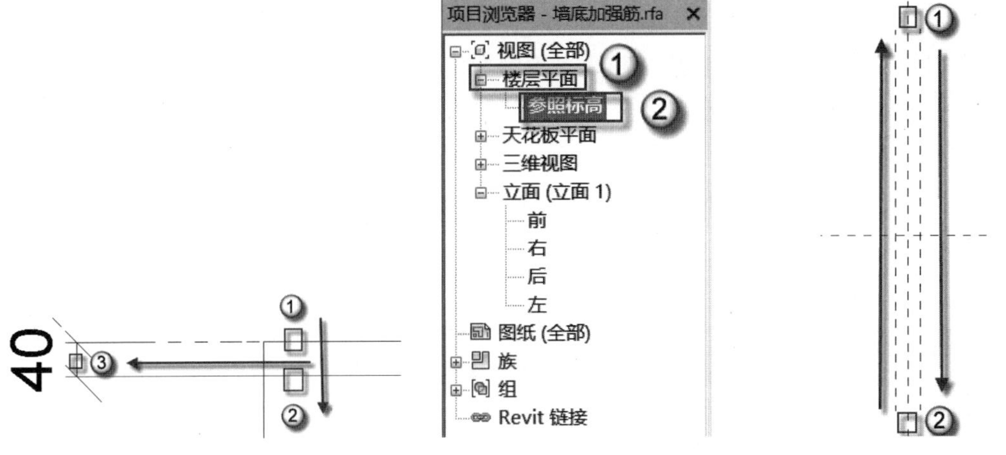

图 3.424　标注尺寸　　图 3.425　进入参照标高平面　　图 3.426　绘制参照平面

（5）绘制水平向参照平面。按上述方法，绘制水平参照平面，按 RP 快捷键，发出“参照平面”命令，在“偏移量”栏中输入 2250，在沿着最初的水平向参照平面，从点①绘制直线到点②，再由点②绘制到点①，绘制出新的两个参照平面，如图 3.427 所示。

（6）编辑参数。按 DI 快捷键，对刚完成的参照平面进行标注，选中标注，进入“修改|尺寸标注”界面，单击“标签栏”下的“创建参数”按钮，在弹出的“参数属性”对话框中选中“共享参数”单选按钮，然后单击“选择”按钮。在新弹出的“共享参数”对话框中选择“编辑”按钮，此时又弹出“编辑共享参数”对话框，单击“参数”|“新建”按钮，进入“参数属性”对话框，在其“名称”一栏中输入“ϕ18 钢筋长度”，再连续 4 次单击“确定”按钮，依次退出“参数属性”对话框、“编辑共享参数”对话框、“共享参数属性”对话框以及“参数属性”对话框，如图 3.428 所示。

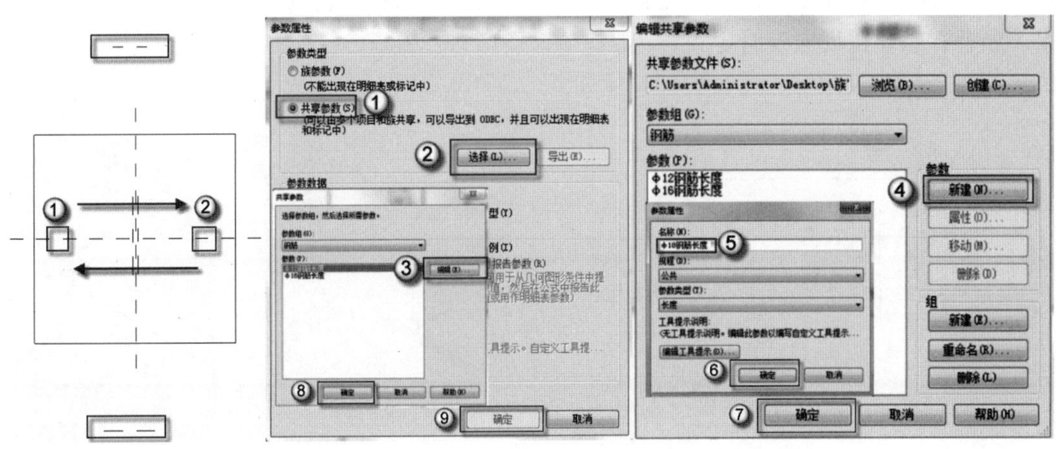

图 3.427　绘制参照平面　　图 3.428　编辑参数

（7）绘制插筋放样路径。选择菜单栏中的“创建”｜“放样”命令，在“修改｜放样”面板中选择“路径”子命令，进入√｜×选项板，选择“直线”绘制方式，当光标靠近①处时会出现捕捉点，单击该捕捉点向下移动至点②，并单击确定位置，如图 3.429 所示。

（8）绘制插筋轮廓。在√｜×选项板中单击√按钮，退出“路径”子命令，然后在菜单栏中选择“按草图”｜“编辑轮廓”，进入“轮廓”子命令，同时弹出“转到视图”对话框，在对话框中选择“立面：前”选项，然后单击“打开视图”按钮，如图 3.430 所示。选择“圆形”绘图方式，单击点①绘制轮廓，在向左移动同时输入 9 为半径，如图 3.431 所示。连续两次单击√｜×选项板中的√按钮，依次退出“编辑轮廓”子命令、“放样”命令，并返回前立面视图。

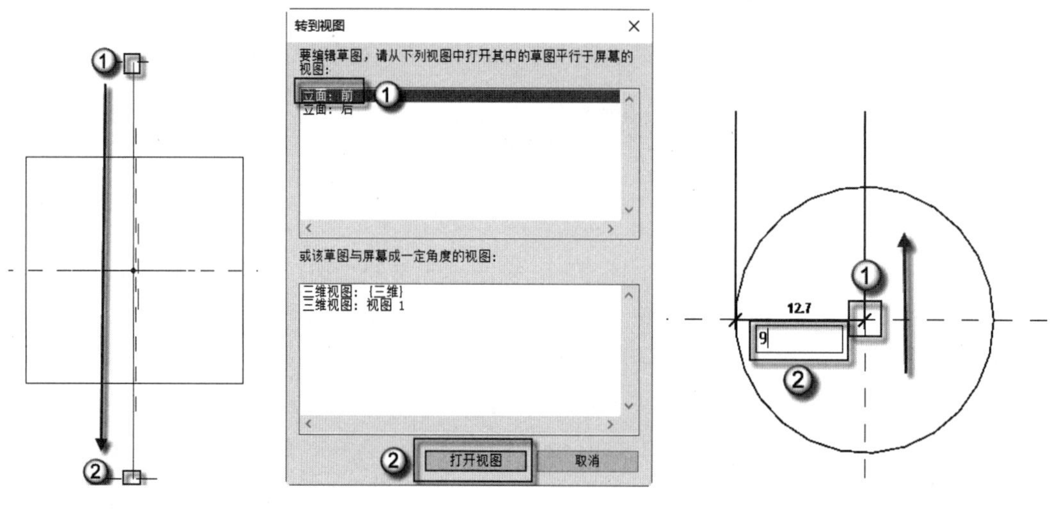

图 3.429　绘制放样路径　　图 3.430　转到视图　　图 3.431　绘制轮廓

（9）构件镜像并进入三维视图检查。选中刚完成的放样构件，按 MM 快捷键，发出镜像命令，单击镜像对称轴，如图 3.432 所示。按 F4 键，进入三维视图检查，如图 3.433 所示。检查确认墙底加强筋的构建是否严丝合缝地连接，确认墙底加强筋的尺寸大小正确无误，如若有明显错误应及时更正。

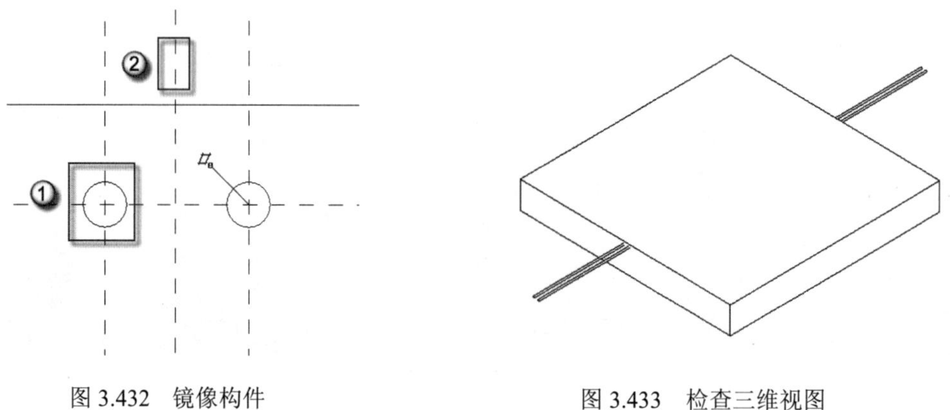

图 3.432　镜像构件　　图 3.433　检查三维视图

（10）保存族文件。选择 R｜“另存为”｜“族”命令，在弹出的“另存为”对话框中的“文件名”一栏中输入“墙底加强筋”，然后单击“保存”按钮，如图 3.434 所示。

图 3.434　保存族

第 4 章　PC 构件族

（教学视频：4 小时 36 分钟）

PC 是英语 Precast Concrete 的简写，就是“预制混凝土”。预制混凝土结构是装配式建筑三大结构形式之一，另外两种是预制钢结构和预制木结构。也是我国现阶段及至今后很长一段时间内运用最广泛的结构形式。

本章将重点讲述在预制混凝土结构中最重要的内容——PC 构件的制作方法。这种构件会使用 Revit 的族制作。在制作时，不仅要把三维几何形式表达准确，而且要包含相应的信息量，从而达到装配式与 BIM 相结合的要求。

4.1　叠　合　梁

叠合梁是装配式建筑中最常用的梁形式之一，这样的梁由上、下两部分组成。下部分为预制混凝土，也就是 PC，在预制工厂中制作完成，然后运输到现场进行装配。上部分为现浇混凝土，因为浇筑时间在 PC 装配之后，因此也叫“后浇”（本文中采用后浇这个名词）。

下部分的 PC 梁在装配到主体建筑之后，然后再统一后浇上部分的混凝土。这样下部分的预制混凝土与上部分的后浇混凝土会紧密结合在一起，并且上部分的后浇混凝土不需要设置底部的模板，这就是叠合梁的两大优势。

4.1.1　设置抗剪键

抗剪键设置在叠合梁的两端，首要作用是抵消梁端的剪力，防止梁端与支座之间出现滑移。抗剪键用族的方法制作，具体方法如下。

（1）Revit 的启动并选择适合的族样板。双击桌面 Revit 图标，在弹出的 AUTODESK REVIT 对话框中选择“族”|“新建”选项，在弹出的“选择样板文件”对话框中选择“基于面的公制常规模型”族样板文件，单击“打开”按钮，如图 4.1 所示。完成后如图 4.2 所示，可看见一个作为基准面的方框，便于对齐抗剪键的位置。

（2）绘制竖向参照平面。按 RP 快捷键，发出绘制参照平面命令，在偏移量一栏中输入 25，选中参照平面会出现捕捉点，单击该点竖直向下移动至如图所示②的位置如图 4.3 所示。按上述过程再次绘制参照平面，更改偏移量为 50，完成后如图 4.4 所示。配合 Ctrl 键依次选中刚画完的竖直参照平面，再按 MM 快捷键，发出镜像命令，单击原有的竖直参照平面完成镜像，完成后如图 4.5 所示。

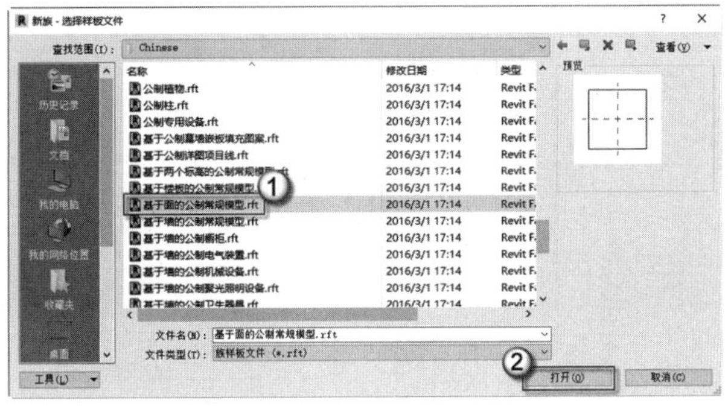

图 4.1　选择样板文件

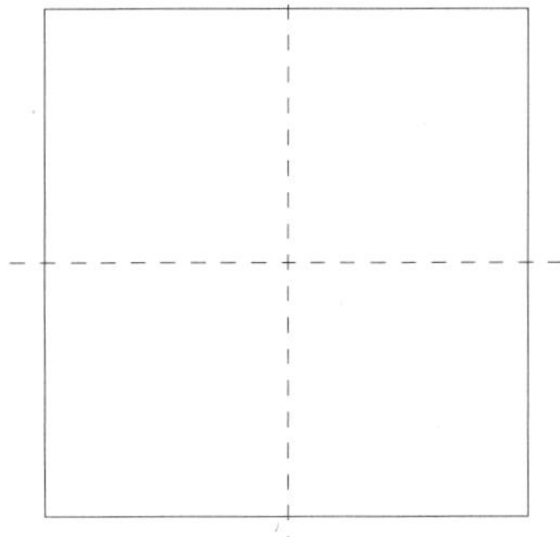

图 4.2　进入族样板

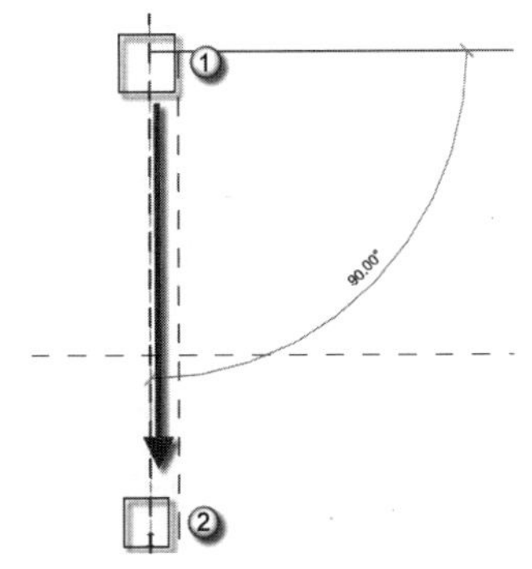

图 4.3　绘制参照平面

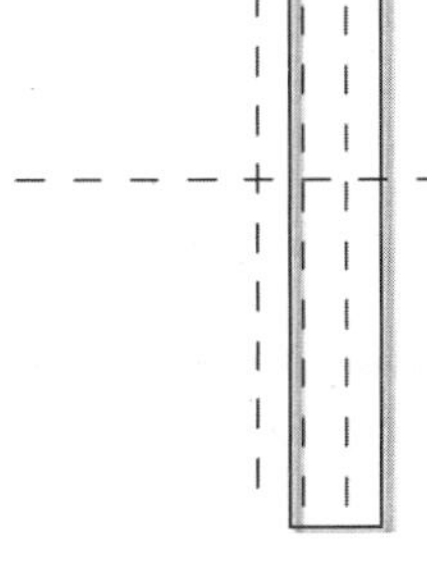

图 4.4　绘制最右侧的参照平面

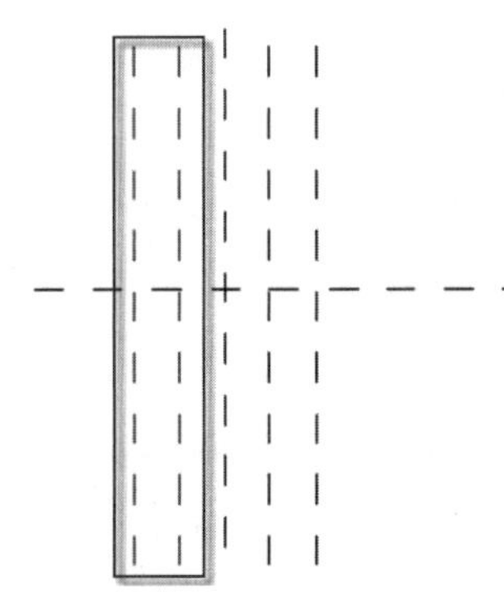

图 4.5　完成参照平面的镜像

（3）绘制水平参照平面。按 RP 快捷键，发出绘制参照平面命令，在偏移量一栏中输入 35，选中参照平面会出现捕捉点，单击该点水平向右移动至如图所示②的位置，如图 4.6 所示。按上述过程再次绘制参照平面，更改偏移量为 105，完成后如图 4.7 所示。配合 Ctrl 键依次选中刚画完的水平参照平面，再按下 MM 快捷键，发出镜像命令，单击原有的水平参照平面完成镜像，完成后如图 4.8 所示。

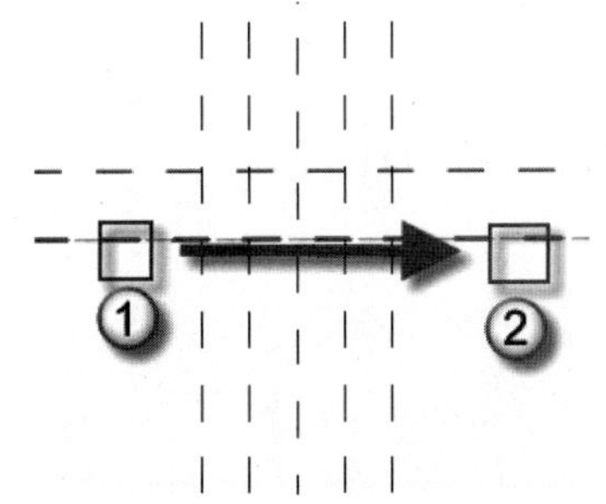

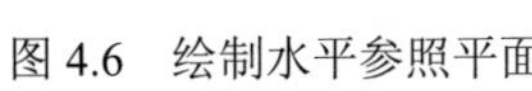

图 4.6　绘制水平参照平面

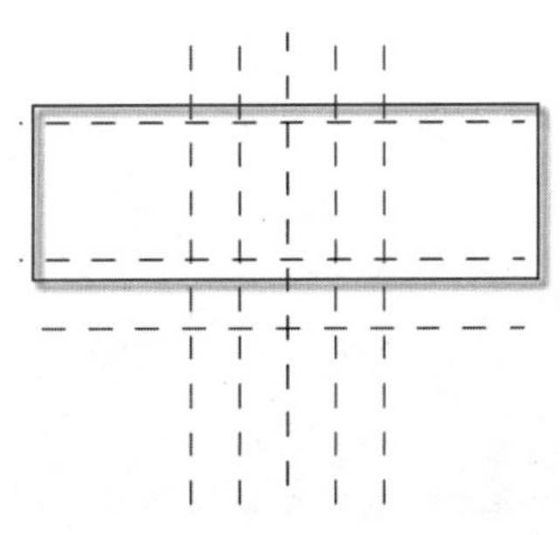

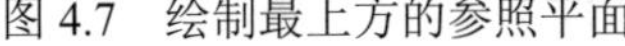

图 4.7　绘制最上方的参照平面

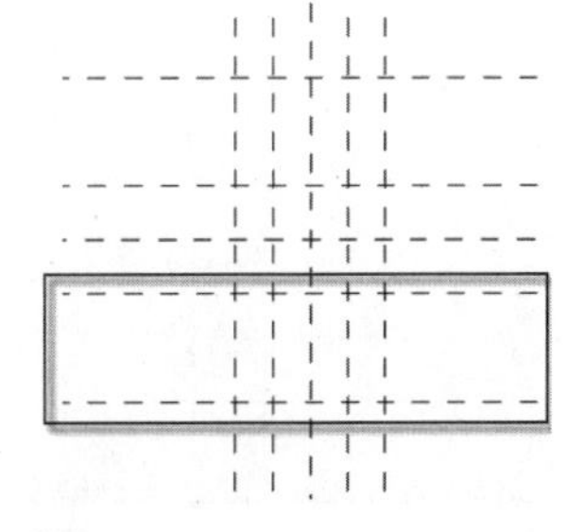

图 4.8　完成参照平面的镜像

（4）绘制抗剪键平面。选择菜单栏中的“创建”｜“融合”命令，进入创建融合底部边界界面。选择菜单栏中的“修改”｜“矩形”命令，通过拾取两个对角点（图中的①和②两个点）创建矩形，绘制参照平面所围成的最外面的矩形框如图 4.9 所示。选择菜单栏中的“编辑顶部”标签，完成后可以看见原本的编辑顶部标签变为“编辑底部”标签，可知已进入绘制抗剪键顶部的平面。然后按照上述方法绘制顶部矩形，如图 4.10 所示。抗剪键平面形状绘制完成后如图 4.11 所示。

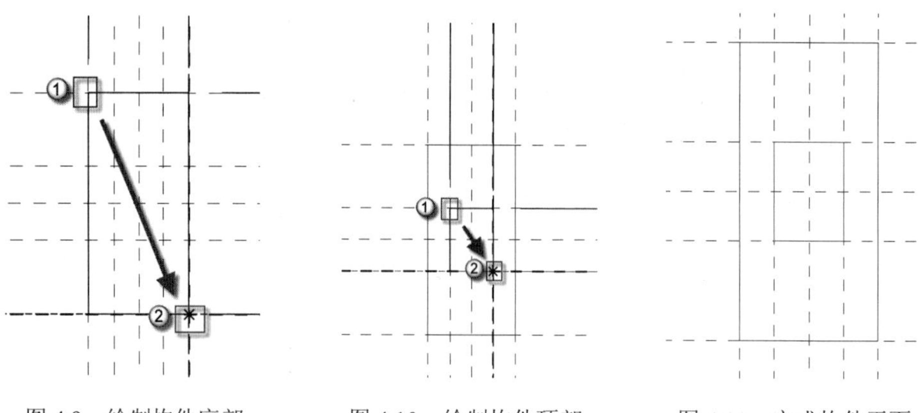

图 4.9　绘制构件底部　　图 4.10　绘制构件顶部　　图 4.11　完成构件平面

注意： 融合是与拉伸相似但又略有不同的命令。拉伸是一个截面沿着垂直于这个截面方向进行拉伸而得到的三维模型。融合是两个形状不同且相互平行的截面沿着垂直于这二截面方向进行拉伸而得到的三维模型。

（5）调整抗剪键高度。在“项目浏览器”中选择“立面”｜“前”选项，如图 4.12 所示，进入前立面图，如图 4.13 所示。在“属性”面板中的“第二端点”一栏中输入 80，如图 4.14 所示。操作完成后，单击 √｜×选项板中的 √ 按钮退出，如图 4.15 所示。

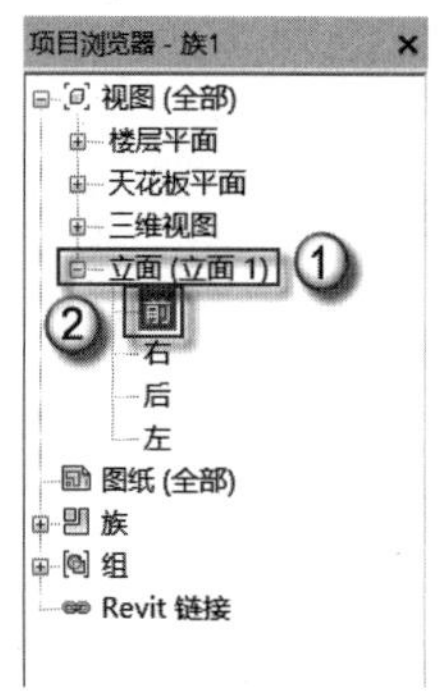

图 4.12　选择立面

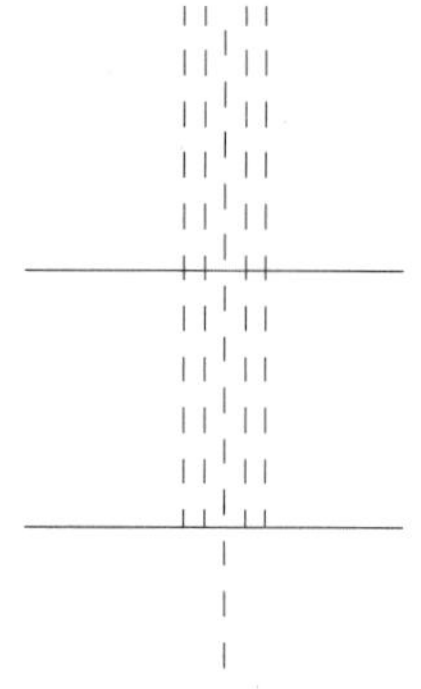

图 4.13　进入立面界面

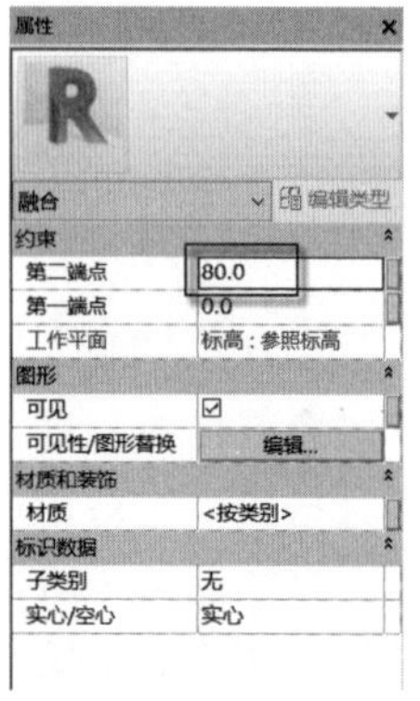

图 4.14　更改构建高度

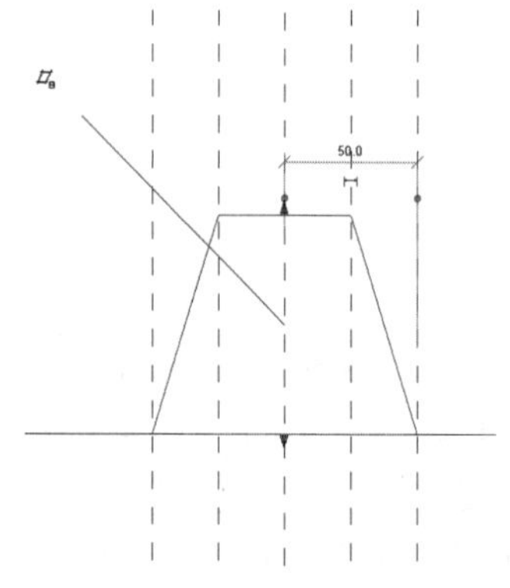

图 4.15　初步完成构件

（6）检查抗剪键。按 F4 键，进入三维视图，如图 4.16 所示。观察可发现构件倒置，因此需要进行修改。

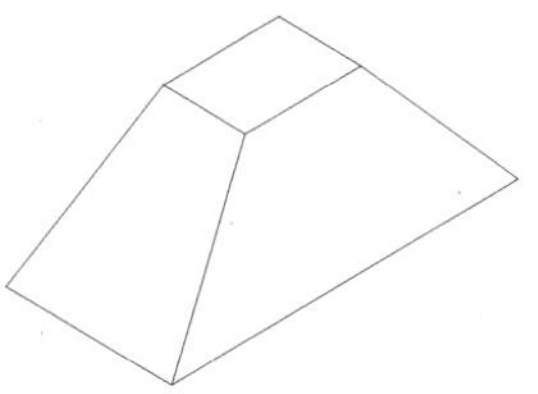

图 4.16　检查抗剪键

（7）修改绘制抗剪键下边框。返回楼层平面图，双击抗剪键底部边框，进入修改界面，然后框选出抗剪键底部边框，并按下 Delete 键删除，如图 4.17 所示。然后在原来的顶部边框处用矩形绘制出修改后的底部边框，完成后如图 4.18 所示。

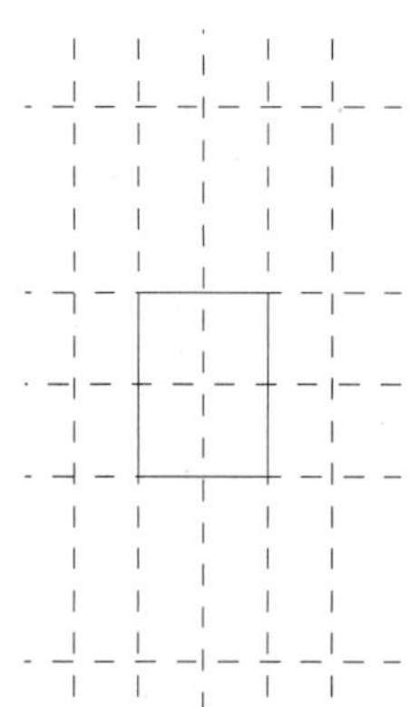

图 4.17　删除原底部边框

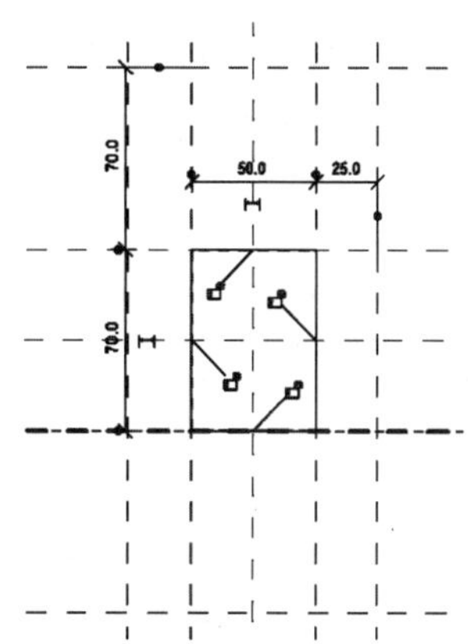

图 4.18　绘制新的抗剪构建下边框

（8）修改绘制抗剪键上边框。单击选择菜单栏中的编辑顶部，完成后可以看见编辑顶部标签变为编辑底部标签，可知已进入绘制抗剪键顶部的平面。单击抗剪键顶部边框，按 Delete 键将其删除，如图 4.19 所示。然后在原来的顶部边框处用矩形绘制出修改后的顶部边框如图 4.20 所示，完成后如图 4.21 所示。完成后，单击菜单中 √ | ×选项板中的 √ 按钮退出，完成后如图 4.22 所示。

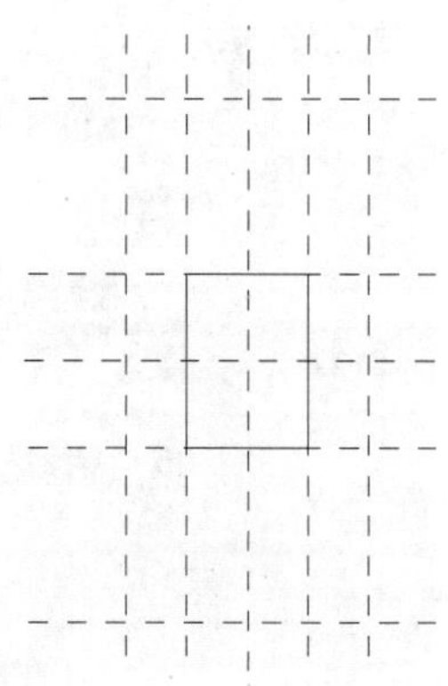

图 4.19　删除原顶部边框

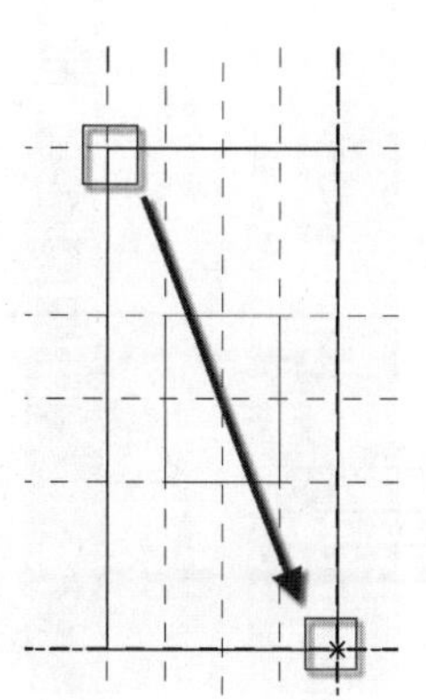

图 4.20　绘制新顶部边框

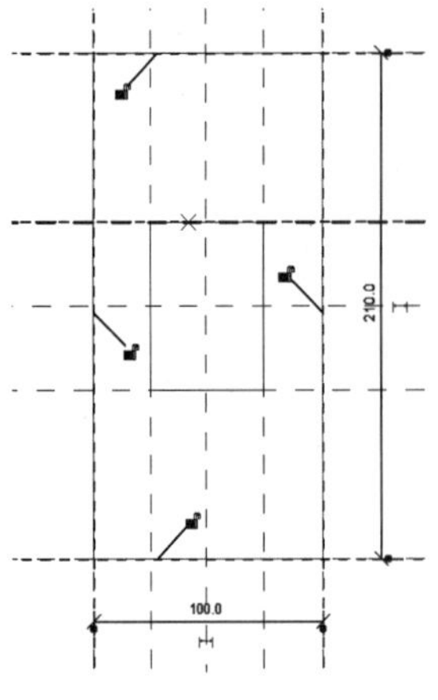

图 4.21　完成新顶部边框

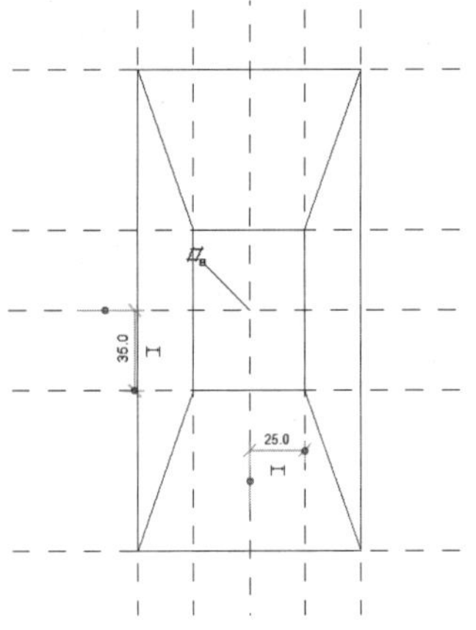

图 4.22　完成抗剪键修改

注意： 由于抗剪键在第一次绘图时倒置了，所以在修改时要把顶、底部图形对换。但是“融合”没有这样互换的功能，只能再重画一次顶部、底部的图形。

（9）检查抗剪键。按 F4 键，发出三维视图命令，如图 4.23 所示。可以观察到原来倒置的构件翻转了，现在已经完成了正确的抗剪键。

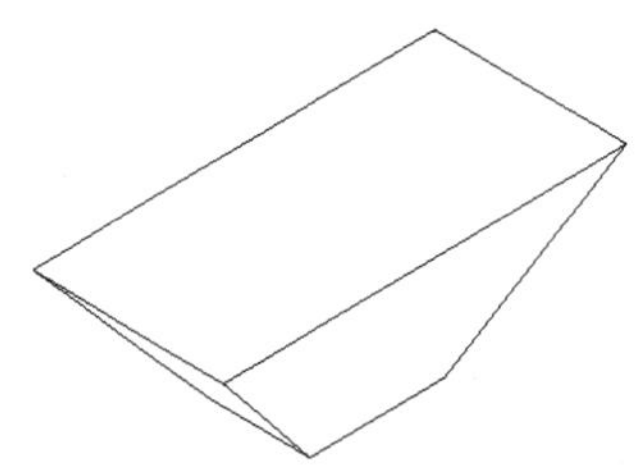

图 4.23　检查抗剪键三维视图

（10）赋予抗剪键材质。在三维视图选中抗剪键，选择“属性”面板中的“材质”|“<按类别>”按钮，如图 4.24 所示。弹出“材质浏览器”对话框，选择其中的“后浇砼”材质，然后单击“确定”按钮，如图 4.25 所示。

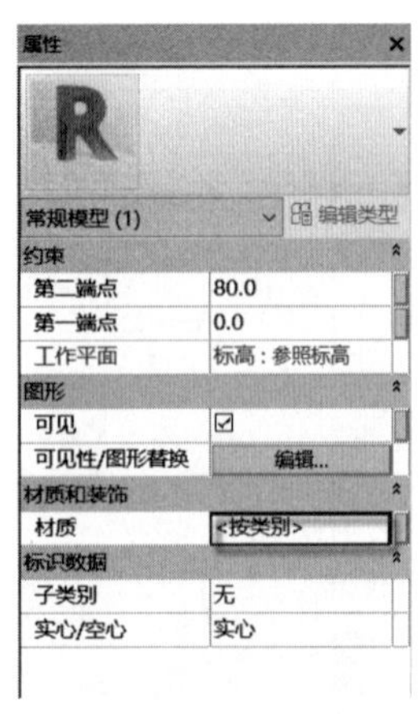

图 4.24　选择材质栏

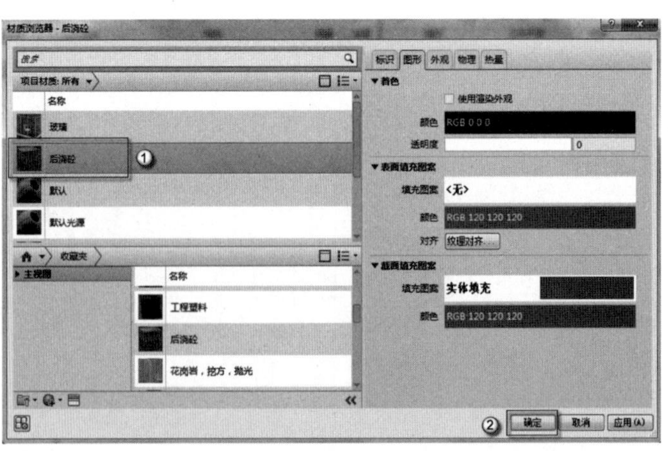

图 4.25　选择材质类型

（11）保存族文件。选择 R｜“另存为”｜“族”命令，在弹出的“另存为”对话框的“文件名”一栏中输入“抗剪键”，然后单击“确定”按钮，如图 4.26 所示。

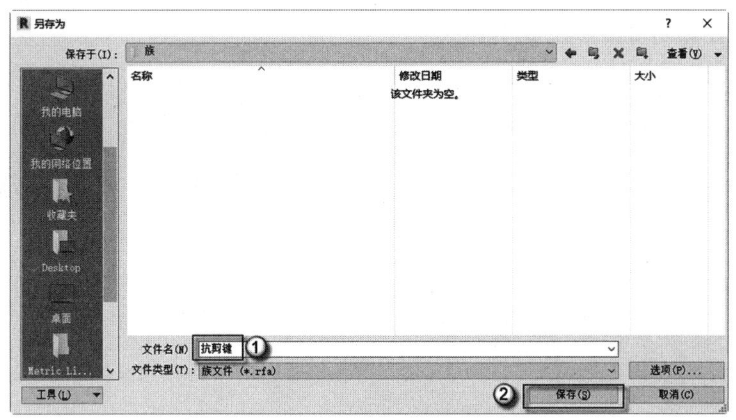

图 4.26　保存族文件

4.1.2　叠合梁的几何形式

本例中的叠合梁，下部分 PC 的厚度为 370mm，上部分后浇混凝土厚度为 80mm，梁的总高度为 450mm，梁的宽度统一设置为 200mm，具体操作如下。

（1）Revit 的启动并打开适合的族样板。双击桌面 Revit 图标，在弹出的 AUTODESK REVIT 对话框中选择“族”｜“打开”选项，在弹出的“打开”对话框中选择“结构”｜“框架”｜“混凝土”｜“混凝土-矩形梁”族文件，单击“打开”按钮，如图 4.27 所示。进入族操作页面后，可以观察到一个三维矩形梁，如图 4.28 所示。后面会在此基础上进行修改建立叠合梁。

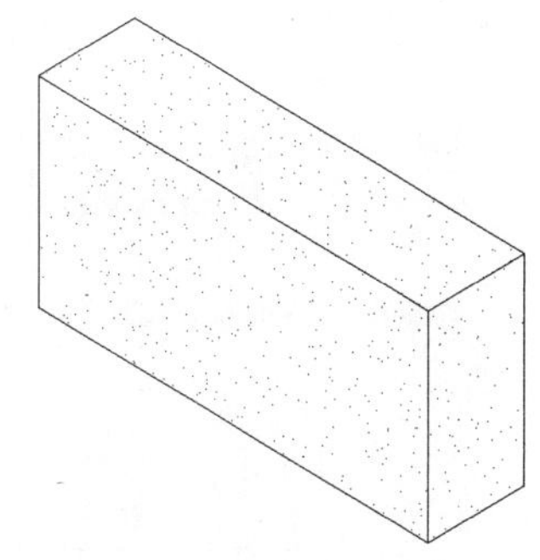

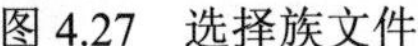
图 4.27　选择族文件　　　图 4.28　进入族文件

（2）修改族类型。在“项目浏览器”中选择“立面”｜“右”视图，可以进入矩形梁的右立面视图，如图 4.29 所示。选择菜单栏中的“修改”｜“属性”｜“族类型”命令，进入“族类型”修改界面。将“400×800mm”族类型名称删除，选择“300×600mm”族类型，在对话框中单击“重命名族类型”按钮，弹出“名称”对话框。在“名称”文本框中输入

YKL1，单击“确定”按钮，如图 4.30 所示。

注意：选择“300×600mm”族类型，是由于梁的宽度 300mm 与装配式建筑中 200mm 的梁宽更为接近，方便操作。

（3）修改族类型尺寸。在“族类型”对话框中，选择屏幕操作区“尺寸标注”标签，在 b 栏中输入 200，在 h 栏中输入 450，如图 4.31 所示。

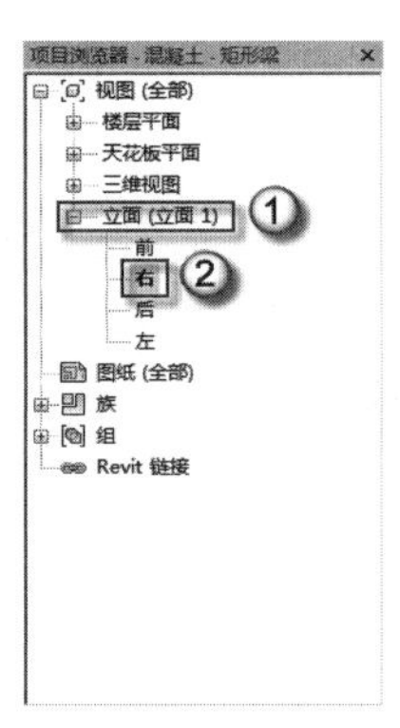

图 4.29　选择立面

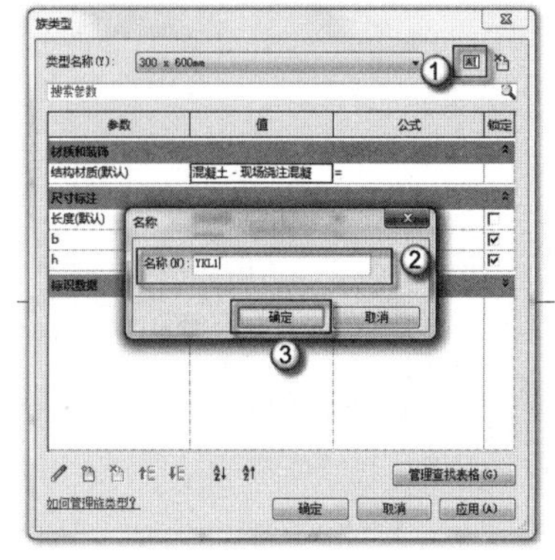

图 4.30　修改族类型名称

图 4.31　修改族类型尺寸标注

注意：在装配式建筑设计中，梁、剪力墙这样支座构件的宽度均设计为 200mm，这样可以减少构件类型，提高构件的重复利用次数，从而达到控制建筑成本的目的。

（4）修改族类型材质。在“族类型”对话框中，单击“材质和装饰”标签下“结构材质（默认）”后的“混凝土-现场浇注混凝土”按钮，弹出“材质浏览器”对话框。在其中选择“主视图”｜“收藏夹”｜“梁预制-混凝土”材质，选择“梁预制-混凝土”材质，单击“材质浏览器”对话框中的“确定”按钮，如图 4.32 所示。

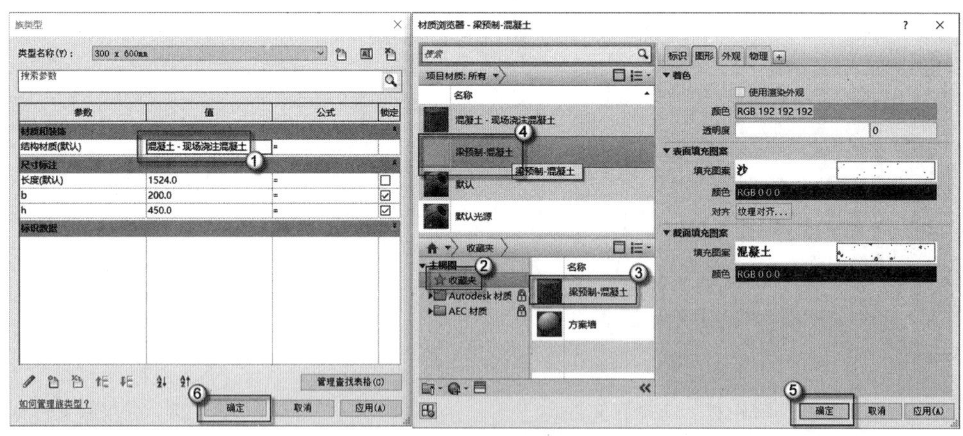

图 4.32　修改族类型材质

（5）绘制水平向参照平面。按 RP 快捷键，发出绘制参照平面命令，在偏移量一栏中输入 80，捕捉原来的横向参照平面，从右向左进行绘制，可以观察到在其下方出现一个新的参照平面，距离为刚才设置的 80 个单位，如图 4.33 所示。按 DI 快捷键，发出对齐尺寸标注命令，对参照平面与梁顶部距离进行对齐尺寸标注，此时出现一个开放的锁头，单击开放的锁头将其进入锁定状态，避免该尺寸随之后的操作而发生变化，如图 4.34 所示。

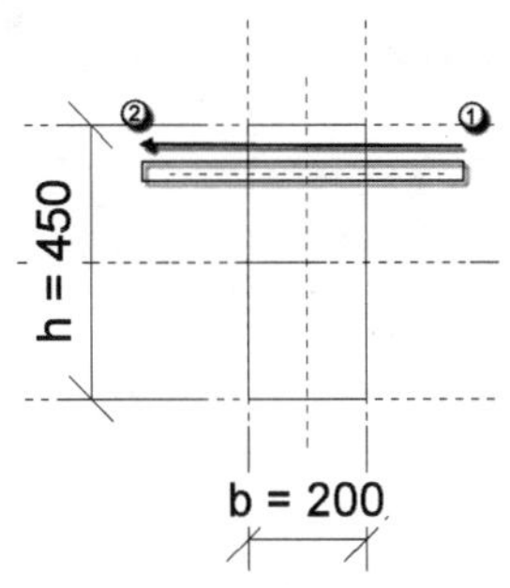

图 4.33　绘制水平向参照平面

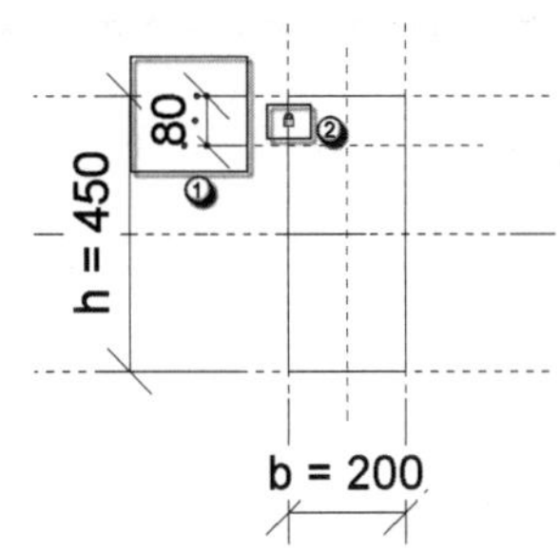

图 4.34　对齐尺寸标注并进入锁定状态

（6）绘制预制部分。双击轮廓，可以进入“放样”界面，选择轮廓，选择菜单栏中的“修改”｜“放样”｜“轮廓”｜“选择轮廓”命令，将“M_矩形梁—轮廓”选项改为“<按草图>”选项，选择“编辑轮廓”选项，选择菜单栏中的“绘制”｜“矩形”命令，通过拾取两个对角点（图中的①和②两个点）创建矩形，单击开放的锁头，锁头会变为锁定的状态，如图 4.35 所示。完成后，单击 √｜×选项卡中的 √ 按钮，退出“编辑轮廓”界面，再单击 √｜×选项卡中的 √ 按钮，退出“放样”界面。

（7）绘制后浇部分。在“项目浏览器”中选择“楼层平面”｜“参照标高”选项，可以进入矩形梁的平面视图，如图 4.36 所示。选择菜单栏中的“创建”｜“放样”｜“绘制路径”命令，由图①位置水平向向右移动捕捉点至图②的位置，绘制出放样所需的路径，并单击出现的开放的锁头，进入锁定状态，如图 4.37 所示。单击 √｜×选项卡中的 √ 按钮，退出“绘制路径”界面，进入“放样”界面。完成后如图 4.38 所示。选择菜单栏中的“修改”｜“放样”｜“选择轮廓”命令，将“M_矩形梁—轮廓”选项改为“<按草图>”选项，选择“编辑轮廓”选项，出现“转到视图”对话框，选择“立面：右”选项，单击“打开视图”按钮，如图 4.39 所示。选择菜单栏中的“绘制”｜“矩形”命令，通过拾取两个对角点（图中的①和②两个点）创建矩形，并单击出现的开放的锁头进入锁定的状态，如图 4.40 所示。完成后，单击 √｜×选项卡中的 √ 按钮，退出“编辑轮廓”界面，再单击 √｜×选项卡中的 √ 按钮，退出“放样”界面。完成后如图 4.41 所示。

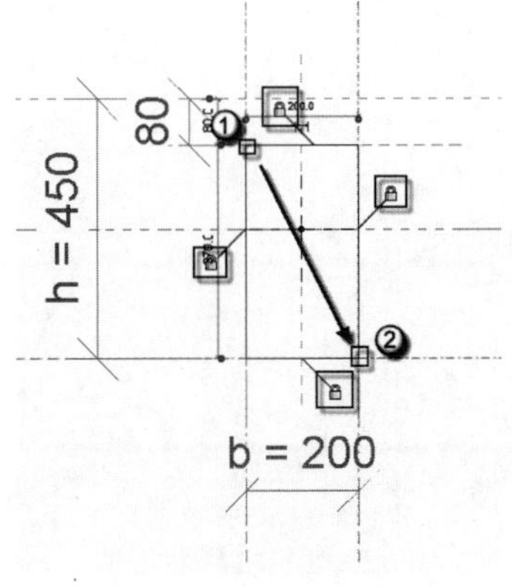

图 4.35　编辑预制部分轮廓

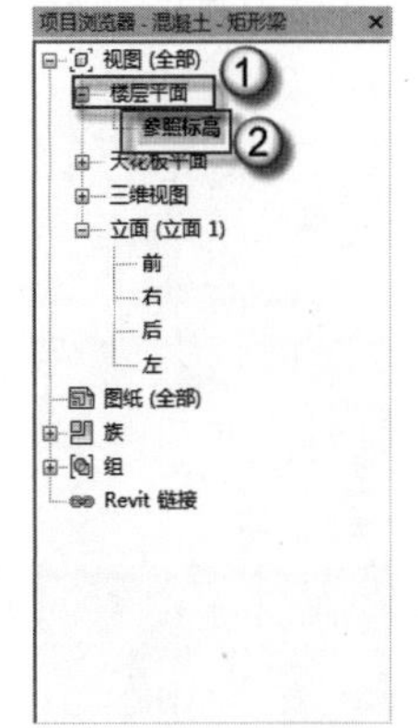

图 4.36　进入平面视图

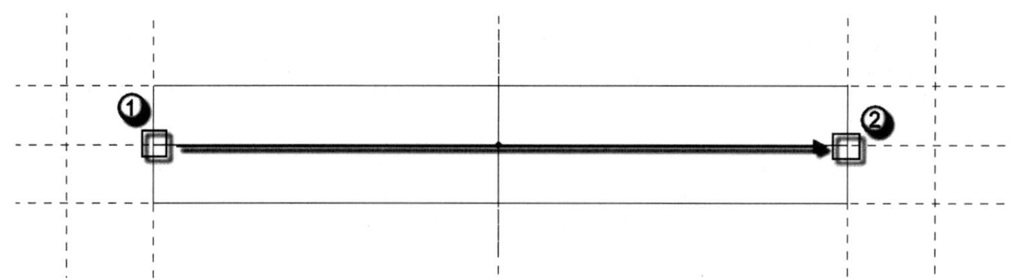

图 4.37　绘制路径

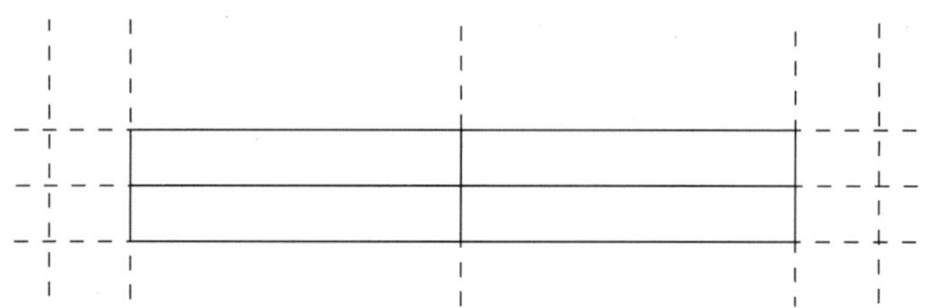

图 4.38　路径绘制完成

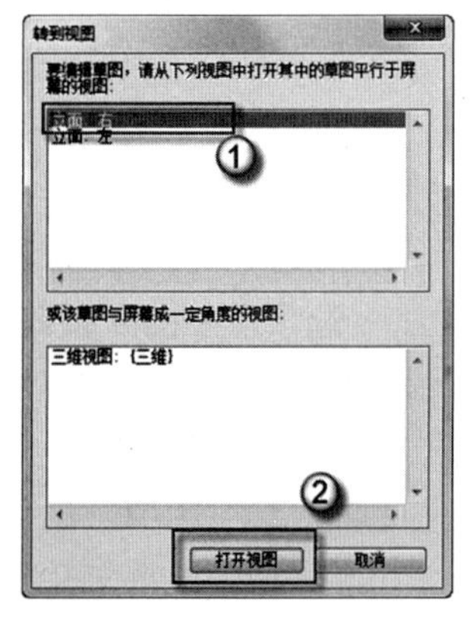

图 4.39　转到视图

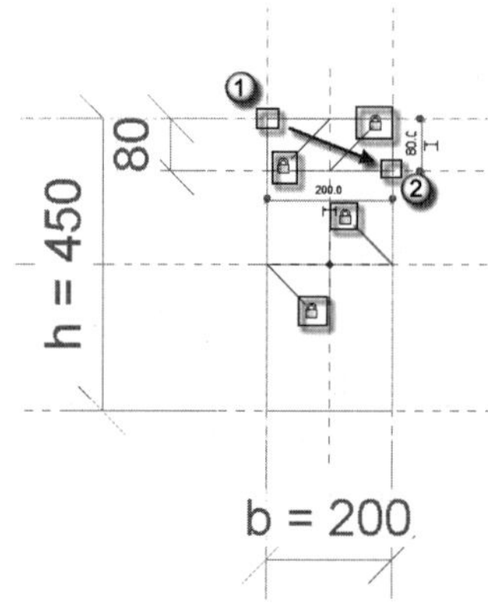

图 4.40　绘制后浇部分轮廓

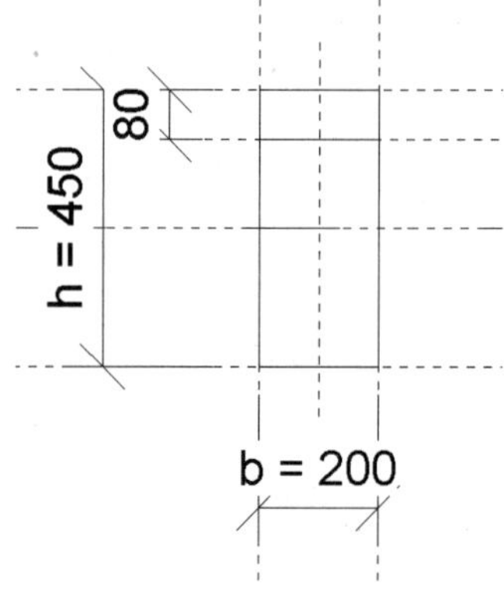

图 4.41　完成叠合梁绘制

（8）检查叠合梁。按 F4 键，发出三维视图命令，可以观察到两层组成叠合梁，上层为现浇部分，下层为预制部分，如图 4.42 所示。

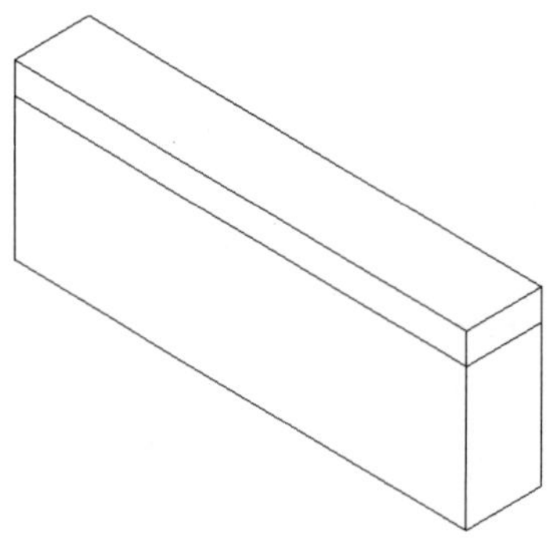

图 4.42　检查叠合梁三维视图

（9）赋予后浇部分材质。在三维视图选中后浇部分，单击“属性”面板中的“材质”|“<按类别>”按钮，如图 4.43 所示。弹出“材质浏览器”对话框，选择其中的“收藏夹”|“后浇混凝土”|“后浇混凝土”材质，然后单击“确定”按钮，如图 4.44 所示。

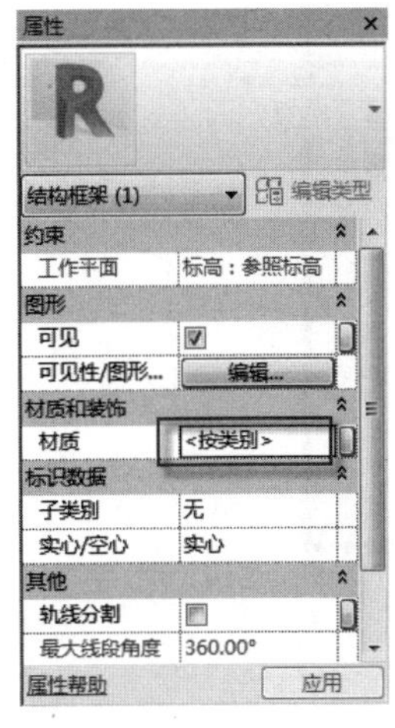

图 4.43　选择材质栏

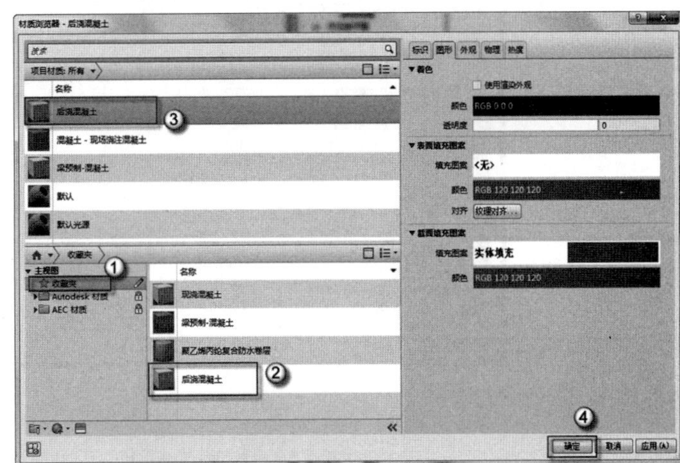

图 4.44　选择材质类型

（10）保存族文件。选择 R |“另存为”|“族”命令，在弹出的“另存为”对话框中的“文件名”一栏中输入“叠合梁”，然后单击“保存”按钮，如图 4.45 所示。

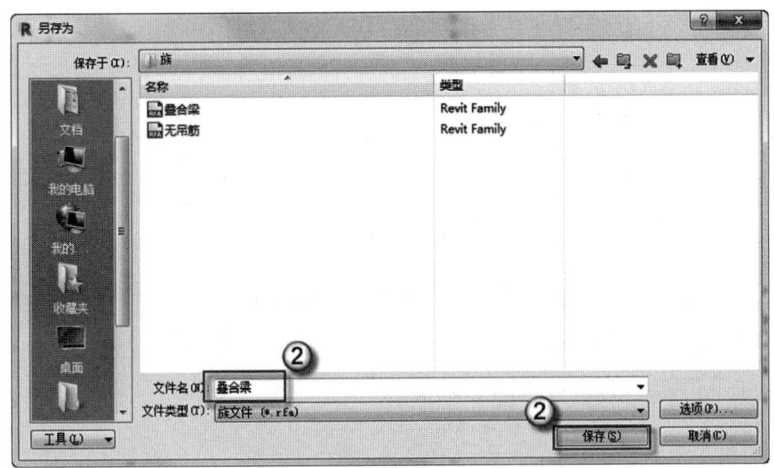

图 4.45　保存族文件

4.1.3　插入吊筋

叠合梁是在运输到现场之后，需要使用塔吊将其吊装到相应的楼层、相应的位置。这个吊筋就是起吊装作用，吊筋族在前面已经制作完成了，此处只需要插入这个族，并将其精确移动到相应的位置，具体操作如下。

（1）Revit 的启动并打开族文件。双击桌面 Revit 图标，在弹出的 AUTODESK REVIT 对话框中选择“族”|“打开”选项，在弹出的“打开”对话框中找到上一小节保存的“叠

合梁”族文件，单击“打开”按钮，如图 4.46 所示。完成后如图 4.47 所示，可观察到已制作完成的叠合梁部分，将在此基础上插入吊筋。

图 4.46　打开族文件

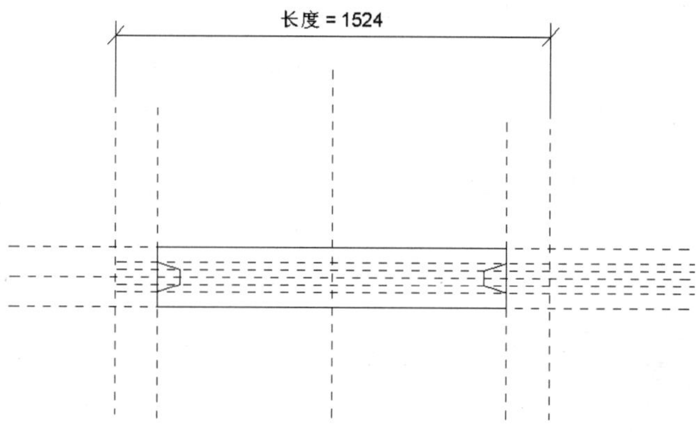

图 4.47　进入族文件

（2）插入嵌套族。执行“插入”｜“载入族”命令，在弹出的“载入族”对话框中选择“吊筋”“抗剪键”两个 RFA 族文件，单击“打开”按钮，将其载入，如图 4.48 所示。在族的编辑模式下再载入的族被称为“嵌套族”。

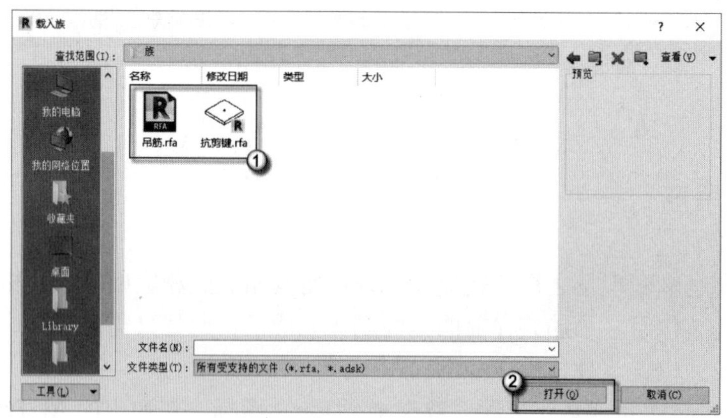

图 4.48　载入嵌套族

（3）插入右侧抗剪键。在“项目浏览器”中选择“立面（立面 1）”|“右”立面视图，可以进入叠合梁的右立面视图，如图 4.49 所示。在“项目浏览器”中选择“族”|“常规模型”|“抗剪键”|“抗剪键”选项，将其拖曳至叠合梁中，如图 4.50 所示。将拖曳至叠合梁的抗剪键进行调整，将其置入，如图 4.51 所示。

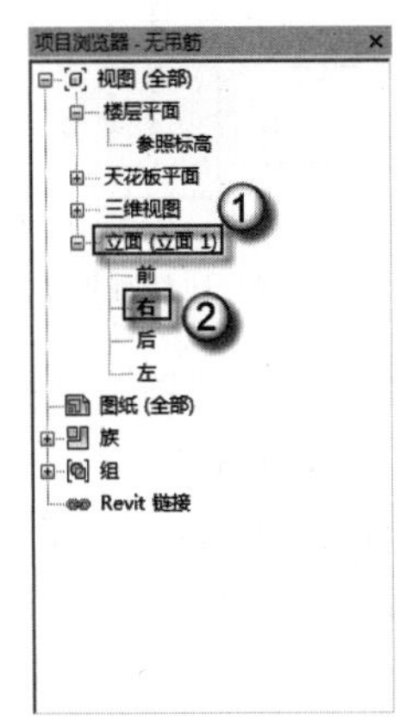

图 4.49　进入立面视图

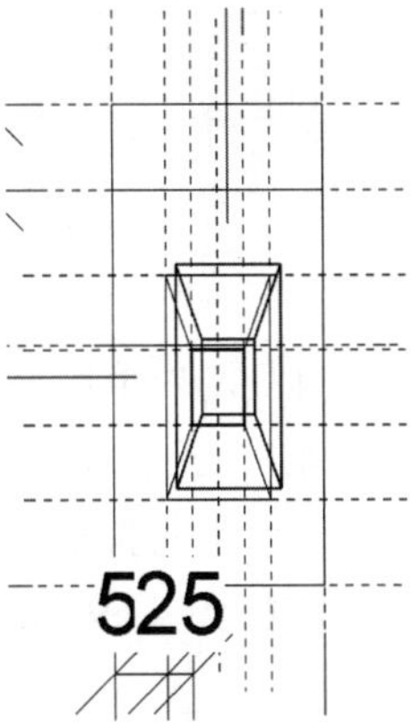

图 4.50　拖曳抗剪键

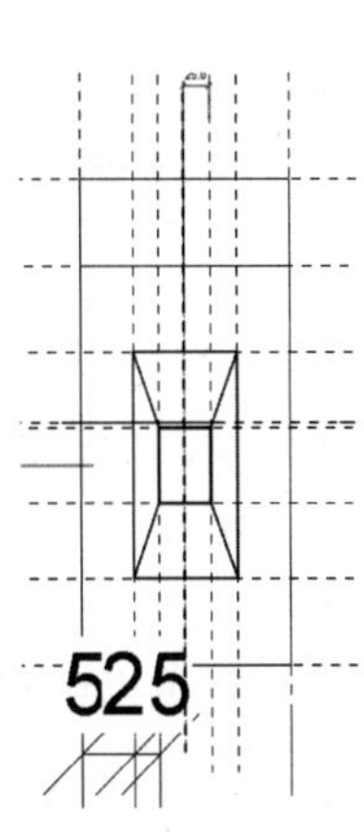

图 4.51　置入抗剪键

（4）调整抗剪键。在“项目浏览器”中选择“楼层平面”|“参照标高”平面视图，进入叠合梁的平面视图，可以观察到插入的抗剪键方向出现错误，如图 4.52 所示。选择抗剪键，按 MM 快捷键，发出镜像命令，单击两个抗剪键相交的部分进行镜像，如图 4.53 所示。完成后如图 4.54 所示。删除左侧的抗剪键，完成后如图 4.55 所示。

（5）锁定抗剪键。按 AL 快捷键，发出对齐命令，依次选中叠合梁参照边线及抗剪键底部边线，将其进行对齐，单击开放的锁头，锁头会变为锁定的状态。完成后如图 4.56 所示。

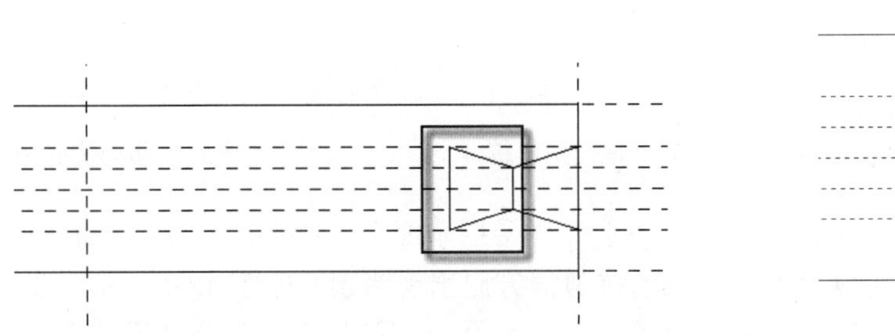

图 4.52　进入平面视图

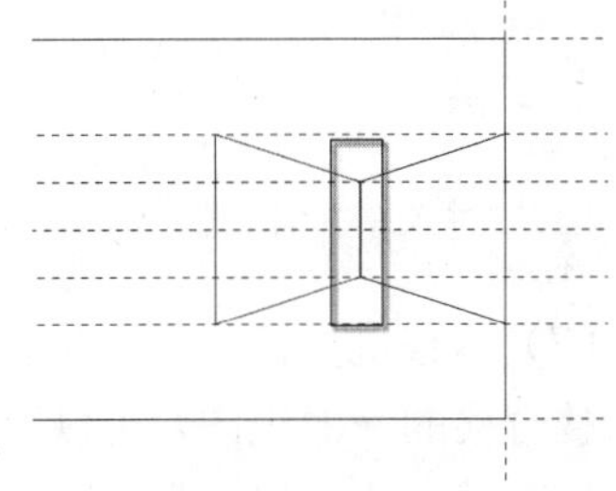

图 4.53　进行抗剪键镜像

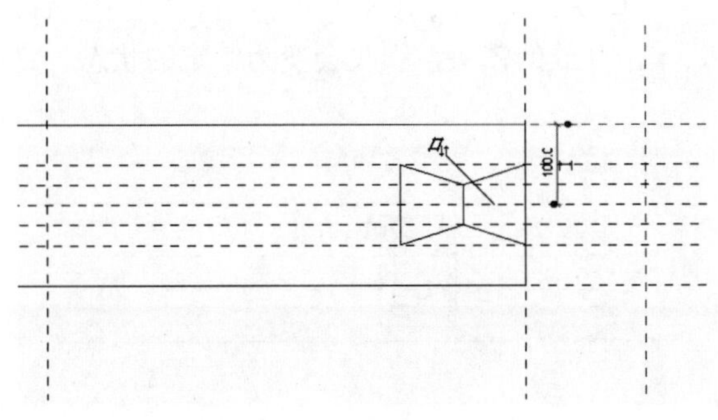

图 4.54　完成抗剪键的镜像

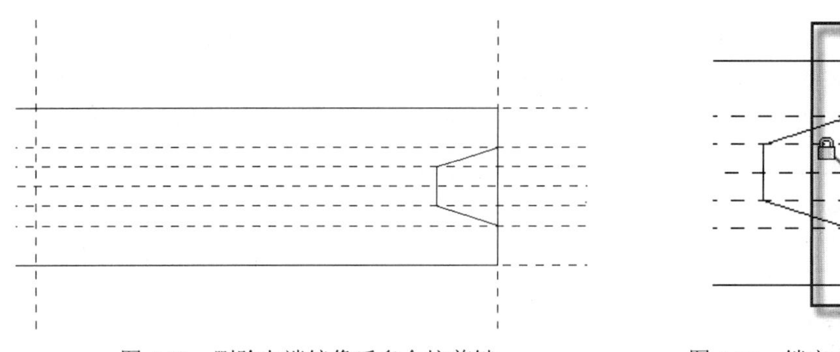

图 4.55　删除左端镜像后多余抗剪键　　　　图 4.56　锁定右侧抗剪键

（6）插入左侧抗剪键。在“项目浏览器”中选择“立面（立面 1）”|“左”立面视图，可以进入叠合梁的左立面视图，如图 4.57 所示。在“项目浏览器”中选择“族”|“常规模型”|“抗剪键”|“抗剪键”选项，将其拖曳至叠合梁中，如图 4.58 所示。将拖曳至叠合梁的抗剪键进行调整，将其置入，如图 4.59 所示。

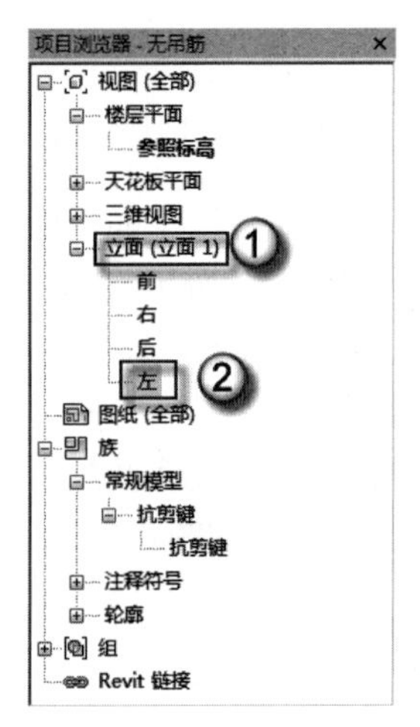

图 4.57　进入左立面视图

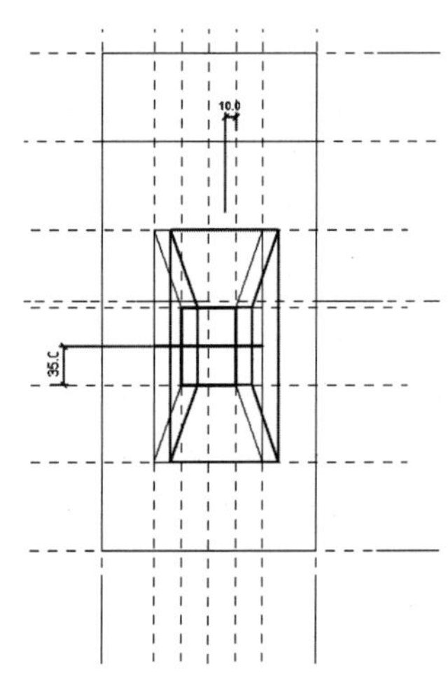

图 4.58　拖曳抗剪键

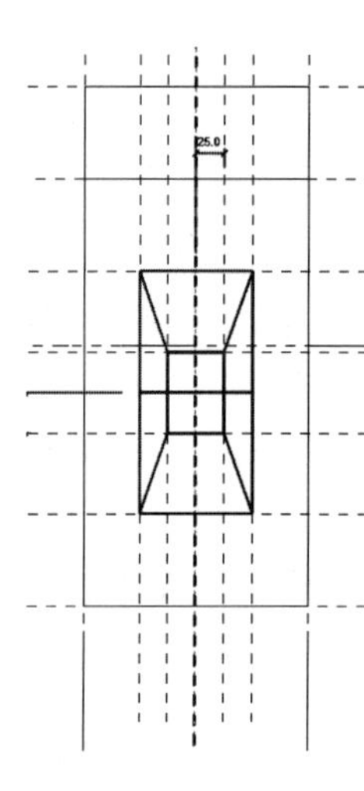

图 4.59　移动抗剪键

（7）调整抗剪键。在“项目浏览器”中选择“楼层平面”|“参照标高”平面视图，进入叠合梁的平面视图，可以观察到插入的抗剪键方向出现错误，如图 4.60 所示。选择插入的抗剪键，按 MM 快捷键，发出镜像命令，单击两个抗剪键相交的部分进行镜像，如图 4.61 所示。完成后如图 4.62 所示。删除右侧的抗剪键，完成后如图 4.63 所示。

（8）锁定抗剪键。按 AL 快捷键，发出对齐命令，依次选中叠合梁参照边线及抗剪键底部边线，将其进行对齐，单击开放的锁头，锁头会变为锁定的状态。完成后如图 4.64 所示。

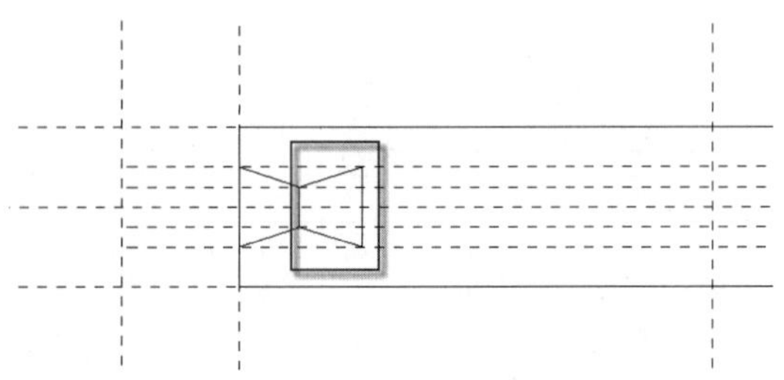

图 4.60　进入平面视图

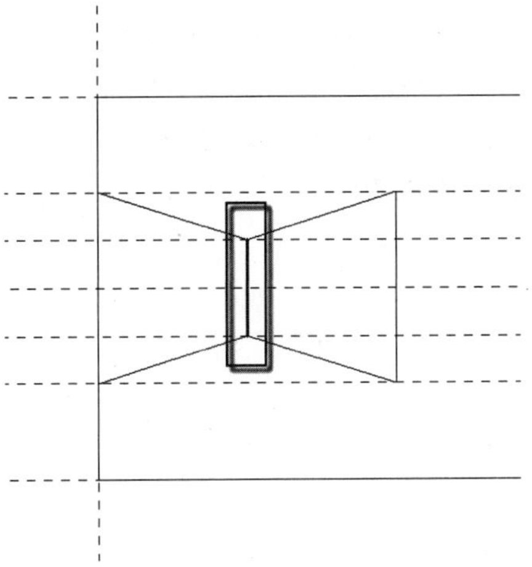

图 4.61　进行抗剪键镜像

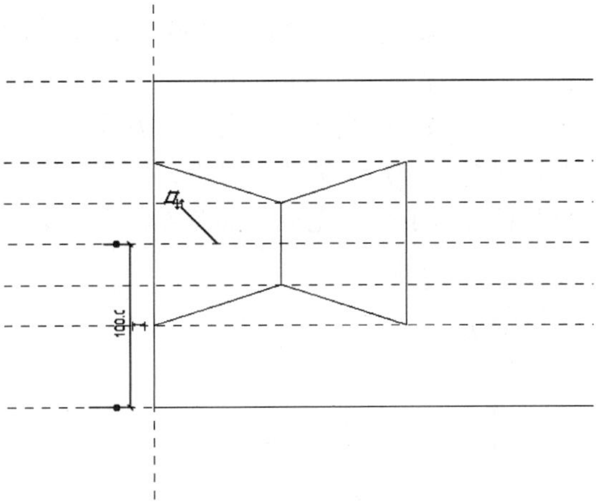

图 4.62　完成抗剪键镜像

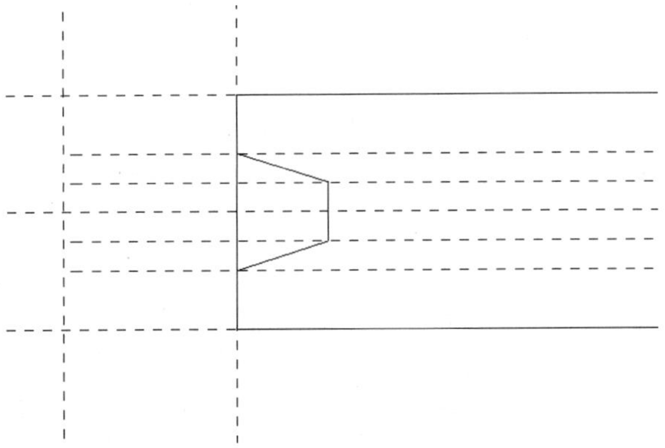

图 4.63　删除右端镜像后多余抗剪键

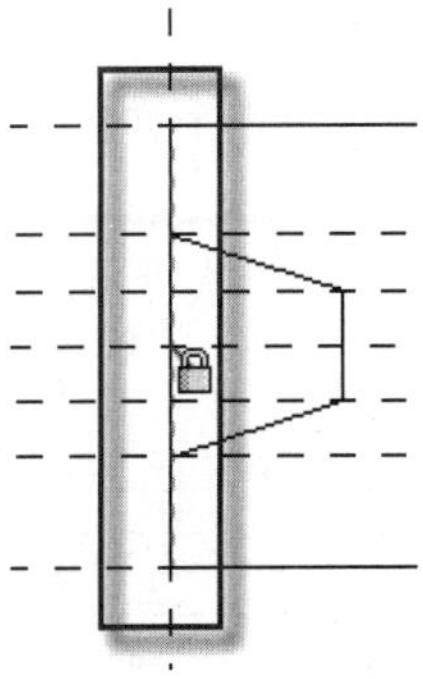

图 4.64　锁定左侧抗剪键

（9）锁定抗剪键。按 F4 键，发出三维视图命令，可以观察到叠合梁，如图 4.65 所示。选择视觉样式为“着色”，完成后如图 4.66 所示。

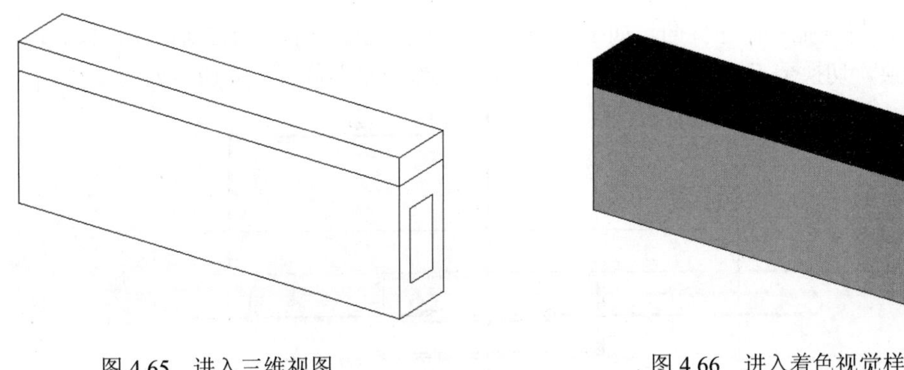

图 4.65　进入三维视图

图 4.66　进入着色视觉样式

（10）绘制竖向参照平面。在“项目浏览器”中选择“楼层平面”｜“参照标高”平面视图，可以进入叠合梁的平面视图。按 RP 快捷键，发出绘制参照平面命令，在偏移量一栏中输入 300，捕捉左侧界线，从上向下进行绘制，可以观察到在其右侧出现一个新的参照平面，距离为刚才设置的 300 个单位，如图 4.67 所示。选中刚画完的水平向参照平面，再按 MM 快捷键，发出镜像命令，单击原有的中心竖直向参照平面完成镜像，完成后如图 4.68 所示。按 DI 快捷键，发出对齐尺寸标注命令，对参照平面之间以及参照平面与梁底部距离进行对齐尺寸标注，单击开放的锁头，锁头会变为锁定的状态，避免该尺寸随之后的操作而发生变化，完成后如图 4.69 所示。

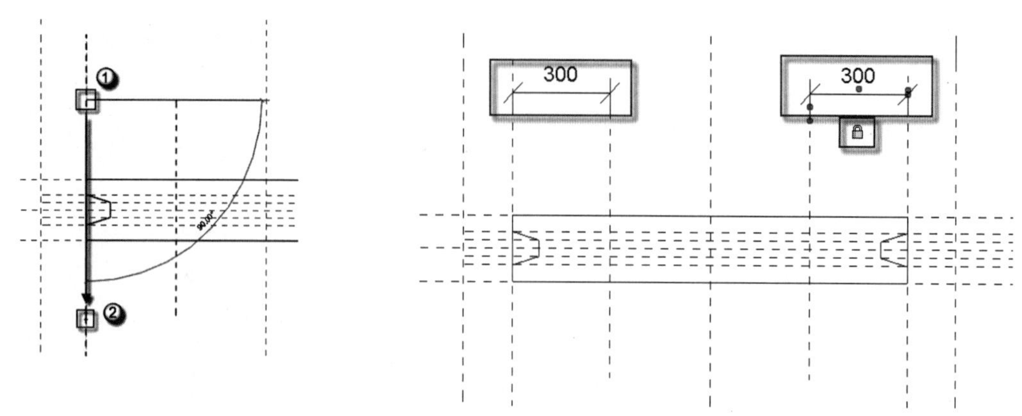

图 4.67　绘制竖直向参照平面

图 4.68　对齐尺寸标注并进行锁定

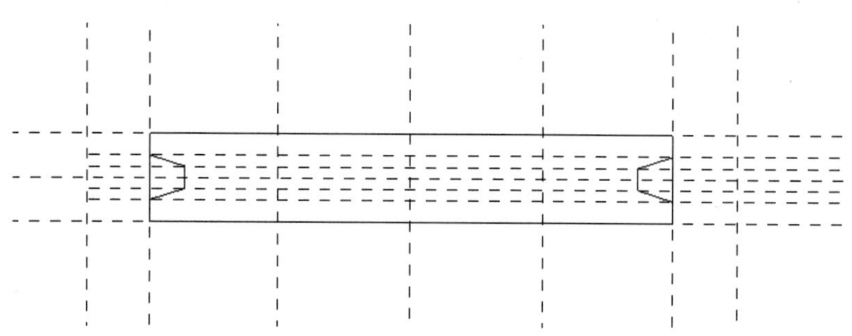

图 4.69　完成参照平面绘制

（11）拖入吊筋。在“项目浏览器”中选择“族”|“常规模型”|“吊筋”|“框梁吊筋”选项，将其拖入操作界面，如图 4.70 所示。可以观察到吊筋的方向错误，按 Space 键进行方向切换，切换至正确方向后插入上一步绘制的参照平面位置。完成后如图 4.71 所示。

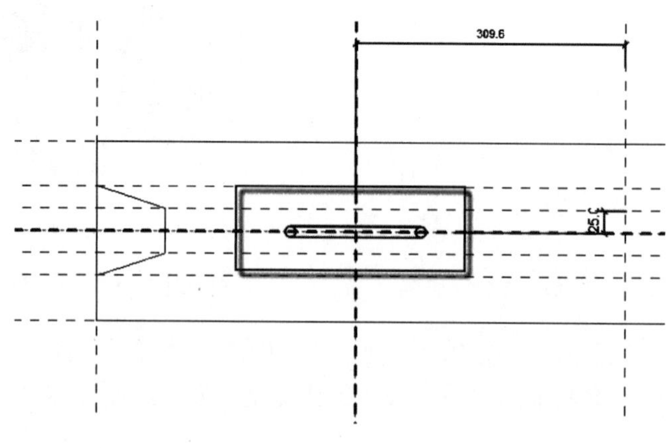

图 4.70　拖入吊筋

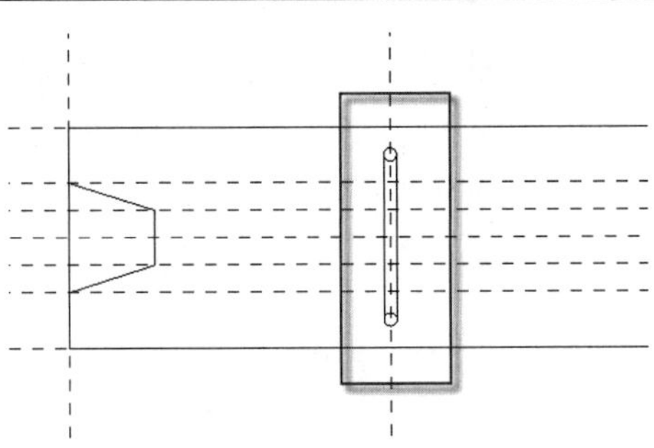

图 4.71　转换吊筋方向并置入吊筋

（12）调整吊筋。在“项目浏览器”中选择“立面”|“左”立面视图，可以进入叠合梁的左立面视图，可以观察到插入的吊筋位置出现错误，如图 4.72 所示。选中插入的吊筋，按 MV 快捷键，发出移动命令，选择吊筋的端点作为移动的起点，向上移动至与梁底齐平，如图 4.73 所示。重复上一步操作，将吊筋向上移动 20 个单位，完成后如图 4.74 所示。

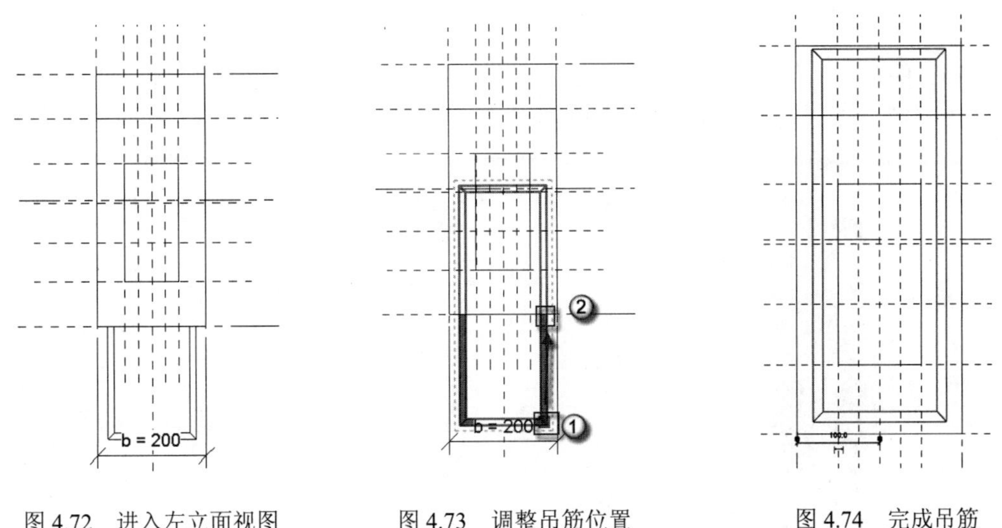

图 4.72　进入左立面视图　　图 4.73　调整吊筋位置　　图 4.74　完成吊筋

注意： 吊筋位置并非与叠合梁梁底对齐，而是位于叠合梁梁底上方 20mm。在移动过程中，先将吊筋底部与叠合梁底部对齐，然后再将其向上移动 20mm。

（13）对吊筋进行镜像。在“项目浏览器”中选择“楼层平面”|“参照标高”平面视图，可以进入叠合梁的平面视图。选中刚刚插入的吊筋，按 MM 快捷键，发出镜像命令，单击原有的中心竖直向参照平面完成镜像，完成后如图 4.75 所示。

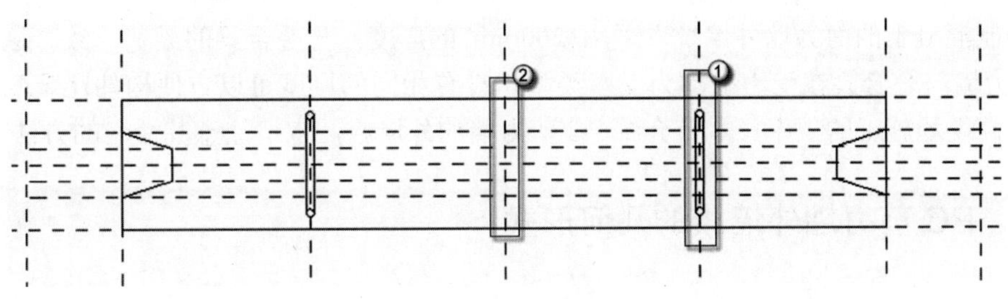

图 4.75　完成吊筋

（14）锁定吊筋位置。按 AL 快捷键，发出对齐命令，依次选中对应的竖直向参照平面与吊筋，将其进行对齐，单击开放的锁头，锁头会变为锁定的状态。完成后如图 4.76 所示。再次进行对齐命令将水平向参照平面与吊筋进行锁定。

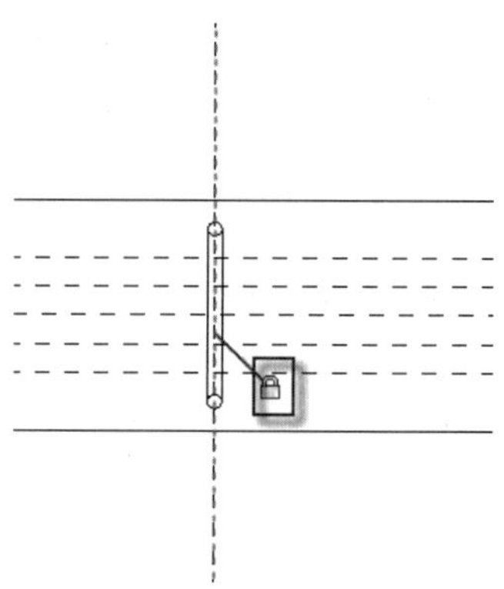

图 4.76　完成吊筋的锁定

（15）保存族文件。选择 R |“另存为”|“族”命令，在弹出的“另存为”对话框中的“文件名”一栏中输入“叠合梁”，然后单击“保存”按钮，如图 4.77 所示。

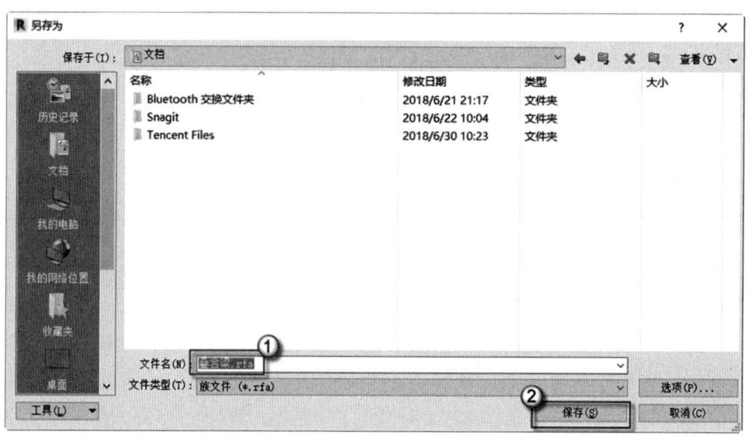

图 4.77　保存族文件

4.2　PC 剪力墙外墙族

预制混凝土的剪力墙外墙统一采用 200mm 的厚度，与叠合梁的梁宽一致。这是因为 PC 剪力墙与叠合梁在受力上均为支座类型，设置相同的厚度可以方便构件在装配时的操作，提高现场施工的效率。本节介绍 PC 剪力墙的外墙族，应请注意其命名的方法。

4.2.1　PC 剪力墙外墙族的几何形式

PC 剪力墙外墙族具有几种不同的形式，有无洞外墙、单洞外墙和双洞外墙三种形式，下面分别进行操作。

1．无洞外墙

（1）Revit 的启动并选择适合的族样板。双击桌面 Revit 图标，在弹出的 AUTODESK REVIT 对话框中选择“族”｜“新建”选项，在弹出的“选择样板文件”对话框中选择“基于面的公制常规模型”族样板文件，单击“打开”按钮，如图 4.78 所示。完成后如图 4.79 所示，可看见一个作为基准面的方框，便于对齐 PC 剪力墙外墙族的位置。

图 4.78　选择样板文件

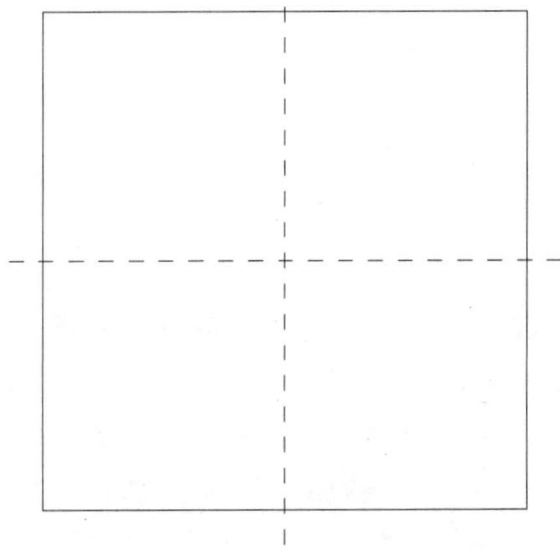

图 4.79　进入族样板

（2）绘制水平向参照平面。在“项目浏览器”中选择“立面”｜“前”选项，进入前立面视图，如图 4.80 所示。按 RP 快捷键，发出绘制参照平面命令，在偏移量一栏中输入 2860，选中参照平面会出现捕捉点，单击该点水平向右移动至如图所示②的位置，由于设置了 2860 的偏移量，因此会在上方出现一条参照平面，如图 4.81 所示。选中刚画完的水平向参照平面，按 CO 快捷键，发出复制命令，输入 140，向上复制，完成后如图 4.82 所示。按 DI 快捷键，发出对齐尺寸标注命令，对参照平面与基准面进行对齐尺寸标注，此时出现开放的锁头，单击开放的锁头将其进入锁定状态，避免该尺寸随之后的操作而发生变化，如图 4.83 所示。

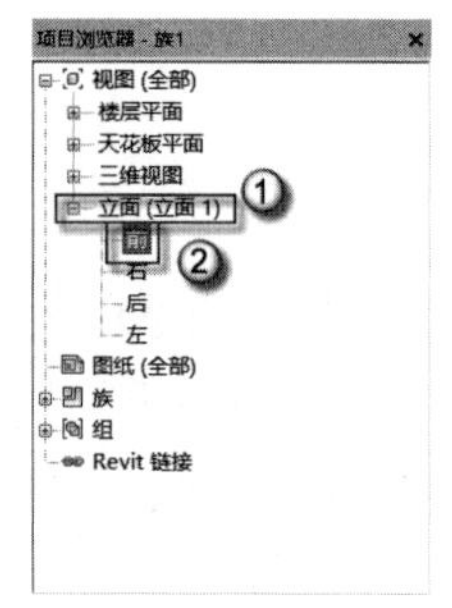

图 4.80　进入前立面视图

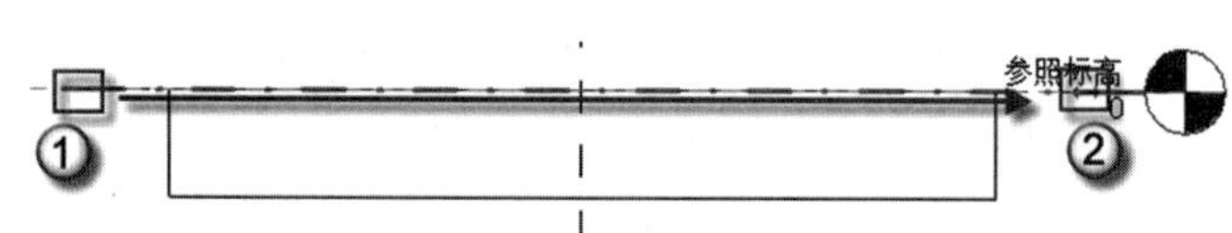

图 4.81　绘制上方参照平面

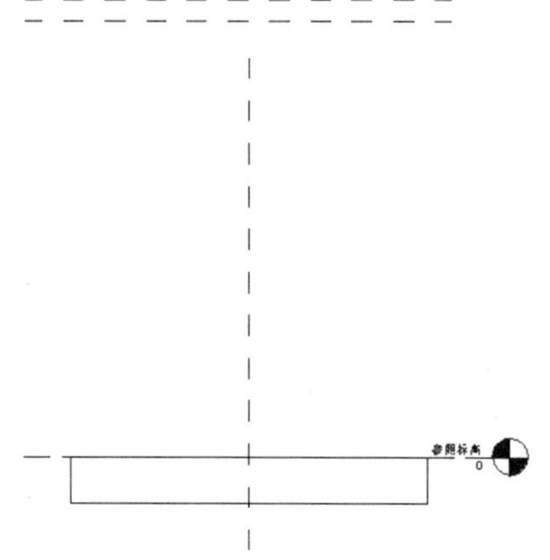

图 4.82　完成参照平面的绘制

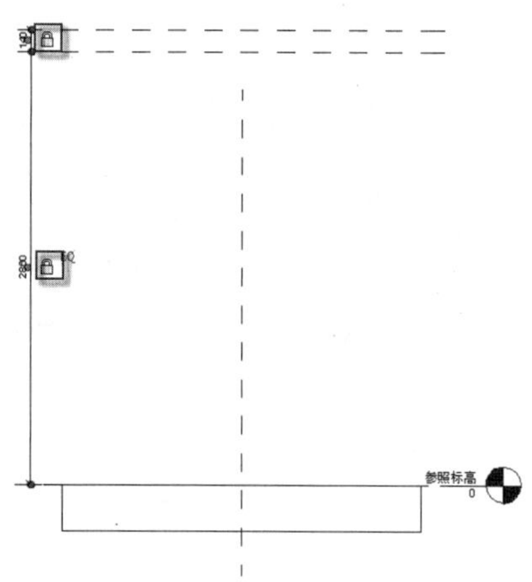

图 4.83　对齐尺寸标注并进入锁定状态

（3）绘制竖直向参照平面。按 RP 快捷键，发出绘制参照平面命令，在中心参照平面的两侧任意位置绘制两个竖直向参照平面，如图 4.84 所示。按 DI 快捷键，发出对齐尺寸标注命令，分别对两个竖直向参照平面与中心竖直向参照平面进行对齐尺寸标注，此时出现EQ按钮，单击这个按钮，设置等分约束的尺寸标注，如图 4.85 所示。按 DI 快捷键，发出对齐尺寸标注命令，对两个竖直向参照平面进行对齐尺寸标注，完成后如图 4.86 所示。选中刚操作完成的标注，选择菜单栏中的“修改”｜“标签尺寸标注”｜“创建参数”命令，弹出“参数属性”对话框，在“参数属性”对话框中“参数数据”下的“名称”一栏中填入“墙长”，单击“确定”按钮，如图 4.87 所示，完成后如图 4.88 所示。

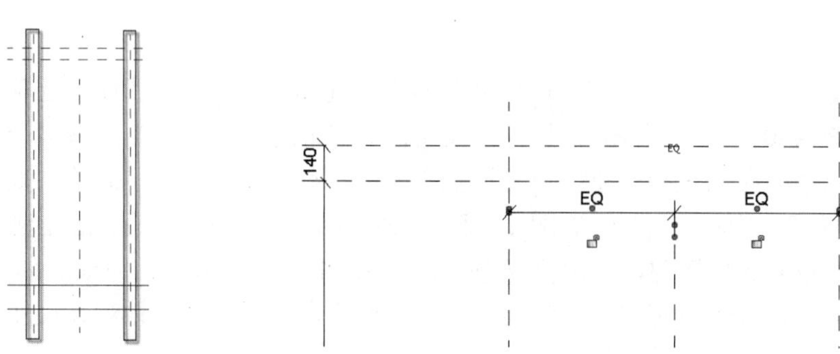

图 4.84　绘制竖直向参照平面

图 4.85　设置等分约束的尺寸标注

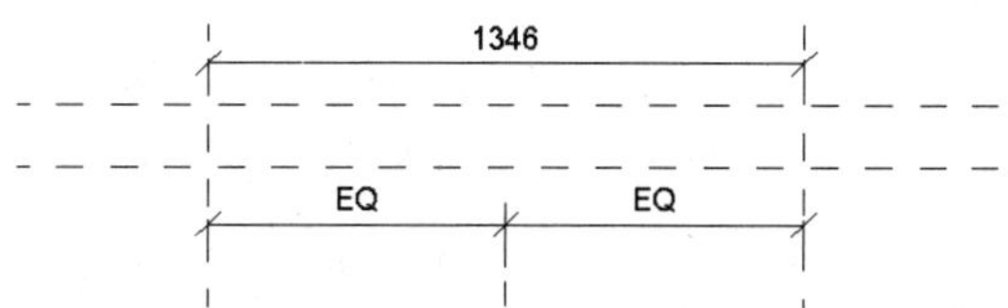

图 4.86　对齐尺寸标注

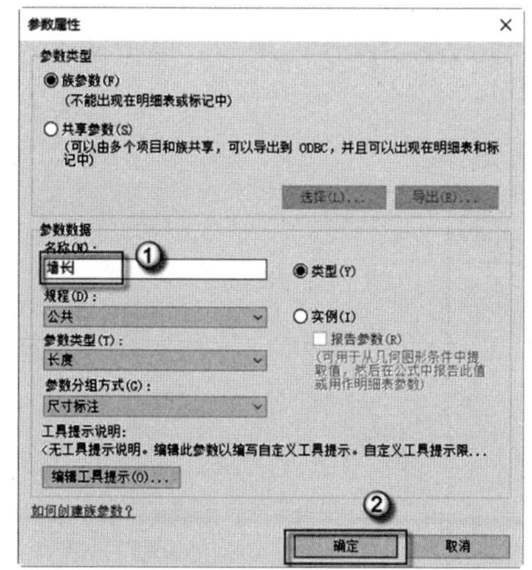

图 4.87　创建参数

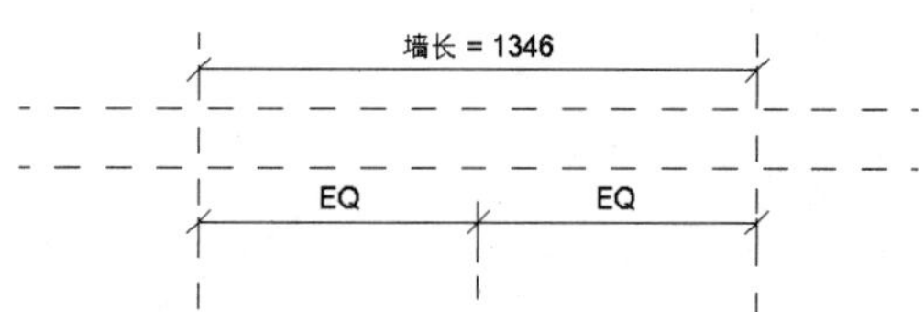

图 4.88　完成参数设置

（4）修改族类型。选择菜单栏中的“属性”|“族类型”命令，弹出“族类型”对话框，在对话框中修改“尺寸标注”标签下的“墙长”数值，输入 4500，单击“确定”按钮。完成后如图 4.89 所示。

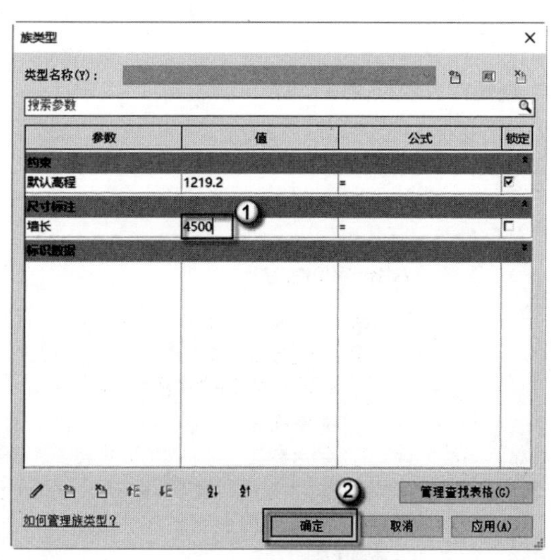

图 4.89　修改族类型

（5）创建剪力墙预制部分。选择菜单栏中的“创建”|“拉伸”命令，进入拉伸界面。选择菜单栏中的“绘制”|“矩形”命令，通过拾取两个对角点（图中的①和②两个点）

创建矩形，如图 4.90 所示。在“项目浏览器”中选择“楼层平面”|“参照标高”选项，进入平面视图，如图 4.91 所示。在“属性”面板中的“拉伸终点”一栏中输入 100，“拉伸起点”一栏中输入-100，如图 4.92 所示。在“属性”面板中，单击“可见性/图形替换”后的“编辑”按钮，弹出“族图元可见性设置”对话框，取消选中“平面/天花板平面视图”复选框，单击“确定”按钮，如图 4.93 所示。在“属性”面板中单击“材质和装饰”标签下“材质”后的“<按类别>”按钮，弹出“材质浏览器”对话框。在其中选择“主视图”|“收藏夹”|“剪力墙外墙-预制混凝土”材质，双击“剪力墙外墙-预制混凝土”材质，单击“材质浏览器”对话框中的“确定”按钮，如图 4.94 所示。操作完成后，单击 √ | × 选项板中的 √ 按钮退出，如图 4.95 所示。

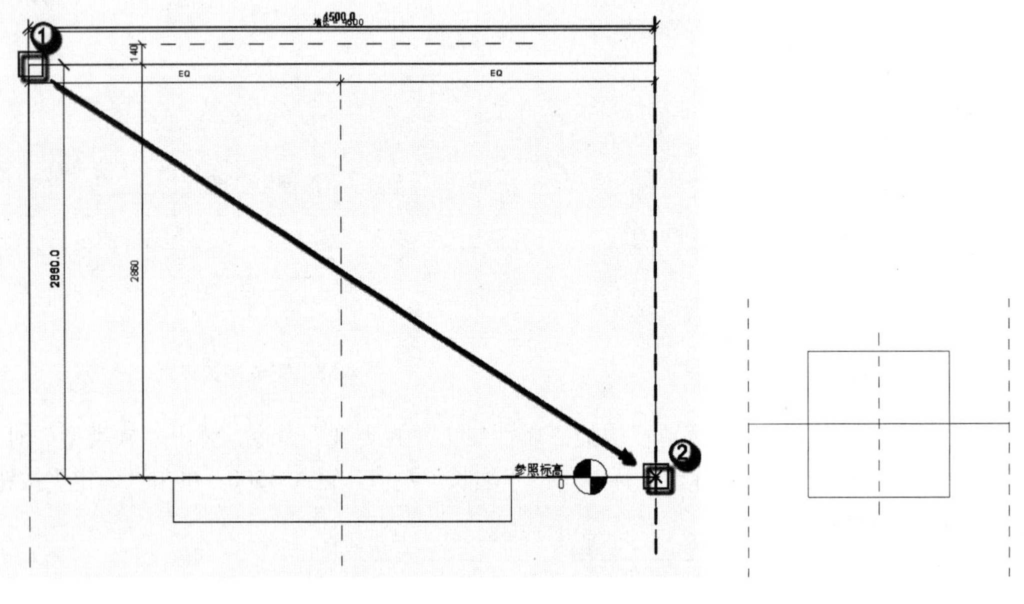

图 4.90　创建剪力墙预制部分

图 4.91　进入平面视图

图 4.92　更改剪力墙约束

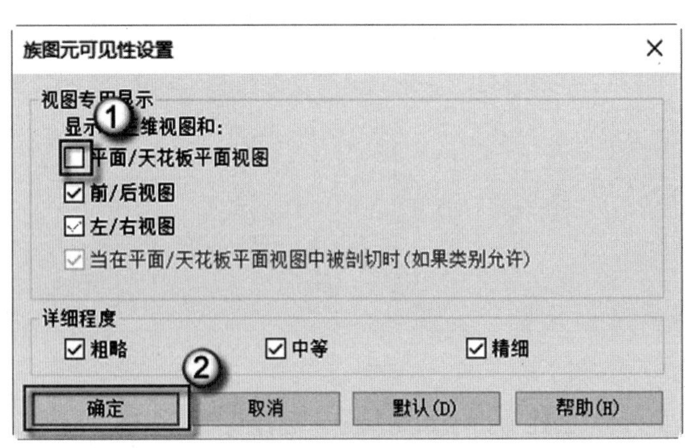

图 4.93　修改可见性

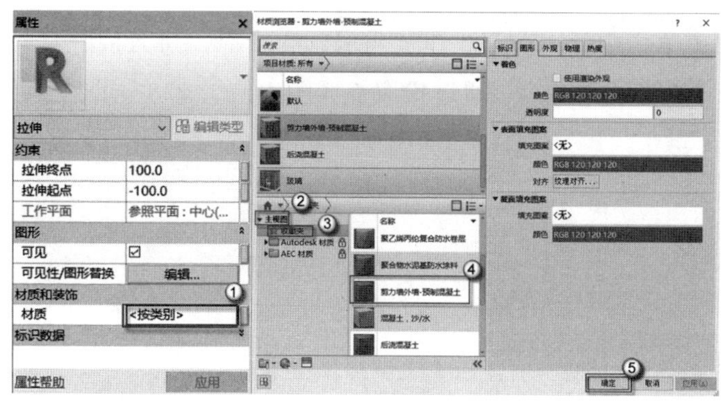

图 4.94　赋予剪力墙预制部分材质

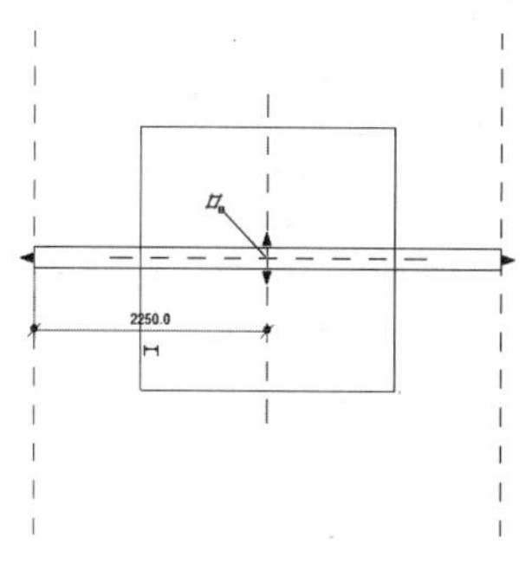

图 4.95　完成剪力墙预制部分

（6）创建剪力墙现浇部分。在“项目浏览器”中选择“立面”｜“前”视图，可以进入前立面视图，如图 4.96 所示。选择菜单栏中的“创建”｜“拉伸”命令，进入拉伸界面。选择菜单栏中的“绘制”｜“矩形”命令，通过拾取两个对角点（图中的①和②两个点）创建矩形，如图 4.97 所示。在“属性”面板中单击“材质和装饰”标签下“材质”后的“<按类别>”按钮，弹出“材质浏览器”对话框。在其中选择“主视图”｜“收藏夹”｜“后浇混凝土”材质，单击“材质浏览器”对话框中的“确定”按钮，如图 4.98 所示。操作完成后，单击√｜×选项板中的√按钮退出，如图 4.99 所示。

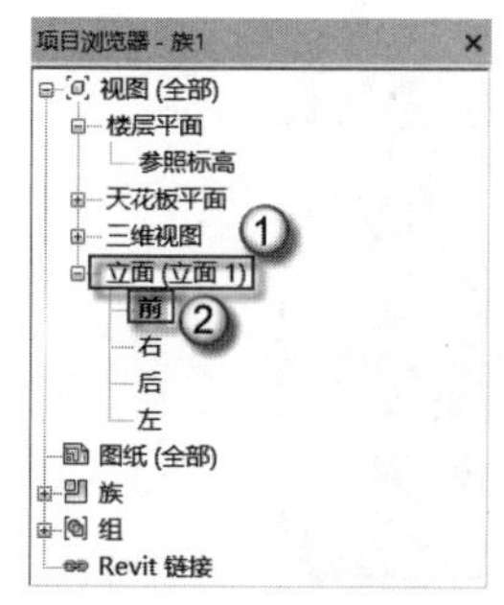

图 4.96　进入前立面视图

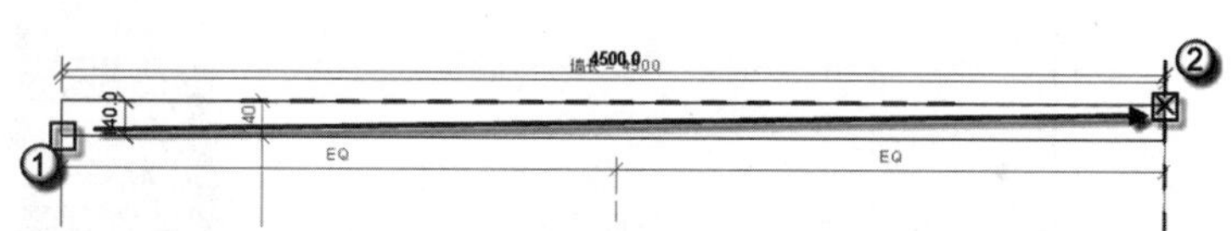

图 4.97　创建剪力墙现浇部分

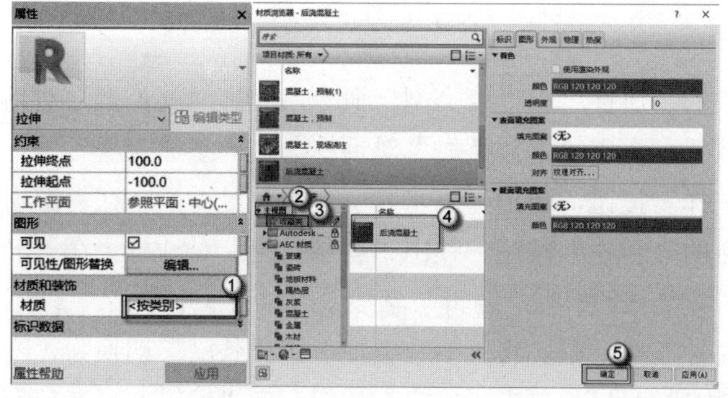

图 4.98　赋予剪力墙现浇部分材质

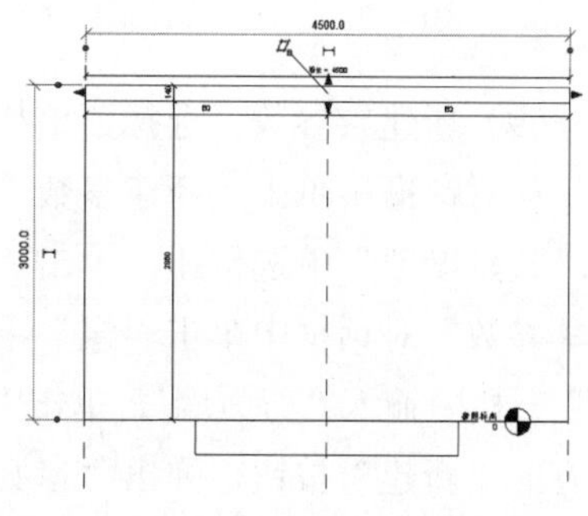

图 4.99　完成剪力墙现浇部分

（7）绘制符号线。在“项目浏览器”中选择“楼层平面”｜“参照标高”选项，进入平面视图，如图 4.100 所示。选择菜单栏中的“注释”｜“符号线”命令，进入放置符号线界面。选择菜单栏中的“绘制”｜“直线”命令，通过拾取点（图中的①②③④四个点）绘制直线，如图 4.101 所示。

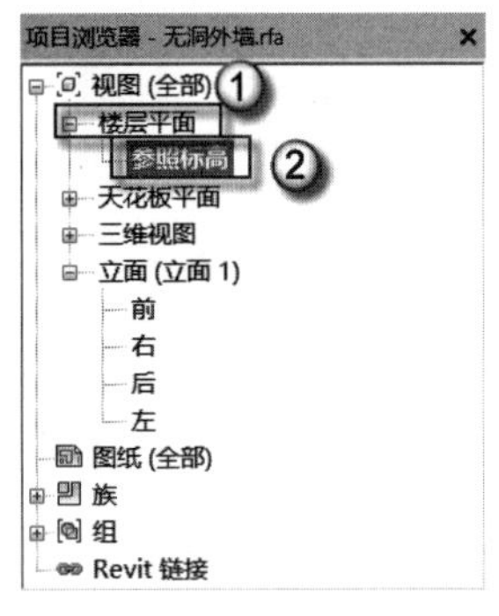

图 4.100　进入平面视图

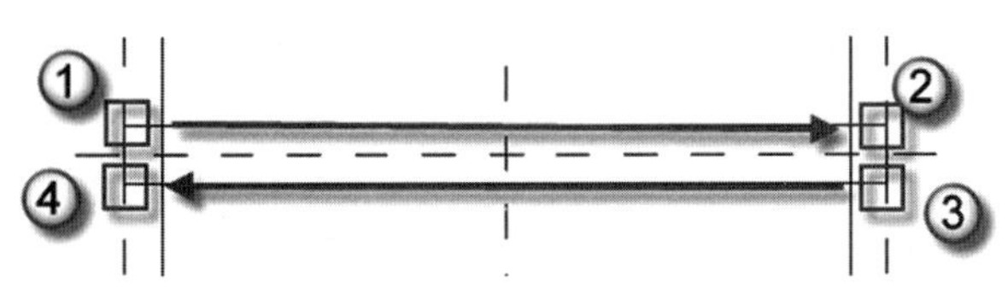

图 4.101　绘制符号线

（8）检查剪力墙基本形式。按 F4 键，发出三维视图命令，可以观察到两部分，一部分为预制部分墙体，另一部分为现浇部分墙体，如图 4.102 所示。选择视觉样式为“着色”，完成后如图 4.103 所示。

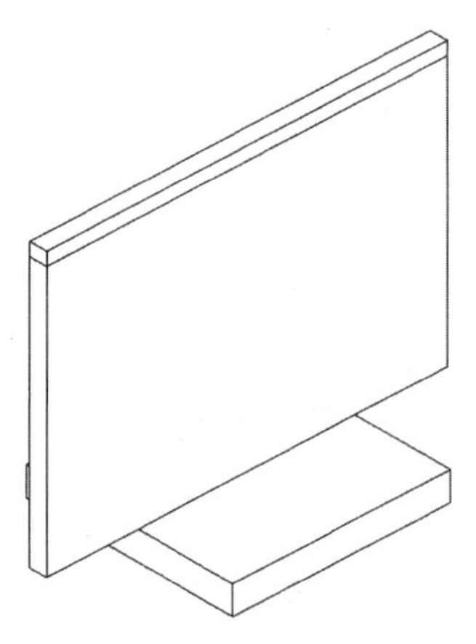

图 4.102　检查叠合梁三维视图

图 4.103　进入着色视觉样式

（9）新建族参数。选择菜单栏中的“属性”｜“族类型”命令，弹出“族类型”对话框，在对话框中单击“新建参数”按钮，弹出“参数类型”对话框。在“参数类型”下选中“共享参数”单选按钮，单击“选择”按钮，弹出“编辑共享参数”对话框。在“编辑共享参数”对话框中单击“组”下方的“新建”按钮，弹出“新参数组”对话框，在“名称”一栏中输入“剪力墙”，单击“确定”按钮。在“编辑共享参数”对话框中单击“参数”下方的“新建”按钮，弹出“参数属性”对话框。将“参数类型”由“长度”切换为“文字”，在“名称”一栏中输入“选用构建编号”，单击“确定”按钮。在“编辑共享参数”对话框中单击“确定”按钮，在“共享参数”对话框中单击“确定”按钮，在“参数属性”对话框中单击“确定”按钮，如图 4.104 所示。

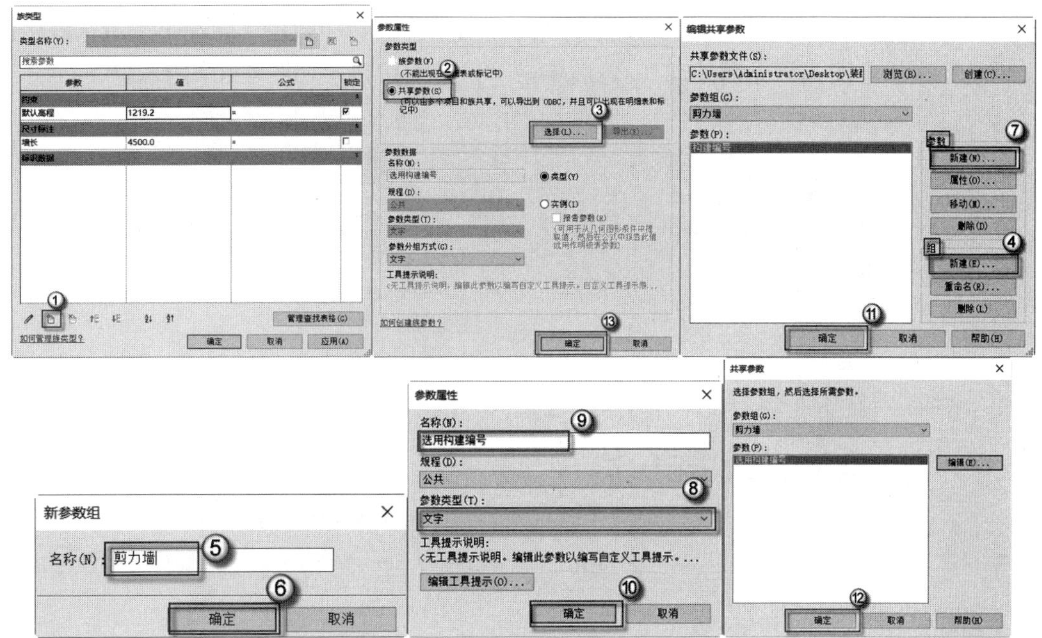

图 4.104　新建族参数

（10）新建族类型。选择菜单栏中的“属性”｜“族类型”命令，弹出“族类型”对话框，在对话框中单击“新建类型”按钮，弹出“名称”对话框，在文本框中输入 YWQ1，单击“确定”按钮，在“文字”下的“选用构建编号”一栏的文本框中输入 WQ-4530，单击“应用”按钮，如图 4.105 所示。

注意：YWQ1 的意思是，Y——预制，W——外，Q——墙，1——编号。WQ-4530 的意思是，W——外，Q——墙，45——墙的标志宽度是 4500mm，30——层高是 3m。

（11）新建族类型。接上一步继续操作，在“族类型”对话框中单击“新建类型”按钮，弹出“名称”对话框，在文本框中输入 YWQ2，单击“确定”按钮，在“文字”下的“选用构建编号”一栏的文本框中输入 WQ-2730，在“尺寸标注”下的“墙长”一栏的文本框中输入 2700，单击“应用”按钮，如图 4.106 所示。

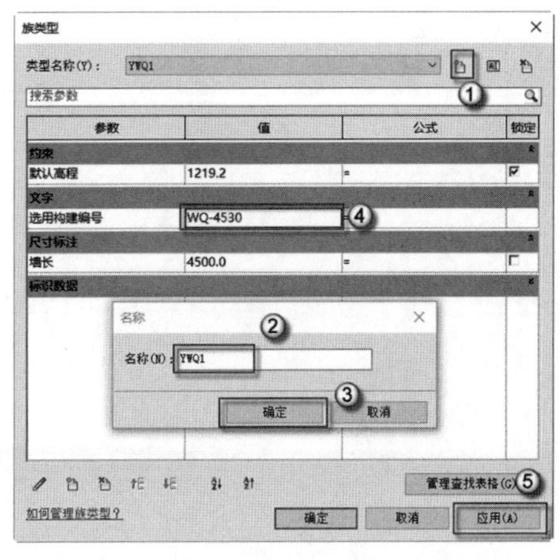

图 4.105　新建族类型 YWQ1

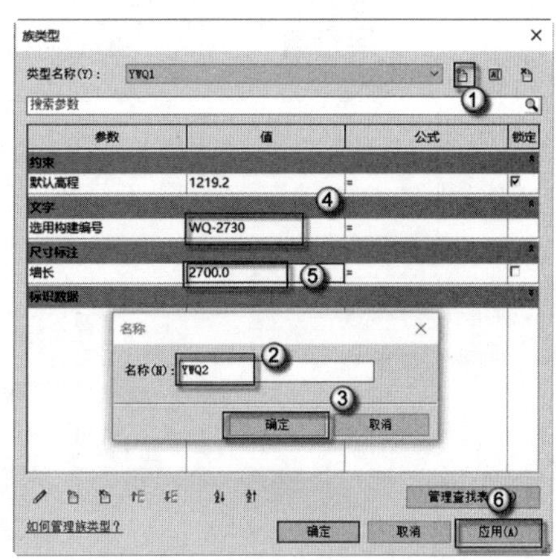

图 4.106　新建族类型 YWQ2

（12）保存族文件。选择 R｜“另存为”｜“族”命令，在弹出“另存为”对话框中的“文件名”一栏中输入“无洞外墙”，然后单击“保存”按钮，如图 4.107 所示。

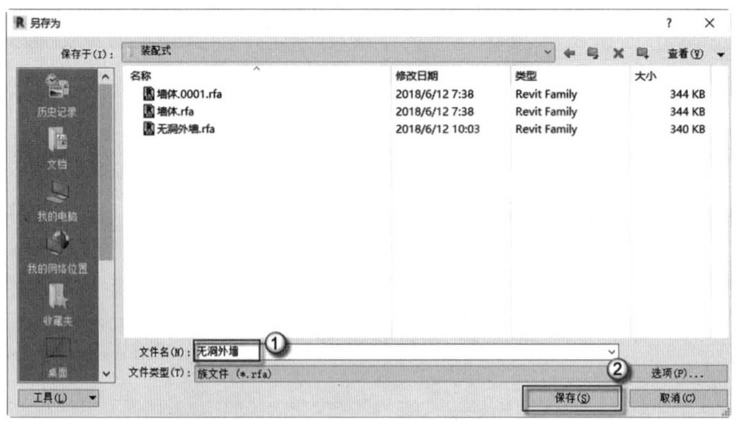

图 4.107　保存族文件

2．单洞外墙

（1）Revit 的启动并选择适合的族样板。双击桌面 Revit 图标，在弹出的 AUTODESK REVIT 对话框中选择“族”｜“新建”选项，在弹出的“选择样板文件”对话框中选择“基于面的公制常规模型”族样板文件，单击“打开”按钮，如图 4.108 所示。完成后如图 4.109 所示，可看见一个作为基准面的方框，便于对齐 PC 剪力墙外墙族的位置。

图 4.108　选择样板文件

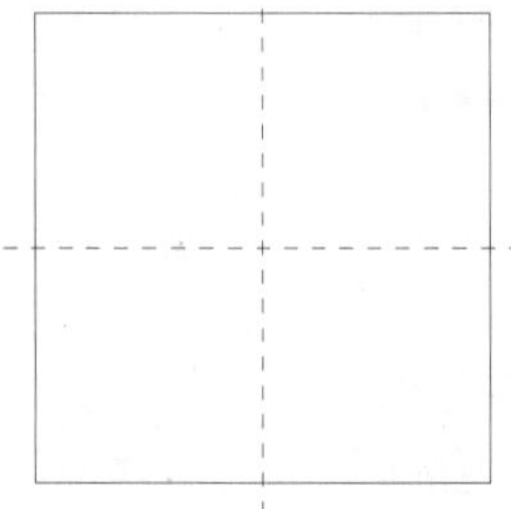

图 4.109　进入族样板

（2）绘制水平向参照平面。在“项目浏览器”中选择“立面”|“前”选项，进入前立面视图，如图 4.110 所示。按 RP 快捷键，发出绘制参照平面命令，在偏移量一栏中输入 2860，选中参照平面会出现捕捉点，单击该点水平向右移动至如图所示②的位置如图 4.111 所示。选中刚画完的水平向参照平面，按 CO 快捷键，发出复制命令，输入 140，向上复制，完成后如图 4.112 所示。

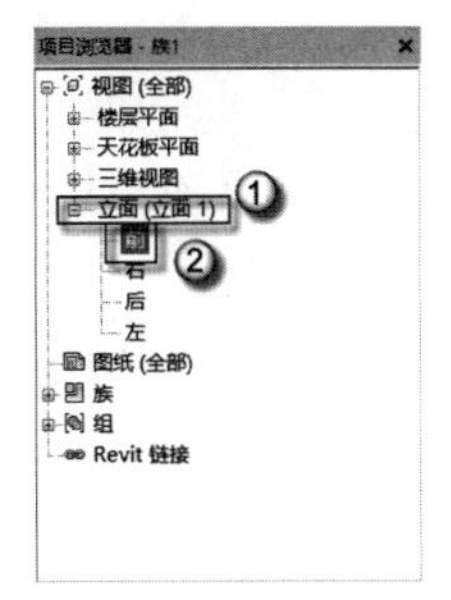

图 4.110　进入前立面视图

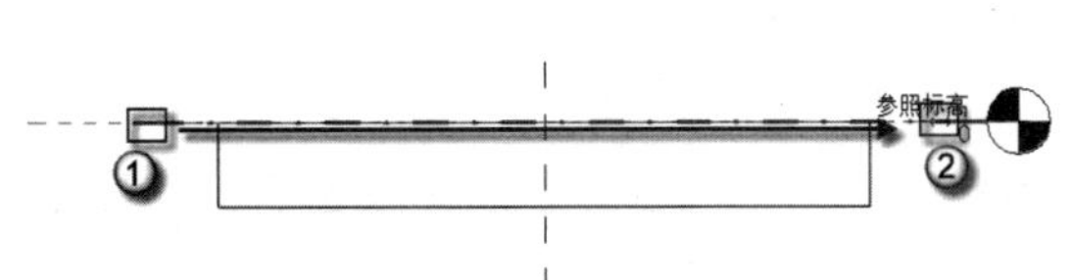

图 4.111　绘制上方参照平面

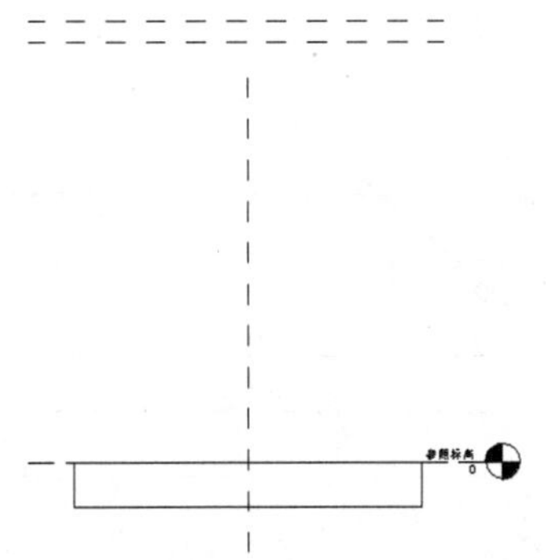

图 4.112　完成参照平面的绘制

（3）绘制竖直向参照平面。按 RP 快捷键，发出绘制参照平面命令，在偏移量一栏中输入 1650，选中参照平面会出现捕捉点，单击该点竖直向上移动至图中所示②的位置，如图 4.113 所示。选中刚绘制完成的竖直向参照平面，按 MM 快捷键，发出镜像命令，单击中心竖直向参照平面进行镜像，如图 4.114 所示。

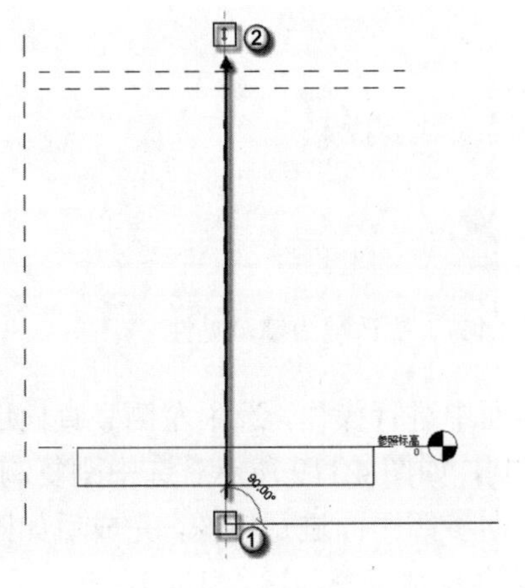

图 4.113　绘制竖直向参照平面

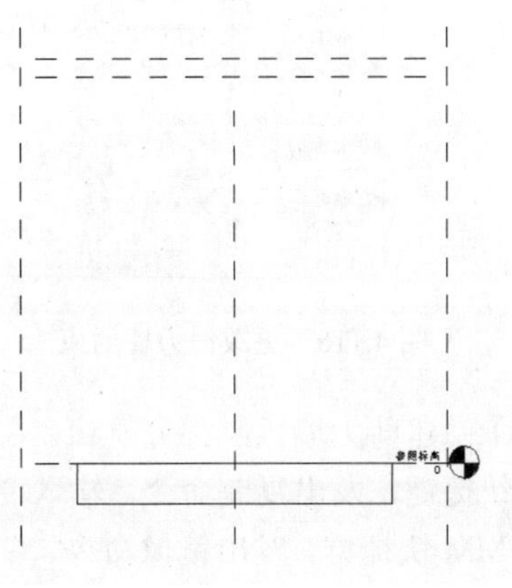

图 4.114　完成镜像

（4）创建剪力墙预制部分墙体。选择菜单栏中的“创建”｜“拉伸”命令，进入拉伸界面。选择菜单栏中的“绘制”｜“矩形”命令，通过拾取两个对角点（图中的①和②两个点）创建矩形，如图 4.115 所示。在“属性”面板中的“拉伸终点”一栏中输入 100，“拉伸起点”一栏中输入-100，如图 4.116 所示。在“属性”面板中单击“可见性/图形替换”后的“编辑”按钮，弹出“族图元可见性设置”对话框。将“平面/天花板平面视图”前复选框中的√取消选中，单击“确定”按钮，如图 4.117 所示。在“属性”面板中单击“材质和装饰”标签下“材质”后的“<按类别>”按钮，弹出“材质浏览器”对话框。在其中选择“主视图”｜“收藏夹”｜“剪力墙外墙-预制混凝土”材质，双击“剪力墙外墙-预制混凝土”材质，单击“确定”按钮，如图 4.118 所示。

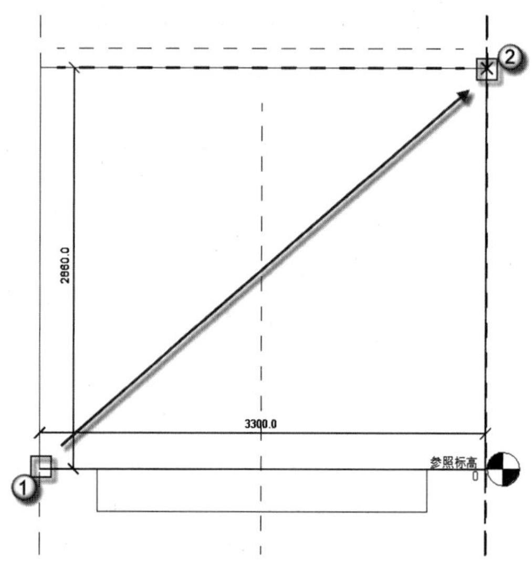

图 4.115　创建矩形部分墙体

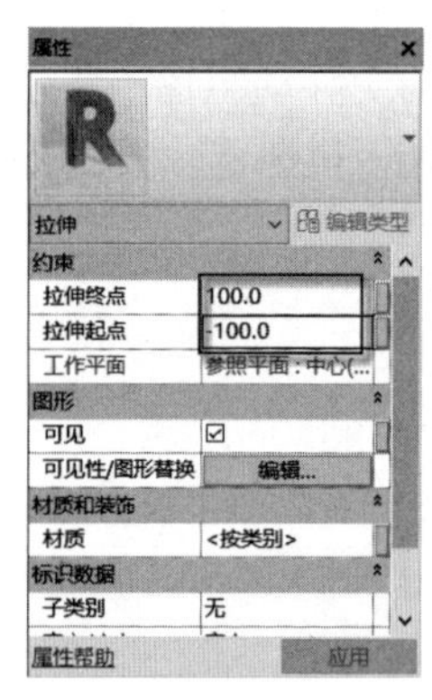

图 4.116　更改剪力墙约束

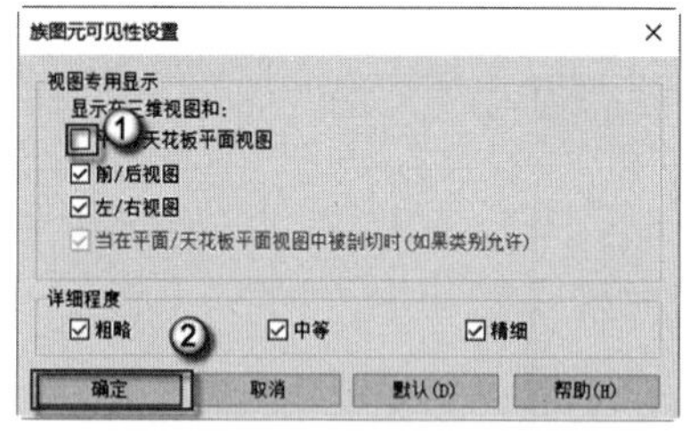

图 4.117　更改剪力墙可见性

（5）创建剪力墙预制部分洞口。在编辑拉伸界面中进行操作，选中左侧竖直向墙体线，按 CO 快捷键，发出复制命令，输入 900，向右复制，如图 4.119 所示。选中刚复制的墙体线，按 MM 快捷键，发出镜像命令，单击中心竖直向参照平面进行镜像，完成后如图 4.120 所示。选中下方水平向墙体线，按 CO 快捷键，发出复制命令，输入 1000，向上复制，完成后如图 4.121 所示。重复上述操作，输入 1500，向上复制，完成后如图 4.122 所示。拖曳墙体线的夹点使其对齐，使 4 条墙体线形成一个闭合的环。操作完成后，单击√｜×选项板中的√按钮退出，如图 4.123 所示。

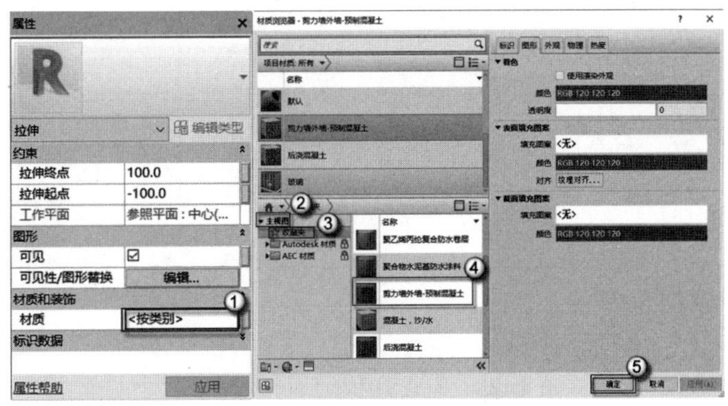

图 4.118　赋予剪力墙预制部分材质

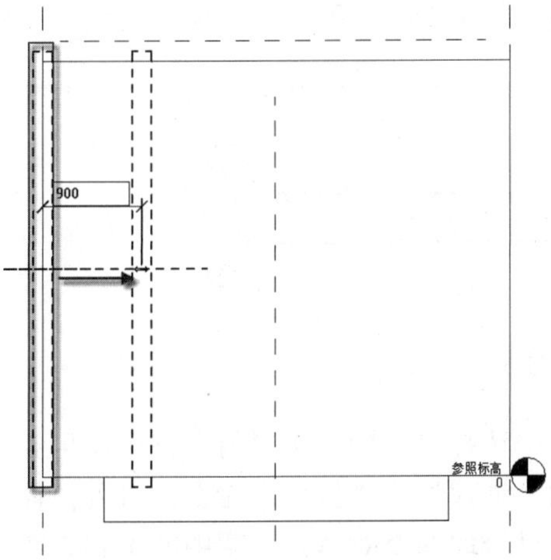

图 4.119　复制墙体线

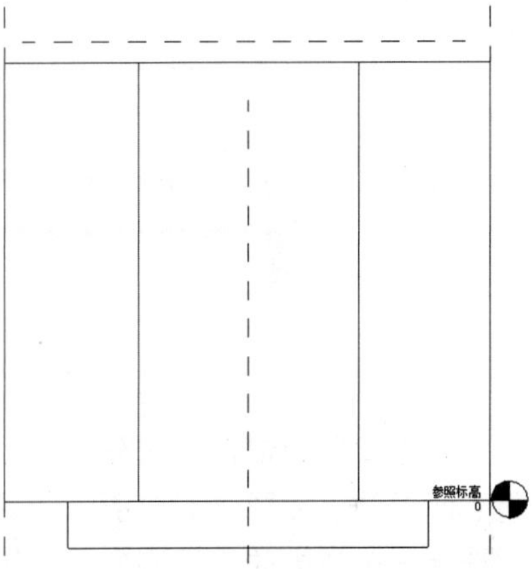

图 4.120　完成镜像

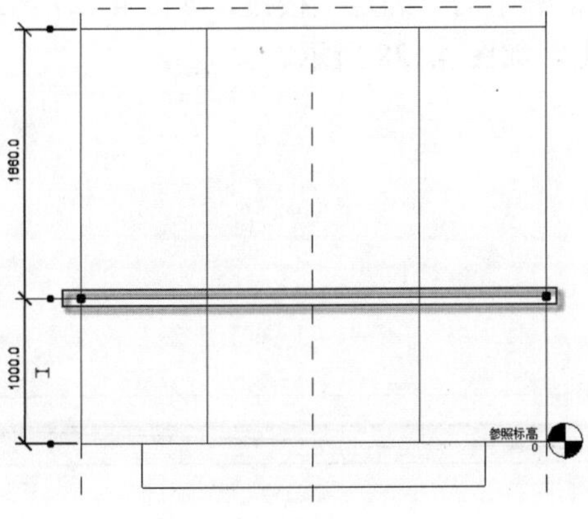

图 4.121　复制墙体线

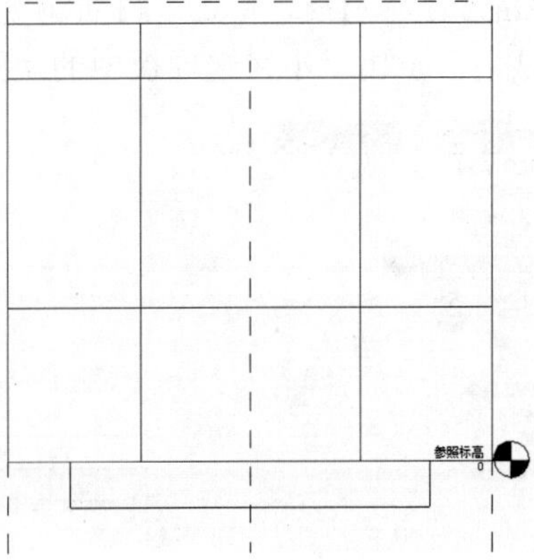

图 4.122　完成复制命令

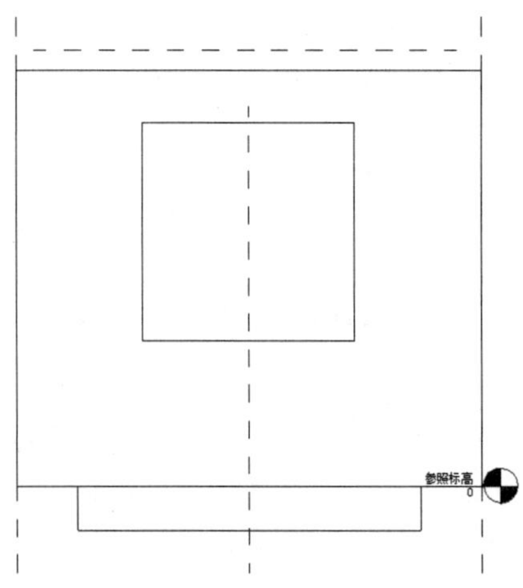

图 4.123　完成剪力墙预制部分洞口

（6）绘制符号线。在“项目浏览器”中选择“楼层平面”｜“参照标高”选项，进入平面视图。选择菜单栏中的“注释”｜“符号线”命令，进入放置符号线界面。选择菜单栏中的“绘制”｜“直线”命令，通过拾取点（图中的①②③④四个点）绘制直线，如图 4.124 所示。

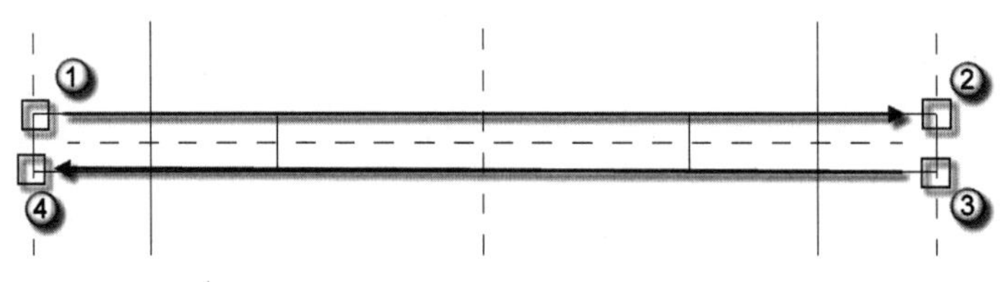

图 4.124　绘制符号线

（7）创建剪力墙现浇部分。在“项目浏览器”中选择“立面”｜“前”视图，可以进入前立面视图，如图 4.125 所示。选择菜单栏中的“创建”｜“拉伸”命令，进入拉伸界面。选择菜单栏中的“绘制”｜“矩形”命令，通过拾取两个对角点（图中的①和②两个点）创建矩形，如图 4.126 所示。在“属性”面板中单击“材质和装饰”标签下“材质”后的“<按类别>”按钮，弹出“材质浏览器”对话框。在其中选择“主视图”｜“收藏夹”｜“后浇混凝土”材质，单击“材质浏览器”对话框中的“确定”按钮，如图 4.127 所示。操作完成后，单击√｜×选项板中的√按钮退出，如图 4.128 所示。

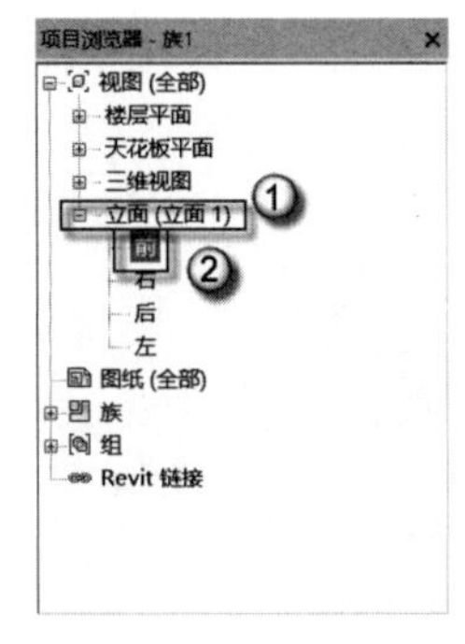

图 4.125　进入前立面视图

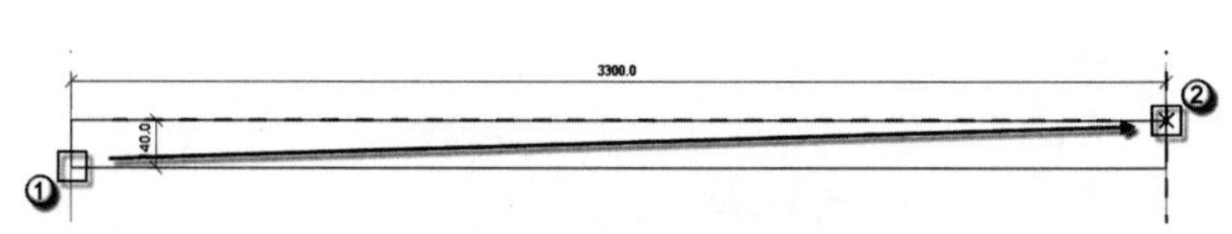

图 4.126　创建剪力墙现浇部分墙体

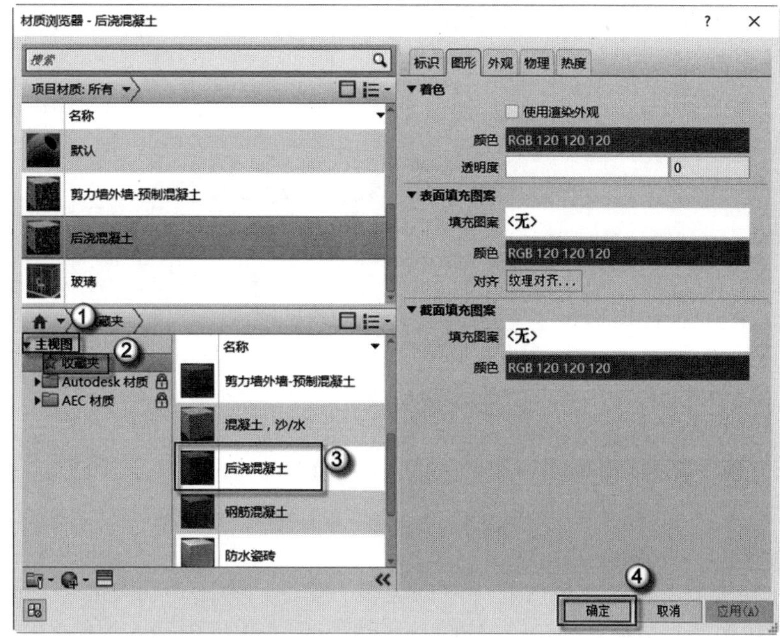

图 4.127　赋予现浇部分材质

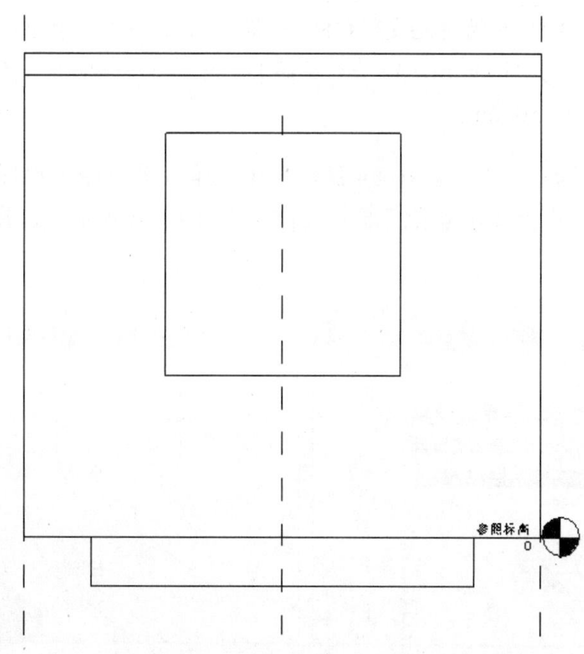

图 4.128　剪力墙现浇部分创建完成

（8）设置共享参数。选择菜单栏中的“属性”｜“族类型”命令，弹出“族类型”对话框，在对话框中单击“新建参数”按钮，弹出“参数类型”对话框。在“参数类型”下选中“共享参数”单选按钮，单击“选择”按钮，弹出“共享参数”对话框。在“共享参数”对话框中选择“参数组”下的“剪力墙”参数组，“参数”下选择“选用构建编号”参数，单击“确定”按钮，在“参数属性”对话框中单击“确定”按钮，如图 4.129 所示。

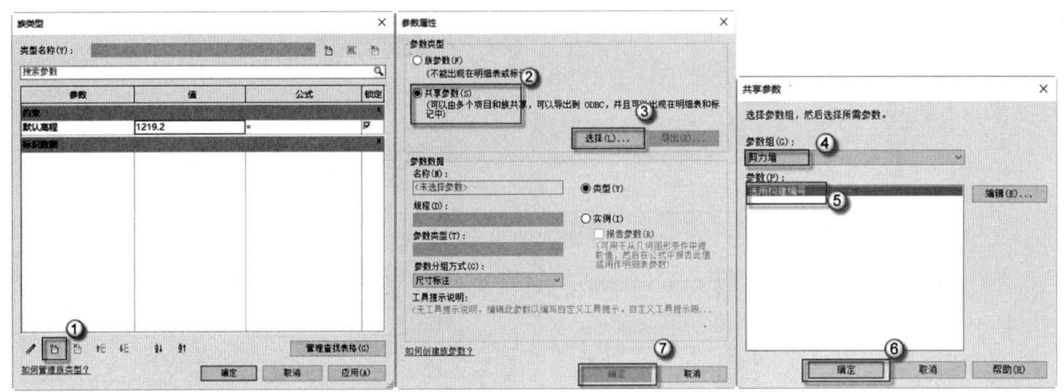

图 4.129　设置共享参数

（9）新建族类型。选择“属性”|“族类型”命令，弹出“族类型”对话框，在对话框中单击“新建类型”按钮，弹出“名称”对话框，在文本框中输入 YWQ3，单击“确定”按钮，在“文字”下的“选用构建编号”一栏的文本框中输入 WQC1-3330-1515，单击“确定”按钮，如图 4.130 所示。

注意： WQC1-3330-1515 的意思是，C1——构件只有一个位于中间的窗洞，33——墙体标志性宽度为 3300mm，30——层高为 3m，15——洞口宽度为 1500mm，15——洞口高度为 1500mm。

（10）检查剪力墙基本形式。按 F4 键，发出三维视图命令，可以观察到两部分，一部分为预制部分墙体，另一部分为现浇部分墙体，如图 4.131 所示。选择视觉样式为“着色”，完成后如图 4.132 所示。

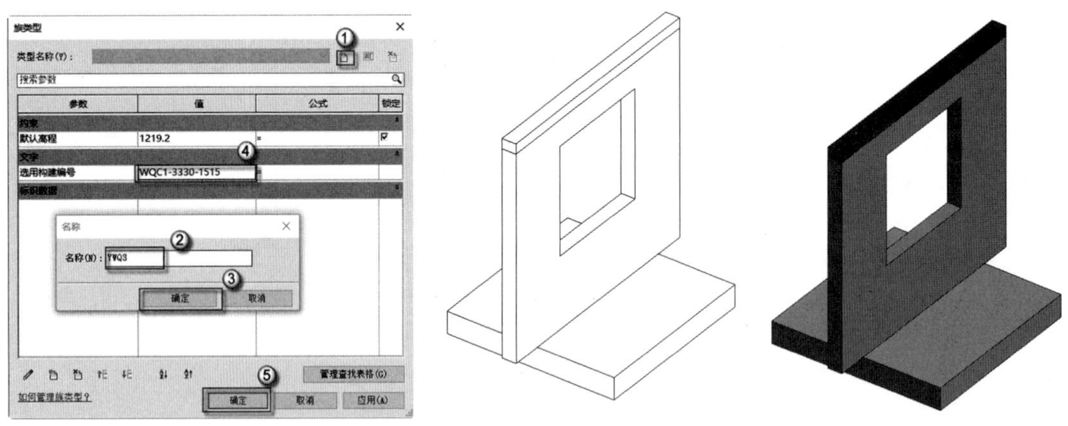

图 4.130　新建族类型　　图 4.131　检查叠合梁三维视图　　图 4.132　进入着色视觉样式

（11）保存族文件。选择 R |“另存为”|“族”命令，在弹出的“另存为”对话框中的“文件名”一栏中输入“单洞外墙”，然后单击“保存”按钮，如图 4.133 所示。

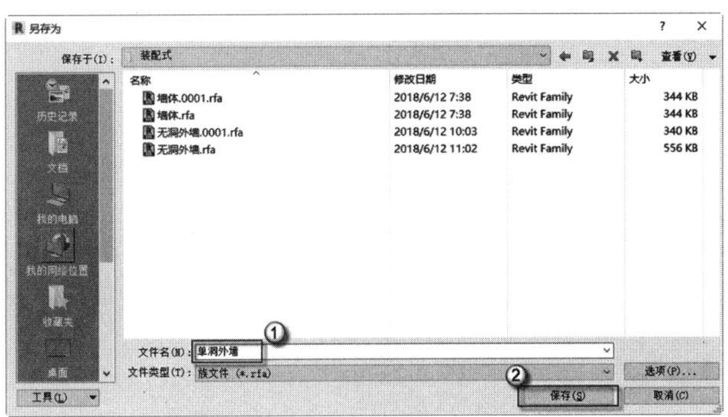

图 4.133 保存族文件

3. 双洞外墙

（1）Revit 的启动并选择适合的族样板。双击桌面 Revit 图标，在弹出的 AUTODESK REVIT 对话框中选择“族”｜“新建”选项，在弹出的“选择样板文件”对话框中选择“基于面的公制常规模型”族样板文件，单击“打开”按钮，如图 4.134 所示。完成后如图 4.135 所示，可看见一个作为基准面的方框，便于对齐 PC 剪力墙外墙族的位置。

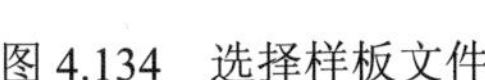
图 4.134 选择样板文件

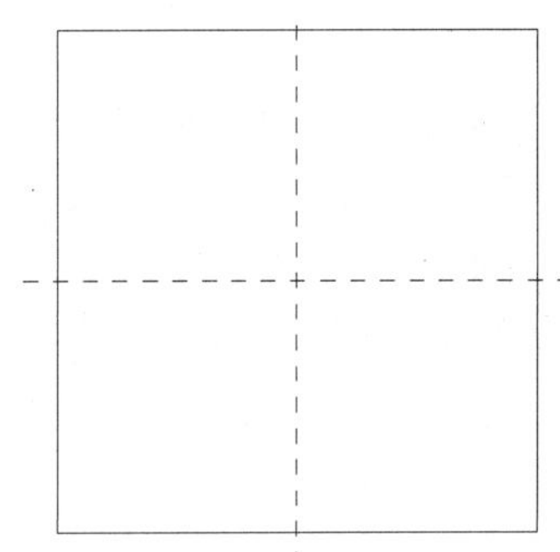

图 4.135 进入族样板

（2）绘制水平向参照平面。在“项目浏览器”中选择“立面”｜“前”选项，进入前立面视图，如图 4.136 所示。按 RP 快捷键，发出绘制参照平面命令，在偏移量一栏中输入 2860，选中参照平面会出现捕捉点，单击该点水平向右移动至如图所示②的位置如图 4.137 所示。选中刚画完的水平向参照平面，按 CO 快捷键，发出复制命令，输入 140，向上复制，完成后如图 4.138 所示。

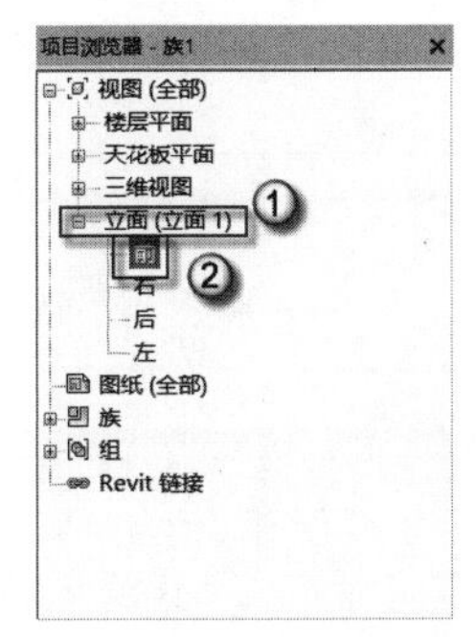

图 4.136 进入前立面视图

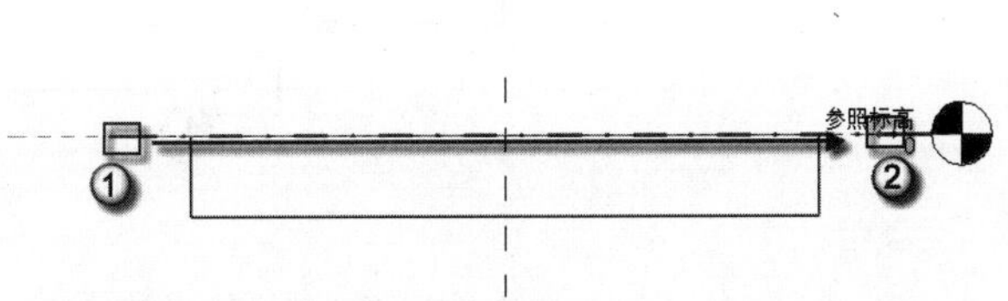

图 4.137 绘制上方参照平面

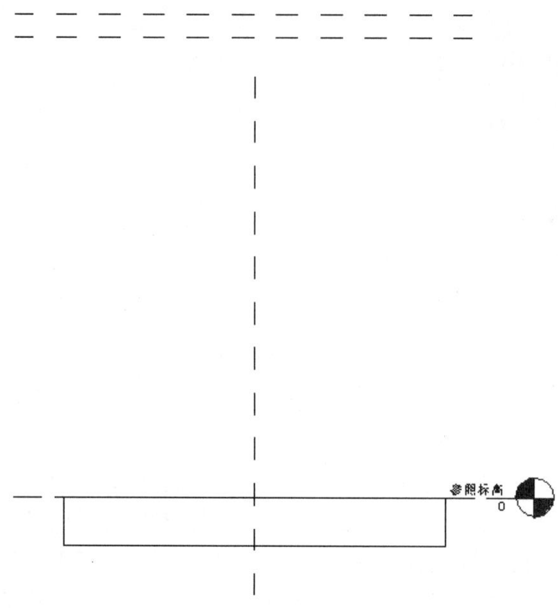

图 4.138　完成参照平面的绘制

（3）绘制竖直向参照平面。按 RP 快捷键，发出绘制参照平面命令，在偏移量一栏中输入 2550，选中参照平面会出现捕捉点，单击该点竖直向上移动至如图所示②的位置，如图 4.139 所示。选中刚绘制完成的竖直向参照平面，按 MM 快捷键，发出镜像命令，单击中心竖直向参照平面进行镜像，如图 4.140 所示。

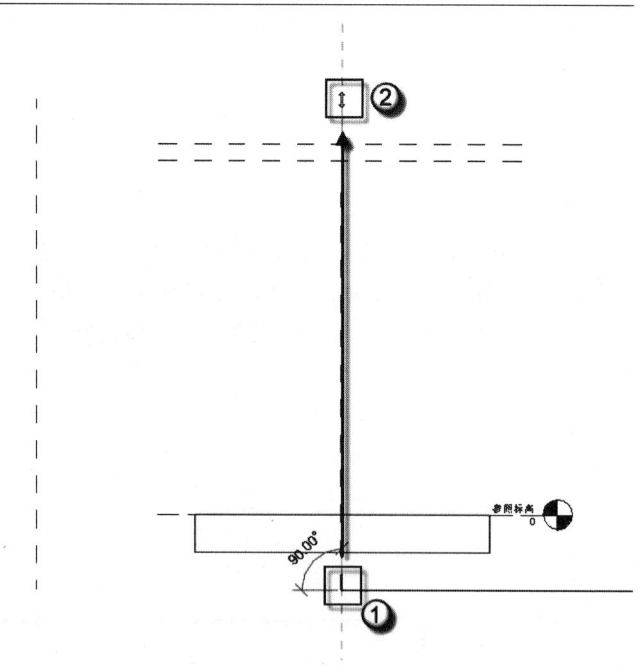

图 4.139　绘制竖直向参照平面

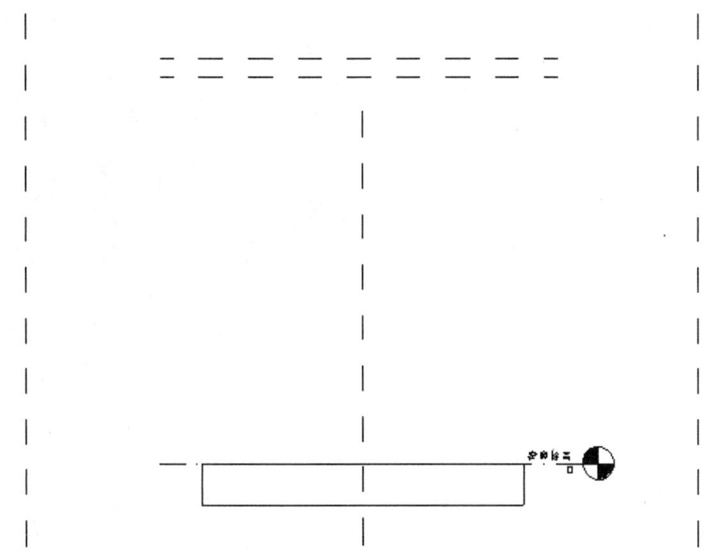

图 4.140　设置等分约束的尺寸标注

（4）创建剪力墙预制部分墙体。选择菜单栏中的“创建”|“拉伸”命令，进入拉伸界面。选择菜单栏中的“绘制”|“矩形”命令，通过拾取两个对角点（图中的①和②两个点）创建矩形，如图 4.141 所示。在“属性”面板中的“拉伸终点”一栏中输入 100，“拉伸起点”一栏中输入-100，如图 4.142 所示。在“属性”面板中单击“可见性/图形替换”后的“编辑”按钮，弹出“族图元可见性设置”对话框。将“平面/天花板平面视图”前复选框中的√取消，单击“确定”按钮，如图 4.143 所示。在“属性”面板中单击“材质和装饰”标签下“材质”后的“<按类别>”按钮，弹出“材质浏览器”对话框。在其中选择“主视图”|“收藏夹”|“剪力墙外墙-预制混凝土”材质，单击“材质浏览器”对话框中的“确定”按钮，如图 4.144 所示。

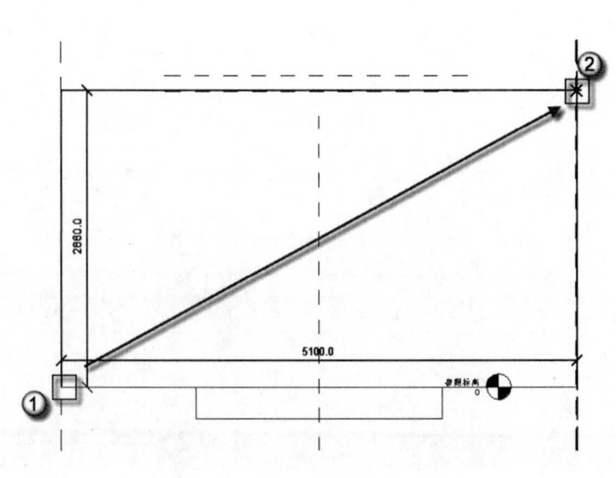

图 4.141　创建剪力墙预制部分墙体

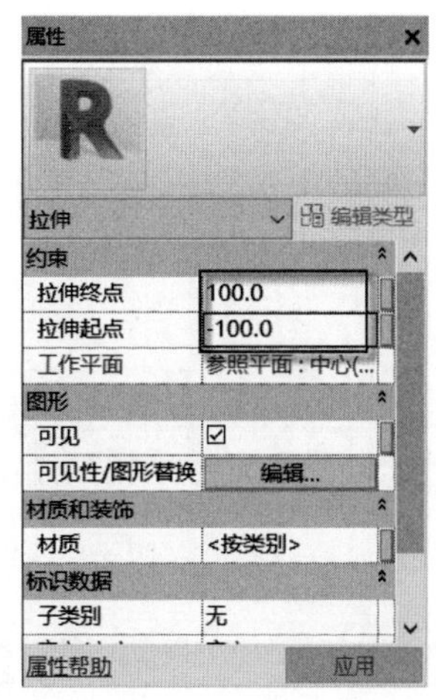

图 4.142　更改剪力墙拉伸约束

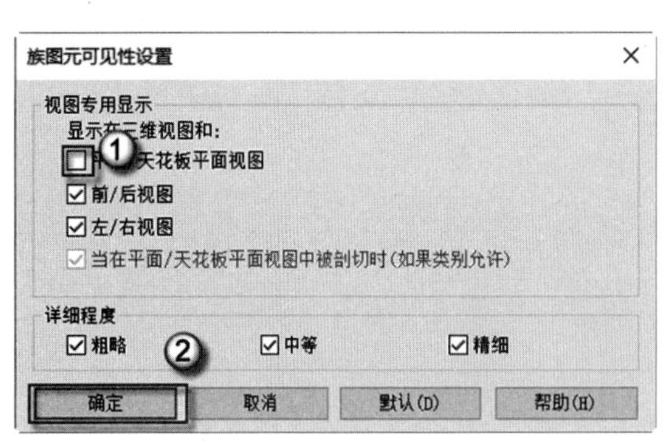

图 4.143　更改可见性

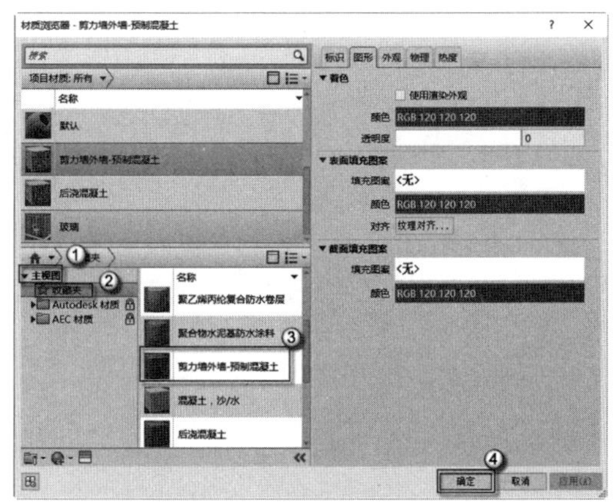

图 4.144　赋予剪力墙预制部分材质

（5）创建剪力墙预制部分洞口。在编辑拉伸界面中进行操作，选中左侧竖直向墙体线，按 CO 快捷键，发出复制命令，将“约束”和“多个”前的复选框中进行选择，依次输入 1000、1500、600、900，向右复制，完成后如图 4.145 所示。选中下方水平向墙体线，按 CO 快捷键，发出复制命令，依次输入 1000、1500，向上复制，完成后如图 4.146 所示。拖曳墙体线的夹点使其对齐，使其形成闭合的环，如图 4.147 所示。按 SL 快捷键，发出拆分图元命令，单击图中①和②两个点（大致位置），进行拆分图元，如图 4.148 所示。拖曳拆分过后出现的墙体线的夹点使其对齐，使其形成两个闭合的环。操作完成后，单击 √ | ×选项板中的 √ 按钮退出，如图 4.149 所示。

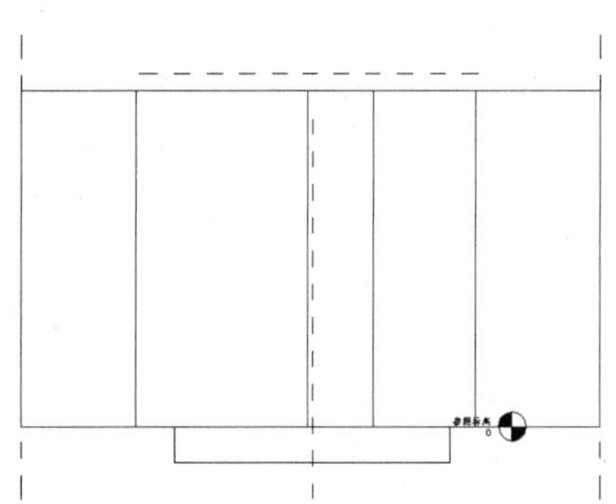

图 4.145　制竖直向墙体线

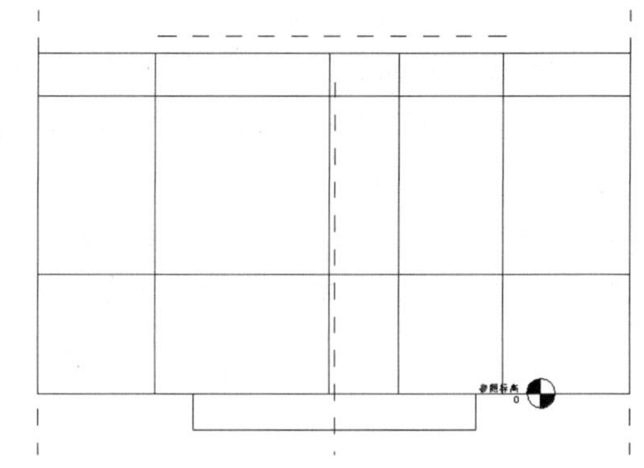

图 4.146　复制水平向墙体线

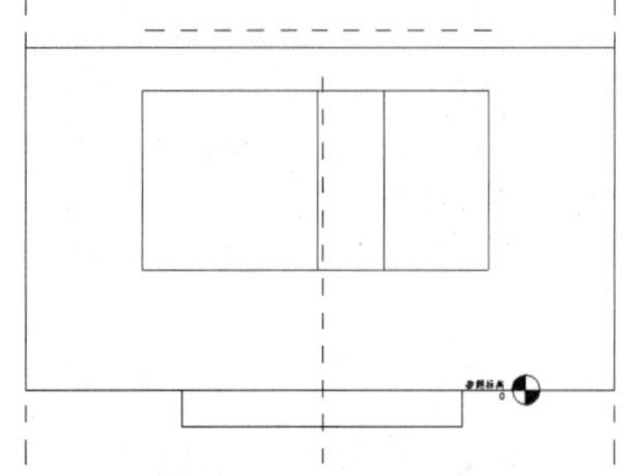

图 4.147　拖曳并对其夹点

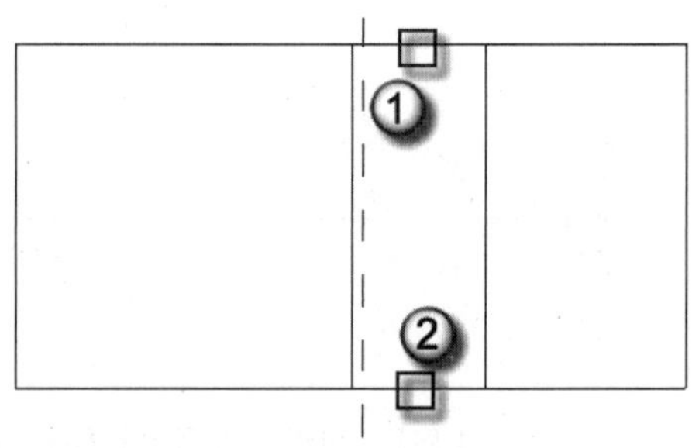

图 4.148　拆分图元

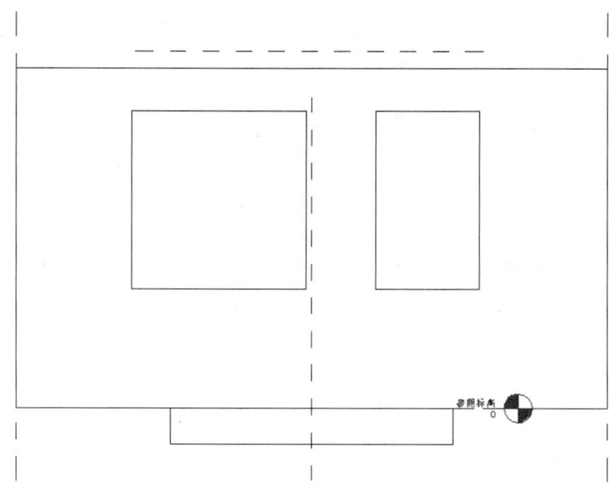

图 4.149　完成预制部分洞口

（6）创建剪力墙现浇部分墙体。在“项目浏览器”中选择“立面”|“前”视图，可以进入前立面视图，如图 4.150 所示。选择菜单栏中的“创建”|“拉伸”命令，进入拉伸界面。选择菜单栏中的“绘制”|“矩形”命令，通过拾取两个对角点（图中的①和②两个点）创建矩形，如图 4.151 所示。在“属性”面板中单击“材质和装饰”标签下“材质”后的“<按类别>”按钮。在其中选择“主视图”|“收藏夹”|“后浇混凝土”材质，单击“材质浏览器”对话框中的“确定”按钮，如图 4.152 所示。操作完成后，单击√|×选项板中的√按钮退出，如图 4.153 所示。

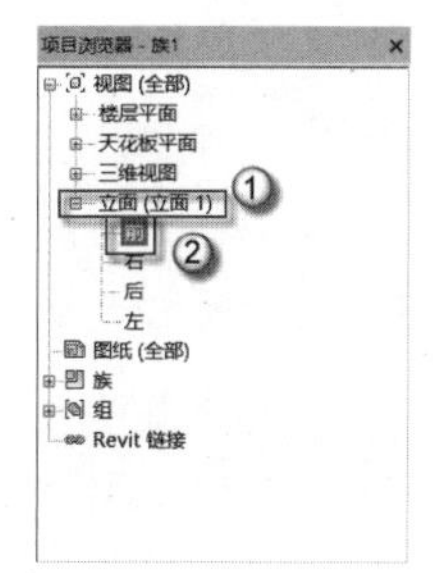

图 4.150　进入前立面视图

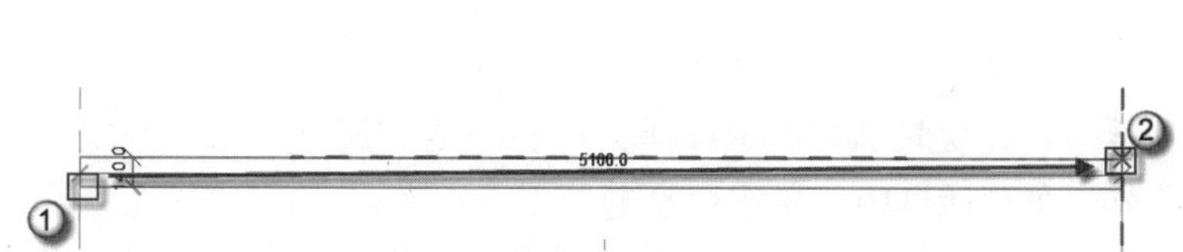

图 4.151　创建剪力墙现浇部分墙体

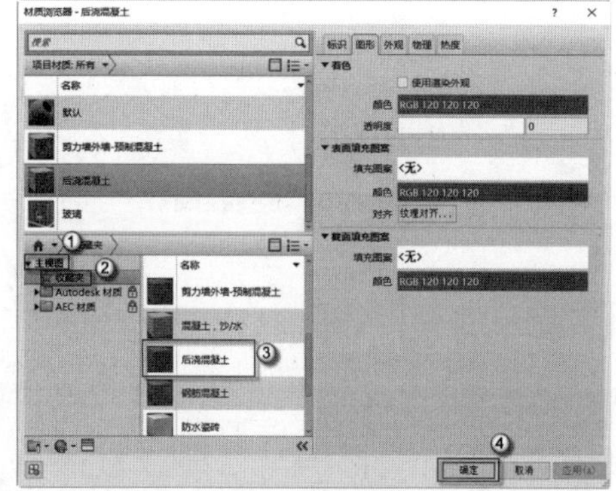

图 4.152　赋予剪力墙现浇部分材质

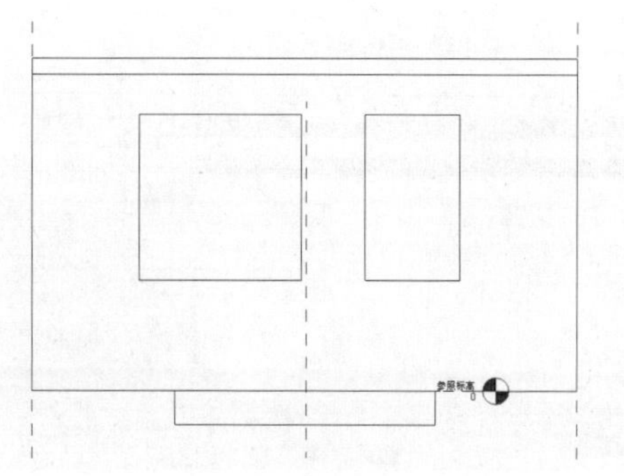

图 4.153　完成现浇部分墙体

（7）绘制符号线。在“项目浏览器”中选择“楼层平面”|“参照标高”选项，进入平面视图。选择菜单栏中的“注释”|“符号线”命令，进入放置符号线界面。选择菜单栏中的“绘制”|“直线”命令，通过拾取点（图中的①②③④四个点）绘制直线，如图 4.154 所示。

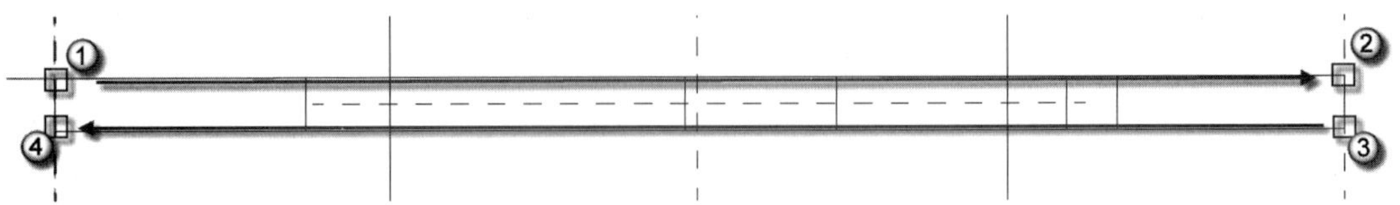

图 4.154 绘制符号线

（8）检查剪力墙基本形式。按 F4 键，发出三维视图命令，可以观察到两部分，一部分为预制部分墙体，另一部分为现浇部分墙体，如图 4.155 所示。选择视觉样式为“着色”，完成后如图 4.156 所示。

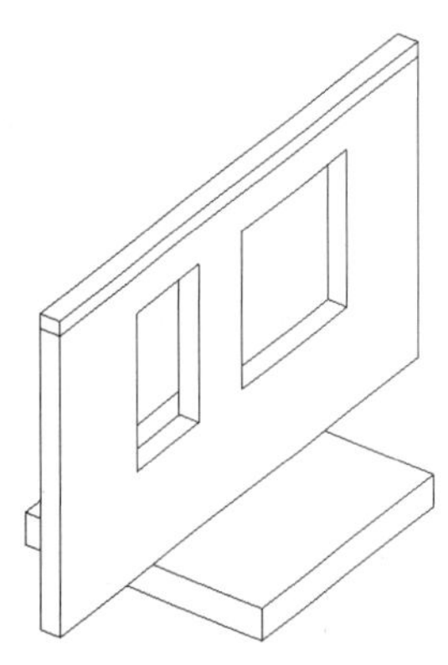

图 4.155 检查剪力墙三维视图

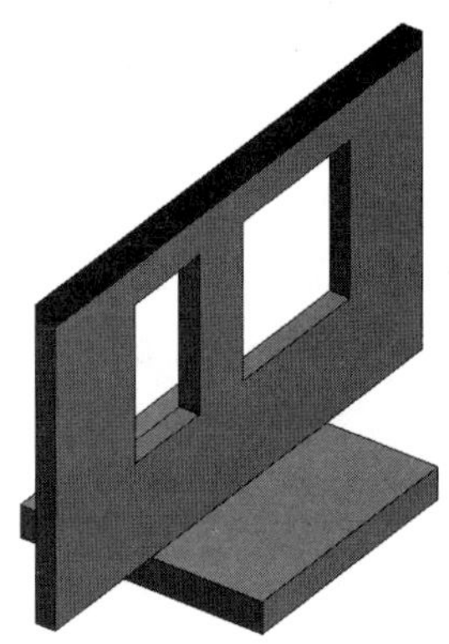

图 4.156 进入着色视觉样式

（9）关联共享参数。选择菜单栏中的“属性”|“族类型”命令，弹出“族类型”对话框，在对话框中，单击“新建参数”按钮，弹出“参数类型”对话框。在“参数类型”下选中“共享参数”单选按钮，单击“选择”按钮，弹出“共享参数”对话框。在“共享参数”对话框中选中“参数组”下的“剪力墙”参数组，“参数”下选择“选用构建编号”参数，单击“确定”按钮，在“参数属性”对话框中单击“确定”按钮，如图 4.157 所示。

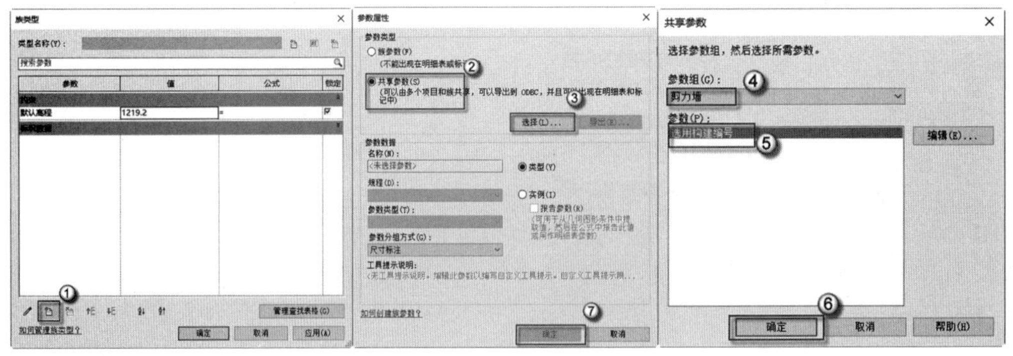

图 4.157 设置共享参数

（10）新建族类型。选择菜单栏中的“属性”｜“族类型”命令，弹出“族类型”对话框，在对话框中单击“新建类型”按钮，弹出“名称”对话框，在文本框中输入 YWQ4，单击“确定”按钮，在“文字”下的“选用构建编号”一栏的文本框中输入 WQC2-5130-0915-1515，单击“确定”按钮，如图 4.158 所示。

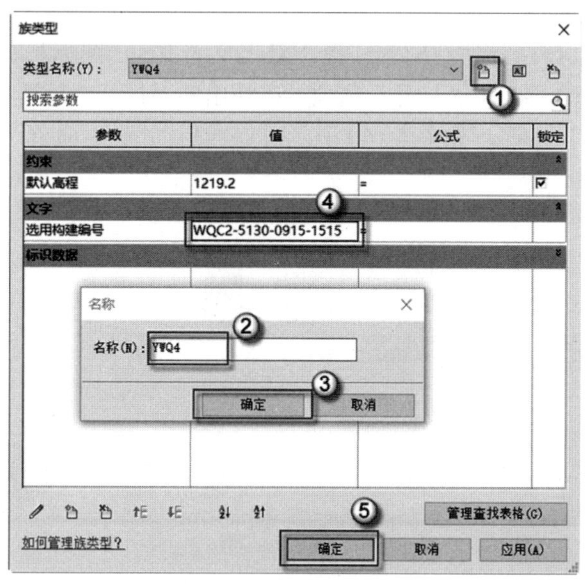

图 4.158　新建族类型

注意：WQC2-5130-0915-1515 的意思是，C2——构件有两个洞口，51——墙体标志性宽度为 5100mm，30——层高为 3m，09——第一个洞口宽度为 900mm，15——第一洞口高度为 1500mm，15——第二个洞口宽度为 1500mm，15——第二洞口高度为 1500mm。

（11）保存族文件。选择 R｜“另存为”｜“族”命令，在弹出的“另存为”对话框中的“文件名”一栏中输入“双洞外墙”，然后单击“保存”按钮，如图 4.159 所示。

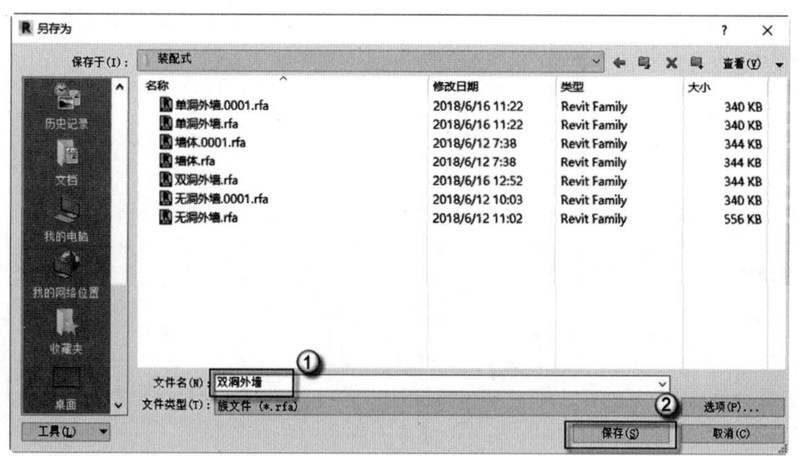

图 4.159　保存族文件

4.2.2　插入预埋件

本小节以无洞外墙为例，介绍在 PC 墙构件族中，如何插入前面已经制作好的预埋金属件，具体操作方法如下。

（1）Revit 的启动并选择适合的族样板。双击桌面 Revit 图标，在弹出的 AUTODESK REVIT 对话框中选择“族”|“打开”选项，在弹出的“打开”对话框中选择“无洞外墙”族文件，单击“打开”按钮，如图 4.160 所示。完成后如图 4.161 所示。

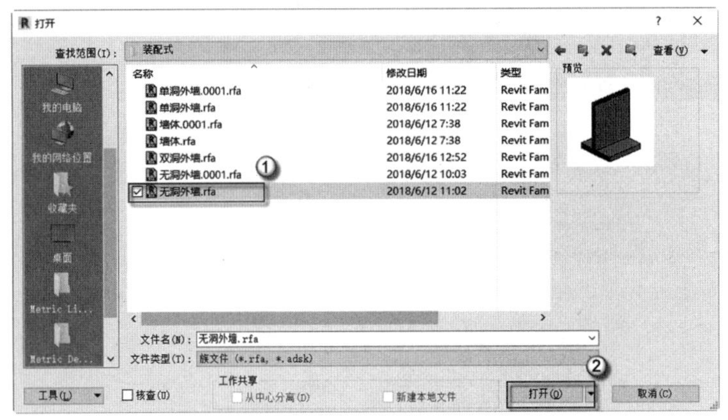

图 4.160　选择族文件

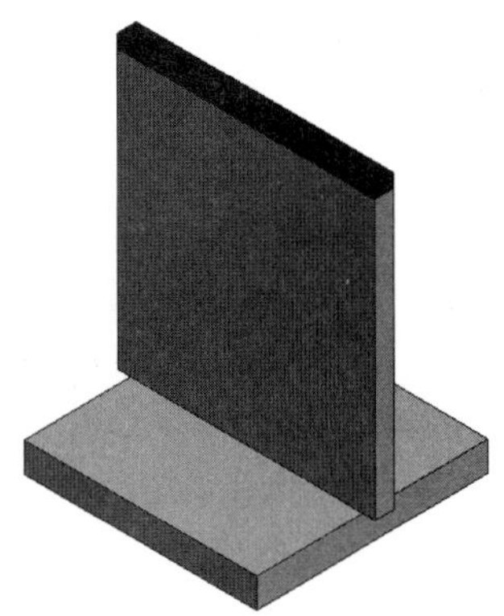

图 4.161　进入族文件

（2）绘制竖向参照平面。按 RP 快捷键，发出绘制参照平面命令，在偏移量一栏中输入 600，选中参照平面会出现捕捉点，单击该点竖直向下移动至如图所示②的位置如图 4.162 所示。选中刚画完的竖直参照平面，再按 MM 快捷键，发出镜像命令，单击原有的竖直参照平面完成镜像，完成后如图 4.163 所示。按 DI 快捷键，发出对齐尺寸标注命令，对参照平面与梁顶部距离进行对齐尺寸标注，此时出现一个开放的锁头，单击开放的锁头使其进入锁定状态，避免该尺寸随之后的操作而发生变化，如图 4.164 所示。

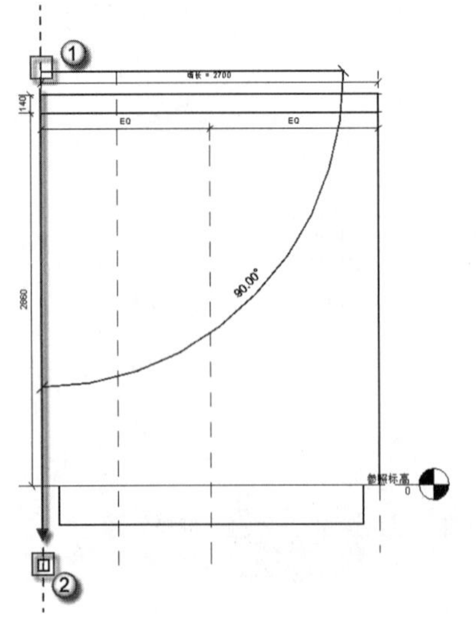

图 4.162　绘制竖直向参照平面

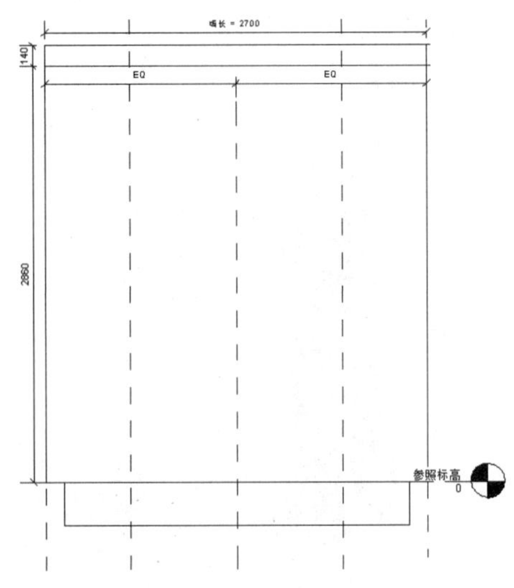

图 4.163　绘制最右侧的参照平面

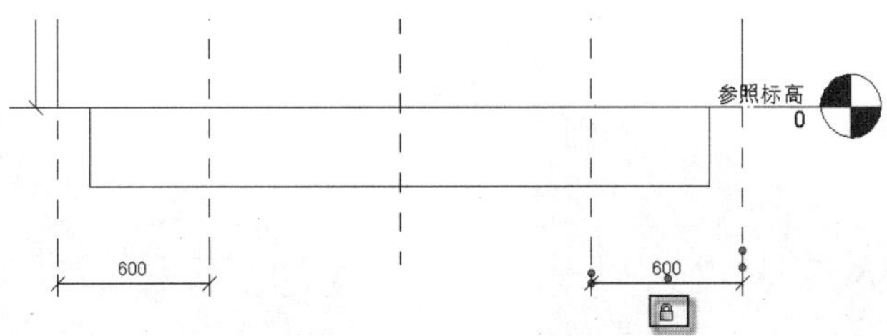

图 4.164　对齐尺寸标注并锁定

（3）插入嵌套族。选择菜单栏中的“插入”|“载入族”命令，在弹出的“载入族”对话框中选择“带插筋的螺母”“吊装用墙面钢片”“螺栓”“斜撑用墙面钢片”“斜支撑杆”5 个 RFA 族文件，单击“打开”按钮，将其载入，如图 4.165 所示。在族的编辑模式下再载入的族，被称为“嵌套族”。

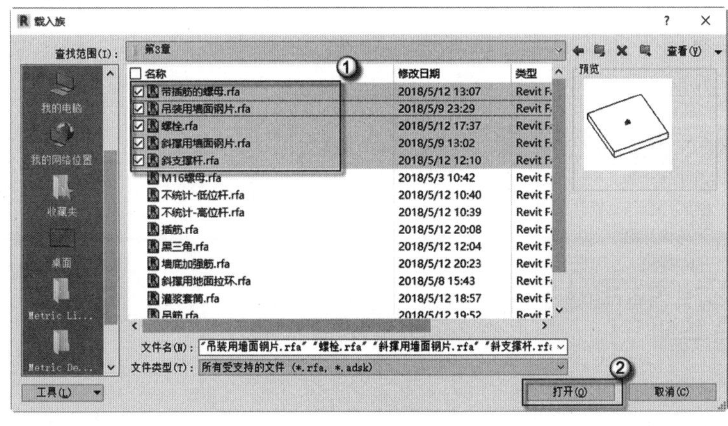

图 4.165　载入族文件

（4）插入带插筋的螺母。按 F4 键，发出三维视图命令，进入三维视图。选中现浇部分，按 HH 快捷键，发出临时隐藏图元命令，将剪力墙现浇部分临时隐藏，如图 4.166 所示，方便在剪力墙预制部分中插入带插筋的螺母。在“项目浏览器”中选择“族”|“常规模型”|“带插筋的螺母”| M20 L=200，将其拖曳至剪力墙预制部分墙体中，如图 4.167 所示。将拖曳至剪力墙预制部分墙体的带插筋的螺母进行调整，将其置入，如图 4.168 所示。

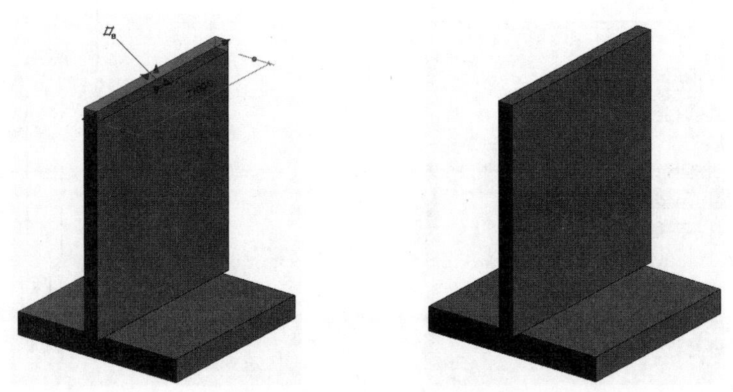

图 4.166　临时隐藏现浇部分

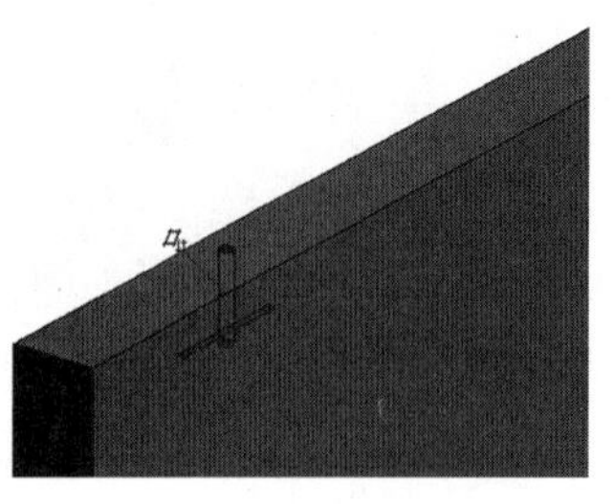
图 4.167　拖曳带插筋的螺母

图 4.168　置入带插筋的螺母

（5）调整螺母位置。在“项目浏览器”中选择“立面”|“前”选项，进入前立面图，如图 4.169 所示。按 AL 快捷键，发出对齐命令，依次选中参照平面及螺母，将其进行对齐，单击开放的锁头，锁头会变为锁定的状态。如图 4.170 所示。在“项目浏览器”中选择“立面”|“左”选项，进入左立面视图，如图 4.171 所示。按 AL 快捷键，发出对齐命令，依次选中参照平面及螺母，将其进行对齐，单击开放的锁头，锁头会变为锁定的状态。如图 4.172 所示。

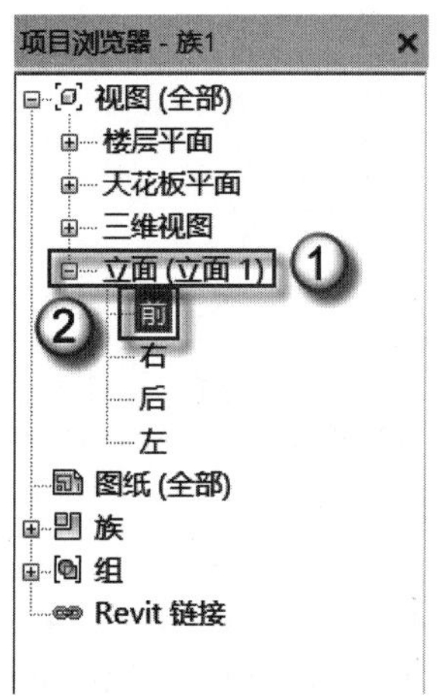

图 4.169　进入前立面视图

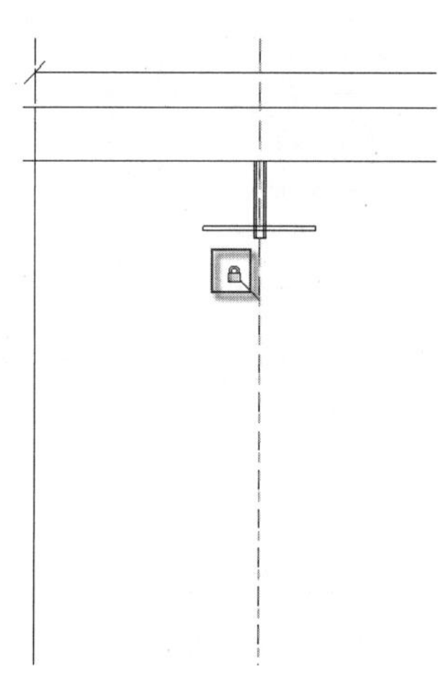
图 4.170　对齐并锁定

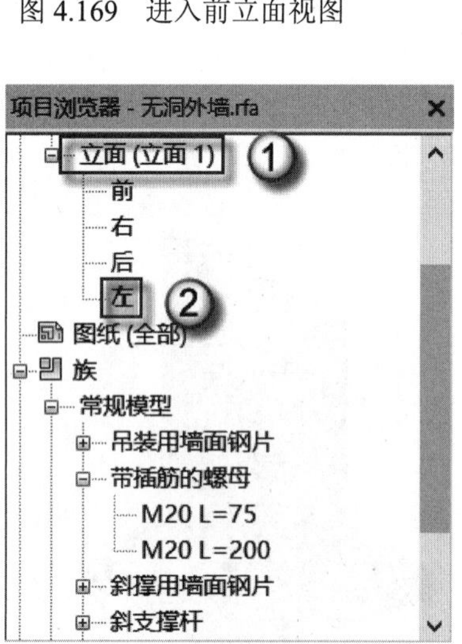

图 4.171　进入左立面视图

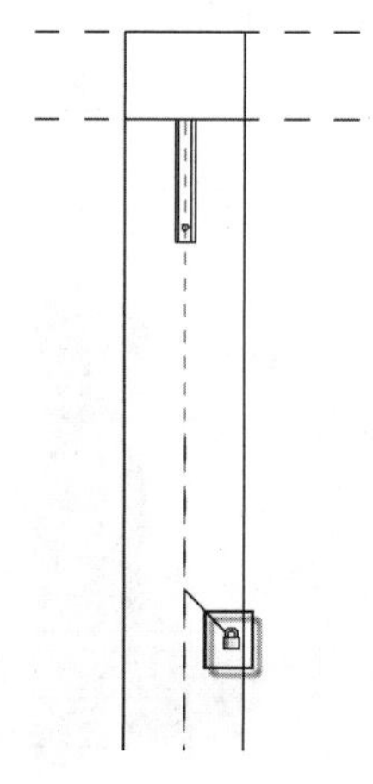
图 4.172　对齐并锁定

🔔注意：在三维模型进行移动对位时，至少需要在两个平面视图中进行对齐，这样才能保证置入的族文件位置准确。

（6）插入吊装用墙面钢片。按 F4 键，发出三维视图命令，进入三维视图。在“项目浏览器”中选择“族”｜“常规模型”｜“吊装用墙面钢片”｜“吊装用墙面钢片”，将其拖曳至剪力墙预制部分墙体上，如图 4.173 所示。载入后，如图 4.174 所示。

图 4.173　拖曳吊装用钢片

图 4.174　置入吊装用钢片

🔔注意：在 REVIT 中，一般为了模拟施工方案，应当先插入吊装用墙面钢片，后插入螺栓。用螺栓固定钢片。

（7）调整吊装用墙面钢片位置。在“项目浏览器”中选择“立面”｜“前”选项，进入前立面图，如图 4.175 所示。按 AL 快捷键，发出对齐命令，依次选中参照平面及吊装用墙面钢片左侧的对齐线（对齐线是族自动生成的），将其进行对齐，单击开放的锁头，锁头会变为锁定的状态，如图 4.176 所示。在“项目浏览器”中选择“立面”｜“左”选项，进入左立面视图，如图 4.177 所示。按 AL 快捷键，发出对齐命令，依次选中参照平面及螺母，将其进行对齐，单击开放的锁头，锁头会变为锁定的状态。如图 4.178 所示。

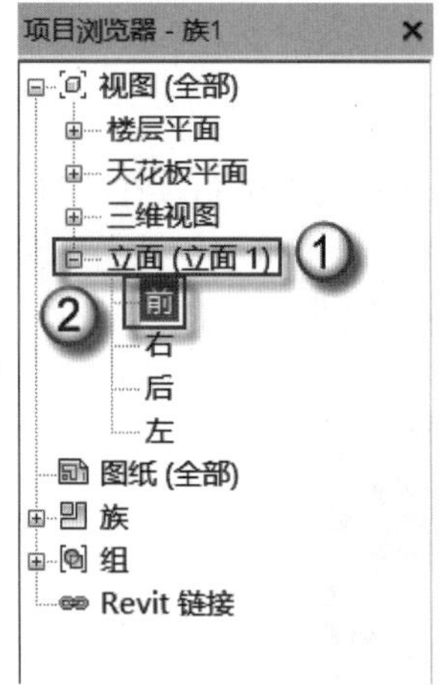

图 4.175　进入前立面视图

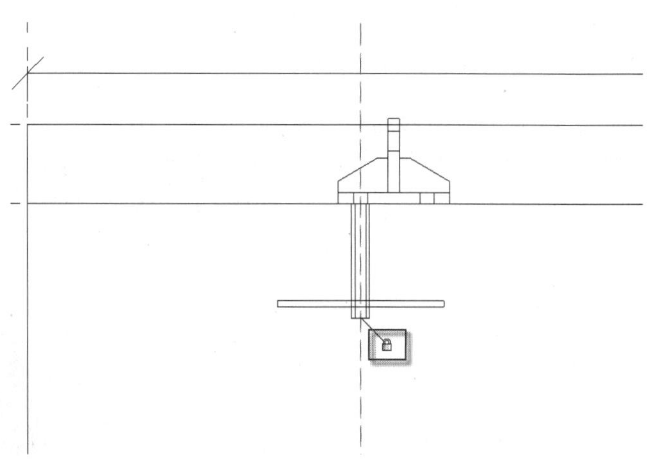

图 4.176　对齐并锁定

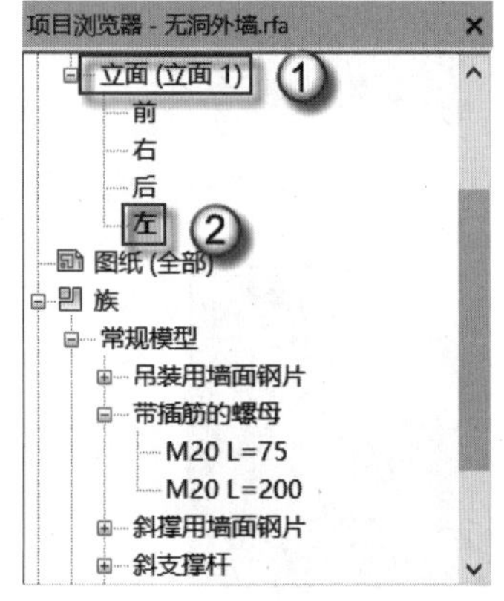

图 4.177　进入左立面视图

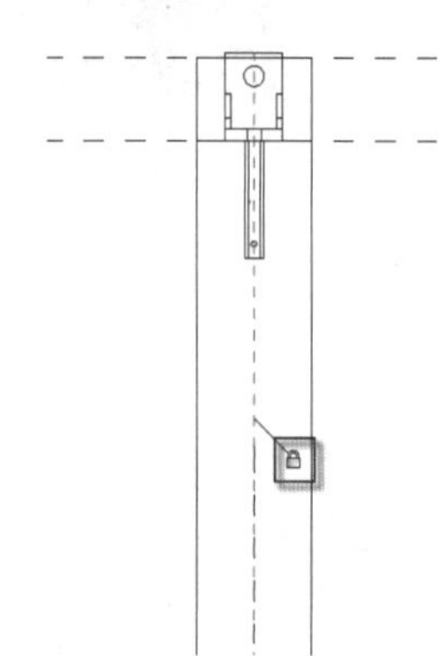

图 4.178　对齐并锁定

（8）插入螺栓。按 F4 键，发出三维视图命令，进入三维视图。在“项目浏览器”中选择“族”｜“常规模型”｜“螺栓”｜M20 L=100，将其拖曳至屏幕操作区，如图 4.179 所示。再将其移动至剪力墙预制墙体吊装用墙面钢片附近进行调整，如图 4.180 所示。

图 4.179　拖曳螺栓

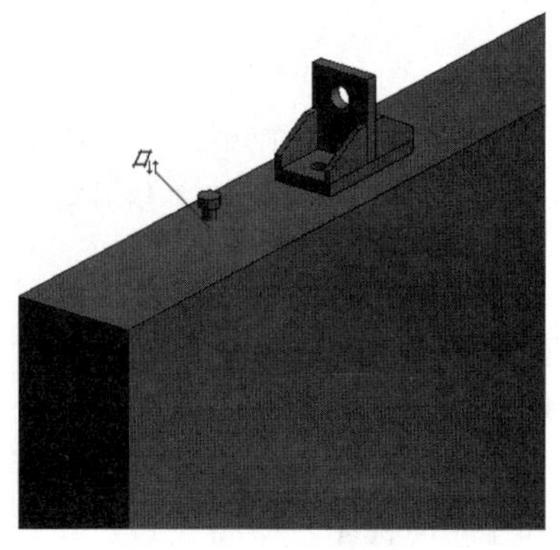

图 4.180　置入螺栓

（9）调整螺栓位置。在“项目浏览器”中选择“立面”｜“前”选项，进入前立面图，如图 4.181 所示。按 AL 快捷键，发出对齐命令，依次选中参照平面及螺栓，将其进行对齐，单击开放的锁头，锁头会变为锁定的状态，如图 4.182 所示。在“项目浏览器”中选择“立面”｜“左”选项，进入左立面视图，如图 4.183 所示。按 AL 快捷键，发出对齐命令，依次选中参照平面及螺母，将其进行对齐，单击开放的锁头，锁头会变为锁定的状态。如图 4.184 所示。

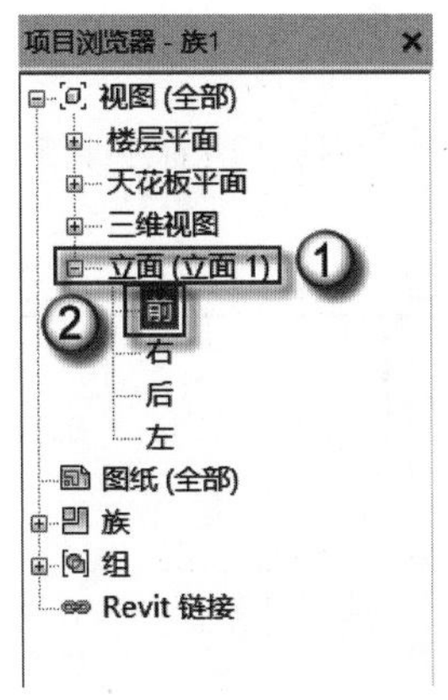

图 4.181　进入前立面视图

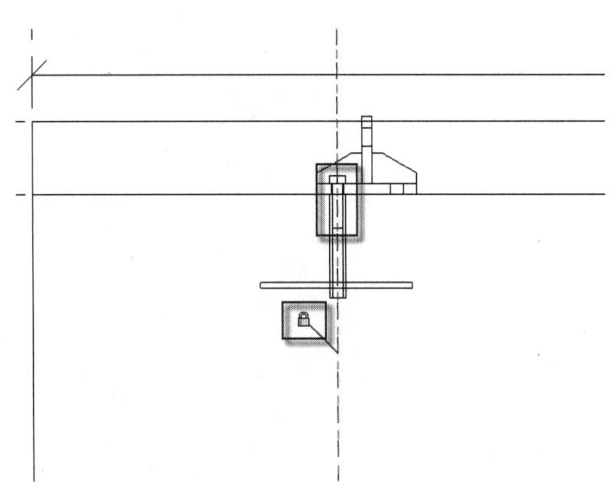

图 4.182　对齐并锁定

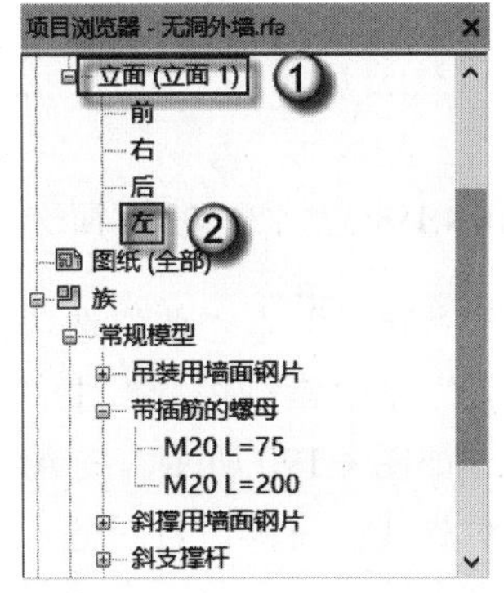

图 4.183　进入左立面视图

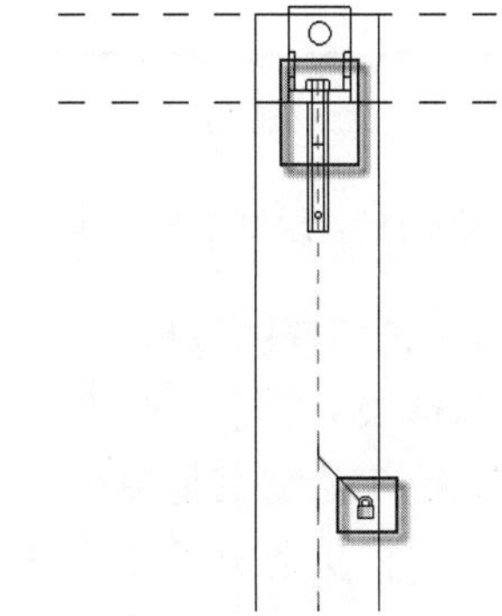

图 4.184　对齐并锁定

（10）完成带插筋的螺母及螺栓的插入。配合 Ctrl 键依次选中带插筋的螺母及螺栓，再按下 MM 快捷键，发出镜像命令，单击吊装用墙面钢片中心参照面主镜像对称轴，完成后如图 4.185 所示。按 DI 快捷键，发出对齐尺寸标注命令，分别对参照平面及刚镜像完成的螺母和螺栓的中心参照面进行对齐尺寸标注，此时出现开放的锁头，单击开放的锁头使其进入锁定状态，避免该尺寸随之后的操作而发生变化，完成后如图 4.186 所示。

（11）绘制水平向参照平面。按 RP 快捷键，发出绘制参照平面命令，在偏移量一栏中输入 800，选中参照平面会出现捕捉点，单击该点水平向右移动至如图所示②的位置如图 4.187 所示。选中刚画完的竖直参照平面，再按 CO 快捷键，发出复制命令，输入 900，向上复制，完成后如图 4.188 所示。

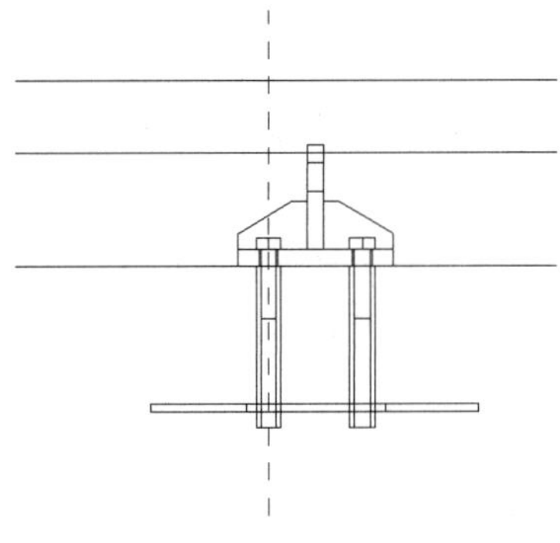

图 4.185　完成镜像

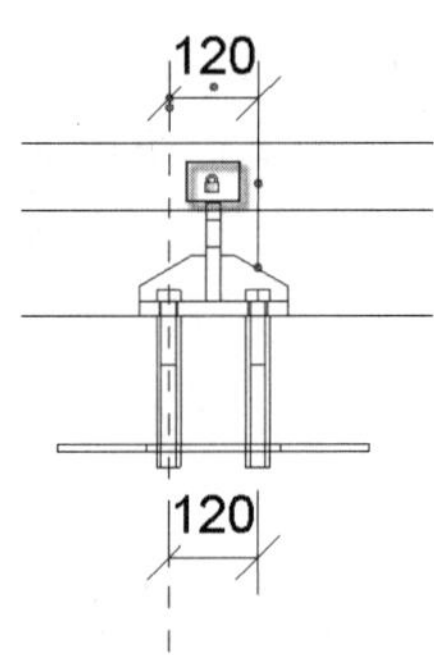

图 4.186　对齐尺寸标注并锁定

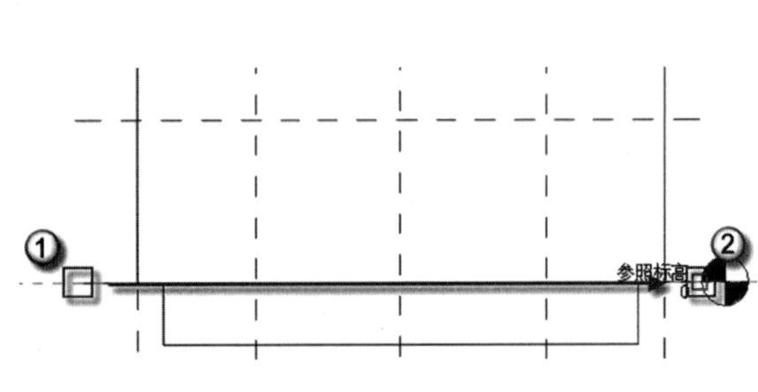

图 4.187　绘制水平向参照平面

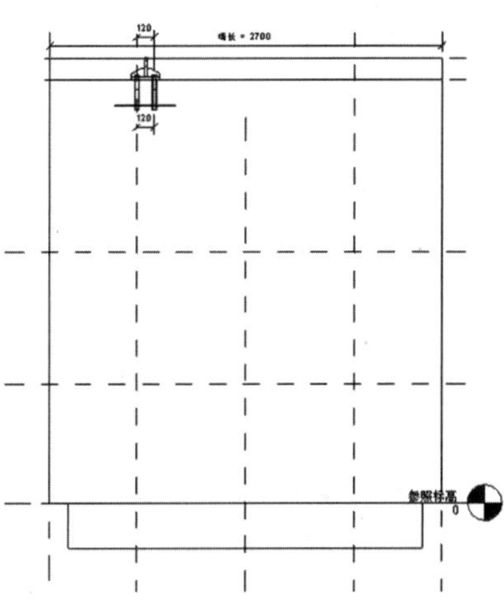

图 4.188　水平向参照平面绘制完成

（12）插入带插筋的螺母。在“项目浏览器”中选择“立面”｜“前”选项，进入前立面图，如图 4.189 所示。在“项目浏览器”中选择“族”｜“常规模型”｜“带插筋的螺母”｜M20 L=75，将其拖曳至剪力墙预制部分墙体中，如图 4.190 所示。按 AL 快捷键，发出对齐命令，依次选中竖直向参照平面及螺母竖直向对齐线，将其进行对齐，单击开放的锁头，锁头会变为锁定的状态。如图 4.191 所示。重复上述过程，将下方的带插筋的螺母进行置入并对齐，完成后如图 4.192 所示。

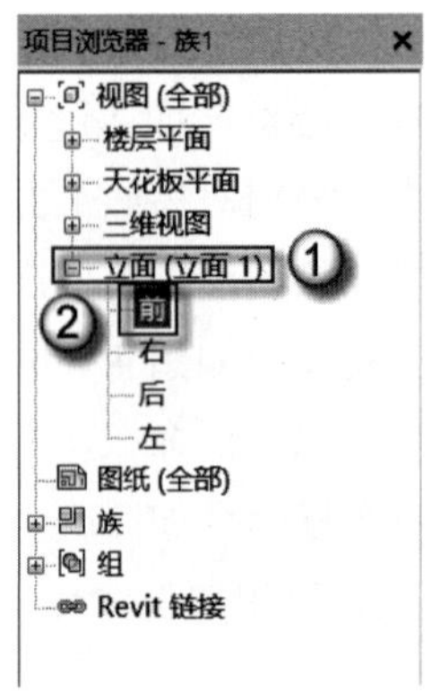

图 4.189　进入前立面视图

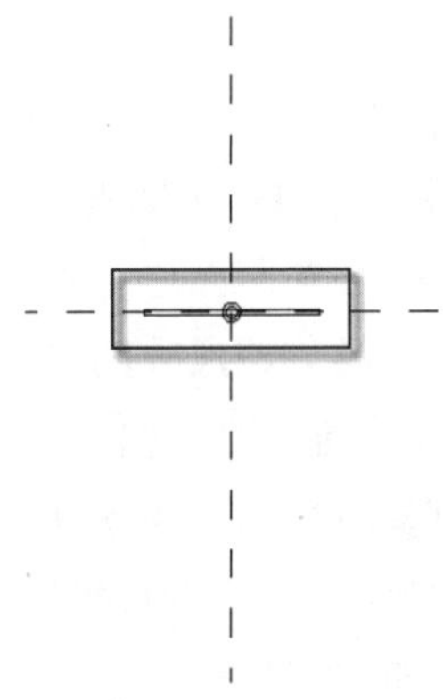

图 4.190　置入带插筋的螺母

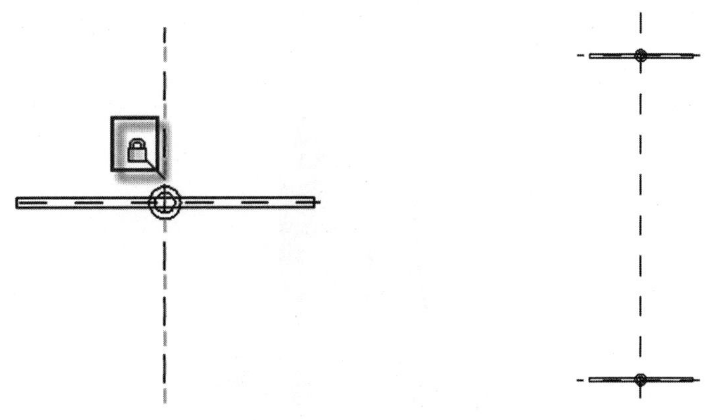

图 4.191 对齐并锁定　　图 4.192 完成螺母的置入

（13）插入斜撑用墙面钢片。在“项目浏览器”中选择“族”｜“常规模型”｜“斜撑用墙面钢片”｜“斜撑用墙面钢片”，将其拖曳至剪力墙预制部分墙体上，如图 4.193 所示。使用“移动”命令，将其中心与两根参照平面图的交点对齐，如图 4.194 所示。按 AL 快捷键，发出对齐命令，依次选中竖直向参照平面及斜撑用墙面钢片中心竖直向对齐线，将其进行对齐，单击开放的锁头，锁头会变为锁定的状态。如图 4.195 所示。重复上述过程，将斜撑用钢片进行置入并对齐，完成后如图 4.196 所示。

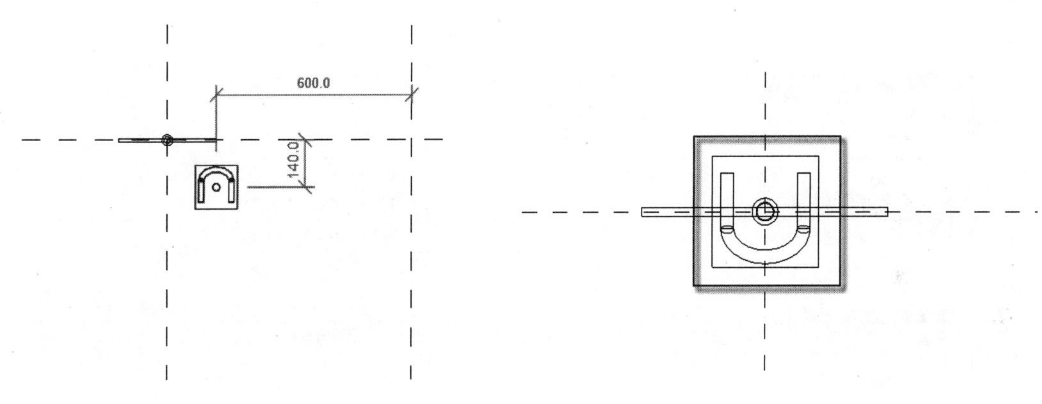

图 4.193 拖曳斜撑用钢片　　图 4.194 置入斜撑用钢片

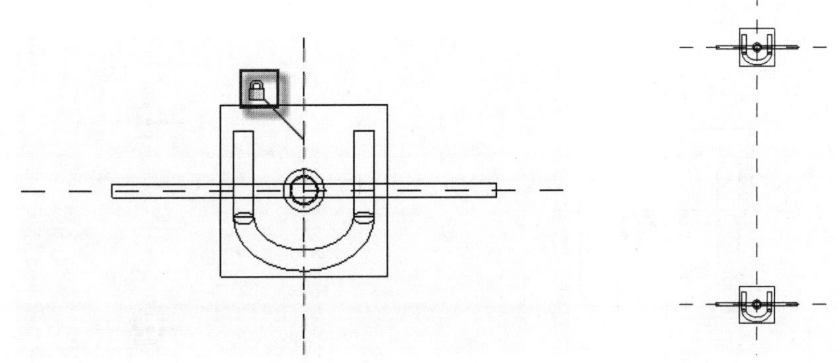

图 4.195 对齐并锁定　　图 4.196 完成斜撑用钢片的置入

（14）检查预埋件的插入。按 F4 键，发出三维视图命令，可以观察到插入的预埋件，如图 4.197 所示。

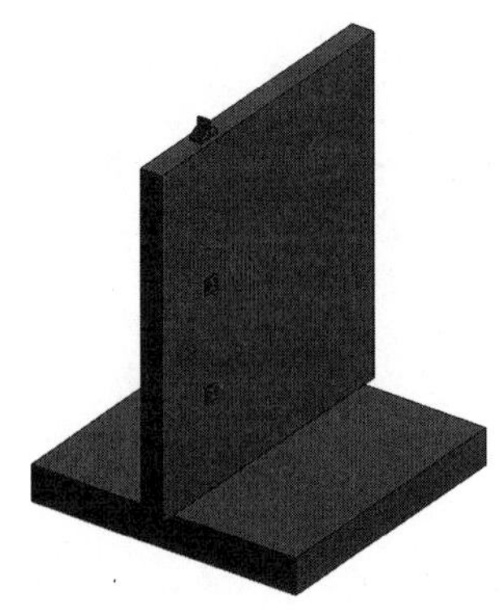

图 4.197　检查预埋件的插入

（15）插入螺栓。在“项目浏览器”中选择“立面”｜“前”选项，进入前立面图，如图 4.198 所示。在“项目浏览器”中选择“族”｜“常规模型”｜“螺栓”｜M20 L=50，将其拖曳至剪力墙预制部分墙体中，如图 4.199 所示。按 AL 快捷键，发出对齐命令，依次选中竖直向参照平面及螺栓中心竖直向对齐线，将其进行对齐，单击开放的锁头，锁头会变为锁定的状态。如图 4.200 所示。重复上述过程，将下方的带插筋的螺母进行置入并对齐，完成后如图 4.201 所示。

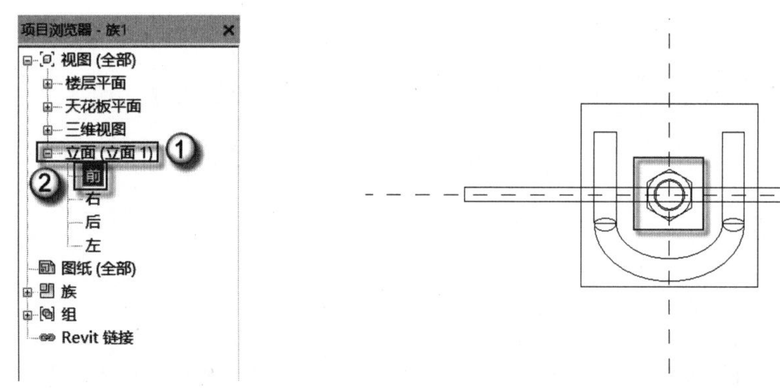

图 4.198　对齐并锁定　　图 4.199　完成螺栓的置入

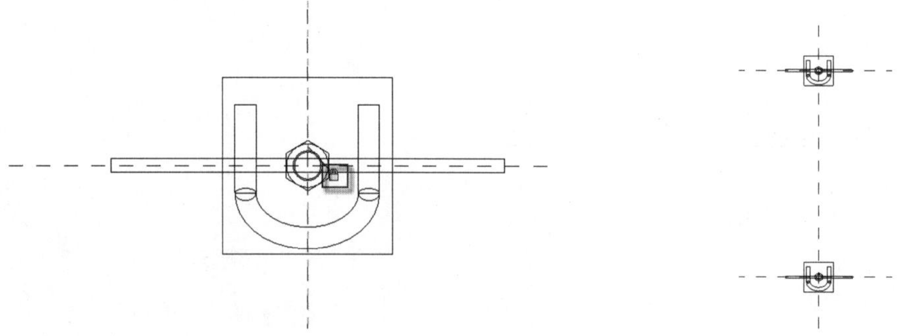

图 4.200　对齐并锁定　　图 4.201　完成带插筋的螺母的置入

（16）插入斜支撑杆。按 F4 键，发出三维视图命令，进入三维视图。框选插入的预埋件，选择屏幕菜单栏中的“选择”｜“过滤器”命令，弹出“过滤器”对话框。在“过滤器”对话框中选择“常规模型”，单击“确定”按钮，如图 4.202 所示。在“属性”面板中单击“可见性/图形替换”后的“编辑”按钮，弹出“族图元可见性设置”对话框。将“平面/天花板平面视图”前复选框中的√取消，单击“确定”按钮，如图 4.203 所示。在“项目浏览器”中选择“楼层平面”｜“参照标高”选项，进入平面视图，如图 4.204 所示。在“项目浏览器”中选择“族”｜“常规模型”｜“斜支撑杆”｜“斜支撑杆”，将其拖曳至剪力墙预制部分墙体中，如图 4.205 所示。选择屏幕菜单栏中的“放置”｜“放置在工作平面上”命令，可以观察到吊筋的方向错误，按 Space 键进行方向切换，切换至正确方向后插入，完成后如图 4.206 所示。选中刚插入的斜支撑杆，按 MV 快捷键，发出“移动”命令，将其移动到合适位置，完成后如图 4.207 所示。在“项目浏览器”中选择“立面”｜“前”选项，进入前立面图，按 AL 快捷键，发出对齐命令，依次选中竖直向参照平面及斜支撑杆中心竖直向对齐线，将其进行对齐，单击开放的锁头，锁头会变为锁定的状态。如图 4.208 所示。

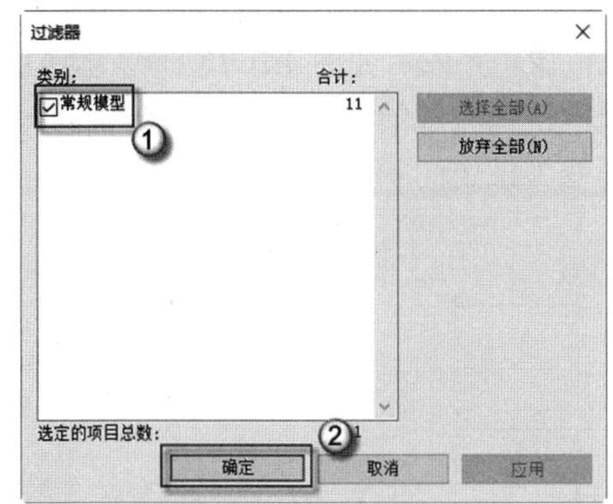

图 4.202　选择预埋件

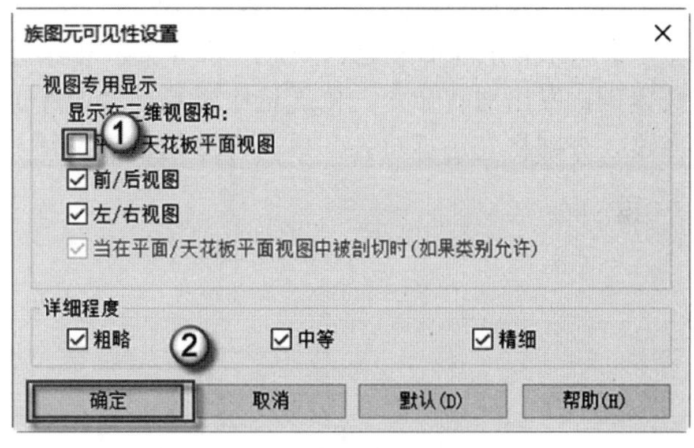

图 4.203　完成斜撑用钢片的置入

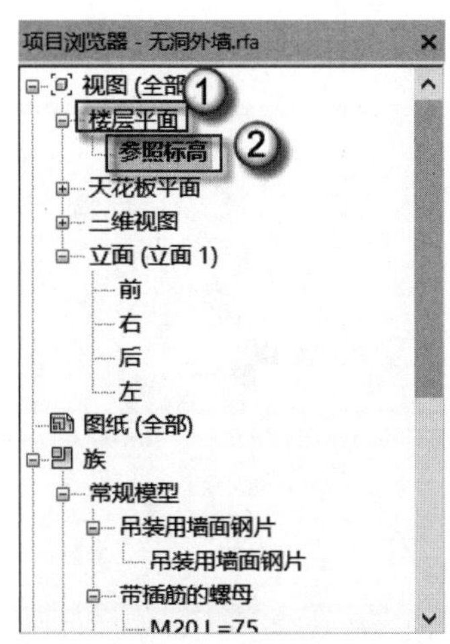

图 4.204　进入平面视图

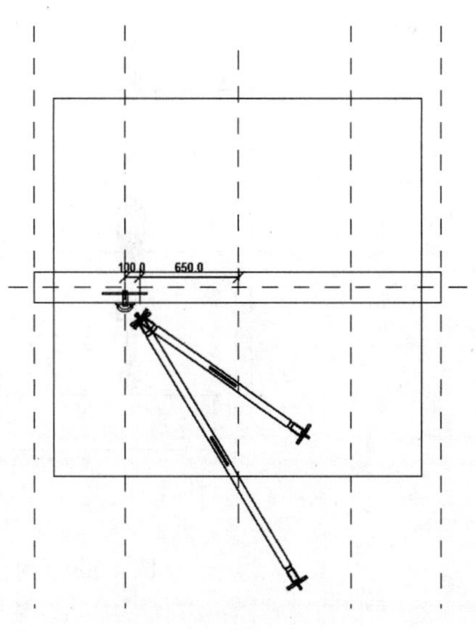

图 4.205　拖曳斜支撑杆

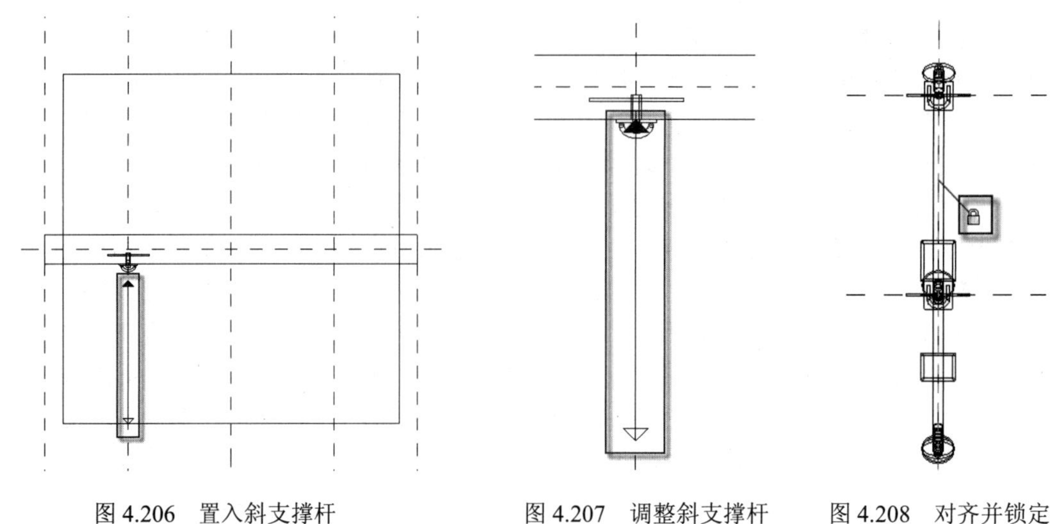

图 4.206　置入斜支撑杆　　　图 4.207　调整斜支撑杆　　　图 4.208　对齐并锁定

（17）对预埋件进行镜像。选中刚刚插入的所有预埋件，按 MM 快捷键，发出镜像命令，单击原有的中心竖直向参照平面作为对称轴完成镜像，完成后如图 4.209 所示。按 AL 快捷键，发出对齐命令，依次选中竖直向参照平面及刚镜像完成的预埋件的中心竖直向对齐线，分别将其进行对齐，单击开放的锁头，锁头会变为锁定的状态。

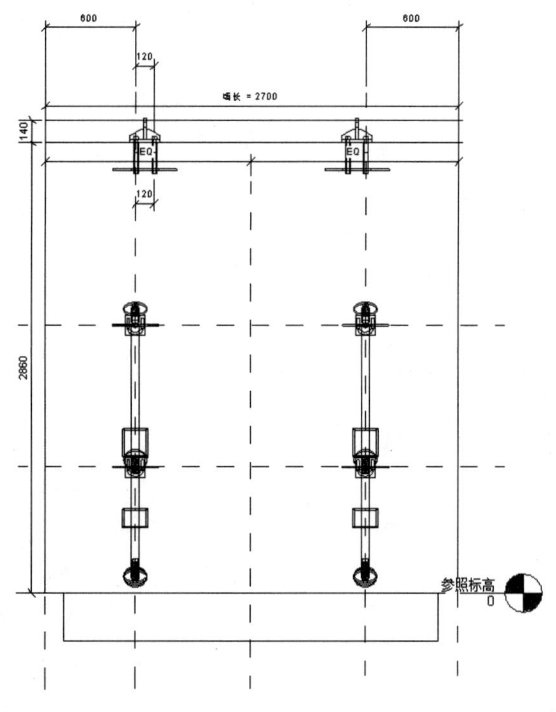

图 4.209　对预埋件进行镜像

注意： 其他两个 PC 外墙族几何形式插入预埋件的方法和上述方法完全相同，此处不再赘述，请读者朋友自行完成。

4.2.3　设置外墙族参数

本小节介绍以“无洞外墙”族为母族，将“单洞外墙”“双洞外墙”两个族作为嵌套族插入其中，合三个族为一个族。这种方法好处是在 BIM 技术下，构件的集成性更高，减少模型的体积，提高运行速度，具体操作方法如下。

（1）插入嵌套族。选择菜单栏中的“插入”｜“载入族”命令，在弹出的“载入族”对话框中选择“单洞外墙”“双洞外墙”两个 RFA 族文件，单击“打开”按钮，将其载入，如图 4.210 所示。在族的编辑模式下再载入的族，被称为“嵌套族”。

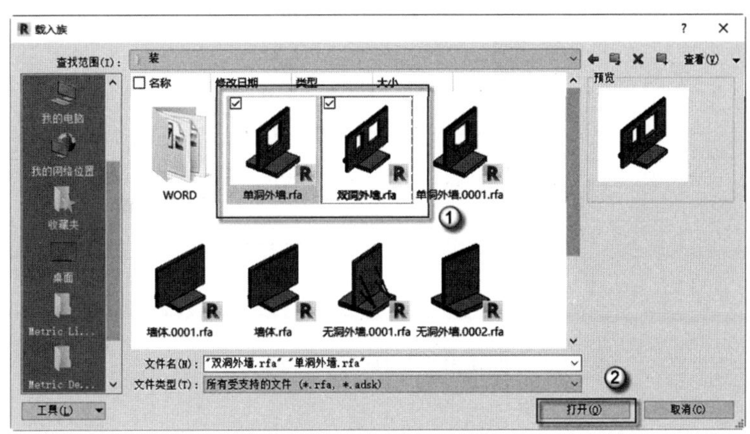

图 4.210　插入嵌套族

（2）关联族参数。在“项目浏览器”中选择“立面”｜“前”选项，进入前立面图，如图 4.211 所示。框选所有预埋件，选择屏幕菜单栏中的“选择”｜“过滤器”命令，弹出“过滤器”对话框。在“过滤器”对话框中单击“放弃全部”按钮，只选中“常规模型”复选框，单击“确定”按钮，如图 4.212 所示。完成后如图 4.213 所示。在“属性”面板中单击“可见”一栏后的▯按钮，弹出“关联族参数”对话框。在“关联族参数”对话框中单击“新建参数”按钮，弹出“参数类型”对话框。在“参数类型”下选中“族参数”单选按钮，在“参数数据”下“名称”一栏中输入“无洞外墙”，单击“确定”按钮，在“关联参数”对话框中单击“确定”按钮，如图 4.214 所示。

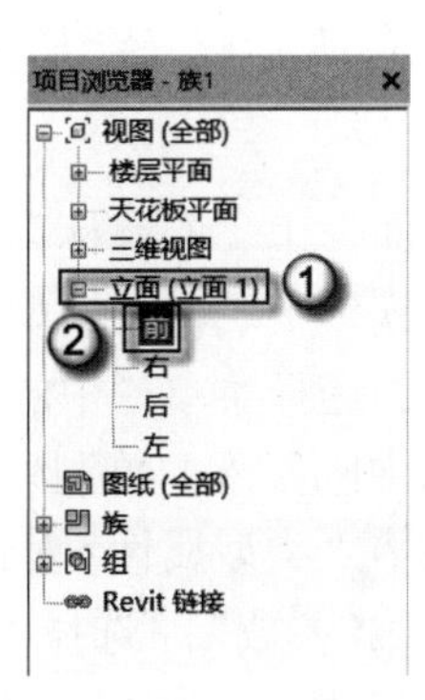

图 4.211　进入前立面视图

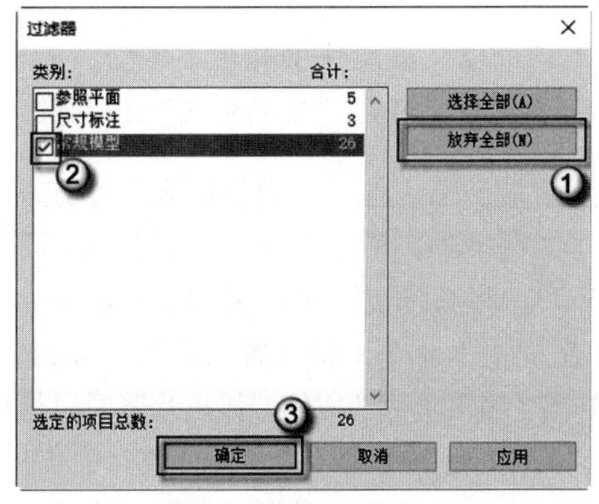

图 4.212　选择常规模型

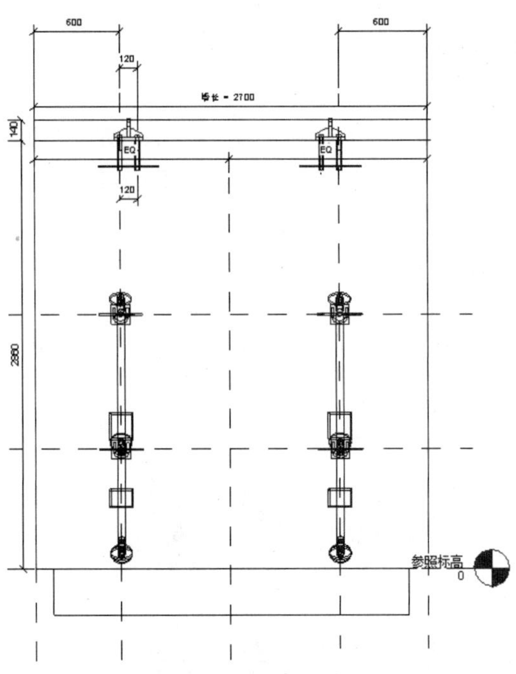

图 4.213　完成预埋件选择

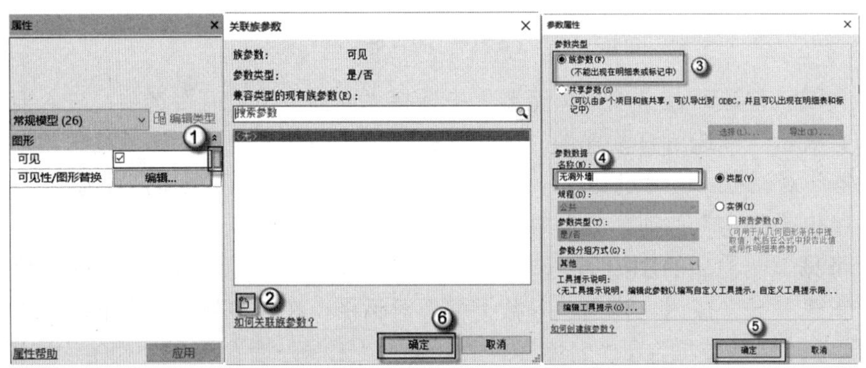

图 4.214　关联族参数

注意："无洞外墙"族文件中有两个类型"YWQ1"和"YWQ2"，这两个族类型属性均需要关联建好的"无洞外墙"族参数。

（3）插入单洞外墙。在"项目浏览器"中选择"楼层平面"｜"参照标高"选项，进入平面视图，如图 4.215 所示。在"项目浏览器"中选择"族"｜"常规模型"｜"单洞外墙"｜YWQ3，将其拖曳至平面视图中，如图 4.216 所示。选择菜单栏中的"放置"｜"放置在工作平面上"命令，将其置入，如图 4.217 所示。选中刚置入的单洞外墙，在"属性"面板中单击"编辑类型"按钮，弹出"类型属性"对话框。在"类型属性"对话框中 "文字"一栏下单击▯按钮，弹出"关联族参数"对话框。在"关联族参数"下选择"选用构建编号"，单击"确定"按钮，在"类型参数"对话框中单击"确定"按钮，如图 4.218 所示。

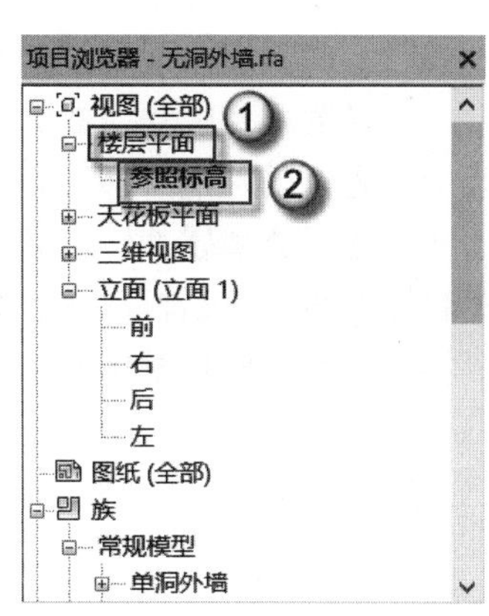

图 4.215　进入平面视图

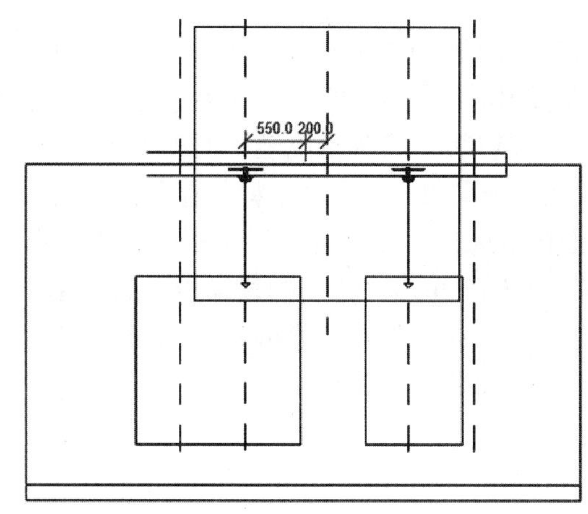

图 4.216　拖曳 YWQ3

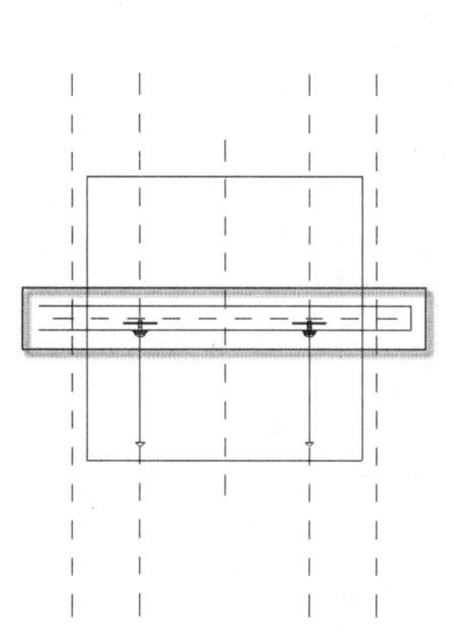

图 4.217　置入 YWQ3

图 4.218　关联族参数

（4）关联族参数。选中刚置入的 YWQ3，在“属性”面板中单击“可见”一栏后的▯按钮，弹出“关联族参数”对话框。在“关联族参数”对话框中单击“新建参数”按钮，弹出“参数类型”对话框。在“参数类型”下选中“族参数”单选按钮，在“参数数据”下“名称”一栏中输入“单洞外墙”，单击“确定”按钮，在“关联族参数”对话框中单击“确定”按钮，如图 4.219 所示。

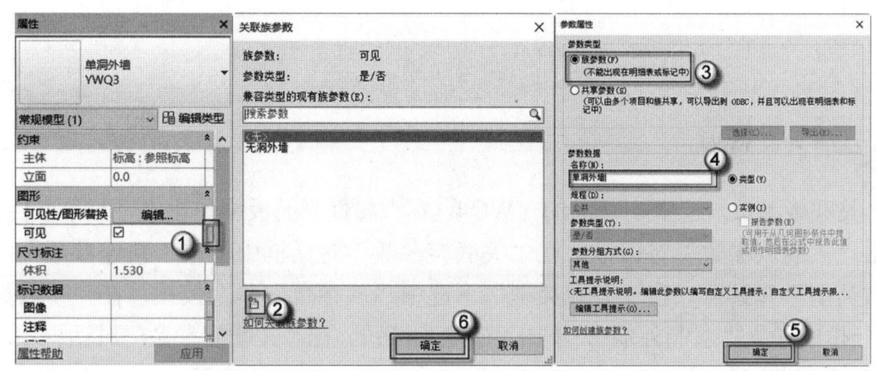

图 4.219　关联族参数

（5）插入双洞外墙。在“项目浏览器”中选择“楼层平面”｜“参照标高”选项，进入平面视图，如图 4.220 所示。在“项目浏览器”中选择“族”｜“常规模型”｜“双洞外墙”｜YWQ3，将其拖曳至平面视图中，如图 4.221 所示。选择菜单栏中的“放置”｜“放置在工作平面上”命令，将其置入，如图 4.222 所示。选中刚置入的双洞外墙，在“属性”面板中选择“编辑类型”按钮，弹出“类型属性”对话框。在“类型属性”对话框中“文字”一栏下单击“选用构建编号”后的▯按钮，弹出“关联族参数”对话框。在“关联族参数”下选择“选用构建编号”，单击“确定”按钮，在“类型参数”对话框中单击“确定”按钮，如图 4.223 所示。

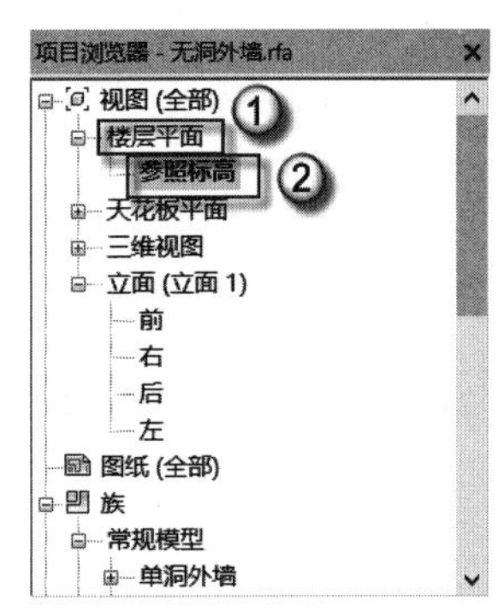

图 4.220　进入平面视图

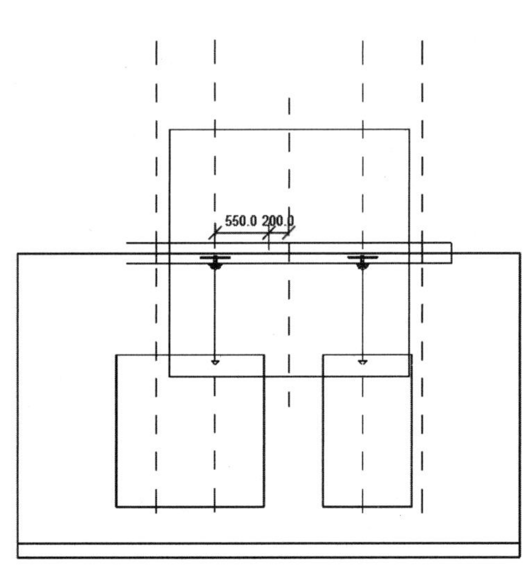

图 4.221　YWQ3

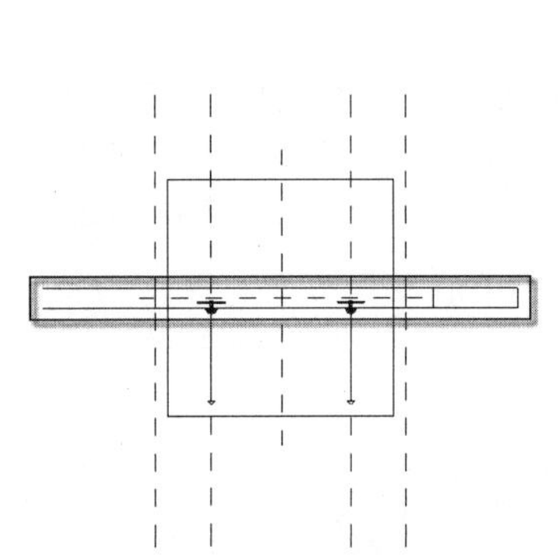

图 4.222　置入 YWQ3

图 4.223　关联族参数

（6）关联族参数。选中刚置入的 YWQ4，在“属性”面板中单击“可见”一栏后的▯按钮，弹出“关联族参数”对话框。在“关联族参数”对话框中单击“新建参数”按钮，弹出“参数类型”对话框。在“参数类型”下选中“族参数”单选按钮，在“参数数据”下“名称”一栏中输入“双洞外墙”，单击“确定”按钮，在“关联族参数”对话框中单击“确定”按钮，如图 4.224 所示。

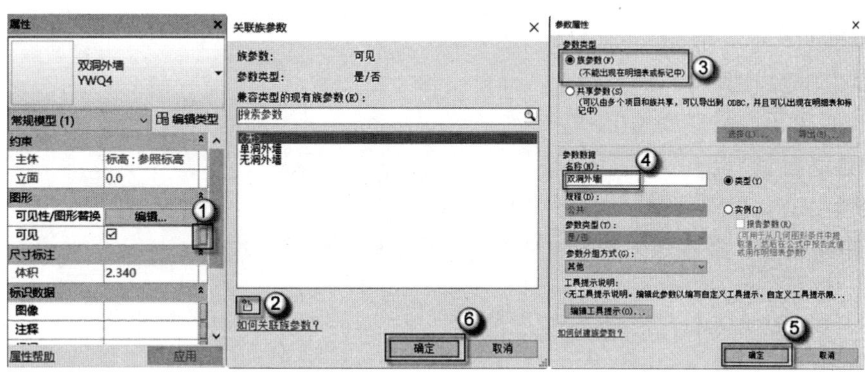

图 4.224　关联族参数

（7）新建族类型。选择菜单栏中的“属性”|“族类型”命令，弹出“族类型”对话框，在对话框中单击“新建类型”按钮，弹出“名称”对话框，在文本框中输入 YWQ3，单击“确定”按钮，在“文字”下的“选用构建编号”一栏的文本框中输入 WQC1-3330-1515，将“其他”一栏下的“无洞外墙”和“双洞外墙”复选框取消选中，单击“应用”按钮，如图 4.225 所示。

（8）新建族类型。选择菜单栏中的“属性”|“族类型”命令，弹出“族类型”对话框，在对话框中单击“新建类型”按钮，弹出“名称”对话框，在文本框中输入 YWQ4，单击“确定”按钮，在“文字”下的“选用构建编号”一栏的文本框中输入 WQC2-5130-0915-1515，将“其他”一栏下的“无洞外墙”和“单洞外墙”复选框取消选中，单击“应用”按钮，如图 4.226 所示。

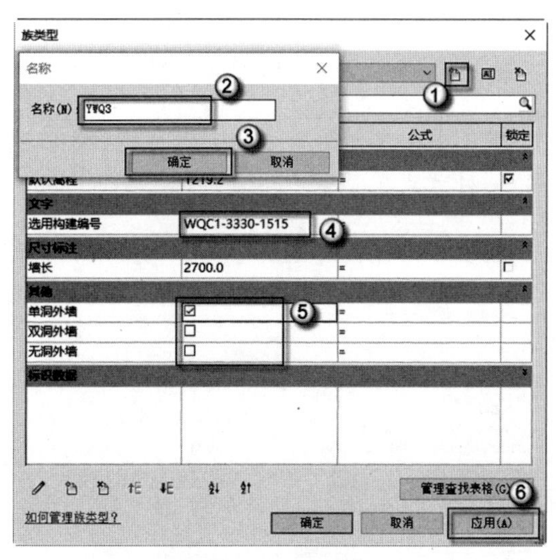

图 4.225　新建族类型

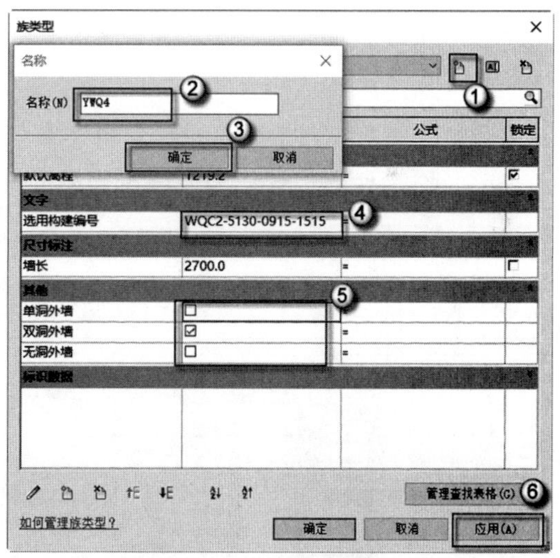

图 4.226　新建族类型

（9）载入族文件及控件。选择菜单栏中的“注释”|“详图构件”命令，弹出“载入族”对话框。在对话框中选择“黑三角”族文件，单击“打开”按钮，如图 4.227 所示。将其放置在图中位置，如图 4.228 所示。选择菜单栏中的“创建”|“控件”命令，选择“控件类型”中的“双向垂直”和“双向水平”进行插入。完成后如图 4.229 所示。

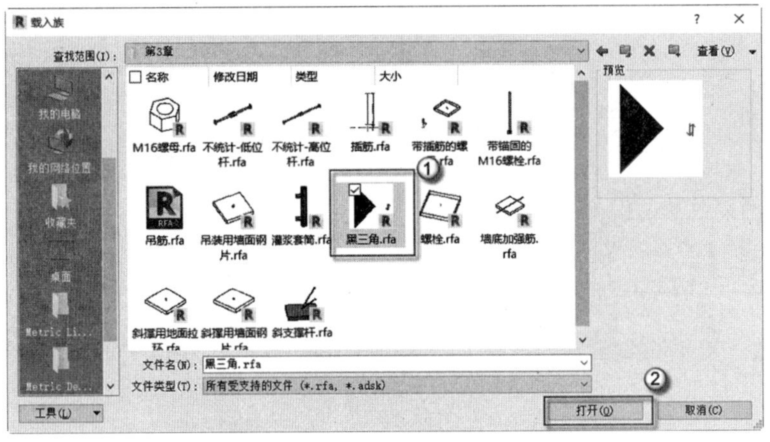

图 4.227　载入族文件

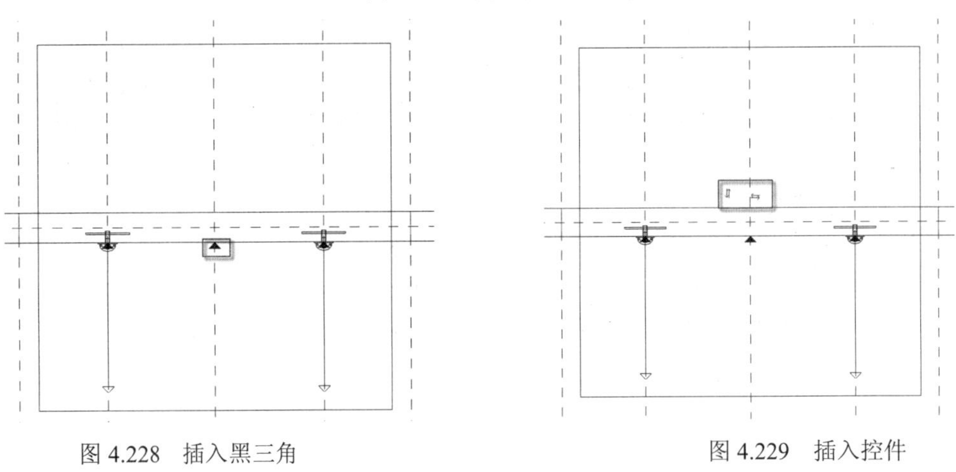

图 4.228　插入黑三角　　　　图 4.229　插入控件

注意：黑三角代表装配面，预制构件在装配时都需要在这个面所在的一侧上进行施工操作。也就是对施工区域实行提前规划的一种方式。

（10）保存族文件。选择 R｜“另存为”｜“族”命令，在弹出的“另存为”对话框中的“文件名”一栏中输入“PC 剪力墙外墙内叶板”，单击“保存”按钮，如图 4.230 所示。

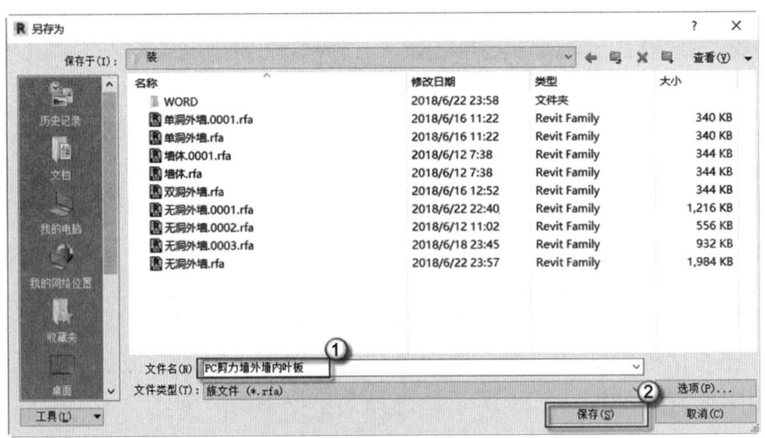

图 4.230　保存族文件

注意： 剪力墙外墙内叶板是 PC 墙板，剪力墙外墙外叶板是三明治外挂板（后面会着重介绍这个内容）。

4.3　PC 剪力墙内墙族

预制混凝土的剪力墙内墙与外墙一样，统一采用 200mm 的墙宽，这个尺寸与叠合梁的梁宽一致。这是因为 PC 剪力墙内墙、外墙与叠合梁在受力上均为支座类型，设置相同的尺寸可以方便构件在装配时的操作，提高现场施工的效率。本节是介绍 PC 剪力墙的内墙族，应注意其命名的方法。

4.3.1　PC 剪力墙内墙族的几何形式

PC 剪力墙内墙族具有几种不同的形式，有无洞内墙和有洞内墙两种形式，制作方法与 PC 剪力墙外墙族基本相似，下面分别进行操作。

1．无洞内墙

（1）Revit 的启动并选择适合的族样板。双击桌面 Revit 图标，在弹出的 AUTODESK REVIT 对话框中选择“族”｜“新建”选项，在弹出的“选择样板文件”对话框中选择“基于面的公制常规模型”族样板文件，单击“打开”按钮，如图 4.231 所示。完成后如图 4.232 所示，可看见一个作为基准面的方框，便于对齐 PC 剪力墙内墙族的位置。

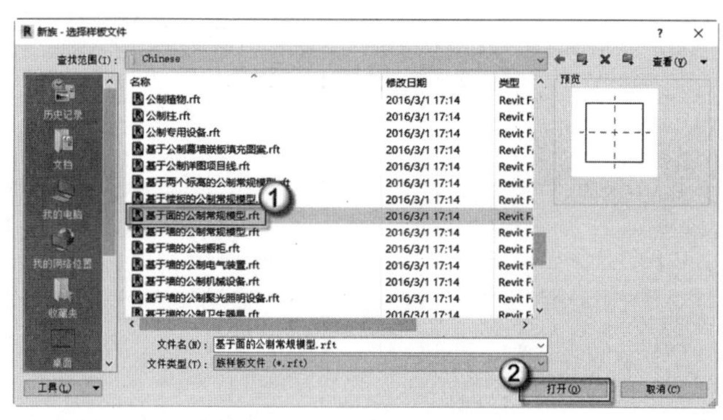

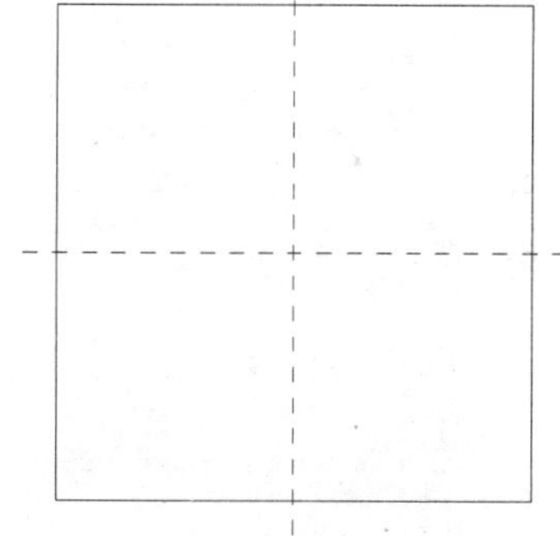

图 4.231　选择样板文件

图 4.232　进入族样板

（2）绘制竖直向参照平面。在“项目浏览器”中选择“立面”｜“前”选项，进入前立面视图，如图 4.233 所示。按 RP 快捷键，发出绘制参照平面命令，在中心参照平面的两侧任意位置绘制两个竖直向参照平面，如图 4.234 所示。按 DI 快捷键，发出对齐尺寸标注命令，分别对两个竖直向参照平面与中心竖直向参照平面进行对齐尺寸标注，此时出现EQ按钮，单击这个按钮，会变成 EQ 字样，表明是设置等分约束的尺寸标注成功，如图 4.235 所示。按 DI 快捷键，发出对齐尺寸标注命令，对两个竖直向参照平面进行对齐尺寸标注，完成后如图 4.236 所示。选中刚操作完成的标注，选择菜单栏中的“修改”｜“标签尺寸标注”｜“创建参数”命令，弹出“参数属性”对话框，如图 4.237 所示。在“参数属性”对话框中参数数据下“名称”一栏中填入“墙长”，单击“确定”按钮，完成后如图 4.238 所示。

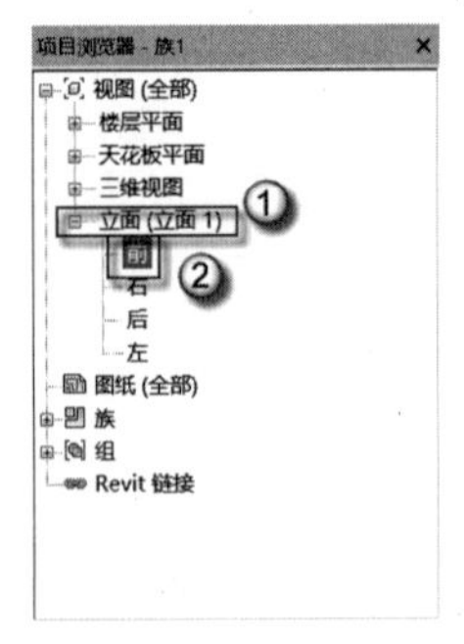

图 4.233　进入前立面视图

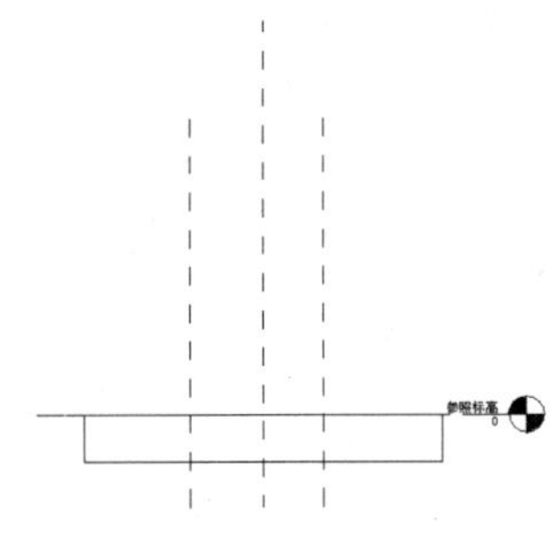
图 4.234　绘制竖直向参照平面

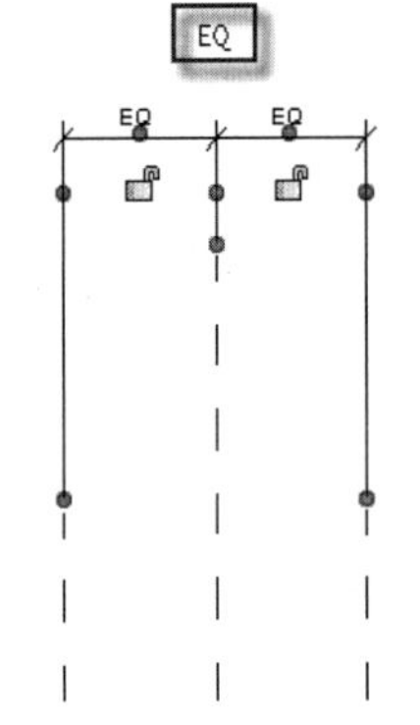

图 4.235　设置等分约束的尺寸标注

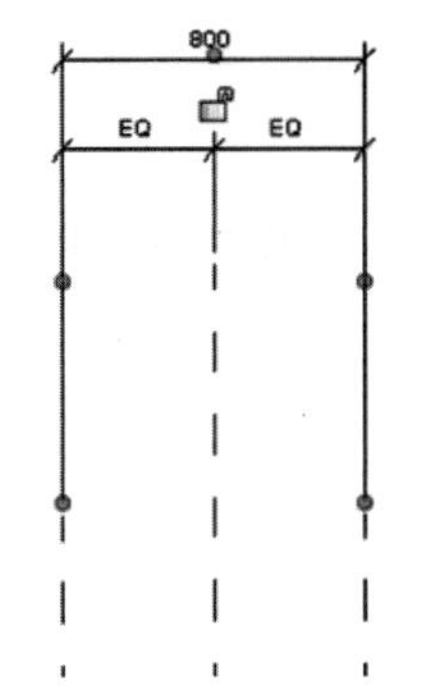

图 4.236　对齐尺寸标注

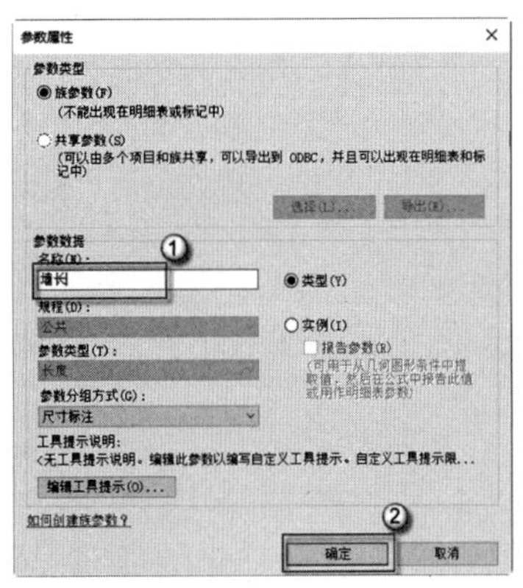

图 4.237　新建参数

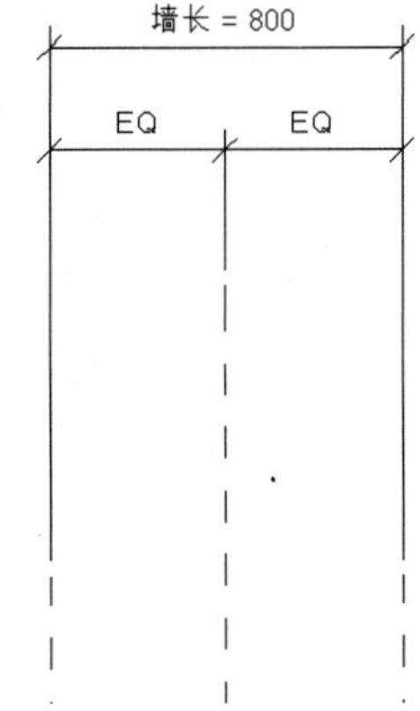

图 4.238　完成参数设置

（3）修改族类型。选择菜单栏中的“属性”｜“族类型”命令，弹出“族类型”对话框，在对话框中修改“尺寸标注”标签下的“墙长”数值，输入 300，单击“确定”按钮。完成后如图 4.239 所示。

（4）绘制水平向参照平面。在“项目浏览器”中选择“立面”｜“前”选项，进入前立面视图，如图 4.240 所示。按 RP 快捷键，发出绘制参照平面命令，在偏移量一栏中输入 2860，选中参照平面会出现捕捉点，单击该点水平向右移动至如图所示②的位置如图 4.241 所示。选中刚画完的水平向参照平面，按 CO 快捷键，发出复制命令，输入 140，向上复制，完成后如图 4.242 所示。

图 4.239　修改族类型

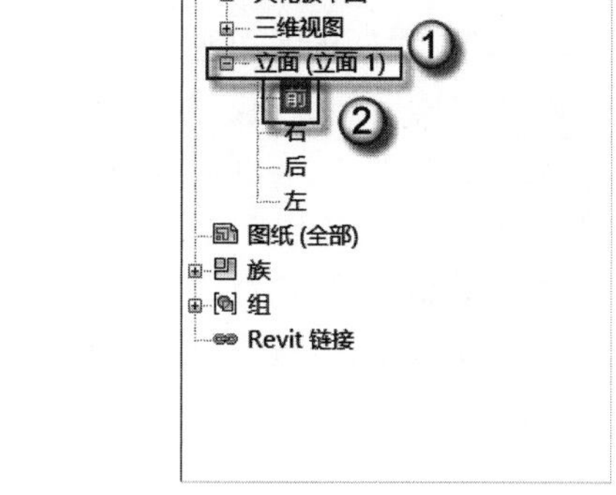

图 4.240　进入前立面视图

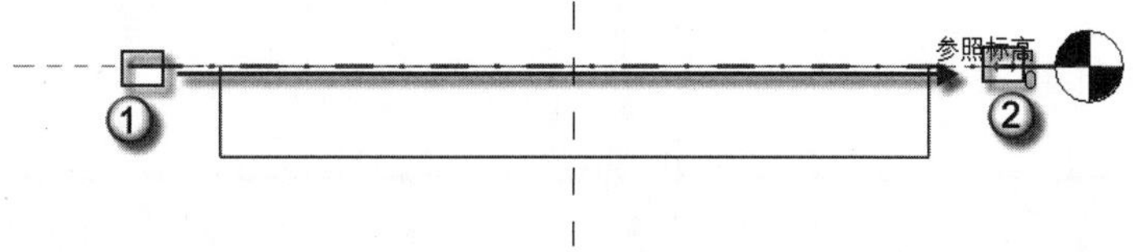

图 4.241　绘制水平向参照平面

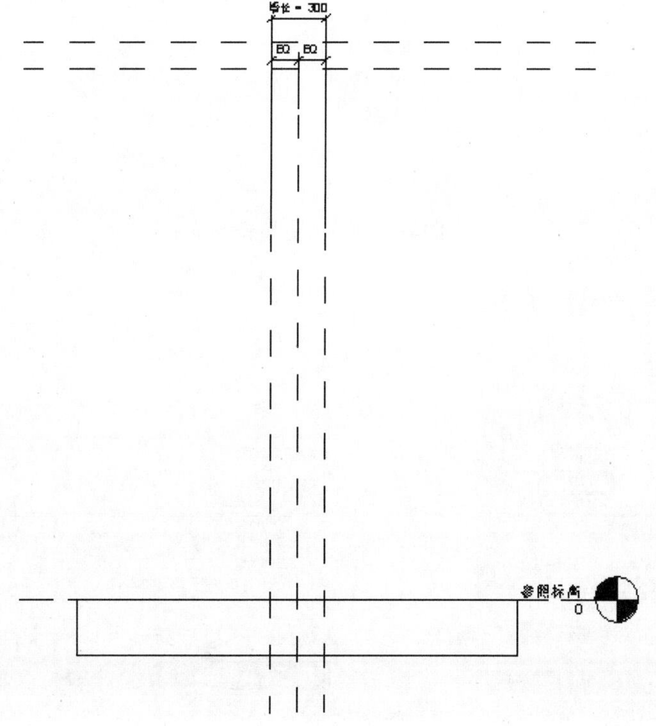

图 4.242　完成参照平面的绘制

（5）创建剪力墙预制部分。选择菜单栏中的“创建”｜“拉伸”命令，进入拉伸界面。选择菜单栏中的“绘制”｜“矩形”命令，通过拾取两个对角点（图中的①和②两个点）创建矩形，如图 4.243 所示。在“属性”面板中的“拉伸终点”一栏中输入 100，“拉伸起点”一栏中输入-100，如图 4.244 所示。在“属性”面板中单击“可见性/图形替换”后的“编辑”按钮，弹出“族图元可见性设置”对话框。将“平面/天花板平面视图”前复选框取消选中，单击“确定”按钮，如图 4.245 所示。在“属性”面板中单击“材质和装饰”标签下“材质”后的“<按类别>”按钮，弹出“材质浏览器”对话框。在其中选择“主视图”｜“收藏夹”｜“剪力墙内墙-预制混凝土”材质，双击“剪力墙内墙-预制混凝土”材质，单击“材质浏览器”对话框中的“确定”按钮，如图 4.246 所示。操作完成后，单击√｜×选项板中的√按钮退出，如图 4.247 所示。

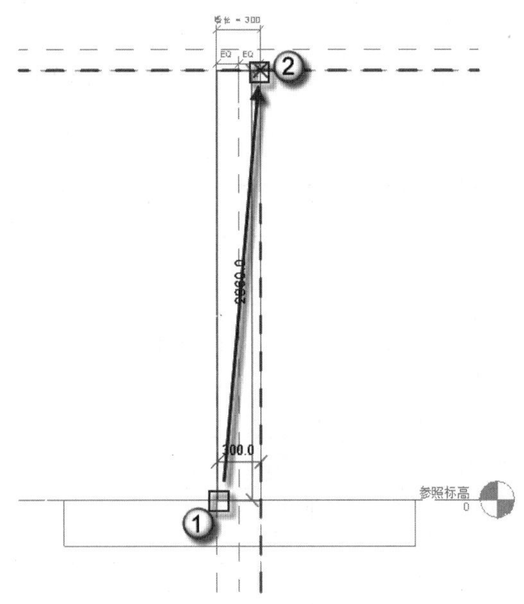

图 4.243　创建剪力墙预制部分

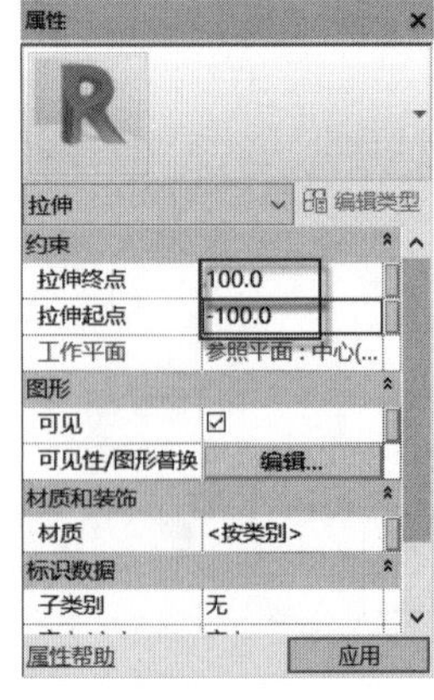

图 4.244　更改剪力墙约束

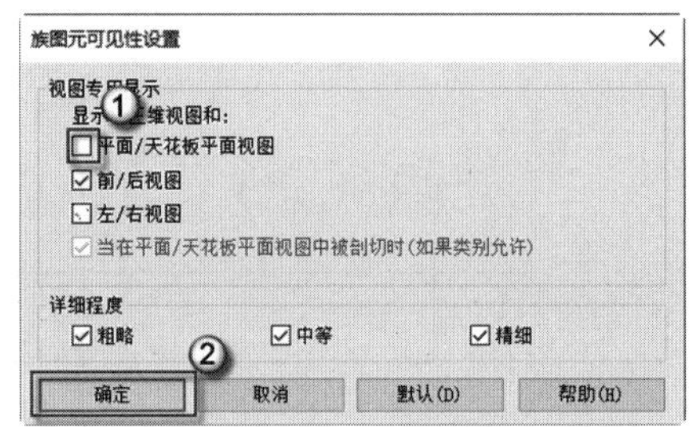

图 4.245　修改可见性

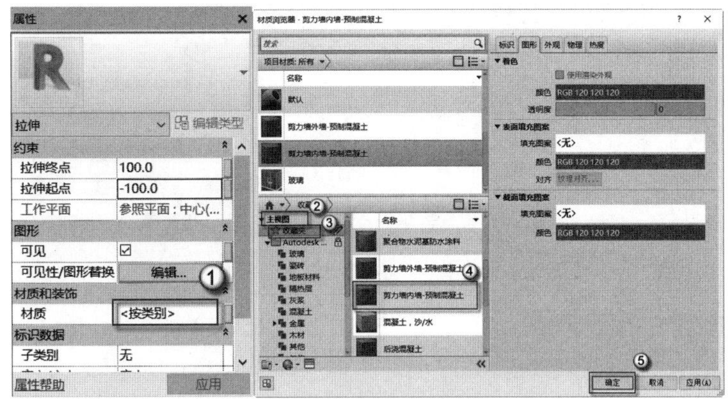

图 4.246　赋予剪力墙预制部分材质

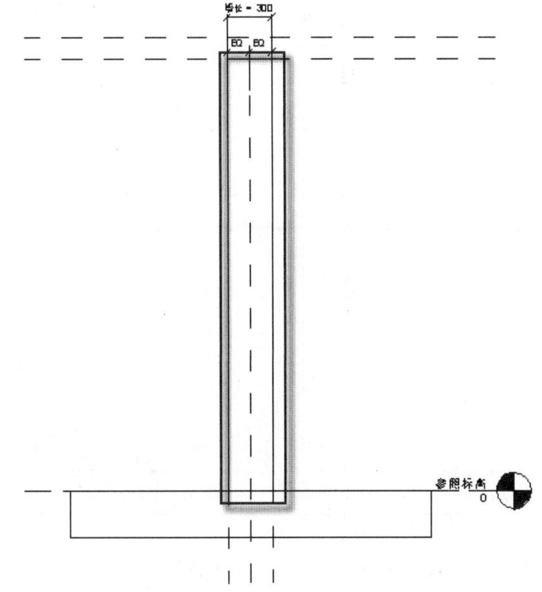

图 4.247　完成剪力墙预制部分

（6）创建剪力墙现浇部分。选择菜单栏中的“创建”|“拉伸”命令，进入拉伸界面。选择菜单栏中的“绘制”|“矩形”命令，通过拾取两个对角点（图中的①和②两个点）创建矩形，如图 4.248 所示。在“属性”面板中单击“材质和装饰”标签下“材质”后的“<按类别>”按钮，弹出“材质浏览器”对话框。在其中选择“主视图”|“收藏夹”|“后浇混凝土”材质，单击“材质浏览器”对话框中的“确定”按钮，如图 4.249 所示。操作完成后，单击 √ | ×选项板中的 √ 按钮退出，如图 4.250 所示。

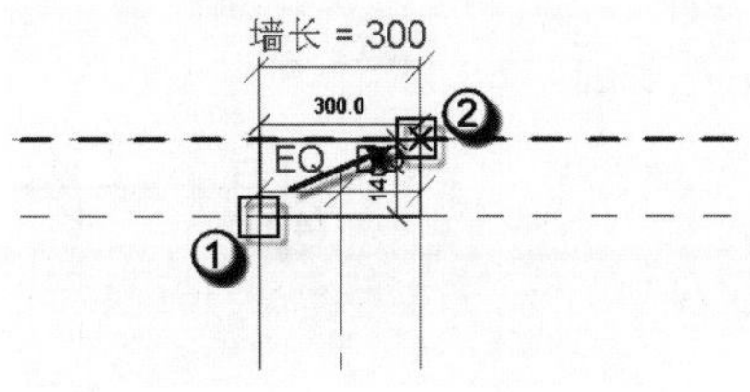

图 4.248　创建剪力墙现浇部分

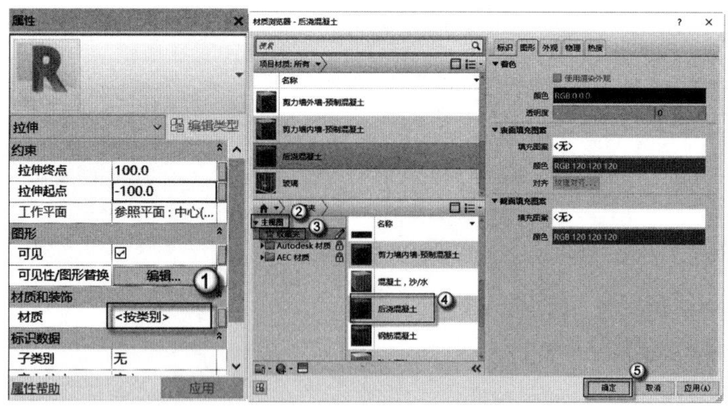

图 4.249　赋予剪力墙现浇部分材质

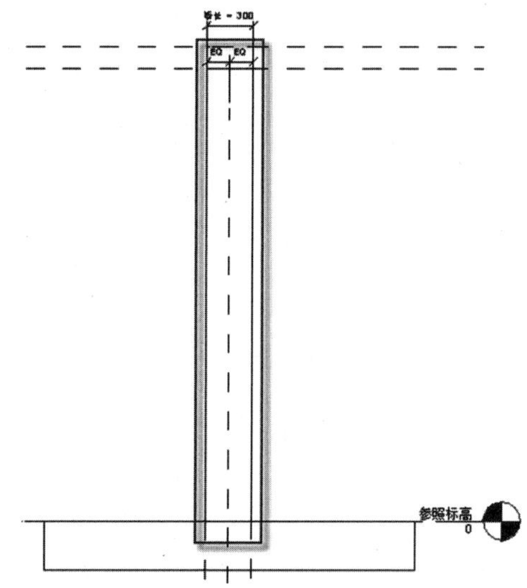

图 4.250　完成剪力墙现浇部分

（7）绘制符号线。在“项目浏览器”中选择“楼层平面”｜“参照标高”选项，进入平面视图，如图 4.251 所示。选择菜单栏中的“注释”｜“符号线”命令，进入放置符号线界面。选择菜单栏中的“绘制”｜“直线”命令，通过拾取点（图中的①②③④四个点）绘制直线，如图 4.252 所示。

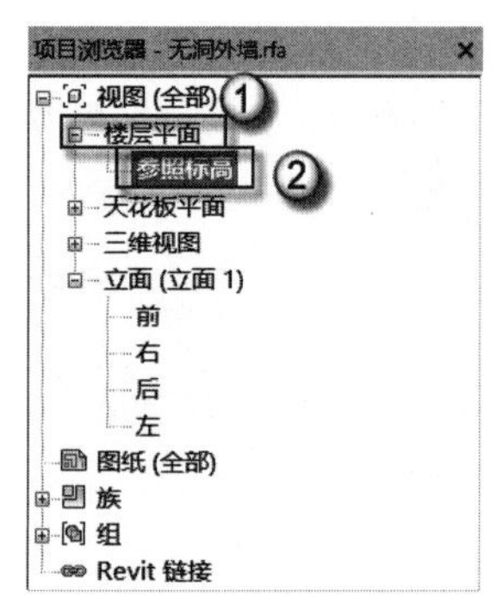

图 4.251　进入平面视图

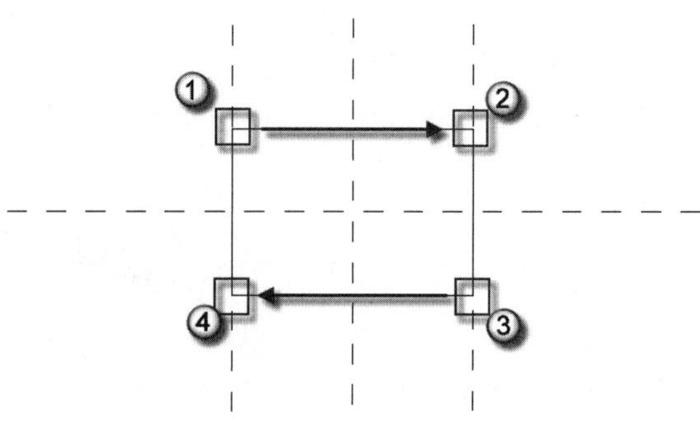

图 4.252　绘制符号线

（8）检查剪力墙基本形式。按 F4 键，发出三维视图命令，可以观察到两部分，一部分为预制部分墙体，另一部分为现浇部分墙体，如图 4.253 所示。选择视觉样式为“着色”，完成后如图 4.254 所示。

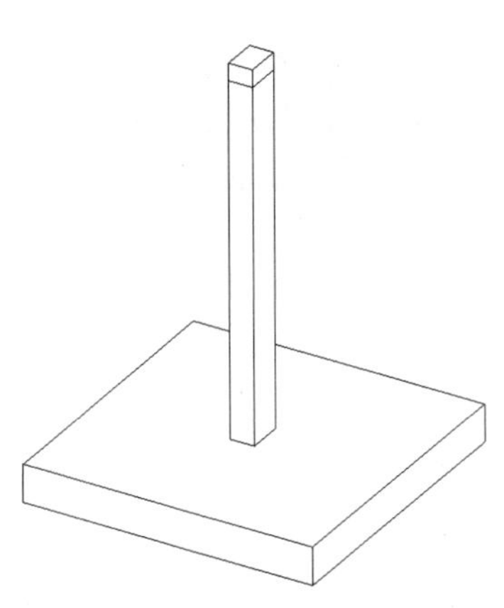

图 4.253　检查剪力墙三维视图

图 4.254　进入着色视觉样式

（9）新建族参数。选择菜单栏中的“属性”|“族类型”命令，弹出“族类型”对话框，在对话框中单击“新建参数”按钮，弹出“参数类型”对话框。在“参数类型”下选中“共享参数”单选按钮，单击“选择”按钮，弹出“共享参数”对话框。在“共享参数”对话框中选择“参数组”下的“剪力墙”参数组，“参数”下选择“选用构建编号”参数，单击“确定”按钮，在“参数属性”对话框中单击“确定”按钮，如图 4.255 所示。

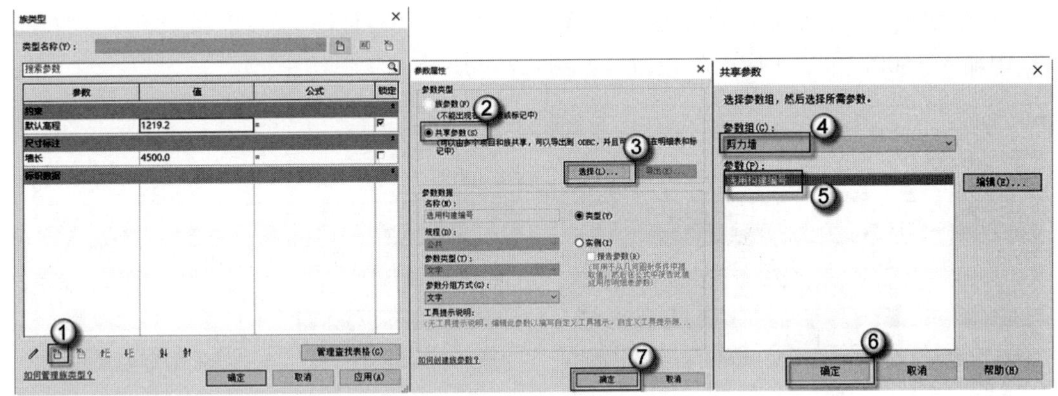

图 4.255　新建族参数

（10）新建族类型。选择菜单栏中的“属性”|“族类型”命令，弹出“族类型”对话框，在对话框中单击“新建类型”按钮，弹出“名称”对话框，在文本框中输入 YNQ1，单击“确定”按钮，在“文字”下的“选用构建编号”一栏的文本框中输入 NQ-0330，单击“应用”按钮，如图 4.256 所示。

（11）新建族类型。接上一步继续操作，在“族类型”对话框中单击“新建类型”按钮，弹出“名称”对话框，在文本框中输入 YNQ2，单击“确定”按钮，在“文字”下的“选用构建编号”一栏的文本框中输入 NQ-1230，在“尺寸标注”下的“墙长”一栏的文本框中输入 1200，单击“应用”按钮，如图 4.257 所示。

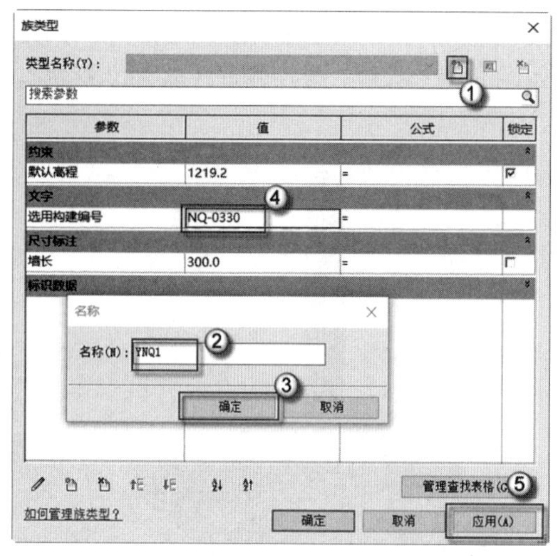

图 4.256　新建族类型 YNQ1

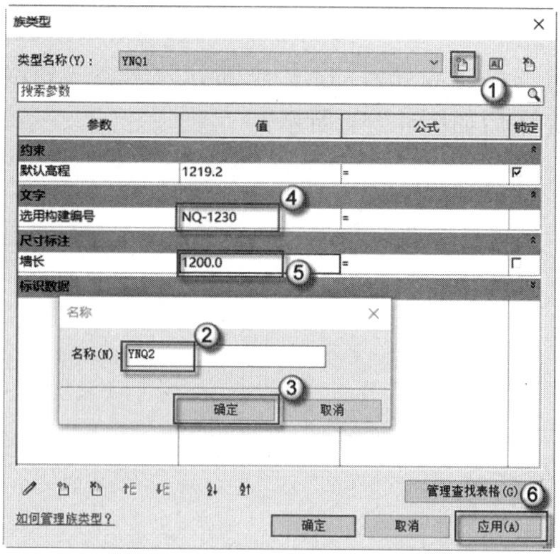

图 4.257　新建族类型 YNQ2

（12）新建族类型。接上一步继续操作，在“族类型”对话框中单击“新建类型”按钮，弹出“名称”对话框，在文本框中输入 YNQ3，单击“确定”按钮，在“文字”下的“选用构建编号”一栏的文本框中输入 NQ-1830，在“尺寸标注”下的“墙长”一栏的文本框中输入 1800，单击“应用”按钮，如图 4.258 所示。

（13）新建族类型。接上一步继续操作，在“族类型”对话框中单击“新建类型”按钮，弹出“名称”对话框，在文本框中输入 YNQ4，单击“确定”按钮，在“文字”下的“选用构建编号”一栏的文本框中输入 NQ-3630，在“尺寸标注”下的“墙长”一栏的文本框中输入 3600，单击“应用”按钮，如图 4.259 所示。

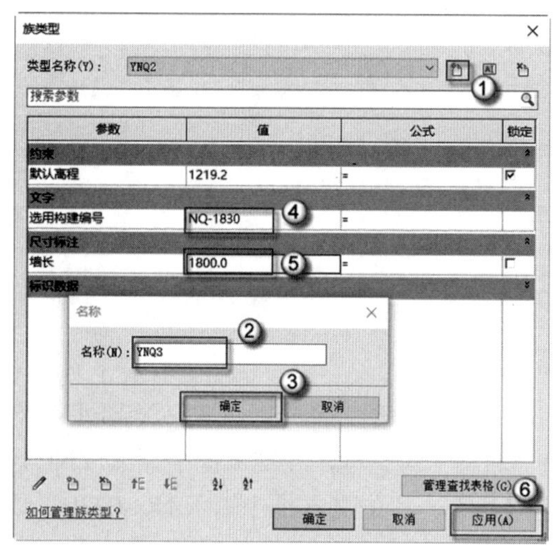

图 4.258　新建族类型 YNQ3

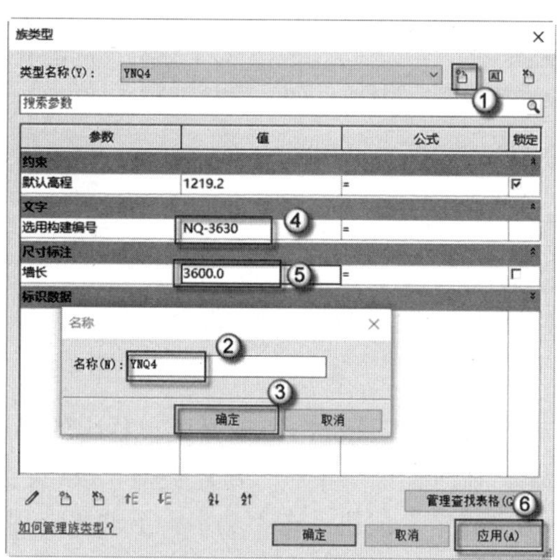

图 4.259　新建族类型 YNQ4

（14）保存族文件。选择 R｜“另存为”｜“族”命令，在弹出的“另存为”对话框中的“文件名”一栏中输入“无洞内墙”，然后单击“保存”按钮，如图 4.260 所示。

图 4.260　保存族文件

2. 有洞内墙

（1）Revit 的启动并选择适合的族样板。双击桌面 Revit 图标，在弹出的 AUTODESK REVIT 对话框中选择“族”｜“新建”选项，在弹出的“选择样板文件”对话框中选择“基于面的公制常规模型”族样板文件，单击“打开”按钮，如图 4.261 所示。完成后如图 4.262 所示，可看见一个作为基准面的方框，便于对齐 PC 剪力墙内墙族的位置。

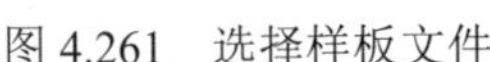
图 4.261　选择样板文件

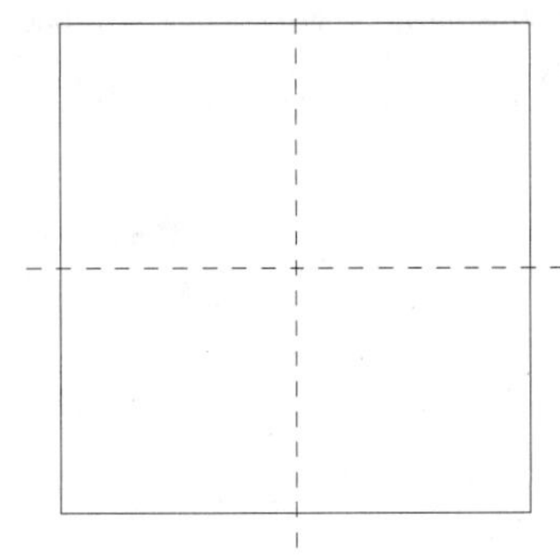

图 4.262　进入族样板

（2）绘制竖直向参照平面。在“项目浏览器”中选择“立面”｜“前”选项，进入前立面视图，如图 4.263 所示。按 RP 快捷键，发出绘制参照平面命令，在偏移量一栏中输入 1050，选中参照平面会出现捕捉点，单击该点竖直向下移动至如图所示②的位置，如图 4.264 所示。选中刚绘制完成的竖直向参照平面，按 MM 快捷键，发出镜像命令，单击中心竖直向参照平面进行镜像，如图 4.265 所示。

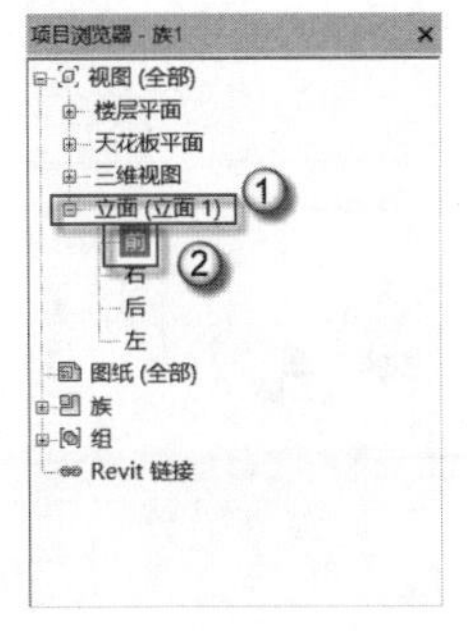

图 4.263　进入前立面视图

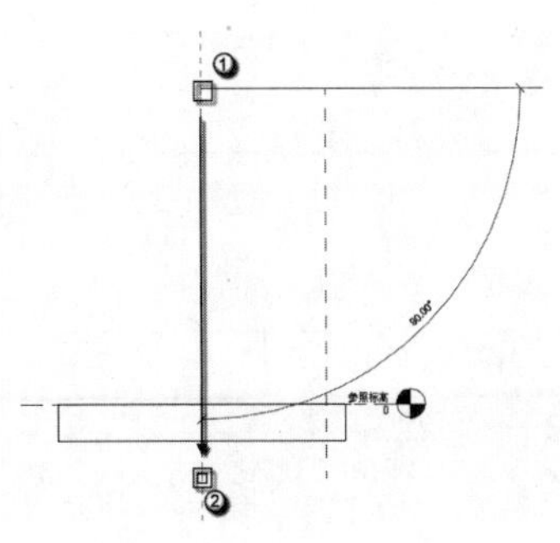

图 4.264　绘制竖直向参照平面

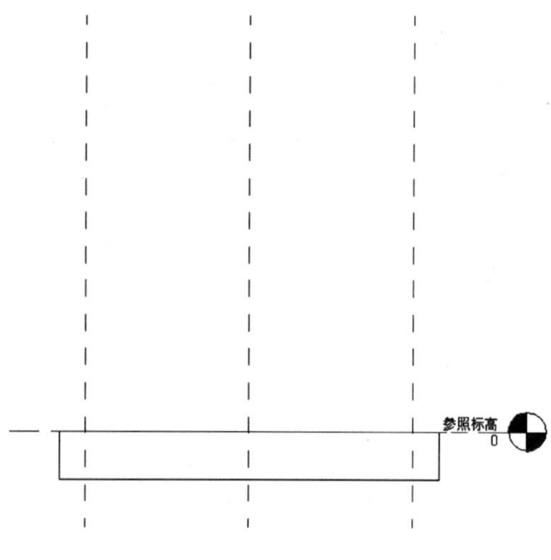

图 4.265　完成镜像

（3）绘制水平向参照平面。按 RP 快捷键，发出绘制参照平面命令，在偏移量一栏中输入 2860，选中参照平面会出现捕捉点，单击该点水平向右移动至如图所示②的位置，如图 4.266 所示。选中刚画完的水平向参照平面，按 CO 快捷键，发出复制命令，输入 140，向上复制，完成后如图 4.267 所示。

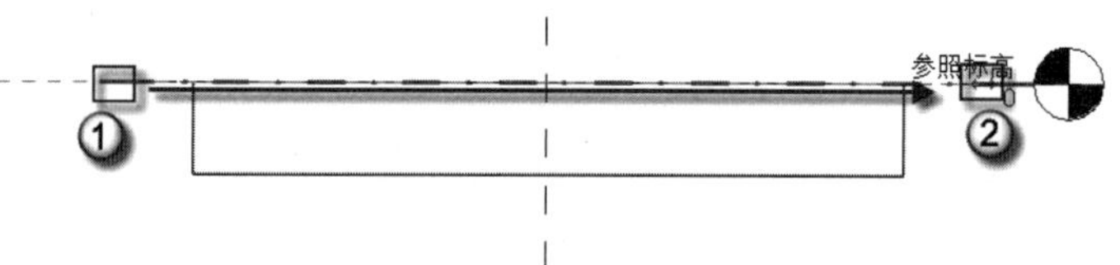

图 4.266　绘制水平向参照平面

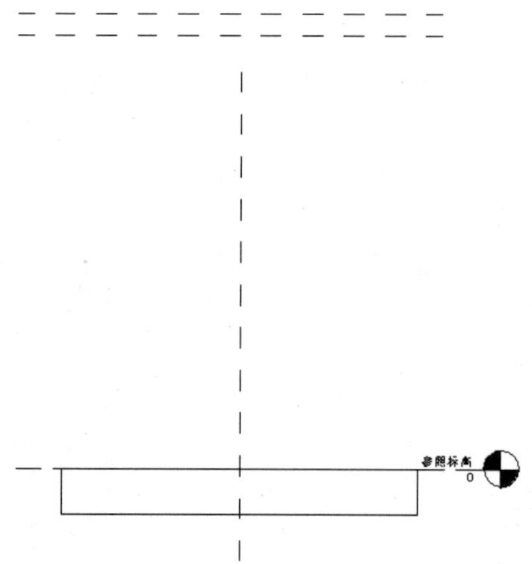

图 4.267　完成参照平面的绘制

（4）创建剪力墙预制部分墙体。选择菜单栏中的“创建”｜“拉伸”命令，进入拉伸界面。选择菜单栏中的“绘制”｜“直线”命令，通过拾取 8 个点（图中的①②③④⑤⑥⑦⑧8 个点，④点与⑤点距离为 500 个单位，⑤点与⑥点距离为 2100 个单位）创建墙体形状，如图 4.268 所示。在“属性”面板中的“拉伸终点”一栏中输入 100，“拉伸起点”一栏中输入-100，如图 4.269 所示。在“属性”面板中单击“可见性/图形替换”后的“编辑”按钮，弹出“族图元可见性设置”对话框。将“平面/天花板平面视图”前复选框取消选中，单击“确定”按钮，如图 4.270 所示。在“属性”面板中单击“材质和装饰”标签下“材质”后的“<按类别>”按钮，弹出“材质浏览器”对话框。在其中选择“主视图”｜“收藏夹”｜“剪力墙外墙-预制混凝土”材质，双击“剪力墙外墙-预制混凝土”材质，单击“材质浏览器”对话框中的“确定”按钮，如图 4.271 所示。

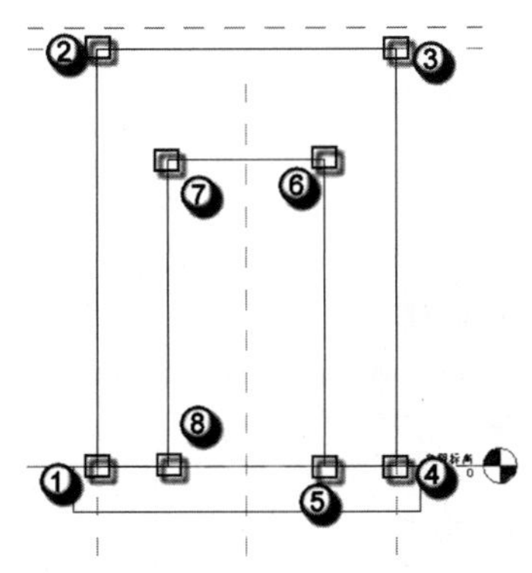

图 4.268　创建剪力墙预制部分墙体

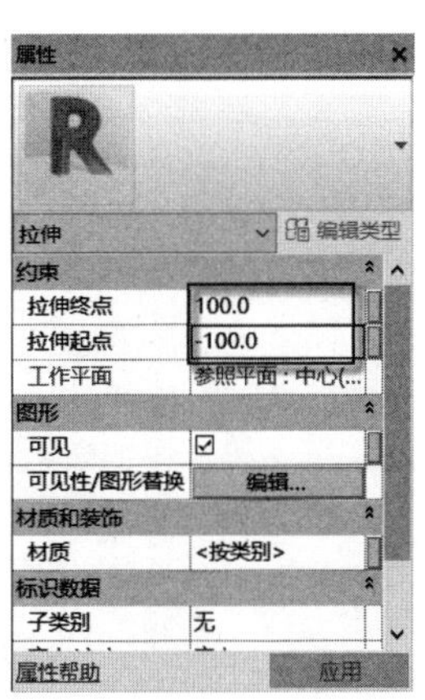

图 4.269　更改剪力墙约束

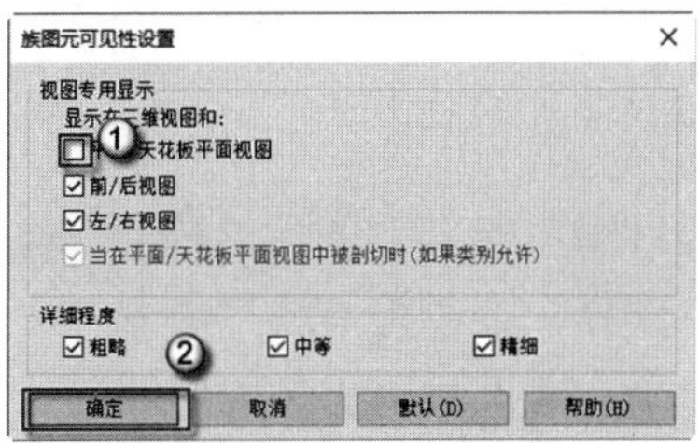

图 4.270　更改剪力墙可见性

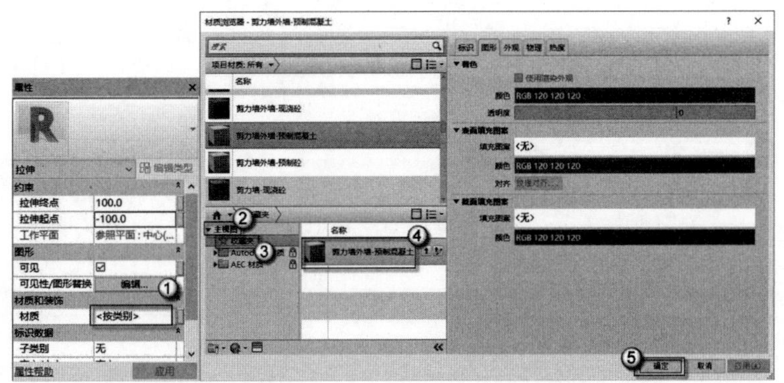

图 4.271　赋予剪力墙预制部分材质

（5）创建剪力墙现浇部分。选择菜单栏中的“创建”|“拉伸”命令，进入拉伸界面。选择菜单栏中的“绘制”|“矩形”命令，通过拾取两个对角点（图中的①和②两个点）创建矩形，如图 4.272 所示。在“属性”面板中单击“材质和装饰”标签下“材质”后的“<按类别>”按钮，弹出“材质浏览器”对话框。在其中选择“主视图”|“收藏夹”|“后浇混凝土”材质，双击“后浇混凝土”材质，单击“材质浏览器”对话框中的“确定”按钮，如图 4.273 所示。操作完成后，单击 √|×选项板中的 √ 按钮退出，如图 4.274 所示。

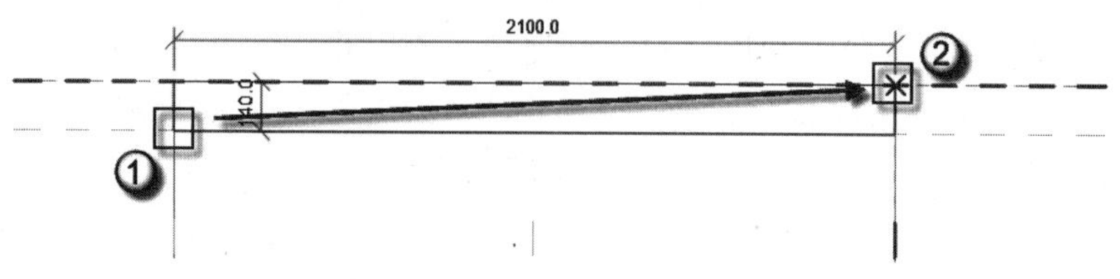

图 4.272　创建剪力墙现浇部分墙体

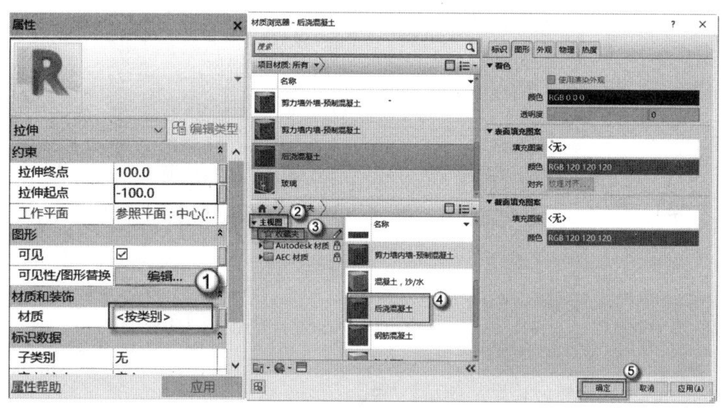

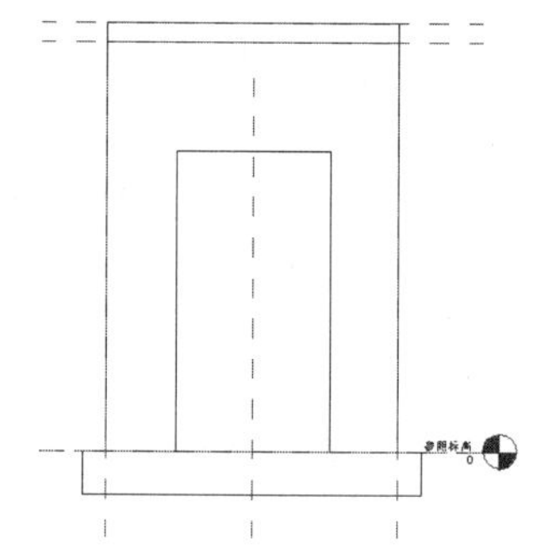

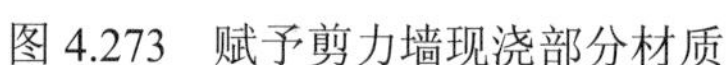

图 4.273　赋予剪力墙现浇部分材质　　　　图 4.274　完成墙体创建

（6）绘制符号线。在“项目浏览器”中选择“楼层平面”|“参照标高”选项，进入平面视图。选择菜单栏中的“注释”|“符号线”命令，进入放置符号线界面。选择菜单栏中的“绘制”|“直线”命令，通过拾取点（图中的①→②→③→④，⑤→⑥→⑦→⑧方向）绘制符号线，如图 4.275 所示。继续绘制门板轮廓线，完成后如图 4.276 所示。

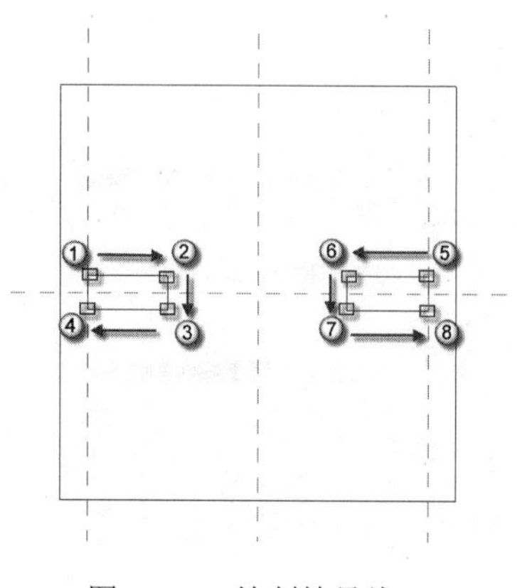

图 4.275　绘制符号线

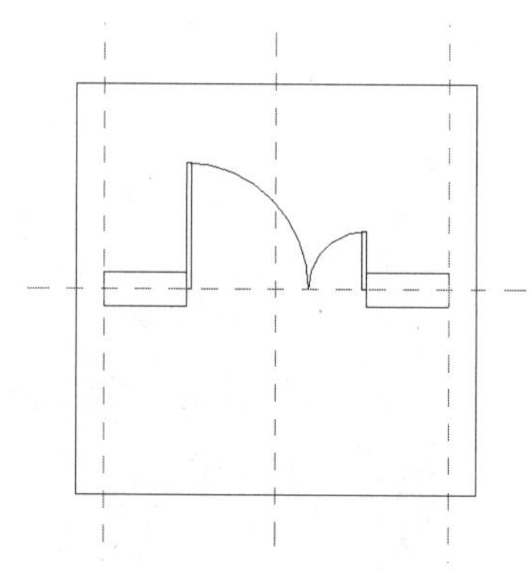

图 4.276　绘制门板轮廓线

（7）设置共享参数。选择菜单栏中的“属性”｜“族类型”命令，弹出“族类型”对话框，在对话框中单击“新建参数”按钮，弹出“参数类型”对话框。在“参数类型”下选中“共享参数”单选按钮，单击“选择”按钮，弹出“共享参数”对话框。在“共享参数”对话框中选择“参数组”下的“剪力墙”参数组，“参数”下选择“选用构建编号”参数，单击“确定”按钮，在“参数属性”对话框中单击“确定”按钮，如图 4.277 所示。

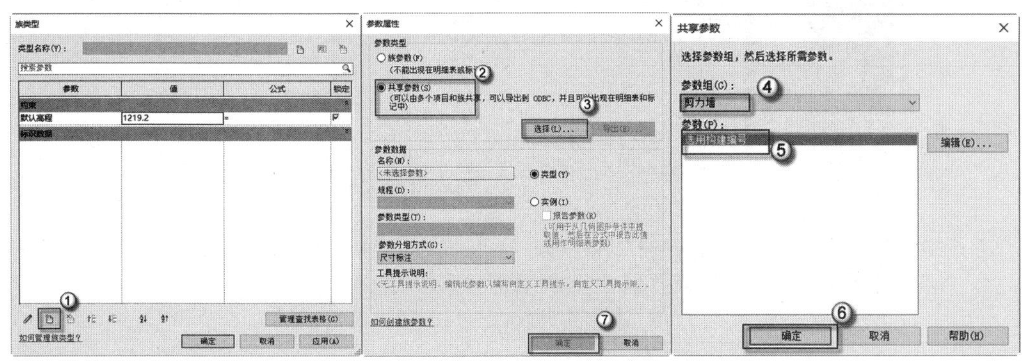

图 4.277　设置共享参数

（8）新建族类型。选择菜单栏中的“属性”｜“族类型”命令，弹出“族类型”对话框，在对话框中单击“新建类型”按钮，弹出“名称”对话框，在文本框中输入 YNQ5，单击“确定”按钮，在“文字”下的“选用构建编号”一栏的文本框中输入 NQM2-2130-1121，单击“确定”按钮，如图 4.278 所示。

注意：NQM2-2130-1121 的意思是，N——内，Q——墙，M2——中间门洞，21——墙标志宽度为 2100mm，30——层高为 3m，11——门洞宽度为 1100mm，21——门洞高度为 2100mm。本例只选用中间门洞内墙即 M2，还有固定门垛内墙 M1，刀把内墙 M3，具体可参阅国标图集《15G365-2 预制混凝土剪力墙内墙板》。

（9）检查剪力墙基本形式。按 F4 键，发出三维视图命令，可以观察到两部分，一部分为预制部分墙体，另一部分为现浇部分墙体，如图 4.279 所示。选择视觉样式为“着色”，完成后如图 4.280 所示。

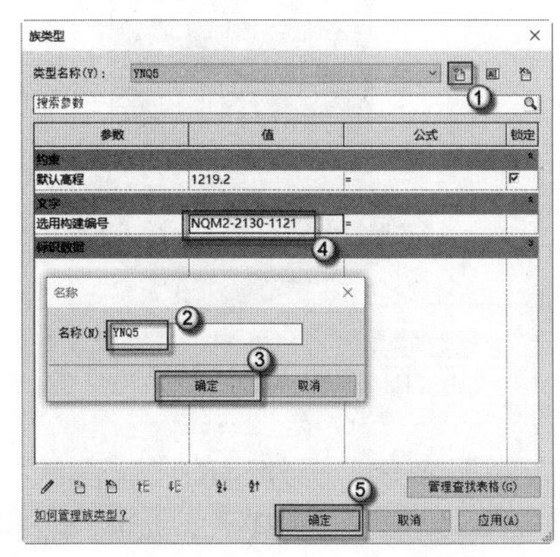

图 4.278　新建族类型

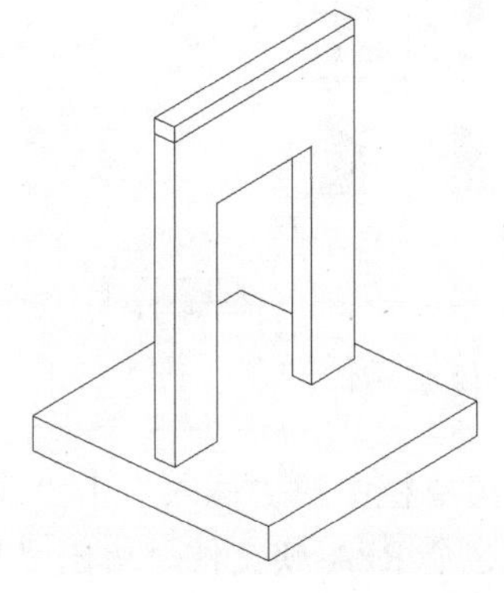
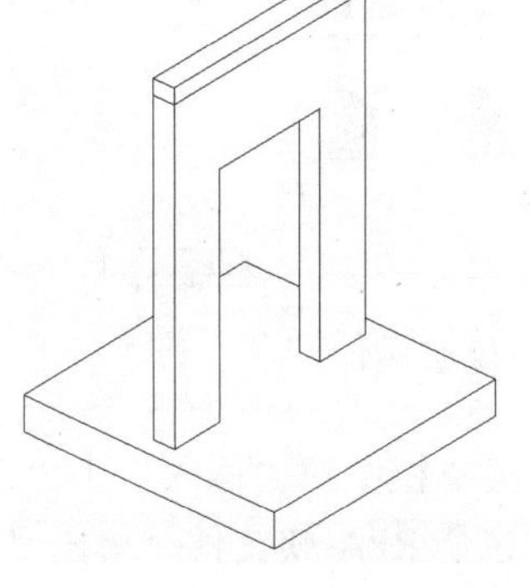

图 4.279　检查剪力墙三维视图

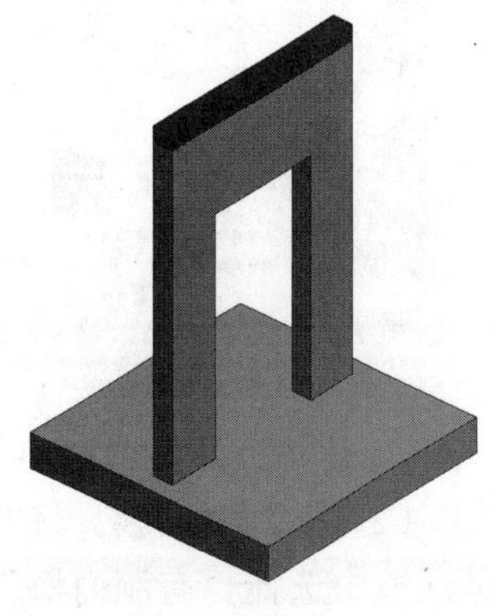

图 4.280　进入着色视觉样式

（10）保存族文件。选择 R | “另存为” | “族”命令，在弹出的“另存为”对话框中的“文件名”一栏中输入“有洞内墙”，然后单击“保存”按钮，如图 4.281 所示。

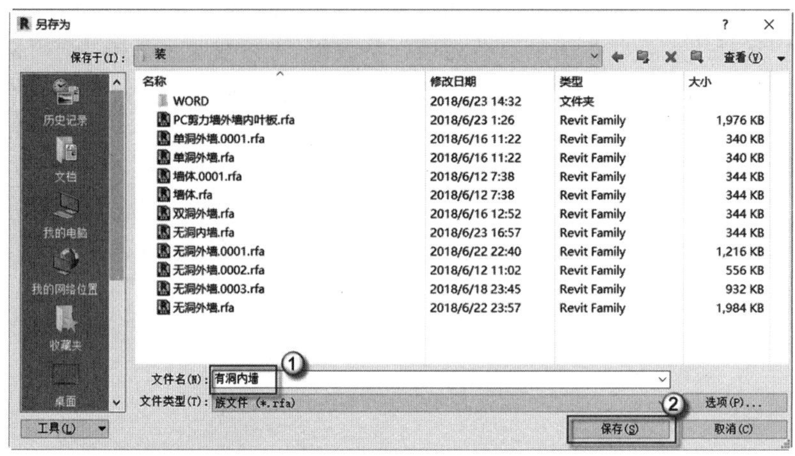

图 4.281　保存族文件

4.3.2　设置内墙族参数

本小节介绍以“无洞内墙”族为母族，将“有洞内墙”族作为嵌套族插入其中，合两个族为一个族。使用这种方法的好处是在 BIM 技术下，构件的集成性更高，减少模型的体积，提高运行速度，具体操作方法如下。

（1）Revit 的启动并选择适合的族样板。双击桌面 Revit 图标，在弹出的 AUTODESK REVIT 对话框中选择“族” | “打开”选项，在弹出的“打开”对话框中选择“无洞外墙”族文件，单击“打开”按钮，如图 4.282 所示。完成后如图 4.283 所示。

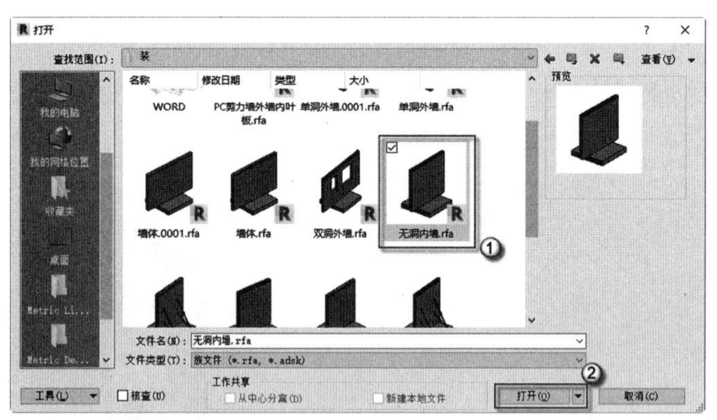

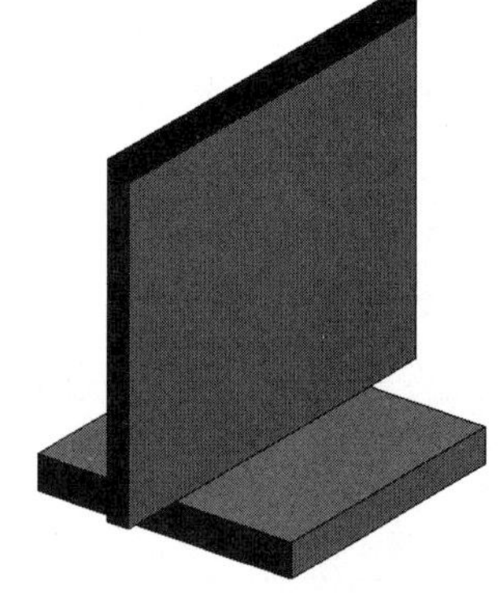

图 4.282　选择族文件

图 4.283　进入族文件

（2）插入嵌套族。选择菜单栏中的“插入” | “载入族”命令，在弹出的“载入族”对话框中选择“有洞内墙”这个 RFA 族文件，单击“打开”按钮，将其载入，如图 4.284 所示。在族的编辑模式下再载入的族，被称为“嵌套族”。

（3）关联族参数。在“项目浏览器”中选择“楼层平面” | “参照平面”选项，进入

平面视图，如图 4.285 所示。框选所有墙体，选择菜单栏中的“选择”｜“过滤器”命令，弹出“过滤器”对话框。在“过滤器”对话框中单击“放弃全部”按钮，选中“常规模型”复选框，单击“确定”按钮，如图 4.286 所示。在“属性”面板中选择“可见”一栏后的□按钮，弹出“关联族参数”对话框。在“关联族参数”对话框中单击“新建参数”按钮，弹出“参数类型”对话框。在“参数类型”下选中“族参数”单选按钮，在“参数数据”下“名称”一栏中输入“无洞内墙”，单击“确定”按钮，在“关联参数”对话框中单击“确定”按钮，如图 4.287 所示。

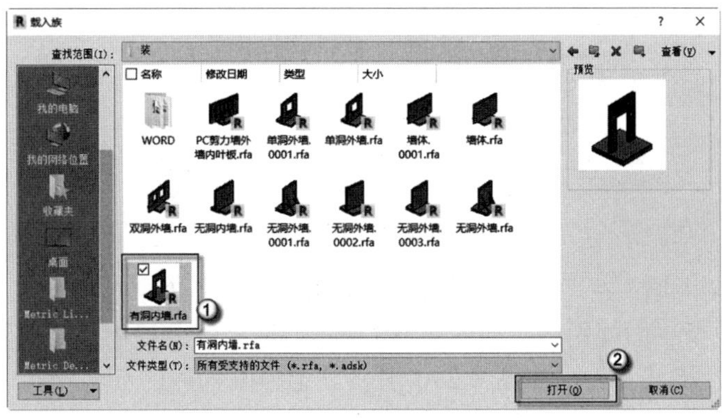

图 4.284　插入嵌套族

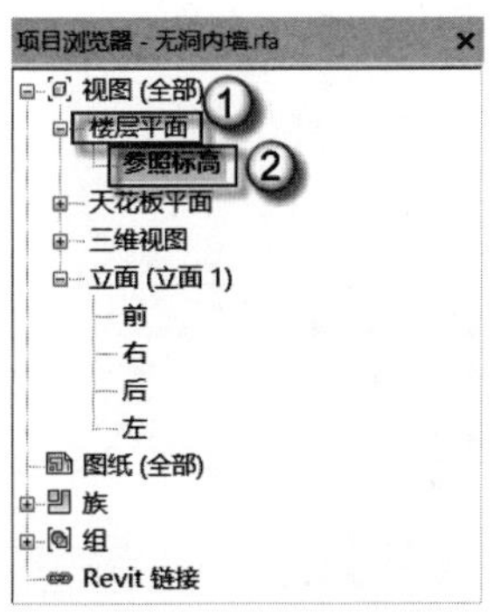

图 4.285　进入平面视图

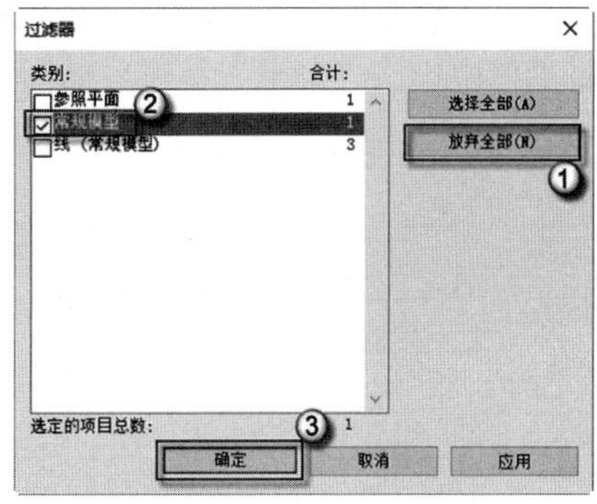

图 4.286　选择常规模型

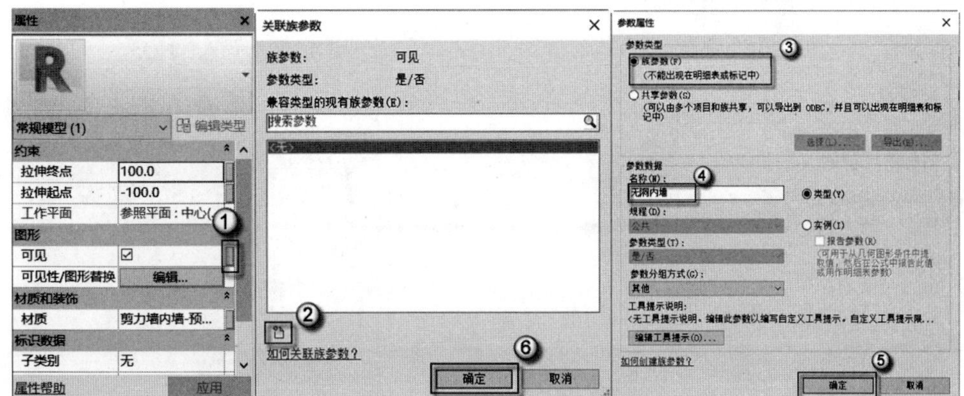

图 4.287　新建族参数

（4）关联族参数。配合 Ctrl 键选中两条符号线，在“属性”面板中单击“可见”一栏的□按钮，弹出“关联族参数”对话框。在“关联族参数”对话框中选择“无洞内墙”参数，单击“确定”按钮，如图 4.288 所示。

图 4.288　关联族参数

（5）插入有洞内墙。在“项目浏览器”中选择“族”｜“常规模型”｜“有洞内墙”｜YNQ5，将其拖曳至平面视图中，如图 4.289 所示。选择菜单栏中的“放置”｜“放置在工作平面上”命令，将其置入，如图 4.290 所示。选中刚置入的双洞外墙，在“属性”面板中单击“可见”一栏的□按钮，弹出“关联族参数”对话框。在“关联族参数”对话框中单击“新建参数”按钮，弹出“参数类型”对话框。在“参数类型”下选中“族参数”单选按钮，在“参数数据”下“名称”一栏中输入“有洞内墙”，单击“确定”按钮，在“关联参数”对话框中单击“确定”按钮，如图 4.291 所示。

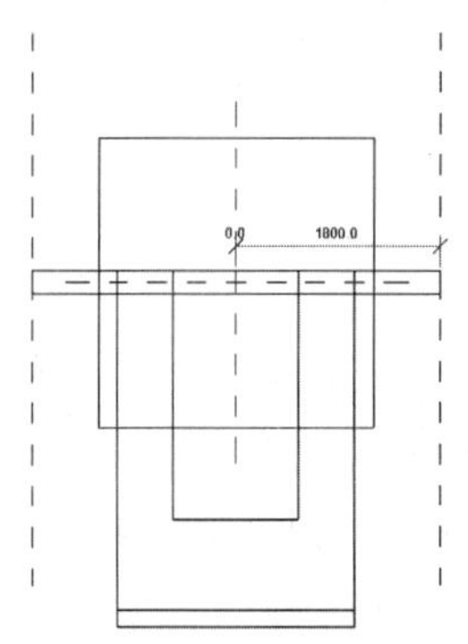

图 4.289　拖曳 YNQ5

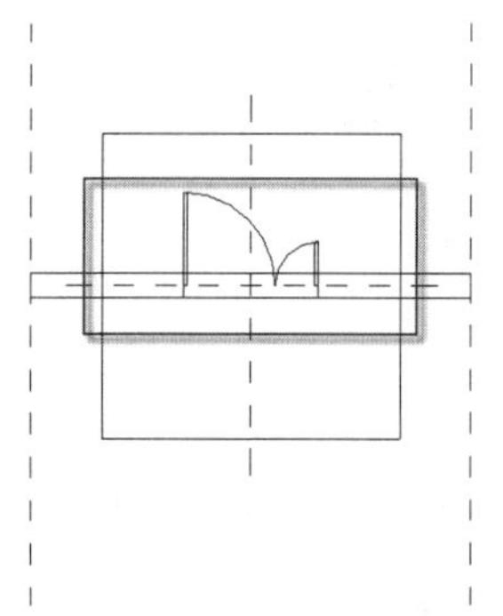

图 4.290　置入 YNQ5

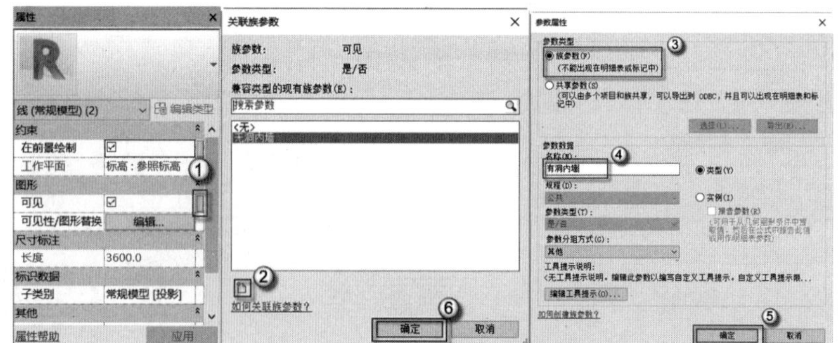

图 4.291　新建族参数

（6）关联族参数。选中刚置入的双洞外墙，在“属性”面板中选择“编辑类型”按钮，弹出“类型属性”对话框。在“类型属性”对话框中“文字”一栏下单击“选用构建编号”后的▯按钮，弹出“关联族参数”对话框。在“关联族参数”下选择“选用构建编号”选项，单击“确定”按钮，在“类型参数”对话框中单击“确定”按钮，如图 4.292 所示。

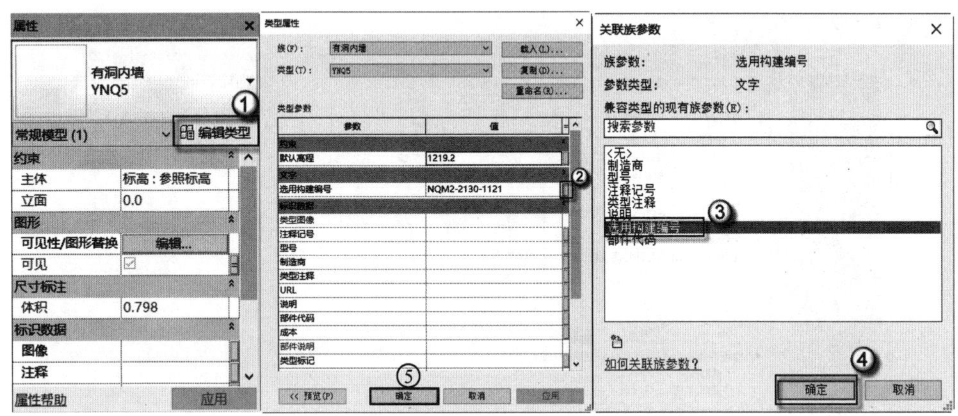

图 4.292　关联族参数

（7）新建族类型。选择菜单栏中的“属性”｜“族类型”命令，弹出“族类型”对话框，在对话框中单击“新建类型”按钮，弹出“名称”对话框，在文本框中输入 YNQ5，单击“确定”按钮，在“文字”下的“选用构建编号”一栏的文本框中输入 NQM2-2130-1121，将“其他”一栏下的“无洞内墙”单选框取消选中，单击“应用”按钮，如图 4.293 所示。

（8）修改族类型。在“族类型”对话框中“类型名称”一栏后选择 YNQ1，将“其他”一栏下的“有洞内墙”单选框取消选中，单击“应用”按钮，如图 4.294 所示。

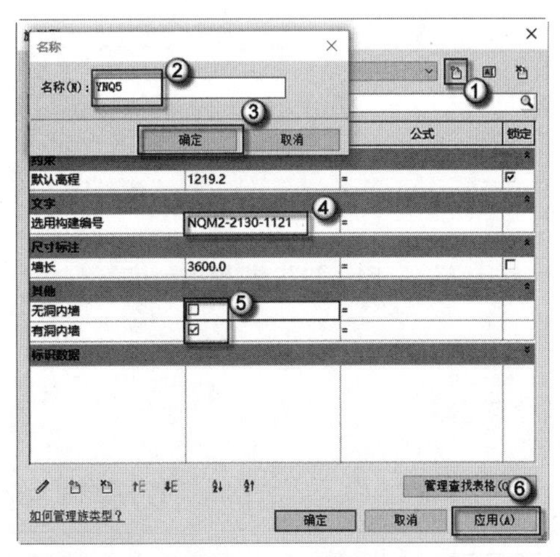

图 4.293　新建族类型 1

图 4.294　修改族类型 2

注意： 另外的预制内墙 YNQ2、YNQ3、YNQ4，修改这 3 个族类型的名称同修改 YNQ1 的步骤一样，请读者自行操作完成。

（9）载入族文件及控件。选择菜单栏中的“注释”｜“详图构件”命令，弹出“载入

族”对话框。在对话框中选择“黑三角”族文件，单击“打开”按钮，如图 4.295 所示。将其放置在图中位置，如图 4.296 所示。选中刚置入的黑三角，按 MV 快捷键，发出移动命令，将其移动到合适位置，如图 4.297 所示。选择菜单栏中的“创建”|“控件”命令，选择“控件类型”中的“双向垂直”和“双向水平”进行插入。完成后如图 4.298 所示。

图 4.295　载入族文件

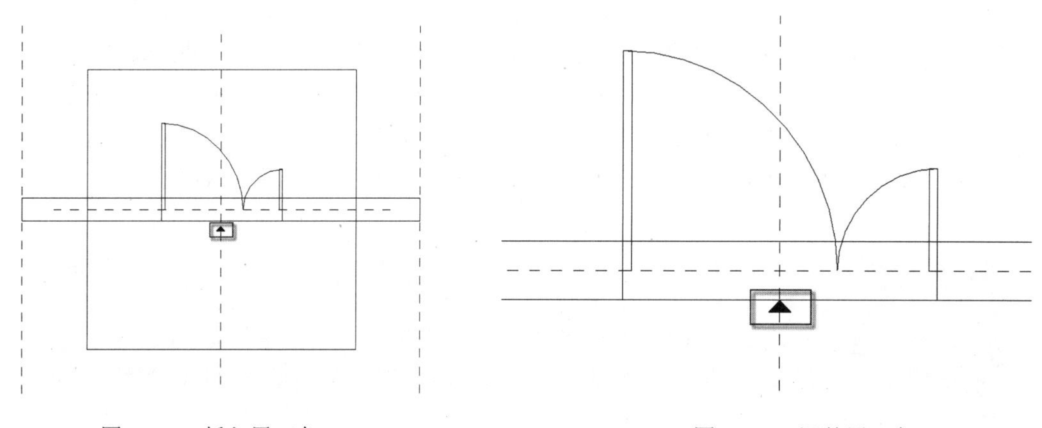

图 4.296　插入黑三角

图 4.297　调整黑三角

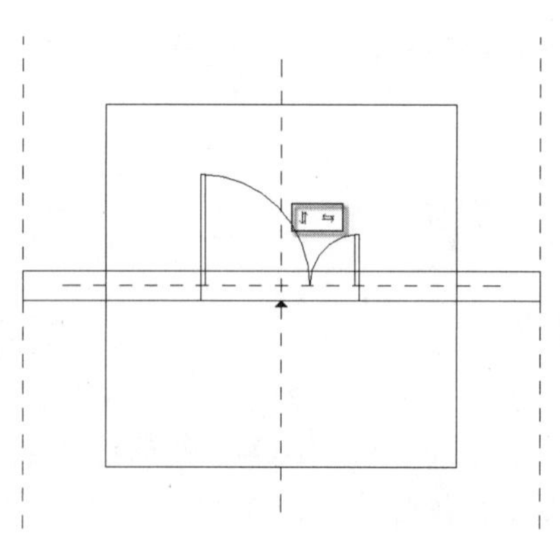

图 4.298　插入控件

注意：黑三角代表装配面，即这个墙在装配时，施工人员所有的操作都在这个平面所在的一侧上进行操作。

（10）保存族文件。选择 R |“另存为”|“族”命令，在弹出的“另存为”对话框中的“文件名”一栏中输入“PC 剪力墙内墙板”，单击“保存”按钮，如图 4.299 所示。

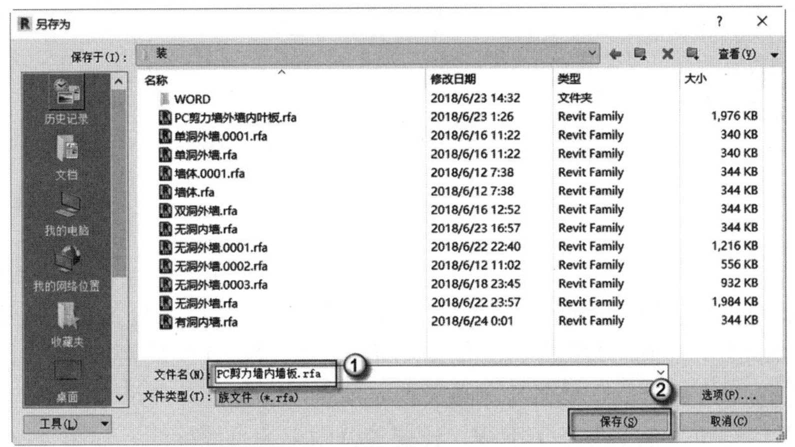

图 4.299　保存族文件

4.4　ALC 隔墙的几何形式

ALC 是英文 Autoclaved Lightweight Concrete 的缩写，即蒸压轻质混凝土。ALC 隔墙板是以粉煤灰（或硅砂）、水泥、石灰等为主原料，经过高压蒸汽养护而成的多气孔混凝土成型板材（内含经过处理的钢筋增强）。

ALC 隔墙板有隔音性、耐久性、抗渗性、轻质、低造价等诸多优势，因此被广泛运用于装配式建筑的内隔墙中。

4.4.1　共享参数族

本例的 ALC 隔墙有好几种样式，但各个样式的族都有着相同的参数，这些参数是共享的，因此先建这个共享参数族，具体操作如下。

（1）Revit 的启动并选择适合的族样板。双击桌面 Revit 图标，在弹出的 AUTODESK REVIT 对话框中选择“族”|“新建”选项，在弹出的“选择样板文件”对话框中选择“公制常规模型”族样板文件，单击“打开”按钮，如图 4.300 所示。完成后如图 4.301 所示，可看见两个垂直相交的参照平面，便于对齐墙族的位置。

注意：“基于面的公制常规模型”与“公制常规模型”族样板相比，多了一个“面”。将族插入项目文件后，这个“面”的标高就是本层的结构标高，放置构件操作很方便。但是，“基于面的公制常规模型”在后期不能使用“图例”命令生成构件图纸，因此本小节采用“公制常规模型”的族样板。

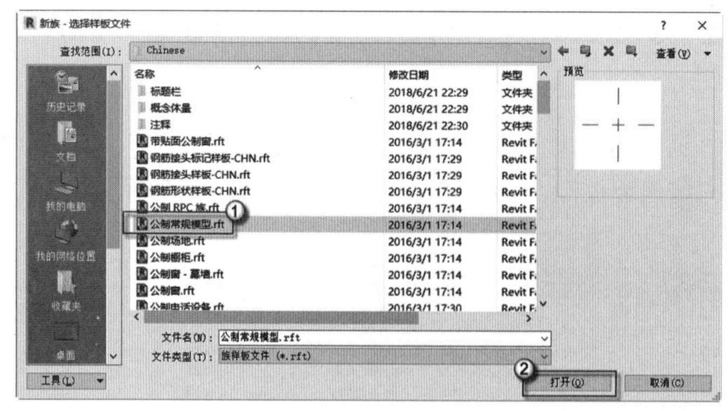

图 4.300　选择样板文件

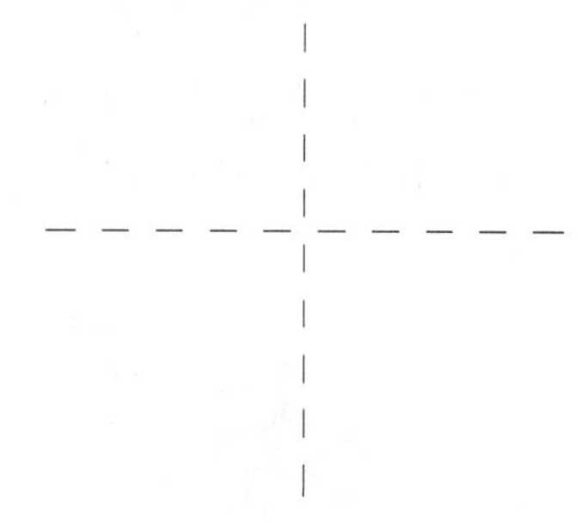

图 4.301　进入族样板

（2）绘制竖直向参照平面。在“项目浏览器”中选择“立面”｜“前”选项，进入前立面视图，如图 4.302 所示。按 RP 快捷键，发出绘制参照平面命令，在中心参照平面的两侧任意位置绘制两个竖直向参照平面，如图 4.303 所示。按 DI 快捷键，发出对齐尺寸标注命令，分别对两个竖直向参照平面与中心竖直向参照平面进行对齐尺寸标注，此时出现**EQ**按钮，单击这个按钮，会变为 EQ 字样，设置等分约束的尺寸标注，如图 4.304 所示。按 DI 快捷键，发出对齐尺寸标注命令，对两个竖直向参照平面进行对齐尺寸标注，完成后如图 4.305 所示。选中刚操作完成的标注，选择菜单栏中的“修改”｜“标签尺寸标注”｜“创建参数”命令，弹出“参数属性”对话框。在“参数属性”对话框中“参数数据”下“名称”一栏中填入“墙长”，单击“确定”按钮，如图 4.306 所示，完成后如图 4.307 所示。

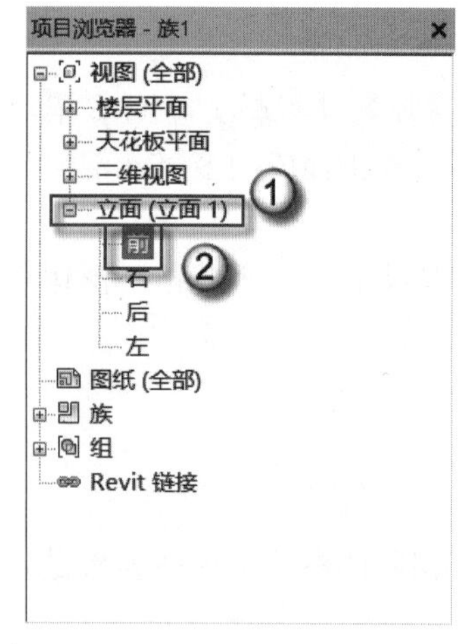

图 4.302　进入前立面视图

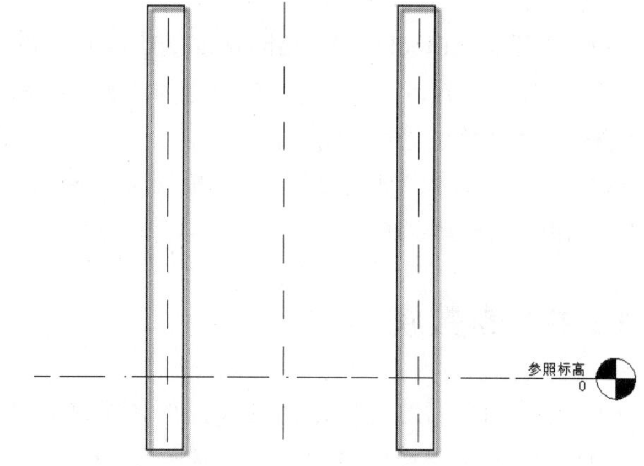

图 4.303　绘制竖直向参照平面

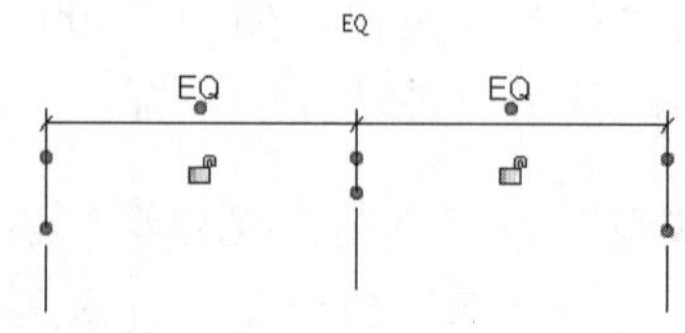

图 4.304　设置等分约束的尺寸标注

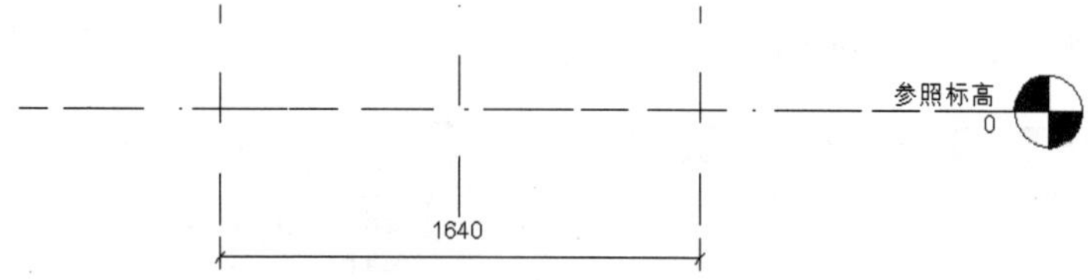

图 4.305　对齐尺寸标注

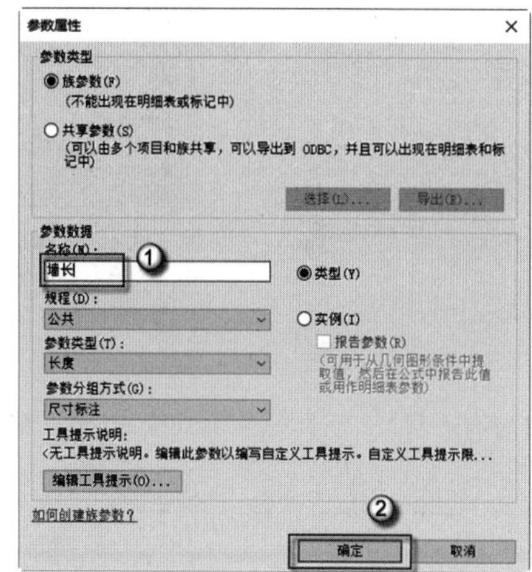

图 4.306　创建参数

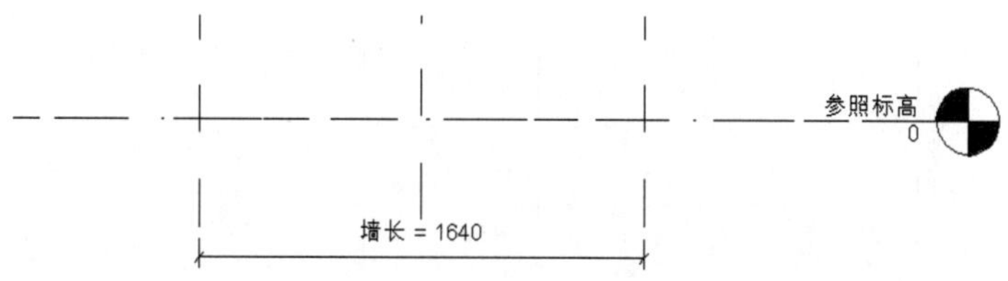

图 4.307　完成参数设置

（3）绘制水平向参照平面。按 RP 快捷键，发出绘制参照平面命令，在偏移量一栏中输入 2860，选中参照平面会出现捕捉点，单击该点水平向右移动至如图 4.308 所示②的位置。按 DI 快捷键，发出对齐尺寸标注命令，对参照平面与基准面进行对齐尺寸标注，如图 4.309 所示。选中刚操作完成的标注，选择菜单栏中的“修改”｜“标签尺寸标注”｜“创建参数”命令，弹出“参数属性”对话框，在“参数数据”下“名称”一栏中填入“墙高”，单击“确定”按钮，如图 4.310 所示。完成后如图 4.311 所示。

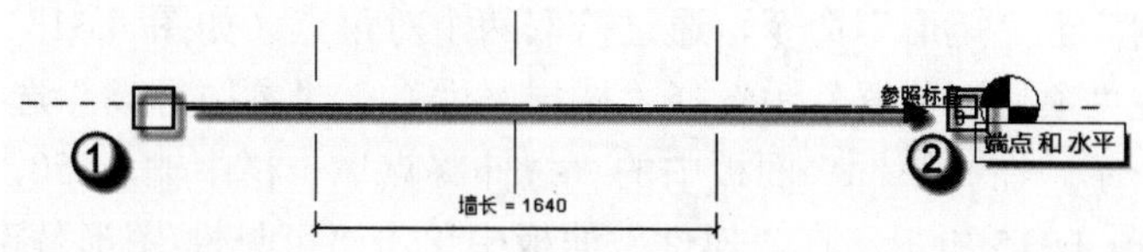

图 4.308　绘制上方参照平面

（4）修改族类型。选择菜单栏中的“属性”｜“族类型”命令，弹出“族类型”对话框，在对话框中修改“尺寸标注”标签下的“墙长”数值，输入 2400，“墙高”数值不变，单击“确定”按钮，如图 4.312 所示。

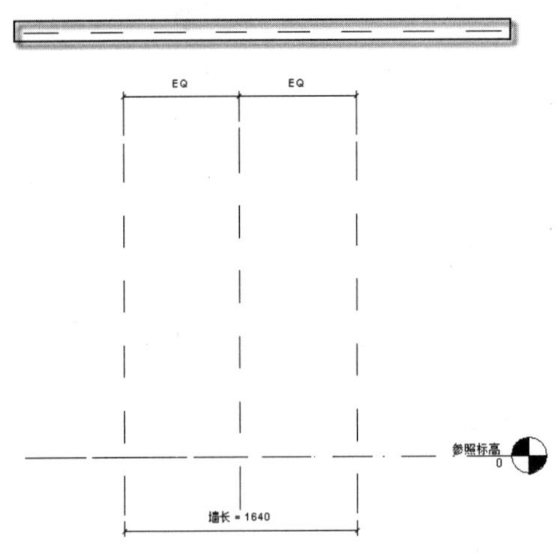

图 4.309　完成参照平面的绘制

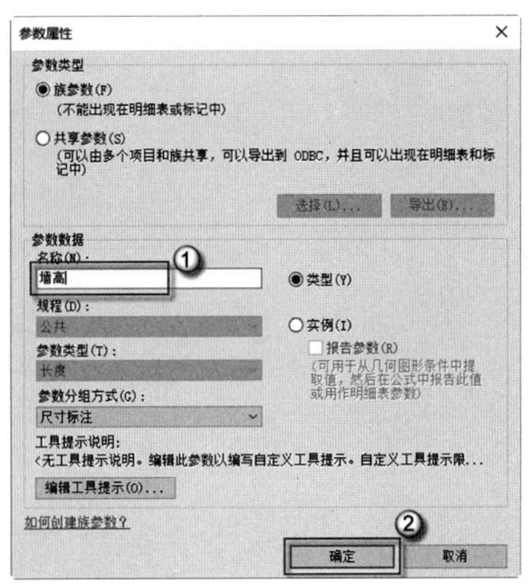

图 4.310　对齐尺寸标注并进入锁定状态

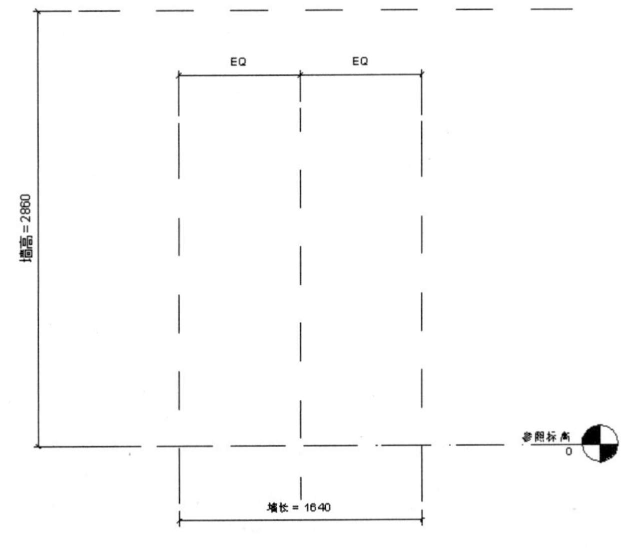

图 4.311　墙高参数

（5）创建墙体部分。选择菜单栏中的“创建”|“拉伸”命令，进入拉伸界面。选择菜单栏中的“绘制”|“矩形”命令，通过拾取两个对角点（如图 4.313 所示①和②两个点）创建矩形。在“项目浏览器”中选择“楼层平面”|“参照标高”选项，进入平面视图，如图 4.314 所示。在“属性”面板中的“拉伸终点”一栏中输入 50，“拉伸起点”一栏中输入-50，如图 4.315 所示。在“属性”面板中单击“可见性/图形替换”后的“编辑”按钮，弹出“族图元可见性设置”对话框。将“平面/天花板平面视图”前复选框取消选中，单击“确定”按钮，如图 4.316 所示。在“属性”面板中单击“材质和装饰”标签下“材质”后的“<按类别>”按钮，弹出“材质浏览器”对话框。在其中选择“主视图”|“ACE 材质”|“混凝土”|“混凝土，充气”材质，使其添加到“文档材质”中，右击“文档

材质”中的“混凝土，充气”材质，选择“复制”命令，为新材质命名为“ALC”，单击“材质浏览器”对话框中的“确定”按钮，如图 4.317 所示。操作完成后，单击 √ | ×选项板中的 √ 按钮退出，如图 4.318 所示。

图 4.312　修改族类型

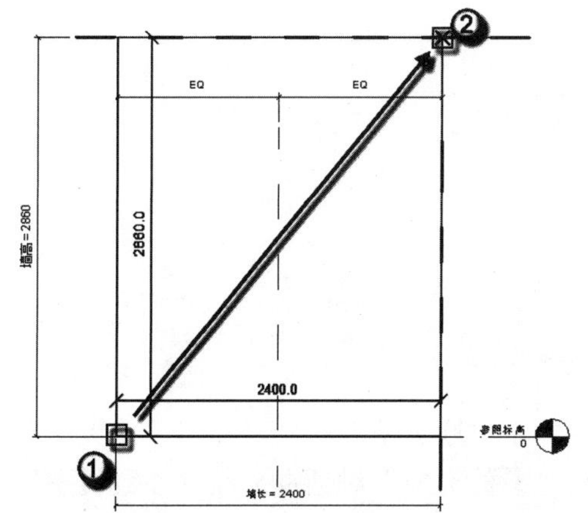

图 4.313　创建剪力墙预制部分

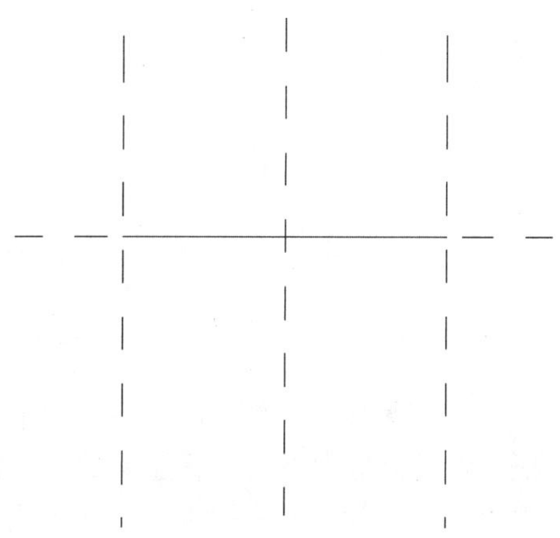

图 4.314　进入平面视图

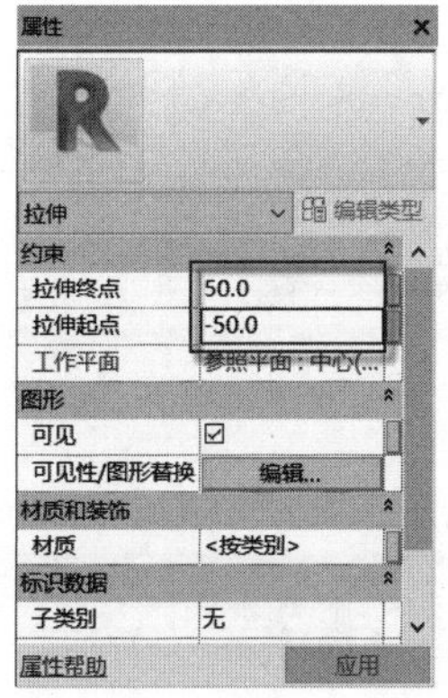

图 4.315　更改剪力墙约束

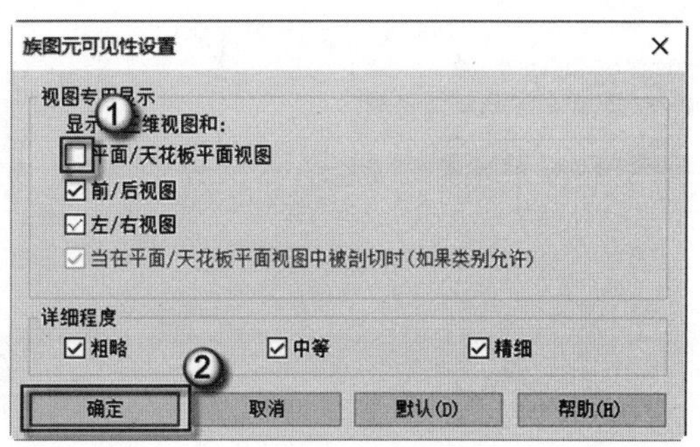

图 4.316　修改可见性

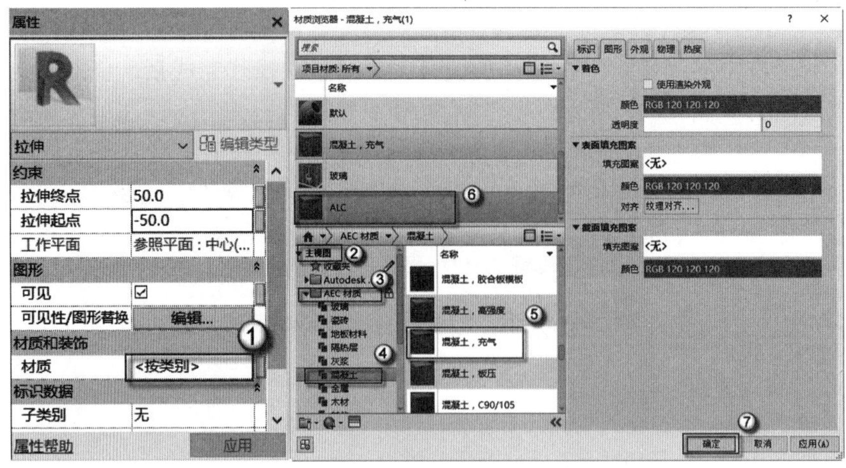

图 4.317　赋予剪力墙预制部分材质

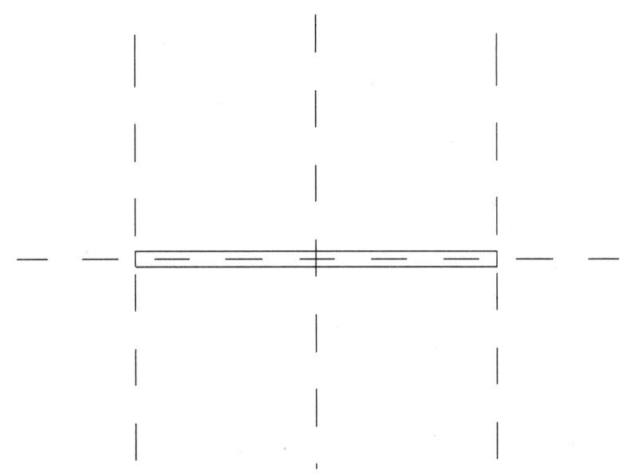

图 4.318　完成剪力墙预制部分

（6）设置共享参数。选择菜单栏中的“属性”|“族类型”命令，弹出“族类型”对话框，在对话框中单击“新建参数”按钮，弹出“参数类型”对话框。在“参数类型”下选中“共享参数”单选按钮，单击“选择”按钮，弹出“共享参数”对话框。在“共享参数”对话框中选择“参数组”下的“剪力墙”参数组，“参数”下选择“选用构建编号”参数，单击“确定”按钮，在“参数属性”对话框中单击“确定”按钮，如图 4.319 所示。

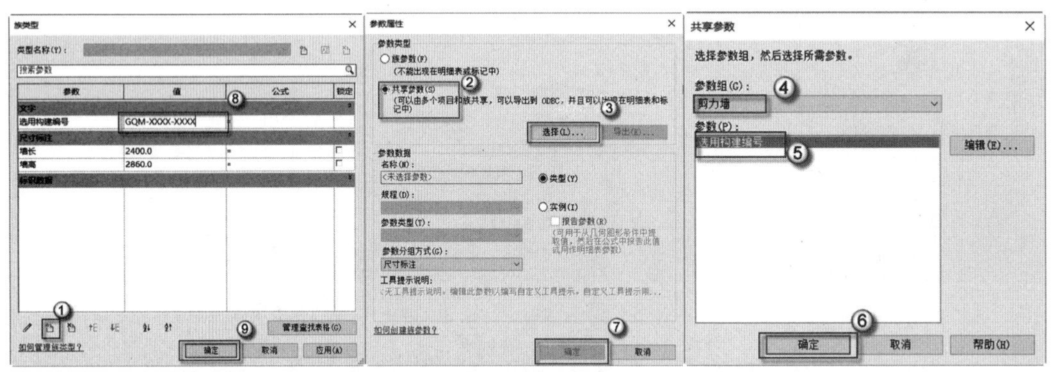

图 4.319　设置共享参数

（7）检查隔墙三维视图。按 F4 键，发出三维视图命令，可以观察到刚已经制作完成的隔墙，如图 4.320 所示。

（8）保存族文件。选择 R｜“另存为”｜“族”命令，在弹出的“另存为”对话框中的“文件名”一栏中输入“共享参数族”，然后单击“保存”按钮，如图 4.321 所示。

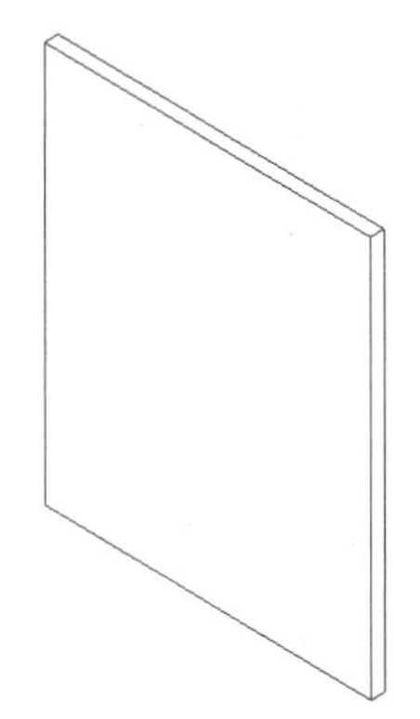

图 4.320　检查隔墙三维视图

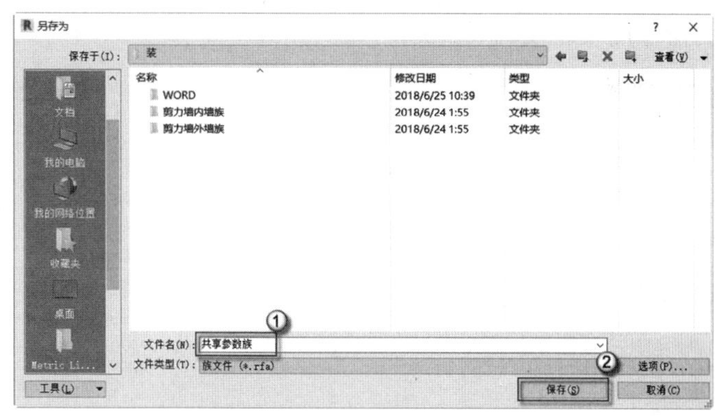

图 4.321　保存族文件

4.4.2　中间门洞隔墙 GQM

本小节介绍中间门洞隔墙 GQM 族的制作方法，需要在共享参数族的基础上进一步完善，具体操作方法如下。

（1）Revit 的启动并打开族文件。双击桌面 Revit 图标，在弹出的 AUTODESK REVIT 对话框中选择“族”｜“打开”选项，在弹出的“打开”对话框中找到上一小节保存的“共享参数族”族文件，单击“打开”按钮，如图 4.322 所示。完成后如图 4.323 所示，可观察到已制作完成的隔墙部分，将在此基础上制作中间门洞隔墙 GQM。

图 4.322　打开族文件

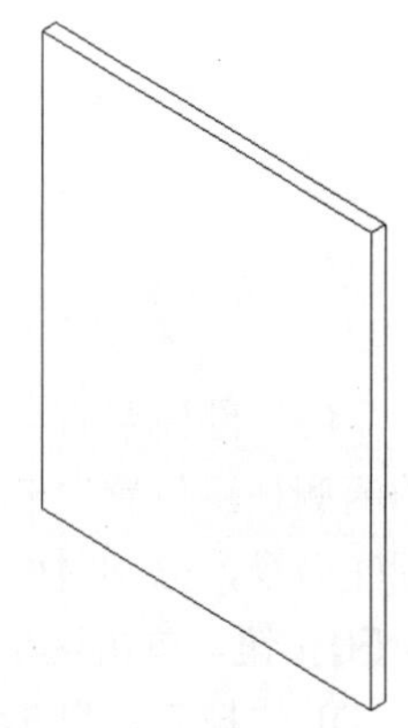

图 4.323　进入族文件

（2）绘制水平向参照平面。在“项目浏览器”中选择“立面”｜“前”选项，进入前立面视图，如图 4.324 所示。按 RP 快捷键，发出绘制参照平面命令，在偏移量一栏中输入 2100，选中参照平面会出现捕捉点，单击该点水平向右移动至如图所示②的位置，如图 4.325 所示。按 DI 快捷键，发出对齐尺寸标注命令，对刚绘制完成的参照平面与参照标高进行对齐尺寸标注，此时出现开放的锁头，单击开放的锁头使其进入锁定状态，避免该尺寸随之后的操作而发生变化，完成后如图 4.326 所示。

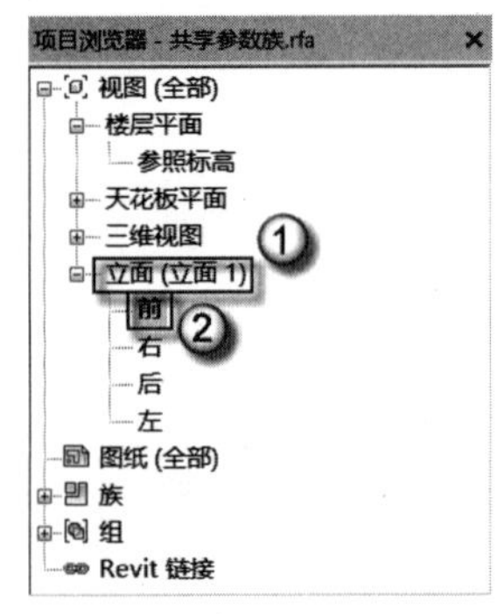

图 4.324　进入前立面视图

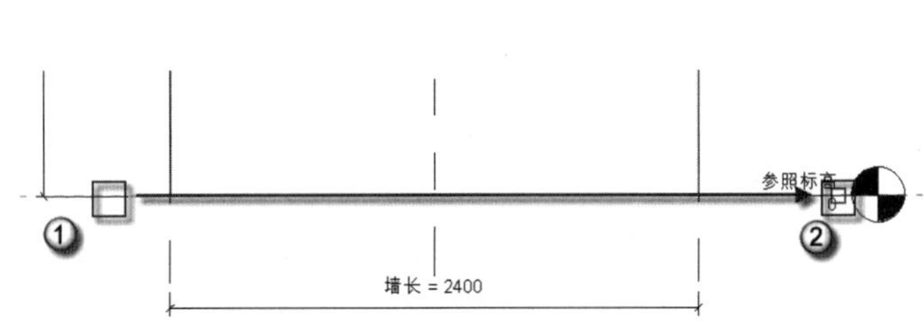

图 4.325　绘制水平向参照平面

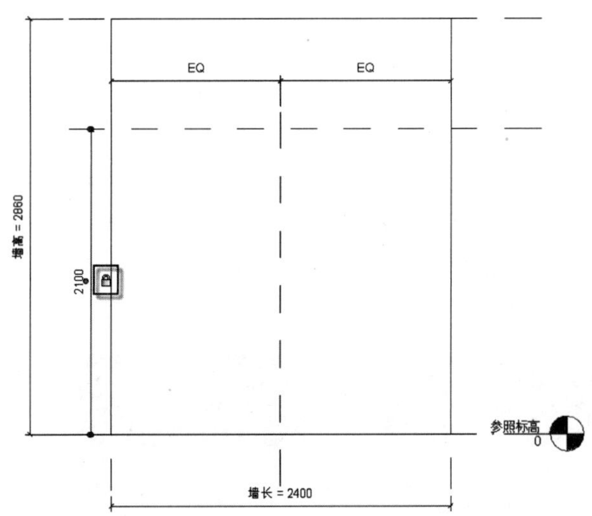

图 4.326　对齐尺寸标注并锁定

（3）绘制竖直向参照平面。按 RP 快捷键，发出绘制参照平面命令，在中心参照平面的两侧任意位置绘制两个竖直向参照平面，如图 4.327 所示。按 DI 快捷键，发出对齐尺寸标注命令，分别对两个竖直向参照平面与中心竖直向参照平面进行对齐尺寸标注，此时出现**EQ**按钮，单击这个按钮，会变为 EQ 字样，设置等分约束的尺寸标注，如图 4.328 所示。按 DI 快捷键，发出对齐尺寸标注命令，对两个竖直向参照平面进行对齐尺寸标注，完成后如图 4.329 所示。选中刚操作完成的标注，选择菜单栏中的“修改”|“标签尺寸标注”|“创建参数”命令，弹出“参数属性”对话框。在“参数属性”对话框中“参数数据”下“名称”一栏中填入“门洞宽”，单击“确定”按钮，完成后如图 4.330 所示。

（4）修改族类型。选择菜单栏中的“属性”｜“族类型”命令，弹出“族类型”对话框，在对话框中修改“尺寸标注”标签下的“门洞宽”数值，输入 1200，其他数值不变，单击“确定”按钮，如图 4.331 所示。

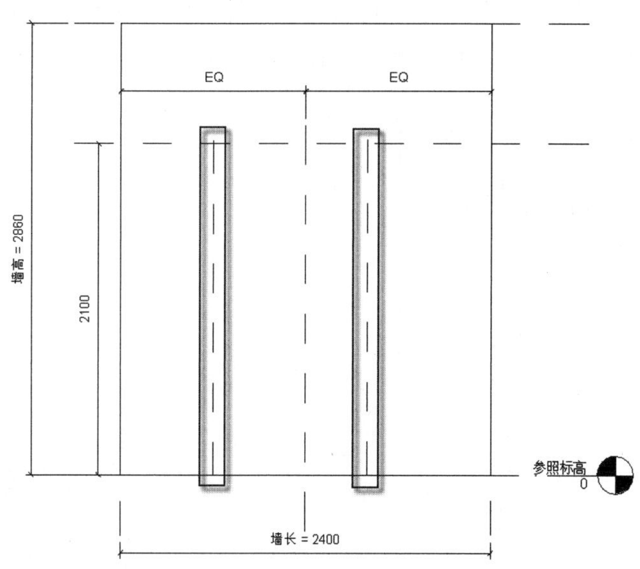

图 4.327　绘制竖直向参照平面

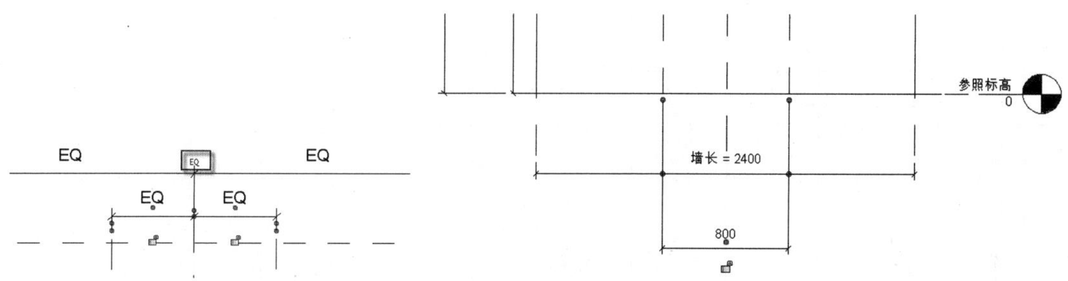

图 4.328　设置等分约束的尺寸标注

图 4.329　对齐尺寸标注

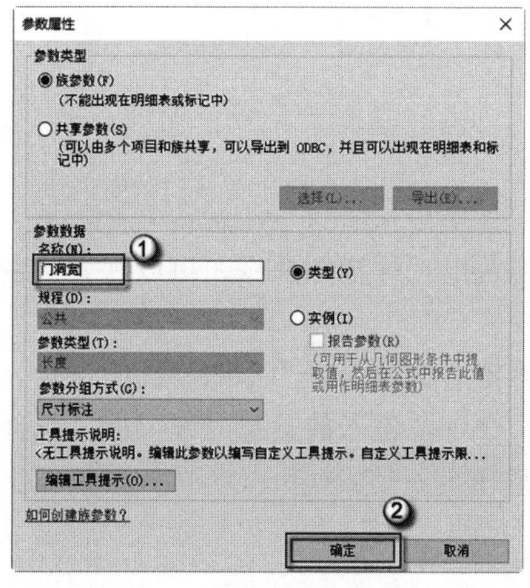

图 4.330　创建参数

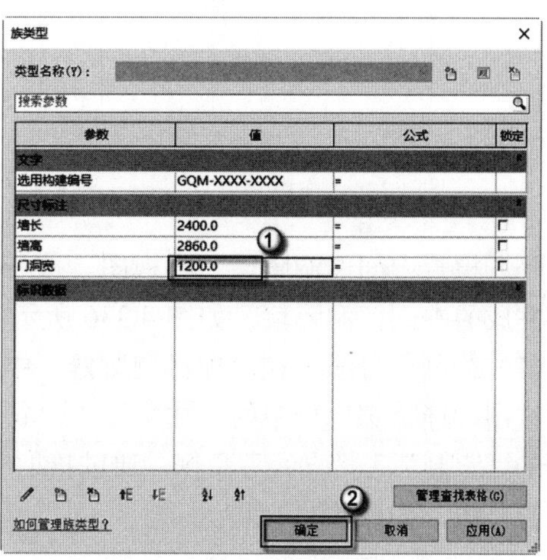

图 4.331　修改族类型

（5）创建门洞。双击隔墙轮廓线，进入拉伸界面。选择菜单栏中的“绘制”｜“直线”命令，通过拾取 4 个点（图中的①②③④4 个点）创建门洞，单击绘制过程中出现的开放的锁头，使其进入锁定状态，如图 4.332 所示。按 SL 快捷键，发出拆分图元命令，单击图中①点（大致位置），进行拆分图元，如图 4.333 所示。拖曳拆分过后出现的墙体线的夹点使其对齐，如图 4.334 所示。操作完成后，单击 √ ｜ × 选项板中的 √ 按钮退出，如图 4.335 所示。

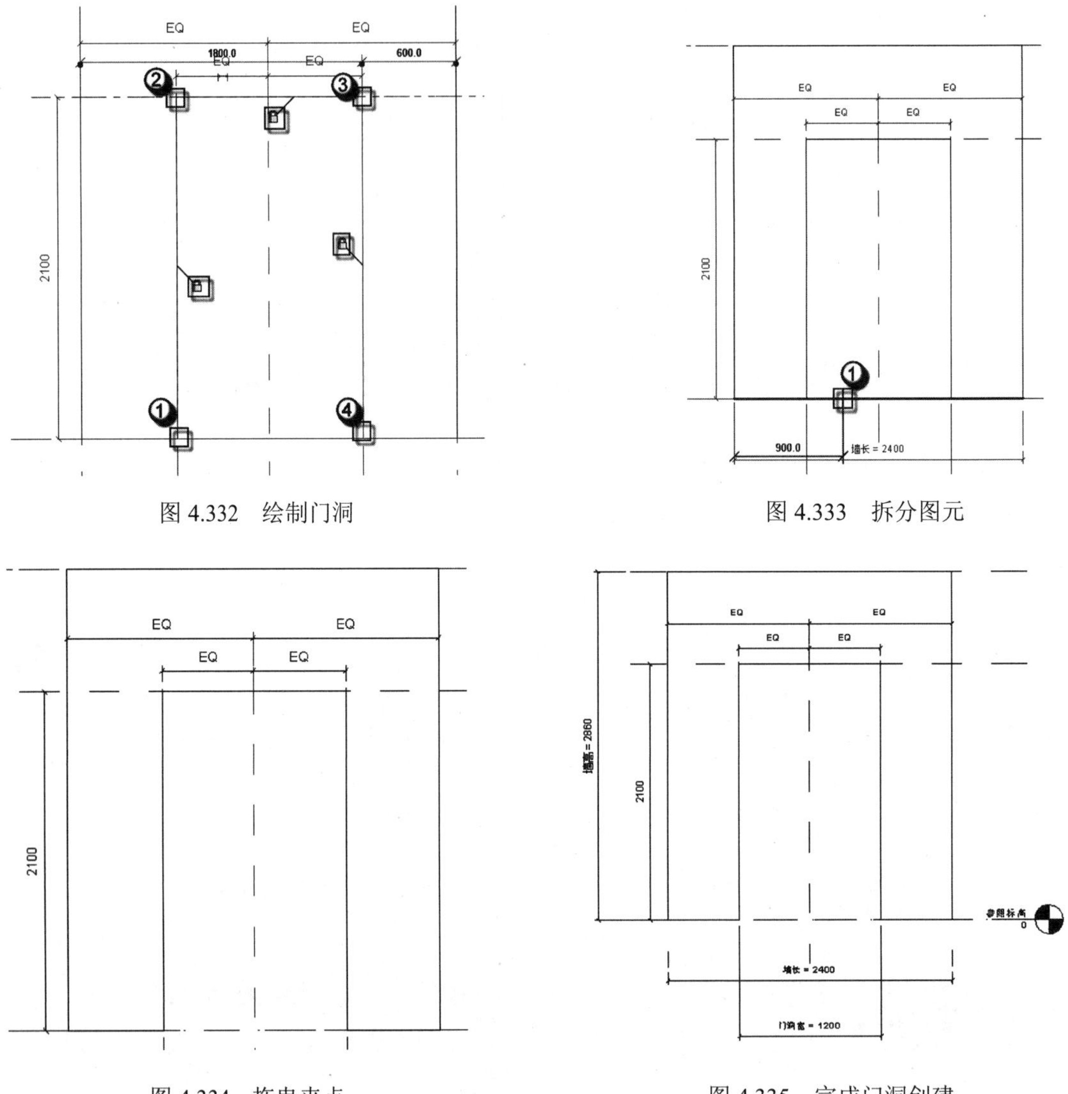

图 4.332　绘制门洞

图 4.333　拆分图元

图 4.334　拖曳夹点

图 4.335　完成门洞创建

（6）检查中间门洞隔墙三维视图。按 F4 键，发出三维视图命令，可以观察到刚已经制作完成的中间门洞隔墙，如图 4.336 所示。

（7）绘制符号线。在“项目浏览器”中选择“楼层平面”｜“参照标高”选项，进入平面视图。选择菜单栏中的“注释”｜“符号线”命令，进入放置符号线界面。选择菜单栏中的“绘制”｜“直线”命令，通过拾取点（图中的①→②→③→④，⑤→⑥→⑦→⑧）绘制符号线，如图 4.337 所示。

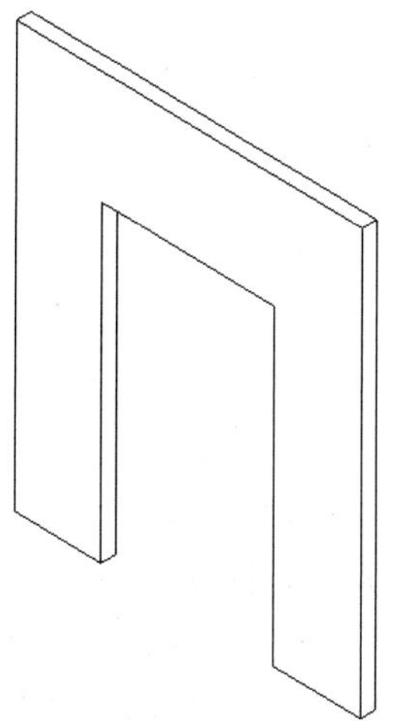

图 4.336　检查三维视图

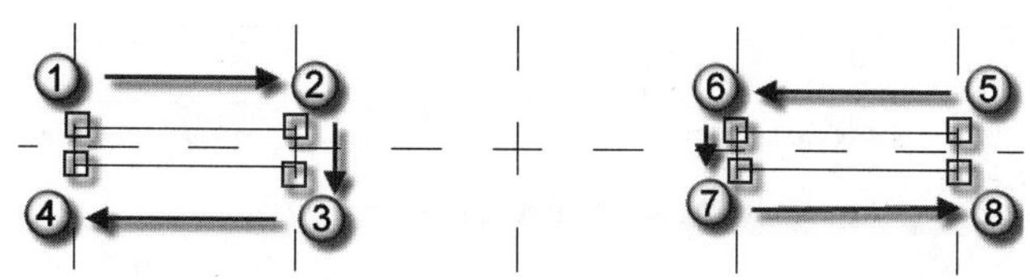

图 4.337　绘制符号线

（8）插入嵌套族。选择菜单栏中的“插入”|“载入族”命令，在弹出的“载入族”对话框中选择 “M1121”“M1221”两个 RFA 族文件，单击“打开”按钮，将其载入，如图 4.338 所示。在族的编辑模式下再载入的族，被称为“嵌套族”。

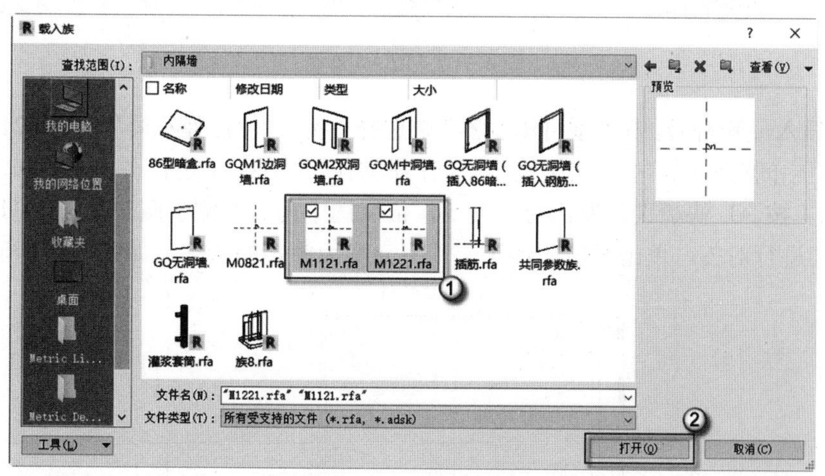

图 4.338　插入嵌套族

（9）插入注释符号。在“项目浏览器”中选择“族”|“注释符号”|M1221|M1221，将其拖曳至中间门洞隔墙中，将拖曳至中间门洞隔墙的 M1221 进行调整，将其置入，如图 4.339 所示。按 AL 快捷键，发出对齐命令，依次选中门洞左侧参照平面与 M1221 左侧门框线，将其进行对齐，单击开放的锁头，锁头会变为锁定的状态，如图 4.340 所示。

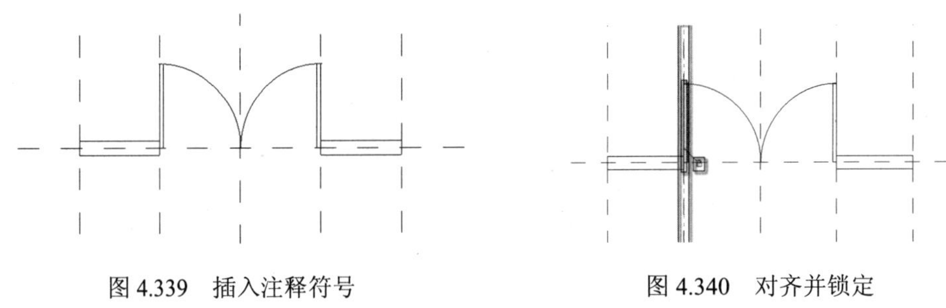

图 4.339　插入注释符号　　　　图 4.340　对齐并锁定

（10）关联族参数。选择刚置入的 M1221 门注释符号，在“属性”面板中选择“可见”一栏后的▯按钮，弹出“关联族参数”对话框。在“关联族参数”对话框中单击“新建参数”按钮，弹出“参数类型”对话框。在“参数类型”下选中“族参数”单选按钮，在“参数数据”下“名称”一栏中输入“双开门”，单击“确定”按钮，在“关联参数”对话框中单击“确定”按钮，如图 4.341 所示。

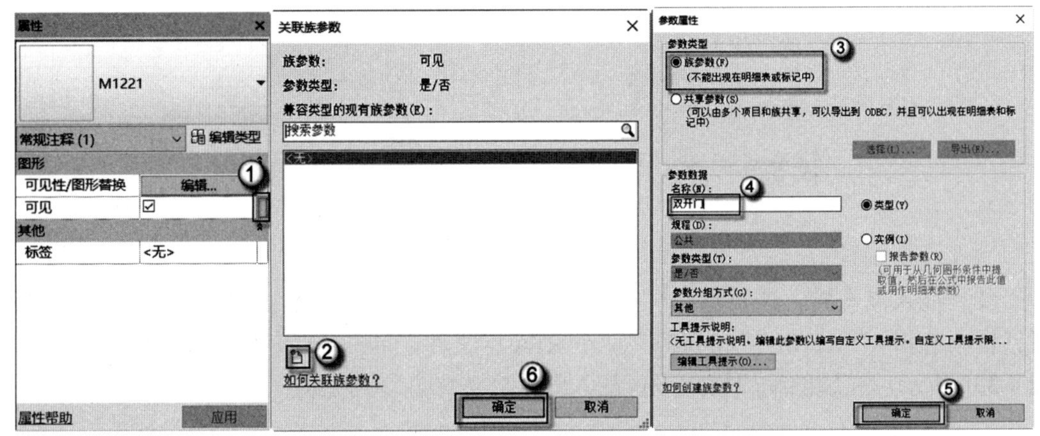

图 4.341　关联族参数

（11）插入注释符号。在“项目浏览器”中选择“族”|“注释符号”| M1121 | M1121，将其拖曳至中间门洞隔墙中，将拖曳至中间门洞隔墙的 M1121 进行调整，将其置入，如图 4.342 所示。按 AL 快捷键，发出对齐命令，依次选中门洞左侧参照平面与 M1121 左侧门框线，将其进行对齐，单击开放的锁头，锁头会变为锁定的状态，如图 4.343 所示。

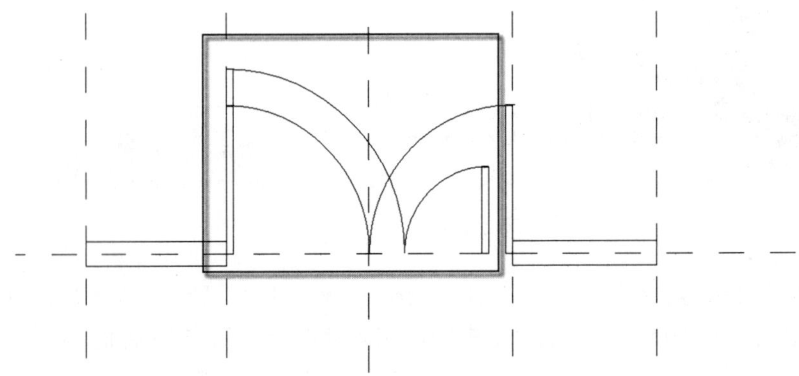

图 4.342　插入注释符号

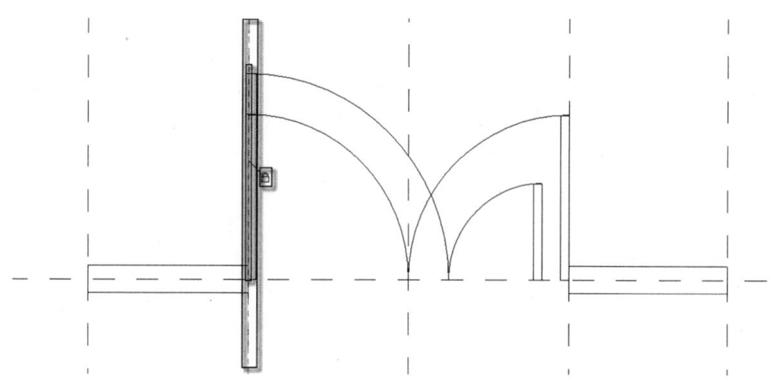

图 4.343　对齐并锁定

（12）关联族参数。选择刚置入的 M1121 门注释符号，在“属性”面板中选择“可见”一栏后的□按钮，弹出“关联族参数”对话框。在“关联族参数”对话框中单击“新建参数”按钮，弹出“参数类型”对话框。在“参数类型”下选择“族参数”，在“参数数据”下“名称”一栏中输入“子母门”，单击“确定”按钮，在“关联参数”对话框中单击“确定”按钮，如图 4.344 所示。

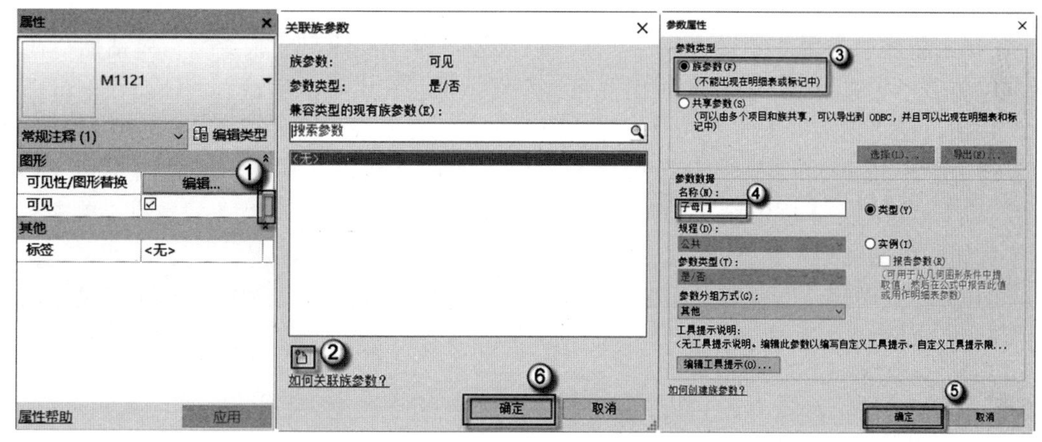

图 4.344　关联族参数

（13）新建族类型。选择“属性”｜“族类型”命令，弹出“族类型”对话框，在对话框中单击“新建类型”按钮，弹出“名称”对话框，在文本框中输入 NGQ3，单击“确定”按钮，在“文字”下的“选用构建编号”一栏的文本框中输入 GQLM-2730-1221，在“尺寸标注”一栏下的“墙长”一栏的文本框中输入 2300，“墙高”一栏的文本框中输入 2550，在“其他”一栏中选中“双开门”复选框，单击“应用”按钮，如图 4.345 所示。

注意：GQLM-2730-1221 的意思是，G——隔，Q——墙，L——有梁，M——中间门洞，27——墙标志性长度为 2700mm，30——层高为 3m，12——门洞宽度为 1200mm，21——门洞高度为 2100mm。

（14）新建族类型。选择“属性”｜“族类型”命令，弹出“族类型”对话框，在对话框中单击“新建类型”按钮，弹出“名称”对话框，在文本框中输入 NGQ4，单击“确定”按钮，在“文字”下的“选用构建编号”一栏的文本框中输入 GQM-2730-1221，在“尺寸标注”一栏下的“墙长”一栏的文本框中输入 2500，“墙高”一栏的文本框中输入 2860，在“其他”一栏选中“双开门”复选框勾上，单击“应用”按钮，如图 4.346 所示。

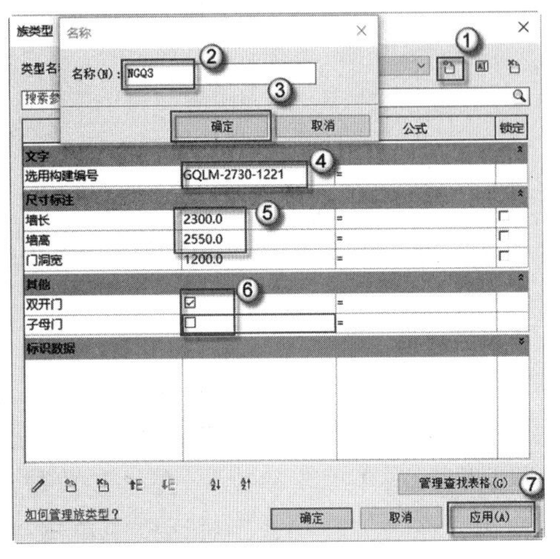

图 4.345　新建族类型 NGQ3

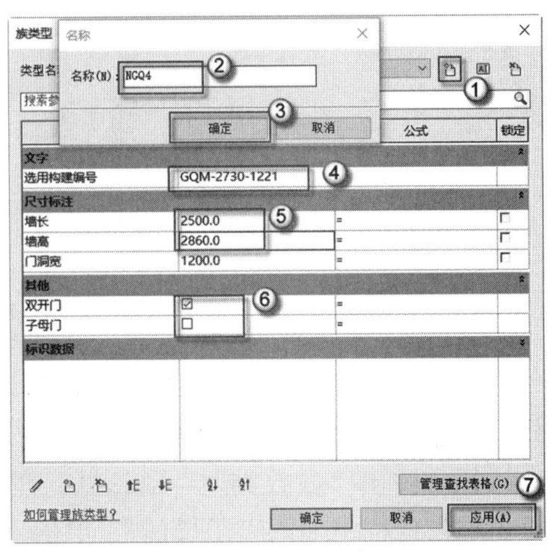

图 4.346　新建族类型 NGQ4

（15）新建族类型。选择“属性”｜“族类型”命令，弹出“族类型”对话框，在对话框中单击“新建类型”按钮，弹出“名称”对话框，在文本框中输入 NGQ5，单击“确定”按钮，在“文字”下的“选用构建编号”一栏的文本框中输入 GQLM-2130-1121，在“尺寸标注”一栏下的“墙长”一栏的文本框中输入 2100，“墙高”一栏的文本框中输入 2550，“门洞宽”一栏的文本框中输入 1100，在“其他”一栏中选中“子母门”复选框，单击“应用”按钮，如图 4.347 所示。

（16）检查中间门洞隔墙。按 F4 键，发出三维视图命令，可以观察到制作完成的中间门洞隔墙，如图 4.348 所示。

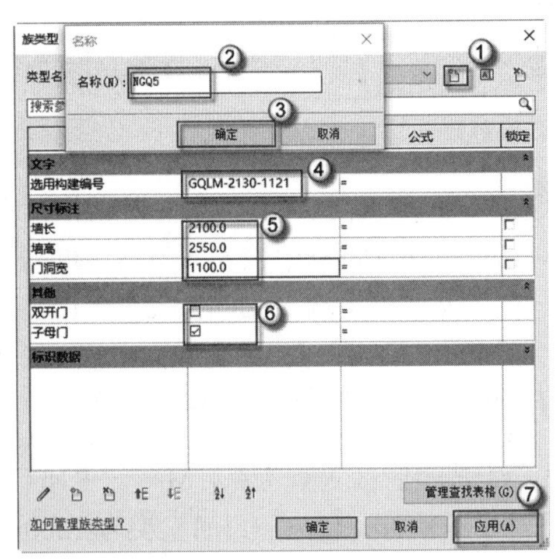

图 4.347　新建族类型 NGQ5

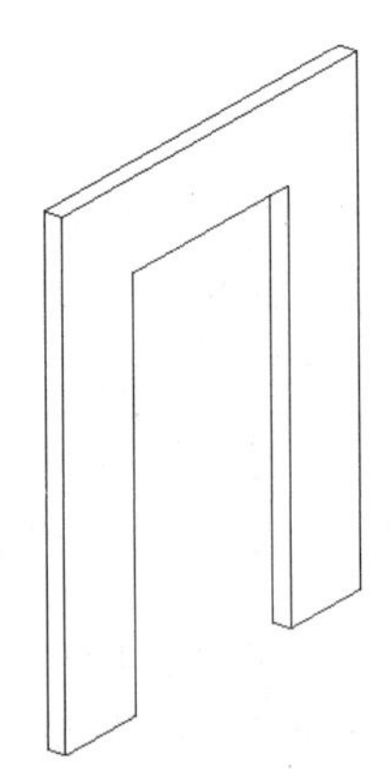

图 4.348　检查三维视图

（17）保存族文件。选择 R｜“另存为”｜“族”命令，在弹出的“另存为”对话框中的“文件名”一栏中输入“GQM 中洞墙”，然后单击“保存”按钮，如图 4.349 所示。

图 4.349　保存族文件

4.4.3　边界门洞隔墙 GQM1

本小节介绍边界门洞隔墙 GQM1 族的制作方法，需要在共享参数族的基础上进一步完善，具体操作方法如下。

（1）Revit 的启动并打开族文件。双击桌面 Revit 图标，在弹出的 AUTODESK REVIT 对话框中选择“族”｜“打开”选项，在弹出的“打开”对话框中找到保存的“共享参数族”族文件，单击“打开”按钮，如图 4.350 所示。完成后如图 4.351 所示，可观察到已制作完成的隔墙部分，将在此基础上制作边界门洞隔墙 GQM1。

图 4.350　打开族文件

（2）绘制水平向参照平面。在“项目浏览器”中选择“立面”｜“前”选项，进入前立面视图，如图 4.352 所示。按 RP 快捷键，发出绘制参照平面命令，在偏移量一栏中输入 2100，选中参照平面会出现捕捉点，单击该点水平向右移动至如图所示②的位置，如图 4.353 所示。按 DI 快捷键，发出对齐尺寸标注命令，对刚绘制完成的参照平面与参照标高进行对齐尺寸标注，此时出现开放的锁头，单击开放的锁头将其进入锁定状态，避免该尺寸随之后的操作而发生变化，完成后如图 4.354 所示。

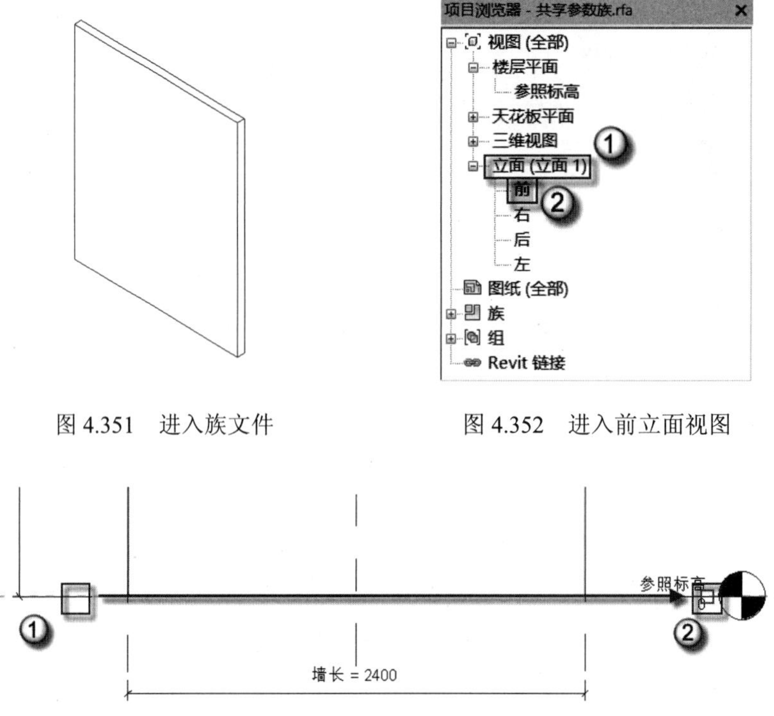

图 4.351　进入族文件

图 4.352　进入前立面视图

图 4.353　绘制水平向参照平面

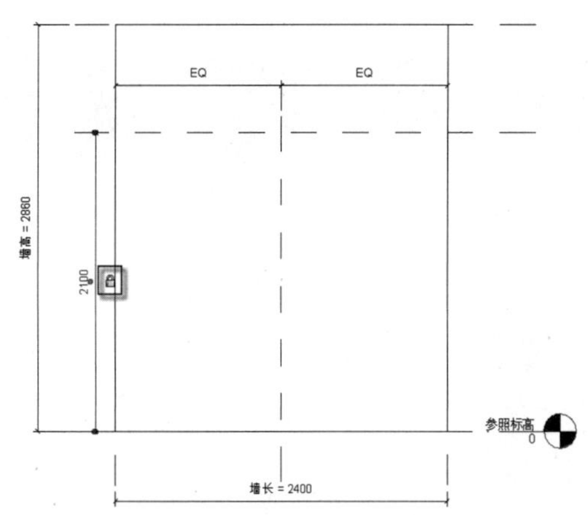

图 4.354　对齐尺寸标注并锁定

（3）绘制竖直向参照平面。按 RP 快捷键，发出绘制参照平面命令，在偏移量一栏中输入 200，选中参照平面会出现捕捉点，单击该点竖直向下移动至如图 4.355 所示②的位置。选中刚画完的竖直向参照平面，按 CO 快捷键，发出复制命令，输入 800，向右复制，完成后如图 4.356 所示。按 DI 快捷键，发出对齐尺寸标注命令，分别对隔墙左侧边线与参照平面之间、两个参照平面之间进行对齐尺寸标注，单击开放的锁头，锁头会变为锁定的状态，如图 4.357 所示。

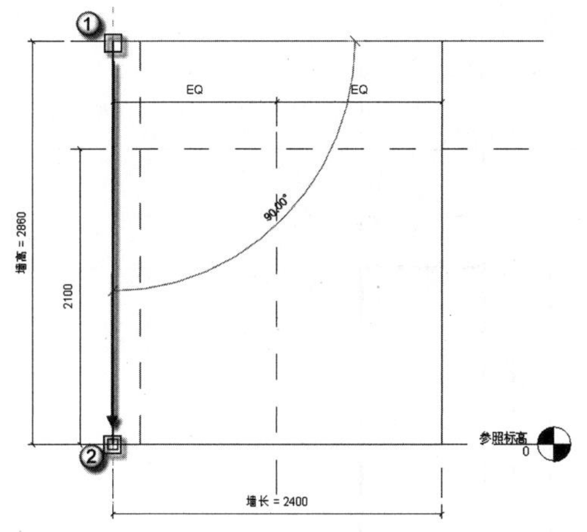

图 4.355　绘制竖直向参照平面

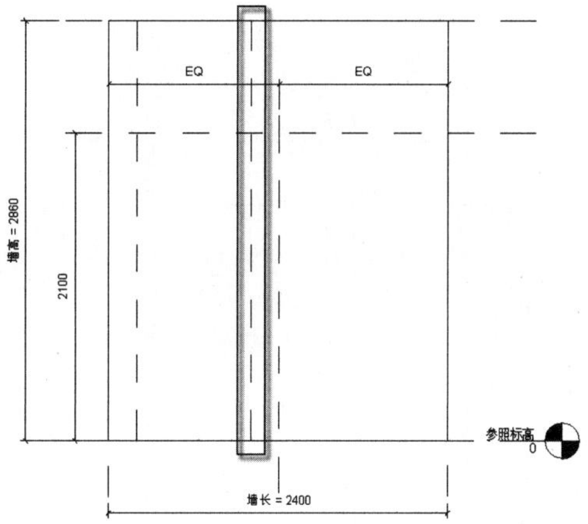

图 4.356　设置等分约束的尺寸标注

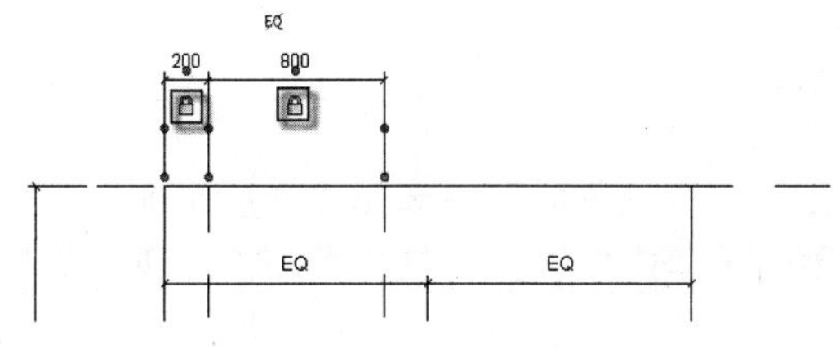

图 4.357　对齐尺寸标注

（4）创建门洞。双击隔墙轮廓线，进入拉伸界面。选择菜单栏中的“绘制”|“直线”命令，通过拾取 4 个点（图中的①→②→③→④）创建门洞，如图 4.358 所示。按 SL 快捷键，发出拆分图元命令，单击图中①点进行拆分图元，如图 4.359 所示。拖曳拆分过后出现的墙体线的夹点使其对齐，如图 4.360 所示。操作完成后，单击 √ | ×选项板中的 √ 按钮退出，如图 4.361 所示。

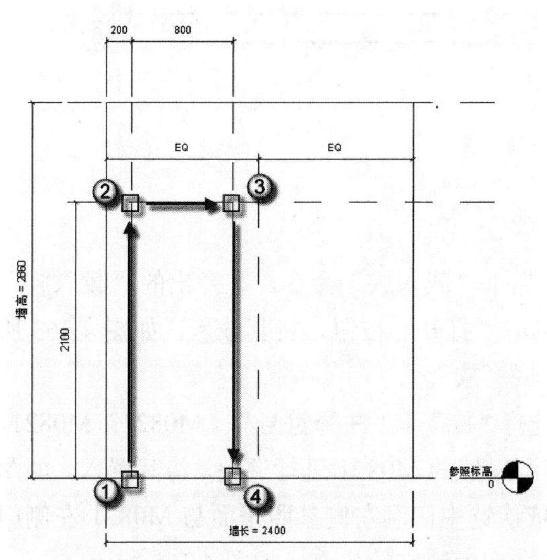

图 4.358　绘制门洞

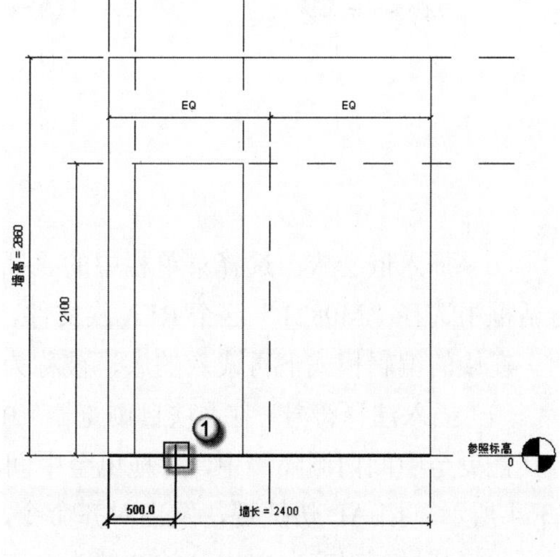

图 4.359　拆分图元

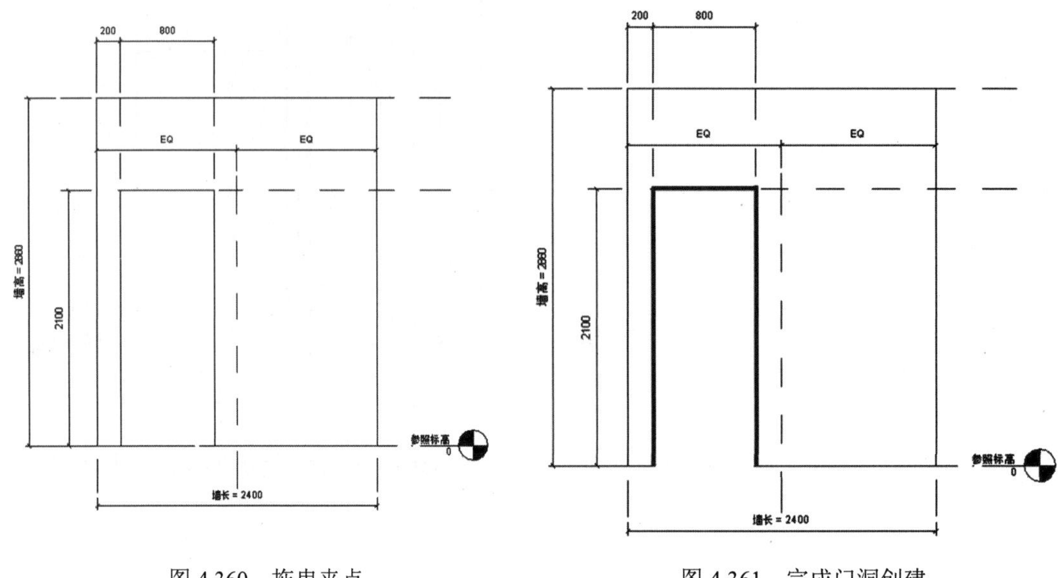

图 4.360　拖曳夹点　　　　图 4.361　完成门洞创建

（5）绘制符号线。在“项目浏览器”中选择“楼层平面”|“参照标高”选项，进入平面视图。选择菜单栏中的“注释”|“符号线”命令，进入放置符号线界面。选择菜单栏中的“绘制”|“直线”命令，通过拾取点（图中的①→②→③→④，⑤→⑥→⑦→⑧）绘制符号线，如图 4.362 所示。

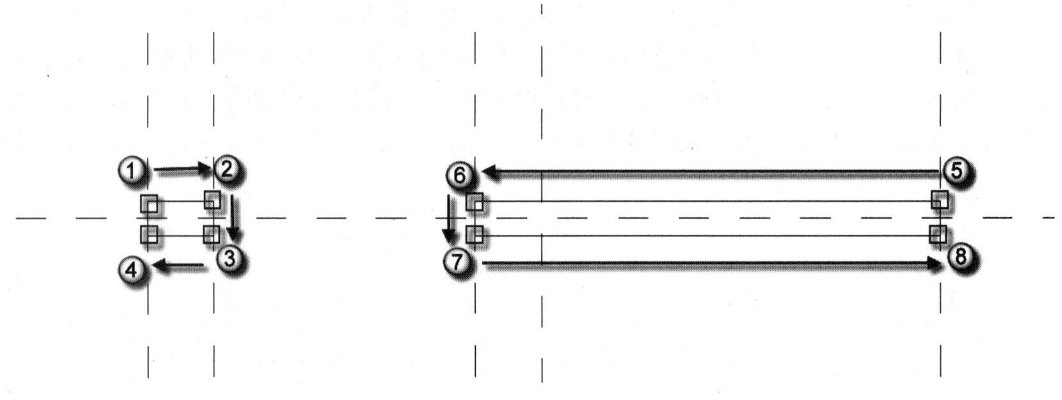

图 4.362　绘制符号线

（6）插入嵌套族。选择菜单栏中的“插入”|“载入族”命令，在弹出的“载入族”对话框中选择“M0821”这个 RFA 族文件，单击“打开”按钮，将其载入，如图 4.363 所示。在族的编辑模式下再载入的族，被称为“嵌套族”。

（7）插入注释符号。在“项目浏览器”中选择“族”|“注释符号”|M0821|M0821，将其拖曳至中间门洞隔墙中，将拖曳至中间门洞隔墙的 M0821 进行调整，将其置入，如图 4.364 所示。按 AL 快捷键，发出对齐命令，依次选中门洞左侧参照平面与 M0821 左侧门框线，将其进行对齐，单击开放的锁头，锁头会变为锁定的状态，如图 4.365 所示。

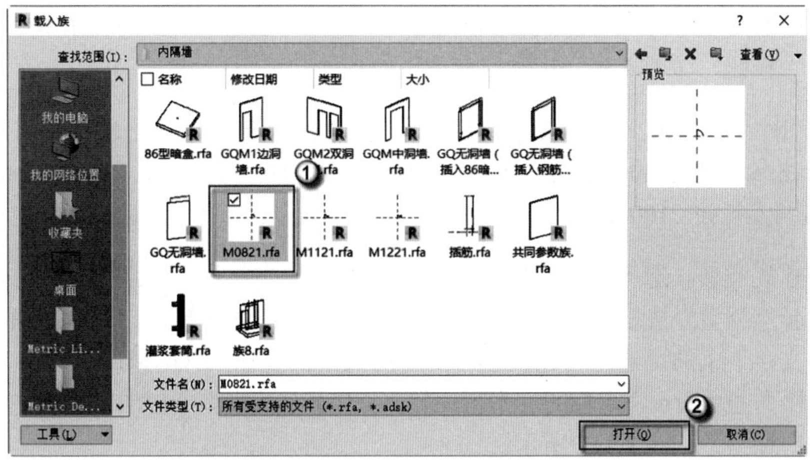

图 4.363　插入嵌套族

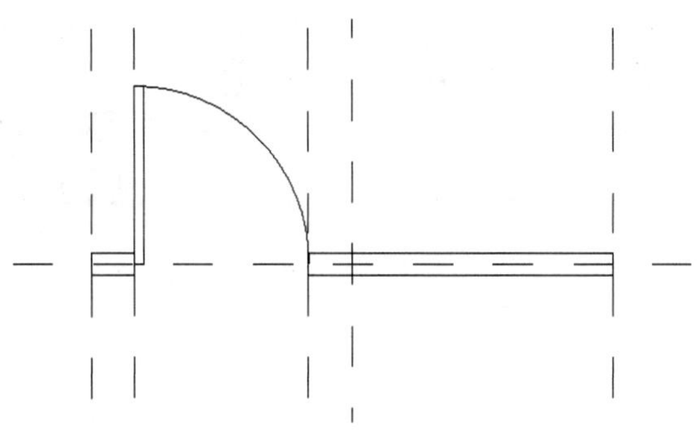

图 4.364　插入注释符号

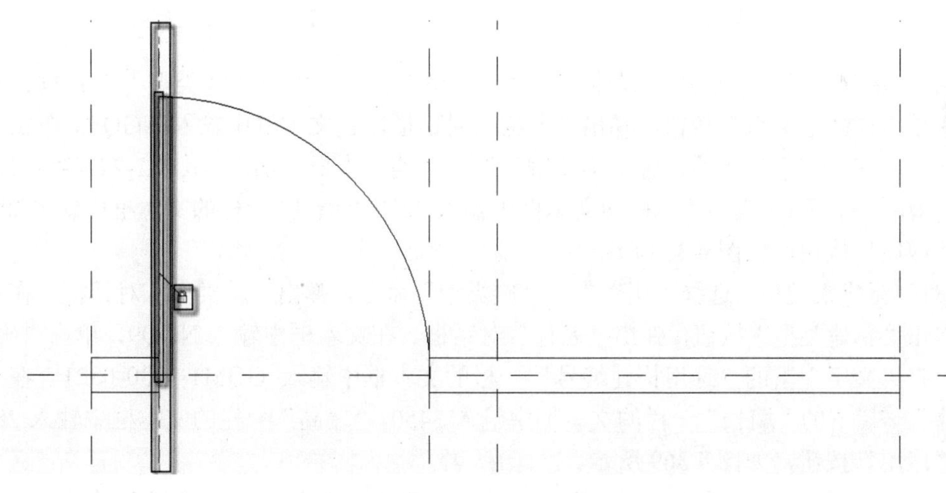

图 4.365　对齐并锁定

（8）新建族类型。选择“属性”|“族类型”命令，弹出“族类型”对话框，在对话框中单击“新建类型”按钮，弹出“名称”对话框，在文本框中输入 NGQ6，单击“确定”按钮，在“文字”下的“选用构建编号”一栏的文本框中输入 GQM1-3030-0821，在“尺

寸标注”一栏下的“墙长”一栏的文本框中输入 2850，“墙高”一栏的文本框中输入 2860，单击“应用”按钮，如图 4.366 所示。

注意： GQM1-3030-0821 的意思是，G——隔，Q——墙，M1——边界门洞，30——墙标志性长度为 3000mm，30——层高为 3m，08——门洞宽度为 800mm，21——门洞高度为 2100mm。

（9）新建族类型。选择“属性”｜“族类型”命令，弹出“族类型”对话框，在对话框中单击“新建类型”按钮，弹出“名称”对话框，在文本框中输入 NGQ7，单击“确定”按钮，在“文字”下的“选用构建编号”一栏的文本框中输入 GQM1-4530-0821，在“尺寸标注”一栏下的“墙长”一栏的文本框中输入 4300，“墙高”一栏的文本框中输入 2860，单击“应用”按钮，如图 4.367 所示。

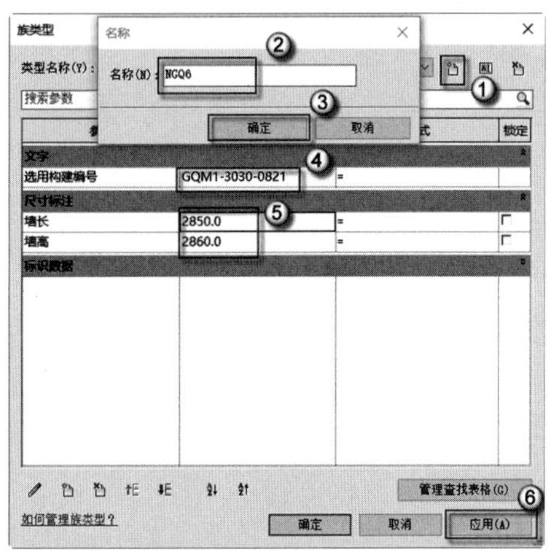

图 4.366　新建族类型

图 4.367　新建族类型

（10）新建族类型。选择“属性”｜“族类型”命令，弹出“族类型”对话框，在对话框中单击“新建类型”按钮，弹出“名称”对话框，在文本框中输入 NGQ8，单击“确定”按钮，在“文字”下的“选用构建编号”一栏的文本框中输入 GQM1-2430-0821，在“尺寸标注”一栏下的“墙长”一栏的文本框中输入 2250，“墙高”一栏的文本框中输入 2860，单击“应用”按钮，如图 4.368 所示。

（11）新建族类型。选择“属性”｜“族类型”命令，弹出“族类型”对话框，在对话框中单击“新建类型”按钮，弹出“名称”对话框，在文本框中输入 NGQ9，单击“确定”按钮，在“文字”下的“选用构建编号”一栏的文本框中输入 GQM1-3630-0821，在“尺寸标注”一栏下的“墙长”一栏的文本框中输入 3450，“墙高”一栏的文本框中输入 2860，单击“应用”按钮，如图 4.369 所示。

（12）新建族类型。选择“属性”｜“族类型”命令，弹出“族类型”对话框，在对话框中单击“新建类型”按钮，弹出“名称”对话框，在文本框中输入 NGQ10，单击“确定”按钮，在“文字”下的“选用构建编号”一栏的文本框中输入 GQM1-2130-0821，在“尺寸标注”一栏下的“墙长”一栏的文本框中输入 2000，“墙高”一栏的文本框中输入 2860，单击“应用”按钮，如图 4.370 所示。

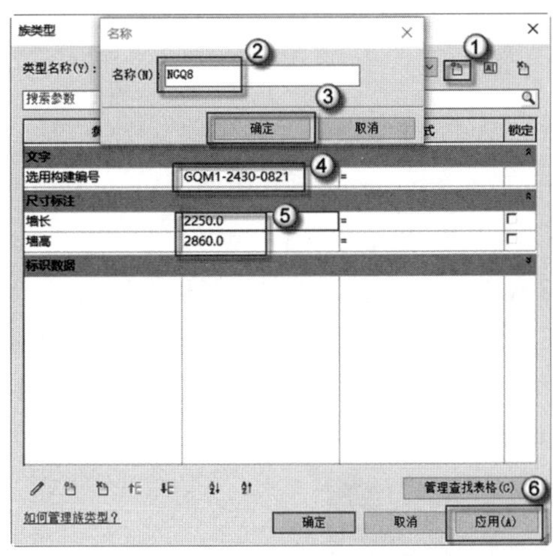

图 4.368　新建族类型

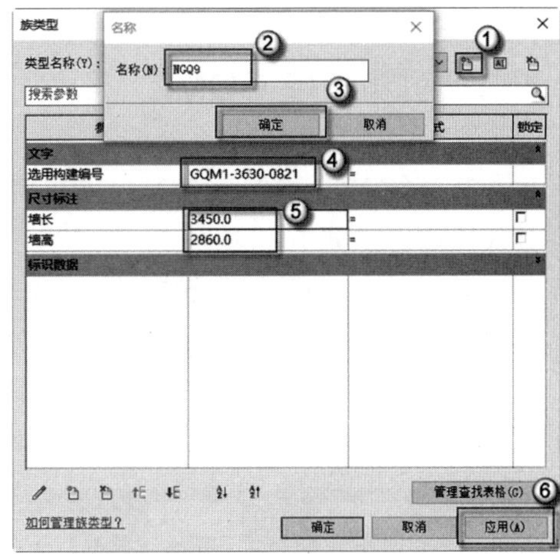

图 4.369　新建族类型

（13）检查边界门洞隔墙。按 F4 键，发出三维视图命令，可以观察到制作完成的边界门洞隔墙，如图 4.371 所示。

图 4.370　新建族类型

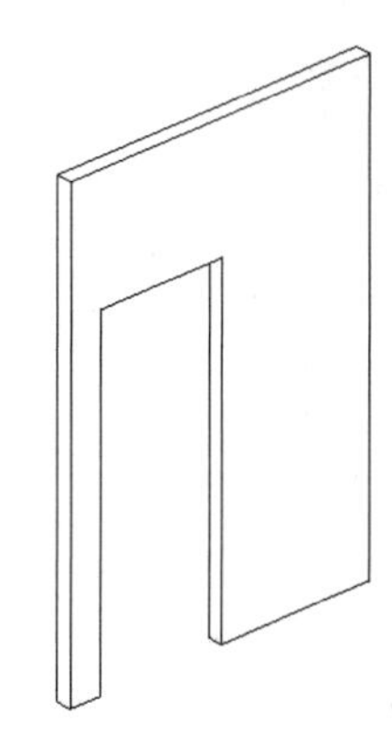

图 4.371　检查三维视图

（14）保存族文件。选择 R | “另存为” | “族”命令，在弹出的“另存为”对话框中的“文件名”一栏中输入“GQM 边洞墙”，然后单击“保存”按钮，如图 4.372 所示。

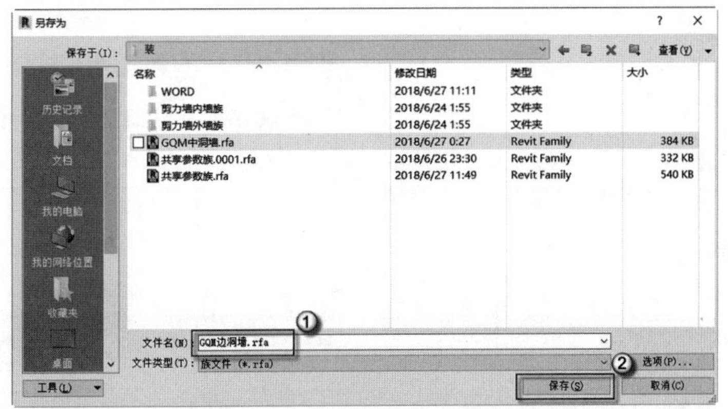

图 4.372　保存族文件

4.4.4　双门洞隔墙 GQM2

本小节介绍双门洞隔墙 GQM2 族的制作方法，需要在共享参数族的基础上进一步完善，具体操作方法如下。

（1）Revit 的启动并打开族文件。双击桌面 Revit 图标，在弹出的 AUTODESK REVIT 对话框中选择“族”｜“打开”选项，在弹出的“打开”对话框中找到保存的“共享参数族”族文件，单击“打开”按钮，如图 4.373 所示。完成后如图 4.374 所示，可观察到已制作完成的隔墙部分，将在此基础上制作双门洞隔墙 GQM2。

图 4.373　打开族文件

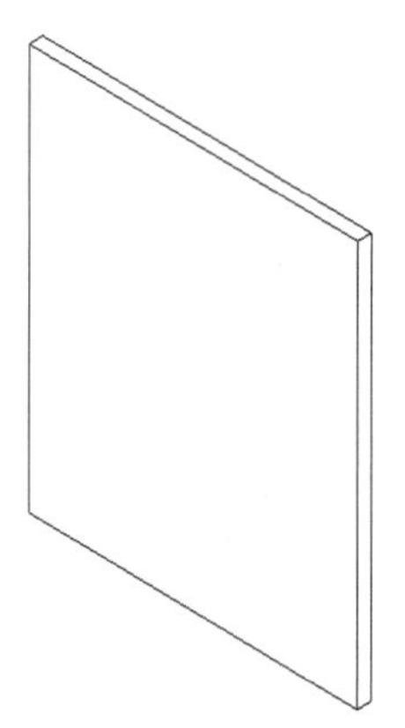

图 4.374　进入族文件

（2）修改族类型。在“项目浏览器”中选择“立面”｜“前”选项，进入前立面视图，如图 4.375 所示。选择菜单栏中的“属性”｜“族类型”命令，弹出“族类型”对话框，在对话框中修改“尺寸标注”标签下的“墙长”数值，输入 6700，“墙高”数值不变，单击“确定”按钮，如图 4.376 所示。

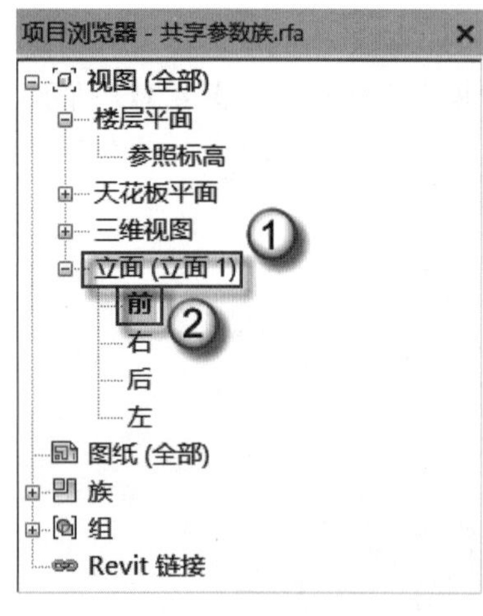

图 4.375　进入前立面视图

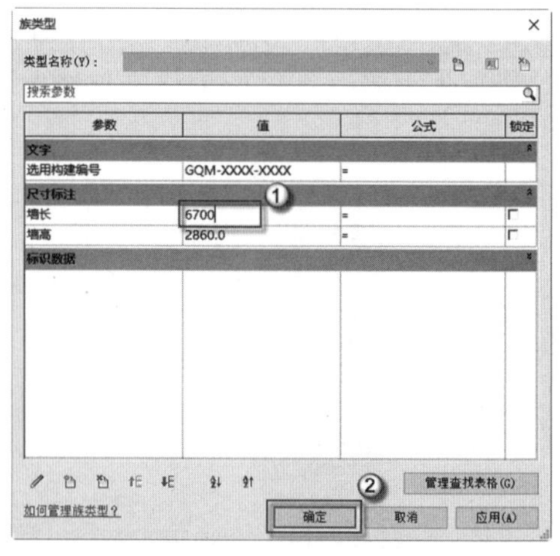

图 4.376　修改族类型

（3）绘制水平向参照平面。按 RP 快捷键，发出绘制参照平面命令，在偏移量一栏中输入 2100，选中参照平面会出现捕捉点，单击该点水平向右至如图所示②的位置，如图 4.377 所示。按 DI 快捷键，发出对齐尺寸标注命令，对刚绘制完成的参照平面与参照标高进行对齐尺寸标注，此时出现开放的锁头，单击开放的锁头将其进入锁定状态，避免该尺寸随之后的操作而发生变化，完成后如图 4.378 所示。

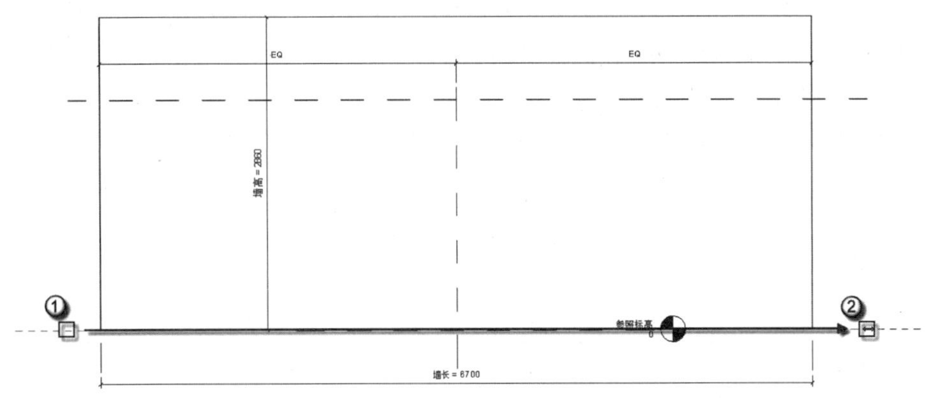

图 4.377　绘制水平向参照平面

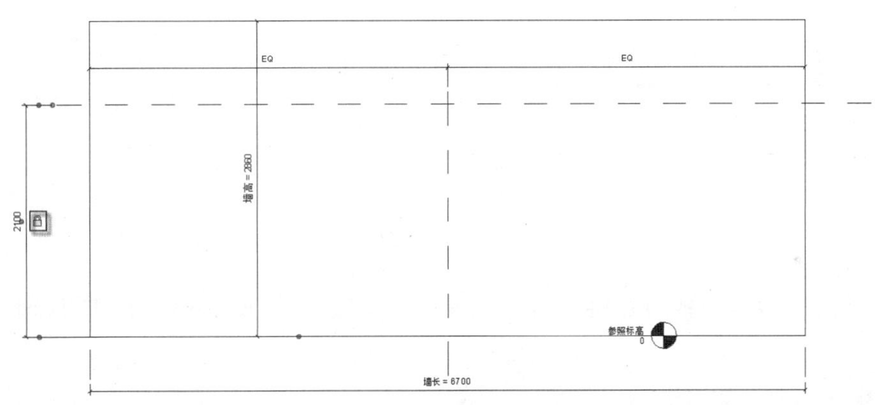

图 4.378　对齐尺寸标注并锁定

（4）绘制竖直向参照平面。按 RP 快捷键，发出绘制参照平面命令，在偏移量一栏中输入 2150，选中参照平面会出现捕捉点，单击该点竖直向下移动至如图所示②的位置，如图 4.379 所示。按 DI 快捷键，发出对齐尺寸标注命令，对隔墙左侧参照平面与刚绘制完成的参照平面进行对齐尺寸标注，如图 4.380 所示。选中刚操作完成的标注，选择菜单栏中的“修改”｜“标签尺寸标注”｜“创建参数”命令，弹出“参数属性”对话框，在“名称”一栏中填入“洞口距左边距”，单击“确定”按钮，如图 4.381 所示。完成后如图 4.382 所示。选中刚画完的竖直向参照平面，按 CO 快捷键，发出复制命令，输入 800，向右复制，完成后如图 4.383 所示。按 DI 快捷键，发出对齐尺寸标注命令，对刚绘制完成的参照平面与参照平面进行对齐尺寸标注，此时出现开放的锁头，单击开放的锁头将其进入锁定

状态，避免该尺寸随之后的操作而发生变化，完成后如图 4.384 所示。选中刚绘制完成的竖直向参照平面，按 CO 快捷键，发出复制命令，将“约束”和“多个”前的复选框选中，依次输入 500、800，向右复制，完成后如图 4.385 所示。按 DI 快捷键，发出对齐尺寸标注命令，对参照平面与参照平面之间进行对齐尺寸标注，选中刚完成的标注，选择菜单栏中的“修改”|“标签尺寸标注”|“创建参数”命令，弹出“参数属性”对话框，在“参数属性”对话框中“参数数据”下“名称”一栏中填入“洞口间距”，单击“确定”按钮，完成后如图 4.386 所示。按 DI 快捷键，发出对齐尺寸标注命令，对参照平面与参照平面之间进行对齐尺寸标注，此时出现开放的锁头，单击开放的锁头将其进入锁定状态，避免该尺寸随之后的操作而发生变化，完成后如图 4.387 所示。完成后如图 4.388 所示。

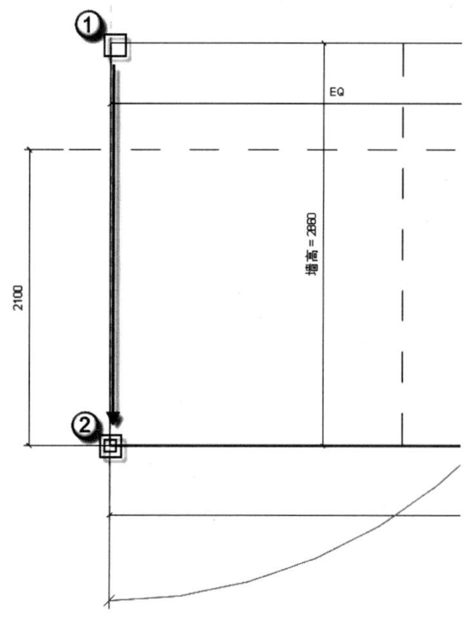

图 4.379　绘制竖直向参照平面

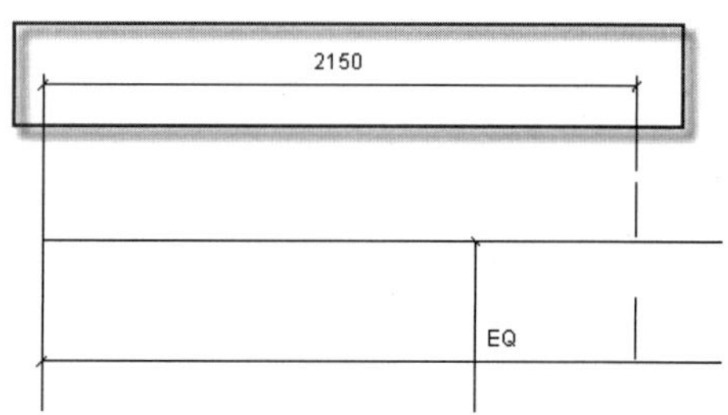

图 4.380　对齐尺寸标注

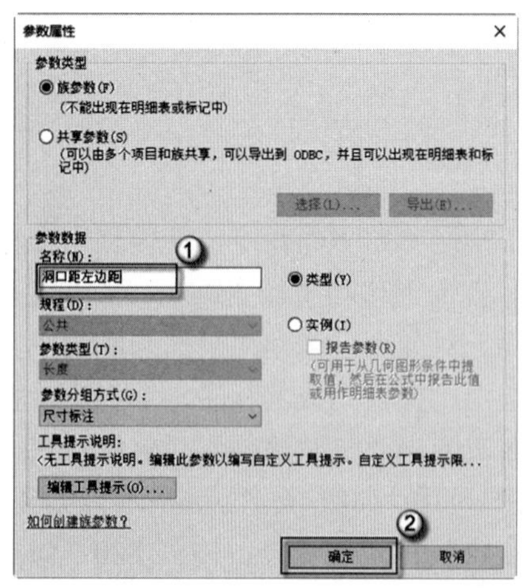

图 4.381　新建参数

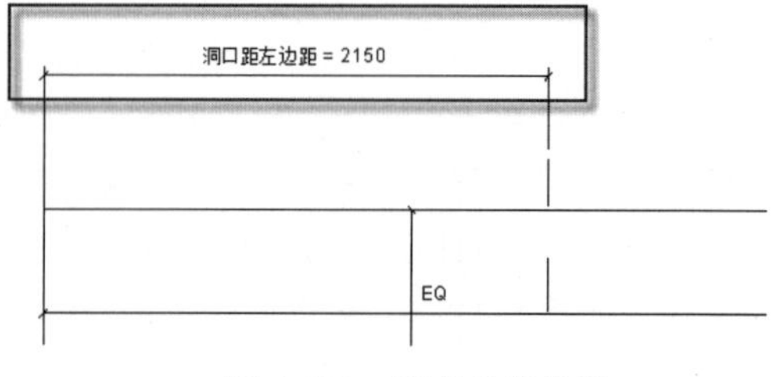

图 4.382　完成参数设置

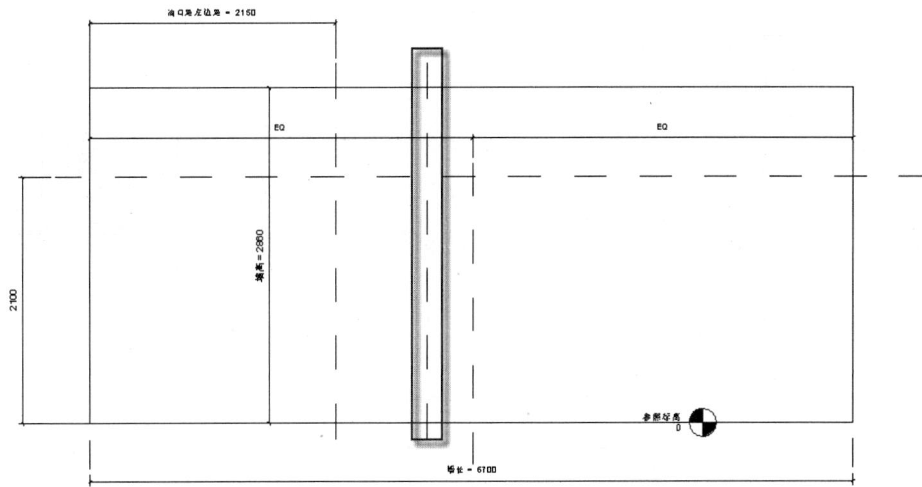

图 4.383　复制竖直向参照平面

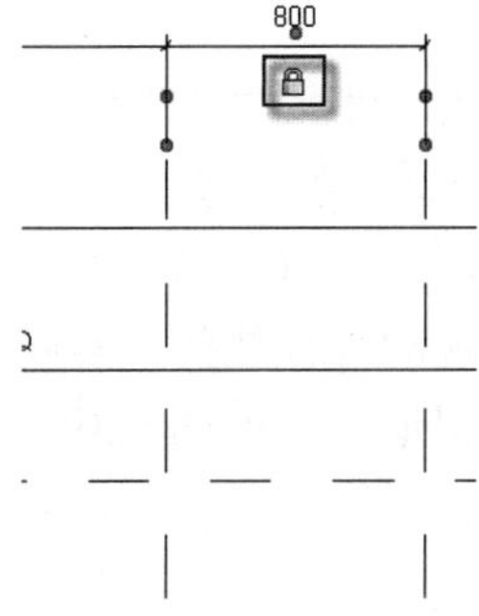

图 4.384　对齐尺寸标注并锁定

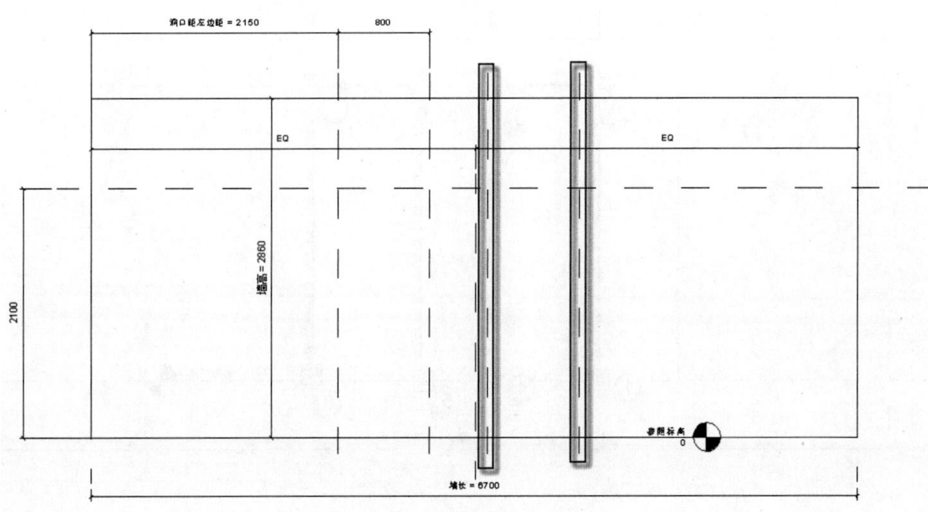

图 4.385　复制竖直向参照平面

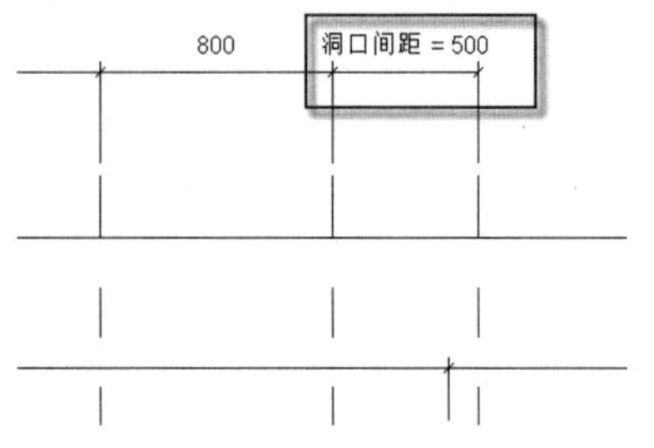

图 4.386　对齐尺寸标注并新建参数

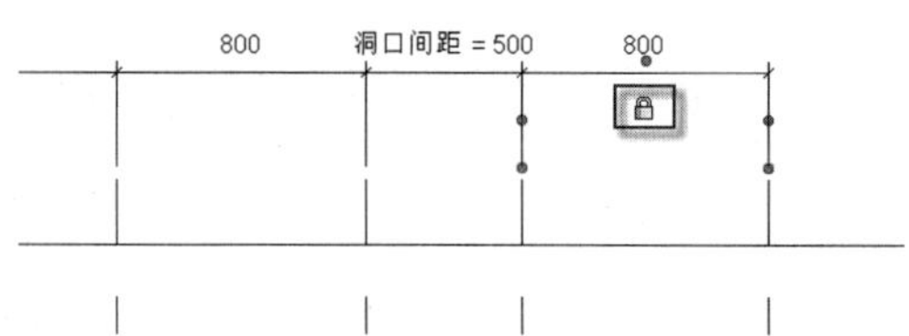

图 4.387　对齐尺寸标注并锁定

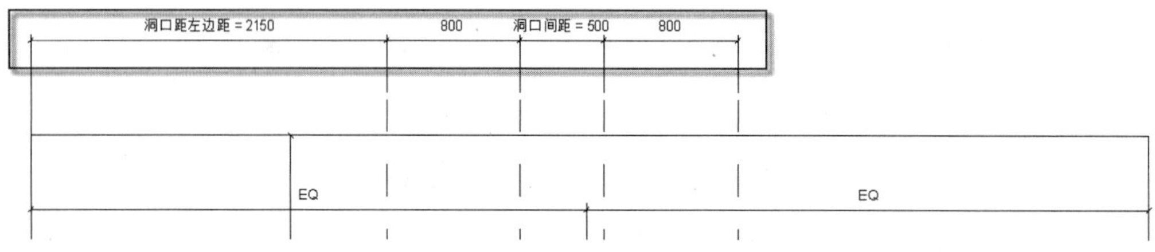

图 4.388　完成尺寸标注

（5）创建门洞。双击隔墙轮廓线，进入拉伸界面。选择菜单栏中的“绘制”|“直线”命令，通过拾取 8 个点（图中的①→②→③→④，⑤→⑥→⑦→⑧）创建门洞，如图 4.389 所示。按 SL 快捷键，发出拆分图元命令，单击图中①②两点（大致位置），进行拆分图元，如图 4.390 所示。拖曳拆分过后出现的墙体线的夹点使其对齐，如图 4.391 所示。操作完成后，单击 √ | ×选项板中的 √ 按钮退出，如图 4.392 所示。

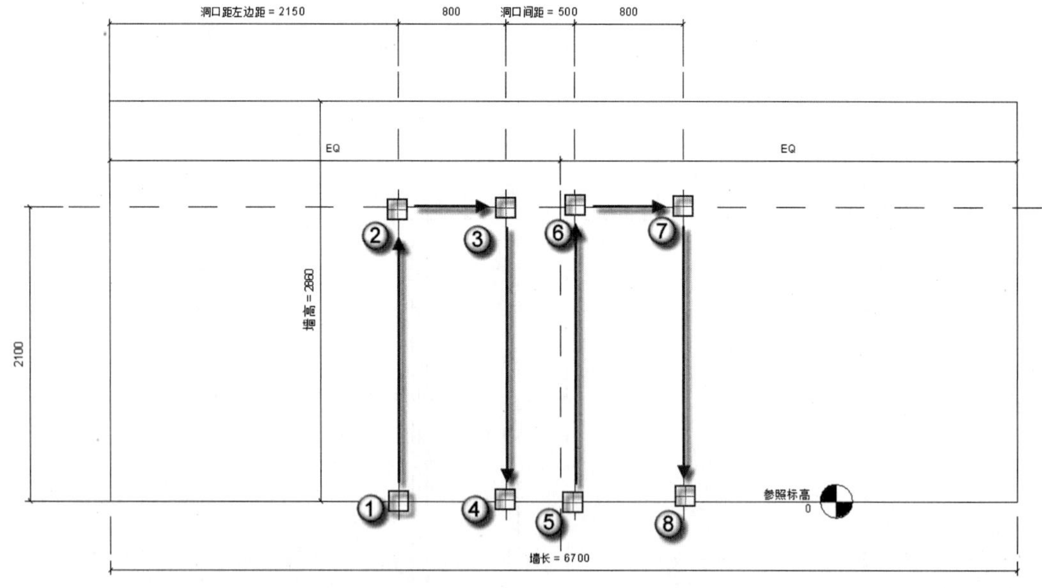

图 4.389　绘制门洞

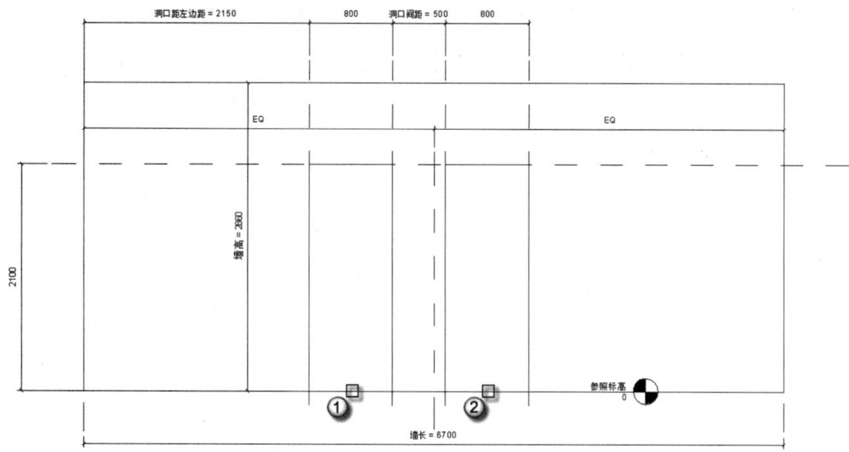

图 4.390　拆分图元

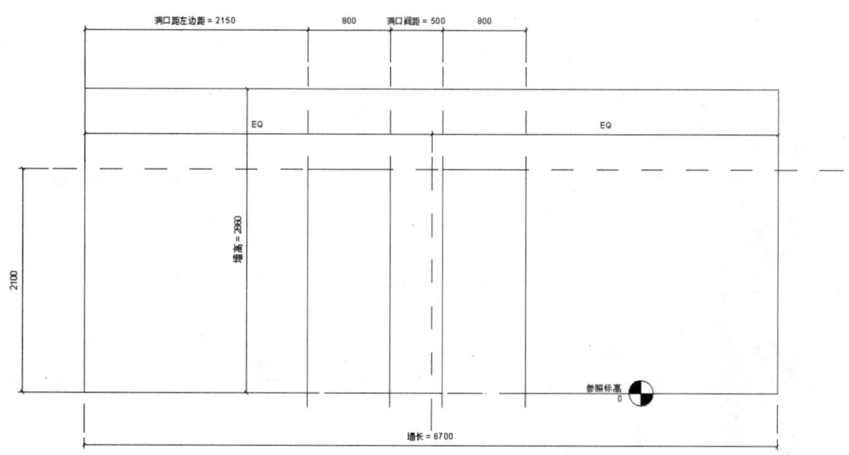

图 4.391　拖曳夹点

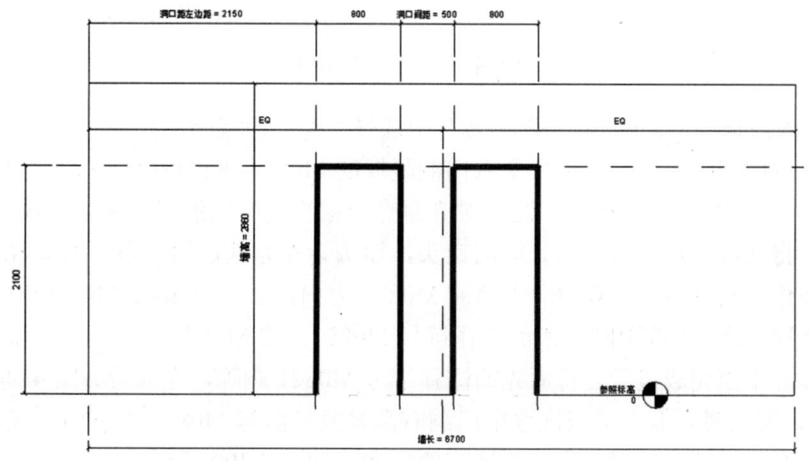

图 4.392　完成门洞创建

（6）绘制符号线。在“项目浏览器”中选择“楼层平面”|“参照标高”选项，进入平面视图。选择菜单栏中的“注释”|“符号线”命令，进入放置符号线界面。选择菜单栏中的“绘制”|“直线”命令，通过拾取点（图中①→②→③→④，⑤→⑥→⑦→⑧，⑨→⑩）绘制符号线，完成如图 4.393 所示。

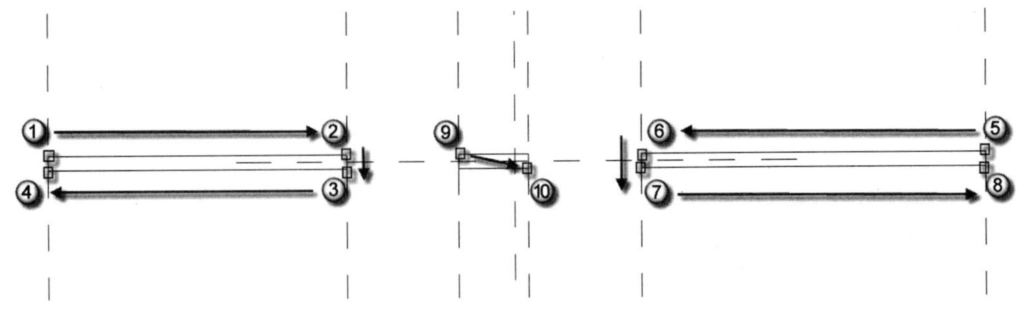

图 4.393　绘制符号线

（7）插入嵌套族。选择菜单栏中的“插入”|“载入族”命令，在弹出的“载入族”对话框中选择“M0821”这个 RFA 族文件，单击“打开”按钮，将其载入，如图 4.394 所示。在族的编辑模式下再载入的族，被称为“嵌套族”。

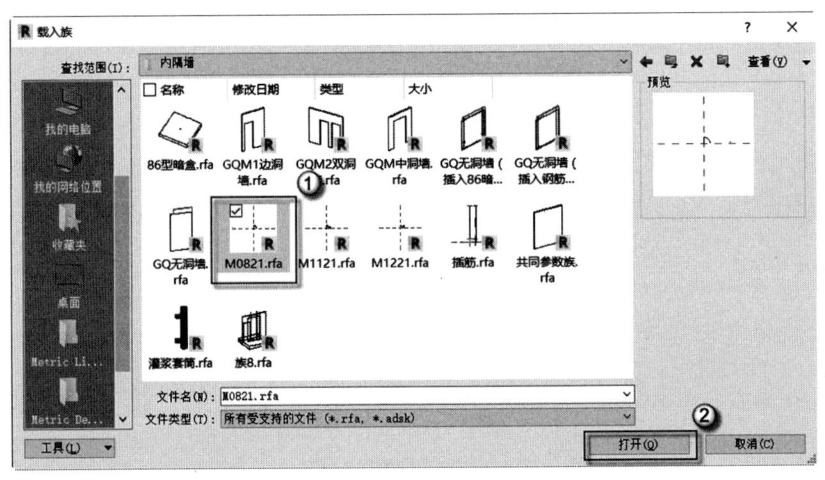

图 4.394　插入嵌套族

（8）插入注释符号。在“项目浏览器”中选择“族”|“注释符号”| M0821 | M0821，将其拖曳至双门洞隔墙中，将拖曳至双门洞隔墙的 M0821 进行调整，将其置入右侧门洞，如图 4.395 所示。按 AL 快捷键，发出对齐命令，依次选中门洞左侧参照平面与 M0821 左侧门框线，将其进行对齐，单击开放的锁头，锁头会变为锁定的状态，如图 4.396 所示。重复上述操作，发现拖曳至双门洞隔墙的 M0821 方向错误，按 Space 键切换方向，将其置入，如图 4.397 所示。选中刚置入的注释符号 M0821，按 MM 快捷键，发出镜像命令，单击水平向参照平面完成镜像，将原先的注释符号 M0821 删除，完成后如图 4.398 所示。按 AL 快捷键，发出对齐命令，依次选中门洞右侧参照平面与 M0821 右侧门框线，将其进行对齐，单击开放的锁头，锁头会变为锁定的状态，如图 4.399 所示。

（9）检查双门洞隔墙。按 F4 键，发出三维视图命令，可以观察到制作完成的双门洞隔墙，如图 4.400 所示。

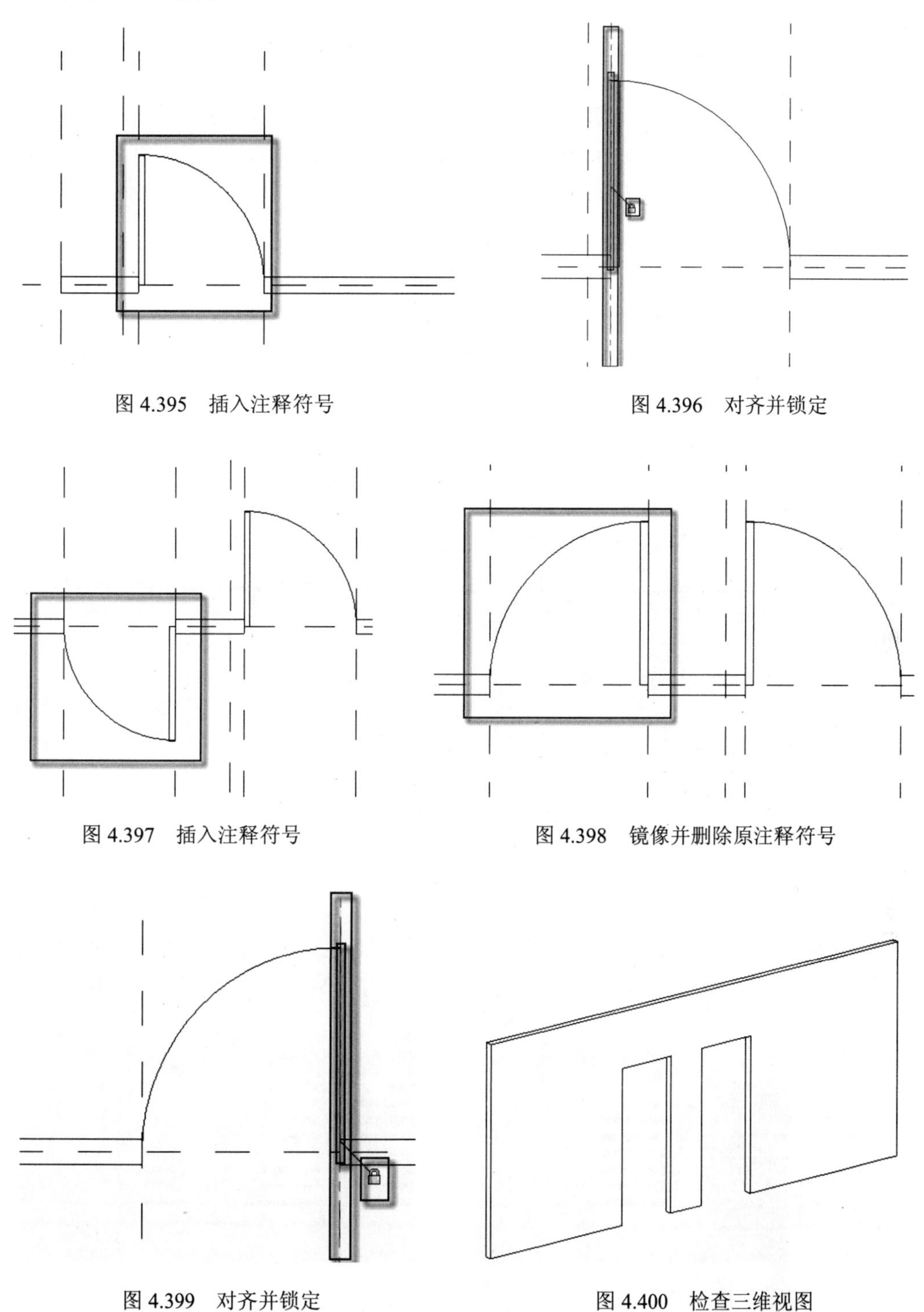

图 4.395　插入注释符号

图 4.396　对齐并锁定

图 4.397　插入注释符号

图 4.398　镜像并删除原注释符号

图 4.399　对齐并锁定

图 4.400　检查三维视图

（10）新建族类型。选择“属性”|“族类型”命令，弹出“族类型”对话框，在对话框中单击“新建类型”按钮，弹出“名称”对话框，在文本框中输入 NGQ1，单击“确定”按钮，在“文字”下的“选用构建编号”一栏的文本框中输入 GQLM2-6930-0821，在

“尺寸标注”一栏下的“墙长”一栏的文本框中输入 6700，“墙高”一栏的文本框中输入 2550，“洞口左边距”一栏的文本框中输入 2150，　“洞口间距”一栏的文本框中输入 500，单击“应用”按钮，如图 4.401 所示。

注意：GQLM2-6930-0821 的意思是，G——隔，Q——墙，L——有梁、M2——双门洞，69——墙标志性长度为 6900mm，30——层高为 3m，08——门洞宽度为 800mm，21——门洞高度为 2100mm。

（11）新建族类型。选择“属性”｜“族类型”命令，弹出“族类型”对话框，在对话框中单击“新建类型”按钮，弹出“名称”对话框，在文本框中输入 NGQ2，单击“确定”按钮，在“文字”下的“选用构建编号”一栏的文本框中输入 GQM2-3330-0821，在“尺寸标注”一栏下的“墙长”一栏的文本框中输入 3250，“墙高”一栏的文本框中输入 2860，“洞口左边距”一栏的文本框中输入 1100，“洞口间距”一栏的文本框中输入 350，单击“应用”按钮，如图 4.402 所示。

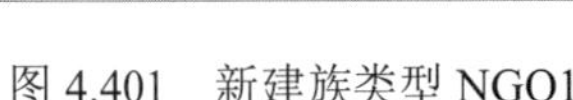

图 4.401　新建族类型 NGQ1

图 4.402　新建族类型 NGQ2

（12）保存族文件。选择 R｜“另存为”｜“族”命令，在弹出的“另存为”对话框中的“文件名”一栏中输入“GQM2 双洞墙”，然后单击“保存”按钮，如图 4.403 所示。

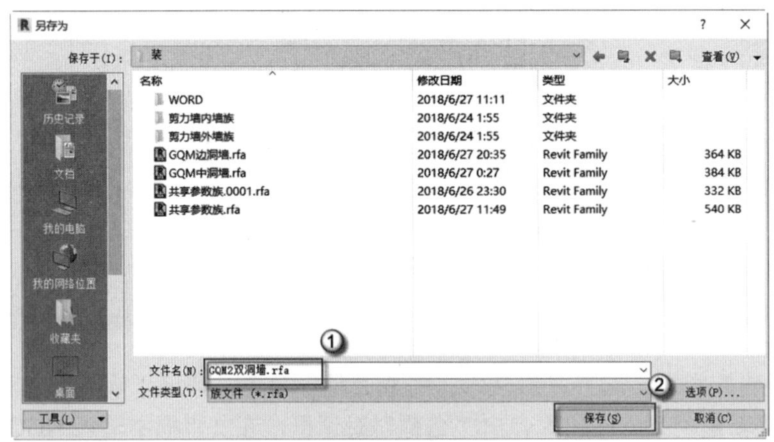

图 4.403　保存族文件

4.4.5　无门洞隔墙 GQ

本小节介绍无门洞隔墙 GQ 族的制作方法，需要在共享参数族的基础上进一步完善，具体操作方法如下。

（1）Revit 的启动并打开族文件。双击桌面 Revit 图标，在弹出的 AUTODESK REVIT 对话框中选择“族”｜“打开”选项，在弹出的“打开”对话框中找到上一小节保存的“共享参数族”族文件，单击“打开”按钮，如图 4.404 所示。完成后如图 4.405 所示，可观察到已制作完成的隔墙部分，将在此基础上制作无门洞隔墙 GQ。

（2）绘制水平向参照平面。在“项目浏览器”中选择“立面”｜“前”选项，进入前立面视图，如图 4.406 所示。按 RP 快捷键，发出绘制参照平面命令，在偏移量一栏中输入 310，选中参照平面会出现捕捉点，单击该点水平向右移动至如图所示②的位置，如图 4.407 所示。按 DI 快捷键，发出对齐尺寸标注命令，对刚绘制完成的参照平面与参照平面进行对齐尺寸标注，此时出现开放的锁头，单击开放的锁头将其进入锁定状态，避免该尺寸随之后的操作而发生变化，完成后如图 4.408 所示。

图 4.404　打开族文件

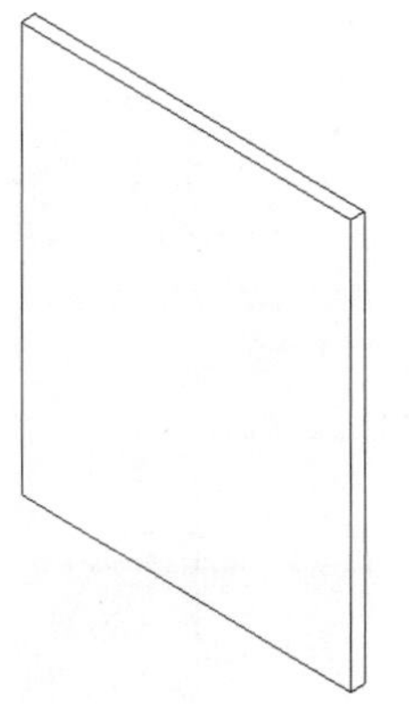

图 4.405　进入族文件

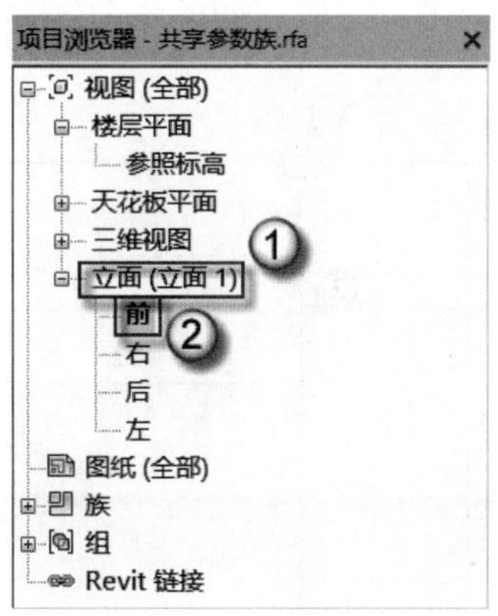

图 4.406　进入前立面视图

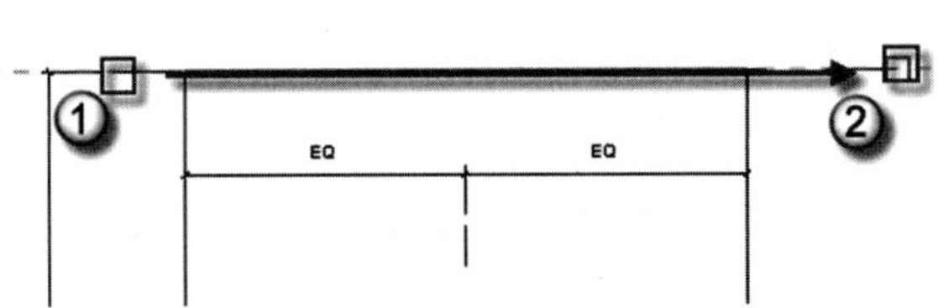

图 4.407　绘制水平向参照平面

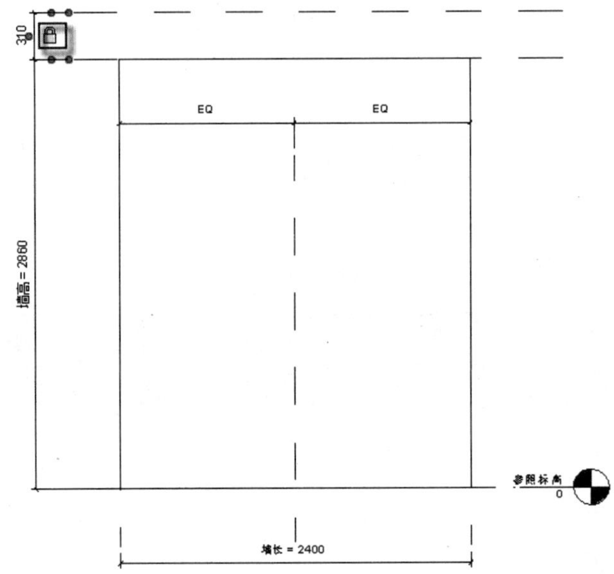

图 4.408　对齐尺寸标注并锁定

（3）绘制竖直向参照平面。按 RP 快捷键，发出绘制参照平面命令，在偏移量一栏中输入 200，选中参照平面会出现捕捉点，单击该点竖直向下移动至如图 4.409 所示②的位置。按 DI 快捷键，发出对齐尺寸标注命令，对刚绘制完成的参照平面与参照平面进行对齐尺寸标注，此时出现开放的锁头，单击开放的锁头将其进入锁定状态，避免该尺寸随之后的操作而发生变化，完成后如图 4.410 所示。

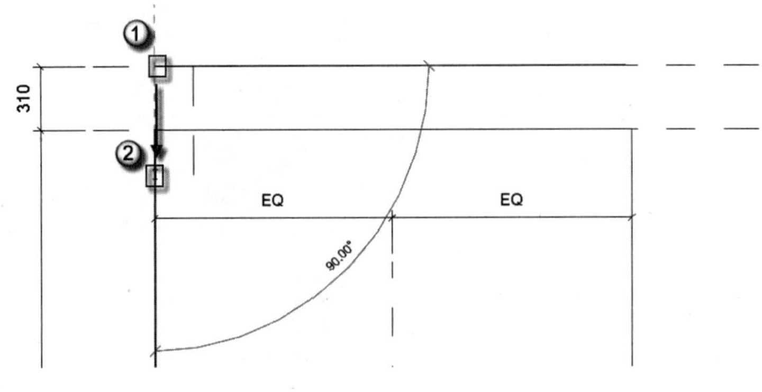

图 4.409　绘制竖直向参照平面

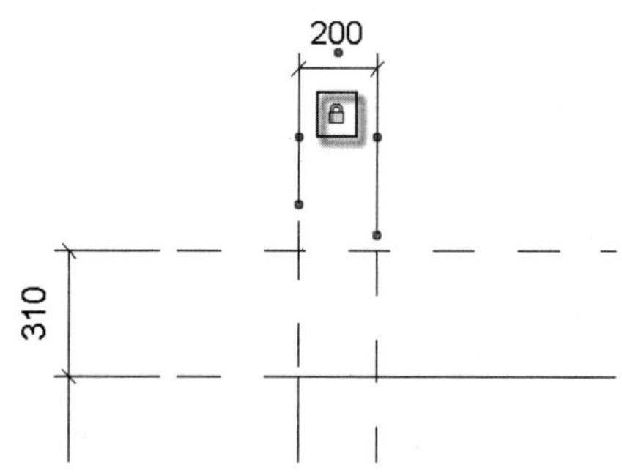

图 4.410　设置等分约束的尺寸标注

（4）创建墙体部分。选择菜单栏中的“创建”｜“拉伸”命令，进入拉伸界面。选择菜单栏中的“绘制”｜“矩形”命令，通过拾取两个对角点（图中的①和②两个点）创建矩形，如图 4.411 所示。此时出现 4 个开放的锁头，单击开放的锁头将其进入锁定状态，避免该尺寸随之后的操作而发生变化，完成后如图 4.412 所示。操作完成后，单击√｜×选项板中的√按钮退出，如图 4.413 所示。

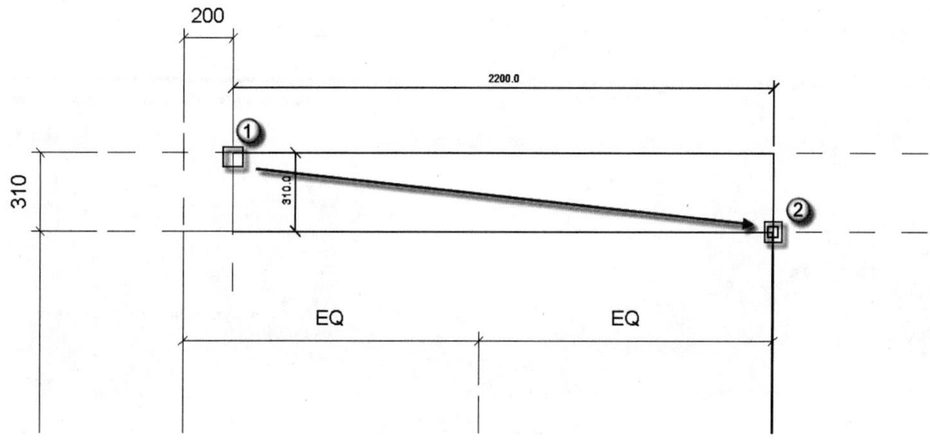

图 4.411　创建剪力墙预制部分

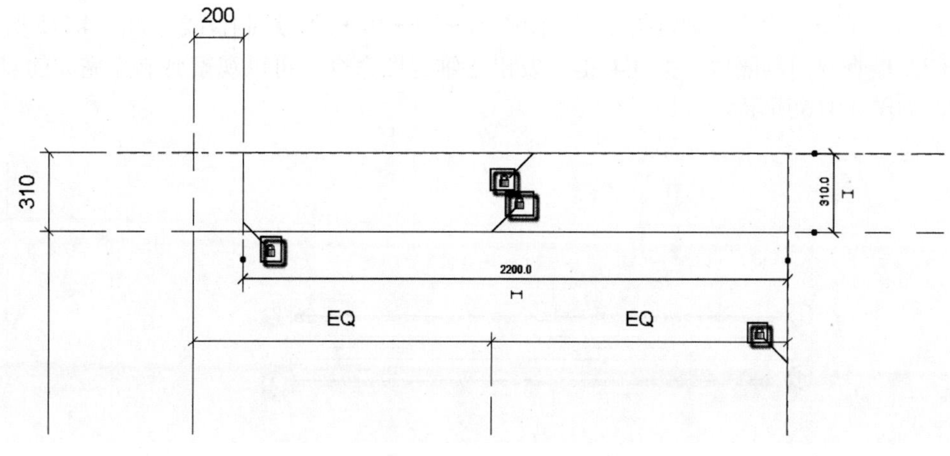

图 4.412　进入平面视图

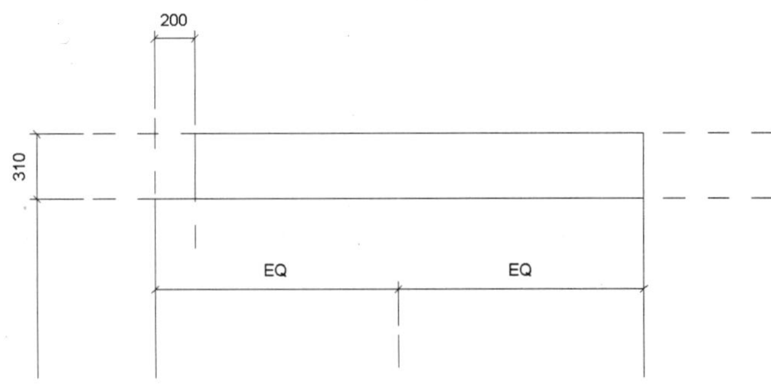

图 4.413　完成剪力墙预制部分

（5）关联族参数。选择刚绘制完成的墙体，在“属性”面板中选择“可见”一栏后的▯按钮，弹出“关联族参数”对话框。在“关联族参数”对话框中单击“新建参数”按钮，弹出“参数类型”对话框。在“参数类型”下选中“族参数”单选按钮，在“参数数据”下“名称”一栏中输入“有缺角”，单击“确定”按钮，在“关联参数”对话框中单击“确定”按钮，如图 4.414 所示。

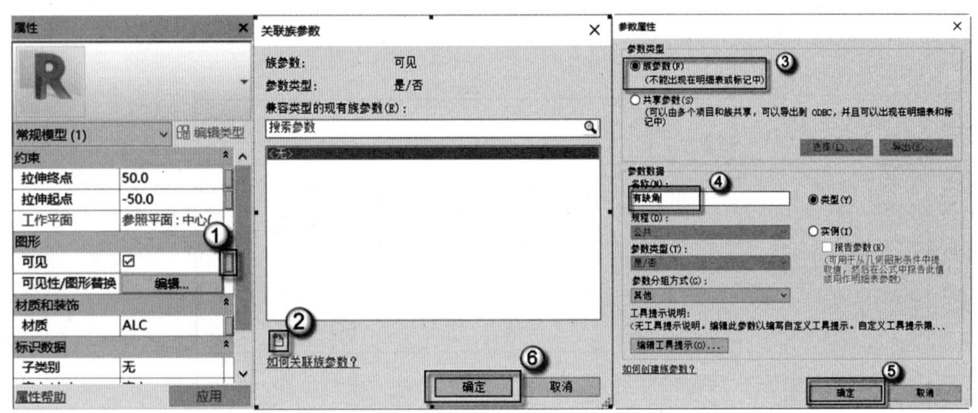

图 4.414　关联族参数

（6）绘制符号线。在“项目浏览器”中选择“楼层平面”｜“参照标高”选项，进入平面视图。选择菜单栏中的“注释”｜“符号线”命令，进入放置符号线界面。选择菜单栏中的“绘制”｜“直线”命令，通过拾取点（图中①→②→③→④）绘制直线，如图 4.415 所示。

（7）检查双门洞隔墙。按 F4 键，发出三维视图命令，可以观察到制作完成的双门洞隔墙，如图 4.416 所示。

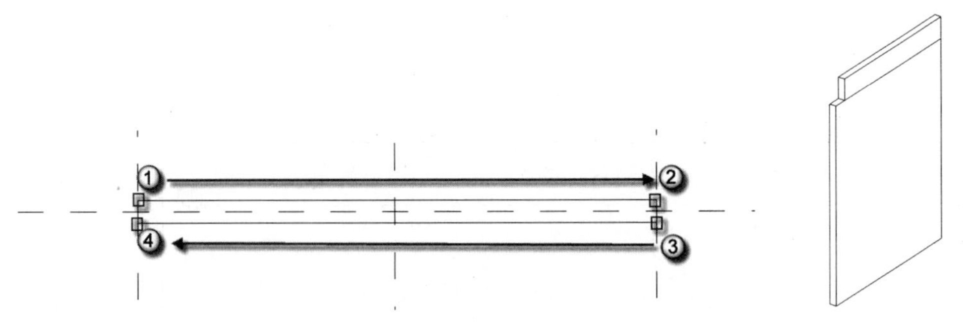

图 4.415　绘制符号线　　图 4.416　检查三维视图

（8）新建族类型。选择“属性”｜“族类型”命令，弹出“族类型”对话框，在对话框中单击“新建类型”按钮，弹出“名称”对话框，在文本框中输入 NGQ11，单击“确定”按钮，在“文字”下的“选用构建编号”一栏的文本框中输入 GQ-3930，在“尺寸标注”一栏下的“墙长”一栏的文本框中输入 3750，“墙高”一栏的文本框中输入 2860，在“其他”一栏中取消选中“有缺角”复选框，单击“应用”按钮，如图 4.417 所示。

（9）新建族类型。选择“属性”｜“族类型”命令，弹出“族类型”对话框，在对话框中单击“新建类型”按钮，弹出“名称”对话框，在文本框中输入 NGQ12，单击“确定”按钮，在“文字”下的“选用构建编号”一栏的文本框中输入 GQ-3930a，在“尺寸标注”一栏下的“墙长”一栏的文本框中输入 3750，“墙高”一栏的文本框中输入 2550，在“其他”一栏中选中“有缺角”复选框，单击“应用”按钮，如图 4.418 所示。

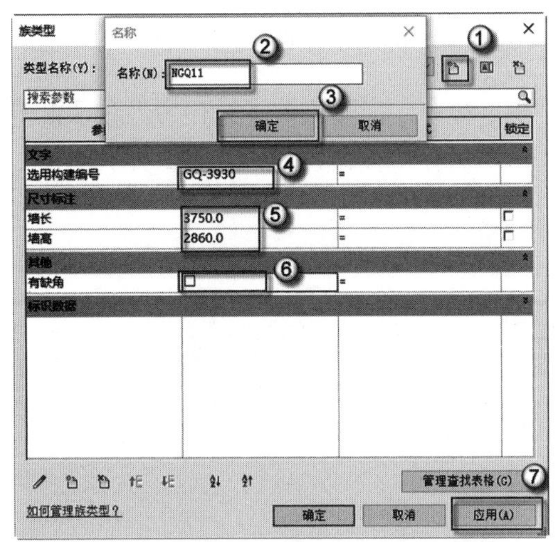

图 4.417　新建族类型 NGQ11

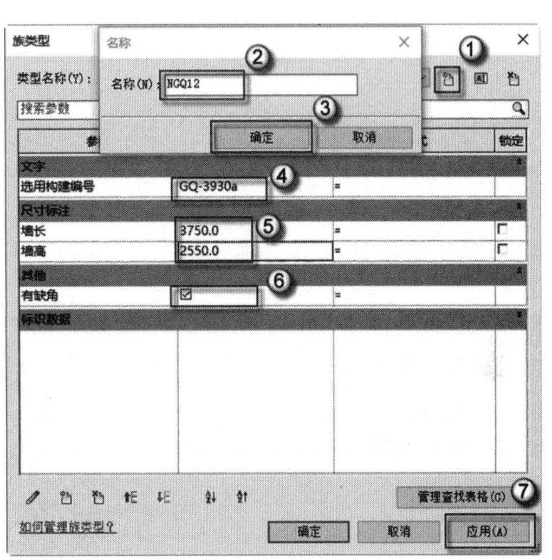

图 4.418　新建族类型 NGQ12

（10）新建族类型。选择“属性”｜“族类型”命令，弹出“族类型”对话框，在对话框中单击“新建类型”按钮，弹出“名称”对话框，在文本框中输入 NGQ13，单击“确定”按钮，在“文字”下的“选用构建编号”一栏的文本框中输入 GQ-2430，在“尺寸标注”一栏下的“墙长”一栏的文本框中输入 2350，“墙高”一栏的文本框中输入 2860，在“其他”一栏取消选中“有缺角”复选框，单击“应用”按钮，如图 4.419 所示。

（11）新建族类型。选择“属性”｜“族类型”命令，弹出“族类型”对话框，在对话框中单击“新建类型”按钮，弹出“名称”对话框，在文本框中输入 NGQ14，单击“确定”按钮，在“文字”下的“选用构建编号”一栏的文本框中输入 GQL-0930，在“尺寸标注”一栏下的“墙长”一栏的文本框中输入 900，“墙高”一栏的文本框中输入 2550，在“其他”一栏中取消选中“有缺角”复选框，单击“应用”按钮，如图 4.420 所示。

（12）新建族类型。选择“属性”｜“族类型”命令，弹出“族类型”对话框，在对话框中单击“新建类型”按钮，弹出“名称”对话框，在文本框中输入 NGQ15，单击“确定”按钮，在“文字”下的“选用构建编号”一栏的文本框中输入 GQL-1530，在“尺寸标注”一栏下的“墙长”一栏的文本框中输入 1500，“墙高”一栏的文本框中输入 2550，在“其他”一栏中取消选中“有缺角”复选框，单击“应用”按钮，如图 4.421 所示。

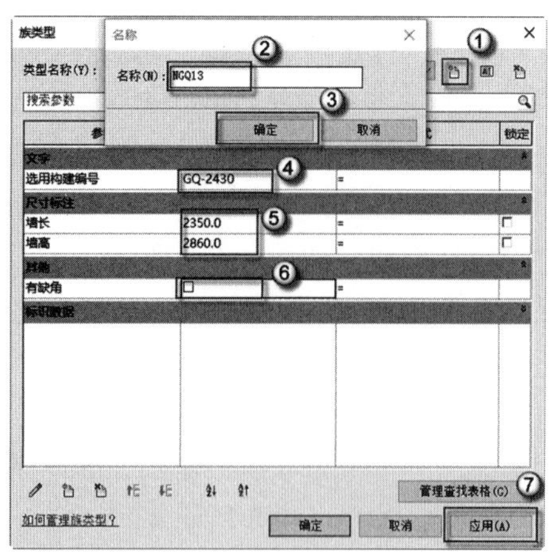

图 4.419　新建族类型 NGQ13

图 4.420　新建族类型 NGQ14

（13）保存族文件。选择 R | “另存为” | “族”命令，在弹出的“另存为”对话框中的“文件名”一栏中输入“GQ 无洞墙”，然后单击“保存”按钮，如图 4.422 所示。

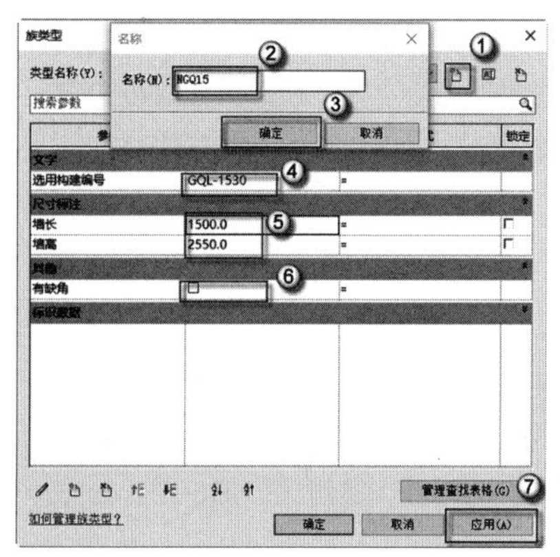

图 4.421　新建族类型 NGQ15

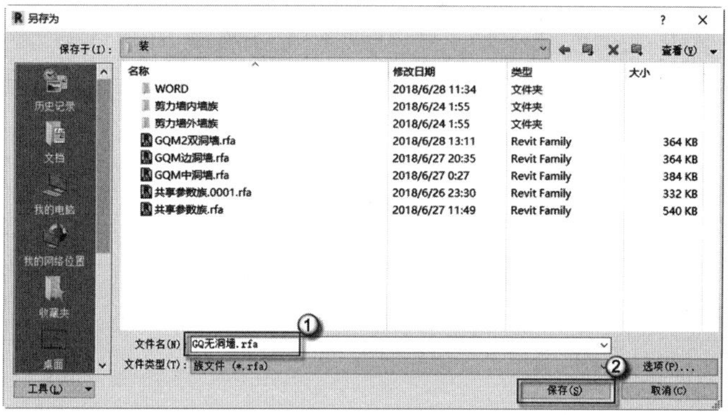

图 4.422　保存族文件

4.5　ALC 隔墙的族参数

在前面制作完成 ALC 隔墙的几何形式后，本节中主要介绍在无洞墙族中加入预埋金属件、钢筋、86 型间盒等。

4.5.1　插入钢筋

因为有一些内隔墙是无梁型内隔墙，为了在装配式建筑中保证内隔墙的整体性，需要加入钢筋。钢筋族在前面已经制作完成了，这里只需要插入族并放置到相应的位置即可，具体操作如下。

（1）Revit 的启动并打开族文件。双击桌面 Revit 图标，在弹出的 AUTODESK REVIT

对话框中选择“族”｜“打开”选项，在弹出的“打开”对话框中找到保存的“GQ 无洞墙”族文件，单击“打开”按钮，如图 4.423 所示。完成后如图 4.424 所示，可观察到已制作完成的隔墙部分，将在此基础上插入钢筋。

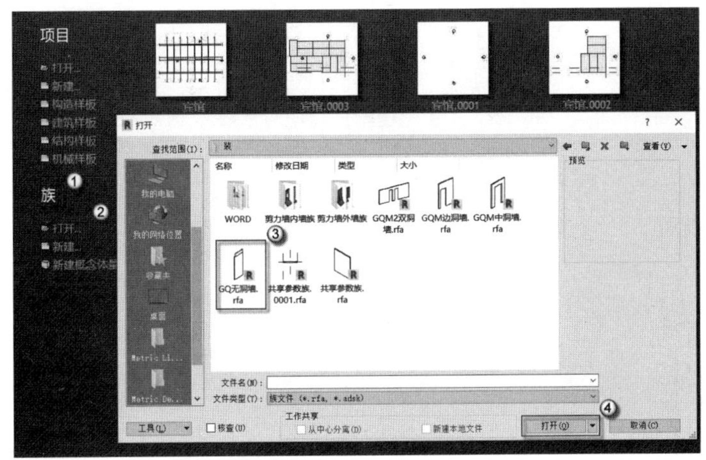

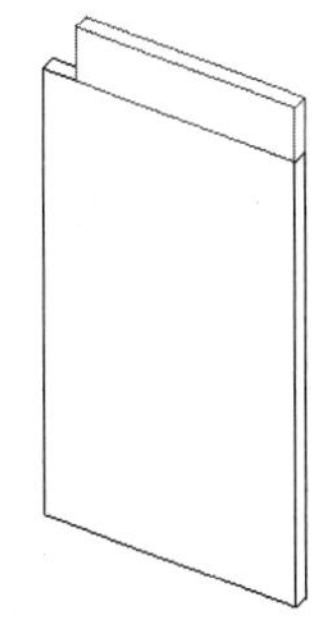

图 4.423　选择样板文件　　　　图 4.424　进入族文件

（2）插入嵌套族。选择菜单栏中的“插入”｜“载入族”命令，在弹出的“载入族”对话框中选中“插筋”“灌浆套筒”两个 RFA 族文件，单击“打开”按钮，将其载入，如图 4.425 所示。在族的编辑模式下再载入的族，被称为“嵌套族”。

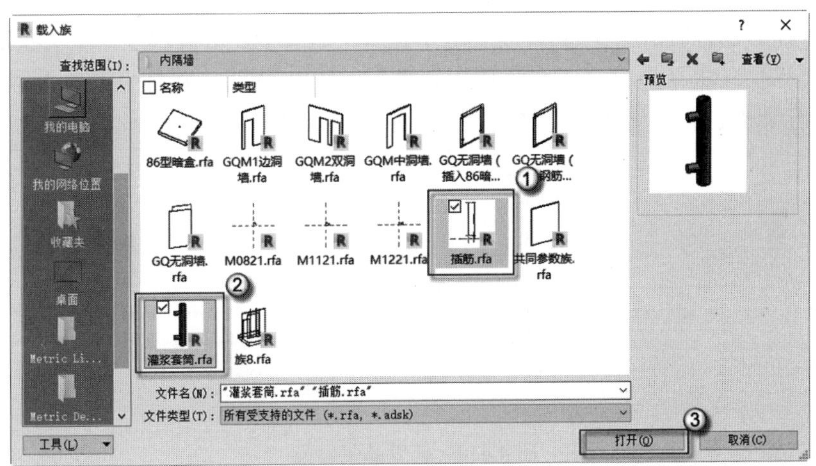

图 4.425　插入嵌套族

（3）绘制竖直向参照平面。在“项目浏览器”中选择“楼层平面”｜“参照标高”选项，进入平面视图，如图 4.426 所示。按 RP 快捷键，发出绘制参照平面命令，在偏移量一栏中输入 400，选中参照平面会出现捕捉点，单击该点竖直向下移动至如图 4.427 所示②的位置。选中刚画完的竖直参照平面，按 MM 快捷键，发出镜像命令，单击中心竖直参照平面完成镜像，完成后如图 4.428 所示。按 DI 快捷键，发出对齐尺寸标注命令，对刚绘制完成的参照平面与隔墙两侧参照平面进行对齐尺寸标注，此时出现开放的锁头，单击开放的锁头将其进入锁定状态，避免该尺寸随之后的操作而发生变化，完成后如图 4.429 所示。

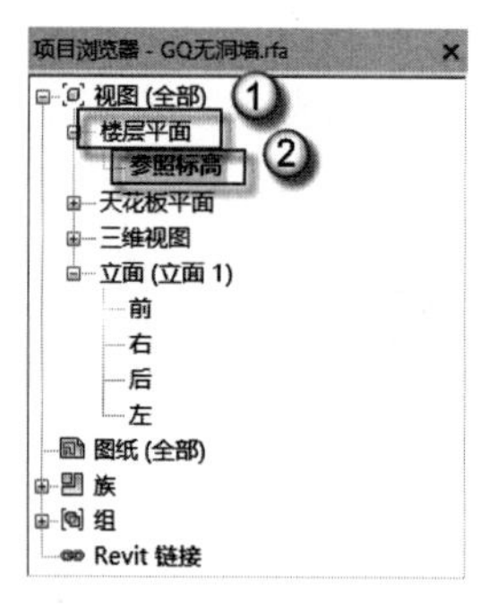

图 4.426　进入前立面视图

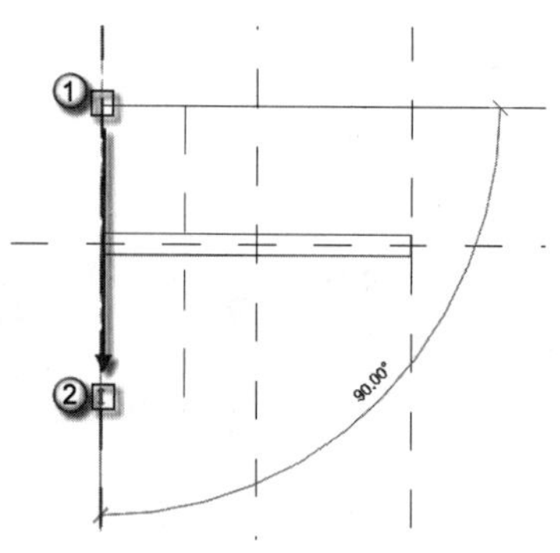

图 4.427　绘制竖直向参照平面

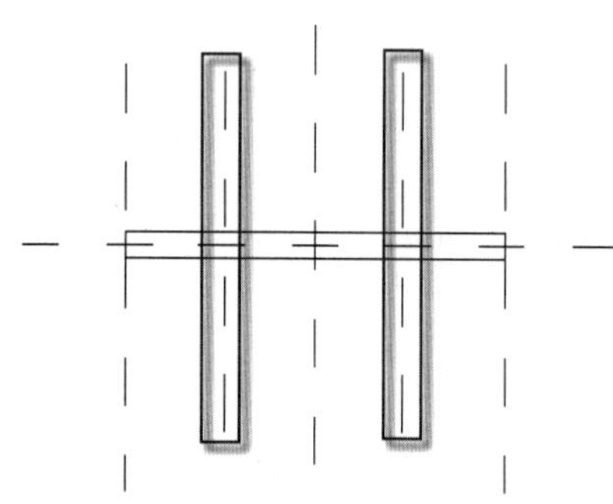

图 4.428　完成竖直向参照平面镜像

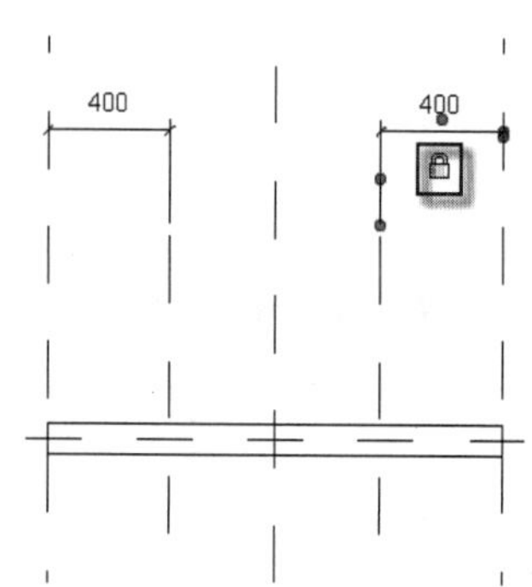

图 4.429　对齐尺寸标注并锁定

（4）插入灌浆套筒。在“项目浏览器”中选择“族”|“常规模型”|“灌浆套筒”|“ALC 灌浆套筒”，将其拖曳至无洞隔墙中，如图 4.430 所示。将拖曳至无洞隔墙的 ALC 灌浆套筒进行调整，将其置入，如图 4.431 所示。

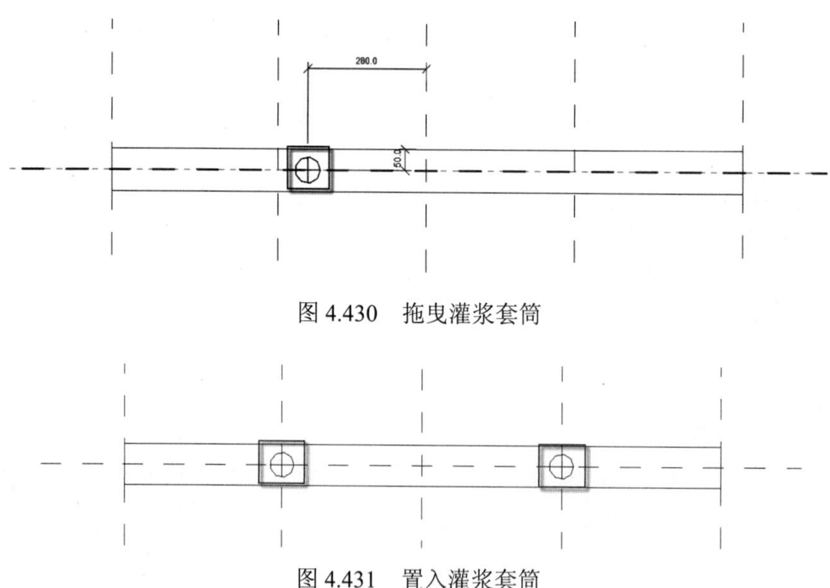

图 4.430　拖曳灌浆套筒

图 4.431　置入灌浆套筒

（5）检查三维视图。按 F4 键，发出三维视图命令，可以观察到无洞隔墙，如图 4.432 所示。选择视觉样式为“线框”，可以观察到已经置入的 ALC 灌浆套筒，发现置入的 ALC

灌浆套筒的进浆口与出浆口位置错误，完成后如图 4.433 所示。

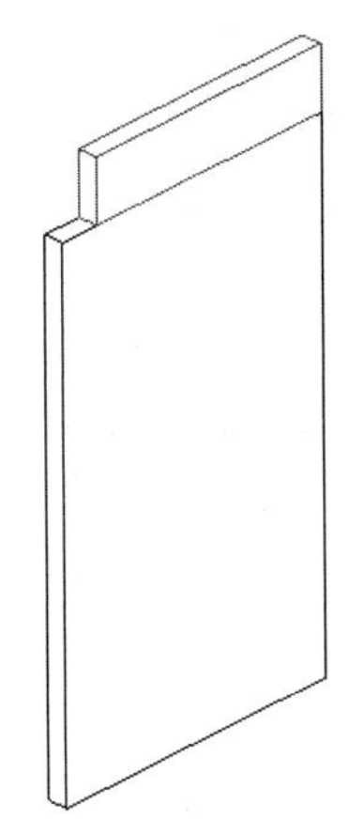

图 4.432　检查三维视图

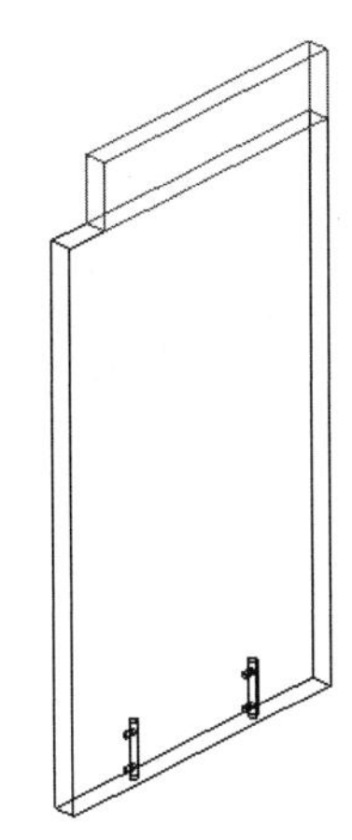
图 4.433　进入线框视觉样式

（6）修改灌浆套筒位置。在“项目浏览器”中选择“楼层平面”|“参照标高”选项，进入平面视图，如图 4.434 所示。选中之前置入的灌浆套筒，按 Delete 键删除。在“项目浏览器”中选择“族”|“常规模型”|“灌浆套筒”|“ALC 灌浆套筒”，将其拖曳至无洞隔墙中，如图 4.435 所示。按 Space 键切换两次方向，进行调整，将其置入，如图 4.436 所示。重复上述操作，完成另一侧灌浆套筒的置入，完成后如图 4.437 所示。

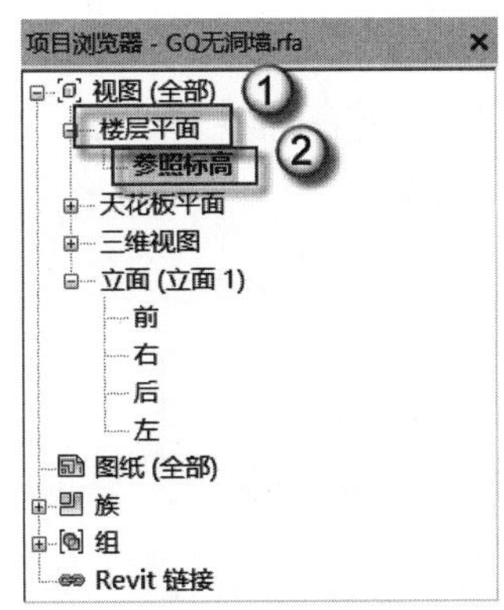

图 4.434　进入平面视图

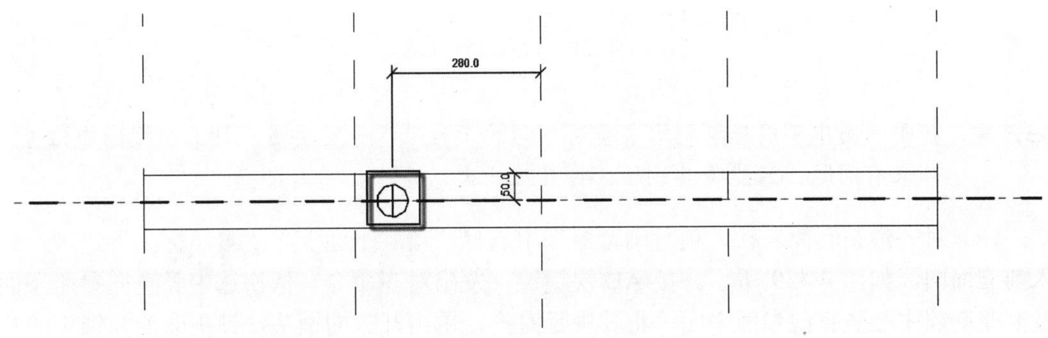

图 4.435　拖曳灌浆套筒

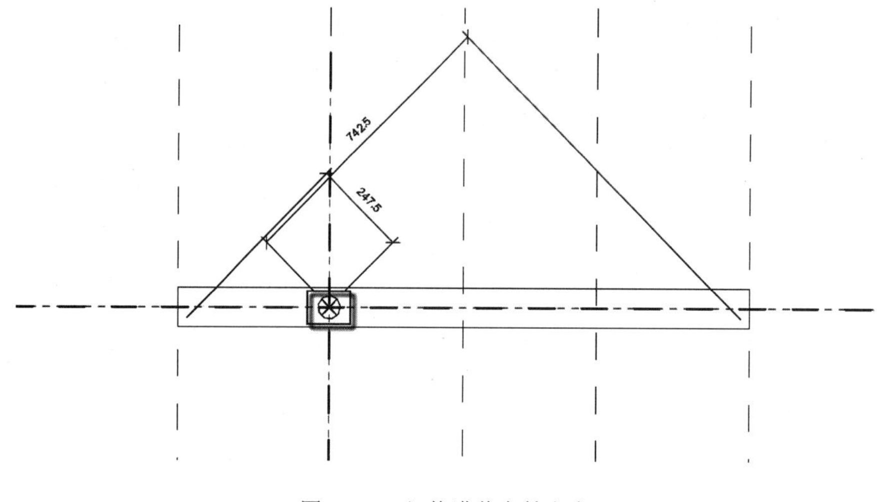

图 4.436　切换灌浆套筒方向

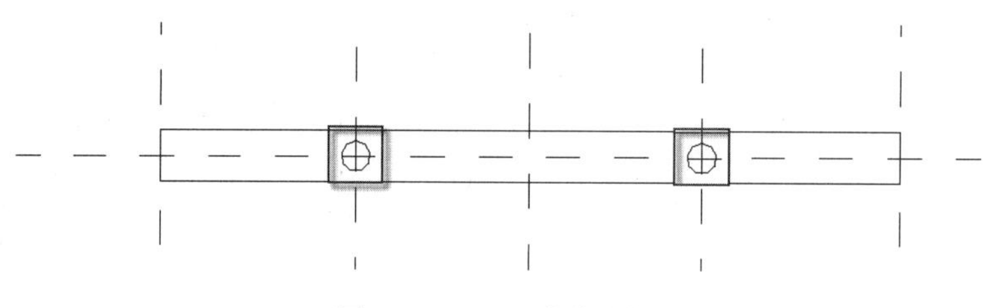

图 4.437　置入灌浆套筒

（7）检查三维视图。按 F4 键，发出三维视图命令，可以观察到已经置入的 ALC 灌浆套筒位置方向正确，如图 4.438 所示。

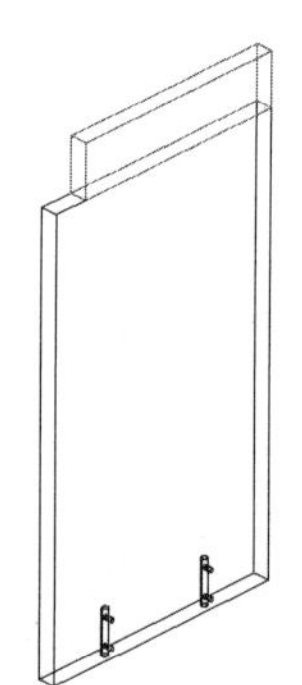

图 4.438　检查三维视图

注意： 在平面图中不能观察到灌浆套筒方向的正确性，一定要进入到三维视图中检查。如果有问题，只能将其删除，再置入一次。

（8）对齐灌浆套筒。在“项目浏览器”中选择“楼层平面”｜“参照标高”选项，进入前立面图，如图 4.439 所示。按 AL 快捷键，发出对齐命令，依次选中竖直向参照平面及灌浆套筒中心竖直向参照平面，将其进行对齐，单击开放的锁头，锁头会变为锁定的状态。如图 4.440 所示。按 AL 快捷键，发出对齐命令，依次选中水平向参照平面及灌浆套筒中心水平向参照平面，将其进行对齐，单击开放的锁头，锁头会变为锁定的状态。如图 4.441 所示。重复上述操作，将右侧已置入的灌浆套筒进行对齐，完成后如图 4.442 所示。

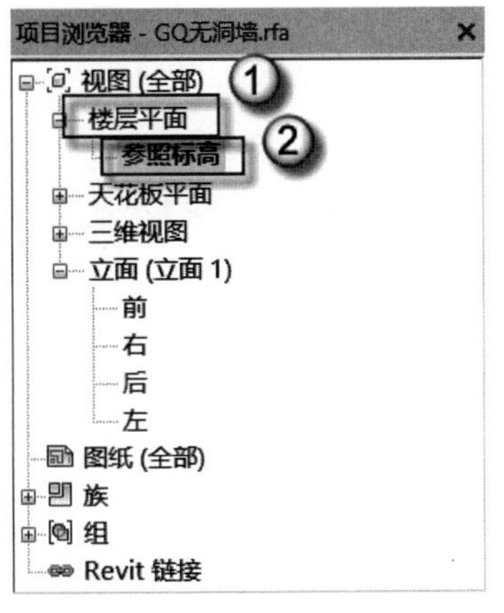

图 4.439　进入平面视图

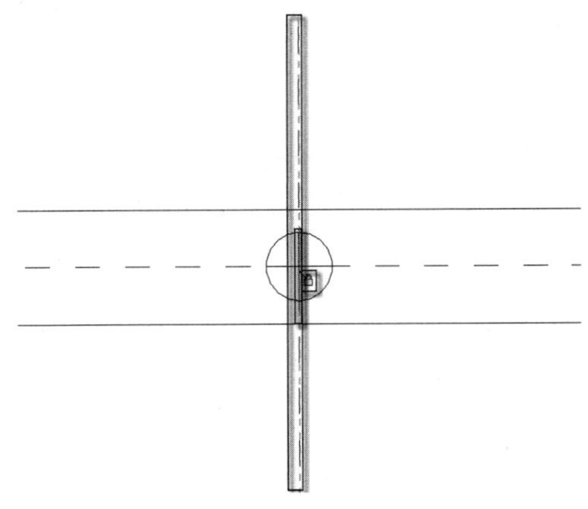

图 4.440　对齐并锁定竖直向参照平面

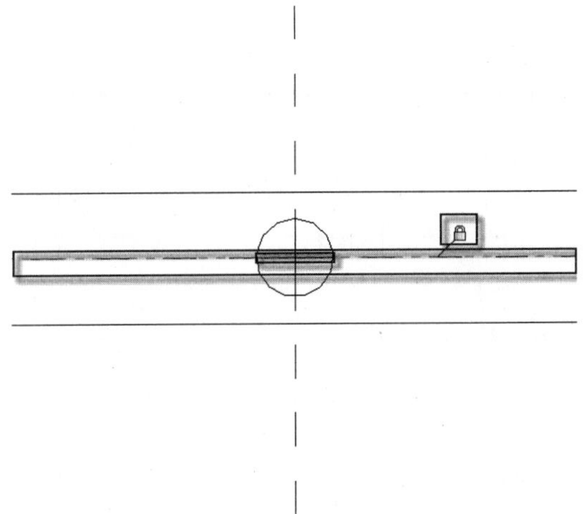

图 4.441　对齐并锁定水平向参照平面

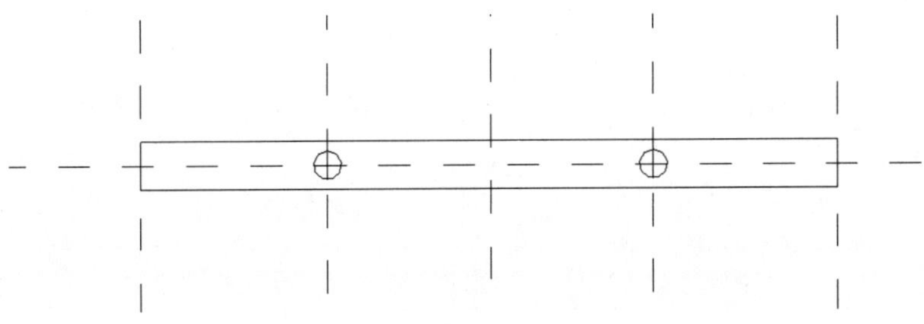

图 4.442　完成对灌浆套筒的调整

（9）插入插筋。在“项目浏览器”中选择“族”｜“常规模型”｜“插筋”｜“插筋 ”，将其拖曳至无洞隔墙中，如图 4.443 所示。将拖曳至无洞隔墙的插筋进行调整，将其置入，如图 4.444 所示。

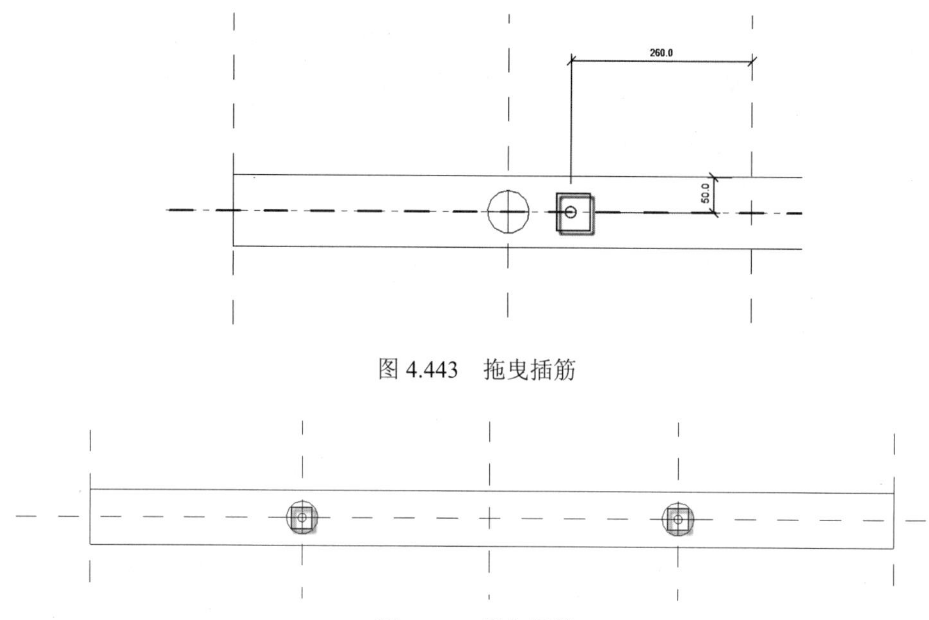

图 4.443　拖曳插筋

图 4.444　置入插筋

（10）调整插筋位置。按 AL 快捷键，发出对齐命令，依次选中竖直向参照平面及插筋中心竖直向参照平面，将其进行对齐，单击开放的锁头，锁头会变为锁定的状态。如图 4.445 所示。按 AL 快捷键，发出对齐命令，依次选中水平向参照平面及灌浆套筒中心水平向参照平面，将其进行对齐，单击开放的锁头，锁头会变为锁定的状态。如图 4.446 所示。重复上述操作，将右侧已置入的灌浆套筒进行对齐，完成后如图 4.447 所示。

（11）检查三维视图。按 F4 键，发出三维视图命令，可以观察到已经置入的 ALC 墙板的灌浆套筒与插筋，如图 4.448 所示。

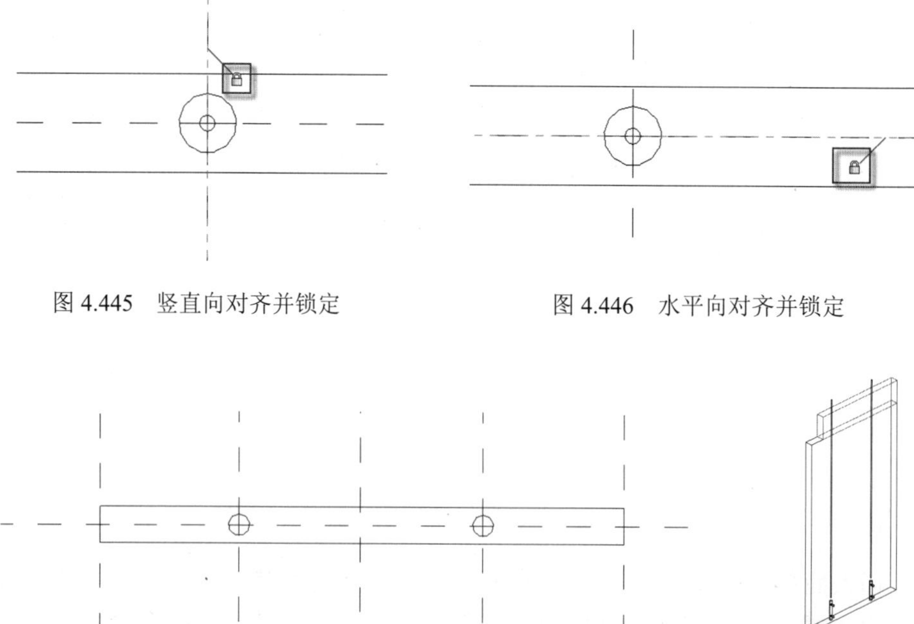

图 4.445　竖直向对齐并锁定

图 4.446　水平向对齐并锁定

图 4.447　完成对插筋的调整

图 4.448　检查三维视图

注意： 插筋→灌浆套筒→插筋→灌浆套筒→……这样的连接方法就是 ALC 墙板在垂直方向上的装配方式。

（12）关联族参数。选中刚置入的插筋，在“属性”面板中选择“编辑类型”按钮，弹出“类型属性”对话框。在“类型属性”对话框中单击“尺寸标注”中“⊄16 钢筋长度”后的□按钮，弹出“关联族参数”对话框。在对话框中单击“新建参数”按钮，弹出“参数类型”对话框。在“参数类型”下选中“共享参数”单选按钮，单击“选择”按钮，弹出“共享参数”对话框。在“共享参数”对话框中选择“参数组”下的“钢筋”参数组，“参数”下选择“⊄16 钢筋长度”参数，单击“确定”按钮。在“参数属性”对话框中单击“确定”按钮，在“关联族参数”对话框中单击“确定”按钮，如图 4.449 所示。

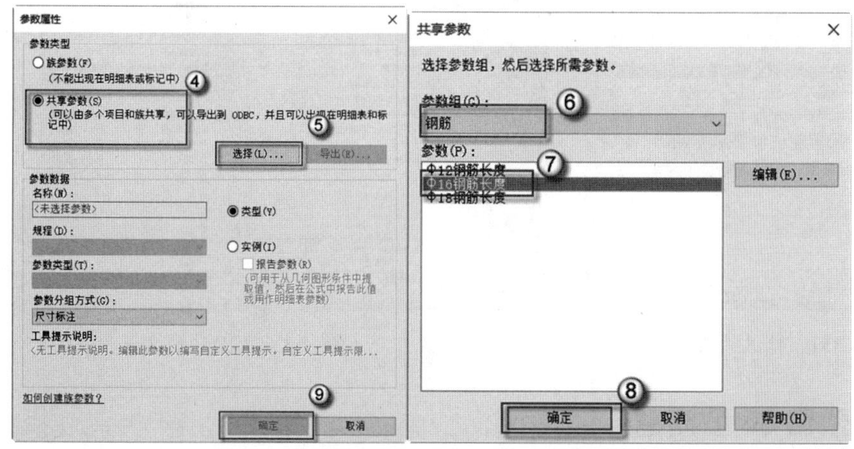

图 4.449　关联族参数

（13）关联族参数。选中刚置入的插筋，在“属性”面板中选择“编辑类型”按钮，弹出“类型属性”对话框。在“类型属性”对话框中单击“尺寸标注”中“钢筋距本层标高”后的□按钮，弹出“关联族参数”对话框。在对话框中单击“新建参数”按钮，弹出“参数类型”对话框。在“参数类型”下选中“族参数”单选按钮，在“参数数据”下“名称”一栏中输入“钢筋距本层标高”，单击“确定”按钮，在“关联族参数”对话框中单击“确定”按钮，如图 4.450 所示。

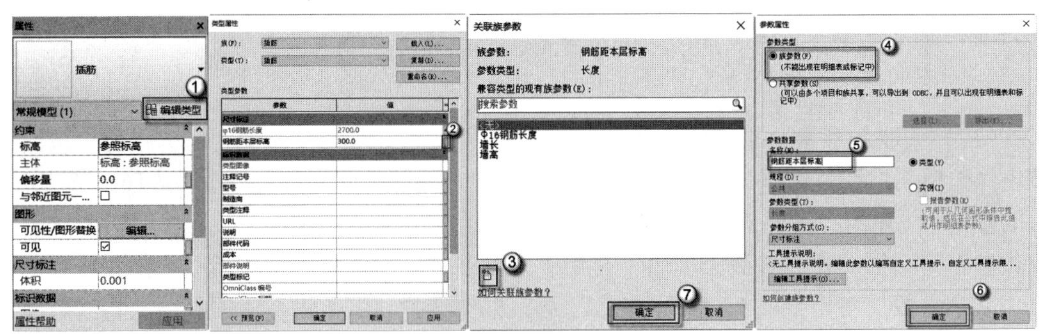

图 4.450　关联族参数

（14）修改族类型。选择菜单栏中的“属性”|“族类型”命令，弹出“族类型”对话框，在对话框中“尺寸标注”标签下的“⊄16 钢筋长度”一栏的文本框中输入 2974，“钢筋距本层标高”一栏的文本框中输入 136，单击“应用”按钮。完成后如图 4.451 所示。重复上述操作，将 NGQ11、NGQ12、NGQ13、NGQ14 四个族类型中的“尺寸标注”标签下的“⊄16 钢筋长度”一栏的数值皆修改为 2974，“钢筋距本层标高”一栏的数值皆修改为 136。

（15）保存族文件。选择 R |“另存为”|“族”命令，在弹出的“另存为”对话框中的“文件名”一栏中输入“GQ 无洞墙（插入钢筋）”，然后单击“保存”按钮，如图 4.452 所示。

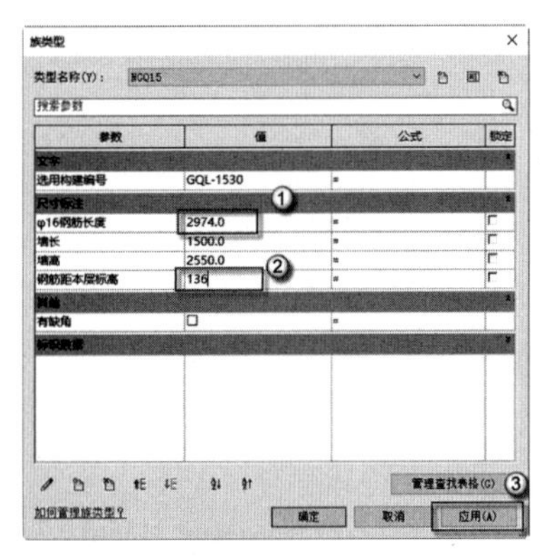

图 4.451　修改族类型

图 4.452　保存族文件

4.5.2　预留 86 型暗盒

86 型电气面板是因为单个面板尺寸为 86mm×86mm 而得名，有明装与暗装两种。暗装是在墙内预埋 86 型暗盒，然后在表面安装 86 型面板，其最大的优势就是不占墙外空间，因此在装配式建筑中经常采用这种安装方式。

（1）Revit 的启动并选择适合的族样板。双击桌面 Revit 图标，在弹出的 AUTODESK REVIT 对话框中选择“族”|“新建”选项，在弹出的“选择样板文件”对话框中选择“基于面的公制常规模型”族样板文件，单击“打开”按钮，如图 4.453 所示。完成后如图 4.454 所示，可看见一个作为基准面的方框，便于对齐 86 型暗盒的位置。

图 4.453　选择样板文件

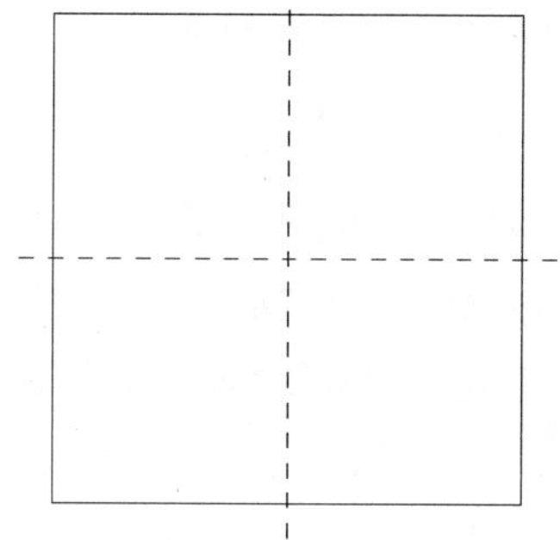

图 4.454　进入族样板

（2）绘制竖向参照平面。按 RP 快捷键，发出绘制参照平面命令，在偏移量一栏中输入 40，选中参照平面会出现捕捉点，单击该点竖直向下移动至如图 4.455 所示②的位置。选中刚画完的竖直参照平面，再按 MM 快捷键，发出镜像命令，单击原有的竖直参照平面完成镜像，完成后如图 4.456 所示。

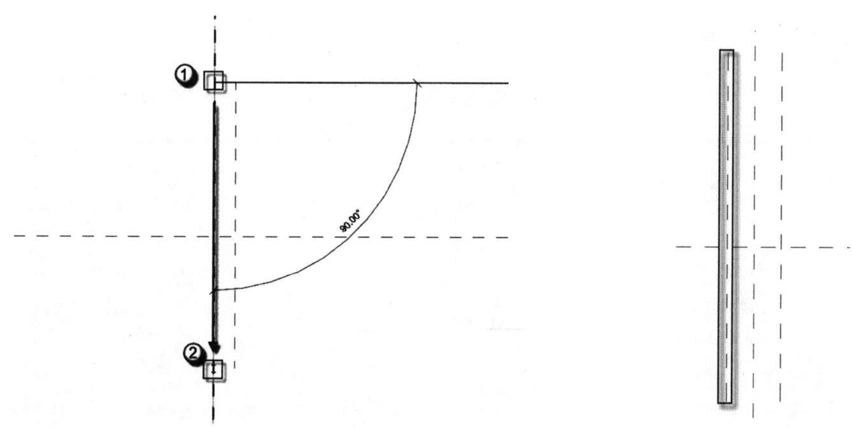

图 4.455　绘制竖直向参照平面

图 4.456　完成参照平面的镜像

（3）绘制水平参照平面。按 RP 快捷键，发出绘制参照平面命令，在偏移量一栏中输入 40，选中参照平面会出现捕捉点，单击该点水平向右移动至如图 4.457 所示②的位置。选中刚画完的水平参照平面，再按下 MM 快捷键，发出镜像命令，单击原有的水平参照平面完成镜像，完成后如图 4.458 所示。

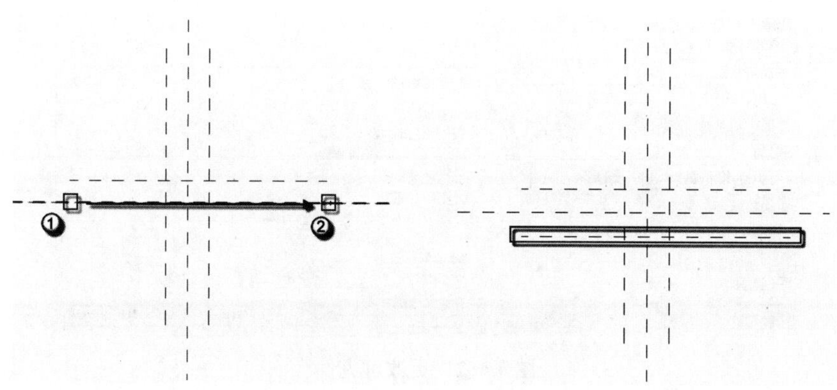

图 4.457　绘制水平向参照平面

图 4.458　完成参照平面的镜像

注意：86 型电气面板的尺寸是 86mm × 86mm，但是 86 型暗盒的尺寸是 80mm × 80mm × 46mm（长 × 宽 × 深）。

（4）绘制 86 型暗盒。选择菜单栏中的“创建”｜“拉伸”命令，进入创建拉伸界面。选择菜单栏中的“修改”｜“矩形”命令，通过拾取两个对角点（图中的①和②两个点）创建矩形，如图 4.459 所示。在“项目浏览器”中选择“立面”｜“前”选项，进入前立面图，如图 4.460 所示。在“属性”面板中的“拉伸终点”一栏中输入-45，“拉伸起点”一栏中输入 0，如图 4.461 所示。在“属性”面板中单击“可见性/图形替换”后的“编辑”按钮，弹出“族图元可见性设置”对话框。将“平面/天花板平面视图”复选框取消选中，单击“确定”按钮，如图 4.462 所示。在“属性”面板中单击“材质和装饰”标签下“材质”后的“<按类别>”按钮，弹出“材质浏览器”对话框。在其中选择“主视图”｜“ACE 材质”｜“塑料”｜“塑料”材质，复制“塑料”材质，重命名为“86 型暗盒”，单击 “材质浏览器”对话框中的“确定”按钮，如图 4.463 所示。操作完成后，单击 √ ｜ × 选项板中的 √ 按钮退出，如图 4.464 所示。

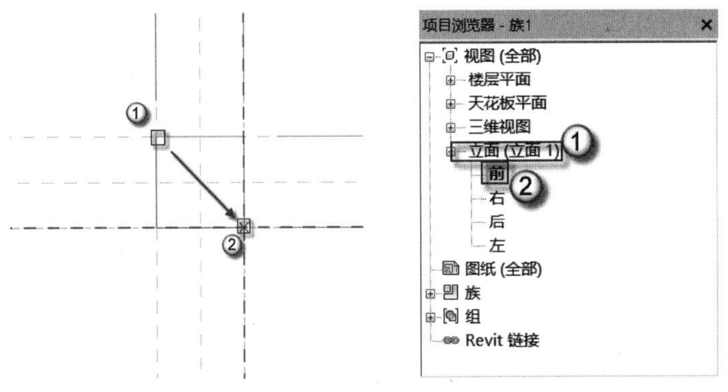

图 4.459　绘制 86 型暗盒

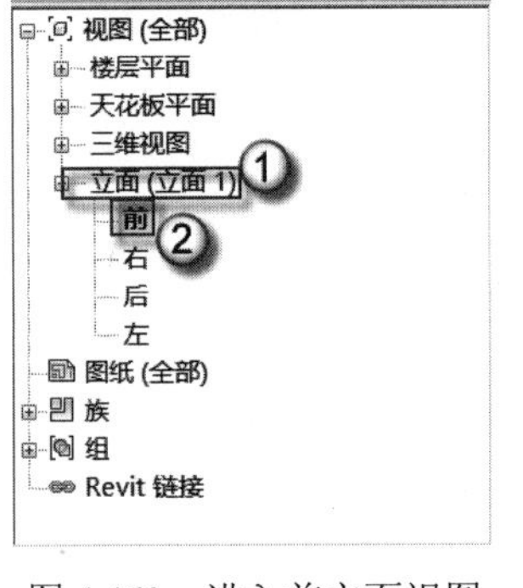

图 4.460　进入前立面视图

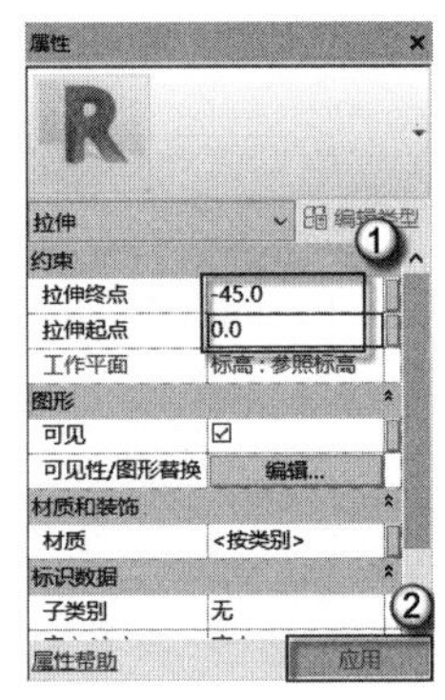

图 4.461　更改 86 型暗盒约束

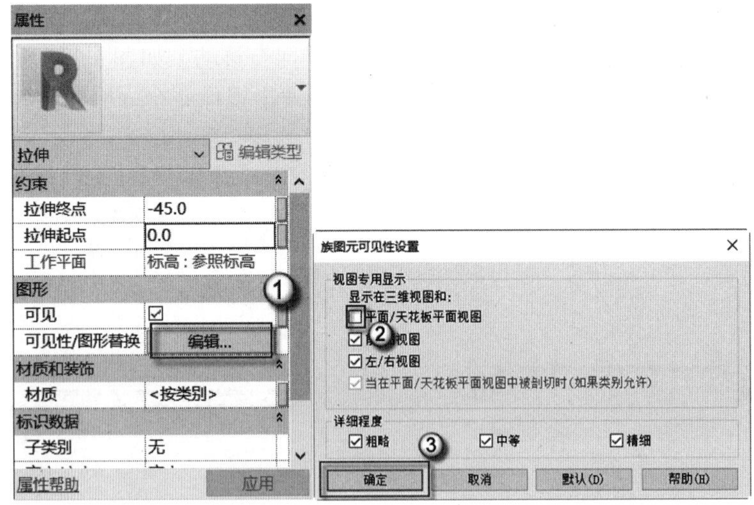

图 4.462　更改可见性

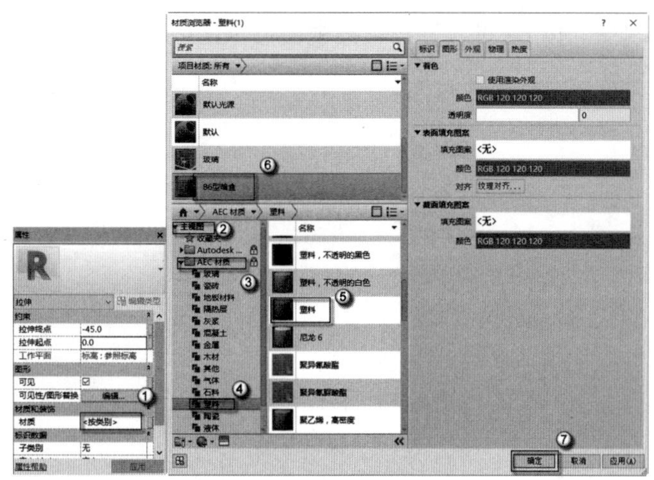

图 4.463　赋予 86 型暗盒材质

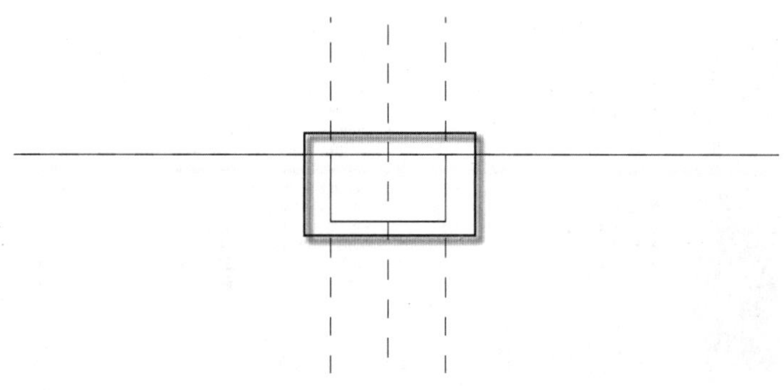

图 4.464　完成 86 型暗盒

（5）绘制符号线。在“项目浏览器”中选择“楼层平面”｜“参照标高”选项，进入平面视图。选择菜单栏中的“注释”｜“符号线”命令，进入放置符号线界面。选择菜单栏中的“绘制”｜“矩形”命令，“偏移量”一栏中输入 6，通过拾取两个对角点（图中的①和②两个点）创建矩形，如图 4.465 所示。选择菜单栏中的“绘制”｜“直线”命令，“偏移量”一栏中输入 0，通过拾取对角点（图中的①②③④4 个点）绘制符号线，如图 4.466 所示。

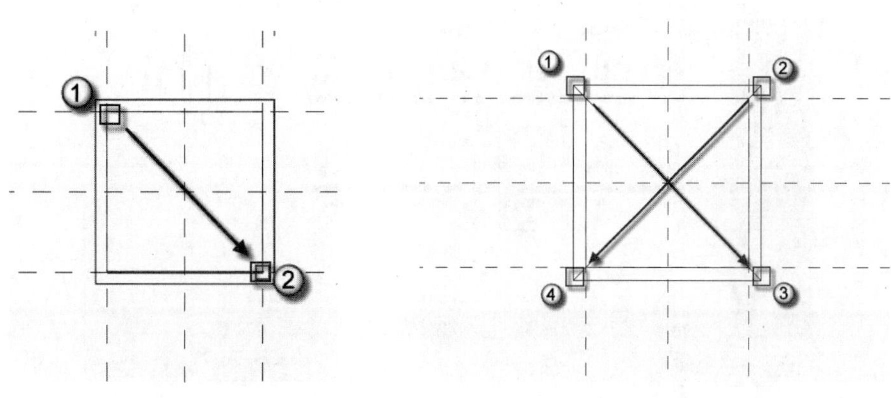

图 4.465　绘制矩形符号线　　　图 4.466　绘制直线符号线

（6）检查三维视图。按 F4 键，发出三维视图命令，可以观察到已经绘制完成的 86 型暗盒，如图 4.467 所示。

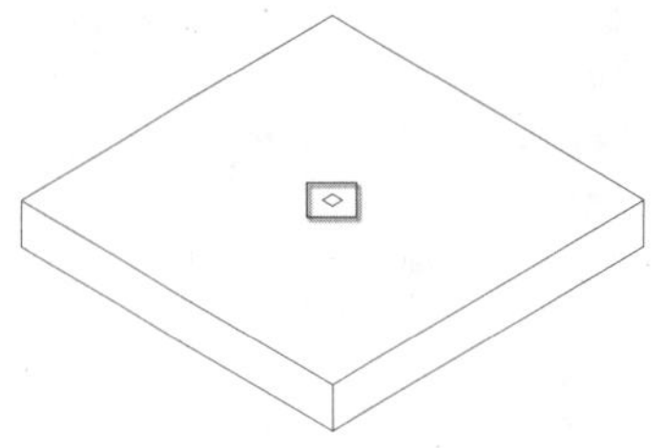

图 4.467　检查三维视图

（7）保存族文件。选择 R｜“另存为”｜“族”命令，在弹出的“另存为”对话框中的“文件名”一栏中输入“86 型暗盒”，然后单击“保存”按钮，如图 4.468 所示。

图 4.468　保存族文件

（8）Revit 的启动并打开族文件。双击桌面 Revit 图标，在弹出的 AUTODESK REVIT 对话框中选择“族”｜“打开”选项，在弹出的“打开”对话框中找到保存的“GQ 无洞墙（插入钢筋）”族文件，单击“打开”按钮，如图 4.469 所示。完成后如图 4.470 所示，可观察到已制作完成并插入灌浆套筒与钢筋的隔墙部分，将在此基础上插入 86 型暗盒。

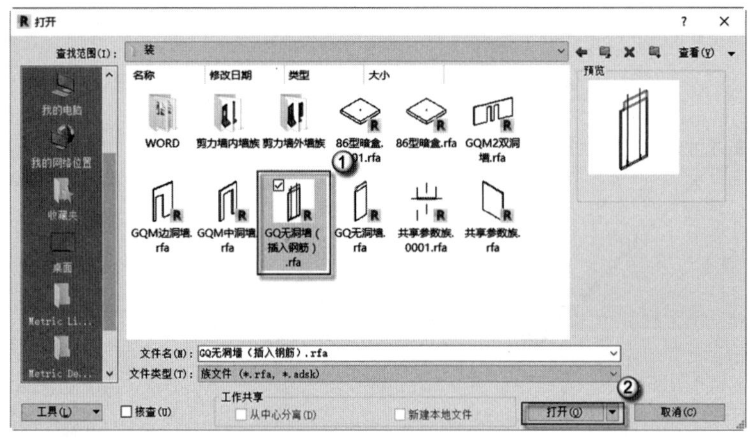

图 4.469　选择族文件

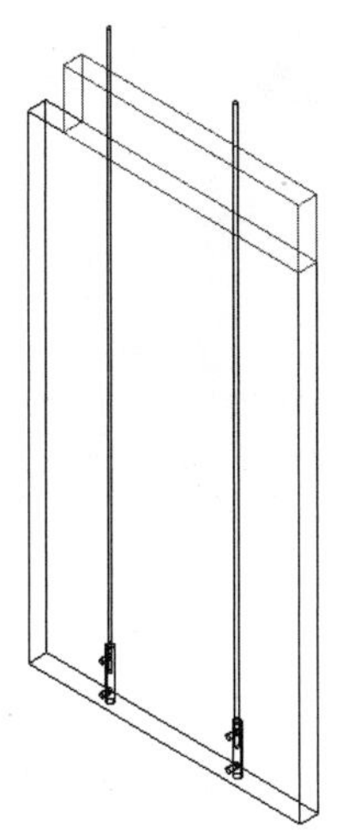

图 4.470　进入族文件

（9）插入嵌套族。选择菜单栏中的“插入”|“载入族”命令，在弹出的“载入族”对话框中选择“86 型暗盒”这个 RFA 族文件，单击“打开”按钮，将其载入，如图 4.471 所示。在族的编辑模式下再载入的族，被称为“嵌套族”。

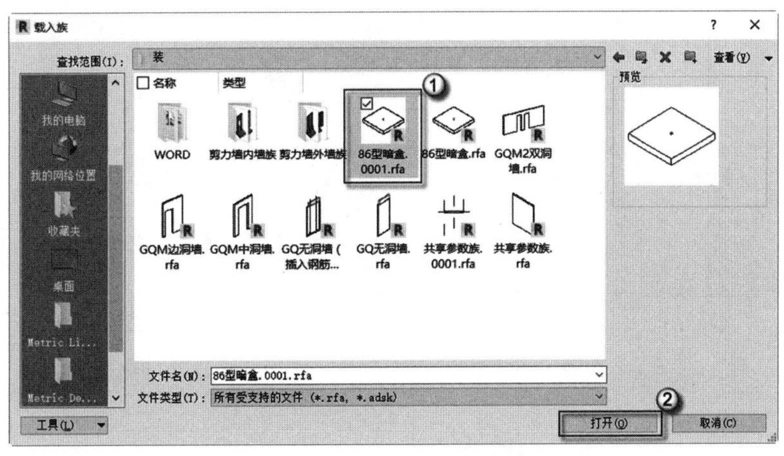

图 4.471　插入嵌套族

（10）绘制竖直向参照平面。在“项目浏览器”中选择“立面”|“前”选项，进入平面视图，如图 4.472 所示。按 RP 快捷键，发出绘制参照平面命令，在偏移量一栏中输入 300，选中参照平面会出现捕捉点，单击该点竖直向下移动至如图 4.473 所示②的位置。选中刚画完的竖直参照平面，按 MM 快捷键，发出镜像命令，单击中心竖直参照平面完成镜像，完成后如图 4.474 所示。按 DI 快捷键，发出对齐尺寸标注命令，对刚绘制完成的参照平面与隔墙左侧参照平面进行对齐尺寸标注，选中刚操作完成的标注，选择菜单栏中的“修改”|“标签尺寸标注”|“创建参数”命令，弹出“参数属性”对话框，选择“族参数”选项，在“参数数据“下“名称”一栏中输入 L1，选中“实例”单选按钮，单击“确定”按钮，完成后如图 4.475 所示。重复上述过程，将右侧进行对齐尺寸标注并创建参数，在“参数属性”对话框中参数数据下“名称”一栏中输入 R1，完成后如图 4.476 所示。

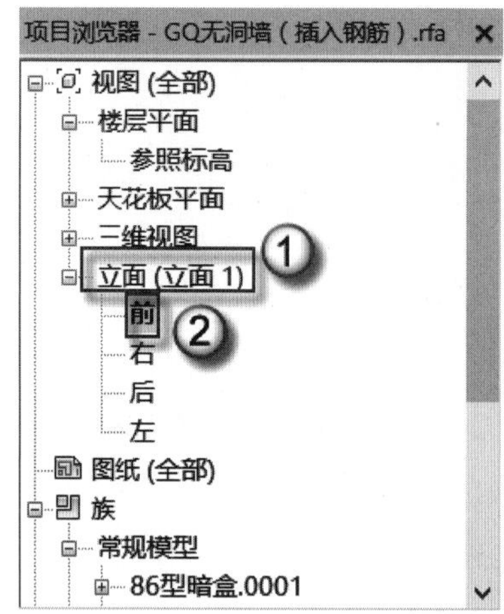

图 4.472　进入前立面视图

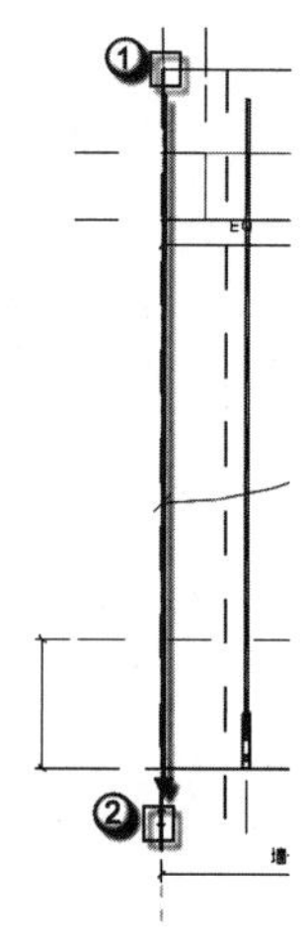

图 4.473　绘制竖直向参照平面

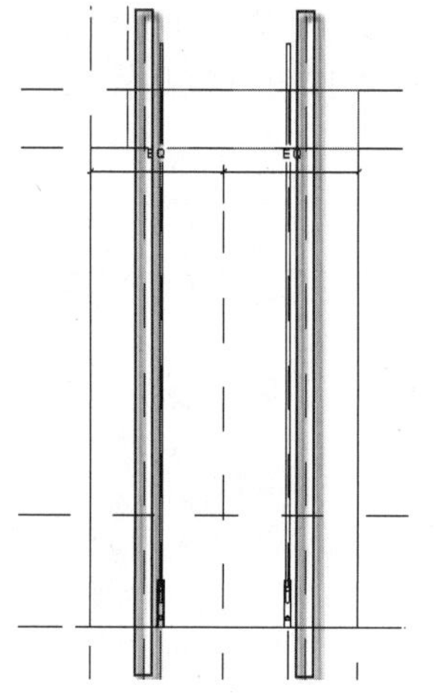

图 4.474　完成参照平面的镜像

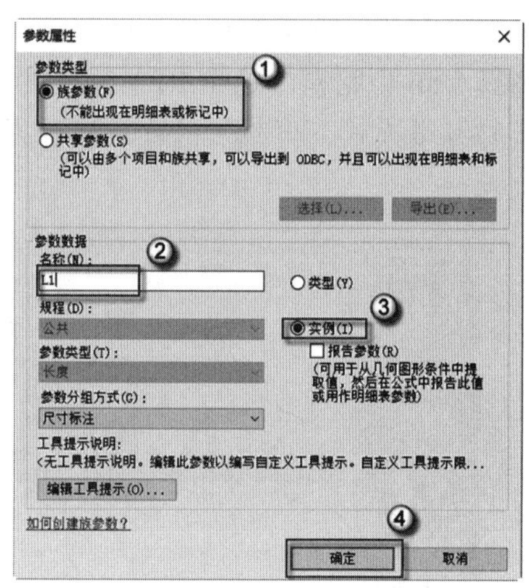

图 4.475　创建参数

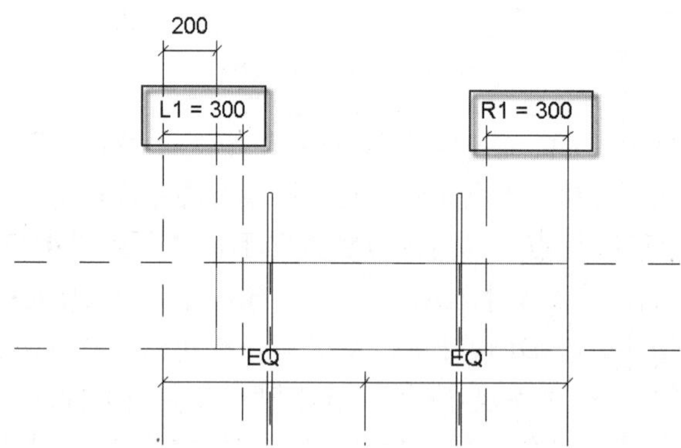

图 4.476　完成尺寸标注及关联参数

注意：因为每一个房间的功能不一样，所以 ALC 墙板预埋 86 型暗盒的位置、个数都不一致。在族中设置参数时就应当选中“实例”单选按钮。

（11）绘制水平参照平面。按 RP 快捷键，发出绘制参照平面命令，在偏移量一栏中输入 600，选中参照平面会出现捕捉点，单击该点水平向右移动至如图 4.477 所示②的位置。按 DI 快捷键，发出对齐尺寸标注命令，对刚绘制完成的参照平面与隔墙水平向参照平面进行对齐尺寸标注，选中刚操作完成的标注，选择菜单栏中的“修改”|“标签尺寸标注”|“创建参数”命令，弹出“参数属性”对话框，选中“实例”单选按钮，单击“确定”按钮，完成后如图 4.478 所示。完成后如图 4.479 所示。

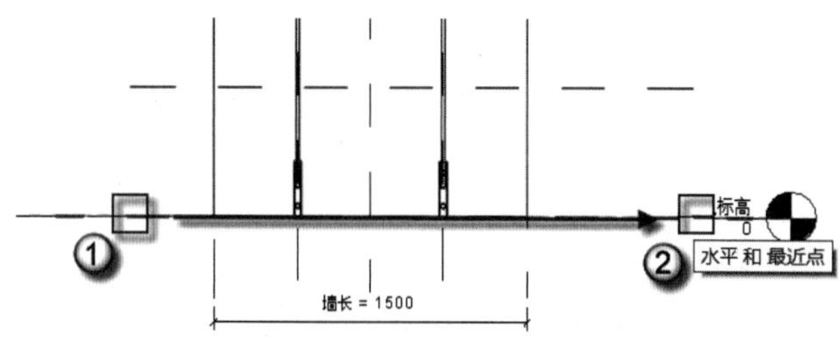

图 4.477　绘制水平向参照平面

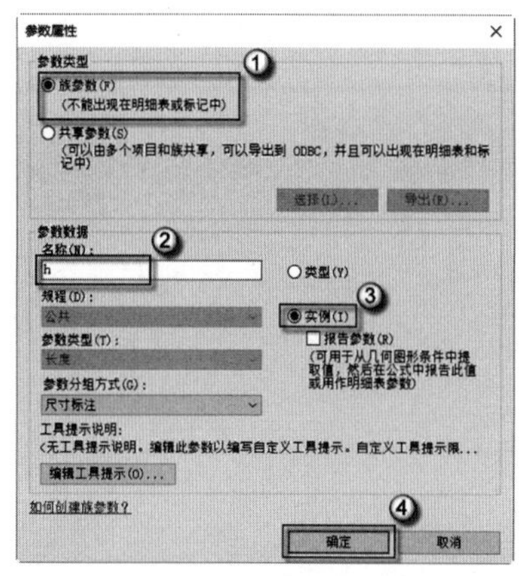

图 4.478　创建参数

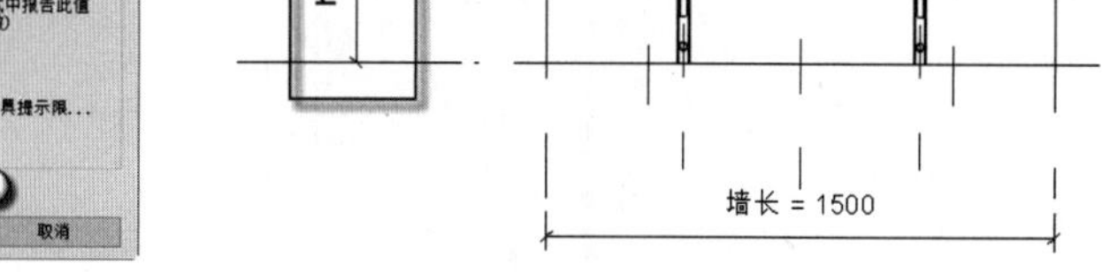

图 4.479　完成尺寸标注及关联参数

（12）插入 86 型暗盒。在“项目浏览器”中选择“族”|“常规模型”|“86 型暗盒”|“86 型暗盒”，将其拖曳至无洞隔墙中，将其置入，如图 4.480 所示。

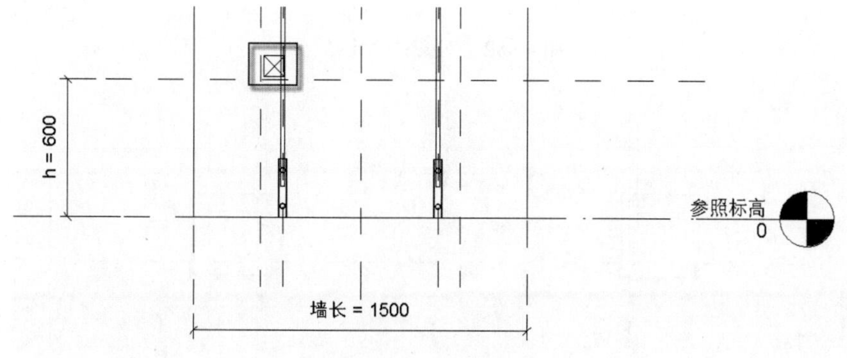

图 4.480　置入 86 型暗盒

（13）调整 86 型暗盒位置。按 AL 快捷键，发出对齐命令，依次选中水平向参照平面及 86 型暗盒下方水平向参照平面，将其进行对齐，单击开放的锁头，锁头会变为锁定的状态。如图 4.481 所示。按 AL 快捷键，发出对齐命令，依次选中竖直向参照平面及 86 型暗盒左侧竖直向向参照平面，将其进行对齐，单击开放的锁头，锁头会变为锁定的状态。如图 4.482 所示。重复上述操作，将右侧的 86 型暗盒进行置入并进行对齐锁定，完成后如图 4.483 所示。

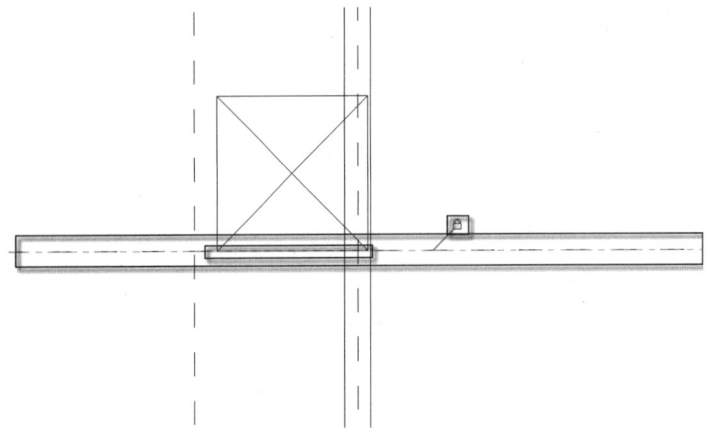

图 4.481　对齐并锁定

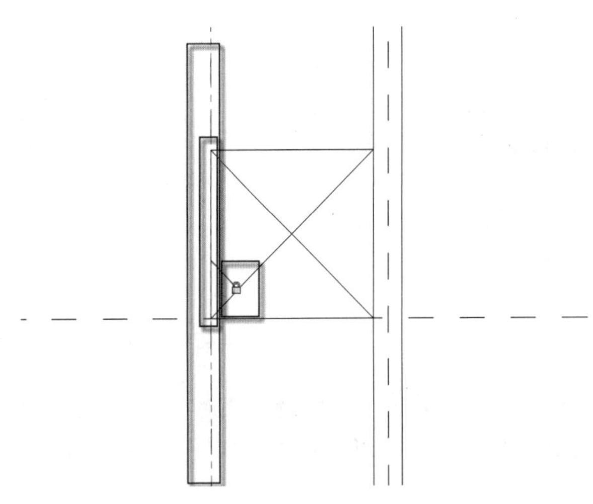

图 4.482　对齐并锁定

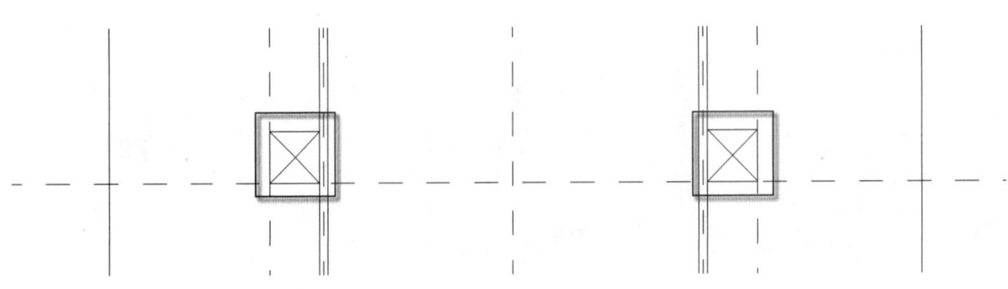

图 4.483　完成两侧 86 型暗盒对齐并锁定

（14）关联族参数。选中左侧的 86 型暗盒，在“属性”面板中选择“可见”一栏后的□按钮，弹出“关联族参数”对话框。在“关联族参数”对话框中单击“新建参数”按钮，弹出“参数类型”对话框。在“参数类型”下选中“族参数”单选按钮，在“参数数据”下“名称”一栏中输入“左侧 86 型暗盒”，单击“确定”按钮，在“关联参数”对话框中单击“确定”按钮，如图 4.484 所示。重复上述操作，对右侧的 86 型暗盒进行参数关联，在“参数数据”下“名称”一栏中输入“右侧 86 型暗盒”，如图 4.485 所示。

图 4.484　关联族参数

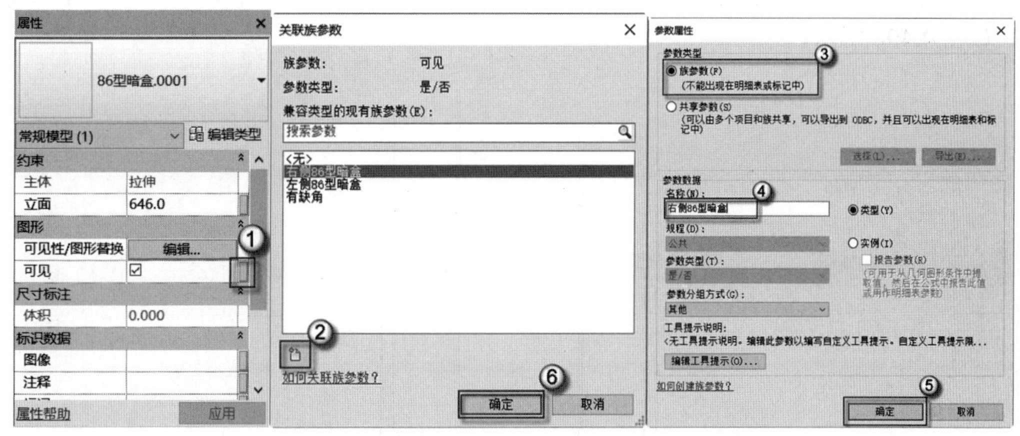

图 4.485　关联族参数

（15）增加 86 型暗盒数量。选中左侧 86 型暗盒，按 AR 快捷键，发出阵列命令，单击该点水平向右移动至如图 4.486 所示②的位置，完成阵列命令。选中刚阵列完成的 86 型暗盒，上方出现一条直线，将这条直线选中，如图 4.487 所示。在菜单栏的“标签”一栏中由“无”切换至“添加参数”，弹出“参数属性”对话框。在“参数类型”下选中“族参数”单选按钮，在“参数数据”下“名称”一栏中输入“左侧 86 型暗盒数量”，选中“实例”单选按钮，单击“确定”按钮，在“关联参数”对话框中单击“确定”按钮，如图 4.488 所示。重复上述操作，对右侧的 86 型暗盒添加数量参数，完成后如图 4.489 所示。

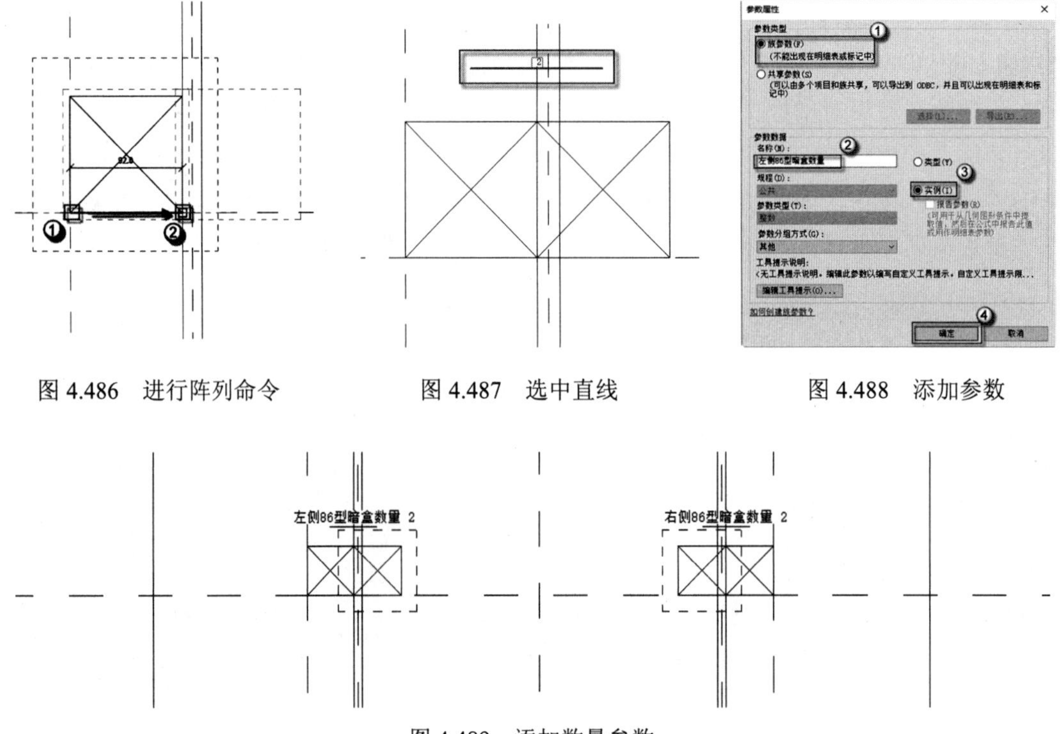

图 4.486　进行阵列命令　　图 4.487　选中直线　　图 4.488　添加参数

图 4.489　添加数量参数

（16）检查三维视图。按 F4 键，发出三维视图命令，可以观察到已经置入的 86 型暗盒，如图 4.490 所示。

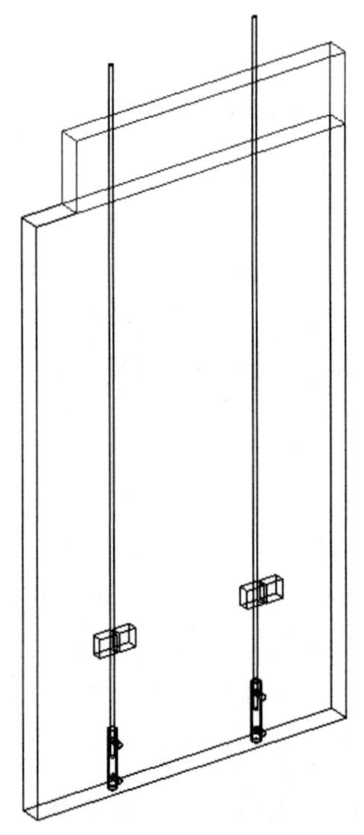

图 4.490　检查三维视图

（17）保存族文件。选择 R |“另存为”|“族”命令，在弹出的“另存为”对话框中的“文件名”一栏中输入“GQ 无洞墙（插入 86 暗盒）”，然后单击“保存”按钮，如图 4.491 所示。

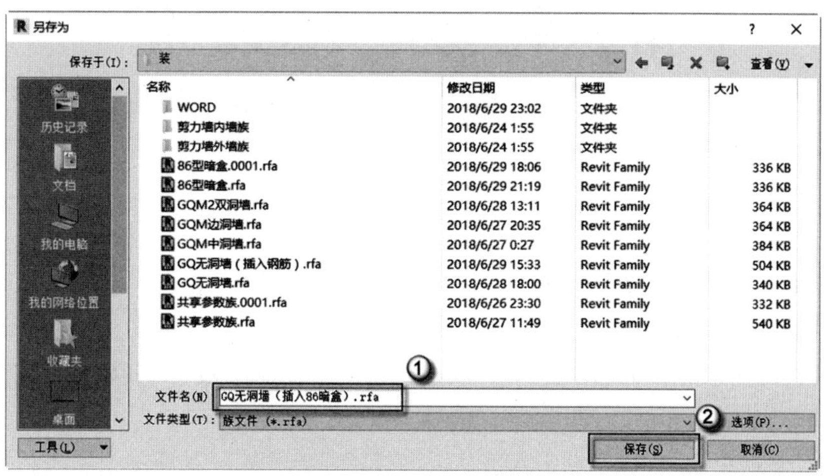

图 4.491　保存族文件

第 5 章　整 体 卫 浴

（教学视频：2 小时 6 分钟）

在 1964 年日本东京举办的第十八届夏季奥运会上，为了保证奥运村的运动员公寓能高质量、快速度地营造完成，日本建筑师发明了可以直接进行装配的整体卫浴设施，并一直沿用至今。现在，日本 90%以上的 SI 式建筑皆采用了整体卫浴，其建筑形式有住宅、医院、酒店等。

我国于 20 世纪 90 年代初期引入整体卫浴技术，一开始只是应用于船舶和快装房等工业类产品上。随着建筑技术的提升和建筑工业化要求的提高，以及国家装配式建筑政策的推出，整体卫浴已经开始进入常见的民用建筑中。

5.1　围 合 设 计

整体卫浴的概念是把卫生间的空间都密封了，从整体上把握美感。作为家庭中最为私密的卫浴空间，最忌讳因为单项卫浴产品互相拼凑而导致与整体环境格格不入。整体卫浴从整体这个角度上很好地解决了这个常见的卫浴装置不协调的问题。

其整体的围合性，采用的一次性成型防水底盘可避免卫生间的渗漏隐患。整体卫浴与建筑主体构架分开设置，可实现良好的负重支撑。

5.1.1　卫浴框架的设计

整体卫浴采用主体建筑之外的单独框架系统，其可以直接进行吊装装配，减少了施工周期。具体设计方法如下。

（1）Revit 的启动并选择适合的族样板。双击桌面 Revit 图标，在弹出的 AUTODESK REVIT 对话框中选择“族”|“新建”选项，在弹出的“选择样板文件”对话框中选择“基于面的公制常规模型”族样板文件，单击“打开”按钮，如图 5.1 所示。进入族操作界面后，可以观察到屏幕中有一个方框，如图 5.2 所示。这个方框就是“基于面的公制常规模型”的那个“面”。后面会将制作好的整体卫浴插入到项目中，插入项目中的基准面同样就是这个“面”。

（2）绘制竖直向参照平面。按 RP 快捷键，发出“参照平面”命令，在偏移量一栏中输入 1200，捕捉屏幕中心原来的竖直向参照平面，从上至下进行绘制，可以观察到在其右侧会出现一个新的参照平面，距离为刚才设置的 1200 个单位，如图 5.3 所示。再次捕捉屏幕中心原来的竖直向参照平面，从下至上进行绘制，可以观察到在其左侧会出现一个新的参照平面，距离为刚才设置的 1200 个单位，如图 5.4 所示。完成后可以发现在竖直向参照平面的左右两侧，各有一条间距为 1200 个单位的参照平面，如图 5.5 所示。

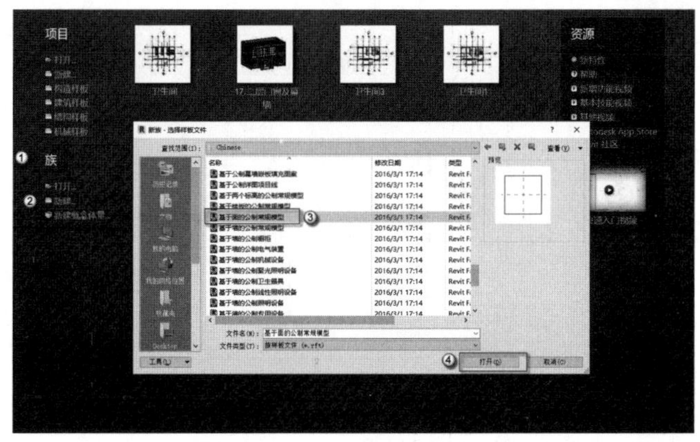

图 5.1　选择样板文件

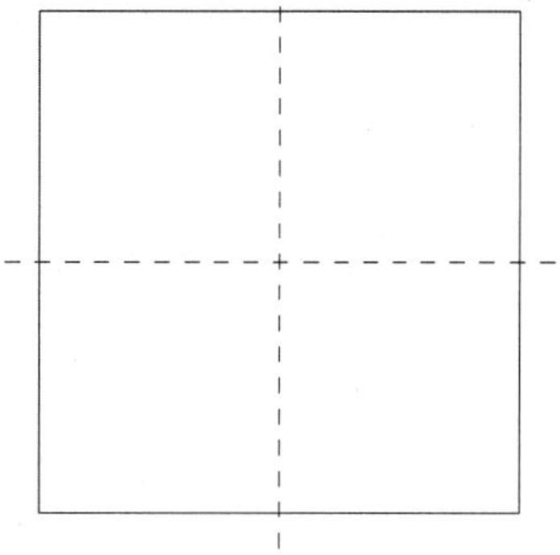

图 5.2　进入族样板

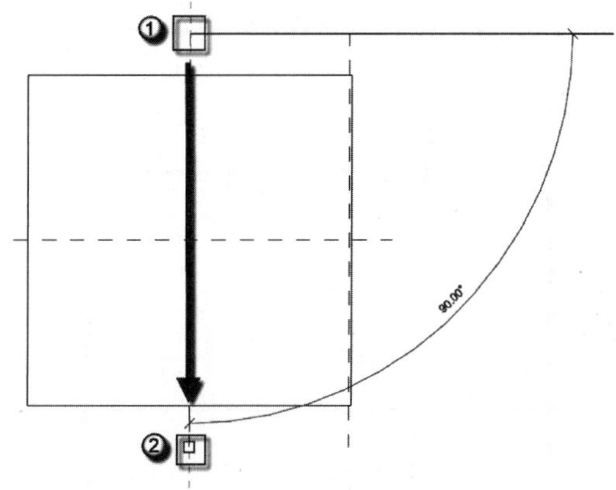

图 5.3　绘制右侧的参照平面

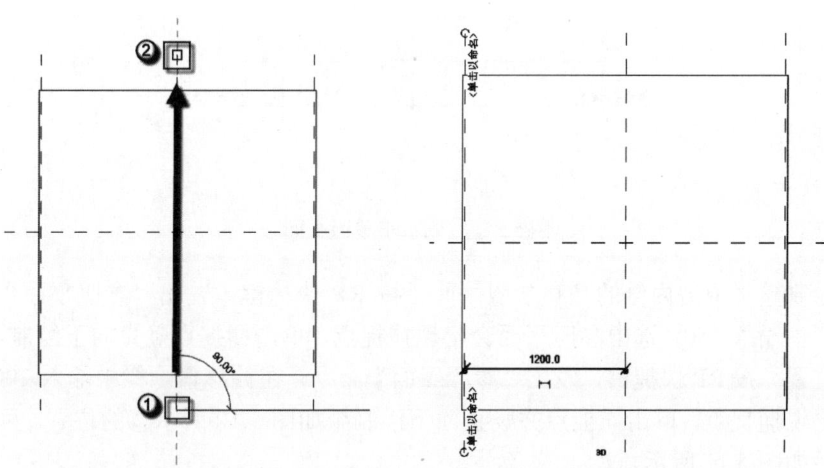

图 5.4　绘制左侧的参照平面　　图 5.5　完成竖直向参照平面

（3）绘制水平参照平面。按 RP 快捷键，发出“参照平面”命令，在偏移量一栏中输入 1500，选中参照平面会出现捕捉点，移动捕捉点水平向右至如图 5.6 所示②的位置。按上述过程再次绘制参照平面，如图 5.7 所示，完成后如图 5.8 所示。

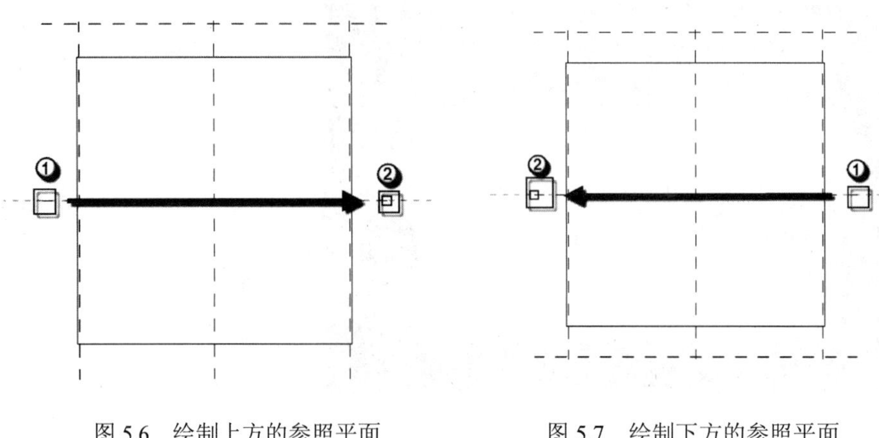

图 5.6　绘制上方的参照平面　　图 5.7　绘制下方的参照平面

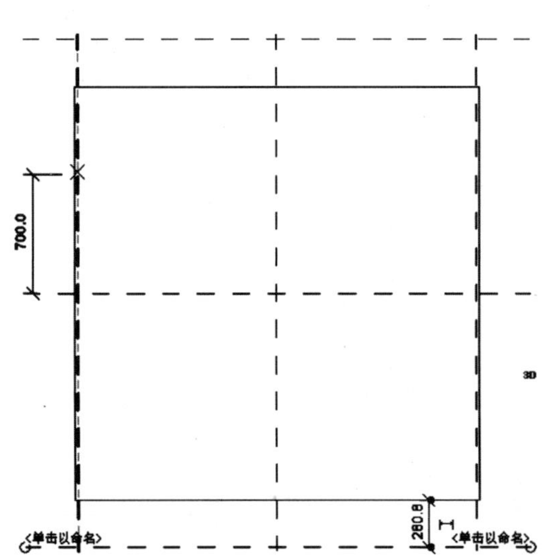

图 5.8　完成水平参照平面

（4）绘制整体卫浴内侧的竖直参照平面。按 RP 快捷键，发出“参照平面”命令，在偏移量一栏中输入 150，选中参照平面会出现捕捉点，单击捕捉点竖直向下绘制至如图 5.9 所示②的位置。按 RP 快捷键，发出“参照平面”命令，在偏移量一栏中输入 200，选中参照平面会出现捕捉点，单击捕捉点并竖直向下绘制至如图 5.10 所示②的位置。竖直向参照平面完成后如图 5.11 所示。

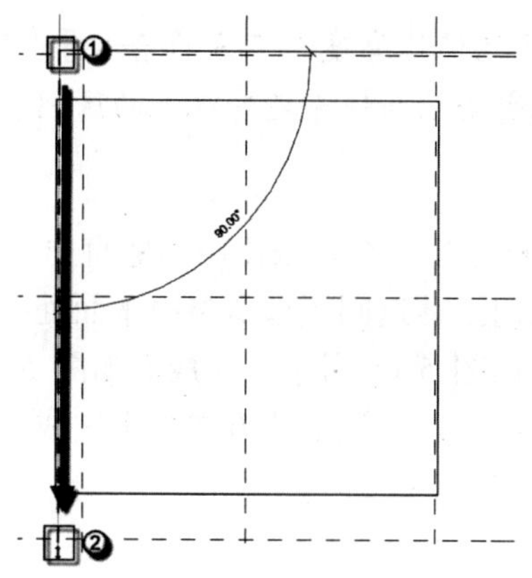

图 5.9　绘制竖直向左侧的参照平面

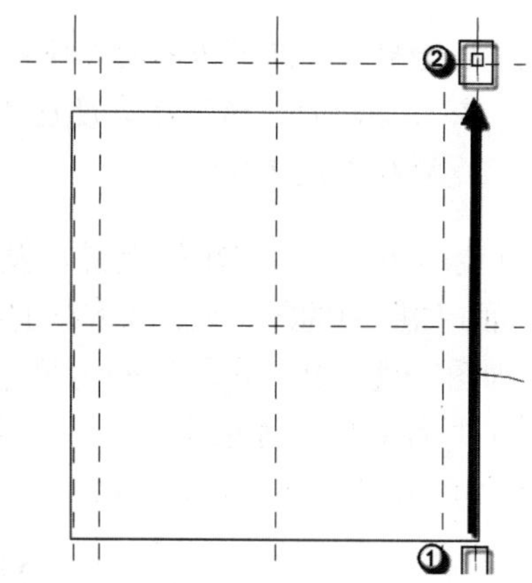

图 5.10　绘制竖直向右侧的参照平面

（5）绘制整体卫浴内侧的水平参照平面。按 RP 快捷键，发出“参照平面”命令，在偏移量一栏中输入 150，选中参照平面会出现捕捉点，单击该点水平向左绘制至如图 5.12 所示②的位置。按 RP 快捷键，发出“参照平面”命令，在偏移量一栏中输入 200，选中参照平面会出现捕捉点，单击该点水平向右绘制至如图 5.13 所示②的位置。水平向参照平面完成后如图 5.14 所示。

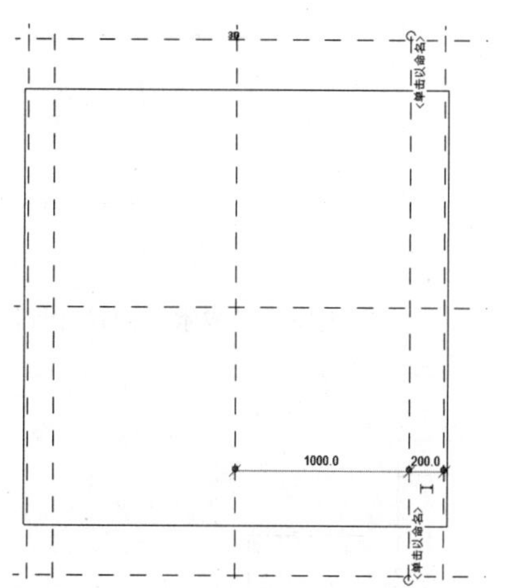

图 5.11　完成竖直向参照平面绘制

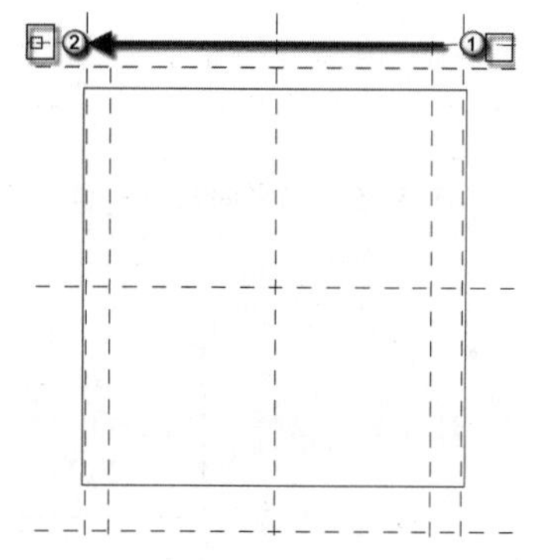

图 5.12　绘制上方内侧向参照平面

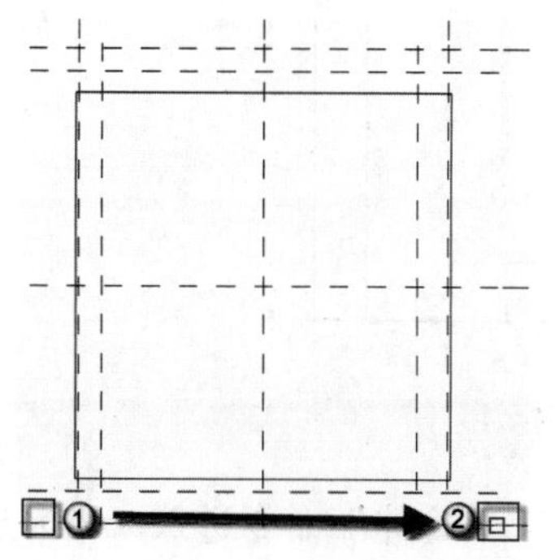

图 5.13　绘制上方内侧向参照平面

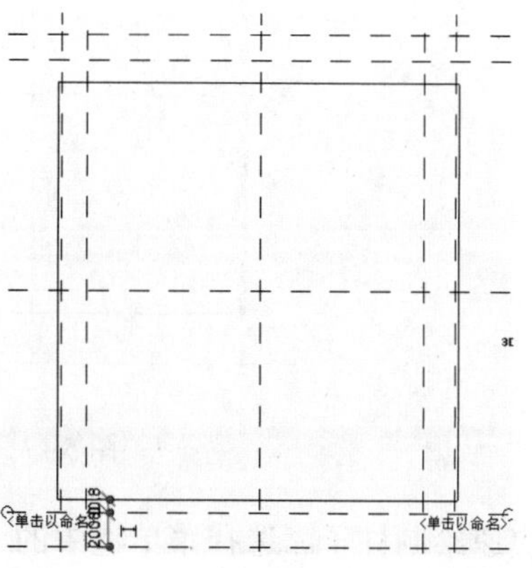

图 5.14　水平向内侧参照平面完成

注意：在绘制整体卫浴墙体的参照平面时，发现上方的墙体厚度与下方的墙体厚度不同，而左侧与右侧的墙体厚度也不同。这是因为剪力墙与填充墙外观上的区别之一就是墙体厚度不同。

（6）标注尺寸。按 DI 快捷键，发出“对齐尺寸标注”命令。依次单击竖直向的 3 个参照平面（如图中的①、②、③方框的标识处），然后向上移返回至远离参照平面处的适当位置（如图④处）并单击，以确定尺寸标注的位置，如图 5.15 所示。完成后如图 5.16 所示，标注距离图面应远近适宜，不至于与图形交织无法辨别。按上述方式分别完成水平向总长的尺寸标注以及竖向的尺寸标注，完成后如图 5.17 所示。

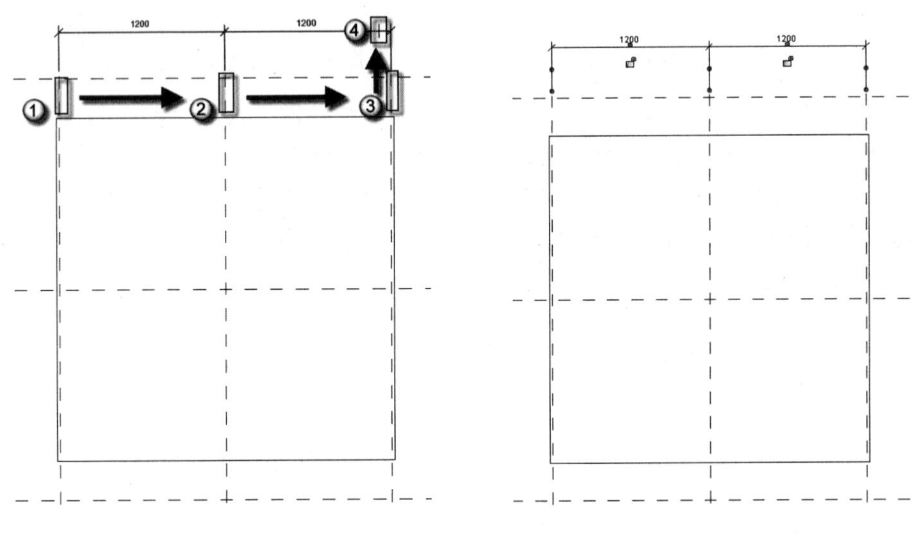

图 5.15　水平向尺寸标注　　　图 5.16　完成水平向尺寸标注

图 5.17　完成尺寸标注

（7）快速绘制柱子。选择菜单栏中的“创建”|“拉伸”命令进入 √ | × 选项板，选择“绘制”|“直线”工具，在正式绘制柱子之前选中“链”单选按钮。选择图中①所示

的参照平面交点，会出现捕捉点，单击该点水平向右绘制直线并输入 200，如图 5.18 所示，并按 Enter 键表示确定。然后，用上述方法按顺时针方向，依次竖直向下、水平向左、垂直向上绘制长度各为 200 的柱子边框线，直至所绘直线形成一个正方形，如图 5.19 所示。

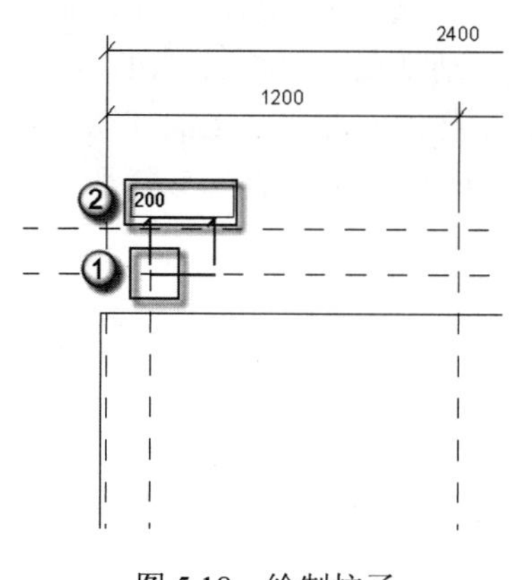

图 5.18　绘制柱子

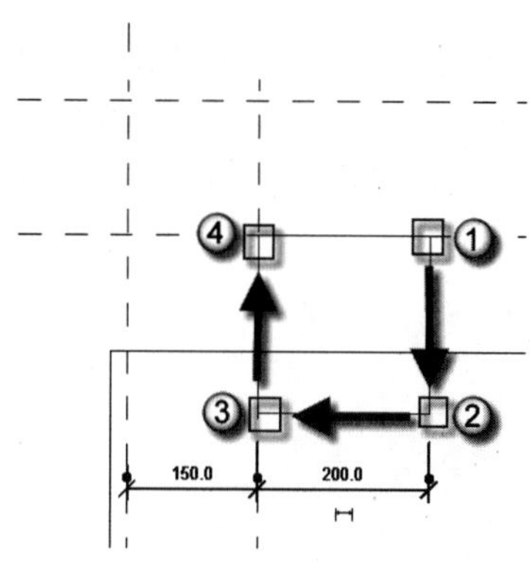

图 5.19　完成柱子绘制

（8）调整柱子的位置。此时由于柱子放置时未精确对位，因此要对刚完成的柱子进行位置的调整。选择“绘制”｜“直线”工具，选中柱子的右上对角点，出现捕捉点时，向左下角方向拖曳至柱子的左下对角点即②的位置，绘制柱子的对角线，如图 5.20 所示。这个对角线就是移动柱子时的辅助线。从右下角向左上角拖曳拉出选框对其进行框选，完成后如图 5.21 所示。按 MV 快捷键，单击柱子对角线的中点，单击如图 5.22 所示②处将柱子定位。选择柱子的对角线，按 Delete 键将其删除，完成后如图 5.23 所示，此时柱子的位置调整完成。

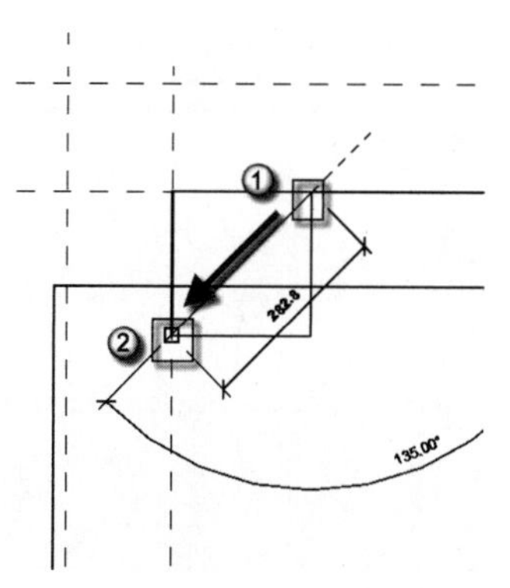

图 5.20　绘制柱子对角线

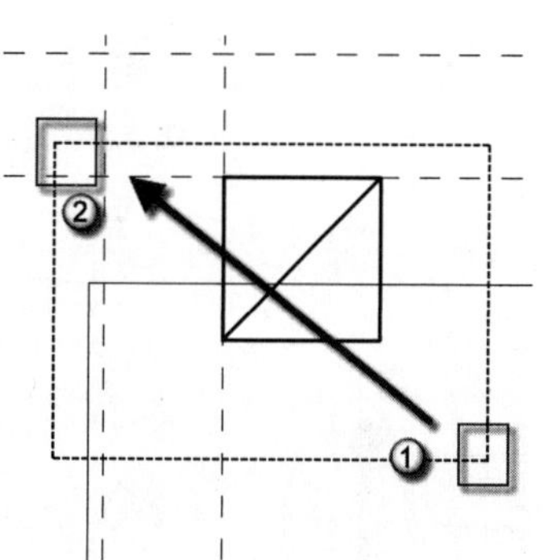

图 5.21　选中柱子

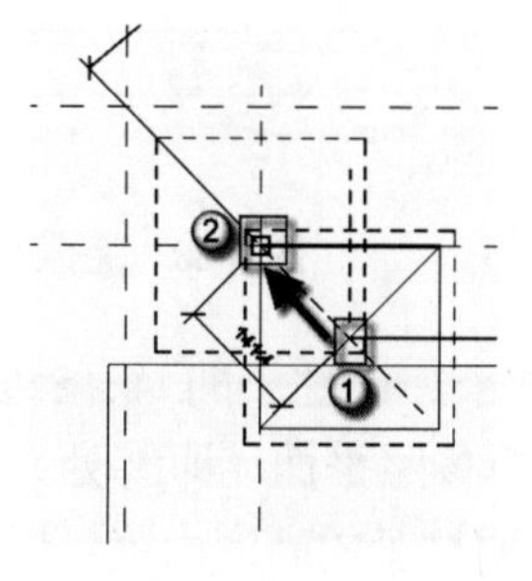

图 5.22　移动柱子

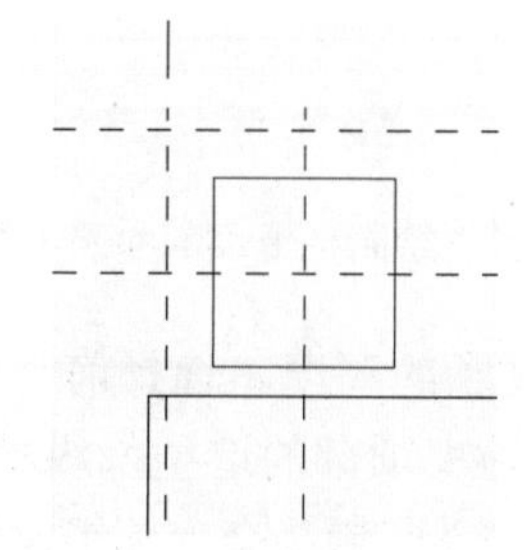

图 5.23　完成柱子位置调整

（9）绘制调整柱子高度的参照平面，修改柱子的拉伸起始点和拉伸终止点。选择“项目浏览器”面板中的“立面”｜“前”视图，进入前立面视图，如图 5.24 所示。单击√｜×选项板中的√按钮退出并返回“修改｜拉伸”界面，完成后如图 5.25 所示。按 RP 快捷键，发出“参照平面”命令，在偏移量一栏中输入 80，选中参照平面会出现捕捉点，单击捕捉点水平向左绘制至如图 5.26 所示②的位置。选择刚刚完成的参照平面，按 CO 快捷键，发出“复制”命令，对参照平面进行复制，单击刚选择的参照平面上的任意一点，此时会出现捕捉点，向上移动该点同时输入 2940，并按 Enter 键确定，如图 5.27 所示。完成后如图 5.28 所示。

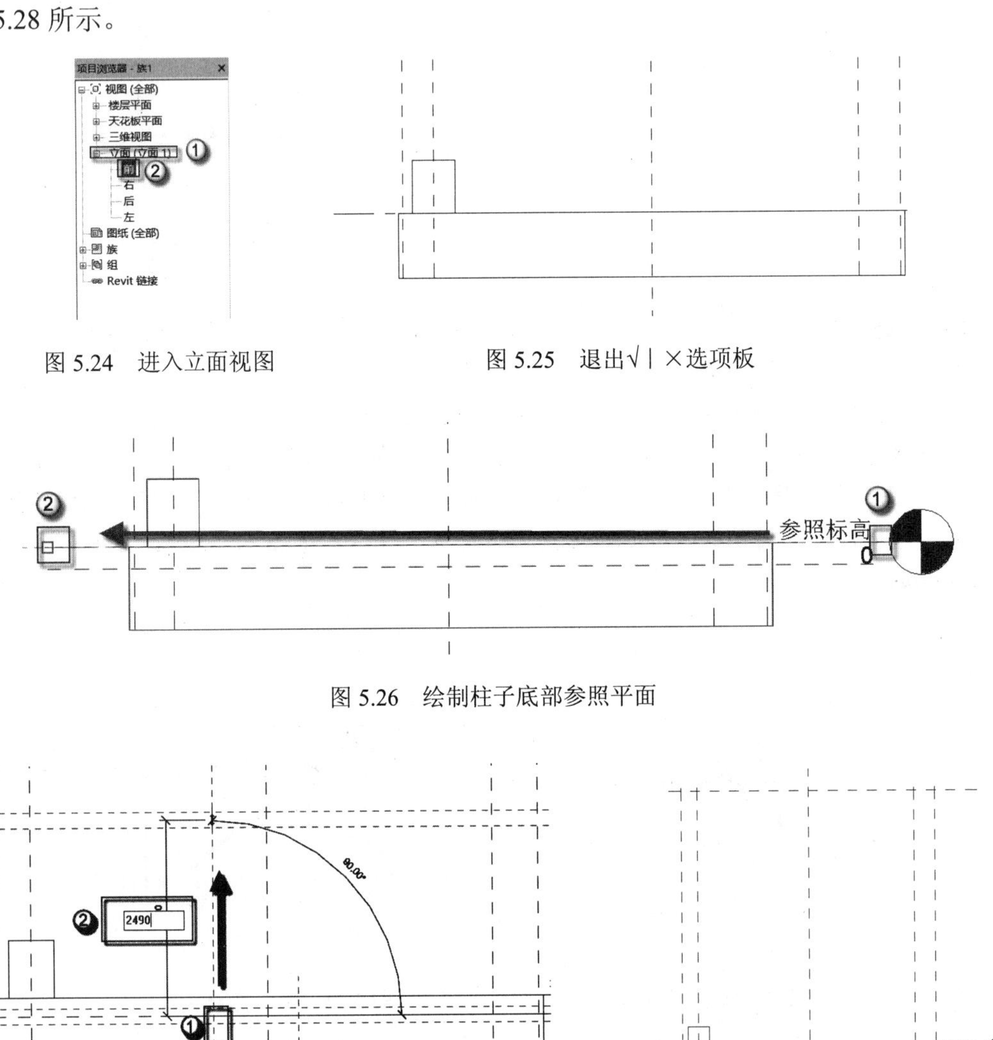

图 5.24　进入立面视图

图 5.25　退出√｜×选项板

图 5.26　绘制柱子底部参照平面

图 5.27　绘制柱子顶部参照平面

图 5.28　完成参照平面绘制

（10）锁定柱子的高度。选择前立面视图中的柱子，该柱子的 4 条边线外各会出现一个造型操纵柄，拖曳顶部的造型操纵柄直至最上方的参照平面（即②处），如图 5.29 所示。然后单击开放的锁头，锁头会变为锁定状态，锁定表明柱子的高度由锁定到的参照平面决定，完成后如图 5.30 所示。按上述方式将柱子底面的造型操纵柄，向下拖曳到标高为−0.080 处的参照平面（即②处）如图 5.31 所示。用同样的方式锁定柱子的底部，完成后如图 5.32 所示。

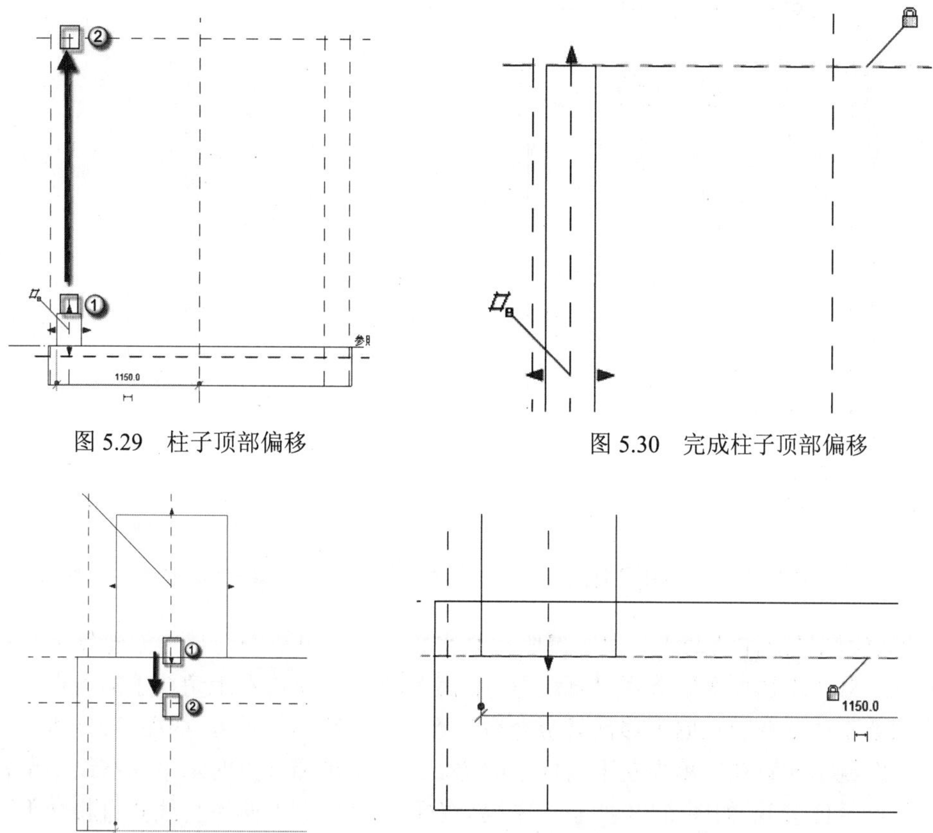

图 5.29　柱子顶部偏移　　图 5.30　完成柱子顶部偏移

图 5.31　柱子底部偏移　　图 5.32　完成柱子底部偏移

（11）通过复制的方式完成其他两个柱子。选择“项目浏览器”面板中的“楼层平面”|“参照标高”视图，进入平面视图，如图 5.33 所示。选择平面视图中的柱子，按 CO 快捷键，发出复制柱子命令，选中“多个”单选按钮，以柱子的对角线交点为对齐点，水平向右移动复制直至对齐到②处所在的交点，然后向左下角移动复制直至对齐到③处所在的交点，如图 5.34 所示。完成后如图 5.35 所示。按 F4 键，进入三维视图，检查已完成的三维图，如图 5.36 所示。

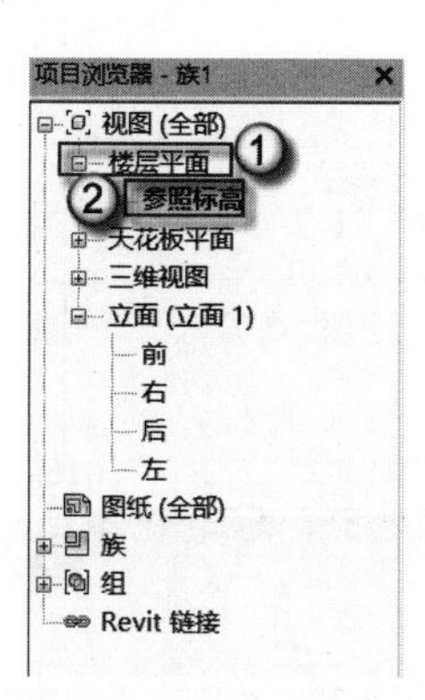

图 5.33　进入平面视图

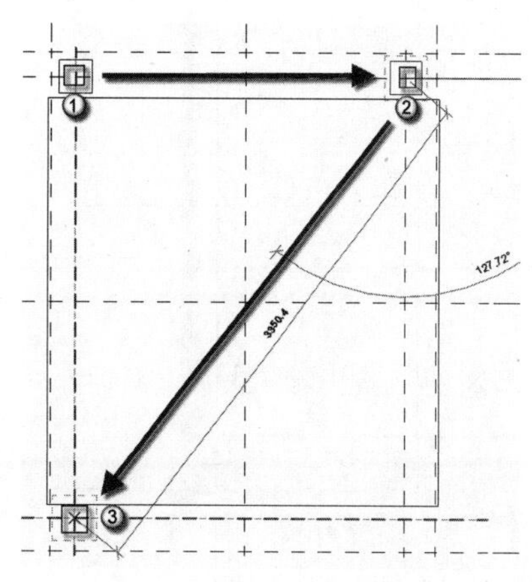

图 5.34　复制柱子

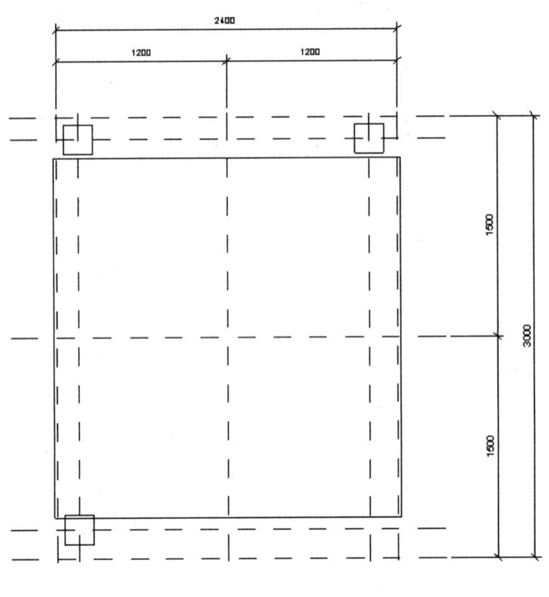

图 5.35　完成柱子复制

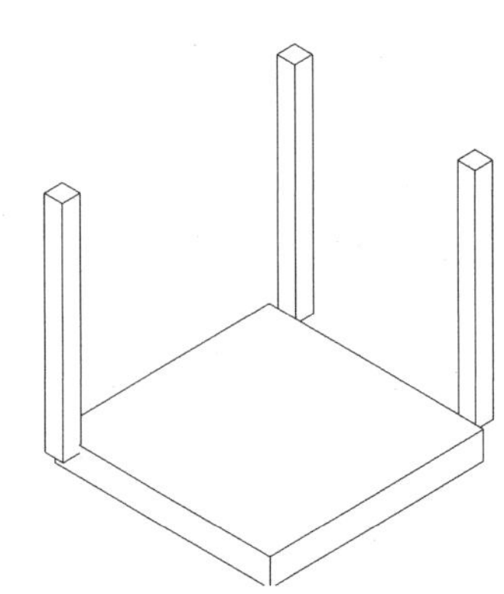

图 5.36　检查三维视图

（12）绘制异形柱辅助线。返回参照标高平面，在菜单栏中选择“创建”|“拉伸”命令，在“修改”选项卡中选择“直线”方式绘制方式，单击右上角柱子的角点，当出现捕捉点时选中该点并竖直向下移动其至合适位置（如②所示位置），如图 5.37 所示。按上述方法，绘制水平直线，单击左下角柱子的角点，当出现捕捉点时水平向右绘制至合适位置（如②所示位置），如图 5.38 所示。完成后发现刚刚绘制的两条直线垂直相交于一点，但是有部分线过长，因此先选择竖直向的直线，当其直线的下端点出现夹点时拖曳该点进行调整，使其不超出绘制好的水平直线，如图 5.39 所示。按上述方法同样调整水平向直线，完成后如图 5.40 所示。

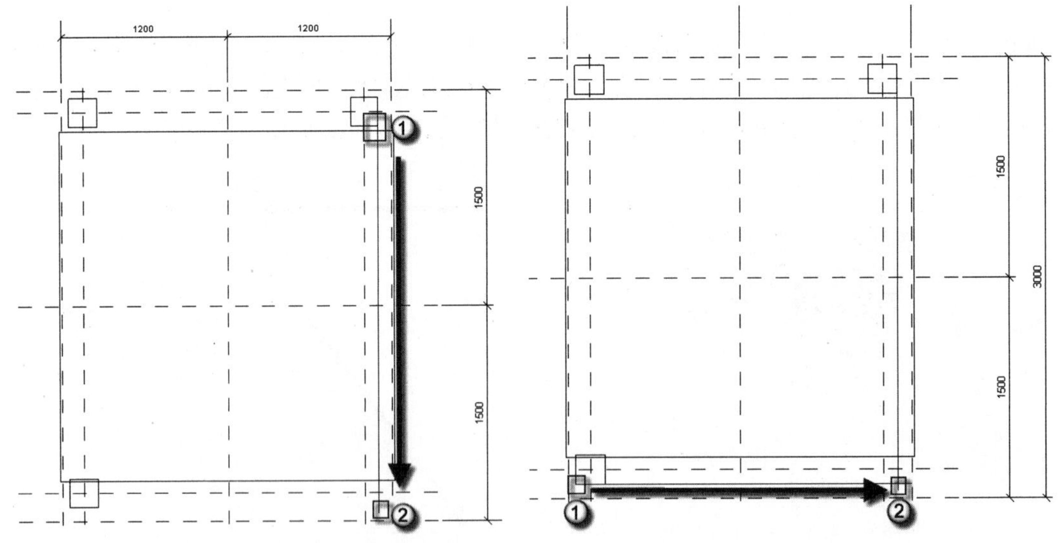

图 5.37　绘制竖直向直线

图 5.38　绘制水平向直线

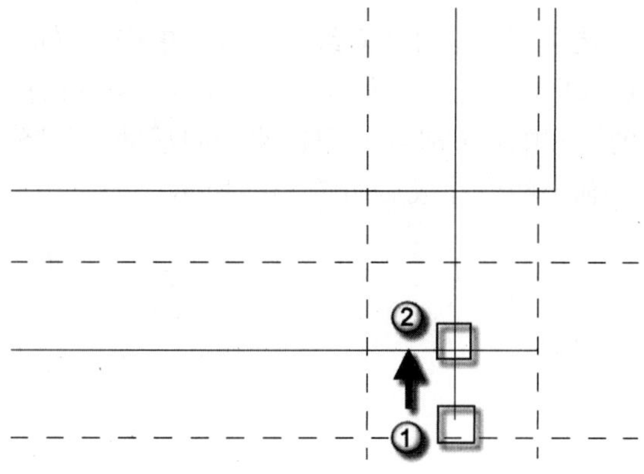

图 5.39　调整竖直向直线

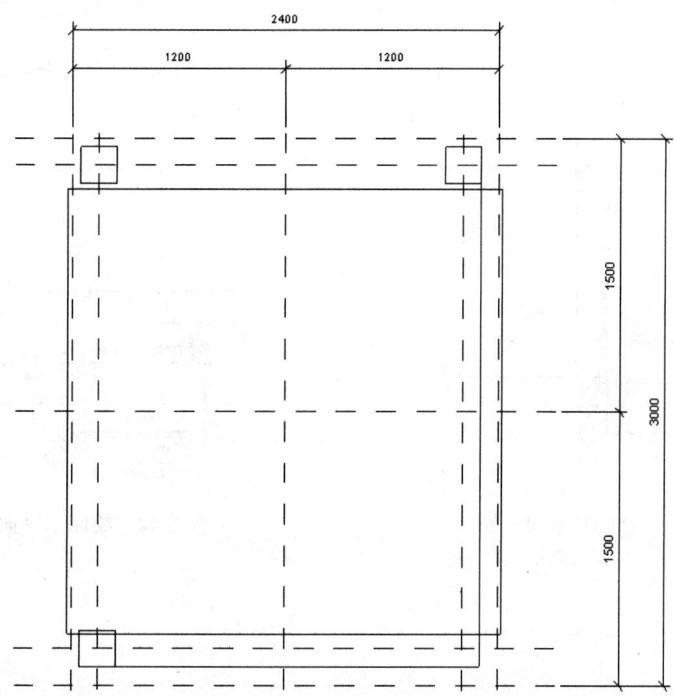

图 5.40　完成辅助线调整

（13）绘制异形柱的两条边。单击选择水平向直线，并按 Delete 键删除此直线，在“修改”选项卡中选择“直线”方式，单击竖直向直线的下端点，此时会出现捕捉点，单击捕捉点水平向右绘制输入 300，并按 Enter 确定，如图 5.41 所示。按上述方法删除竖直向直线，在“修改”选项卡中选择“直线”方式，单击水平向直线的右端点，此时会出现捕捉点，选择该点竖直向上移动同时输入 200，并按 Enter 确定，如图 5.42 所示，完成两条辅助线的绘制。继续画直线，在“修改”选项卡中选择“直线”方式，单击竖直向直线的上端点，此时会出现捕捉点，单击捕捉点水平向上绘制，同时输入 200，并按 Enter 确定，如

图 5.43 所示。在“修改”选项卡中选择“直线”方式，单击水平向直线的左端点，此时会出现捕捉点，单击捕捉点水平向左绘制，同时输入 200，并按 Enter 确定，如图 5.44 所示。然后单击选中竖直向辅助线并配合 Ctrl 键，单击水平向辅助线与竖直向辅助线同时选中，按 Delete 键，删除这两条辅助线，完成后如图 5.45 所示。

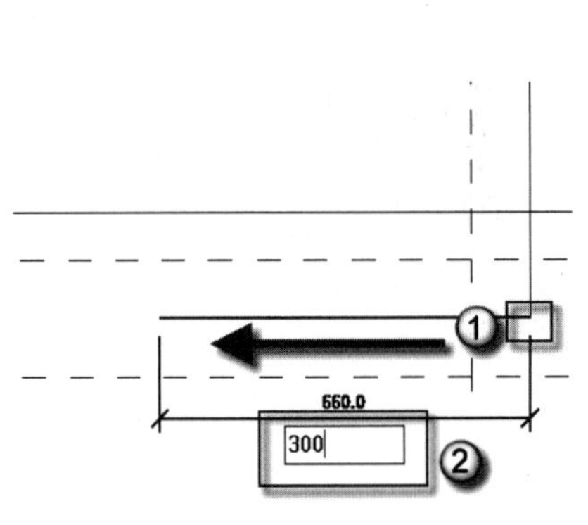

图 5.41　调整水平向直线

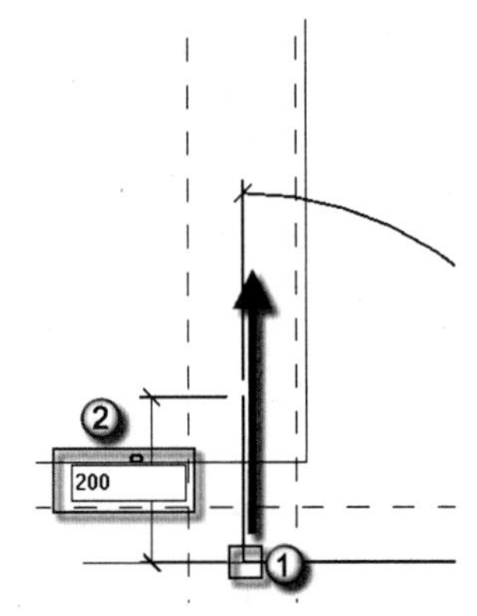

图 5.42　调整竖直向直线

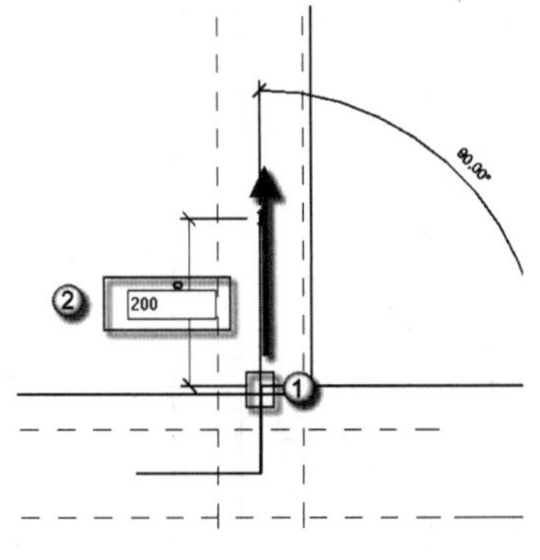

图 5.43　绘制竖直向直线

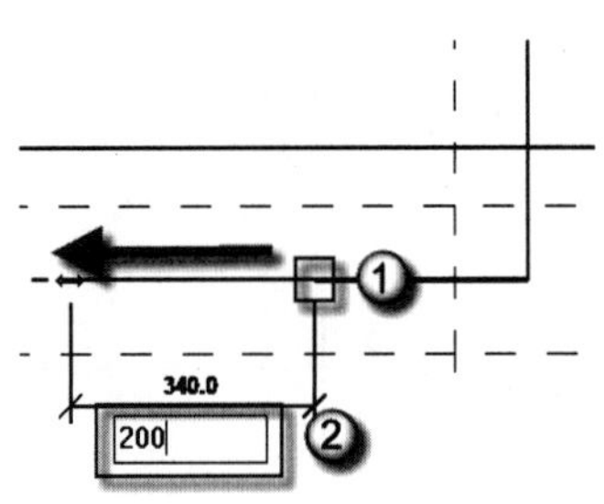

图 5.44　绘制水平向直线

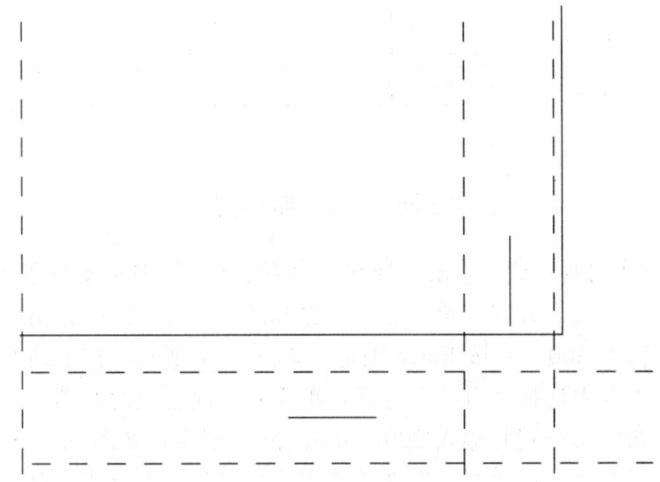

图 5.45　删除辅助线

（14）完成绘制异形柱。在“修改”选项卡中选择“直线”方式，单击水平向直线的右端点，此时会出现捕捉点，慢慢竖直向上拖曳。当拖曳到与竖直向直线的下端点齐平时，两点之间会出现虚线延长线，如图 5.46 所示，在该处单击确定，然后向水平向右方向绘制直线，将该点与竖直向直线下端点相连，如图 5.47 所示。按上述方式完成异形柱左边和上方的柱子线，如图 5.48 所示。完成后如图 5.49 所示。

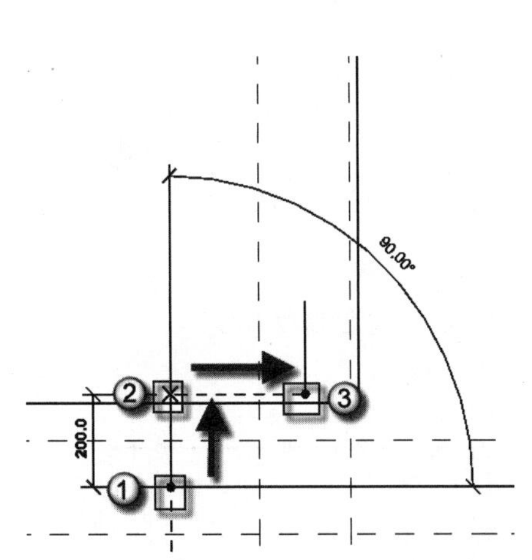

图 5.46　绘制异形柱右下侧的边线

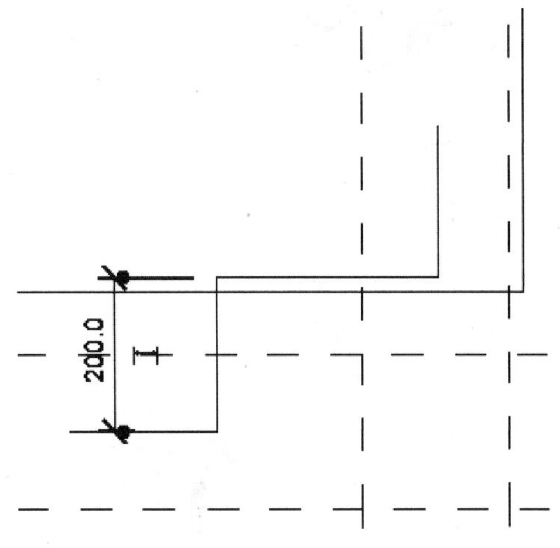

图 5.47　完成异形柱右下侧边线的绘制

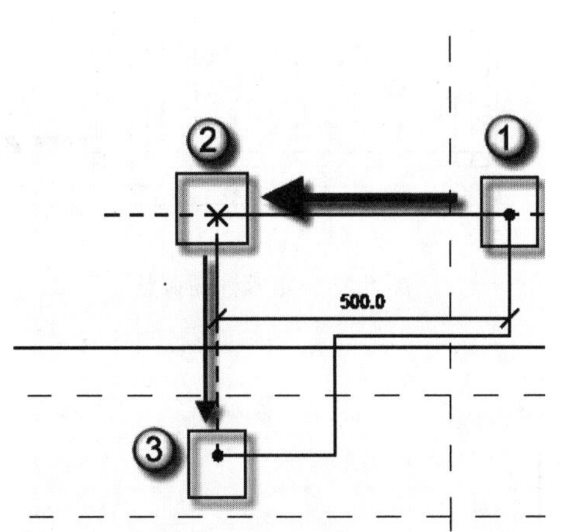

图 5.48　绘制异形柱左上方的边线

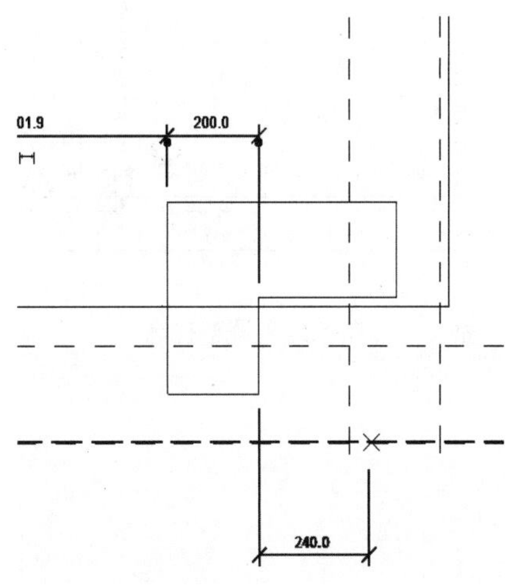

图 5.49　完成异形柱左上方边线的绘制

（15）绘制调整异形柱高度，修改柱子的拉伸起始点和拉伸终止点。选择“项目浏览器”面板中的“立面”｜“前”视图，进入前立面视图，如图 5.50 所示。单击√｜×选项板中的√按钮，退出返回“修改”｜“拉伸”界面完成后，如图 5.51 所示。单击选中前立面视图中的柱子，该柱子的 4 条边线外各会出现一个造型操纵柄，拖曳最上方的造型操纵柄直至最上方的参照平面（即②处），如图 5.52 所示。然后将旁边原本打开的小锁头锁上，完成后如图 5.53 所示。按上述方式将柱子底面的造型操纵柄拖曳直至-0.080 处的参照平面，如图 5.54 所示，同样将旁边原本打开的小锁头锁上，完成后如图 5.55 所示。

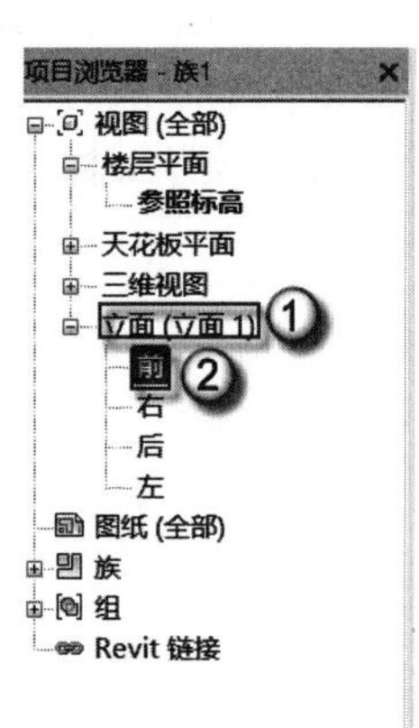

图 5.50　进入立面视图

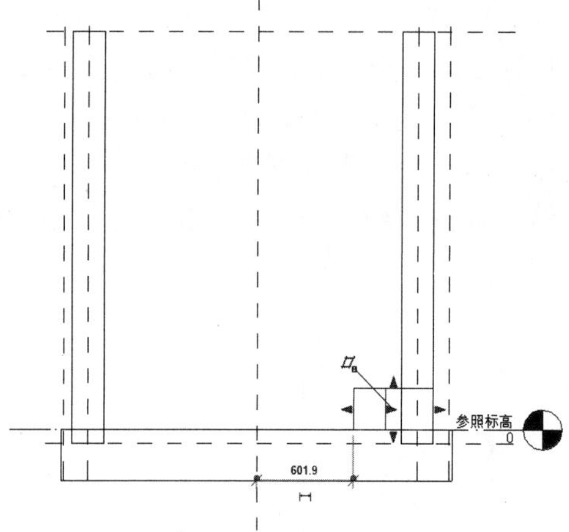

图 5.51　返回修改界面

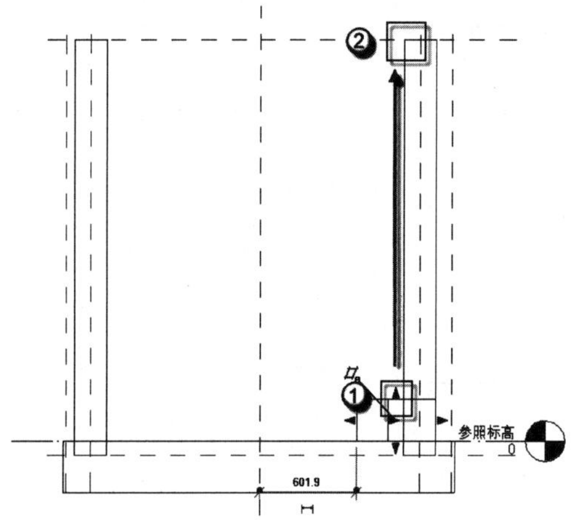

图 5.52　调整柱高

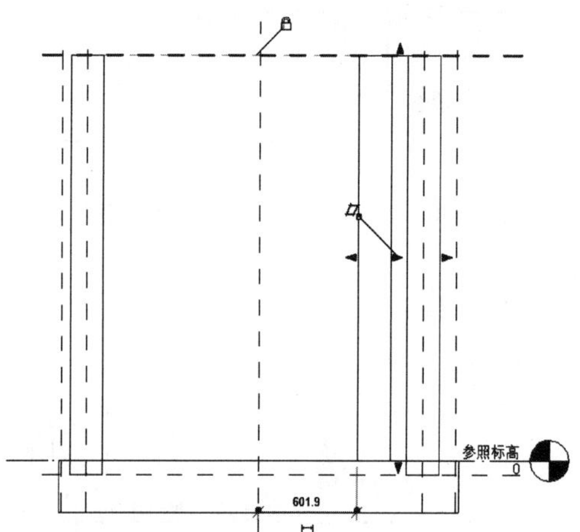

图 5.53　完成柱高调整

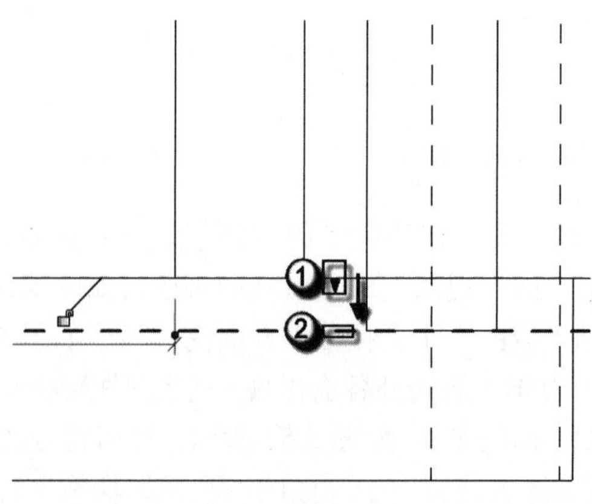

图 5.54　调整柱深

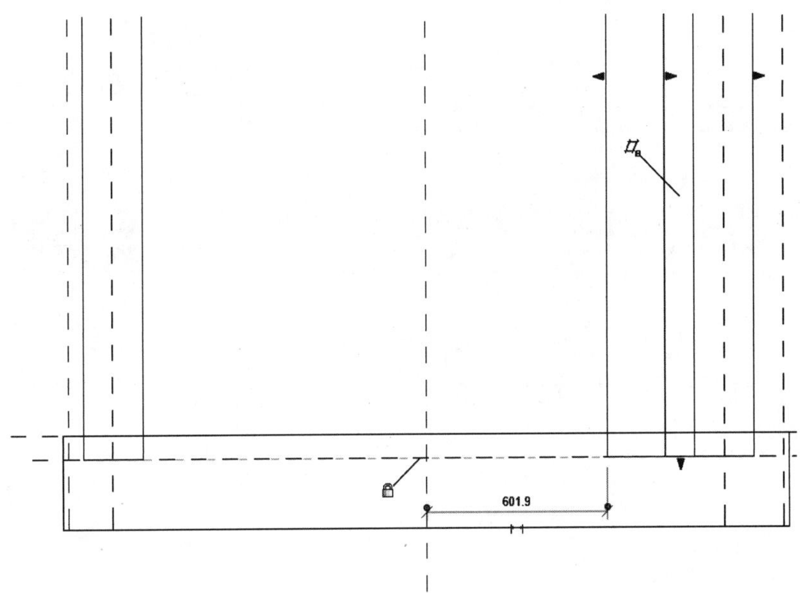

图 5.55　完成柱深调整

（16）进入三维视图检查。按 F4 键，进入三维视图，检查已完成的三维图，如图 5.56 所示。可以观察到该异形柱与其他 3 根柱子高度平齐，底部也平齐，此时可确定异形柱绘制准确完成。

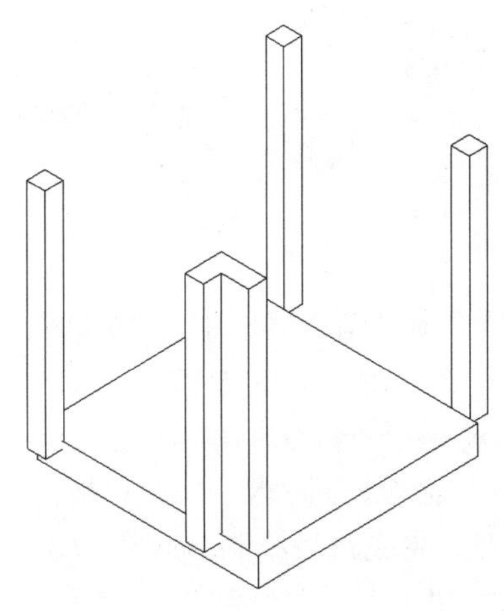

图 5.56　三维视图检查

（17）赋予柱子材质。在三维视图选 4 个柱子，选择“属性”面板中的“材质”|“<按类别>”旁的 ⊡按钮，如图 5.57 所示。弹出“材质浏览器”对话框，选择“AEC 材质”|“混凝土”|“混凝土，预制”材质，如图 5.58 所示。双击“混凝土，预制”材质，可看见其在“项目材质：所有”一栏中会出现，选择“复制”选项，如图 5.59 所示。此时会出现一个新的“混凝土，预制”，对其重命名，改为“整体卫浴—柱—预制砼”，然后单击“确定”按钮，如图 5.60 所示。会在属性面板“材质”一栏中出现“整体卫浴—柱—预制砼”材质，如图 5.61 所示，说明此时柱子材质设置成功。

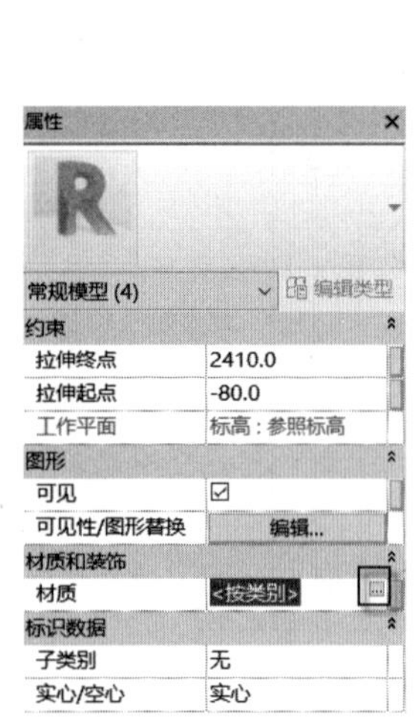

图 5.57　进入材质设置

图 5.58　进行材质预设

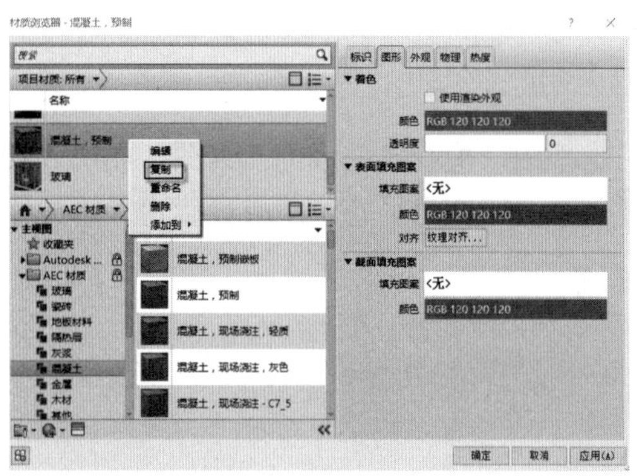

图 5.59　复制材质

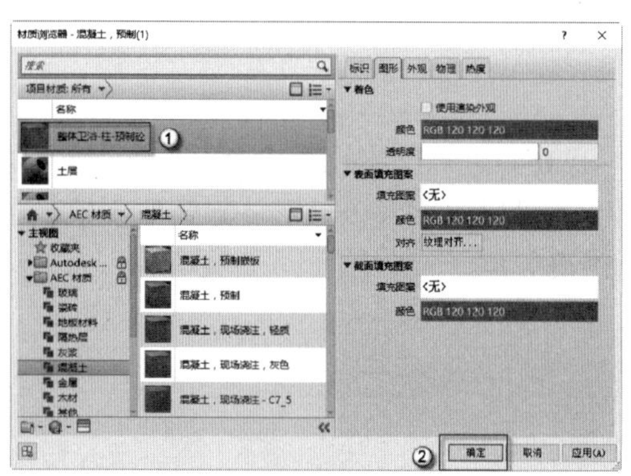

图 5.60　重名命名

（18）绘制 WL2 梁。选择“项目浏览器”中“楼层平面”｜“参照标高”选项返回平面视图，如图 5.62 所示。选择菜单栏中的“创建”｜“放样融合”命令，在“修改”｜“放样”面板中选择“绘制路径”命令，进入√｜×选项板，选择“直线”，从①处绘制到②处，完成路径绘制，如图 5.63 所示。在√｜×选项板中单击√按钮，退出“绘制路径”，然后在菜单栏中选择“按草图”｜“编辑轮廓”，进入轮廓级别，同时弹出“转到视图”对话框，选择第一栏中“立面：右”选项，然后单击“确定”按钮，如图 5.64 所示。进入轮廓√｜×选项板，选择“矩形”，分别选择①和②两个对角点，创建矩形链截面，如图 5.65 所示。单击刚创建的截面上边界选中，此时会出现捕捉点，单击捕捉点水平向上绘制同时输入 20，并按 Enter 确定，如图 5.66 所示。连续两次单击√｜×选项板中的√按钮，退出返回前立面视图。

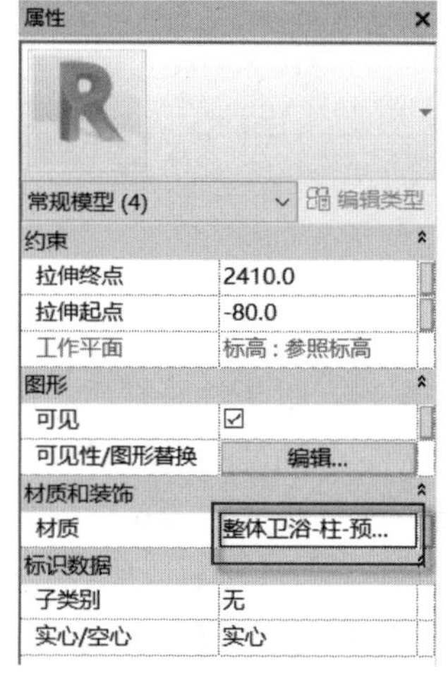

图 5.61　检查材质设置

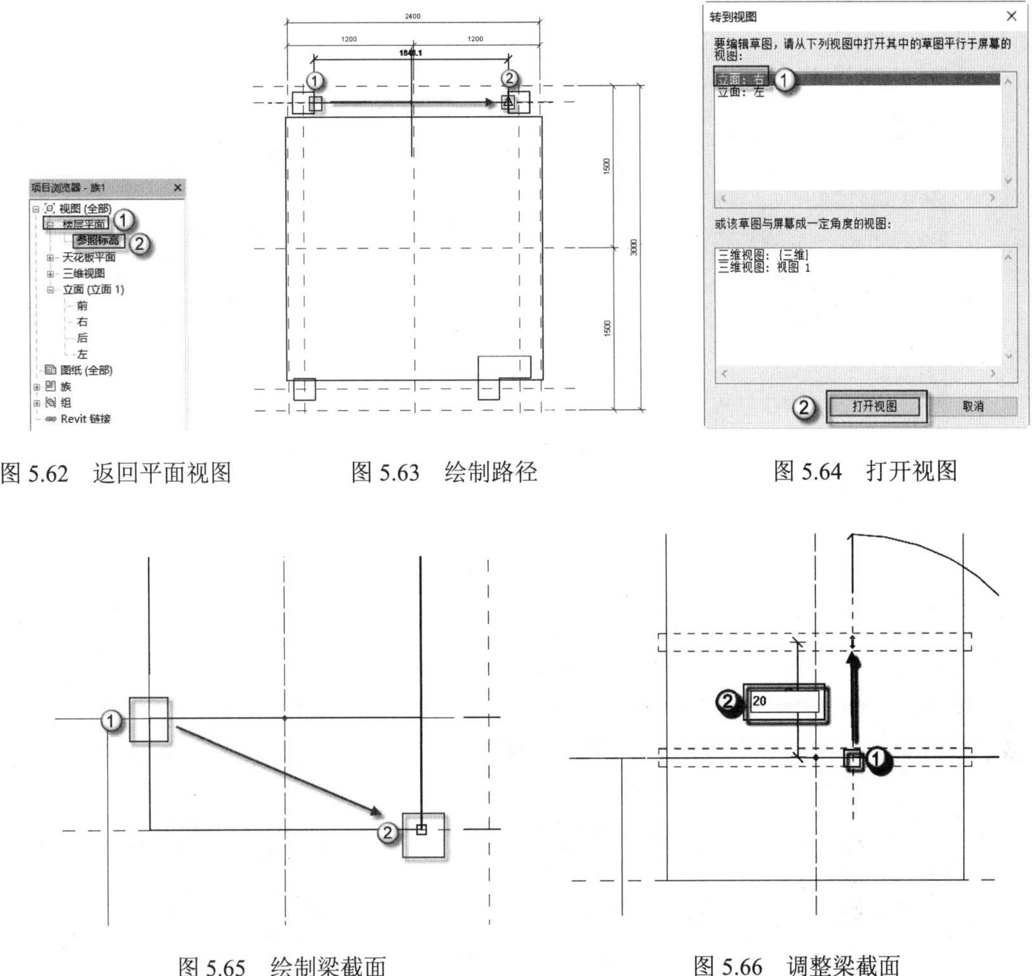

图 5.62　返回平面视图　　图 5.63　绘制路径　　图 5.64　打开视图

图 5.65　绘制梁截面　　图 5.66　调整梁截面

🔔注意：使用“放样”命令，可以在不画参照平面的情况下绘制梁的轮廓和路径。这样可以加快绘图速度、提高工作效率。

（19）赋予梁材质。单击选择已完成的梁，选择“属性”面板中的“材质”|“<按类别>”旁的 ⋯按钮，如图 5.67 所示。弹出“材质浏览器”对话框，右击“混凝土，预制”材质，选择“复制”命令，如图 5.68 所示。对新材质重命名为“整体卫浴—梁—预制砼”，然后单击“确定”按钮，如图 5.69 所示。可以在属性面板“材质”一栏中出现“整体卫浴—梁—预制砼”材质，如图 5.70 所示，说明此时梁材质设置成功。

（20） 绘制 WL4 梁。选择菜单栏中的“创建”|“放样融合”命令，在“修改 | 放样”面板中选择“绘制路径”，进入√ | ×选项板，选择“直线”绘图方式，从①处绘制到②处，完成路径绘制，如图 5.71 所示。在√ | ×选项板中选择√，退出“绘制路径”命令，然后在菜单栏中选择“按草图”|“编辑轮廓”，进入轮廓级别，同时弹出“转到视图”对话框，选择第一栏中的“立面：前”选项，然后单击“打开视图”按钮，如图 5.72 所示。进入轮廓√ | ×选项板，选择“矩形”，分别选择①和②两个对角点，创建矩形截面，如图 5.73 所示。选择刚创建截面的上边界线，此时会出现捕捉点，单击捕捉点水平向上绘制同时输入 20，并按 Enter 确定，如图 5.74 所示。连续两次单击 √ | ×选项板中的 √ 按钮，退

出返回前立面视图。

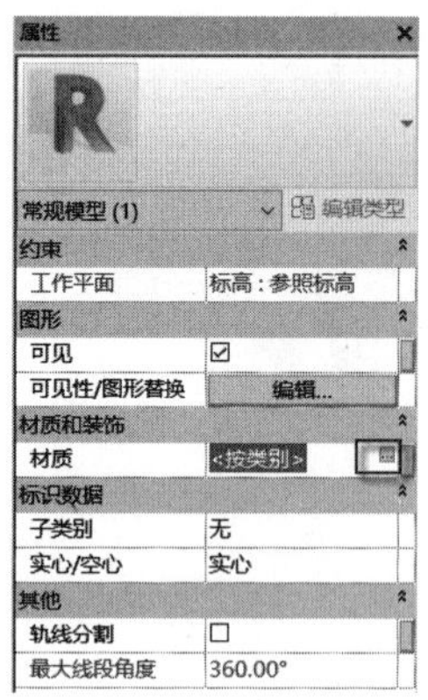

图 5.67　进入材质设置

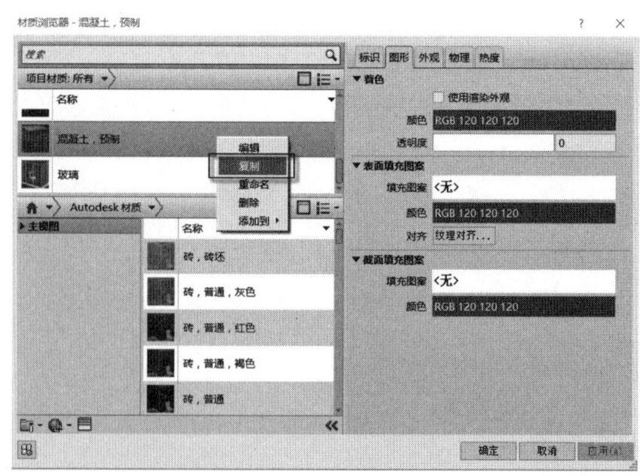

图 5.68　复制材质

图 5.69　重名命名

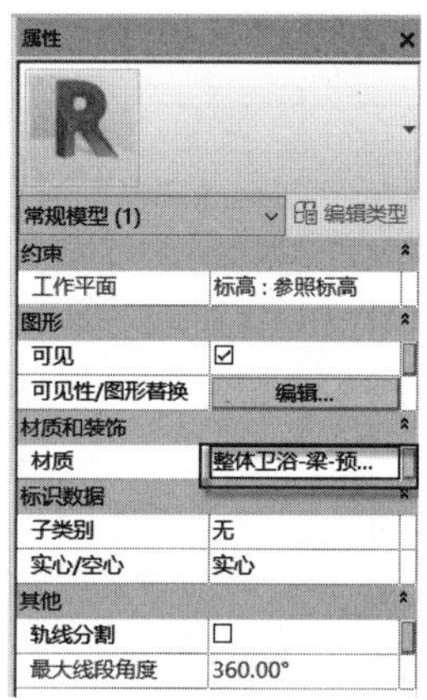

图 5.70　检查材质

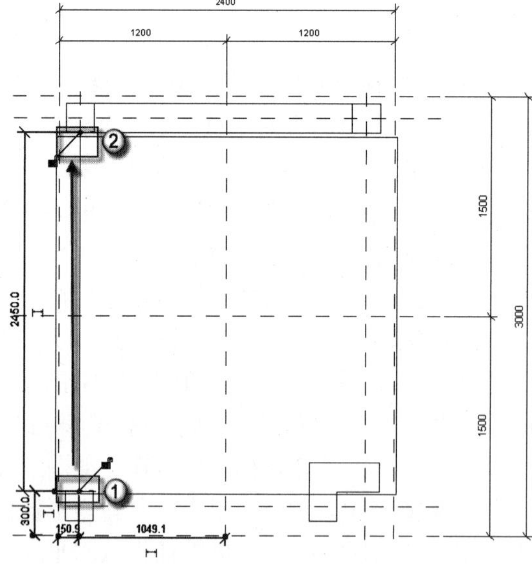

图 5.71　绘制路径

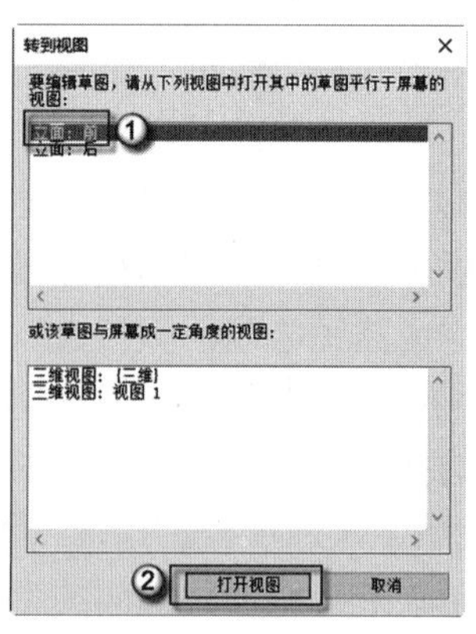

图 5.72　打开视图

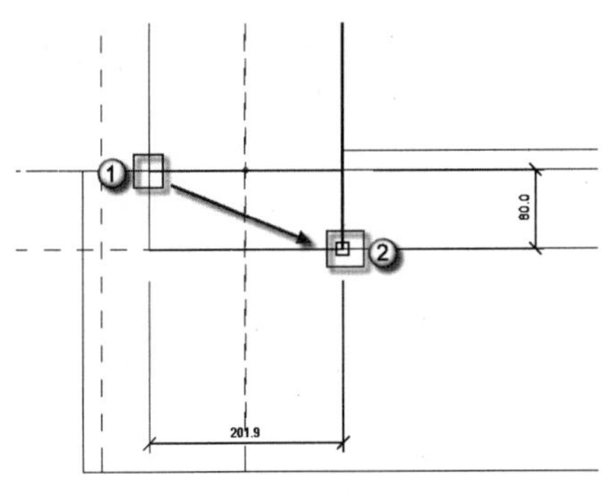

图 5.73　绘制梁截面

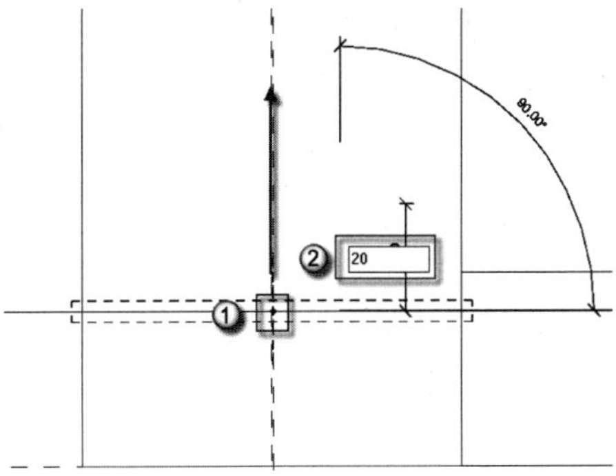

图 5.74　调整梁截面

（21）赋予梁材质。单击选择已完成的梁，选择“属性”面板中的“材质”|“<按类别>”旁的 按钮，如图 5.75 所示。弹出“材质浏览器”对话框，选择“整体卫浴—梁—预制砼”，然后单击“确定”按钮，如图 5.76 所示。可以在属性面板“材质”一栏中出现“整体卫浴—梁—预制砼”材质，如图 5.77 所示，说明此时梁材质设置成功。按上述方法分别绘制其他梁并设置对应的材质，完成后如图 5.78 所示。

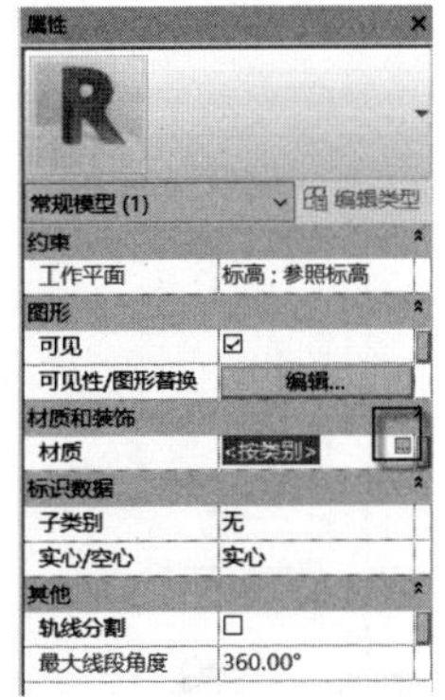

图 5.75　进入材质设置

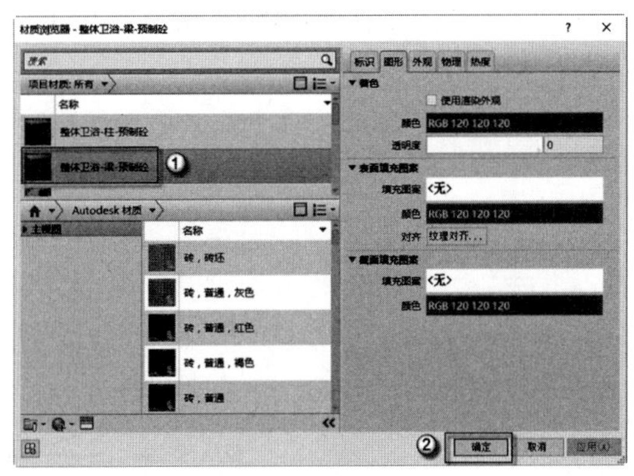

图 5.76　选择材质

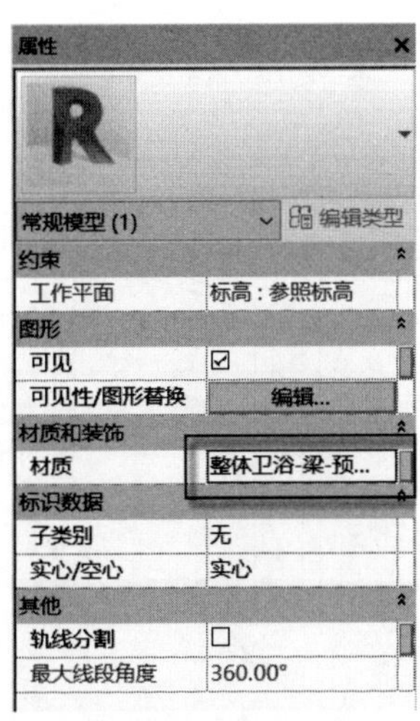

图 5.77　检查材质

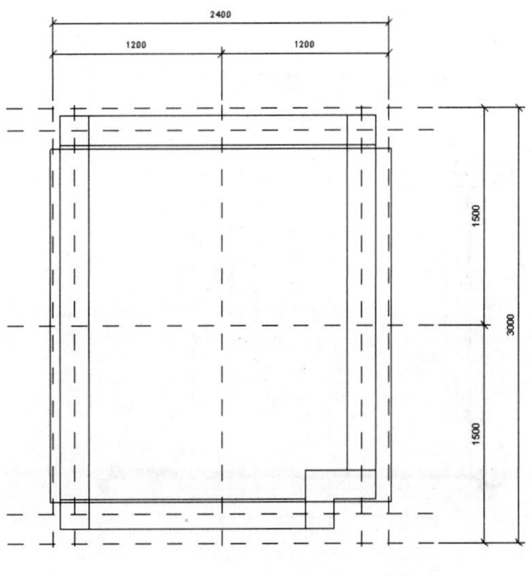

图 5.78　完成底部其他梁的绘制

（22）检查梁的三维视图。按 F4 键，进入三维视图检查，如图 5.79 所示。检查确认没有漏画缺画梁后，返回前立面，继续绘制梁。

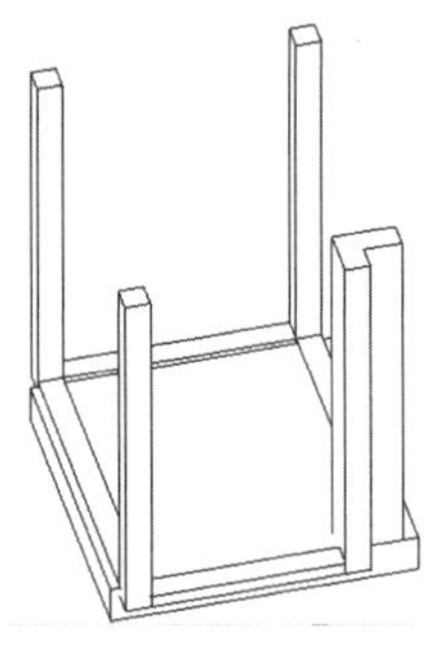

图 5.79　梁的三维视图

（23）复制生成顶部梁。选择“项目浏览器”面板中的“立面”｜“前”视图，进入前立面视图，如图 5.80 所示。进入前视图后，从空白处（如①处）向右下方（如②处）拉框框选绘制好的梁，如图 5.81 所示。按 CO 快捷键，单击梁顶部（如①处）会出现捕捉点，单击捕捉点向上绘制至②处，如图 5.82 所示。按 F4 键，进入三维视图，检查顶部梁是否完全复制成功，如图 5.83 所示。

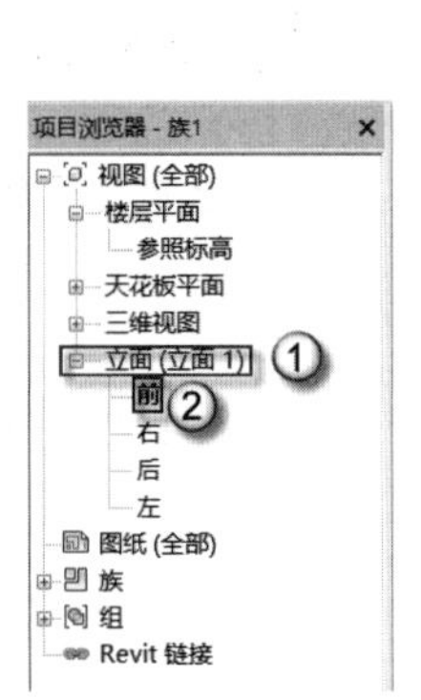

图 5.80　进入前视图

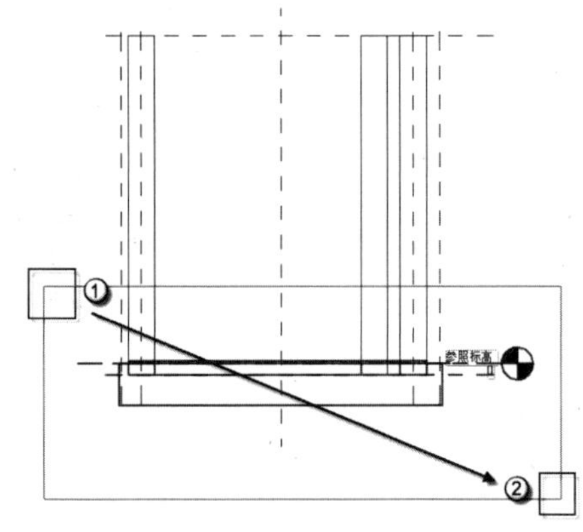

图 5.81　框选梁

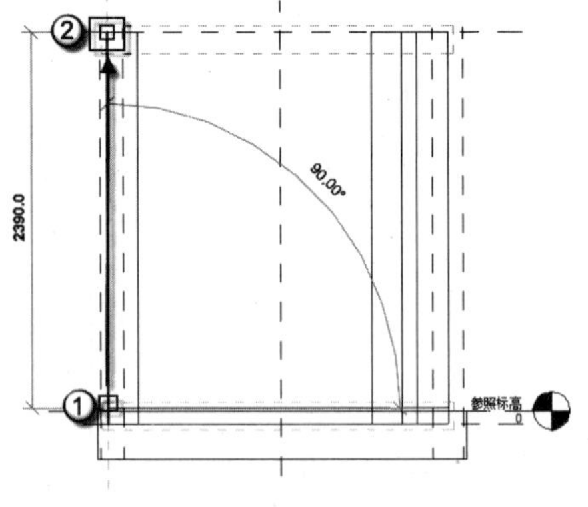

图 5.82　复制梁

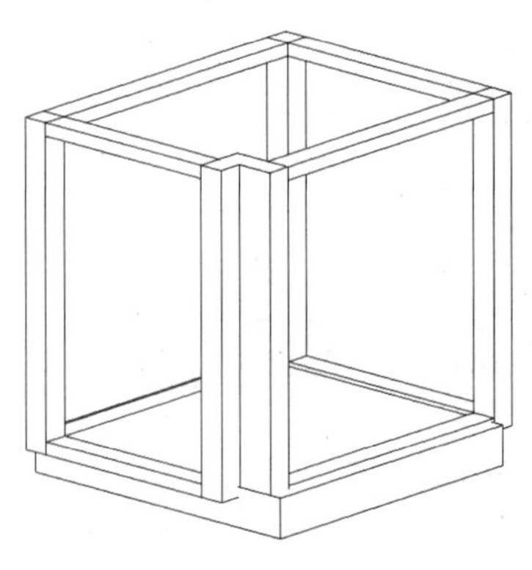

图 5.83　检查三维视图

（24）调整梁截面。选择装配式卫浴顶部的一个梁，如图 5.84 所示，双击其进入“修改 | 放样”面板，如图 5.85 所示。继续双击梁截面，进入“修改 | 放样>编辑轮廓”面板，然后选择“项目浏览器”面板中的“立面” | “前”视图，进入前立面视图，单击选中的截面轮廓的下边界，按 MV 快捷键，再次单击截面轮廓的下边界上的任意一点（如①处所示）此时会出现捕捉点，单击捕捉点竖直向下绘制同时输入 100，并按 Enter 键确定，如图 5.86 所示。连续两次单击√ | ×选项板中的√按钮，退出返回前立面视图。按 F4 键，发出三维视图命令，进入三维视图可明显看到梁的截面发生变化，如图 5.87 所示。

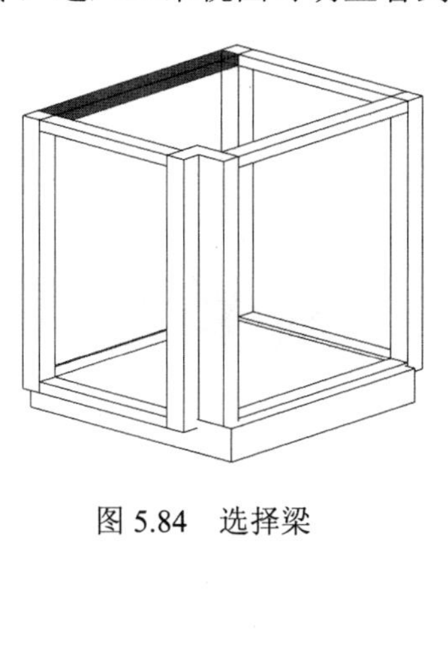

图 5.84　选择梁

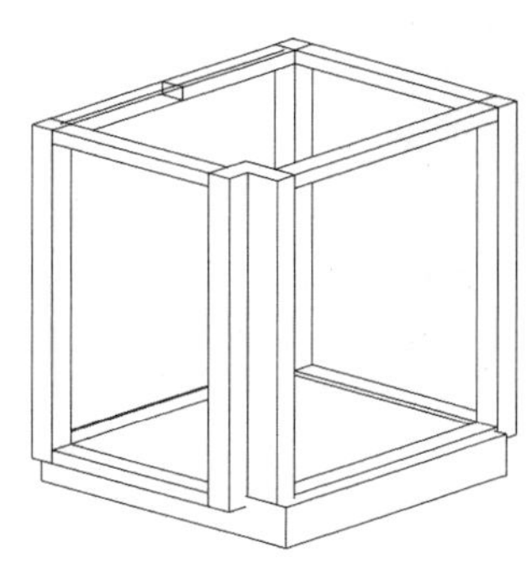

图 5.85　修改路径

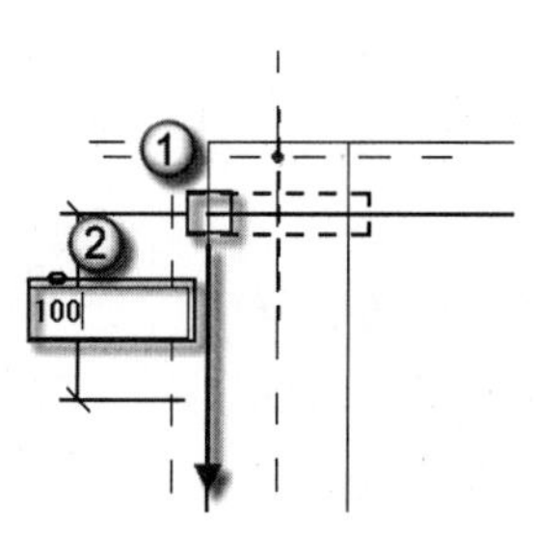

图 5.86　修改梁截面

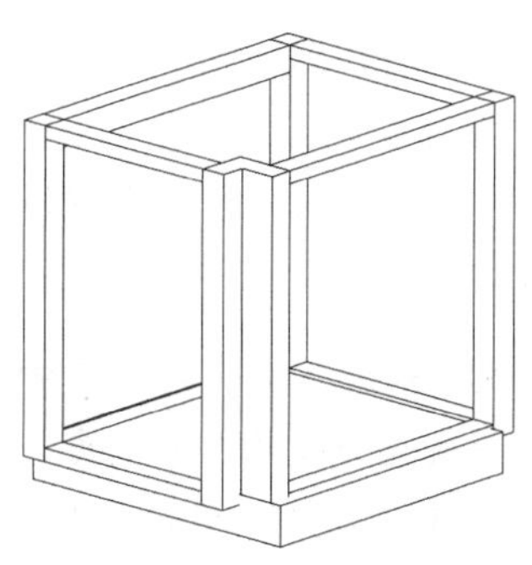

图 5.87　进入三维视图检查

（25） 完成所有顶部梁。按照上述方法进行顶部梁的调整，选择“项目浏览器”面板中的“立面” | “前”视图，进入前立面视图，如图 5.88 所示。按 F4 键，发出三维视图命令，进入三维视图检查顶部梁是否都完成调整，如图 5.89 所示。

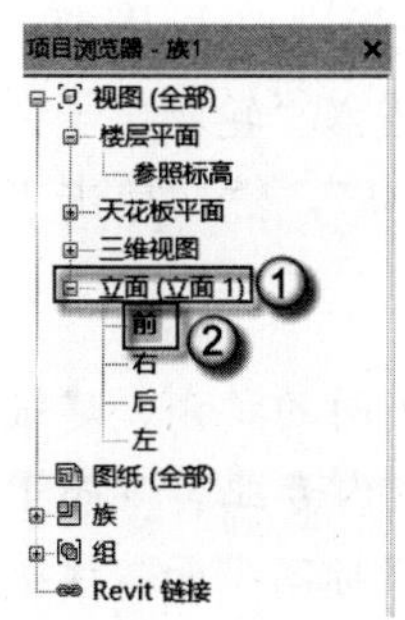

图 5.88　进入前视图

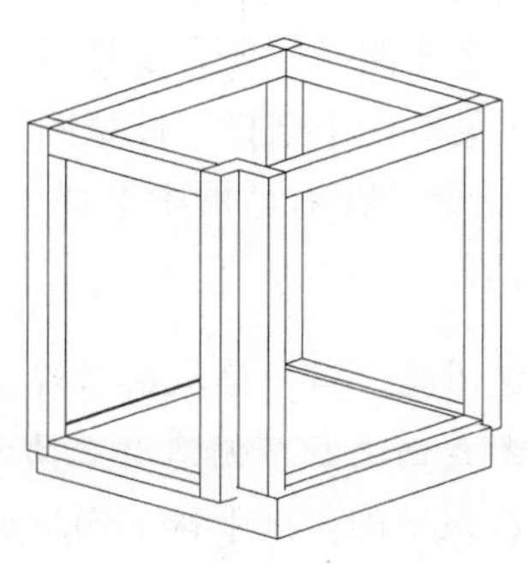

图 5.89　检查三维视图

（26）保存族文件。选择 R | “另存为” | “族”命令，在弹出的“另存为”对话框中的“文件名”一栏中输入“卫浴框架”，然后单击“保存”按钮，如图 5.90 所示。

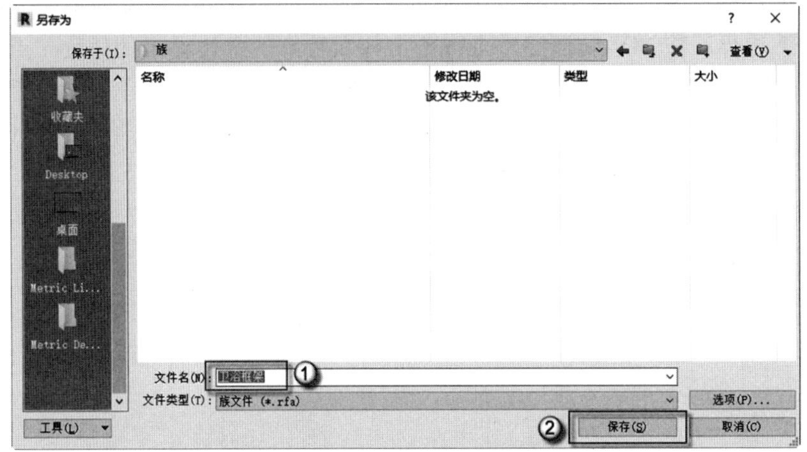

图 5.90　保存族文件

5.1.2　卫浴板的设计

整体卫浴的底板也是一种复合板，下层的承重由钢筋混凝土板完成，上层的防水由 SMC 板完成，具体设计方法如下。

（1）进入前立面视图。选择“项目浏览器”面板中的“立面” | “前”视图，进入前立面视图，如 5.91 所示。

注意： 放样这个命令下面有两个子命令，路径与轮廓。因为放样的功能就是一个轮廓（截面）沿着一条路径移动而形成的三维构件。放样、路径、轮廓各有一个√|×选项板，在操作时一定要知道当前处于哪个命令下。

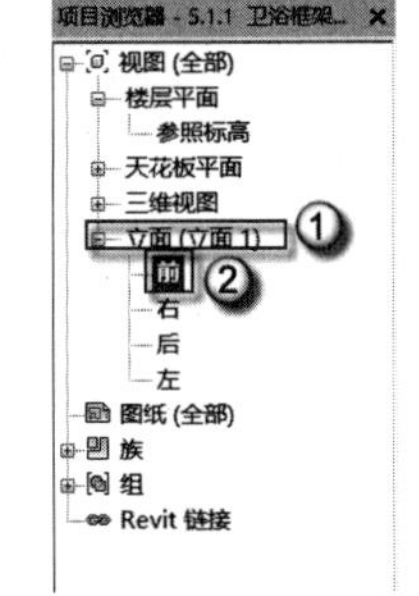

图 5.91　进入前立面视图

（2）放样。选择菜单栏中的“创建” | “放样”命令，在“修改 | 放样”面板中选择“路径”子命令，进入√ | ×选项板，选择“直线”绘图方式，当光标靠近①处时会出现捕捉点，单击该捕捉点向上移动的同时输入 50，并按 Enter 键表示确定，如图 5.92 所示。向上绘制路径，完成路径绘制，如图 5.93 所示。√ | ×选项板中单击√按钮，退出“路径”子命令。然后在菜单栏中选择“按草图” | “编辑轮廓”，进入“轮廓”子命令，同时弹出“转到视图”对话框，在对话框中选择“楼层平面：参照标高”，然后单击“打开视图”按钮，如图 5.94 所示。

注意： 转到视图时，同一楼板由于观察角度不同会出现不同的称谓，建筑专业在一般情况下都是由上往下俯看称之为参照标高平面，而室内专业自下而上仰视时会称之为天花板平面，出于择优而选的原则因此选择参照标高平面。该选择过程体现了 Revit 具有较强的专业性。

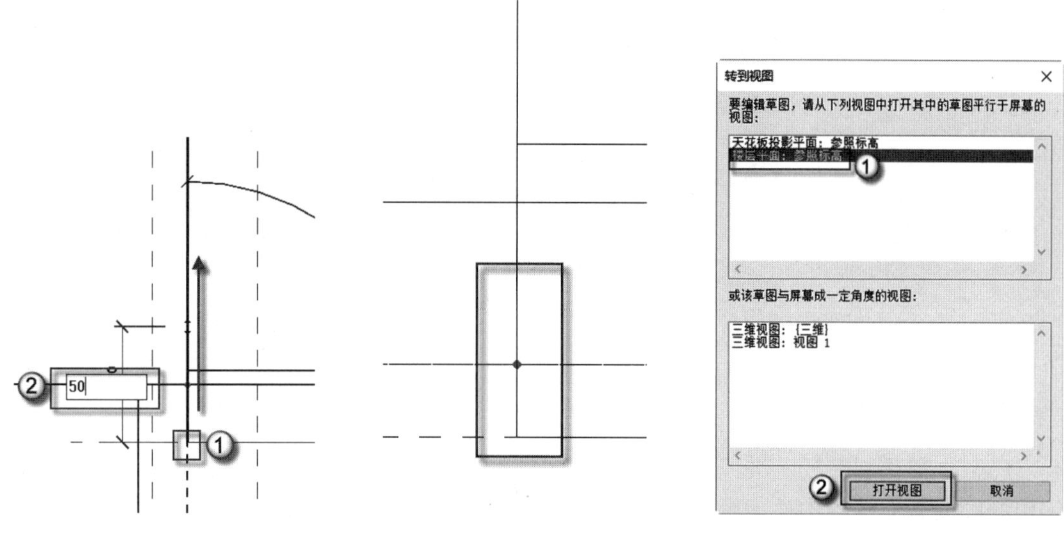

图 5.92　绘制路径　　图 5.93　完成路径绘制　　图 5.94　转到视图

（3）绘制预制底板截面。进入轮廓√ | ×选项板，选择“直线”绘图方式，按①→②→③→④→⑤→⑥→①的顺时针方向绘制封闭的楼板截面，如图 5.95 所示。在绘制完成的截面左上角空白处（如①处）单击向右下角拉框到截面右下角空白处（如②处），以框选整个截面如图 5.96 所示，按 Ctrl+C 快捷键复制选中的截面，便于后期使用。连续两次单击√ | ×选项板中的√按钮，依次退出“截面”子命令、“放样”命令，并返回参照标高平面。

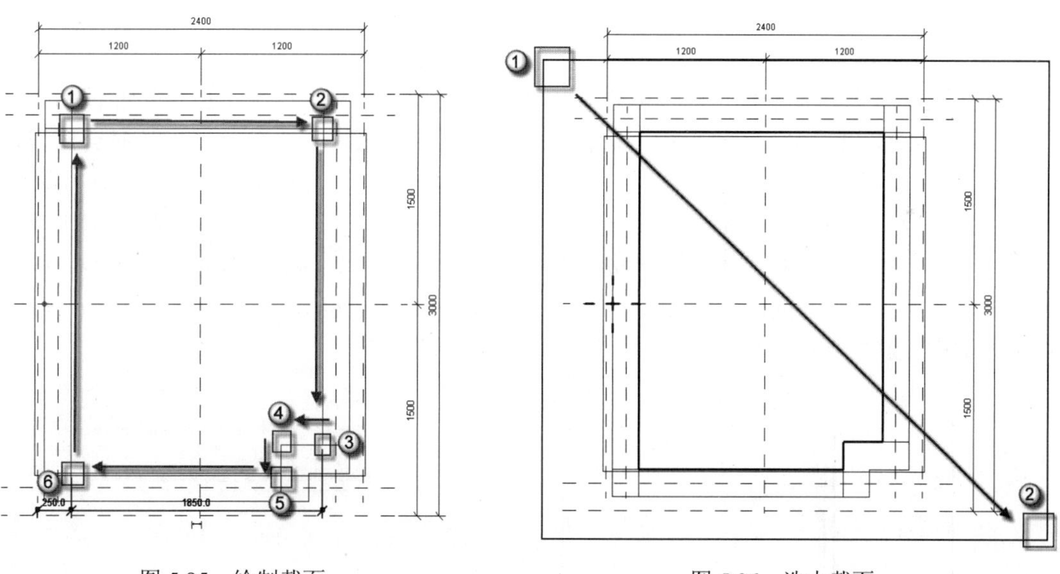

图 5.95　绘制截面　　图 5.96　选中截面

（4）赋予预制底板材质。在参照标高平面选楼板，选择“属性”面板中的“材质” | “<按类别>”旁的 ⋯ 按钮，如图 5.97 所示。弹出“材质浏览器”对话框，右击“项目材质：所有” | “整体卫浴-梁-预制砼”材质，选择“复制”命令，如图 5.98 所示。此时会出现一个新的“整体卫浴-梁-预制砼”材质，对其重命名，改为“整体卫浴预制底板”，然后单击“确定”按钮，如图 5.99 所示。

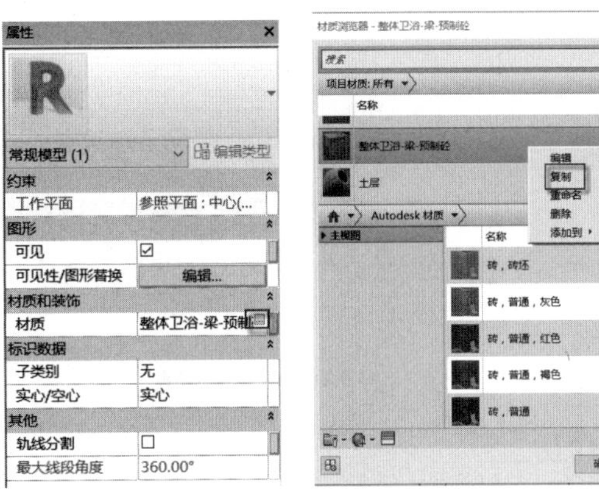

图 5.97　进入材质设置　　图 5.98　复制材质

图 5.99　重名命名

（5）检查预制底板三维视图。按 F4 键，进入三维视图检查，如图 5.100 所示。检查确认预制底板与周围各构件紧密相连并且没有其他错误，返回前立面视图，继续绘制其他板。

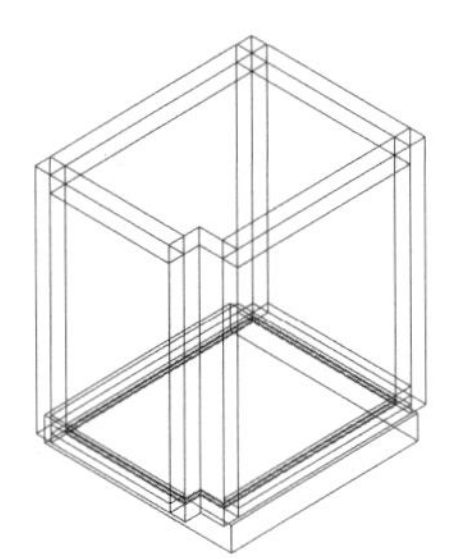

图 5.100　检查预制底板

（6）放样。选择菜单栏中的“创建”|“放样”命令，在“修改 | 放样”面板中选择“路径”子命令，进入√ | ×选项板，选择“直线”绘制方式，当光标靠近①处时会出现捕捉点，单击该捕捉点向上移动的同时输入 50，并按 Enter 键表示确定，如图 5.101 所示。向上绘制路径，完成路径绘制，如图 5.102 所示。在√ | ×选项板中单击√按钮，退出“路径”子命令，然后在菜单栏中选择“按草图”|“编辑轮廓”，进入“轮廓”子命令，同时弹出“转到视图”对话框，在对话框中选择“楼层平面：参照标高”，然后单击“打开视图”按钮，如图 5.103 所示。

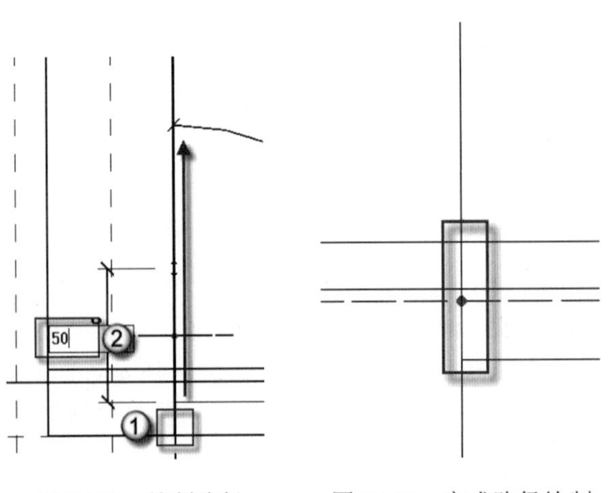

图 5.101　绘制路径　　图 5.102　完成路径绘制

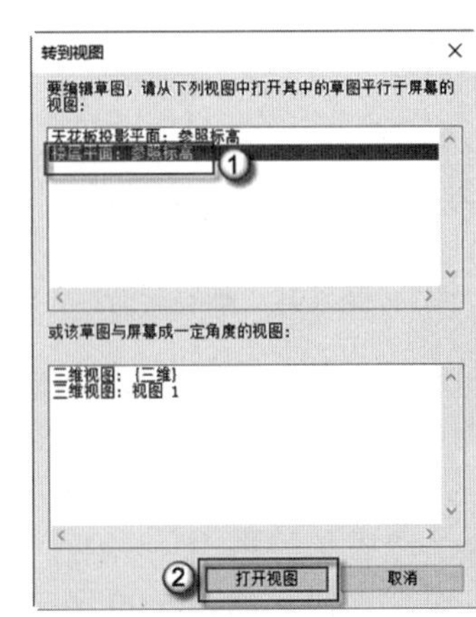

图 5.103　转到视图

（7）绘制预制底板截面。按 Ctrl+V 快捷键粘贴复合材料地面，调整粘贴地面位置由①向②移动，如图 5.104 所示。当点①靠近准确位置时，可观察到旁边的距离数值会变为 0.0 同时底板截面也会自动贴合，如图 5.105 所示。完成后如图 5.106 所示。连续两次单击√ | ×选项板中的√按钮，退出返回参照标高平面。

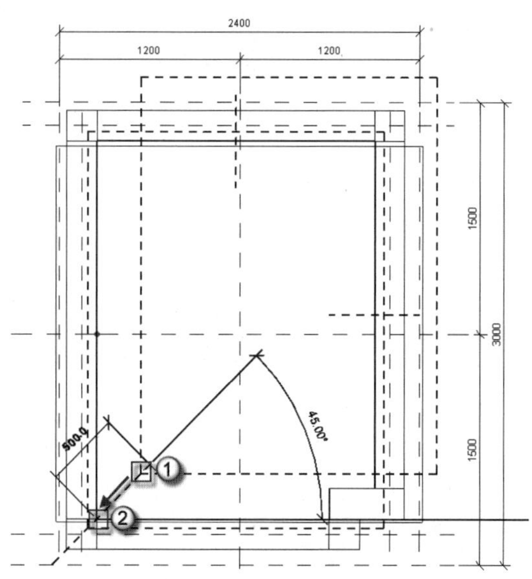

图 5.104　粘贴预制底板截面

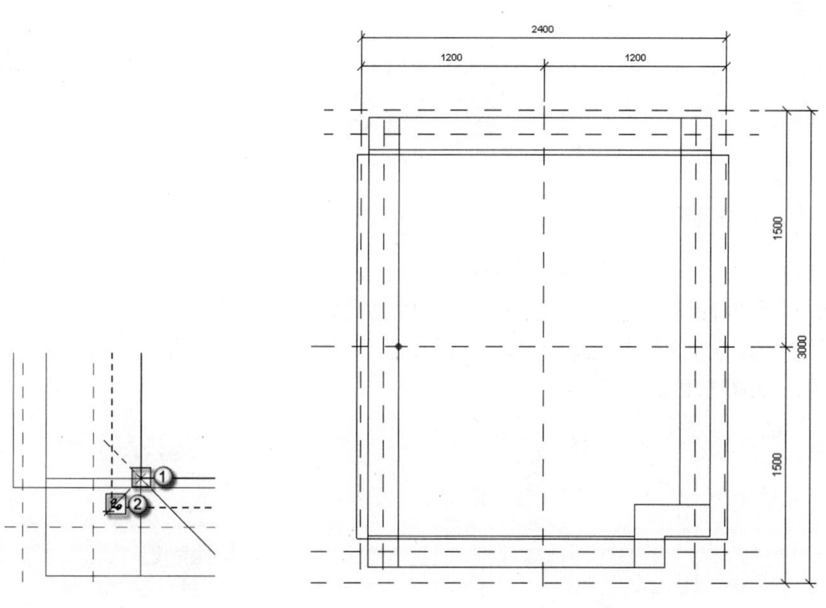

图 5.105　精确定位　　　　图 5.106　完成预制底板截面定位

（8）赋予预制底板材质。在参照标高平面选楼板，选择“属性”面板中的“材质” | “<按类别>”旁的 按钮，如图 5.1017 所示。弹出“材质浏览器”对话框，选择 “AEC 材质” | “塑料” | “塑料”材质，如图 5.108 所示。双击“塑料”材质，可看见其在“项

目材质：所有”一栏中会出现“塑料”材质，右击其并选择“复制”命令，如图 5.109 所示。此时会出现一个新的“塑料”材质，对其重命名，改为 SMC，然后单击“确定”按钮，如图 5.110 所示。可以在属性面板“材质”一栏中出现“塑料”材质，如图 5.111 所示，说明此时预制底板材质设置成功。

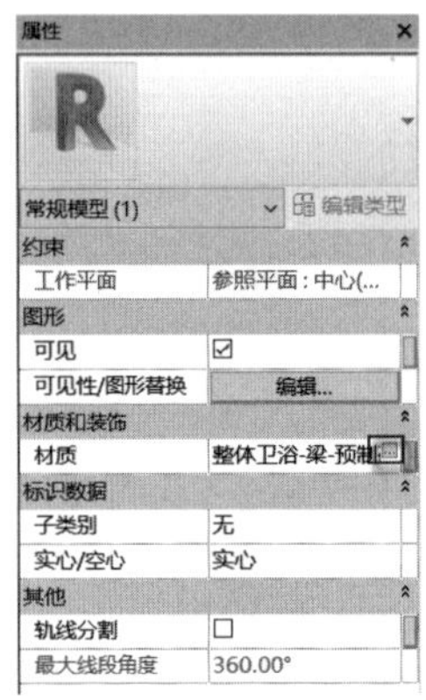

图 5.107　进入材质设置

图 5.108　预设材质

图 5.109　复制材质

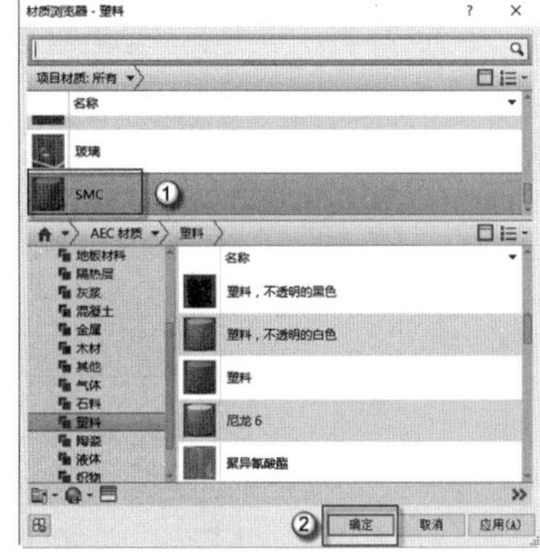

图 5.110　更改材质名称

图 5.111　检查材质设置

（9）检查预制底板三维视图。按 F4 键，进入三维视图检查，如图 5.112 所示。检查确认预制底板与周围各构件紧密相连并且没有其他错误，返回前立面视图，继续绘制其他板。

（10）进入前立面视图。选择“项目浏览器”面板中的“立面”|“前”视图，进入前立面视图，如图 5.113 所示。

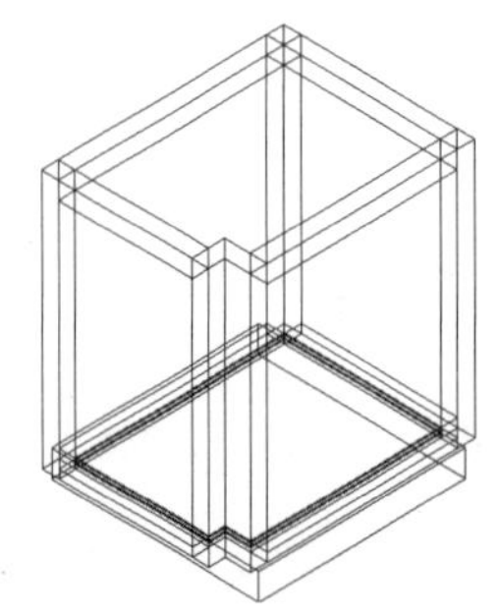

图 5.112　检查预制底板

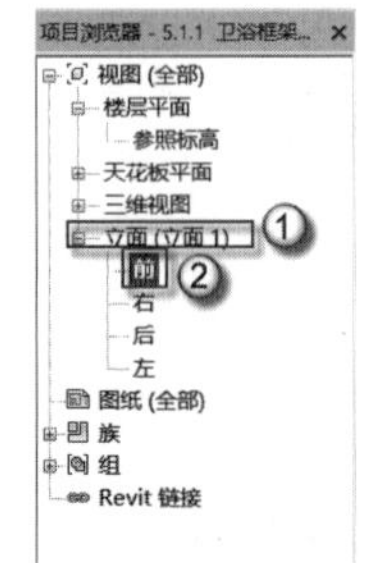

图 5.113　进入前立面视图

（11）放样。选择菜单栏中的“创建”｜“放样”命令，在“修改｜放样”面板中选择“路径”子命令，进入√｜×选项板，选择“直线”绘图方式，从点①绘制到点②并按 Enter 键确定，如图 5.114 所示。向上绘制路径，完成路径绘制，如图 5.115 所示。在√｜×选项板中单击√按钮，退出“路径”子命令，然后在菜单栏中选择“按草图”｜“编辑轮廓”命令，进入“轮廓”子命令，同时弹出“转到视图”对话框，在对话框中选择“楼层平面：参照标高”选项，然后单击“打开视图”按钮，如图 5.116 所示。

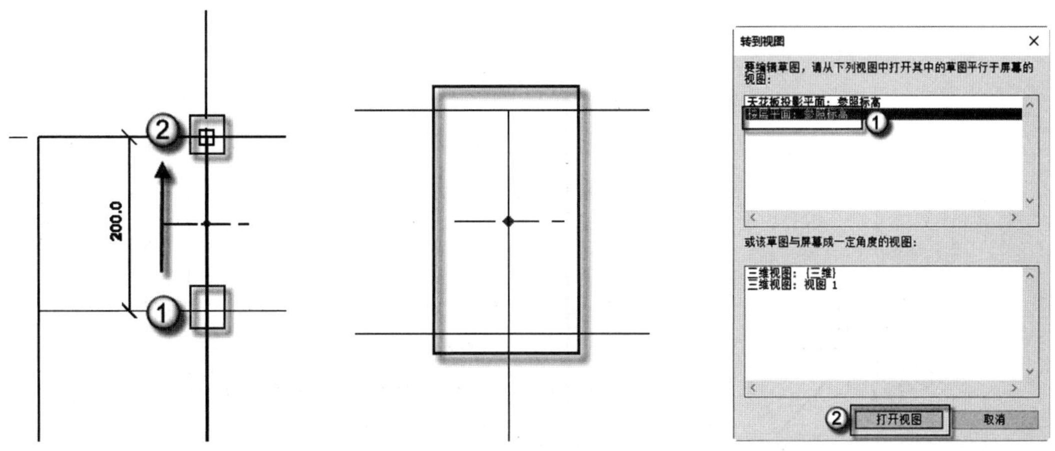

图 5.114　绘制路径　　图 5.115　完成绘制路径　　图 5.116　转到视图

（12）绘制预制底板截面。按 Ctrl+V 快捷键粘贴复合材料地面，调整粘贴地面位置由①向②移动，如图 5.117 所示。当点①靠近准确位置时，可观察到旁边的距离数值会变为 0.0 同时底板截面也会自动贴合，如图 5.118 所示。完成后如图 5.119 所示。连续两次单击√｜×选项板中的√按钮，退出返回参照标高平面。

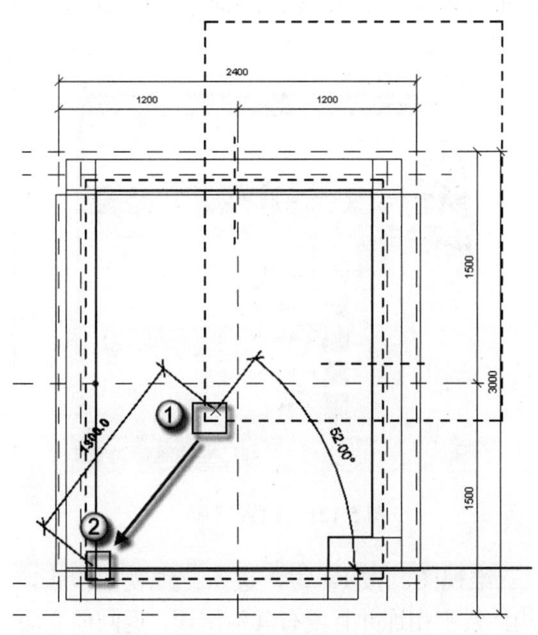

图 5.117　粘贴预制底板截面

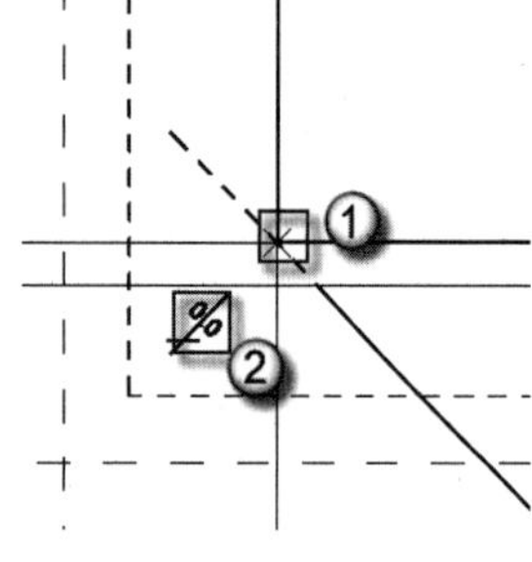

图 5.118　绘制水平向直线精确定位

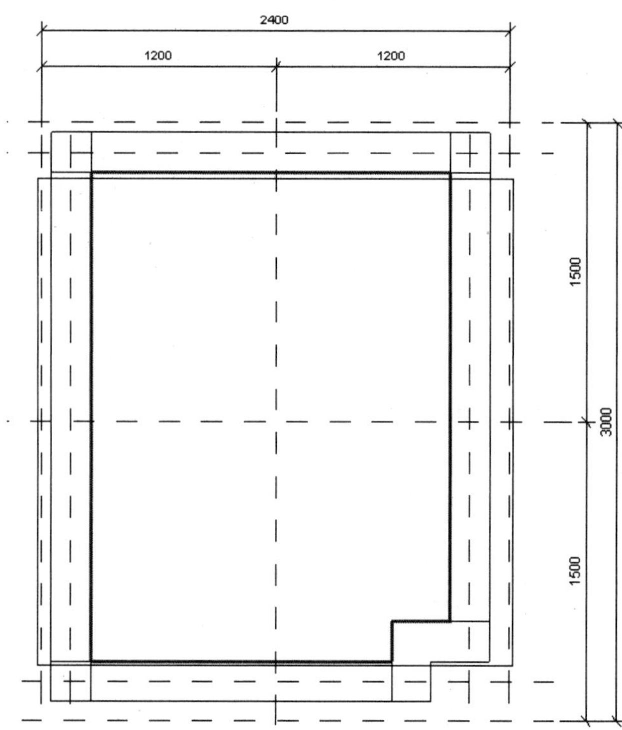

图 5.119　完成预制底板截面定位

（13）赋予预制底板材质。在参照标高平面选楼板，选择“属性”面板中的“材质”|“<按类别>”旁的 ⋯ 按钮，如图 5.120 所示。弹出“材质浏览器”对话框，选择“项目材质：所有”| SMC 材质，单击“确定”按钮，如图 5.121 所示。可以在属性面板“材质”一栏中出现 SMC 材质，如图 5.122 所示，说明此时预制底板材质设置成功。

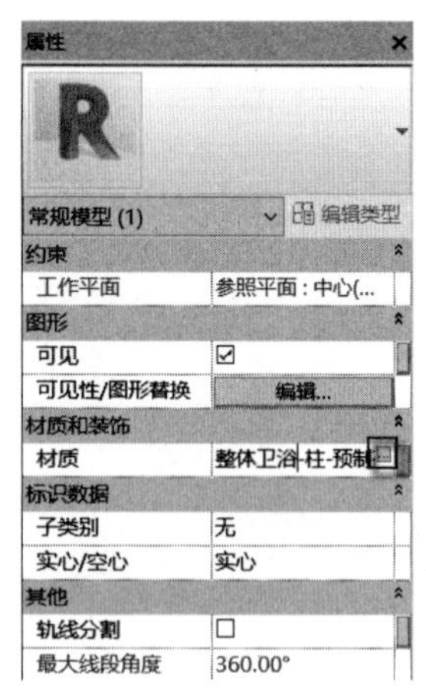

图 5.120　进入材质设置

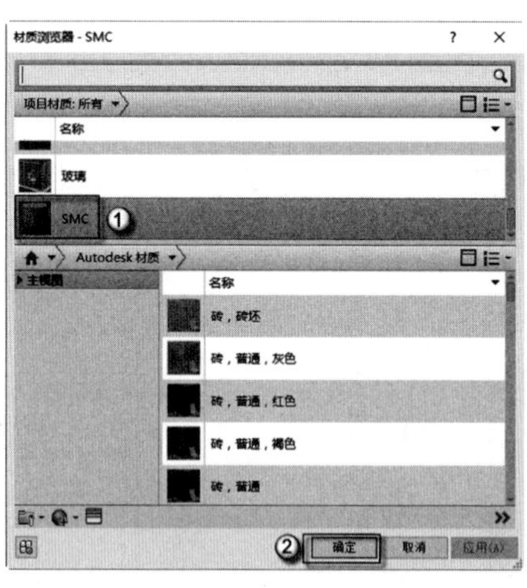

图 5.121　设置材质

图 5.122　检查材质设置

（14）检查预制底板三维视图。按 F4 键，进入三维视图检查，如图 5.123 所示。检查确认预制底板与周围各构件紧密相连并且没有其他错误，返回前立面视图，继续绘制其他板。

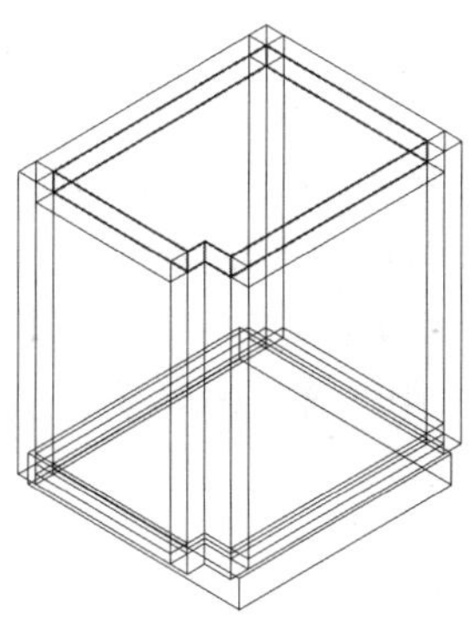

图 5.123　检查预制底板

（15）绘制辅助线。选择最下方的轴线，按 CO 快捷键发出复制命令，在已选的轴线上任意单击一点，向上移动同时输入 1200 的偏移量，如图 5.124 所示。按 Enter 键确定，完成后如图 5.125 所示，完成辅助线的绘制。完成辅助线的绘制后返回前立面图，如图 5.126 所示。

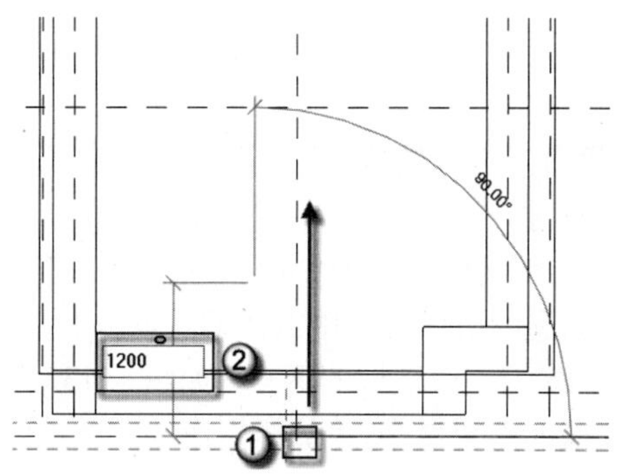

图 5.124　复制轴线

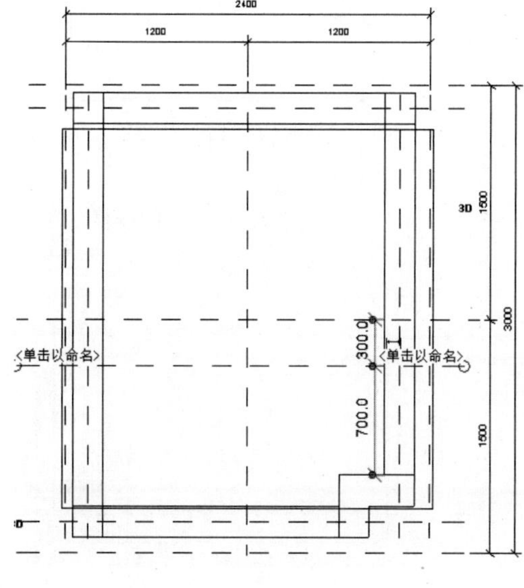

图 5.125　完成辅助线绘制

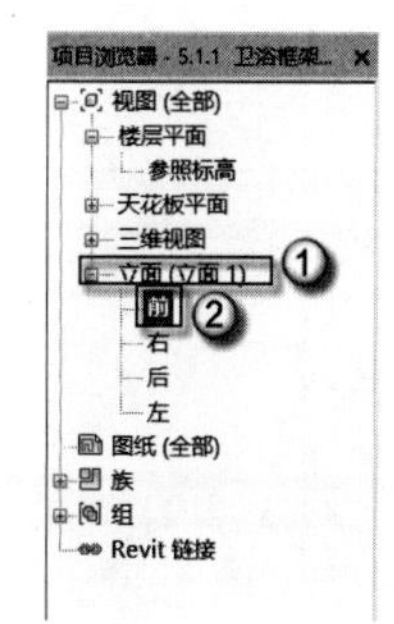

图 5.126　返回前立面

（16）放样。选择菜单栏中的“创建”｜“放样”命令，在“修改｜放样”面板中选择“路径”子命令，进入√｜×选项板，选择“直线”绘制方式，当光标靠近①处时会出现捕捉点，单击该捕捉点向上移动的同时输入 150，并按 Enter 键表示确定，如图 5.127 所示。向上绘制路径，完成路径绘制，如图 5.128 所示。√｜×选项板中单击√按钮，退出“路径”子命令。然后在菜单栏中选择“按草图”｜“编辑轮廓”，进入“轮廓”子命令，同时弹出“转到视图”对话框，在对话框中选择“楼层平面：参照标高”，然后单击“打开视图”按钮，如图 5.129 所示。

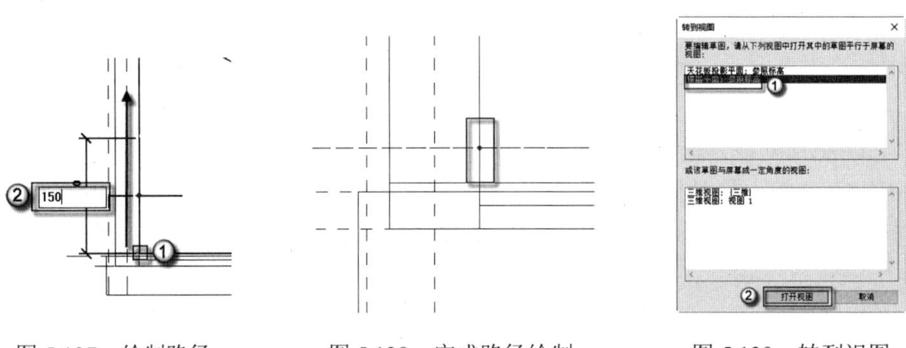

图 5.127　绘制路径　　图 5.128　完成路径绘制　　图 5.129　转到视图

（17）绘制淋浴架起板截面。进入轮廓√｜×选项板，选择“直线”绘图方式，按①→②→③→④→⑤→⑥→①的顺时针方向绘制封闭的楼板截面，如图 5.130 所示。完成后如图 5.131 所示。此时底板右侧与距离外框架距离有误因此需要调整。选择右侧的地板边界，按 MV 快捷键发出移动命令，在已选的边界线上单击任意一点，向左移动同时输入 100 的偏移量，如图 5.132 所示。按 Enter 键确定，完成地板的调整，如图 5. 133 所示。连续两次单击√｜×选项板中的√按钮，依次退出“截面”子命令、“放样”命令，并返回参照标高平面。

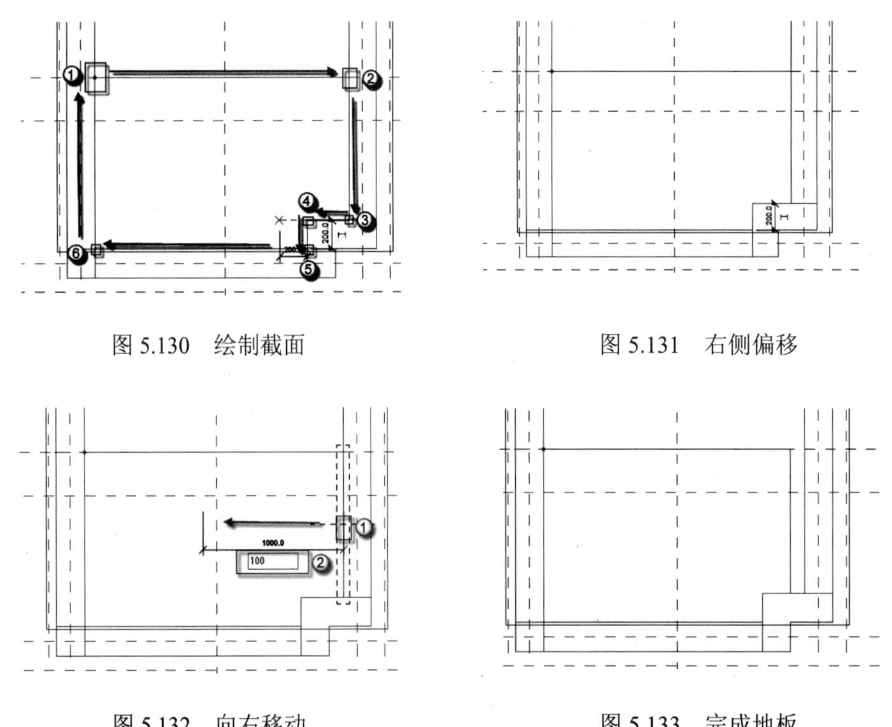

图 5.130　绘制截面　　图 5.131　右侧偏移

图 5.132　向右移动　　图 5.133　完成地板

（18）赋予预制底板材质。在参照标高平面选楼板，选择“属性”面板中的“材质”|“<按类别>”旁的 ⋯按钮，如图 5.134 所示。弹出“材质浏览器”对话框，选择“项目材质：所有”| SMC 材质，单击“确定”按钮，如图 5.135 所示。可以在属性面板“材质”一栏中出现 SMC 材质，如图 5.136 所示，说明此时预制底板材质设置成功。

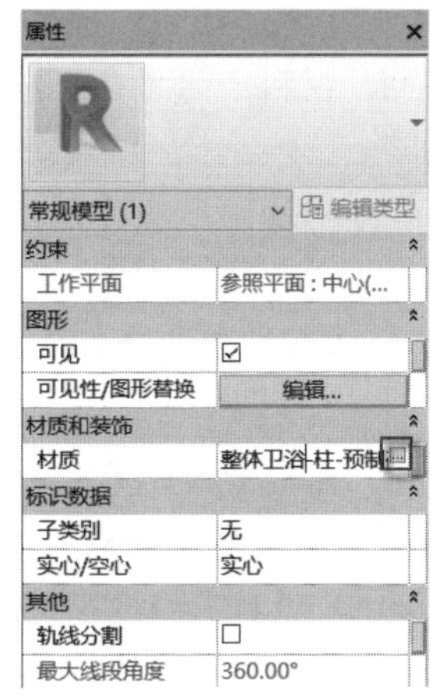

图 5.134　进入材质设置

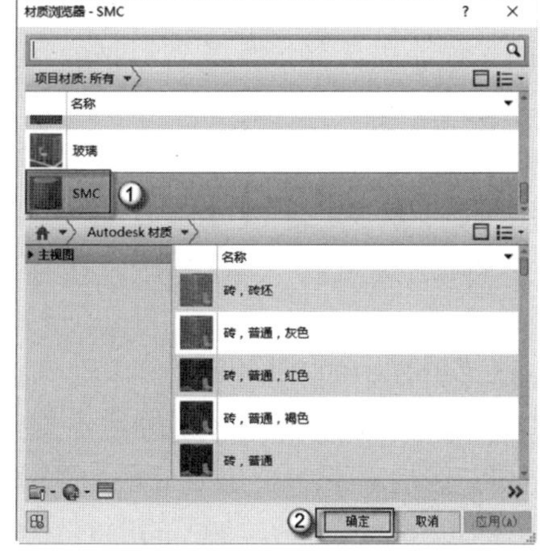

图 5.135　设置材质

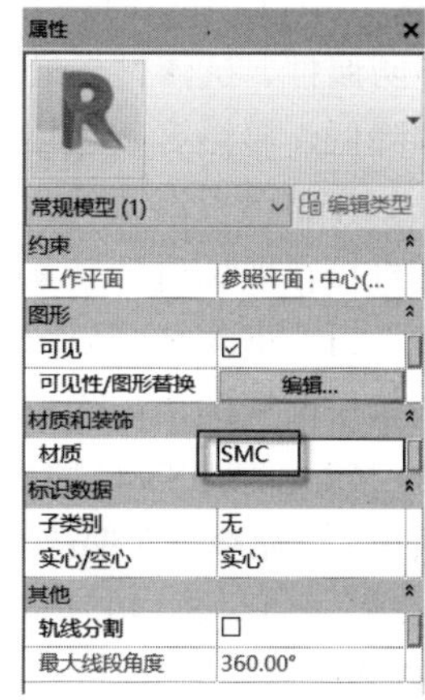

图 5.136　检查材质设置

（19）检查淋浴底板三维视图。按 F4 键，进入三维视图检查，如图 5.137 所示。检查确认各个部分的预制底板与周围各构件紧密相连并且没有其他错误，此时装配式整体卫浴的预制底板全部完成。

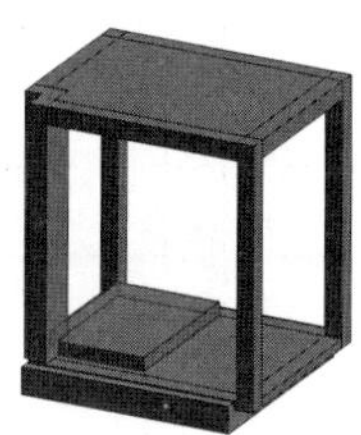

图 5.137　检查淋浴底板三维视图

（20）保存族文件。选择 R |“另存为”|“族”命令，在弹出的“另存为”对话框中的“文件名”一栏中输入“5.1.2 卫浴板的设计”，然后单击“保存”按钮，如图 5.138 所示。

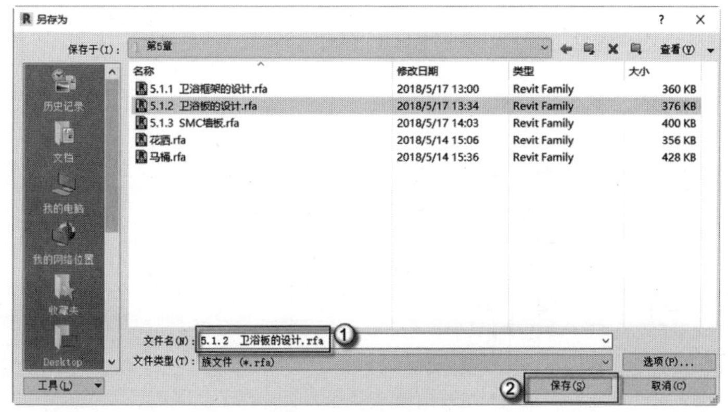

图 5.138　保存族文件

5.1.3　SMC 墙板

SMC 是英文 Sheet Molding Compound 的缩写。SMC 材料主要原料由 GF（专用纱）、MD（填料）及各种助剂组成。材料具有优异的电绝缘性能、机械性能、热稳定性、耐化学防腐性、抗渗性。最初运用于航空航天领域，随着科技的发展，SMC 材料产量增加、成本降低，慢慢开始运用于民用工业。

在整体卫浴中，大量的围合构件采用 SMC 材料。在工厂中就可以整体压模成型，然后直接在现场进行装配。

（1）进入平面视图。选择“项目浏览器”面板中的“楼层平面”|“参照标高”视图，进入平面视图，如 5.139 所示。

（2）绘制 SMC 墙板。选择菜单栏中的“创建”|“拉伸”命令，按 RP 快捷键发出“参照平面”命令。在偏移量一栏中输入 1200，然后单击轴线右端点（如点①）以及左端点（如点②），如图 5.140 所示。绘制完成后在图中会出现新的参照平面，如图 5.141 所示。选择“直线”绘图方式，按①→②→③→④→⑤→⑥→①的顺时针方向绘制封闭 SMC 墙板，如图 5.142 所示。

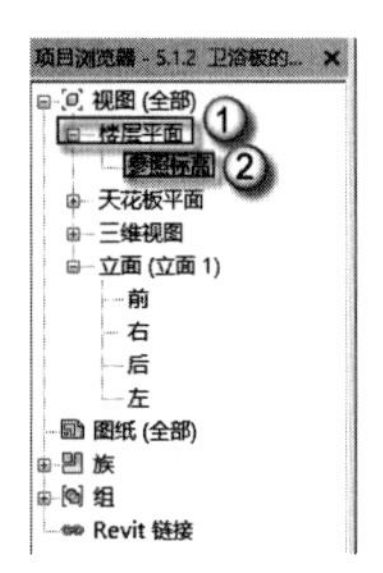

图 5.139　进入平面视图

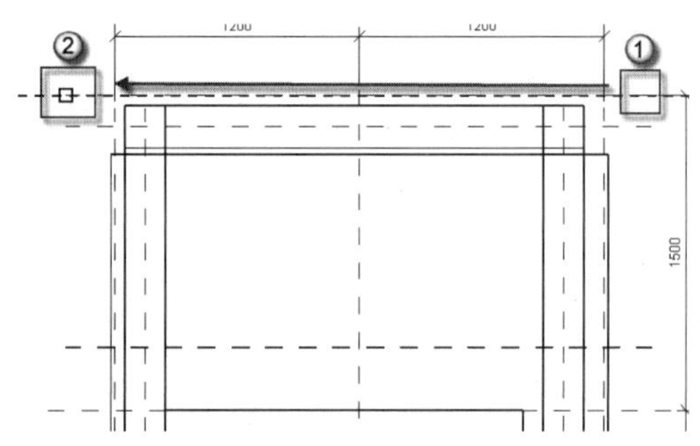

图 5.140　绘制参照平面

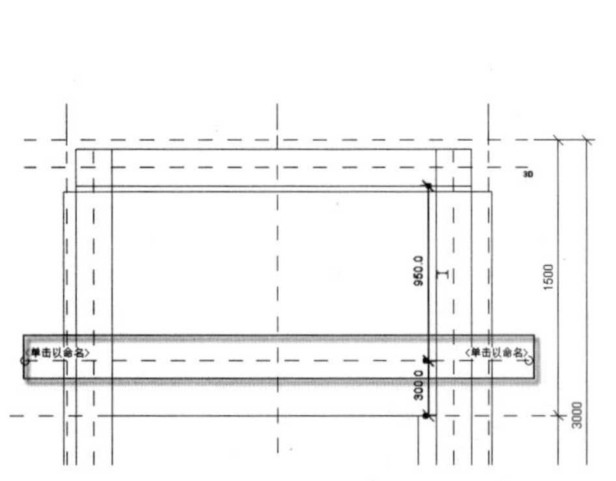

图 5.141　完成参照平面绘制

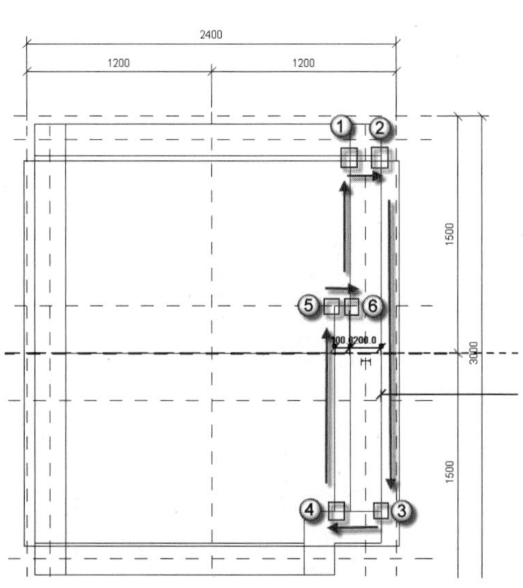

图 5.142　绘制墙板

（3）设置 SMC 墙板高度。选择“项目浏览器”面板中的“立面”｜“前”视图，进入前立面视图，如 5.143 所示。在“属性”面板中的“拉伸终点”一栏中输入 2660，在“拉伸起点”一栏中输入 20，完成后如图 5.144 所示。

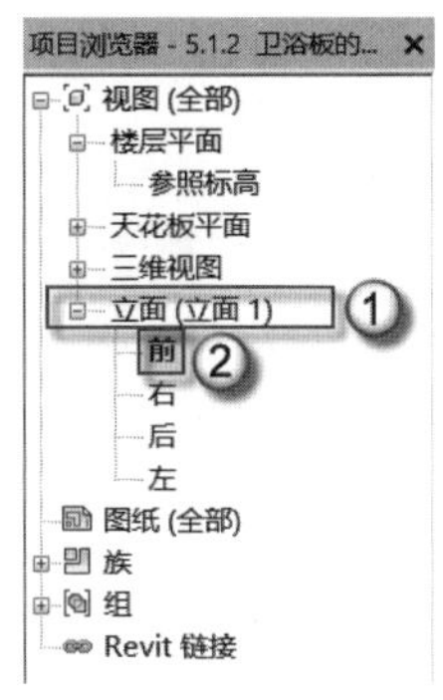

图 5.143　进入前立面视图

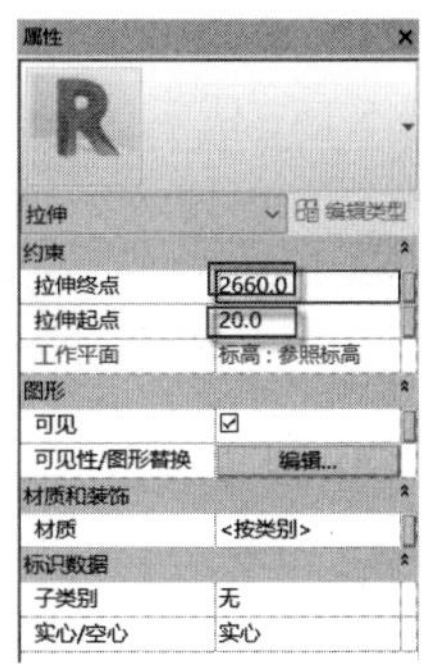

图 5.144　设置墙板高度

（4）赋予 SMC 墙板材质。选择“属性”面板中的“材质”｜“<按类别>”旁的 ▭按钮，如图 5.145 所示。弹出“材质浏览器”对话框，选择 SMC 材质，单击“确定”按钮，如图 5.146 所示。可以在属性面板“材质”一栏中出现 SMC 材质，如图 5.147 所示，说明此时墙板材质设置成功。完成后，单击 √｜×选项板中的 √ 按钮退出。

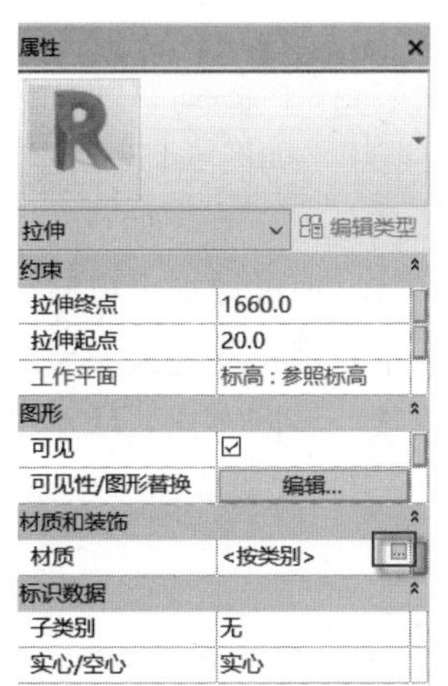

图 5.145　进入材质设置

图 5.146　选择材质

图 5.147　检查材质设置

（5）检查 SMC 墙板三维视图。按 F4 键，进入三维视图检查，如图 5.148 所示。检查确认墙板与周围各构件紧密相连其他细节处也无缺失，返回参照标高平面视图，继续绘制其他墙板。

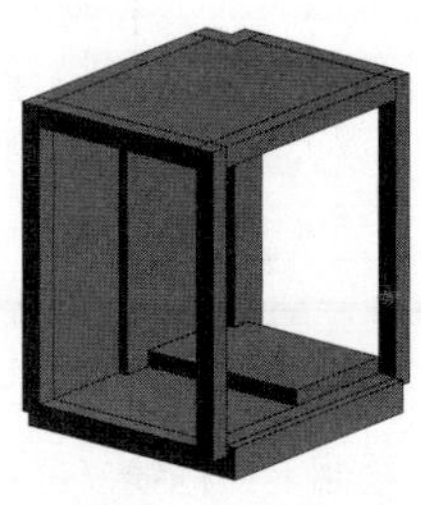
图 5.148　检查墙板

（6）绘制 SMC 墙板。选择“项目浏览器”面板中的“立面”｜“左”视图，进入左立面视图，如图 5.149 所示。选择菜单栏中的“创建”｜“拉伸”命令，选择“矩形”绘图方式，通过拾取矩形对角点①和点②绘制矩形，如图 5.150 所示。在“属性”面板中的“拉伸终点”一栏中输入-1150，在“拉伸起点”一栏中输入-950，并检查材质栏中是否为 SMC，完成后如图 5.151 所示。

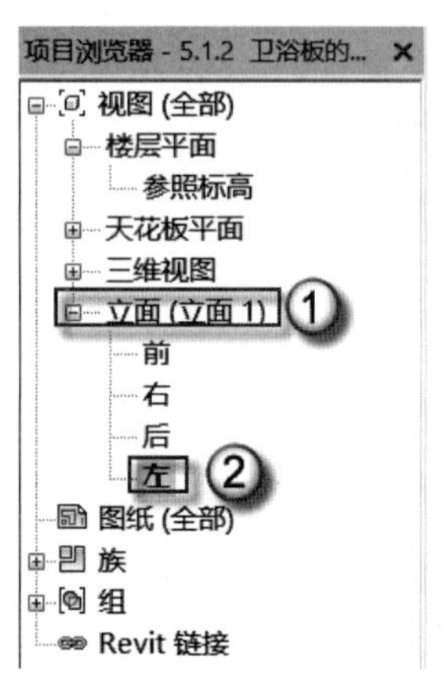

图 5.149　进入左立面

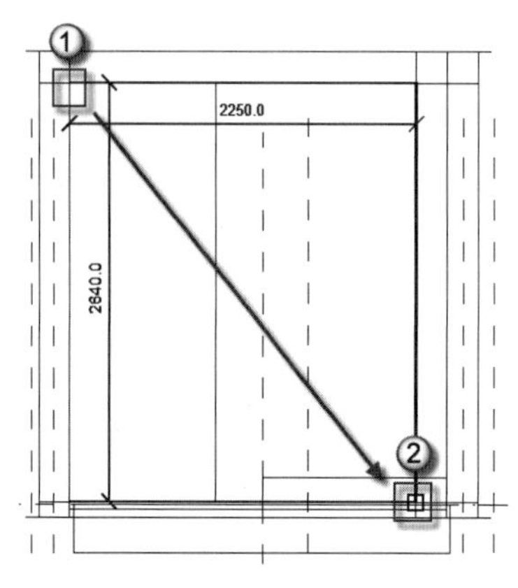

图 5.150　绘制墙板

图 5.151　设置墙板高

（7）绘制门洞。选择菜单栏中的 “直线”绘图方式，并在偏移量栏中输入 2100，从点①向点②绘制水平向直线，如图 5.152 所示。完成后，会出现门框线，如图 5.153 所示。选择墙板左侧的墙线，按 MV 快捷键，发出移动命令，选择墙线上的任意一点（如点①）向右移动同时输入 800 的偏移量，并按 Enter 键确定，如图 5.154 所示。通过捕捉点拉伸调整门框线，由点①拖曳至点②，由点③拖曳至点④，如图 5.155 所示。用上述拖曳夹点的方式，将点①拖曳至点②，如图 5.156 所示。选择菜单栏中的 “直线”绘图方式，从点①绘制到点②处，如图 5.157 所示。完成后，单击 √ ｜ × 选项板中的 √ 按钮，完成后如图 5.158 所示。

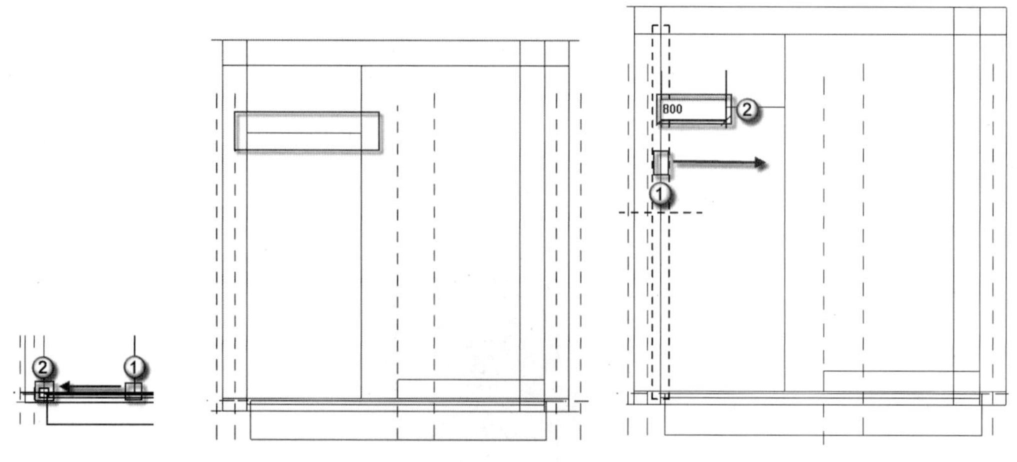

图 5.152　绘制水平直线　　图 5.153　绘制上门框线　　图 5.154　移动墙线

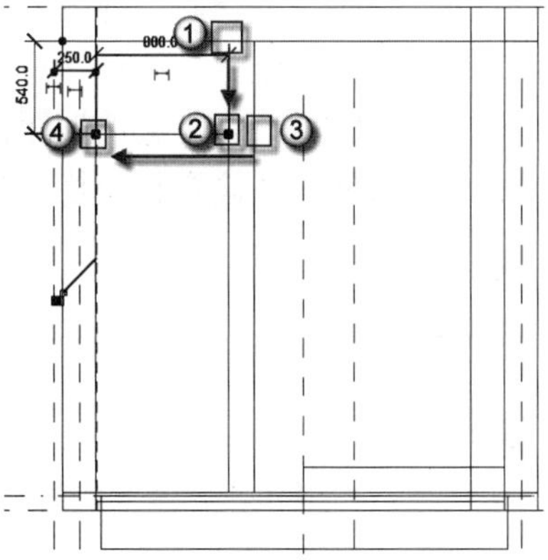

图 5.155　调整墙线

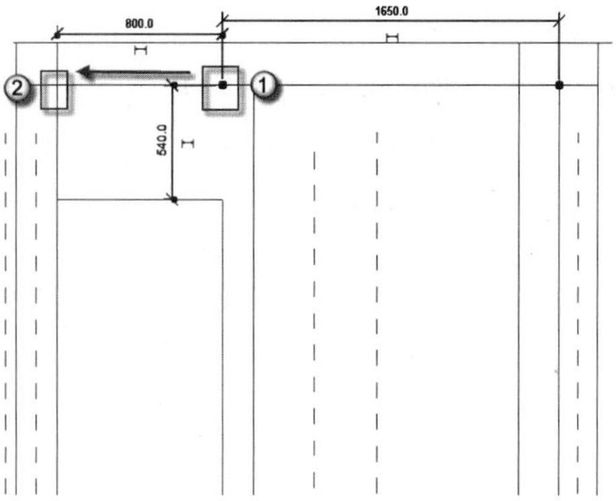

图 5.156　调整门框线

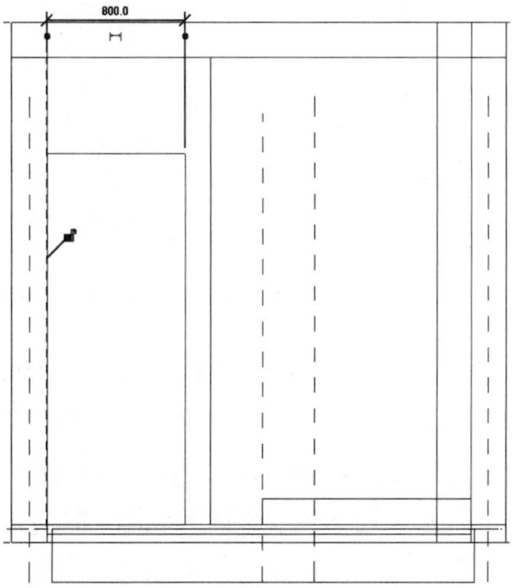

图 5.157　绘制直线

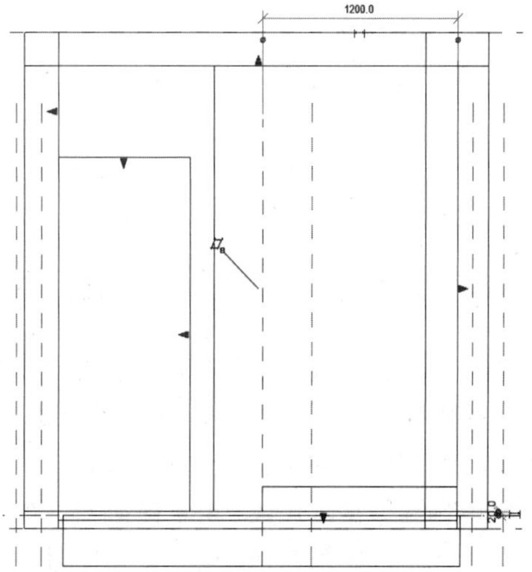

图 5.158　完成门框线绘制

（8）检查 SMC 墙板三维视图。按 F4 键，进入三维视图检查，如图 5.159 所示。检查确认墙板与周围各构件紧密相连其他细节处也无缺失，返回参照标高平面视图，继续绘制其他墙板。

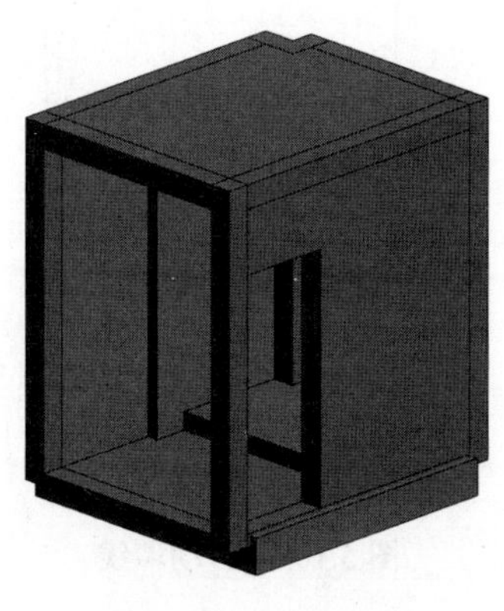

图 5.159　检查墙板

（9）绘制 SMC 墙板。选择“项目浏览器”面板中的“立面”｜“后”视图，进入后立面视图，如图 5.160 所示。选择菜单栏中的“创建”｜“拉伸”命令，选择“矩形”绘图方式，通过拾取矩形对角点①和点②绘制矩形，如图 5.161 所示。在“属性”面板中的“拉伸终点”一栏中输入-1450，在“拉伸起点”一栏中输入-1250，并检查材质栏中是否为 SMC，完成后如图 5.162 所示。

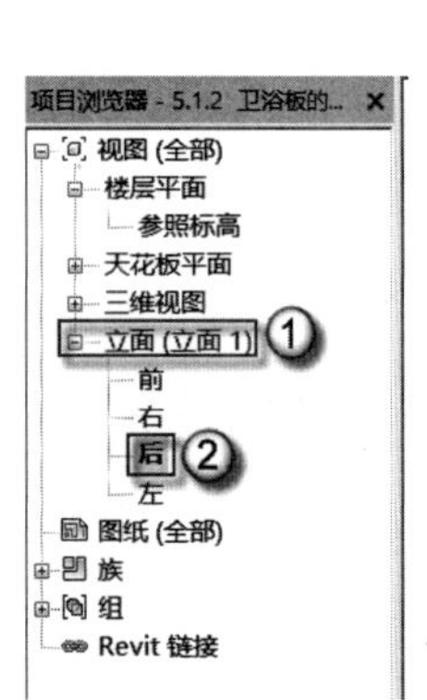

图 5.160　进入后立面视图

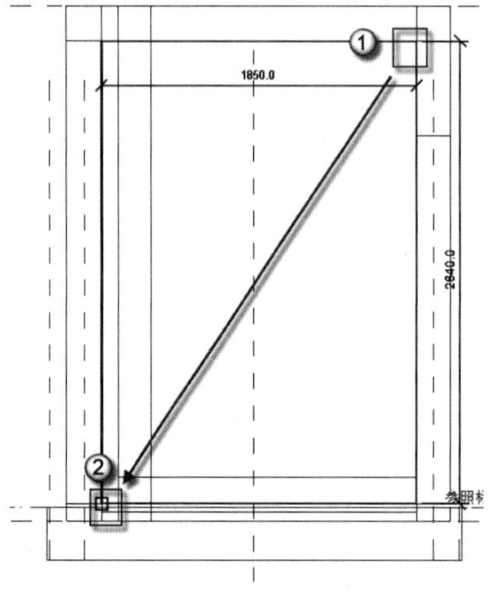

图 5.161　绘制墙板

图 5.162　设置墙板高度

（10）绘制门洞。选择菜单栏中的“直线”绘图方式，并在偏移量栏中输入 2100，从点①向点②绘制水平向直线，如图 5.163 所示，完成后，会出现上门框线。选择墙板右侧的墙线，按 MV 快捷键，发出移动命令，选择墙线上的任意一点（如点①）向右移动同时输入 800 的偏移量，并按 Enter 键确定，如图 5.164 所示。通过夹点拉伸调整门框线，由点①拖曳至点②，如图 5.165 所示。用上述拖曳夹点的方式，将点①拖曳至点②，如图 5.166 所示。选择菜单栏中的“直线”绘图方式，从点①绘制到点②处，如图 5.167 所示。完成后，单击√｜×选项板中的√按钮，完成后如图 5.168 所示。

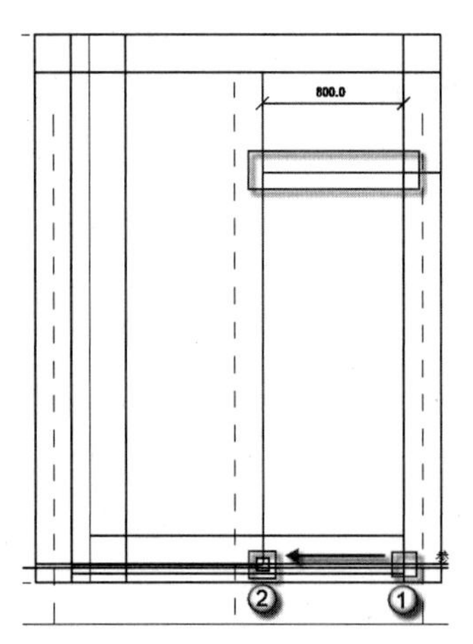

图 5.163　绘制上门框线

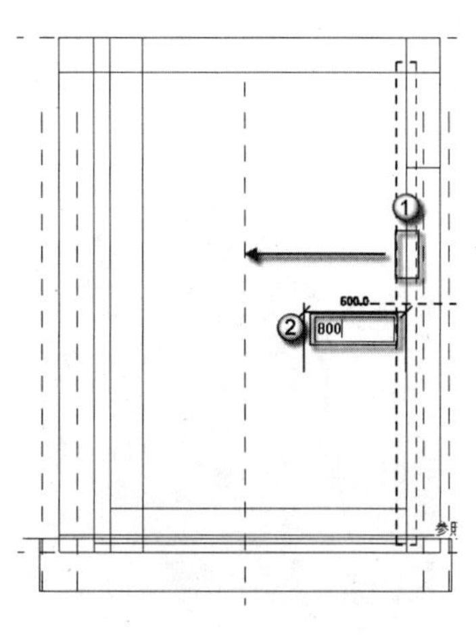

图 5.164　移动墙线

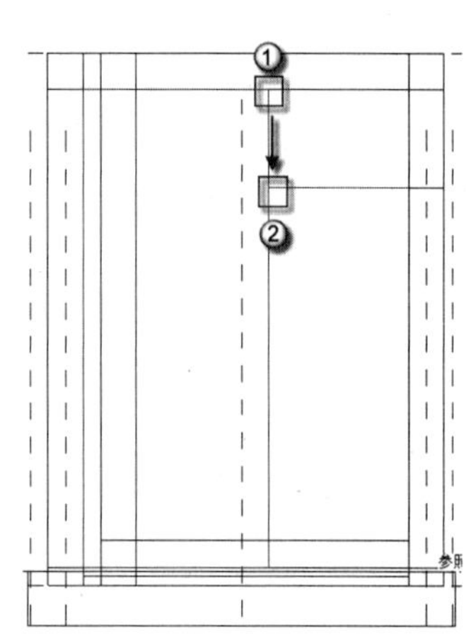

图 5.165　调整墙线

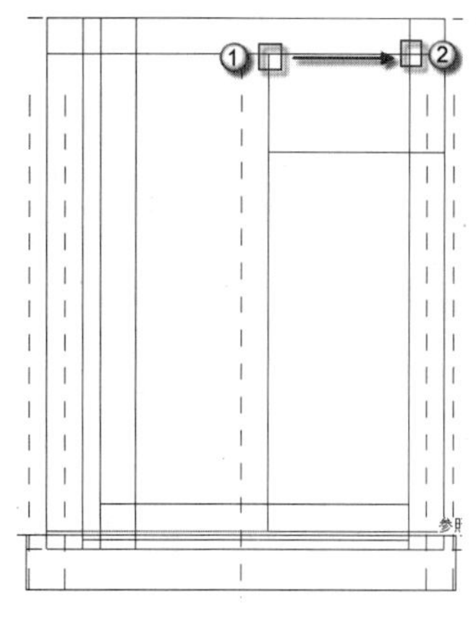

图 5.166　调整墙线

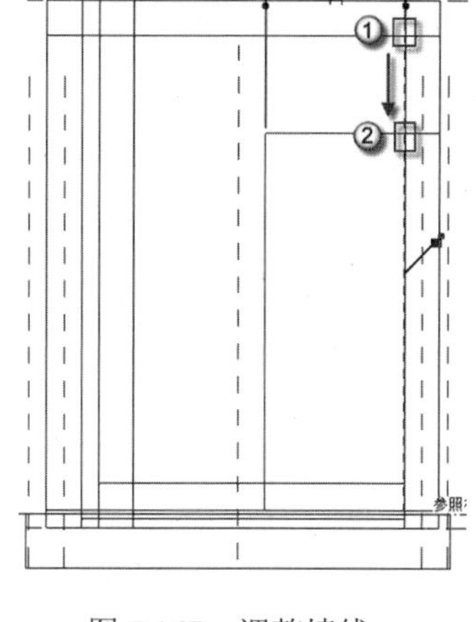

图 5.167　调整墙线

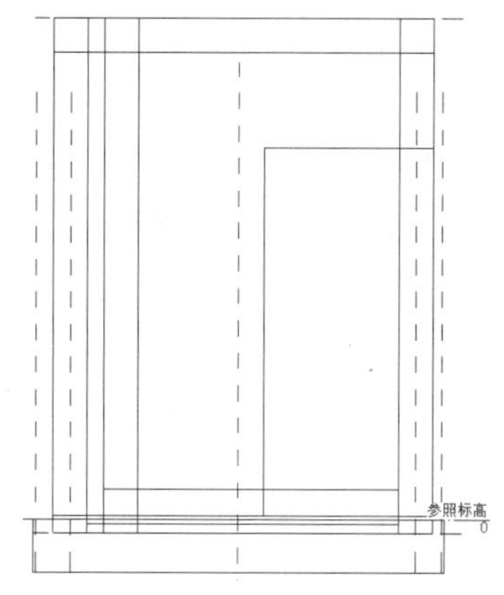

图 5.168　完成墙线调整

（11）检查 SMC 墙板三维视图。按 F4 键，进入三维视图检查，如图 5.169 所示。检查确认墙板与周围各构件紧密相连其他细节处也无缺失，返回参照标高平面视图，继续绘制其他墙板。

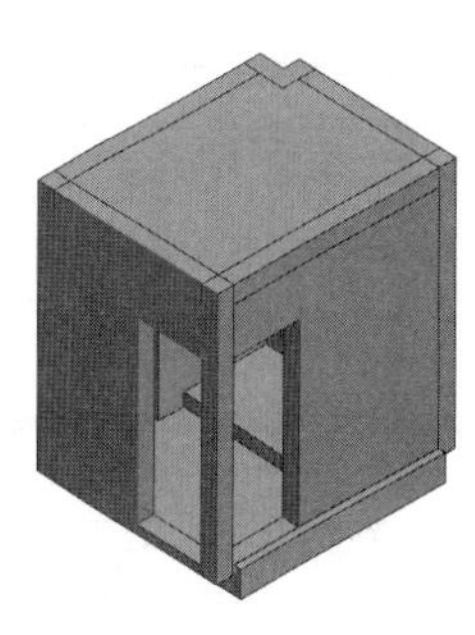

图 5.169　检查墙板

（12）绘制 SMC 墙板。选择“项目浏览器”面板中的“立面”|“前”视图，进入前立面视图，如 5.170 所示。选择菜单栏中的“创建”|“拉伸”命令，选择“矩形”绘图方式，通过拾取矩形对角点①和点②绘制矩形，如图 5.171 所示。在“属性”面板中的“拉伸终点”一栏中输入 1400，在“拉伸起点”一栏中输入 1200，并检查材质栏中是否为 SMC，完成后如图 5.172 所示。

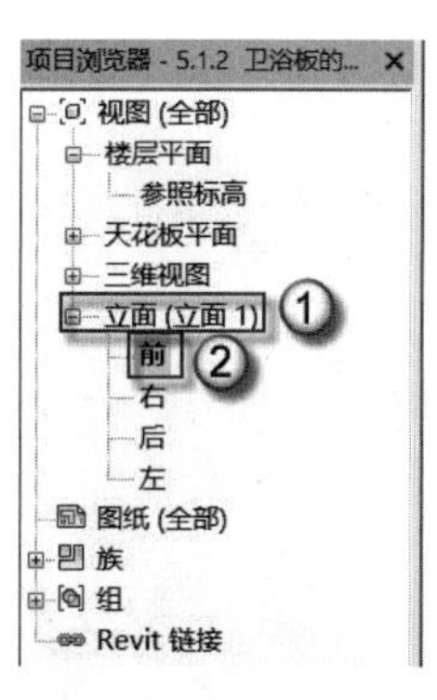

图 5.170　进入前立面

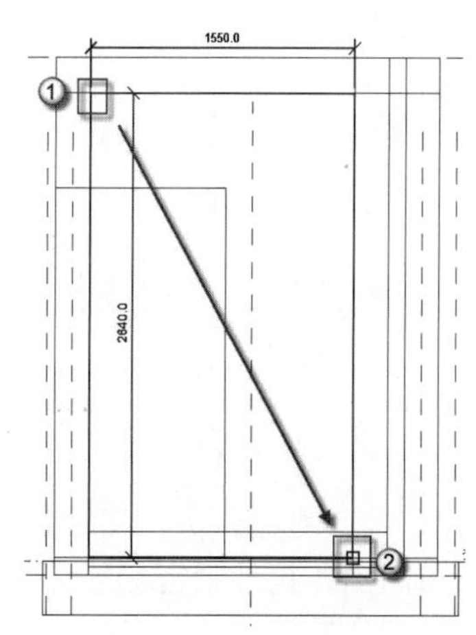

图 5.171　绘制墙板

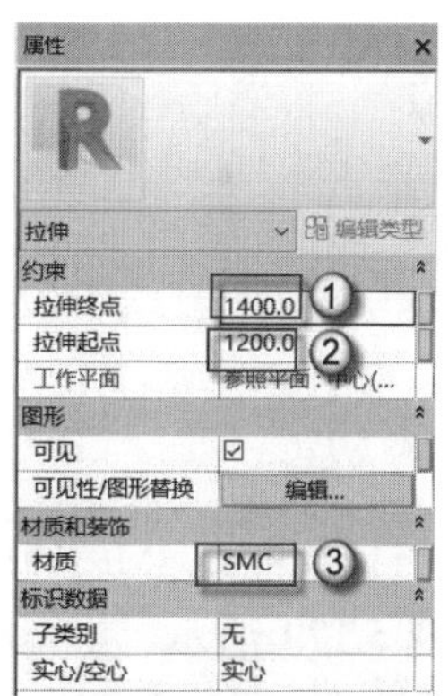

图 5.172　设置墙板高度

（13）绘制窗洞。选择菜单栏中的“直线”绘图方式，并在偏移量栏中输入 500，沿“前立面”中最左侧的轴线，从点①向点②绘制水平向直线，如图 5.173 所示，完成后，会出现右窗框线。选择刚完成的右窗框线，按 MV 快捷键，发出移动命令，选择右窗框线上的任意一点（如点①）向右移动同时输入 900 的偏移量，并按 Enter 键确定，如图 5.174 所示。选择菜单栏中的“直线”绘图方式，并在偏移量栏中输入 1050，沿“参照平面”从点①向点②绘制水平向直线，如图 5.175 所示，完成后，会出现下窗框线。选择刚完成的下窗框

线，按 CO 快捷键，发出复制命令，选择下窗框线上的任意一点（如点①）向上移动同时输入 1500 的偏移量，并按 Enter 键确定，如图 5.176 所示。通过夹点拉伸调整窗框线，由点①拖曳至点②，同样拖曳夹点③至点④、点⑤至点⑥、点⑦至点⑧，如图 5.177 所示。完成后，单击 √ | ×选项板中的 √ 按钮，完成后如图 5.178 所示。

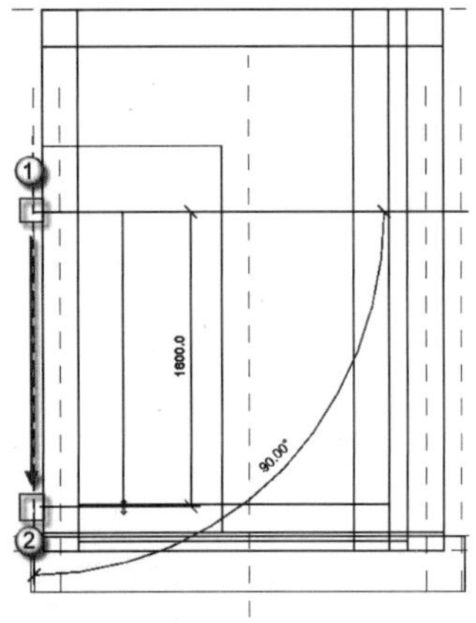

图 5.173　绘制直线

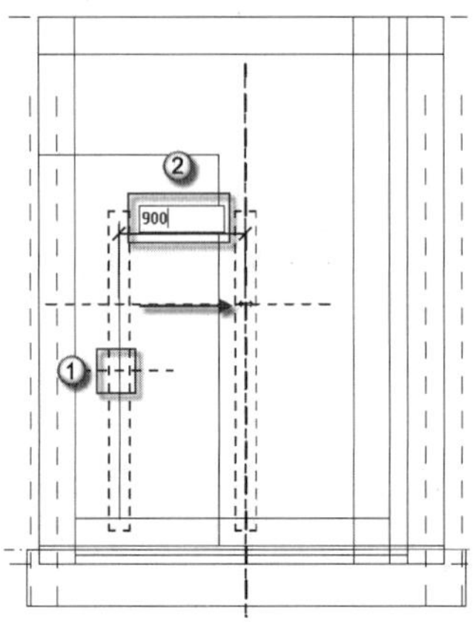

图 5.174　调整墙线

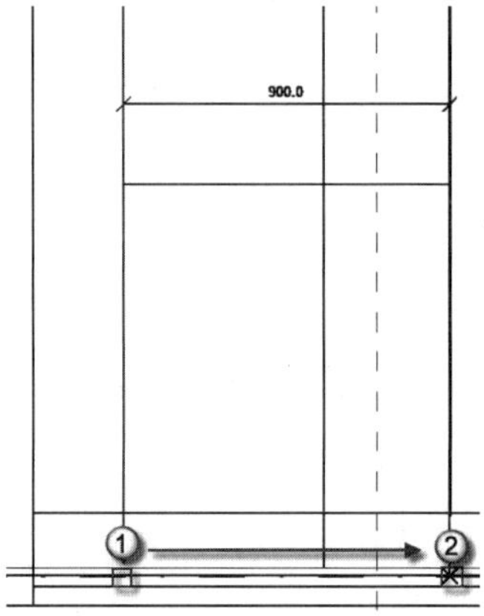

图 5.175　绘制下窗洞线

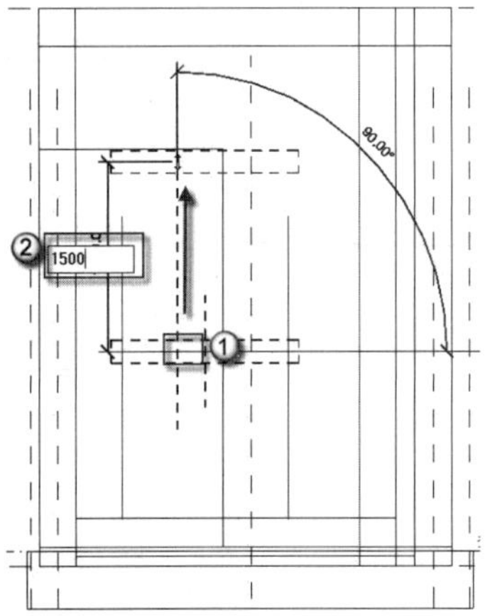

图 5.176　绘制上窗洞线

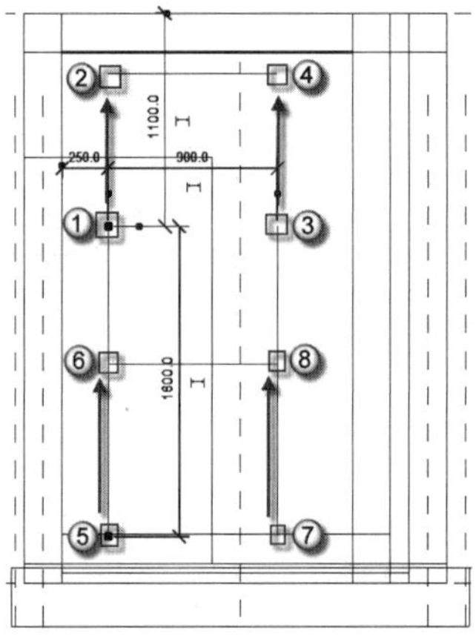

图 5.177　调整墙线

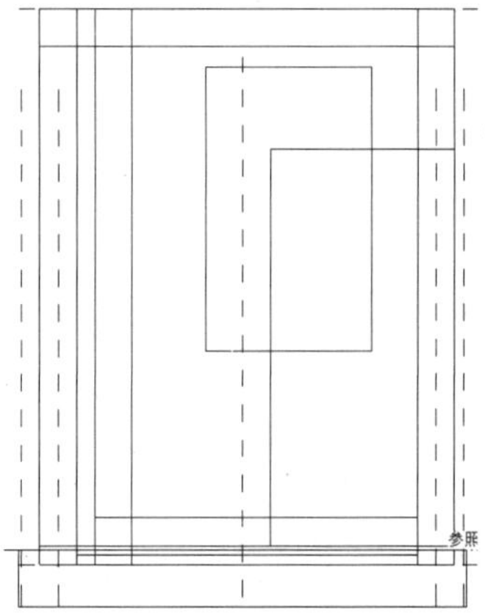

图 5.178　完成窗洞绘制

（14）检查 SMC 墙板三维视图。按 F4 键，进入三维视图检查，如图 5.179 所示。检查确认墙板与周围各构件紧密相连其他细节处也无缺失，返回参照标高平面视图，对部分墙板进行调整。

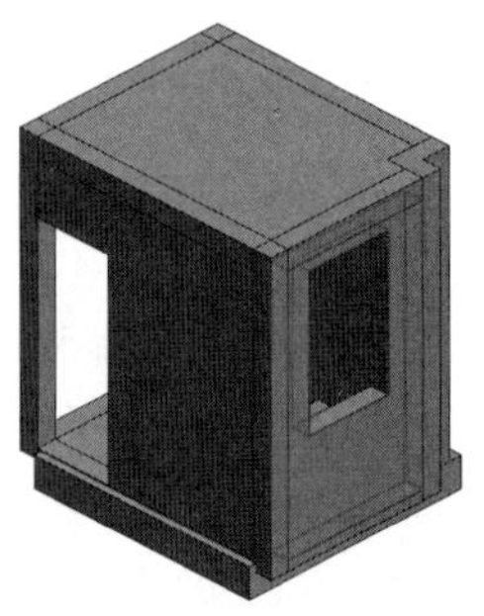

图 5.179　检查墙板

（15）调整 DK0915 墙板。返回“前立面”视图，选择菜单栏中的“创建” | “拉伸”命令，选择“矩形”绘图方式，通过拾取矩形对角点①和点②绘制矩形，如图 5.180 所示。在“属性”面板中的“拉伸终点”一栏中输入 1400，在“拉伸起点”一栏中输入 1200，并检查材质栏中是否为 SMC，选择“属性”面板中的“可见” | “单选框”旁的□按钮，如图 5.181 所示。在弹出的“关联族参数”对话框中单击按钮，如图 5.182 所示。弹出“参数属性”对话框，在

“名称”一栏中输入“不需要 DK915”，选中对话框中右侧“实例”单选按钮，单击“确定”按钮，如图 5.183 所示。在“关联族参数”对话框中可见“不需要 DK915”确认无误后，单击“确定”按钮，如图 5.184 所示。完成后，单击√|×选项板中的√按钮，退出√|×选项板。

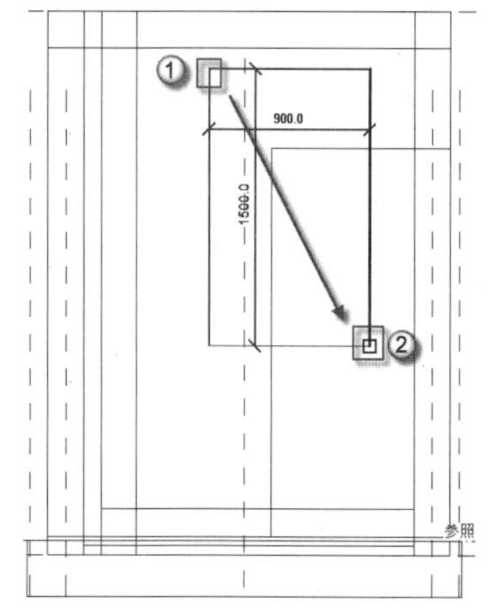

图 5.180　绘制墙板

图 5.181　设置墙板高度

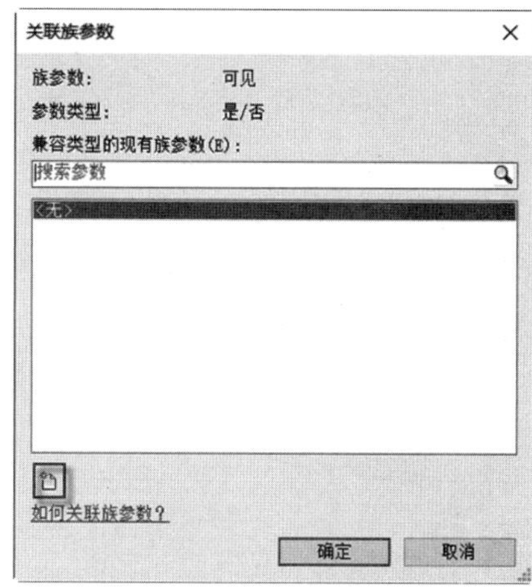

图 5.182　关联族参数

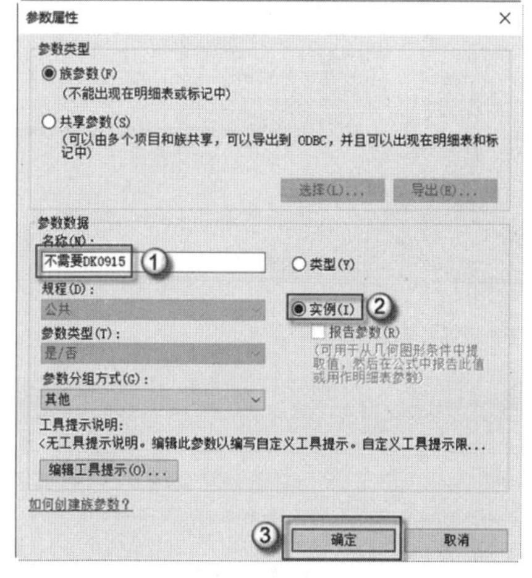

图 5.183　更改名称

图 5.184　确定族参数设置

注意：因为洞口在装配式整体卫浴中有时有有时没有，因此可以通过对墙板的可见性进行设置，实现装配式整体卫浴灵活开洞。

（16）选择“项目浏览器”面板中的“立面”|“左”视图，进入左立面视图，如图 5.185 所示。选择菜单栏中的“创建”|“拉伸”命令，选择“矩形”绘图方式，通过拾取矩形对角点①和点②绘制矩形，如图 5.186 所示。在“属性”面板中的“拉伸终点”一栏中输入-1150，在“拉伸起点”一栏中输入-950，并检查材质栏中是否为 SMC，选择“属性”面板中的“可见”|“单选框”旁的□按钮，如图 5.187 所示。在弹出的“关联族参数”对话框中单击按钮，如图 5.188 所示。弹出“参数属性”对话框，在“名称”一栏中输入

“不需要长边门洞”，选中对话框中右侧“实例”单选按钮，单击“确定”按钮，如图 5.189 所示。在“关联族参数”对话框中可见“不需要长边门洞”确认无误后，单击“确定”按钮，如图 5.190 所示。完成后，单击√｜×选项板中的√按钮，退出√｜×选项板。

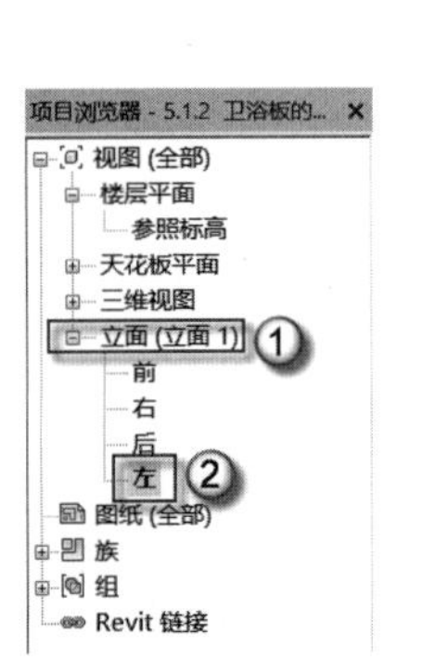

图 5.185　进入左立面

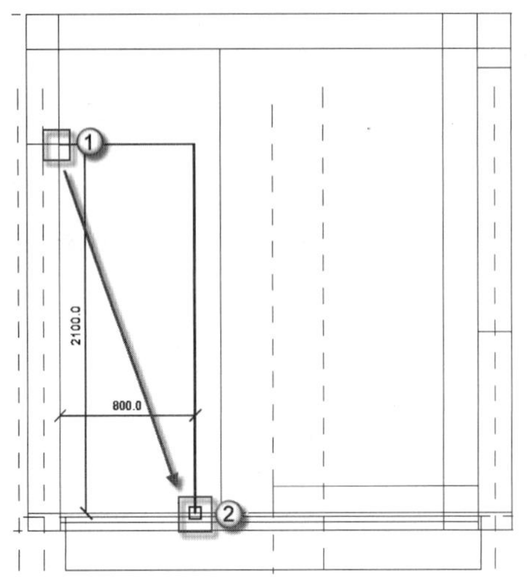

图 5.186　设置墙板

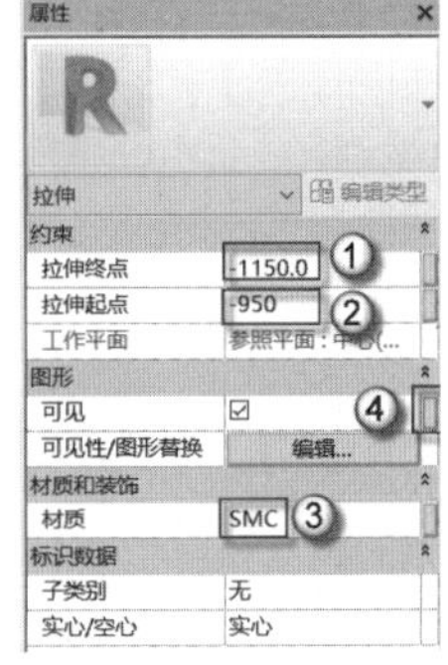

图 5.187　设置墙板高度

图 5.188　关联族参数

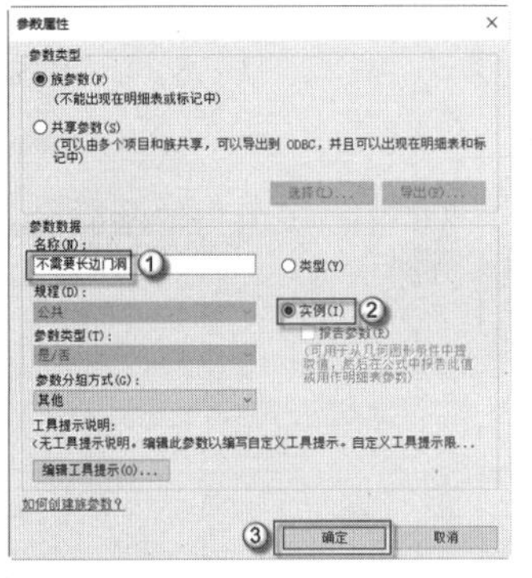

图 5.189　更改名称

图 5.190　检查参数设置

注意： 类型参数与实例参数的区别。类型参数是更改一个参数，整个类型对象都会变化；实例参数是更改一个参数，只会影响自身，别的对象不会变化。

（17）选择“项目浏览器”面板中的“立面”｜“后”视图，进入后立面视图，如图 5.191 所示。选择菜单栏中的“创建”｜“拉伸”命令，选择“矩形”绘图方式，通过拾取矩形对角点①和点②绘制矩形，如图 5.192 所示。在“属性”面板中的“拉伸终点”一栏中输入-1450，在“拉伸起点”一栏中输入-1250，并检查材质栏中是否为 SMC，选择“属性”面板中的“可见”｜“单选框”旁的□按钮，如图 5.193 所示。在弹出的“关联族参数”对话框中单击按钮，如图 5.194 所示。弹出“参数属性”对话框，在“名称”一栏中输入“不需要短边门洞”，选中对话框中右侧“实例”单选按钮，单击“确定”按钮，如图 5.195 所示。在“关联族参数”对话框中可见“不需要短边门洞”确认无误后，单击“确定”按钮，如图 5.196 所示。完成后，单击√｜×选项板中的√按钮，退出√｜×选项板。

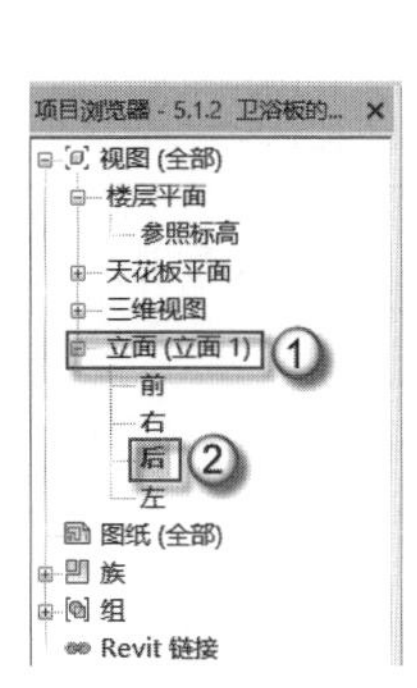

图 5.191　进入后立面

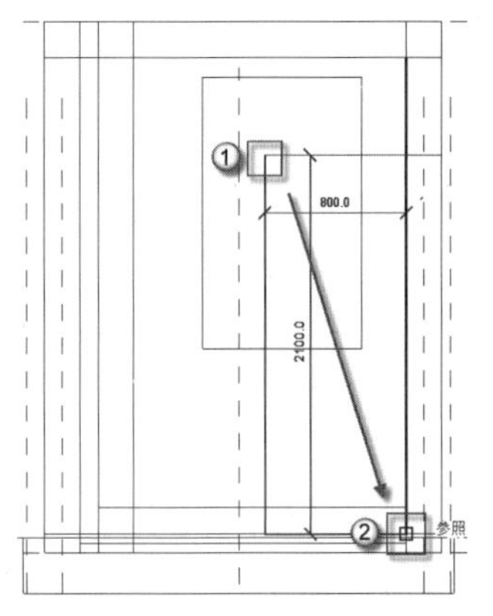

图 5.192　绘制墙板

图 5.193　设置墙板高度

图 5.194　关联族参数

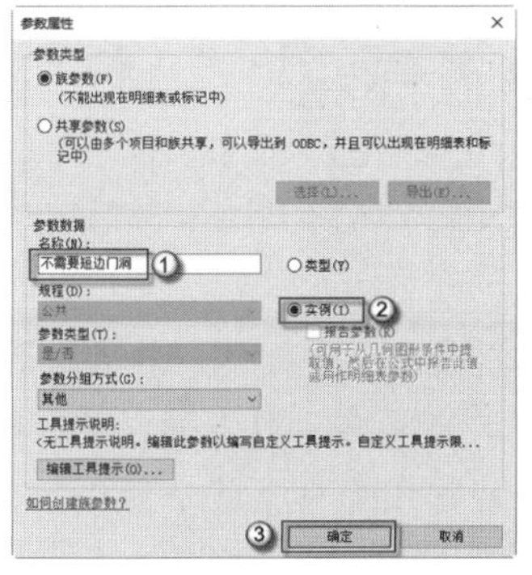

图 5.195　更改名称

图 5.196　检查参数设置

（18）检查 SMC 墙板三维视图。按 F4 键，进入三维视图检查，如图 5.197 所示。同时旋转三维模型全面检查，确认墙板与周围各构件紧密相连其他细节处也无缺失。

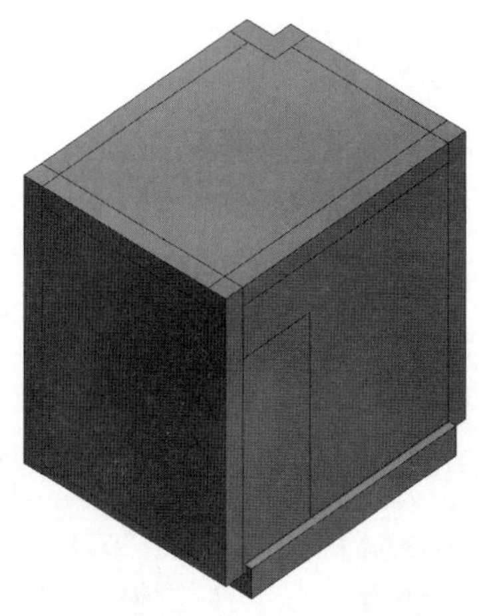

图 5.197　检查 SMC 墙板

（19）保存族文件。选择 R｜“另存为”｜“族”命令，在弹出的“另存为”对话框中的“文件名”一栏中输入“5.1.3 SMC 墙板”，然后单击“保存”按钮，如图 5.198 所示。

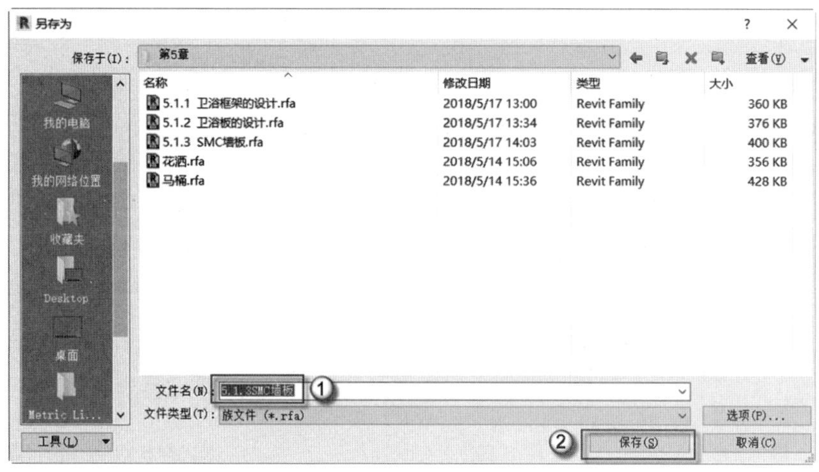

图 5.198　保存族文件

5.2　卫 浴 装 置

本节中主要介绍卫生间中的洗脸盆、坐便器、淋浴房等常见的卫浴装置的设计。不过，此处是在整体卫浴中进行配置的，与平常的卫生间设计有极大的区别。例如坐便器选用贴墙式、地漏采用阴角式等。这些装置在配套下载资源中都提供了族文件，供读者选用。

5.2.1　插入洁具

本小节提供了整体卫浴中常用的几个卫浴族文件，注意在 Revit 软件中插入这些相应的族，并且按照需要调整这些族，放到相应的位置。

（1）载入洁具族。选择菜单栏中的“插入”｜“载入族”命令，在弹出“载入族”对话框中，多次单击并配合 Ctrl 键同时选择“隔断”“挂镜”“花洒”“马桶”“磨砂玻璃门”“洗脸盆”6 个族，单击“打开”按钮，如图 5.199 所示。选择“项目浏览器”面板中的“族”｜“常规模型”视图，可见“常规模型”的下拉菜单中有刚刚载入的 6 个族，则可确定载入族成功，如图 5.200 所示。

注意： 在插入卫浴族构件时由于楼板和墙板会阻挡视线，可以用隐藏构件的方法进行操作，更为便捷高效。楼板或墙板阻挡视线时，选择需要隐藏的构件，按 HH 快捷键，发出隐藏命令，当所有构件插入完成后按 HR 快捷键，取消隐藏。

（2）插入挂镜。选择“项目浏览器”面板中的“立面”｜“左”视图，进入左立面视图，如图 5.201 所示。单击图中的矩形，按 HH 快捷键，发出隐藏命令，如图 5.202 所示。选择“项目浏览器”面板中的“族”｜“常规模型”｜“挂镜”｜“挂镜”，拖曳“挂镜”进入操作面板中的点⑤位置，进行定位如图 5.203 所示。在拖曳过程中选择“放置构件”｜“放置在面上”，挂镜完成定位后如图 5.204 所示。

图 5.199　载入族

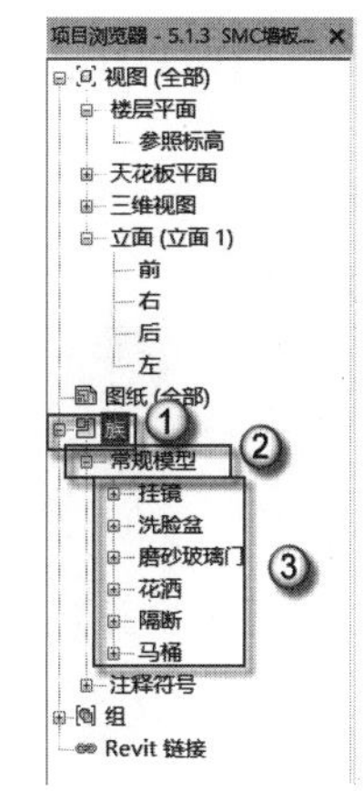

图 5.200　检查载入族

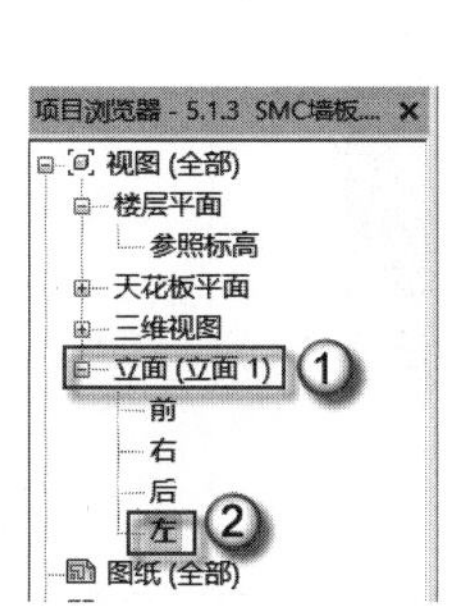

图 5.201　进入左立面视图

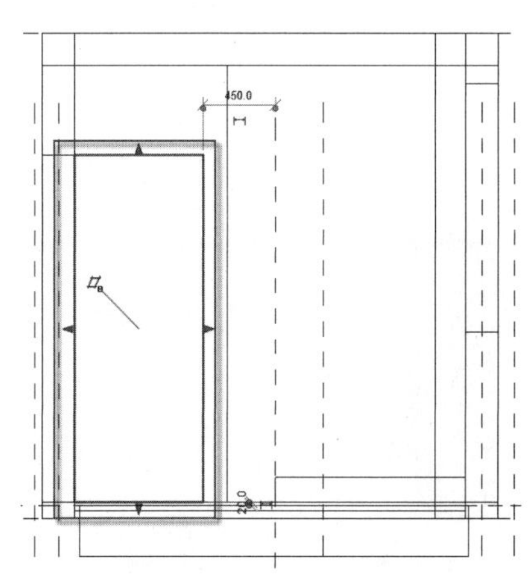

图 5.202　隐藏构件

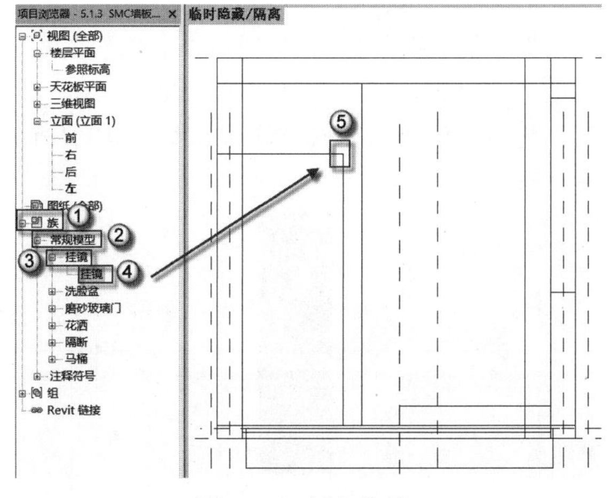

图 5.203　插入挂镜

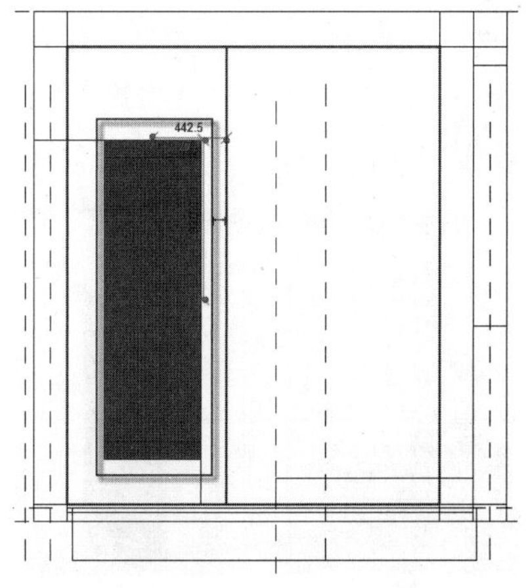

图 5.204　完成挂镜的插入

（3）调整挂镜位置。单击图中的拉伸构件，按 HH 快捷键，发出隐藏命令，如图 5.205 所示。完成构件隐藏后如图 5.206 所示。选择挂镜，按 MV 快捷键，发出移动命令，单击挂镜的角点如点①，移动至点②，如图 5.207 所示。完成后如图 5.208 所示。

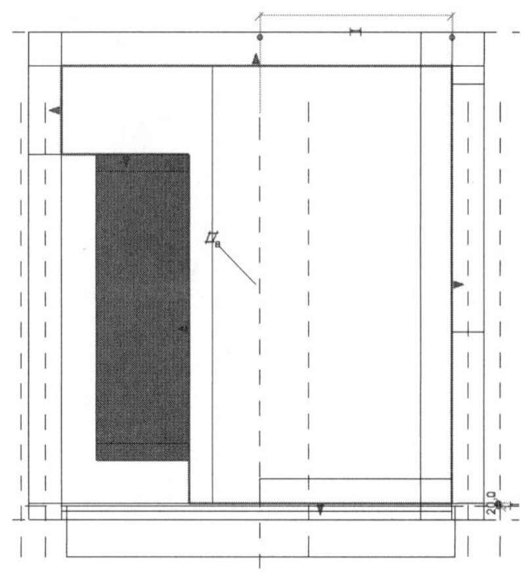

图 5.205　隐藏拉伸构建

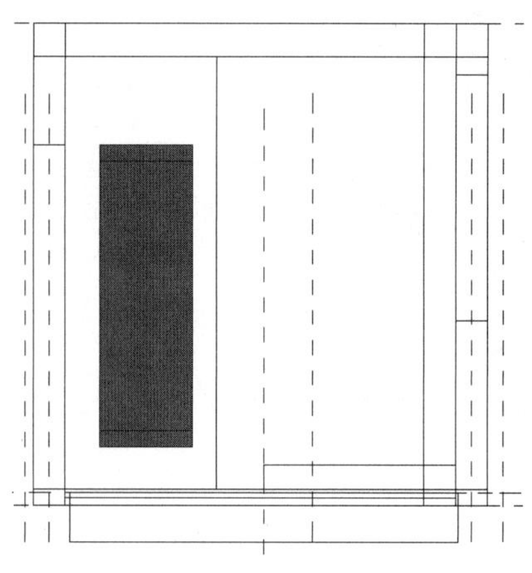

图 5.206　完成构件隐藏

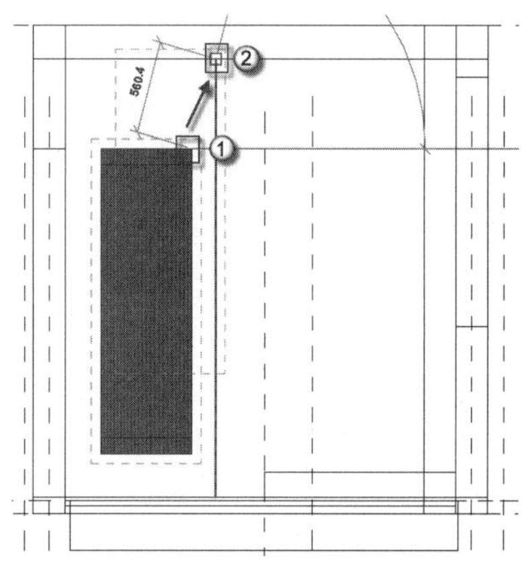

图 5.207　调整挂镜位置

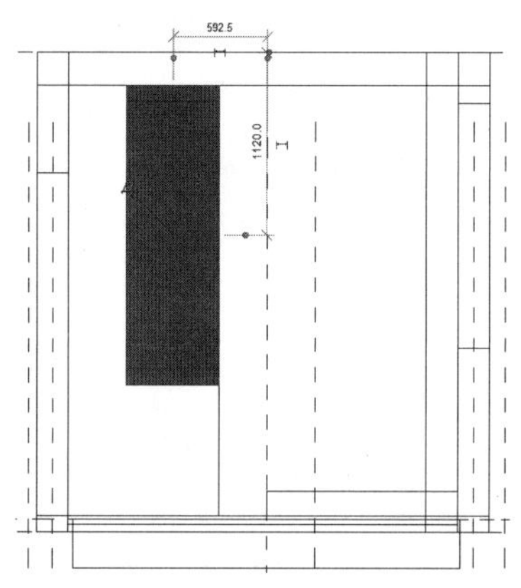

图 5.208　完成挂镜位置调整

（4） 插入洗脸盆。选择“项目浏览器”面板中的“族”｜“常规模型”｜“洗脸盆”｜“洗脸盆”，拖曳“洗脸盆”进入操作面板中的点⑤位置，进行定位如图 5.209 所示。在拖曳过程中选择“放置构件”｜“放置在面上”选项，洗脸盆完成定位后如图 5.210 所示。

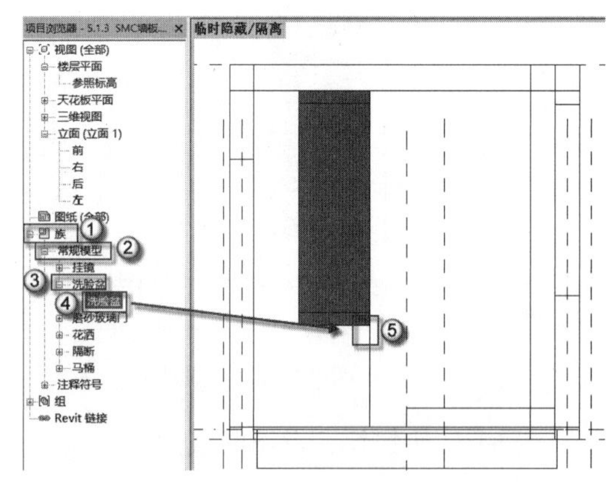

图 5.209　插入洗脸盆

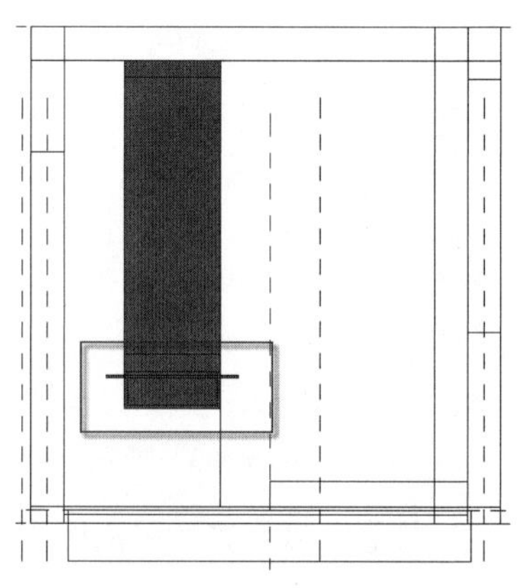

图 5.210　完成洗脸盆插入

（5）调整洗脸盆位置。配合 Ctrl 键同时选中挂镜与洗脸盆，按 MV 快捷键，发出移动命令，单击洗脸盆的角点如点①，移动至点②，如图 5.211 所示。完成后如图 5.212 所示。

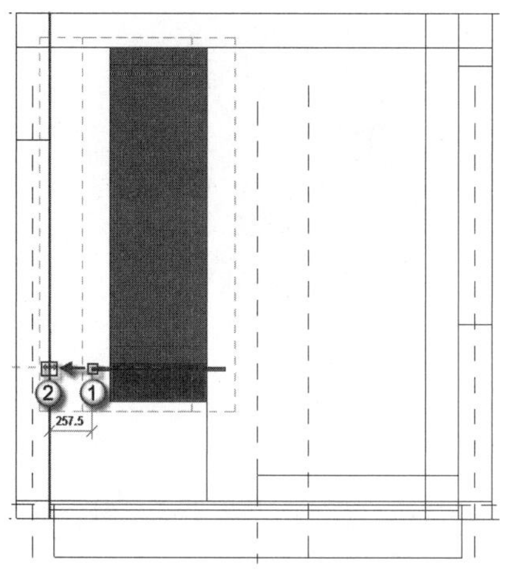

图 5.211　调整洗脸盆位置

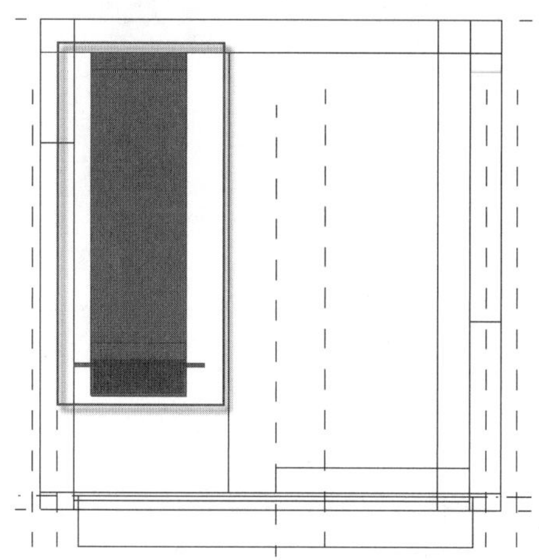
图 5.212　完成洗脸盆的调整

（6）检查三维视图。按 F4 键，进入三维视图，检查洗脸盆是否与墙板严丝合缝地拼接，挂镜是否与洗脸盆无缝拼接，如图 5.213 所示，确认无误后返回“参照平面”。

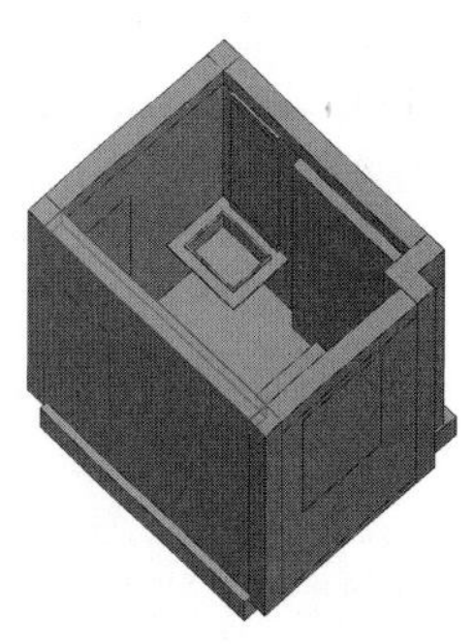
图 5.213　检查三维视图

（7）插入隔断。选择“项目浏览器”面板中的“楼层平面”｜“参照标高”视图，进入平面视图，如图 5.214 所示。选择“项目浏览器”面板中的“族”｜“常规模型”｜“隔断”｜“隔断”，拖曳“隔断”进入操作面板中的点⑤位置，进行定位如图 5.215 所示。在拖曳过程中选择“放置构件”｜“放置在面上”选项，洗脸盆完成定位后如图 5.216 所示。按 F4 键，进入三维视图，检查隔断是否与挂镜齐平，如图 5.217 所示，确认无误后返回参照平面。

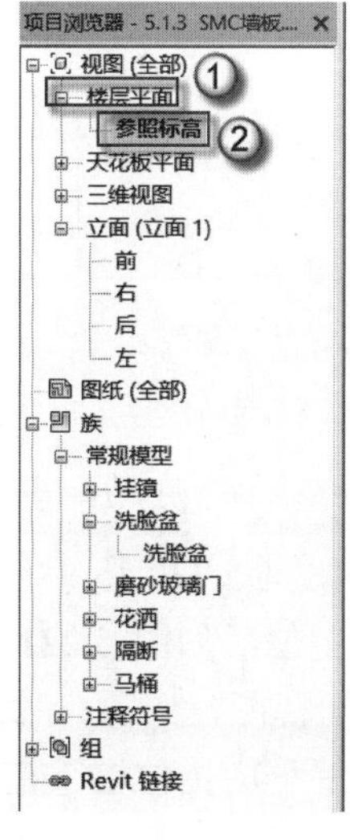

图 5.214　进入参照平面视图

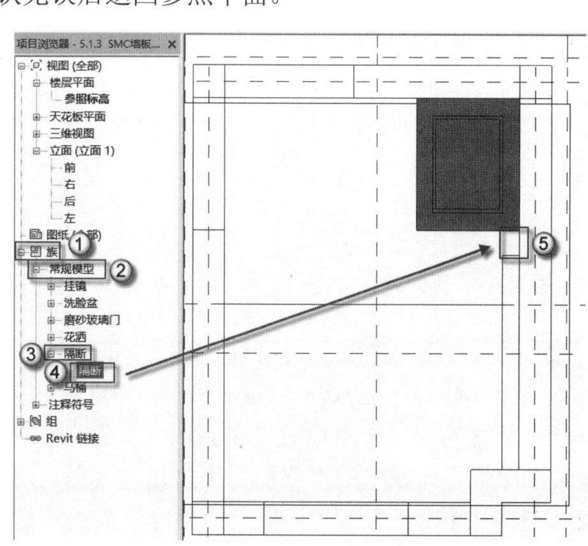

图 5.215　插入隔断

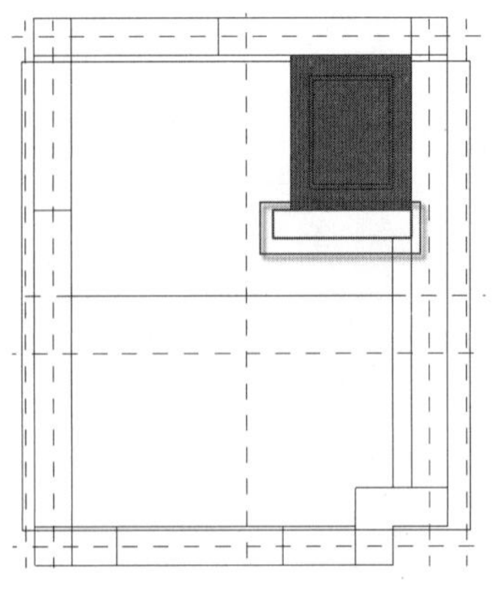

图 5.216　插入隔断

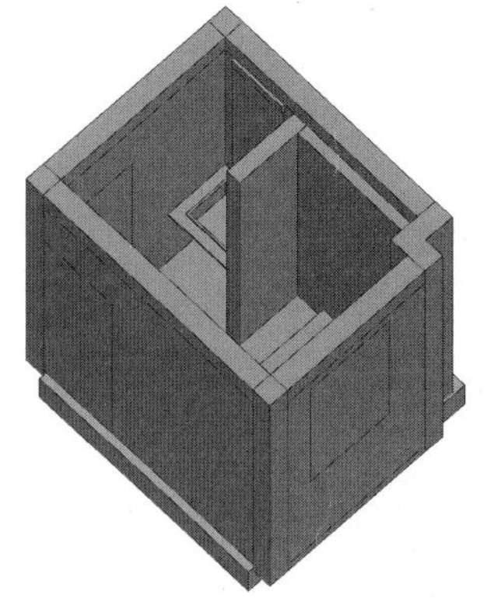

图 5.217　检查三维视图

注意：在插入隔断时可能会出现隔断平面方向不正确，这时可以按 Space 键，调整平面方向。按一下 Space 键，系统会自动将隔断旋转 90° 。

（8）调整架高楼板。双击架高楼板进入“放样”界面，再次双击架高楼板进入“轮廓”界面，如图 5.218 所示。选择架高楼板的上边线，按 MV 快捷键，发出移动命令，单击架高楼板上边线右端点（如点①），向下移动至点②，单击该点定位，如图 5.219 所示。连续两次单击√ | ×选项板中的√按钮，依次退出“截面”子命令、“放样”命令，并返回参照标高平面。

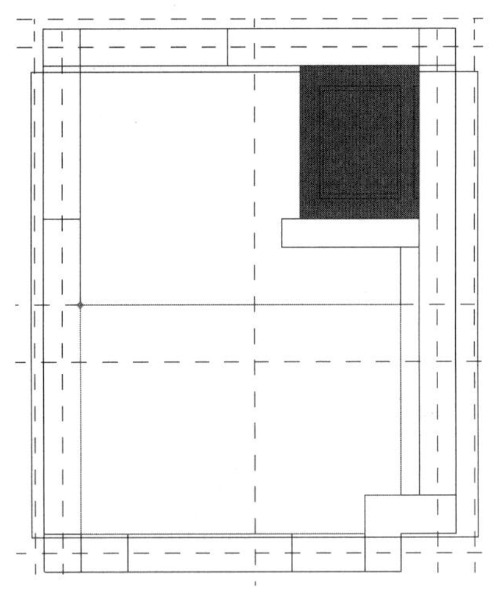

图 5.218　进入轮廓修改

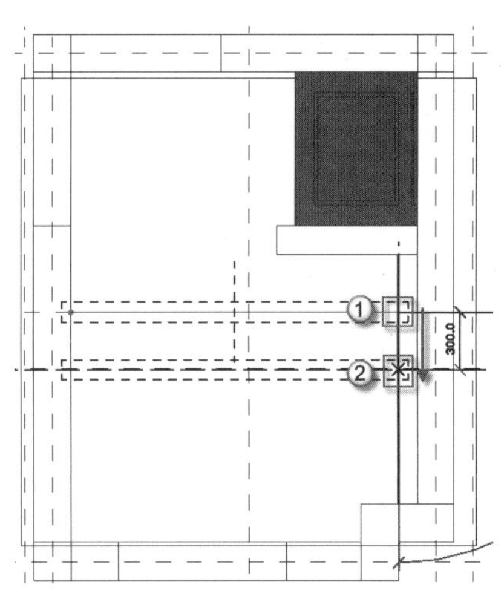

图 5.219 移　动架高楼板上边线

（9）插入马桶。选择“项目浏览器”面板中的“族” | “常规模型” | “马桶” | “马桶”命令，拖曳“马桶”进入操作面板中的点⑤位置，进行定位如图 5.220 所示。在拖曳过程中选择“放置构件” | “放置在垂直面上”选项，马桶完成定位后如图 5.221 所示。选择“项目浏览器”面板中的“立面” | “左”视图，进入左立面视图，如图 5.222 所示。向下拖曳马桶构件至合适位置（马桶上边界与洗脸盆下边界近乎齐平），由位置①拖曳至位置②，如图 5.223 所示。完成后如图 5.224 所示。

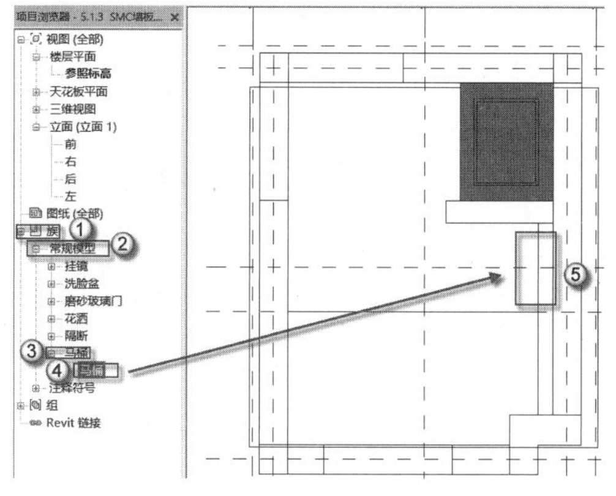

图 5.220　插入马桶

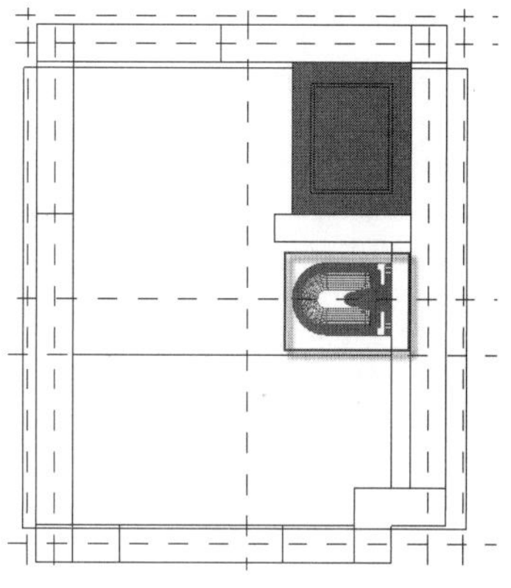

图 5.221　放置马桶

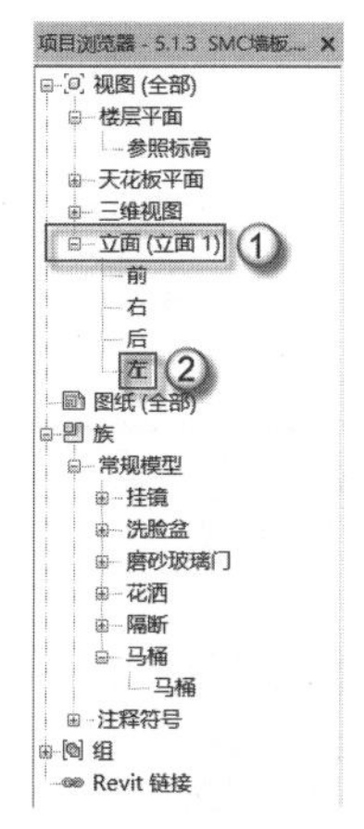

图 5.222　进入左立面

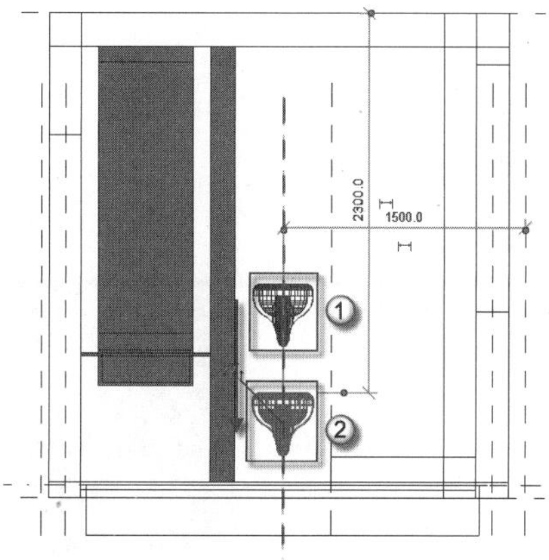

图 5.223　调整马桶位置

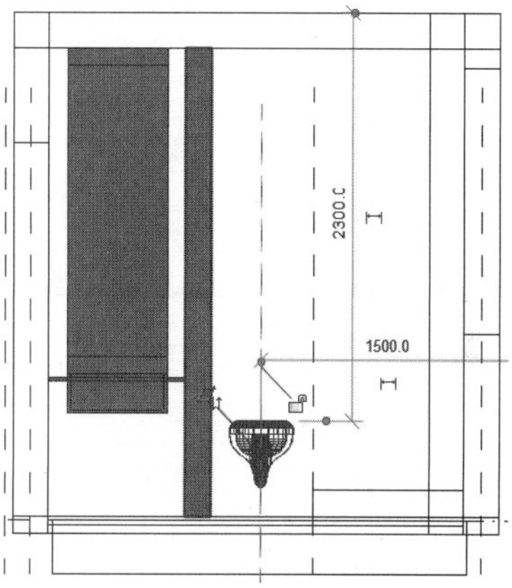

图 5.224　完成位置调整

注意：马桶（即坐便器）有两大类型，贴地式与贴墙式。在整体卫浴中必须选择贴墙式，这样马桶的下水是通过墙内埋管排出。

（10）插入磨砂玻璃门。选择“项目浏览器”面板中的“楼层平面”|“参照标高”视图，进入平面视图，如图 5.225 所示。选择“项目浏览器”面板中的“族”|“常规模型”|“磨砂玻璃门”|“磨砂玻璃门”，拖曳“磨砂玻璃门”进入操作面板中的点⑤位置，进行定位如图 5.226 所示。在拖曳过程中选择“放置构件”|“放置在面上” 选项，磨砂玻璃门完成定位后如图 5.227 所示。按 F4 键，进入三维视图，检查发现磨砂玻璃门未与挂镜齐平，如图 5.228 所示。

（11）调整磨砂玻璃门。双击磨砂玻璃门进入构件修改，选择“项目浏览器”面板中的“立面”|“前”视图，进入构件的前立面视图，如图 5.229 所示。双击磨砂玻璃门上边线进入修改界面，如图 5.230 所示。选择磨砂玻璃门上边线，按 MV 快捷键，发出移动命令，单击门上边线的左端点，向上移动同时输入 50 的偏移量，按 Enter 键表示确定，如图 5.231 所示。单击√|×选项板中的√按钮退出，选择“修改|拉伸”|“载入到项目”命令，在弹出的对话框中选择“覆盖现有版本及其参数值”选项，如图 5.232 所示。按 F4 键，进入三维视图，检查发现磨砂玻璃门与挂镜齐平，如图 5.233 所示。

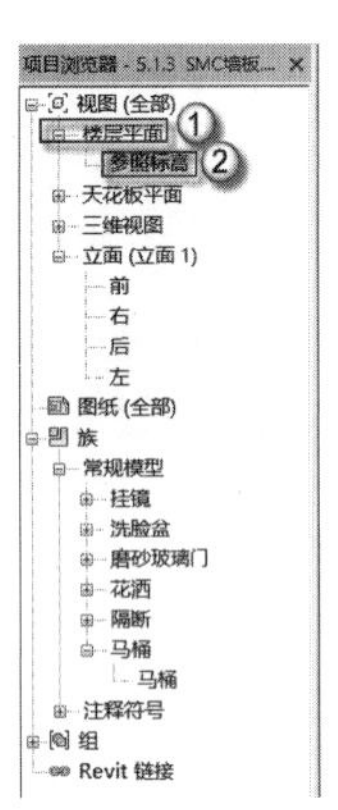

图 5.225　进入参照标高平面视图

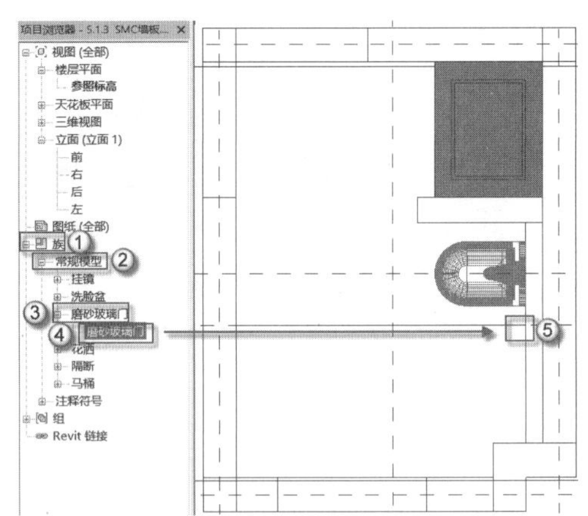

图 5.226　插入磨砂玻璃门

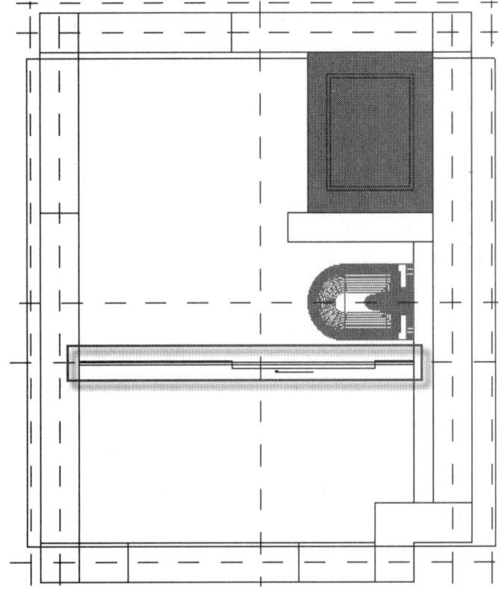

图 5.227　完成磨砂玻璃门插入

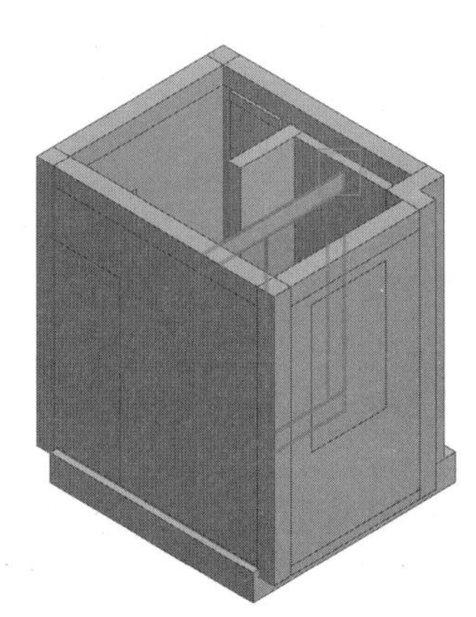

图 5.228　检查三维视图

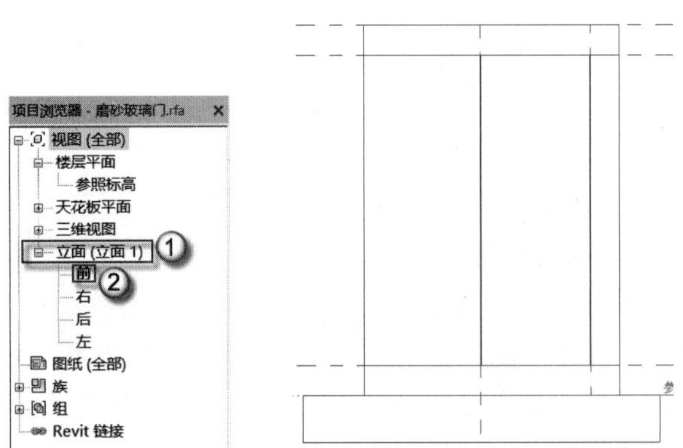

图 5.229　进入前立面视图　　图 5.230　进入修改界面

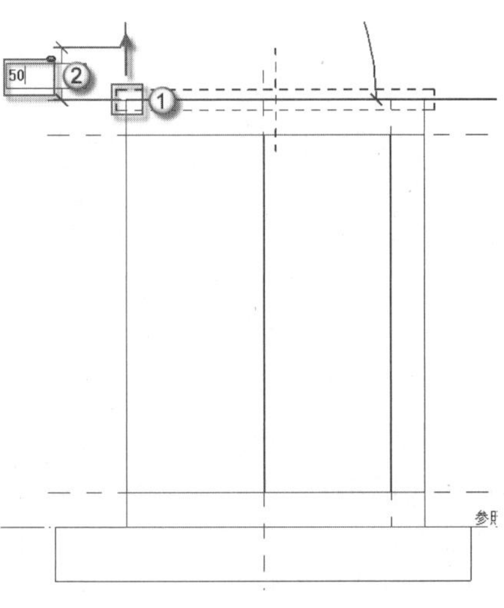

图 5.231　移动磨砂玻璃门上边线

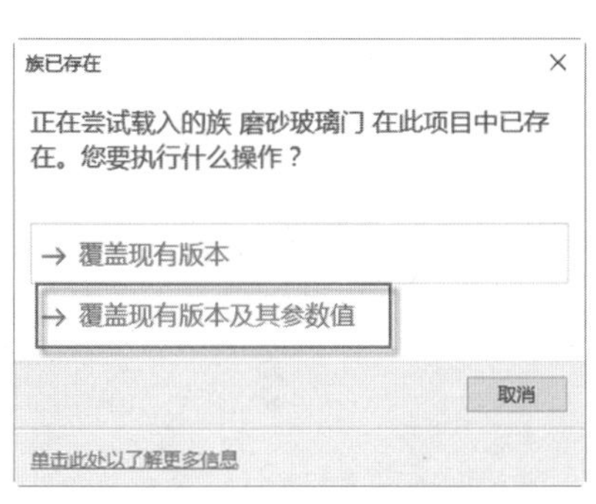

图 5.232　载入更改的族

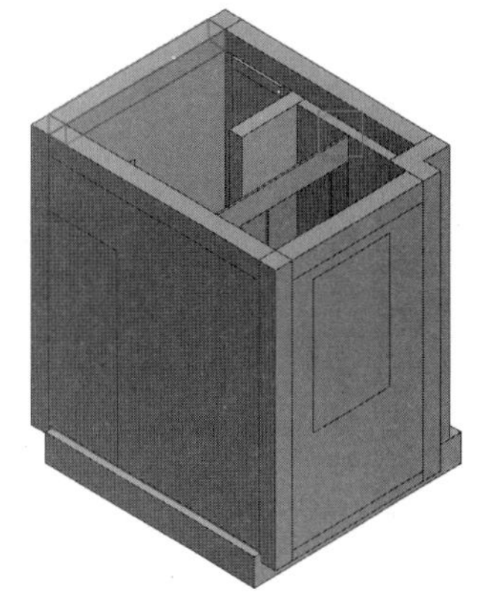

图 5.233　进入三维视图检查

（12）插入花洒。选择“项目浏览器”面板中的“立面”|“左”视图，进入左立面视图，如图 5.234 所示。选择“项目浏览器”面板中的“族”|“常规模型”|“花洒”|“花洒”族文件，拖曳“花洒”进入操作面板中的点⑤位置，进行如图 5.235 所示。在拖曳过程中选择“放置构件”|“放置在面上”选项，完成花洒插入后如图 5.236 所示。

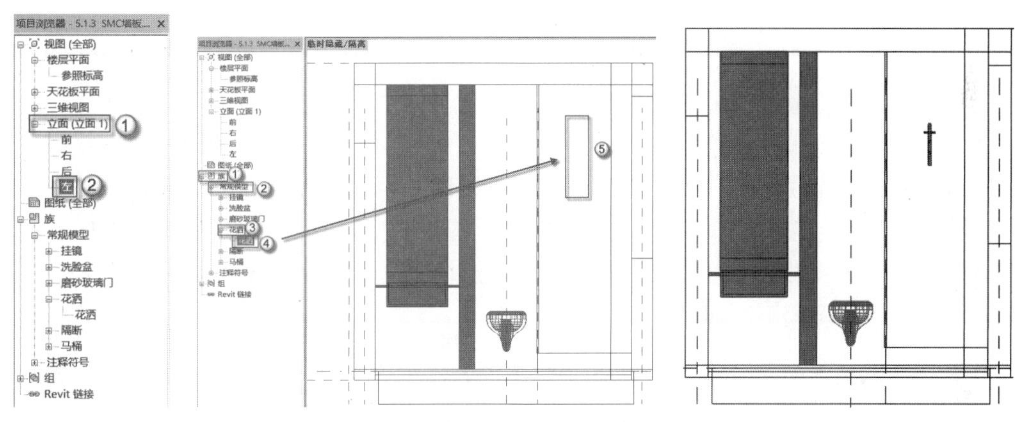

图 5.234　进入左立面视图　　图 5.235　插入花洒　　图 5.236　完成花洒插入

（13）检查洁具插入。按 F4 键，进入三维视图，检查挂镜、洗脸盆、马桶、磨砂玻璃门、隔断、花洒族插入的位置精准，如图 5.237 所示。

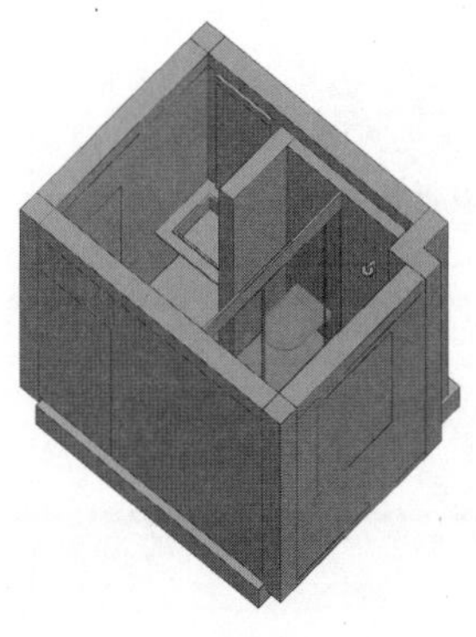

图 5.237　检查洁具插入

（14）保存族文件。选择 R｜“另存为”｜“族”命令，在弹出的“另存为”对话框中的“文件名”一栏中输入“5.2.1 插入洁具”，然后单击“保存”按钮，如图 5.238 所示。

图 5.238　保存族文件

5.2.2　平面图形

上一节是将卫浴装置的三维模型插入到整体卫浴中，本小节中将介绍这些装置的二维图形是如何达到施工图中绘制的要求。

（1）分离三维模型与二维施工图。在三维视图中单击插入的挂镜，配合 Ctrl 键同时选中洗脸盆、马桶、花洒洁具，如图 5.239 所示。单击“编辑”按钮，如图 5.240 所示。在弹出的“族图元可见性设置”对话框中，仅取消选中“平面/天花板平面视图”复选框，单击“确定”按钮，如图 5.241 所示。

注意：卫浴装置的三维模型的平面投影是不能作为施工图的平面图的，因此要关闭其在平面视图中的显示，然后再按照施工图的要求绘制（或插入）平面图形。

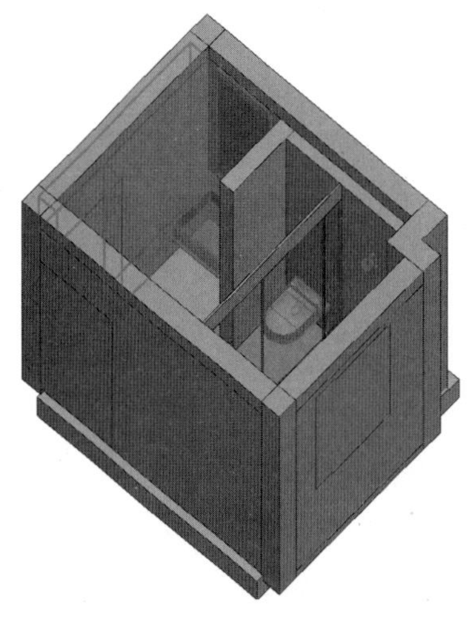

图 5.239　选择洁具

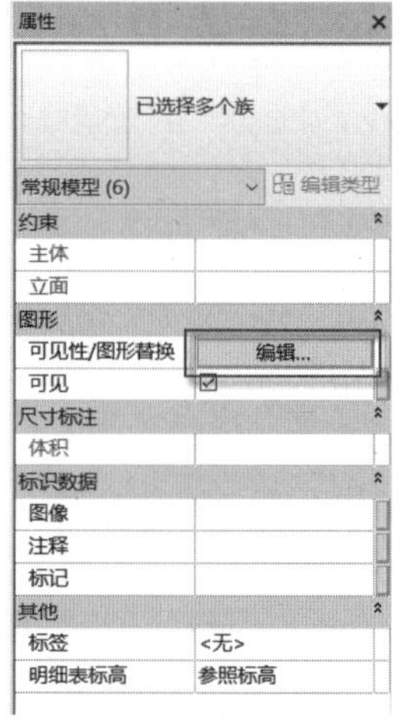

图 5.240　设置可见性

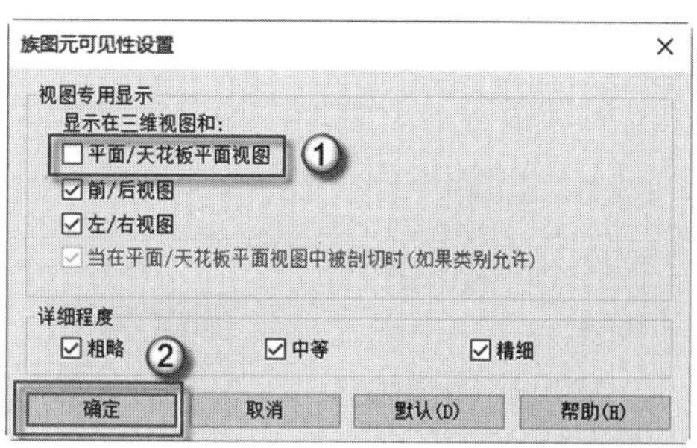

图 5.241　完成图元可见性设置

（2）选择“项目浏览器”面板中的“楼层平面”｜“参照标高”视图，进入参照标高平面视图，如图 5.242 所示。选择菜单栏中的“注释”｜“详图构件”命令，在弹出的 Revit 对话框中单击“是”按钮，如图 5.243 所示。多次单击并配合 Ctrl 键同时选择“地漏（平面）”“马桶（平面）”“面盆（平面）”3 个族，单击“打开”按钮，如图 5.244 所示。在属性面板的下拉菜单中可以看见载入的平面族，确认平面族已经成功载入，如图 5.245 所示。

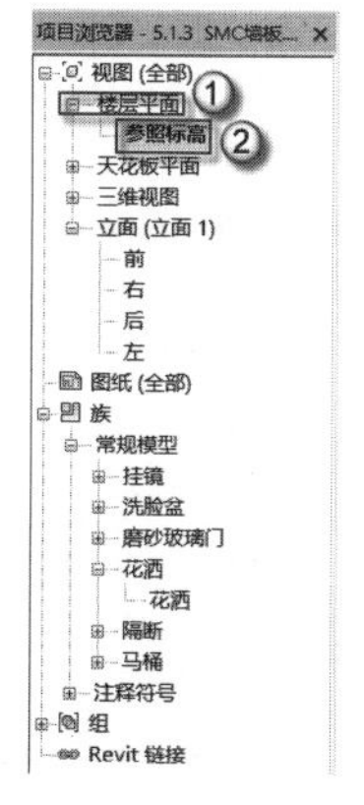

图 5.242　进入参照标高平面视图

图 5.243　载入详图构件

图 5.244　选择载入族

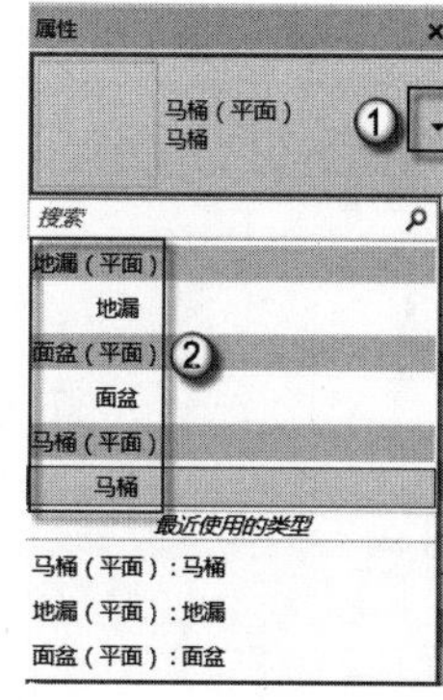

图 5.245　检查载入族

（3）插入洁具平面族。按 Space 键发出旋转族命令，旋转至横向再准确放置，如图 5.246 所示。选择“面盆”平面族，如图 5.247 所示。与上述方法一样按 Space 键调整洗脸盆方向，然后插入洗脸盆，如图 5.248 所示。按 Space 键重复上述操作，选择“地漏”平面族，按 Space 键调整地漏方向，然后选择合适位置插入地漏，如图 5.249 所示。

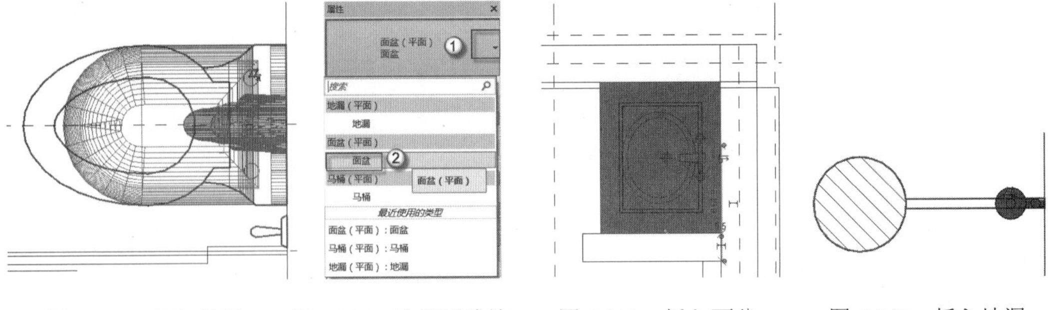

图 5.246　插入马桶　　图 5.247　选择面盆族　　图 5.248　插入面盆　　图 5.249　插入地漏

（4）进入三维视图检查。按 F4 键，进入三维视图，检查挂镜、洗脸盆、地漏平面洁具插入情况，如图 5.250 所示。

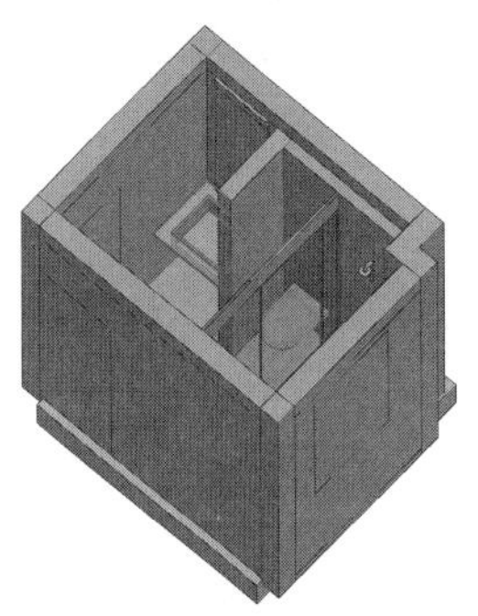

图 5.250　检查三维视图

（5）载入门族。选择“项目浏览器”面板中的“楼层平面”｜“参照标高”视图，进入平面视图，如图 5.251 所示。选择菜单栏中的“插入”｜“载入族”命令，在弹出的“载入族”对话框中选择“M0821 卫”，单击“打开”按钮，如图 5.252 所示。

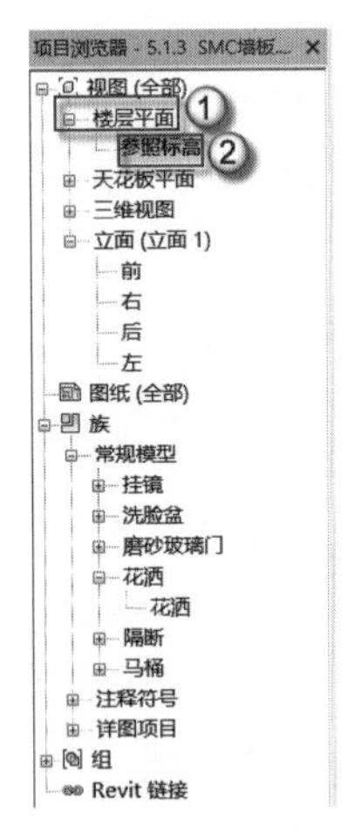

图 5.251　进入参照平面　　　　图 5.252　载入门族

（6）插入门族。选择“项目浏览器”面板中的“族”|“常规模型”|“M0821 卫”|“M0821 卫”族文件，拖曳“M0821 卫”进入操作面板中的点⑤位置，进行定位，如图 5.253 所示。在拖曳过程中选择“放置构件”|“放置在面上”选项，按 Space 键调整门的朝向，族“M0821 卫”完成定位后如图 5.254 所示。按 F4 键，进入三维视图，检查“M0821 卫”是否准确插入门洞中，如图 5.255 所示，确认无误后返回“参照标高”平面。

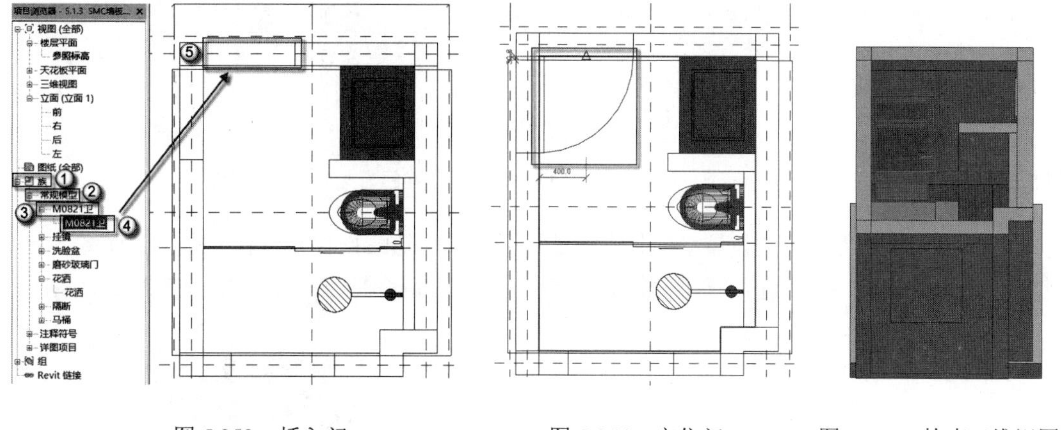

图 5.253　插入门　　图 5.254　定位门　　图 5.255　检查三维视图

（7）调整卫生间门的位置。选择插入的门，按 MV 快捷键发出移动命令，单击门的角点（如点①）向上移动至点②，单击该点确定位置，如图 5.256 所示。选择门洞板，按 HH 快捷键，发出隐藏构件命令，如图 5.257 所示。按 F4 键，进入三维视图，检查族“M0821 卫”是否准确插入门洞中，如图 5.258 所示，确认无误后返回参照平面。

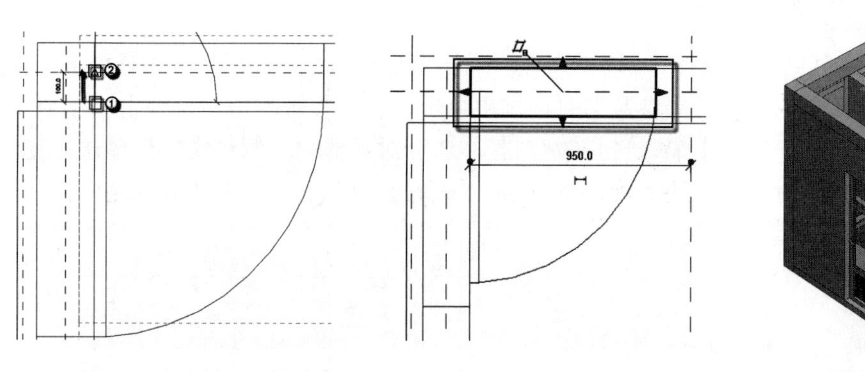

图 5.256　移动门的位置　　图 5.257　隐藏门洞　　图 5.258　检查门

（8）调整门的可见性。选择“属性”面板中的“可见”|“单选框”旁的□按钮，如图 5.259 所示。在弹出的“关联族参数”对话框中单击“新建参数”按钮，弹出“参数属性”对话框，在“名称”一栏中输入“短边有门”，选择对话框中右侧“实例”单选按钮，单击“参数属性”对话框的“确定”按钮以及“关联参数”对话框中的“确定”按钮，如图 5.260 所示。

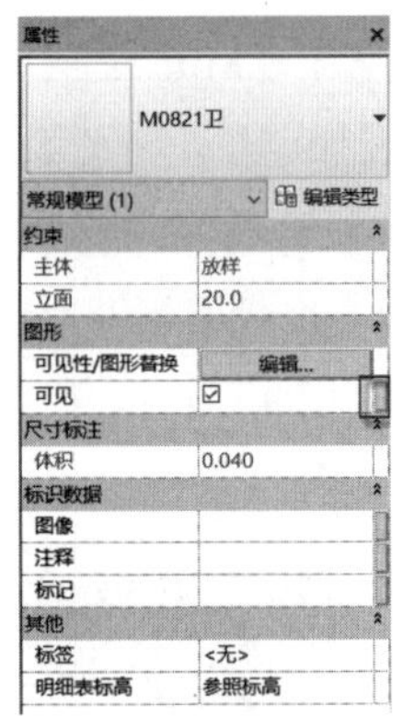

图 5.259　调整门的可见性

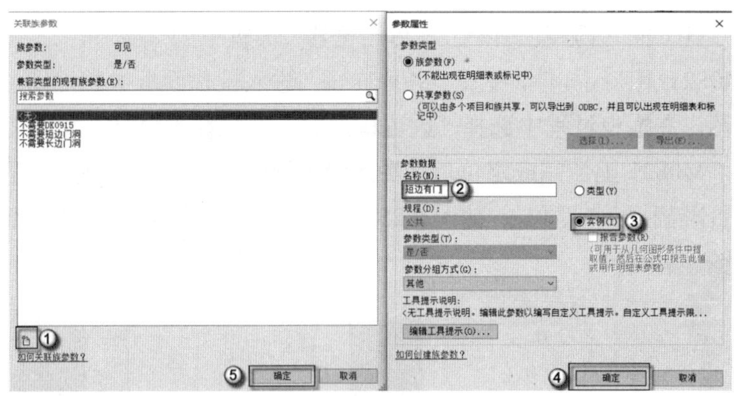

图 5.260　设置门可见性相关参数

（9）插入门并调整门的位置。按上述方法插入门，并隐藏挡住视线的门洞板，如图 5.261 所示，完成后按 F4 键，进入三维视图，检查插入的门是否精准对位，如图 5.262 所示。

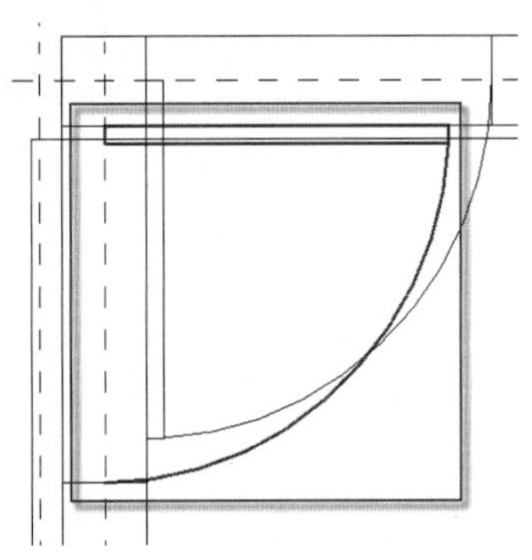

图 5.261　插入调整插入的门

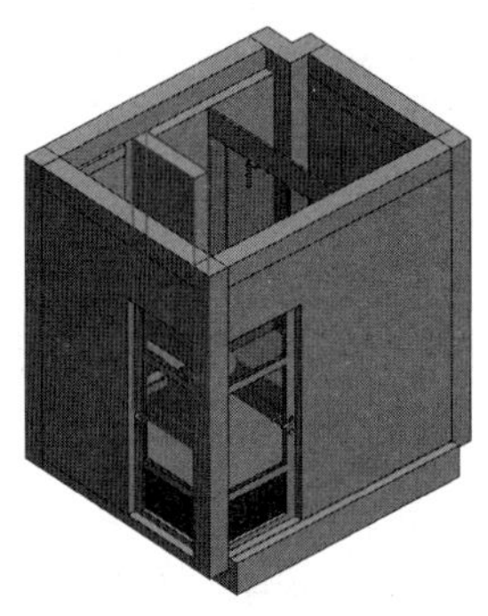

图 5.262　检查插入的门

（10）调整门的可见性。选择“属性”面板中的“可见”|“单选框”旁的□按钮，如图 5.263 所示。在弹出的“关联族参数”对话框中单击“新建参数”按钮，弹出“参数属性”对话框，在“名称”一栏中输入“长边有门”，选择对话框中右侧“实例”单选按钮，依次单击“参数属性”对话框中的“确定”按钮、“关联参数”对话框中的“确定”按钮，如图 5.264 所示。

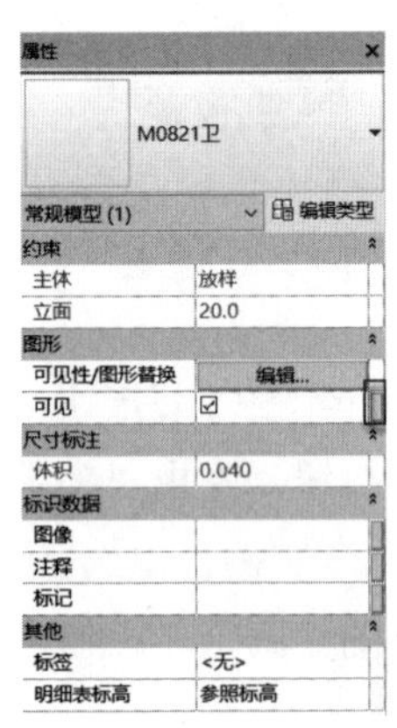

图 5.263　调整门的可见性

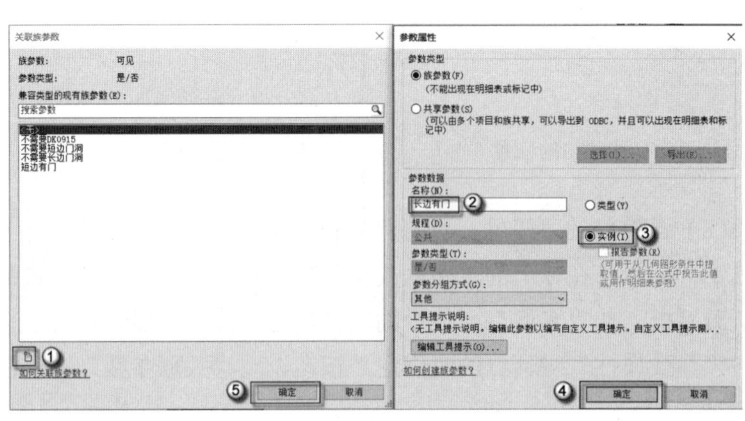

图 5.264　设置门可见性相关参数

（11）检查三维视图。按 F4 键，进入三维视图，检查插入的门以及其他洁具是否精准对位，如若未精准对位，则适时调整位置，完成后如图 5.265 所示。

（12）保存族文件。选择 R |“另存为”|“族”命令，在弹出的“另存为”对话框中的“文件名”一栏中输入“整体卫浴”，然后单击“保存”按钮，如图 5.266 所示。

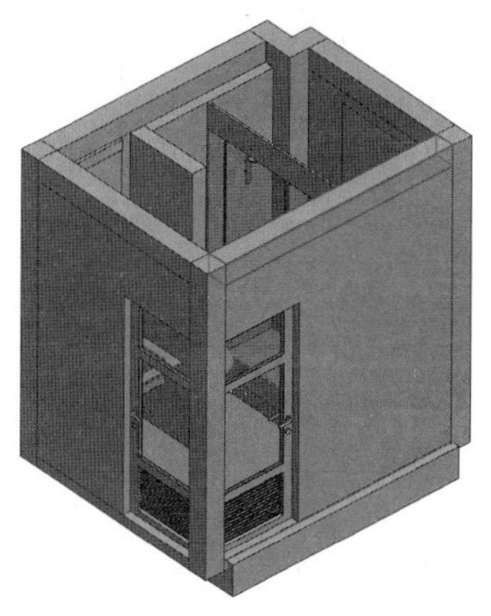

图 5.265　检查三维视图

图 5.266　保存族文件

第 3 篇　装配设计

卫老师妙语：

双线作战。欧洲足球的豪门俱乐部，他们周末打国内联赛，周中打冠军联赛。现在我们的中超俱乐部也已经采用了这个方法，这叫做双线作战。其实建筑专业也需要双线作战，每天 8 小时工作时间之内做单位的事情，8 小时工作时间之外做私活。这是一种良性循环，项目做多了，接触面就广，机会自然也就来了。

第 6 章　装配式方案的深化

（教学视频：1 小时 10 分钟）

本章将介绍从模块和户型的方案设计向装配式建筑设计的逐步深化过程。不论是现浇式建筑还是装配式建筑，设计都是一步一步由浅至深，从粗犷到精细，从片面到全面的过程。墙体的划分特别重要，划分的方案直接影响到后面装配式构件的选取。

6.1　墙体的设置

前面介绍了作为虚拟部分的正负零之下构件的处理，本节将介绍在地面之上，属于真实的装配式范围之内的标高和墙类型属性的相关设置。

6.1.1　标高的处理

本例选用一栋地上 24 层的高层住宅楼，因此在标高处理上有一些小技巧，不会一个一个地生成标高，而是一次生成全部楼层的标高，然后进行局部修改。

（1）进入立面图。在“项目浏览器”面板中选择“视图”|“立面”|“东”选项，如图 6.1 所示，这样会进入到立面视图，只有在立面视图中才能操作标高。

（2）复制“建筑：2F”标高。选择“建筑：2F”标高，按 CO 快捷键，发出“复制”命令，选中“约束”复选框，向上任意复制一个标高，如图 6.2 所示。

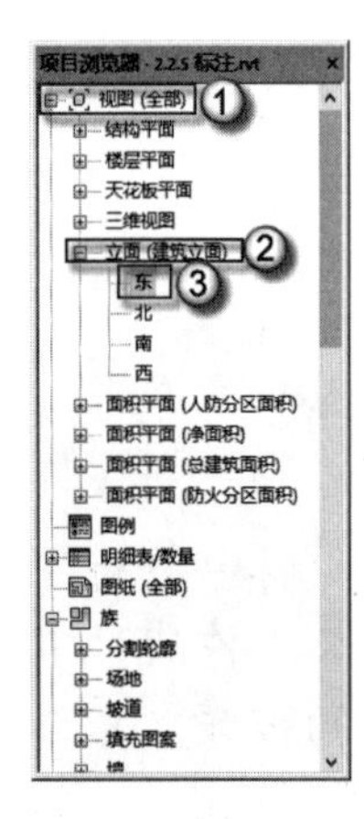

图 6.1　进入立面图

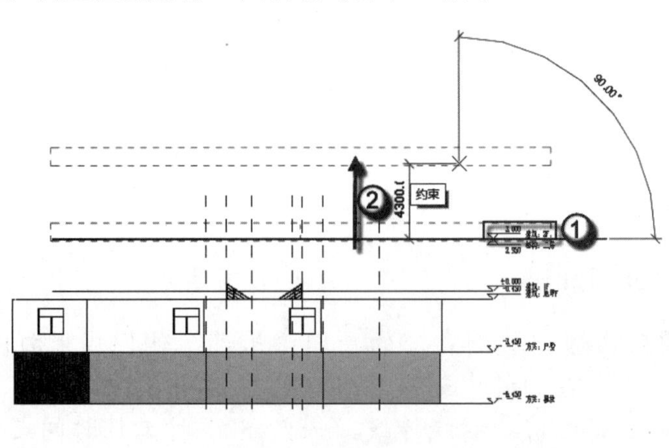

图 6.2　复制建筑标高

（3）修改“建筑：2F”标高。选择上一步任意复制的标高，修改标高的数值为 6.000，标高的名称为 3F，如图 6.3 所示。

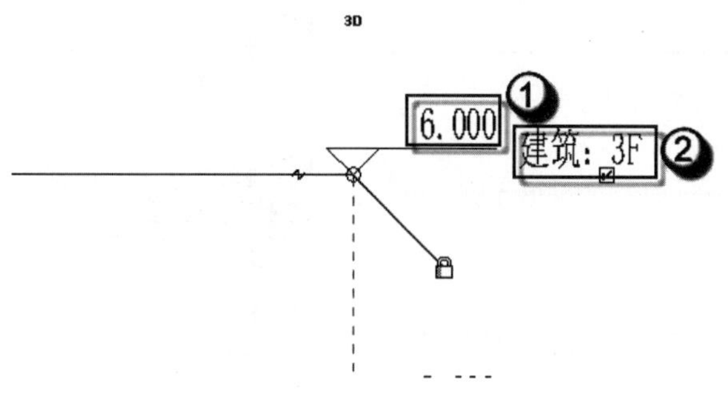

图 6.3　修改标高

（4）阵列建筑标高。选择“建筑：3F”标高，按 AR 快捷键，发出“阵列”命令，取消选中“成组关联”复选框，在项目数中输入 22 个单位，并选中“约束”复选框，阵列距离为 3000 个单位，如图 6.4 所示。

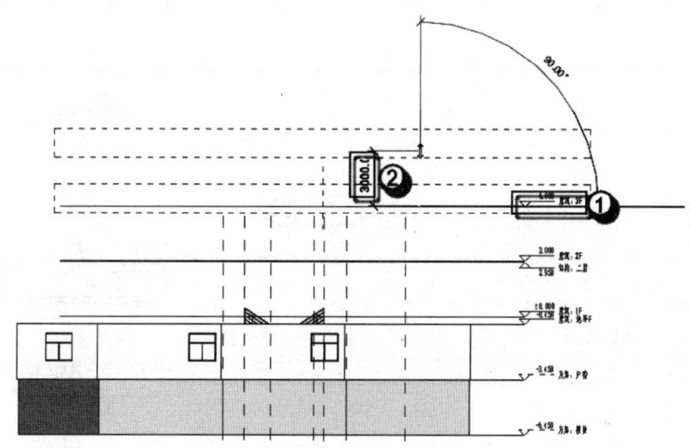

图 6.4　阵列建筑标高

（5）复制“结构：二层”标高。选择“结构：二层”标高，按 CO 快捷键，发出“复制”命令，选中“约束”单选框，向上任意复制一个标高，如图 6.5 所示。

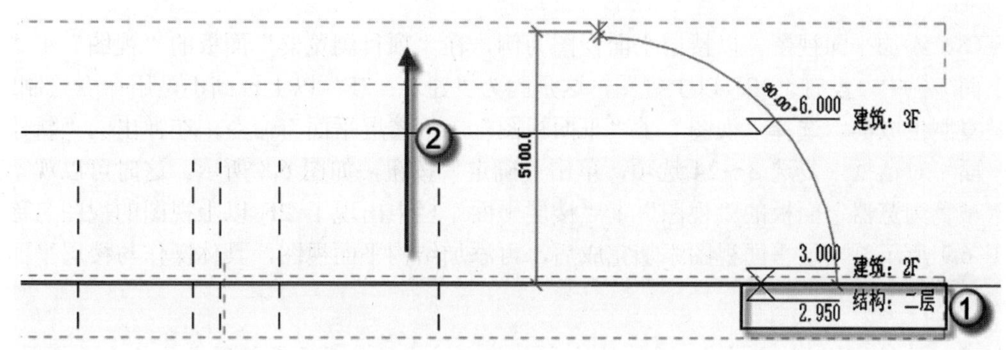

图 6.5　复制结构标高

（6）修改“结构：二层”标高。选择上一步任意复制的标高，修改标高的数值为 5.950，标高的名称为“三层”，如图 6.6 所示。

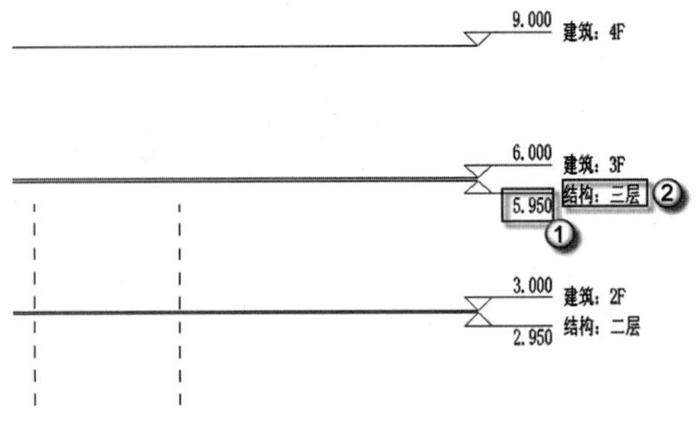

图 6.6　修改结构标高

（7）阵列结构标高。选择“结构：三层”标高，按 AR 快捷键，发出“阵列”命令，取消选中“成组关联”复选框，在项目数中输入 23 个单位，并选中“约束”复选框，阵列距离为 3000 个单位，如图 6.7 所示，最后将“结构：二十五层”修改为“屋顶层”。

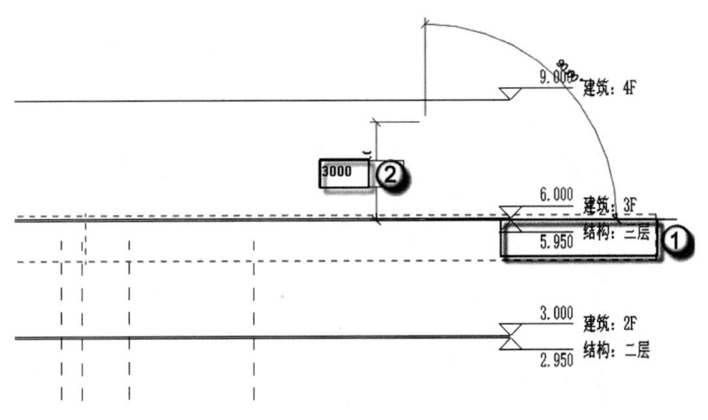

图 6.7　阵列结构标高

注意：本使采用 24 层的高层装配式住宅楼，前面已经完成的标高有 2 个，24-2=22。还要加上屋顶层，就是 22+1=23，所以阵列项目数为 23 个。

（8）添加平面视图。以楼层平面视图为例，在“项目浏览器”面板的“视图”｜“楼层平面”栏中，没有“2F”以上视图，这是因为“建筑：2F”以上标高不是用命令绘制的，而是复制生成的。选择“视图”｜“平面视图”｜“楼层平面”命令，在弹出的“新建楼层平面”对话框中复选 3～24 选项，单击“确定”按钮，如图 6.8 所示。这时可以观察到在“项目浏览器”面板的“视图”｜“楼层平面”栏中出现了 2F 以上视图的视图名称，如图 6.9 所示。楼层平面视图添加完成后，再添加结构平面视图，具体操作与楼层平面视图一致。

注意：复制、阵列标高对象，是无法生成与标高对应的楼层平面视图或结构平面视图的。这时需要使用“楼层平面”命令生成与之相对应的平面视图。

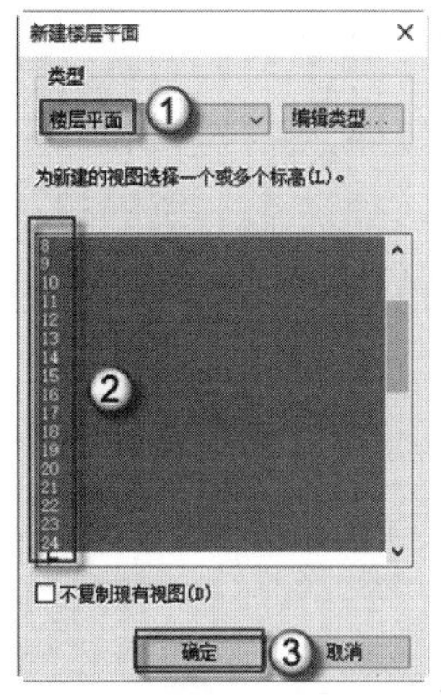

图 6.8　添加楼层平面视图

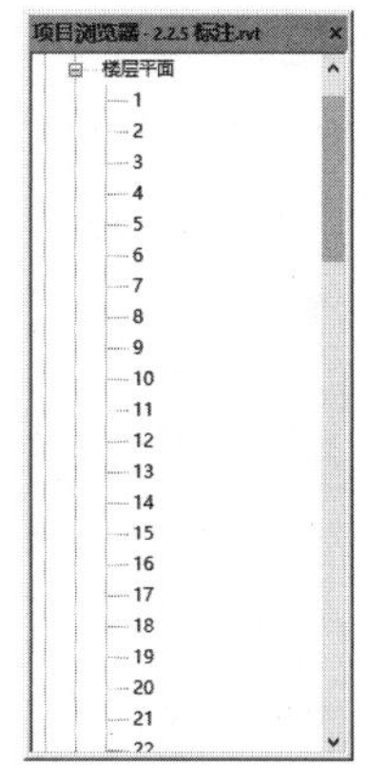

图 6.9　楼层平面

6.1.2　墙的类型属性设计

位于结构一层中的剪力墙按其功能应划分为“约束边缘构件”与“剪力墙墙身”两种。本小节中将介绍在“结构：墙”类型中新建“约束边缘构件”与“剪力墙墙身”两种，并赋予相应的材质。具体操作如下。

（1）打开基线功能。在“项目浏览器”面板中选择“视图”|“结构平面”|“二层”选项，如图 6.10 所示。在“属性”面板中选择“基线”|“范围：底部标高”|“户型”选项，如图 6.11 所示。

注意：基线是 Revit 中的一个特殊的功能，方便设计师从上层向下层观看、选择、参照相应的构件对象。默认情况是关闭的，在需要时可以选择打开。

（2）生成“剪力墙约束构件”类型。选择菜单栏中的“结构”|“墙”|“墙：结构”命令，在“属性”面板中单击“编辑类型”按钮，在弹出的“类型属性”对话框中单击“复制”按钮，在弹出的“名称”对话框中输入“剪力墙约束构件”字样，单击“确定”按钮完成操作，如图 6.12 所示。

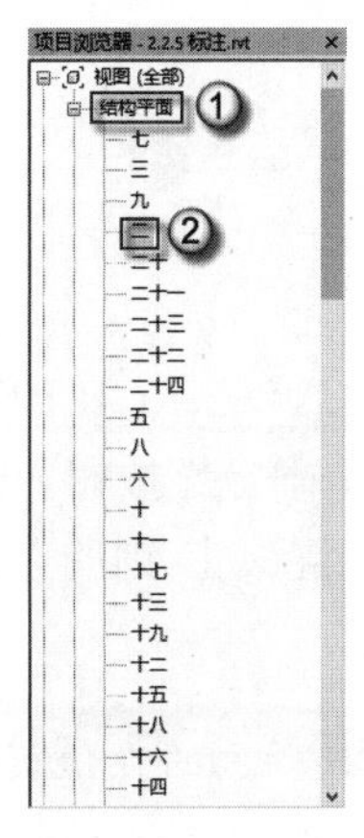

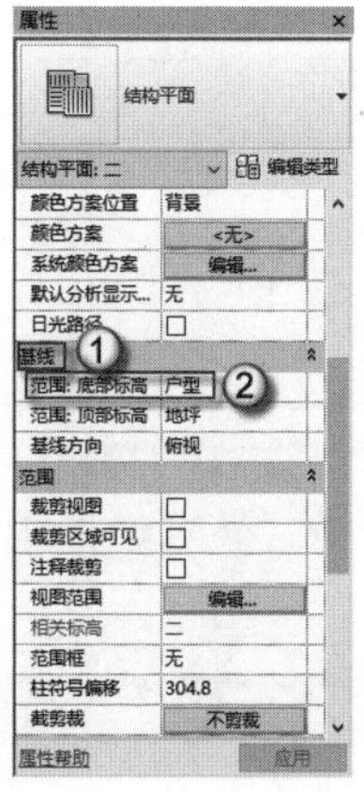

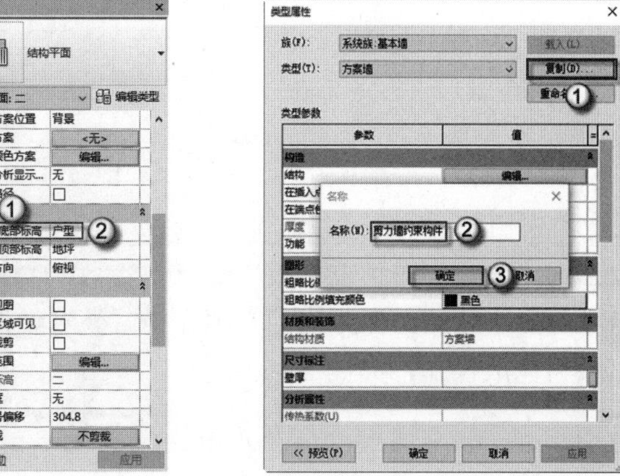

图 6.10　打开结构平面　　图 6.11　打开基线功能　　图 6.12　生成剪力墙约束构件类型

（3）生成剪力墙约束构件材质。在“类型属性”对话框中单击“编辑”按钮，在弹出的“编辑部件”对话框中单击“方案墙”按钮，在弹出的“材料浏览器”对话框中选择“AEC 材质”｜“混凝土”｜“混凝土，现场浇筑”材质，如图 6.13 所示。右击“混凝土，现场浇筑”材质，选择“复制”命令，将新复制生成的材质重命名为“约束构件-现浇砼”，如图 6.14 所示。

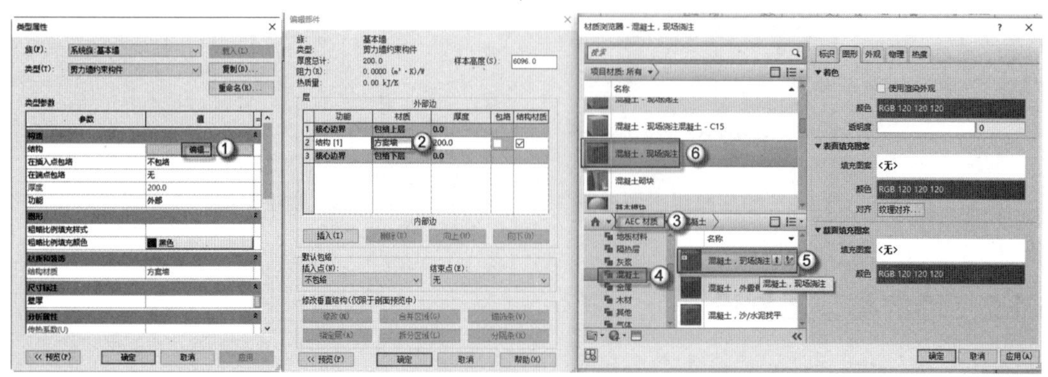

图 6.13　选择“混凝土，现场浇筑”材质

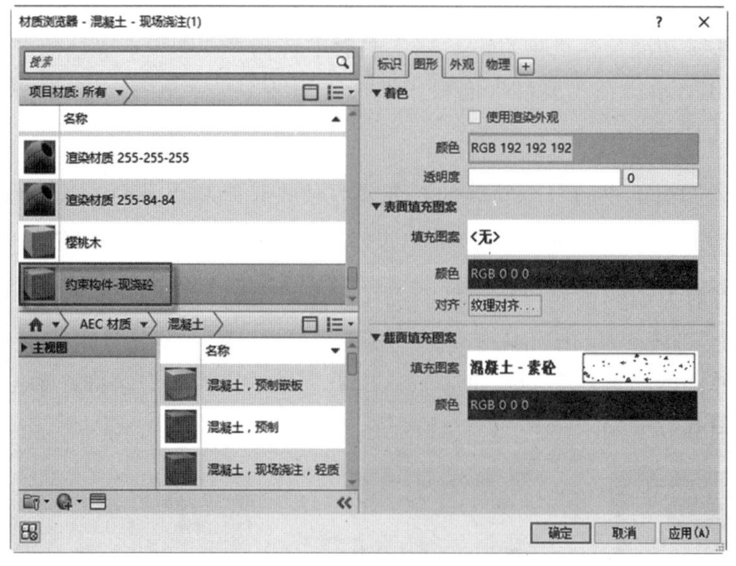

图 6.14　复制生成约束构件-现浇砼

（4）设置约束构件-现浇砼材质。选择“约束构件-现浇砼”材质，单击 RGB 192 192 192 按钮，在弹出的“颜色”对话框中设置红=0，绿=0，蓝=0，单击“确定”按钮，如图 6.15 所示。单击“<无>”按钮，在弹出的“填充样式”对话框中选择“混凝土-钢砼”选项，单击“确定”按钮完成操作，如图 6.16 所示。

注意：在计算机的配色系统中，使用 RGB（即红、绿、蓝）3 种颜色的数值进行设置，分别从 0～255。“红=0，绿=0，蓝=0”的情况就是纯黑色，相反“红=255，绿=255，蓝=255”就是纯白色。

图 6.15　设置约束构件-现浇砼颜色　　　　图 6.16　选择混凝土-钢砼

（5）生成“剪力墙墙身 Q1”类型。在“属性”面板中单击“编辑类型”按钮，在弹出的“类型属性”对话框中单击“复制”按钮，在弹出的“名称”对话框中输入“剪力墙墙身 Q1”字样，单击“确定”按钮完成操作，如图 6.17 所示。

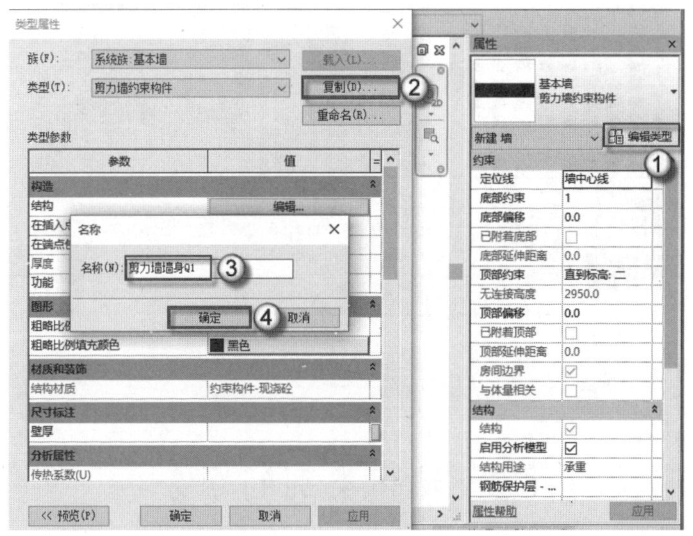

图 6.17　生成剪力墙墙身 Q1

（6）生成剪力墙墙身 Q1 材质。在“类型属性”对话框中单击“编辑”按钮，在弹出的“编辑部件”对话框中单击⋯按钮，在弹出的“材料浏览器”对话框中右击“约束构件-现浇砼”材质，选择“复制”命令，将新复制生成的材质重命名为“剪力墙墙身-现浇砼”，如图 6.18 所示。

（7）设置剪力墙墙身-现浇砼颜色。选择“剪力墙墙身-现浇砼”材质，单击 RGB 0 0 0 按钮，在弹出的“颜色”对话框中设置红=220，绿=220，蓝=220，单击“确定”按钮完成操作，如图 6.19 所示。

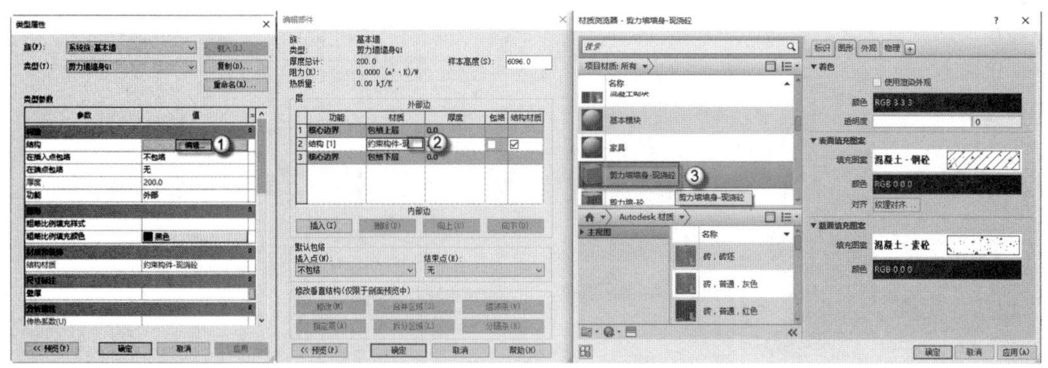

图 6.18　生成剪力墙墙身 Q1 材质

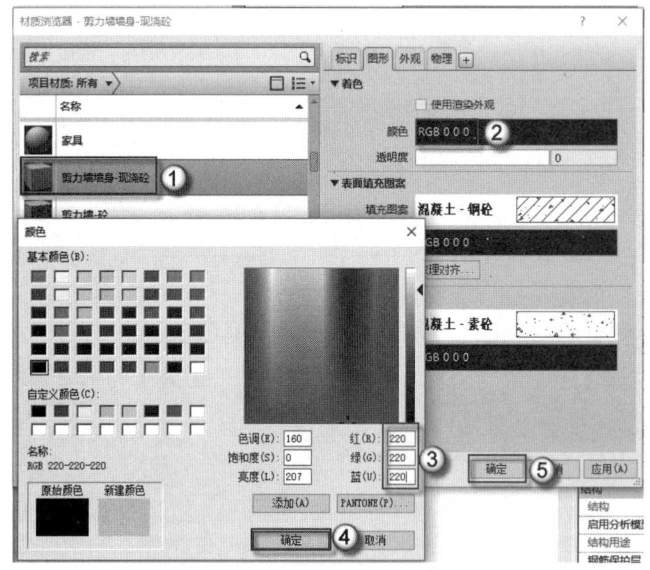

图 6.19　设置剪力墙墙身-现浇砼颜色

6.2　墙体类别的划分

本节有两处墙体划分。剪力墙与填充墙的划分——这是现浇部分的划分；预制墙与现浇墙的划分——这是现浇部分向装配部分过渡的划分。在确定了哪些是预制墙体后，才能够对墙体进行拆分，生成 PC 的内外墙。

6.2.1　剪力墙和填充墙的划分

剪力墙是承重墙体，本例中均采用 200mm 厚的钢筋混凝土剪力墙。填充墙是非承重的围合墙体，墙厚根据需要设置，一般为 100～200mm 厚。

（1）选择剪力墙墙身类型。在“项目浏览器”面板中选择“视图”｜“结构平面”｜

“二层”选项，进行结构专业的剪力墙的绘制，此处在二层的结构平面绘制一层的剪力墙，如图 6.20 所示。选择菜单栏中的“结构”｜“墙”｜“墙：结构”命令，在“属性”面板中选择“基本墙”|“剪力墙墙身 Q1”选项，如图 6.21 所示。

（2）绘制第一道剪力墙。选择菜单栏中的“结构”｜“墙”｜“墙：结构”命令，根据已设置好的基线范围的户型平面作为定位，绘制墙体。注意使用“深度”的方式绘制墙体，墙体的底部标高为“地坪”，采用“墙中心线”的定位线对齐，选中“链”复选框，在水平方向上从左向右绘制 4200mm 长的墙体，绘制完成后按 Esc 键一次，可以退出剪力墙绘图界面。完成后第一道剪力墙如图 6.22 所示。

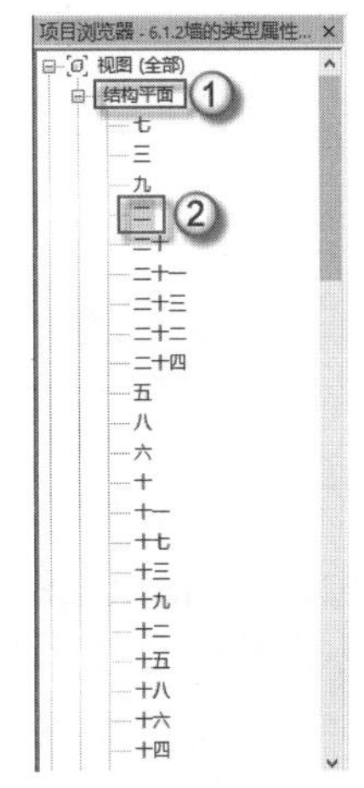

图 6.20　打开结构平面

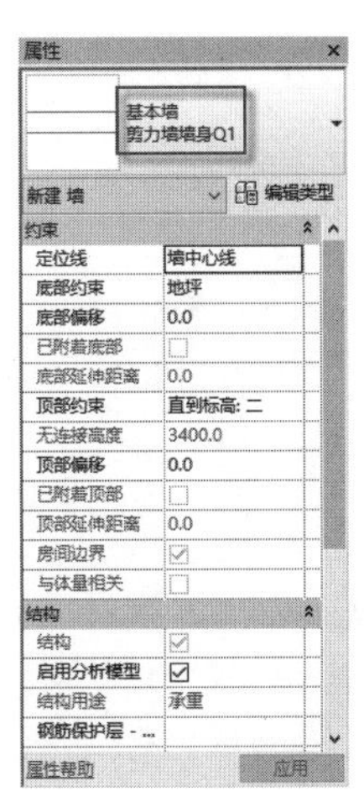

图 6.21　选择基本墙

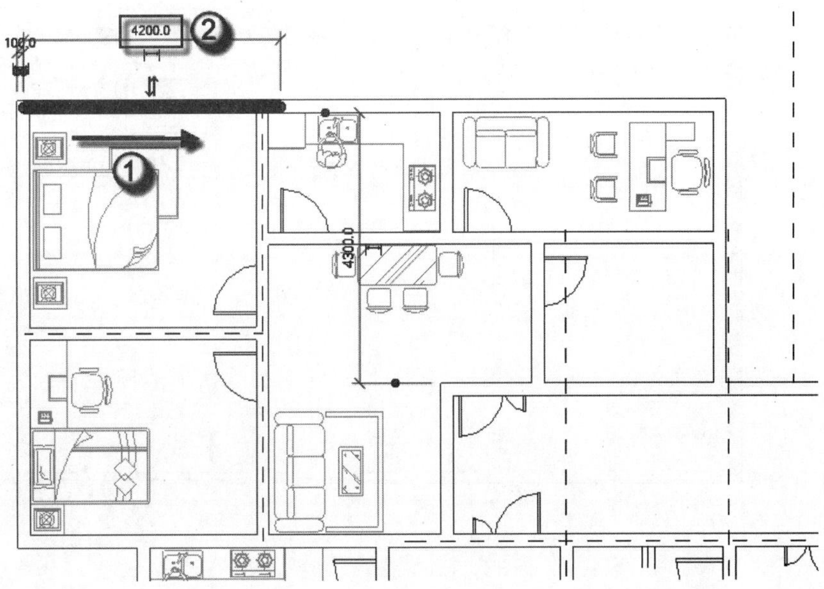

图 6.22　绘制第一道剪力墙

（3）绘制第二道剪力墙。继续上一步操作，选择菜单栏中的“结构”｜“墙”｜“墙：结构”命令，绘制第二道剪力墙，在竖直方向从上往下绘制一条 6900mm 的墙体，绘制完成后按 Esc 键一次，可以退出剪力墙绘图界面。完成后第二道剪力墙如图 6.23 所示。

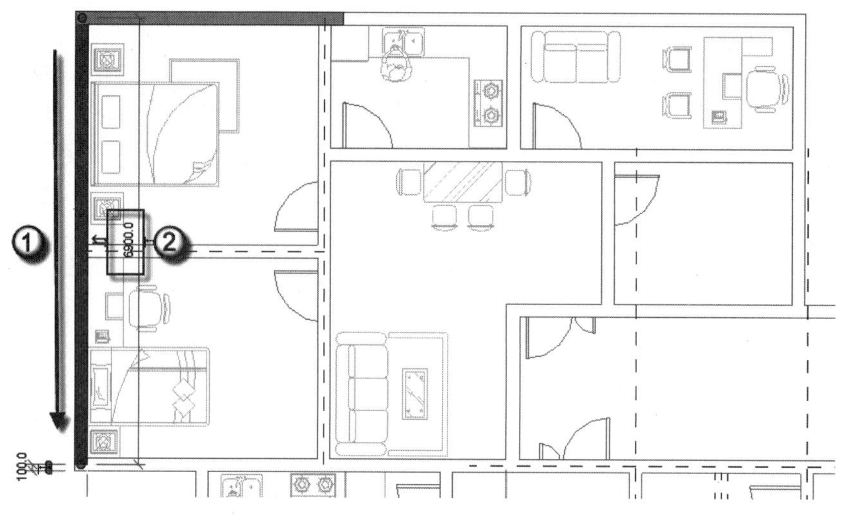

图 6.23　绘制第二道剪力墙

（4）绘制第三道剪力墙。继续上一步操作，选择菜单栏中的“结构”｜“墙”｜“墙：结构”命令，绘制第三道剪力墙，由于此处剪力墙右边方便捕捉，故应在水平方向从右往左绘制一条 4800mm 的墙体，绘制完成后按 Esc 键一次，可以退出剪力墙绘图界面。完成后第三道剪力墙如图 6.24 所示。

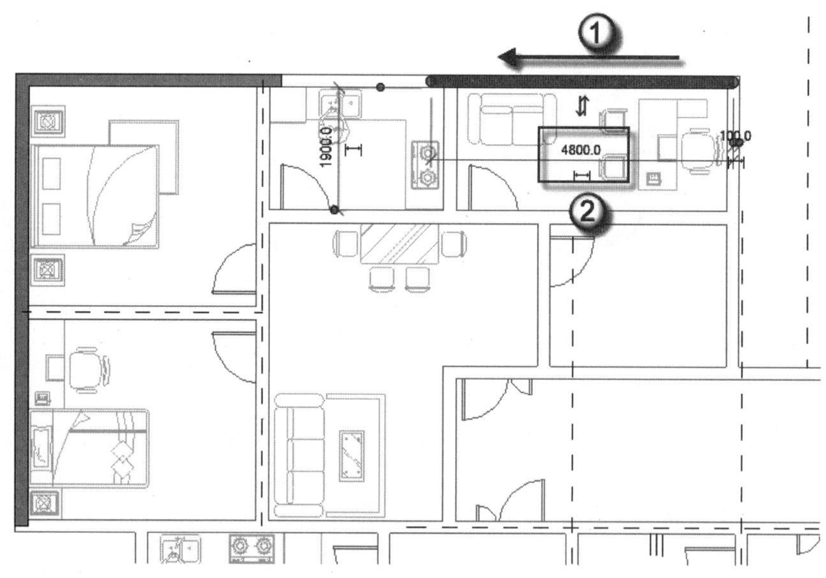

图 6.24　绘制第三道剪力墙

（5）绘制第四道剪力墙。继续上一步操作，选择菜单栏中的“结构”｜“墙”｜“墙：结构”命令，绘制第四道剪力墙，在竖直方向从上往下绘制一条 4500mm 的墙体，绘制完成后按 Esc 键一次，可以退出剪力墙绘图界面。完成后第四道剪力墙如图 6.25 所示。

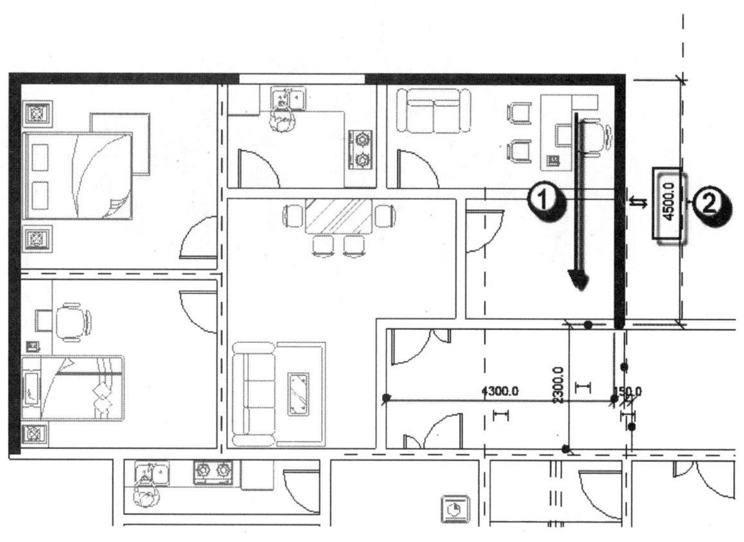

图 6.25　绘制第四道剪力墙

（6）绘制所有剪力墙。参照以上步骤，绘制完所有结构二层平面所有剪力墙，绘制完成的剪力墙如图 6.26 所示。

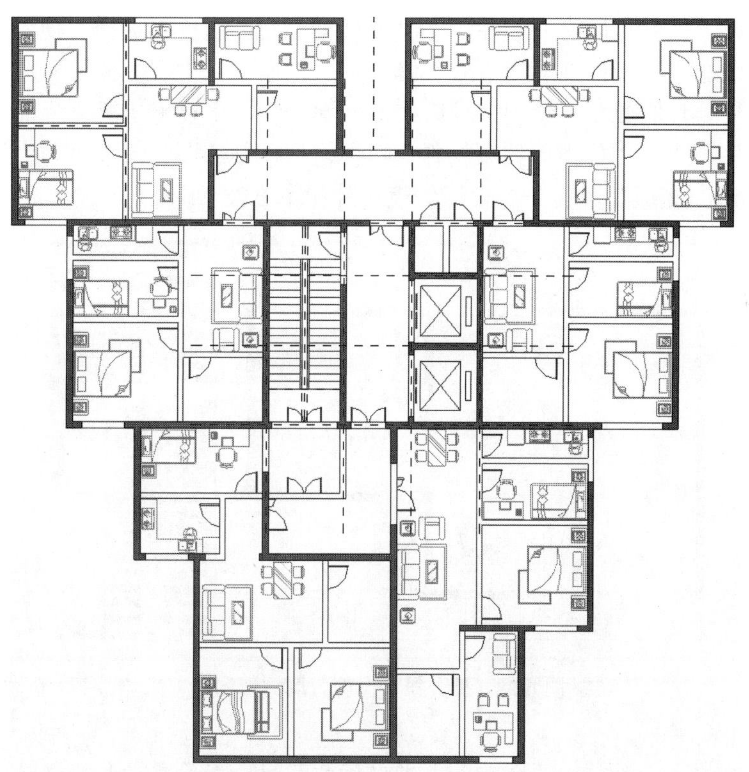

图 6.26　剪力墙绘制完成

（7）打开三维视图。按 F4 键打开三维视图，按住鼠标中键，并配合 Shift 键，转动三维模型视图至所需查看的视图，如图 6.27 所示。

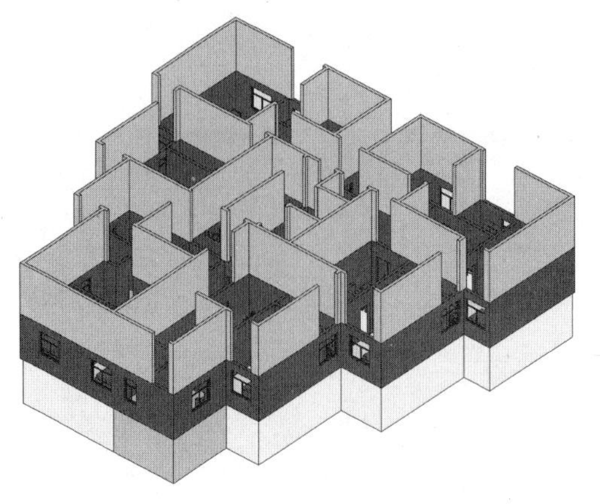

图 6.27 墙体绘制完成的三维效果图

6.2.2 预制墙和现浇墙的划分

本小节将对上一小节划分好的剪力墙进行再划分，划分为剪力墙约束构件和剪力墙墙身两类。这两个类型前面已经设置生成了，此处只需要划分墙体后，选择相应的类型即可。剪力墙墙处于二层中就是现浇墙体，而剪力墙约束构件在二层中就是后浇（现浇）墙体。

（1）拆分第一个剪力墙约束构件。在“项目浏览器”面板中选择“视图”|“结构平面”|“二层”选项，选择菜单栏中的“修改”|“墙”|“拆分图元”命令，将图中所示部位墙体拆分为其他图元，绘制完成后按 Esc 键一次，可以退出拆分界面，在“属性”面板中选择“基本墙”|“剪力墙约束构件”按钮，将拆分的图元改为“剪力墙约束构件”，其长度为 600mm，完成后第一个剪力墙约束构件如图 6.28 所示。

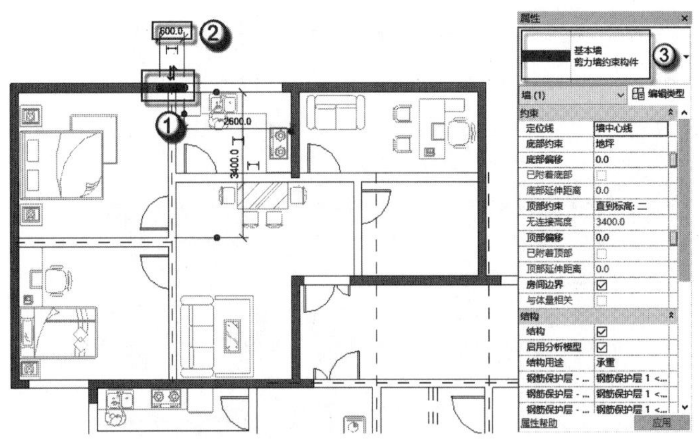

图 6.28 拆分第一个剪力墙约束构件

注意： 由于本书是介绍装配式设计，并非做结构设计，以简单的形式来让读者更直观地学习装配式设计，因此选择拆分图元的功能来生成剪力墙约束构件。

（2）拆分第二个剪力墙约束构件。继续上一步操作，拆分第二个剪力墙约束构件，按 SL 快捷键，发出“拆分图元”命令，将图中所示转角部位墙体拆分为水平方向为 400mm

和竖直方向为 1200mm 的其他图元，拆分完成后按 Esc 键一次，可以退出拆分界面，在“属性”面板中选择“剪力墙约束构件”选项，将拆分的图元改为“剪力墙约束构件”。完成后第二个剪力墙约束构件如图 6.29 所示。

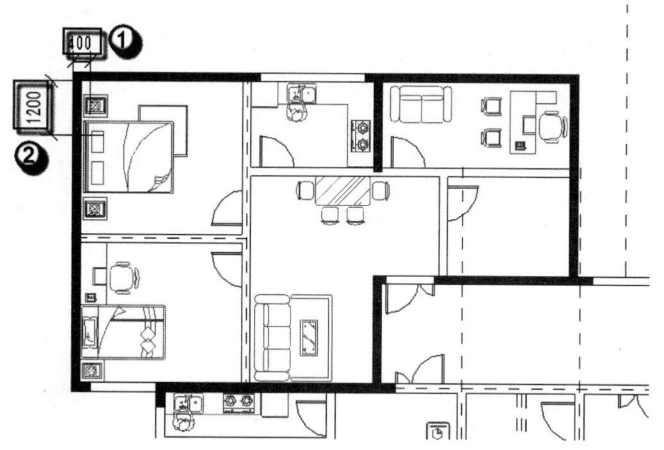

图 6.29　拆分第二个剪力墙约束构件

注意：此处的标注是方便读者更好地学习绘制墙体的过程，了解墙体的尺寸，而在实际作图过程中不作要求。

（3）拆分第三个剪力墙约束构件。继续上一步操作，拆分第三个剪力墙约束构件，按 SL 快捷键，发出“拆分图元”命令，将图中所示部位墙体拆分为水平方向为 900mm 和竖直方向为 400mm 的其他图元，拆分完成后按 Esc 键一次，可以退出拆分界面，在“属性”面板中选择“剪力墙约束构件”选项，将拆分的图元改为“剪力墙约束构件”。完成后第三个剪力墙约束构件如图 6.30 所示。

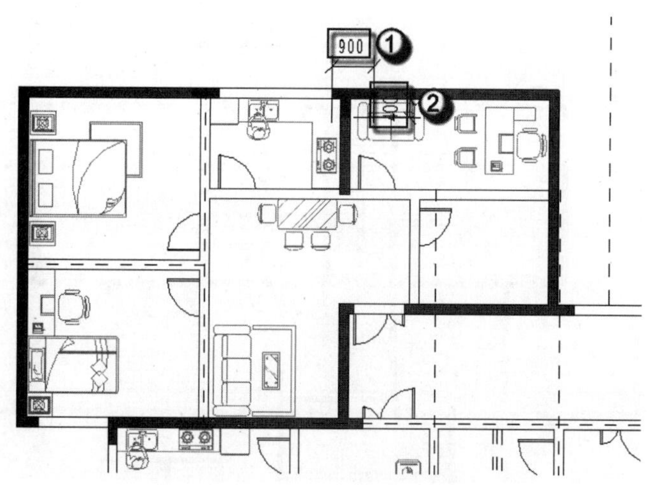

图 6.30　拆分第三个剪力墙约束构件

注意：使用“拆分图元”命令（即 SL 快捷键）时，是自动在对象上滑动，而无法进行捕捉。因此要看在对象上滑动时出现的数值，而确定拆分的位置。

（4）拆分第四个剪力墙约束构件。继续上一步操作，拆分第四个剪力墙约束构件，按 SL 快捷键，发出“拆分图元”命令，将图中所示转角部位墙体拆分为水平方向为 600mm 和竖直方向为 300mm 的其他图元，拆分完成后按 Esc 键一次，可以退出拆分界面，在“属性”面板中选择“剪力墙约束构件”选项，将拆分的图元改为“剪力墙约束构件”。完成后第四个剪力墙约束构件如图 6.31 所示。

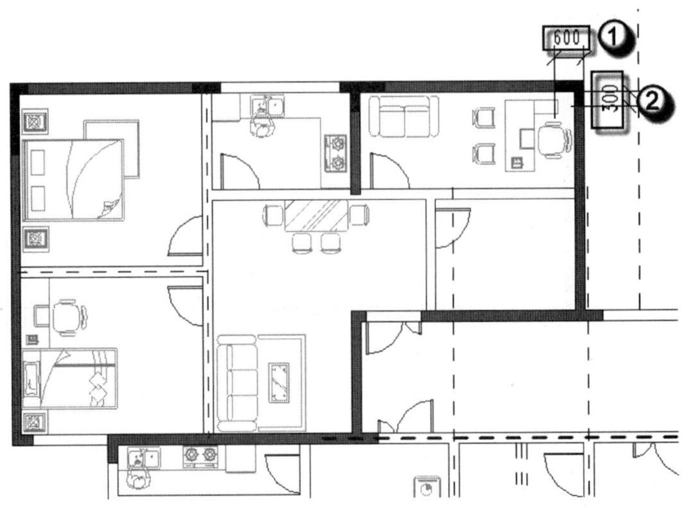

图 6.31　拆分第四个剪力墙约束构件

（5）拆分所有剪力墙约束构件，参照以上步骤，拆分完所有结构二层平面所有剪力墙约束构件，拆分完成的剪力墙约束构件如图 6.32 所示。

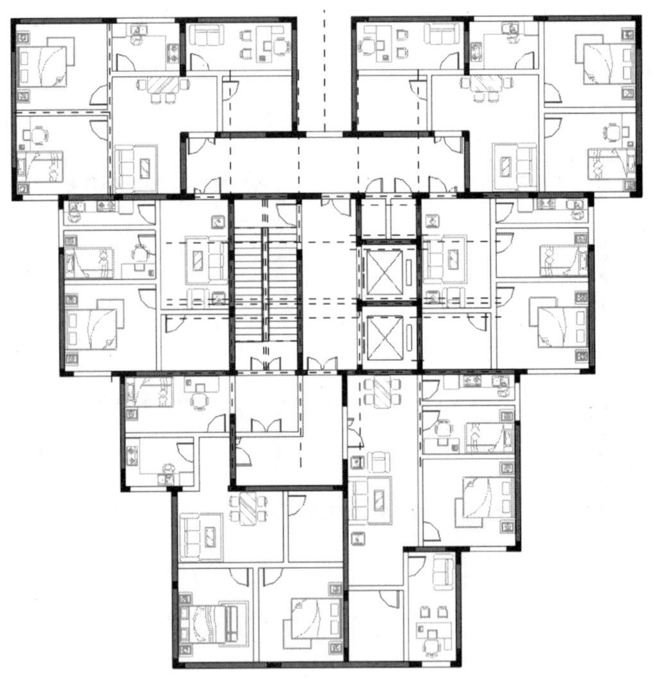

图 6.32　剪力墙约束构件拆分完成

（6）打开三维视图。按 F4 键打开三维视图，按住鼠标中键，并配合 Shift 键，转动三维模型视图至所需查看的视图，如图 6.33 所示。

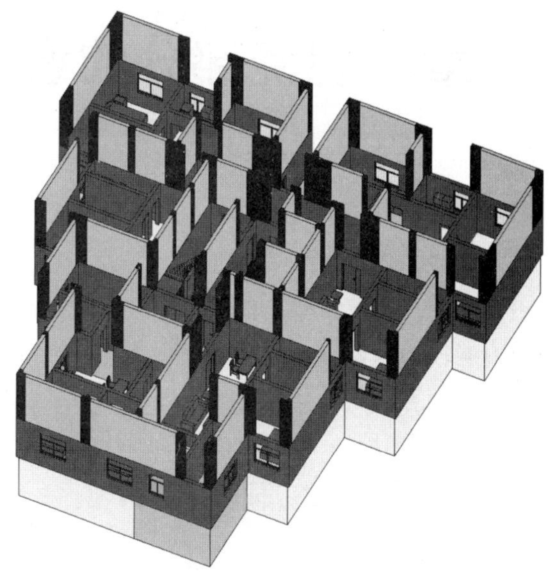

图 6.33　剪力墙约束构件拆分完成的三维效果图

第 7 章　现浇部分的设计

（教学视频：38 分钟）

在进行装配式深化设计之前，还有一些工作需要完成，例如绘制整栋建筑的轴网与轴号，以及完成一层现浇剪力墙体的设计等，这些内容将在本章中为读者介绍。需要强调的是，没有完全的装配式建筑，其中必定有一部分是现浇构件。

7.1　绘 制 轴 网

本节将介绍如何使用 Revit 绘制施工放线时要使用到的定位轴网。这里采用正向设计的方法，在划分了剪力墙与填充墙之后，根据剪力墙的位置，由设计师确定轴网的大致形式；而没有采用翻模用的逆向方法，参照图纸，先画轴网，再画墙体。

读者朋友一定要注意，不是所有的墙体都要设置轴网。只有结构专业中的承重墙体（本例中的剪力墙）才布置轴网，而建筑专业的填充墙是不需要的。

7.1.1　绘制字母方向轴网

轴网分为字母轴方向与数字轴方向，字母轴方向就是水平方向，至下向上进行绘制，起始一般情况是 A 轴。具体操作如下。

（1）进入 1F 楼层平面视图。在“项目浏览器”面板中选择“视图”|“楼层平面”|“1”选项，进入到 1F 楼层平面视图，如图 7.1 所示。

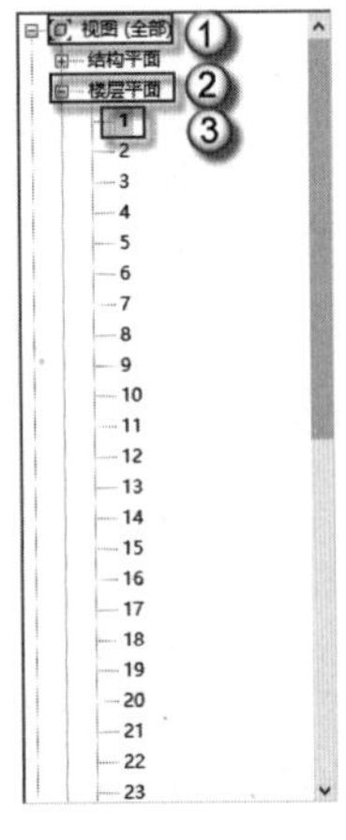

图 7.1　进入 1F 楼层平面视图

（2）打开基线功能。在“属性”面板中选择“基线”|“范围：底部标高”|“户型”选项，并单击“应用”按钮，这样就可以看到户型层的视图了，如图 7.2 所示。

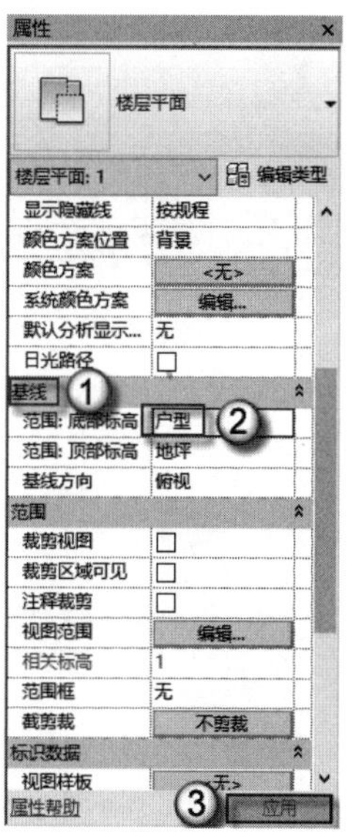

图 7.2　打开基线功能

（3）调整视图详细程度。单击“详细程度”按钮，将“详细程度：粗略”修改为“详细程度：中等”，这样有助于之后更好地建模，如图 7.3 所示。

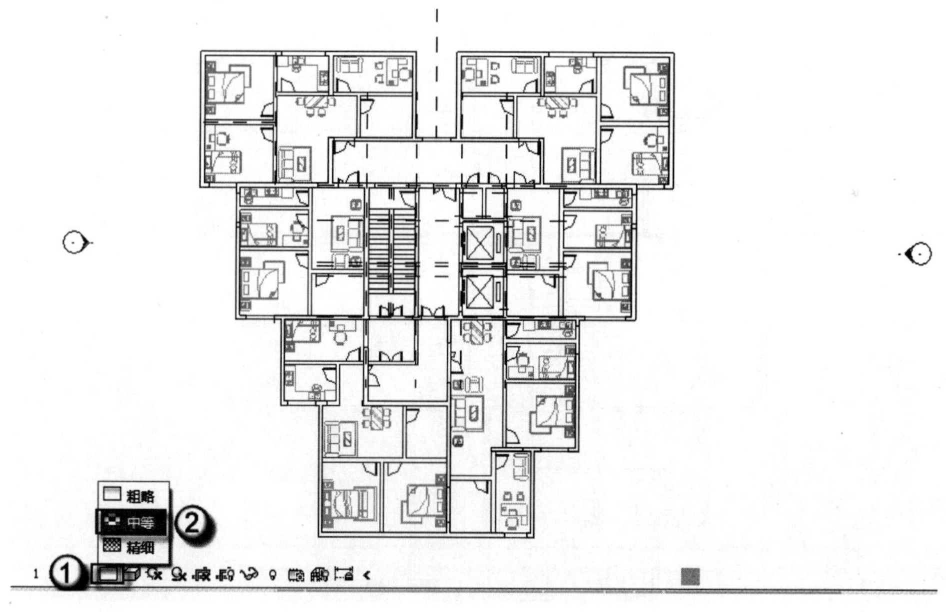

图 7.3　调整视图详细程度

（4）编辑轴网类型。按 GR 快捷键，发出“轴网”命令，在“属性”面板中选择“编辑类型”选项，在弹出的“类型属性”对话框中选中“平面视图轴号端点 1（默认）”复选框，然后单击“确定”按钮，如图 7.4 所示。

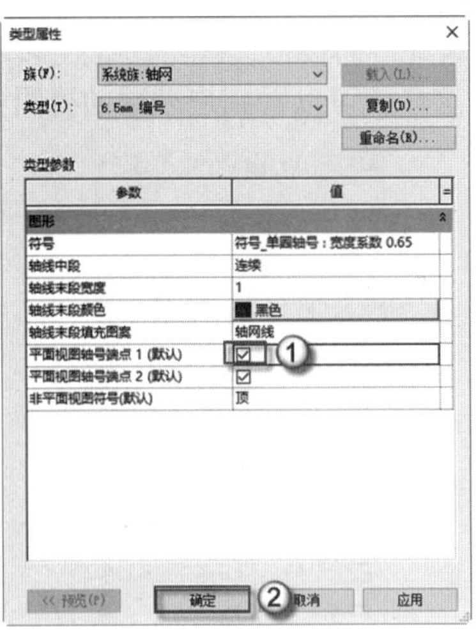

图 7.4　编辑轴网类型

注意： 此处轴网的族是"系统族：轴网"，类型是"6.5mm 编号"。这里更改了类型，则整个项目中所有的"6.5mm 编号"轴网会随之变化，这就是类型的意义之一。

（5）绘制轴网 A。按 GR 快捷键，发出"轴网"命令，绘制轴网 A，并通过拖动轴线端点处的夹点调整轴线的长度，最后双击轴号，将 1 修改为 A，这样就可以保证接下来绘制的均是字母轴网了，如图 7.5 所示。

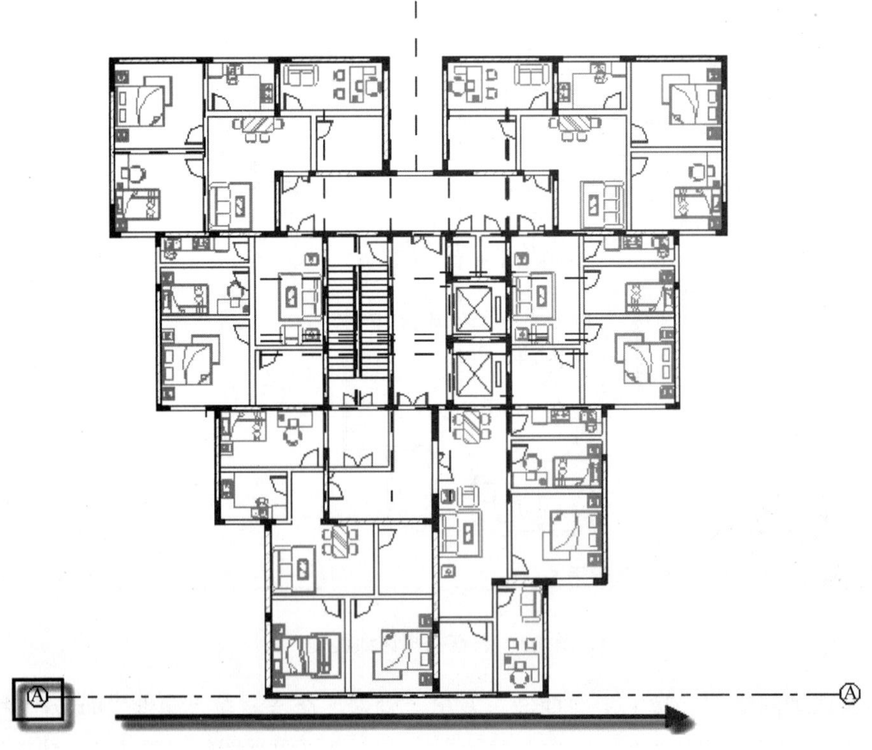

图 7.5　绘制轴网 A

（6）绘制轴网 B。按 GR 快捷键，发出“轴网”命令，绘制轴网 B，并通过拖动轴线端点处的夹点调整轴线的长度，保证与轴网 A 两边长度相等，如图 7.6 所示。

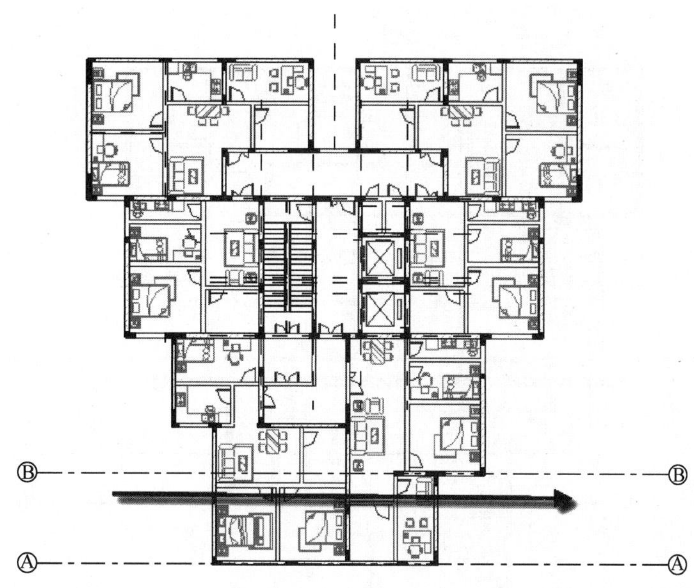

图 7.6　绘制轴网 B

（7）绘制轴网 C。按 GR 快捷键，发出“轴网”命令，绘制轴网 C，并通过拖动轴线端点处的夹点调整轴线的长度，保证与轴网 B 两边长度相等，如图 7.7 所示。

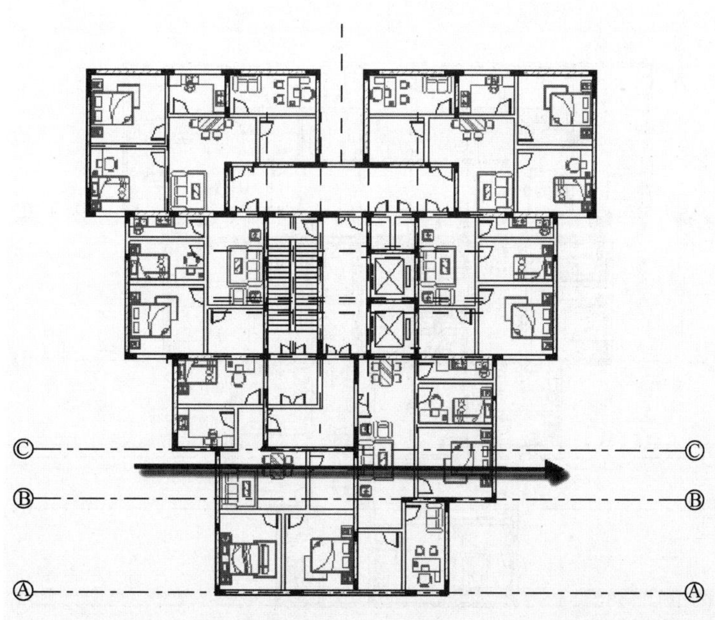

图 7.7　绘制轴网 C

（8）绘制轴网 D。按 GR 快捷键，发出“轴网”命令，绘制轴网 D，并通过拖动轴线端点处的夹点调整轴线的长度，保证与轴网 C 两边长度相等，如图 7.8 所示。

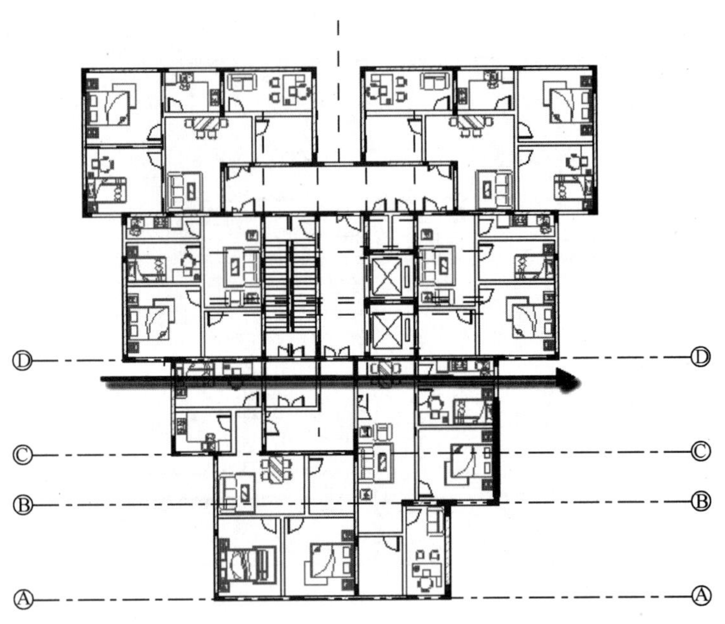

图 7.8　绘制轴网 D

（9）绘制轴网 E。按 GR 快捷键，发出“轴网”命令，绘制轴网 E，并通过拖动轴线端点处的夹点调整轴线的长度，保证与轴网 D 两边长度相等，如图 7.9 所示。

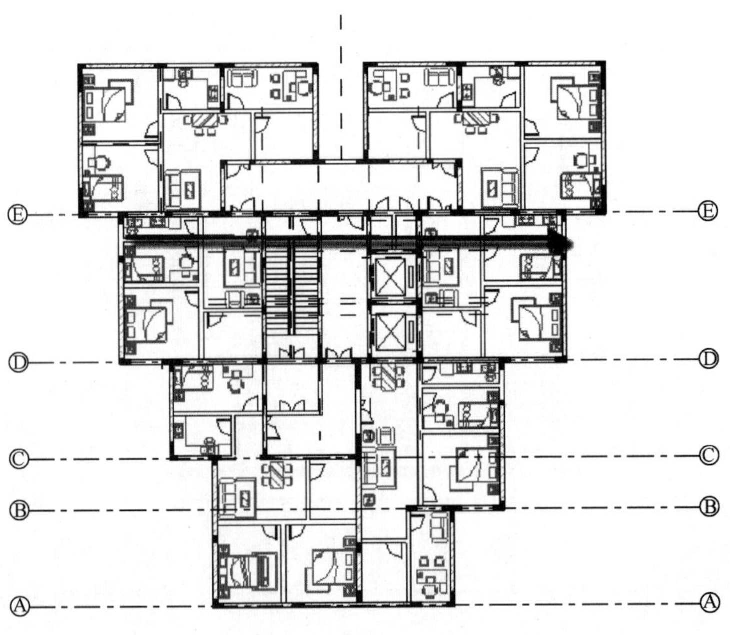

图 7.9　绘制轴网 E

（10）绘制轴网 F。按 GR 快捷键，发出“轴网”命令，绘制轴网 F，并通过拖动轴线端点处的夹点调整轴线的长度，保证与轴网 E 两边长度相等，如图 7.10 所示。

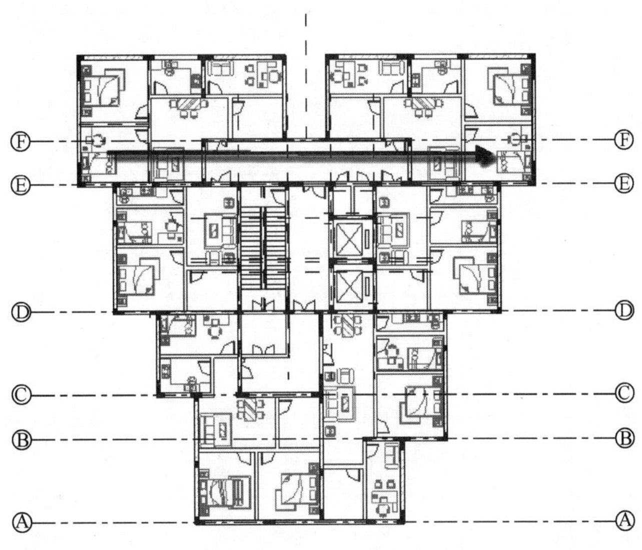

图 7.10　绘制轴网 F

（11）绘制轴网 G。按 GR 快捷键，发出“轴网”命令，绘制轴网 G，并通过拖动轴线端点处的夹点调整轴线的长度，保证与轴网 F 两边长度相等，如图 7.11 所示。

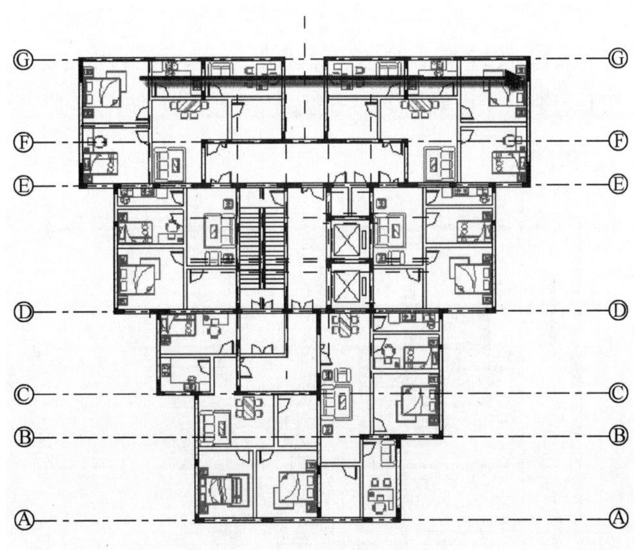

图 7.11　绘制轴网 G

7.1.2　绘制数字方向轴网

轴网分为字母轴方向与数字轴方向，数字轴方向就是垂直方向，至左向右进行绘制，起始一般情况是 1 轴。具体操作如下。

（1）绘制轴网 1。按 GR 快捷键，发出“轴网”命令，绘制轴网 1，并通过拖动轴线端点处的夹点调整轴线的长度，最后双击轴号，将 H 修改为 1，这样就可以保证接下来绘制的均是数字轴网了，如图 7.12 所示。

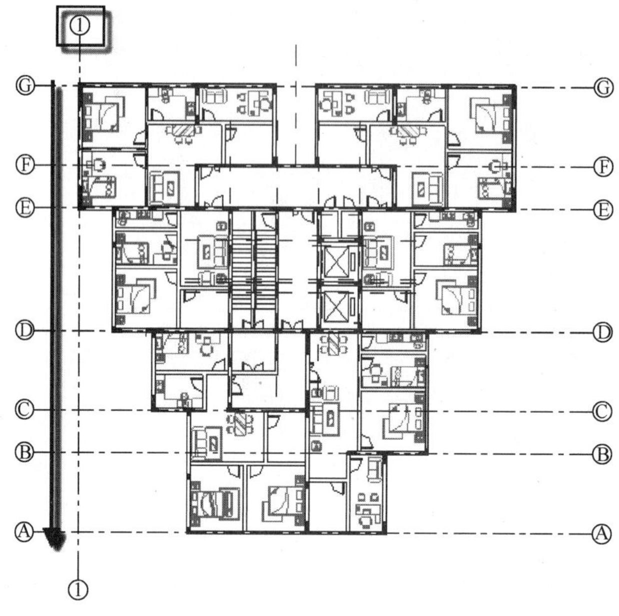

图 7.12　绘制轴网 1

（2）绘制轴网 2。按 GR 快捷键，发出“轴网”命令，绘制轴网 2，并通过拖动轴线端点处的夹点调整轴线的长度，保证与轴网 1 两边长度相等，如图 7.13 所示。

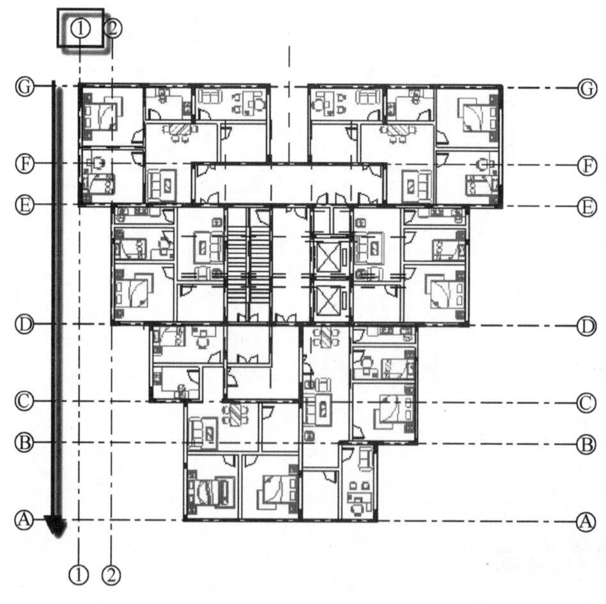

图 7.13　绘制轴网 2

（3）绘制轴网 3。按 GR 快捷键，发出“轴网”命令，绘制轴网 3，并通过拖动轴线端点处的夹点调整轴线的长度，保证与轴网 2 两边长度相等，如图 7.14 所示。

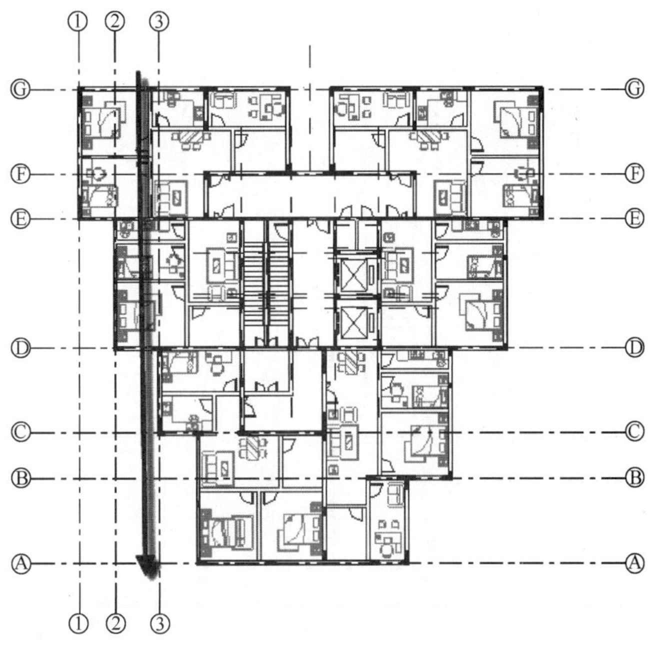

图 7.14　绘制轴网 3

（4）绘制轴网 4。按 GR 快捷键，发出“轴网”命令，绘制轴网 4，并通过拖动轴线端点处的夹点调整轴线的长度，保证与轴网 3 两边长度相等，如图 7.15 所示。

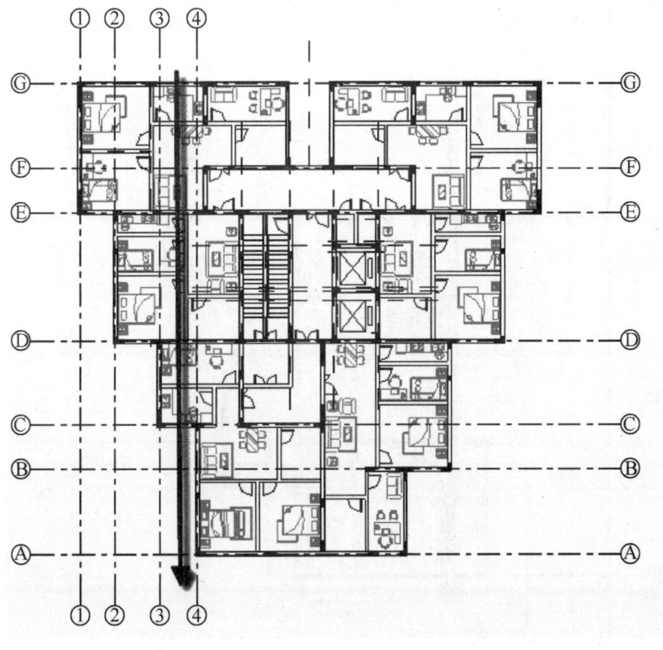

图 7.15　绘制轴网 4

（5）绘制轴网 5。按 GR 快捷键，发出“轴网”命令，绘制轴网 5，并通过拖动轴线端点处的夹点调整轴线的长度，保证与轴网 4 两边长度相等，如图 7.16 所示。

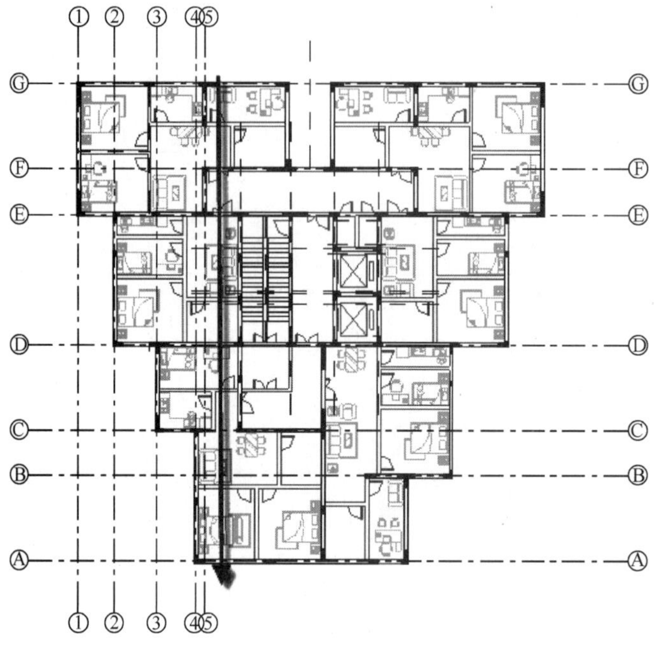

图 7.16　绘制轴网 5

（6）绘制轴网 6。按 GR 快捷键，发出“轴网”命令，绘制轴网 6，并通过拖动轴线端点处的夹点调整轴线的长度，保证与轴网 5 两边长度相等，如图 7.17 所示。

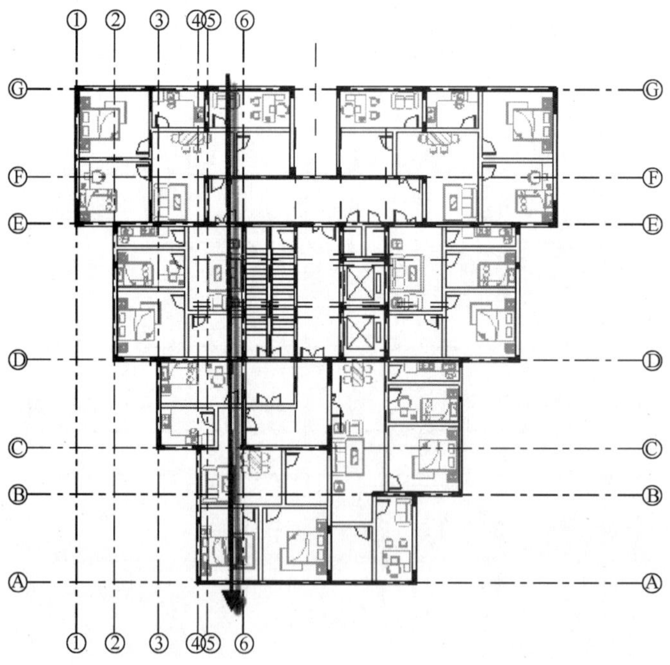

图 7.17　绘制轴网 6

（7）绘制轴网 7。按 GR 快捷键，发出“轴网”命令，绘制轴网 7，并通过拖动轴线端点处的夹点调整轴线的长度，保证与轴网 6 两边长度相等，如图 7.18 所示。

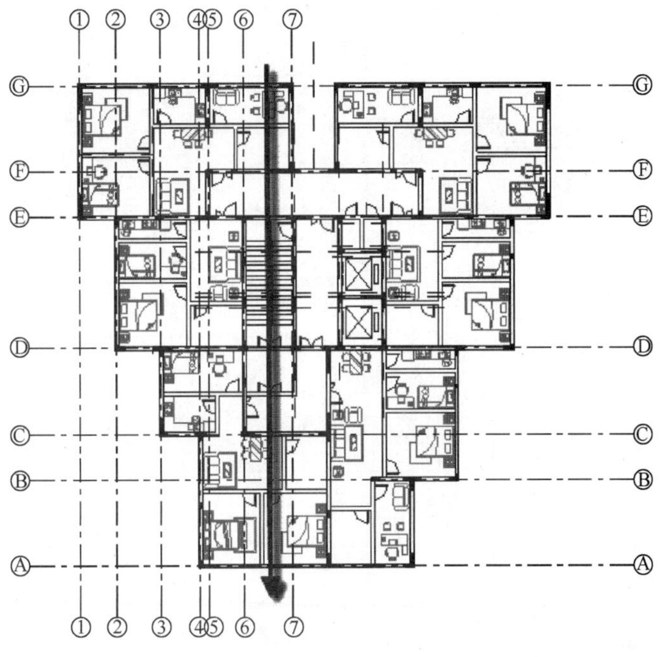

图 7.18　绘制轴网 7

（8）绘制轴网 8。按 GR 快捷键，发出“轴网”命令，绘制轴网 8，并通过拖动轴线端点处的夹点调整轴线的长度，保证与轴网 7 两边长度相等，如图 7.19 所示。

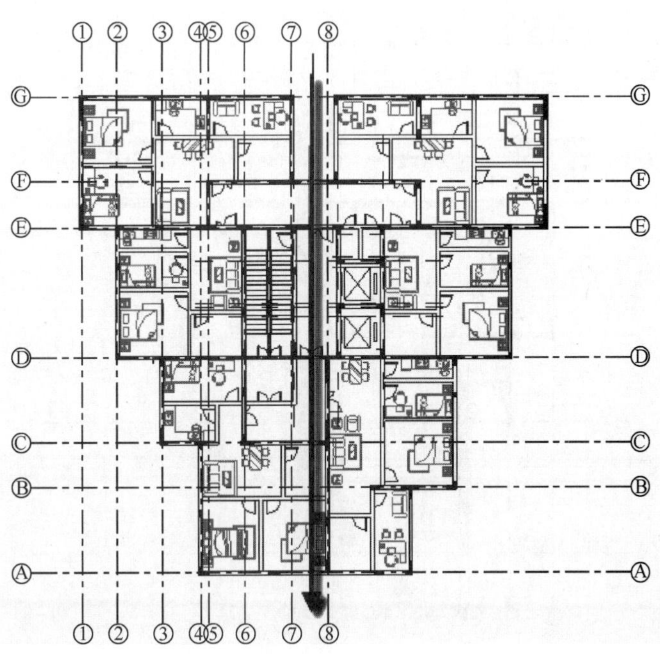

图 7.19　绘制轴网 8

（9）绘制轴网 9。按 GR 快捷键，发出“轴网”命令，绘制轴网 9，并通过拖动轴线端点处的夹点调整轴线的长度，保证与轴网 8 两边长度相等，如图 7.20 所示。

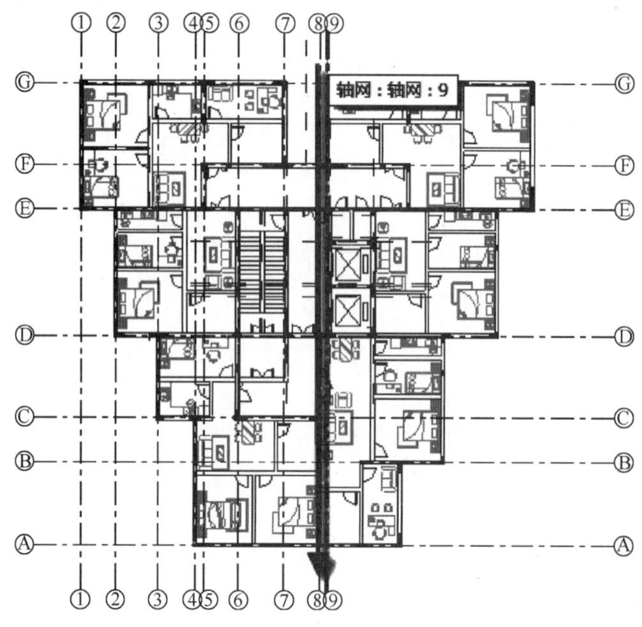

图 7.20　绘制轴网 9

（10）绘制轴网 10。按 GR 快捷键，发出“轴网”命令，绘制轴网 10，并通过拖动轴线端点处的夹点调整轴线的长度，保证与轴网 9 两边长度相等，如图 7.21 所示。

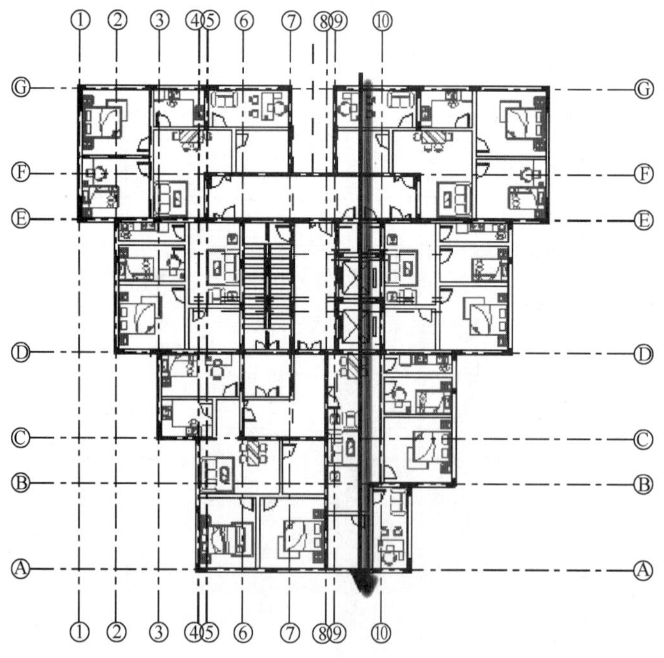

图 7.21　绘制轴网 10

（11）绘制轴网 11。按 GR 快捷键，发出“轴网”命令，绘制轴网 11，并通过拖动轴线端点处的夹点调整轴线的长度，保证与轴网 10 两边长度相等，如图 7.22 所示。

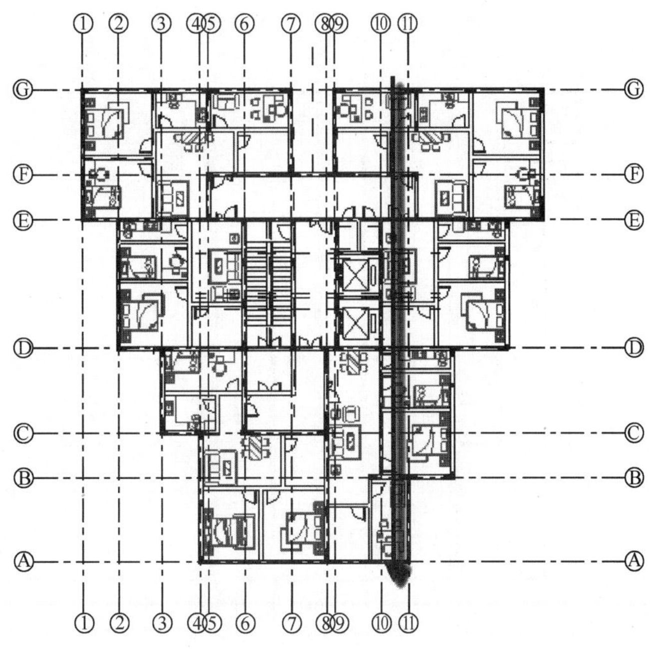

图 7.22　绘制轴网 11

（12）绘制轴网 12。按 GR 快捷键，发出“轴网”命令，绘制轴网 12，并通过拖动轴线端点处的夹点调整轴线的长度，保证与轴网 11 两边长度相等，如图 7.23 所示。

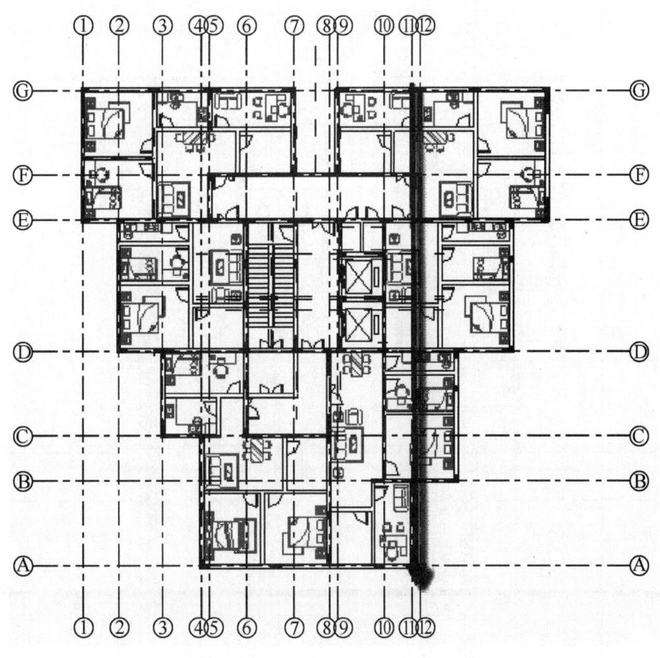

图 7.23　绘制轴网 12

（13）绘制轴网 13。按 GR 快捷键，发出“轴网”命令，绘制轴网 13，并通过拖动轴线端点处的夹点调整轴线的长度，保证与轴网 12 两边长度相等，如图 7.24 所示。

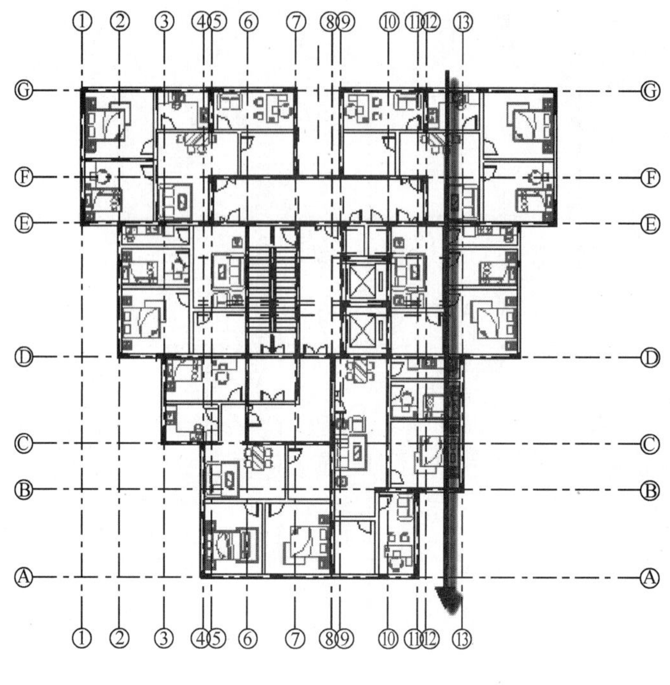

图 7.24　绘制轴网 13

（14）绘制轴网 14。按 GR 快捷键，发出“轴网”命令，绘制轴网 14，并通过拖动轴线端点处的夹点调整轴线的长度，保证与轴网 13 两边长度相等，如图 7.25 所示。

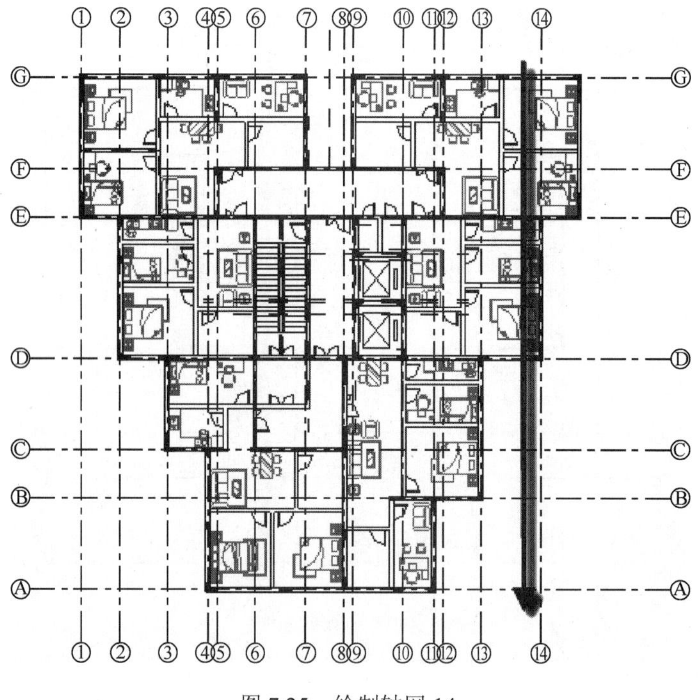

图 7.25　绘制轴网 14

（15）绘制轴网 15。按 GR 快捷键，发出“轴网”命令，绘制轴网 15，并通过拖动轴线端点处的夹点调整轴线的长度，保证与轴网 14 两边长度相等，如图 7.26 所示。

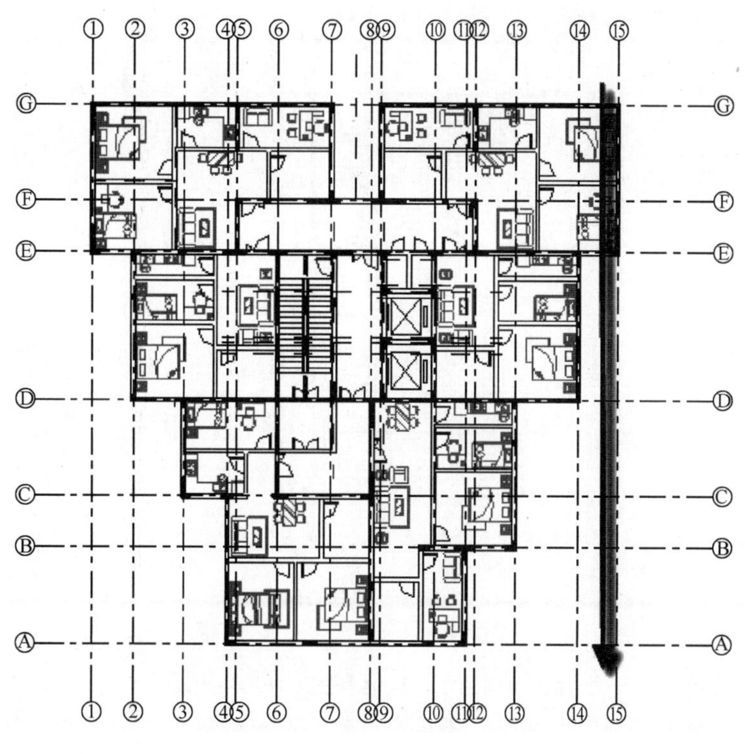

图 7.26　绘制轴网 15

（16）调整轴网 2。由于有些轴网不是两端都有轴号，因此需要调整轴网，以轴网 2 为例，单击轴网 2，取消选中复选框，并解锁，拖动轴线夹点，调整轴线长度，如图 7.27 所示。

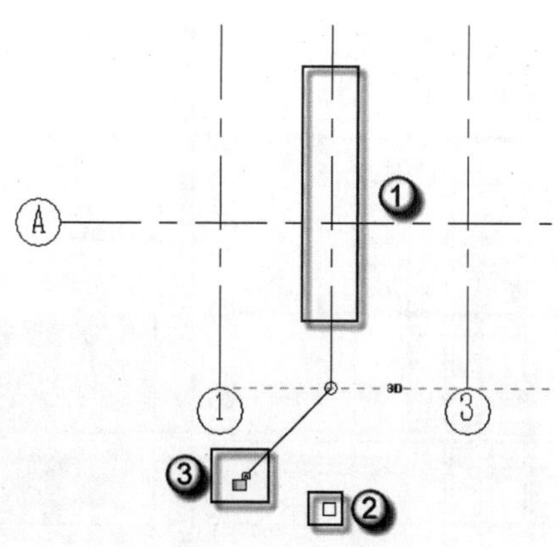

图 7.27　调整轴网 2

（17）调整其余轴网。调整其余轴网，调整其余轴网的方法与轴网 2 一致，轴网调整之后，就可以使整体视图更加规则、有序，调整之后的轴网如图 7.28 所示。

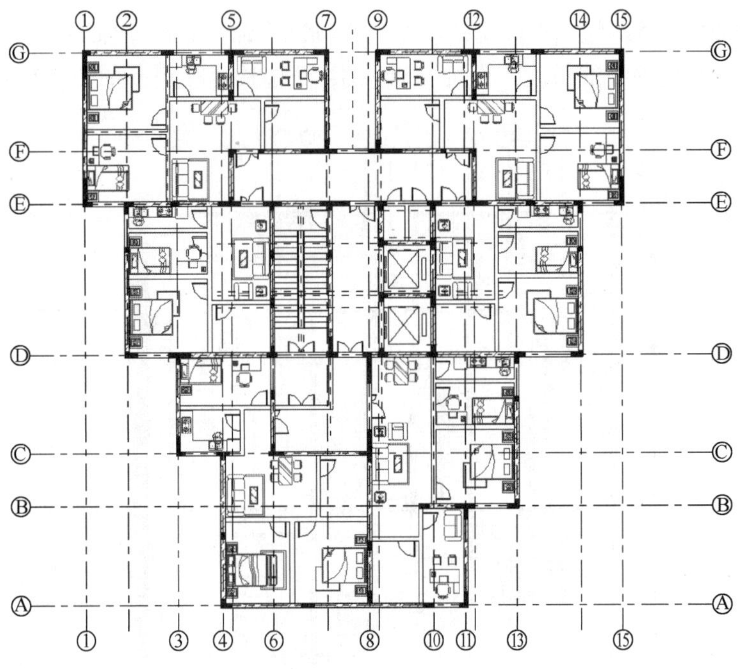

图 7.28　调整其余轴网

注意： 此时只调整了一个楼层的轴网，其他楼层的轴网并没有改动。这样的情况下就要使用“影响范围”命令了，用这个已经调整好的轴网去影响别的轴网。

（18）调整轴网的影响范围。选择所有轴网，选择菜单栏中的“影响范围”命令，在弹出的“影响基准范围”对话框中按住 Shift 键，选择所有楼层平面和结构平面，单击“确定”按钮，轴网影响范围调整完成，如图 7.29 所示。

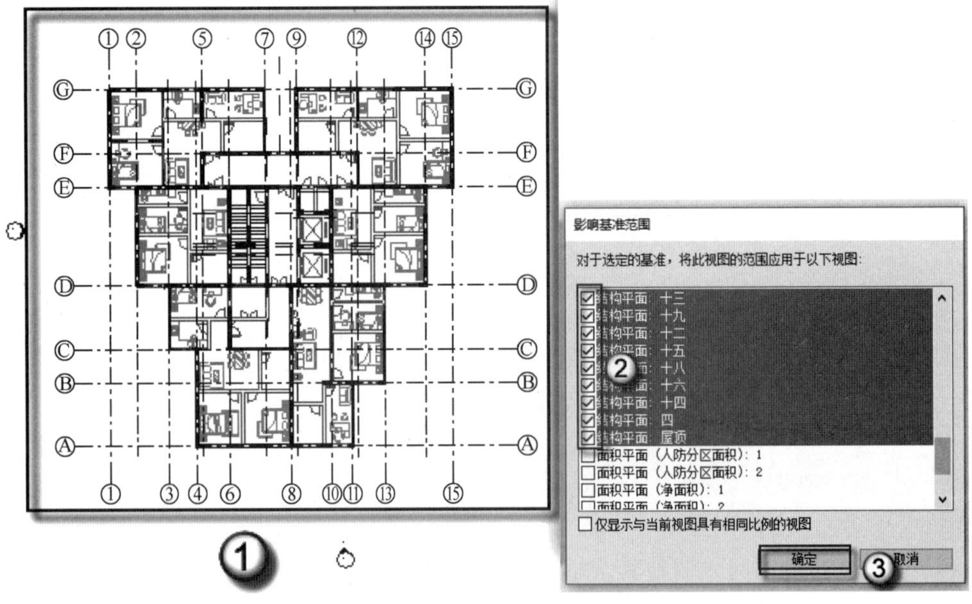

图 7.29　调整轴网的影响范围

7.2　剪力墙现浇部分的深化

本节将介绍如何选择约束边缘构件，并向上复制生成新的构件，再将这些新构件变化成构造边缘构件的一般方法。

7.2.1　复制约束边缘构件

本小节中将介绍选中剪力墙约束边缘构件，并选择上一楼层，向上复制这个构件。由于一、二层的楼层净高不一致，还需要进一步修改。具体操作如下。

（1）进入二层结构平面。在“项目浏览器”面板中选择“视图”|“结构平面”|“二”选项，如图 7.30 所示，这样会进入到二层结构平面视图，只有在二层结构平面视图中才能操作复制二层的约束边缘构件。

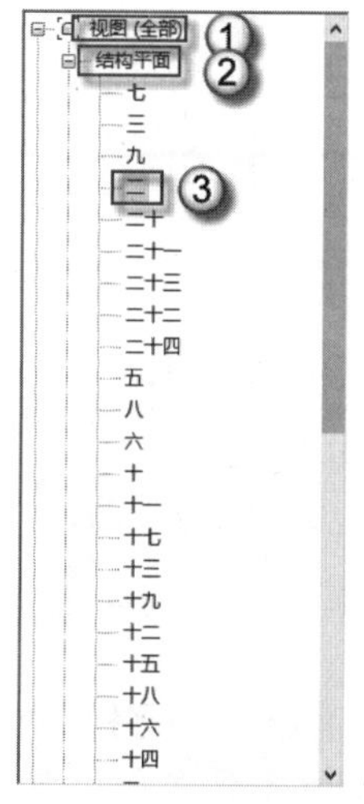

图 7.30　进入二层结构平面

（2）复制约束边缘构件。右击任意一个约束边缘构件，选择“选择全部实例”|“在视图中可见”命令，然后按 Ctrl+C 快捷键，发出“复制”命令，如图 7.31 所示。

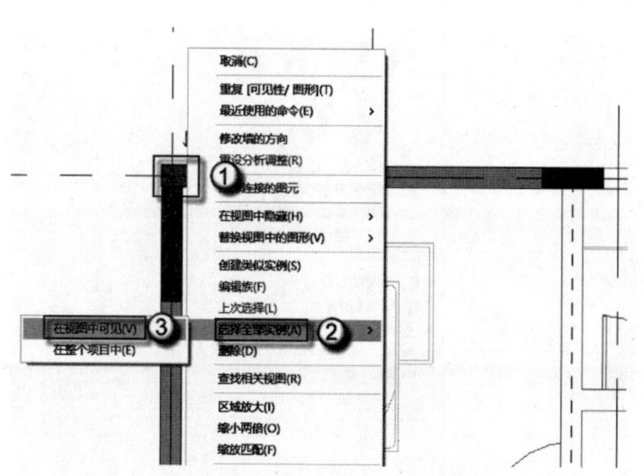

图 7.31　复制约束边缘构件

（3）进入三层结构平面。在“项目浏览器”面板中选择“视图”|“结构平面”|“三”选项，如图 7.32 所示，这样会进入到三层结构平面视图，只有在三层结构平面视图中才能粘贴二层的约束边缘构件。

（4）粘贴约束边缘构件。选择菜单栏中的“修改”|“粘贴”|“与当前层视图对齐”命令，完成操作，这样就可以将一层的约束边缘构件复制粘贴到二层了，如图 7.33 所示。

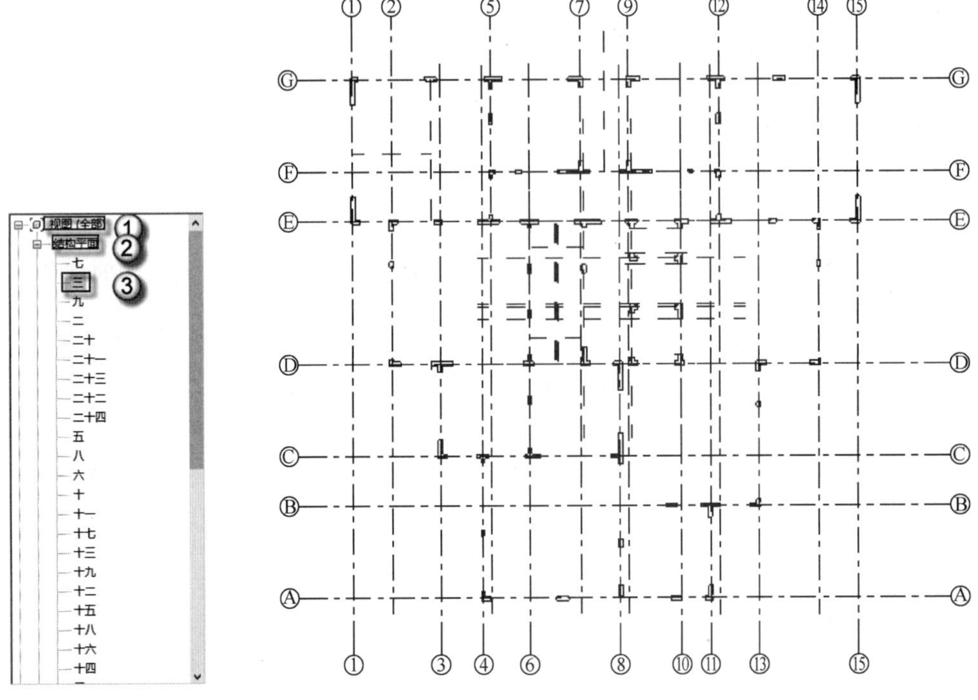

图 7.32　进入三层结构平面　　图 7.33　粘贴约束边缘构件

（5）进入立面视图。在“项目浏览器”面板中选择“视图”|“结构平面”|“立面”|“南”选项，如图 7.34 所示，这样会进入到南立面视图，在南立面视图中可以更加方便地修改约束边缘构件的位置。

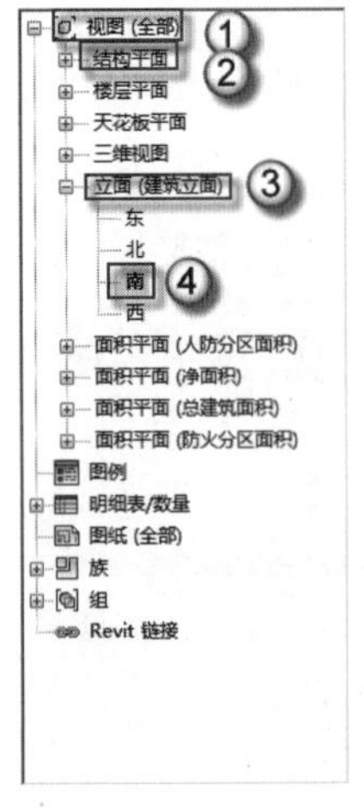

图 7.34　进入南立面视图

（6）修改约束边缘构件位置。选择二层所有的约束边缘构件，在“属性”面板中选择“约束” | “底部偏移” 选项，在“底部偏移”栏输入 0.0 个单位，最后单击“应用”按钮，如图 7.35 所示。

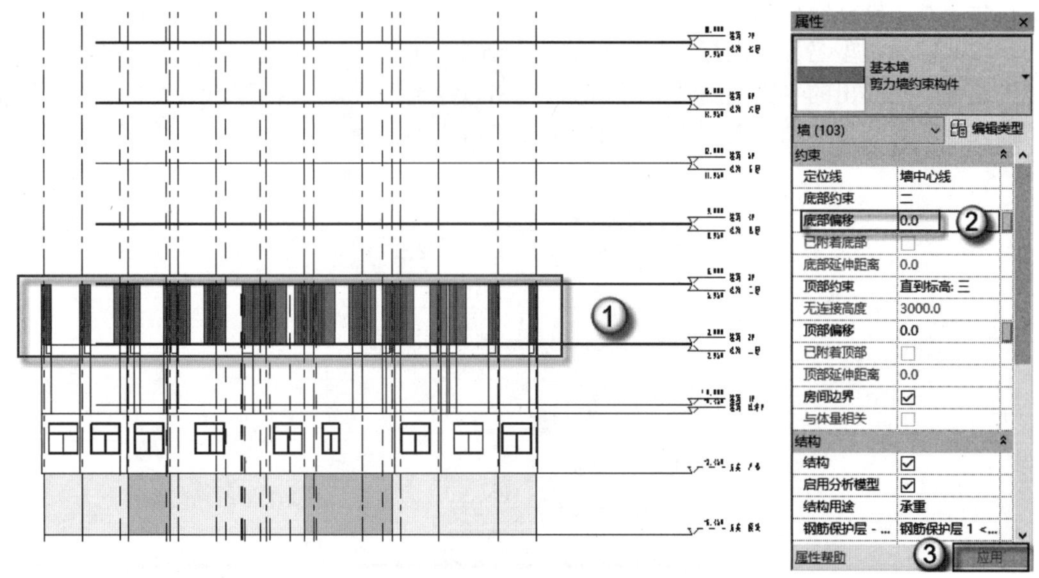

图 7.35　修改约束边缘构件位置

（7）打开三维视图。按 F4 键打开三维视图，按住鼠标中键，并配合 Shift 键，转动三维模型视图至所需查看的视图，如图 7.36 所示。

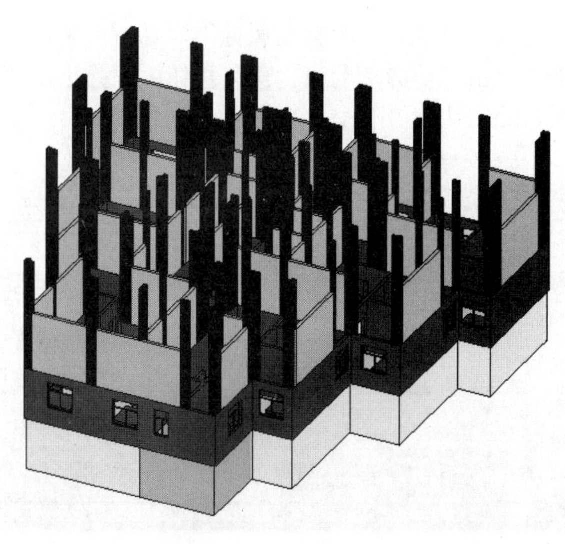

图 7.36　约束边缘构件复制完成的三维效果图

7.2.2　生成构造边缘构件

本小节介绍将上面复制生成的新构件，用切换类型的方法切换生成剪力墙构造边缘构件。约束边缘构件的含钢量高一些，是建筑抗震的加强区域，常用于低楼层或楼层中的重点位置。

（1）进入立面视图。在“项目浏览器”面板中选择“视图”|“立面”|“南”选项，这样会进入到南立面视图，在南立面视图中可以更加方便地修改约束边缘构件的位置。

（2）修改类型名称。选择二层所有的约束边缘构件，在“属性”面板中选择“编辑类型”选项，在弹出的“类型属性”对话框中单击“复制”按钮，在弹出的“名称”对话框中输入“剪力墙构造构件”字样，单击“确定”按钮完成操作，如图 7.37 所示。

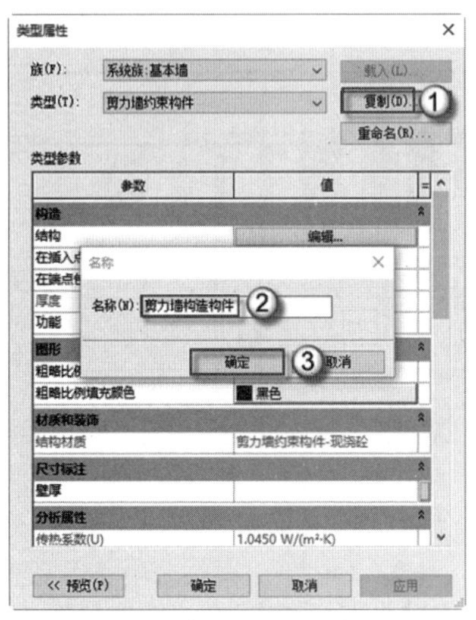

图 7.37 修改类型名称

（3）生成剪力墙构造构件材质。在“类型属性”对话框中单击“编辑”按钮，在弹出的“编辑部件”对话框中单击“剪力墙约束构件”按钮，在弹出的“材质浏览器”对话框中选择“后浇砼”材质，如图 7.38 所示。

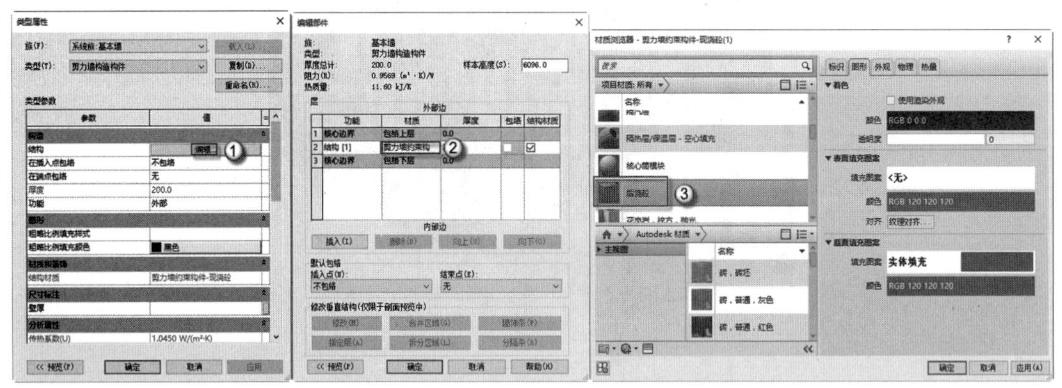

图 7.38 生成剪力墙构造构件材质

注意：剪力墙约束边缘构件与构造边缘构件只是在钢筋上有所区别，这是因为二者受力不一样而导致的含钢量的不同。此处只将其名称与材质区别开，方便后面的工程量统计。

（4）设置后浇砼材质。选择“后浇砼”材质，单击“实体填充”按钮，在弹出的“填充样式”对话框中选择“钢筋混凝土”选项，单击“确定”按钮完成操作，如图 7.39 所示。

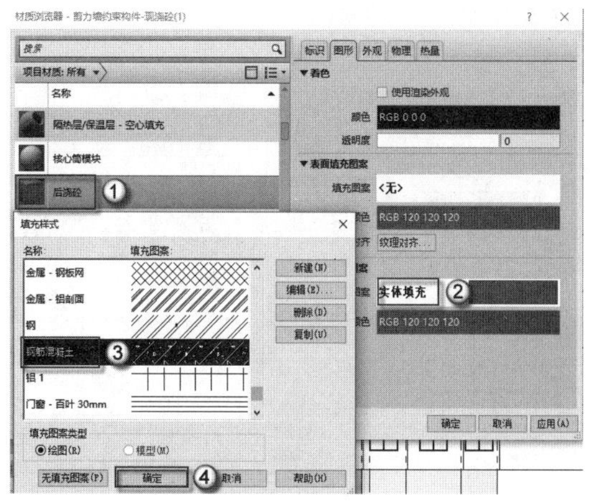

图 7.39　设置后浇砼材质

7.2.3　剪力墙连梁

剪力墙连梁并不是梁。当一片剪力墙过长时，会出现刚度过大的情况。这时为了减少刚度，会在剪力墙上开洞口，洞口上方的墙被称为“剪力墙连梁”。实际上“剪力墙连梁”是剪力墙而不是梁。剪力墙连梁的具体画法如下。

（1）进入二层结构平面。在“项目浏览器”面板中选择“视图”|“结构平面”|“二”选项，如图 7.40 所示，这样会进入到二层结构平面视图，只有在二层结构平面视图中才能绘制二层的剪力墙连梁。

（2）生成剪力墙连梁 LL1 类型。选择菜单栏中的“结构”|“墙”|“墙：结构”命令，在“属性”面板中选择“编辑类型”选项，在弹出的“类型属性”对话框中单击“复制”按钮，在弹出的“名称”对话框中输入“LL1”字样，单击“确定”按钮完成操作，如图 7.41 所示。

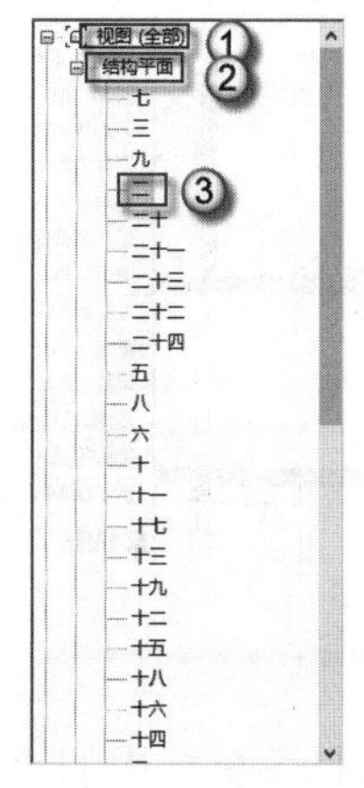

图 7.40 进入二层结构平面

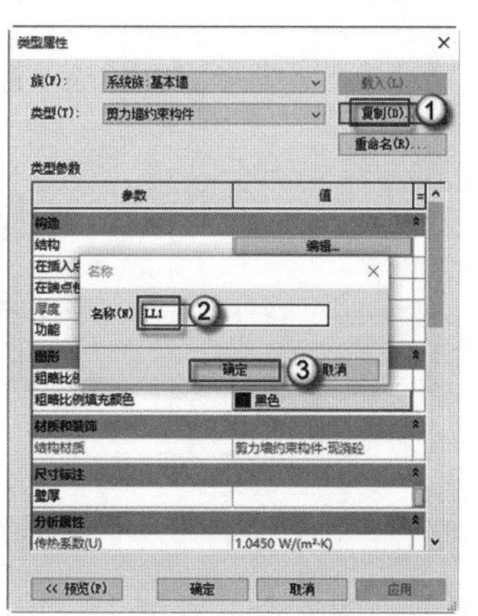

图 7.41 生成剪力墙连梁类型

（3）生成剪力墙连梁材质。在“类型属性”对话框中单击“编辑”按钮，在弹出的“编辑部件”对话框中单击“剪力墙约束构件”按钮，单击“后浇砼”材质，最后单击“确定”按钮，完成操作，如图 7.42 所示。

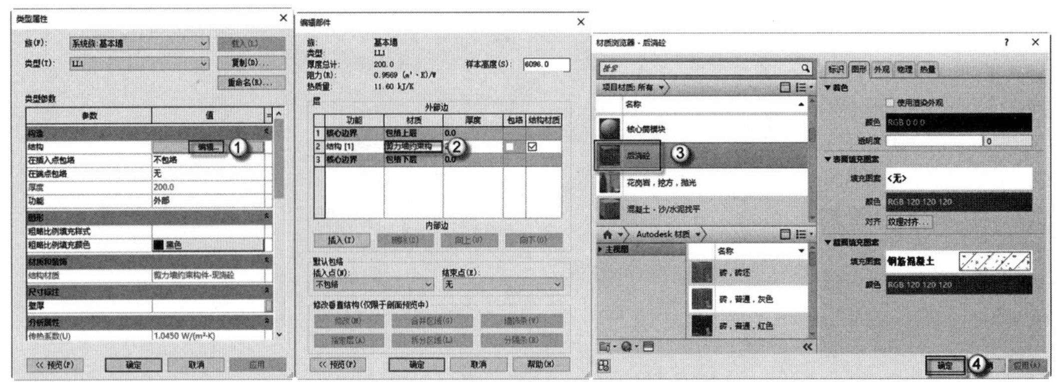

图 7.42　生成剪力墙连梁材质

注意：剪力墙连梁是在预制构件布置好之后，放置模板整体现浇的。因为是在预制构件布置好后浇筑的砼，所以也叫“后浇砼”。

（4）绘制第一道剪力墙连梁。选择菜单栏中的“结构”|“墙”|“墙：结构”命令，注意使用“深度”的方式绘制墙体，墙体的底部标高为“地坪”，采用“墙中心线”的定位线对齐，选中“链”复选框，在“属性”面板中的“约束”|“底部偏移”栏输入 2550 个单位，最后单击“应用”按钮，绘制完成后按 Esc 键一次，可以退出剪力墙连梁绘图界面，完成第一道剪力墙连梁后如图 7.43 所示。

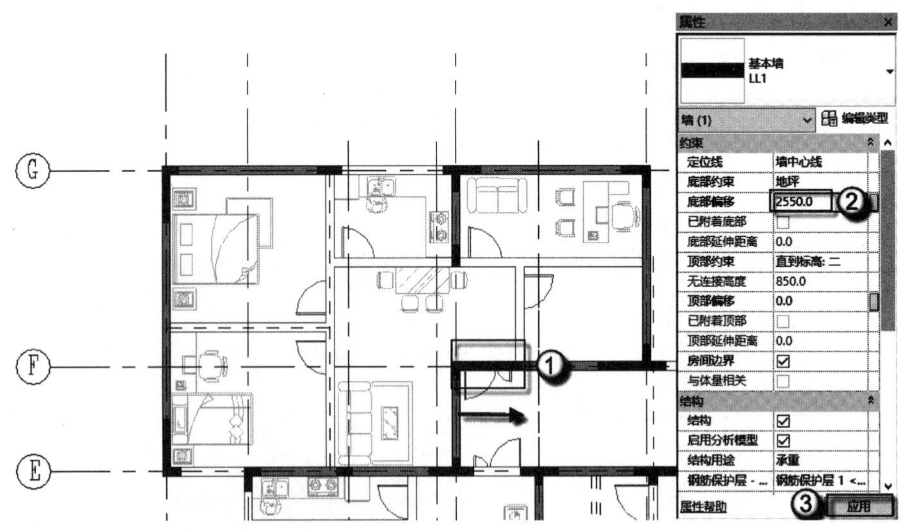

图 7.43　绘制第一道剪力墙连梁

（5）绘制第二道剪力墙连梁。继续上一步操作，选择菜单栏中的“结构”|“墙”|“墙：结构”命令，绘制第二道剪力墙连梁，绘制完成后按键盘上的 Esc 键一次，可以退出

剪力墙连梁绘图界面，完成第二道剪力墙连梁后如图 7.44 所示。

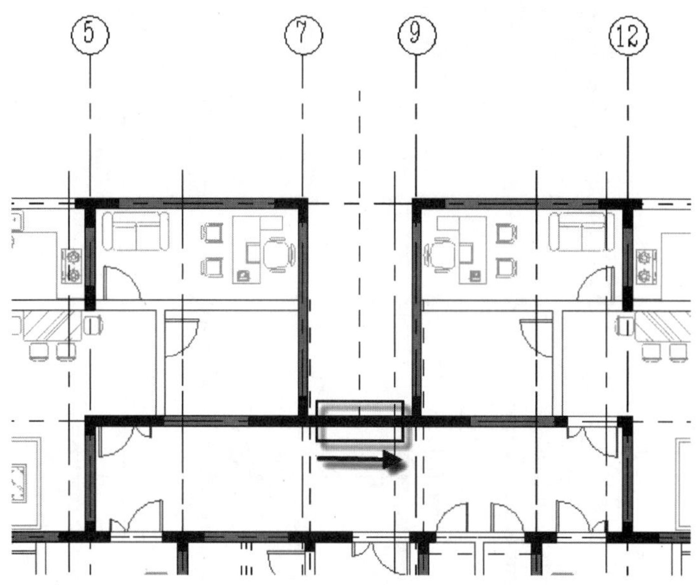

图 7.44　绘制第二道剪力墙连梁

（6）绘制第三道剪力墙连梁。继续上一步操作，选择菜单栏中的“结构”|“墙”|“墙：结构”命令，绘制第三道剪力墙连梁，绘制完成后按键盘上的 Esc 键一次，可以退出剪力墙连梁绘图界面，完成第三道剪力墙连梁后如图 7.45 所示。

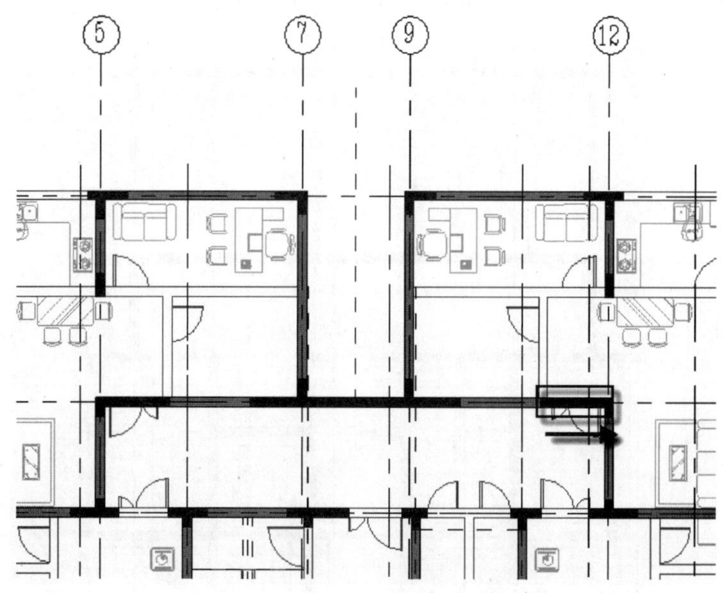

图 7.45　绘制第三道剪力墙连梁

（7）绘制第四道剪力墙连梁。继续上一步操作，选择菜单栏中的“结构”|“墙”|“墙：结构”命令，绘制第四道剪力墙连梁，绘制完成后按键盘上的 Esc 键一次，可以退出剪力墙连梁绘图界面，完成第四道剪力墙连梁后如图 7.46 所示。

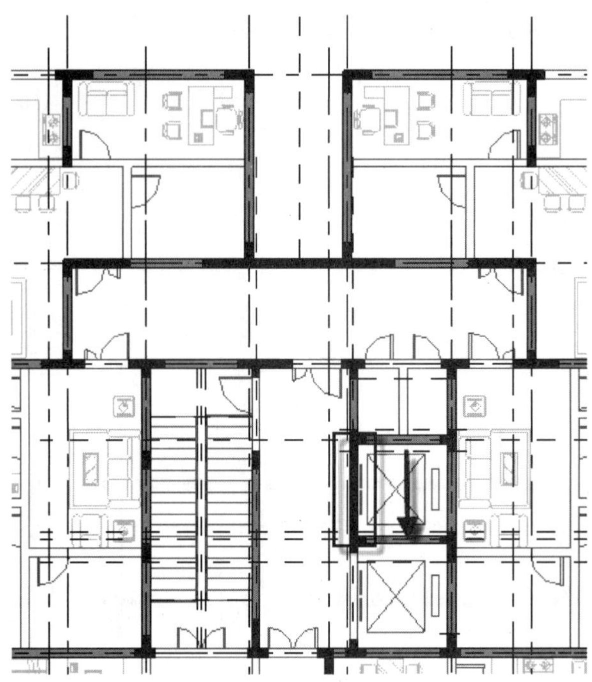

图 7.46　绘制第四道剪力墙连梁

（8）绘制第五道剪力墙连梁。继续上一步操作，选择菜单栏中的“结构”｜“墙”｜“墙：结构”命令，绘制第五道剪力墙连梁，绘制完成后按键盘上的 Esc 键一次，可以退出剪力墙连梁绘图界面，完成第五道剪力墙连梁后如图 7.47 所示。

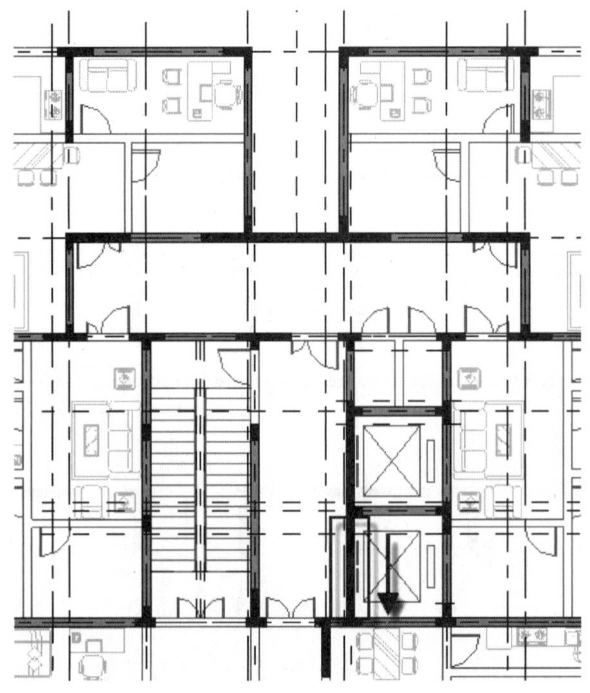

图 7.47　绘制第五道剪力墙连梁

（9）绘制第六道剪力墙连梁。继续上一步操作，选择菜单栏中的“结构”｜“墙”｜“墙：结构”命令，绘制第六道剪力墙连梁，绘制完成后按键盘上的 Esc 键一次，可以退出剪力墙连梁绘图界面，完成第六道剪力墙连梁后如图 7.48 所示。

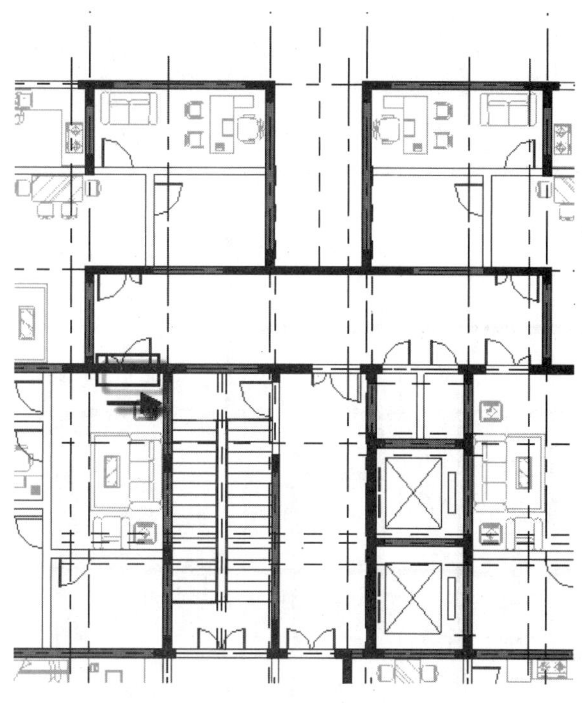

图 7.48　绘制第六道剪力墙连梁

（10）生成剪力墙连梁 LL2 类型。选择菜单栏中的“结构”｜“墙”｜“墙：结构”命令，在“属性”面板中选择“编辑类型”选项，在弹出的“类型属性”对话框中单击“复制”按钮，在弹出的“名称”对话框中输入“LL2”字样，单击两次“确定”按钮完成操作，如图 7.49 所示。

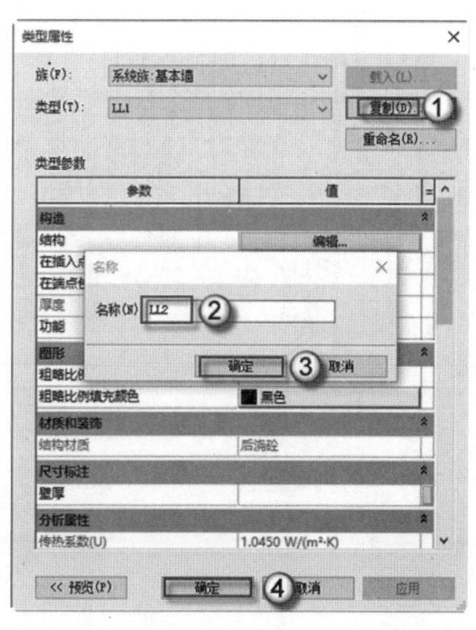

图 7.49　生成剪力墙连梁 LL2 类型

注意： 剪力墙连梁 LL1 与 LL2 的区别在于，LL1 是每一层都有，而 LL2 仅是二层有。此处用名称区别，方便后面的工程量统计。

（11）绘制第七道剪力墙连梁。继续上一步操作，选择菜单栏中的“结构”|“墙”|“墙：结构”命令，绘制第七道剪力墙连梁，绘制完成后按键盘上的 Esc 键一次，可以退出剪力墙连梁绘图界面，完成第七道剪力墙连梁后如图 7.50 所示。

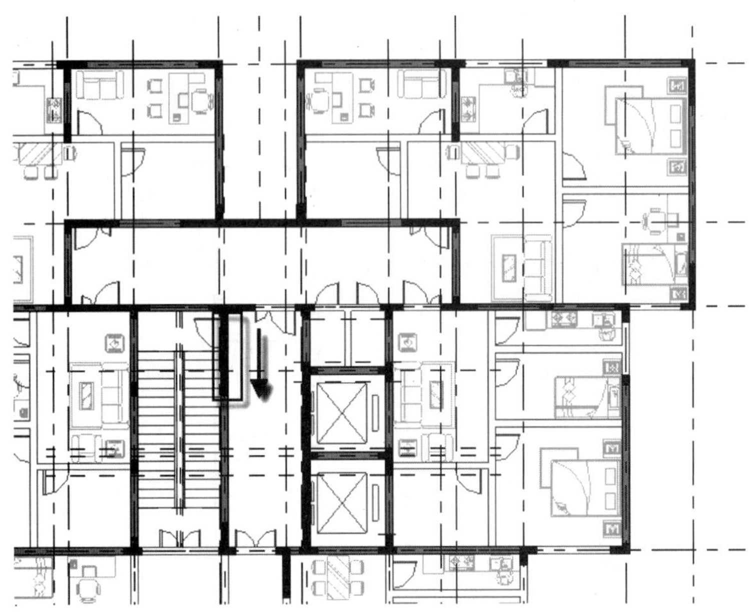

图 7.50　绘制第七道剪力墙连梁

（12）打开三维视图。按 F4 键打开三维视图，按住鼠标中键，并配合 Shift 键，转动三维模型视图至所需查看的视图，如图 7.51 所示。

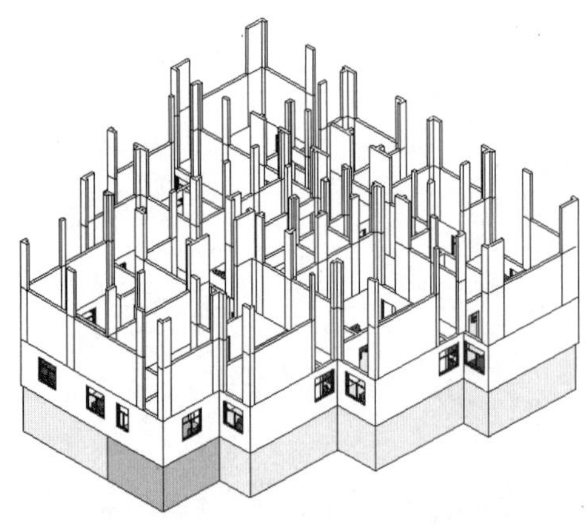

图 7.51　剪力墙连梁完成的三维效果图

第 8 章　主体部分的装配

（教学视频：3 小时 6 分钟）

前面已经介绍了装配式建筑中主要的预制构件，如叠合梁、叠合板、剪力墙外墙内叶板、剪力墙内墙及内隔墙等族的制作方法。本章主要讲授将这些构件载入到项目中，并将其精确插入到相应的位置，生成装配式建筑的主体部分。

8.1　叠 合 构 件

本节主要介绍在装配式建筑中主要受弯构件——叠合梁与叠合板的装配。叠合梁在前面已经介绍过其族的制作方法，本节只是载入这个族，然后精确插入即可。而叠合板还是要使用 Revit 中的“楼板：结构”命令绘制楼板。与现浇式建筑不同，装配式的叠合板不仅要用命令生成楼梯，还要用“部件”功能对楼板进行二次命名，这是为了施工的便利。

8.1.1　叠合梁

前面已经介绍了建立叠合梁的族，在这里只需要将已经制作好的叠合梁族载入项目文件即可。载入之后需要进行精确的移动，具体操作如下。

（1）进入二层结构平面。在“项目浏览器”面板中选择“视图”|“结构平面”|“二”选项，如图 8.1 所示，这样会进入到二层结构平面视图，只有在二层结构平面视图中才能操作绘制二层的叠合梁。

（2）载入叠合梁族。选择菜单栏中的“插入”|“载入族”命令，在弹出的“载入族”对话框中选择“叠合梁”族，单击“打开”按钮，将已绘制完成的叠合梁族载入到项目中，如图 8.2 所示。

（3）绘制预框梁 YKL1。按 BM 快捷键，发出“梁”命令，注意梁的放置平面为“标高：二层”，结构用途为“自动”，选中“链”复选框，绘制预框梁 YKL1，绘制完成后按 Esc 键一次，可以退出梁绘图界面。完成后预框梁 YKL1 如图 8.3 所示。

注意： 在装配式建筑中，YKLx 是预制梁一般的命名方式。其中 Y 代表预制，KL 代表框架梁，x 为梁的编号。YKL1 就是编号为 1 的预制框架梁（在施工中简称“预框梁”）。

（4）编辑预框梁 YKL2。按 BM 快捷键，发出“梁”命令，在“属性”面板中单击

“编辑类型”按钮，在弹出的“类型属性”对话框中单击“复制”按钮，在弹出的“名称”对话框中输入“YKL2”字样，单击两次“确定”按钮完成操作如图 8.4 所示。

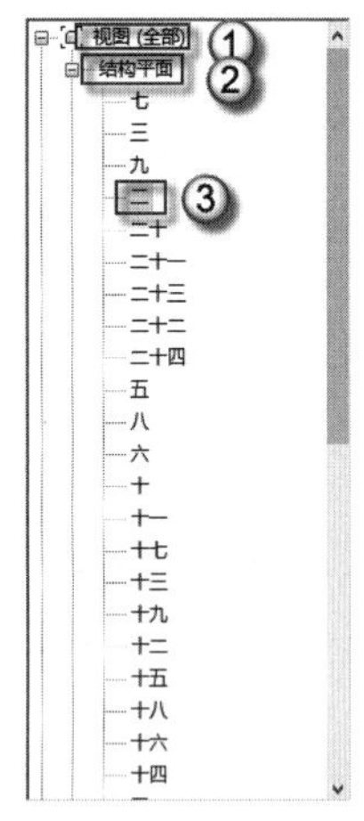

图 8.1　进入二层结构平面

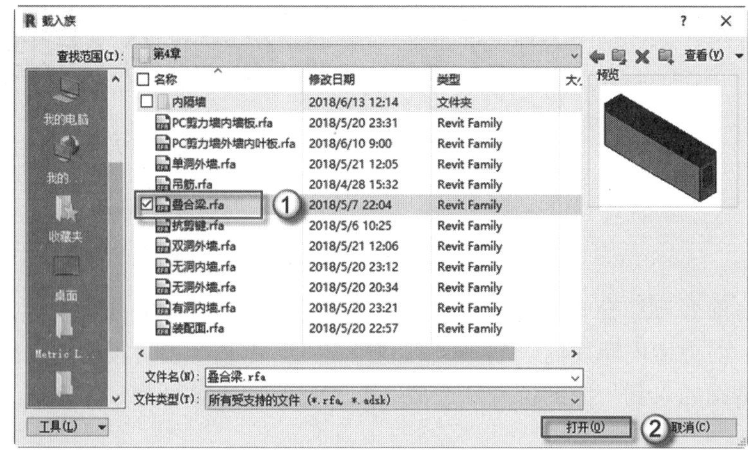

图 8.2　载入族

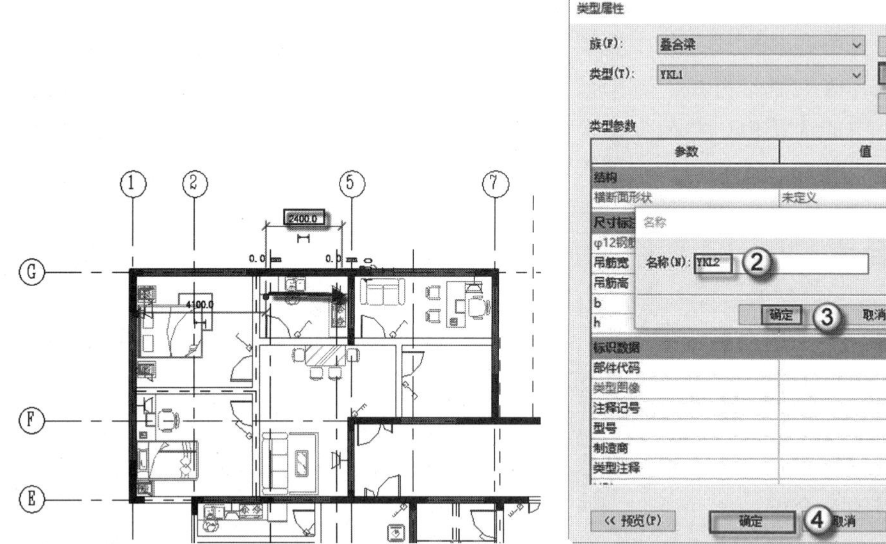

图 8.3　绘制预框梁 YKL1　　　　图 8.4　编辑预框梁 YKL2

（5）绘制预框梁 YKL2。按 BM 快捷键，发出“梁”命令，注意梁的放置平面为“标高：二层”，结构用途为“自动”，选中“链”复选框，绘制预框梁 YKL2，绘制完成后按 Esc 键一次，可以退出梁绘图界面。完成后预框梁 YKL2 如图 8.5 所示。

（6）绘制预框梁 YKL4b。按 BM 快捷键，发出“梁”命令，在“属性”面板中单击“编辑类型”按钮，在弹出的“类型属性”对话框中单击“复制”按钮，在弹出的“名称”对话框中输入“YKL4b”字样，单击“确定”按钮完成操作，绘制预框梁 YKL4b，绘制完成后按 Esc 键一次，可以退出梁绘图界面。完成后预框梁 YKL4b 如图 8.6 所示。

（7）绘制预框梁 YKL4a。按 BM 快捷键，发出“梁”命令，在“属性”面板中单击“编辑类型”按钮，在弹出的“类型属性”对话框中单击“复制”按钮，在弹出的“名称”

对话框中输入“YKL4a”字样，单击“确定”按钮完成操作，绘制预框梁 YKL4a，绘制完成后按 Esc 键一次，可以退出梁绘图界面。完成后预框梁 YKL4a 如图 8.7 所示。

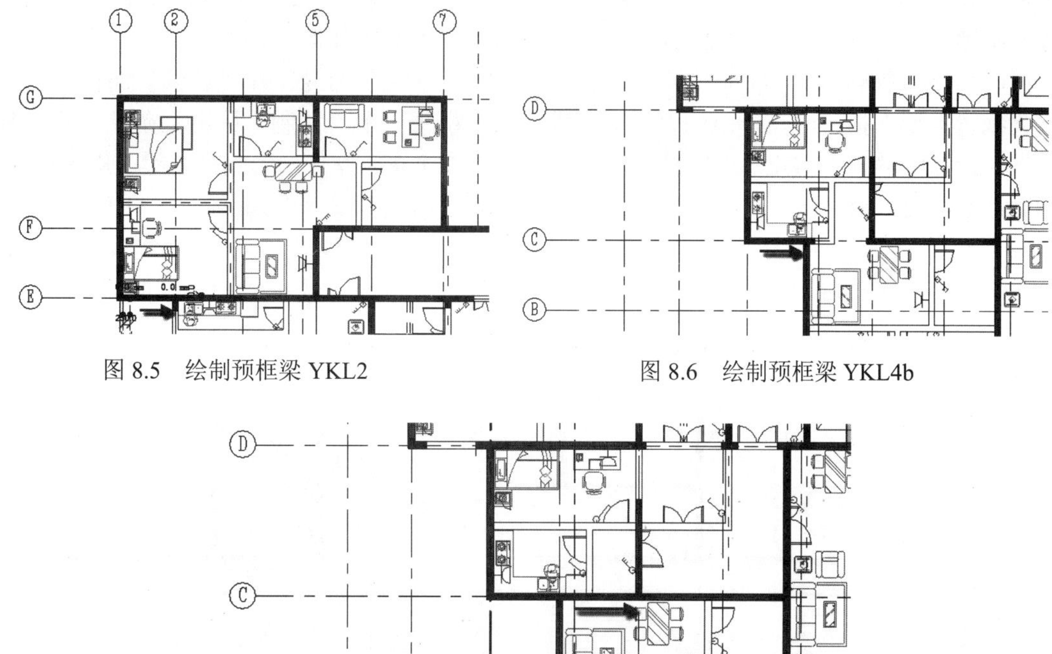

图 8.5　绘制预框梁 YKL2

图 8.6　绘制预框梁 YKL4b

图 8.7　绘制预框梁 YKL4a

（8）绘制预框梁 YKL9。按 BM 快捷键，发出“梁”命令，在“属性”面板中单击“编辑类型”按钮，在弹出的“类型属性”对话框中单击“复制”按钮，在弹出的“名称”对话框中输入“YKL9”字样，单击“确定”按钮完成操作，绘制预框梁 YKL9，绘制完成后按 Esc 键一次，可以退出梁绘图界面。完成后预框梁 YKL9 如图 8.8 所示。

（9）绘制预框梁 YKL6。按 BM 快捷键，发出“梁”命令，在“属性”面板中单击“编辑类型”按钮，在弹出的“类型属性”对话框中单击“复制”按钮，在弹出的“名称”对话框中输入“YKL6”字样，单击“确定”按钮完成操作，绘制预框梁 YKL6，绘制完成后按 Esc 键一次，可以退出梁绘图界面。完成后预框梁 YKL6 如图 8.9 所示。

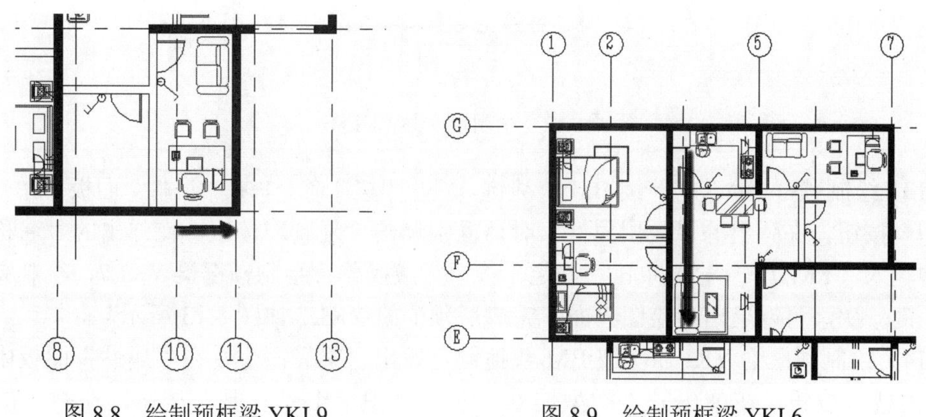

图 8.8　绘制预框梁 YKL9

图 8.9　绘制预框梁 YKL6

（10）绘制预框梁 YKL5。按 BM 快捷键，发出“梁”命令，在“属性”面板中单击“编辑类型”按钮，在弹出的“类型属性”对话框中单击“复制”按钮，在弹出的“名称”对话框中输入“YKL5”字样，单击“确定”按钮完成操作，绘制预框梁 YKL5，绘制完成后按 Esc 键一次，可以退出梁绘图界面。完成后预框梁 YKL5 如图 8.10 所示。

（11）绘制预框梁 YKL8a。按 BM 快捷键，发出“梁”命令，在“属性”面板中，单击“编辑类型”按钮，在弹出的“类型属性”对话框中单击“复制”按钮，在弹出的“名称”对话框中输入“YKL8a”字样，单击“确定”按钮完成操作，绘制预框梁 YKL8a，绘制完成后按 Esc 键一次，可以退出梁绘图界面。完成后预框梁 YKL8a 如图 8.11 所示。

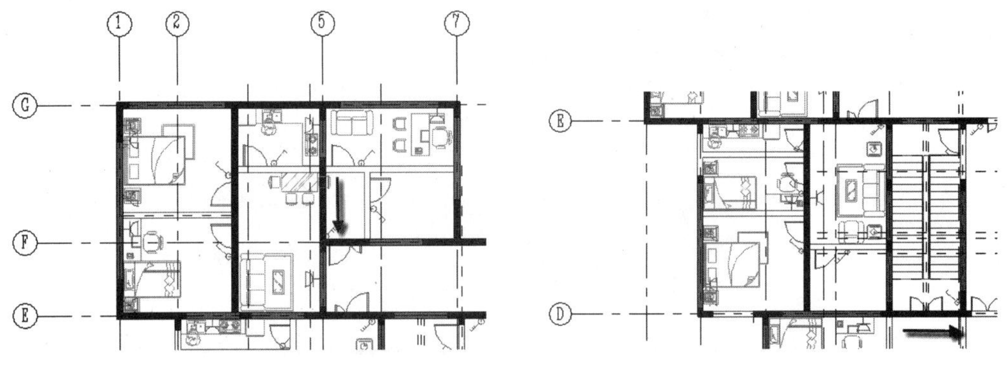

图 8.10　绘制预框梁 YKL5　　　图 8.11　绘制预框梁 YKL8a

（12）绘制预框梁 YKL8b。按 BM 快捷键，发出“梁”命令，在“属性”面板中单击“编辑类型”按钮，在弹出的“类型属性”对话框中单击“复制”按钮，在弹出的“名称”对话框中输入“YKL8b”字样，单击“确定”按钮完成操作，绘制预框梁 YKL8b，绘制完成后按 Esc 键一次，可以退出梁绘图界面。完成后预框梁 YKL8b 如图 8.12 所示。

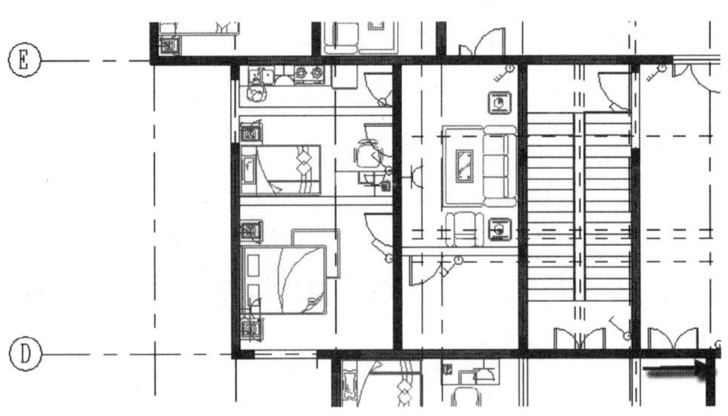

图 8.12　绘制预框梁 YKL8b

（13）绘制预框梁 YKL7。按 BM 快捷键，发出“梁”命令，在“属性”面板中单击“编辑类型”按钮，在弹出的“类型属性”对话框中单击“复制”按钮，在弹出的“名称”对话框中输入“YKL7”字样，单击“确定”按钮完成操作，绘制预框梁 YKL7，绘制完成后按 Esc 键一次，可以退出梁绘图界面。完成后预框梁 YKL7 如图 8.13 所示。

（14）绘制预框梁 YKL3a。按 BM 快捷键，发出“梁”命令，在“属性”面板中单击“编辑类型”按钮，在弹出的“类型属性”对话框中单击“复制”按钮，在弹出的“名称”对话框中输入“YKL3a”字样，单击“确定”按钮完成操作，绘制预框梁 YKL3a，绘制完成后按 Esc 键一次，可以退出梁绘图界面。完成后预框梁 YKL3a 如图 8.14 所示。

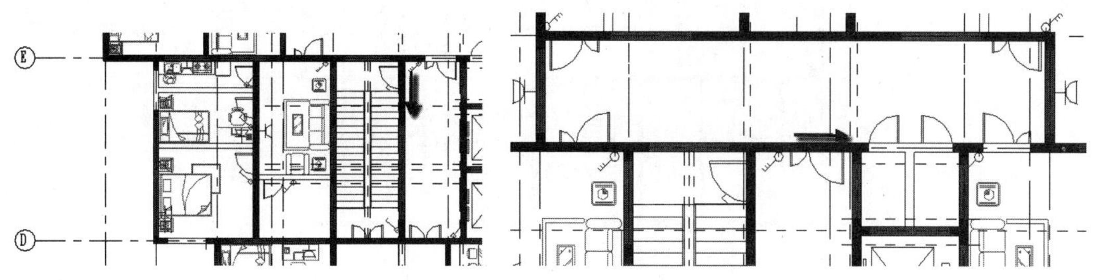

图 8.13　绘制预框梁 YKL7　　　　图 8.14　绘制预框梁 YKL3a

（15）绘制预框梁 YKL3b。按 BM 快捷键，发出“梁”命令，在“属性”面板中单击“编辑类型”按钮，在弹出的“类型属性”对话框中单击“复制”按钮，在弹出的“名称”对话框中输入“YKL3b”字样，单击“确定”按钮完成操作，绘制预框梁 YKL3b，绘制完成后按 Esc 键一次，可以退出梁绘图界面。完成后预框梁 YKL3b 如图 8.15 所示。

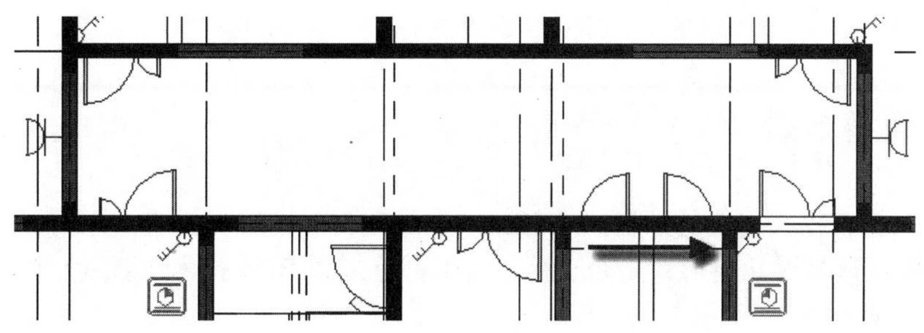

图 8.15　绘制预框梁 YKL3b

（16）绘制预框梁 YKL3c。按 BM 快捷键，发出“梁”命令，在“属性”面板中单击“编辑类型”按钮，在弹出的“类型属性”对话框中单击“复制”按钮，在弹出的“名称”对话框中输入“YKL3c”字样，单击“确定”按钮完成操作，绘制预框梁 YKL3c，绘制完成后按 Esc 键一次，可以退出梁绘图界面。完成后预框梁 YKL3c 如图 8.16 所示。

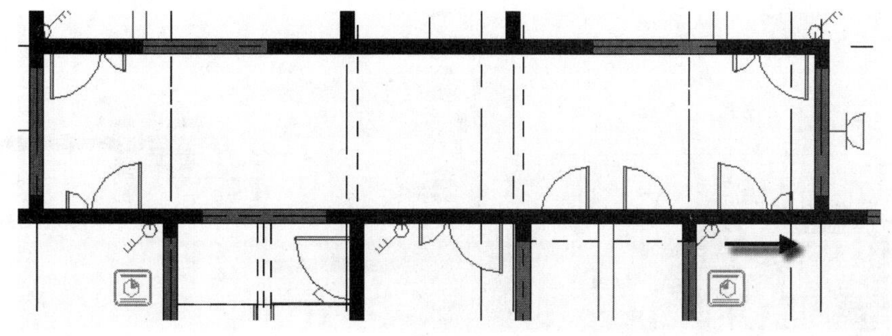

图 8.16　绘制预框梁 YKL3c

参照以上步骤，绘制所有预框梁。绘制完所有结构二层平面所有预框梁，如图 8.17 所示。读者还可以进入到三维视图中，对模型进行进一步的核查。

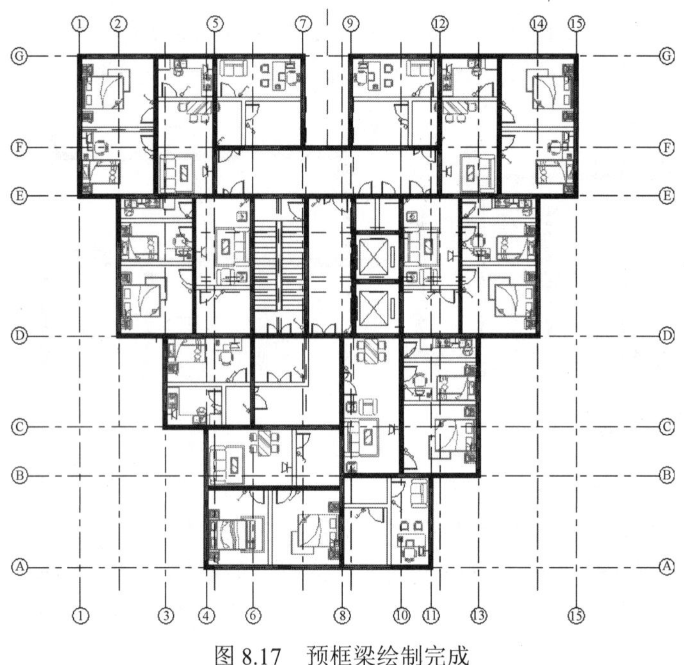

图 8.17　预框梁绘制完成

8.1.2　检查叠合梁

在插入完叠合梁（也就是预框梁 YKLx）之后，要对梁进行检查。因为梁构件类型比较多，三维检查只是看几何形式是否正确，而本书是采用 BIM 技术，要重点检查构件的信息，具体操作如下。

（1）新建明细表。选择菜单栏中的“视图”｜“明细表”｜“明细表/数量”命令，在弹出的“新建明细表”对话框中过滤器列表栏选择“结构”专业，在类别栏选择“结构框架”选项，在名称栏输入“预制叠合梁表”，单击“确定”按钮，进入下一步操作，如图 8.18 所示。

（2）添加明细表字段参数。继续上一步操作，在弹出的“明细表属性”对话框中字段栏，将“可用字段”栏中的“类型”“剪切长度”“合计”三项，依次添加到“明细表字段”栏中，如图 8.19 所示。

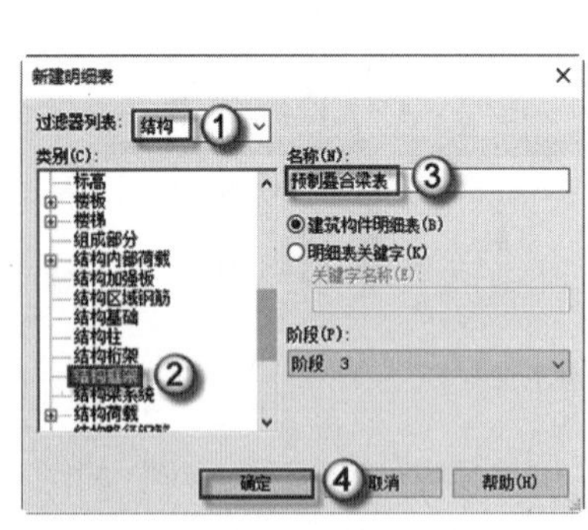

图 8.18　新建明细表

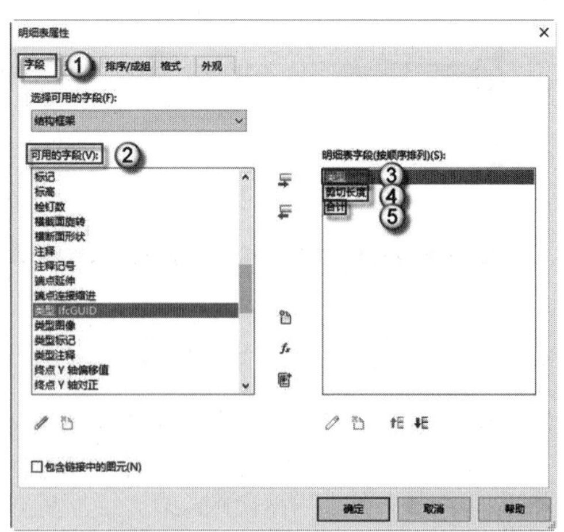

图 8.19　添加明细表字段参数

（3）修改明细表排序方式。继续上一步操作，在弹出的“明细表属性”对话框的“排序/成组”选项卡中，将“排序方式”栏切换为“类型”选项，并取消选中“逐项列举每个实例”复选框，如图 8.20 所示。

（4）修改“剪切长度”格式。继续上一步操作，在弹出的“明细表属性”对话框的“格式”选项卡中的“字段”栏选中“剪切长度”选项，并将其切换至“计算最大值”选项，这样就可以保证在明细表中剪切长度不是所有叠合梁的总长，如图 8.21 所示。

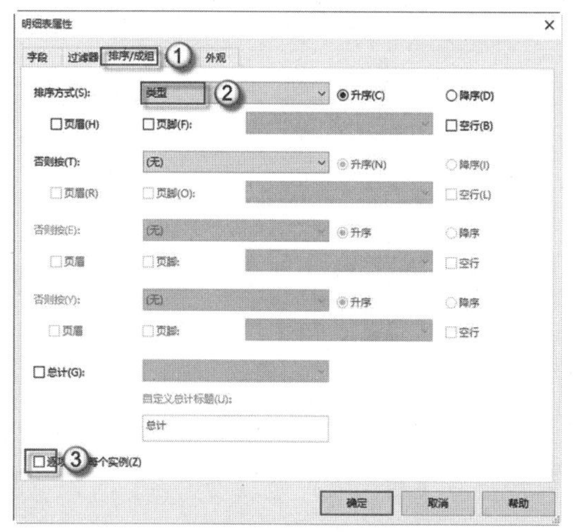

图 8.20　修改明细表排序方式

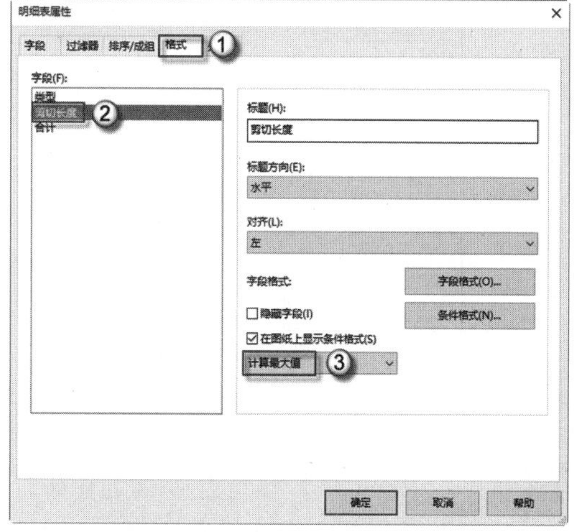

图 8.21　修改“剪切长度”格式

（5）修改“合计”格式。继续上一步操作，在弹出的“明细表属性”对话框的“格式”选项卡中的“字段”栏选中“合计”选项，并将其切换至“计算总数”选项，如图 8.22 所示。这样就可以保证在明细表中合计是所有叠合梁个数的总数，生成的《预制叠合梁表》如图 8.23 所示。

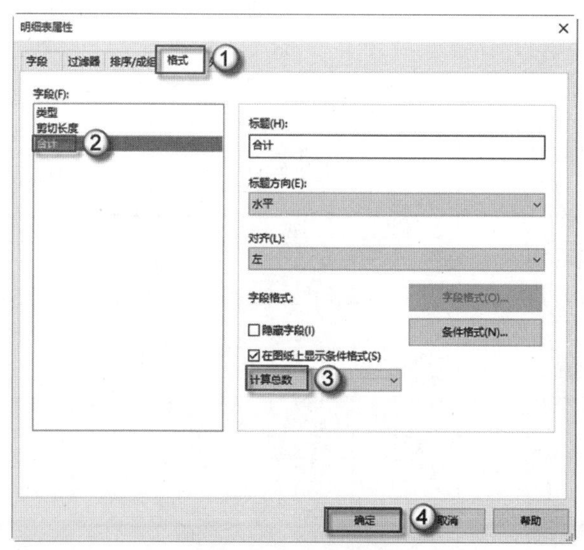

图 8.22　修改“合计”格式

<预制叠合梁表>		
A	B	C
类型	剪切长度	合计
YKL1	2400	3
YKL2	1500	8
YKL3a	1200	1
YKL3b	1900	1
YKL3c	1100	1
YKL4a	1900	1
YKL4b	1500	1
YKL5	2200	3
YKL6	6700	6
YKL7	1800	1
YKL8a	2300	1
YKL8b	1200	1
YKL49	1200	1

图 8.23　预制叠合梁表

（6）修改“剪切长度”名称。在明细表中，将“剪切长度”修改为“跨度（mm）”，这样就更加符合图纸要求了，如图 8.24 所示。

（7）检查错误类型。明细表中预框梁 YKL49 为错误类型，而应为 YKL9，首先选中 YKL49，选择菜单栏中的“修改明细表/数量”|“在模型中高亮显示”命令，进入下一步操作，如图 8.25 所示。

<预制叠合梁表>

A	B	C
类型	跨度（mm）	合计
YKL1	2400	3
YKL2	1500	8
YKL3a	1200	1
YKL3b	1900	1
YKL3c	1100	1
YKL4a	1900	1
YKL4b	1500	1
YKL5	2200	3
YKL6	6700	6
YKL7	1800	1
YKL8a	2300	1
YKL8b	1200	1
YKL49	1200	1

图 8.24　修改剪切长度名称

<预制叠合梁表>

A	B	C
类型	跨度（mm）	合计
YKL1	2400	3
YKL2	1500	8
YKL3a	1200	1
YKL3b	1900	1
YKL3c	1100	1
YKL4a	1900	1
YKL4b	1500	1
YKL5	2200	3
YKL6	6700	6
YKL7	1800	1
YKL8a	2300	1
YKL8b	1200	1
YKL49	1200	1

图 8.25　检查错误类型

注意： *在 Revit 中，模型是带信息量的。所以模型与《明细表》是联动关系，可以直接在明细表中选择相应的构件，这个方法在检查模型时经常会用到。*

（8）修改错误类型。继续上一步操作，打开错误类型所在视图，选中高亮显示的错误类型，在“属性”面板中单击“编辑类型”按钮，在弹出的“类型属性”对话框中单击“重命名”按钮，在弹出的“名称”对话框中输入“YKL9”字样，单击两次“确定”按钮完成操作，如图 8.26 所示。

（9）继续检查叠合梁。运用同样的方法，在明细表中继续检查错误类型，若出现错误类型，以上述同样的方法在所在视图中修改错误类型，完成后的明细表如图 8.27 所示。

图 8.26　修改错误类型

<预制叠合梁表>

A	B	C
类型	跨度（mm）	合计
YKL1	2400	3
YKL2	1500	8
YKL3a	1200	1
YKL3b	1900	1
YKL3c	1100	1
YKL4a	1900	1
YKL4b	1500	1
YKL5	2200	3
YKL6	6700	6
YKL7	1800	1
YKL8a	2300	1
YKL8b	1200	1
YKL9	1200	1

图 8.27　预制叠合梁表

按 F4 键打开三维视图，按住鼠标中键，并配合 Shift 键，转动三维模型视图至所需查看的视图，如图 8.28 所示。

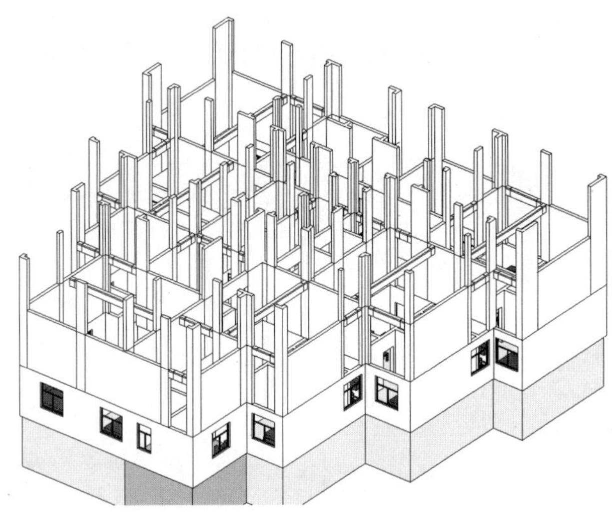

图 8.28　叠合梁检查完成的三维效果图

8.1.3　叠合板

本小节介绍使用“楼板：结构”命令（快捷键 SB）来制作叠合板，注意双向板与单向板略有区别，具体操作如下。

（1）进入二层结构平面。在“项目浏览器”面板中选择“视图”|“结构平面”|“二”选项，如图 8.29 所示，这样会进入到二层结构平面视图，只有在二层结构平面视图中才能绘制二层的叠合板。

（2）生成接缝 JF1 类型。选择菜单栏中的“结构”|“楼板”|“楼板：结构”命令，在“属性”面板中单击“编辑类型”按钮，在弹出的“类型属性”对话框中单击“复制”按钮，在弹出的“名称”对话框中输入“JF1”字样，单击“确定”按钮完成操作，如图 8.30 所示。

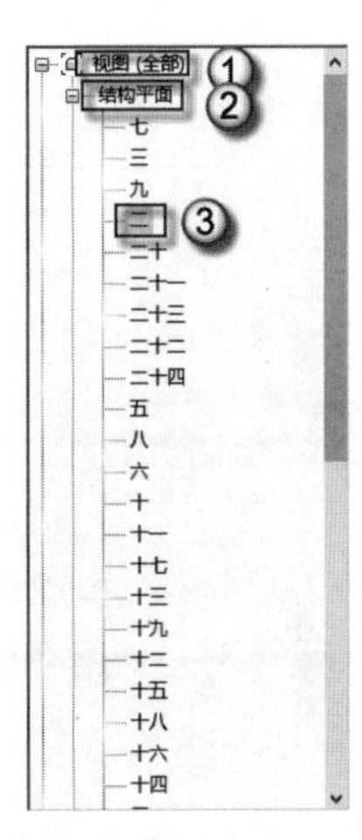

图 8.29　进入二层结构平面

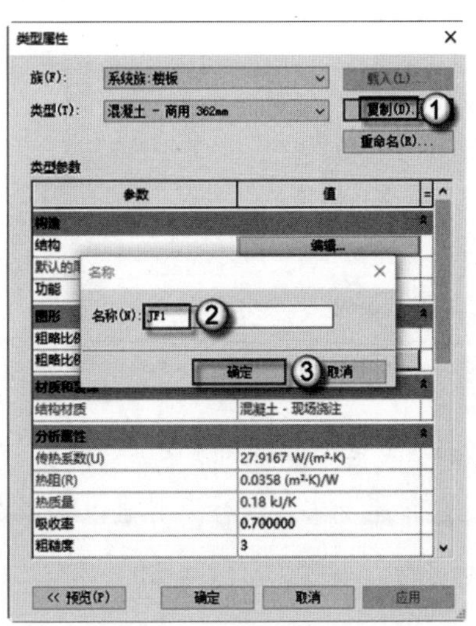

图 8.30　生成 JF1 类型

（3）生成接缝 JF1 材质。在“类型属性”对话框中单击“编辑”按钮，在弹出的“编辑部件”对话框中删掉除“结构【1】”以外的功能选项（“核心边界”为软件保留选项，不能删除），单击⋯按钮，在弹出的“材料浏览器”对话框中选择“后浇砼”材质，单击“确定”按钮完成操作，如图 8.31 所示。

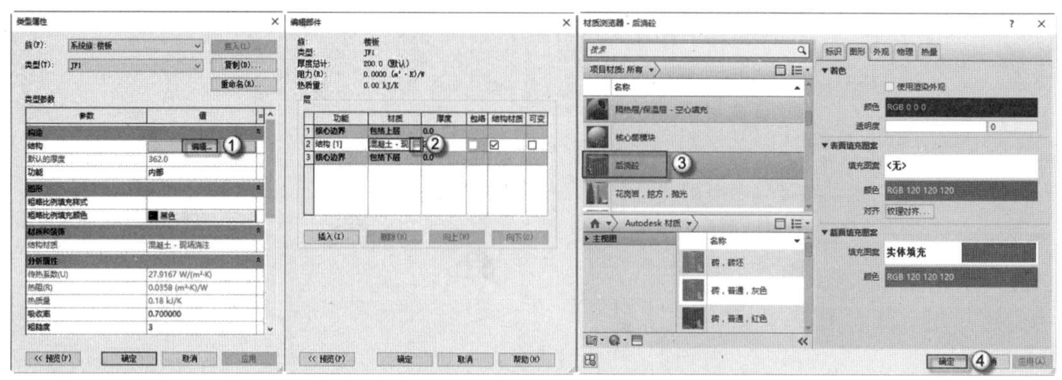

图 8.31　生成 JF1 材质

（4）修改接缝 JF1 厚度。在编辑部件对话框中，依据图纸要求，将楼板厚度修改为 140mm，单击“确定”按钮进入下一步操作，如图 8.32 所示。

（5）绘制 JF1。继续上一步操作，在√｜×选项板界面，绘制一个长宽分别为 3700mm 和 100mm 的矩形，绘制完成后，单击√按钮，并取消选中“属性”面板中的“启用分析模型”复选框，绘制完成后按 Esc 键一次，可以退出楼板绘图界面，如图 8.33 所示，最后删除软件自动生成的“跨方向”符号（本例采用预制的楼板，不需要现浇板的跨方向符号）。

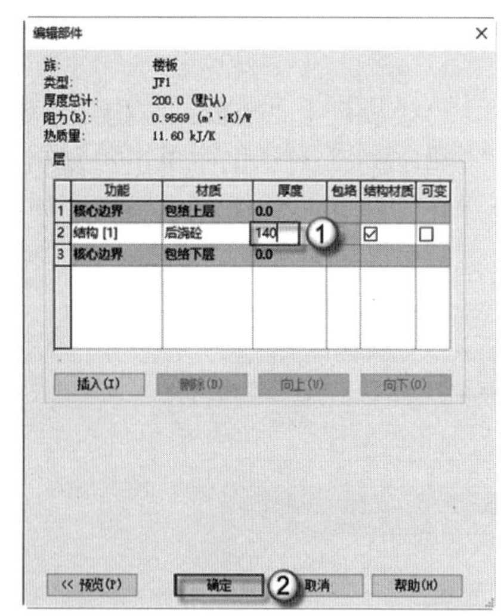

图 8.32　修改 JF1 厚度

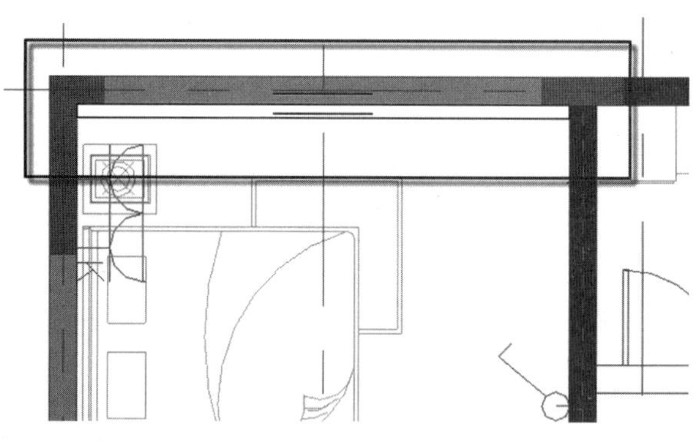

图 8.33　绘制 JF1

注意：JF1 绘制完成后，出现“是否希望将高达此楼层标高的墙附着到此楼层的底部”对话框时，应单击“否”按钮，并且以下所有操作出现此情况时，一律单击“否”按钮。

（6）生成叠合板 DBD68-3915 类型。按 SB 快捷键，发出“楼板：结构”命令，在“属性”面板中单击“编辑类型”按钮，在弹出的“类型属性”对话框中单击“复制”按钮，

在弹出的“名称”对话框中输入“DBD68-3915”字样，单击“确定”按钮完成操作，如图 8.34 所示。

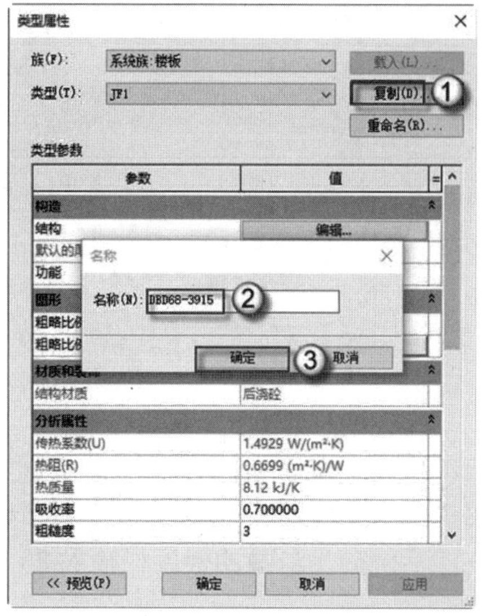

图 8.34　生成叠合板 DBD68-3915 类型

注意： 在叠合板标注 DBD68-3915 中，DB（第一、第二个字母）指叠合板，D（第三个字母）指单向板，6 指位于下部的预制部分厚度为 60mm，8 指位于上部的后浇部分厚度为 80mm，39 为板标志性跨度为 3900mm，15 指板宽为 1500mm。

（7）生成叠合板 DBD68-3915 的“板-预制砼”材质。在“类型属性”对话框中单击“编辑”按钮，在弹出的“编辑部件”对话框中单击⊡按钮，在弹出的“材料浏览器”对话框中选择“AEC 材质”｜“混凝土”｜“混凝土，预制”材质，右击“混凝土，现场浇筑”材质，选择“复制”命令，将新复制生成的材质重命名为“板-预制砼”，单击“确定”按钮，如图 8.35 所示。

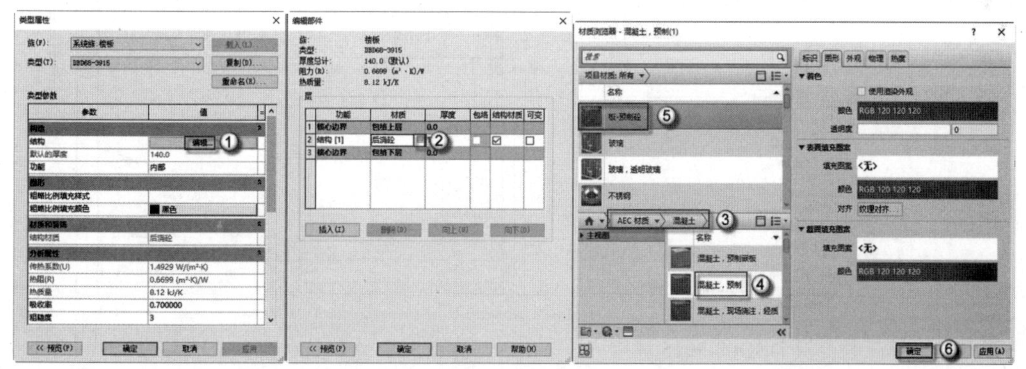

图 8.35　生成“板-预制砼”材质

（8）生成叠合板 DBD68-3915 的“后浇砼”材质。在“编辑部件”对话框中插入“面层 1【4】”的功能，单击⊡按钮，在弹出的“材料浏览器”对话框中选择“后浇砼”材质，单击“确定”按钮完成操作，如图 8.36 所示。

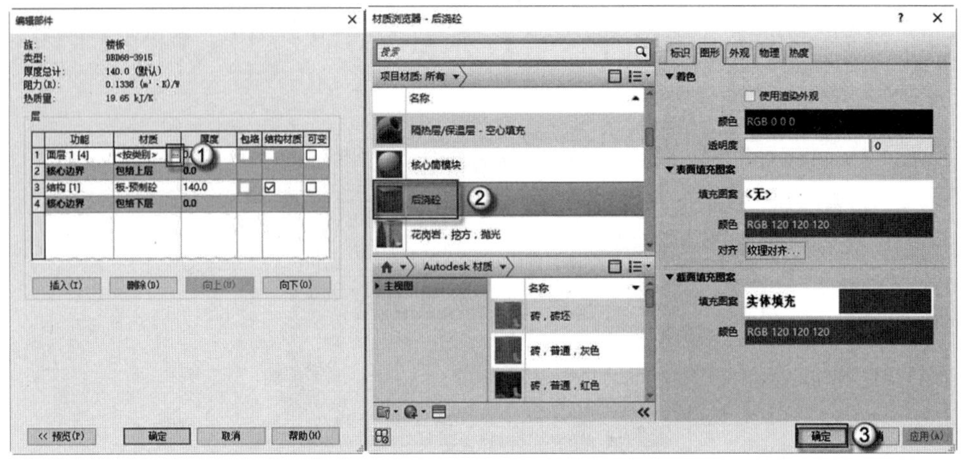

图 8.36　生成“后浇砼”材质

（9）修改叠合板 DBD68-3915 厚度。在“编辑部件”对话框中，在“板-预制砼”材质的厚度栏输入 60 个单位，在“后浇砼”材质的厚度栏输入 80 个单位，单击“确定”按钮进入下一步操作，如图 8.37 所示。

（10）绘制叠合板 DBD68-3915。继续上一步操作，在 √ | ×选项板界面，绘制一个长宽分别为 3700mm 和 1500mm 的矩形，绘制完成后，单击 √ 按钮，并取消选中“属性”面板中的“启用分析模型”复选框，绘制完成后按 Esc 键一次，可以退出楼板绘图界面，如图 8.38 所示，最后删除“跨方向”符号。

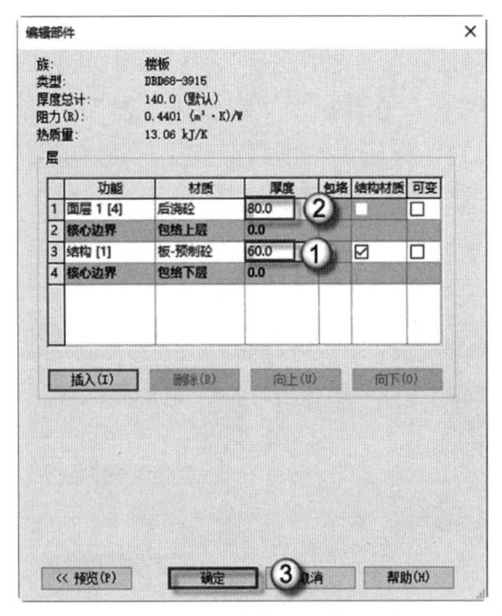

图 8.37　修改叠合板 DBD68-3915 厚度

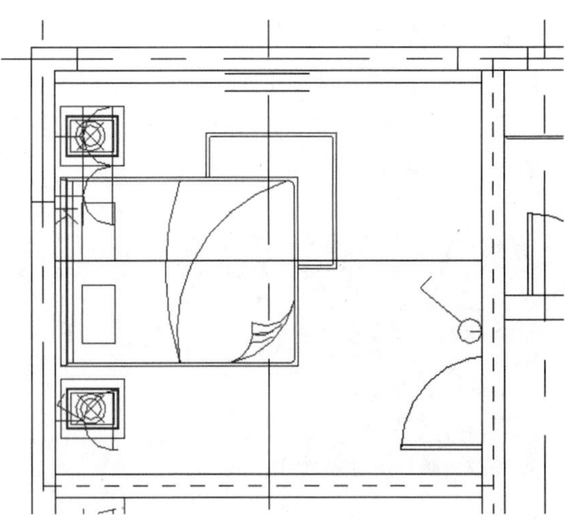

图 8.38　绘制叠合板 DBD68-3915

（11）复制叠合板 DBD68-3915。选中已绘制完成的 DBD68-3915，按 CO 快捷键，发出“复制”命令，向下复制两个叠合板 DBD68-3915，如图 8.39 所示。

（12）生成叠合板 DBD68-3920 类型。按 SB 快捷键，发出“楼板：结构”命令，在“属性”面板中单击“编辑类型”按钮，在弹出的“类型属性”对话框中单击“复制”按钮，

在弹出的“名称”对话框中输入“DBD68-3920”字样，单击“确定”按钮进入下一步操作，如图 8.40 所示。

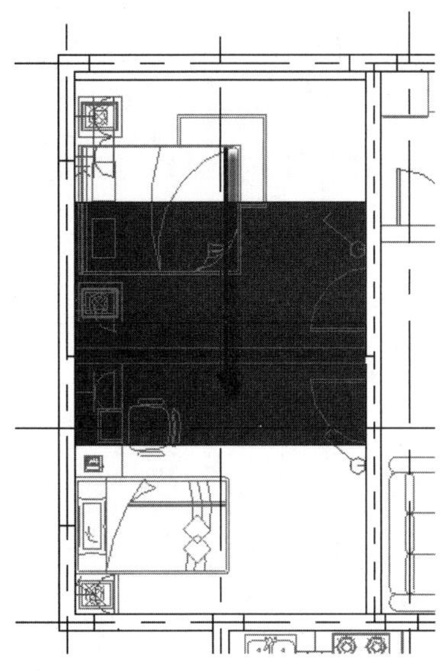

图 8.39　复制叠合板 DBD68-3915

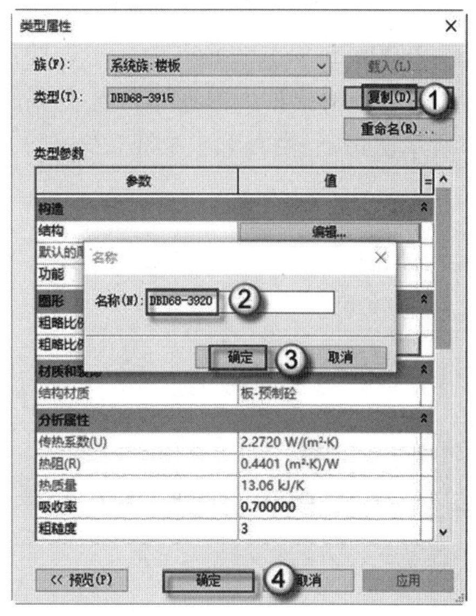

图 8.40　生成叠合板 DBD68-3920 类型

（13）绘制叠合板 DBD68-3920。继续上一步操作，在√ | ×选项板界面，绘制一个长宽分别为 3700mm 和 2000mm 的矩形，绘制完成后，单击√按钮，并取消选中“属性”面板中的“启用分析模型”复选框，绘制完成后按 Esc 键一次，可以退出楼板绘图界面，如图 8.41 所示，最后删除“跨方向”符号。

（14）复制接缝 JF1。选中已绘制完成的 JF1，按 CO 快捷键，发出“复制”命令，向下复制一个接缝 JF1，如图 8.42 所示。

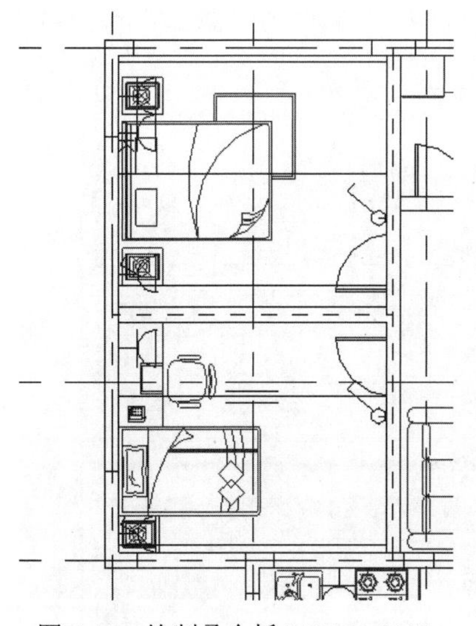

图 8.41　绘制叠合板 DBD68-3920

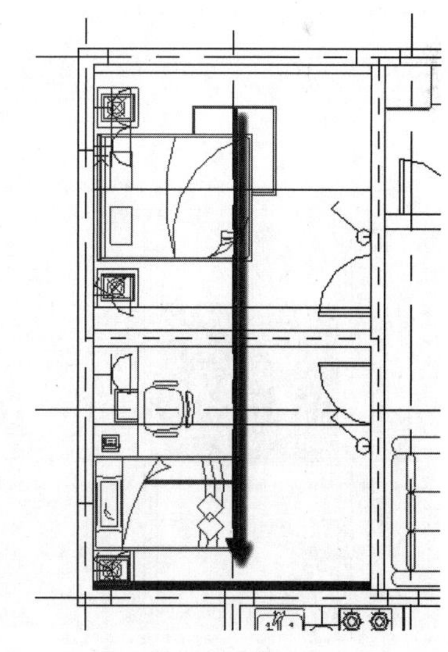

图 8.42　复制接缝 JF1

（15）生成叠合板 DBD68-3012 类型。按 SB 快捷键，发出“楼板：结构”命令，在“属性”面板中单击“编辑类型”按钮，在弹出的“类型属性”对话框中单击“复制”按钮，

在弹出的“名称”对话框中输入“DBD68-3012”字样，单击“确定”按钮进入下一步操作，如图 8.43 所示。

（16）绘制叠合板 DBD68-3012。继续上一步操作，在 √ | ×选项板界面，绘制一个长宽分别为 2800mm 和 1200mm 的矩形，绘制完成后，单击 √ 按钮，并取消选中“属性”面板中的“启用分析模型”复选框，绘制完成后按 Esc 键一次，可以退出楼板绘图界面，如图 8.44 所示，最后删除“跨方向”符号。

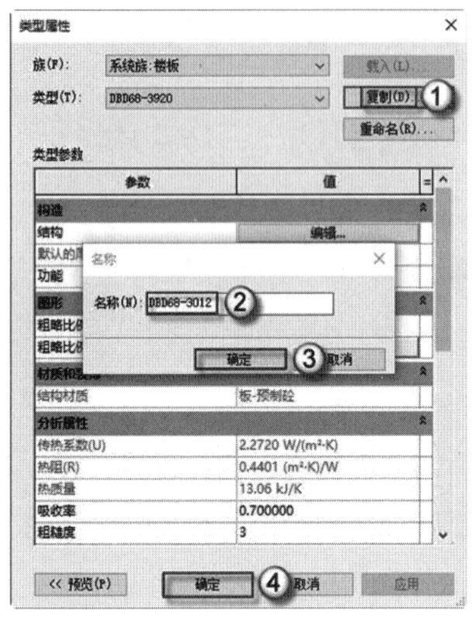

图 8.43　生成叠合板 DBD68-3012 类型

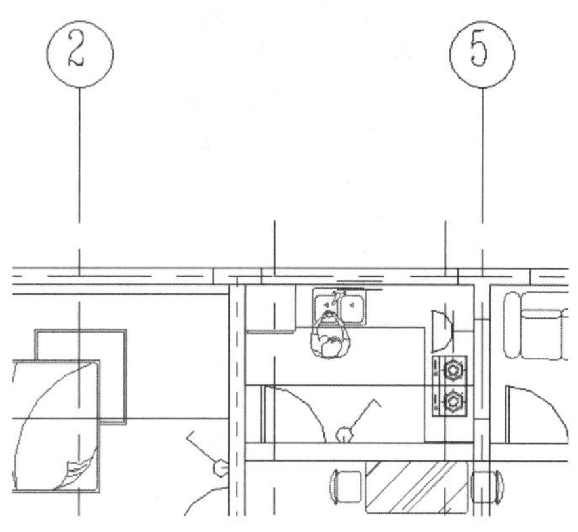

图 8.44　绘制叠合板 DBD68-3012

（17）复制叠合板 DBD68-3012。选中已绘制完成的 DBD68-3012，按 CO 快捷键，发出“复制”命令，向下复制两个叠合板 DBD68-3012，如图 8.45 所示。

（18）生成叠合板 DBD68-3015 类型。按 SB 快捷键，发出“楼板：结构”命令，在“属性”面板中单击“编辑类型”按钮，在弹出的“类型属性”对话框中单击“复制”按钮，在弹出的“名称”对话框中输入“DBD68-3015”字样，单击“确定”按钮进入下一步操作，如图 8.46 所示。

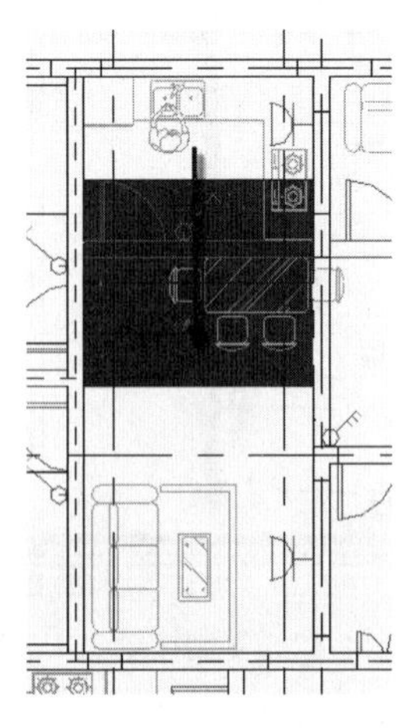

图 8.45　复制叠合板 DBD68-3012

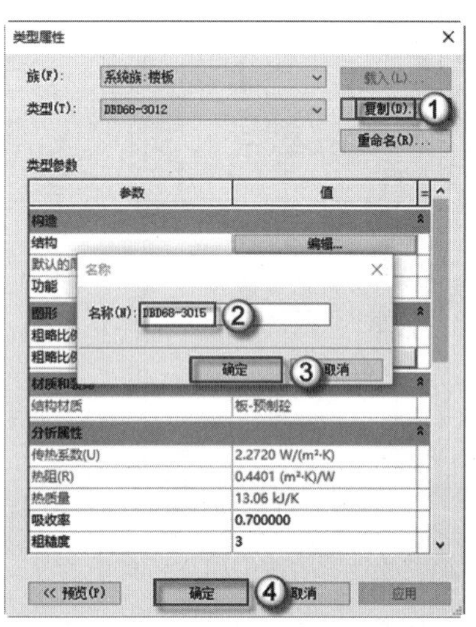

图 8.46　生成叠合板 DBD68-3015 类型

（19）绘制叠合板 DBD68-3015。继续上一步操作，在 √ | ×选项板界面，绘制一个长宽分别为 2800mm 和 1500mm 的矩形，绘制完成后，单击 √ 按钮，并取消选中“属性”面板中的“启用分析模型”复选框，绘制完成后按 Esc 键一次，可以退出楼板绘图界面，如图 8.47 所示，最后删除“跨方向”符号。

（20）复制叠合板 DBD68-3015。选中已绘制完成的 DBD68-3015，按 CO 快捷键，发出“复制”命令，向下复制一个叠合板 DBD68-3015，如图 8.48 所示。

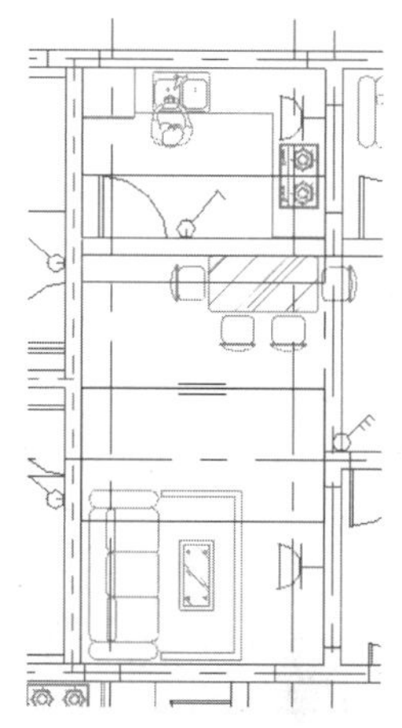

图 8.47　绘制叠合板 DBD68-3015

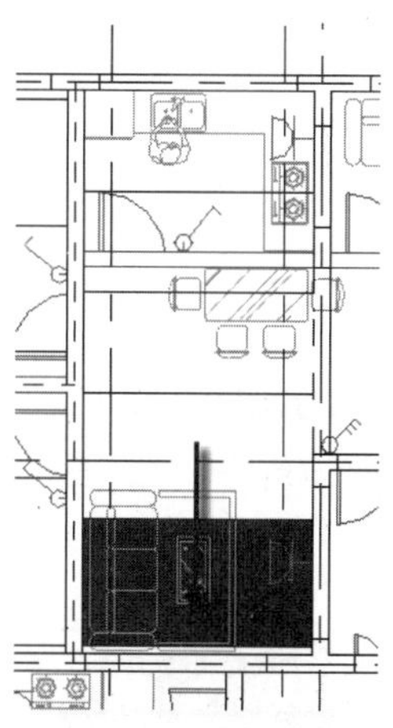

图 8.48　复制叠合板 DBD68-3015

（21）绘制 JF1。按 SB 快捷键，发出“楼板：结构”命令，在 √ | ×选项板界面，绘制一个长宽分别为 2800mm 和 100mm 的矩形，绘制完成后，单击 √ 按钮，并取消选中“属性”面板中的“启用分析模型”复选框，绘制完成后按 Esc 键一次，可以退出楼板绘图界面，如图 8.49 所示，最后删除“跨方向”符号。

（22）生成叠合板 DBD68-2412 类型。按 SB 快捷键，发出“楼板：结构”命令，在“属性”面板中单击“编辑类型”按钮，在弹出的“类型属性”对话框中单击“复制”按钮，在弹出的“名称”对话框中输入“DBD68-2412”字样，单击“确定”按钮进入下一步操作，如图 8.50 所示。

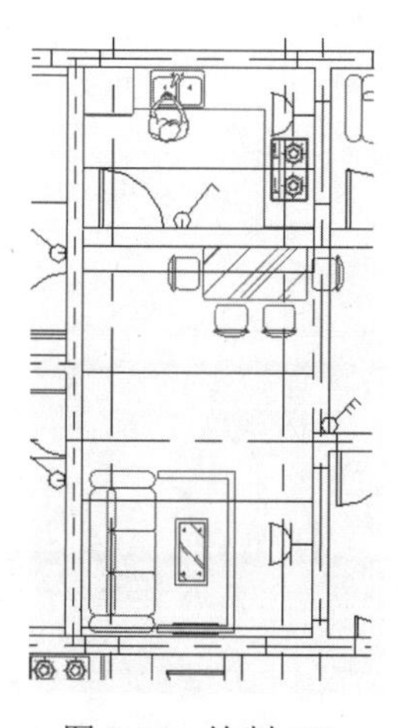

图 8.49　绘制 JF1

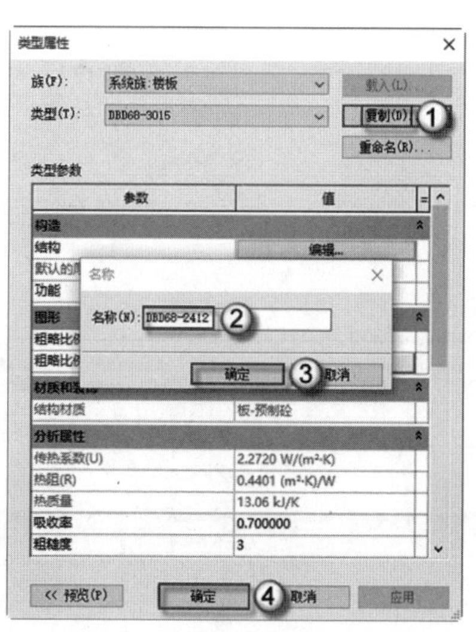

图 8.50　生成叠合板 DBD68-2412 类型

（23）绘制叠合板 DBD68-2412。继续上一步操作，在 √ | ×选项板界面，绘制一个长宽分别为 2200mm 和 1200mm 的矩形，绘制完成后，单击 √ 按钮，并取消选中“属性”面板中的“启用分析模型”复选框，绘制完成后按 Esc 键一次，可以退出楼板绘图界面，如图 8.51 所示，最后删除“跨方向”符号。

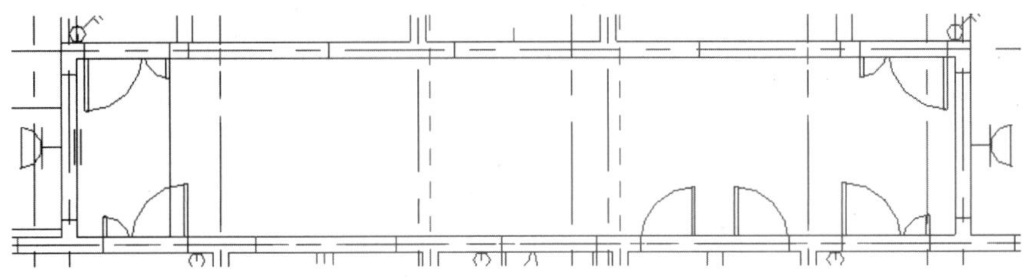

图 8.51　绘制叠合板 DBD68-2412

（24）复制叠合板 DBD68-2412。选中已绘制完成的 DBD68-2412，按 AR 快捷键，发出“阵列”命令，取消选中“成组关联”复选框，在项目数中输入 8 个单位，并选中“约束”复选框，向右阵列叠合板 DBD68-2412，如图 8.52 所示。

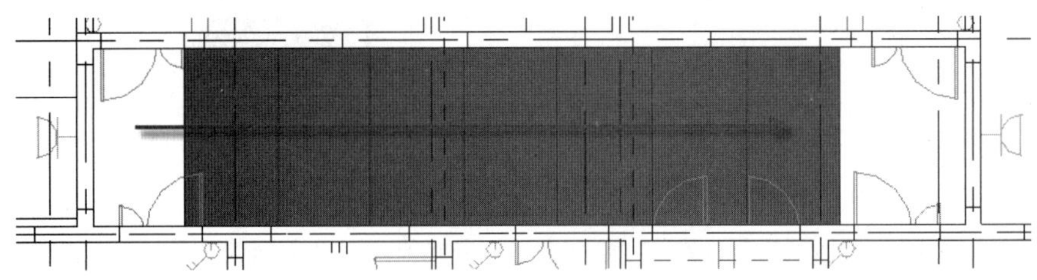

图 8.52　复制叠合板 DBD68-2412

（25）生成叠合板 DBD68-2415 类型。按 SB 快捷键，发出“楼板：结构”命令，在“属性”面板中单击“编辑类型”按钮，在弹出的“类型属性”对话框中单击“复制”按钮，在弹出的“名称”对话框中输入“DBD68-2415”字样，单击“确定”按钮进入下一步操作，如图 8.53 所示。

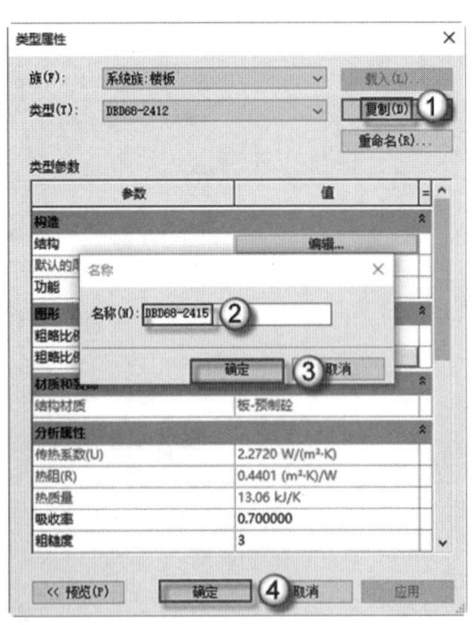

图 8.53　生成叠合板 DBD68-2415 类型

（26）绘制叠合板 DBD68-2415。继续上一步操作，在√ | ×选项板界面，绘制一个长宽分别为 2200mm 和 1500mm 的矩形，绘制完成后，单击√按钮，并取消选中“属性”面板中的“启用分析模型”复选框，绘制完成后按 Esc 键一次，可以退出楼板绘图界面，如图 8.54 所示，最后删除“跨方向”符号。

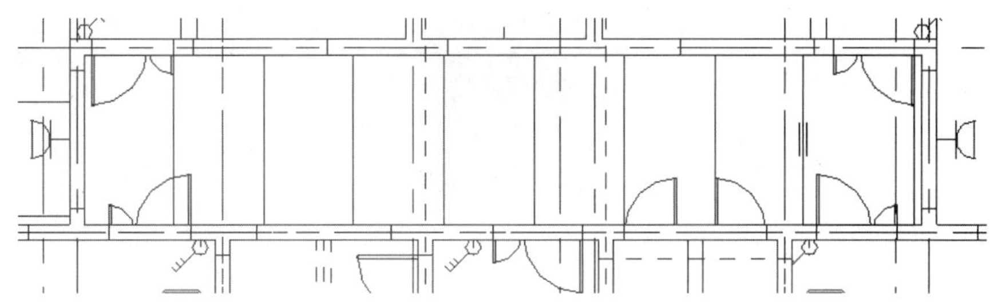

图 8.54　绘制叠合板 DBD68-2415

（27）绘制 JF1。按 SB 快捷键，发出“楼板：结构”命令，在√ | ×选项板界面，绘制一个长宽分别为 2200mm 和 100mm 的矩形，绘制完成后，单击√按钮，并取消选中“属性”面板中的“启用分析模型”复选框，绘制完成后按 Esc 键一次，可以退出楼板绘图界面，如图 8.55 所示，最后删除“跨方向”符号。

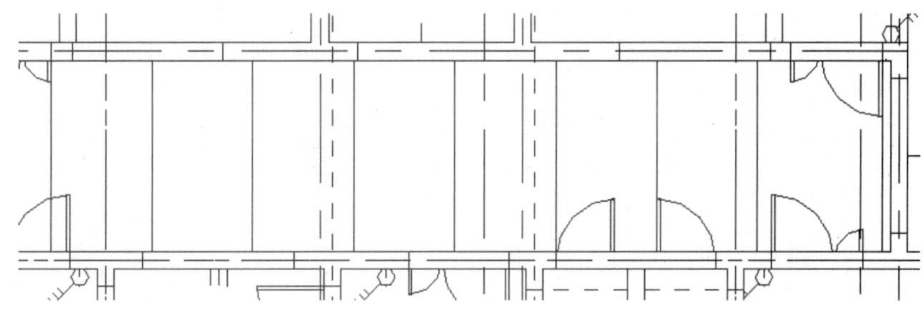

图 8.55　绘制 JF1

（28）绘制叠合板 DBD68-2412。按 SB 快捷键，发出“楼板：结构”命令，在√ | ×选项板界面，绘制一个长宽分别为 2200mm 和 1200mm 的矩形，绘制完成后，单击√按钮，并取消选中“属性”面板中的“启用分析模型”复选框，绘制完成后按 Esc 键一次，可以退出楼板绘图界面，如图 8.56 所示，最后删除“跨方向”符号。

（29）复制叠合板 DBD68-2412。选中已绘制完成的 DBD68-2412，按 CO 快捷键，发出“复制”命令，向下复制两个叠合板 DBD68-2412，如图 8.57 所示。

（30）绘制叠合板 DBD68-2415。按 SB 快捷键，发出“楼板：结构”命令，在√ | ×选项板界面，绘制一个长宽分别为 2200mm 和 1500mm 的矩形，绘制完成后，单击√按钮，并取消选中“属性”面板中的“启用分析模型”复选框，绘制完成后按 Esc 键一次，可以退出楼板绘图界面，如图 8.58 所示，最后删除“跨方向”符号。

（31）复制叠合板 DBD68-2415。选中已绘制完成的 DBD68-2415，按 CO 快捷键，发出“复制”命令，向下复制两个叠合板 DBD68-2415，如图 8.59 所示。

（32）绘制 JF1。按 SB 快捷键，发出“楼板：结构”命令，在√ | ×选项板界面，绘制一个长宽分别为 2200mm 和 100mm 的矩形，绘制完成后，单击√按钮，并取消选中“属性”面板中的“启用分析模型”复选框，绘制完成后按 Esc 键一次，可以退出楼板绘图界面

面，如图 8.60 所示，最后删除“跨方向”符号。

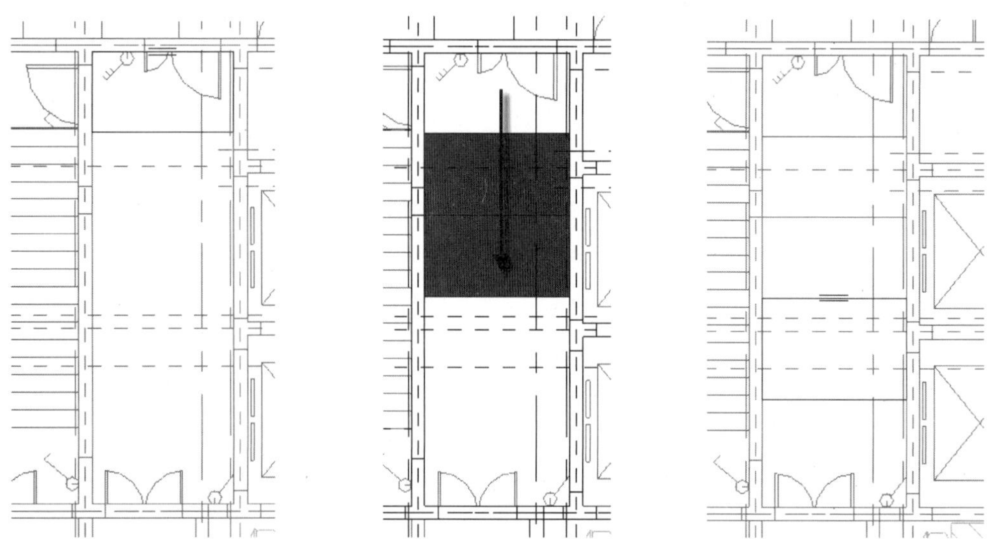

图 8.56　绘制叠合板 DBD68-2412　图 8.57　复制叠合板 DBD68-2412　图 8.58　绘制叠合板 DBD68-2415

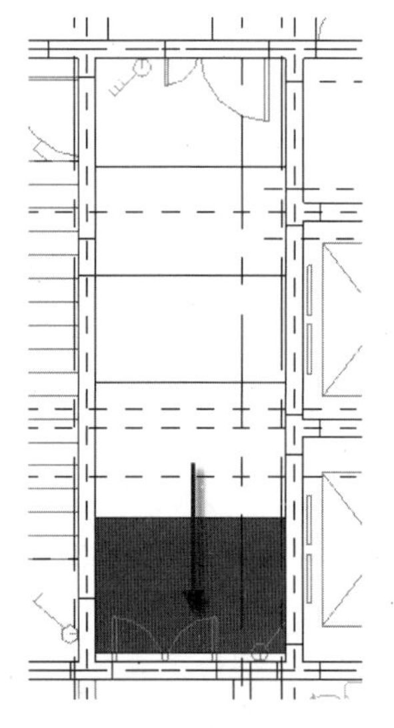

图 8.59　复制叠合板 DBD68-2415

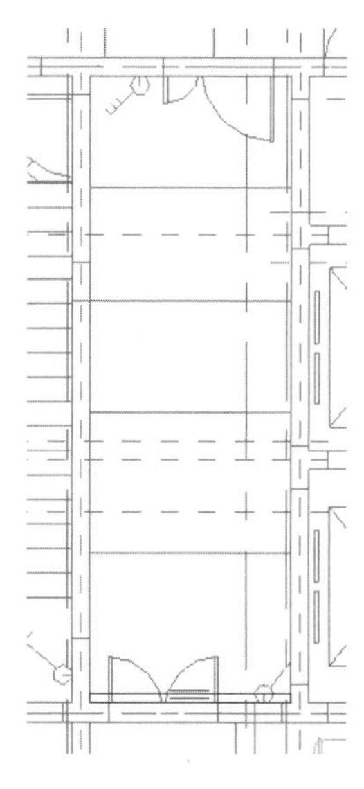

图 8.60　绘制 JF1

（33）生成叠合板 DBS1-68-4512 类型。按 SB 快捷键，发出“楼板：结构”命令，在“属性”面板中单击“编辑类型”按钮，在弹出的“类型属性”对话框中单击“复制”按钮，在弹出的“名称”对话框中输入“DBS1-68-4512”字样，单击“确定”按钮进入下一步操作，如图 8.61 所示。

（34）绘制叠合板 DBS1-68-4512。继续上一步操作，在 √ ｜ ×选项板界面，绘制一个长宽分别为 4300mm 和 950mm 的矩形，绘制完成后，单击 √ 按钮，并取消选中“属性”面板中的“启用分析模型”复选框，绘制完成后按 Esc 键一次，可以退出楼板绘图界面，如图 8.62 所示，最后删除“跨方向”符号。

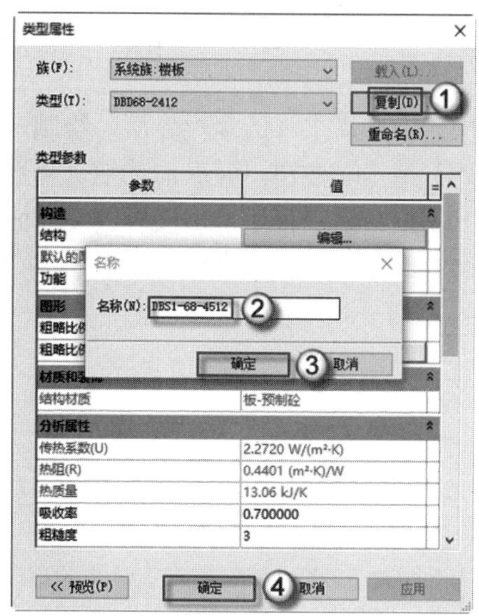

图 8.61　生成叠合板 DBS1-68-4512 类型

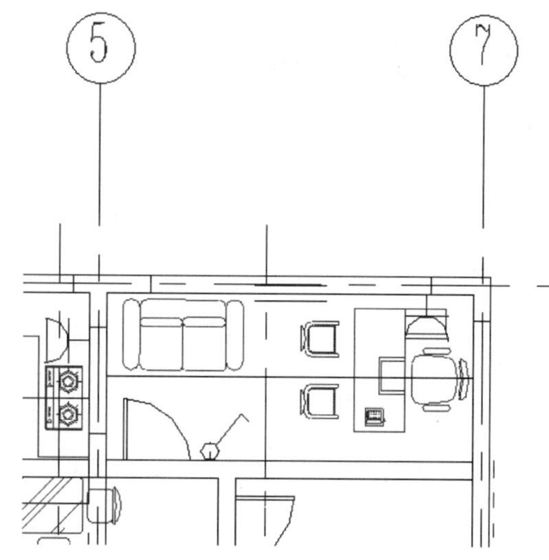

图 8.62　绘制叠合板 DBS1-68-4512

（35）生成接缝 JF2 类型。按 SB 快捷键，发出“楼板：结构”命令，在“属性”面板中单击“编辑类型”按钮，在弹出的“类型属性”对话框中单击“复制”按钮，在弹出的“名称”对话框中输入“JF2”字样，单击“确定”按钮完成操作，如图 8.63 所示。

（36）绘制 JF2。按 SB 快捷键，发出“楼板：结构”命令，在√ | ×选项板界面，绘制一个长宽分别为 4300mm 和 300mm 的矩形，绘制完成后，单击√按钮，并取消选中“属性”面板中的“启用分析模型”复选框，绘制完成后按 Esc 键一次，可以退出楼板绘图界面，如图 8.64 所示，最后删除“跨方向”符号。

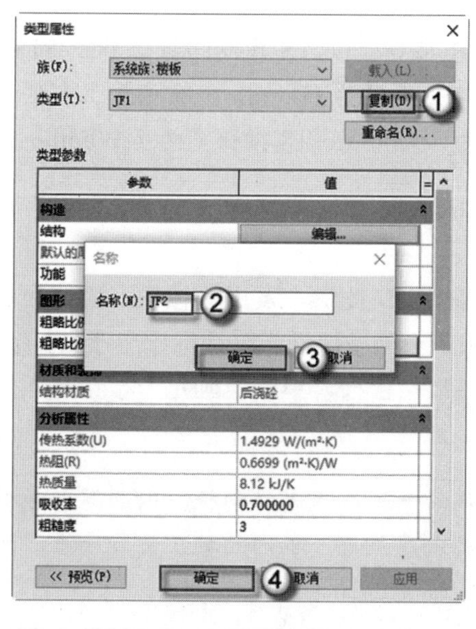

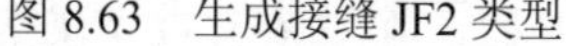

图 8.63　生成接缝 JF2 类型

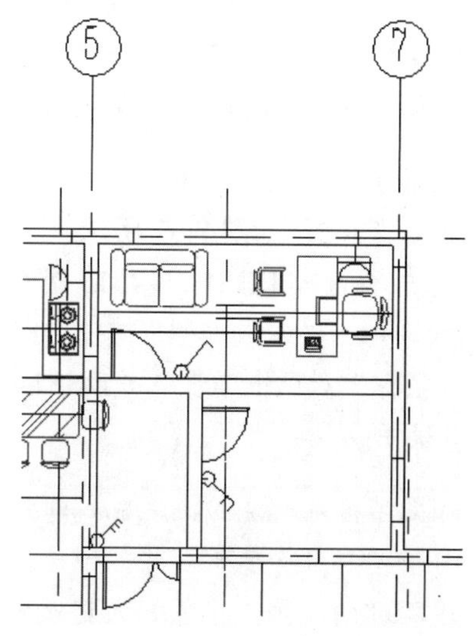

图 8.64　绘制 JF2

（37）生成叠合板 DBS2-68-4518 类型。按 SB 快捷键，发出“楼板：结构”命令，在“属性”面板中单击“编辑类型”按钮，在弹出的“类型属性”对话框中单击“复制”按钮，在弹出的“名称”对话框中输入“DBS2-68-4518”字样，单击“确定”按钮进入下一步操作，如图 8.65 所示。

（38）绘制叠合板 DBS2-68-4518。继续上一步操作，在 √ | ×选项板界面，绘制一个长宽分别为 4300mm 和 950mm 的矩形，绘制完成后，单击 √ 按钮，并取消选中“属性”面板中的“启用分析模型”复选框，绘制完成后按 Esc 键一次，可以退出楼板绘图界面，如图 8.66 所示，最后删除“跨方向”符号。

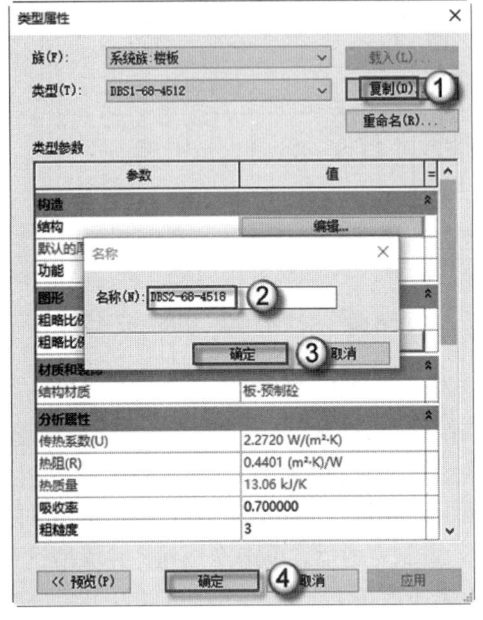

图 8.65　生成叠合板 DBS2-68-4518 类型

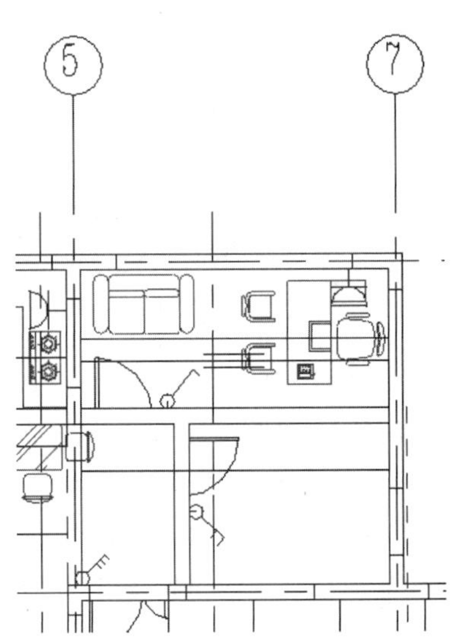

图 8.66　绘制叠合板 DBS2-68-4518

注意： 在叠合板标注 DBS2-68-4518 中，DB 指叠合板，S 指双向板（其中 S1 指边板，S2 指中板），6 指位于下部的预制部分厚度为 60mm，8 指位于上部的后浇部分厚度为 80mm，45 为板标志性跨度为 4500mm，18 指板宽为 1800mm。

（39）复制接缝 JF2。选中已绘制完成的 JF2，按 CO 快捷键，发出“复制”命令，向下复制一个接缝 JF2，如图 8.67 所示。

（40）生成叠合板 DBS1-68-4515 类型。按 SB 快捷键，发出“楼板：结构”命令，在“属性”面板中单击“编辑类型”按钮，在弹出的“类型属性”对话框中单击“复制”按钮，在弹出的“名称”对话框中输入“DBS1-68-4515”字样，单击“确定”按钮进入下一步操作，如图 8.68 所示。

注意： 如果不区别现浇式、装配式建筑，那么一般应选用双向板，因为双向板的受力均匀一些、且跨度长一些。但是在装配式建筑中，单向的施工方便一些。如果不考虑跨度的因素，在装配式建筑中，宜优先选择单向板。

（41）绘制叠合板 DBS1-68-4515。继续上一步操作，在 √ | ×选项板界面，绘制一个长宽分别为 4300mm 和 1250mm 的矩形，绘制完成后，单击 √ 按钮，并取消选中“属性”面板中的“启用分析模型”复选框，绘制完成后按 Esc 键一次，可以退出楼板绘图界面，

如图 8.69 所示，最后删除“跨方向”符号。

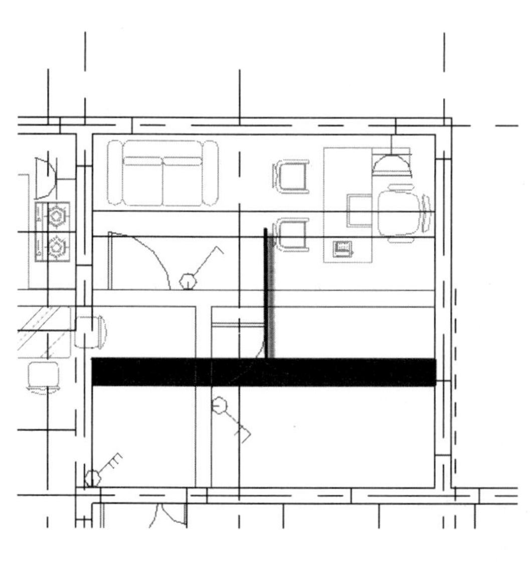

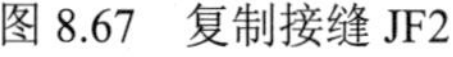

图 8.67　复制接缝 JF2

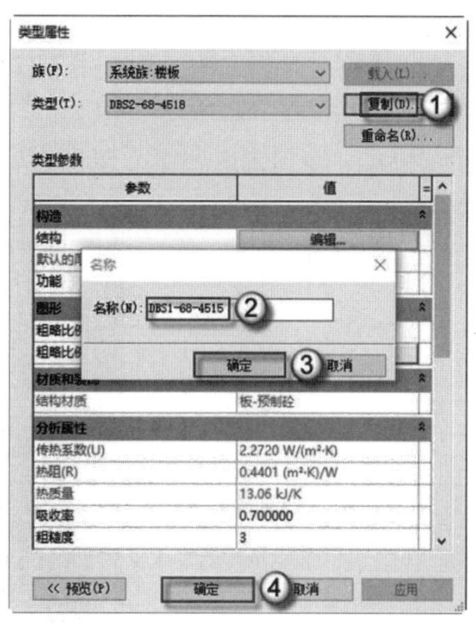

图 8.68　生成叠合板 DBS1-68-4515 类型

按 F4 键打开三维视图，按住鼠标中键，并配合 Shift 键，转动三维模型视图至所需查看的视图，如图 8.70 所示。

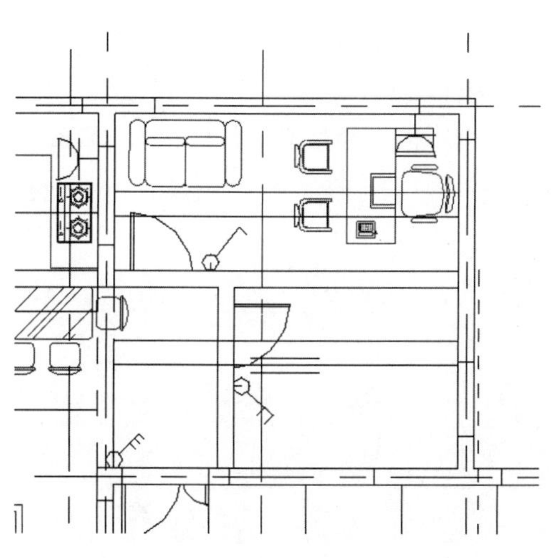

图 8.69　绘制叠合板 DBS1-68-4515

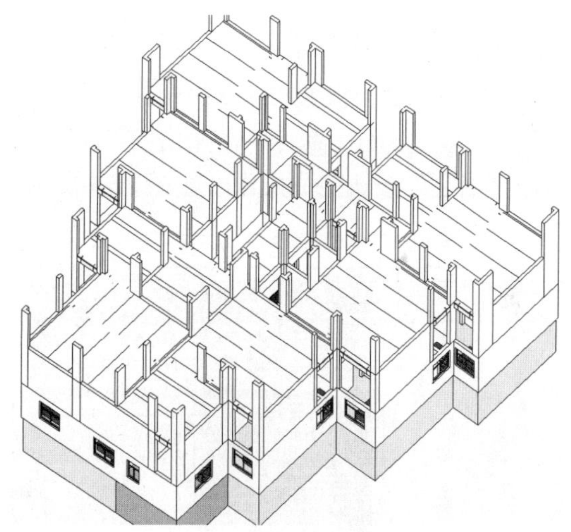

图 8.70　叠合板绘制完成的三维效果图

8.1.4　使用部件拼合叠合板

在装配式建筑中，一个房间的楼板是由若干个叠合板（可能包括接缝）组合而成。在 Revit 中可以使用“部件”功能以房间为单位将叠合板组成一个对象，用 DBx 命名（x 为可变的编号）。这一个部件，就是一个房间楼板的集合。具体操作如下。

（1）进入二层结构平面。在“项目浏览器”面板中选择“视图”|“结构平面”|“二”

选项，如图 8.71 所示，这样会进入到二层结构平面视图，只有在二层结构平面视图中才能操作拼接二层的叠合板。

（2）拼接叠合板 DB1。选中图 8.72 所示区域的板构件，选择菜单栏中的“修改”|“楼板”|“创建部件”命令，在弹出的“新建部件”对话框中的“类型名称”栏输入“DB1”，单击“确定”按钮完成操作，如图 8.73 所示。

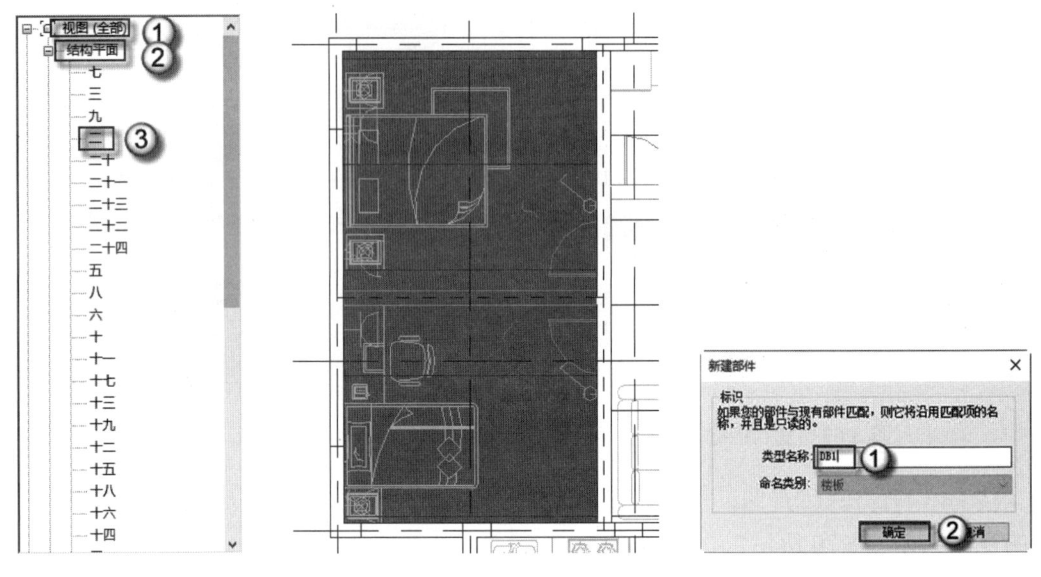

图 8.71　进入二层结构平面　　图 8.72　选择板构件　　图 8.73　新建部件

（3）拼接叠合板 DB2。选中图 8.74 所示区域的板构件，选择菜单栏中的“修改”|“楼板”|“创建部件”命令，在弹出的“新建部件”对话框中的“类型名称”栏输入“DB2”，单击“确定”按钮完成操作，如图 8.75 所示。

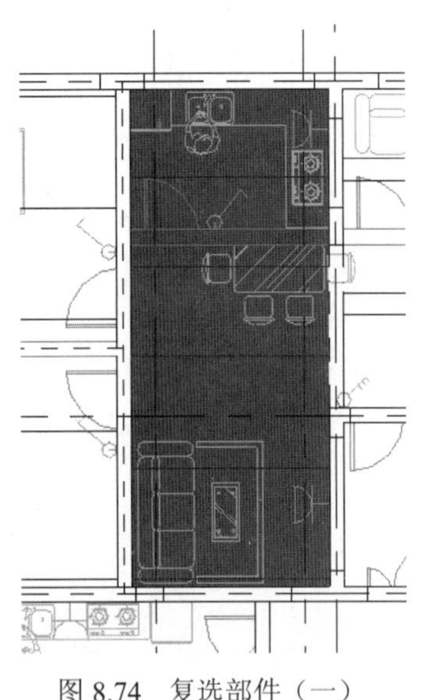

图 8.74　复选部件（一）

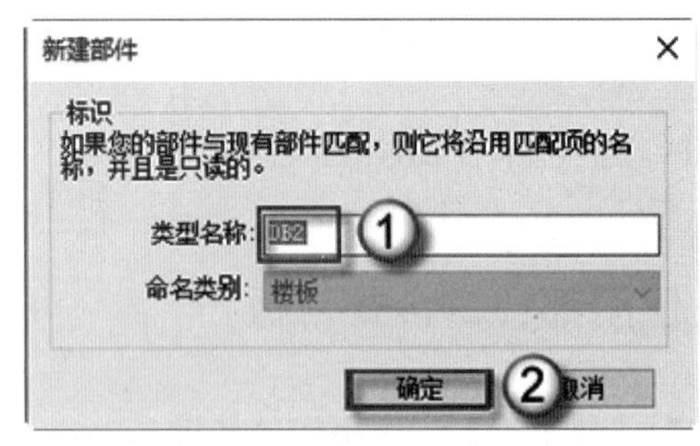

图 8.75　新建部件（一）

（4）拼接叠合板 DB3。选中图 8.76 所示区域的板构件，选择菜单栏中的“修改”|“楼板”|“创建部件”命令，在弹出的“新建部件”对话框中的“类型名称”栏输入“DB3”，

单击“确定”按钮完成操作，如图 8.77 所示。

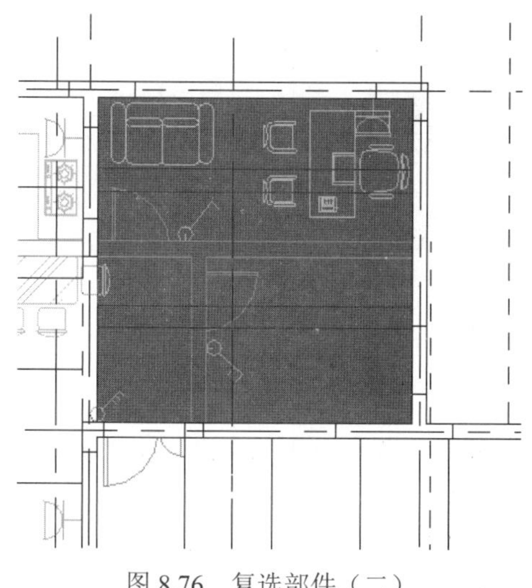

图 8.76　复选部件（二）

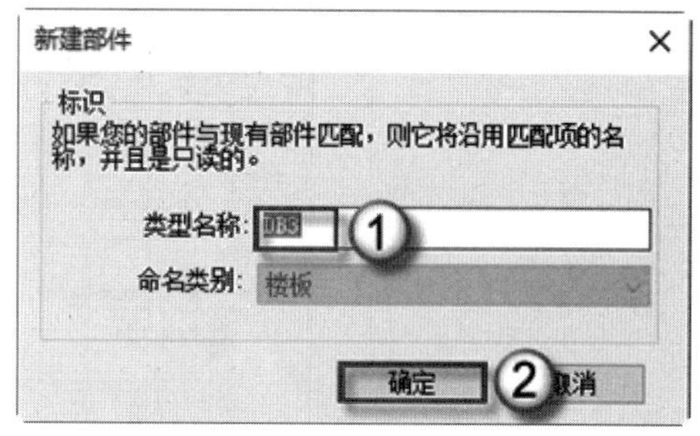

图 8.77　新建部件（二）

（5）拼接叠合板 DB4。选中图 8.78 所示区域的板构件，选择菜单栏中的“修改”|“楼板”|“创建部件”命令，在弹出的“新建部件”对话框中的“类型名称”栏输入“DB4”，单击“确定”按钮完成操作，如图 8.79 所示。

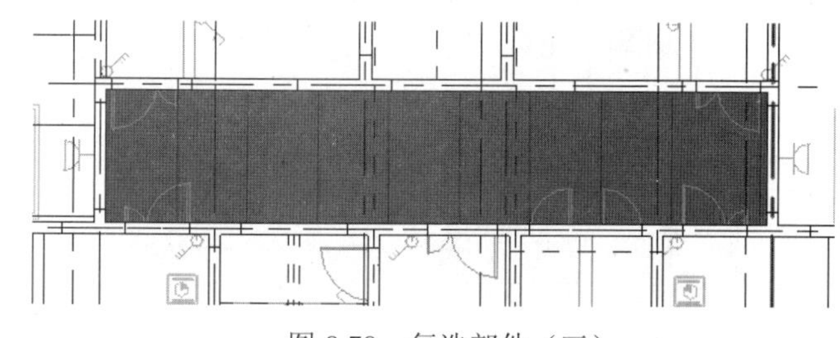

图 8.78　复选部件（三）

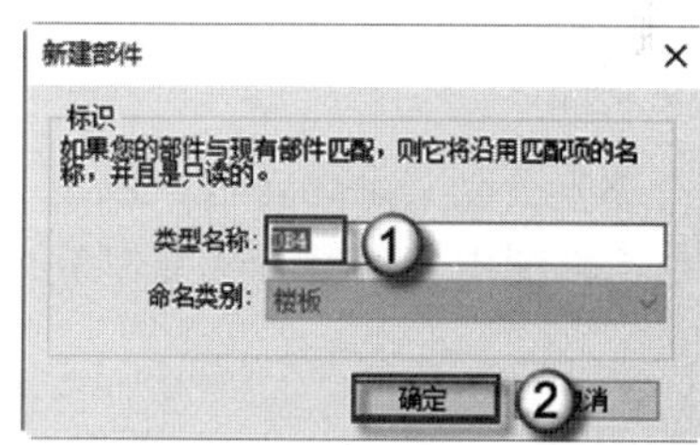

图 8.79　新建部件（三）

（6）拼接叠合板 DB5。选中图 8.80 所示区域的板构件，选择菜单栏中的“修改”|“楼板”|“创建部件”命令，在弹出的“新建部件”对话框中的“类型名称”栏输入“DB5”，单击“确定”按钮完成操作，如图 8.81 所示。

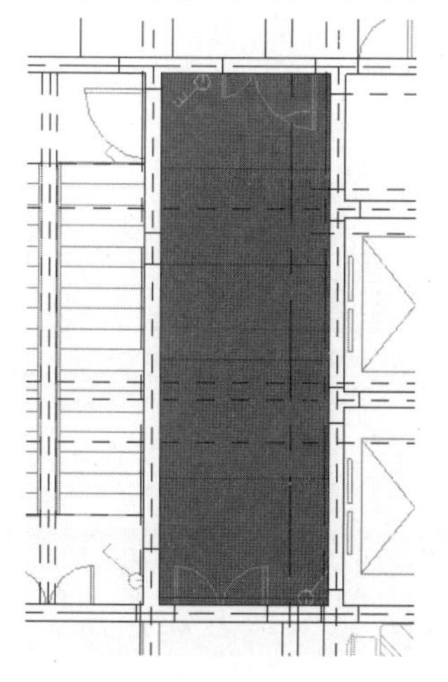

图 8.80　复选部件（四）

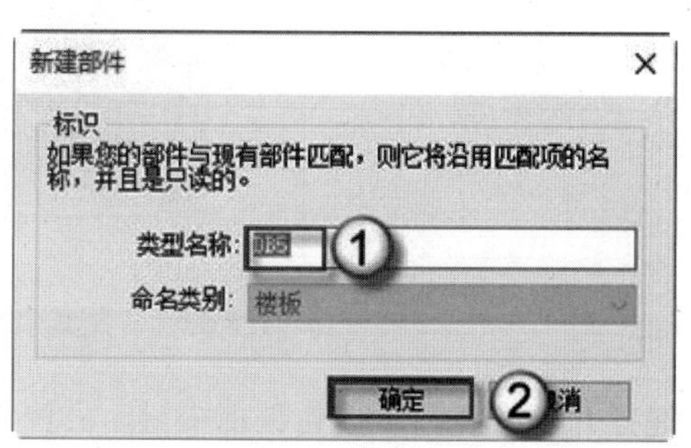

图 8.81　新建部件（四）

（7）复制叠合板 DB1。选中已拼接完成的叠合板 DB1，按 CO 快捷键，发出“复制”命令，将叠合板 DB1 复制到如图 8.82 所示的另一侧区域。

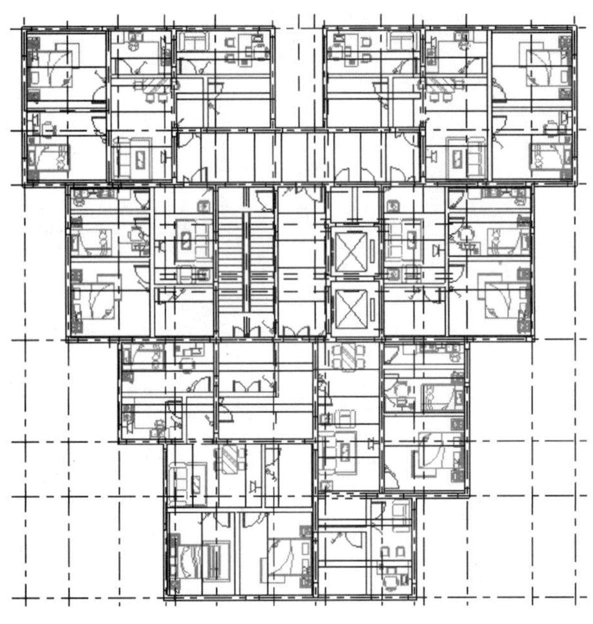

图 8.82　复制叠合板 DB1

（8）复制其余叠合板。以复制叠合板 DB1 同样的方法，按 CO 快捷键，发出“复制”命令，将图中其余叠合板复制完成，绘制完成的叠合板如图 8.83 所示。

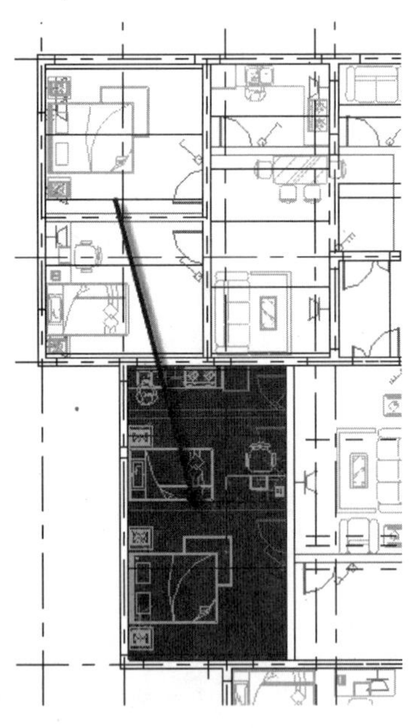

图 8.83　复制其余叠合板

按 F4 键打开三维视图，按住鼠标中键，并配合 Shift 键，转动三维模型视图至所需查看的视图，如图 8.84 所示。

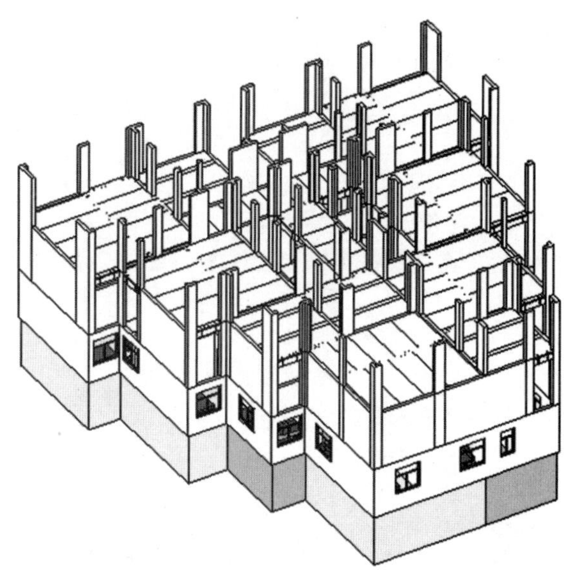

图 8.84　部件拼接完成的三维效果图

（9）新建 DBx 统计表。选择菜单栏中的“视图”|“明细表”|“明细表/数量”命令，在弹出的“新建明细表”对话框中的“过滤器列表”栏选择“结构”专业，在“类别”栏选择“部件”选项，在“名称”栏输入“DBx 统计表”，单击“确定”按钮，进入下一步操作，如图 8.85 所示。

（10）添加 DBx 统计表字段参数。继续上一步操作，在弹出的“明细表属性”对话框的“字段”选项卡中，将“可用的字段”栏中的“类型”“合计”两项依次添加到“明细表字段”栏中，如图 8.86 所示。

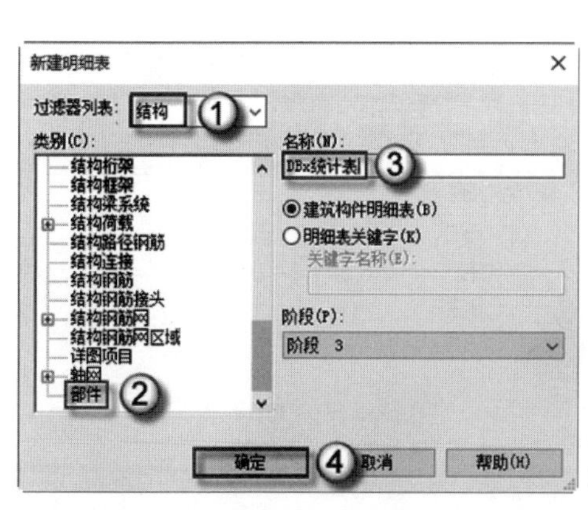

图 8.85　新建 DBx 统计表

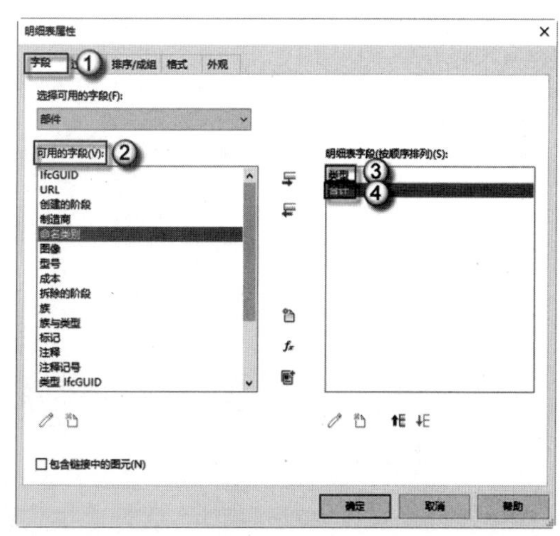

图 8.86　添加 DBx 统计表字段参数

（11）修改 DBx 统计表排序方式。继续上一步操作，在弹出的“明细表属性”对话框的“排序/成组”选项卡中，将“排序方式”栏切换为“类型”选项，并取消选中“逐项列举每个实例”复选框，如图 8.87 所示。

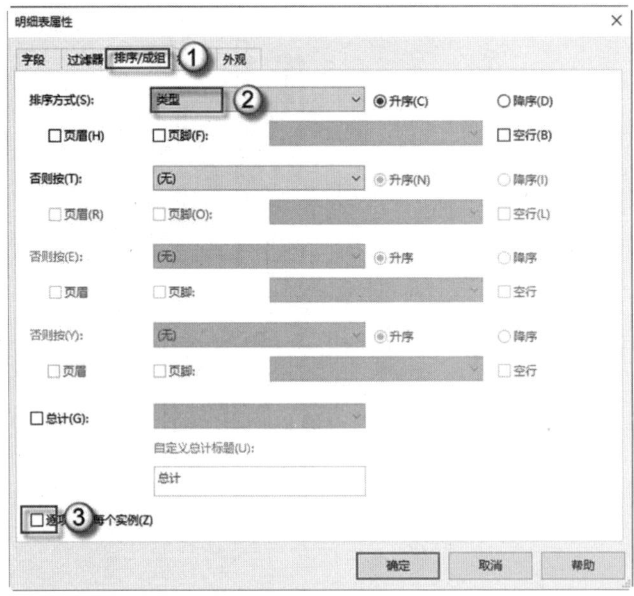

图 8.87　修改 DBx 统计表排序方式

（12）修改“合计”格式。继续上一步操作，在弹出的“明细表属性”对话框的“格式”选项卡中，在“字段”栏选中“合计”选项，并将其切换至“计算总数”选项，单击“确定”按钮，如图 8.88 所示。这样就可以保证在明细表中合计是所有叠合梁个数的总数，如图 8.89 所示。

图 8.88　修改“合计”格式

<DBx统计表>

A	B
类型	合计
DB1	6
DB2	6
DB3	5
DB4	1
DB5	1

图 8.89　DBx 统计表

（13）新建叠合板统计表 1。选择菜单栏中的“视图”｜“明细表”｜“明细表/数量”命令，在弹出的“新建明细表”对话框中，在过滤器列表栏选择“结构”，在“类别”栏选择“楼板”，在“名称”栏输入“叠合板统计表 1”，单击“确定”按钮，进入下一步操作，如图 8.90 所示。

（14）添加叠合板统计表 1 字段参数。继续上一步操作，在弹出的“明细表属性”对话框的“字段”栏中，将“可用的字段”栏中的“部件名称”“类型”依次添加到“明细表字段”栏中，如图 8.91 所示。

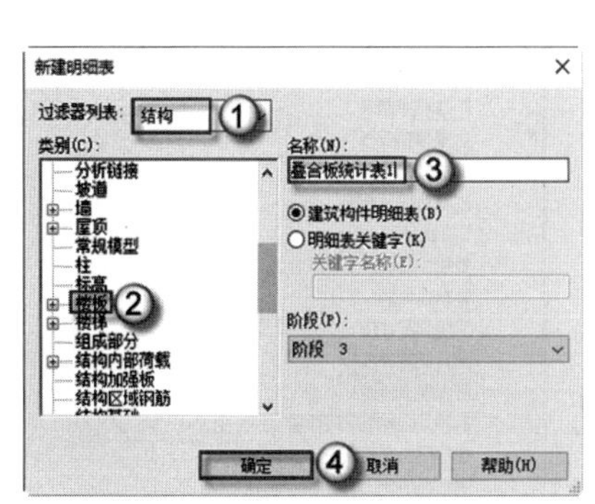

图 8.90　新建叠合板统计表 1

图 8.91　添加叠合板统计表 1 字段参数

（15）修改叠合板统计表 1 排序方式。继续上一步操作，在弹出的“明细表属性”对话框的“排序/成组”选项卡中，将“排序方式”栏切换为“类型”选项，并取消选中“逐项列举每个实例”复选框，如图 8.92 所示。完成如图 8.93 所示。

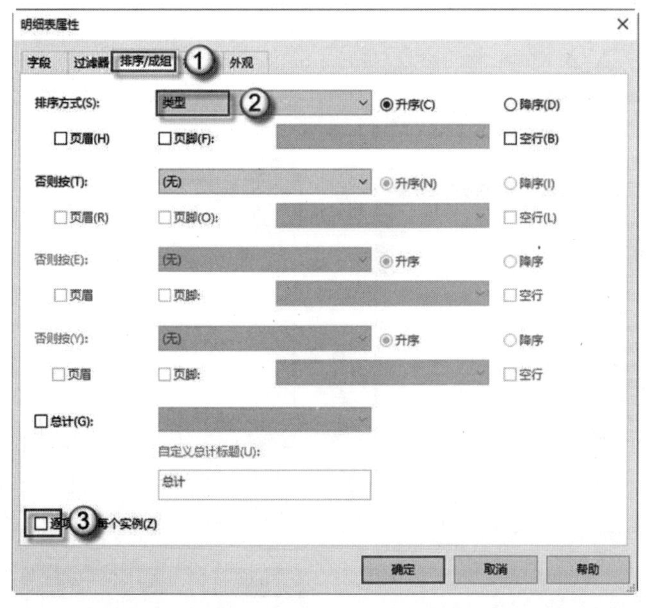

图 8.92　修改叠合板统计表 1 排序方式

<叠合板统计表1>

A	B
部件名称	类型
DB1	JF1
DB1	DBD68-3915
DB1	DBD68-3915
DB1	DBD68-3915
DB1	DBD68-3920
DB1	JF1
DB1	JF1
DB1	DBD68-3915
DB1	DBD68-3915
DB1	DBD68-3915
DB1	DBD68-3920
DB1	JF1
DB1	JF1
DB1	DBD68-3915
DB1	DBD68-3915
DB1	DBD68-3915
DB1	DBD68-3920
DB1	JF1
DB1	JF1
DB1	DBD68-3915
DB1	DBD68-3915
DB1	DBD68-3915
DB1	DBD68-3920
DB1	JF1
DB1	JF1
DB1	DBD68-3915

图 8.93　叠合板统计表 1

（16）复制叠合板统计表 1。在“项目浏览器”面板中右击“明细表/数量”|“叠合板统计表 1”选项，选择“复制视图（V）”|“复制（L）”命令，如图 8.94 所示。复制叠合板统计表 1，得到叠合板统计表 1 副本，进入下一步操作。

（17）创建叠合板统计表 2。继续上一步操作，将“叠合板统计表 1 副本”重命名为“叠合板统计表 2”，如图 8.95 所示。

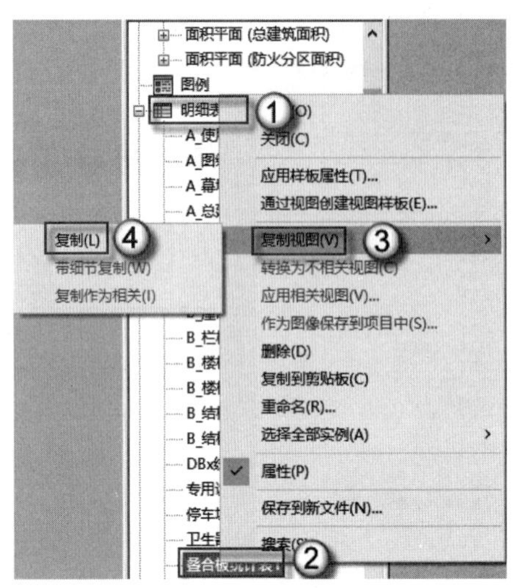

图 8.94　复制叠合板统计表 1

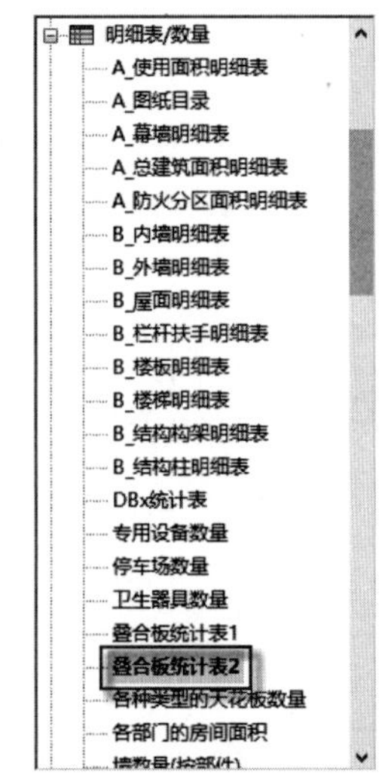

图 8.95　创建叠合板统计表 2

（18）修改叠合板统计表 2 字段参数。在“属性”面板中，单击“字段”栏的“编辑”按钮，在弹出的“明细表属性”对话框中的“字段”选项卡中删除“部件名称”字段，并增加“合计”字段，进入下一步操作，如图 8.96 所示。

图 8.96　修改叠合板统计表 2 字段参数

（19）修改叠合板统计表 2 排序方式。继续上一步操作，在“明细表属性”对话框的“排序/成组”选项卡中，将“排序方式”栏切换为“类型”选项，并取消选中“逐项列举每个实例”复选框，如图 8.97 所示。

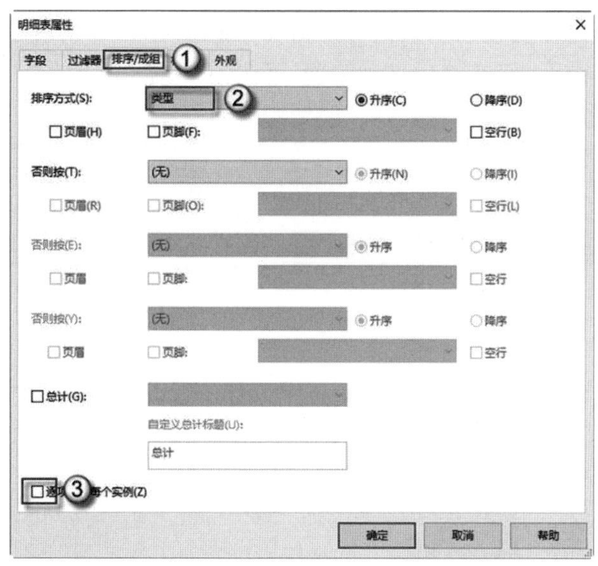

图 8.97　修改叠合板统计表 2 排序方式

（20）修改“合计”格式。继续上一步操作，在弹出的“明细表属性”对话框的“格式”选项卡中，将“字段”栏选为“合计”选项，并将其切换至“计算总数”选项，单击“确定”按钮，如图 8.98 所示。这样就可以保证在明细表中合计是所有叠合梁个数的总数，如图 8.99 所示。

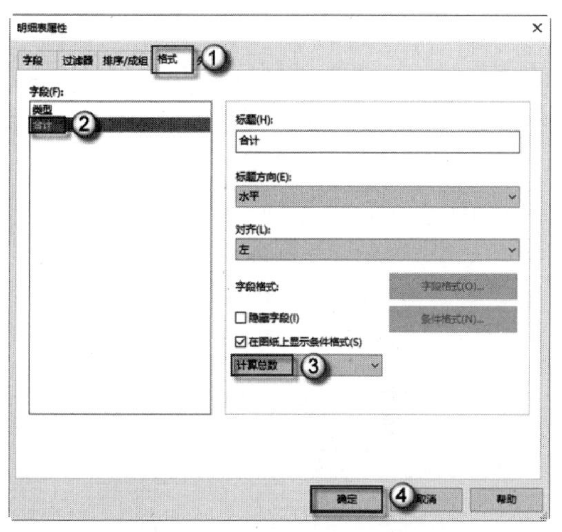

图 8.98　修改“合计”格式

<叠合板统计表2>

A	B
类型	合计
DBD68-2412	11
DBD68-2415	3
DBD68-3012	18
DBD68-3015	12
DBD68-3915	18
DBD68-3920	6
DBS1-68-4512	5
DBS1-68-4515	5
DBS2-68-4518	5
JF1	20
JF2	10

图 8.99　叠合板统计表 2

注意：《叠合板统计表 1》是统计每一个部件（DBx）中是由哪几种形式叠合板组成的；《叠合板统计表 2》是统计每一种叠合板在项目中的数量。

8.1.5　叠合梁板的标记

在 Revit 中的叠合梁板这两种预制构件，可以使用“按类别标记”命令（快捷键 TG）

进行自动标记，只不过需要使用本书提供的相关标记族文件，具体操作如下。

（1）进入二层结构平面。在“项目浏览器”面板中选择“视图”|“结构平面”|“二”选项，如图 8.100 所示，这样会进入到二层结构平面视图，只有在二层结构平面视图中才能对二层的叠合梁板进行标记。

（2）载入标记族。选择菜单栏中的“插入”|“载入族”命令，在弹出的“载入族”对话框中，配合键盘的 Ctrl 键，依次选择“标记部件”“标记梁”两个族文件，如图 8.101 所示。将其载入到项目中，随时使用。

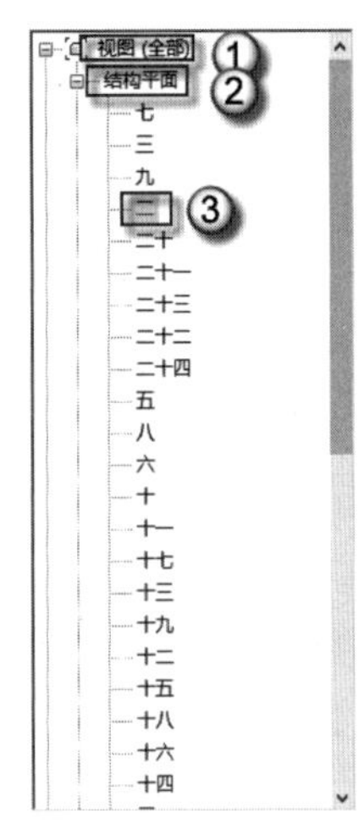

图 8.100　进入二层结构平面

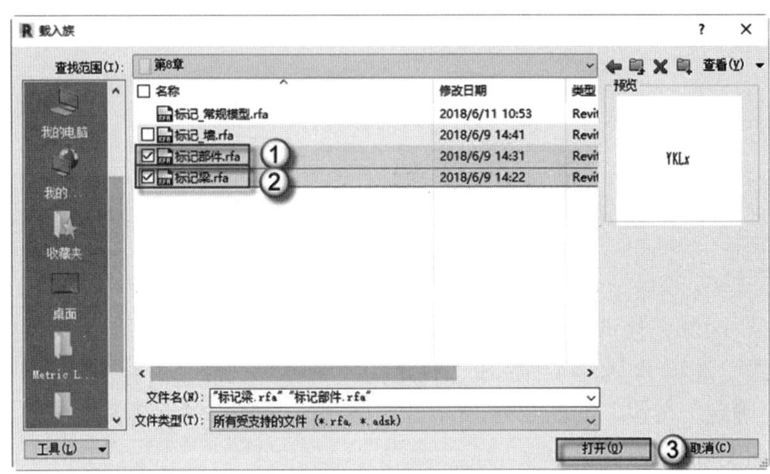

图 8.101　载入标记族

（3）标记叠合板 DB1。选择菜单栏中的“注释”|“按类别标记”命令，注意取消选中引线，按 Tab 键切换选择，直至选中叠合板 DB1，对叠合板 DB1 进行标记，如图 8.102 所示。

（4）调整叠合板 DB1 标记的位置。选中 DB1 标记，将其拖动到适当位置，这样就使标记在图中更加协调了，如图 8.103 所示。

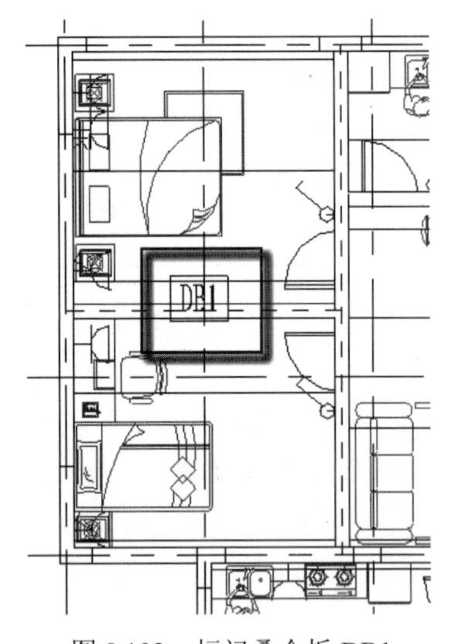

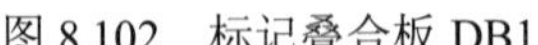

图 8.102　标记叠合板 DB1

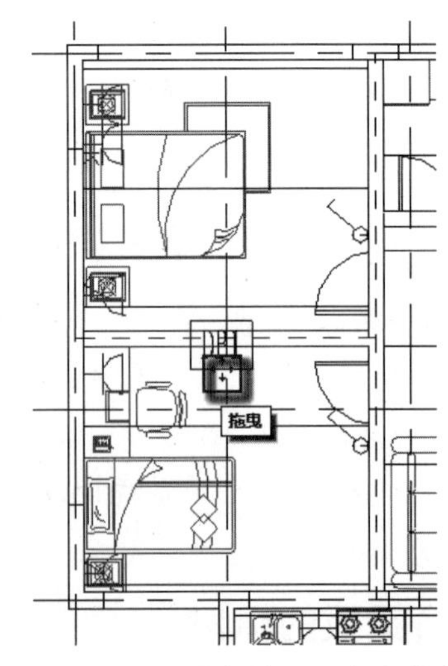

图 8.103　调整叠合板 DB1 标记的位置

（5）标记其余叠合板。以标记叠合板 DB1 相同的方法，对剩下的叠合板进行标记，并调整至适当位置，标记完成后如图 8.104 所示。

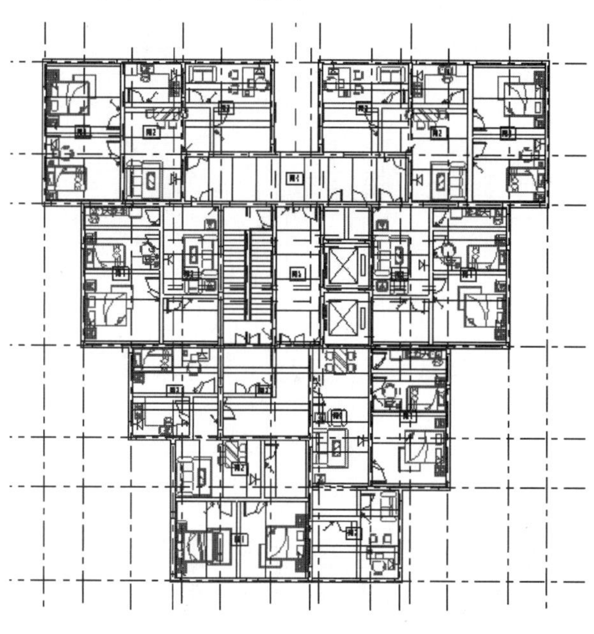

图 8.104　标记其余叠合板

（6）标记预框梁 YKL6。以 YKL6 为例，按 TG 快捷键，发出“按类别标记”命令，注意取消选中引线，按 Tab 键切换选择，直至选中 YKL6，由于此处 YKL6 的标记应为竖直方向，故按 Space 键切换标记方向，再选中 YKL6，对 YKL6 进行标记，如图 8.105 所示。

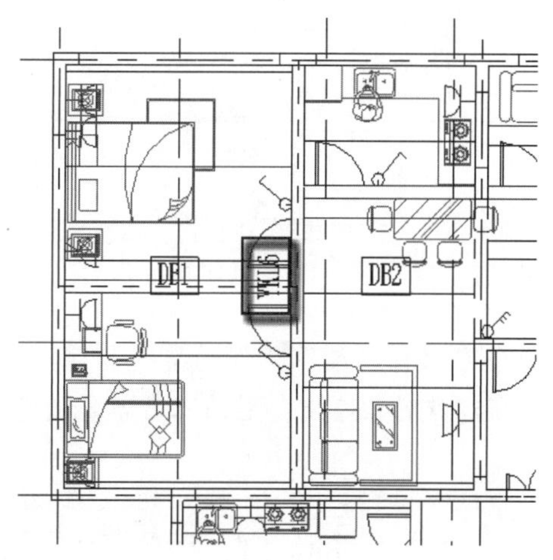

图 8.105　标记预框梁 YKL6

（7）调整 YKL6 标记的位置。选中 YKL6 标记，将其拖动到适当位置，使标记在图中更加协调，如图 8.106 所示。

（8）标记其余预框梁。以标记 YKL6 相同的方法，对剩下的预框梁进行标记，并调整至适当位置，标记完成后如图 8.107 所示。叠合梁板完整标记的大比例图，读者朋友可参看书后附录中的相关图纸。

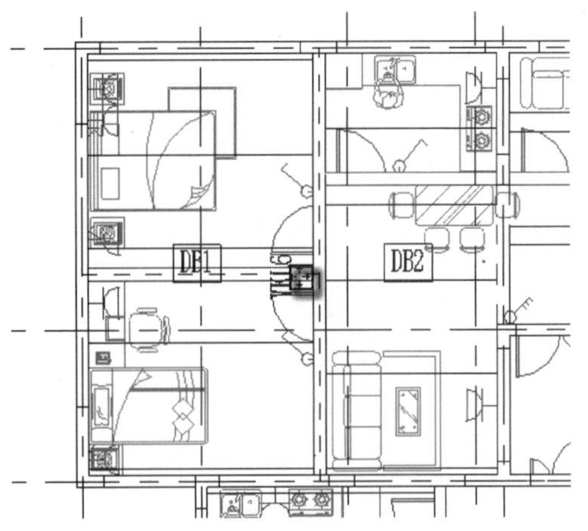

图 8.106　调整 YKL6 标记的位置

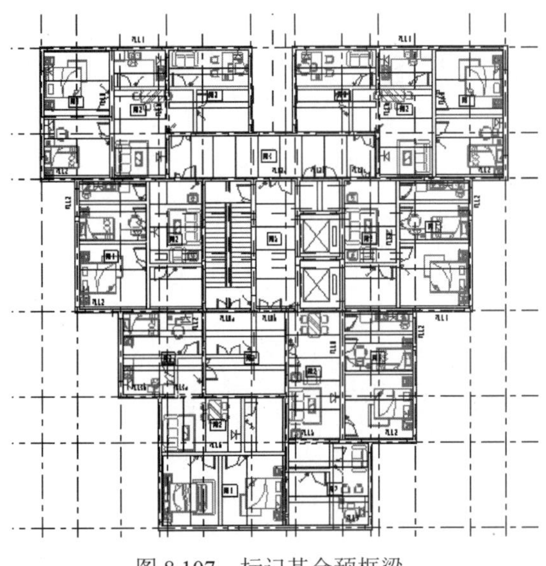

图 8.107　标记其余预框梁

注意：“按类别标记”命令可以自动读取构件的类型名称，并将类型名称标记在构件周围。所以要求读者在建族时，对族类型的取名不能随意，一定应按施工要求取名。

8.2　预 制 墙 体

本节中介绍装配式中的三大预制墙体的装配，PC 外墙、PC 内墙、内隔墙。这 3 种墙体既有相同点，也有不同点，读者朋友要区别对待，不可混淆。

8.2.1　PC 外墙

PC 外墙使用的是“PC 剪力墙外墙内叶板”这个族文件。外墙外叶板是三明治外挂板，将在本书后面的章节中介绍。

（1）进入二层结构平面。在“项目浏览器”面板中选择“视图”|“结构平面”|“二”选项，如图 8.108 所示，这样会进入到二层结构平面视图，只有在二层结构平面视图中才能放置二层的 PC 外墙构件。

（2）载入“PC 剪力墙外墙内叶板”族文件。选择菜单栏中的“插入”|“载入族”命令，在弹出的“载入族”对话框中选择“PC 剪力墙外墙内叶板.rfa”族文件，单击“打开”按钮，将其载入到项目中，如图 8.109 所示。

图 8.108　进入二层结构平面　　图 8.109　载入“PC 剪力墙外墙内叶板”族文件

（3）放置构件 YWQ1。选择菜单栏中的“建筑”|“构件”|“放置构件”命令，在“属性”面板中选择 YWQ1，选择菜单栏中的“修改”|“放置构件”|“放置在工作平面上”命令，并按 Space 键调整构件的放置方向，将 YWQ1 放置到图中，如图 8.110 所示。

（4）调整 YWQ1 的位置。选中已放置的 YWQ1，按 MV 快捷键，发出“移动”命令，将 YWQ1 移动至对应位置，如图 8.111 所示。

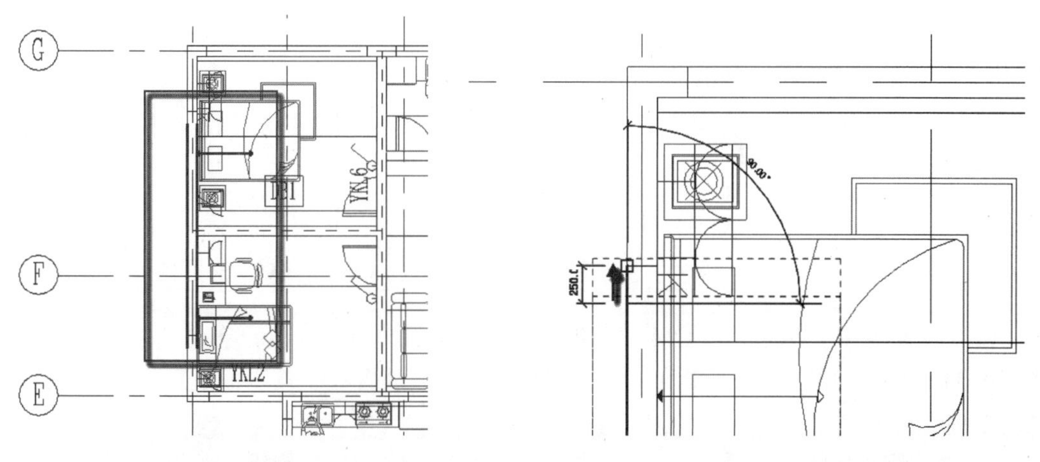

图 8.110　放置构件 YWQ1　　图 8.111　调整 YWQ1 的位置

（5）放置构件 YWQ2。按 CM 快捷键，发出“放置构件”命令，在“属性”面板中选

择 YWQ2，选择菜单栏中的“修改”|“放置构件”|“放置在工作平面上”命令，按 Space 键调整构件的放置方向，将 YWQ2 放置到图中，如图 8.112 所示。

（6）调整 YWQ2 的位置。选中已放置的 YWQ2，按 MV 快捷键，发出“移动”命令，将 YWQ2 移动至对应位置，如图 8.113 所示。

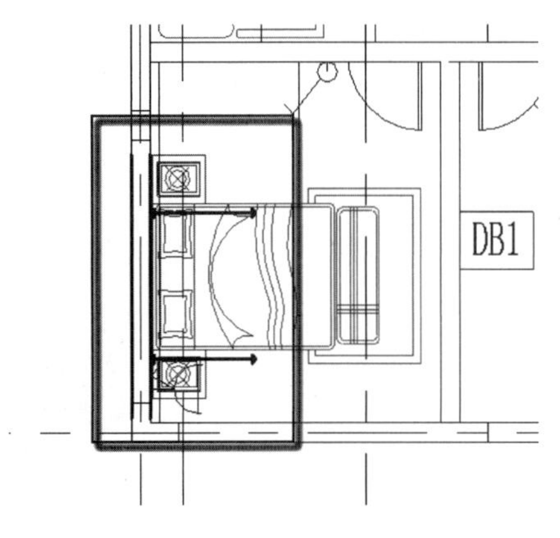

图 8.112　放置构件 YWQ2

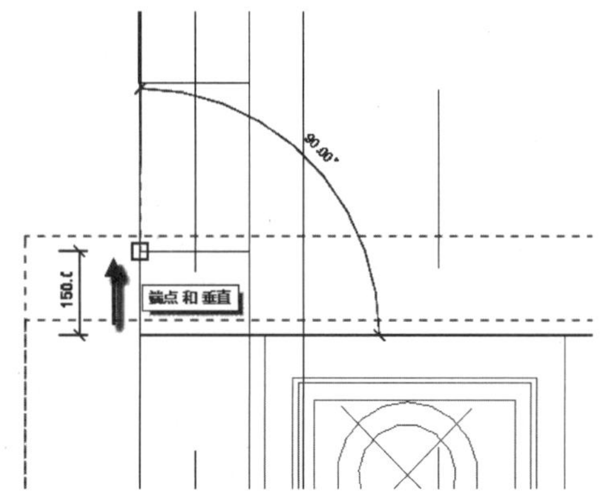

图 8.113　调整 YWQ2 的位置

（7）放置构件 YWQ3。按 CM 快捷键，发出“放置构件”命令，在“属性”面板中选择 YWQ3，选择菜单栏中的“修改”|“放置构件”|“放置在工作平面上”命令，按 Space 键调整构件的放置方向，将 YWQ3 放置到图中，如图 8.114 所示。

（8）调整 YWQ3 的位置。选中已放置的 YWQ3，按 MV 快捷键，发出“移动”命令，将 YWQ3 移动至对应位置，如图 8.115 所示。

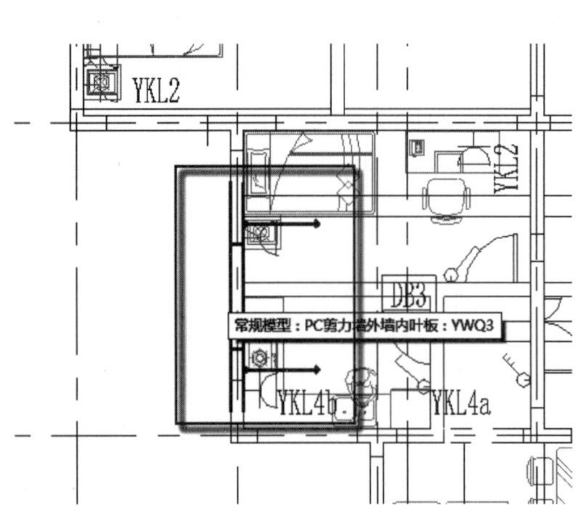

图 8.114　放置构件 YWQ3

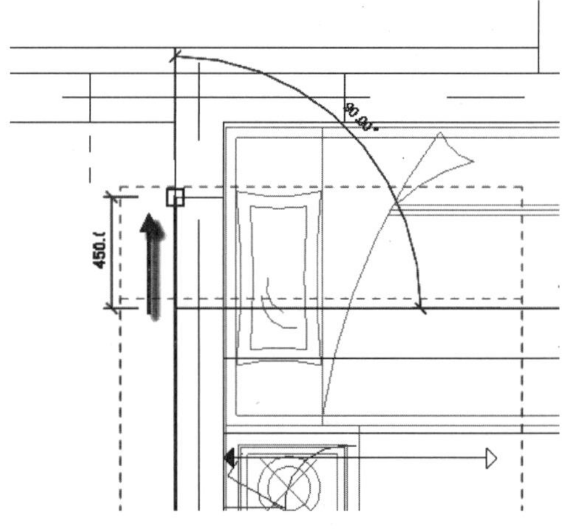

图 8.115　调整 YWQ3 的位置

（9）放置构件 YWQ4。按 CM 快捷键，发出“放置构件”命令，在“属性”面板中选择 YWQ4，选择菜单栏中的“修改”|“放置构件”|“放置在工作平面上”命令，按 Space 键调整构件的放置方向，将 YWQ4 放置到图中，如图 8.116 所示。

（10）调整 YWQ4 的位置。选中已放置的 YWQ4，按 MV 快捷键，发出“移动”命令，将 YWQ4 移动至对应位置，如图 8.117 所示。

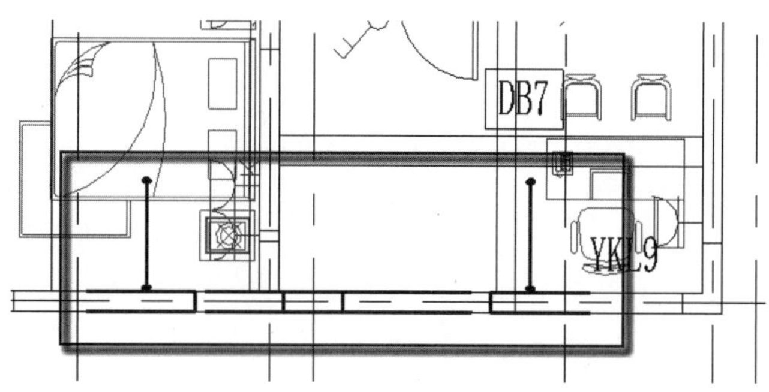

图 8.116　放置构件 YWQ4

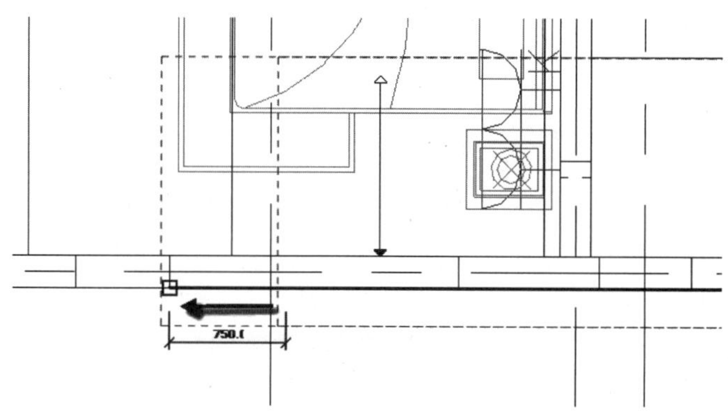

图 8.117　调整 YWQ4 的位置

（11）放置其余构件。以上述同样的构件放置方法，将其余构件放置完成，并调整至对应位置。所有构件放置完成后，按 F4 键进入到三维视图，检查相应的模型，如图 8.118 所示。

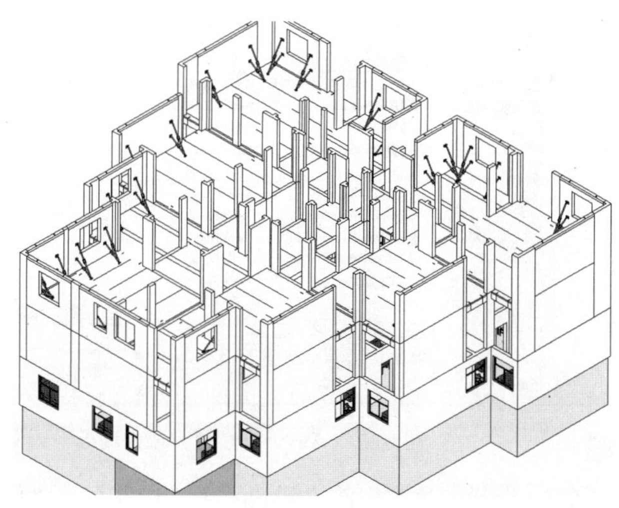

图 8.118　放置其余构件

向上滚动鼠标的滚轮，将三维视图放大，查看模型的细节与局部，如图 8.119 所示。可以观察到 PC 外墙的斜撑构件也表达出来的，这是使用 Revit 软件设计装配式建筑的优势之一——二维三维同时生成。

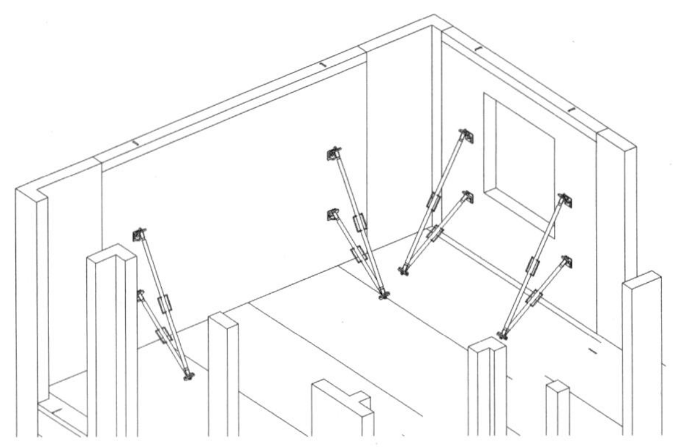

图 8.119　查看模型的细节与局部

8.2.2　PC 内墙

PC 内墙的功能与 PC 外墙略有区别，PC 内墙是不附加外叶板的，只是起承重与分隔空间的作用。而不需要墙体保温，具体操作如下。

（1）进入二层结构平面。在“项目浏览器”面板中选择“视图”|“结构平面”|“二”选项，如图 8.120 所示，这样会进入到二层结构平面视图，只有在二层结构平面视图中才能放置二层的 PC 内墙构件。

（2）载入“PC 剪力墙内墙板”族文件。选择菜单栏中的“插入”|“载入族”命令，在弹出的“载入族”对话框中选择“PC 剪力墙内墙板.rfa”族文件，单击“打开”按钮，将其载入到项目中，如图 8.121 所示。

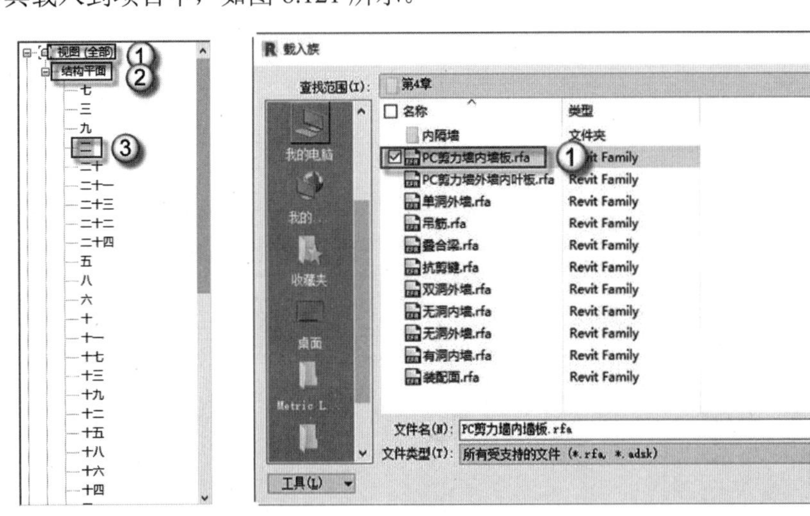

图 8.120　进入二层结构平面　　　　图 8.121　载入“PC 剪力墙内墙板”族文件

（3）放置构件 YNQ2。选择菜单栏中的“建筑”|“构件”|“放置构件”命令，在“属性”面板中选择 YNQ2，选择菜单栏中的“修改”|“放置构件”|“放置在工作平面上”命令，按 Space 键调整构件的放置方向，将 YNQ2 放置到图中，注意装修面在左侧，如图 8.122 所示。

（4）调整 YNQ2 的位置。选中已放置的 YNQ2，按 MV 快捷键，发出“移动”命令，将 YNQ2 移动至对应位置，如图 8.123 所示。

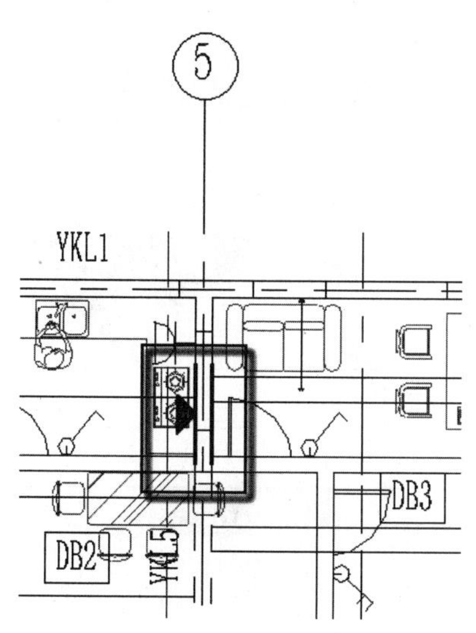

图 8.122　放置构件 YNQ2

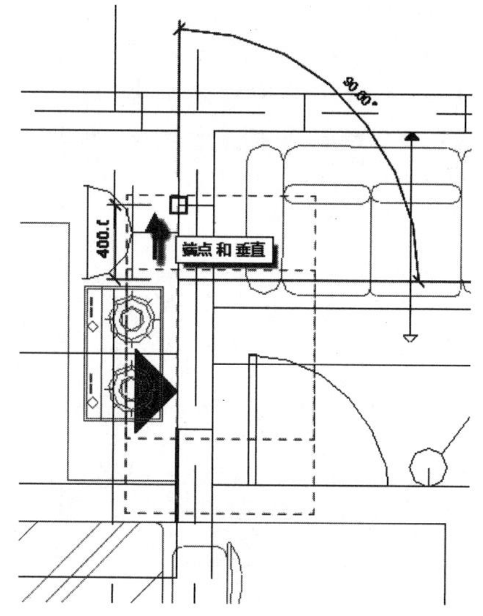

图 8.123　调整 YNQ2 的位置

注意： 图 8.122 和图 8.123 中黑色的三角就是“装配面”的标识符号。内墙与外墙不同，外墙只有一个面可以用于装配（另一个面位于建筑外，是悬空状态），所以不需要标识；而内墙有两个面可用于装配，因此设计师要指定其中一个面为装配面，在这个面上进行墙体装配的操作。

（5）放置构件 YNQ3。选择菜单栏中的“建筑”|“构件”|“放置构件”命令，在“属性”面板中选择 YNQ3，选择菜单栏中的“修改”|“放置构件”|“放置在工作平面上”命令，按 Space 键调整构件的放置方向，将 YNQ3 放置到图中，注意装修面在左侧，如图 8.124 所示。

（6）调整 YNQ3 的位置。选中已放置的 YNQ3，按 MV 快捷键，发出“移动”命令，将 YNQ3 移动至对应位置，如图 8.125 所示。

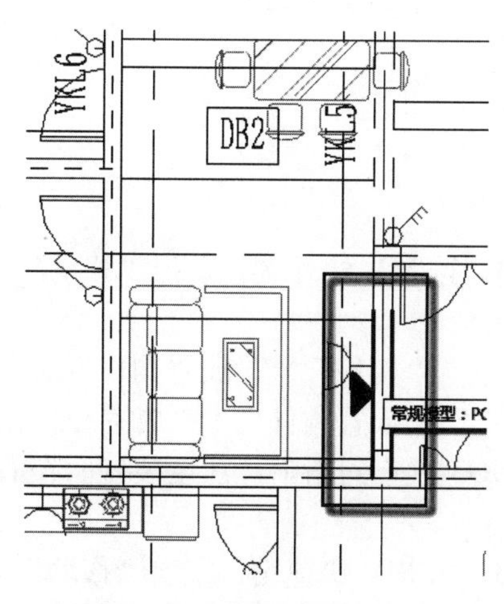

图 8.124　放置构件 YNQ3

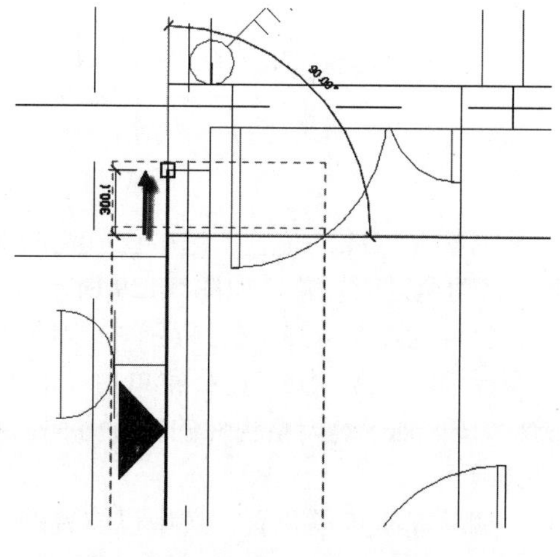

图 8.125　调整 YNQ3 的位置

（7）放置构件 YNQ1。选择菜单栏中的“建筑”|“构件”|“放置构件”命令，在“属性”面板中选择 YNQ1，选择菜单栏中的“修改”|“放置构件”|“放置在工作平面上”命令，按 Space 键调整构件的放置方向，将 YNQ1 放置到图中，注意装修面在上侧，如图 8.126 所示。

（8）调整 YNQ1 的位置。选中已放置的 YNQ1，按 MV 快捷键，发出“移动”命令，将 YNQ1 移动至对应位置，如图 8.127 所示。

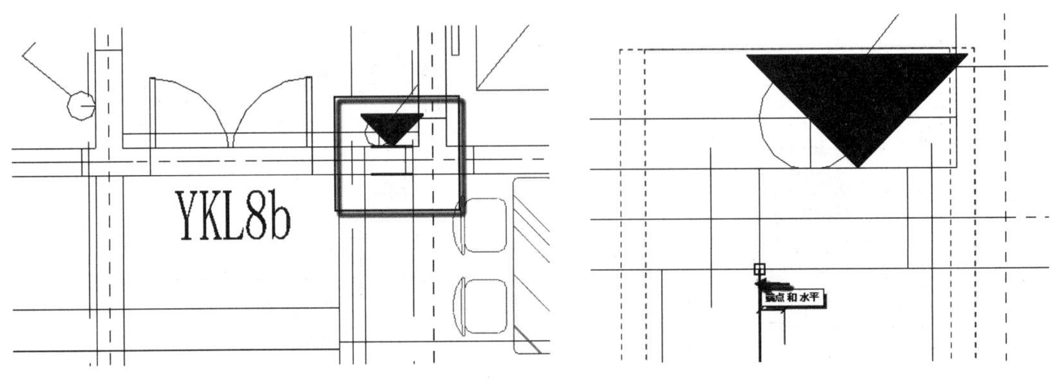

图 8.126　放置构件 YNQ1

图 8.127　调整 YNQ1 的位置

（9）放置构件 YNQ4。选择菜单栏中的“建筑”|“构件”|“放置构件”命令，在“属性”面板中选择 YNQ4，选择菜单栏中的“修改”|“放置构件”|“放置在工作平面上”命令，按 Space 键调整构件的放置方向，将 YNQ4 放置到图中，注意装修面在上侧，如图 8.128 所示。

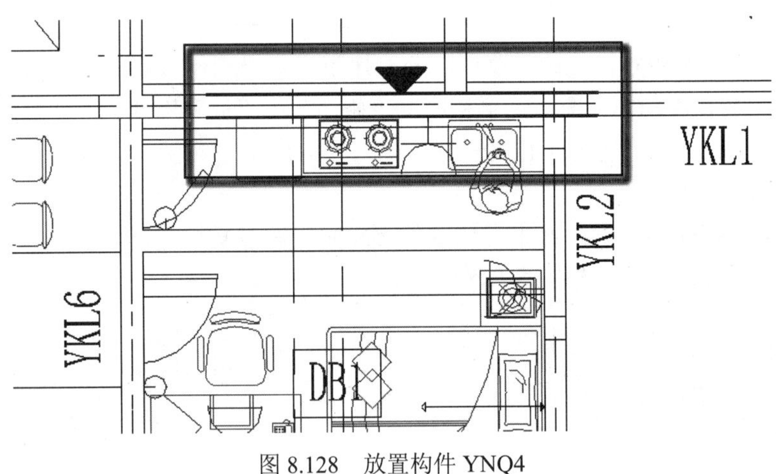

图 8.128　放置构件 YNQ4

（10）调整 YNQ4 的位置。选中已放置的 YNQ4，按 MV 快捷键，发出“移动”命令，将 YNQ4 移动至对应位置，如图 8.129 所示。

（11）放置构件 YNQ5。选择菜单栏中的“建筑”|“构件”|“放置构件”命令，在“属性”面板中选择 YNQ5，选择菜单栏中的“修改”|“放置构件”|“放置在工作平面上”命令，按 Space 键调整构件的放置方向，将 YNQ5 放置到图中，注意装修面在右侧，如图 8.130 所示。

（12）调整 YNQ5 的位置。选中已放置的 YNQ5，按 MV 快捷键，发出“移动”命令，将 YNQ5 移动至对应位置，如图 8.131 所示。

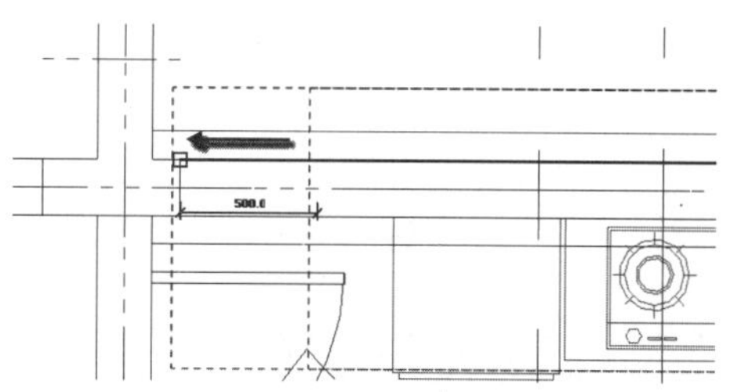

图 8.129　调整 YNQ4 的位置

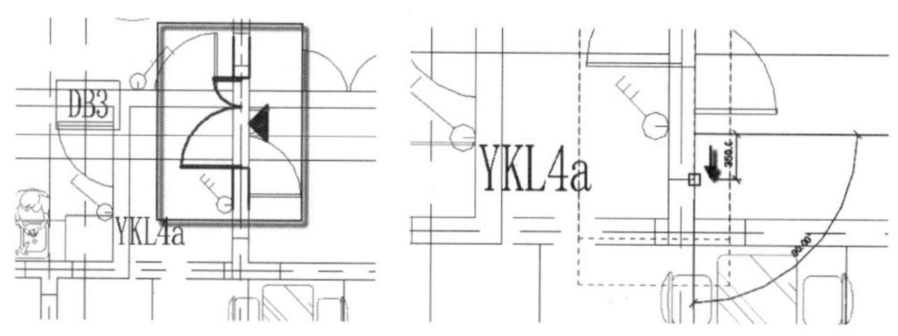

图 8.130　放置构件 YNQ5　　图 8.131　调整 YNQ5 的位置

（13）放置其余构件。以上述同样的构件放置方法，将其余构件放置完成，并调整至对应位置，所有构件放置完成如图 8.132 所示。

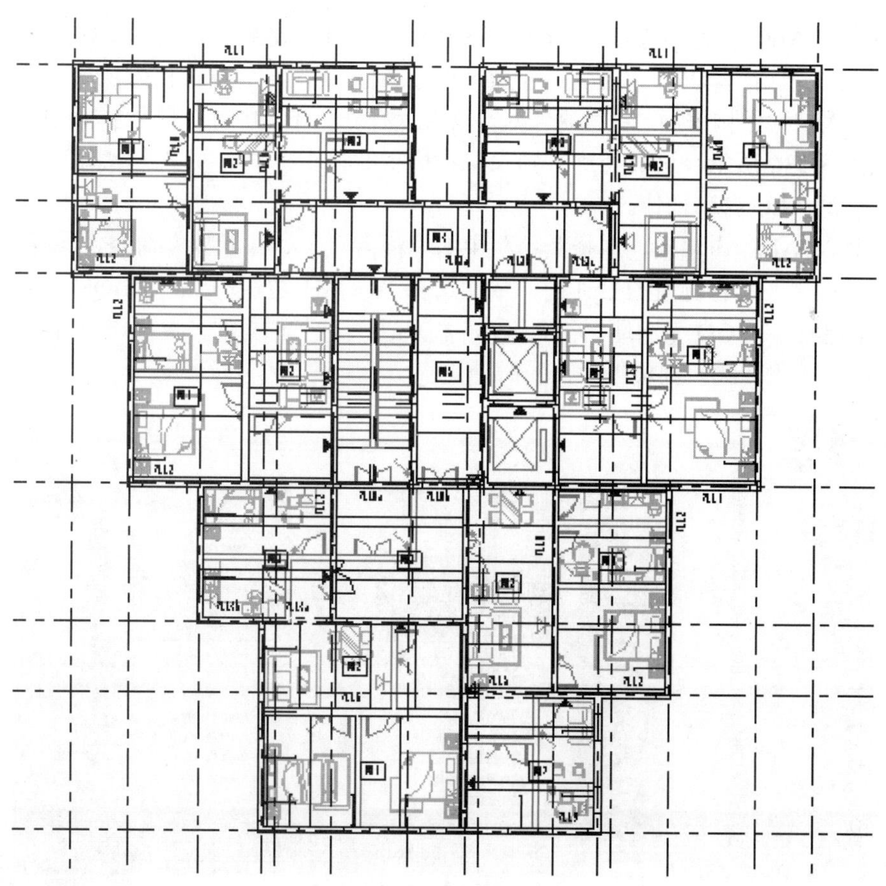

图 8.132　放置其余构件

按 F4 键打开三维视图，按住鼠标中键，并配合 Shift 键，转动三维模型视图至所需查看的视图，如图 8.133 所示。

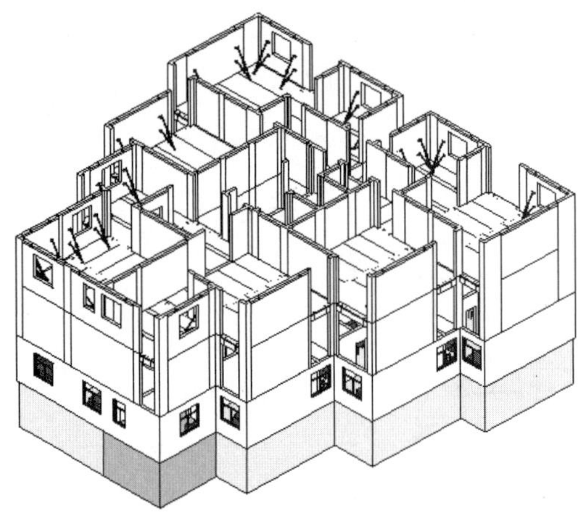

图 8.133　构件放置完成的三维效果图

8.2.3　预制 ALC 内墙

本例中的 ALC 内隔墙均为 100mm 厚，作用仅为分隔建筑内容空间。内隔墙的族为 4 个 RFA 族文件，请读者朋友在配套下载资源中找到并载入，具体操作方法如下。

（1）进入二层结构平面。在“项目浏览器”面板中选择“视图”｜“结构平面”｜“二”选项，如图 8.134 所示，这样会进入到二层结构平面视图，只有在二层结构平面视图中才能放置二层的 ALC 内墙构件。

（2）载入 ALC 内墙族。选择菜单栏中的“插入”｜“载入族”命令，在弹出的“载入族”对话框中，配合键盘的 Ctrl 键，依次选择“GQM1 边洞墙.rfa”“GQM2 双洞墙.rfa”“GQM 中洞墙.rfa”“GQ 无洞墙（插入 86 暗盒）.rfa”4 个族文件，单击“打开”按钮，如图 8.135 所示，将其载入到项目中，随时使用。

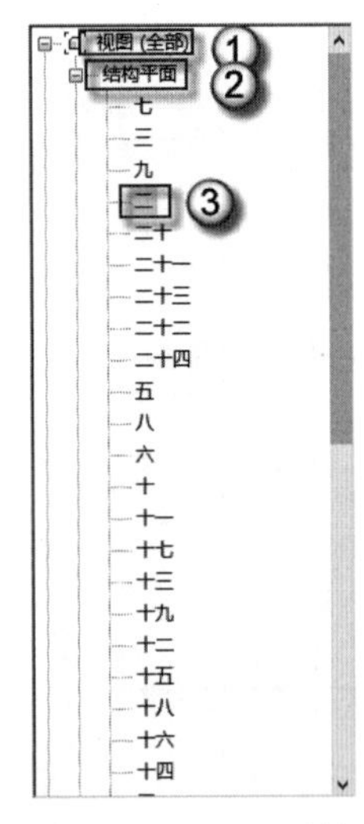

图 8.134　进入二层结构平面

图 8.135　载入 ALC 内墙族

🔔注意：内隔墙 NGQ 与 PC 墙建族的方案不一样，是因为其复杂程度决定。本例采用了 4 个 RFA 族文件去表达，每一个族文件代表了一个内隔墙的类型。这个内容在本书前面介绍过，读者可以根据自己的需要去参阅。

（3）放置构件 NGQ1。选择菜单栏中的“建筑”|“构件”|“放置构件”命令，在“属性”面板中选择 NGQ1，按 Space 键调整构件的放置方向，将 NGQ1 放置到图中，并调整至对应位置，如图 8.136 所示。

（4）放置构件 NGQ11。按 CM 快捷键，发出“放置构件”命令，在“属性”面板中选择 NGQ11，按 Space 键调整构件的放置方向，将 NGQ11 放置到图中，并调整至对应位置，如图 8.137 所示。

（5）放置构件 NGQ6。按 CM 快捷键，发出“放置构件”命令，在“属性”面板中选择 NGQ6，按 Space 键调整构件的放置方向，将 NGQ6 放置到图中，并调整至对应位置，如图 8.138 所示。

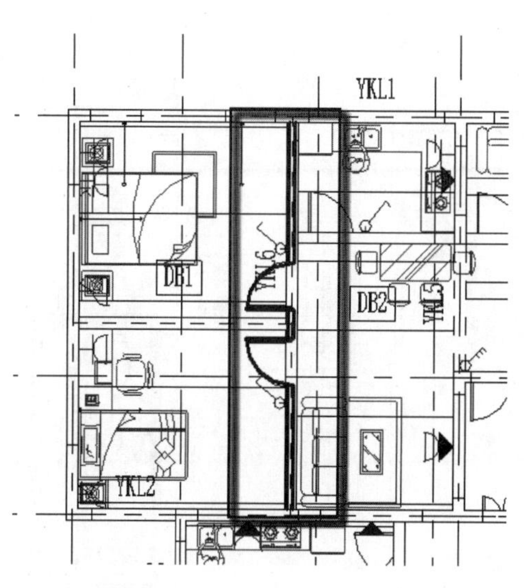

图 8.136　放置构件 NGQ1

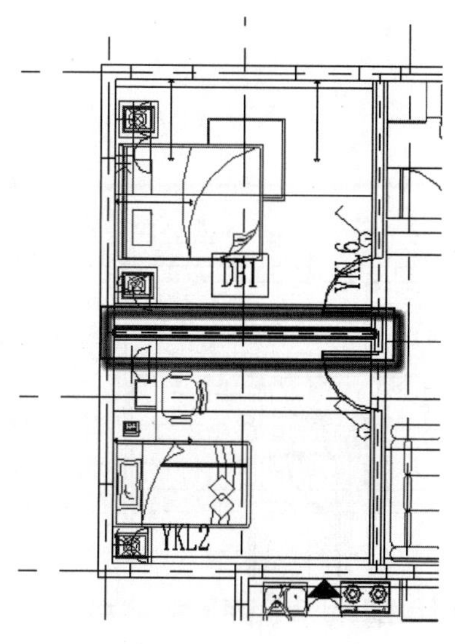

图 8.137　放置构件 NGQ11

（6）放置构件 NGQ7。按 CM 快捷键，发出“放置构件”命令，在“属性”面板中选择 NGQ7，按 Space 键调整构件的放置方向，将 NGQ7 放置到图中，并调整至对应位置，如图 8.139 所示。

（7）放置构件 NGQ8。按 CM 快捷键，发出“放置构件”命令，在“属性”面板中选择 NGQ8，按 Space 键调整构件的放置方向，将 NGQ8 放置到图中，并调整至对应位置，如图 8.140 所示。

（8）放置构件 NGQ2。按 CM 快捷键，发出“放置构件”命令，在“属性”面板中选择 NGQ2，按 Space 键调整构件的放置方向，将 NGQ2 放置到图中，并调整至对应位置，如图 8.141 所示。

（9）放置构件 NGQ9。按 CM 快捷键，发出“放置构件”命令，在“属性”面板中选择 NGQ9，按 Space 键调整构件的放置方向，将 NGQ9 放置到图中，并调整至对应位置，如图 8.142 所示。

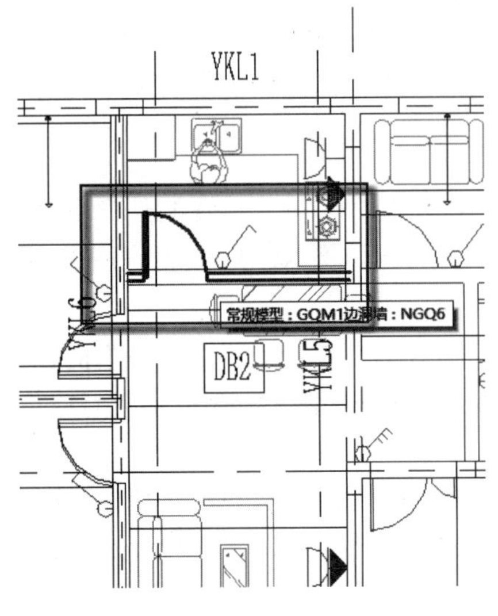

图 8.138　放置构件 NGQ6

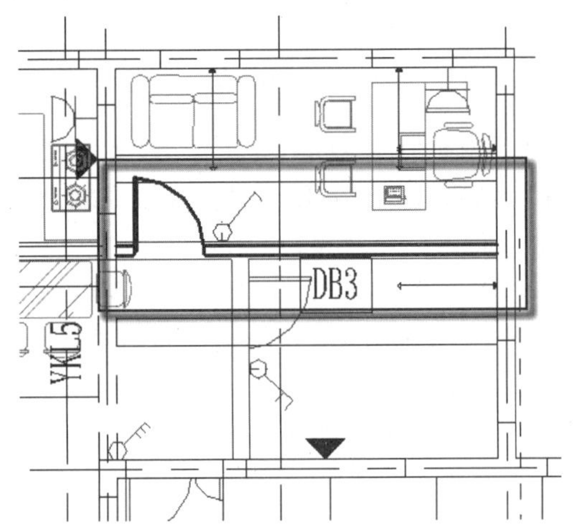

图 8.139　放置构件 NGQ7

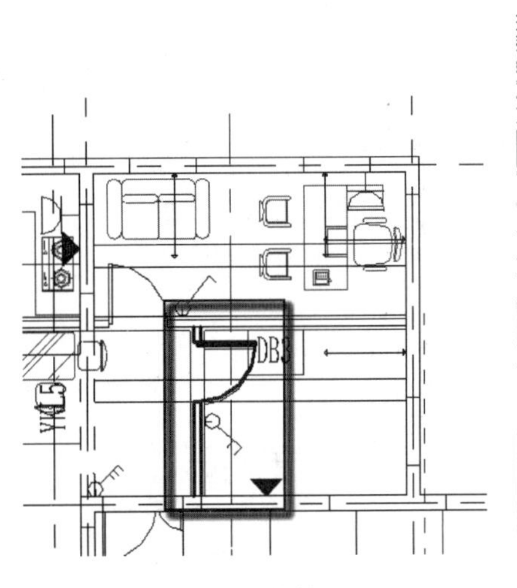

图 8.140　放置构件 NGQ8

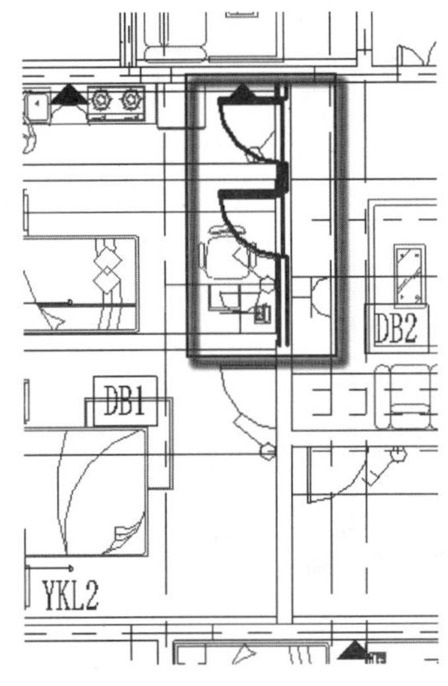

图 8.141　放置构件 NGQ2

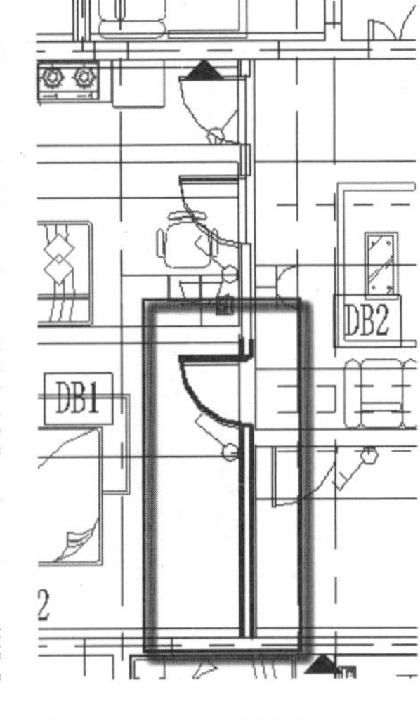

图 8.142　放置构件 NGQ9

（10）放置构件 NGQ12。按 CM 快捷键，发出“放置构件”命令，在“属性”面板中选择 NGQ12，按 Space 键调整构件的放置方向，将 NGQ12 放置到图中，并调整至对应位置，如图 8.143 所示。

（11）放置构件 NGQ3。按 CM 快捷键，发出“放置构件”命令，在“属性”面板中选择 NGQ3，按 Space 键调整构件的放置方向，将 NGQ3 放置到图中，并调整至对应位置，如图 8.144 所示。

（12）放置构件 NGQ13。按 CM 快捷键，发出“放置构件”命令，在“属性”面板中选择 NGQ13，按 Space 键调整构件的放置方向，将 NGQ13 放置到图中，并调整至对应位置，如图 8.145 所示。

（13）放置构件 NGQ4。按 CM 快捷键，发出“放置构件”命令，在“属性”面板中选择 NGQ4，按 Space 键调整构件的放置方向，将 NGQ4 放置到图中，并调整至对应位置，如图 8.146 所示。

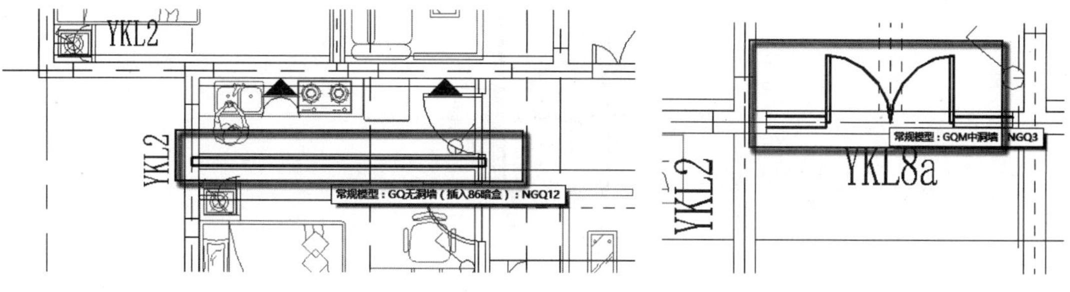

图 8.143　放置构件 NGQ12　　　　图 8.144　放置构件 NGQ3

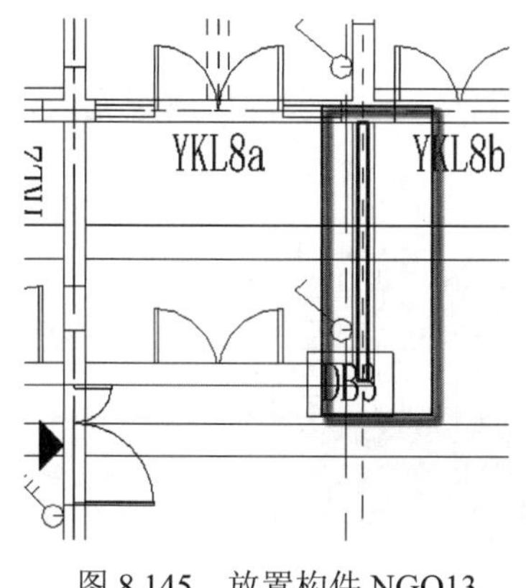

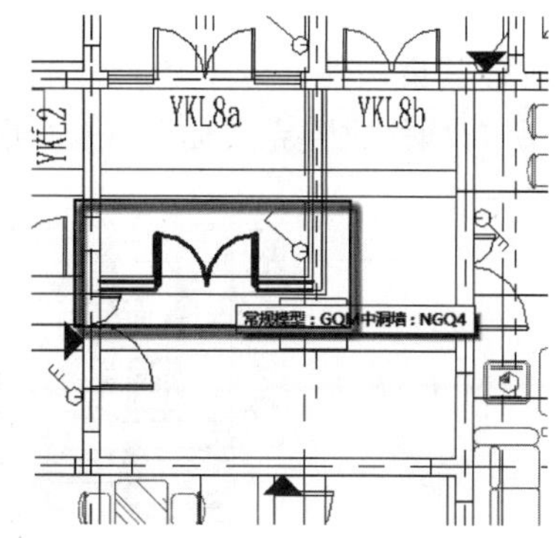

图 8.145　放置构件 NGQ13　　　　图 8.146　放置构件 NGQ4

（14）放置构件 NGQ15。按 CM 快捷键，发出“放置构件”命令，在“属性”面板中选择 NGQ15，按 Space 键调整构件的放置方向，将 NGQ15 放置到图中，并调整至对应位置，如图 8.147 所示。

（15）放置构件 NGQ10。按 CM 快捷键，发出“放置构件”命令，在“属性”面板中选择 NGQ10，按 Space 键调整构件的放置方向，将 NGQ10 放置到图中，并调整至对应位置，如图 8.148 所示。

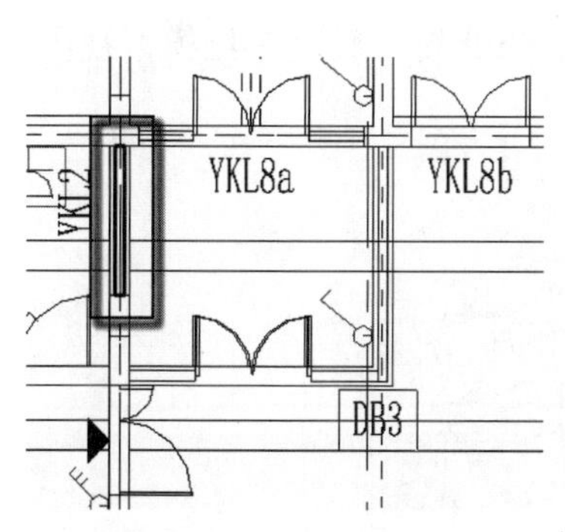

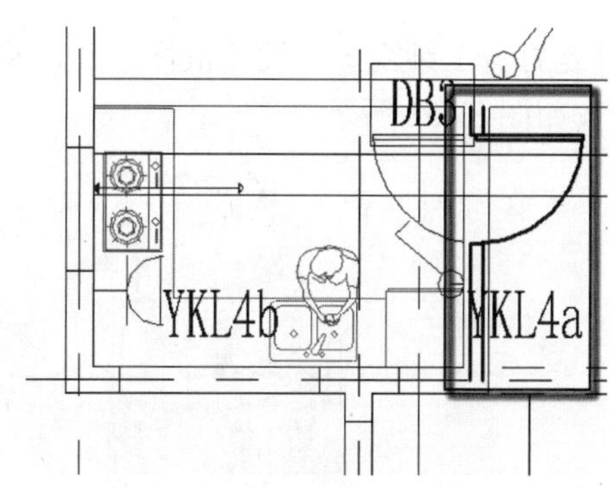

图 8.147　放置构件 NGQ15　　　　图 8.148　放置构件 NGQ10

（16）放置构件 NGQ5。按 CM 快捷键，发出“放置构件”命令，在“属性”面板中选择 NGQ5，按 Space 键调整构件的放置方向，将 NGQ5 放置到图中，并调整至对应位置，如图 8.149 所示。

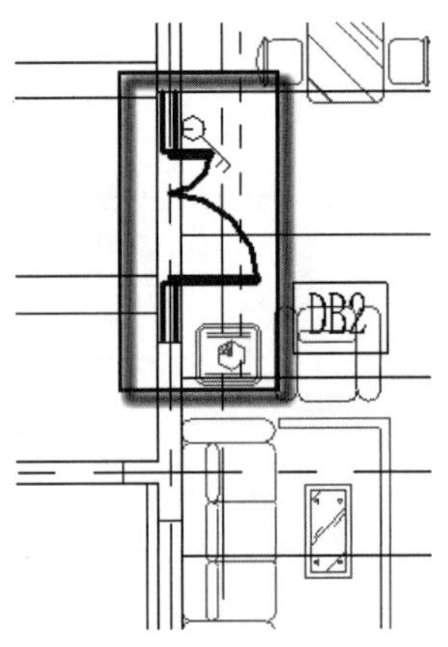

图 8.149　放置构件 NGQ5

（17）放置其余构件。以上述同样的构件放置方法，将其余构件放置完成，并调整至对应位置，所有构件放置完成如图 8.150 所示。

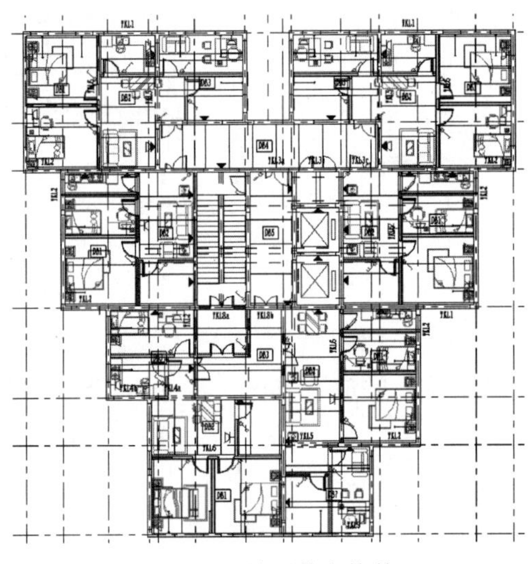

图 8.150　放置其余构件

按 F4 键打开三维视图，按住鼠标中键，并配合 Shift 键，转动三维模型视图至所需查看的视图，如图 8.151 所示。

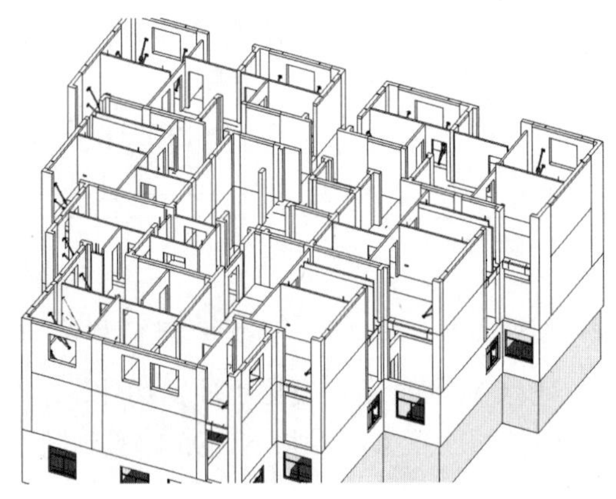

图 8.151　构件放置完成的三维效果图

8.2.4　墙体的标记

墙体的标记也是使用 Revit 软件的“按类别标记”（快捷键 TG）命令来完成，只不过要使用图书配套资源的专用标记族文件进行标记，具体操作如下。

（1）进入二层结构平面。在“项目浏览器”面板中选择“视图”|“结构平面”|“二”选项，如图 8.152 所示，这样会进入到二层结构平面视图，只有在二层结构平面视图中才能标记二层的墙体。

（2）载入“标记_常规模型.rfa”族文件。选择菜单栏中的“插入”|“载入族”命令，在弹出的“载入族”对话框中选择“标记-常规模型.rfa”族文件，单击“打开”按钮，进入下一步操作，如图 8.153 所示。

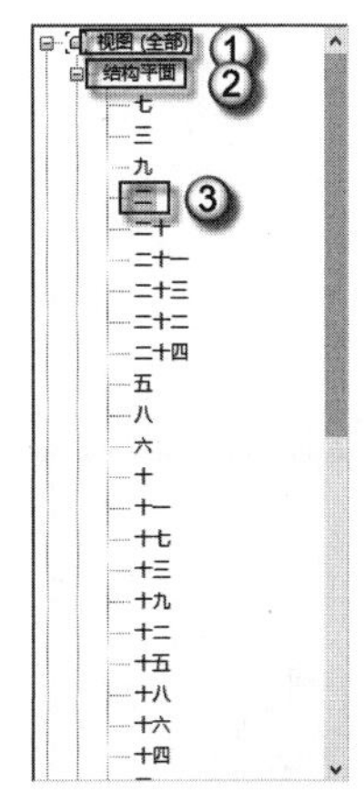

图 8.152　进入二层结构平面

图 8.153　载入“标记_常规模型.rfa”族文件

（3）覆盖现有版本及其参数值。由于项目中已存在此类型标记族，但是该标记族为更新族，因此，须单击“覆盖现有版本及其参数值”按钮，将新的标记族插入到项目中，如图 8.154 所示。

注意： 由于项目文件中已经有了“标记_常规模型”这个 RFA 族文件，所以载入时会有一个“族已存在”的提示，这里相当于载入一个更新版本，而将旧版本覆盖掉。

（4）标记 YWQ3。选择菜单栏中的“注释”|“按类别标记”命令，注意取消选中引线，按 Tab 键切换选择，直至选中 YWQ3，会对 YWQ3 进行标记，如图 8.155 所示。

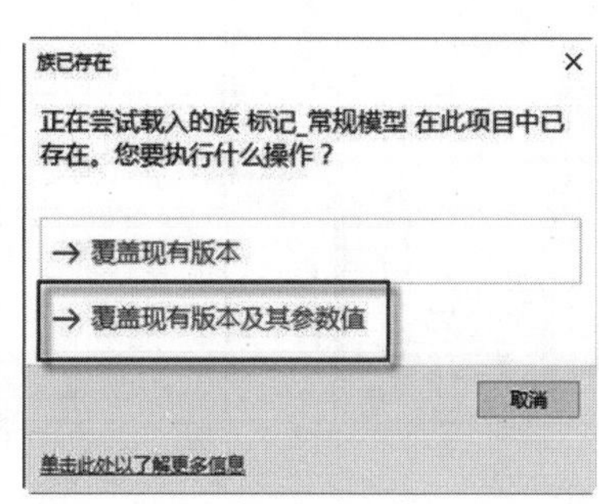

图 8.154　覆盖现有版本及其参数值

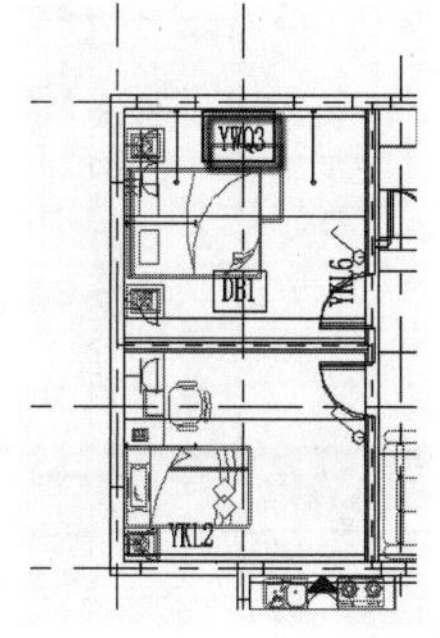

图 8.155　标记 YWQ3

（5）调整 YWQ3 标记的位置。选中 YWQ3 标记，将其拖动到适当位置，使标记在图中更加协调了，如图 8.156 所示。

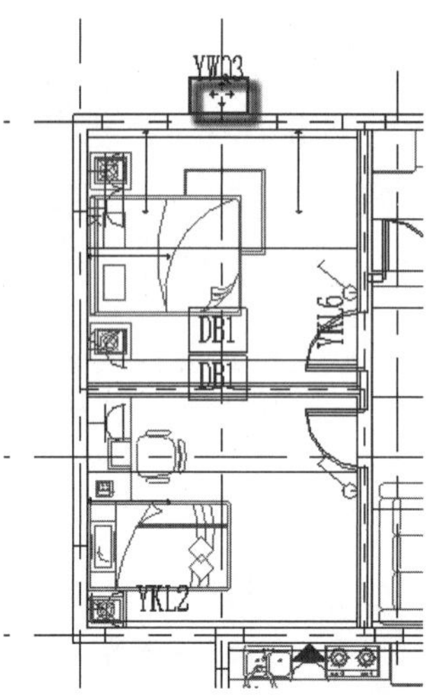

图 8.156　调整 YWQ3 标记的位置

（6）标记其余墙体。以标记 YWQ3 相同的方法，对剩下的墙体进行标记，并调整至适当位置，标记完成后如图 8.157 所示。

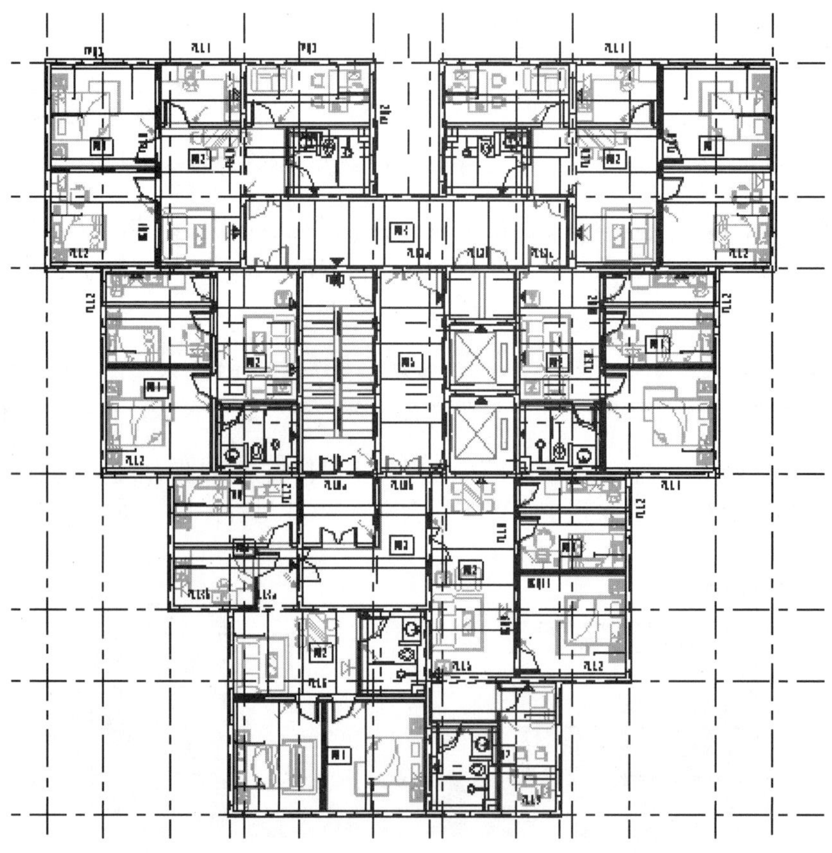

图 8.157　标记其余墙体

第 9 章　楼梯设计

（教学视频：1 小时 23 分钟）

在低层和多层建筑中，楼梯的主要功能是垂直向交通。在高层建筑中，楼梯的主要功能是人流的紧急疏散（因为高层建筑中，垂直向交通一般由电梯设备完成）。

本例中采用国标图集《15G367-1 预制钢筋混凝土板式楼梯》中的 JT-30-25 型预制楼梯。其中 JT 指选用的是剪刀梯，30 指层高为 3000 mm，25 指楼梯间净宽为 2500mm。在装配式高层住宅中，最好采用剪刀梯，因剪刀梯为是一个梯段直接上楼，没有位于楼层中间的休息平台，施工方便一些。

9.1　梯梁族的设计

与一般矩形截面梁不同，装配式建筑中的梯梁截面为┗┓样式，这样的几何形式是为了方便挂载梯段。与本书前面介绍的预制框架梁一样，梯梁也是采用叠合梁的形式，上部为后浇的混凝土、下部为预制的混凝土，二者叠合而成。

9.1.1　梯梁族的几何形式

虽然梯梁与框架的截面形式不同，但是二者都属于“梁”，有着一些共性，如都需要支座作为着力点、都是线性构件等。因此本小节采用打开 Revit 软件提供的梁族，然后对其进行修改，改成本例中所需要的梯梁。

（1）选择族样板。双击桌面 Revit 图标，在弹出的 AUTODESK REVIT 对话框中选择“新建”选项，在弹出的“新族-选择样板文件”对话框中选择软件自带的“公制结构框架-梁和支撑.rft”族文件，如图 9.1 所示，将启动 Revit 的项目绘图界面。

（2）进入立面图。在“项目浏览器”面板中选择“视图”｜“立面”｜“右”选项，如图 9.2 所示，进入到右立面视图。

（3）关联参数。双击原有梁对象，进入“修改｜编辑拉伸”选项板。按 DI 快捷键，发出“对齐尺寸标注”命令，依次对图中①～②参照平面进行标注，如图 9.3 所示。单击开放的锁头，锁头会变为锁定的状态，避免该尺寸随之后的操作而发生变化。选择①标注，选择菜单栏中的“尺寸标注”｜“创建参数”命令，在弹出的“参数属性”对话框中创建名称为 b 的族参数，单击“确定”按钮，如图 9.4 所示。由此将数字 200 与族参数 b 关联起来，如图 9.5 所示。同理，将数字 300 与族参数 h 关联起来，如图 9.6 所示。单击 √ 按

钮，退出“修改 | 编辑拉伸”选项板。

图 9.1　启动 Revit

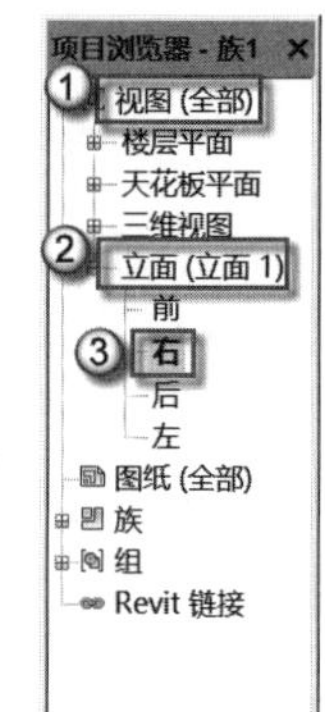

图 9.2　进入立面图

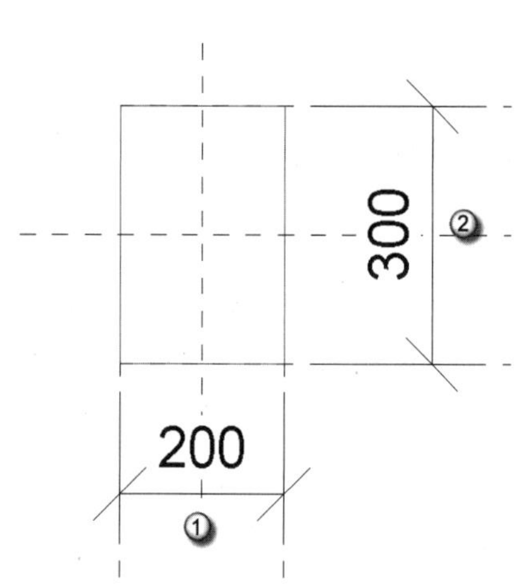

图 9.3　标注参照平面

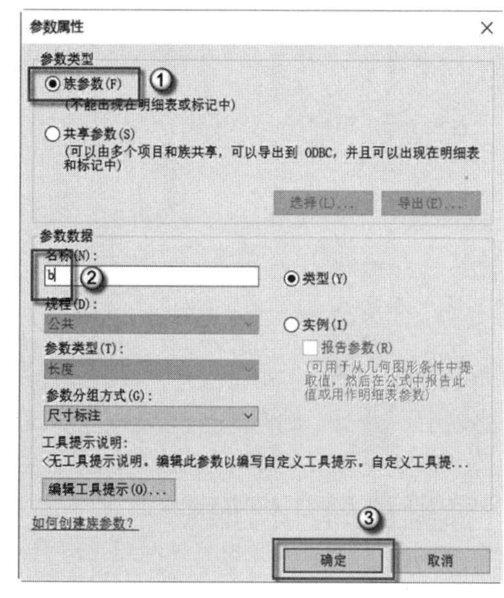

图 9.4　创建参数 b

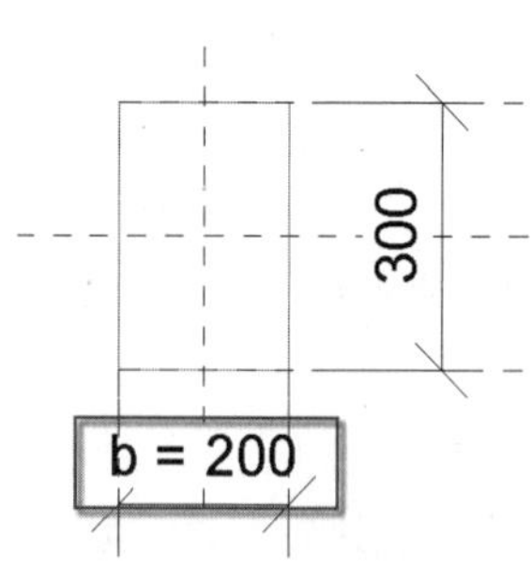

图 9.5　关联参数 b

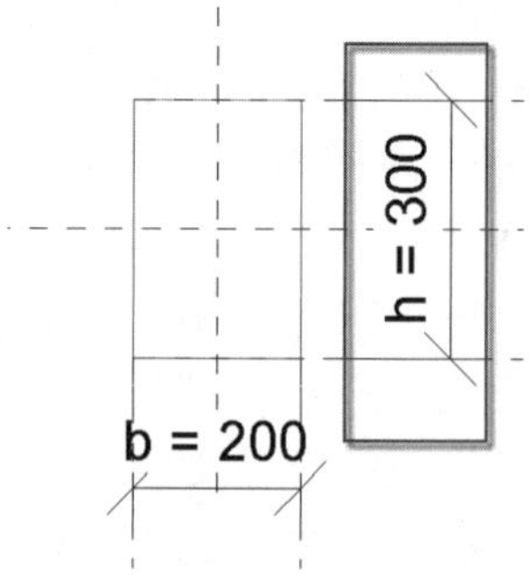

图 9.6　关联参数 h

注意： 族参数 b 为梁的宽度，族参数 h 为梁的高度。这与结构施工图中梁表的设置也是一样，请读者需注意区分。

（4）修改族参数。选择菜单栏中的“创建”｜“族类型”命令，在弹出的“族类型”对话框中设置 b=210，h=370，单击“确定”按钮，完成参数修改，如图 9.7 所示。按 RP 快捷键，发出“参照平面”命令，沿着①线，从左至右绘制出一条水平的参照平面，如图 9.8 所示。选择已经绘制好的参照平面，按 CO 快捷键，发出“复制”命令，向下复制出间距为 80 的一个参照平面，如图 9.9 所示。完成后按 DI 快捷键，发出“对齐尺寸标注”命令，对参照平面进行标注，单击开放的锁头，锁头会变为锁定的状态，避免该尺寸随之后的操作而发生变化，如图 9.10 所示。

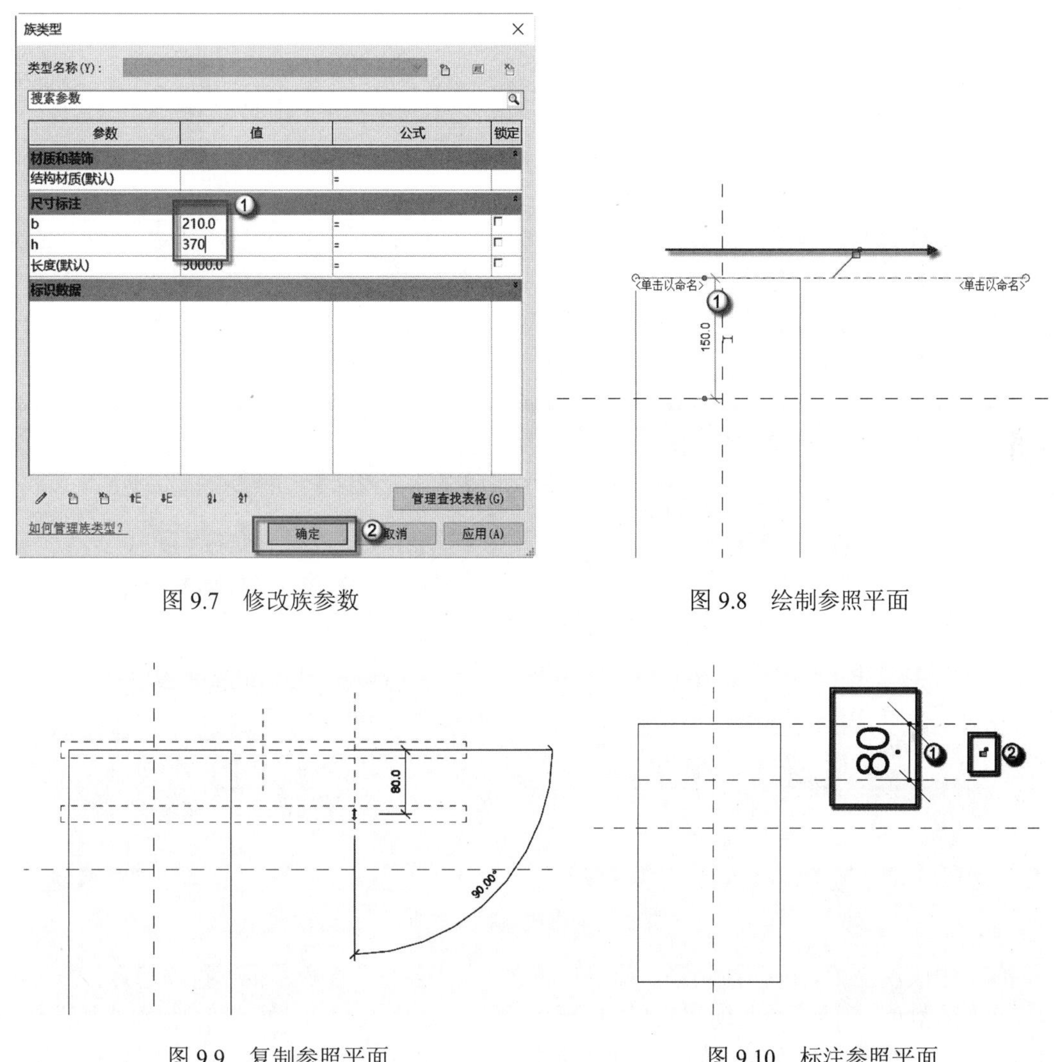

图 9.7　修改族参数

图 9.8　绘制参照平面

图 9.9　复制参照平面

图 9.10　标注参照平面

（5）生成预制梁。再次双击对象，进入“修改｜编辑拉伸”选项板。将边缘线由①位置移动到②位置（即向下方向移动 80mm），如图 9.11 所示。单击 √ 按钮，退出“修改｜编辑拉伸”选项板，完成后如图 9.12 所示。

注意：向下方向移动 80mm 后，就给位于叠合梁上方后浇混凝土构件留出了 80mm 的厚度。叠合梁预制部分的尺寸有不一样的情况，但后浇部分都是 80mm。

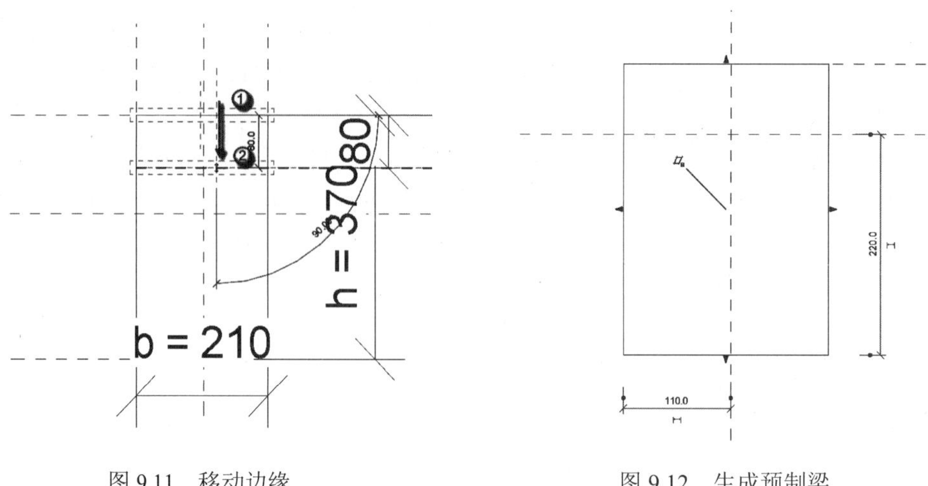

图 9.11　移动边缘　　　　图 9.12　生成预制梁

（6）生成预制梁材质。选择预制梁，在“属性”面板中单击“<按类别>”按钮，在弹出的“材料浏览器”对话框中选择“收藏夹”｜“梁，预制混凝土”材质，将其添加于“文档材质”中，并选择“梁，预制混凝土”材质，单击“确定”按钮，如图 9.13 所示。

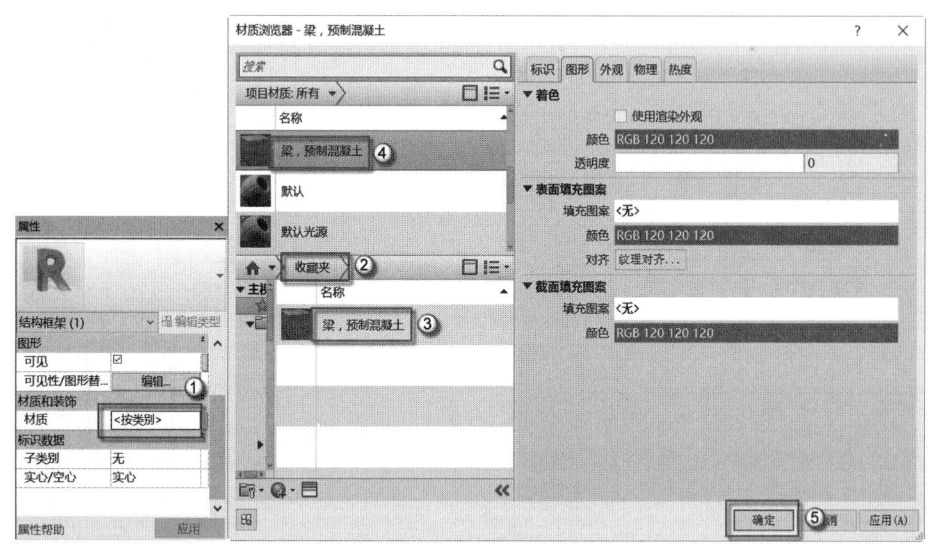

图 9.13　生成预制梁材质

（7）生成现浇梁。选择预制梁，观察其属性（即“属性”面板中的“拉伸起点”与“拉伸终点”的数值），便于绘制现浇梁后相关参数设置，如图 9.14 所示。选择菜单栏中的“创建”｜“拉伸”命令，在弹出的“工作平面”对话框中选择“拾取一个平面”｜“参照平面：（中心左/右）”选项，单击“确定”按钮，如图 9.15 所示。进入“修改｜编辑拉伸”选项板，选择“矩形”命令，沿着参照平面绘制现浇梁，如图 9.16 所示，在“属性”面板中设置“拉伸终点”为 1250，“拉伸起点”为−1250，单击“<按类别>”按钮，在弹出的“材料浏览器”对话框中选择“收藏夹”｜“后浇砼”材质，将其添加于“文档材质”中，并选择“后浇砼”材质，单击“确定”按钮，如图 9.17 所示。单击√按钮，退出“修改｜编辑拉伸”选项板。如图 9.18 所示。按 F4 键，可在三维视图中观察绘制完成的现浇梁与预制梁，如图 9.19 所示。

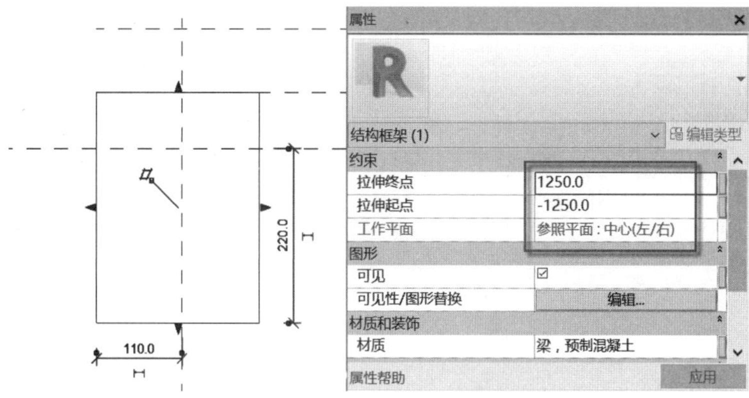

图 9.14　观察预制梁部分参数

注意：由于现浇梁与预制梁紧紧结合在一起，所以现浇梁部分的“拉伸起点”与“拉伸终点”参数必须与预制梁部分相同，读者需仔细核对。

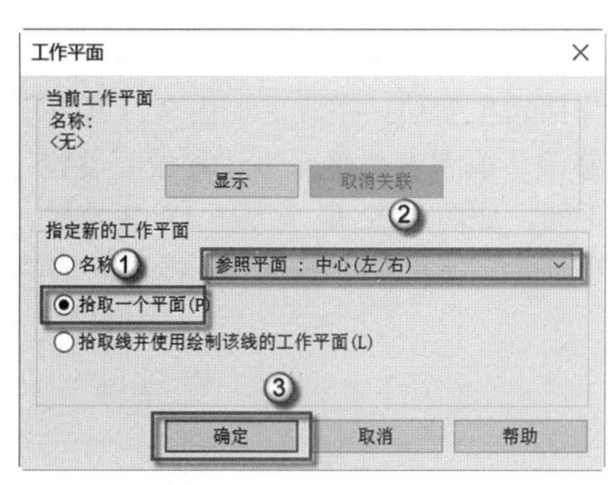

图 9.15　设置工作平面

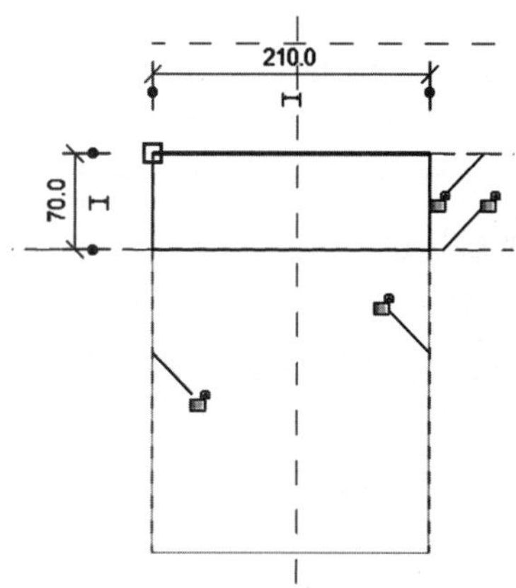

图 9.16　绘制现浇梁

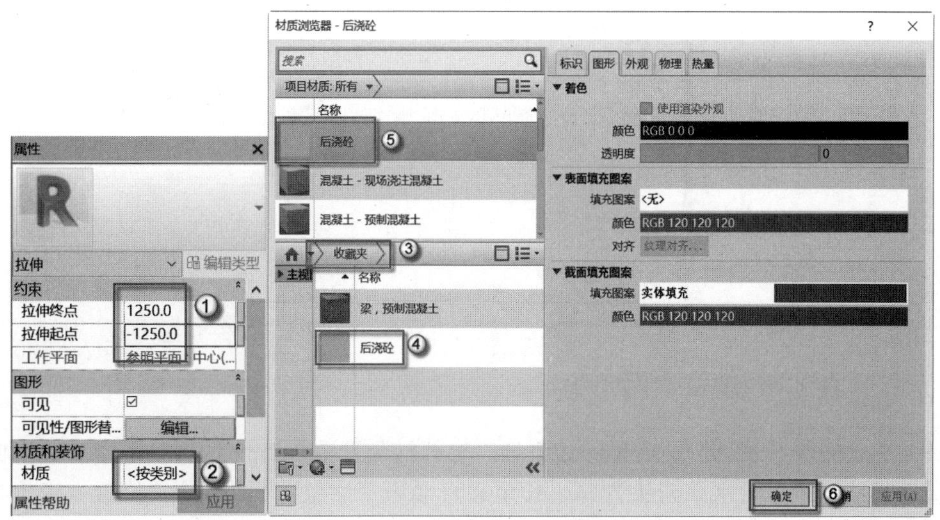

图 9.17　设置约束与材质

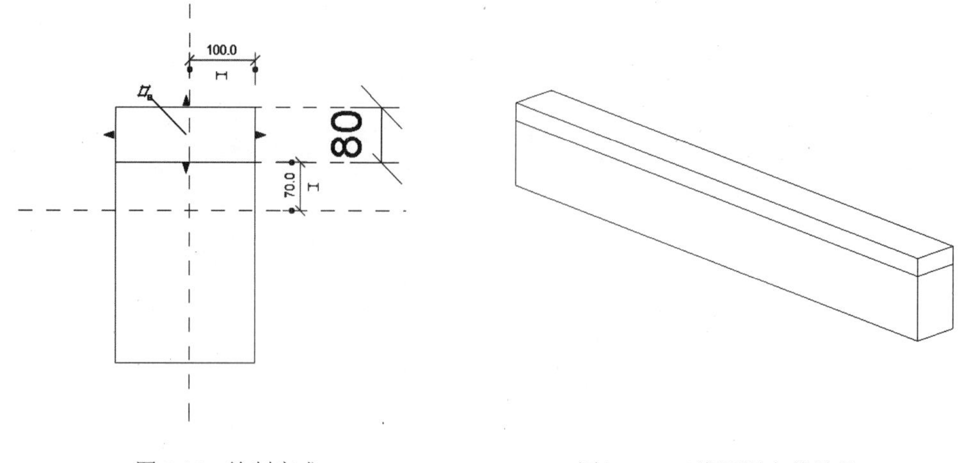

图 9.18　绘制完成　　　　图 9.19　三维视图中的效果

（8）生成梯段其余部分参照平面。双击预制梁，进入“修改 | 编辑拉伸”选项板。按 RP 快捷键，发出“参照平面”命令，在“修改 | 放置参照平面”选项板中设置“偏移量”为 220，从上至下绘制出一条竖直的参照平面，如图 9.20 所示。按 DI 快捷键，发出“对齐尺寸标注”命令，对参照平面与梁右侧面距离进行对齐尺寸标注，单击开放的锁头，锁头会变为锁定的状态，避免该尺寸随之后的操作而发生变化，完成后如图 9.21 所示。再次按 RP 快捷键，发出“参照平面”命令，在“修改 | 放置参照平面”选项板中设置“偏移量”为 180，从左至右绘制出一条水平的参照平面，如图 9.22 所示。按 DI 快捷键，发出“对齐尺寸标注”命令，对参照平面与梁底部距离进行对齐尺寸标注，并锁住，如图 9.23 所示。

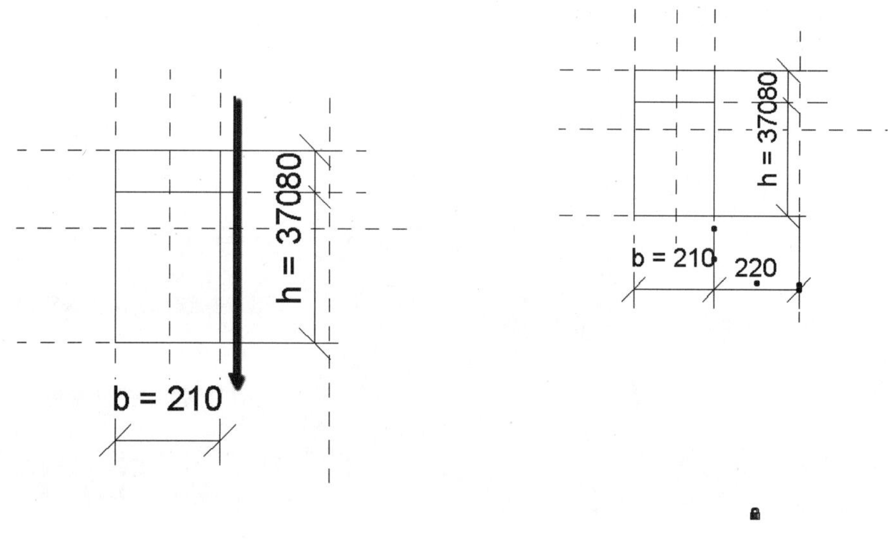

图 9.20　绘制竖直参照平面　　　　图 9.21　标注参照平面

（9）生成梯段其余部分。选择①边界线，将其沿竖直箭头方向延长至水平参照平面处。选择②边界线，将其沿水平箭头方向延长至竖直参照平面位置，并进入“修改 | 编辑拉伸”选项板，选择“直线”命令，绘制剩余边界，绘制完成后如图 9.24 所示。单击 √ 按钮，退

出“修改丨编辑拉伸”选项，可观察到绘制完成的梯段，如图 9.25 所示。按 F4 键，可在三维视图中观察完整梯段，如图 9.26 所示。

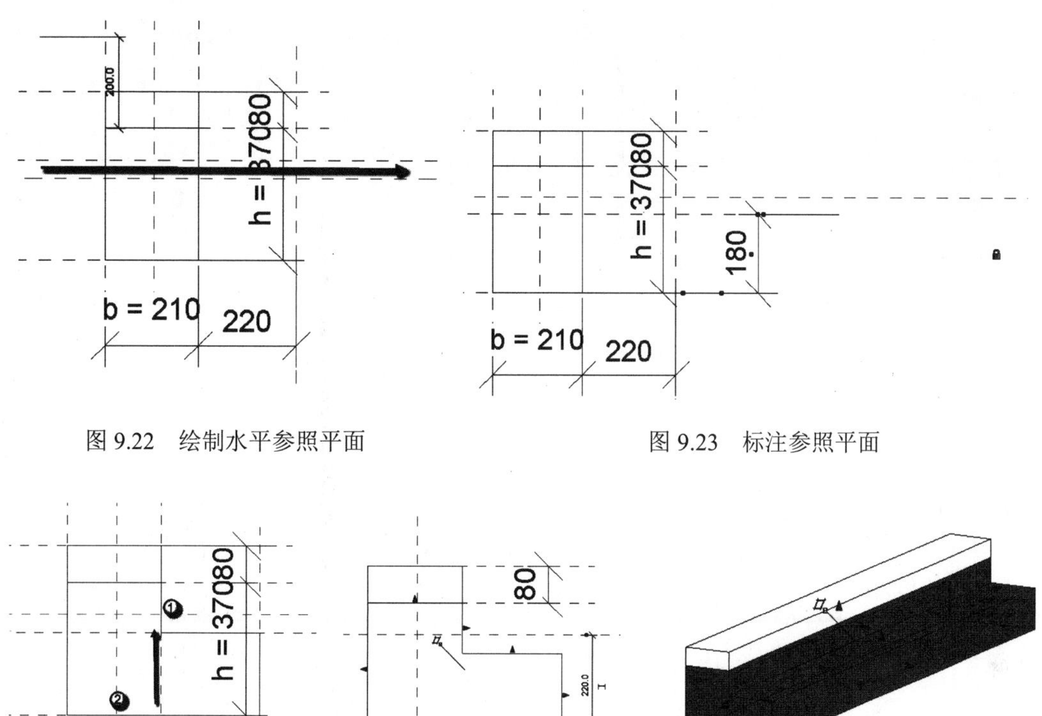

图 9.22　绘制水平参照平面

图 9.23　标注参照平面

图 9.24　调整并绘制边界

图 9.25　梯段绘制完成

图 9.26　三维视图

（10）绘制抗剪键参照平面。在“项目浏览器”面板中选择“视图”丨“立面”丨“右”选项，如图 9.27 所示，进入到右立面视图。按 RP 快捷键，发出“参照平面”命令，在“修改丨放置参照平面”选项板中设置“偏移量”为 55，沿着①线，从上至下绘制出一条竖直的参照平面，如图 9.28 所示。选择已经绘制好的参照平面，按 CO 快捷键，发出“复制”命令，向右复制出间距为 100 的一个参照平面，如图 9.29 所示。按 DI 快捷键，发出“对齐尺寸标注”命令，对参照平面之间进行对齐尺寸标注，单击开放的锁头，锁头会变为锁定的状态，避免该尺寸随之后的操作而发生变化，如图 9.30 所示。再次发出“复制”命令，选择②参照平面向右复制出间距为 25 的③参照平面，选择④参照平面向左复制出间距为 25 的⑤参照平面，如图 9.31 所示。完成后按 DI 快捷键，发出“对齐尺寸标注”命令，对参照平面之间进行对齐尺寸标注，单击开放的锁头，锁头会变为锁定的状态，避免该尺寸随之后的操作而发生变化，如图 9.32 所示。再次发出“复制”命令，选择⑥参照平面逐个向上复制出间距为 70，70，70 的参照平面，如图 9.33 所示。完成后按 DI 快捷键对绘制完成的参照平面进行标注，单击开放的锁头，锁头会变为锁定的状态，避免该尺寸随之后的操作而发生变化，如图 9.34 所示。

注意：此处连续复制出 3 个间距为 70 的参照平面，是为了方便抗剪键对位用的。抗剪键的具体尺寸详见附录中的图纸。

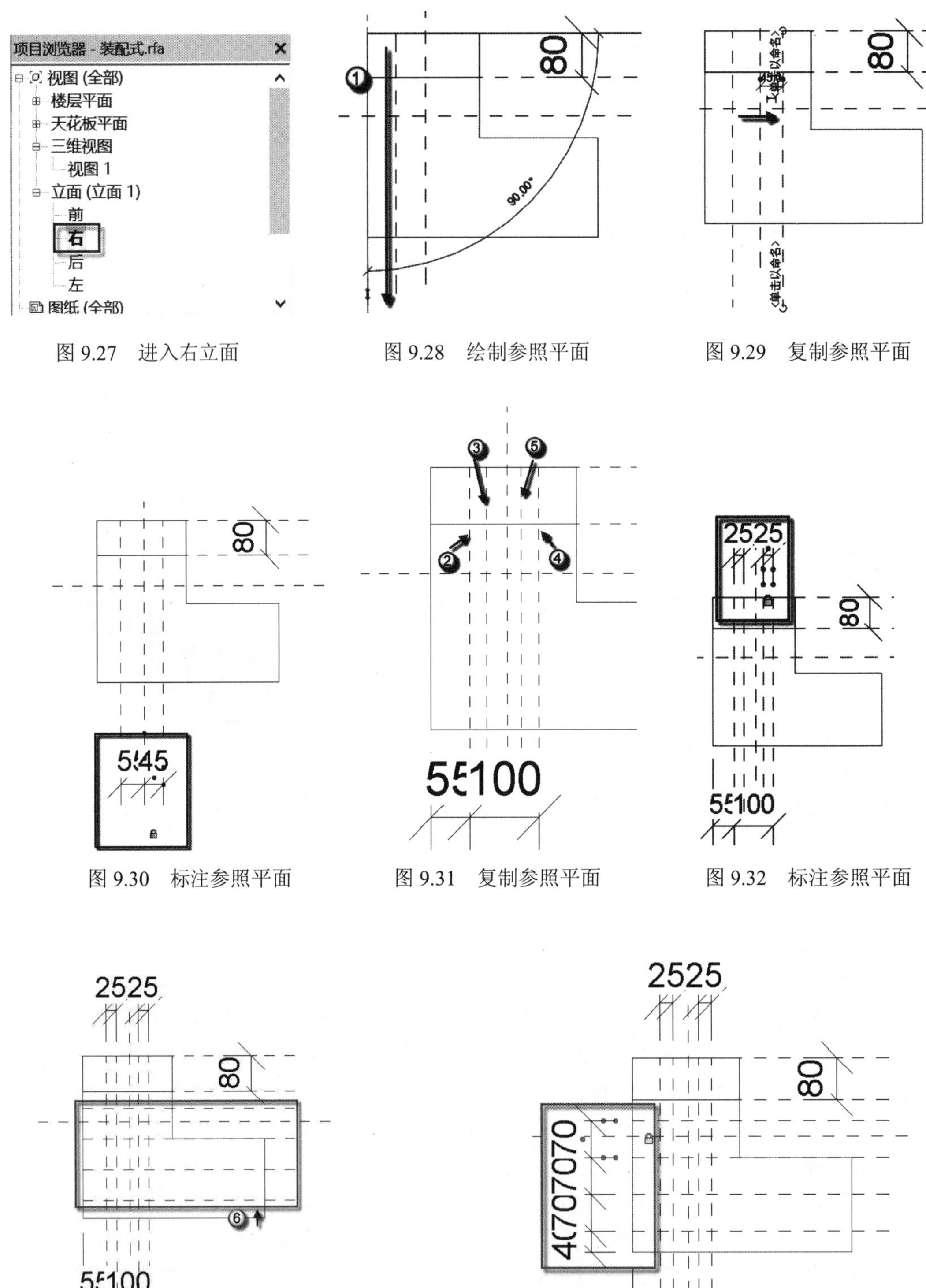

图 9.27　进入右立面

图 9.28　绘制参照平面

图 9.29　复制参照平面

图 9.30　标注参照平面

图 9.31　复制参照平面

图 9.32　标注参照平面

图 9.33　复制⑥参照平面

图 9.34　标注参照平面

（11）绘制一侧抗剪键。选择菜单栏中的“创建”｜“空心 形状”｜“空心融合”命令，在弹出的“工作平面”对话框中选择“拾取一个平面”｜“参照平面：右构件”选

项，单击“确定”按钮，如图 9.35 所示。进入“修改 | 编辑空心融合底部边界”选项板，选择“矩形”绘制方式，沿着参照平面绘制抗剪键底部，如图 9.36 所示。选择“编辑顶部”命令，并选择“矩形”绘制方式，沿着参照平面绘制抗剪键顶部，如图 9.37 所示。在“项目浏览器”面板中选择“视图” | “楼层平面” | “参照标高”选项，如图 9.38 所示。在“属性”面板中设置“第二端点”为 80，“第一端点”为 0，如图 9.39 所示。单击 √ 按钮，退出“修改 | 编辑空心融合底部边界”选项板。可观察到绘制完成的抗剪键，如图 9.40 所示。按 F4 键，可在三维视图中观察抗剪键，如图 9.41 所示。

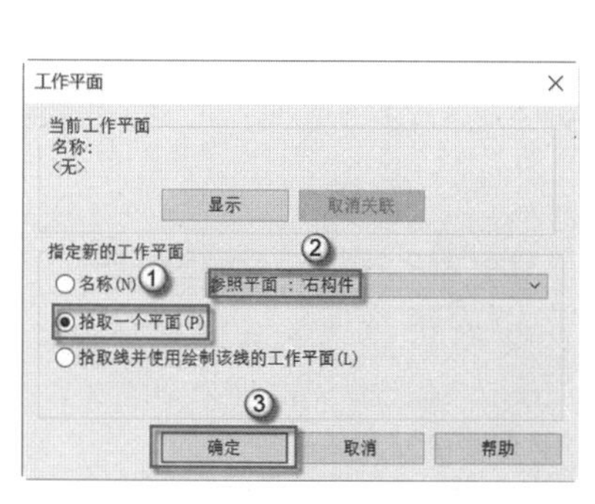

图 9.35　创建工作平面

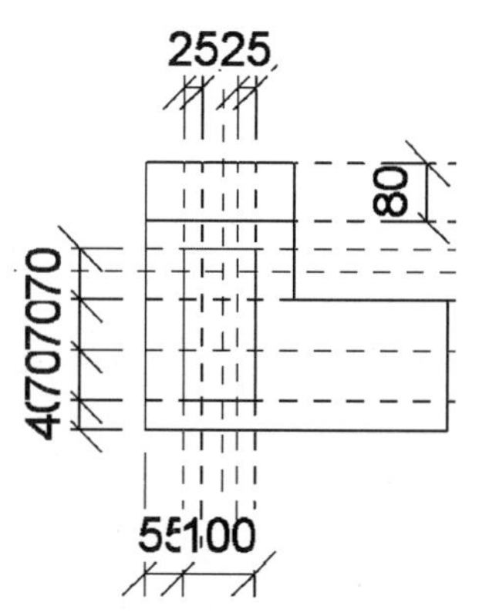

图 9.36　编辑底部边界

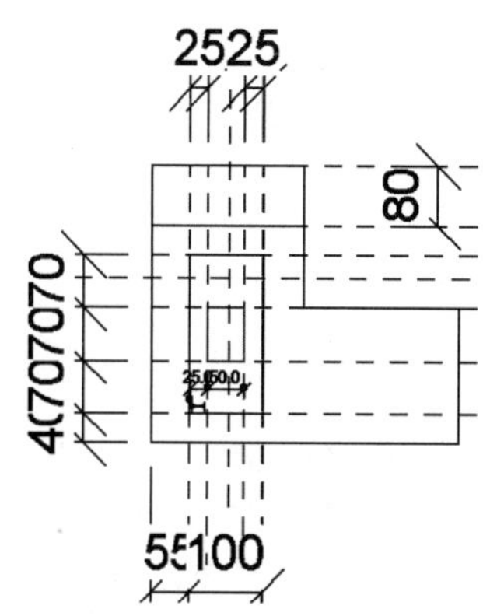

图 9.37　编辑顶部边界

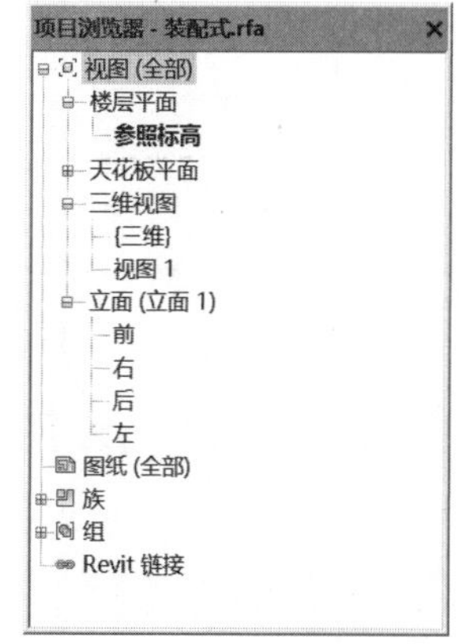

图 9.38　选择参照标高

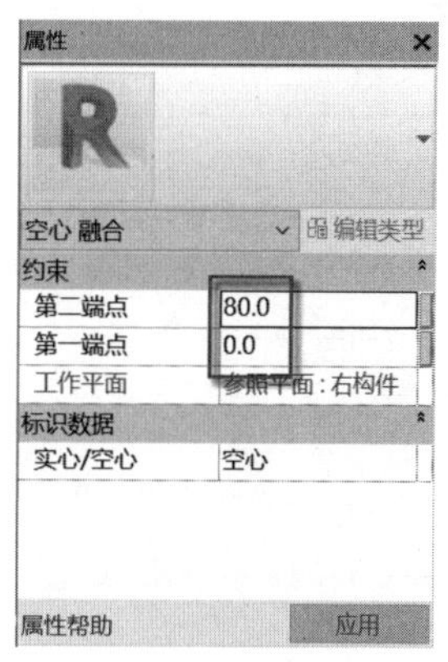

图 9.39　设置参数

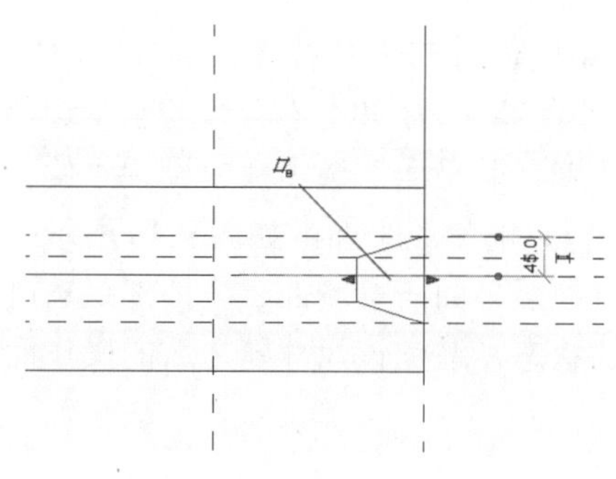

图 9.40　一侧抗剪键绘制完成

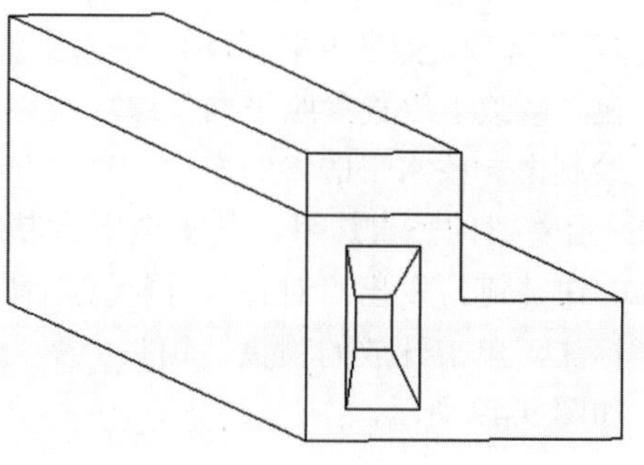

图 9.41　三维视图

（12）镜像另一侧抗剪键。在“项目浏览器”面板中选择“视图”｜“楼层平面”｜“参照标高”选项，如图 9.42 所示。按 MM 快捷键，发出“镜像”命令，先选中已绘制好的抗剪键，选择对称轴，自动生成了另一侧的抗剪键，如图 9.43 所示。按 AL 快捷键，发出“对齐”命令，先选择梁的边界，如图 9.44 所示，再选择抗剪键边界，如图 9.45 所示，单击开放的锁头，锁头会变为锁定的状态，避免抗剪键位置随之后的操作而发生移动，如图 9.46 所示，另一侧抗剪键用同样方式对齐，至此抗剪键的绘制全部完成。

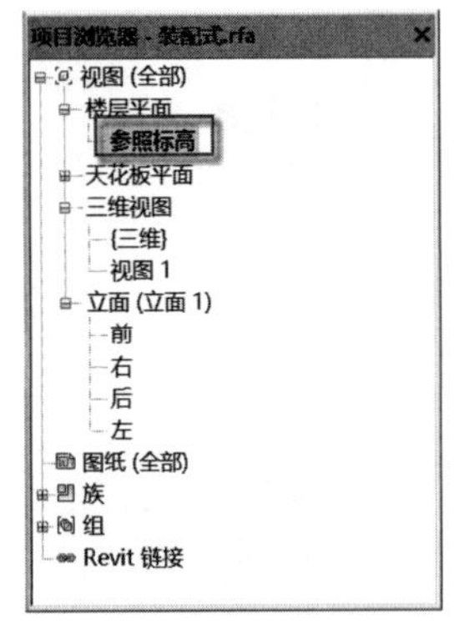

图 9.42　选择楼层平面

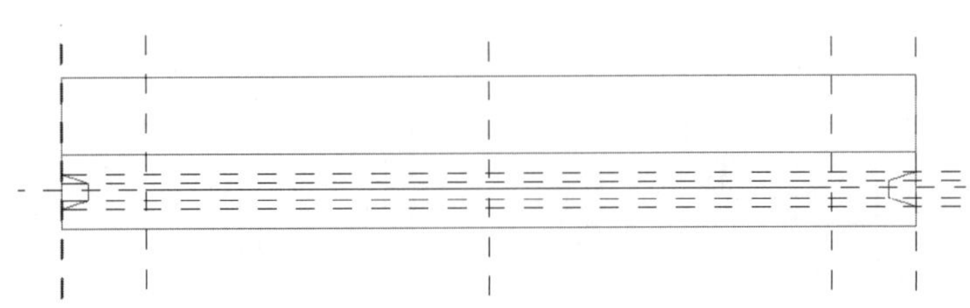

图 9.43　镜像抗剪键

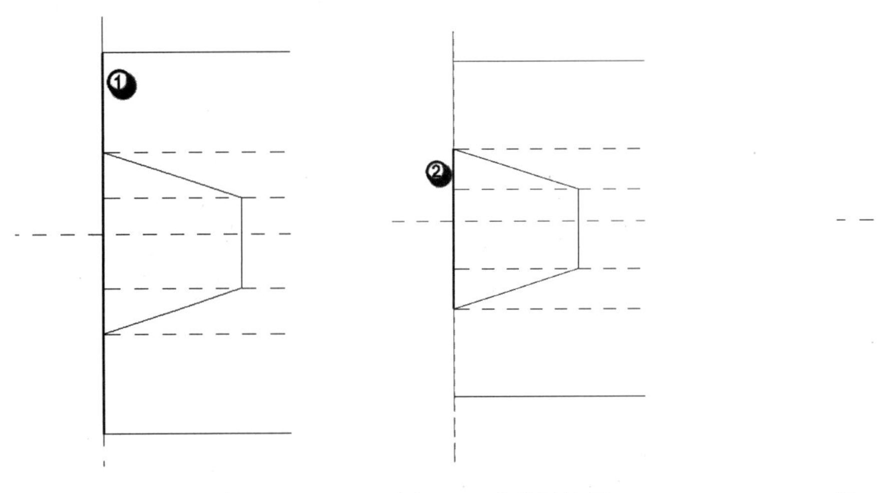

图 9.44　选择梁边界　　图 9.45　抗剪键边界　　图 9.46　对齐后锁住

（13）绘制预留洞参照平面。在“项目浏览器”面板中选择“视图”｜“楼层平面”｜“参照标高”选项，如图 9.47 所示，进入到参照标高视图。按 RP 快捷键，发出“参照平面”命令，在“修改｜放置参照平面”选项板中设置“偏移量”为 90，沿着梁的水平边界，从右至左绘制出一条水平的参照平面，在“修改｜放置参照平面”选项板中设置“偏移量”为 200，沿着梁的竖直边界，从上至下绘制出一条竖直的参照平面，如图 9.48 所示。完成后按 DI 快捷键，发出“对齐尺寸标注”命令，对参照平面与梁侧面、梁顶部距离进行对齐尺寸标注，单击开放的锁头，锁头会变为锁定的状态，避免该尺寸随之后的操作而发生变化，如图 9.49 所示。

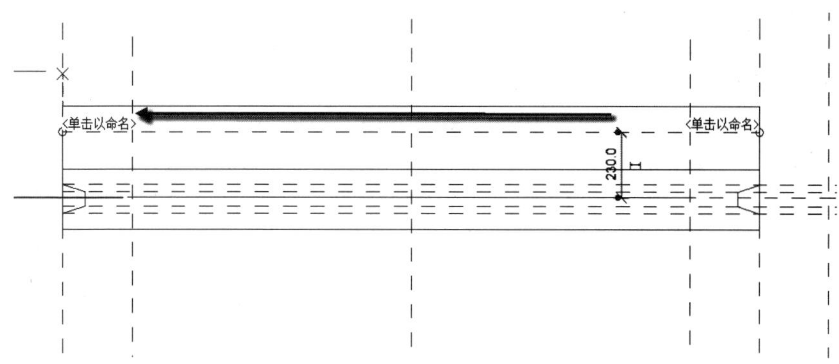

图 9.47　绘制水平参照平面

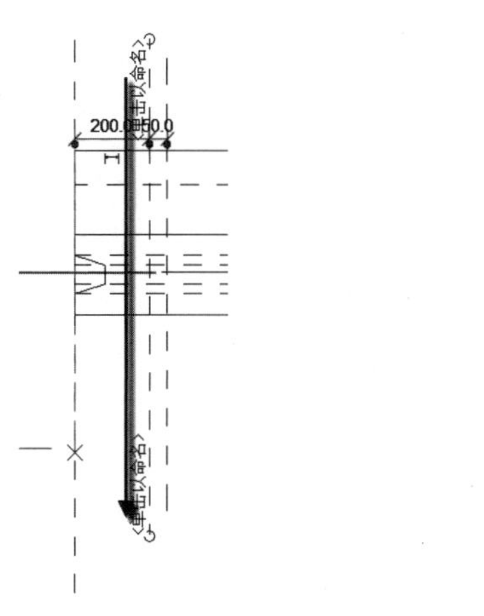

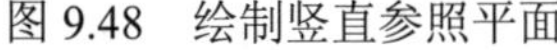

图 9.48　绘制竖直参照平面

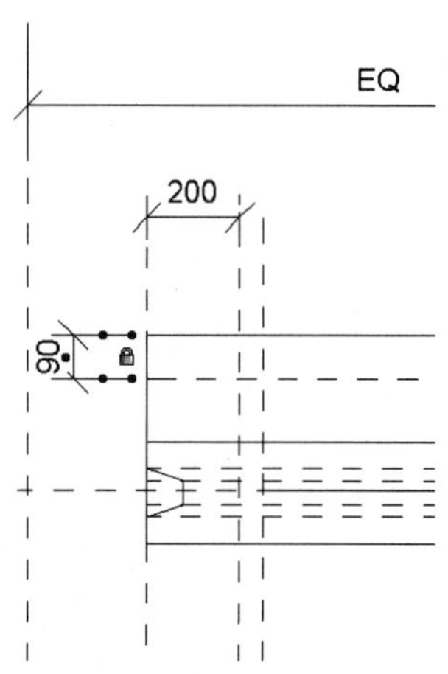

图 9.49　锁定参照平面

（14）绘制预留洞。选择菜单栏中的“创建”|“空心 形状”|“空心拉伸”命令，进入“修改 | 创建空心拉伸”选项板，选择“圆形”命令，沿着两条参照平面中心绘制半径为 25 的预留洞，如图 9.50 所示。在“项目浏览器”面板中选择“视图”|“立面”|“右”选项，如图 9.51 所示，进入到右立面视图，可以观察到箭头处就是预留洞的截面图形在右立面图中的投影线。在“属性”面板中设置“第一端点”为-40，“第二端点”为-220，如图 9.52 所示。单击 √ 按钮，退出“修改 | 创建空心拉伸”选项板。可观察到绘制完成的预留洞，如图 9.53 所示。

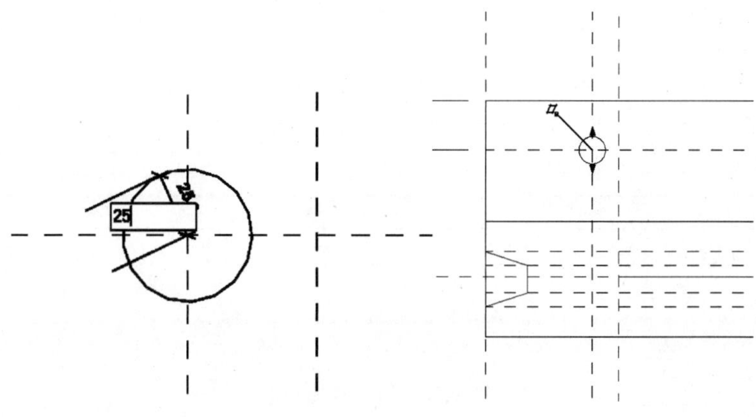

图 9.50　绘制预留洞

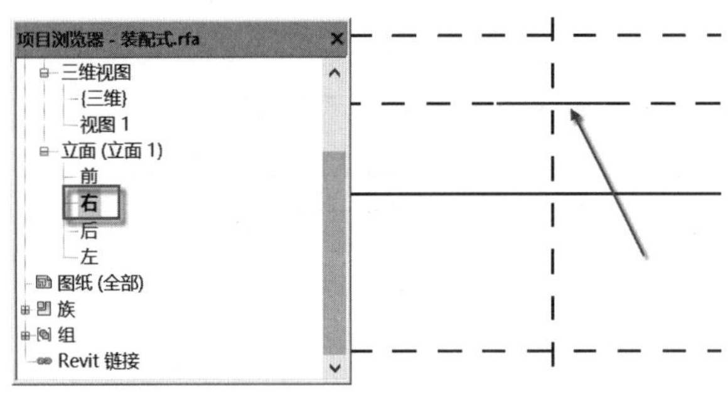

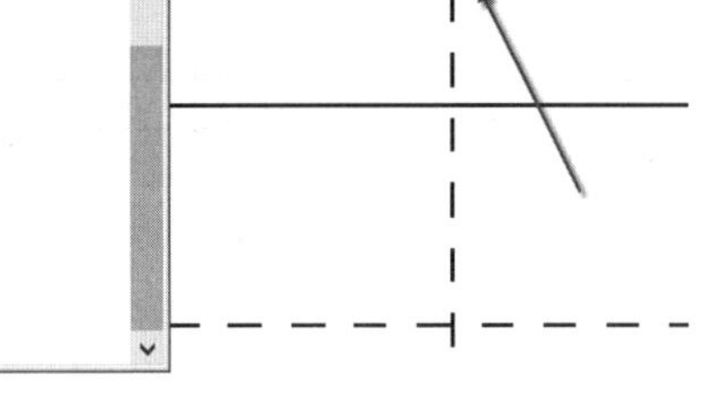

图 9.51　进入右立面

属性
空心 拉伸
编辑类型
约束
拉伸终点 -40.0
拉伸起点 -220.0
工作平面
标识数据
实心/空心 空心
属性帮助
应用

图 9.52　设置右立面尺寸

注意：在参照平面中绘制的预留洞只是一个平面图形，而预留洞应是贯穿在梁中，则此处的拉伸尺寸设置就是使预留洞从二维图形转化为三维实物的关键所在。

（15）生成其余预留洞。在“项目浏览器”面板中选择“视图”|“楼层平面”|“参照标高”选项，如图 9.54 所示。按 CO 快捷键，发出“复制”命令，先选中已绘制好的预留洞，设置距离 770，然后复制生成另外一个预留洞，如图 9.55 所示。按 MM 快捷键，发出“镜像”命令，先选中已绘制好的两个预留洞，选择对称轴，自动生成了另一侧的预留洞，如图 9.56 所示。按 F4 键，可在三维视图中观察预留洞，如图 9.57 所示。

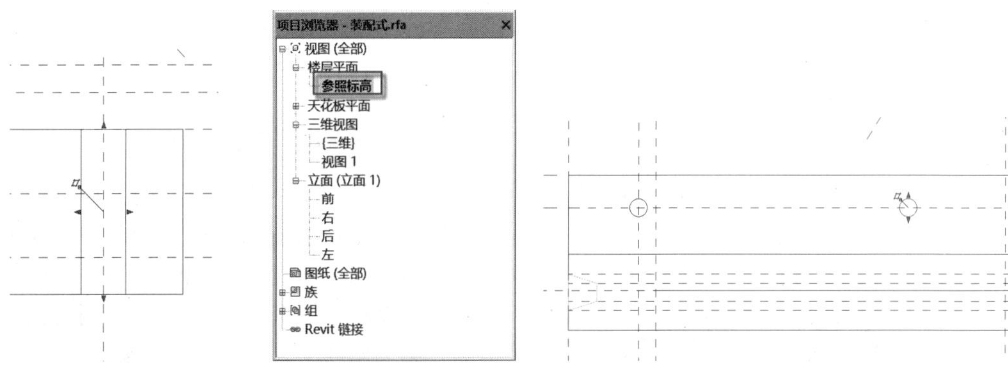

图 9.53　一个预留洞绘制完成　图 9.54　选择楼层平面　图 9.55　复制预留洞

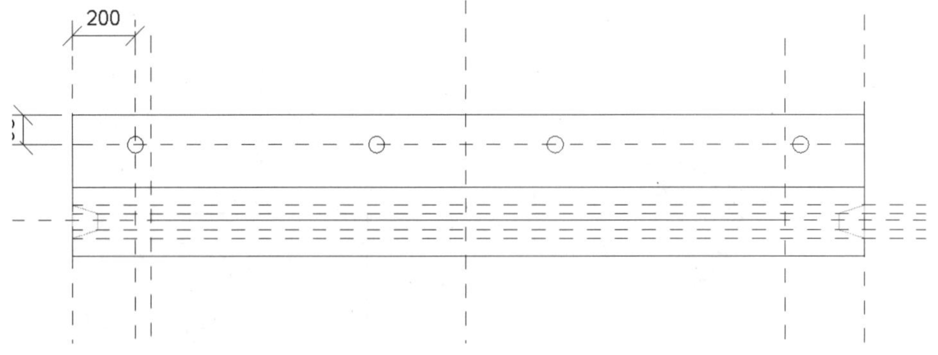

图 9.56　镜像预留洞

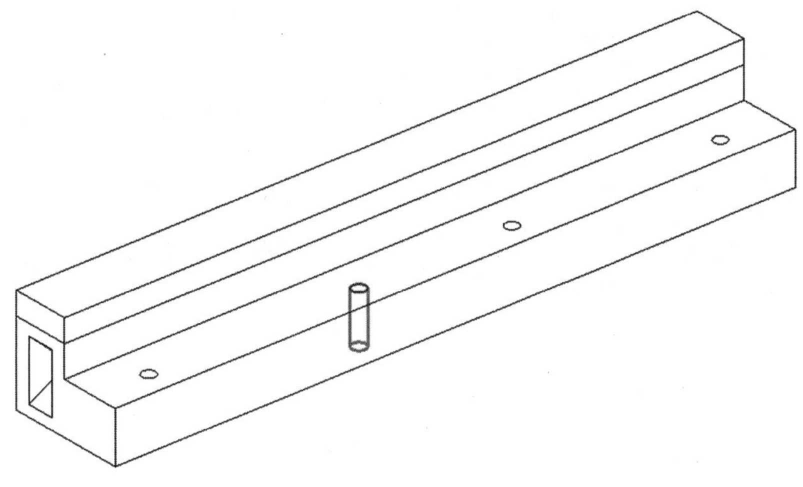

图 9.57　三维视图

9.1.2　插入嵌套族

操作 Revit 软件时，在族里面再插入族，称为“嵌套族”。本小节中介绍将前面制作好的几个金属预埋件、钢筋族插入到梯梁族中的一般方法。具体操作如下。

（1）插入嵌套族。在“项目浏览器”面板中选择“视图”|“楼层平面”|“参照标高”选项，如图 9.58 所示，进入到参照标高视图。在弹出的“载入族”对话框中选择本书附带的“带锚固的 M16 螺栓.rfa”“吊筋.rfa”“抗剪键.rfa”3 个族文件，如图 9.59 所示。

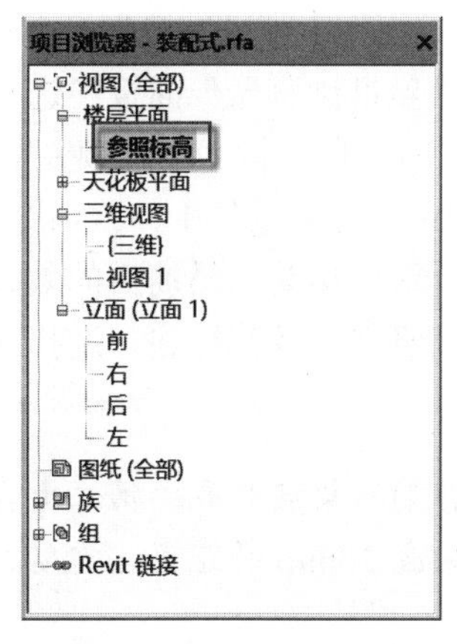

图 9.58　进入楼层平面

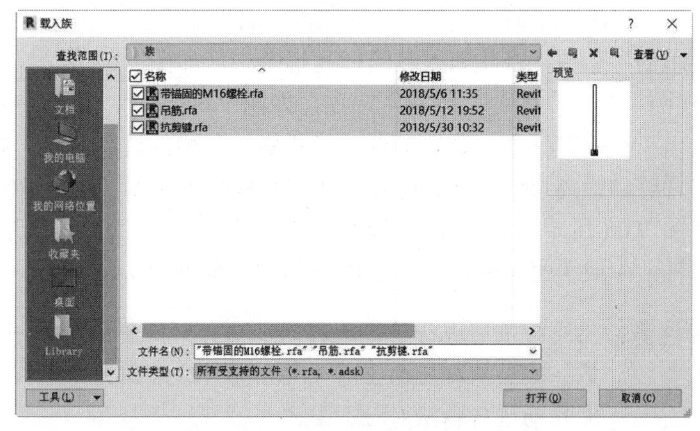

图 9.59　载入族

（2）绘制吊筋参照平面。按 RP 快捷键，发出“参照平面”命令，在“修改 | 放置参照平面”选项板中设置“偏移量”为 300，沿着梁的竖直边界，从上至下绘制出一条竖直的参照平面，如图 9.60 所示。完成后按 DI 快捷键，发出“对齐尺寸标注”命令，对参照平面与梁侧面距离进行对齐尺寸标注，如图 9.61 所示。单击开放的锁头，锁头会变为锁定的状态，避免该尺寸随之后的操作而发生变化。按 MM 快捷键，发出“镜像”命令，先选中参照平面及其标注，选择对称轴，生成了另一侧的参照平面，如图 9.62 所示。

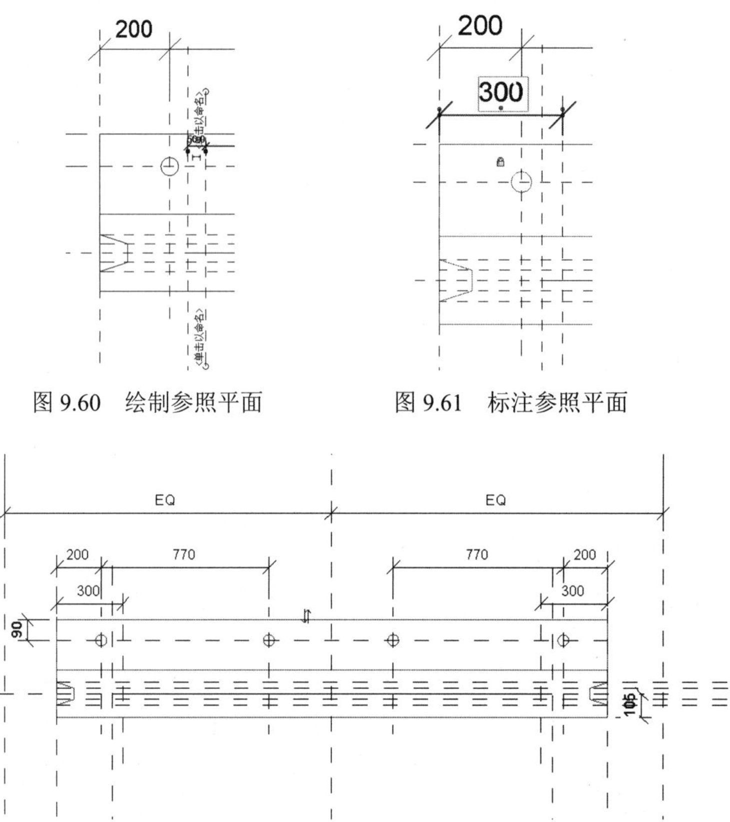

图 9.60　绘制参照平面

图 9.61　标注参照平面

图 9.62　镜像参照平面

（3）放置吊筋。在“项目浏览器”面板中选择“族”｜“常规模型”｜“吊筋”｜“框梁吊筋”选项，将其拖入参照标高视图中，如图 9.63 所示。在“项目浏览器”面板中选择“视图”｜“立面”｜“左”选项，如图 9.64 所示，进入到右立面操作。按 MV 快捷键，发出“移动”命令，选中①点，将其移动到梁的边界②处，按 Enter 键，重复上一次命令，设置移动距离 20，将吊筋由边界②处移动到③处，如图 9.65 所示。移动完吊筋后的效果如图 9.66 所示。按 MM 快捷键，发出“镜像”命令，先选中参照平面及其标注，选择对称轴，生成了另一侧的参照平面，如图 9.67 所示。

注意：此处对吊筋进行了二次移动（MV 快捷键）。第一次移动与梁底对齐，第二次在第一次的基础上向上移动 20mm。这是因为吊筋距离梁底 20mm 的距离，需要二次移动进行精确对位。

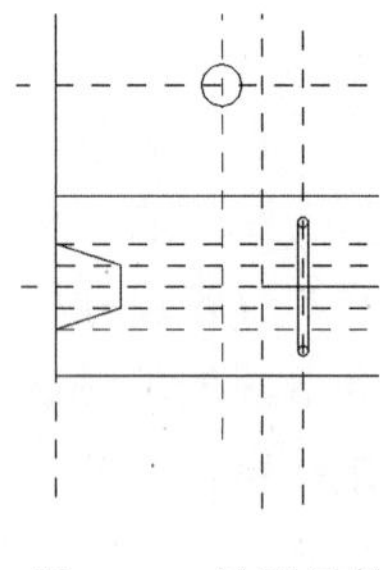

图 9.63　放置吊筋

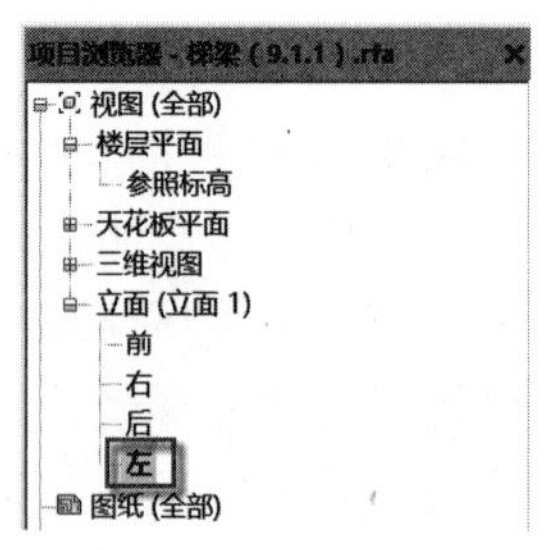

图 9.64　选择参照平面

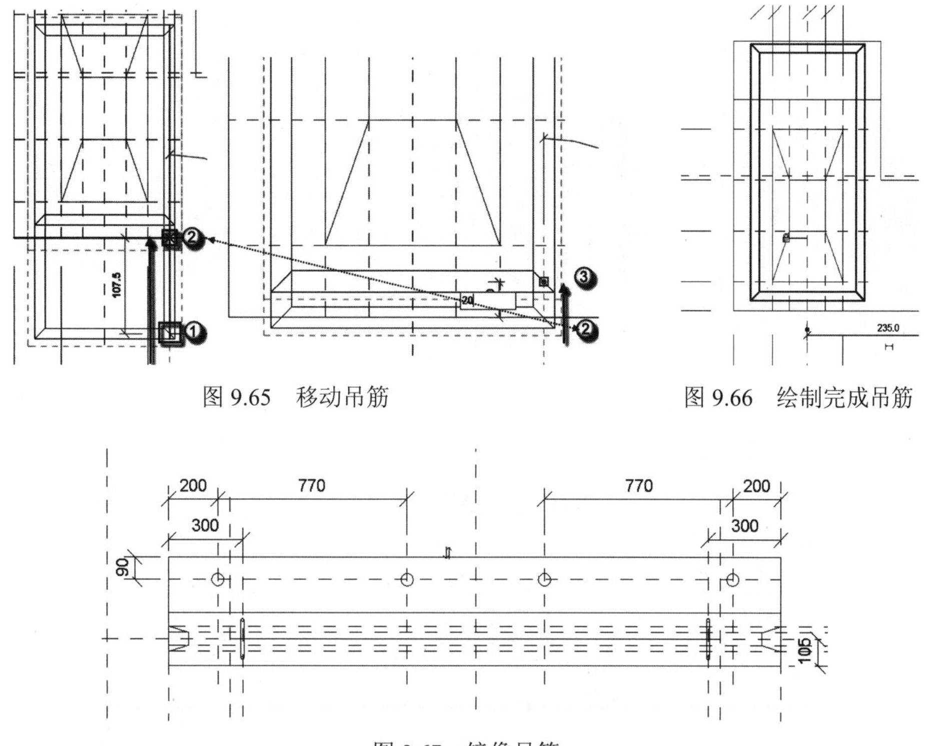

图 9.65　移动吊筋

图 9.66　绘制完成吊筋

图 9.67　镜像吊筋

（4）放置抗剪键。在“项目浏览器”面板中选择“视图”｜“立面”｜“右”选项，进入到右立面操作，如图 9.68 所示。在“项目浏览器”面板中选择“族”｜“常规模型”｜“抗剪键”选项，将其拖入参照标高视图中，如图 9.69 所示。在“项目浏览器”面板中选择“视图”｜“楼层平面”｜“参照标高”选项，如图 9.70 所示。按 MM 快捷键，发出“镜像”命令，选中放入的抗剪键，选择对称轴，生成了右侧正确位置的抗剪键，如图 9.71 所示。将在相反位置的抗剪键删除，如图 9.72 所示。再次按 MM 快捷键，发出“镜像”命令，选中梯梁右侧的抗剪键，选择梯梁中心参照平面为对称轴，生成了左侧抗剪键，如图 9.73 所示。

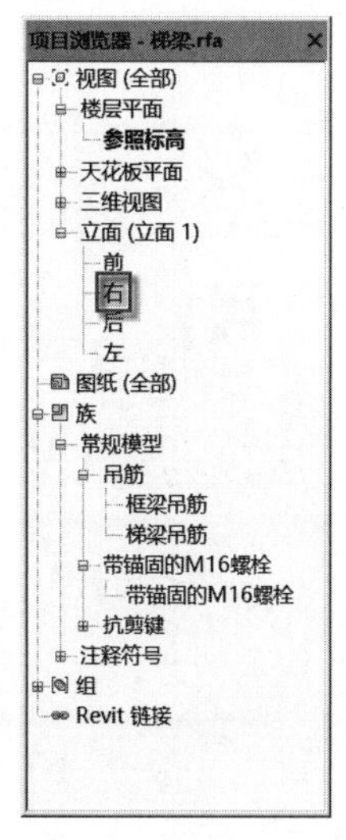

图 9.68　进入右立面图

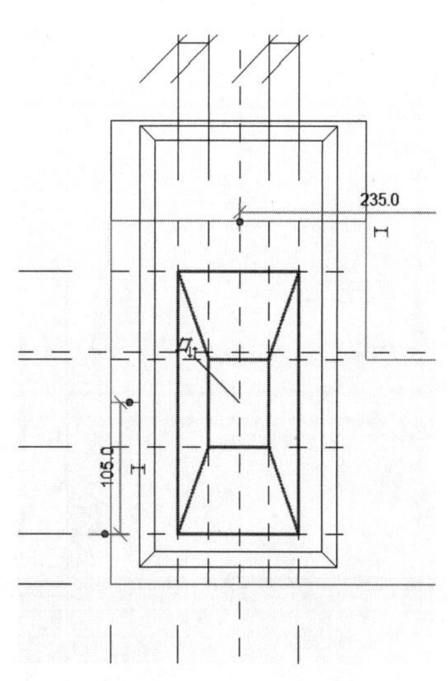

图 9.69　放置抗剪键

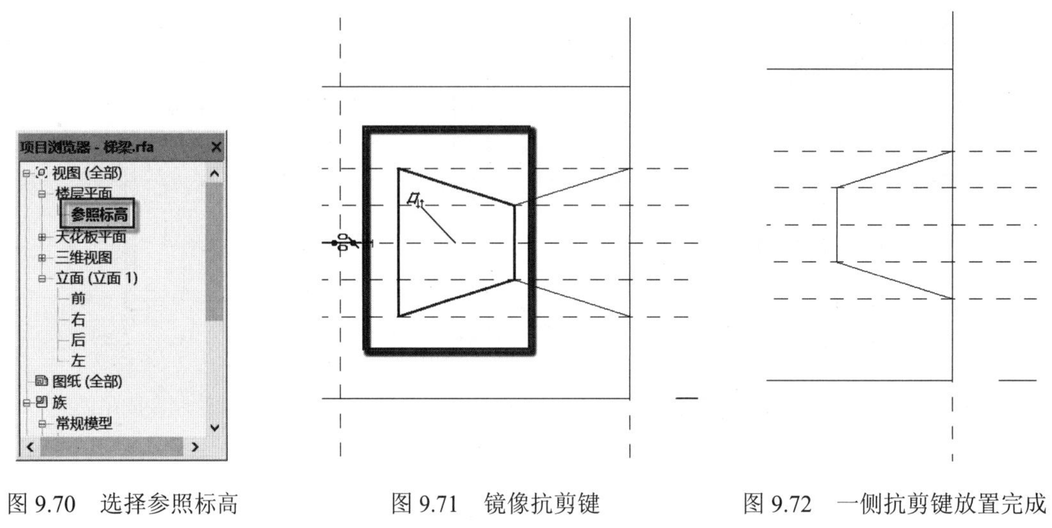

图 9.70　选择参照标高　　图 9.71　镜像抗剪键　　图 9.72　一侧抗剪键放置完成

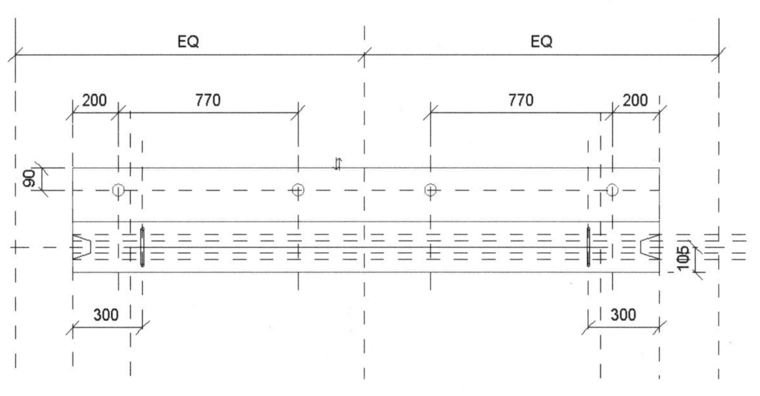

图 9.73　镜像左侧抗剪键

（5）对齐抗剪键。按 AL 快捷键，发出“对齐”命令，先选择梁的左侧边界，如图 9.74 所示，再选择左侧抗剪键边界，如图 9.75 所示，单击开放的锁头，锁头会变为锁定的状态，避免抗剪键位置随之后的操作而发生移动，如图 9.76 所示，右侧抗剪键用同样方式对齐。

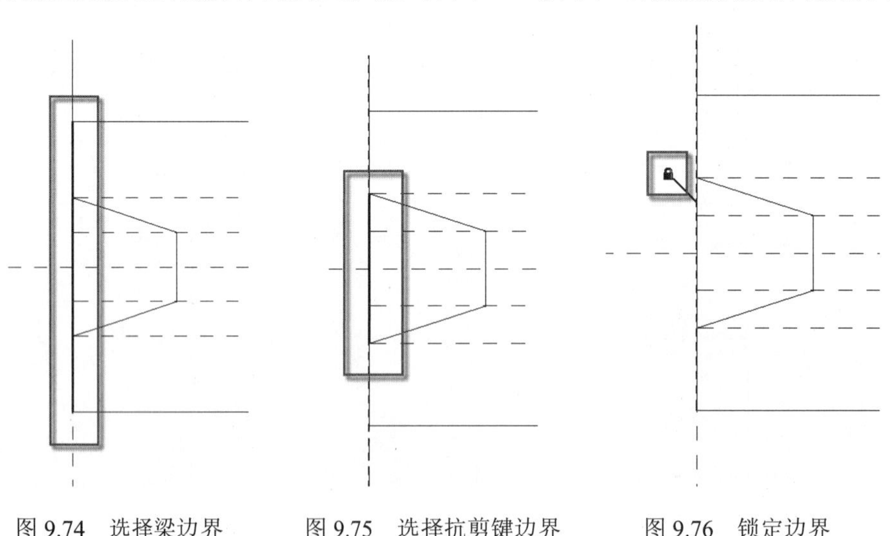

图 9.74　选择梁边界　　图 9.75　选择抗剪键边界　　图 9.76　锁定边界

（6）设置抗剪键材质。双击抗剪键，进入族编辑模式，在“属性”面板中单击“梁-预制砼”按钮，在弹出的“材料浏览器”对话框中选择“后浇砼”材质，单击“确定”按钮，如图 9.77 所示。选择菜单栏中的“创建”|“族编辑器”|“载入到项目中”命令，在弹出的对话框中选择“覆盖现有版本及其参数值”选项，如图 9.78 所示。按 F4 键，可在三维视图中观察插入完成的抗剪键，如图 9.79 所示。

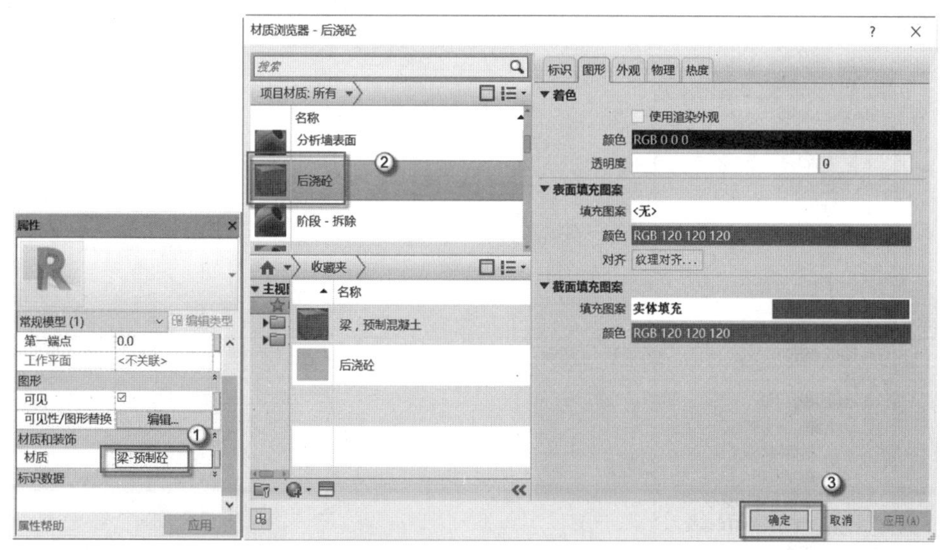

图 9.77　选择抗剪键材质

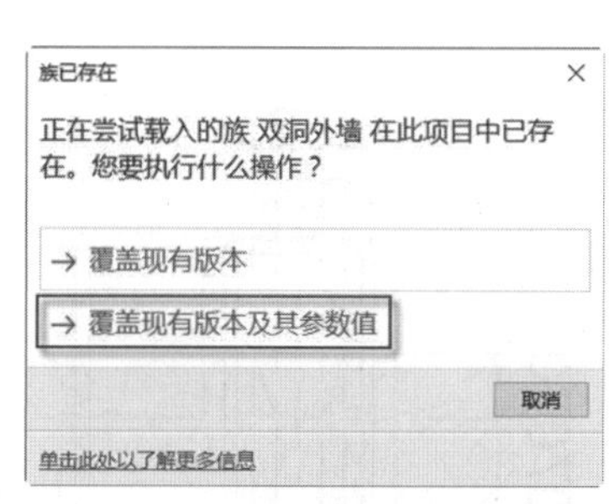

图 9.78　将抗剪键载入项目

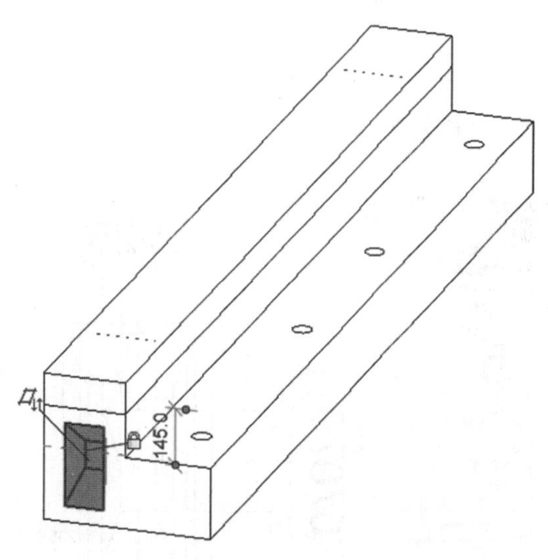

图 9.79　抗剪键插入完成

（7）放置带锚固的 M16 螺栓。在“项目浏览器”面板中选择“视图”|“楼层平面”|“参照标高”选项，如图 9.80 所示。在“项目浏览器”面板中选择“族”|“常规模型”|“带锚固的 M16 螺栓”选项，将其拖入参照标高视图中，并与预留洞中心对齐，完成后如图 9.81 所示。在“项目浏览器”面板中选择“视图”|“立面”|“右”选项，进入到右立面，观察到螺栓的位置有偏差，如图 9.82 所示。按 MV 快捷键，发出“移动”命令，选

中放入的螺栓，将其沿竖直方向移动到预留洞底部，如图 9.83 所示。在“项目浏览器”面板中选择“视图”｜“楼层平面”｜“参照标高”选项，如图 9.84 所示。按 CO 快捷键，发出“复制”命令，选中放入的螺栓，将其复制到下一个预留洞中，如图 9.85 所示。选中放置完成的两个螺栓，按 MM 快捷键，发出“镜像”命令，选择梯梁中心参照平面为对称轴，生成了右侧螺栓，如图 9.86 所示。按 F4 键，可在三维视图中观察插入完成的螺栓，如图 9.87 所示。

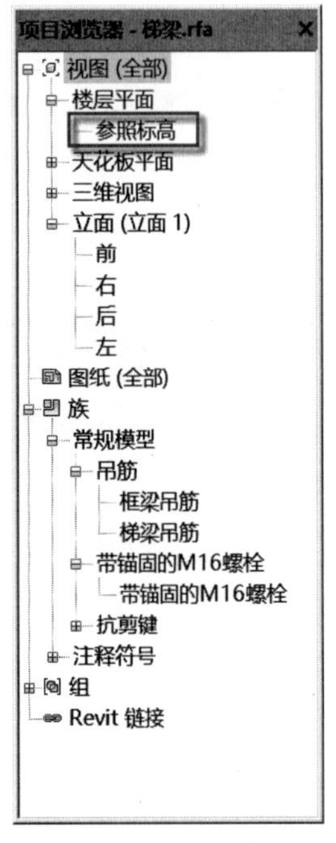

图 9.80　选择参照平面

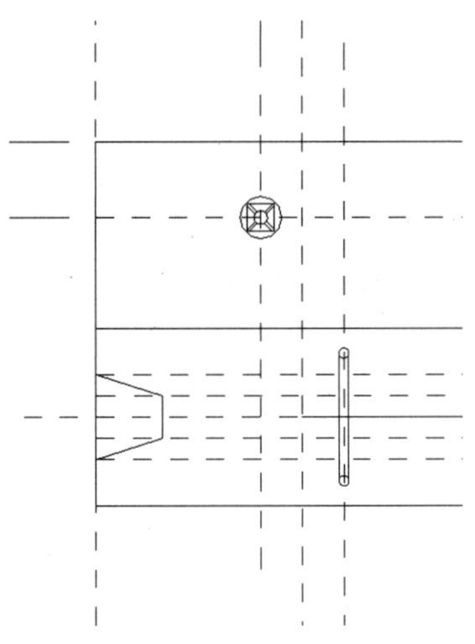

图 9.81　放置螺栓

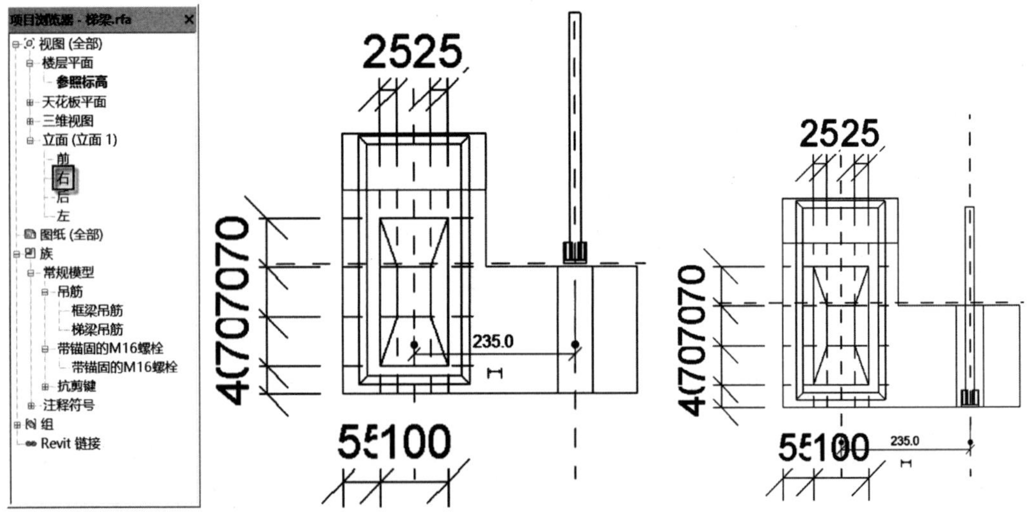

图 9.82　观察螺栓

图 9.83　螺栓移动完成

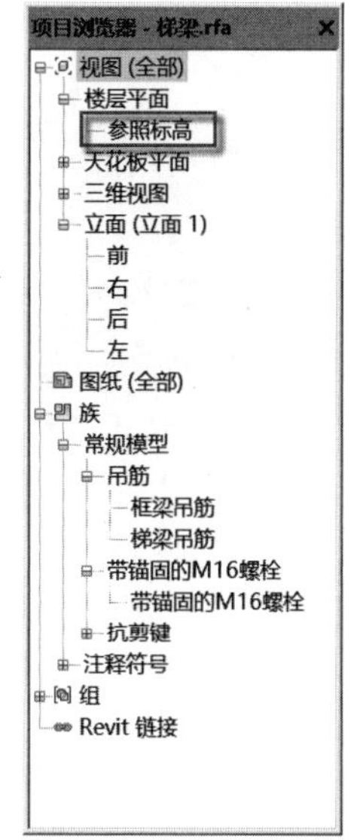

图 9.84　选择参照平面

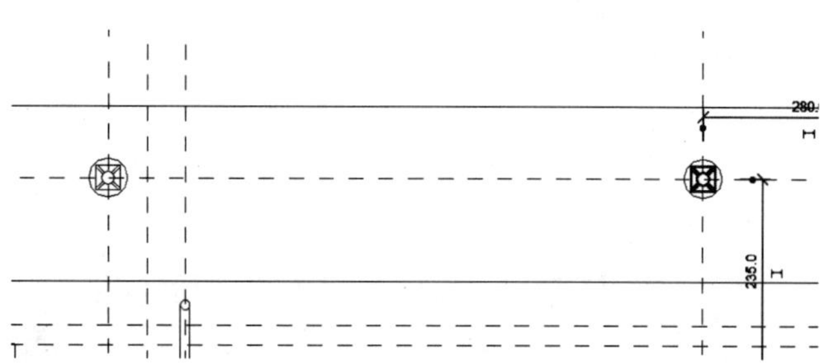

图 9.85　复制螺栓

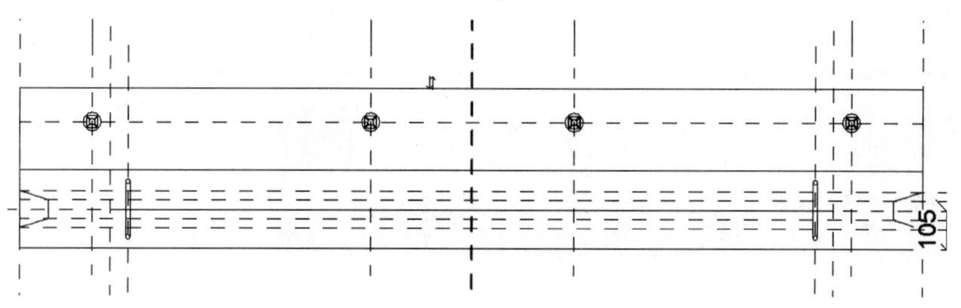

图 9.86　镜像螺栓

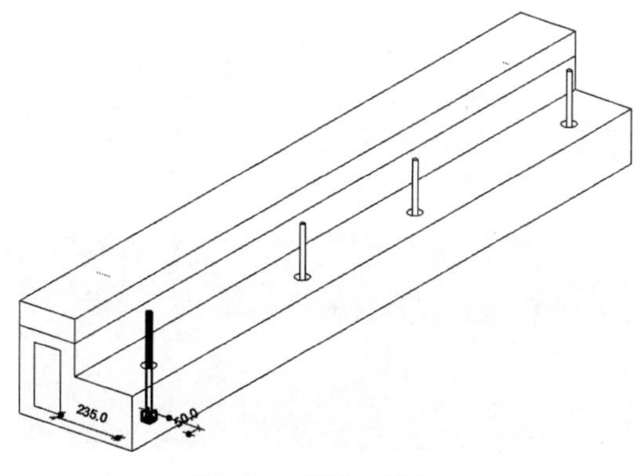

图 9.87　螺栓三维视图

9.2　梯段族的设计

设有踏步以供楼层间上下行走的通道段落，称为梯段，梯段俗称梯跑。是联系两个不同标高平台的倾斜构件，一个梯段又称为一跑。本例所选择的剪力梯，是一个楼梯间有两个梯段，且这两个梯段从剖面上看像一把相互咬合的剪刀，因此得名“剪刀梯”。

9.2.1　梯段族的几何形式

在 Revit 中没有专门的楼梯族样板可供选用，因此只能采用公制常规模型来设计梯段。在配套下载资源中提供了使用 AutoCAD 绘制的梯段截面的 DWG 文件，方便读者朋友学习楼梯的绘制。楼梯的具体尺寸可以参见国标图集《15G367-1 预制钢筋混凝土板式楼梯》。

（1）选择族样板。双击桌面 Revit 图标，在弹出的 AUTODESK REVIT 对话框中选择“新建”选项，在弹出的“新族-选择样板文件”对话框中选择软件自带的“基于面的公制常规模型.rft”族文件，如图 9.88 所示，启动后如图 9.89 所示，这个矩形方框所在的面就是“基于面的公制常规模型”的那个“面”，这个面就是基准对齐面。

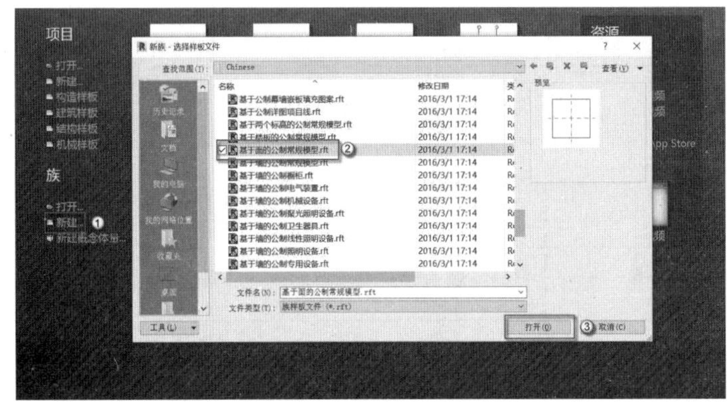

图 9.88　新建族面板　　　　图 9.89　基于面的基准面

（2）导入梯段 CAD 底图。选择菜单栏中的“插入”|“导入 CAD”命令，在弹出的“导入 CAD 格式”对话框中选择“CAD 文件”|“梯段.dwg”文件，将“导入单位”设置为“毫米”，将“定位”设置为“自动-中心到中心”，单击“打开”按钮，导入底图，如图 9.90 所示。

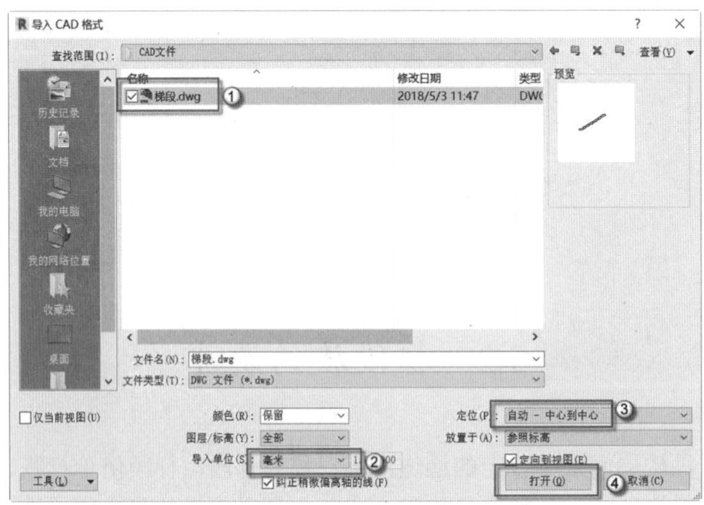

图 9.90　插入 CAD 图

（3）对齐 CAD 图。选择导入的 CAD 图，按下 MV 快捷键，发出“移动”命令，选择 CAD 图中端点①点，移动到②点，对齐后，放置 CAD 图，如图 9.91 所示。

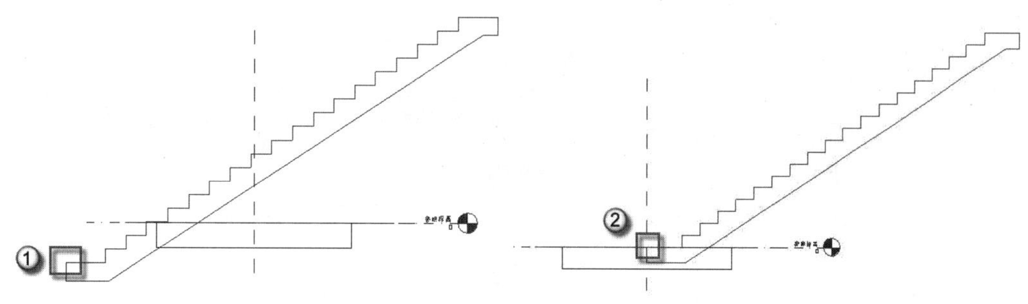

图 9.91　移动 CAD 图

注意：图 9.91 中②点所在标高为参照标高，即为建筑标高，在全例中，建筑标高与结构标高的距离一般相差 50mm，读者需注意分别。

（4）创建梯段主体部分。选择菜单栏中的“创建”｜“拉伸”命令，进入“修改｜编辑拉伸”选项板，选择“拾取线”命令，按 Tab 键切换选择，一次性选择拾取梯段全部边界，如图 9.92 所示，在“属性”面板中设置“拉伸终点”为 1160，“拉伸起点”为 0，如图 9.93 所示。单击“<按类别>”按钮，在弹出的“材料浏览器”对话框中选择“项目材质”｜“梁，预制混凝土”材质，右击“梁，预制混凝土”材质，选择“复制”命令，将其重命名为“梯段，预制混凝土”材质，单击“确定”按钮，如图 9.94 所示。单击√按钮，退出“修改｜编辑拉伸”选项板。如图 9.95 所示。按 F4 键，可在三维视图中观察绘制完成的现浇梁与预制梁，如图 9.96 所示。

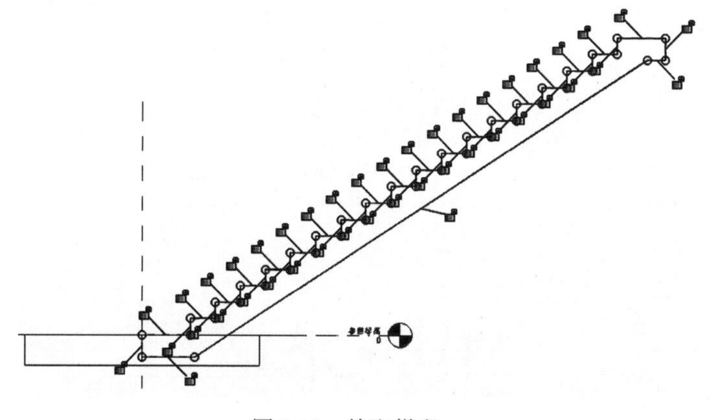

图 9.92　拾取梯段

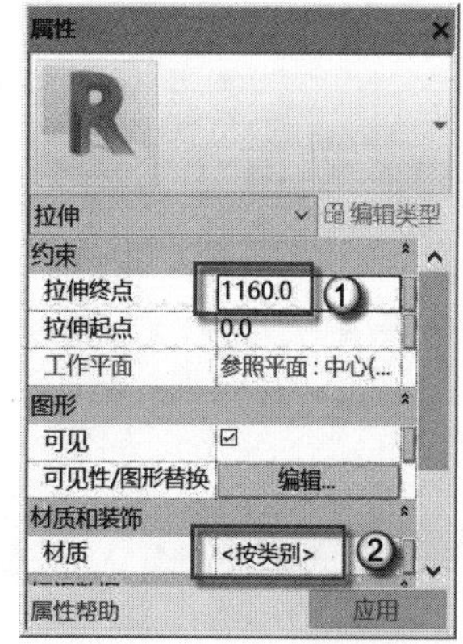

图 9.93　设置拉伸终点

（5）创建底部梯段连接段。在“项目浏览器”面板中选择“视图”｜“楼层平面”｜“参照标高”选项，如图 9.97 所示，进入到平面视图。按 RP 快捷键，发出“参照平面”命令，在“修改｜放置参照平面”选项板中设置“偏移量”为 65，沿着①线，从下至上绘制出一条竖直的参照平面，再次设置“偏移量”为 430，沿着②线，从左至右绘制出一条水平的参照平面，如图 9.98 所示。选择菜单栏中的“创建”｜“拉伸”命令，进入“修改｜编辑拉伸”选项板，选择“矩形”绘制方式，沿着绘制完成的参照平面绘制，在“属性”

面板中设置“拉伸终点”为−220，“拉伸起点”为 0，如图 9.99 所示。单击√按钮，并按 F4 键，可在三维视图中观察绘制完成的梯段连接段，如图 9.100 所示。

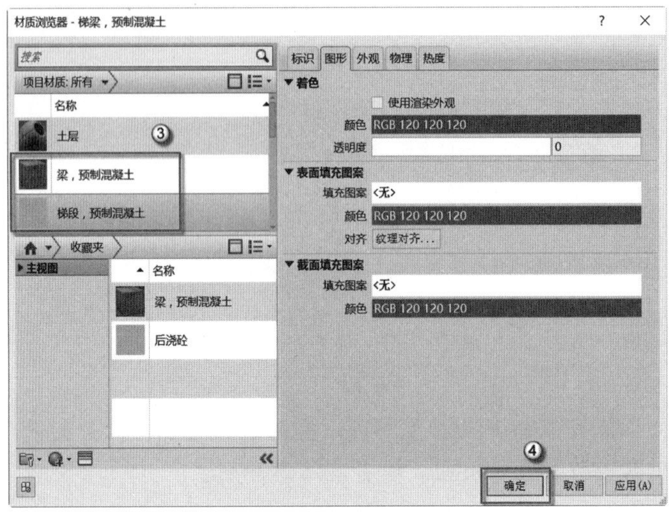

图 9.94　复制生成梯段材质

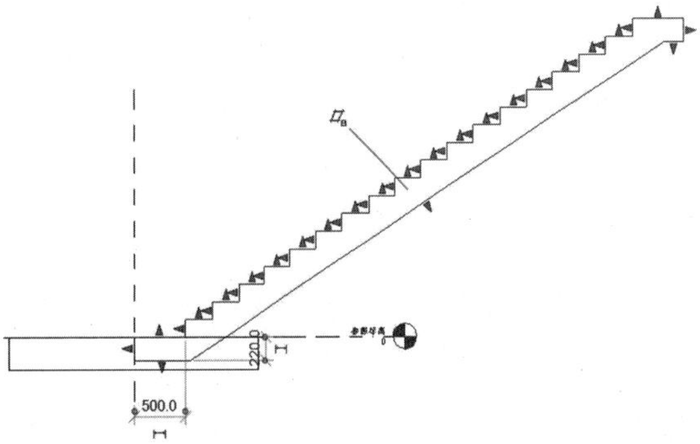

图 9.95　梯段主体部分绘制完成

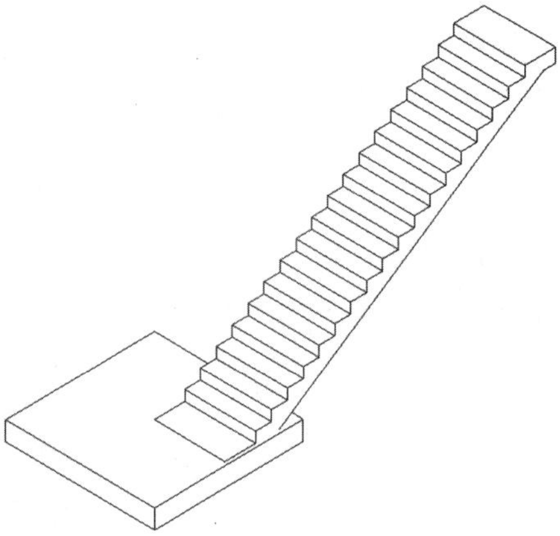

图 9.96　梯段主体部分绘制完成

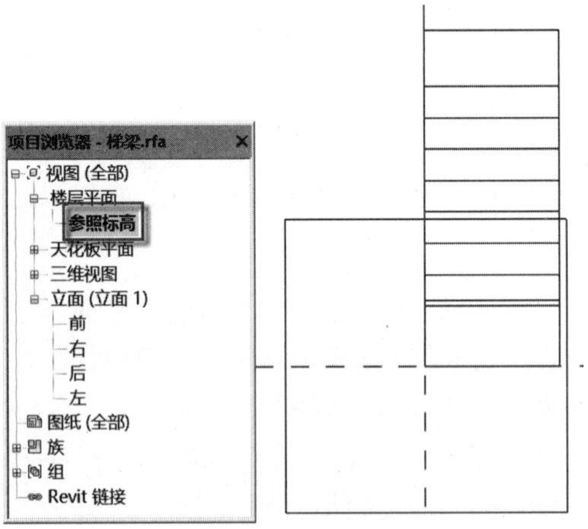

图 9.97　进入平面视图

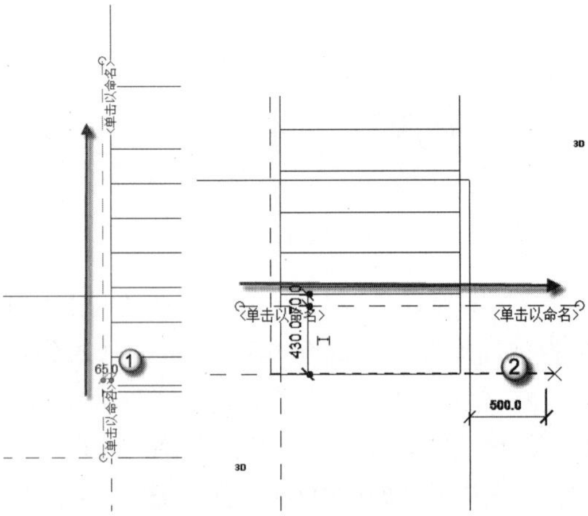

图 9.98　绘制参照平面

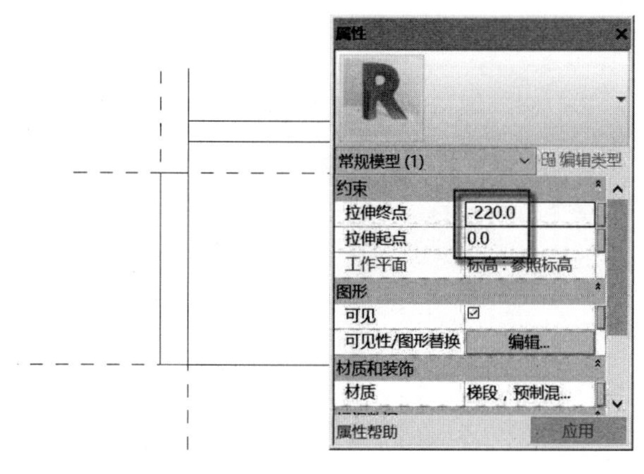

图 9.99　绘制梯段连接段

图 9.100　底部梯段连接段绘制完成

（6）复制梯段连接段。在“项目浏览器”面板中选择“立面”|“左视图”选项，进入到左视图，按 RP 快捷键，发出“参照平面”命令，从上至下绘制出一条竖直的参照平面，如图 9.101 所示，按 CO 快捷键，发出“复制”命令，将底部绘制完成的梯段连接段水平移动到参照平面位置，如图 9.102 所示。

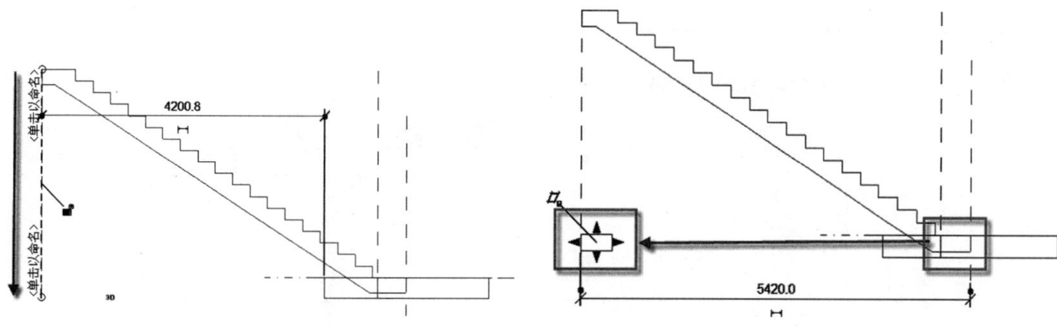

图 9.101　绘制参照平面

图 9.102　复制梯段连接段

（7）对齐梯段连接段。按 AL 快捷键，发出“对齐”命令，先选择①边界，再选择梯段连接段②边界，单击开放的锁头，锁头会变为锁定的状态，避免梯段位置随之后的操作而发生移动，如图 9.103 所示。继续选择③边界，再选择梯段连接段④边界，单击开放的锁头，锁头会变为锁定的状态，避免抗剪键位置随之后的操作而发生移动，如图 9.104 所示。在“项目浏览器”面板中选择“立面”|“前”选项，如图 9.105 所示，进入前视图操作。按 AL 快捷键，发出“对齐”命令，先选择⑤参照平面，再选择梯段连接段⑥边界，单击开放的锁头，锁头会变为锁定的状态，避免梯段位置随之后的操作而发生移动，如图 9.106 所示。继续选择⑦参照平面，再选择梯段连接段⑧边界，单击开放的锁头，锁头会变为锁定的状态，避免抗剪键位置随之后的操作而发生移动，如图 9.107 所示。按 F4 键，可在三维视图中观察绘制完成的顶部与底部的梯段连接段，如图 9.108 所示。

注意： 底部梯梁连接段是用拉伸工具绘制的，不能直接用复制命令将其竖直移动到梯段顶部，此时可以用对齐命令，从而达到一样的移动效果。

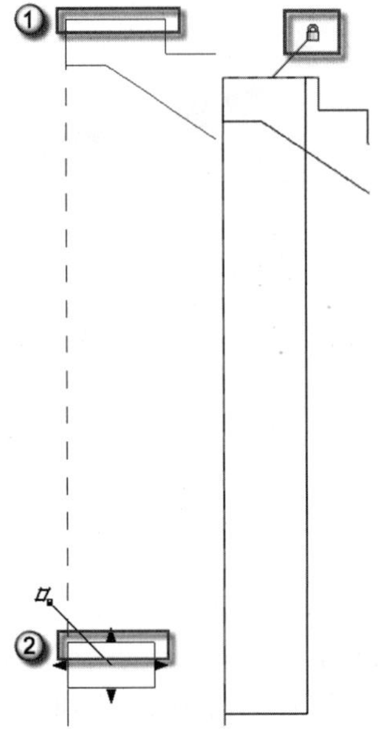

图 9.103　对齐梯段连接段顶部边界

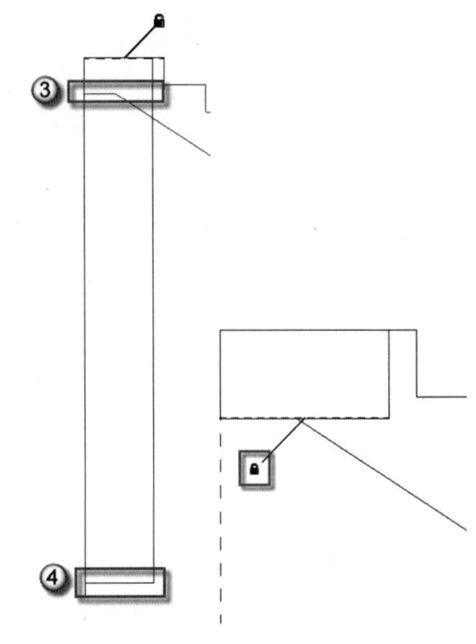

图 9.104　对齐梯段连接段底部边界

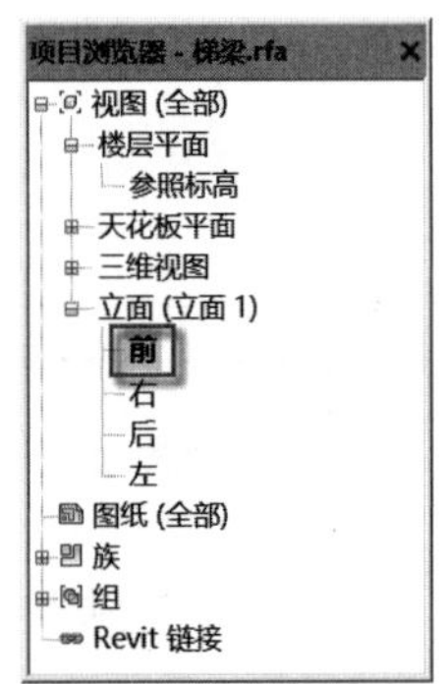

图 9.105　选择立面视图

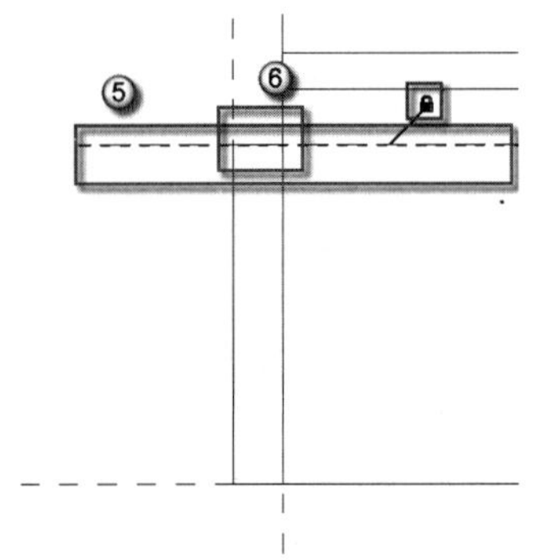

图 9.106　对齐连接段顶部边界

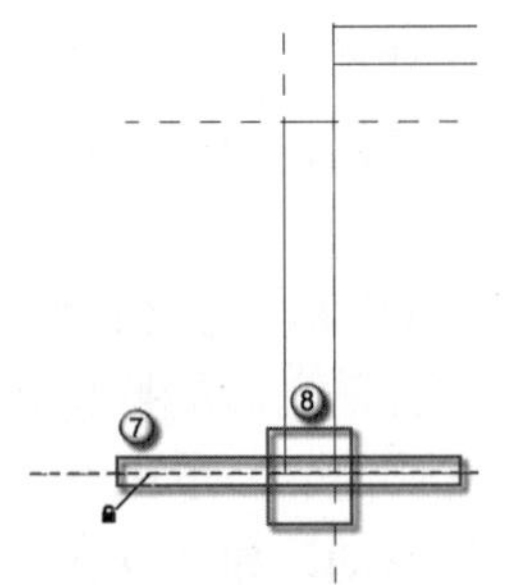

图 9.107　对齐连接段底部边界

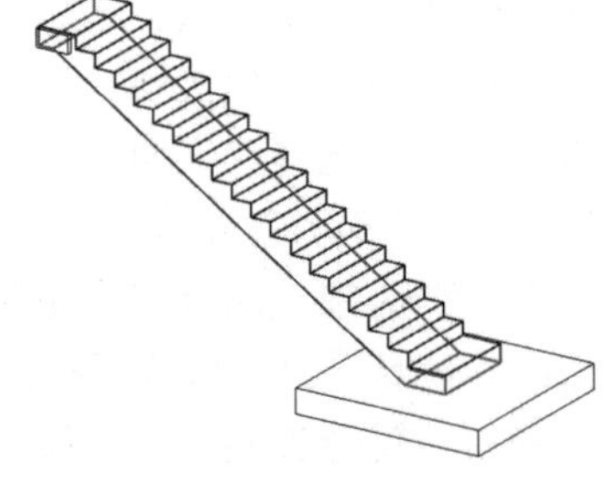

图 9.108　三维视图

（8）绘制梯段预留洞参照平面。在“项目浏览器”面板中选择“视图”|“立面”|“前”选项，如图 9.109 所示，进入到前立面视图。按 RP 快捷键，发出“参照平面”命令，在“修改 | 放置参照平面”选项板中设置“偏移量”为 220，沿着①线，从下至上绘制出

一条竖直的参照平面，如图 9.110 所示。选择已经绘制好的参照平面，按 CO 快捷键，发出“复制”命令，向右复制出间距为 770 的一个参照平面，如图 9.111 所示。按 DI 快捷键，发出“对齐尺寸标注”命令，对两条参照平面进行对齐尺寸标注，单击开放的锁头，锁头会变为锁定的状态，避免该尺寸随之后的操作而发生变化，完成后如图 9.112 所示。按 RP 快捷键，发出“参照平面”命令，在“修改 | 放置参照平面”选项板中设置“偏移量”为 100，沿着②线，从左至右绘制出一条水平的参照平面，如图 9.113 所示。按 DI 快捷键，发出“对齐尺寸标注”命令，对水平参照平面以及梯段边界进行对齐尺寸标注，单击开放的锁头，锁头会变为锁定的状态，避免该尺寸随之后的操作而发生变化，完成后如图 9.114 所示。

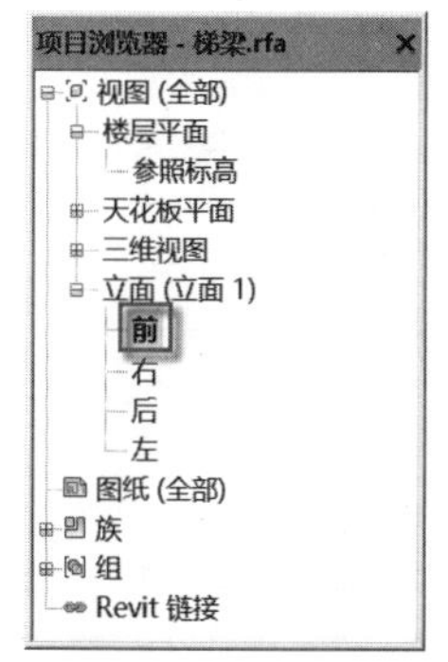

图 9.109　选择左立面图

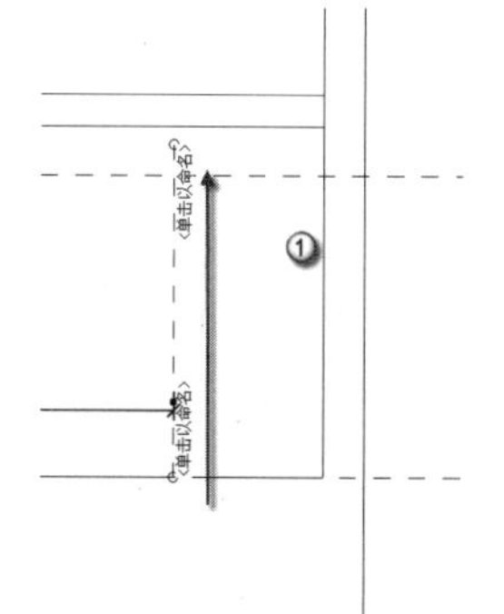

图 9.110　绘制参照平面

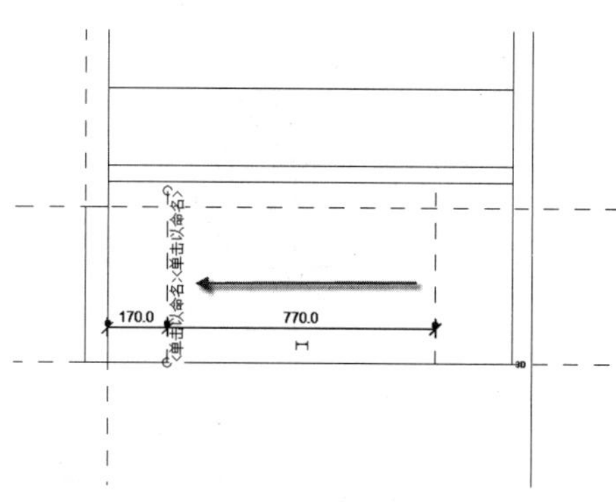

图 9.111　复制参照平面

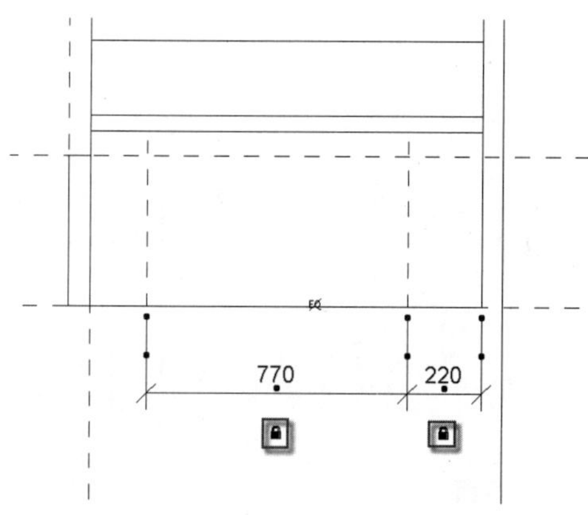

图 9.112　标注参照平面

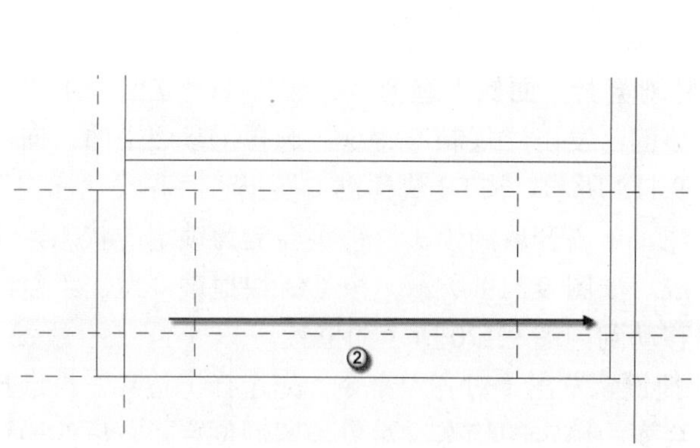

图 9.113　绘制参照平面

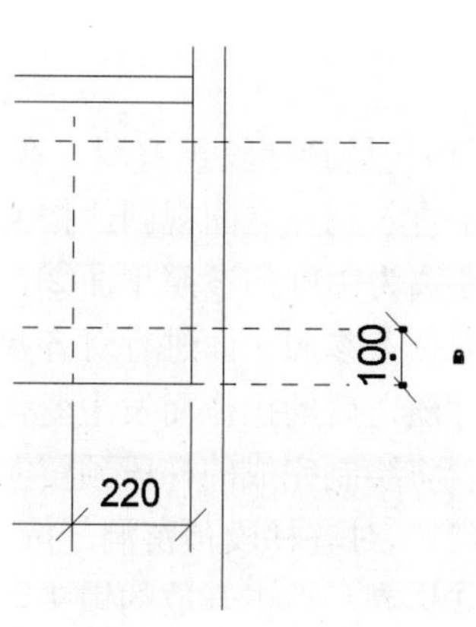

图 9.114　标注参照平面

（9）绘制梯段预留洞。选择菜单栏中的“创建”|“空心 形状”|“空心拉伸”命令，进入“修改 | 编辑空心拉伸”选项板，选择“圆形”绘制方式，以参照平面交点为圆心，设置半径为 25，绘制预留洞，如图 9.115 所示。在“属性”面板中设置“拉伸终点”为−220，“拉伸起点”为 0，如图 9.116 所示。单击 √ 按钮，退出“修改 | 编辑空心拉伸”选项板，在“项目浏览器”面板中选择“视图”|“立面”|“前视图”选项，可观察到绘制完成的预留洞，如图 9.117 所示。

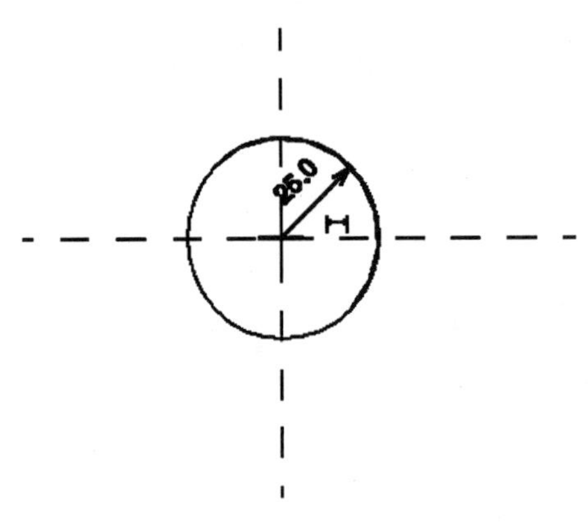

图 9.115　绘制预留洞

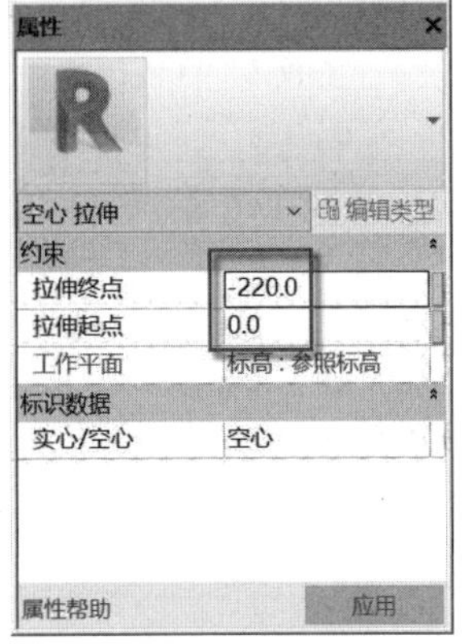

图 9.116　设置拉伸终点以及起点

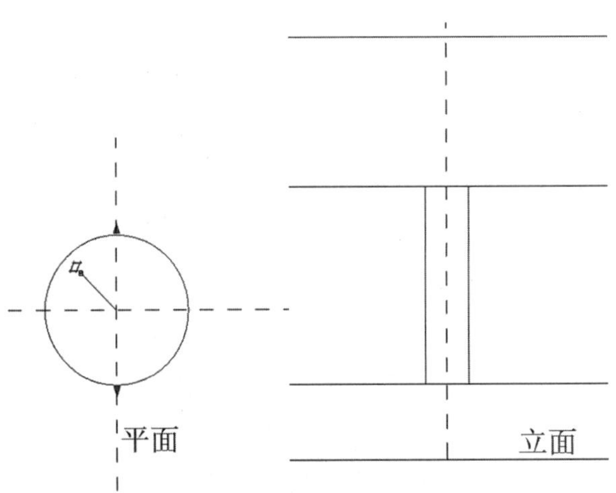

图 9.117　梯段预留洞绘制完成

（10）复制梯段预留洞。在“项目浏览器”面板中选择“视图”|“立面”|“左”选项，进入到左立面视图。按 CO 快捷键，发出“复制”命令，选择①参照平面，向右复制出距离为 100 的参照平面②，如图 9.118 所示。按 DI 快捷键，发出“对齐尺寸标注”命令，对两条参照平面进行对齐尺寸标注，单击开放的锁头，锁头会变为锁定的状态，避免该尺寸随之后的操作而发生变化，完成后如图 9.119 所示。按 CO 快捷键，发出“复制”命令，将绘制完成的梯段预留洞水平移动到如图 9.120 所示的位置。

（11）对齐梯段预留洞。按 AL 快捷键，发出“对齐”命令，先选择①边界，再选择预留洞②边界，单击开放的锁头，锁头会变为锁定的状态，避免预留洞位置随之后的操作而发生移动，如图 9.121 所示。选择③边界处的造型操纵柄，将其拖曳到④处，单击开放的锁头，锁头会变为锁定的状态，避免预留洞位置随之后的操作而发生移动，如图 9.122 所示，至此一侧的梯段预留洞绘制完成。

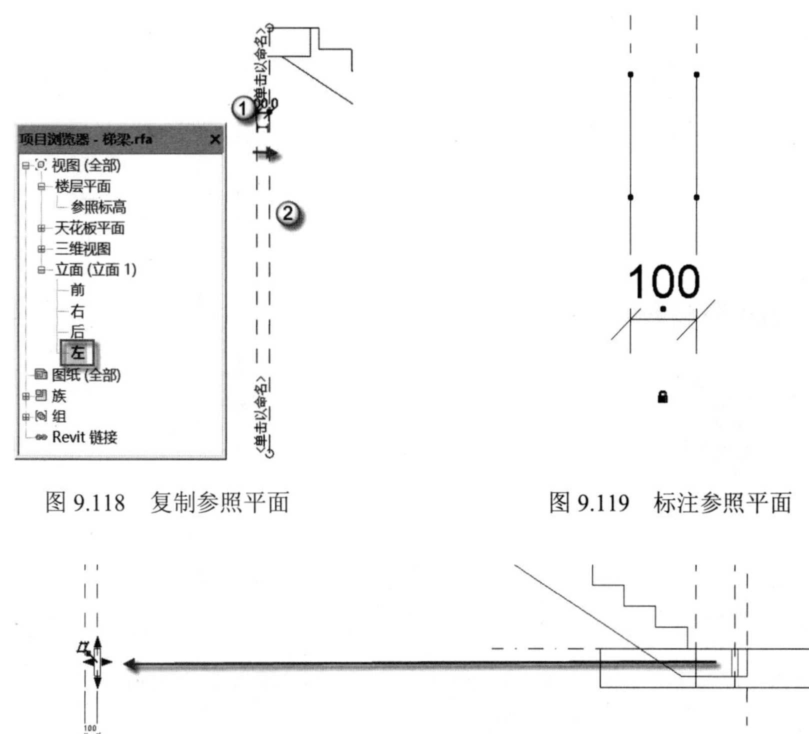

图 9.118　复制参照平面　　图 9.119　标注参照平面

图 9.120　复制预留洞

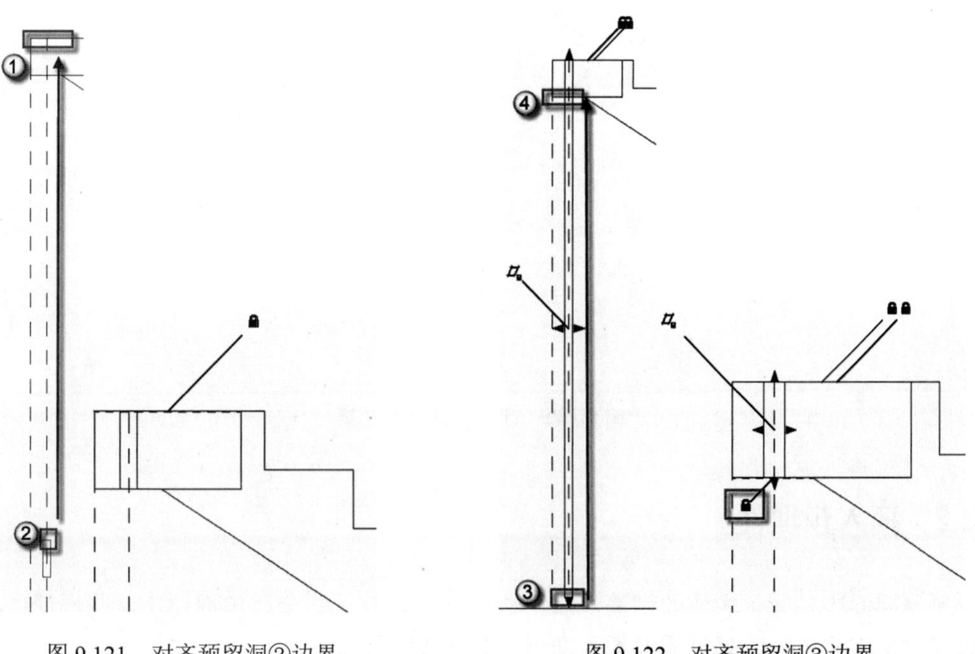

图 9.121　对齐预留洞②边界　　图 9.122　对齐预留洞③边界

（12）复制梯段预留洞。在“项目浏览器”面板中选择“视图”|“立面”|“前”选项，如图 9.123 所示，进入到前立面视图。选择一侧的两个梯梁预留洞，按 CO 快捷键，发出“复制”命令，将其复制到另一侧，如图 9.124 所示。至此梯段主体部分全部绘制完成，按 F4 键，可在三维视图中观察绘制完成的梯段族主体部分，如图 9.125 所示。

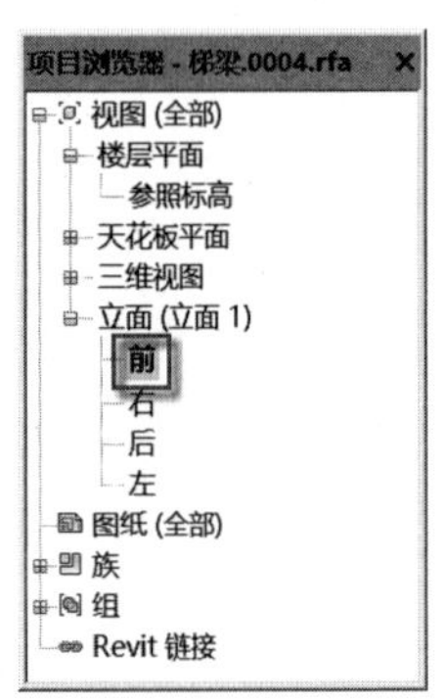

图 9.123　进入前立面图

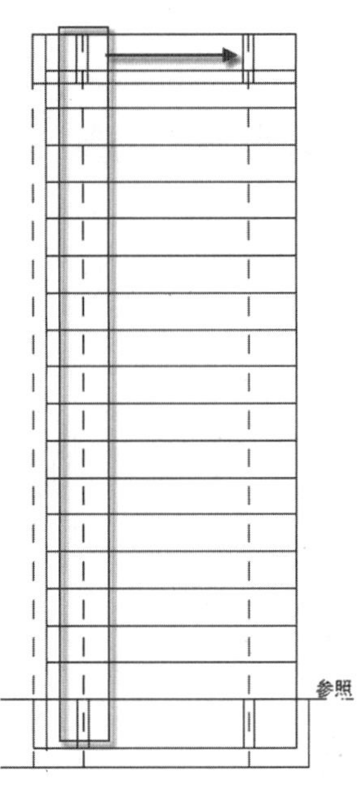

图 9.124　复制梯段预留洞

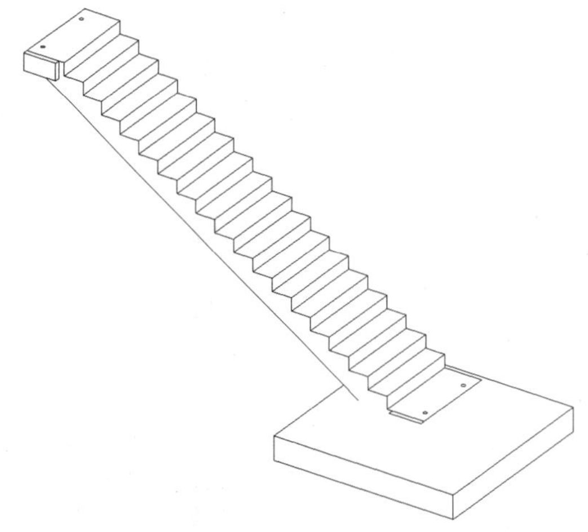

图 9.125　梯段主体绘制完成

9.2.2　插入预埋件

预制梯梁中，除了主体的钢筋混凝土构件外，还有一些金属预埋件。这些预埋件在前面已经制作完成了，此处只需要插入即可。具体操作如下。

（1）插入预埋件。在“项目浏览器”面板中选择“视图”｜“楼层平面”｜“参照标高”选项，如图 9.126 所示，进入到参照标高视图。在弹出的“载入族”对话框中选择本书配套下载资源中的“M16 螺栓.rfa”族文件，如图 9.127 所示。

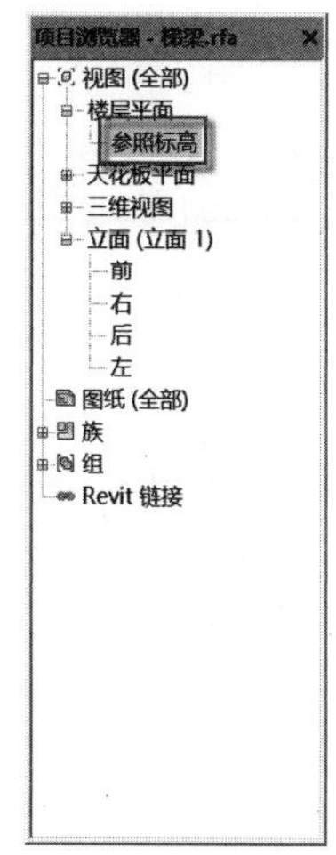

图 9.126　进入楼层平面视图

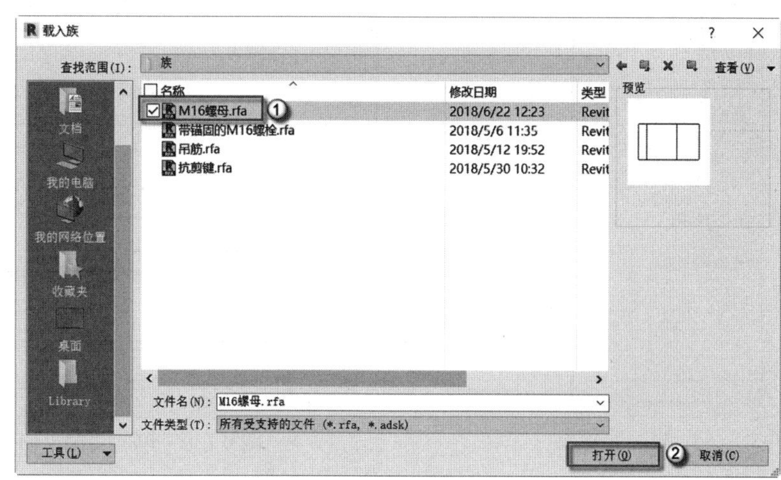

图 9.127　载入族文件

（2）放置 M16 螺母。在“项目浏览器”面板中选择“族”｜“常规模型”｜“M16 螺母”｜“M16 螺母”选项，将其拖入参照标高视图中，如图 9.128 所示。在“项目浏览器”面板中选择“视图”｜“立面”｜“前”选项，如图 9.129 所示。按 RP 快捷键，发出“参照平面”命令，在“修改｜放置参照平面”选项板中设置“偏移量”为 60，沿着①线，从右至左绘制出一条水平的参照平面，如图 9.130 所示。按 AL 快捷键，发出“对齐”命令，先选择①参照平面，再选择②螺母边界，如图 9.131 所示，对齐完成后单击开放的锁头，锁头会变为锁定的状态，避免螺母位置随之后的操作而发生移动，如图 9.132 所示。按 CO 快捷键，发出“复制”命令，选择刚刚放置好的一个螺母，将其复制到右侧预留洞中。如图 9.133 所示。

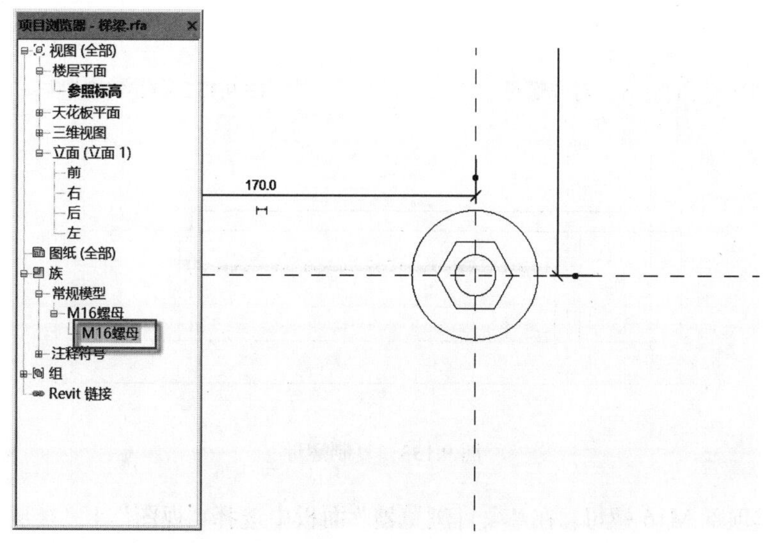

图 9.128　将族载入项目文件

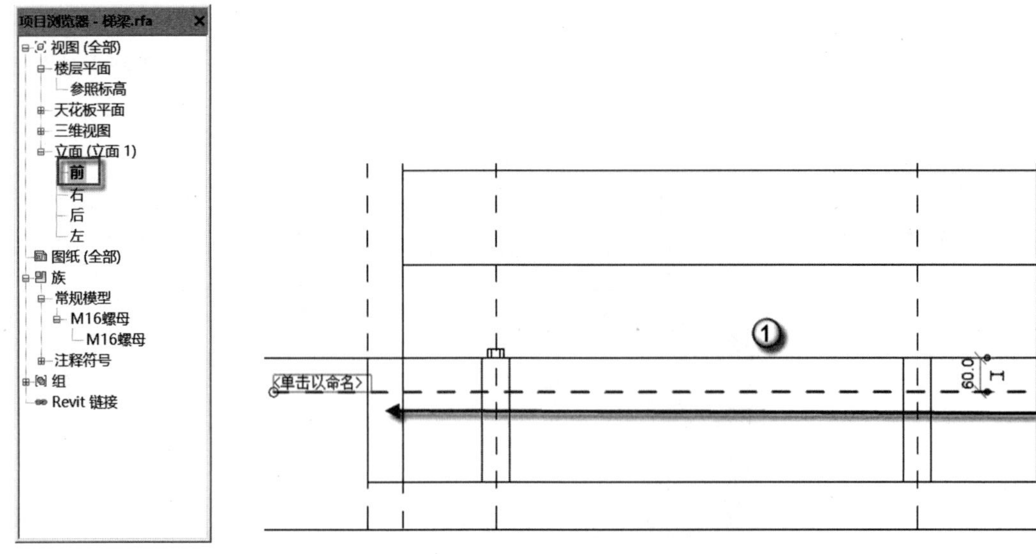

图 9.129　进入前视图　　　　图 9.130　绘制参照平面

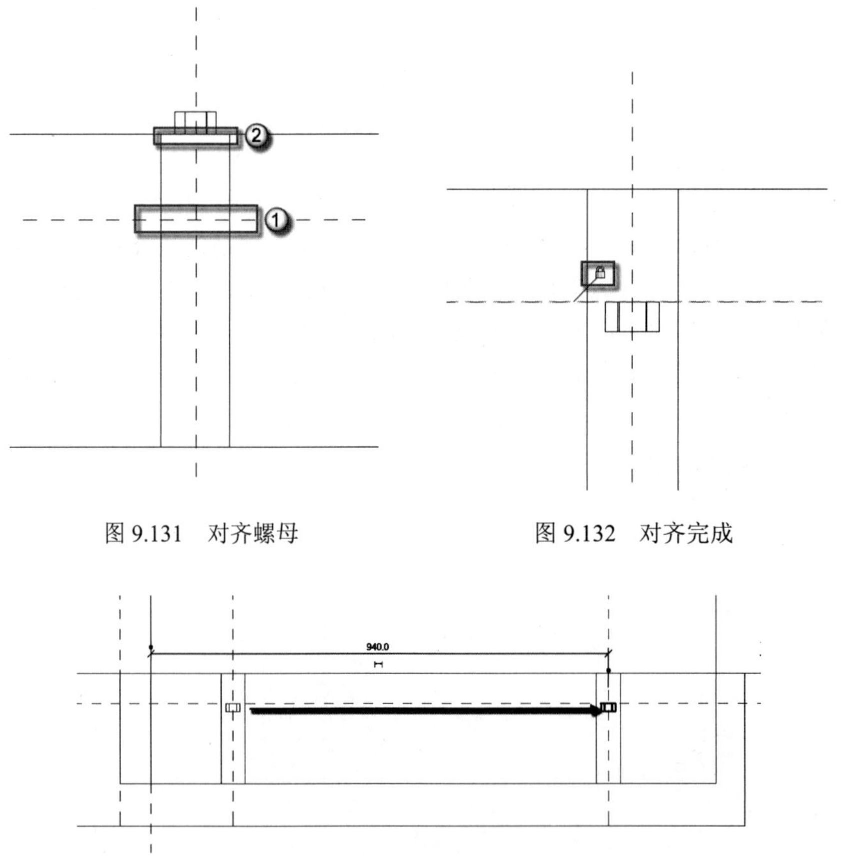

图 9.131　对齐螺母　　　　图 9.132　对齐完成

图 9.133　复制螺母

（3）生成顶部 M16 螺母。在“项目浏览器”面板中选择“视图”|“楼层平面”|“参照标高”选项，如图 9.134 所示。选中图 9.135 中的两条竖直参照平面，将其向上拉伸，

直至与水平参照平面相交。按 CO 快捷键，发出“复制”命令，配合 Ctrl 键，同时选择底部两个螺母，将其复制到顶部参照平面交点处，如图 9.136 所示。

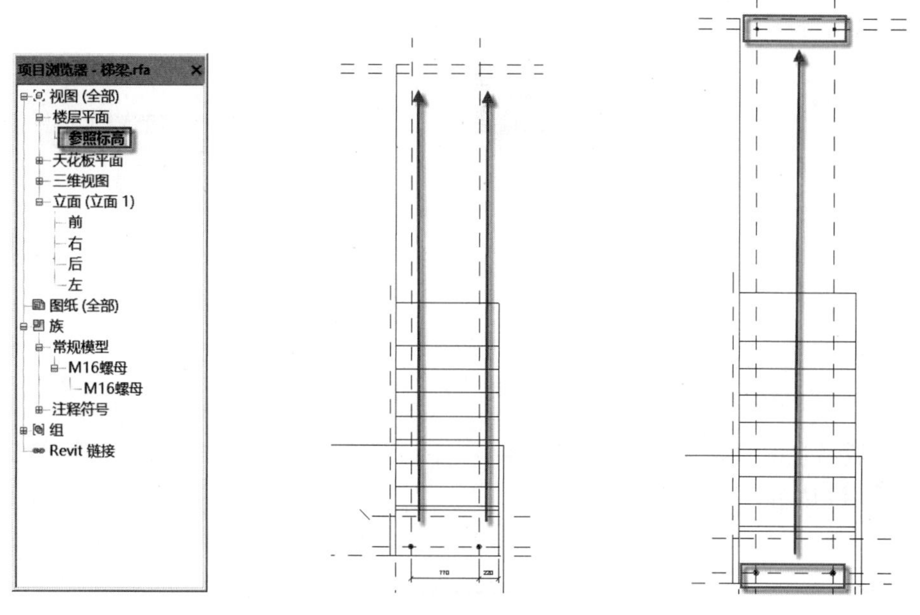

图 9.134　选择楼层平面　　图 9.135　拉伸竖直参照平面　　图 9.136　复制底部螺母

（4）调整顶部 M16 螺母位置。在“项目浏览器”面板中选择“视图”|“立面”|“右”选项，如图 9.137 所示。按 AL 快捷键，发出“对齐”命令，先选择①参照平面，如图 9.138 所示，再选择②螺母边界，如图 9.139 所示。螺母会随对齐操作而自动移动，如图 9.140 所示，单击开放的锁头，锁头会变为锁定的状态，避免螺母位置随之后的操作而发生移动。继续选择③参照平面，如图 9.141 所示。再选择④螺母边界，如图 9.142 所示，单击开放的锁头，锁头会变为锁定的状态，避免螺母位置随之后的操作而发生移动。

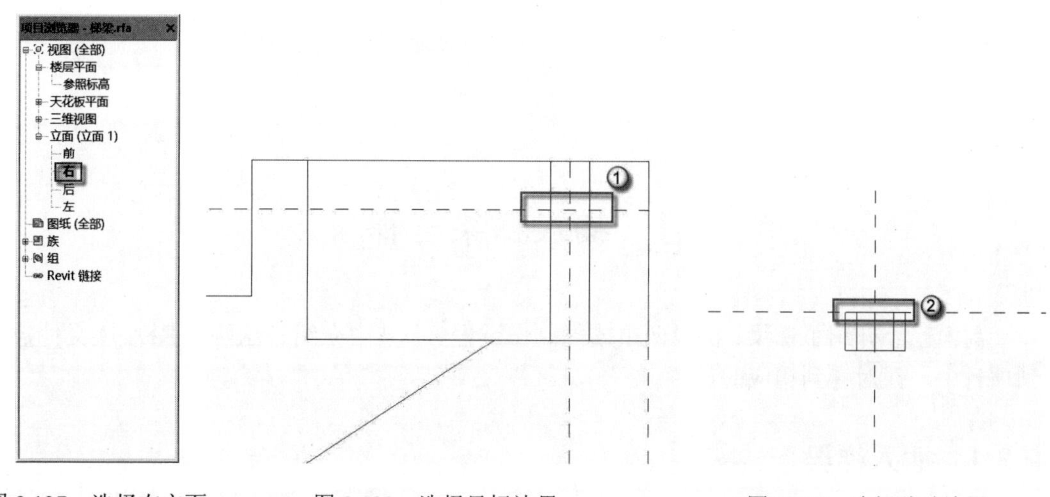

图 9.137　选择右立面　　图 9.138　选择目标边界　　图 9.139　选择移动边界

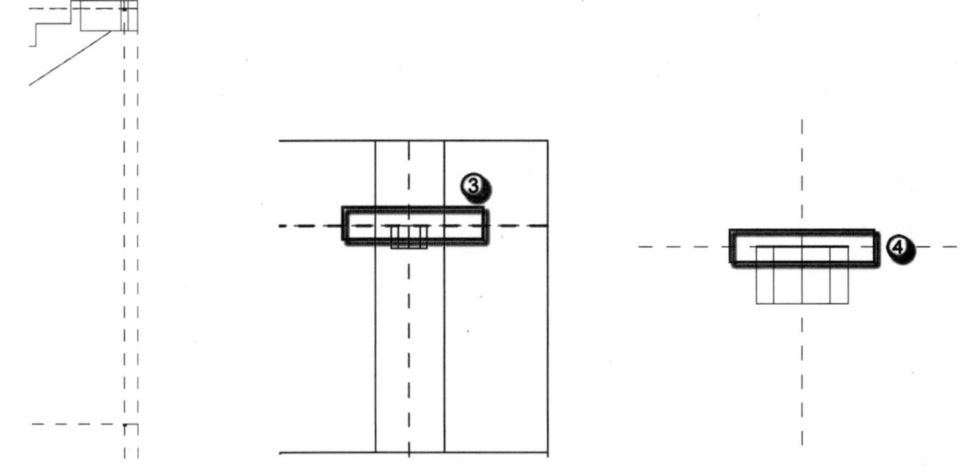

图 9.140　一个螺母移动完成　图 9.141　选择目标边界　图 9.142　选择移动边界

至此梯段族全部绘制完成，按 F4 键，可在三维视图中观察并检查已绘制完成的梯段族，如图 9.143 所示。

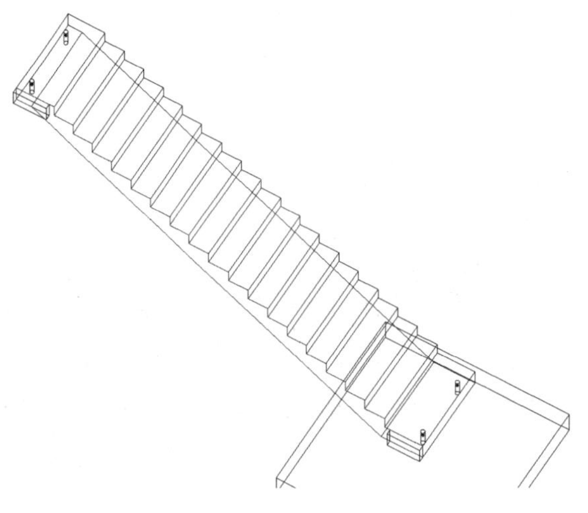

图 9.143　梯段族

9.3　插入梯梁与梯段

前面已经介绍了梯梁、梯段两个族的制作过程。小节中介绍将这两个 RFA 族文件插入到项目中，并对齐到相应的位置。

9.3.1　插入梯梁

梯梁属于梁构件的一件，因此是结构专业构件。插入时应在结构专业的平面图中进行，具体操作如下。

（1）绘制梯梁参考平面。在“项目浏览器”面板中选择“视图”|“结构平面”|“二层”选项，进入到结构二层平面视图如图 9.144 所示。按 RP 快捷键，发出“参照平面”命令，在“修改 | 放置参照平面”选项板中设置“偏移量”为 600，沿着①线，从右至左绘制出一条水平的参照平面，如图 9.145 所示。

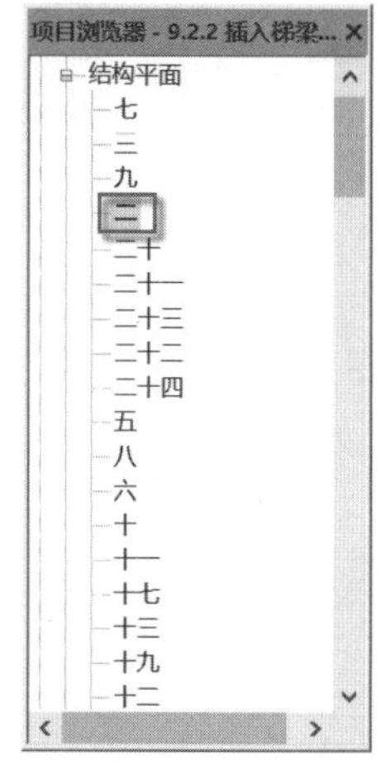

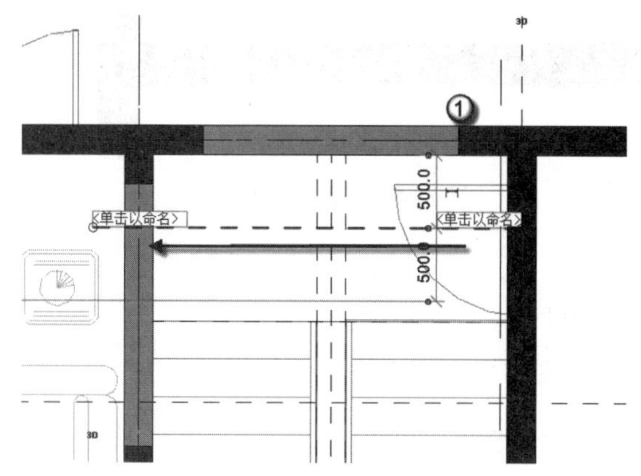

图 9.144　进入结构二层平面视图　　　　图 9.145　绘制参照平面

（2）绘制梯梁。按 BM 快捷键，发出“添加梁”命令，在“属性”面板中选择“梯梁”，如图 9.146 所示，并沿参照平面绘制出梯梁，如图 9.147 所示。按 F4 键，可在三维视图中观察绘制完成的梯梁，此时可以观察到梯梁的方向放反了，如图 9.148 所示。在“项目浏览器”面板中选择“视图”|“结构平面”|“二”选项，回到结构二层平面视图，单击⇅按钮，发出“翻转”命令，使梯梁方向正确，如图 9.149 所示，按 F4 键，可在三维视图中观察翻转完成的梯梁，如图 9.150 所示。

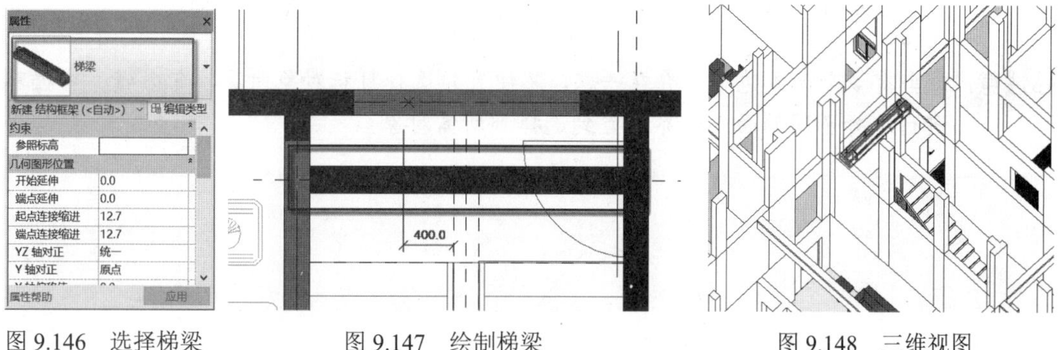

图 9.146　选择梯梁　　　　图 9.147　绘制梯梁　　　　图 9.148　三维视图

（3）对齐梯梁。按 AL 快捷键，发出“对齐”命令，先选择①所在的面（即不移动的面），如图 9.151 所示。再选择②所在的面（即移动的面），如图 9.152 所示。单击开放的锁头，锁头会变为锁定的状态，避免预留洞位置随之后的操作而发生移动，完成后如图 9.153 所示。同理在另一侧中，选择③所在的面（即不移动的面），再选择④所在的面（即移动的面），如图 9.154 所示，单击开放的锁头，锁头会变为锁定的状态，避免预留洞位置随之后的操作而发生移动，完成后如图 9.155 所示。

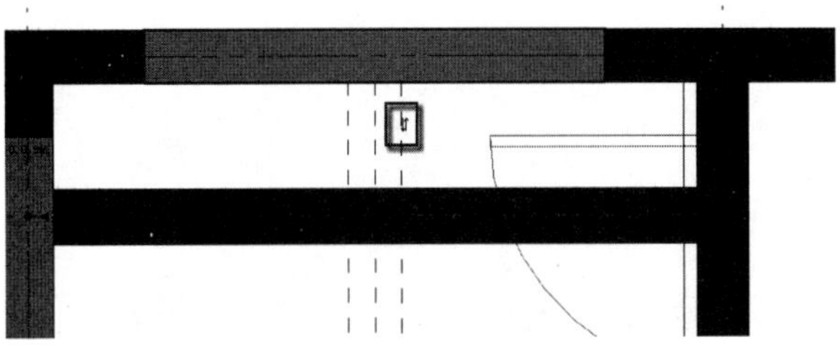

图 9.149　翻转梯梁

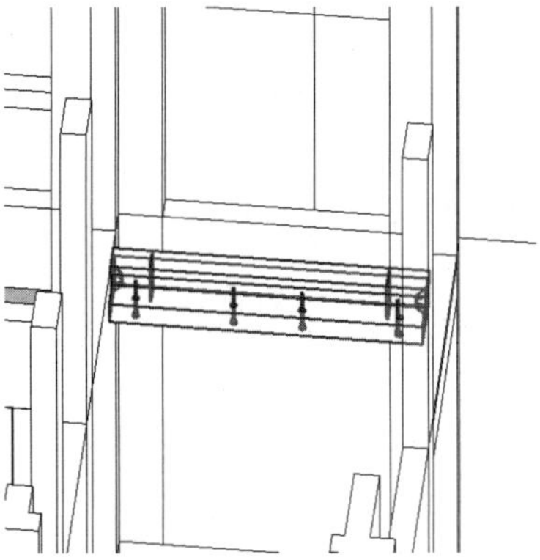

图 9.150　三维视图

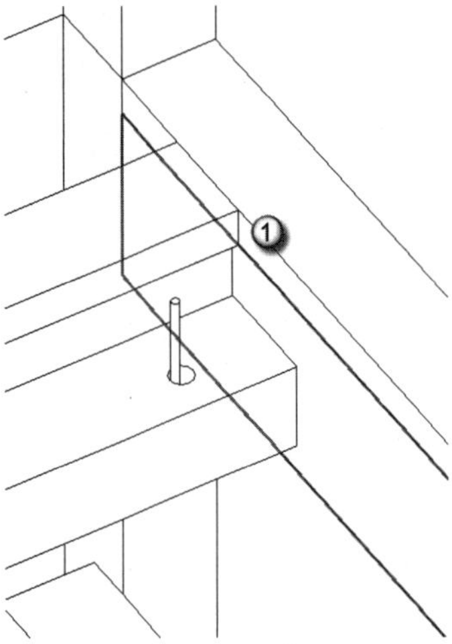

图 9.151　选择不动面

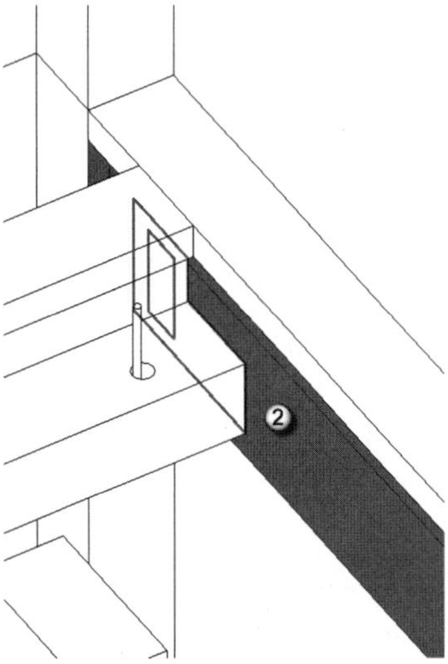

图 9.152　选择移动面

注意：每当有多个面或边界重叠在一起，不便直接选择目标对象时，按 Tab 键，可循环进行选择不同的面或边界，直到选择到所需对象。

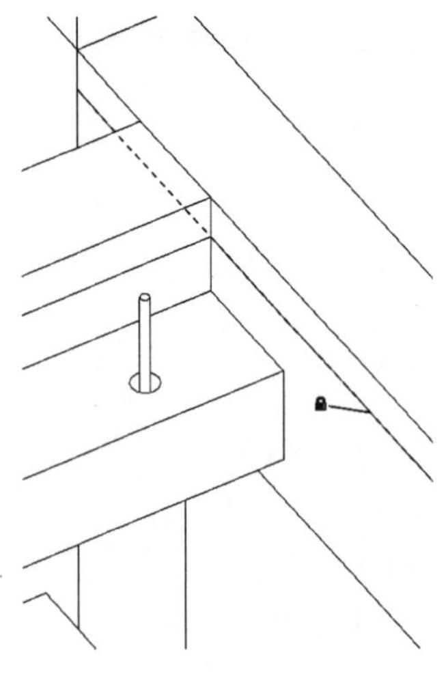

图 9.153　一侧对齐完成

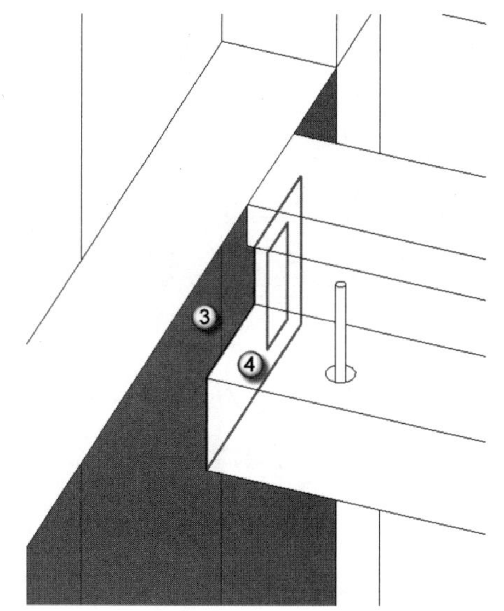

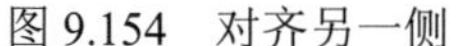
图 9.154　对齐另一侧

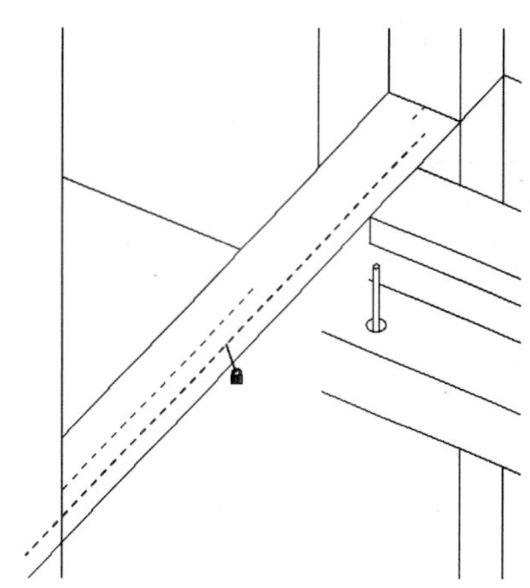

图 9.155　对齐完成

9.3.2　插入梯段

梯段属于建筑专业构件，插入时应在建筑专业的平面图中进行，这一点与梯梁插入时不一样，请读者朋友们注意。具体操作如下。

（1）放置梯段。在“项目浏览器”面板中选择“视图”｜“建筑平面”｜“2”选项，进入到建筑 2 层平面视图，如图 9.156 所示。按 CM 快捷键，发出“放置构件”命令，在“属性”面板中选择“梯段”，并将其载入到项目中，如图 9.157 所示。但发现梯段构件并没有正确放置在建筑层平面上，在“修改｜放置构件”选项板中，选择“放置”｜“放置在工作平面上”选项，并按 Space 快捷键，发出“调整方向命令”命令，将梯段调整为正确的方向，如图 9.158 所示。根据图集要求，按 MV 快捷键，发出“移动”命令，将梯段向下移动 30 距离，完成后如图 9.159 所示。按 F4 键，可在三维视图中观察梯段被精确地插入到项目中，如图 9.160 所示。

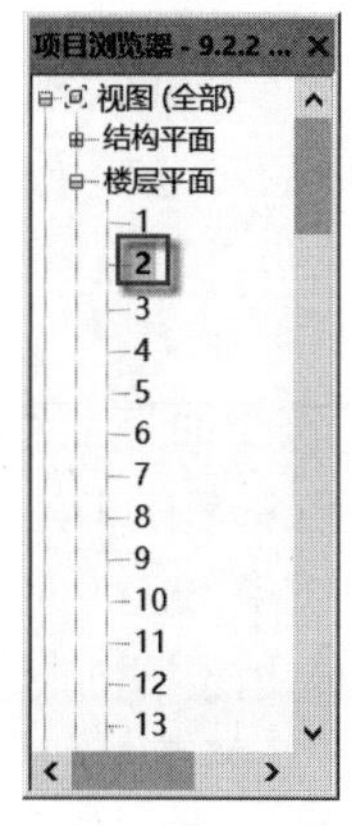

图 9.156　进入建筑 2 层平面

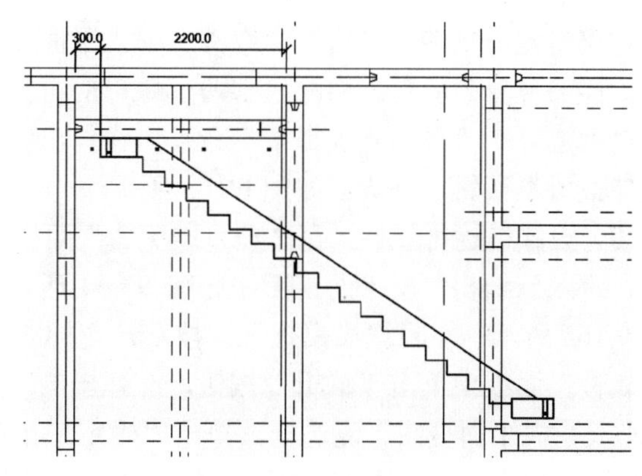

图 9.157　放置梯段

注意：建筑标高和结构标高相差 50mm，梁梁顶部标高为结构二层标高，则梯段标高为建筑 2 层标高。

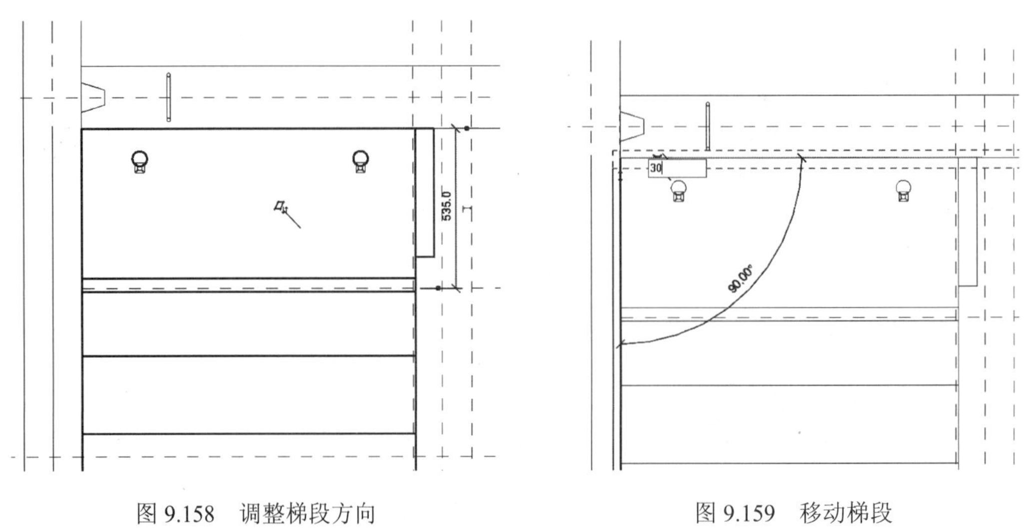

图 9.158　调整梯段方向　　　　图 9.159　移动梯段

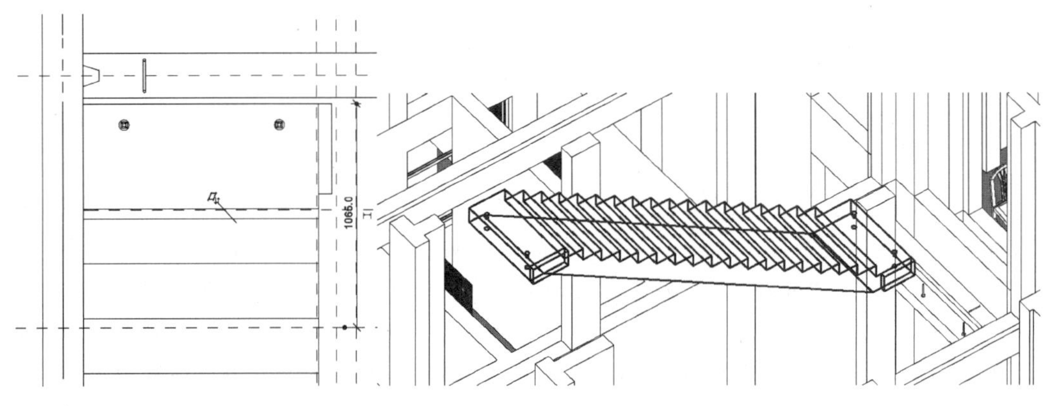

图 9.160　梯段插入完成

（2）设置螺母可见性。双击梯段，进入梯段的族编辑模式，如图 9.161 所示。在线框模式下，配合 Ctrl 键同时选择顶部两个螺母，在“属性”面板中单击“编辑”按钮，在弹出的“族图元可见性”对话框中取消选中“平面/天花板平面视图”复选框，单击“确定”按钮，如图 9.162 所示。梯段底部两个螺母的可见性用同样方法设置完成后，选择菜单栏中的“创建”|“载入到项目中”命令，在弹出的“族类型”对话框中单击“覆盖现有版本及参数值”按钮，完成后如图 9.163 所示。

（3）设置螺栓可见性。在“项目浏览器”面板中选择“视图”|“结构平面”|“二”选项，进入到结构二层平面视图，如图 9.164 所示。双击梯梁，进入梯梁的族编辑模式，如图 9.165 所示。在隐藏线模式下，按 Ctrl 键同时选择梯梁上 4 个螺栓，如图 9.165 所示。在“属性”面板中单击“编辑”按钮，在弹出的“族图元可见性设置”对话框中取消选中“平面/天花板平面视图”复选框，单击“确定”按钮，如图 9.166 所示。选择菜单栏中的“创建”|“载入到项目中”命令，在弹出的“载入到项目中”对话框中选择相应 RVT 文件，单击“确定”按钮，并在弹出的“族类型”对话框中选择“覆盖现有版本及参数值”

按钮，完成螺栓可见性修改，如图 9.167 所示。按 F4 键，可在三维视图中观察载入到项目中的梯梁和梯段与螺框的关系，如图 9.168 所示。

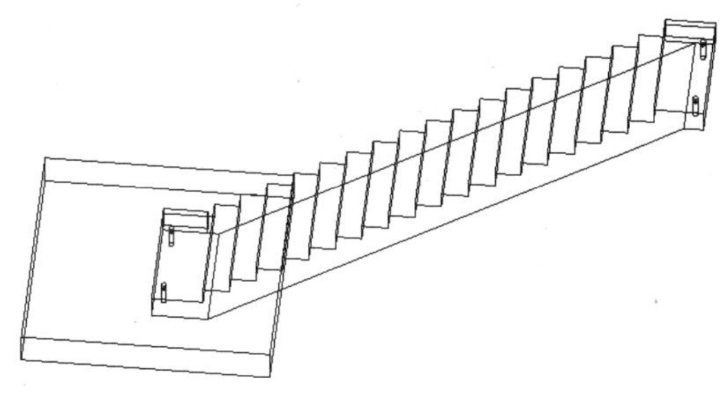

图 9.161　进入“梯段族”编辑模式

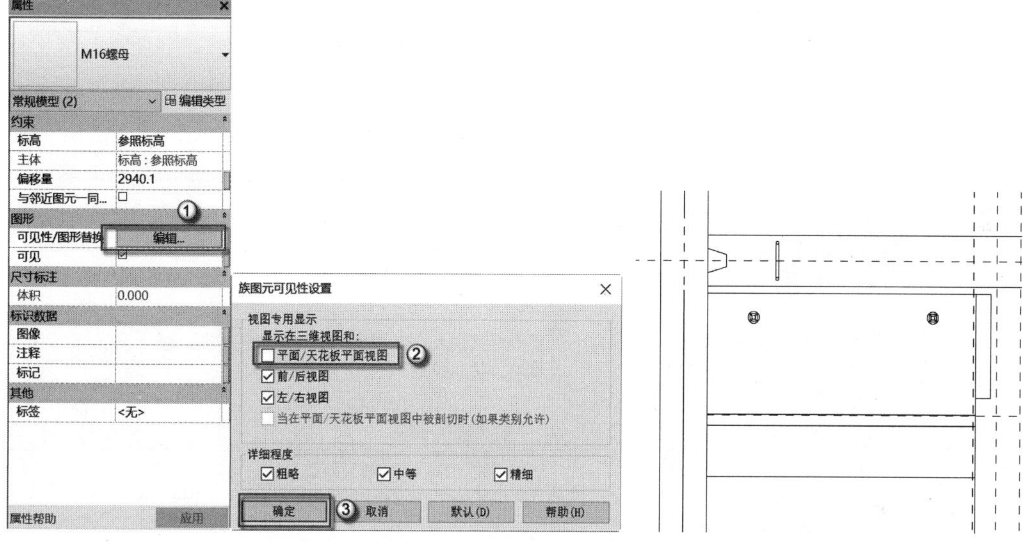

图 9.162　编辑螺母平面可见性　　图 9.163　螺母平面可见性设置完成

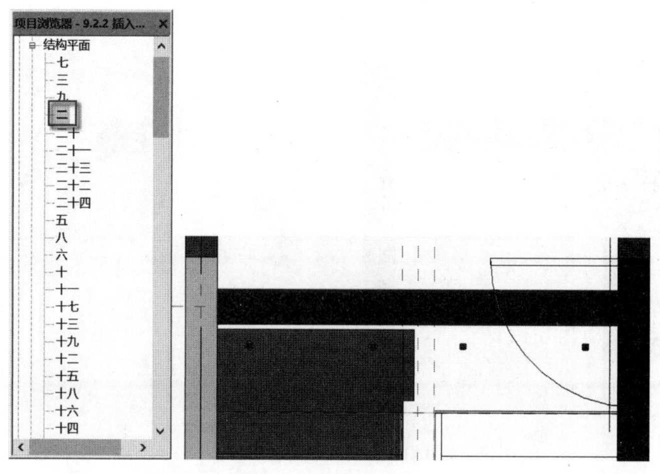

图 9.164　进入结构二层平面

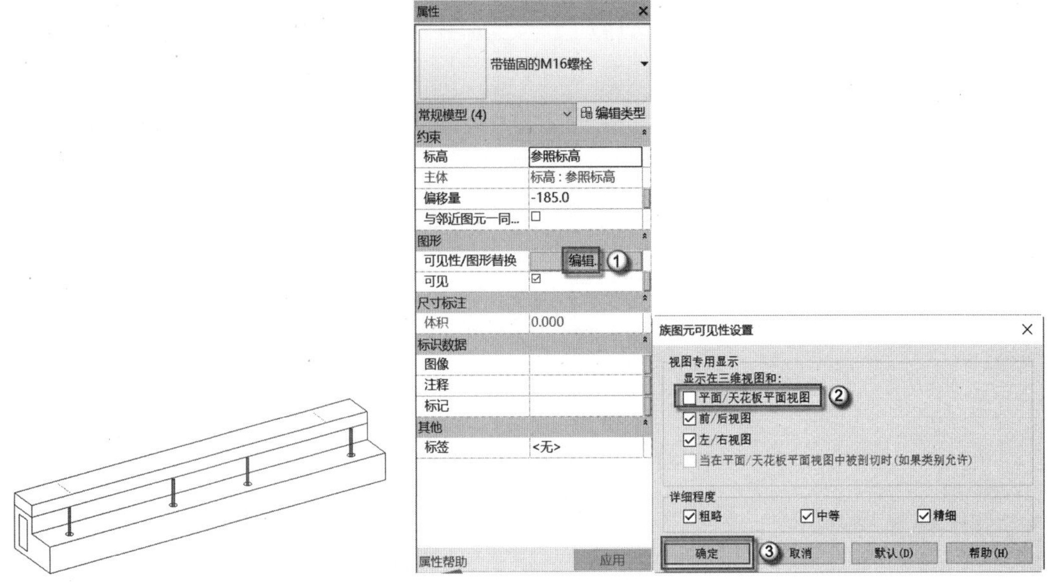

图 9.165　选中螺栓　　　　图 9.166　编辑螺栓可见性

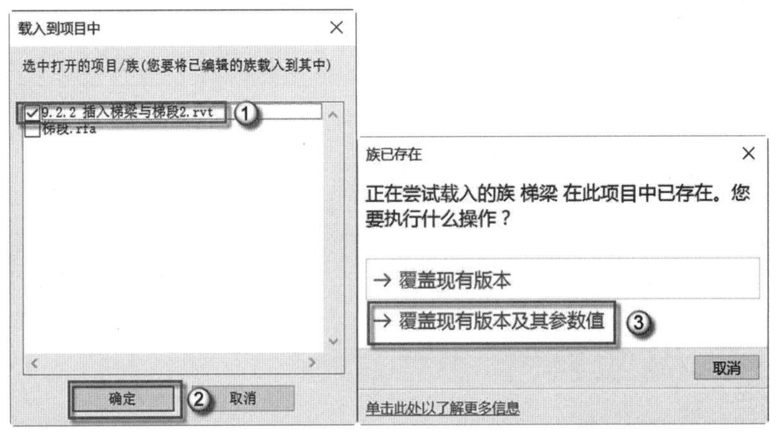

图 9.167　将螺栓载入到项目中

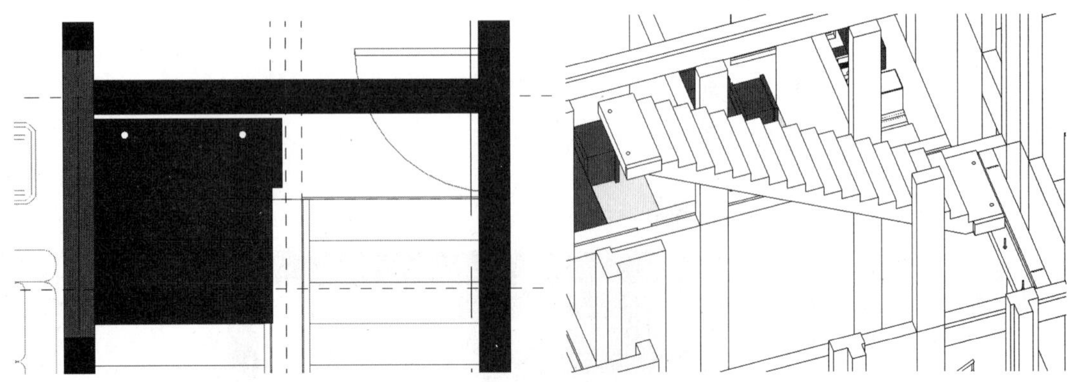

图 9.168　螺栓修改完成

9.3.3　生成楼梯平台板

楼梯平台板的制作方法与前面介绍的叠合板基本一致，也是使用“楼板：结构”命令（快捷键 SB）。采用单向楼板，上部为后浇混凝土、下部为预制混凝土，使用“部件”命令对其进行二次命名，具体操作如下。

（1）生成楼梯平面板类型。在“项目浏览器”面板中选择“视图”｜“结构平面”｜“二”选项，进入到结构二层平面视图，如图 9.169 所示。选择菜单栏中的“结构”｜“楼板”｜“楼板：结构”命令，在“属性”面板中单击“编辑类型”按钮，在弹出的“类型属性”对话框中单击“复制”按钮，在弹出的“名称”对话框中输入“DBD68-2704”字样，单击“确定”按钮完成操作，如图 9.170 所示。进入“修改｜创建楼层边界”选项板，选择“矩形”绘制方式，绘制楼梯平台板，如图 9.171 所示。单击√按钮，退出“修改｜创建楼层边界”选项板。在弹出的 Revit 对话框中单击“否”按钮，如图 9.172 所示。完成后按 F4 键，可在三维视图中观察到绘制完成的平台板，如图 9.173 所示。

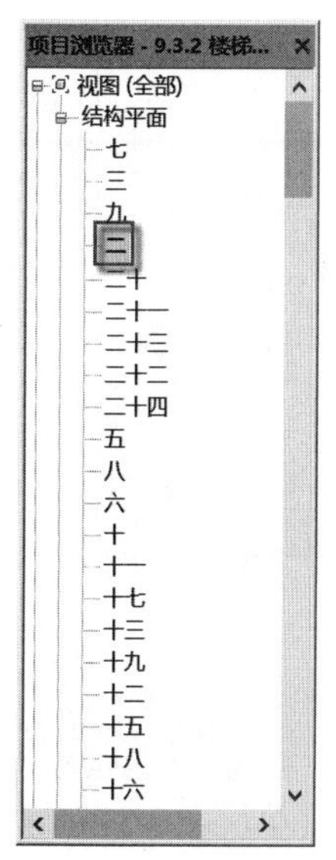

图 9.169　进入结构二层平面

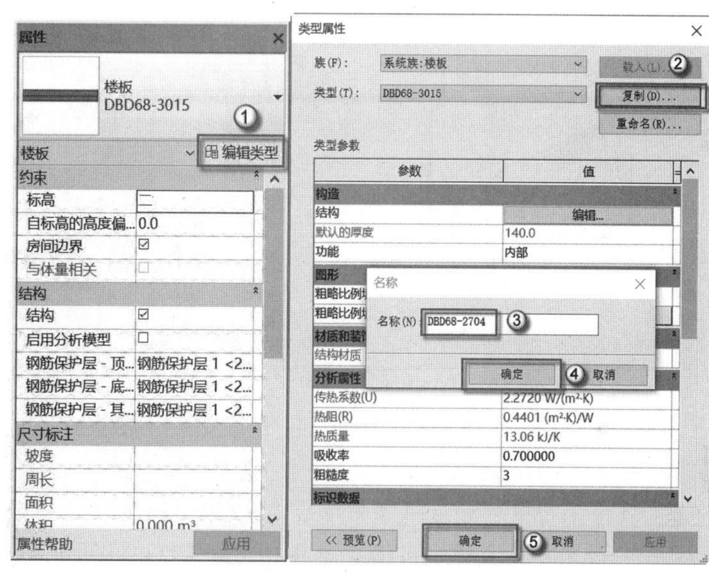

图 9.170　复制生成楼梯平台板类型

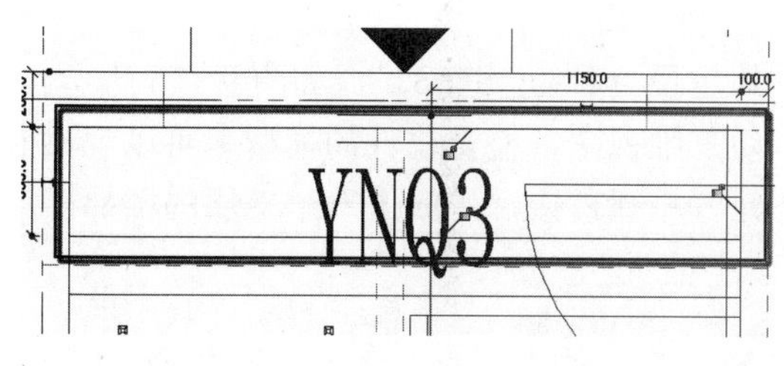

图 9.171　复制生成楼梯平台板类型

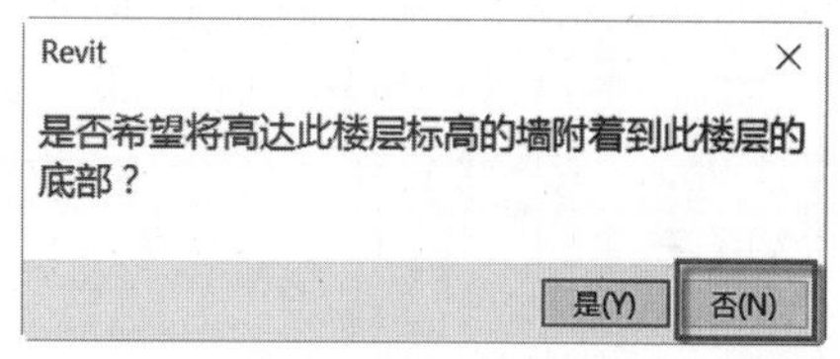

图 9.172　不附着于此楼层的底部

（2）创建楼梯平面板部件。选择楼梯平面板，选择菜单栏中的“创建”｜“创建部件”命令，在弹出的“新建部件”对话框中，将“类型名称”设置为“PTB1”，单击“确定”按钮，如图 9.174 所示。

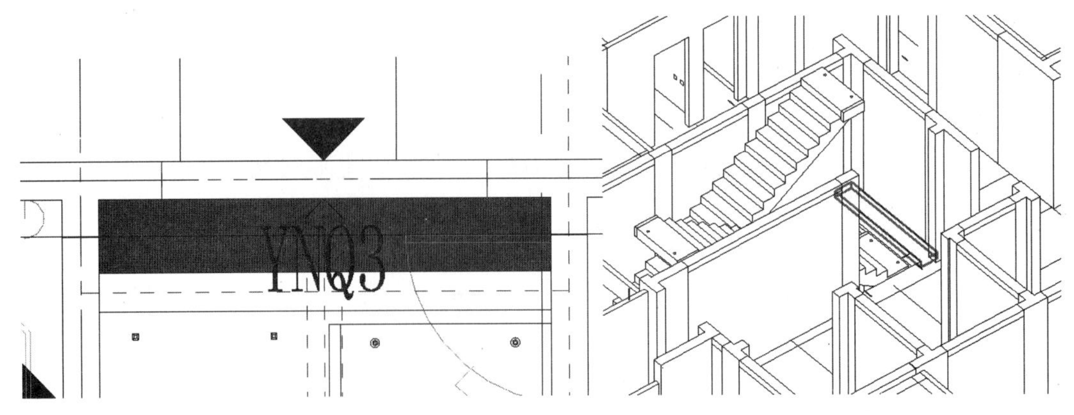

图 9.173　绘制完成

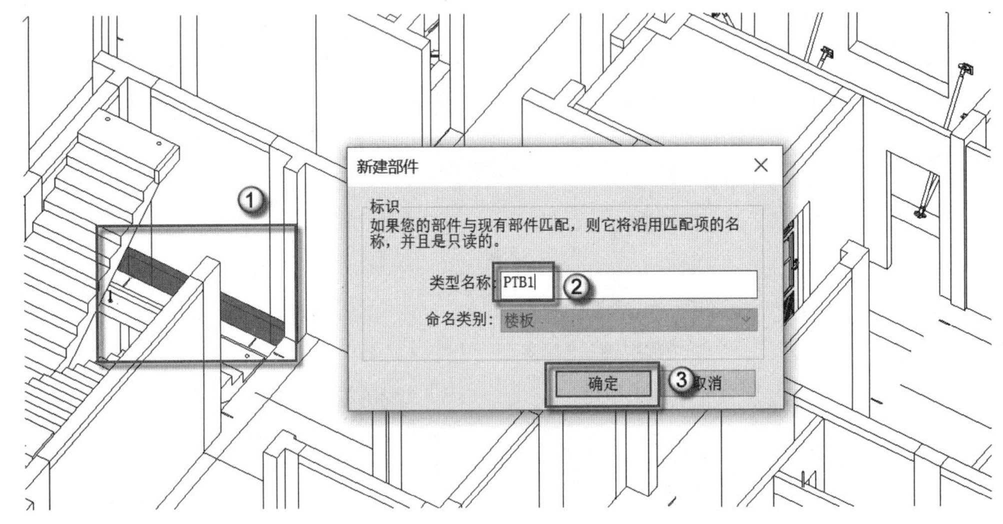

图 9.174　创建楼梯平面板部件

注意：楼梯平面板创建为一个部件后，就有了两个名称，一个为板的名称：DBD68-2704，一个为部件名称：PTB1，这样双向命名可以在明细表中较为方便的查看相关参数。

（3）复制楼梯平面板。选择上一步绘制完成的楼梯平面班，按 CO 快捷键，发出“复制”命令，将顶部楼梯平面板复制到底部，如图 9.175 所示。完成后按 F4 键，在三维中选择复制后的楼梯平面板，在属性面板中参看其是否命名为“PTB1”，如图 9.176 所示。

至此，装配式的楼梯设计全部完成。转动三维视图，检查构件的模型。可以观察到梯段（①处）、楼梯平台板（②处）、梯梁（③处）相互搭接，生成了一个楼层的楼梯，如图 9.177 所示。

注意：对部件进行复制之后，一定要对复制生成的新部件进行检查。因为 Revit 软件在复制部件时，经常会对部件重命名，如将“PTB1”重命名为“PTB2”。这是设计师不希望看到的，因为都是一类的部件，就应当是同一名字。如果出现重命名的状况，则需要再复制一次部件。

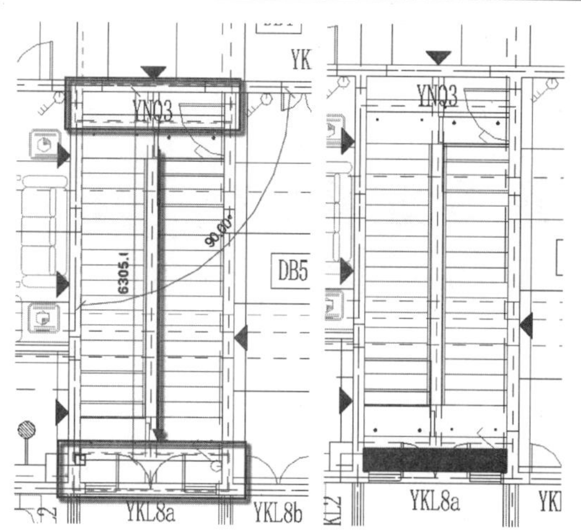

图 9.175　复制楼梯平面板

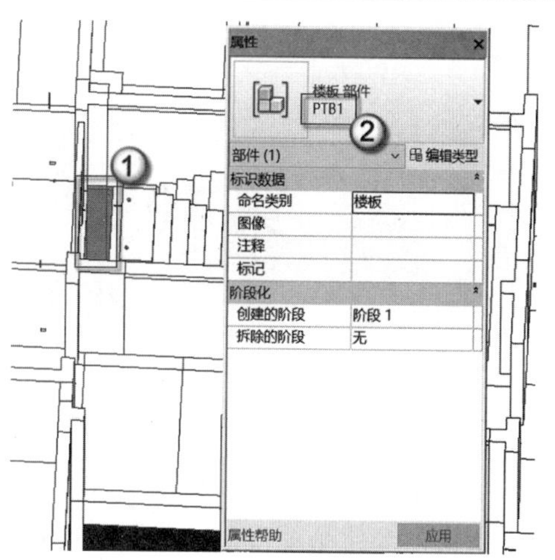

图 9.176　检查复制完成的楼梯平面板

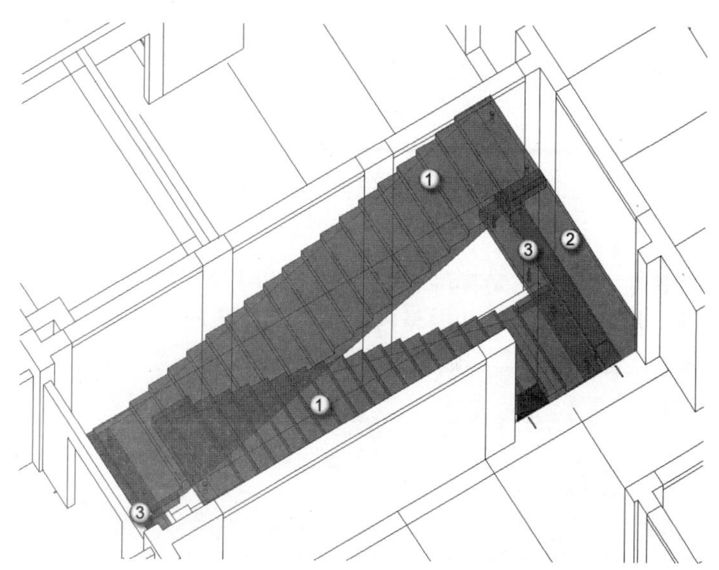

图 9.177　完成一个楼层的楼梯

第 10 章　建筑专业构件

（教学视频：50 分钟）

本章主要介绍作为建筑外墙外叶板的制作方法。二层采用装配式建筑中最常用的三明治外挂板；一层为架空层，不需要墙体保温，因此采用的是石材外墙。由于一、二层墙体材质不同，所以使用了墙体装饰线条对墙体外立面进行分隔。

在绘制完成建筑的外墙之后，本章还介绍了外墙的墙洞，外墙门窗的插入方法。由于门窗不是装配式建筑的重点，此处只提供了门窗族，而没有讲述门窗族的制作方法。门窗族的制作方法，可参阅笔者其他 Revit 的著作。

10.1　外　　墙

本节主要介绍位于二层也就是标准层的外墙与外墙窗的制作方法。由于标准层是采用装配式方法来营建，所以外墙由外叶板与内叶板两部分组成。外墙内叶板就是本书前面介绍的剪力墙外墙板，运用的是 PC（预制混凝土）材质；而外墙外叶板则选用装配式建筑中常用的三明治外挂板。

10.1.1　三明治外挂板

因为这个预制墙板从剖面上看是由 3 部分组成的：50 厚钢筋砼板、50 厚挤塑保温板、50 厚钢筋砼板，因此得名为“三明治外挂板”。三明治外挂板是最常见的外墙外叶板之一，是挂载在外墙内叶板（即剪力墙外墙板）外面的，如图 10.1 所示。

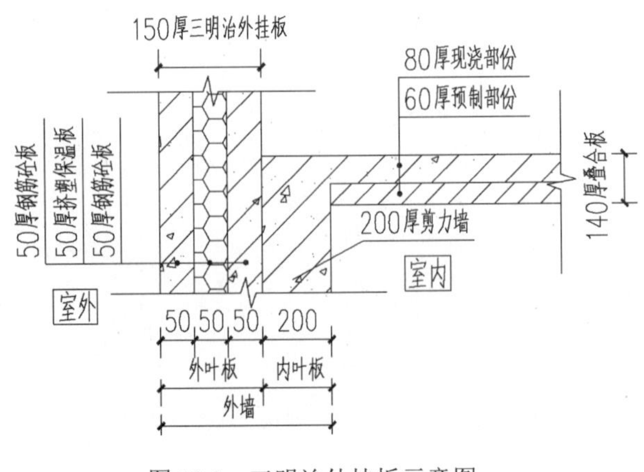

图 10.1　三明治外挂板示意图

（1）新建三明治外挂板。在“项目浏览器”面板中选择“楼层平面”|“2”平面视图，按 WA 快捷键，单击“编辑类型”按钮，在弹出的“类型属性”对话框中单击“复制”按钮，在弹出的“名称”对话框中“名称”栏输入“三明治外挂板”字样，单击“确定”按钮，然后单击“编辑”按钮，进行材质编辑，如图 10.2 所示。

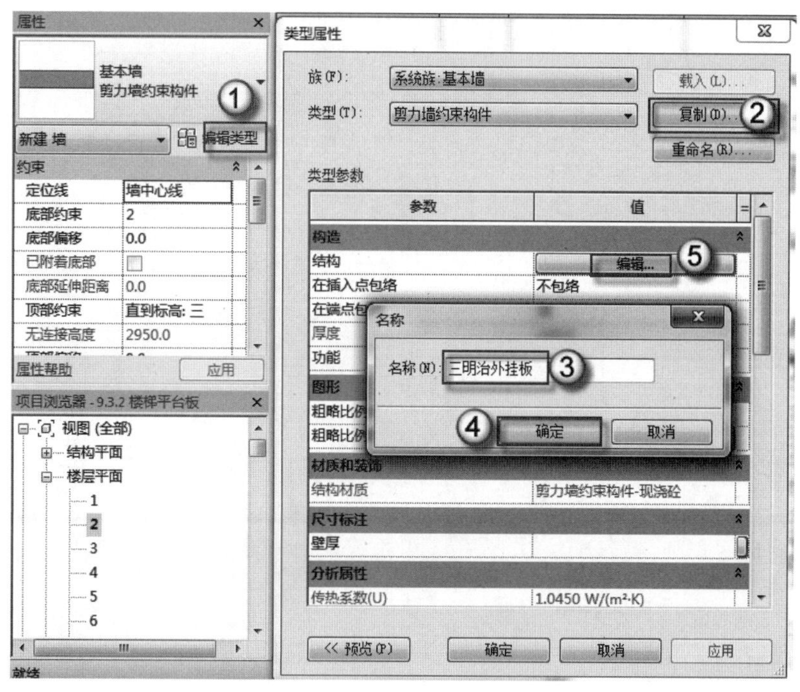

图 10.2　新建三明治外挂板

（2）编辑材质。在弹出的“编辑部件”对话框中单击“材质”栏下的“剪力墙约束构件-现浇砼”（因为屏幕分辨率不同，可能会有文字显示不全的问题出现）按钮，在弹出的“材质浏览器”对话框中选择“刚性隔热层”材质，然后单击“确定”按钮，在“厚度”栏输入 50 个单位，如图 10.3 所示。

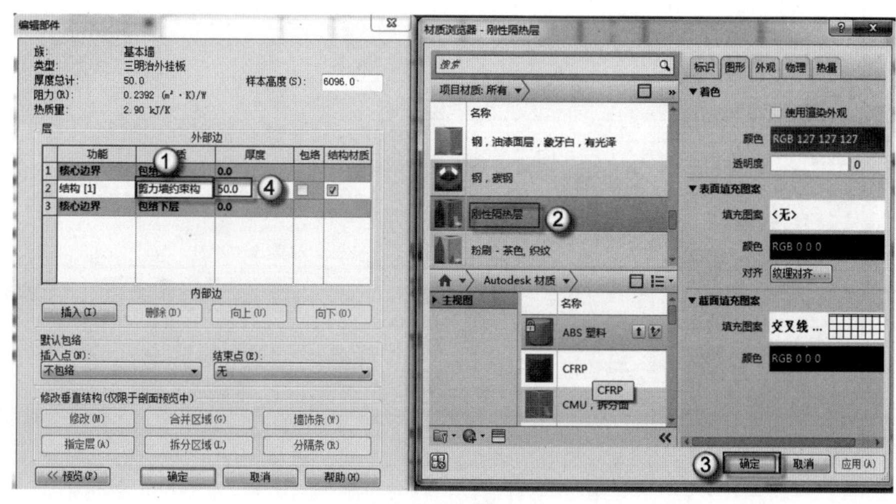

图 10.3　编辑材质

（3）添加并编辑材质。单击“插入”|“向上”按钮，将添加的材质置顶，在“功能”栏选择“面层 1[4]”选项，在“厚度”栏输入 50 个单位，单击“材质”栏下的“<按类别>”按钮，在弹出的“材质浏览器”对话框中右击“混凝土-现场浇筑”材质，选择“复制”命令，并重命名新材质为“三明治板”字样，如图 10.4 所示。在“颜色”栏选择 RGB 215 189 140 颜色，在“填充图案”栏选择“混凝土-钢砼”图案，然后单击“确定”按钮，如图 10.5 所示。

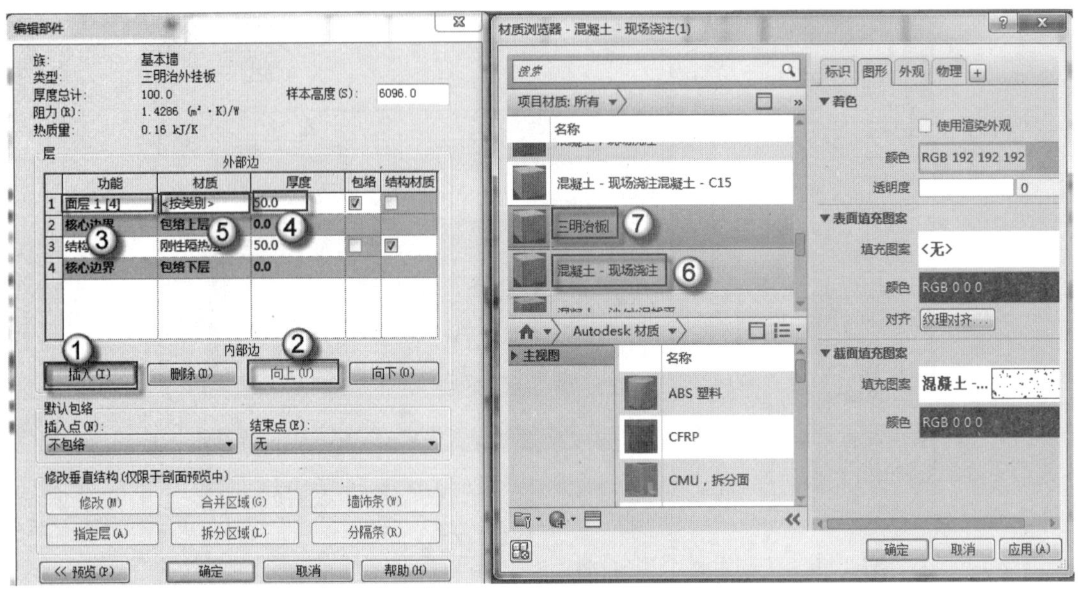

图 10.4　添加材质

图 10.5　编辑材质

（4）添加材质。单击“插入”|“向下”按钮，将添加的材质置底，在“功能”栏选择“面层 2[5]”选项，在“厚度”栏输入 50 个单位，单击“材质”栏下的“<按类别>”按钮，在弹出的“材质浏览器”对话框中选择“三明治板”材质，单击“确定”按钮完成操作，如图 10.6 所示。

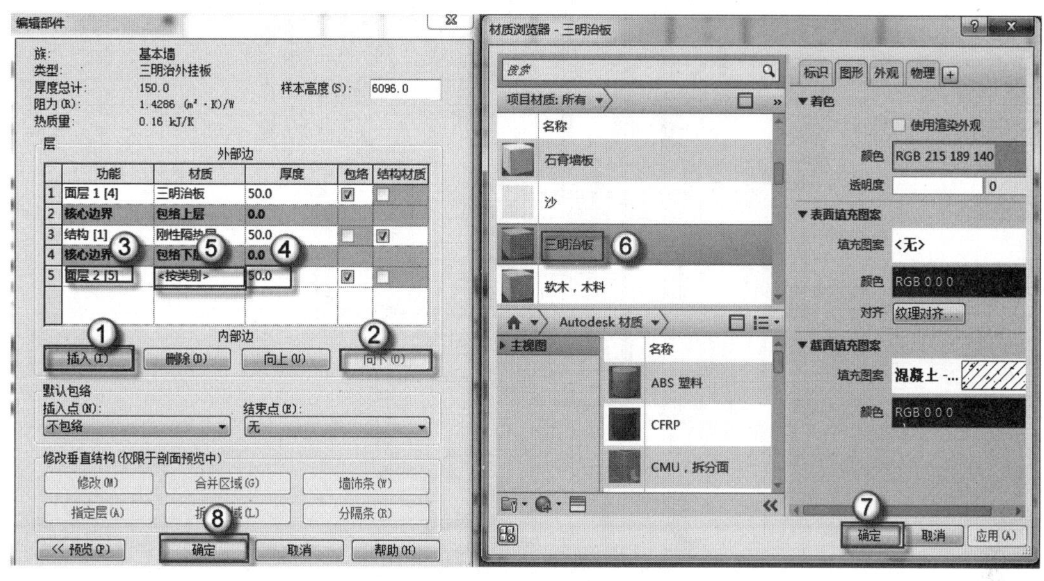

图 10.6　添加材质

（5）绘制三明治外挂板。按 WA 快捷键，在“属性”面板选择“三明治外挂板”选项，在“高度”栏选择 3 层，在“定位线”栏选择“面层面：外部”选项，选中“链”复选框，然后在绘图界面绘制三明治外挂板的相应位置，如图 10.7 所示。

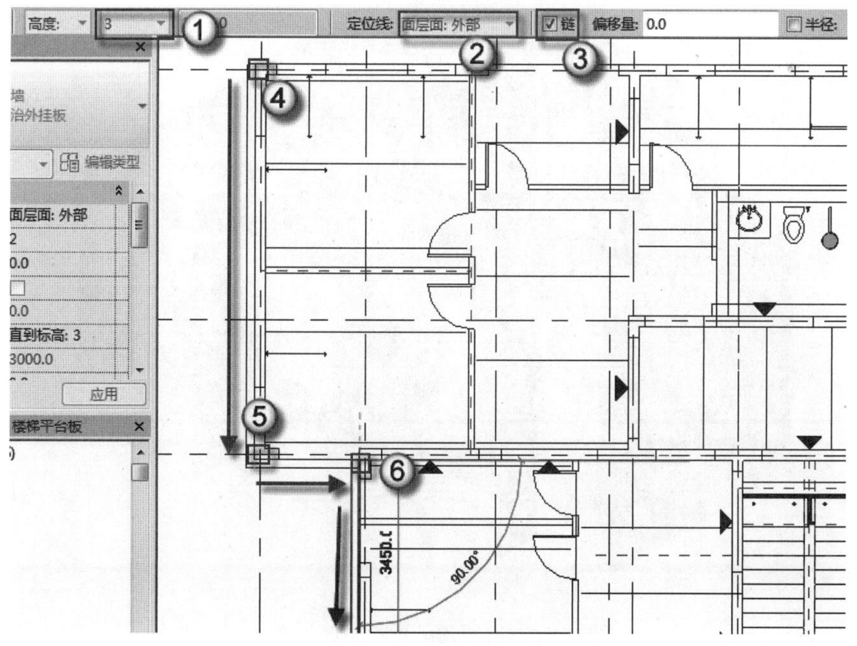

图 10.7　绘制三明治外挂板

（6）绘制三明治外挂墙具体位置。三明治外挂墙均布置在墙体外侧，如图 10.8 所示。按 WA 快捷键，依次将三明治外挂墙绘制在相应位置，按 F4 键，观察三明治外挂墙的三维视图，如图 10.9 所示。

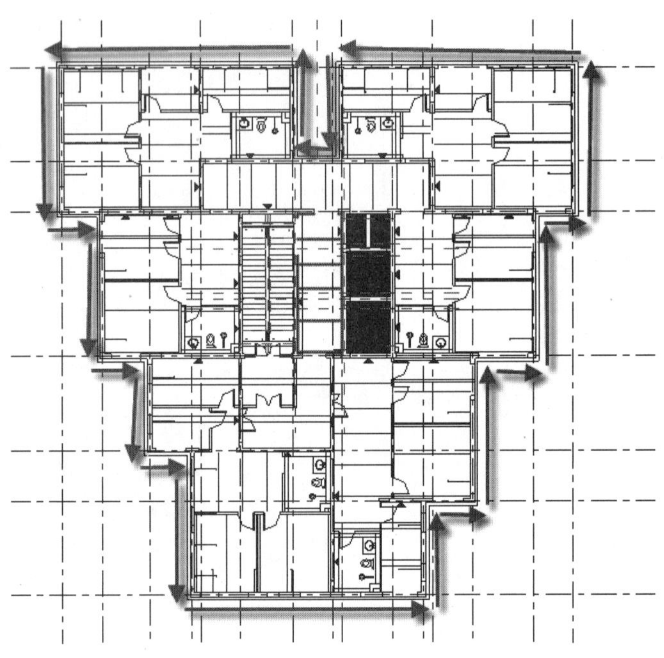

图 10.8　三明治外挂板

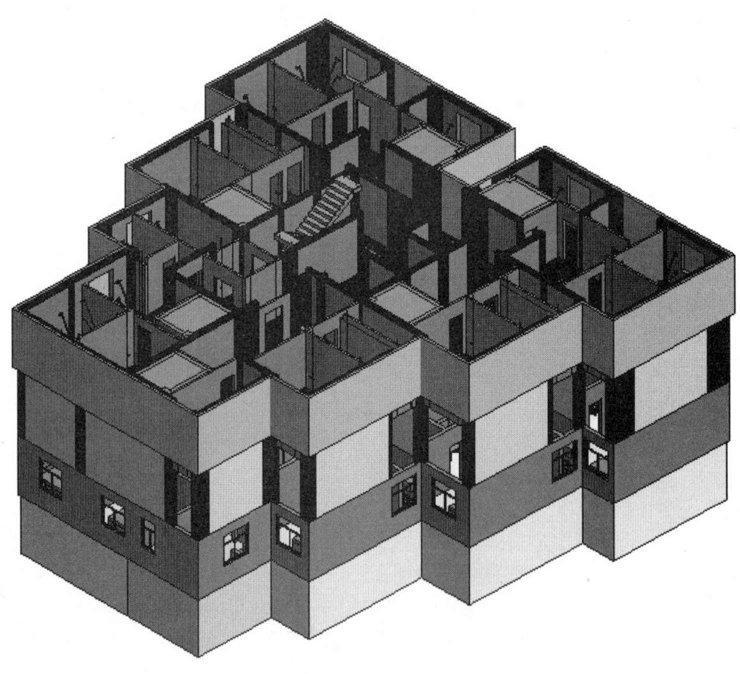

图 10.9　三明治外挂板三维视图

10.1.2　外墙门窗

二层建筑是在三明治外挂板（即外墙外叶板）上开启外墙门窗，而不是在剪力墙（即外墙内叶板）上设置，如图 10.10 所示，这一点请读者一定要注意。如果在外墙内叶板上开窗，那么内外叶板的结合部位会漏水，为了避免这种情况，一般都是在外叶板上开窗，具体操作如下。

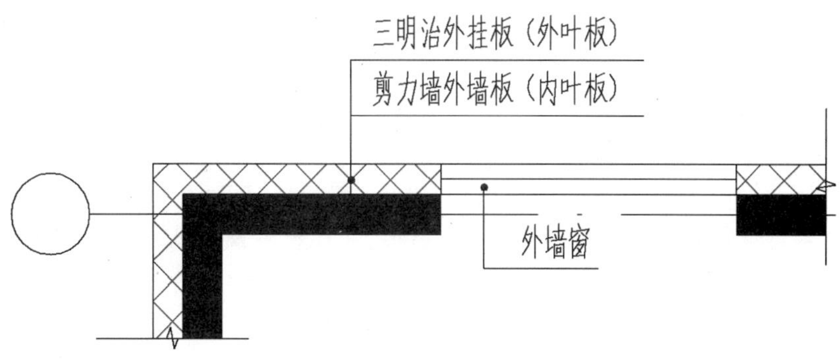

图 10.10　外墙开窗示意图

（1）视图设置。在“属性”面板中单击“视图范围”后的“编辑”按钮，在弹出的“视图范围”对话框中的“顶部”“底部”“标高”栏均选择“相关标高（2）”选项，在“偏移量”“偏移”栏均输入 1100 个单位，然后单击“确定”按钮，如图 10.11 所示。

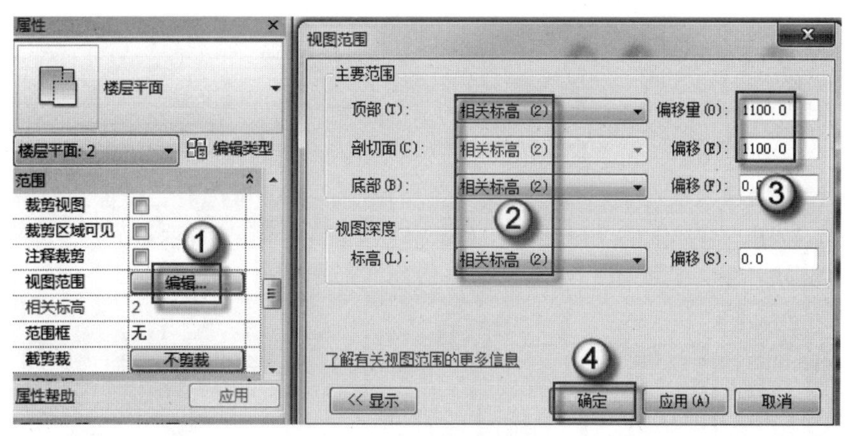

图 10.11　视图设置

注意：此处偏移量设为 1100mm 的原因，主要是因为本例是窗台高为 1000mm，而剖切面要高于窗台高，所以设置偏移量为向上 1100mm。

（2）绘制外墙窗。按 WN 快捷键，在“属性”面板选择 C1515 窗，然后单击外墙窗的相应位置，如图 10.12 所示。注意外墙窗插入在三明治外挂墙板（即外墙外叶板）中，而不是外墙内叶板。

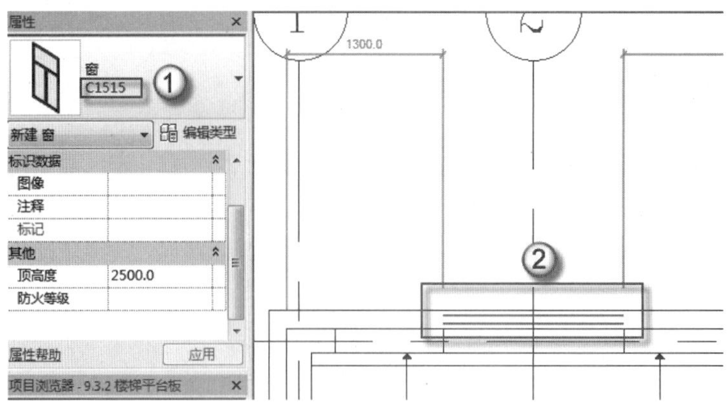

图 10.12　绘制 C1515 窗

（3）移动外墙窗。在“属性”面板选择 C0915 窗，然后单击外墙窗的相应位置，如图 10.13 所示。单击插入的外墙窗，按 MV 快捷键，单击外墙窗的端点，拖动至出现 100 个单位的位置，如图 10.14 所示。

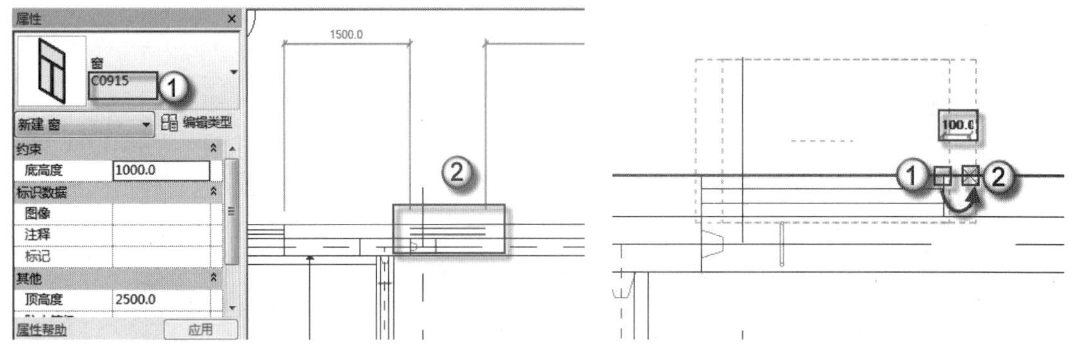

图 10.13　绘制 C0915 窗　　　　图 10.14　移动窗

（4）镜像外墙窗。根据上述操作，将其他外墙窗插入，框选需要镜像的外墙靠窗，单击“过滤器”按钮，在弹出的“过滤器”对话框中只选中“窗”复选框，然后单击“确定”按钮，按 MM 快捷键，单击中心对称轴进行镜像，如图 10.15 所示。

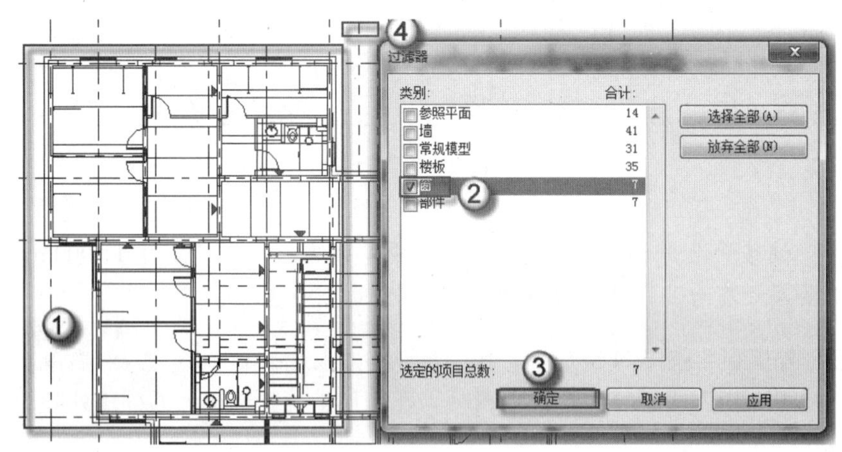

图 10.15　镜像窗

（5）其他外墙窗。外墙窗均布置在三明治外挂墙，按 WN 快捷键，依次将外墙窗绘制在相应位置，如图 10.16 所示。按 F4 键，观察到外墙窗的三维视图，如图 10.17 所示。

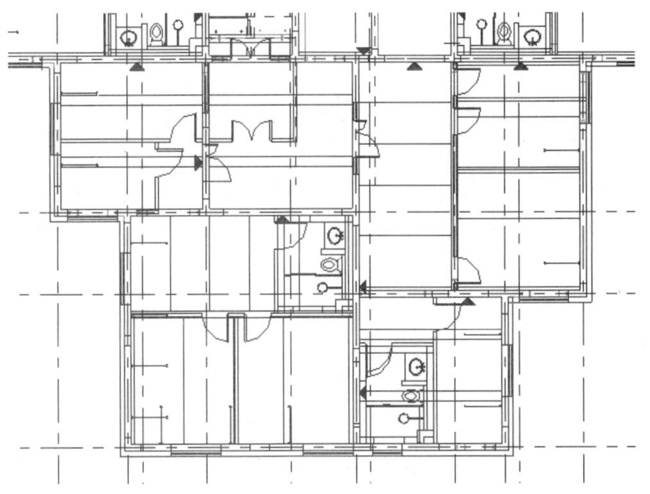

图 10.16　其他外墙窗

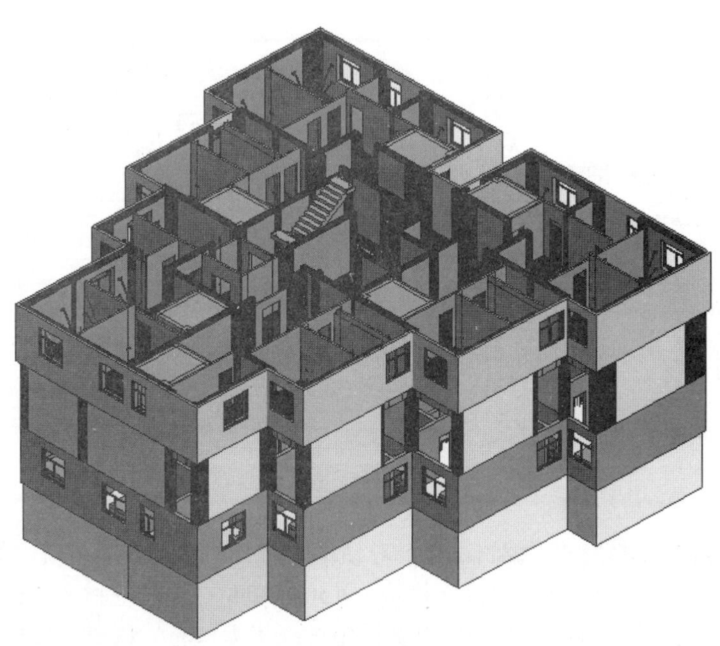

图 10.17　外墙窗三维视图

10.2　首层石材外墙

首层建筑是架空层，因此不需要墙体保温，可以选择石材外墙。颜色上比二层及以上楼层（即标准层）的外面要深一些，上浅下深的效果会让建筑立面稳重一些。如果需要控制建筑成本，可以考虑使用真石漆、岩片漆来模拟石材外墙的效果。

10.2.1　外墙装饰条

外墙装饰条是一、二层外立面的装饰分隔，如果没有这个装饰条，外墙的变化会缺少过渡，显得较突兀。外墙装饰条的制作方法如下。

（1）新建墙体。按 WA 快捷键，单击“编辑类型”按钮，在弹出的“类型属性”对话框中单击“复制”按钮，在弹出的“名称”对话框中“名称”栏输入“首层石材外墙（带装饰条）”字样，单击“确定”按钮，然后单击“编辑”按钮，进行材质编辑，如图 10.18 所示。

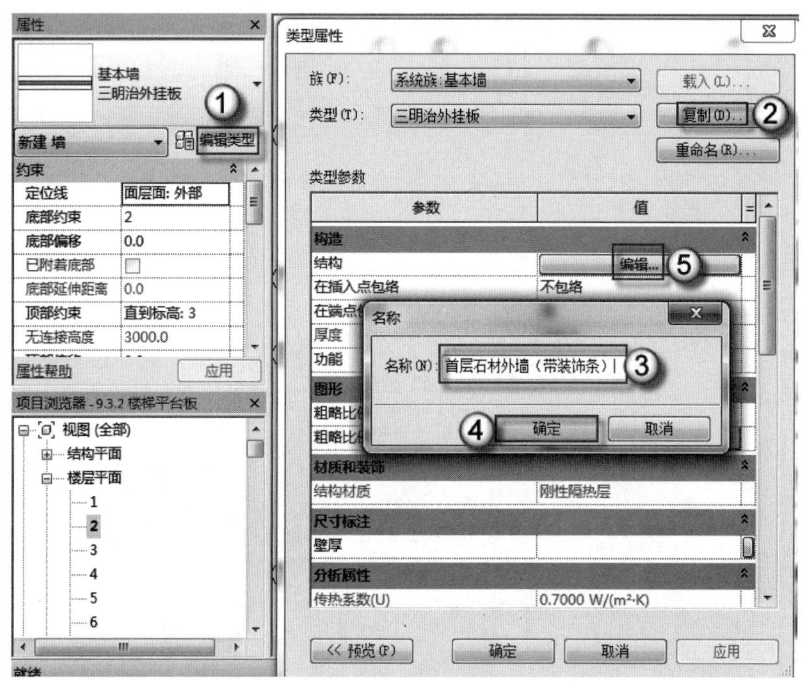

图 10.18　新建墙体

（2）编辑材质。在弹出的“编辑部件”对话框中将三明治外挂墙材质中的“面层 1[4]”“面层 2[5]”两个材质删除，在“厚度”栏输入 150 个单位，单击“材质”栏下的“刚性隔热层”按钮，在弹出的“材质浏览器”对话框中选择“大理石”材质，然后单击“确定”按钮，如图 10.19 所示。

注意： 上楼层采用了 150mm 厚的三明治外挂板，下部的石材墙体也应采用同样的厚度。如果在施工中没有同样厚度的石材墙体，要用干挂的方法让上下墙面对齐。

（3）预览设置。在“编辑部件”对话框中单击“预览”按钮，在“视图”栏选择“剖面：修改类型属性”选项，然后单击“墙饰条”按钮，如图 10.20 所示。

（4）载入轮廓。在弹出的“墙饰条”对话框中单击“载入轮廓”按钮，在弹出“载入族”对话框中选择“一二层分隔”族，然后单击“打开”按钮。如图 10.21 所示。

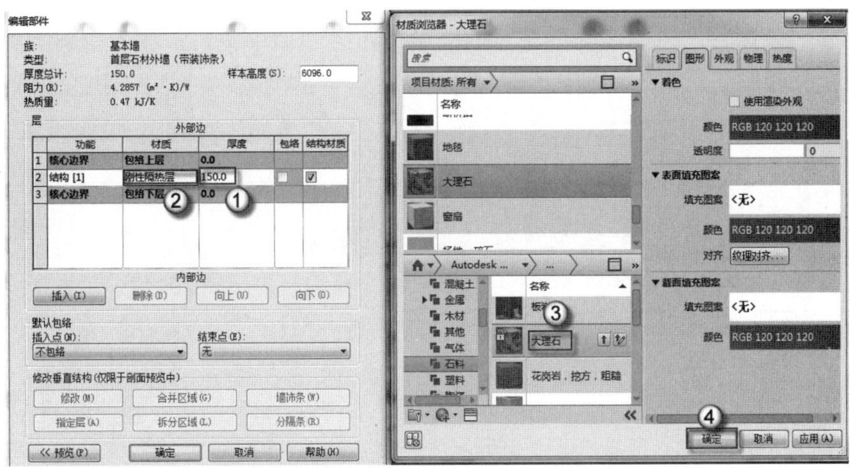
图 10.19　编辑材质

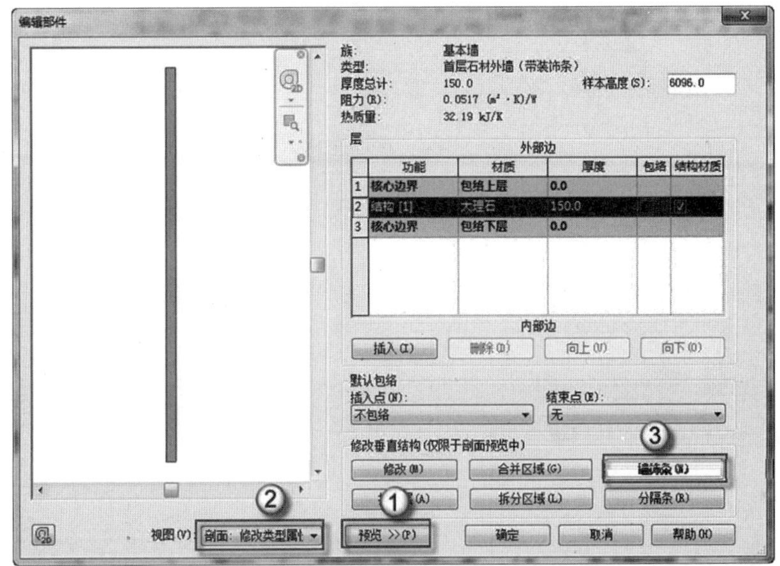
图 10.20　预览设置

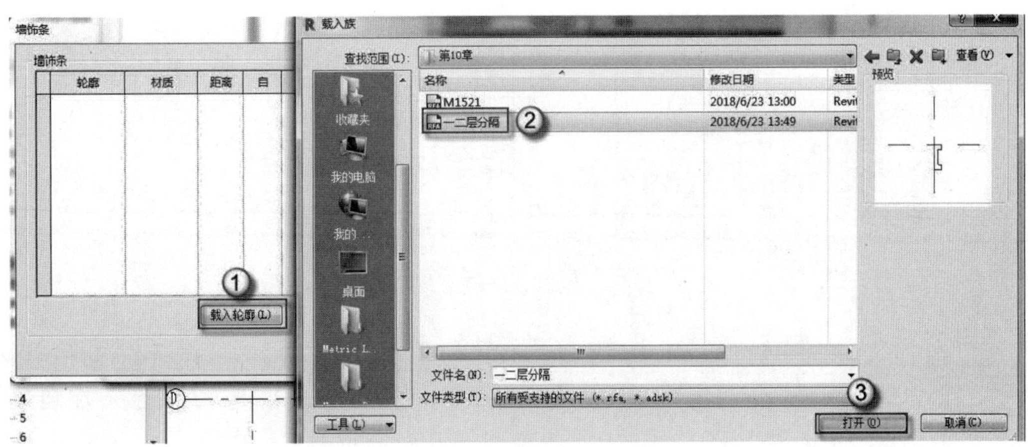
图 10.21　载入轮廓

（5）墙饰条设置。在“墙饰条”对话框中单击“添加”按钮，在“轮廓”栏选择“一二层分隔”选项，在“自”栏选择“顶”选项，然后单击“<按类别>”按钮，在弹出的“材质浏览器”对话框中选择“大理石”材质，然后单击“确定”按钮，如图 10.22 所示。

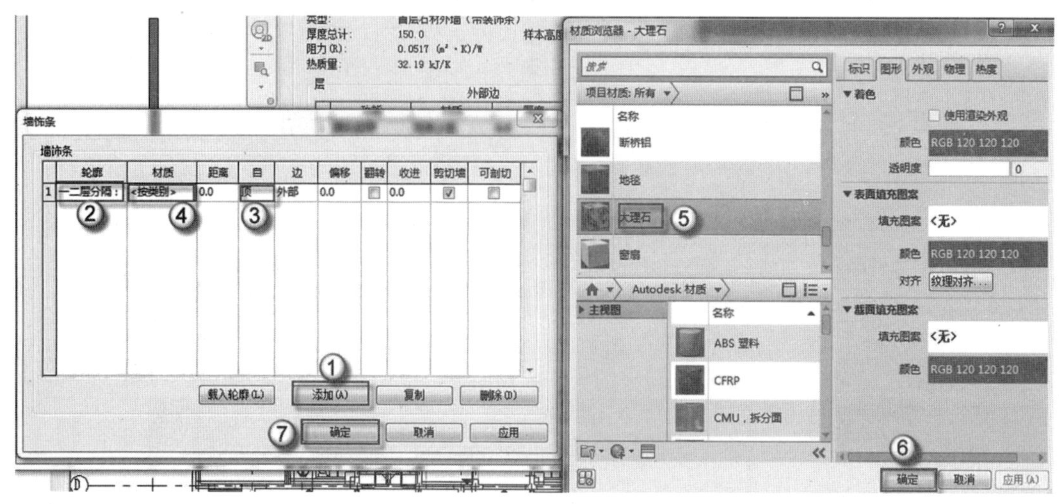

图 10.22　墙饰条设置

（6）绘制外墙装饰条。按 WA 快捷键，选择“深度”选项，然后选择 1 楼层，在“定位线”栏选择“面层面：内部”选项，选中“链”复选框，在“属性”面板中“底部偏移”栏输入 2500 个单位，然后单击“应用”按钮，在相应的位置绘制一条外墙装饰条，如图 10.23 所示。

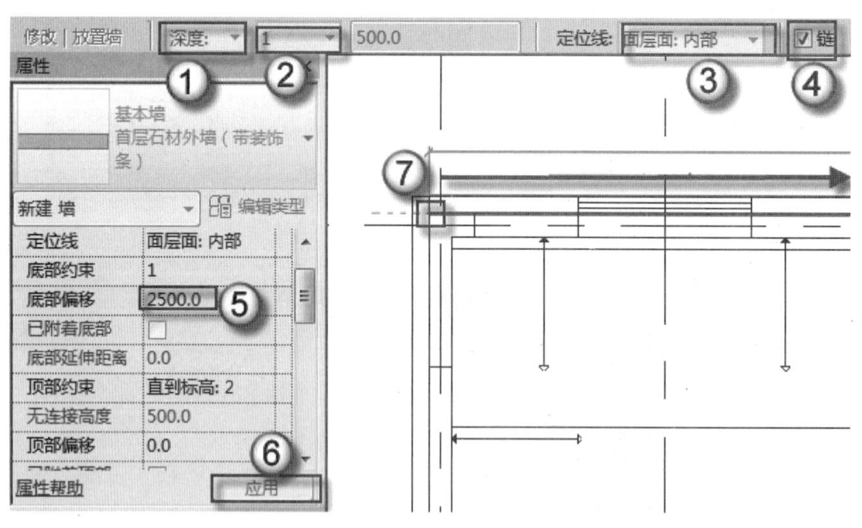

图 10.23　绘制外墙装饰条的设置

（7）外墙装饰条具体位置。外墙装饰条均布置在墙体外侧，三明治外挂墙下，如图 10.24 所示。按 WA 快捷键，依次将外墙装饰条绘制在相应位置，按 F4 键，观察到外墙装饰条的三维视图，如图 10.25 所示。

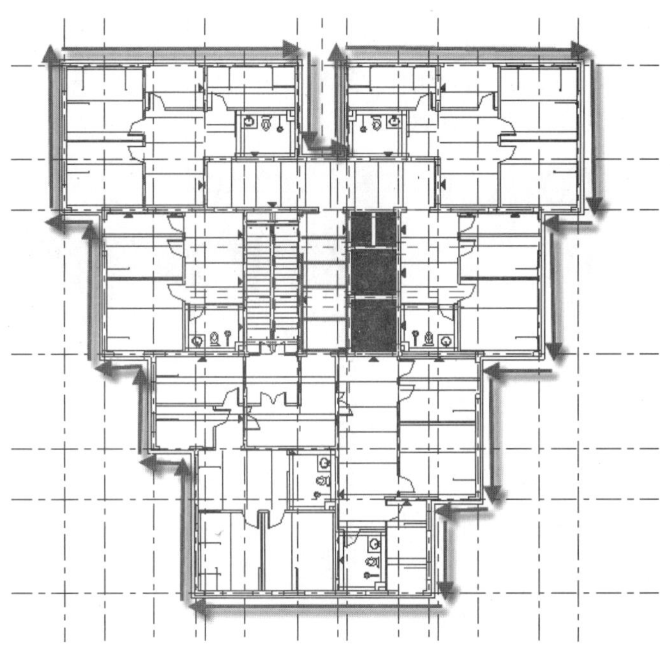

图 10.24　外墙装饰条

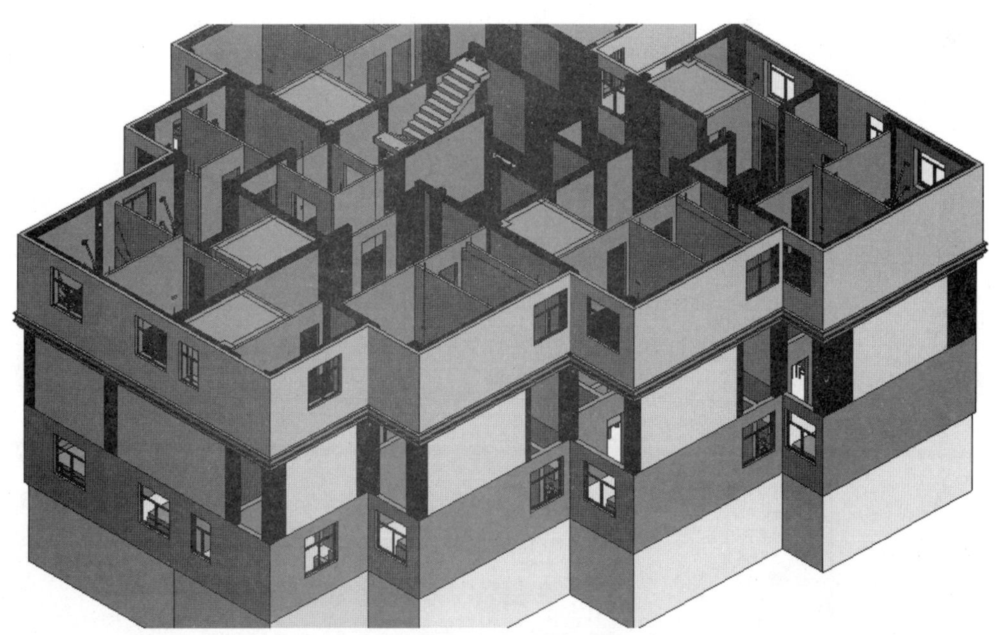

图 10.25　外墙装饰条三维视图

10.2.2　石材外墙

石材外墙在制作的过程中要注意墙体的上、下部标高。下标高为“地坪”层，上标高要紧接着外墙装饰条，具体操作如下。

（1）复制外墙装饰条。在“项目浏览器”面板中选择“立面（建筑立面）”|“南”视

图，右击外墙装饰条，选择“选择全部实例”|“在整个项目中”命令，将全部外墙装饰条选中。复制外墙装饰条，按 CO 快捷键，取消选中“约束”复选框，将外墙装饰条复制到下方，如图 10.26 所示。

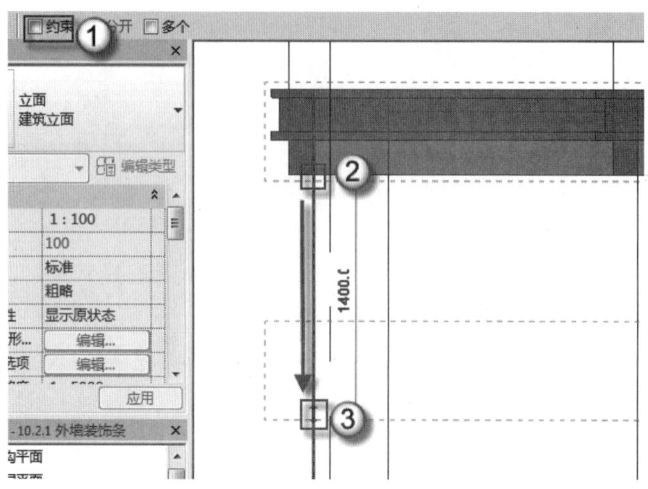

图 10.26　复制外墙装饰条

（2）新建石材外墙。在“属性”面板中单击“编辑类型”按钮，在弹出的“类型属性”对话框中单击“复制”按钮，在弹出的“名称”对话框中“名称”栏输入“首层石材外墙（不带装饰条）”字样，单击“确定”按钮，然后单击“编辑”按钮，如图 10.27 所示。

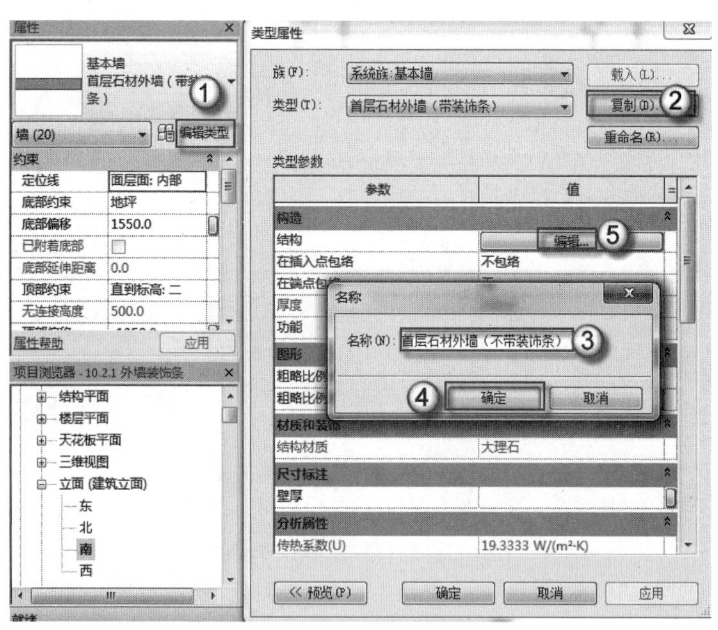

图 10.27　新建石材外墙

（3）编辑墙饰条。在弹出的“编辑部件”对话框中单击“墙饰条”按钮，在弹出的“墙饰条”对话框中选中编号为 1 的轮廓，然后单击“删除”按钮，最后单击“确定”按钮退出对话框，如图 10.28 所示。

（4）标高约束。右击石材外墙，选择“选择全部实例”|“在整个项目中”命令，将全部石材外墙选中。在“属性”面板中“底部约束”栏选择“地坪”选项，在“底部偏移”栏输入 0 个单位，在“顶部约束”栏选择“直到标高：2”选项，在“顶部偏移”栏输入 −500 个单位，然后单击“应用”按钮，如图 10.29 所示。

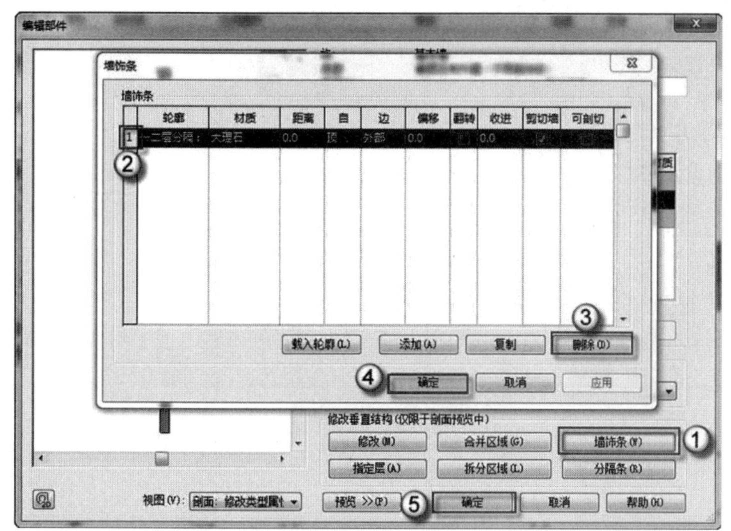

图 10.28　编辑墙饰条

图 10.29　标高约束

注意：石材外墙的下部标高为“地坪”层；上部标高为建筑 2 层向下 500mm，这样可以紧贴着墙面装饰条。

（5）编辑材质。在“属性”面板中单击“编辑类型”按钮，在弹出的“类型属性”对话框中单击“编辑”按钮，在弹出的“编辑部件”对话框中单击“大理石”按钮，在弹出的“材质浏览器”对话框中的“填充图案”栏选择“实体填充”选项，在“颜色”栏选择 RGB 175 135 61 颜色，然后单击“确定”按钮，如图 10.30 所示。按 F4 键，观察到石材外墙的三维视图，如图 10.31 所示。

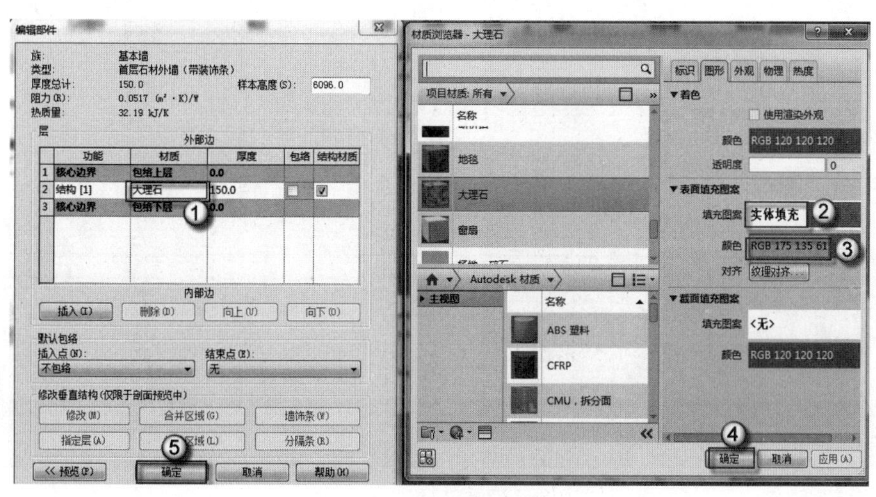

图 10.30　编辑材质

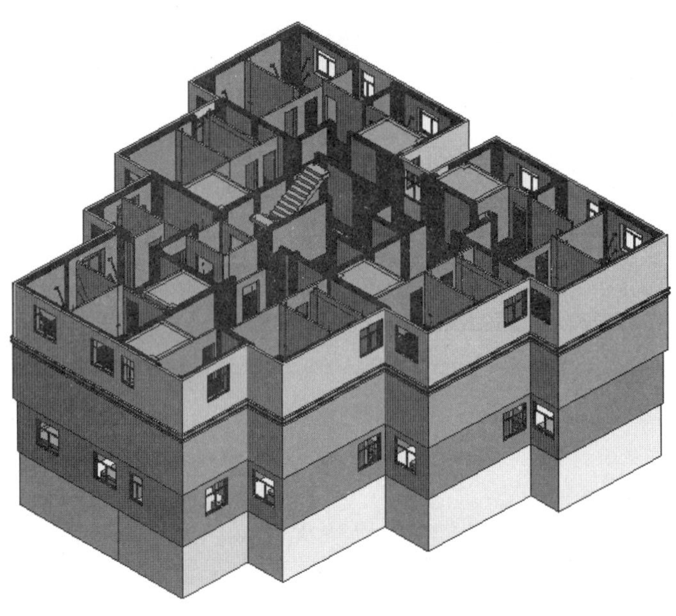

图 10.31　石材外墙三维视图

10.2.3　墙体开洞

上一小节绘制完成的墙体是一个封闭的墙体，但实际上这个一层的墙体是有许多洞口的。本小节介绍了 3 种开洞的位置：用门族自动生成洞口、以剪力墙约束边缘构件为界限开洞、以上层门窗为界限开洞。墙体开洞的具体操作方法如下。

（1）拆分墙体。按 F4 键，进入三维视图。选择“修改”|“拆分图元”命令或按 SL 快捷键，单击需要拆分的墙，如图 10.32 所示。按 Esc 键，退出拆分命令，选择拆分的墙体，单击墙体端点至一段距离，如图 10.33 所示。

图 10.32　拆分墙体

图 10.33　移动拆分墙体

（2）对齐墙体。按 AL 快捷键，按 Tab 键切换选择，将选中所需对齐的墙体，如图 10.34 所示。同理，将墙洞的另一侧墙体对齐，如图 10.35 所示。根据上述操作将其他首层对应二层窗位置的墙体开洞。

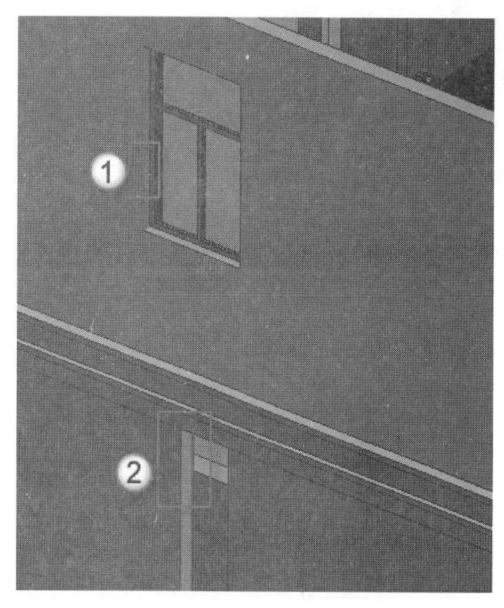

图 10.34　对齐墙体

图 10.35　对齐另一墙体

（3）剪力墙对应的首层墙体开洞。按 SL 快捷键，单击需要拆分的墙。按 Esc 键，退出拆分命令，选择拆分的墙体，单击墙体端点至剪力墙位置，如图 10.36 所示。同理，将墙洞另一侧边界对齐，如图 10.37 所示。根据上述操作将其余需开洞的墙体进行开洞，如图 10.38 所示。

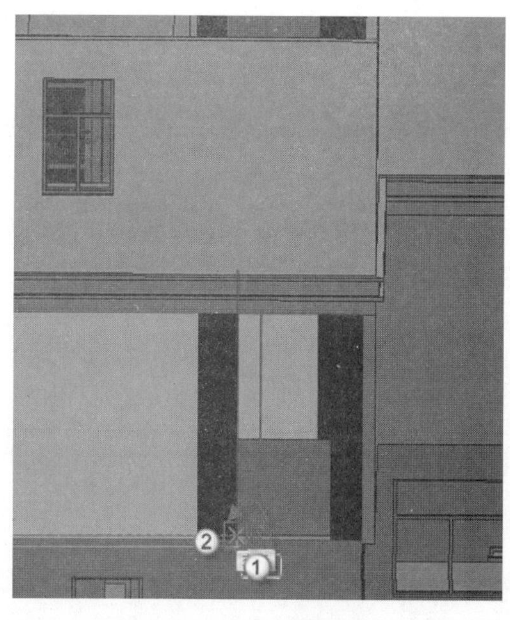

图 10.36　移动墙体

图 10.37　移动另一边墙体

（4）载入门族。选择“插入”|“载入族”命令，在弹出的“载入族”对话框中选择

M1521 族，然后单击“打开”按钮，如图 10.39 所示。

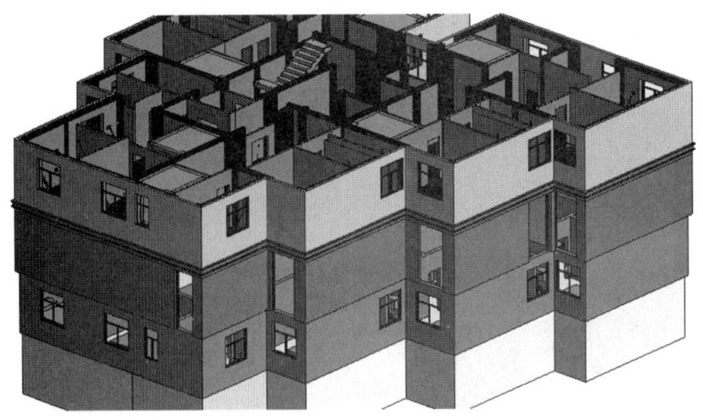

图 10.38　墙洞三维视图

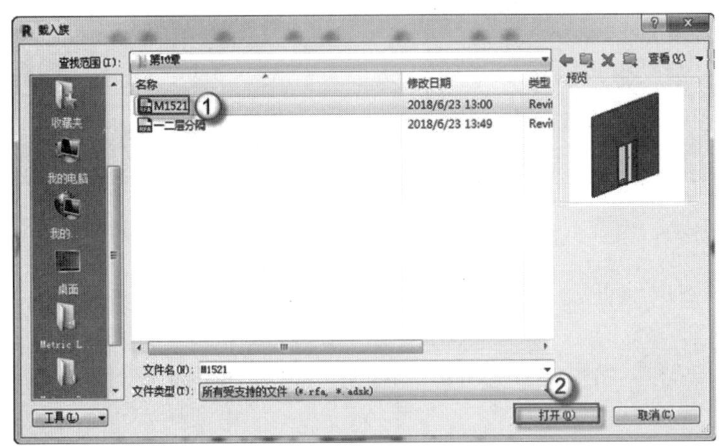

图 10.39　载入门族

注意： 首层中有两个 M1521 的门，两个门的样式完全一样，但功能不一样。一个是功能单元入户；另一个功能是疏散。可参看书后附录中的图纸。

（5）插入门。按 DR 快捷键，在“属性”面板中选择 M1521 门，然后单击门的相应位置，如图 10.40 所示。同理，将疏散门插入到相应位置，如图 10.41 所示。

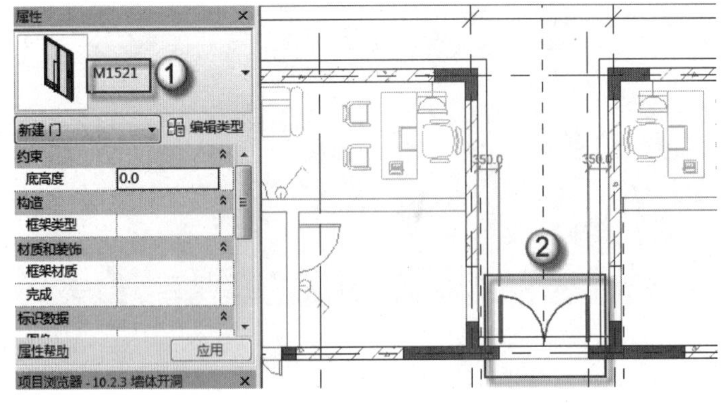

图 10.40　插入门

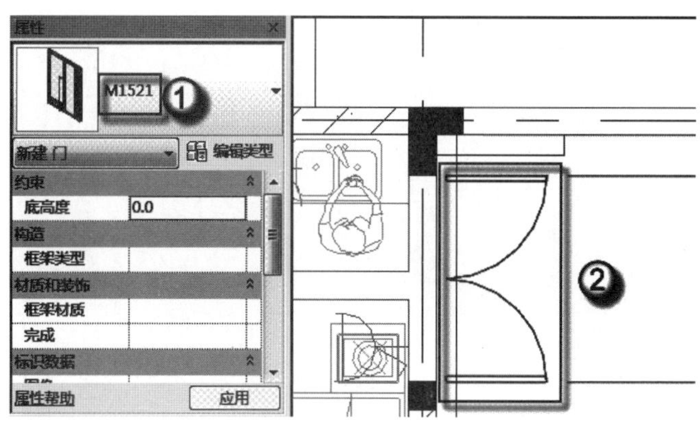

图 10.41　插入疏散门

（6）移动疏散门，选择疏散门，按 MV 快捷键，然后单击门的端点至门垛位置，如图 10.42 所示。按 F4 键，可观察到门及疏散门的三维视图，如图 10.43 所示。可以观察到，插入门后也会自动在墙上开洞。

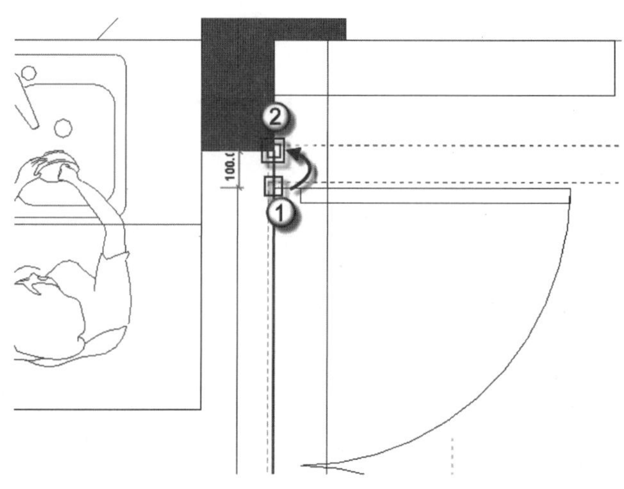

图 10.42　移动疏散门

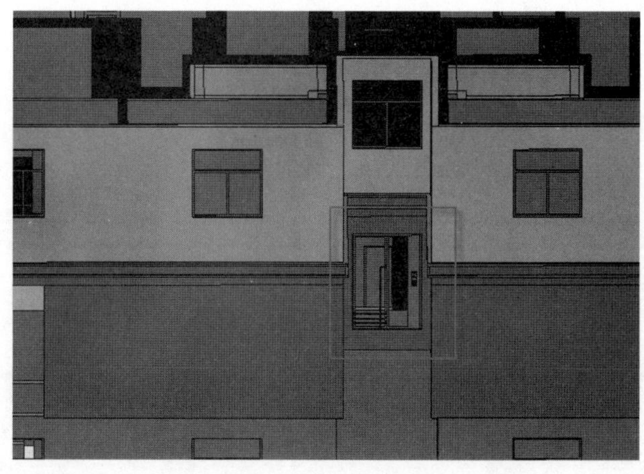

图 10.43　门的三维视图

第 4 篇　使用明细表的统计与计算

卫老师妙语：

知其然还要知其所以然。好多人往往学会了命令和操作方法就结束了学习，而不去思考为什么这么做。这就是只知其然而不知其所以然。如果情形稍微改变，就不知道如何处理了。学习一定要知其然更要知其所以然，要知道老师这样操作的理由是什么，只有这样才能触类旁通，掌握所学知识的关键点。

第 11 章　数量的统计

（教学视频：52 分钟）

在建筑信息化模型（BIM）中，信息量的运用相当关键。构件中带有信息量，就可以使用 Revit 软件中的“明细表”命令进行统计。“明细表”有两个子命令：“明细表/数量”与“材质提取”。“明细表/数量”子命令是专门统计个数的明细表，一般情况下最终统计的单位是“个”。本章将介绍这个子命令，另一个子命令将在下一章中讲解。

针对装配式建筑中的预制构件，可以增加一些参数，使得后续可以自动计算出如吊装重力、钢筋重力等数值。只要是对构件设置了相关的信息，就可以使用 Revit 软件中的“明细表/数量”命令进行相应的统计和计算操作。

11.1　板材的统计

本例采用的是用“常规模型”制作的墙板及用“楼板”制作的叠合板。这两种预制板材不仅需要统计构件的数量，同样需要计算构件在吊装时的重力。构件的数量可以直接使用“明细表/数量”进行统计，而吊装的重力就需要增加相应的公式进行计算了。

11.1.1　墙板的统计

本小节主要介绍 PC 外墙板、PC 内墙板两种剪力墙墙板的统计方法。ALC 内隔墙的统计在出图时与图纸一起生成，这会在后面的章节中详细介绍。

（1）新建明细表。选择菜单栏中的“视图”｜“明细表”｜“明细表/数量”命令，在弹出的“新建明细表”对话框中，在过滤器列表栏选择“结构”专业，在“类别”栏选择“常规模型”选项，在“名称”栏输入“外墙内叶板（PC 外墙）表”，单击“确定”按钮，进入下一步操作，如图 11.1 所示。

（2）添加外墙内叶板（PC 外墙）表字段参数。继续上一步操作，在弹出的“明细表属性”对话框的“字段”选项卡中，将“可用的字段”栏中的“类型”“选用构件编号”“合计”3 个字段依次添加到“明细表字段栏”中，如图 11.2 所示。

（3）修改外墙内叶板（PC 外墙）表排序方式。继续上一步操作，在弹出的“明细表属性”对话框中，进入“排序/成组”选项卡，在“排序方式”栏选择“类型”选项，并取消选中“逐项列举每个实例”复选框，如图 11.3 所示。

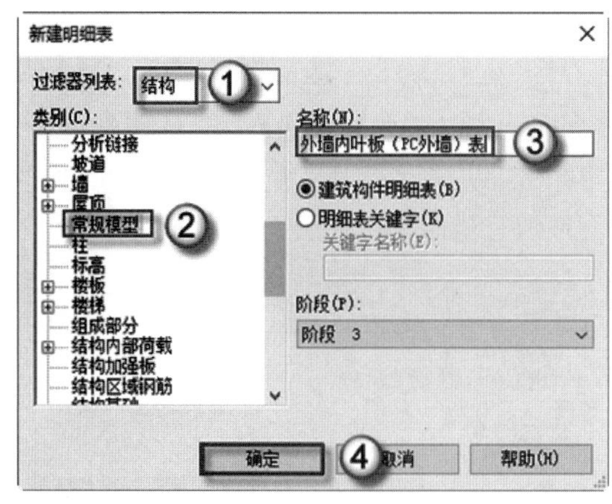

图 11.1　新建明细表

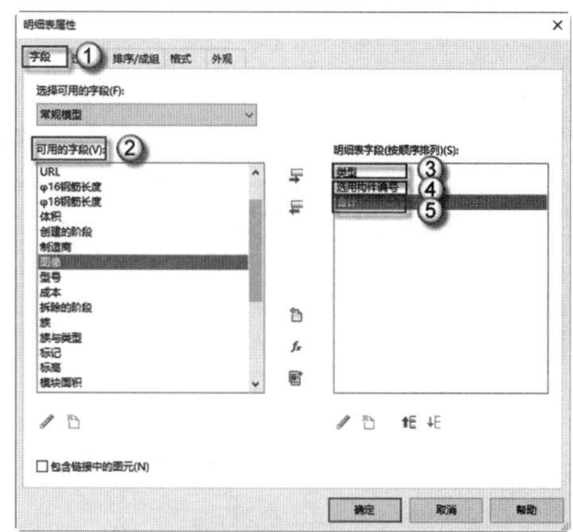

图 11.2　添加外墙内叶板（PC 外墙）表字段参数

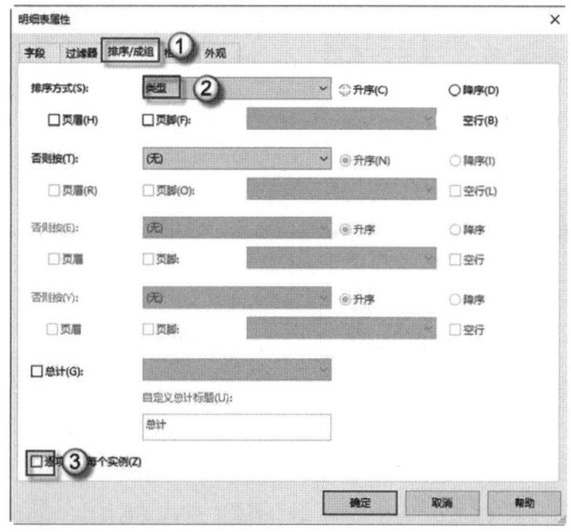

图 11.3　修改外墙内叶板（PC 外墙）表排序方式

（4）修改“合计”格式。在“格式”选项卡中选择“合计”字段，并将其切换为“计算总数”选项，这样就可以保证在明细表中合计是所有构件个数的总数，单击“确定”按钮完成操作，如图 11.4 所示。生成的《外墙内叶板（PC 外墙）表》如图 11.5 所示。

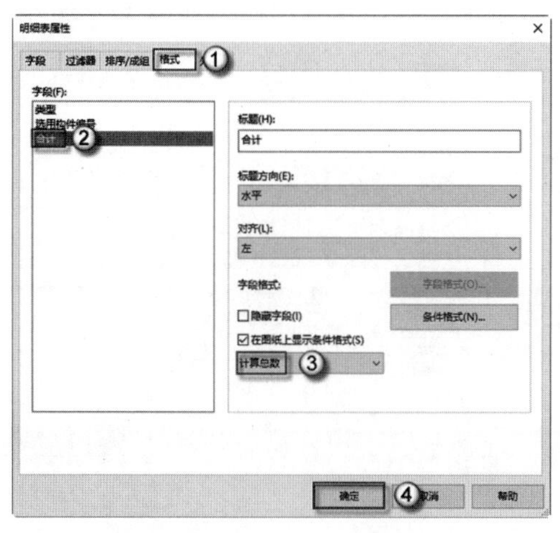

图 11.4　修改“合计”格式

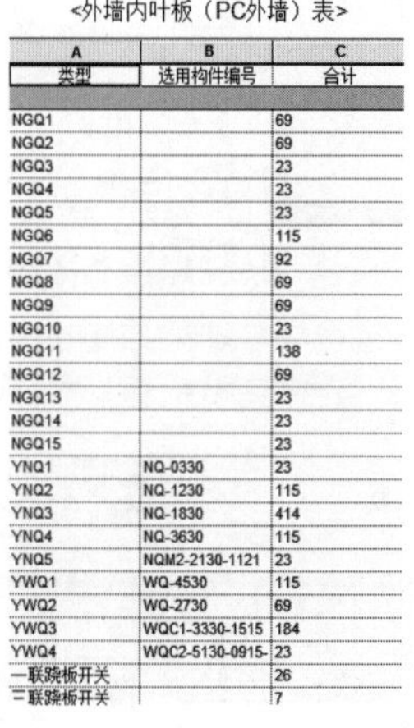

<外墙内叶板（PC外墙）表>

A	B	C
类型	选用构件编号	合计
NGQ1		69
NGQ2		69
NGQ3		23
NGQ4		23
NGQ5		23
NGQ6		115
NGQ7		92
NGQ8		69
NGQ9		69
NGQ10		23
NGQ11		138
NGQ12		69
NGQ13		23
NGQ14		23
NGQ15		23
YNQ1	NQ-0330	23
YNQ2	NQ-1230	115
YNQ3	NQ-1830	414
YNQ4	NQ-3630	115
YNQ5	NQM2-2130-1121	23
YWQ1	WQ-4530	115
YWQ2	WQ-2730	69
YWQ3	WQC1-3330-1515	184
YWQ4	WQC2-5130-0915-	23
一联跷板开关		26
二联跷板开关		7

图 11.5　所有常规模型明细表

（5）修改外墙内叶板（PC 外墙）表的过滤器。由于生成的是所有常规模型的明细表，而此处需要的是外墙内叶板（PC 外墙）表，因此，在“过滤器”选项卡中设置“过滤条件”为“选用构件编号”｜“开始部分是”｜WQ，单击“确定”按钮完成操作，如图 11.6 所示。

（6）添加外墙内叶板（PC 外墙）表“体积”字段。在“字段”选项卡中的“可用的字段”栏增加一个“体积”字段，单击“确定”按钮完成操作，如图 11.7 所示。

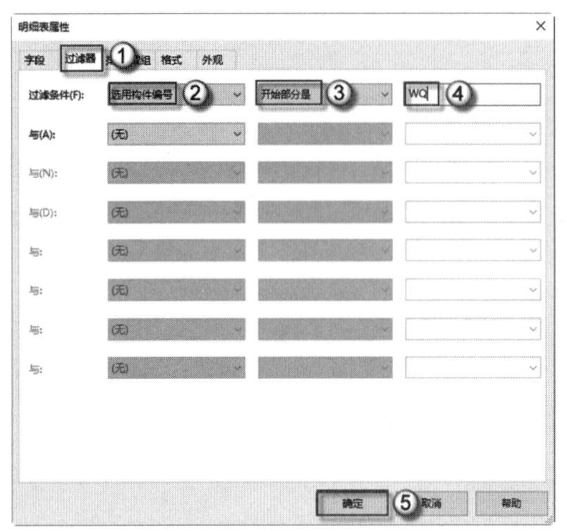

图 11.6　修改外墙内叶板（PC 外墙）表过滤器

图 11.7　添加外墙内叶板（PC 外墙）表“体积”字段

注意：由于在 Revit 中很多预制构件都是使用常规模型制作的，这里一定要使用“过滤器”功能，过滤掉一些不需要的构件。

（7）修改“体积”格式。在“格式”选项卡的“字段”栏选中“体积”选项，将其切换为“计算最小值”选项，这样就可以保证在明细表中体积不是所有构件的总体积，单击“确定”按钮完成操作，如图 11.8 所示。

（8）添加“吊装重量”字段。在“字段”选项卡中单击 f_x 按钮，在弹出的“计算值”对话框中“名称”栏输入“吊装重量（t)”，将“类型”栏切换为“体积”选项，单击“公式”栏的…按钮，在弹出的“字段”对话框中选择“体积”字段，并单击“确定”按钮，在“公式”栏中输入“体积*2.5”，单击“确定”按钮完成操作，如图 11.9 所示。

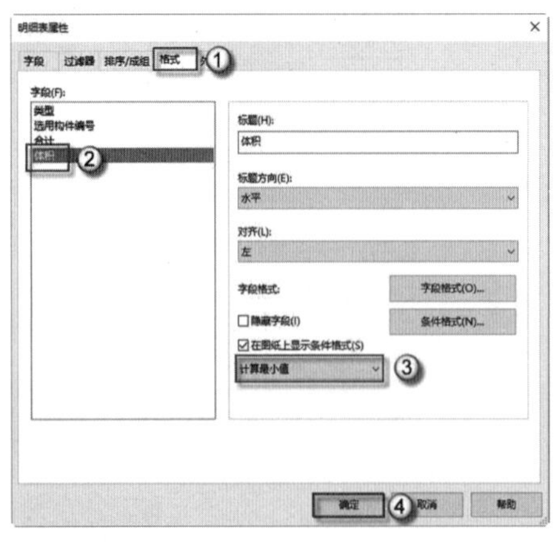

图 11.8　修改“体积”格式

图 11.9　添加“吊装重量”字段

（9）修改“吊装重量”字段格式。在“格式”选项卡中的“字段”栏选中“吊装重量（t）”选项，单击“字段格式”按钮，在弹出的“格式”对话框中取消选中“使用项目设置”复选框，并在“单位符号”栏选择“无”选项，单击“确定”按钮完成操作，如图 11.10 所示。

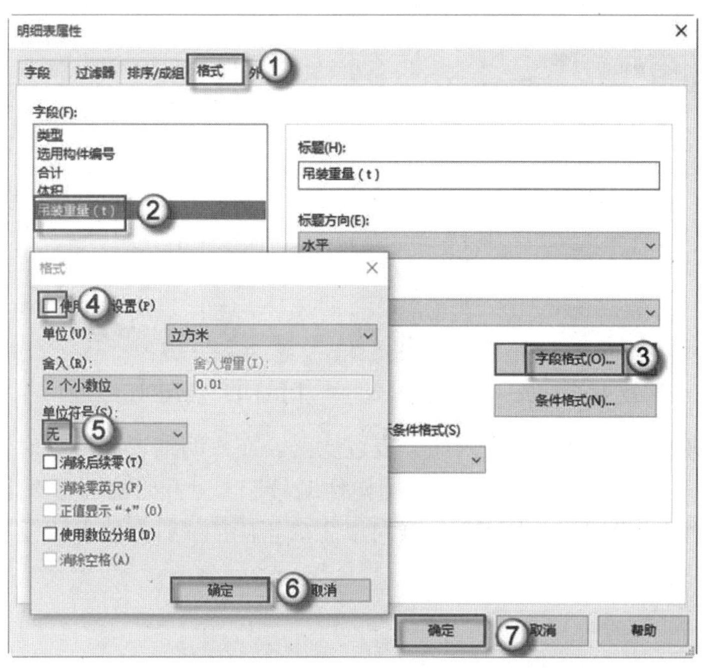

图 11.10　修改“吊装重量”字段格式

（10）修改外墙内叶板（PC 外墙）表字段名称。在外墙内叶板（PC 外墙）表中，依次将“类型”改为“名称”，“体积”改为“单个体积”，这样就与实际更加匹配，如图 11.11 所示。

<外墙内叶板（PC外墙）表>

A	B	C	D	E
名称	选用构件编号	合计	单个体积	吊装重量（t）
YWQ1	WQ-4530	115	6.63 m³	16.56
YWQ2	WQ-2730	69	5.55 m³	13.86
YWQ3	WQC1-3330-1515	184	3.93 m³	9.81
YWQ4	WQC2-5130-0915-	23	3.93 m³	9.81

图 11.11　修改外墙内叶板（PC 外墙）表字段名称

（11）复制外墙内叶板（PC 外墙）表。在“项目浏览器”面板中右击“明细表/数量”|“外墙内叶板（PC 外墙）表”选项，选择“复制视图（V）”|“复制（L）”命令，如图 11.12 所示。复制外墙内叶板（PC 外墙）表，得到外墙内叶板（PC 外墙）表副本，进入下一步骤操作。

（12）创建剪力墙内墙板（PC 内墙）表。继续上一步操作，将“外墙内叶板（PC 外墙）表副本”重命名为“剪力墙内墙板（PC 内墙）表”，如图 11.13 所示。

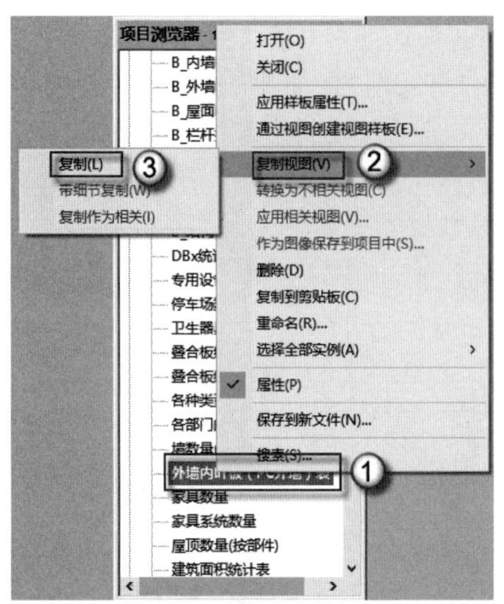

图 11.12　复制外墙内叶板（PC 外墙）表

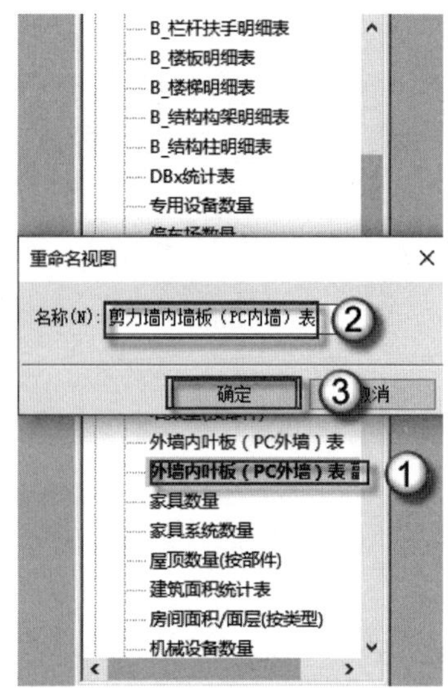

图 11.13　创建剪力墙内墙板（PC 内墙）表

（13）修改剪力墙内墙板（PC 内墙）表过滤器。在“明细表属性”对话框中选择“过滤器”选项卡，设置“过滤条件”为“选用构件编号”｜“开始部分是”｜NQ，单击“确定”按钮完成操作，如图 11.14 所示。这样可以生成正确的《剪力墙内墙板（PC 内墙）表》，如图 11.15 所示。

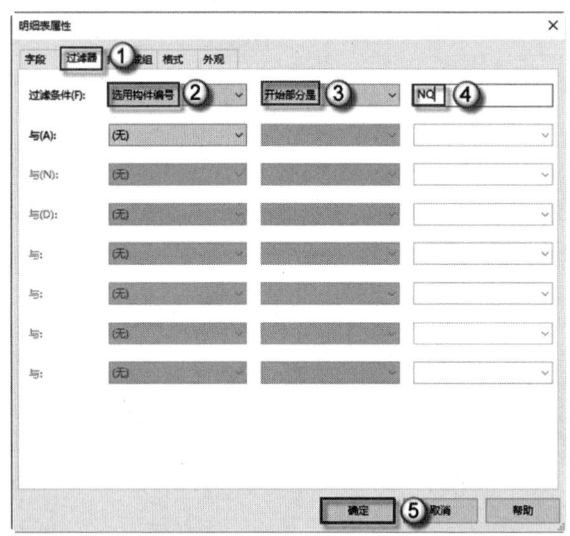

图 11.14　修改剪力墙内墙板（PC 内墙）表过滤器

<剪力墙内墙板（PC内墙）表>				
A	B	C	D	E
名称	选用构件编号	合计	单个体积	吊装重量（t）
YNQ1	NQ-0330	23	0.98 m³	2.45
YNQ2	NQ-1230	115	1.52 m³	3.80
YNQ3	NQ-1830	414	1.88 m³	4.70
YNQ4	NQ-3630	115	2.96 m³	7.40
YNQ5	NQM2-2130-1121	23	0.80 m³	2.00

图 11.15　剪力墙内墙板（PC 内墙）表

11.1.2　叠合板的统计

本小节主要介绍叠合板构件的个数的统计；然后设置公式，计算出每一块叠合板的吊装重量，为施工提供依据。具体统计方法如下。

（1）新建明细表。选择菜单栏中的“视图”|“明细表”|“明细表/数量”命令，在弹出的“新建明细表”对话框中，在过滤器列表栏选择“结构”专业，在类别栏选择“楼板”，在名称栏输入“叠合板统计表”，单击“确定”按钮，进入下一步操作，如图 11.16 所示。

（2）添加明细表字段参数。继续上一步操作，在弹出的“明细表属性”对话框中，在“字段”选项卡中，将“可用的字段”栏中的“类型”“合计”“体积”3 个字段依次添加到“明细表字段”栏中，如图 11.17 所示。

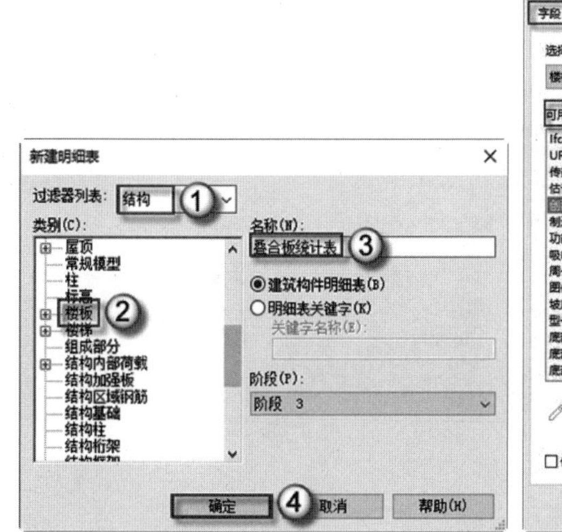

图 11.16　新建明细表

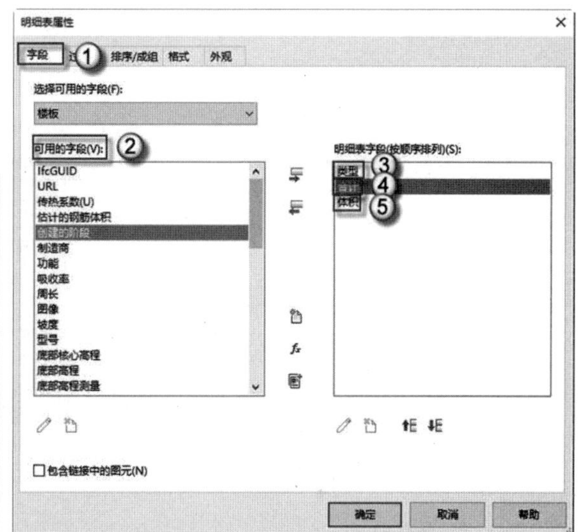

图 11.17　添加明细表字段参数

（3）修改叠合板统计表排序方式。继续上一步操作，在“排序/成组”选项卡中，将“排序方式”栏切换为“类型”选项，并取消选中“逐项列举每个实例”复选框，如图 11.18 所示。

（4）修改“合计”格式。继续上一步操作，在“格式”选项卡中选择“合计”选项，并将其切换为“计算总数”选项，这样就可以保证在明细表中合计是所有构件个数的总数，单击“确定”按钮完成操作，如图 11.19 所示。

（5）修改“体积”格式。在“格式”选项卡中的“字段”栏选中“体积”选项，并将其切换为“计算最小值”选项，这样就可以保证在明细表中体积不是所有构件的总体积，单击“确定”按钮完成操作，如图 11.20 所示。

（6）添加“吊装重量”字段。在“字段”选项卡中单击 f_x 按钮，在弹出的“计算值”对话框中“名称”栏输入“吊装重量（t)”，将“类型”栏切换为“体积”选项，单击“公式”栏的⊡按钮，在弹出的“字段”对话框中选择“体积”字段，并单击“确定”按钮，在“公式”栏中输入“体积*2.5*3/7”，单击“确定”按钮完成操作，如图 11.21 所示。

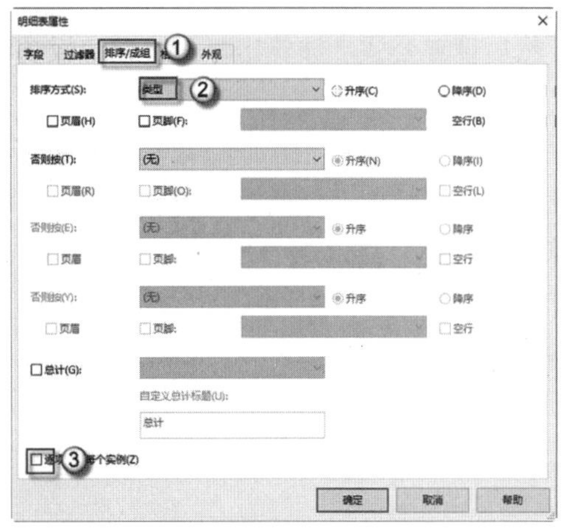

图 11.18　修改叠合板统计表排序方式

图 11.19　修改“合计”格式

图 11.20　修改“体积”格式

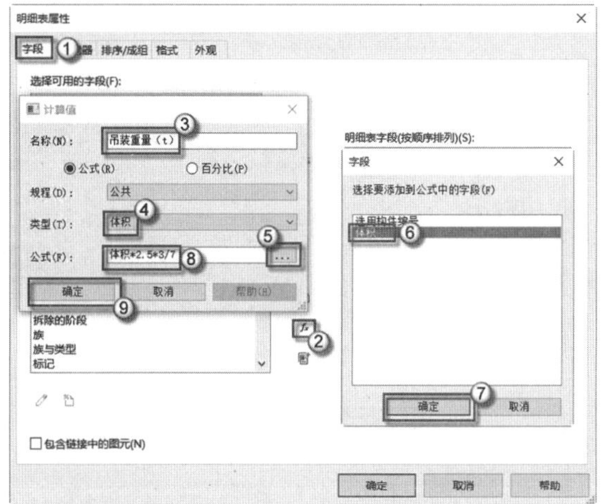

图 11.21　添加“吊装重量”字段

注意： 叠合板是 80mm 厚的后浇部分、60mm 厚的预制部分，总板厚是 80+60=140mm。吊装重量只计算预制部分，因此 60/140=3/7。

（7）修改“吊装重量”字段格式。选择“格式”选项卡中“字段”栏的“吊装重量（t）”选项，单击“字段格式”按钮，在弹出的“格式”对话框中取消选中“使用项目设置”复选框，并在“单位符号”栏选择“无”，单击“确定”按钮完成操作，如图 11.22 所示。

（8）修改叠合板统计表过滤器。由于生成的是所有楼板的明细表，而此处接缝板可忽略不计，因此，在“过滤器”选项卡中设置“过滤条件”为“吊装重量”|“大于”|0.19，单击“确定”按钮完成操作，如图 11.23 所示。这样的操作可以过滤掉接缝板。

（9）修改叠合板统计表字段名称。在叠合板统计表中，依次将“类型”改为“名称”，“体积”改为“单个体积”，这样就与实际更加匹配，如图 11.24 所示。

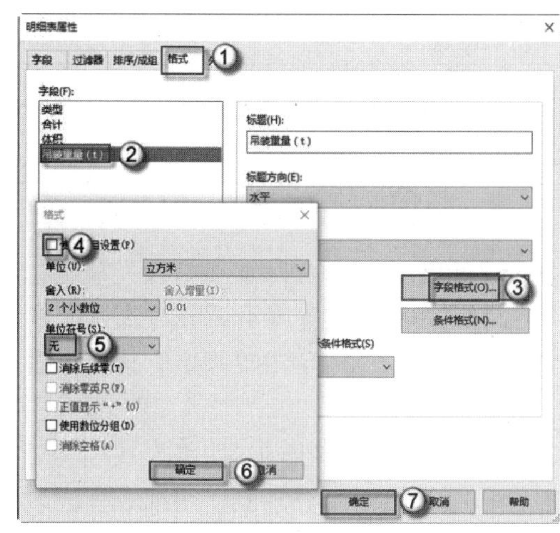

图 11.22　修改“吊装重量”字段格式

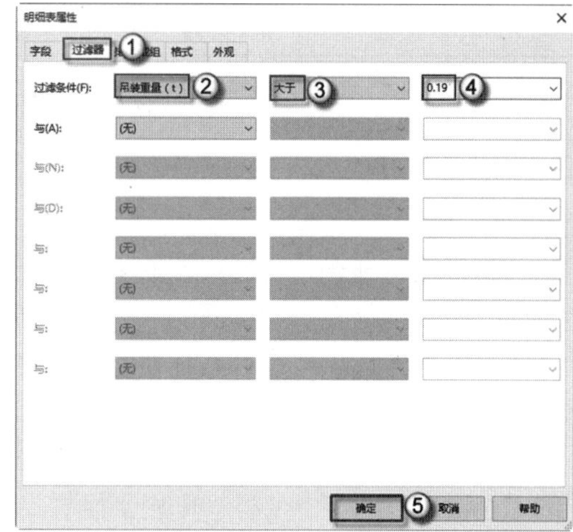

图 11.23　修改叠合板统计表过滤器

<叠合板统计表>			
A ①	B	C ②	D
名称	合计	单个体积	吊装重量（t）
DBD68-2412	253	0.37 m³	0.40
DBD68-2415	69	0.46 m³	0.50
DBD68-3012	414	0.47 m³	0.50
DBD68-3015	276	0.59 m³	0.63
DBD68-3915	414	0.78 m³	0.83
DBD68-3920	138	1.04 m³	1.11
DBS1-68-4512	115	0.57 m³	0.61
DBS1-68-4515	115	0.75 m³	0.81
DBS2-68-4518	115	0.90 m³	0.97

图 11.24　修改叠合板统计表字段名称

11.2　钢筋的统计

由于前面在制作钢筋族时，对钢筋的长度增加了相应的共享参数，所以在使用明细表统计时可以很方便地得到各类型钢筋的长度。有了钢筋的长度，可以通过查表的方法，进一步计算出各类型钢筋的总重量，为现场供应钢材提供依据。

11.2.1　钢筋长度的统计

本例中选用了 3 种类型的钢筋：ф12、ф16、ф18，3 种钢筋的使用功能如表 11.1 所示。可以直接使用明细表分别统计出 3 种钢筋的长度，具体统计方法如下。

表 11.1　钢筋使用功能表

钢 筋 类 型	钢筋的使用功能
φ12	叠合梁吊筋
φ16	预制墙插筋
φ18	墙底加强筋

（1）新建明细表。选择菜单栏中的“视图”｜“明细表”｜“明细表/数量”命令，在弹出的“新建明细表”对话框的“过滤器列表”栏中选择“结构”专业，在“类别”栏选择“常规模型”选项，在“名称栏”输入“φ12 钢筋统计表”，单击“确定”按钮，进入下一步操作，如图 11.25 所示。

（2）添加φ12 钢筋统计表字段参数。继续上一步操作，在弹出的“明细表属性”对话框的“字段”选项卡中，将“可用字段栏”中的“φ12 钢筋长”添加到“明细表字段”栏中，如图 11.26 所示。

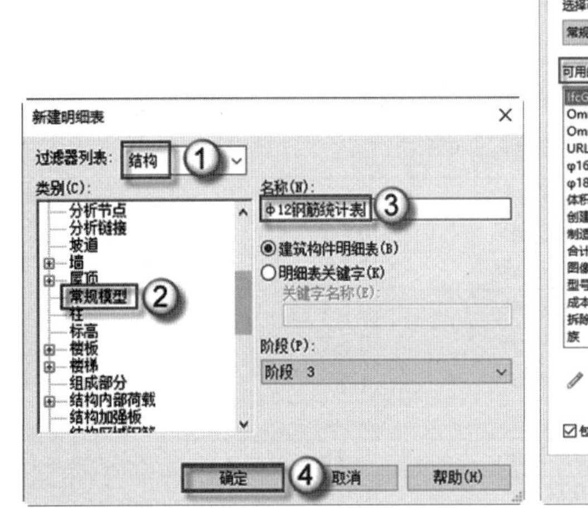

图 11.25　新建明细表

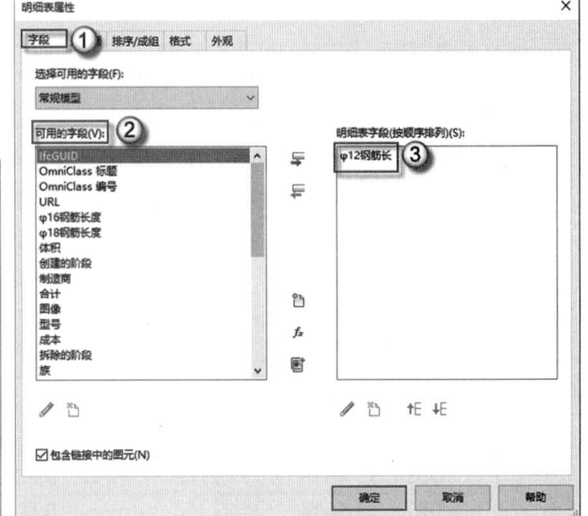

图 11.26　添加φ12 钢筋统计表字段参数

（3）修改φ12 钢筋统计表排序方式。在“排序/成组”选项卡中去掉“逐项列举每个实例”的勾选，如图 11.27 所示。

（4）修改“φ12 钢筋长”格式。在“格式”选项卡的“字段”栏选中“φ12 钢筋长”选项，将其切换为“计算总数”选项，再单击“字段格式”按钮，在弹出的“格式”对话框中取消选中“使用项目设置”复选框，在“单位”栏选择“米”，在“舍入”栏选择“2 个小数位”，“单位符号”栏选择 m，单击“确定”按钮完成操作，如图 11.28 所示。此时可以自动生成《φ12 钢筋统计表》，如图 11.29 所示。

注意： 因为钢筋容重的单位为 kg/m，所以钢筋统计的总长度也应该是以 m 为单位，一般精致到小数点后两位。

（5）复制φ12 钢筋统计表。在“项目浏览器”面板中右击“明细表/数量”｜“φ12 钢筋统计表”选项，选择“复制视图（V）”｜“复制（L）”命令，如图 11.30 所示。复

制 φ 12 钢筋统计表，得到 φ 12 钢筋统计表副本，进入下一步骤操作。

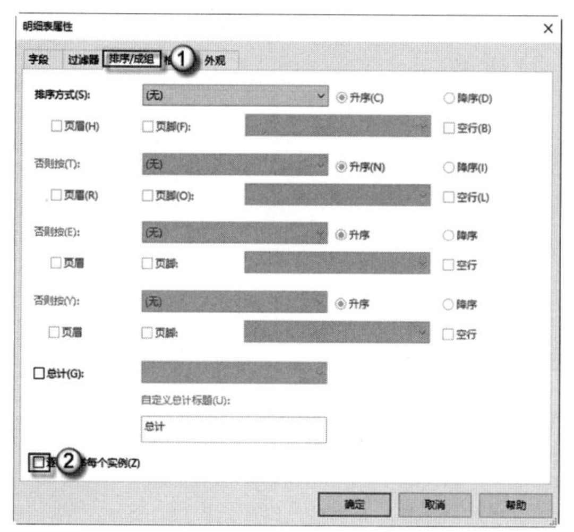

图 11.27　修改 φ 12 钢筋统计表排序方式

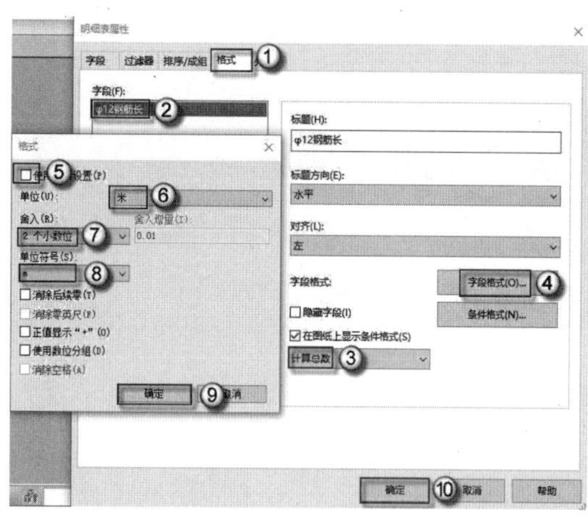

图 11.28　修改“φ 12 钢筋长”格式

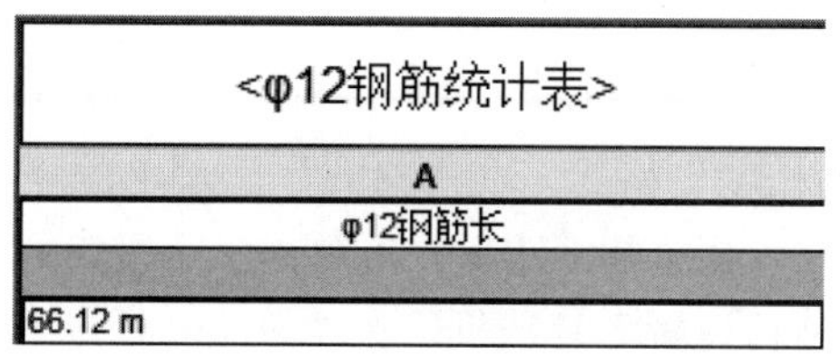

图 11.29　φ 12 钢筋统计表

（6）创建 φ 16 钢筋统计表。继续上一步操作，将“φ 12 钢筋统计表副本”重命名为“φ 16 钢筋统计表”，如图 11.31 所示。

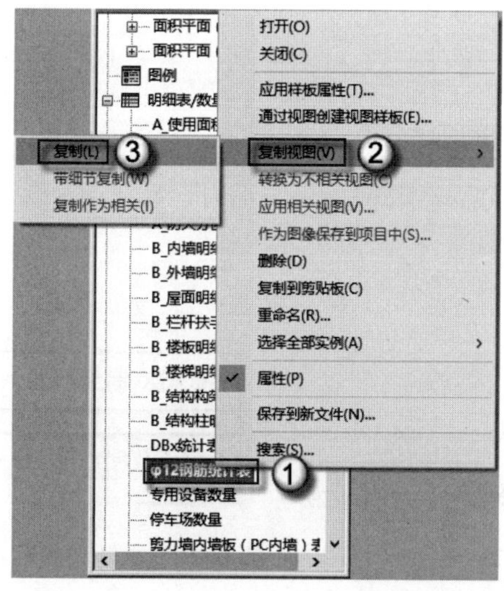

图 11.30　复制 φ 12 钢筋统计表

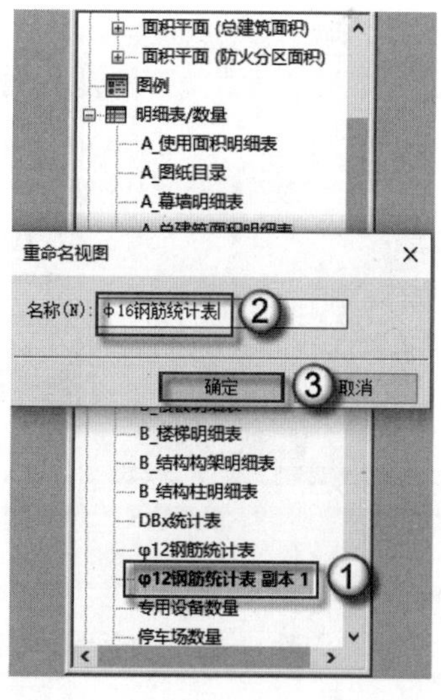

图 11.31　创建 φ 16 钢筋统计表

（7）修改 φ 16 钢筋统计表字段参数，在“字段”选项卡中将“可用字段”栏中的“φ

16 钢筋长度”添加到“明细表字段”栏中，并去掉“ϕ12 钢筋长”字段，如图 11.32 所示。

（8）修改ϕ16 钢筋统计表排序方式。继续上一步操作，在“排序/成组”选项卡中取消选中“逐项列举每个实例”复选框，如图 11.33 所示。

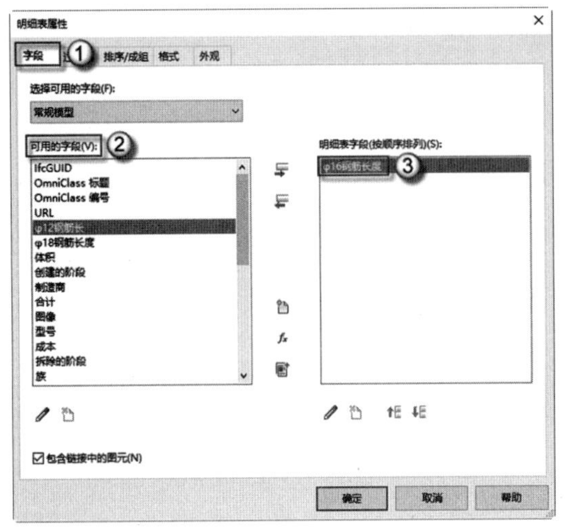

图 11.32　修改ϕ16 钢筋统计表字段参数

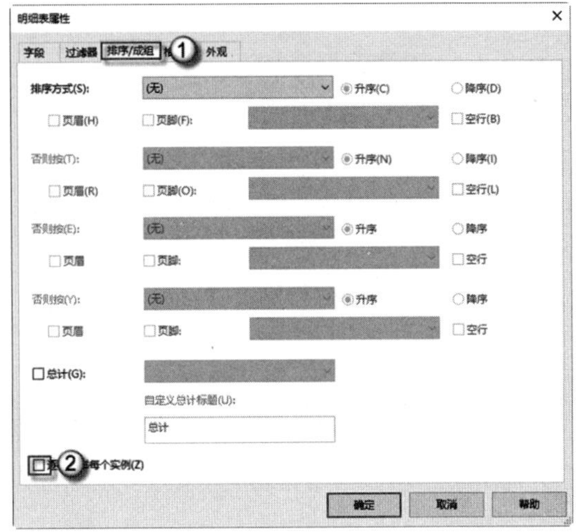

图 11.33　修改ϕ16 钢筋统计表排序方式

（9）修改“ϕ16 钢筋长度”格式。在“格式”选项卡的“字段”栏选择“ϕ16 钢筋长度”选项，将其切换为“计算总数”选项，再单击“字段格式”按钮，在弹出的“格式”对话框中取消选中“使用项目设置”复选框，在“单位”栏选择“米”，“舍入”栏选择“2 个小数位”，“单位符号”栏选择 m，单击“确定”按钮完成操作，如图 11.34 所示。此时可以自动生成《ϕ16 钢筋统计表》，如图 11.35 所示。

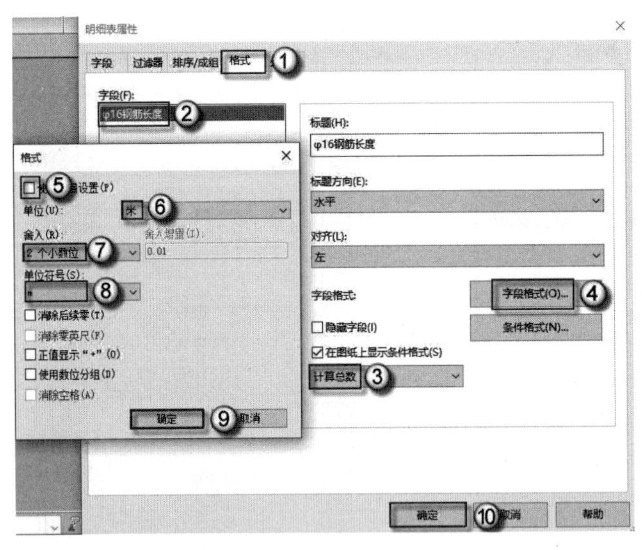

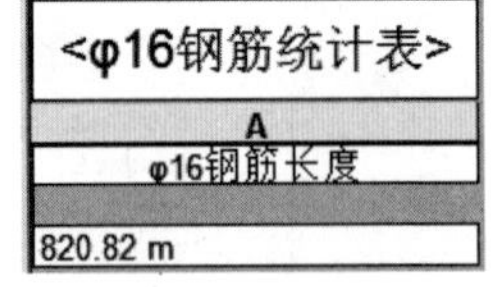

<φ16钢筋统计表>
A
φ16钢筋长度
820.82 m

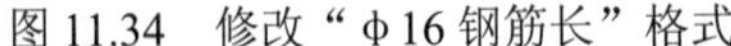

图 11.34　修改“ϕ16 钢筋长”格式　　图 11.35　ϕ16 钢筋统计表

（10）复制ϕ16 钢筋统计表。在“项目浏览器”面板中右击“明细表/数量”｜“ϕ16 钢筋统计表”选项，选择“复制视图（V）”｜“复制（L）”命令，如图 11.36 所示。复制ϕ16 钢筋统计表，得到ϕ16 钢筋统计表副本，进入下一步操作。

（11）创建 ϕ 18 钢筋统计表。继续上一步操作，将“ ϕ 16 钢筋统计表副本”重命名为“ ϕ 18 钢筋统计表”，如图 11.37 所示。

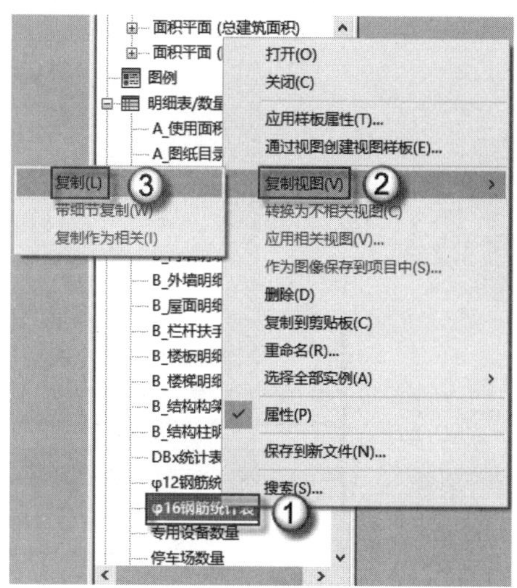

图 11.36　复制 ϕ 16 钢筋统计表

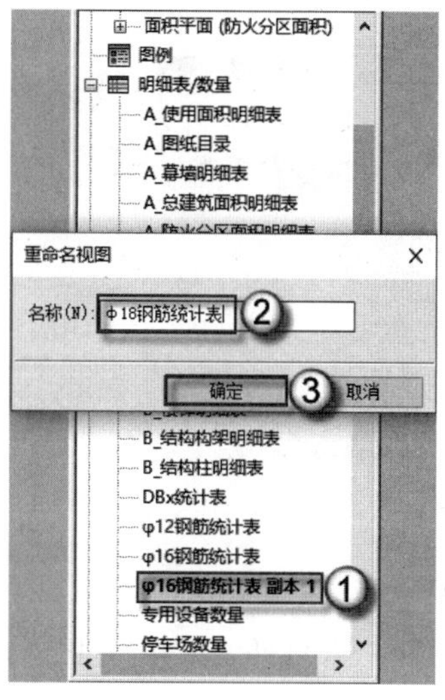

图 11.37　创建 ϕ 18 钢筋统计表

（12）修改 ϕ 18 钢筋统计表字段参数，在“明细表属性”对话框的“字段”选项卡中，将“可用字段”栏中的“ ϕ 18 钢筋长度”添加到明细表字段栏中，并把明细表字段中的“ ϕ 16 钢筋长度”去掉，如图 11.38 所示。

（13）修改 ϕ 18 钢筋统计表排序方式。继续上一步操作，在“排序/成组”选项卡中取消选中“逐项列举每个实例”复选框，如图 11.39 所示。

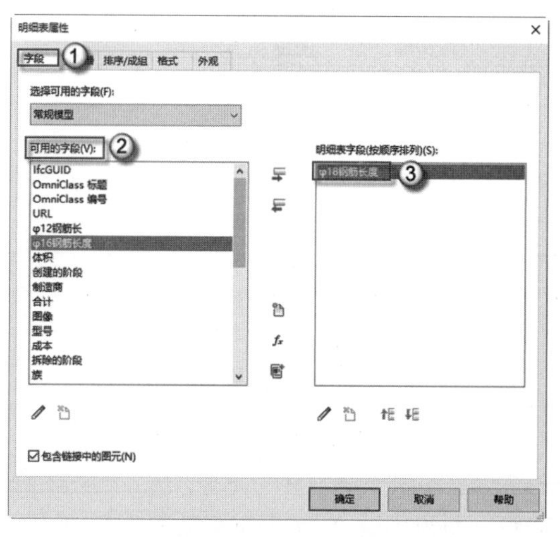

图 11.38　修改 ϕ 18 钢筋统计表字段参数

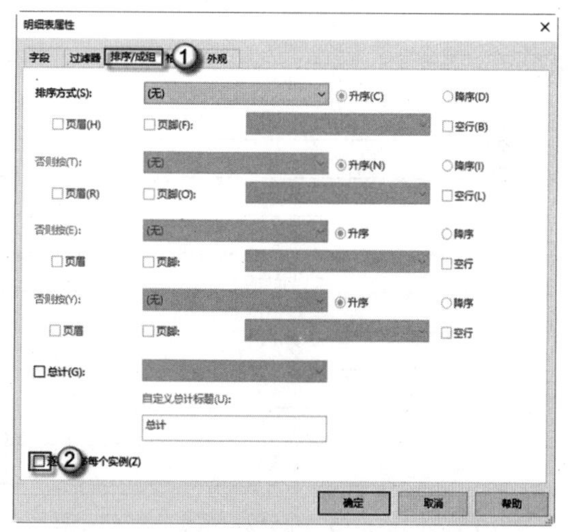

图 11.39　修改 ϕ 18 钢筋统计表排序方式

（14）修改“ ϕ 18 钢筋长”格式。在“格式”选项卡的“字段”栏选中“ ϕ 18 钢筋长度”选项，将其切换为“计算总数”选项，再单击“字段格式”按钮，在弹出的“格式”对话框中取消选中“使用项目设置”复选框，在“单位”栏选择“米”，“舍入”栏选择“2 个小数位”，“单位符号”栏选择 m，单击“确定”按钮完成操作，如图 11.40 所示。此时可以自动生成《ф18 钢筋统计表》，如图 11.41 所示。

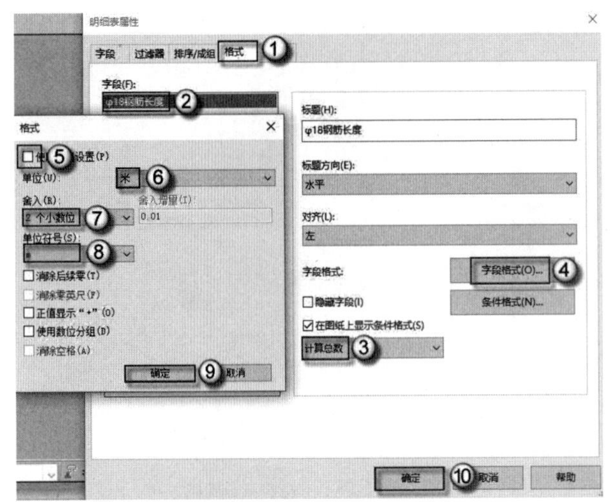

图 11.40　修改“ф18 钢筋长”格式

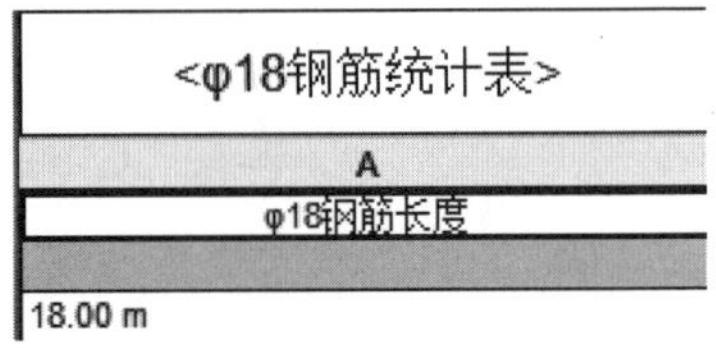

图 11.41　ф18 钢筋统计表

11.2.2　钢筋重量的统计

在上一小节中统计出各类型钢筋的长度后，可以查《钢筋容重表》如表 11.2 所示，然后在明细表中设置公式，计算出钢筋的重量，具体方法如下。

表 11.2　钢筋容重表

钢筋直径（mm）	钢筋容重（kg/m）
ф6	0.222
ф8	0.395
ф10	0.617
ф12	0.888
ф14	1.210
ф16	1.580
ф18	2.000
ф20	2.470
ф22	2.980
ф25	3.850
ф28	4.830
ф32	6.310

（1）打开 ф12 钢筋统计表。在“项目浏览器”面板中选择“明细表/数量”｜“ф12 钢筋统计表”选项，这样就可以统计 ф12 钢筋重量了，如图 11.42 所示。

（2）添加“重量”字段。在“字段”选项卡中单击 f_x 按钮，在弹出的“计算值”对话框中，“名称”栏输入“重量（kg）”，将“类型”栏切换为“长度”选项，单击“公式”栏的⋯按钮，在弹出的“字段”对话框中选择“ф12 钢筋长”字段，并单击“确定”按钮，在“公式”栏中输入“ф12 钢筋长*0.888”，单击“确定”按钮完成操作，如图 11.43 所示。

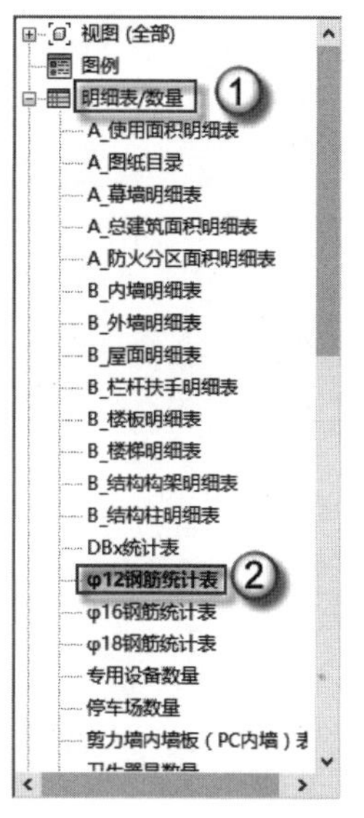

图 11.42　打开Φ12 钢筋统计表

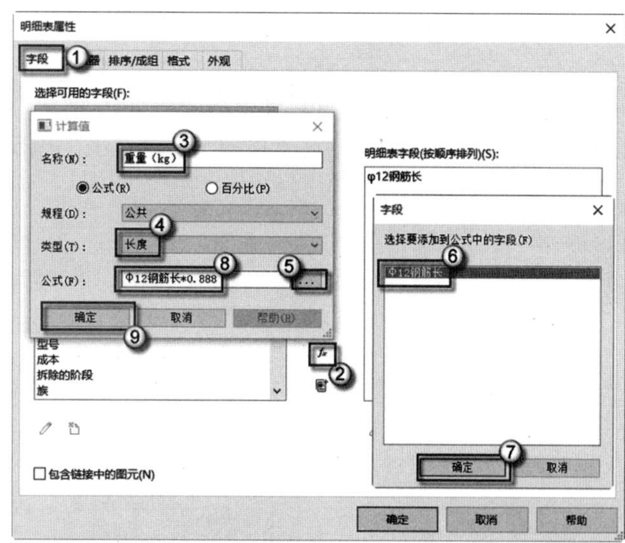

图 11.43　添加“重量”字段

注意：Φ12 钢筋的容重是 0.888kg/m，这个可以在前面的表格中查到。此处钢筋的重量就是“Φ12 钢筋长*0.888”。

（3）修改“重量”格式。在“格式”选项卡的字段栏选择“重量（kg）”选项，并将其切换为“计算总数”选项，再单击“字段格式”按钮，在弹出的“格式”对话框中取消选中“使用项目设置”复选框，在“单位”栏选择“米”，“舍入”栏选择“2 个小数位”，“单位符号”栏选择“无”，单击“确定”按钮完成操作，如图 11.44 所示。此时可以观察到《Φ12 钢筋统计表》出现了“重量（kg）”标题，如图 11.45 所示。

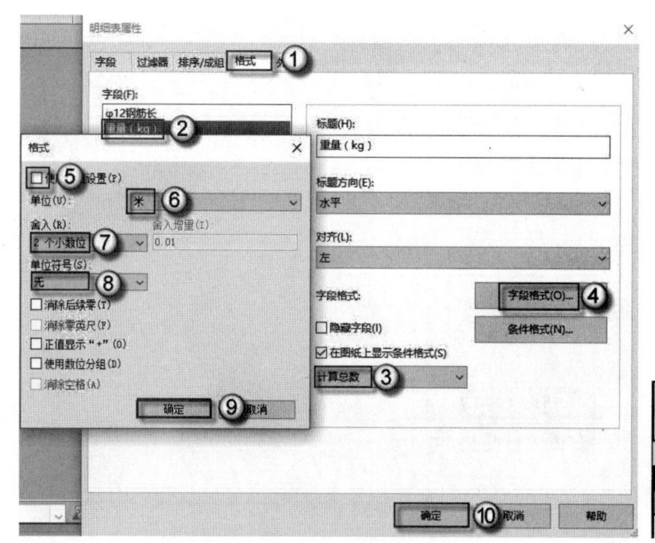

图 11.44　修改“重量”格式

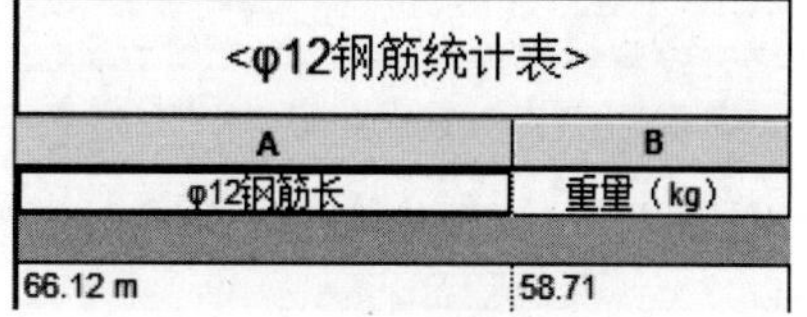

<φ12钢筋统计表>	
A	B
φ12钢筋长	重量（kg）
66.12 m	58.71

图 11.45　Φ12 钢筋统计表

（4）打开Φ16 钢筋统计表。在“项目浏览器”面板中选择“明细表/数量”｜“Φ16 钢筋统计表”选项，这样就可以统计Φ16 钢筋重量了，如图 11.46 所示。

（5）添加“重量”字段。在“字段”选项卡中单击 f_x 按钮，在弹出的“计算值”对话框中，“名称”栏输入“重量（kg）”，将“类型”栏切换为“长度”选项，单击“公式”栏的⋯按钮，在弹出的“字段”对话框中选择“ф16 钢筋长度”字段，并单击“确定”按钮，在“公式”栏中输入“ф16 钢筋长度*1.58”，单击“确定”按钮完成操作，如图 11.47 所示。

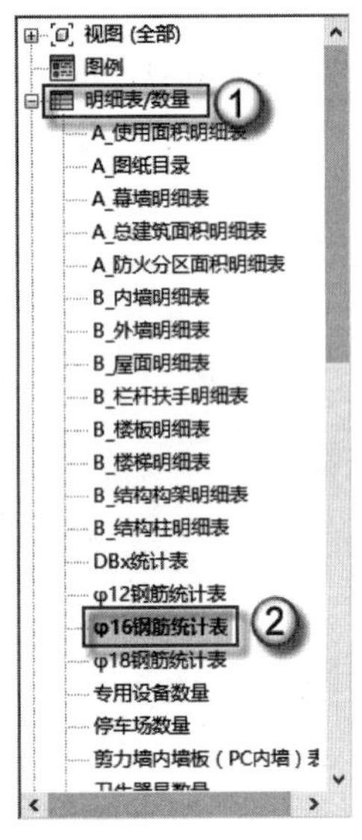

图 11.46　打开 ф16 钢筋统计表

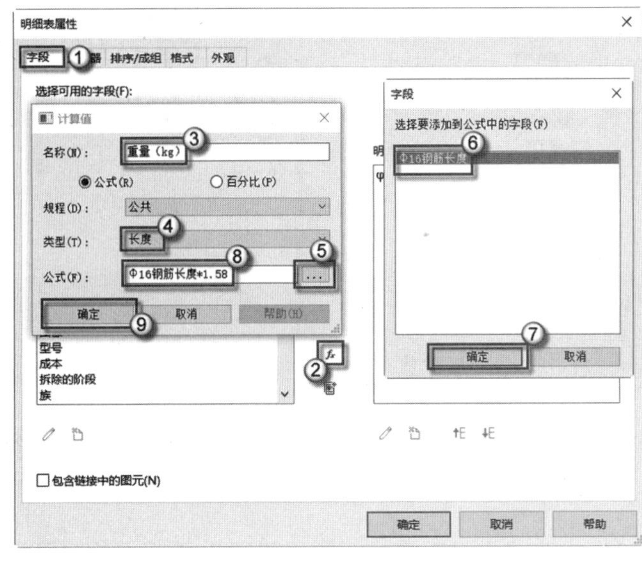

图 11.47　添加“重量”字段

（6）修改“重量”格式。在“格式”选项卡中选择“字段”栏的“重量（kg）”选项，将其切换为“计算总数”选项，再单击“字段格式”按钮，在弹出的“格式”对话框中取消选中“使用项目设置”复选框，在“单位”栏选择“米”，“舍入”栏选择“2 个小数位”，“单位符号”栏选择“无”，单击“确定”按钮完成操作，如图 11.48 所示。此时可以观察到《ф16 钢筋统计表》出现了“重量（kg）”标题，如图 11.49 所示。

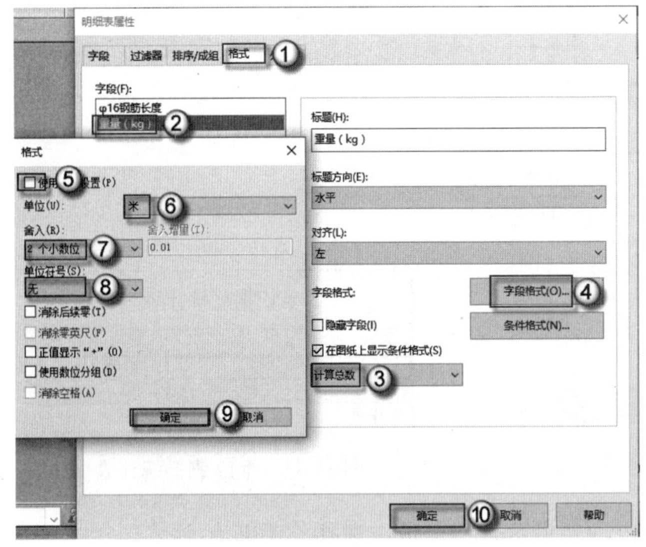

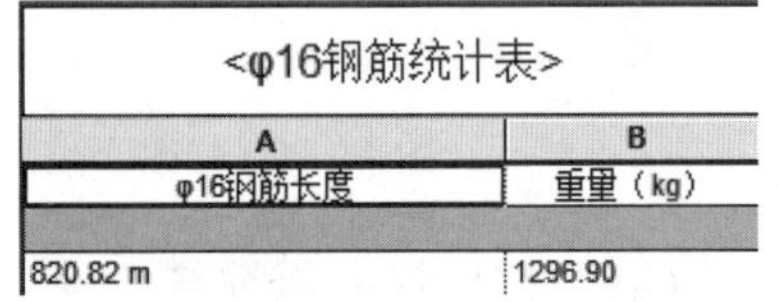

<φ16钢筋统计表>	
A	B
φ16钢筋长度	重量（kg）
820.82 m	1296.90

图 11.48　修改“重量”格式

图 11.49　ф16 钢筋统计表

（7）打开 ϕ18 钢筋统计表。在“项目浏览器”面板中选择“明细表/数量”|“ϕ18 钢筋统计表”选项，这样就可以统计 ϕ18 钢筋重量了，如图 11.50 所示。

（8）添加“重量”字段。在“字段”选项卡中单击 f_x 按钮，在弹出的“计算值”对话框中，“名称”栏输入“重量（kg）”，将“类型”栏切换为“长度”选项，单击“公式”栏的⋯按钮，在弹出的“字段”对话框中选择“ϕ18 钢筋长度”字段，并单击“确定”按钮，在“公式”栏中输入“ϕ18 钢筋长度*2”，单击“确定”按钮完成操作，如图 11.51 所示。

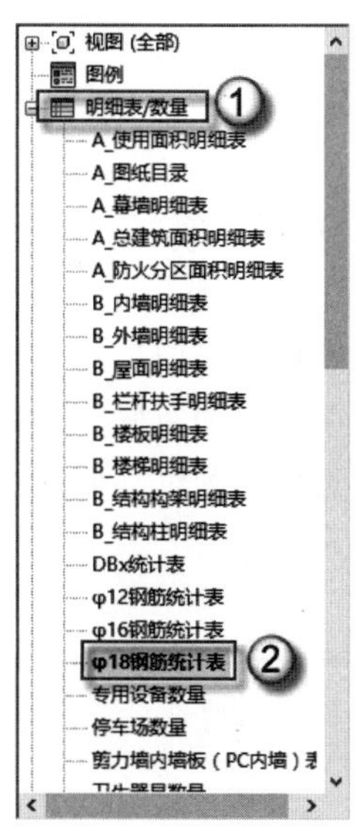

图 11.50　打开 ϕ18 钢筋统计表

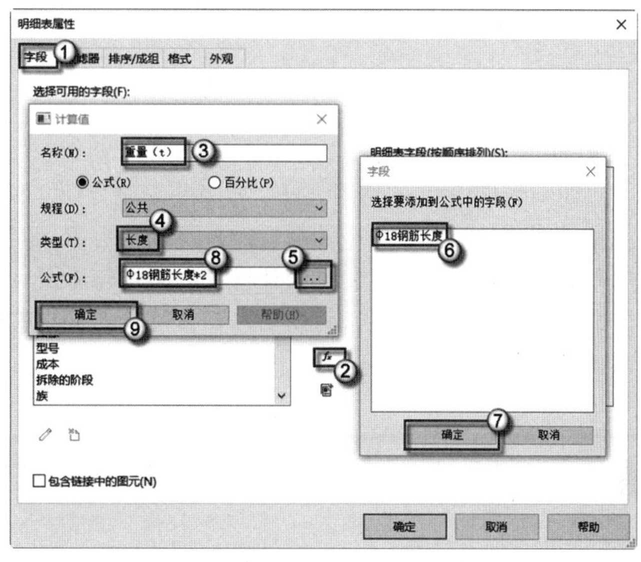

图 11.51　添加“重量”字段

（9）修改“重量”格式。在“格式”选项卡中选择“字段”栏的“重量（kg）”选项，将其切换为“计算总数”选项，再单击“字段格式”按钮，在弹出的“格式”对话框中取消选中“使用项目设置”复选框，在“单位”栏选择“米”，“舍入”栏选择“2 个小数位”，“单位符号”栏选择“无”，单击“确定”按钮完成操作，如图 11.52 所示。此时可以观察到《ϕ18 钢筋统计表》出现了“重量（kg）”标题，如图 11.53 所示。

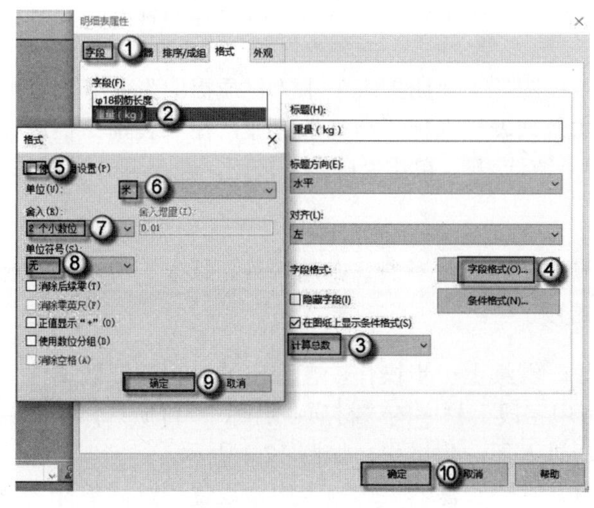

图 11.52　修改“重量”格式

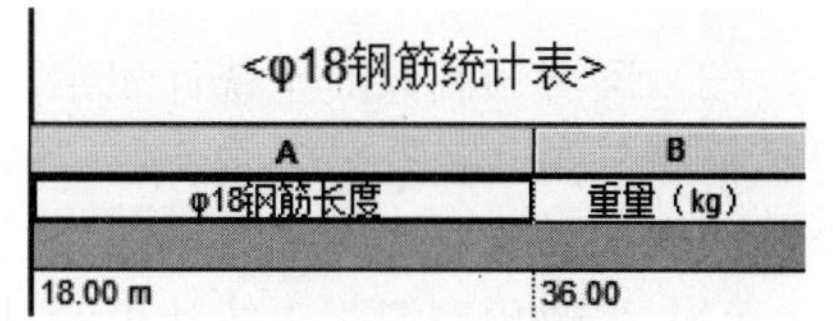

图 11.53　ϕ18 钢筋统计表

第 12 章　材料的统计

（教学视频：15 分钟）

在 Revit 软件中“明细表”有两个子命令：“明细表/数量”与“材质提取”。上一章中介绍了“明细表/数量”的使用方法，本章将着重介绍“材质提取”这个命令。

只要是对构件设置了相应的材质，就可以使用 Revit 软件中的“材质提取”命令进行针对材料的统计与计算，主要是统计材料的面积与体积。因此读者在建模的时候，对构件材质的命名就显得尤其重要，材质名称要么符合施工要求，要么参照相应图纸，要么是材料实际的名称。

12.1　混凝土材料

预制 PC 结构中，主要是计算混凝土用量。主要有两大类型的混凝土：预制混凝土与后浇混凝土。这要求读者在建模时甚至在建族时，就要将混凝土构件的材质区分开，否则后期再调整材质会显得很烦锁。

12.1.1　预制混凝土

预制混凝土是指在预制厂家制作的构件，如叠合梁、叠合板、PC 内外墙板中使用的混凝土。这些材质在书的前面已经设定了，所以本小节中可以直接利用“材质提取”计算混凝土的体积，具体统计方法如下。

（1）新建明细表。选择菜单栏中的“视图”｜“明细表”｜“材质提取”命令，在弹出的“新建材质提取”对话框中，在过滤器列表栏选择“结构”专业，在“类别”栏选择“多类别”，在“名称”栏输入“预制混凝土统计表”，单击“确定”按钮，进入下一步操作，如图 12.1 所示。

注意： 因为多种结构专业构件皆采用预制混凝土的材料，如墙、梁、板等，所以此处的“类别”栏应选用“多类别”选项。

（2）添加预制混凝土统计表字段参数。继续上一步操作，在弹出的“材质提取属性”对话框中，在“字段”选项卡中，将“可用字段”栏中的“材质：名称”“材质：体积”两个选项依次添加到“明细表字段”栏中，进入下一步操作，如图 12.2 所示。

（3）修改预制混凝土统计表的过滤器。在“过滤器”选项卡中，设置“过滤条件”为“材质：名称”｜“包含”｜“预制”，进入下一步操作，如图 12.3 所示。

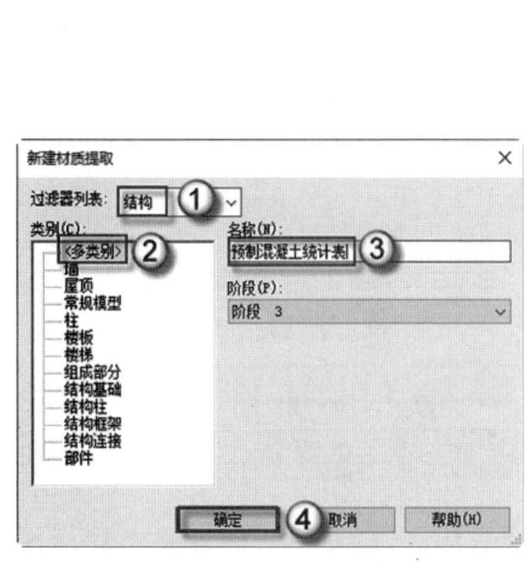

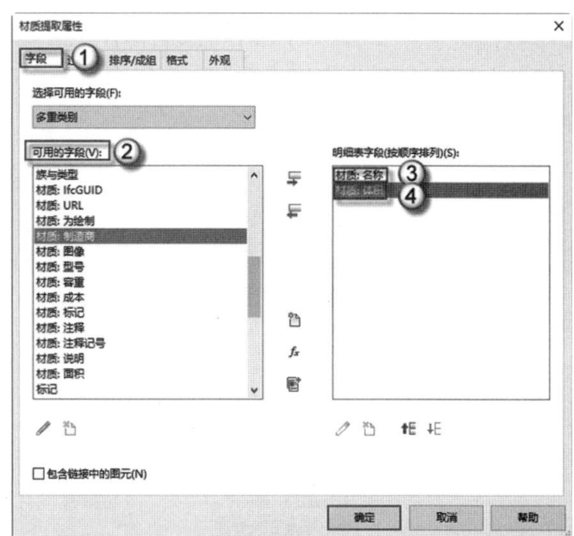

图 12.1　新建明细表　　　　图 12.2　添加预制混凝土统计表字段参数

（4）修改预制混凝土统计表排序方式。在“排序/成组”选项卡中，切换“排序方式”为“材质：名称”选项，选中“总数”复选框，并选择“仅总数”选项，最后取消选中“逐项列举每个实例”复选框，如图 12.4 所示。

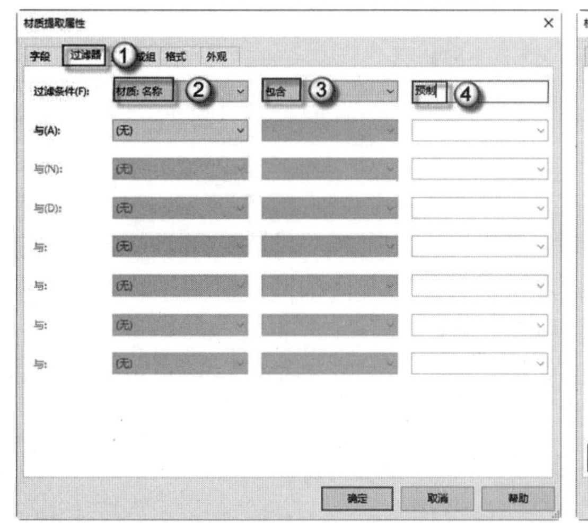

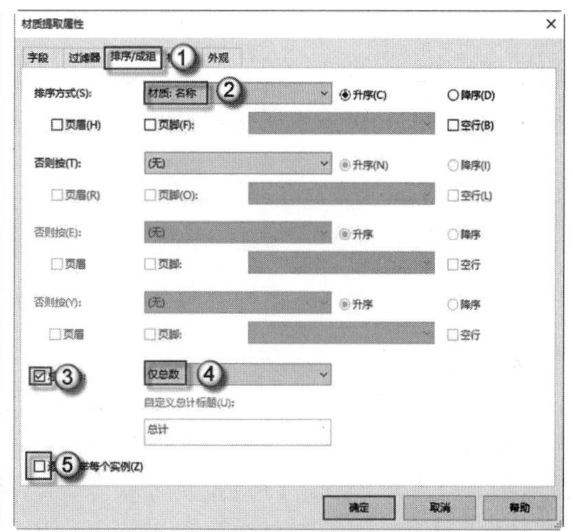

图 12.3　修改预制混凝土统计表的过滤器　　　　图 12.4　修改预制混凝土统计表排序方式

（5）修改“材质：体积”格式。在“格式”选项卡中，选中“材质：体积”字段，并将其切换到“计算总数”选项，这样就可以保证在明细表中材质的体积是所有预制混凝土的总数，单击“确定”按钮完成操作，如图 12.5 所示。这样会生成正确的《预制混凝土统计表》，如图 12.6 所示。

12.1.2　后浇混凝土

后浇混凝土是一种特殊的现浇混凝土，是一种简写。其实就是后来在现场浇筑的混凝土。装配式建筑在现场施工时，预制构件也有现浇混凝土部分，但是这些现浇混凝土是预制构件装配好之后才浇筑上去的，所以称为“后浇混凝土”。预制混凝土与后浇混凝土的对比如表 12.1 所示。

图 12.5　修改“材质：体积”格式

<预制混凝土统计表>	
A	B
材质: 名称	材质: 体积
剪力墙内墙-预制砼	1255.99 m³
剪力墙外墙-预制砼	1421.21 m³
整体卫浴-柱-预制砼	105.49 m³
整体卫浴-梁-预制砼	67.07 m³
整体卫浴-预制底板	30.86 m³
板-预制砼	1036.78 m³
梁-预制砼	161.41 m³
	4078.81 m³

图 12.6　预制混凝土统计表

表 12.1　预制/后浇混凝土对比表

混凝土类型	装配时间	制作位置	书中材质名称
预制混凝土	先	预制工厂	构件名—预制砼
后浇混凝土	后	现场	后浇砼

（1）打开预制混凝土统计表。在“项目浏览器”面板中选择“明细表/数量”|“预制混凝土统计表”选项，这样就可以复制预制混凝土统计表，生成后浇混凝土统计表，如图 12.7 所示。

（2）复制预制混凝土统计表。在“项目浏览器”面板中右击“明细表/数量”|“预制混凝土统计表”选项，选择“复制视图（V）”|“复制（L）”选项，如图 12.8 所示。复制预制混凝土统计表，得到预制混凝土统计表副本，进入下一步操作。

（3）创建后浇混凝土统计表。接上一步操作，将“预制混凝土统计表副本”重命名为“后浇混凝土统计表”，如图 12.9 所示。

注意： 如果几个明细表有一些相同的选项，可以复制生成新的明细表，然后对其改名，并进行局部修饰的方法，这样操作会方便一些。

（4）修改后浇混凝土统计表的过滤器。在“属性”面板中单击“过滤器”栏的“编辑”按钮，在弹出的“材质提取属性”对话框中选择“过滤器”选项卡，设置“过滤条件”为“材质：名称”|“等于”|“后浇砼”选项，单击“确定”按钮完成操作，如图 12.10 所示。此时可以生成正确的《后浇混凝土统计表》，如图 12.11 所示。

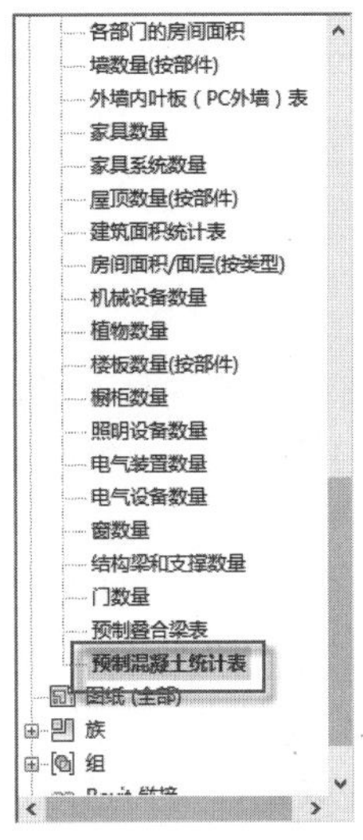

图 12.7　打开预制混凝土统计表

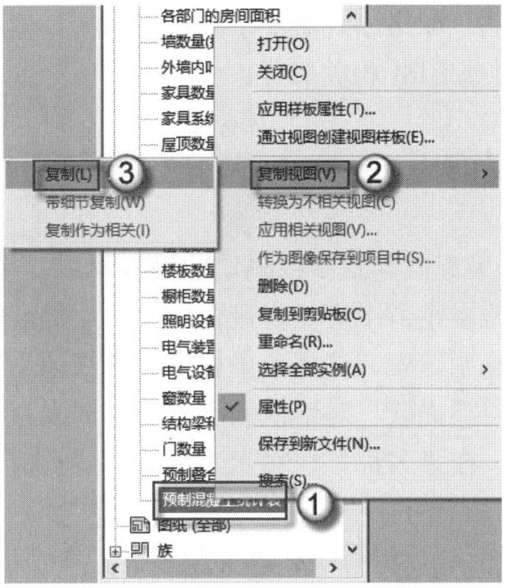

图 12.8　复制预制混凝土统计表

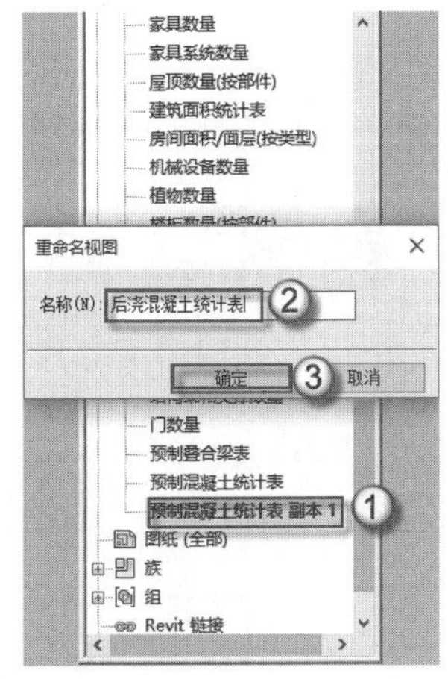

图 12.9　创建后浇混凝土统计表

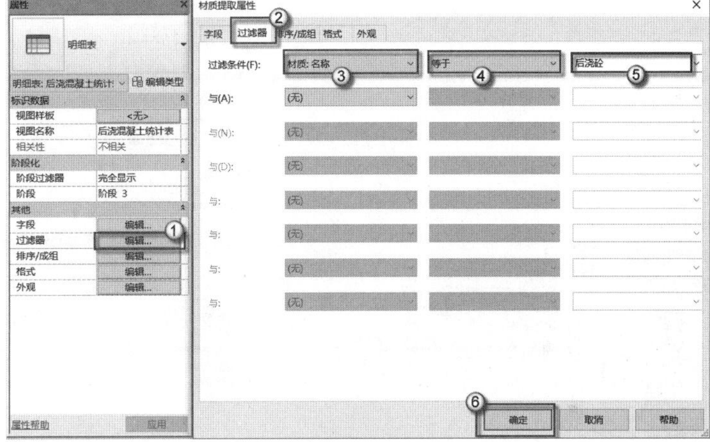

图 12.10　修改后浇混凝土统计表的过滤器

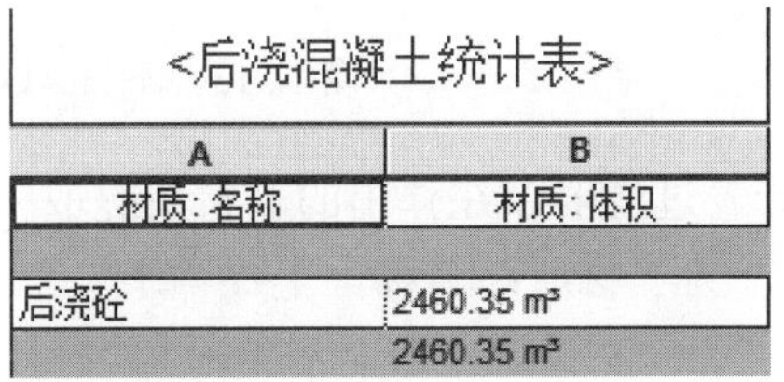

<后浇混凝土统计表>	
A	B
材质: 名称	材质: 体积
后浇砼	2460.35 m³
	2460.35 m³

图 12.11　后浇混凝土统计表

12.2　建筑专业材料

建筑专业材料的统计不是装配式建筑中统计工程量的重点，所以本小节中只为读者介绍一般的方法。如果读者需要了解更详细统计建筑专业材料的方法，可以参阅笔者已出版的其他 Revit 或 BIM 相关书籍。

12.2.1　ALC

ALC 是装配式建筑中内隔墙的墙板材料，在本书前面建内隔墙族时已经设置好 ALC 材质了。因此本小节中可以直接使用“材质提取”来统计其工程量，具体统计方法如下。

（1）新建明细表。选择菜单栏中的“视图”｜“明细表”｜“材质提取”命令，在弹出的“新建材质提取”对话框的“过滤器列表”栏选择“建筑”专业，在“类别”栏选择“常规模型”，在“名称”栏输入“ALC 材料统计表”，单击“确定”按钮，进入下一步操作，如图 12.12 所示。

（2）添加 ALC 材料统计表字段参数。在弹出的“材质提取属性”对话框中的“字段”选项卡中，将“可用的字段”栏中的“材质：名称”“材质：体积”两个选项依次添加到“明细表字段”栏中，进入下一步操作，如图 12.13 所示。

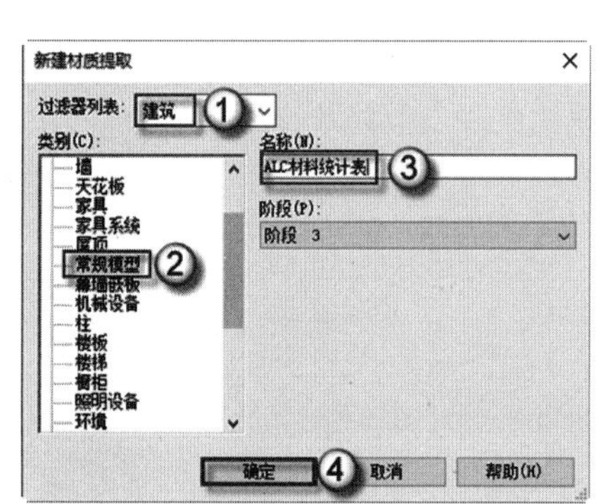

图 12.12　新建明细表

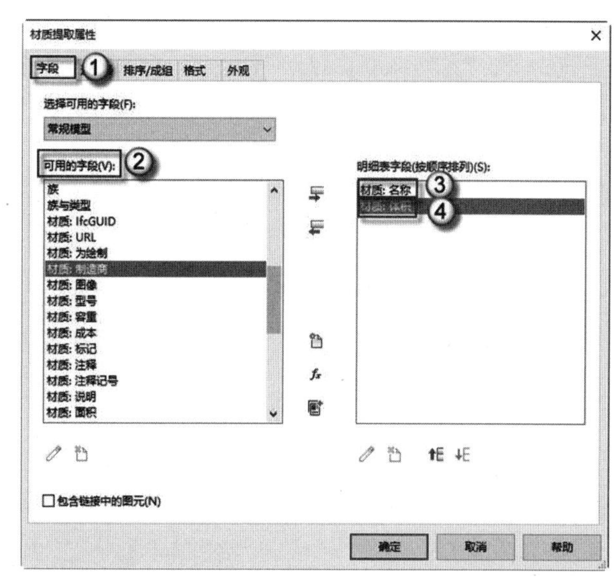

图 12.13　添加 ALC 材料统计表字段参数

（3）修改 ALC 材料统计表过滤器。在弹出的“材质提取属性”对话框中的“过滤器”选项卡中，设置“过滤条件”为“材质：名称”｜“等于”｜“ALC”选项，进入下一步操作，如图 12.14 所示。

（4）修改 ALC 材料统计表排序方式。在“排序/成组”选项卡中“排序方式”栏选择“材质：名称”选项，并取消选中“逐项列举每个实例”复选框，如图 12.15 所示。

（5）修改“材质：体积”格式。在“格式”选项卡中选中“材质：体积”字段，将其切换为“计算总数”选项，这样就可以保证在明细表中材质的体积是所有预制混凝土的总数，单击“确定”按钮完成操作，如图 12.16 所示。此时可以生成正确的《ALC 材料统计表》，如图 12.17 所示。

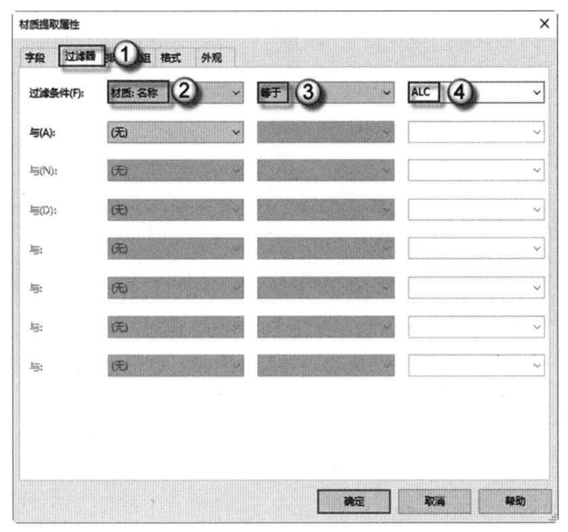

图 12.14　修改 ALC 材料统计表过滤器

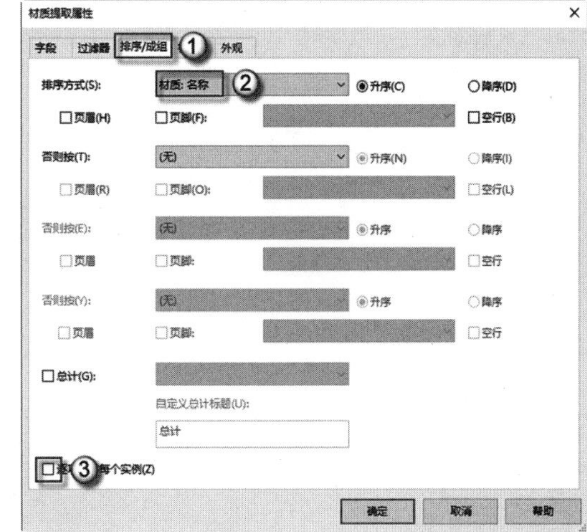

图 12.15　修改 ALC 材料统计表排序方式

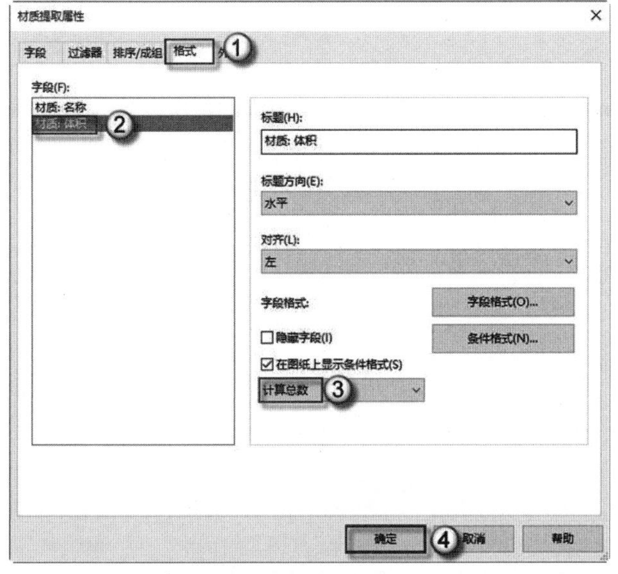

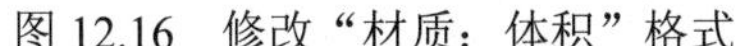

图 12.16　修改“材质：体积”格式

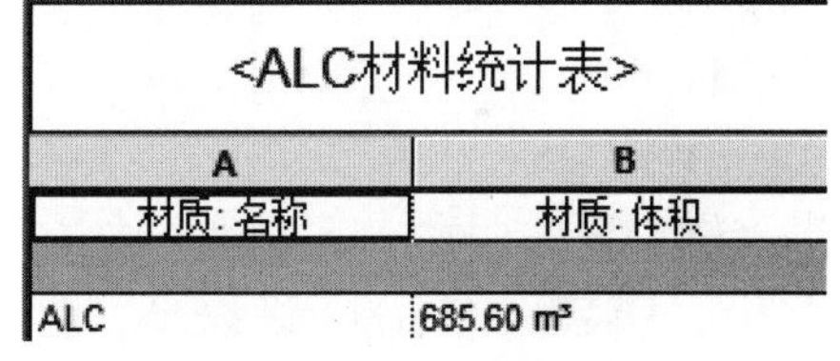

<ALC材料统计表>	
A	B
材质: 名称	材质: 体积
ALC	685.60 m³

图 12.17　ALC 材料统计表

12.2.2　外墙保温

本例的外墙外叶板是三明治外挂板，外墙保温功能由三明治板外挂板三块板的中间那块板完成。由于前面在绘制三明治外挂板时已经设定了相应材质，本小节中可以直接使用“材质提取”来统计其工程量，具体统计方法如下。

（1）新建明细表。选择菜单栏中的“视图”｜“明细表”｜“材质提取”命令，在弹出的“新建材质提取”对话框的“过滤器列表”栏选择“建筑”专业，在“类别”栏选择“墙”，在名称栏输入“外墙保温材料统计表”，单击“确定”按钮，进入下一步操作，如图 12.18 所示。

（2）添加外墙保温材料统计表字段参数。在弹出的“材质提取属性”对话框的“字段”选项卡中，将“可用的字段”栏中的“材质：名称”“材质：体积”两个选项依次添加到“明细表字段”栏中，进入下一步操作，如图 12.19 所示。

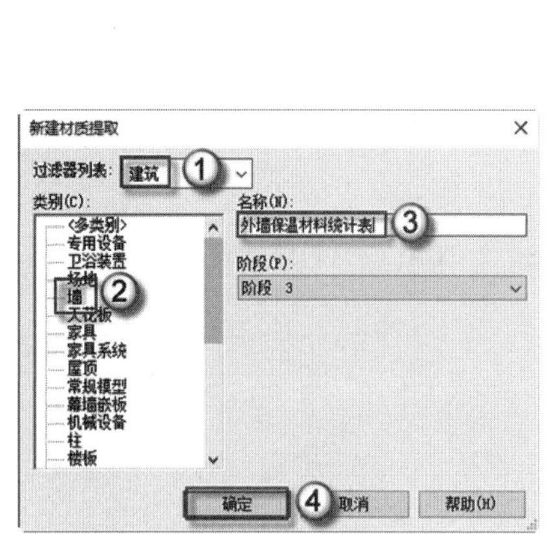

图 12.18　新建明细表

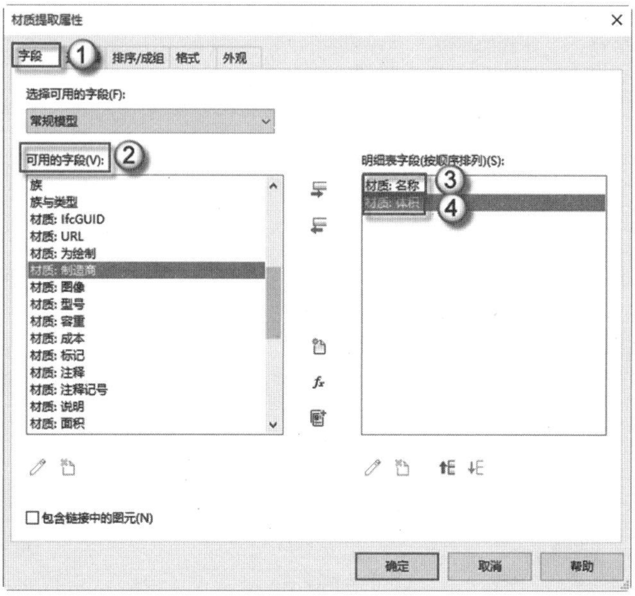

图 12.19　添加外墙保温材料统计表字段参数

（3）修改外墙保温材料统计表过滤器。在弹出的“材质提取属性”对话框的“过滤器”选项卡中，设置“过滤条件”为“材质：名称”|“等于”|“刚性隔热层”选项，进入下一步操作，如图 12.20 所示。

（4）修改外墙保温材料统计表排序方式。在“排序/成组”选项卡中，切换“排序方式”为“材质：名称”，并取消选中“逐项列举每个实例”复选框，如图 12.21 所示。

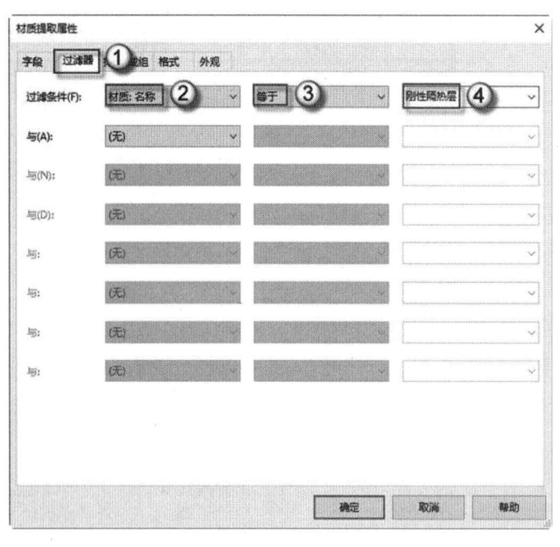

图 12.20　修改外墙保温材料统计表过滤器

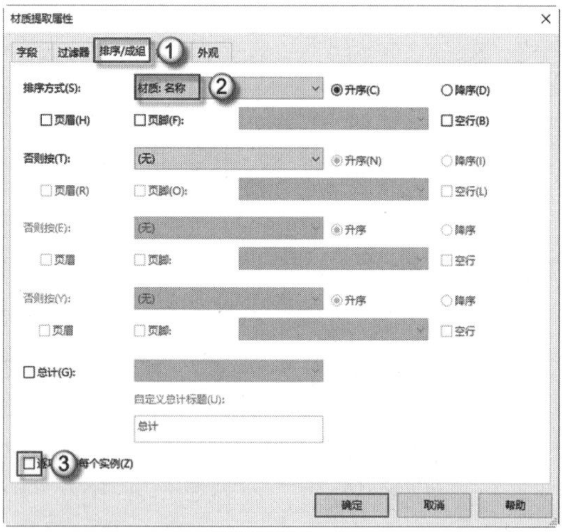

图 12.21　修改外墙保温材料统计表排序方式

（5）修改“材质：体积”格式。在“格式”选项卡中，选中“材质：体积”字段，切换其为“计算总数”选项，这样就可以保证在明细表中材质的体积是所有预制混凝土的总数，单击“确定”按钮完成操作，如图 12.22 所示。这样可以生成《外墙保温材料统计表》，如图 12.23 所示。

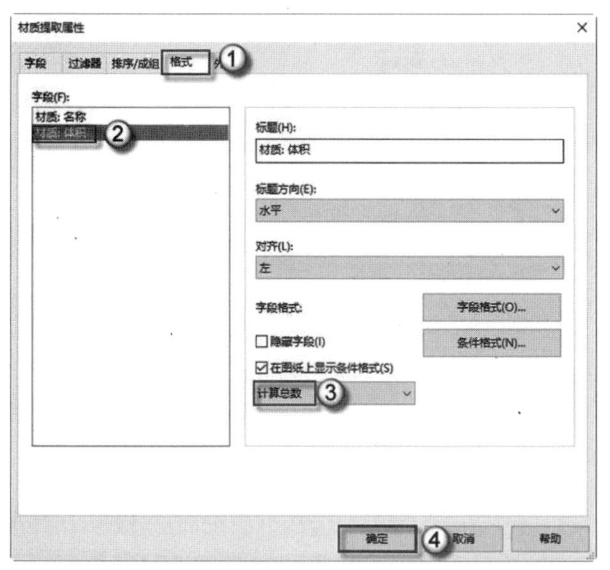

图 12.22　修改“材质：体积”格式

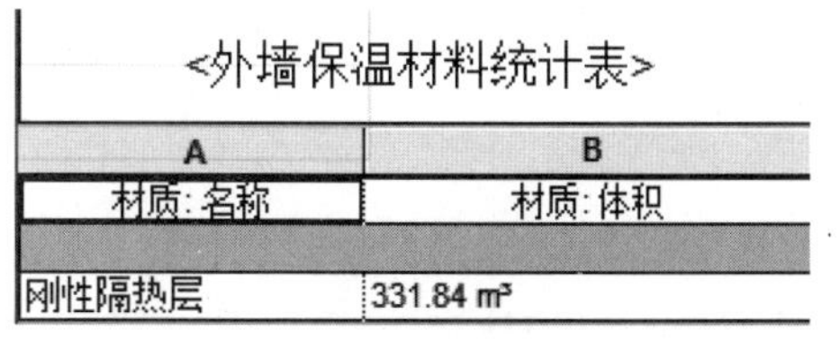

<外墙保温材料统计表>

A	B
材质: 名称	材质: 体积
刚性隔热层	331.84 m³

图 12.23　外墙保温材料统计表

注意：外墙保温材料名称应该是“挤塑保温板”。此处材料名称选用的是 Revit 自带的“刚性隔热层”，因此需要修改材质的名称。

（6）进入 2 层楼层平面。在“项目浏览器”面板中选择“视图”｜“楼层平面”｜“2”选项，如图 12.24 所示，这样会进入到 2 层结构平面视图，将要在 2 层楼层平面视图中修改材质名称。

（7）选中三明治外挂板。在 2 层楼层平面，选中 1 块三明治外挂板，在“属性”面板中单击“编辑类型”按钮，进入下一步操作，如图 12.25 所示。

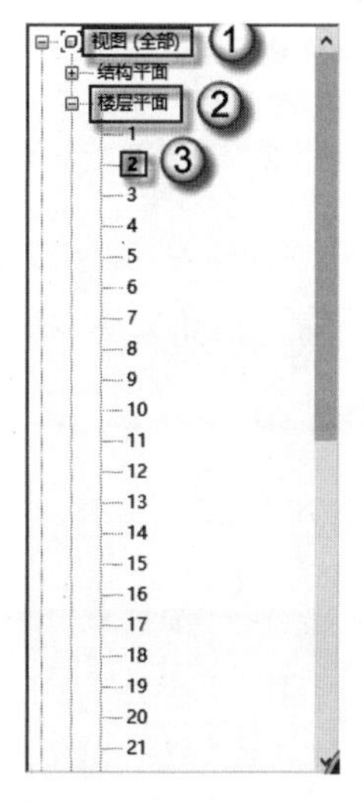

图 12.24　进入 2 层楼层平面

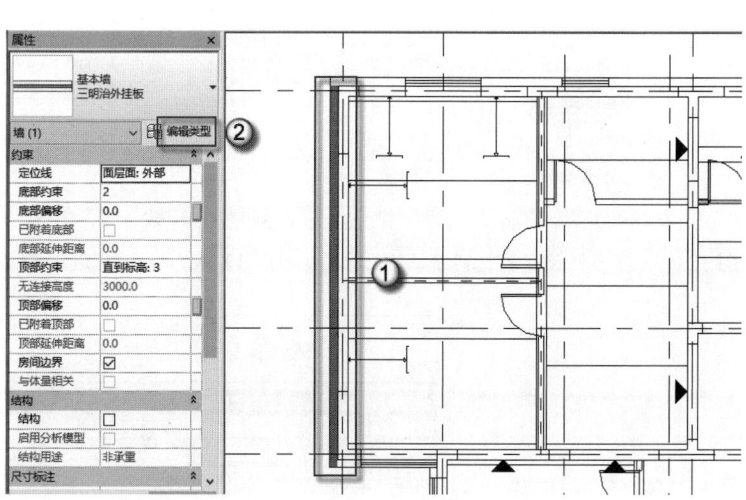

图 12.25　选中三明治外挂板

（8）修改材质名称。继续上一步操作，在弹出的“类型属性”对话框中单击“编辑”按钮，单击“刚性隔热层”材质旁的⋯按钮，在弹出的“材料浏览器”对话框中右击“刚性隔热层”材质，选择“复制”命令，将新复制生成的材质命名为“挤塑保温板”，单击“确定”按钮完成操作，如图 12.26 所示。

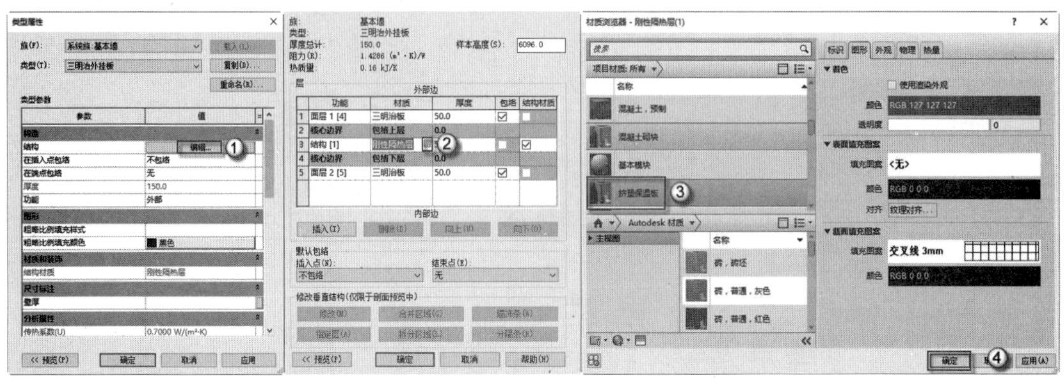

图 12.26　修改材质名称

（9）打开外墙保温材料统计表。在“项目浏览器”面板中选择“明细表/数量”｜“外墙保温材料统计表”选项，这样就可以修改外墙保温材料统计表，如图 12.27 所示。

（10）修改外墙保温材料统计表的过滤器。在“属性”面板中，单击“过滤器”栏的“编辑”按钮，在弹出的“材质提取属性”对话框的“过滤器”选项卡中，设置“过滤条件”为“材质：名称”｜“等于”｜“挤塑保温板”选项，单击“确定”按钮完成操作，如图 12.28 所示。此时可以观察到生成了正确的《外墙保温材料统计表》，如图 12.29 所示。

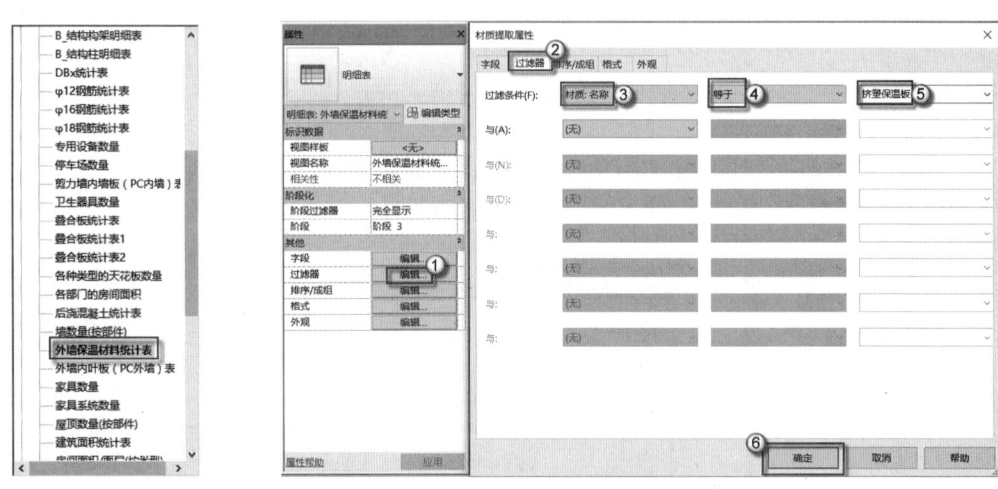

图 12.27　打开外墙保温材料统计表　　　　图 12.28　修改外墙保温材料统计表的过滤器

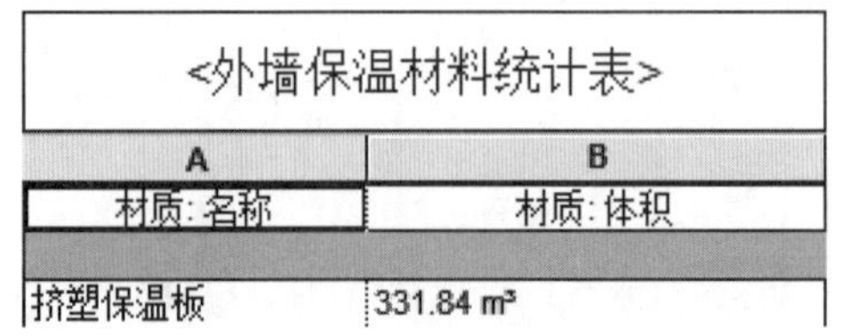

<外墙保温材料统计表>

A	B
材质: 名称	材质: 体积
挤塑保温板	331.84 m³

图 12.29　外墙保温材料统计表

第 13 章　装配式核心参数的计算

（教学视频：13 分钟）

在装配式建筑中有两个核心参数：预制率与装配率。这两个参数是业主、设计方和施工方都关心的内容。因为国家和地方出台了很多针对这两个参数的政策，只有达到了相应的标准，才能被评判为装配式建筑，才能享受中央或地方的优惠条件。

所以从设计开始，建筑师们就会抠这两个参数。而在 Revit 软件中，因为构件是自带信息量的，因此可以自动计算相关数值，从而让建筑师们及时判断这两个参数是否达标。

13.1　生成预制率

根据中华人民共和国国家标准《GB/T 51129—2015 工业化建筑评价标准》对预制率的定义：预制率=预制构件混凝土用量体积/对应部分混凝土总用量体积。通俗地讲就是预制混凝土用量占总混凝土用量的比重，是一个百分比。

13.1.1　增加参数

本小节介绍为了快速计算预制率，需要在项目文件中增加一个《现浇混凝土统计表》的明细表。然后将几个混凝土统计表放在一个图纸中方便计算，具体操作如下。

（1）新建材质提取。在菜单栏中选择“视图”|“明细表”|“材质提取”命令，在弹出的“新建材质提取”对话框中设置“过滤器列表”为“结构”专业，选择“墙”类别，在“名称”栏中输入“现浇混凝土统计表”字样，单击“确定”按钮完成操作，如图 13.1 所示。

（2）设置明细表字段。在弹出的“材质提取属性”对话框中设置“明细表字段”为“材质：名称”与“材质：体积”，并单击“过滤器”选项卡准备下一步的操作，如图 13.2 所示。

（3）设置过滤条件。在“过滤条件”栏中设置“材质：名称”|“包含”|“现浇”选项，并单击“排序/成组”选项卡准备下一步操作，如图 13.3 所示。

（4）设置排序方式。在“排序方式”栏中选择“材质：名称”选项，勾选“总计”单选框，去掉“逐步列举每个实例”的勾选，单击“格式”选项卡准备下一步操作，如图 13.4 所示。

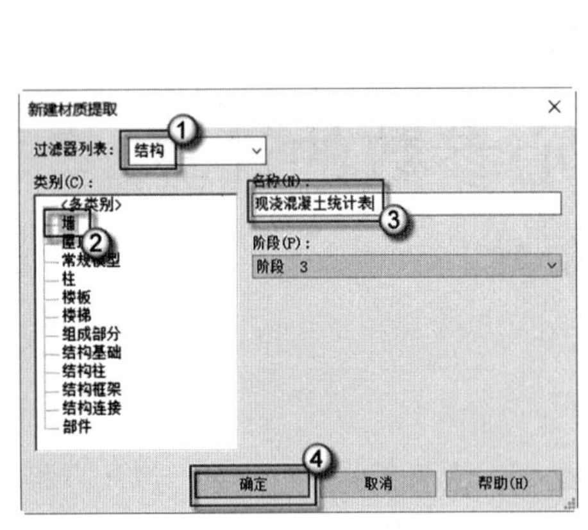

图 13.1　新建材质提取

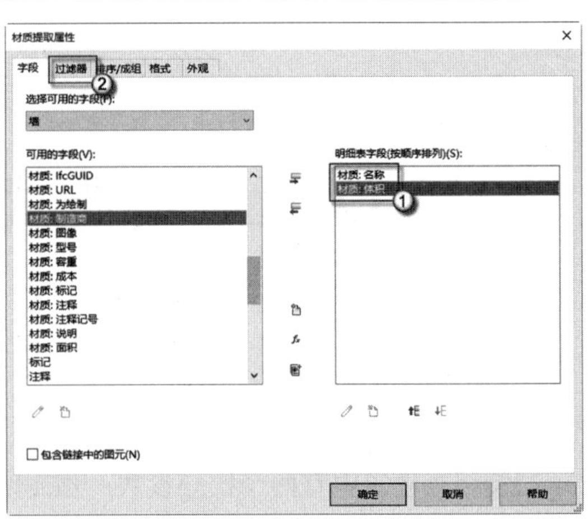

图 13.2　设置明细表字段

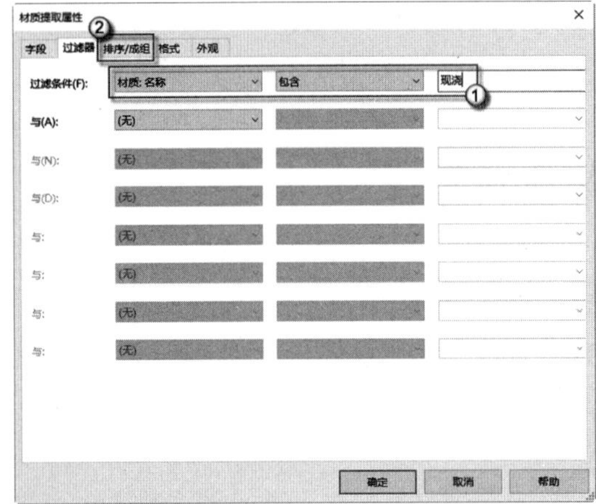

图 13.3　设置过滤条件

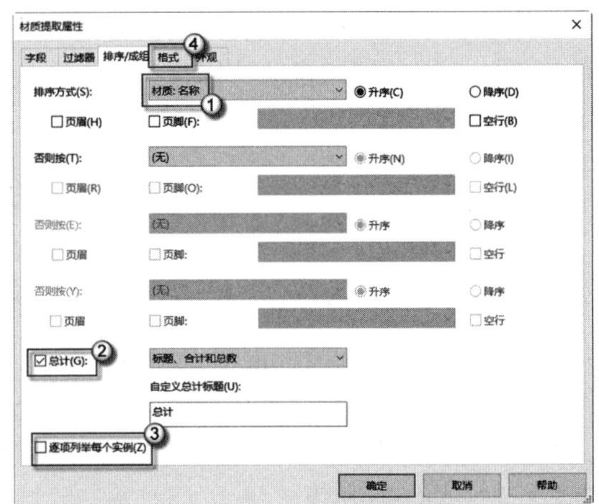

图 13.4　设置排序方式

（5）生成《现浇混凝土统计表》。在“字段”栏中选择“材质：体积”选项，设置“计算总数”选项，单击“确定”按钮完成设置，如图 13.5 所示。这时软件会自动生成《现浇混凝土统计表》，如图 13.6 所示。

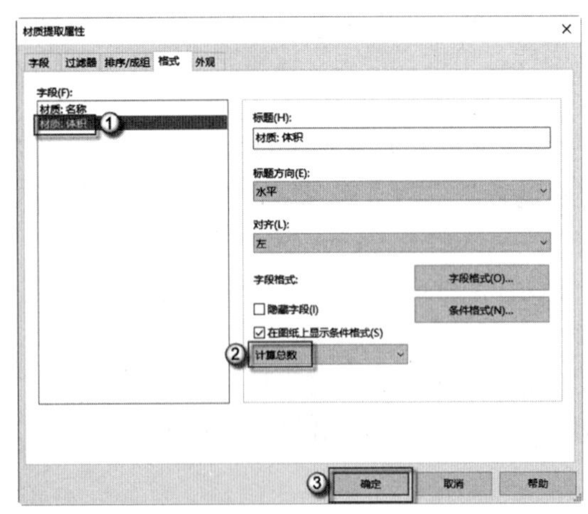

图 13.5　计算总数

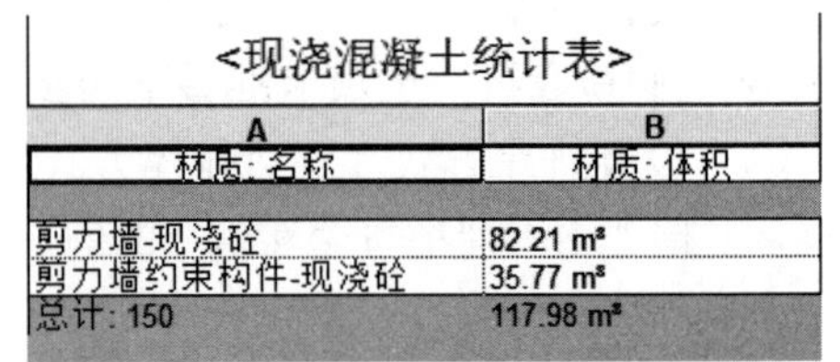

<现浇混凝土统计表>

A	B
材质: 名称	材质: 体积
剪力墙-现浇砼	82.21 m³
剪力墙约束构件-现浇砼	35.77 m³
总计: 150	117.98 m³

图 13.6　生成《现浇混凝土统计表》

（6）生成《计算预制率》图纸。在“项目浏览器”面板中右击“图纸（全部）”栏，在弹出菜单栏中选择“新建图纸”命令，在弹出的“新建图纸”对话框中选择“A3 公制”图纸，单击“确定”按钮完成操作，如图 13.7 所示。在“项目浏览器”面板中右击“图纸（全部）”｜“A107 未命名”栏，在弹出菜单栏中选择“重命名”命令，在弹出的“图纸标题”对话框中，设置名称为“计算预制率”，单击“确定”按钮完成操作，如图 13.8 所示。软件会自动生成《计算预制率》图纸，如图 13.9 所示。

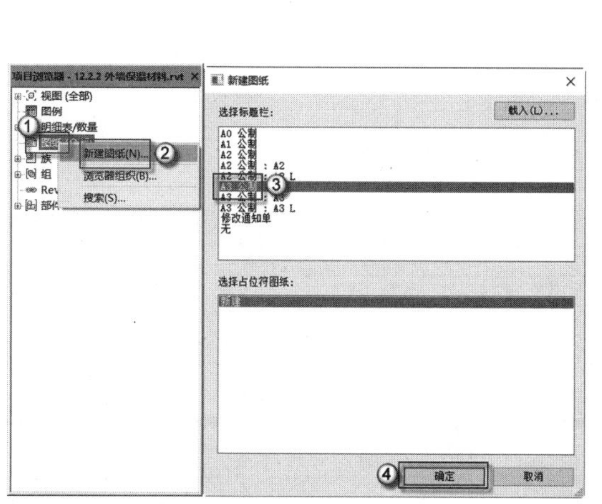

图 13.7　新建图纸

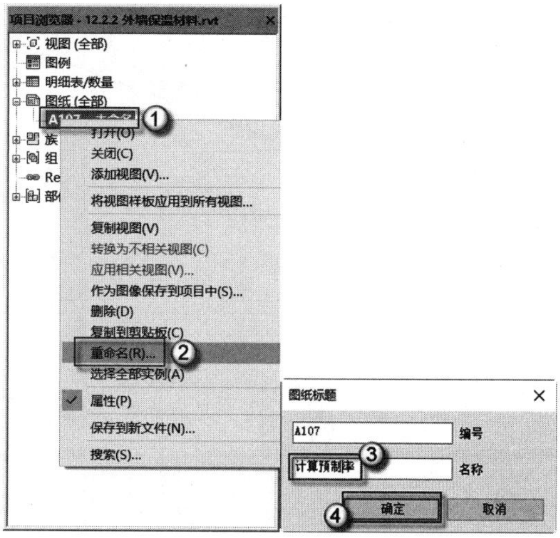

图 13.8　重命名图纸

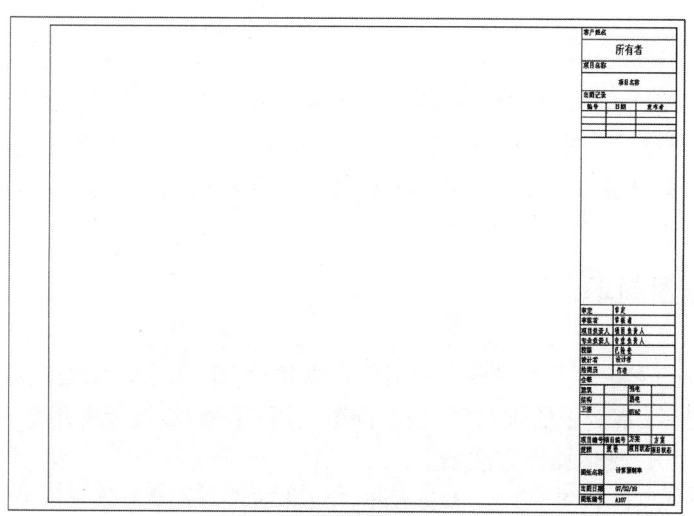

图 13.9　生成《计算预制率》图纸

（7）将 3 个混凝土统计表拖入图纸中。在“项目浏览器”面板中，分别将“后浇混凝土统计表”“现浇混凝土统计表”“预制混凝土统计表”3 个混凝土统计表拖入图纸中，如图 13.10 所示。并将 3 个混凝土统计表摆放整齐，方便后面的查看，如图 13.11 所示，图中①、②、③3 个混凝土用量的数值会在下一小节中使用到。

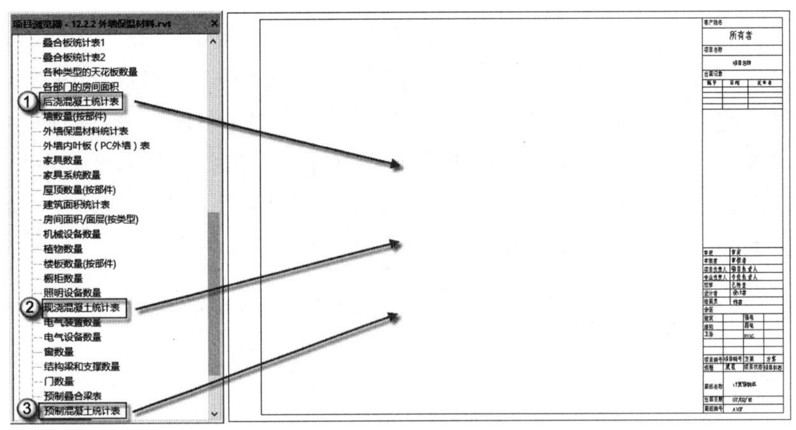

图 13.10　将 3 个混凝土统计表拖入图纸中

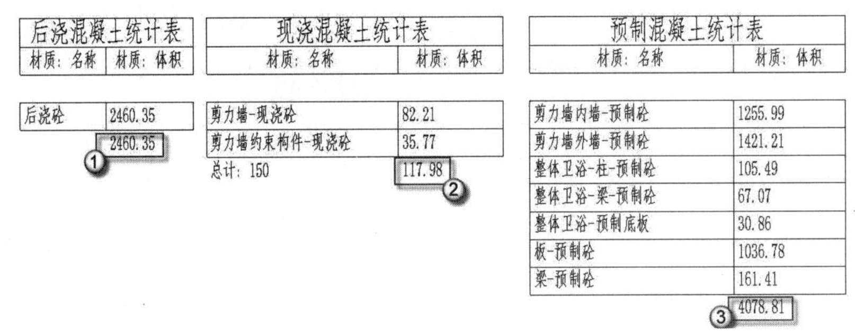

后浇混凝土统计表	
材质：名称	材质：体积
后浇砼	2460.35
	2460.35

现浇混凝土统计表	
材质：名称	材质：体积
剪力墙-现浇砼	82.21
剪力墙约束构件-现浇砼	35.77
总计：150	117.98

预制混凝土统计表	
材质：名称	材质：体积
剪力墙内墙-预制砼	1255.99
剪力墙外墙-预制砼	1421.21
整体卫浴-柱-预制砼	105.49
整体卫浴-梁-预制砼	67.07
整体卫浴-预制底板	30.86
板-预制砼	1036.78
梁-预制砼	161.41
	4078.81

图 13.11　3 个混凝土统计表

注意： 此处生成的《计算预制率》的图纸并不是真正的图纸，其作用只是为了后面使用 Excel 进行计算时，方便查看几个混凝土用量。而且此图纸中的 3 类混凝土用量是与模型中实时对应的，对模型进行修改后，此处的数值会随之变化。

13.1.2　计算预制率

上一小节中已经将 3 大类混凝土的用量计算并列举出来了，此处只需要使用 Excel 软件自动生成预制率。本例中的预制率=预制混凝土用量/（后浇混凝土用量+现浇混凝土用量+预制混凝土用量），具体操作方法如下。

（1）输入相应文字内容。启动 Microsoft Excel 软件，在 A1 单元格中输入“预制率”，在 B1 单元格中输入“后浇混凝土用量”，在 C1 单元格中输入“现浇混凝土用量”，在 D1 单元格中输入“预制混凝土用量”，如图 13.12 所示。

（2）输入公式。在 A2 单元格中输入=D2/（B2+C2+D2）公式，如图 13.13 所示。这个公式实际上就体现了“预制率=预制混凝土用量/（后浇混凝土用量+现浇混凝土用量+预制混凝土用量）”的具体意义。按 Enter 键，完成公式的输入，可以观察到 A2 单元格出现了 #DIV/0！的警告性字样，如图 13.14 所示。其实没有问题，因为三大混凝土用量并没有输入，公式无法进行计算。

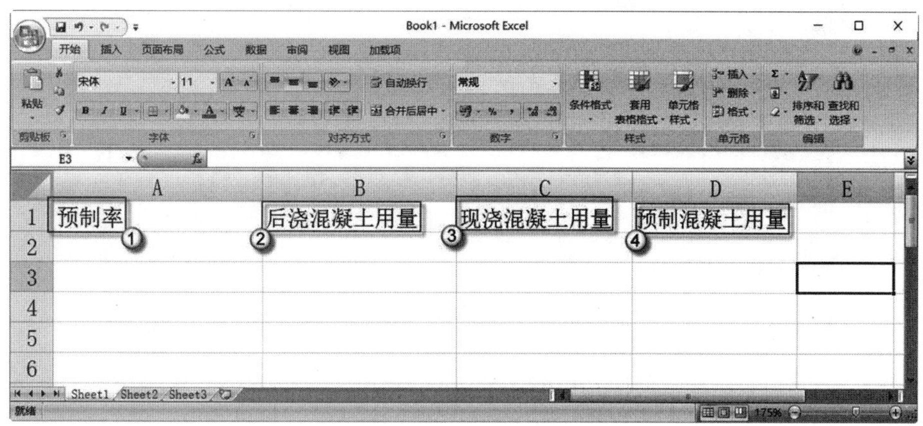

图 13.12　输入相应文字内容

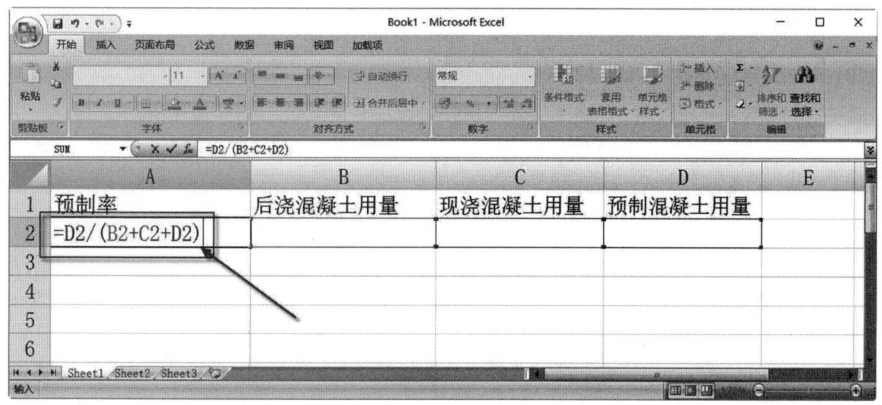

图 13.13　输入公式

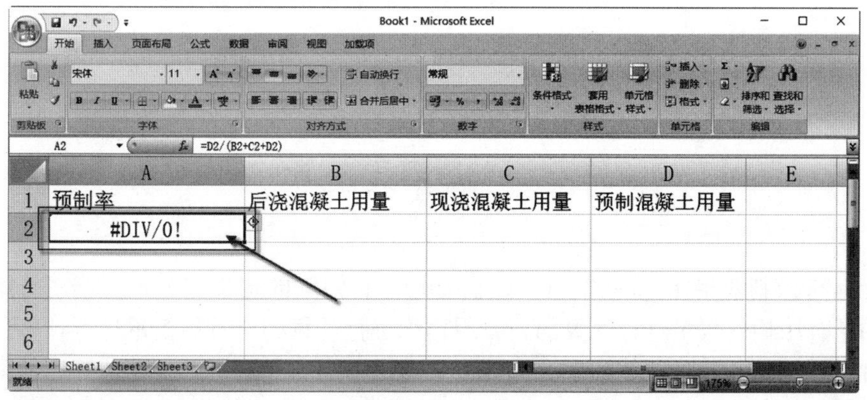

图 13.14　单元格警告

（3）生成预制率。分别在 B2、C2、D2 三个单元格中输入上一小节的三大混凝土用量，Excel 软件会自动生成预制率，如图 13.15 所示。

注意： 此步骤中输入的图中编号①、②、③的三个数值，就是对应上一小节中图 13.11 中的①、②、③的三个数值。

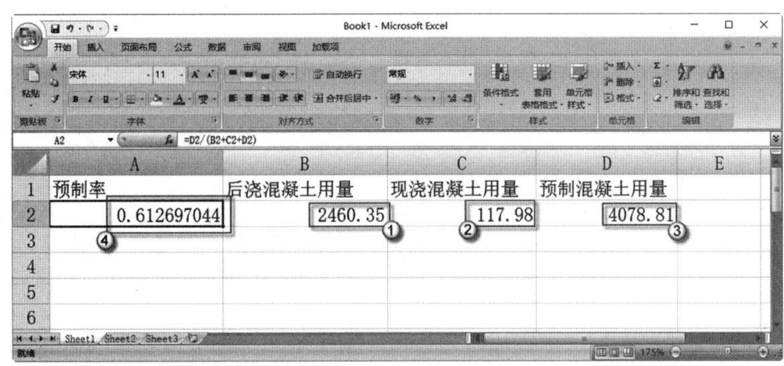

图 13.15　生成预制率

（4）保存文件。选择“文件”|“另存为”|“Excel 97-2003 工作簿”命令，在弹出的“另存为”对话框中的“文件名”栏中输入“计算预制率.xls”，如图 13.16 所示。此文件保存之后，可以随时调用，计算预制率就方便了。

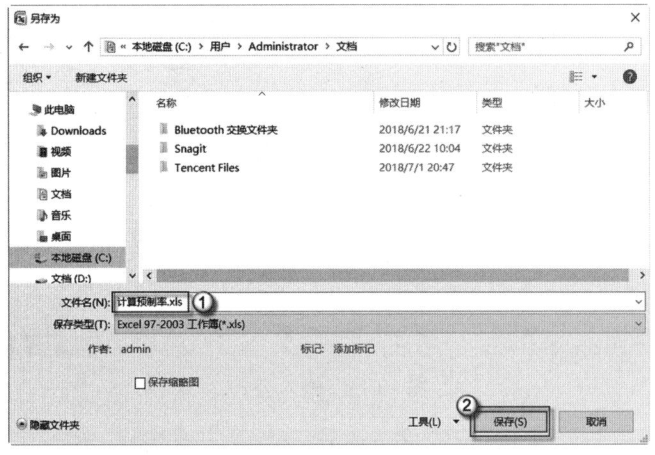

图 13.16　另存为“计算预制率.xls”文件

13.2　估算装配率

装配率与预制率相比，各省、市（直辖市）、自治区的定义完全不一样。有用模板进行计算的、有用构件数量进行计算的、有用体积进行计算的、有用权重进行计算的、有专家打分进行计算的，现阶段装配率的计算没有定论，因为在这里只能“估算”装配率。

13.2.1　装配率的概念

推出装配率这个概念，实际上是要判断预制构件、成品构件在总构件中的比重。从这样的数值（也是一个百分比）中来评价装配式建筑设计的合理性。这样问题就来了，这个比是数量比、面积比、体积比还是综合比？所以就出现了我国各省、市（直辖市）、自治区计算装配率的标准不一致。

此处用一个表格《预制率与装配率对比表》，如表 13.1 所示，通过比较的方法向读者演示二者的区别。希望通过这个方法加深对装配率的理解。

表 13.1　预制率与装配率对比表

序　　号	比较内容	预　制　率	装　配　率
1	专业	结构	建筑、结构、设备
2	位置	预制工厂	施工现场
3	材料	混凝土	所有材料
4	建筑部位	主体	全部
5	构件	三板及叠合梁	所有构件

注意：“三板”指的是预制内外墙板、预制楼梯板、预制楼板（含预制叠合楼板）。有些地方针对装配式建筑中使用三板的，有一些扶持政策。

有些地方根据自己的地域特色，甚至将预制率与装配率合二为一，推出一个叫“预制装配率”的参数，通过这个参数制定标准来评价当地的装配式建筑。因此读者在初学装配式建筑时，不要过于依赖这些地方标准，而应当掌握装配建筑设计的基本概念、基本手法、基本流程等。

13.2.2　估算装配率

本章前面给读者介绍了装配率的概念以及装配率的不确定性，本书受客观条件的限制，无法准确计算出装配率。

此处引用某省计算居住建筑装配率的评分表，让读者直观了解装配率在打分时具体涉及的相关项目，如表 13.2 所示。

表 13.2　某省居住建筑装配率的评分表

评价项		评价要求	评价分值	最低分值
主体结构（50 分）Q_1	竖向承重构件 q_{1a}	35%≤比例≤80%	20～30	20
	水平承重构件 q_{1b}	70%≤比例≤80%	10～20	
外围护结构（15 分）Q_2	非承重外围护墙体非砌筑 q_{2a}	50%≤比例≤80%	2～5	5
	外围护墙与保温一体化 q_{2b}	50%≤比例≤80%	2～5	
	外围护墙与装饰一体化 q_{2c}	50%≤比例≤80%	2～5	
内部装修（25 分）Q_3	非承重内隔墙非砌筑 q_{3a}	50%≤比例≤80%	5～10	15
	内部装修 q_{3b}	50%≤比例≤80%	5～10	
	集成式厨房 q_{3c}	比例≥70%	2	
	集成式卫生间 q_{3d}	比例≥70%	3	
管线（5 分）Q_4	管线与主体结构分离 q_{4a}	50%≤比例≤70%	3～5	
BIM 应用（5 分）Q_5	采用 BIM 进行管线综合设计 q_{5a}	全面采用	3	
	部品部件的 BIM 应用 q_{5b}	比例≥70%	2	

装配率的估算一般要用到经验值。装配率肯定比预制率要高，一般情况下会高 5%～15%。预制率数值比较高时取低值，预制率数值低时取高值。因为预制率可以通过自己的计算得出比较准确的数值，所以建筑师可以根据预制率来估算设计的装配式建筑的装配率。这样在报建之前可以做出一个大体上的判断，避免一些不必要的返工，提高工作效率。

第 5 篇　生成施工图

卫老师妙语：

不可一步登天。学习与工作是一个慢慢积累，从量变到质变的过程，不能一步登天，也不能急功近利。就算你掌握了最新的装配式建筑设计，也掌握了 BIM 技术，也不要因此而骄傲，因为你需要获取的知识还很多。

第 14 章　装　配　图

（教学视频：36 分钟）

在装配式建筑中有一类图纸叫做《装配图》，这与机械设计中的《零件装配图》类似，都是表达构件是如何连接及其装配关系的图纸。在机械设计中有《总装图》与《部装图》之分，但在装配式建筑中的装配图只能是“部装图”这个级别。

装配式建筑设计与机械设计还有一点不一样，装配式建筑不是所有构件都是预制的，还有一些构件需要在现场现浇。所以装配图不能完全表达整个建筑设计，还需要与传统建筑设计图纸相结合，才能完成装配式建筑的施工。

14.1　平面大样图

建筑设计中比例大于 1:100 的图纸称为大样图，又叫详图。本节中将介绍《预埋件大样图》与《板大样图》两个平面类型的大样图是如何生成的。自动出图，体现了 BIM 技术的优势。其他的平面大样图的生成，请读者参照本节中的方法，自己制作完成。

14.1.1　预埋件大样图

有一些预埋件在混凝土浇筑之后就埋在其中而看不见了，必须要提供《预埋件大样图》，否则无法核对工程量。预埋件大样图生成的具体方法如下。

（1）隐藏三明治外挂墙板及窗。在“项目浏览器”面板中选择“结构平面”|“三”平面视图，然后右击三明治外挂墙板，选择“选择全部实例”|“在视图中可见”命令，然后按 EH 快捷键，将其隐藏，如图 14.1 所示。同样方法，将外墙的窗隐藏，因为在《预埋件大样图》中不需要建筑专业的三明治外挂墙板及窗。

（2）生成预埋件大样图。选择“视图”|“详图索引”|“矩形”命令，用矩形的方式绘制需要生成预埋件大样图的索引区域，如图 14.2 所示。在“项目浏览器”面板中右击“三 •详图索引 1”视图，选择“重命名”命令，在弹出的“重命名视图”对话框中“名称”栏输入“预埋件大样图”字样，然后单击“确定”按钮，如图 14.3 所示。

（3）插入索引。返回“三”结构平面。选择“插入”|“载入族”命令，在弹出的“载入族”对话框中选择“指向索引”族，然后单击“打开”按钮，如图 14.4 所示。然后选择“注释”|“符号”命令，在“属性”面板中选择“225 度引线”类型，放置到相应位置，如图 14.5 所示。

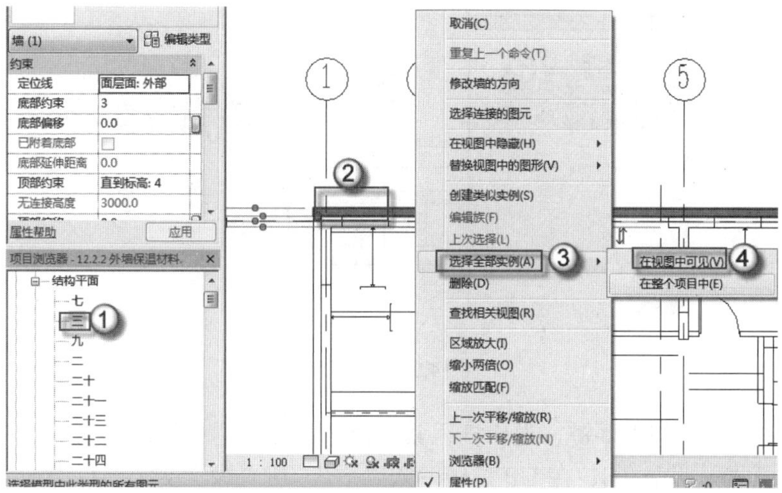

图 14.1　隐藏三明治外挂墙板

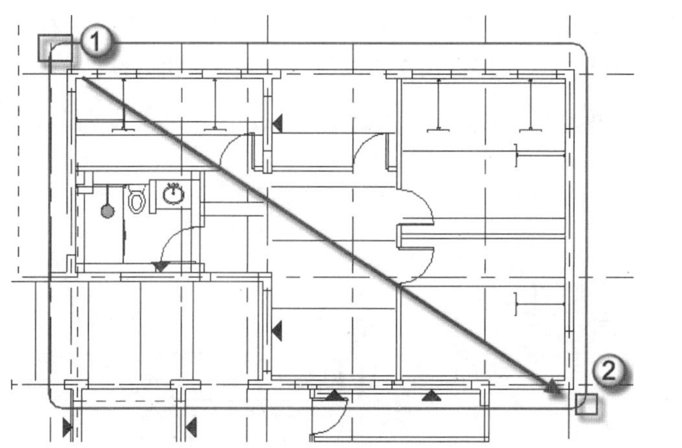

图 14.2　生成大样图

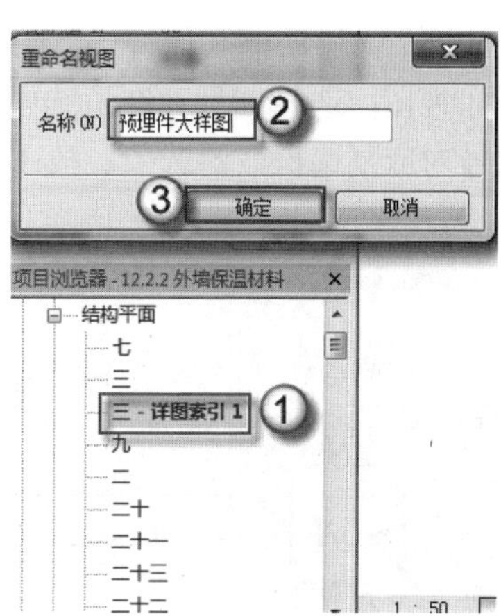

图 14.3　重命名大样图

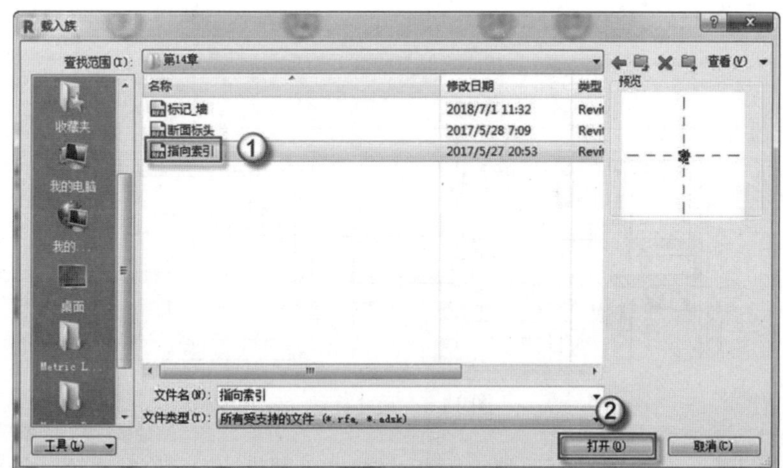

图 14.4　载入族

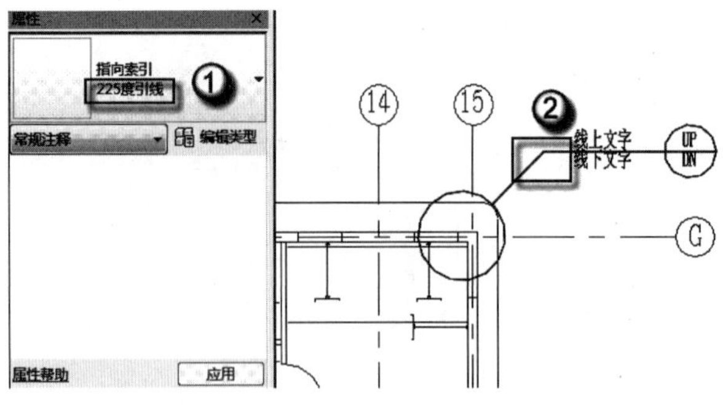

图 14.5　插入索引

（4）索引设置。按 Esc 键，退出插入索引命令，然后选中插入的索引，在“属性”面板中的“DN”栏中输入 08、在 UP 栏中输入“—”、在“线上文字”栏中输入“预埋件大样图”、去掉“线下文字”栏中所有内容、在“指向圈直径”栏输入 1.0 个单位，然后单击“应用”按钮，如图 14.6 所示。

（5）大样图的其他调整。在“项目浏览器”面板中选择“结构平面”|“预埋件大样图”平面视图，选择轴号并取消选中对应复选框，如图 14.7 所示。使用同样的方法，将上部轴号对应复选框取消选中。按 DI 快捷键，将需要标注的预埋件进行尺寸标注，如图 14.8 所示。

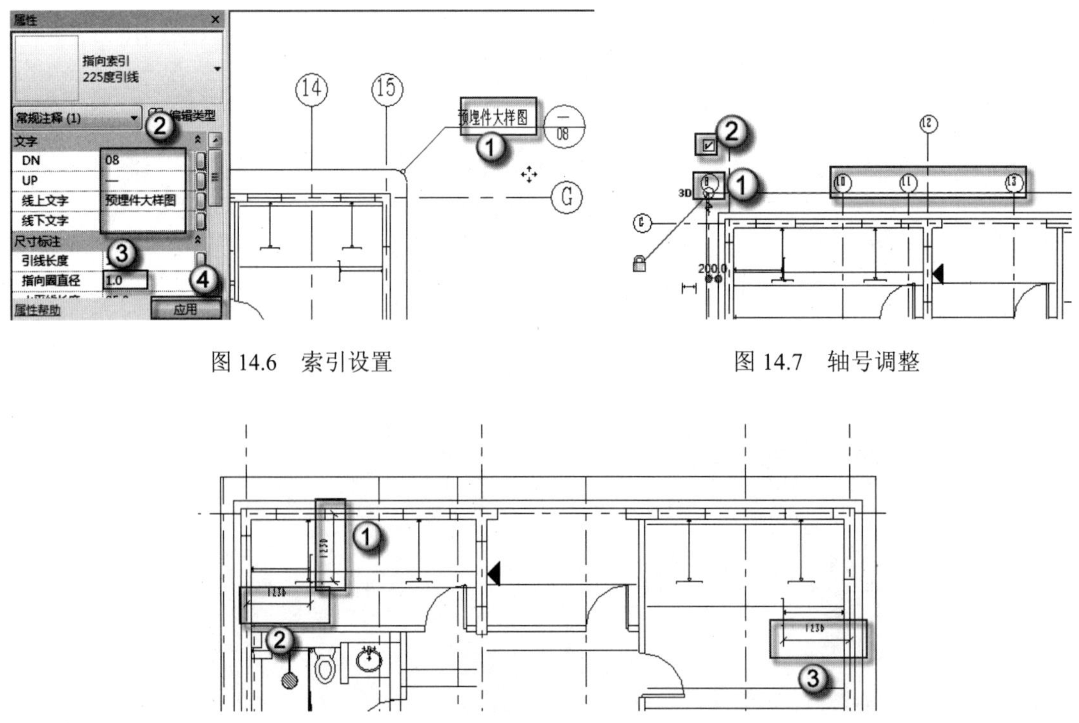

图 14.6　索引设置

图 14.7　轴号调整

图 14.8　尺寸标注

（6）新建图纸。在“项目浏览器”面板中右击“图纸（全部）”选项，选择“新建图纸”命令，在弹出的“新建图纸”对话框中选择“A3 公制”图纸，然后单击“确定”按钮，如图 14.9 所示。

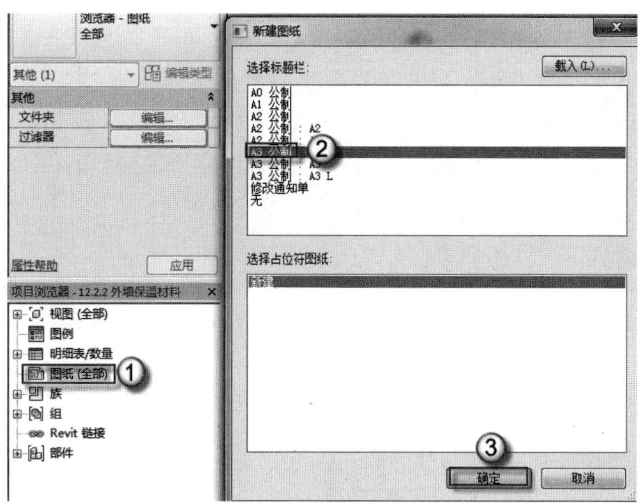

图 14.9　新建图纸

（7）添加大样图。选择“项目浏览器”中的“预埋件大样图”选项，将其拖曳至新建的图纸中，如图 14.10 所示。选中拖入的预埋件大样图，在“属性”面板中切换到“无标题”选项，如图 14.11 所示。选择“注释”|“符号”命令，在“属性”面板中选择“图名标注”选项，然后放置图名到相应位置，如图 14.12 所示。

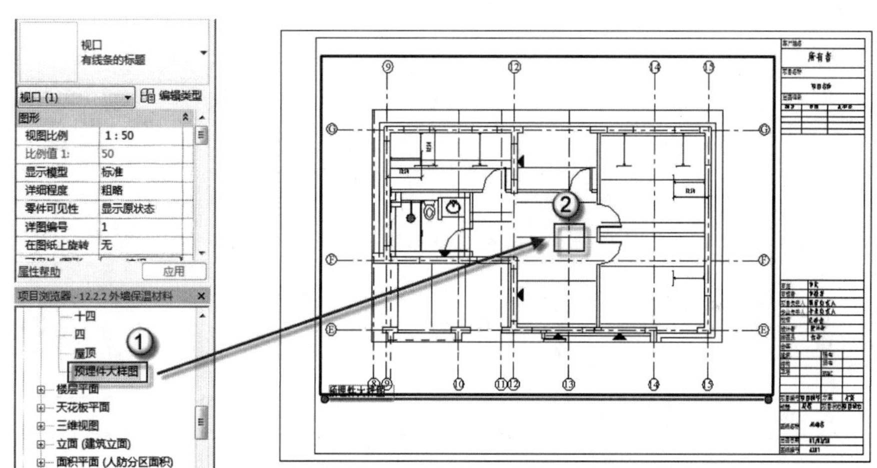

图 14.10　添加大样图

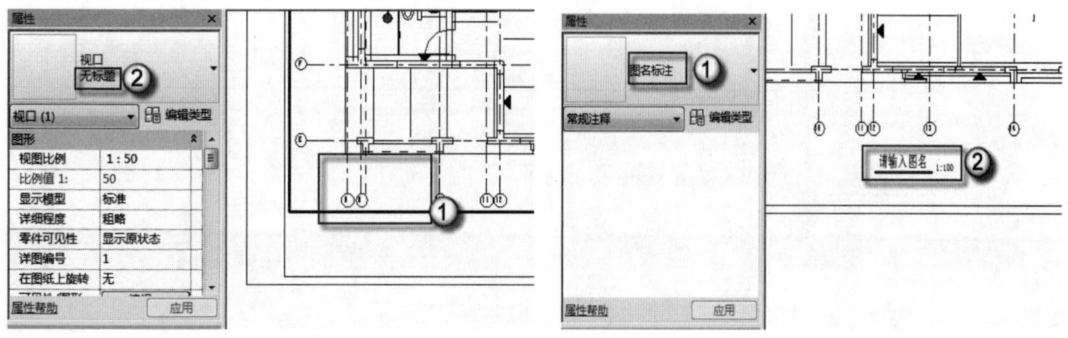

图 14.11　更改属性　　　图 14.12　插入图名标注

（8）图名设置。按 Esc 键，退出插入图名命令，然后选中插入的图名，在“属性”面板中分别在“请输入图名”“请输入比例”栏输入“预埋件大样图”“1:50”，然后单击“应用”按钮，如图 14.13 所示。

（9）更改图纸图名。在“项目浏览器”面板中右击“A107-未命名”图纸，选择“重命名”命令，在弹出的“图纸标题”对话框中“名称”栏输入“预埋件大样图”字样，然后单击“确定”按钮，如图 14.14 所示。

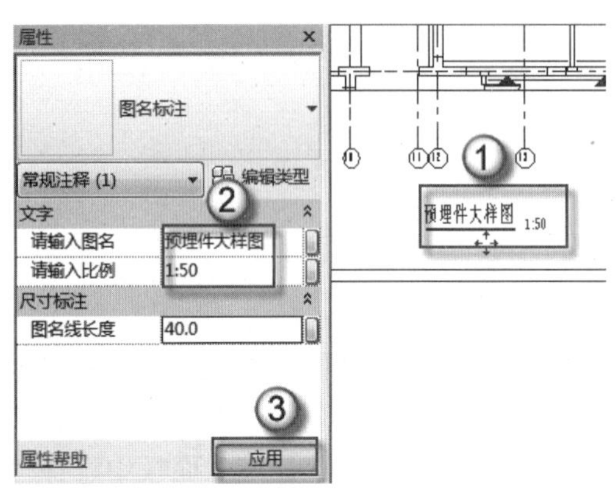

图 14.13　图名设置

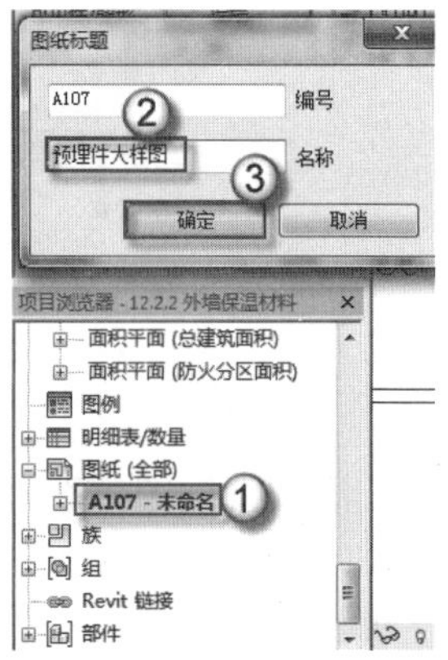

图 14.14　更改图纸图名

（10）隐藏参照平面。选择“结构平面：预埋件大样图”平面，按 VV 快捷键，在弹出的“可见性/图形替换”对话框中选择“注释类别”选项卡，取消选中“参照平面”复选框，然后单击“确定”按钮，如图 14.15 所示。预埋件大样图完成，如图 14.16 所示。

注意： 在 Revit 中参照平面就是起辅助线的作用，在作图时不需要删除。因为在出图时，可以在“可见性/图形替换”对话框中将其隐去。

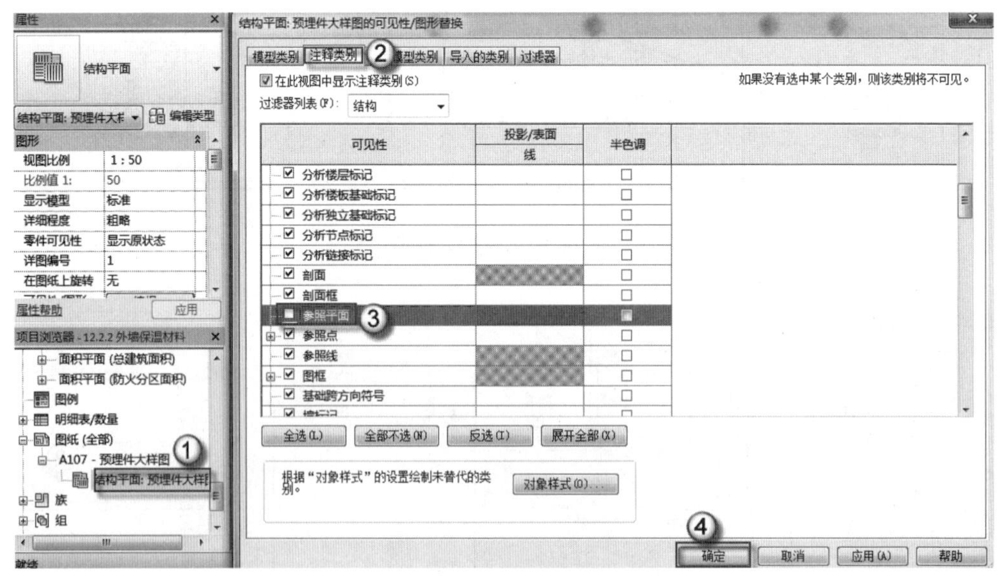

图 14.15　隐藏参照平面

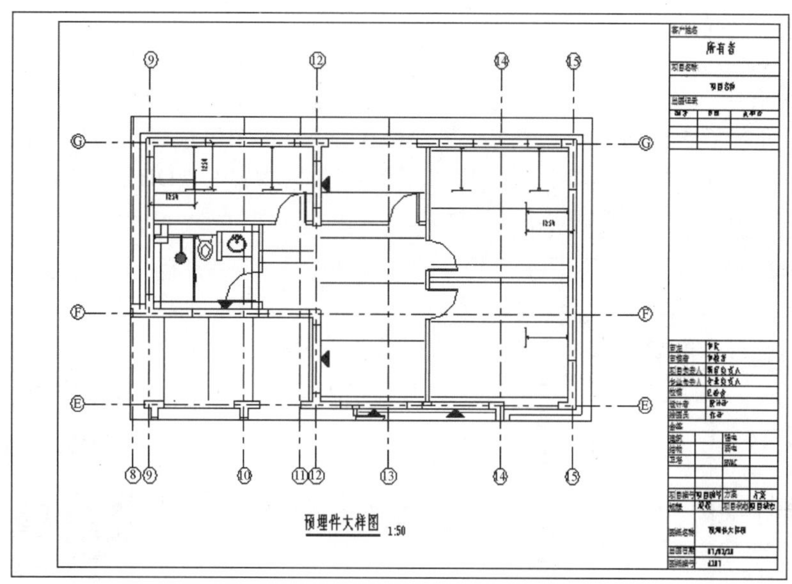

图 14.16　预埋件大样图

14.1.2　板大样图

叠合板的制作有一些特殊，每个构件是用结构板的方法制作的，然后整板又是用部件功能集成的。用部件功能生成板大样图的方法与生成其他构件大样图不一样，请读者加以区别，并且还需要在图纸中加入相应的明细表，具体操作方法如下。

（1）创建部件。在“项目浏览器”面板中选择“结构平面”|“二”视图，单击 DB1 板，然后选择“修改”|“创建视图”命令，在弹出的“创建部件视图”对话框中“比例”栏选择 1:50 选项，选中“平面图”“剖面图 B”“明细表”“材质提取”复选框，然后选择“A3 公制”图纸，单击“确定”按钮，如图 14.17 所示。

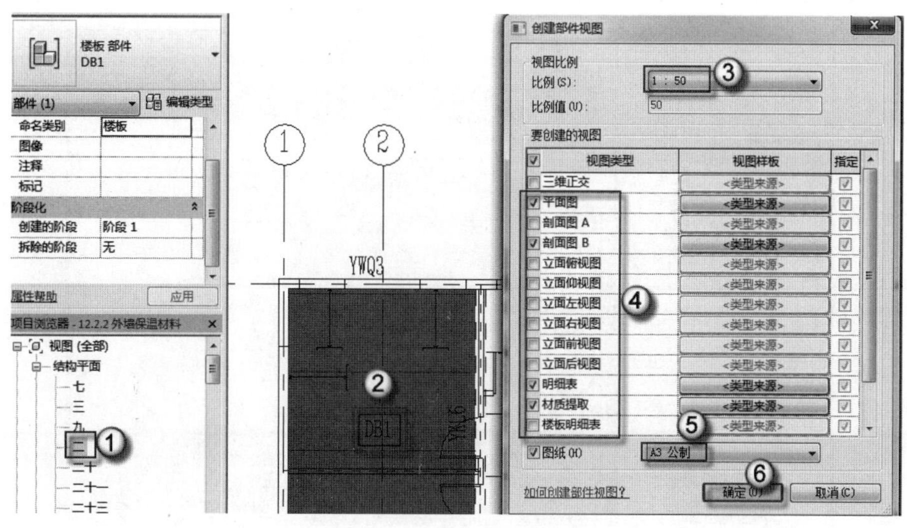

图 14.17　创建部件

（2）编辑明细表。在“项目浏览器”面板中选择“部件”|DB1|“明细表：明细表”选项，然后在“属性”面板中单击“外观”栏旁的“编辑”按钮，在弹出的“明细表属性”对话框中取消选中“数据前的空行”复选框，在“标题文本”“标题”“正文”栏分别选择“5mm 常规_仿宋”“3.5mm 常规_仿宋”“3.5mm 常规_仿宋”选项，然后单击“确定”按钮，如图 14.18 所示。在“属性”面板中“视图名称”栏输入“DB1 统计表”字样，然后单击“应用”按钮，如图 14.19 所示。

图 14.18　编辑明细表外观

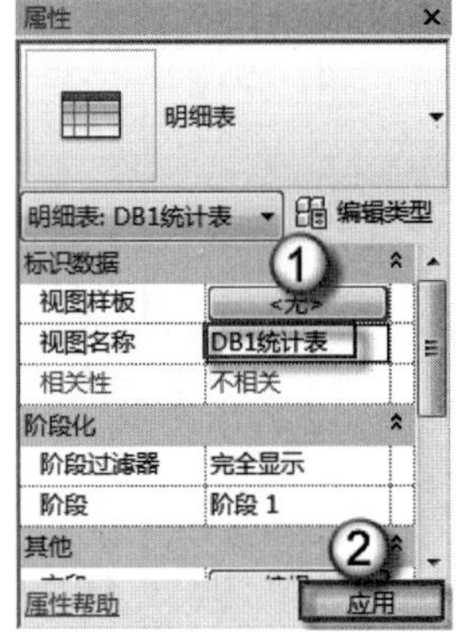

图 14.19　更改明细表名称

注意： 在施工图制作表格时，表头（就是明细表中的“标题文本”）一般设置为 5 号字（字高 5mm 的仿宋体），其余文字设置为 3 号字（字高 3.5mm 的仿宋体）。

（3）编辑材质提取表。在“项目浏览器”面板中选择“明细表：材质提取”项目，然后在“属性”面板中单击“排序/成组”栏旁的“编辑”按钮，在弹出的“材质提取属性”对话框中的“排序方式”栏选择“材质：名称”选项，取消选中“逐项列举每个实例”复选框，然后单击“确定”按钮，如图 14.20 所示。

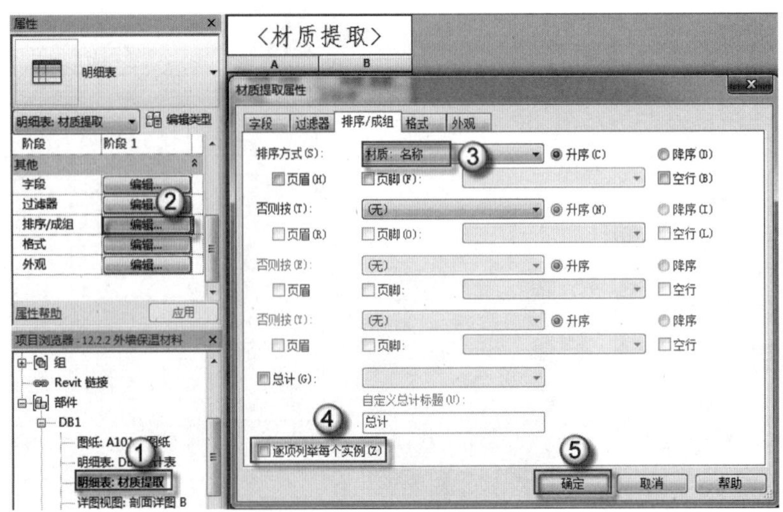

图 14.20　编辑材质提取表

（4）编辑格式。在“属性”面板中，单击“格式”栏的“编辑”按钮，在弹出的“材质提取属性”对话框中“字段”栏选择“材质：体积”选项，并切换为“计数总数”选项，然后单击“确定”按钮，如图 14.21 所示。

图 14.21　编辑格式

（5）编辑材质提取表外观。在“属性”面板中，单击“外观”栏的“编辑”按钮，在弹出的“材质提取属性”对话框中取消选中“数据前的空行”复选框，在“标题文本”“标题”“正文”栏分别选择“5mm 常规_仿宋”“3.5mm 常规_仿宋”“3.5mm 常规_仿宋”选项，然后单击“确定”按钮，如图 14.22 所示。

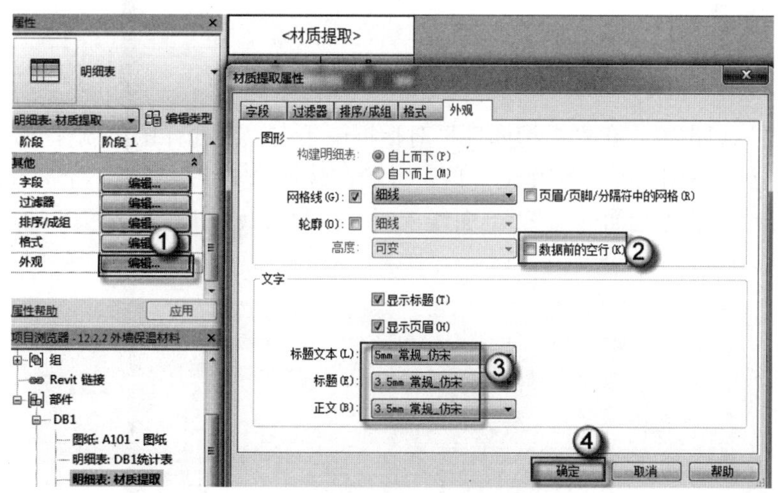

图 14.22　编辑材质提取表外观

（6）载入族。在菜单中选择“插入”|“载入族”命令，在弹出的“载入族”对话框中选择“断面标头”族，然后单击“打开”按钮，如图 14.23 所示。

（7）索引标记设置。选择剖面详图，在“属性”面板中单击“编辑类型”按钮，在弹出的“类型属性”对话框中单击“详图索引标头，包括 3mm 转角”按钮，然后在弹出的“类型属性”对话框中切换“详细索引标头”为“<无>”选项，单击“确定”按钮，如图 14.24 所示。

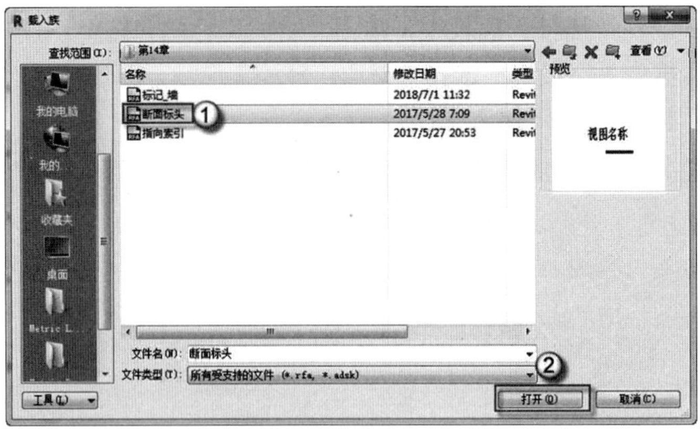

图 14.23　载入族

图 14.24　索引标记设置

（8）剖面标记设置。在“类型属性”对话框中单击“剖面详图绘制标头，剖面详图绘制”按钮（由于计算机屏幕分辨率的问题，可能在此处的文字会显示不全），在弹出的“类型属性”对话框中将“剖面标头”“剖面线末端”栏均切换至“断面标头”选项，然后单击“确定”按钮，如图 14.25 所示。

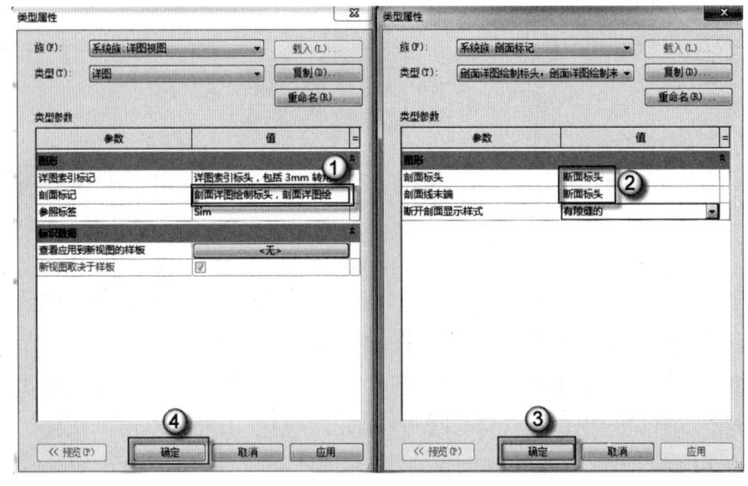

图 14.25　剖面标记设置

（9）调整折断线及详细程度。选择折断线符号，将折断线拖曳至两端，如图 14.26 所示。选择“平面详图”字样，按 EH 快捷键，将其隐藏。然后将“详细程度”切换到“精细”选项，如图 14.27 所示。

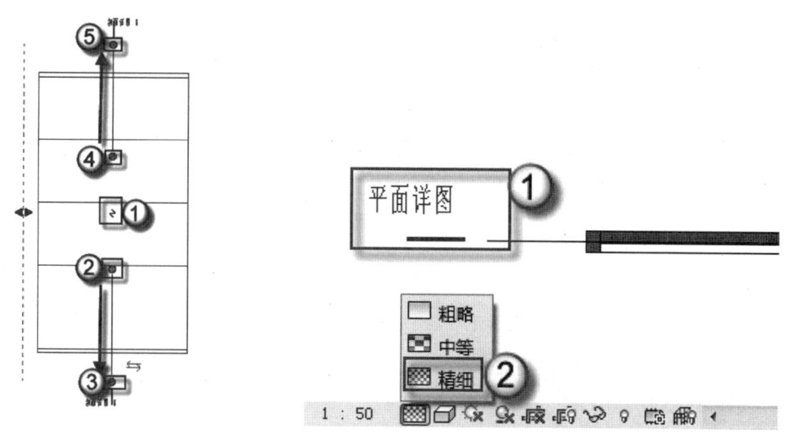

图 14.26　调整折断线　　　　图 14.27　详细程度调整

（10）编辑材质。在菜单栏中选择“管理”|“材质”命令，在弹出的“材质浏览器”对话框中选择“板-预制砼”材质，单击“填充图案”栏的“<无>”按钮，在弹出的“填充样式”对话框中选择“混凝土-钢砼”选项，然后两次单击“确定”按钮，如图 14.28 所示。

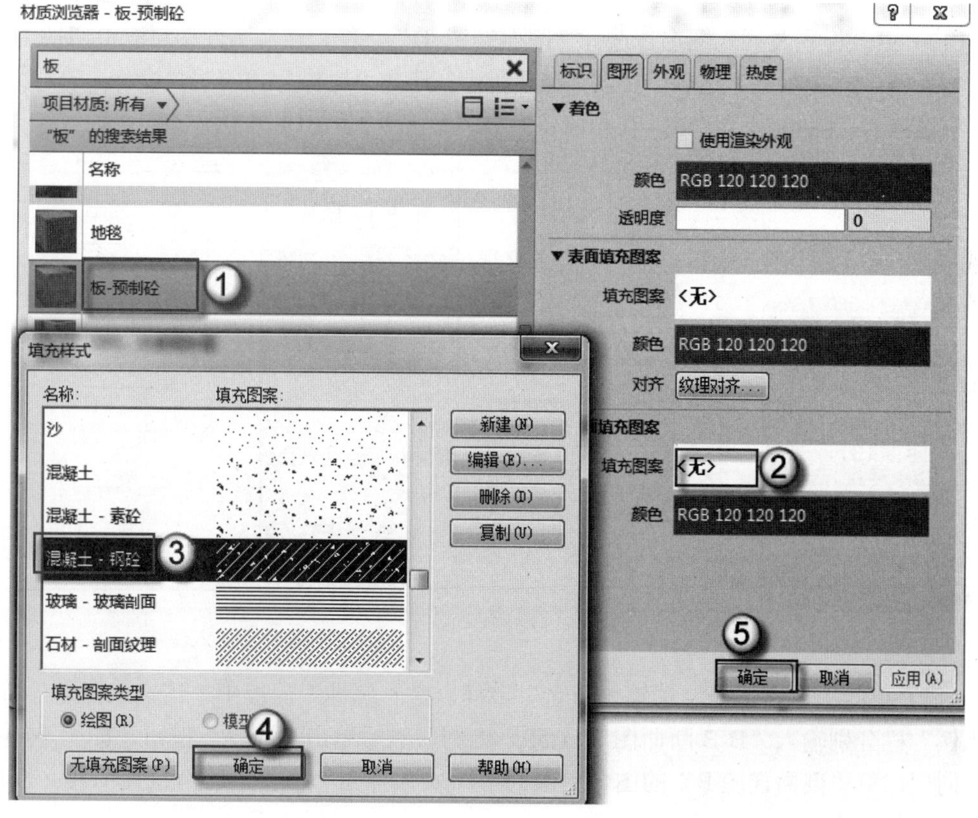

图 14.28　编辑材质

（11）图表插入图纸。在“项目浏览器”面板中选择“部件”|DB1|“图纸：A101-图纸”项目，将“明细表：DB1 统计表”拖曳至图纸中，使用同样的方法，将“明细表：材质提取”“详图视图：剖面详图 B”“详图视图：平面详图”3 项也拖曳至图纸中，如图 14.29 所示。

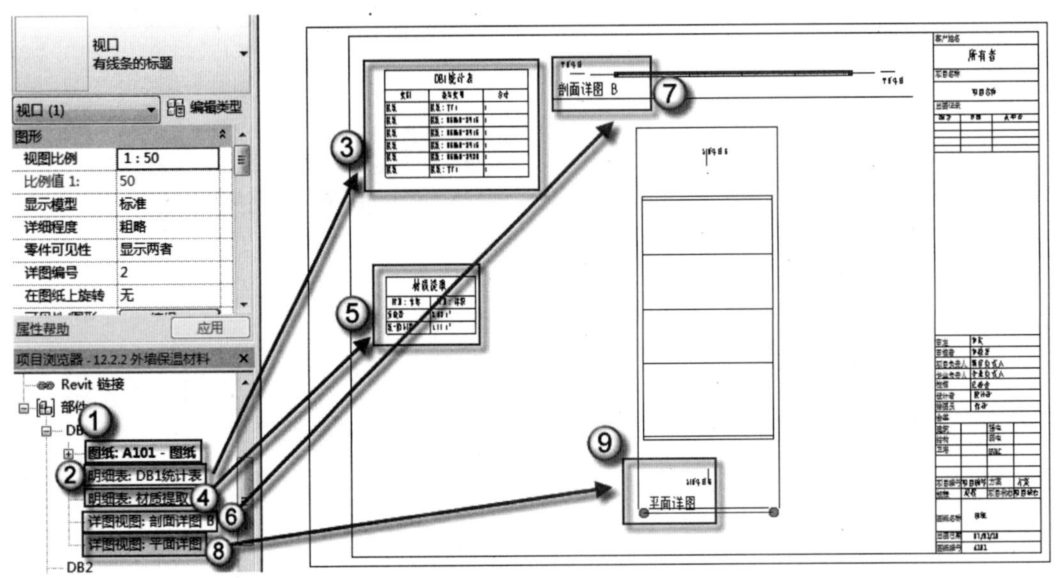

图 14.29　图表插入图纸

（12）更改标题及插入图名。选择“剖面详图 B”字样，在“属性”面板中切换至“有线条的标题”|“无标题”选项，如图 14.30 所示。选择“注释”|“符号”命令，在“属性”面板中选择“图名标注”选项，在相应位置插入图名，如图 14.31 所示。

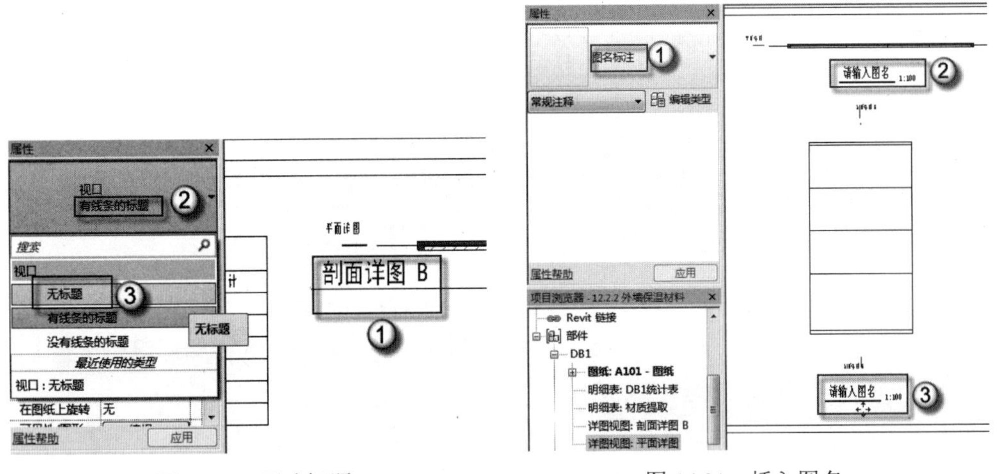

图 14.30　更改标题　　　　图 14.31　插入图名

（13）更改图名。选择“请输入图名”字样，在“属性”面板中“请输入图名”“请输入比例”栏分别输入“B-B 断面图”“1:50”比例，然后单击“应用”按钮，如图 14.32 所示。同理，将“剖面详图 B”的图名更改为“DB1 大样图”字样，比例设置 1:50。板大样图完成，如图 14.33 所示。

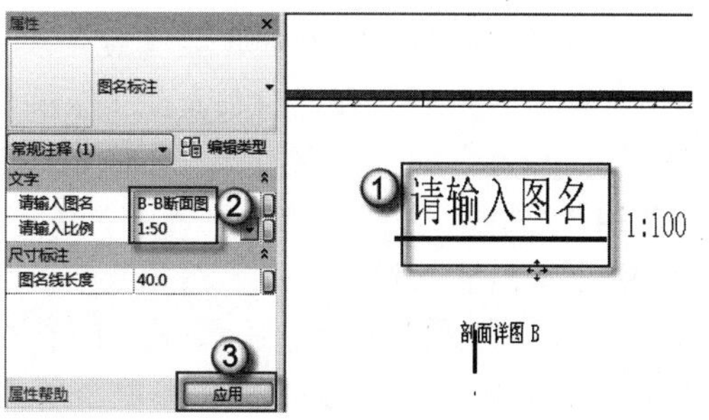

图 14.32　更改图名

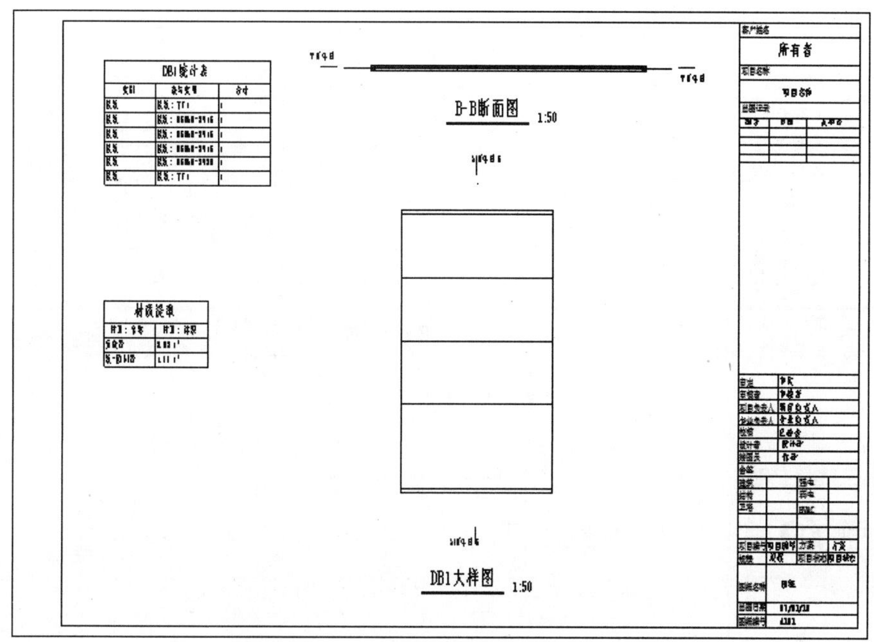

图 14.33　板大样图

14.2　预制墙板装配图

在装配式建筑中，墙板的装配方向是自下而上的垂直方向。这就需要提供一个垂直方向上的装配图纸，一般情况是对局部的立面图进行索引，生成大比例的装配详图。在 Revit 软件中，索引功能比较强大，可以自动生成详图，然后对详图进行一些修饰，就可以出图了。

14.2.1　索引功能

在建筑制图中有两个类型的索引：指向索引与剖切索引。生成墙板装配图是采用指向索引功能，因为不需要对构件进行剖切，具体方法如下。

（1）生成详图索引。在“项目浏览器”面板中选择“南”立面，在菜单栏中选择“视图”|“详图索引”|“矩形”命令，用矩形的方式绘制需要生成墙板装配图的索引区域，如图 14.34 所示。选择“注释”|“符号”命令，在“属性”面板选择“315 度引线”选项，然后放置到相应位置，如图 14.35 所示。

（2）编辑索引。按 Esc 键，退出插入索引命令，然后选中插入的索引，在“属性”面板中的“DN”栏中输入 09、在“UP”栏中输入“—”、在“线上文字”栏中输入“墙板装配图”、去掉“线下文字”栏中所有内容、引线长度输入 45.0 个单位，在“指向圈直径”栏输入 1.0 个单位，然后单击“应用”按钮，如图 14.36 所示。

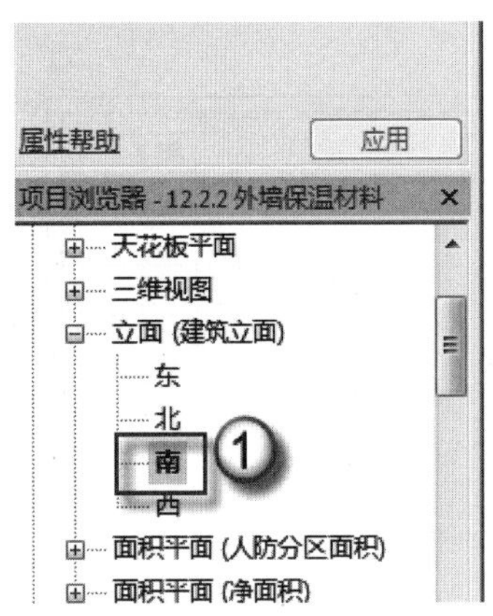

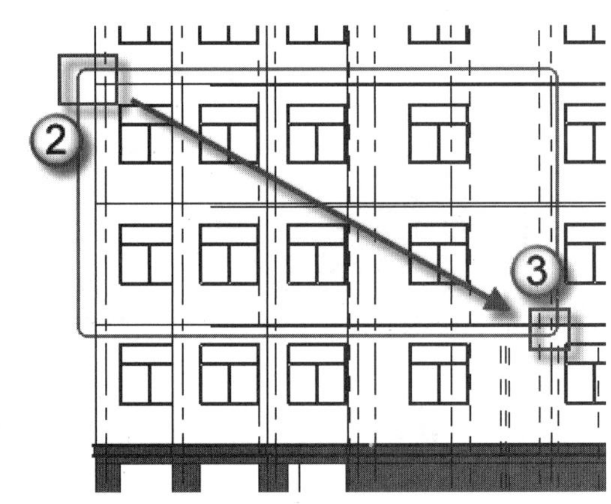

图 14.34　生成详图索引

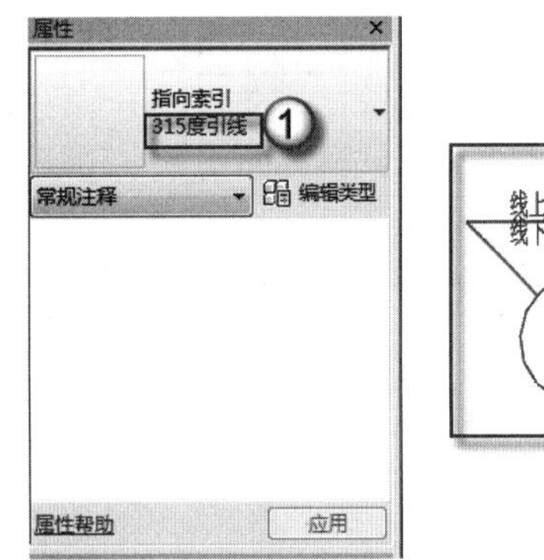

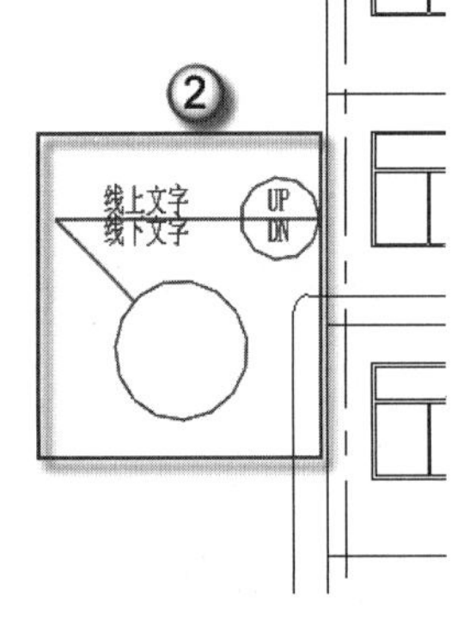

图 14.35　插入索引

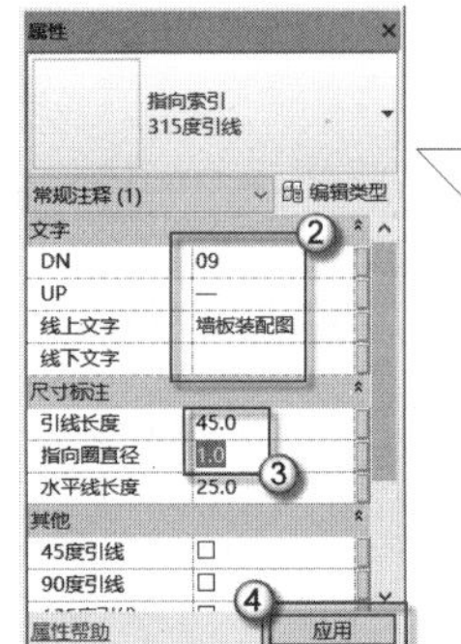

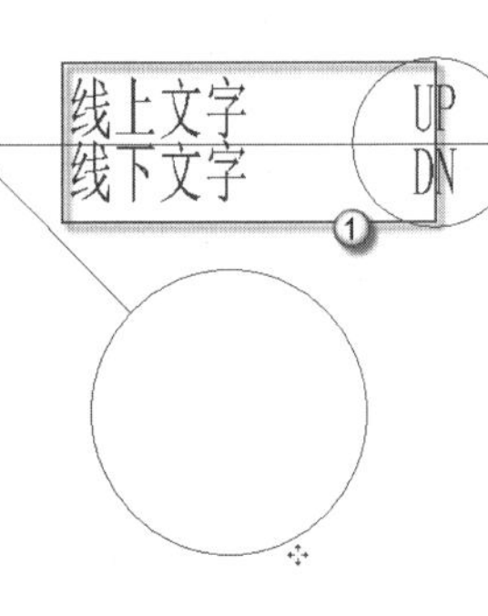

图 14.36　编辑索引

注意：在这个索引符号中，09 代表索引图号（就是新增的图号），—代表此索引全图中只有一项图纸内容。

（3）重命名视图。在“项目浏览器”面板中，右击“南・详图索引 1”平面，选择“重命名”命令，在弹出的“重命名视图”对话框中“名称”栏输入“墙板装配图”字样，然后单击“确定”按钮，如图 14.37 所示。

（4）调整轴号。在“项目浏览器”面板中选择“立面（建筑立面）”|“墙板装配图”平面视图，选择轴号并取消选中对应的复选框，勾选其下部的单选框，如图 14.38 所示。使用同样的方法，对其轴号进行调整。

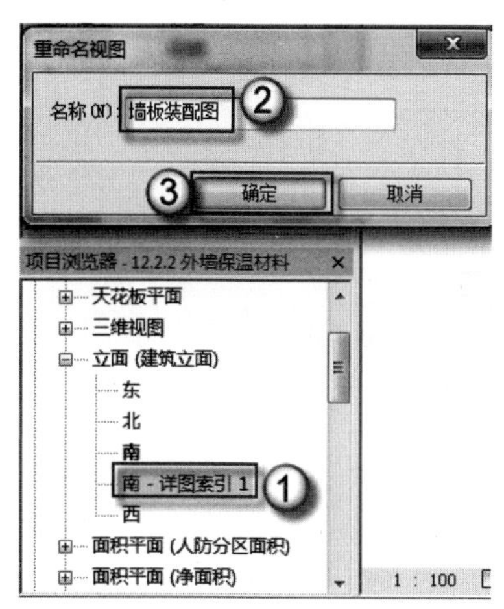

图 14.37　重命名视图

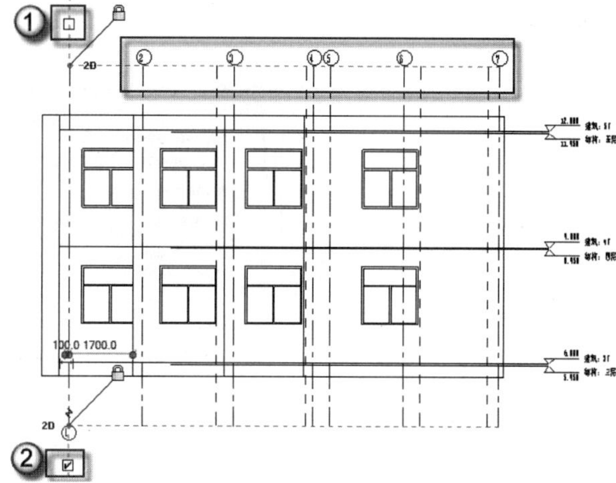

图 14.38　调整轴号

（5）隐藏参照平面。按 VV 快捷键，在弹出的“可见性/图形替换”对话框中选择“注释类别”选项卡，取消选中“参照平面”复选框，然后单击“确定”按钮，如图 14.39 所示。

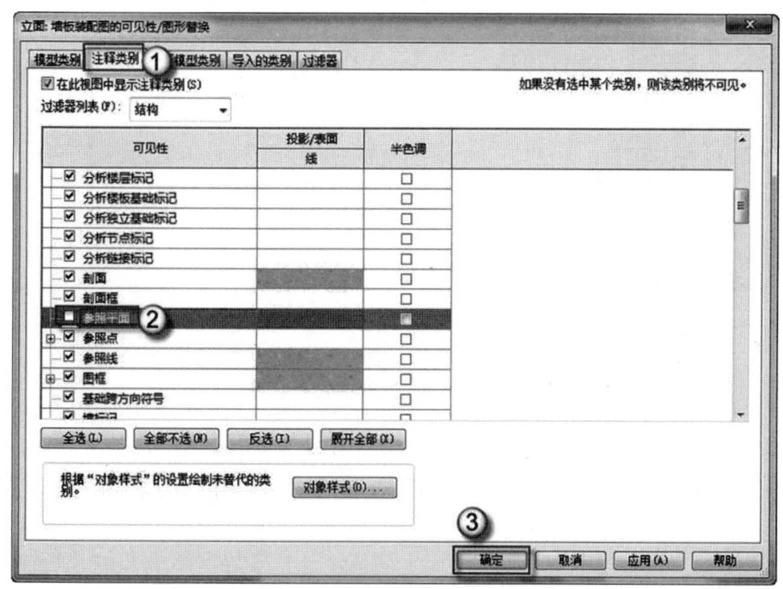

图 14.39　隐藏参照平面

14.2.2　生成装配图并标注

全小节针对上一小节中生成的图纸作一些局部的处理，如隐去一些不需要的线条、设置轴号的位置与方向等，然后加上相应的标注，具体统计方法如下。

（1）隐藏三明治外挂墙及窗。右击三明治外挂墙板，选择“选择全部实例”|“在视图中可见”命令，然后按 EH 快捷键，将其隐藏，如图 14.40 所示。同理，将三明治外挂墙

板中的窗隐藏。

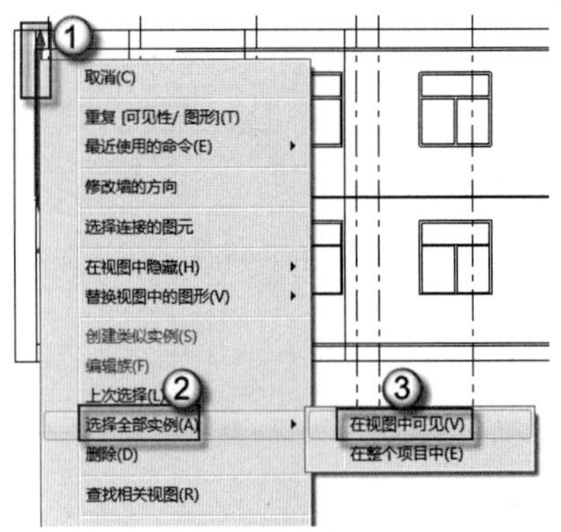

图 14.40　隐藏三明治外挂墙板

（2）载入标记族。选择“插入”|“载入族”命令，在弹出的“载入族”对话框中选择“标记_墙”族，然后单击“打开”按钮，如图 14.41 所示。在弹出的“族已存在”对话框中选择“覆盖现有版本及其参数值”选项。

图 14.41　载入标记族

（3）标记各构件。按 TG 快捷键，取消选中“引线”，然后单击需标记的构件，拖曳“剪力墙构造构件”字样至合适位置，如图 14.42 所示。使用同样的方法将其他构件进行标记，如图 14.43 所示。

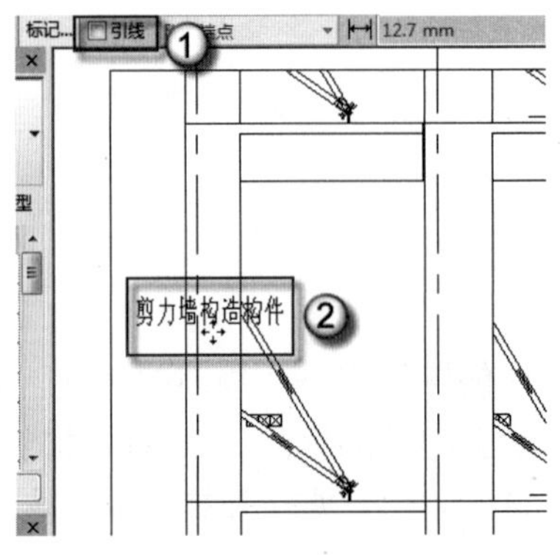

图 14.42　标记剪力墙

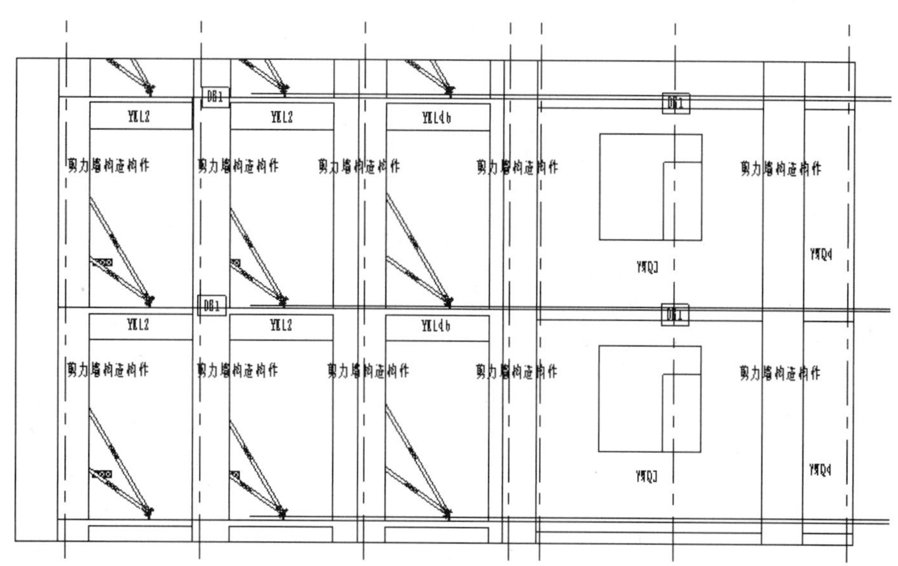

图 14.43　全部构件标记

（4）新建图纸。在“项目浏览器”面板中右击“图纸（全部）”平面，选择“新建图纸”命令，在弹出的“新建图纸”对话框中选择“A3 公制”选项，然后单击“确定”按钮，如图 14.44 所示。

（5）更改图纸图名。在“项目浏览器”面板中右击“A108-未命名”平面，选择“重命名”命令，在弹出的“图纸标题”对话框中“名称”栏输入“墙板装配图”字样，然后单击“确定”按钮，如图 14.45 所示。

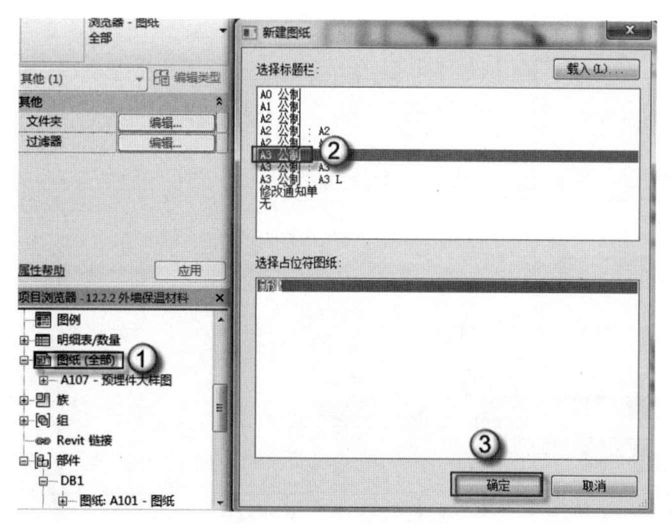

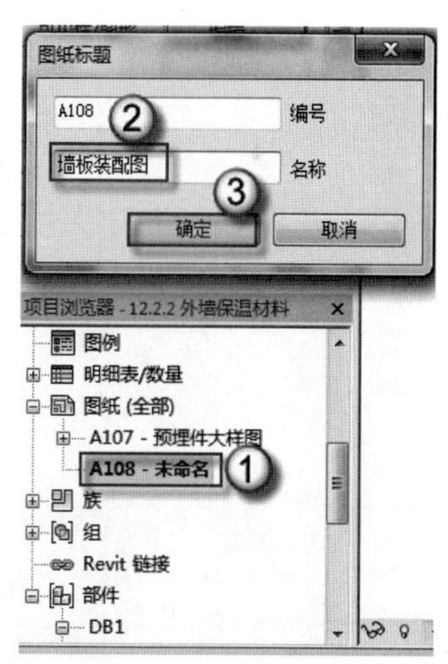

图 14.44　新建图纸

图 14.45　图纸重命名

（6）插入墙板装配图。选择“项目浏览器”中的“墙板装配图”拖动至新建的图纸中，如图 14.46 所示。选中插入的墙板装配图，在“属性”面板中切换至“有线条的标题”|“无标题”选项，如图 14.47 所示。在菜单栏中选择“注释”|“符号”命令，在“属性”面板选择“图名标注”选项，然后放置图名到相应位置，如图 14.48 所示。

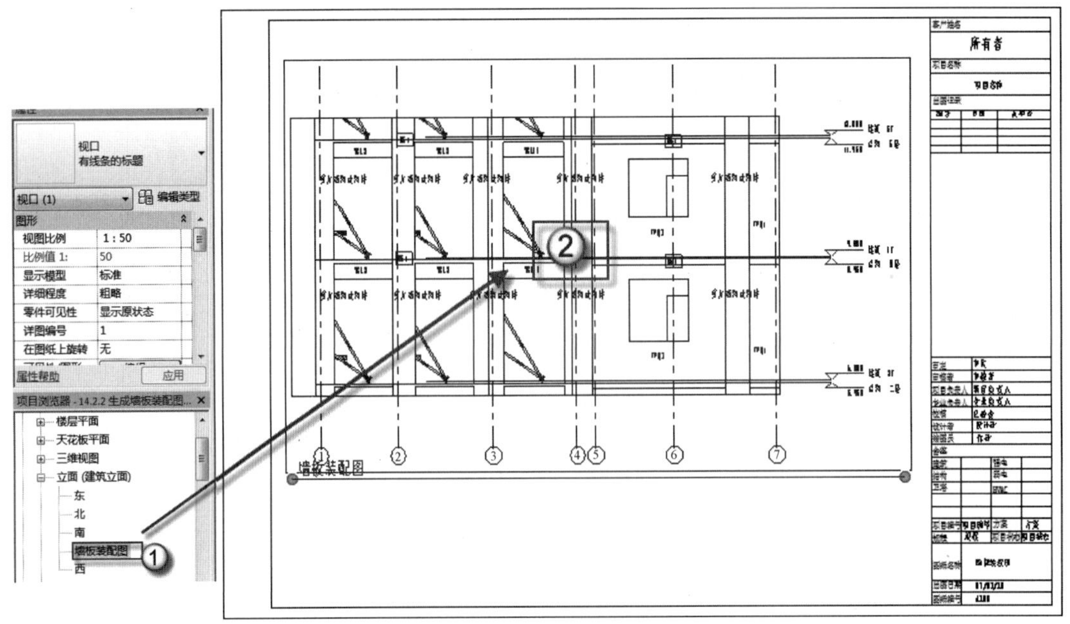

图 14.46　插入墙板装配图

（7）编辑图名。按 Esc 键，退出插入图名命令，然后选中插入的图名，在“属性”面板中的“请输入图名”“请输入比例”栏输入“墙板装配图”“1:50”比例，然后单击“应用”按钮，如图 14.49 所示。墙板装配图完成，如图 14.50 所示。

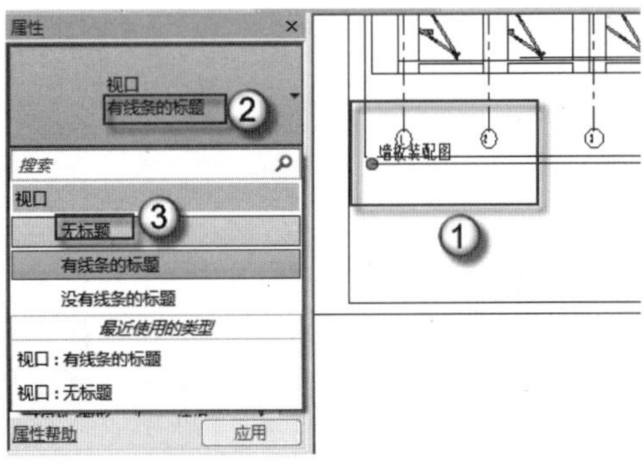

图 14.47　更改标题

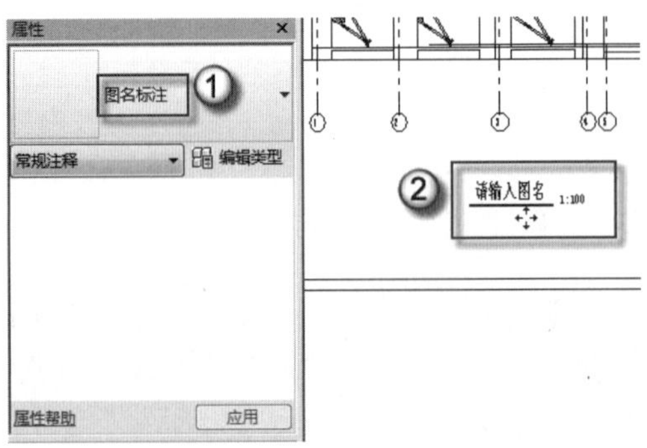

图 14.48　插入图名

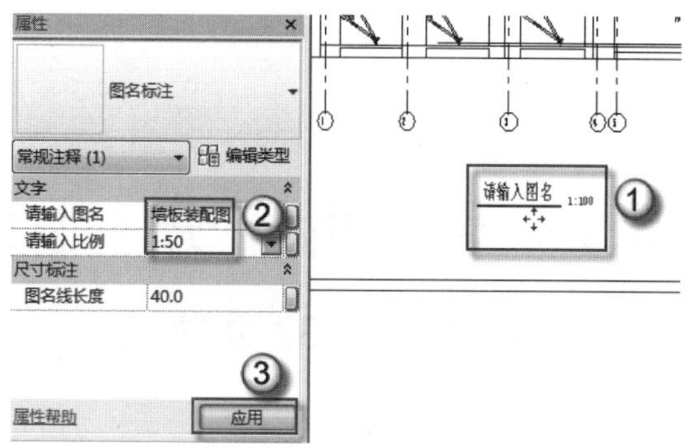

图 14.49　编辑图名

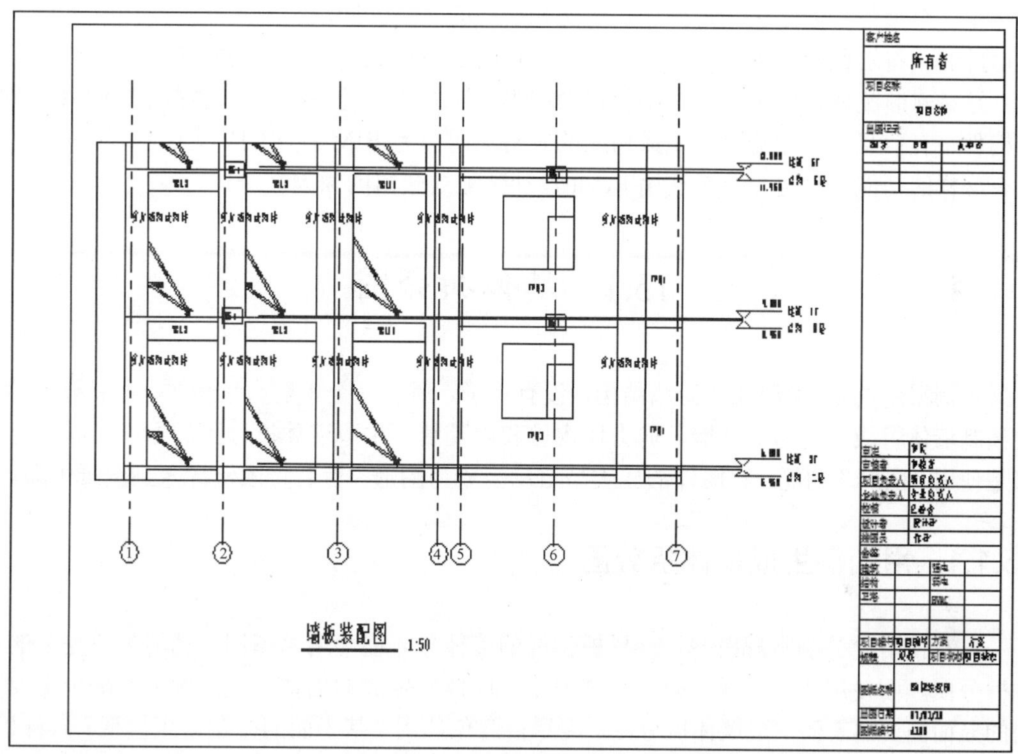

图 14.50　墙板装配图

第 15 章　拆　分　图

（教学视频：32 分钟）

装配式建筑中的一些构件，如墙、梁最后是合成为一个整体的，这是为了抗震的需要。虽然是一个整体，但是构件有预制、现浇和后浇的区别。所以装配式建筑设计中需要一种《拆分图》，将这些构件拆开来，分别表达各自的几何形式、尺寸、功能和材料等。

这种《装配图》的图纸中，不仅包含图形，还有相应的表格。只有使用了 BIM 技术，让构件带有信息量，才能自动生成相应的表格。而作为 BIM 技术的集大成者，Revit 软件就有这样的功能。这也是笔者选用 Revit 设计装配式建筑的原因之一。

15.1　墙体拆分图

本例采用的是 24 层纯剪力墙结构，没有柱子，所以完全由剪力墙承重。整栋建筑由 3 类预制墙体组成：剪力墙外墙、剪力墙内墙和内隔墙。生成墙体拆分图的方法大同小异，都是使用“图例”功能，将墙体的族类型自动生成为图形，然后将图例导入到图纸中即可。

15.1.1　用图例生成墙体拆分图

只有使用“公制常规模型”族样板生成的墙体，才能使用“图例”功能生成完整的墙体拆分图。而使用“基于面的公制常规模型”族样板生成的墙体，在图例中会缺少重要方向的立面图。如需要生成墙体拆分图，应尽量避免选用“基于面的公制常规模型”族样板。生成墙体拆分图的具体操作如下。

（1）新建墙体拆分图图例。在“项目浏览器”面板中右击“图例”命令，选择“新建图例”命令，如图 15.1 所示。将新建图例名称改为“墙体拆分图”，单击“确定”按钮，如图 15.2 所示。新建图例完成后可在“项目浏览器”中观察到“图例”|“墙体拆分图”选项，如图 15.3 所示，说明新建墙体拆分图图例已经完成。

（2）插入 NGQ6 墙体族类型。在“项目浏览器”面板中选择“族”|“常规模型”|“GQM1 边洞墙”|NGQ6 选项，将其拖曳入图例中，注意观察“视图”栏默认为“楼层平面”选项，如图 15.4 所示。切换“视图”栏为“立面：后”选项，将 NGQ6 族类型切换到立面形式，放置于图例中，如图 15.5 所示。按 SY 快捷键，发出“符号”命令，在“属性”面板中选择“图名标注”类型，并设置“图名”为 NGQ6，“比例”为 1:50，“图名线长度”为 20，如图 15.6 所示。NGQ6 图名插入完成后效果如图 15.7 所示。

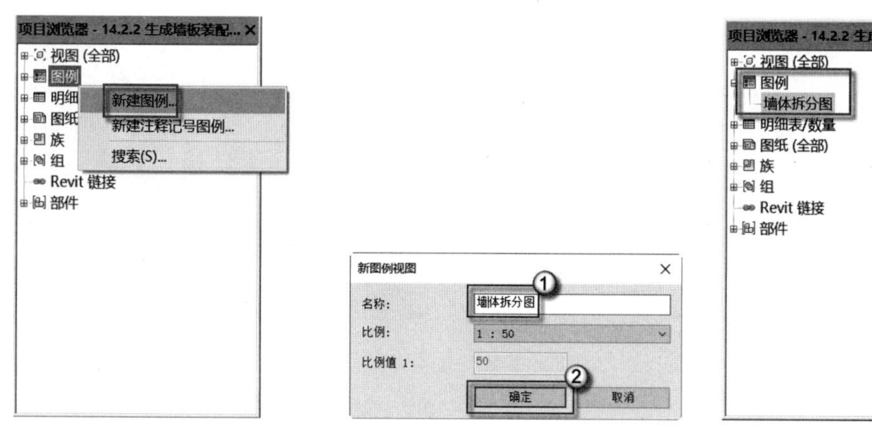

图 15.1　新建图例　　图 15.2　重命名图例　　图 15.3　墙体拆分图图例完成

注意：此处的“楼层平面”视图就相当于平面图，而“立面：后”视图就相当于背立面。在墙体拆分图时，一般需要两种图形，平面图与立面图（正立面或背立面）。

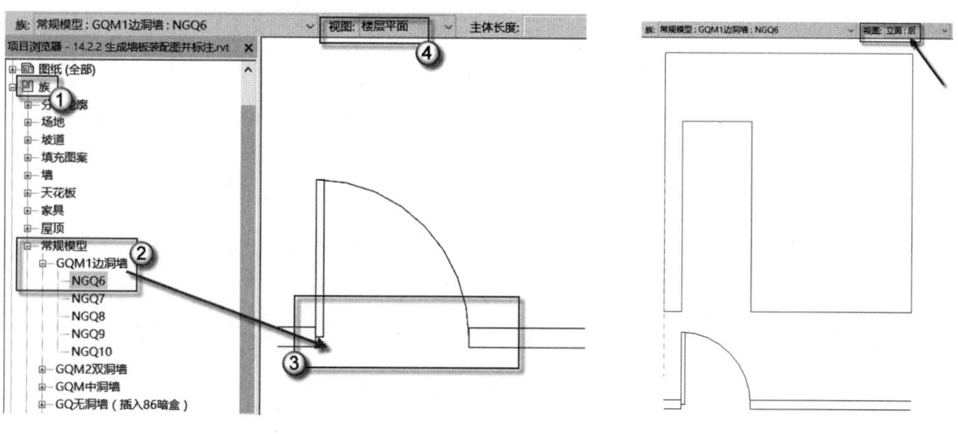

图 15.4　插入平面 NGQ6 族类型　　图 15.5　插入立面 NGQ6 族类型

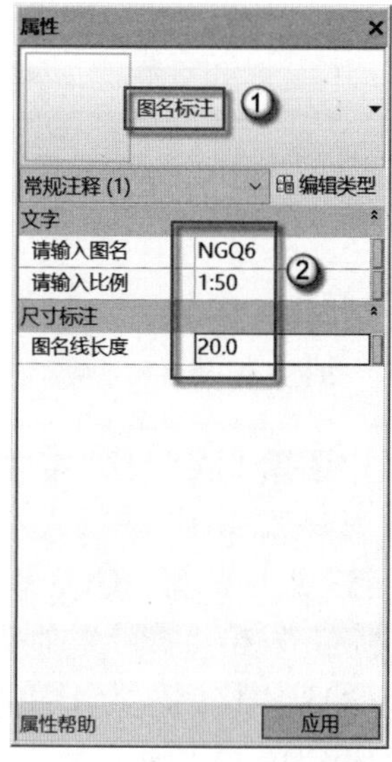

图 15.6　设置图名标注参数

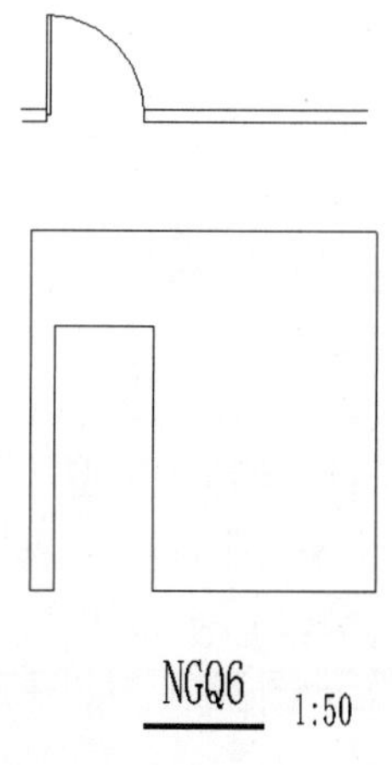

图 15.7　NGQ6 图名插入完成

（3）插入 NGQ1 墙体族类型。在“项目浏览器”面板中选择“族”｜“常规模型”｜“GQM2 双洞墙”｜NGQ1 选项，将其拖曳入图例中，注意观察“视图”栏默认为“楼层平面”选项，如图 15.8 所示。切换“视图”栏为“立面：前”选项，将 NGQ1 族类型切换到立面形式，放置于图例中，如图 15.9 所示。按 SY 快捷键，发出“符号”命令，在“属性”面板中选择“图名标注”类型，并设置“图名”为 NGQ1，“比例”为 1:50，“图名线长度”为 20，如图 15.10 所示。NGQ1 图名插入完成后，如图 15.11 所示。

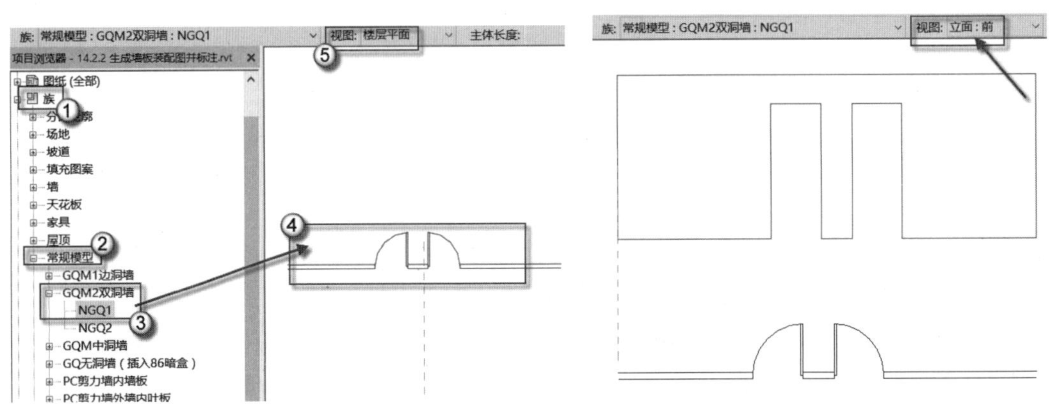

图 15.8　插入平面 NGQ1 族类型　　图 15.9　插入立面 NGQ1 族类型

图 15.10　设置图名标注参数

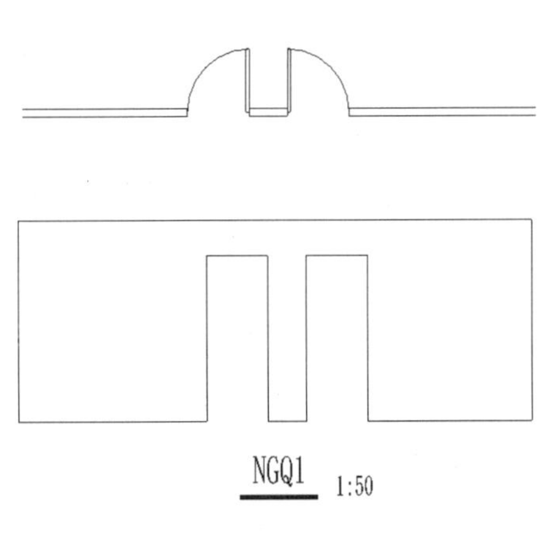

图 15.11　NGQ1 图名插入完成

（4）插入 NGQ3 墙体族类型。在“项目浏览器”面板中选择“族”｜“常规模型”｜“GQM 中洞墙”｜NGQ3 选项，将其拖曳入图例中，注意观察“视图”栏默认为“楼层平面”选项，如图 15.12 所示。切换“视图”栏为“立面：前”选项，将 NGQ3 族类型切换到立面形式，放置于图例中，如图 15.13 所示。按 SY 快捷键，发出“符号”命令，在“属性”面板中选择“图名标注”类型，并设置“图名”为 NGQ3，“比例”为 1:50，“图名线长度”为 20，如图 15.14 所示。NGQ3 图名插入完成后，如图 15.15 所示。

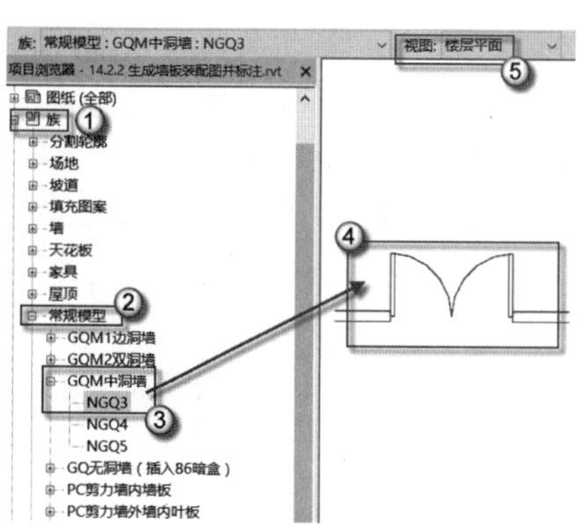

图 15.12　插入平面 NGQ3 族类型

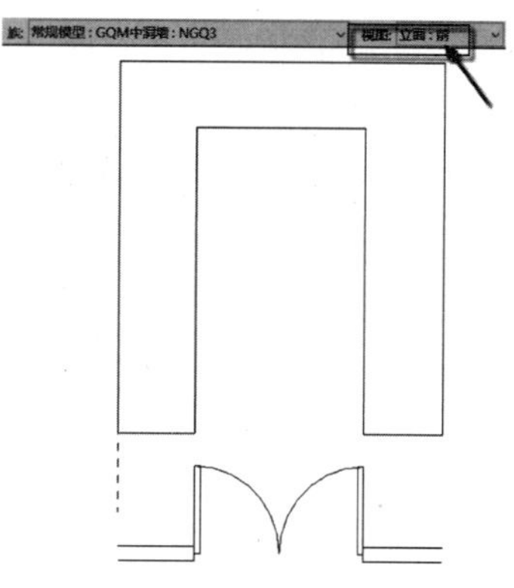

图 15.13　插入立面 NGQ3 族类型

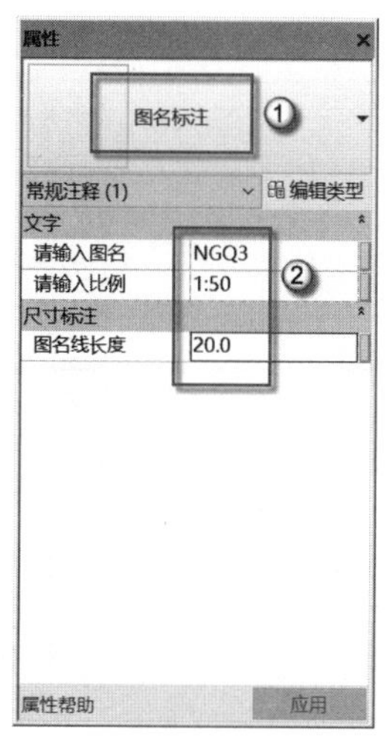

图 15.14　设置图名标注参数

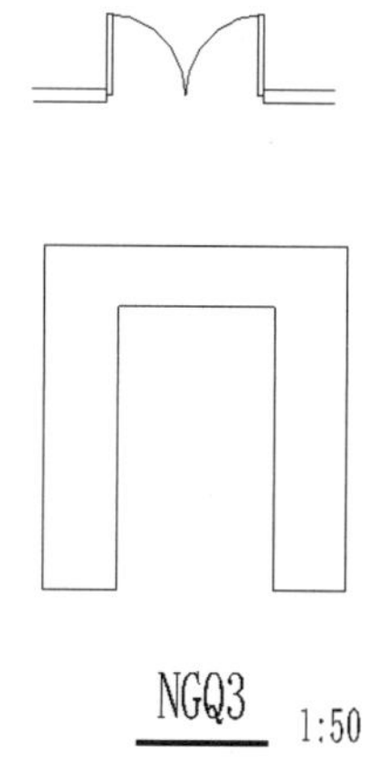

图 15.15　NGQ3 图名插入完成

（5）插入 NGQ11 墙体族类型。在“项目浏览器”面板中选择“族”｜“常规模型”｜“GQ 无洞墙”｜NGQ11 选项，将其拖曳入图例中，注意观察“视图”栏默认为“楼层平面”选项，如图 15.16 所示。切换“视图”栏为“立面：前”选项，将 NGQ11 族类型切换到立面形式，放置于图例中，如图 15.17 所示。按 SY 快捷键，发出“符号”命令，在“属性”面板中选择“图名标注”类型，并设置“图名”为 NGQ11，“比例”为 1:50，“图名线长度”为 20，如图 15.18 所示。NGQ11 图名插入完成后，如图 15.19 所示。

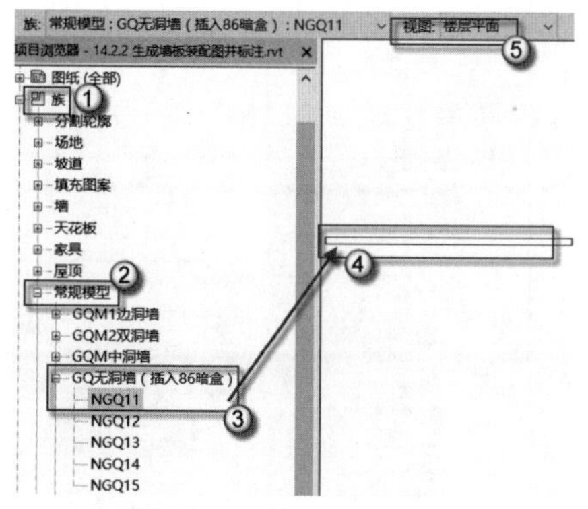

图 15.16　插入平面 NGQ11 族类型

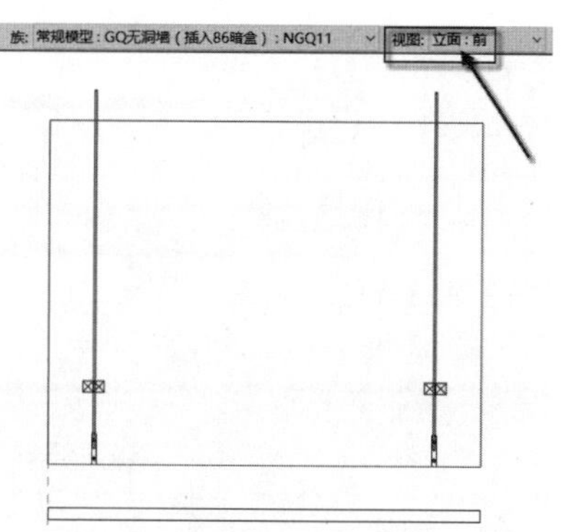

图 15.17　插入立面 NGQ11 族类型

注意：本例墙体使用了两种族样板，“公制常规模型”与“基于面的公制常规模型”族样板。图 15.20 中的①部分是使用“公制常规模型”样板文件创建的族，而②部分是使用“基于面的公制常规模型”样板文件创建的族。因为使用“基于面的公制常规模型”样板文件创建的族类型是无法在图例中生成正立面与背立面图的，为了在后续能使用“图例”命令生成构件的立面图，在建模前期则需避免用“基于面的公制常规模型”样板文件创建族。

图 15.18　设置图名标注参数

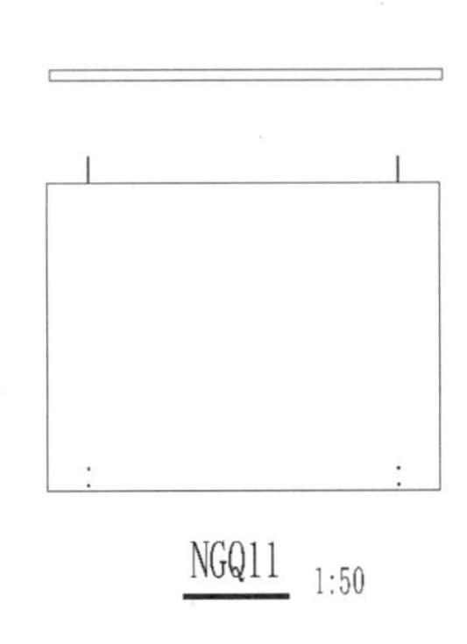

图 15.19　NGQ11 图名插入完成

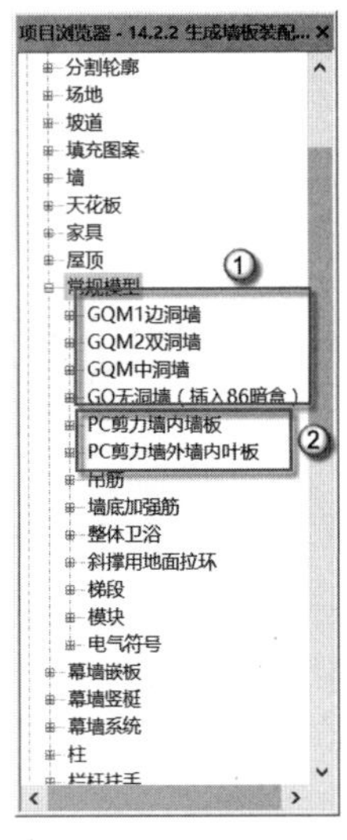

图 15.20　两种族样板的墙体

（6）新建图纸。在“项目浏览器”面板中右击“图纸”选项，选择“新建图纸”命令，在弹出的“新建图纸”对话框中选择“A3 公制”图纸，单击“确定”按钮，如图 15.21 所示。在“项目浏览器”面板中右击“图纸”|“A109-未命名”选项，选择“重命名”命令，将新建图纸名称改为“墙体拆分图”，单击“确定”按钮，如图 15.22 所示。在“项目浏览器”面板中选择“图例”|“墙体拆分图”选项，将其拖入图例中，如图 15.23 所示。可以观察到，A3 图纸相较于图例尺寸过小，则在“属性”面板中将图纸类型改为“A2 公制”，如图 15.24 所示。由于墙体拆分图中已经有了图名标注，则在“属性”面板中将图名改为“视口 无标题”选项，如图 15.25 所示。至此，墙体拆分图绘制完成，如图 15.26 所示。

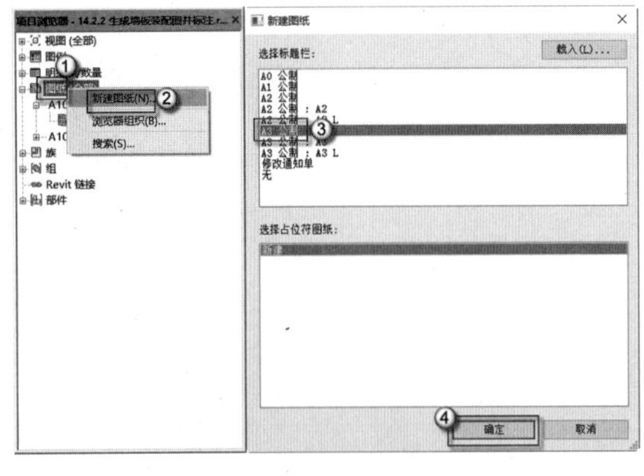

图 15.21　新建 A3 图纸

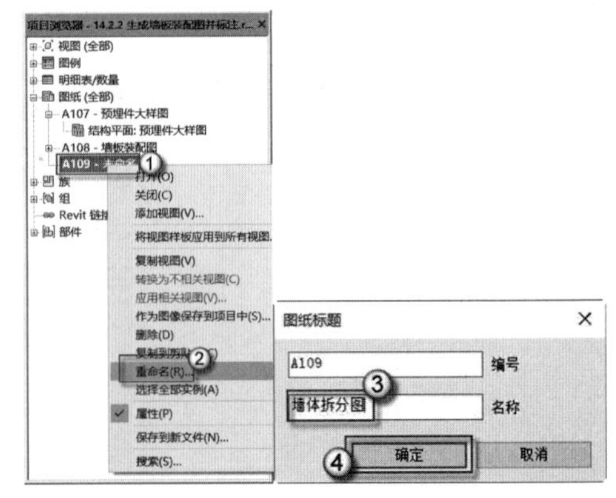

图 15.22　图纸重命名

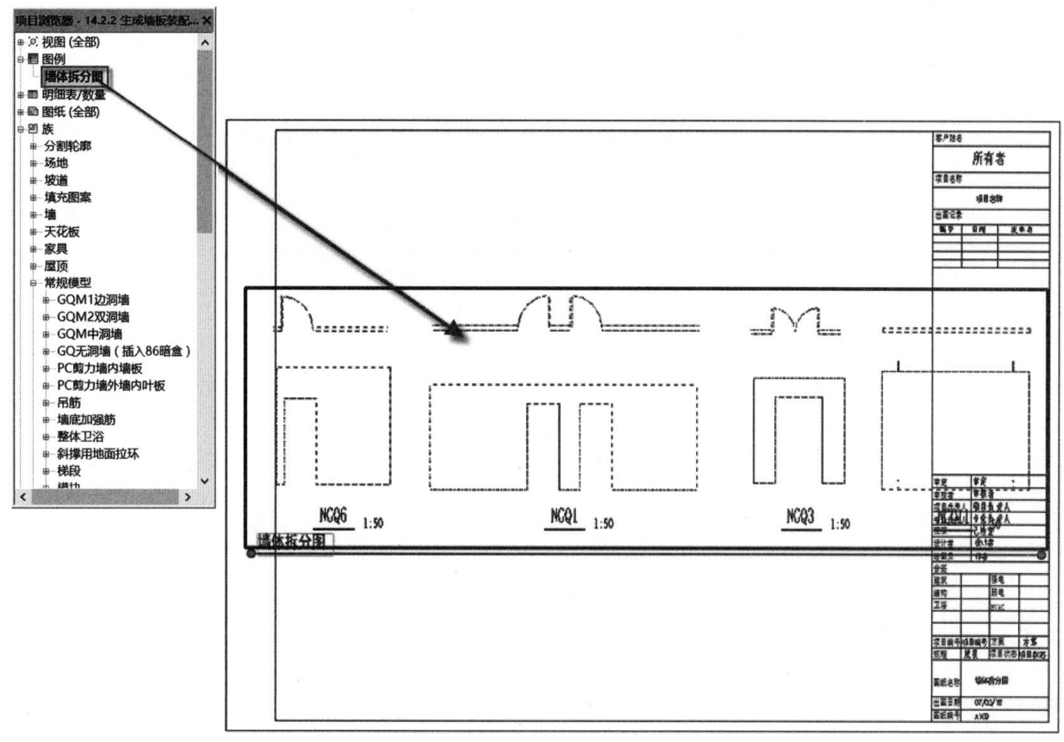

图 15.23　将墙体拆分图拖入图纸中

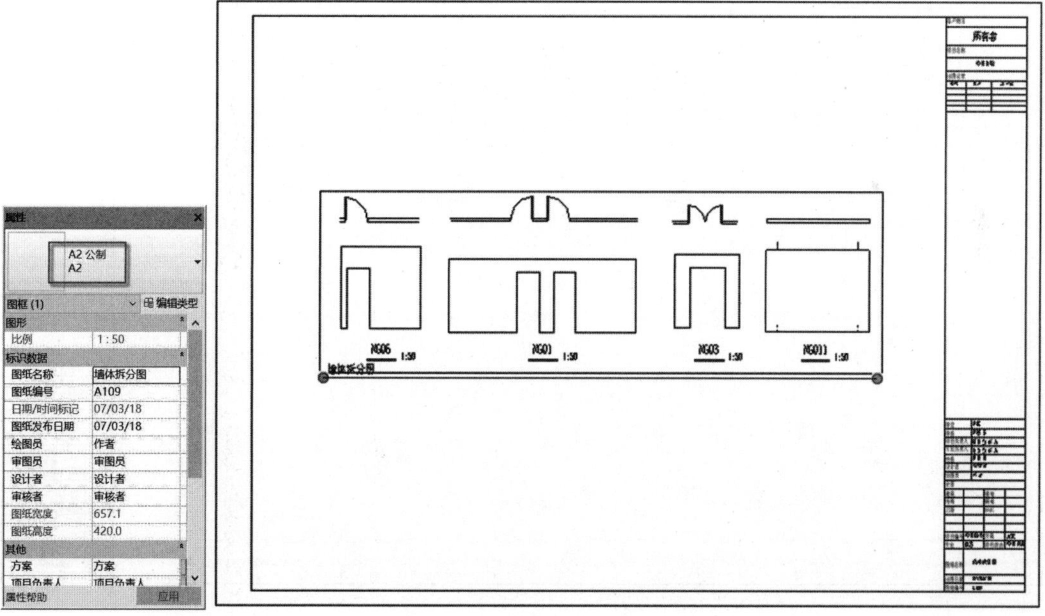

图 15.24　改变图纸尺寸

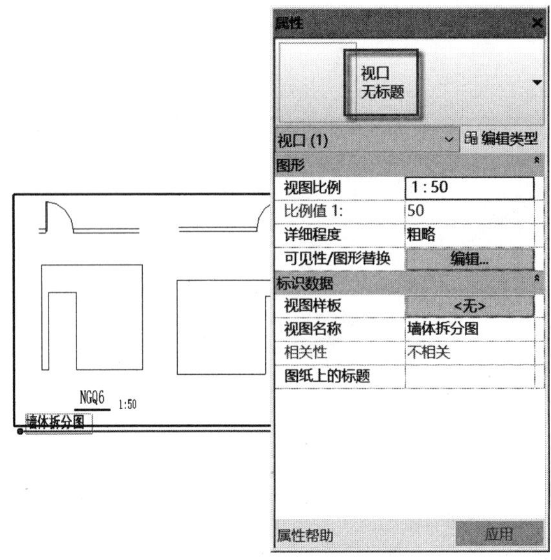

图 15.25　去掉多余图纸标题

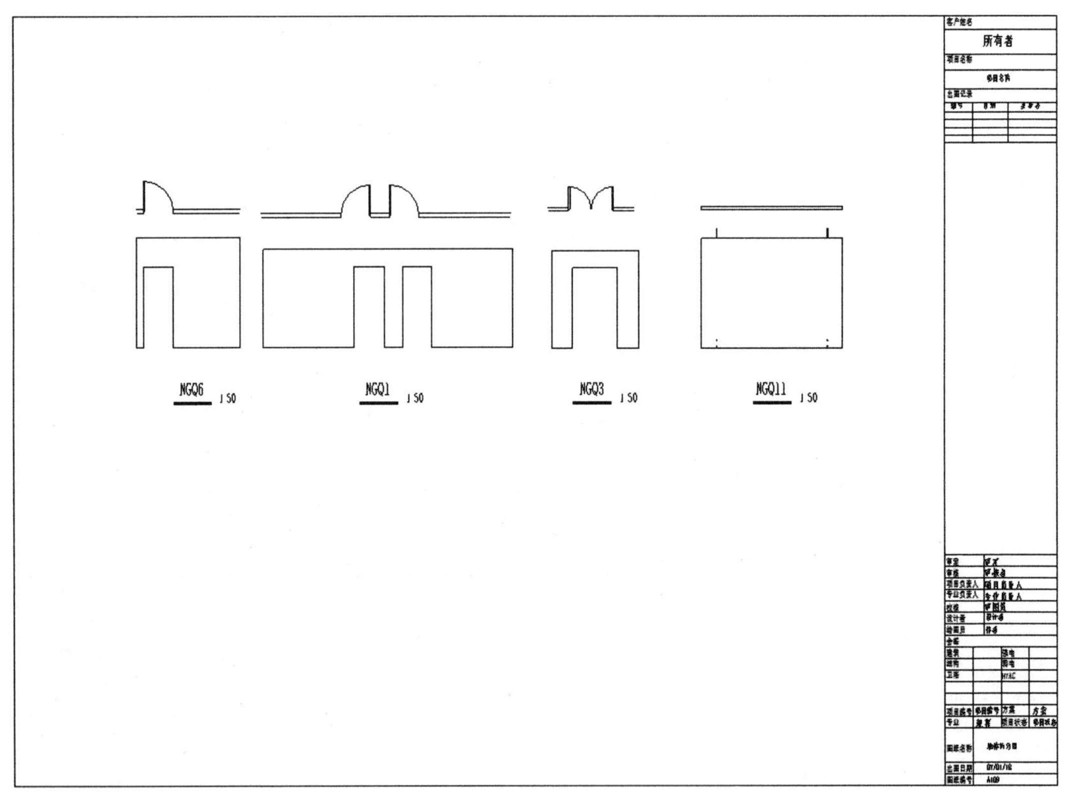

图 15.26　完成图纸

15.1.2　加入墙体构件明细表

《墙体拆分图》中不仅有图形，而且需要有相关的表格。表格应包括选用构件的类型、构件吊装的重量等，加入明细表的具体方法如下。

（1）新建明细表。在菜单栏下选择“视图”|“明细表”|“明细表/数量”命令，新建墙体构件明细表。现将“过滤器列表”设置为“结构”选项，选择“类别”为“常规模型”，将明细表名称改为“墙体构件明细表”，单击“确定”按钮，如图 15.27 所示。

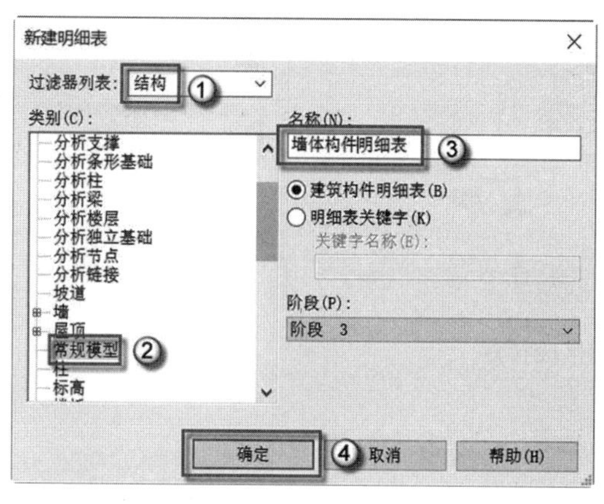

图 15.27　新建明细表

（2）设置明细表属性。在“可用的字段”栏中，将“体积”添加到“明细表字段”中，如图 15.28 所示。并用同样方法，将“合计”“类型”“选择构件编号”添加于“明细表字段”中，可使用“上移参数”命令调整明细表字段顺序，如图 15.29 所示。顺序调整完成后如图 15.30 所示。在“过滤器”选项卡中，将“过滤条件”设置为“选择构件编号”|“包含”|GQ 选项，如图 15.31 所示。在“排序/成组”选项卡中将“排序方式”设置为“类型”选项，并取消选中“逐项列举每个实例”复选框，如图 15.32 所示。在“格式”选项卡中设置“体积”字段为“计算最大值”选项，设置“合计”字段为“计算总数”选项，如图 15.33 所示。在“外观”选项卡中取消选中“数据前的空行”复选框，在“标题文本”“标题”“正文”栏分别选择“5mm 常规_仿宋”“3.5mm 常规_仿宋”“3.5mm 常规_仿宋”选项，然后单击“确定”按钮，如图 15.34 所示。生成明细表后，将明细表“类型”改为“墙体名称”字段，将“体积”改为“体积（立方米）”字段，如图 15.35 所示。

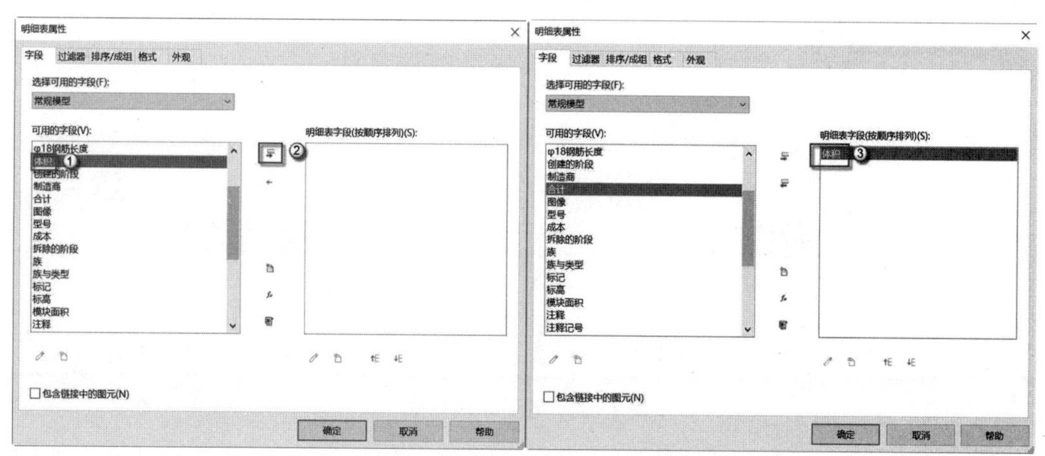

图 15.28　添加“体积”字段

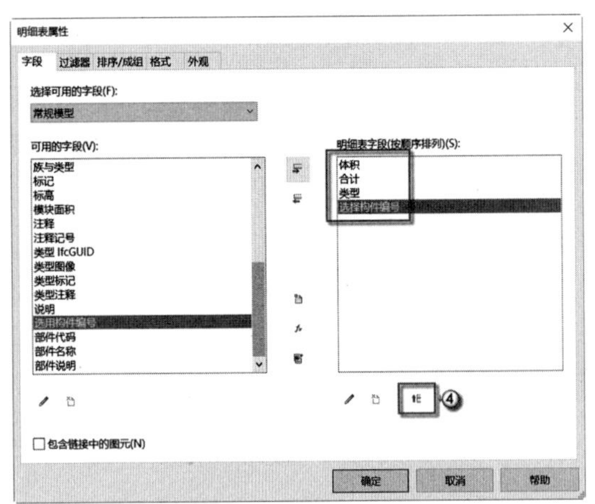

图 15.29　调整字段排序

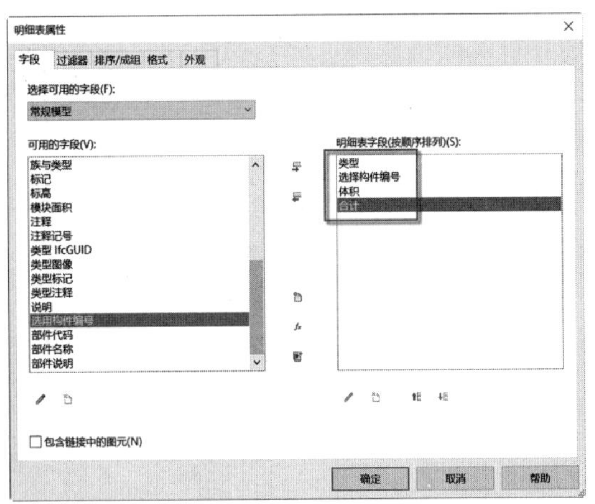

图 15.30　字段排序完成

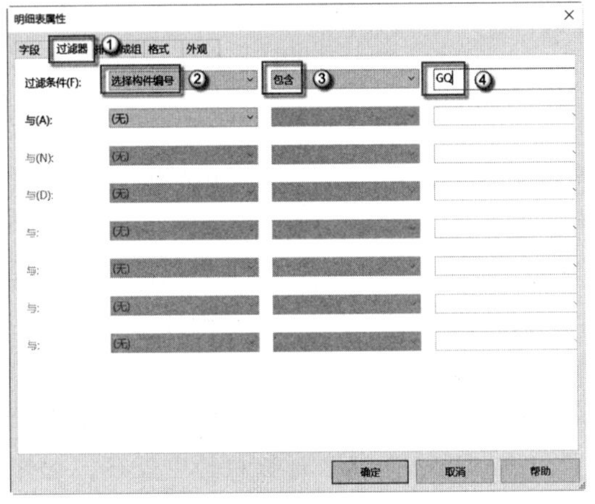

图 15.31　设置过滤条件

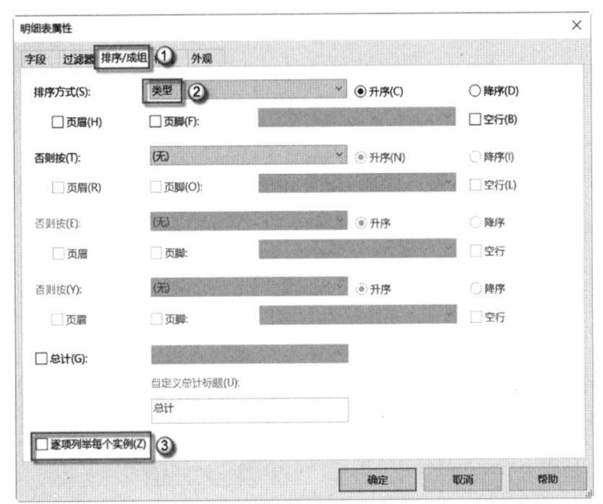

图 15.32　设置排序方式

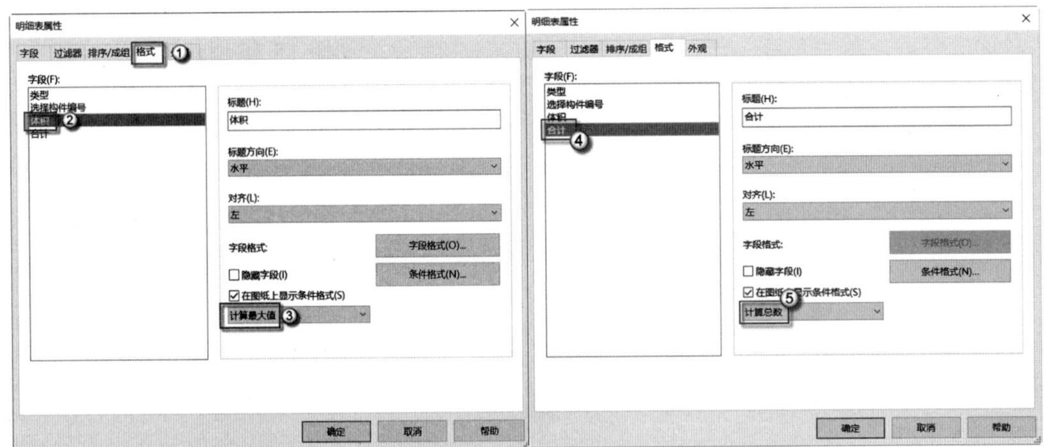

图 15.33　设置字段格式

（3）设置明细表体积格式。单击“格式”栏旁的“编辑”按钮，在弹出的“明细表属性”对话框中选择“体积”选项，单击“字段格式”按钮，如图 15.36 所示。在弹出的“格式”对话框中取消选中“使用项目设置”复选框，在“单位符号”栏选择“无”选项，单击“确定”按钮，如图 15.37 所示。

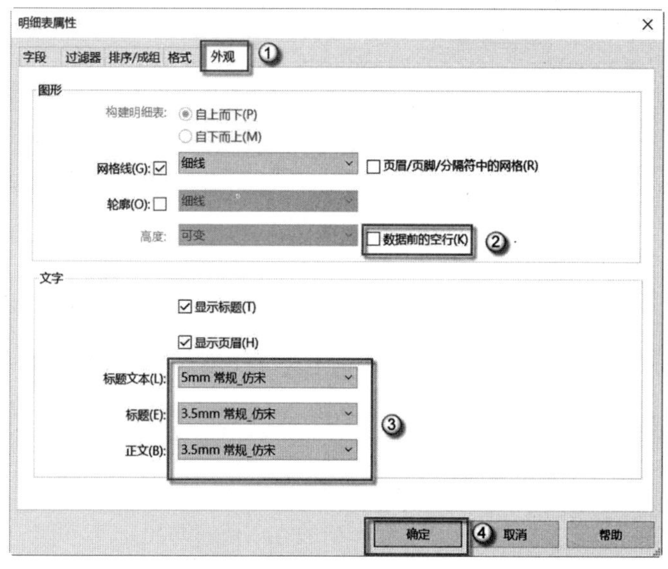

图 15.34　设置外观

<墙体构件明细表>

A	B	C	D
墙体名称	选择构件编号	体积（立方米）	合计
NGQ1	GQLM2-6930-0821	1.37	69
NGQ2	GQM2-3330-0821	0.59	69
NGQ3	GQLM-2730-1221	0.33	23
NGQ4	GQM-2730-1221	0.48	23
NGQ5	GQLM-2130-1121	0.30	23
NGQ6	GQM1-3030-0821	0.65	115
NGQ7	GQM1-4530-0821	1.06	92
NGQ8	GQM1-2430-0821	0.48	69
NGQ9	GQM1-3630-0821	0.82	69
NGQ10	GQM1-2130-0821	0.40	23
NGQ11	GQ-3930	1.08	138
NGQ12	GQ-3930a	1.13	69
NGQ13	GQ-2430	0.67	23
NGQ14	GQL-0930	0.17	23
NGQ15	GQL-1530	0.39	23

图 15.35　修改字段

（4）新建吊装重量（t）字段。单击“格式”栏旁的“编辑”按钮，在弹出的“明细表属性”对话框中的“字段”选项卡内单击 f_x 按钮，如图 15.38 所示。在弹出的“计算值”对话框中将“名称”设置为“吊装重量（t）”字段，在“类型”栏中选择“体积”选项，单击“公式”栏旁的...按钮，在弹出的“字段”对话框中选择“体积”选项，单击“确定”按钮，在“公式”栏中输入“体积*2.5”，单击“确定”按钮，如图 15.39 所示。选择“格式”选项卡下的 “吊装重量（t）”字段，并单击“字段格式”按钮，在弹出的“格式”对话框中取消选中“使用项目设置”复选框，在“单位符号”栏选择“无”选项，单击“确定”按钮，如图 15.40 所示。在“字段”选项卡中单击“上移参数”按钮，将“吊装重量（t）”字段顺序调整至“合计”字段之前，单击“确定”按钮，如图 15.41 所示。至此，墙体明细表绘制完成，如图 15.42 所示。

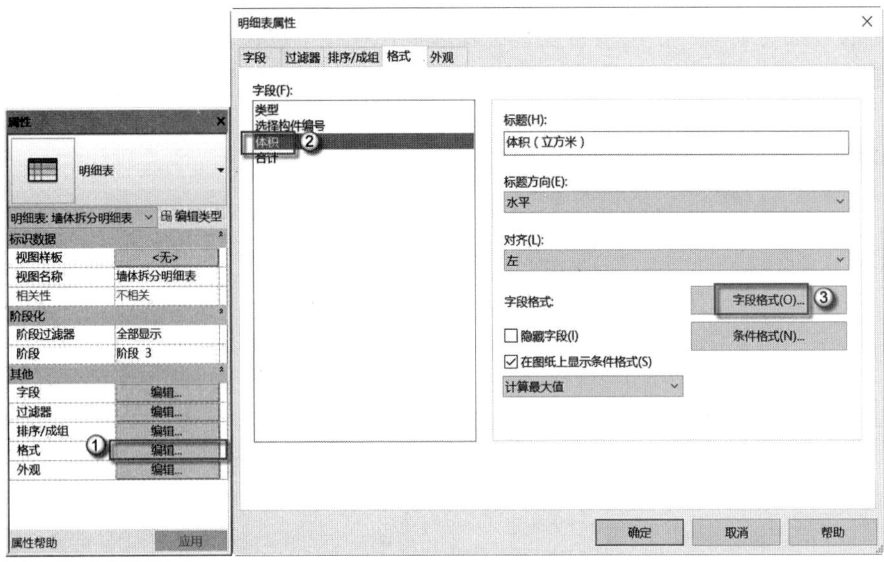

图 15.36　编辑明细表格式

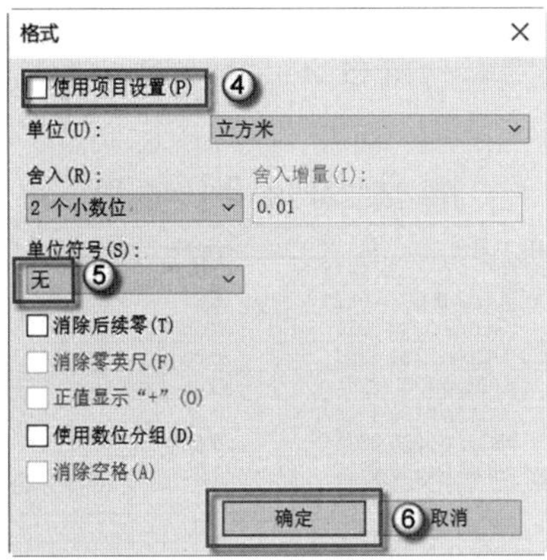

图 15.37　编辑体积格式

图 15.38　新建计算参数

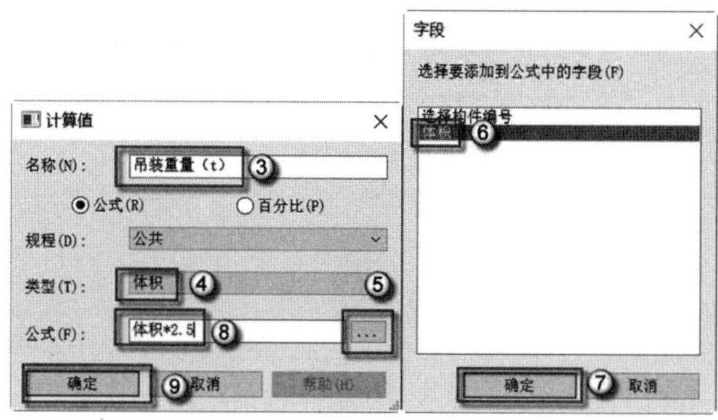

图 15.39　设置吊装重量（t）计算公式

△注意：混凝土的容重是 2500kg/m^3，也就是 2.5t/m^3。所以吊装重量=体积×2.5。由于体积的单位是 m^3，所以计算出数值的单位是 t。

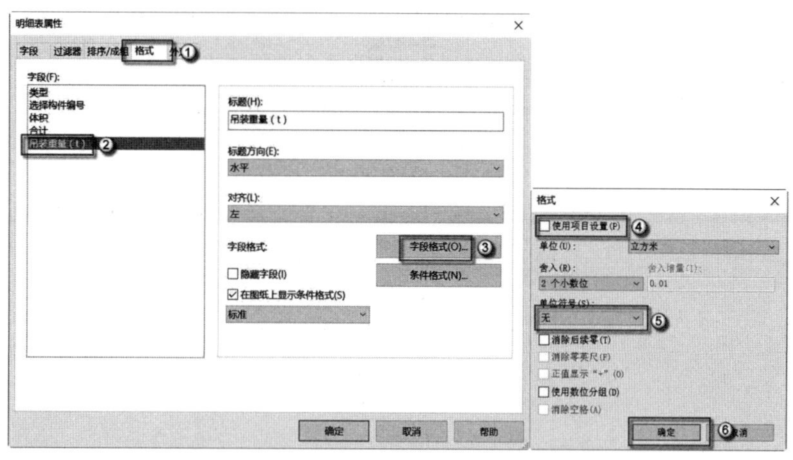

图 15.40　设置吊装重量（t）字段格式

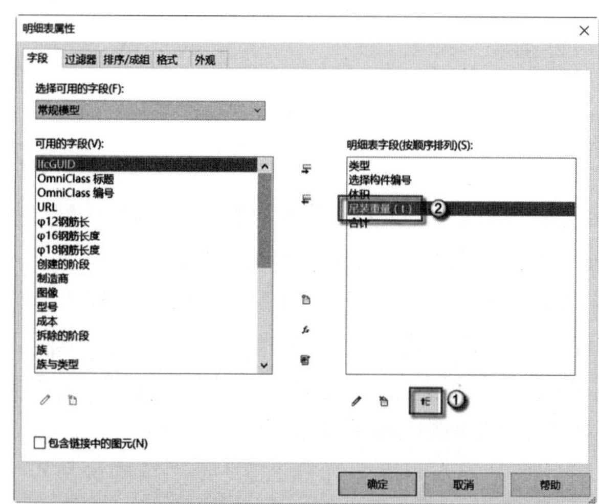

图 15.41　调整字段排序

<墙体构件明细表>

A	B	C	D	E
墙体名称	选择构件编号	体积（立方米）	吊装重量（t	合计
NGQ1	GQLM2-6930-0821	1.37	3.43	69
NGQ2	GQM2-3330-0821	0.59	1.48	69
NGQ3	GQLM-2730-1221	0.33	0.84	23
NGQ4	GQM-2730-1221	0.48	1.19	23
NGQ5	GQLM-2130-1121	0.30	0.76	23
NGQ6	GQM1-3030-0821	0.65	1.62	115
NGQ7	GQM1-4530-0821	1.06	2.65	92
NGQ8	GQM1-2430-0821	0.48	1.19	69
NGQ9	GQM1-3630-0821	0.82	2.05	69
NGQ10	GQM1-2130-0821	0.40	1.01	23
NGQ11	GQ-3930	1.08	2.69	138
NGQ12	GQ-3930a	1.13	2.81	69
NGQ13	GQ-2430	0.67	1.69	23
NGQ14	GQL-0930	0.17	0.42	23
NGQ15	GQL-1530	0.39	0.96	23

图 15.42　墙体拆分明细表完成

（5）在图纸中插入墙体构件明细表。进入墙体拆分图例中，在“项目浏览器”面板中选择“明细表/数量”｜“墙体构件明细表”选项，将其拖入图例中，如图 15.43 所示。

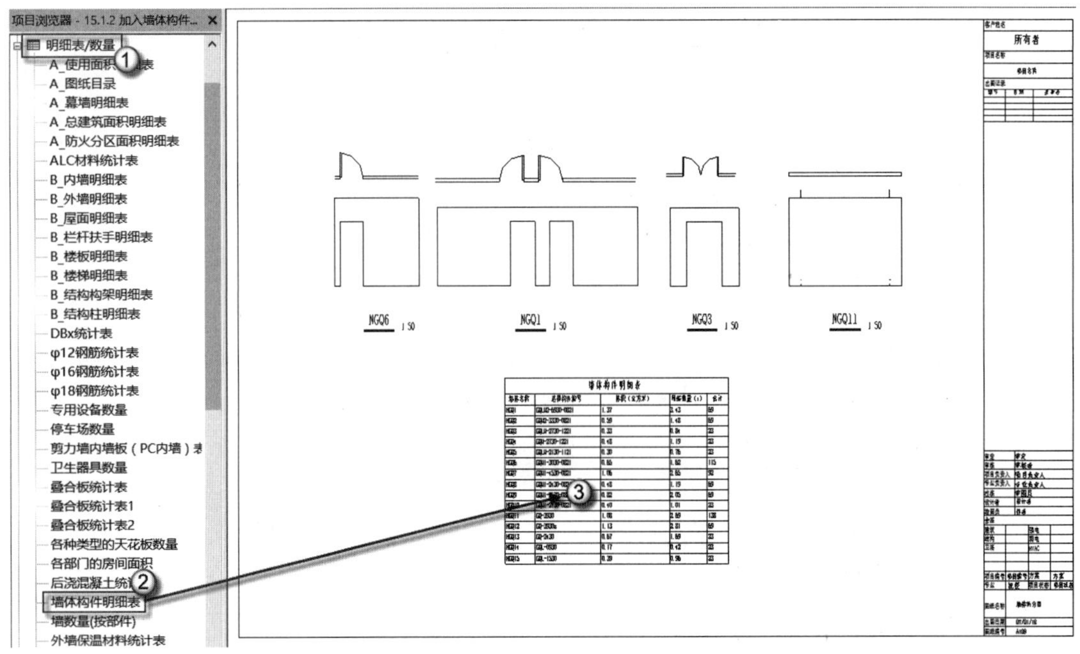

图 15.43　墙体拆分明细表完成

15.2　叠合梁拆分图

本例的叠合梁在高度上都是一致的，梁总高 450mm，后浇部分 80mm，预制部分 370mm。在前面已经制作了叠合梁的族，并且在建族过程中加入了相应的信息量，因此可以直接使用 Revit 软件自动生成叠合梁的拆分图。

15.2.1　用图例生成叠合梁拆分图

项目文件中叠合梁的族已经载入并且运用到模型中，也按照施工的要求在族下面设置了相应的族类型，这样就可以使用“图例”功能生成其拆分图，具体方法如下。

（1）新建叠合梁拆分图例。在“项目浏览器”面板中右击“图例”选项，选择“新建图例”命令，如图 15.44 所示。将“新建图例”名称改为“叠合梁拆分图”，单击“确定”按钮，如图 15.45 所示。新建图例完成后可在“项目浏览器”中观察到选择“图例”|“叠合梁拆分图”选项，如图 15.46 所示，表明叠合梁图例已经新建成功。

（2）插入 YKL1 叠合梁族类型。在“项目浏览器”面板中选择“族”｜“结构框架”｜“叠合梁”｜YKL1 选项，将其拖曳入图例中，注意观察“视图”栏默认为“楼层平面”选项，如图 15.47 所示。切换“视图”栏为“立面：前”选项，将 YKL1 族类型切换到立面形式，放置于图例中，如图 15.48 所示。按 SY 快捷键，发出“图名标注”命令，在“属性”面板中选择“图名标注”类型，并设置“图名”为 YKL1，“比例”为 1:50，“图名线长度”为 15，如图 15.49 所示。YKL1 图名插入完成后，如图 15.50 所示。

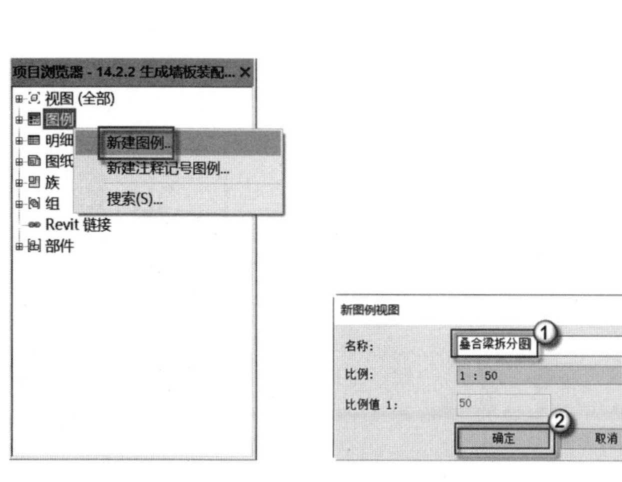

图 15.44　新建图例　　图 15.45　重命名图例

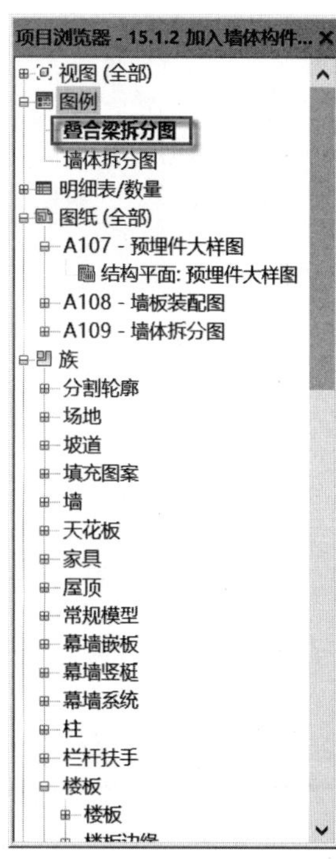

图 15.46　叠合梁拆分图图例完成

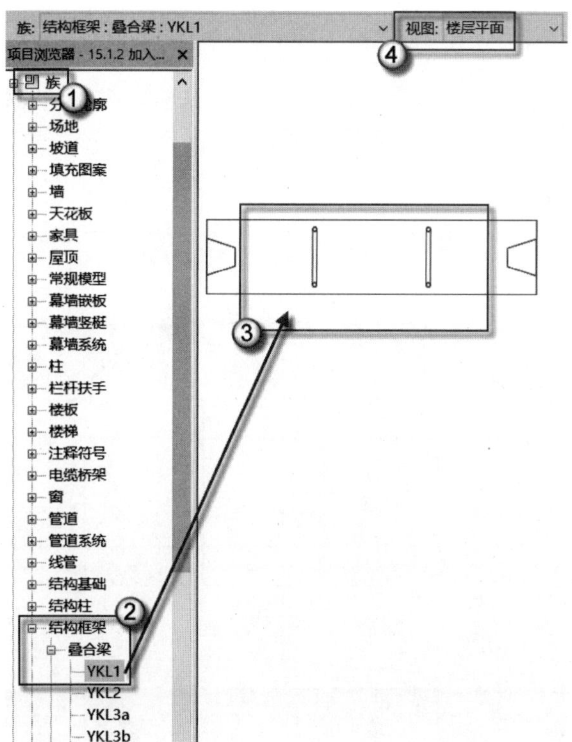

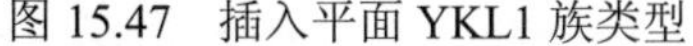

图 15.47　插入平面 YKL1 族类型

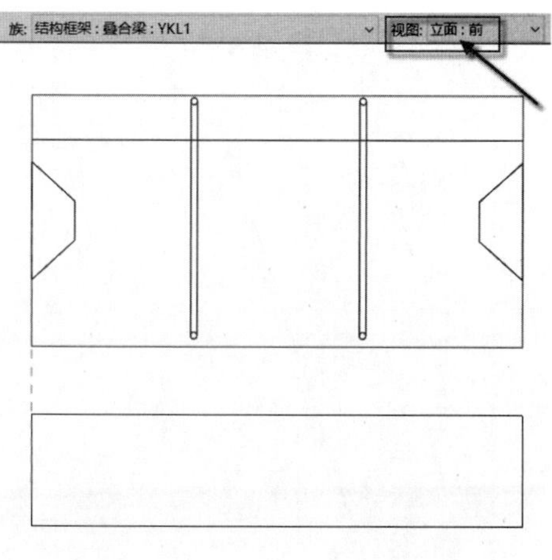

图 15.48　插入立面 YKL1 族类型

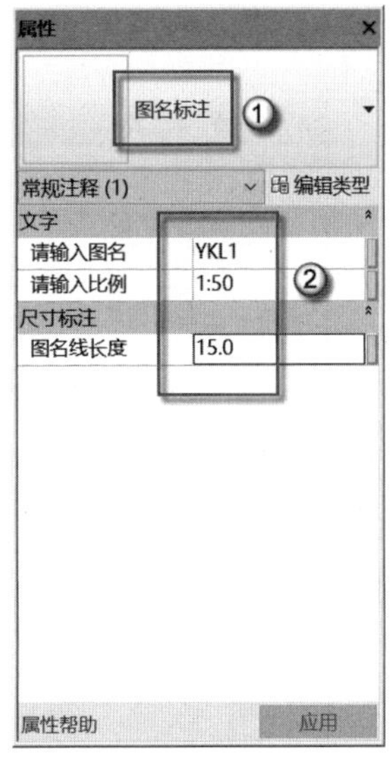

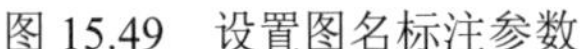

图 15.49　设置图名标注参数

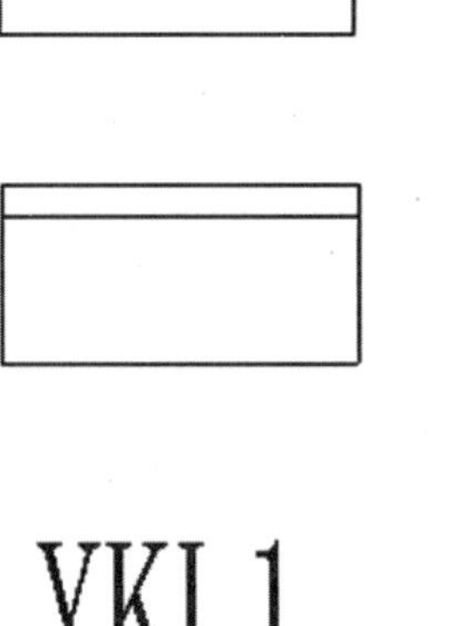

图 15.50　YKL1 图名插入完成

注意：叠合梁拆分图制作的方法与前面墙体拆分图一致，也是将构件类型的平面图（楼层平面）、立面图（立面：前或立面：后）拖曳入图例中。

（3）插入 YKL2 叠合梁族类型。在“项目浏览器”面板中选择“族”|“结构框架”|“叠合梁”| YKL2 选项，将其拖曳入图例中，注意观察“视图”栏默认为“楼层平面”选项，如图 15.51 所示。切换“视图”栏为“立面：前”选项，将 YKL2 族类型切换到立面形式，放置于图例中，如图 15.52 所示。按 SY 快捷键，发出“图名标注”命令，在“属性”面板中选择“图名标注”类型，并设置“图名”为 YKL2，“比例”为 1:50，“图名线长度”为 15，如图 15.53 所示。YKL2 图名插入完成后，如图 15.54 所示。

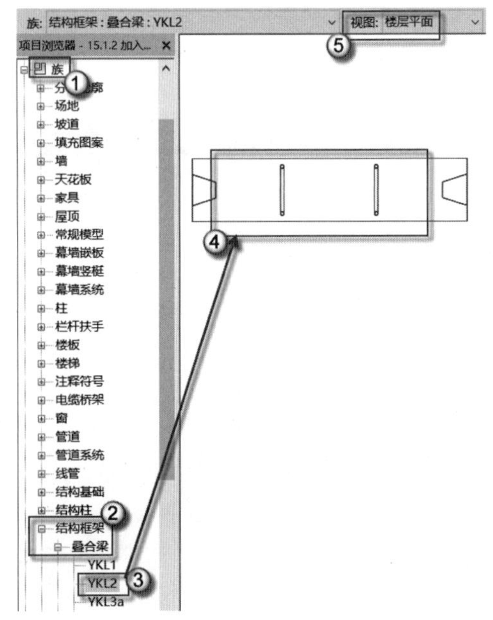

图 15.51　插入平面 YKL2 族类型

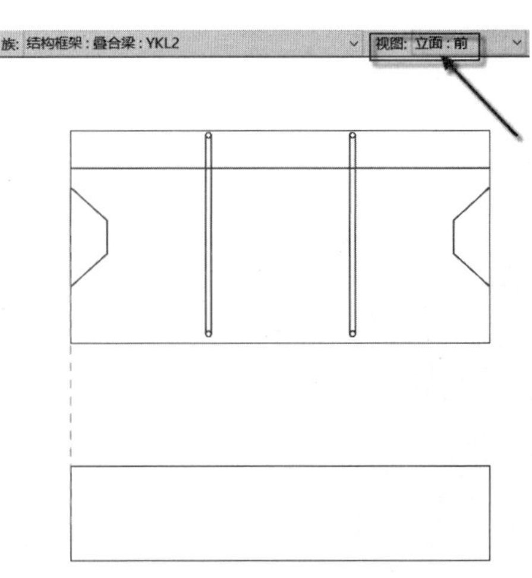

图 15.52　插入立面 YKL2 族类型

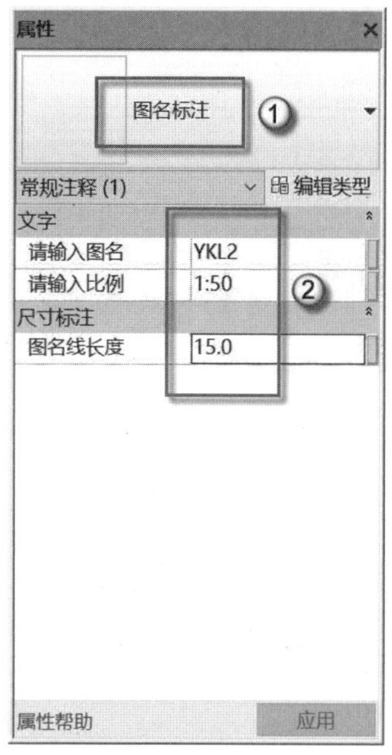

图 15.53　设置图名标注参数

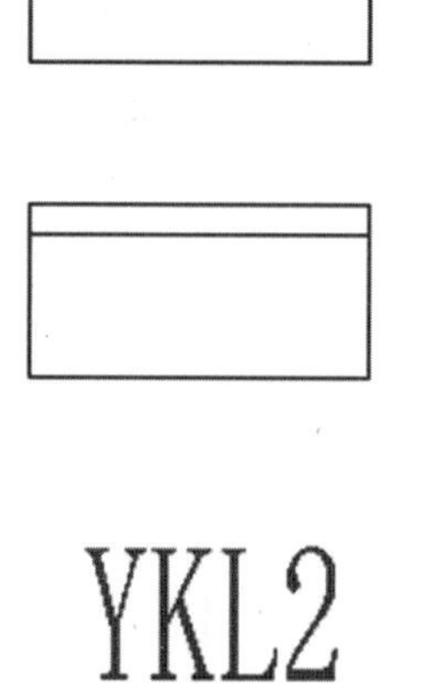

图 15.54　YKL2 图名插入完成

其余叠合梁的插入方法与上述 YKL1 与 YKL2 方法一致，此处就不再冗述，请读者朋友自行操作完成。

（4）新建图纸。在“项目浏览器”面板中右击“图纸”选项，选择“新建图纸”命令，在弹出的“新建图纸”对话框中选择“A3 公制”图纸，单击“确定”按钮，如图 15.55 所示。在“项目浏览器”面板中右击“图纸”|“A110-未命名”选项，选择“重命名”命令，将“新建图纸”名称改为“叠合梁拆分图”，单击“确定”按钮，如图 15.56 所示。在“项目浏览器”面板中选择“图例”|“叠合梁拆分图”选项，将其拖入图例中，完成后如图 15.57 所示。而叠合梁拆分图中已经有了图名标注，选择“叠合梁拆分图”图名，在“属性”面板中将其改为“视口 无标题”选项，如图 15.58 所示。至此，叠合梁拆分图绘制完成，如图 15.59 所示。

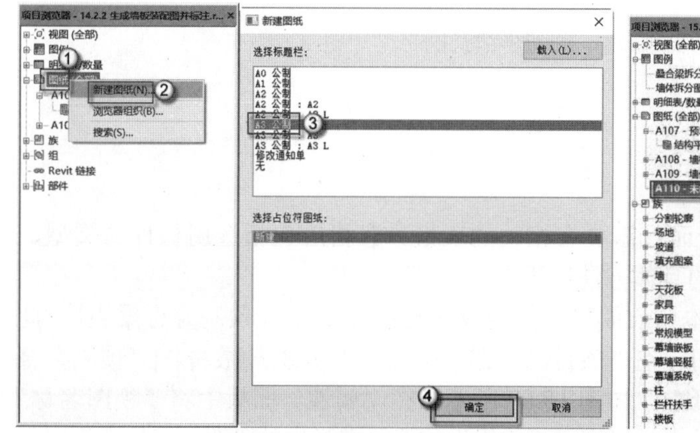

图 15.55　新建 A3 图纸

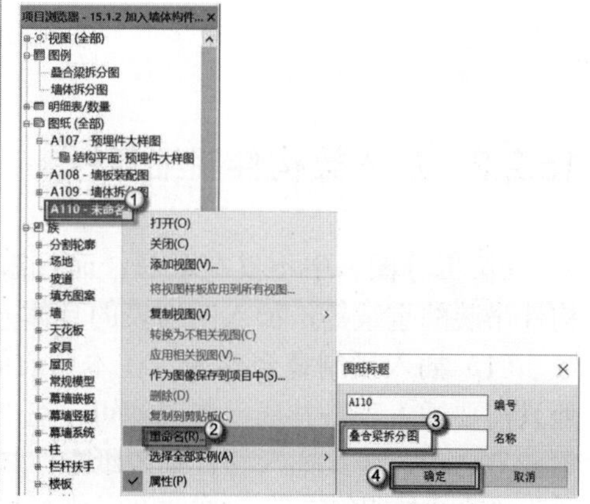

图 15.56　图纸重命名

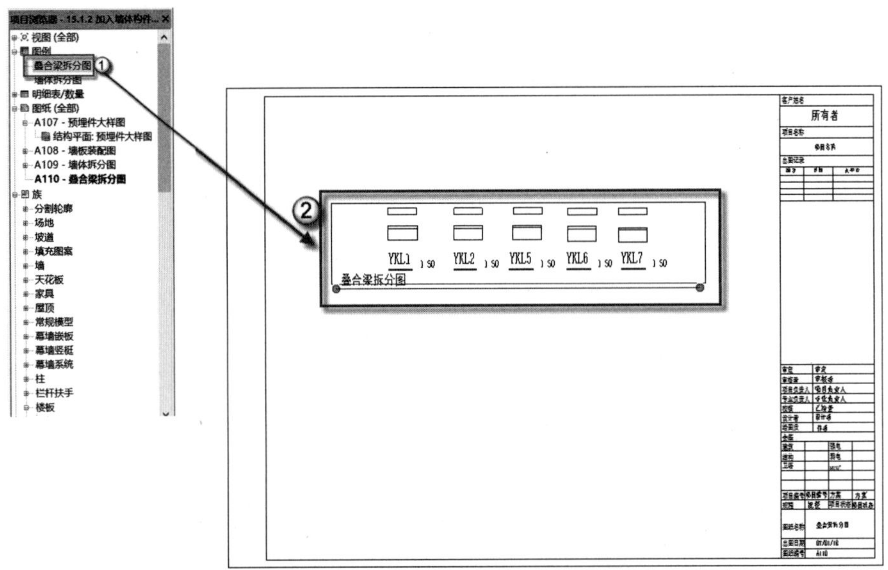

图 15.57　将墙体拆分图拖入图纸中

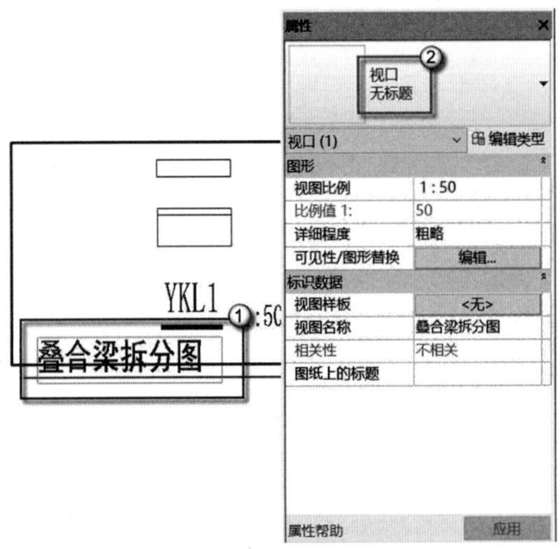

图 15.58　删除图名标注

15.2.2　加入梁构件明细表

《梁拆分图》中不仅有图形，而且需要有相关的表格。表格应包括选用构件的类型、构件吊装的重量等，加入明细表的具体方法如下。

（1）插入预制叠合梁表。在本书前面检查叠合梁时已经生成了《预制叠合梁表》，此处只需要插入表格并局部修改即可。在“项目浏览器”中选择“明细表/数量”|“预制叠合梁表”选项，将其拖入叠合梁图纸中，如图 15.60 所示。在“属性”面板中将“视图名称”改为“梁构件明细表”，并单击“外观”栏旁的“编辑”按钮，在弹出的“明细表属性”对话框中选择“外观”选项卡，取消选中“数据前的空行”复选框，在“标题文本”“标题”“正文”栏分别选择“5mm 常规_仿宋”“3.5mm 常规_仿宋”“3.5mm 常规_仿宋”选项，然后单击“确

定”按钮，如图 15.61 所示。在“项目浏览器”中选择“图纸”|A110|“叠合梁拆分图”选项，进入到图纸界面，可观察到修改外观过后的叠合梁明细表，如图 15.62 所示。

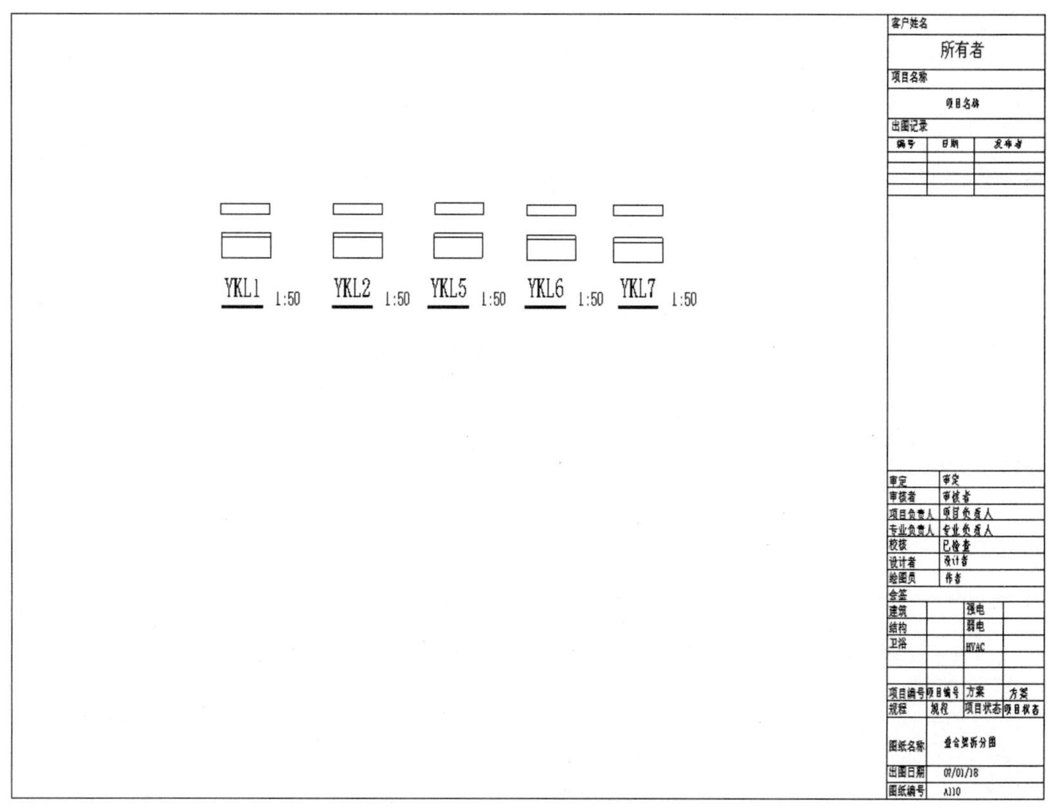

图 15.59　叠合梁拆分图绘制完成

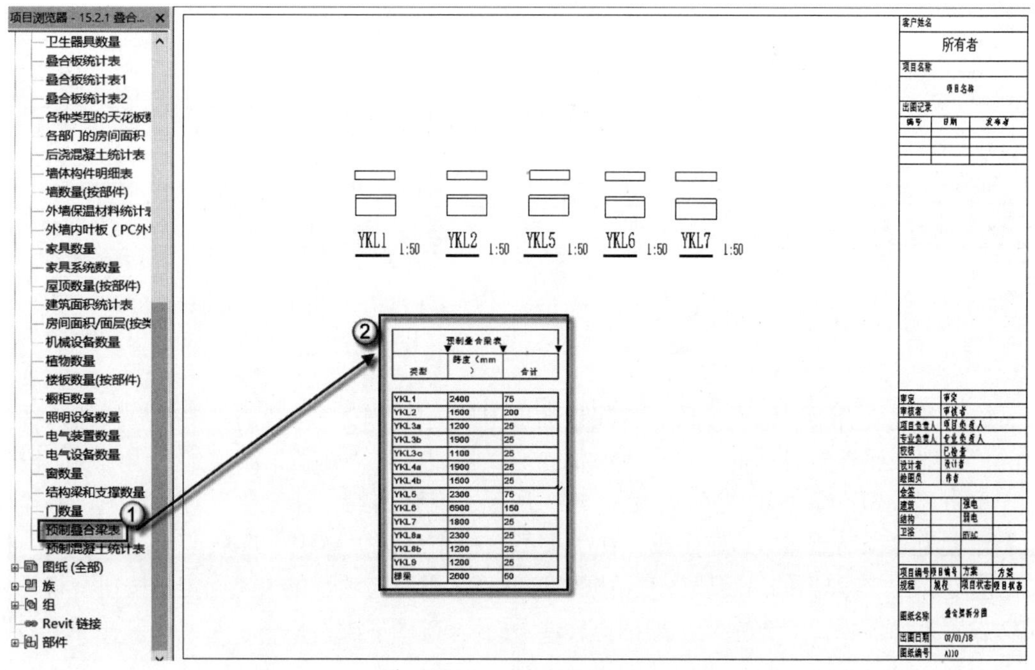

图 15.60　插入预制叠合梁表

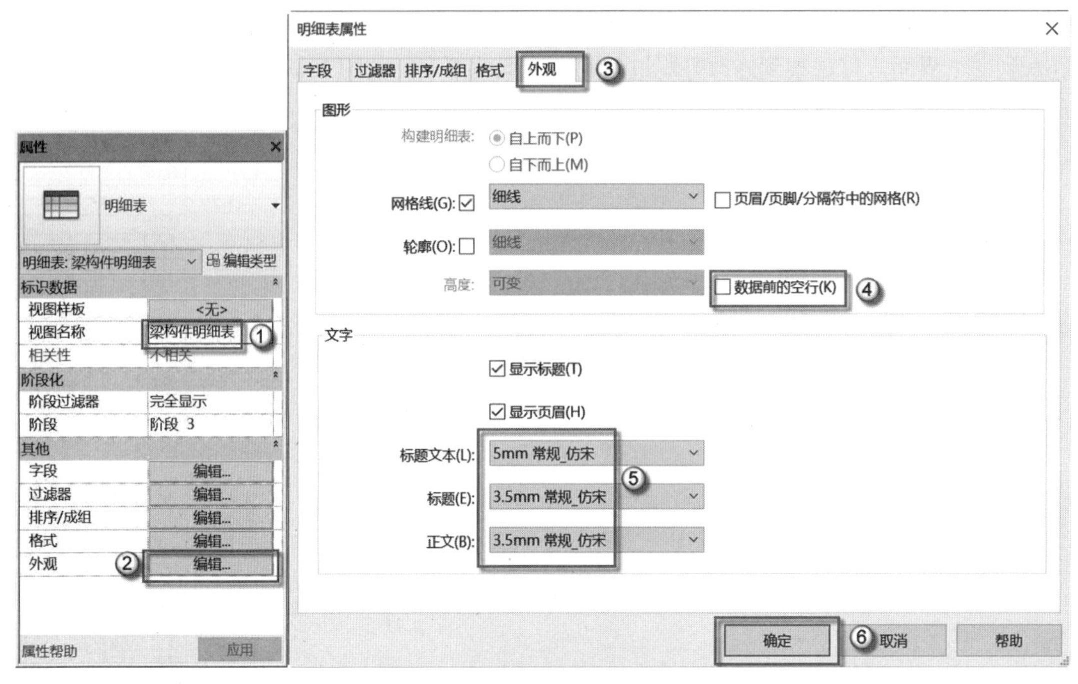

图 15.61　设置梁构件明细表外观

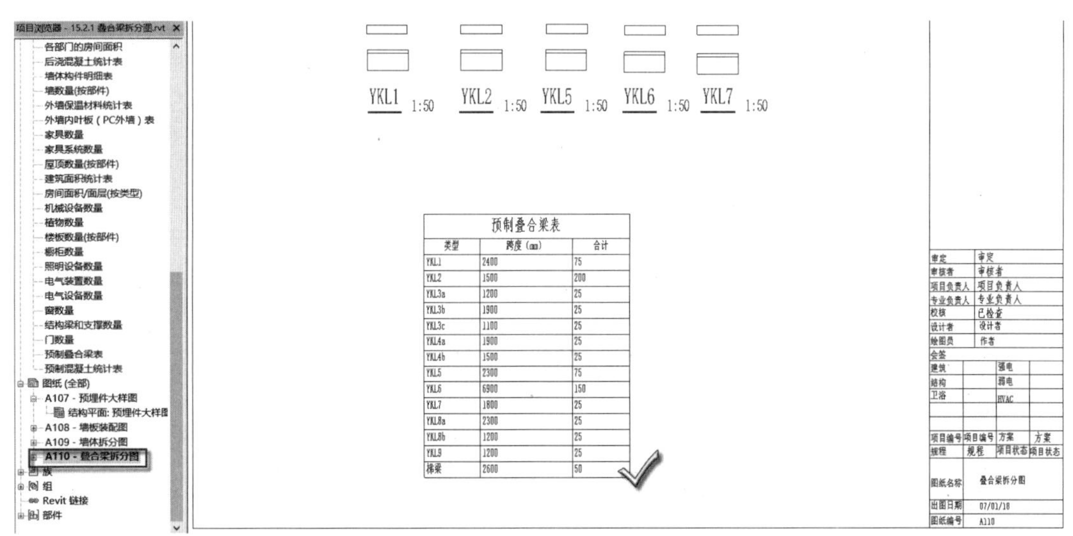

预制叠合梁表

类型	跨度(mm)	合计
YKL1	2400	75
YKL2	1500	200
YKL3a	1200	25
YKL3b	1900	25
YKL3c	1100	25
YKL4a	1900	25
YKL4b	1500	25
YKL5	2300	75
YKL6	6900	150
YKL7	1800	25
YKL8a	2300	25
YKL8b	1200	25
YKL9	1200	25
梯梁	2600	50

图 15.62　叠合梁表外观设置完成

（2）新建叠合梁明细表字段。在属性面板中单击“字段”栏旁的“编辑”按钮，在弹出的“明细表属性”对话框中单击“添加参数”按钮，将“体积”添加到“明细表字段”中，单击 f_x 按钮准备添加公式，如图 15.63 所示。在弹出的“计算值”对话框中，将“名称”设置为“吊装重量（t）”字段，在“类型”栏中选择“体积”选项，单击“公式”栏旁的...按钮，在弹出的“字段”对话框中选择“体积”选项，单击“确定”按钮，将“公式”设置为“体积*2.5*37/45”，如图 15.64 所示。在“字段”栏中，将“吊装重量（t）”与“体积”字段顺序调整至“合计”字段之前，单击“确定”按钮，如图 15.65 所示。进入“格式”选项卡，设置“体积”字段为“计算最小值”选项，如图 15.66 所示，选择“吊装重量（t）”字段，单击“字段格式”按钮，在弹出的“格式”对话框中取消选中“使用项目设置”复选框，并切换“单位符号”选项为“无”，单击“确定”按钮，如图 15.67 所示。至此，叠合梁明细表设置完成，如图 15.68 所示。

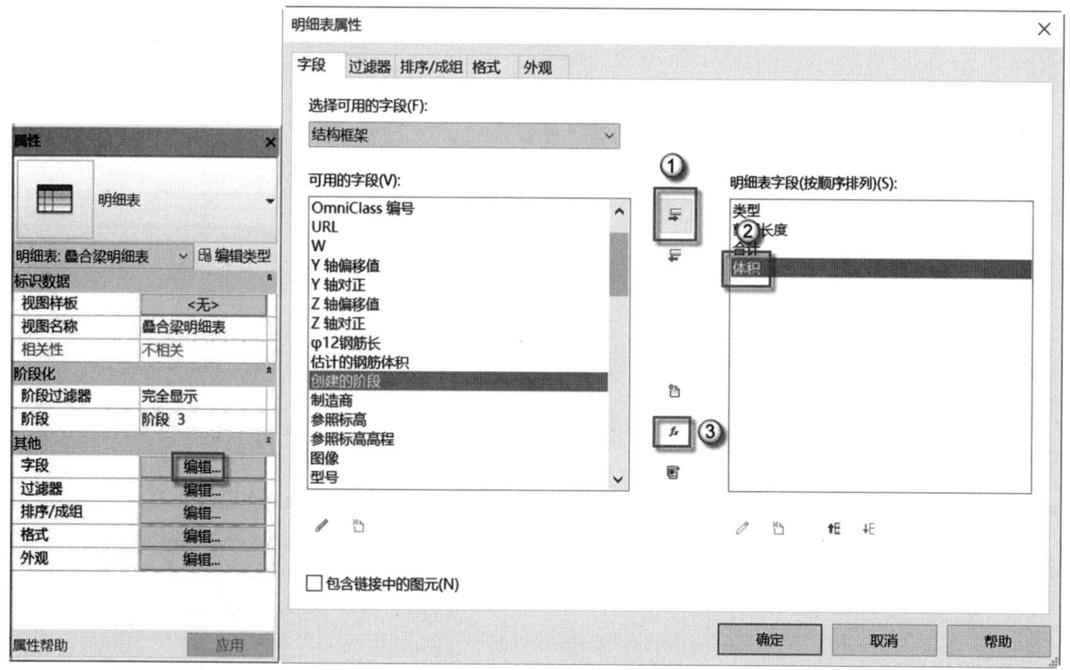

图 15.63　添加“体积”字段

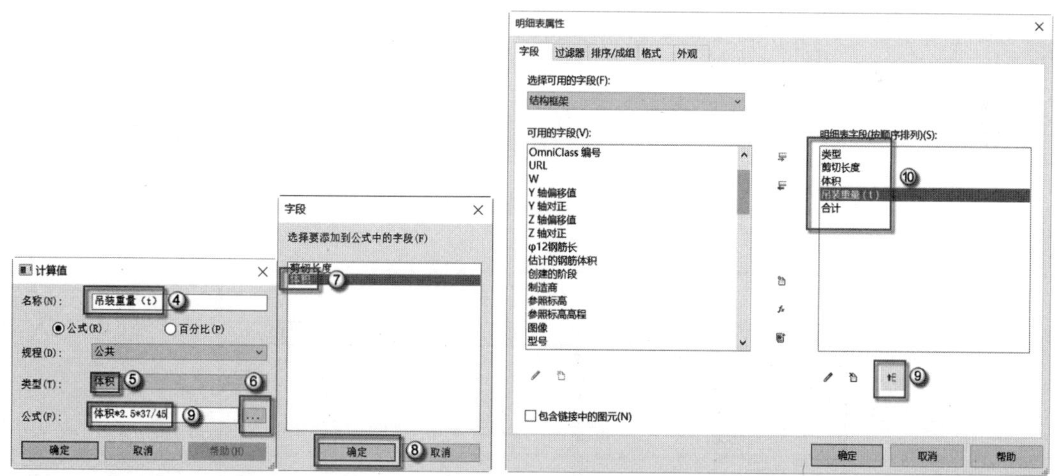

图 15.64　设置吊装重量参数　　　　图 15.65　调整字段顺序

注意：叠合梁是 80 高的后浇部分加上 370 高的预制部分，加起来是 450 的梁高。吊装重量只计算预制部分，因此预制部分占的比例是 370/450（约分后就是 37/45）。

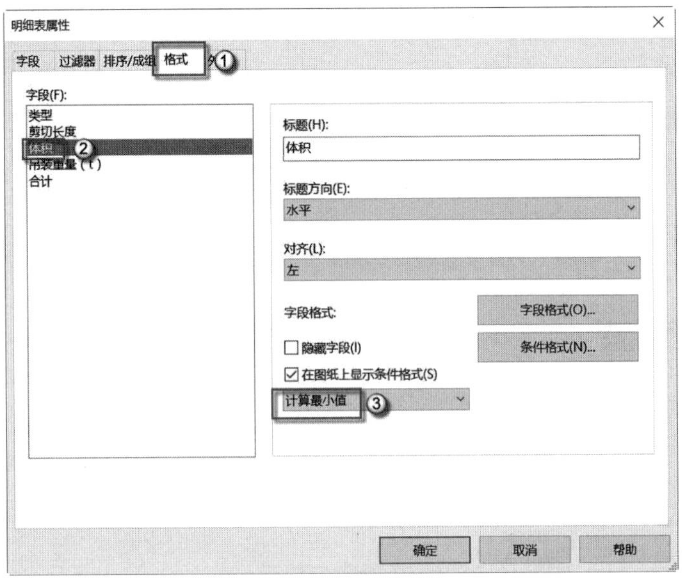

图 15.66　设置体积格式

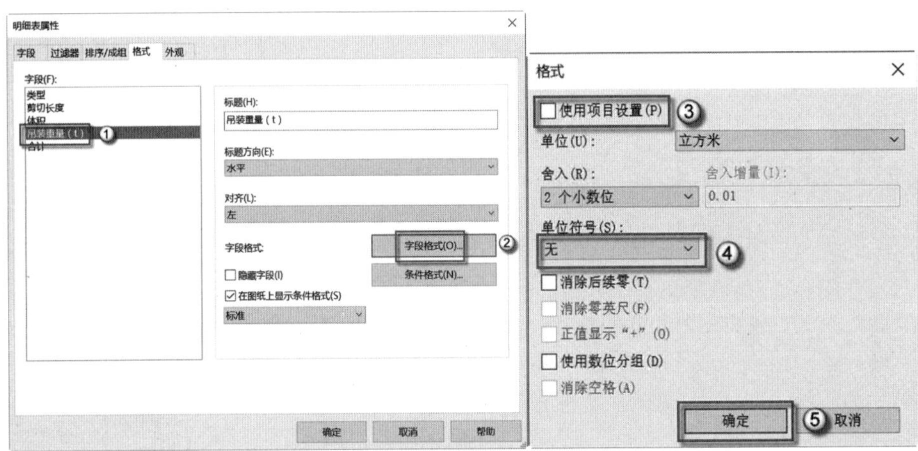

图 15.67　设置吊梁重量字段格式

〈梁构件明细表〉				
A	B	C	D	E
类型	跨度（mm）	体积	吊装重量（t）	合计
YKL1	2400	0.22 m³	0.44	75
YKL2	1500	0.13 m³	0.28	200
YKL3a	1200	0.11 m³	0.22	25
YKL3b	1900	0.17 m³	0.35	25
YKL3c	1100	0.10 m³	0.20	25
YKL4a	1900	0.17 m³	0.35	25
YKL4b	1500	0.14 m³	0.28	25
YKL5	2300	0.20 m³		75
YKL6	6900	0.60 m³		150
YKL7	1800	0.16 m³	0.33	25
YKL8a	2300	0.21 m³	0.43	25
YKL8b	1200	0.11 m³	0.22	25
YKL9	1200	0.11 m³	0.22	25
梯梁	2600	0.04 m³	0.09	50

图 15.68　叠合梁明细表设置完成

在“项目浏览器”中选择“图纸”|“A110-叠合梁拆分图”选项，可在图纸中观察到生成的叠合梁明细表，如图 15.69 所示。

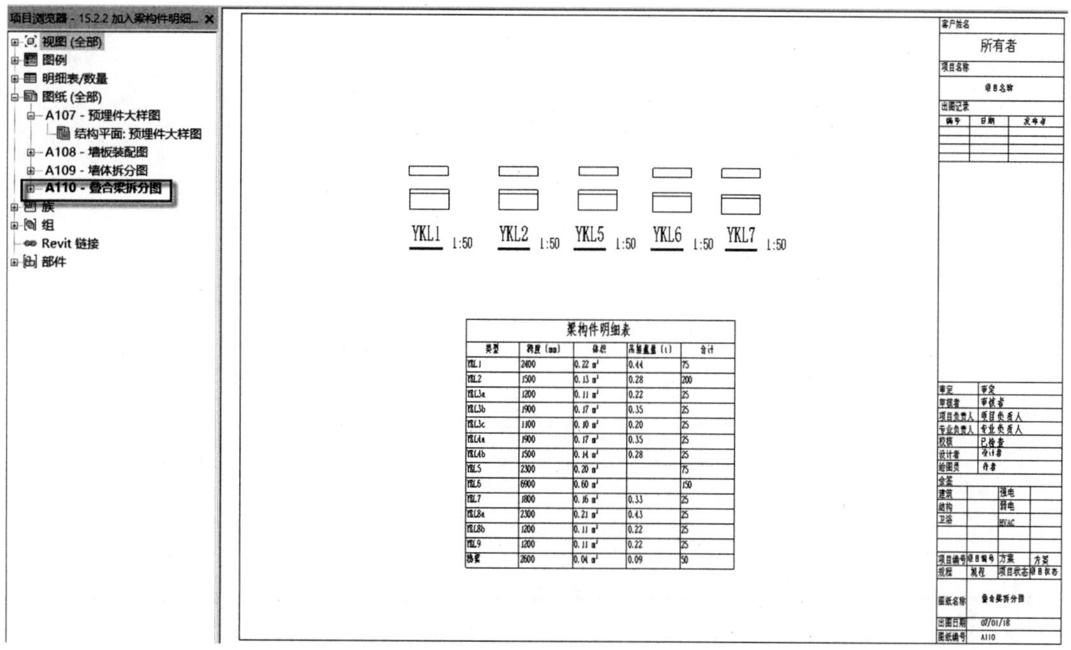

梁构件明细表				
类型	跨度 (mm)	体积	吊装重量 (t)	合计
YKL1	2400	0.22 m³	0.44	75
YKL2	1500	0.13 m³	0.28	200
YKL3a	1200	0.11 m³	0.22	25
YKL3b	1900	0.17 m³	0.35	25
YKL3c	1100	0.10 m³	0.20	25
YKL4a	1900	0.17 m³	0.35	25
YKL4b	1500	0.14 m³	0.28	25
YKL5	2300	0.20 m³		75
YKL6	6900	0.60 m³		150
YKL7	1800	0.16 m³	0.33	25
YKL8a	2300	0.21 m³	0.43	25
YKL8b	1200	0.11 m³	0.22	25
YKL9	1200	0.11 m³	0.22	25
挑梁	2600	0.04 m³	0.09	50

图 15.69　插入图纸的叠合梁明细表

附录

附录A　Revit常用快捷键

在使用 Revit 时，建筑、结构和设备三大专业设计绘图都需要使用快捷键进行操作，从而提高设计、建模、作图和修改的效率。与 AutoCAD 的不定位数字母的快捷键不同，也与 3ds Max 的 Ctrl、Shift、Alt 加字母的组合式快捷键不同，Revit 的快捷键都是两个字母。如轴网命令 G+R 的操作，就是依次快速按键盘上的 G 和 R 键，而不是同时按下 G 和 R 键不放。

请读者朋友们注意从本书中学习笔者用快捷键操作Revit的习惯。表A.1中给出了Revit常见的快捷键使用方式，以方便读者查阅。

表A.1　Revit常用快捷键

类　　别	快　捷　键	命 令 名 称	备　　注
建筑	W+A	墙	
	D+R	门	
	W+N	窗	
	L+L	标高	
	G+R	轴网	
结构	B+M	梁	
	S+B	楼板	
	C+L	柱	
共用	R+P	参照平面	
	T+L	细线	
	D+I	对齐尺寸标注	
	T+G	按类别标记	
	S+Y	符号	需要自定义
	T+X	文字	
	C+M	放置构件	
编辑	A+L	对齐	
	M+V	移动	
	C+O	复制	
	R+O	旋转	
	M+M	有轴镜像	
	D+M	无轴镜像	
	T+R	修剪/延伸为角	
	S+L	拆分图元	
	P+N	解锁	
	U+P	锁定	
	G+P	创建组	

续表

类　　别	快　捷　键	命 令 名 称	备　　注
编辑	O+F	偏移	
	R+E	缩放	
	A+R	阵列	
	D+E	删除	
	M+A	类型属性匹配	
	C+S	创建类似	
	R+3（或 Space）	定义旋转中心	
视图	F4	默认三维视图	需要自定义
	F8	视图控制盘	
	V+V	可见性/图形	
	Z+R	区域放大	
	Z+F（或双击滚轮）	缩放匹配	
	Z+P	上一次缩放	
视觉样式	W+F	线框	
	H+L	隐藏线	
	S+D	着色	
	G+D	图形显示选项	
临时隐藏/隔离	H+H	临时隐藏图元	
	H+C	临时隐藏类别	
	H+I	临时隔离图元	
	I+C	临时隔离类别	
	H+R	重设临时隐藏/隔离	
视图隐藏	E+H	在视图中隐藏图元	
	V+H	在视图中隐藏类别	
	R+H	显示隐藏的图元	
选择	S+A	在整个项目中选择全部实例	
	R+C（或 Enter）	重复上一次命令	
	Ctrl+←	重复上一次选择集	
捕捉替代	S+R	捕捉远距离对象	
	S+Q	象限点	
	S+P	垂足	
	S+N	最近点	
	S+M	中点	
	S+I	交点	
	S+E	端点	
	S+C	中心	
	S+T	切点	
	S+S	关闭替换	
	S+Z	形状闭合	
	S+O	关闭捕捉	

自定义快捷键的方法是，选择“文件”｜“选项”命令，在弹出的“选项”面板中选择“用户界面”选项卡，单击“快捷键”中的“自定义”按钮，在弹出的“快捷键”面板

找到所需要自定义快捷键的命令，如图 A.1 所示。

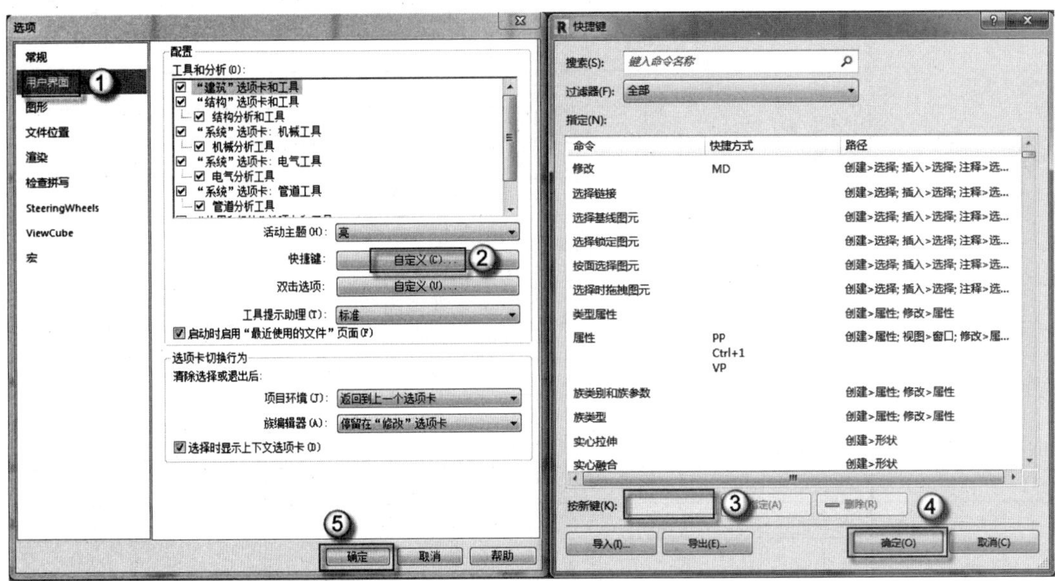

图 A.1　自定义快捷键 1

或者按 KS 快捷键，在弹出的“快捷键”对话框中找到需要定义快捷键的命令，在“按新键”栏中输入相应快捷键，单击“确定”按钮完成操作，如图 A.2 所示。

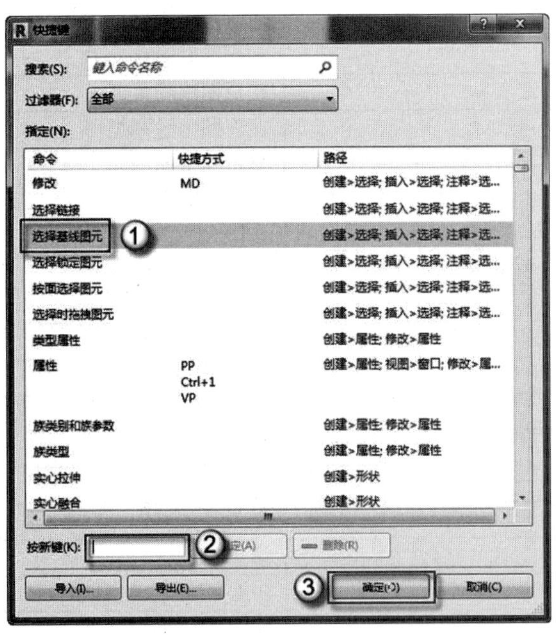

图 A.2　自定义快捷键 2

附录 B　建筑构件命名规则

在施工图纸中，常用构件拼音的第一个字母或构件英语的第一个字母作为构件代码。这样的命名方法在施工中方便一些，所以经常用到。表 B.1 中给出了本例中建筑构件命名规则，以方便读者查阅。

表B.1　建筑构件命名规则

代　码	构　件	说　明
D		结构标高
H		建筑标高
DK	洞口	
WL	整体卫浴梁	
WZ	整体卫浴柱	
M	门	
C	窗	
NGQ	内隔墙	GQ 代表隔墙
YKL	预制框架梁	
Q	（剪力墙）墙身	
LL	（剪力墙）连梁	
TL	梯梁	
YWQ	预制外墙	WQ 代表外墙
DB	叠合板	DBD 为单向叠合板，DBS 为双向叠合板
PTB	（楼梯）平台板	
JF	（叠合板）接缝	
YNQ	预制内墙	NQ 代表内墙
JT	剪刀梯	
ST	双跑楼梯	
L	（螺母/螺栓）长度	
PL	钢片	

附录C　模　　块

本例采用一部剪刀梯作为疏散楼梯，然后组织核心筒区域的空间，核心筒模块的尺寸为7500×6900（mm），6900mm为剪刀梯长边标志性尺寸，如图C.1所示。走道模块的尺寸为11400×2400（mm），2400mm为走道宽的标志性尺寸，如图C.2所示。基本模块的尺寸为6900×6900（mm），6900mm为两个房间开间尺寸之和（6900mm=3300mm+3600mm），如图C.3所示。拼接模块的尺寸为4500×4500（mm），6900−4500=2400（mm），基本模块与拼接模块边长的差2400mm可以保证开一个南向的窗，如图C.4所示。

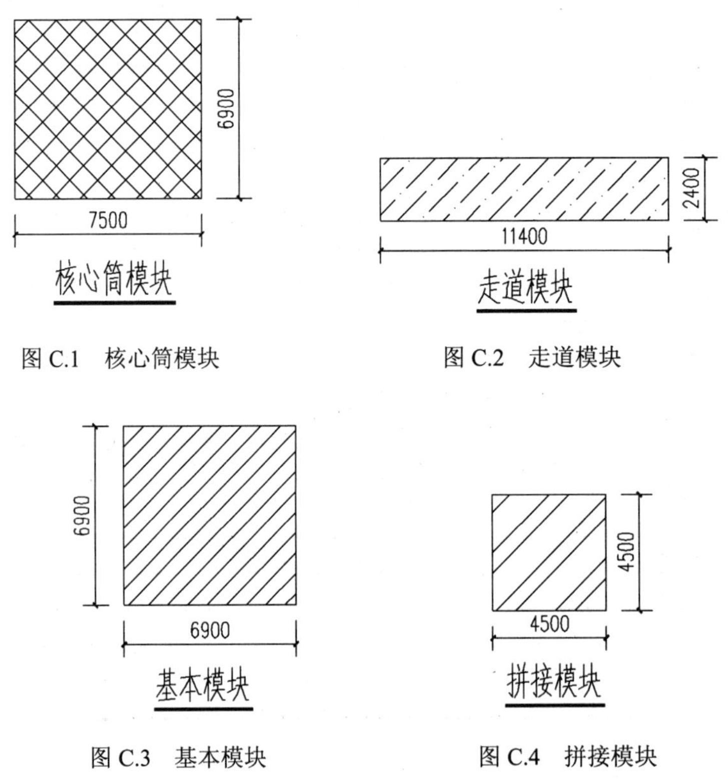

图C.1　核心筒模块

图C.2　走道模块

图C.3　基本模块

图C.4　拼接模块

将这4个模块进行组合之后，就生成了如图C.5所示的模块组合图。这样的拼接可以保证每一户有一个南向的窗户。

在本书的配套资源中，还收录了3套采用两部双跑楼梯作为疏散楼梯的模块组合图与户型设计图，供读者朋友参考。这3套图的设计者分别为程邓昕、李婉秋和郭紫薇。虽然一部剪刀梯作为疏散楼梯在施工上比较简单，但是采用两部双跑楼梯作为疏散楼梯的户型要有优势一些（可以保证每一户南北通透，通风效果好）。疏散楼梯的形式一变，整体的平面布局就变了，请读者朋友注意区别与选择。

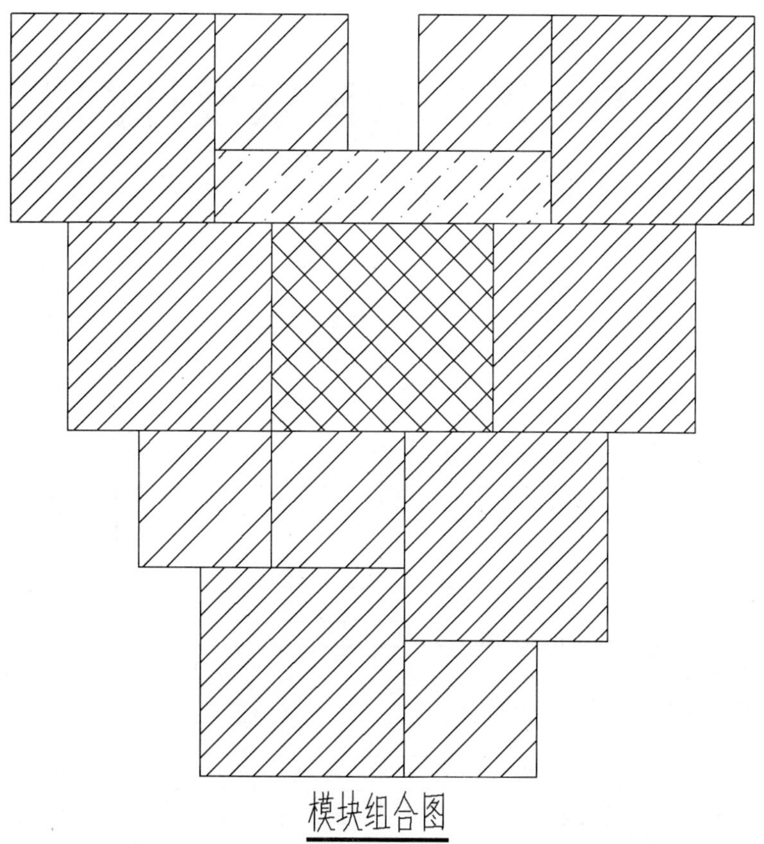

图 C.5　模块组合图

附录 D　装配式建筑设计图纸

图纸目录

图号编号	图名名称	专业或阶段	对应正文中的章	页码
1	标准层方案墙平面图	方案	第 2 章	589
2	门窗布置平面图	方案	第 2 章	590
3	户型布置平面图	方案	第 2 章	591
4	86 型暗装暗盒安装一览表及示意图	方案	第 2 章	592
5	斜撑、吊装用墙面钢片	工厂	第 3 章	593
6	斜撑杆	工厂	第 3 章	594
7	带插筋的螺母、螺栓	工厂	第 3 章	595
8	斜撑用拉环	工厂	第 3 章	596
9	预制墙施工用斜撑、吊装详图	工厂	第 3 章	597
10	灌浆套筒	工厂	第 3 章	598
11	整体卫浴建筑、结构平面图	工厂	第 5 章	599
12	整体卫浴 1-1 剖面图	工厂	第 5 章	600
13	整体卫浴 2-2、3-3 剖面图	工厂	第 5 章	601
14	剪力墙初步设计图	结构	第 6 章	602
15	剪力墙约束构件划分图	结构	第 6 章	603
16	轴网定位图	建筑	第 7 章	604
17	剪力墙外墙拆分图	工厂	第 4 章	605
18	剪力墙外墙构件详图	工厂	第 4 章	606
19	剪力墙内墙拆分图	工厂	第 4 章	607
20	剪力墙内墙构件详图	工厂	第 4 章	608
21	内隔墙拆分图	工厂	第 4 章	609
22	内隔墙构件详图	工厂	第 4 章	610
23	内隔墙装配详图	工厂	第 4 章	611
24	二～二十四层梁平面图	结构	第 8 章	612
25	梁表	结构	第 8 章	613
26	YKLx 大样图	工厂	第 8 章	614
27	二～二十四层板平面图	结构	第 8 章	615
28	叠合板拼接图	工厂	第 8 章	616
29	叠合板断面详图	工厂	第 8 章	617
30	楼梯装配详图	工厂	第 9 章	618
31	一层平面图	建筑	第 10 章	619
32	中间层平面图	建筑	第 10 章	620

注意： 还有一些不是重点表达装配式建筑特点的图纸，因为图书篇幅的问题，此处未收录，请读者朋友理解。

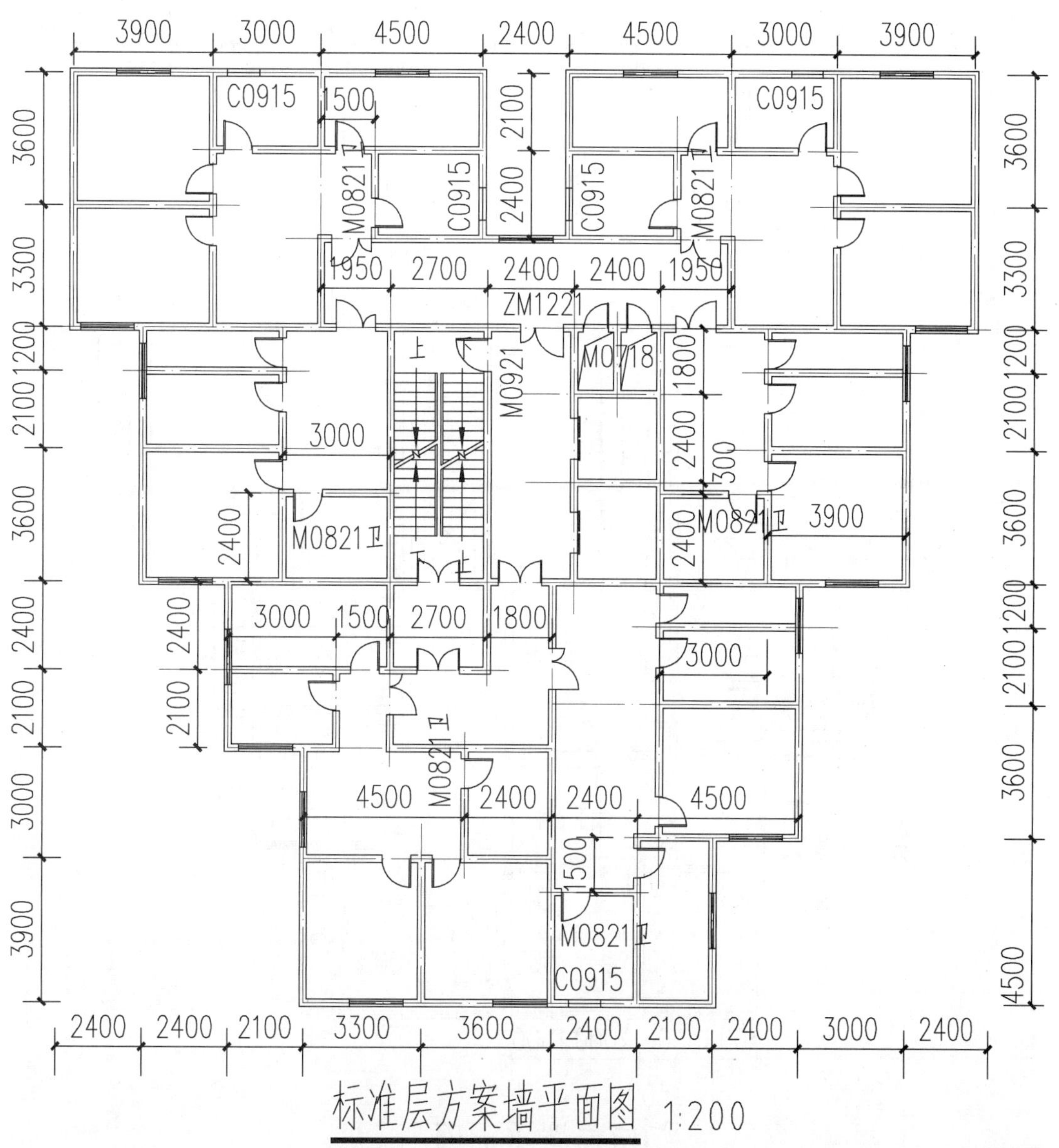

标准层方案墙平面图 1:200

注：1.图中未注明的单扇平开门均为M0821

2.图中未注明的双扇平开门均为M1221

3.图中未注明的子母门均为ZM1121

4.图中未注明的窗均为C1515

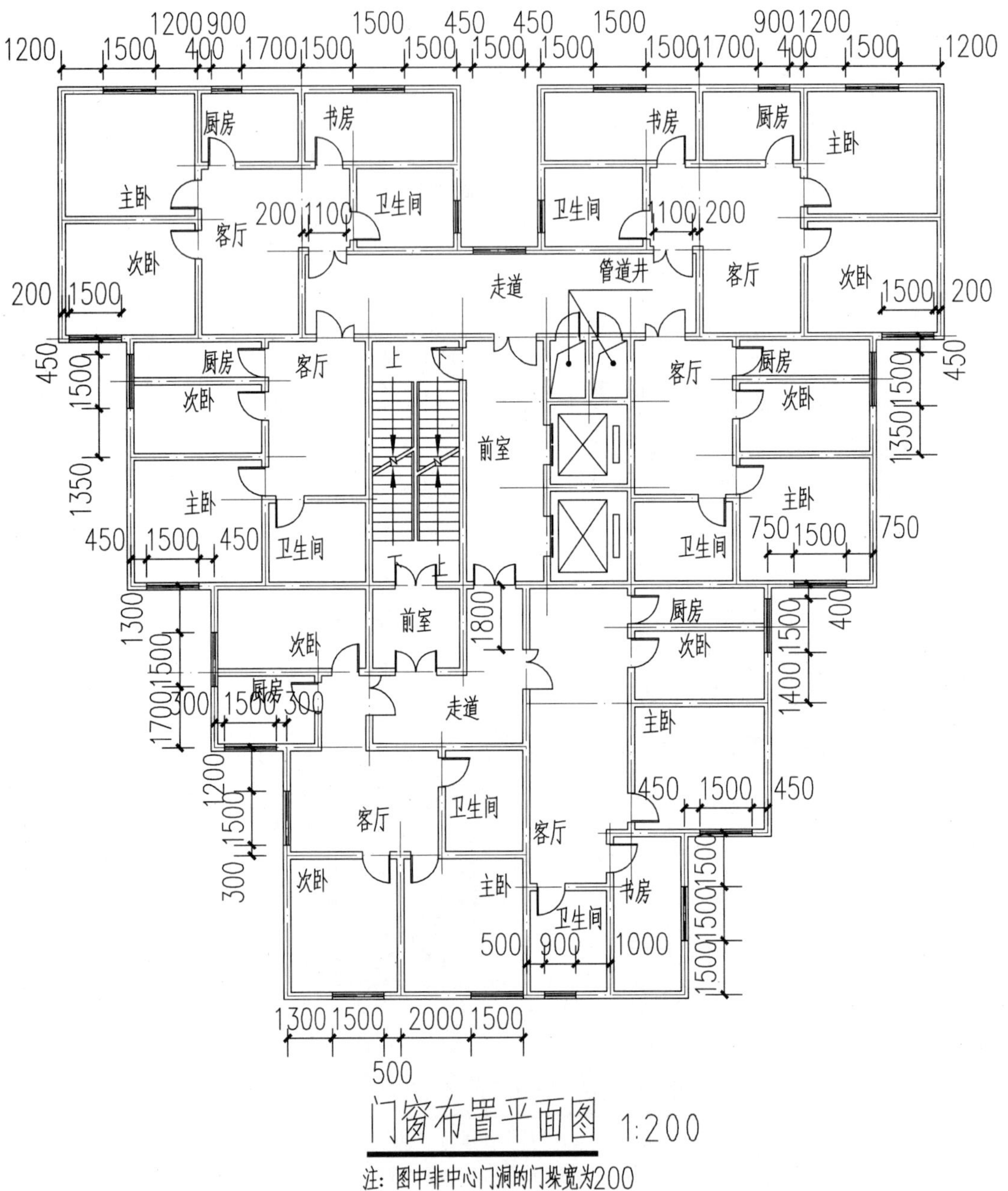

门窗布置平面图 1:200

注：图中非中心门洞的门垛宽为200

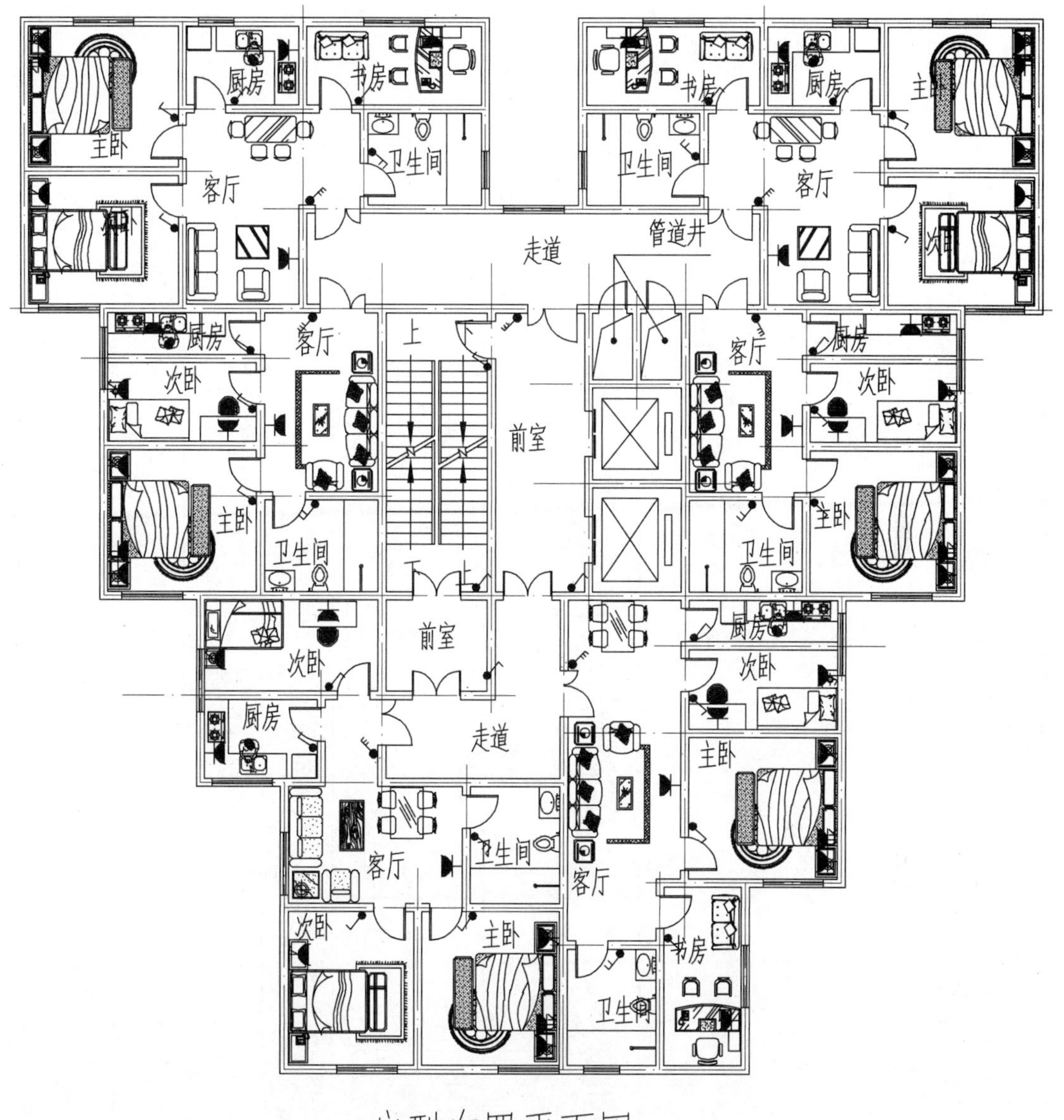

户型布置平面图　1:200

注：1.图中的家具与厨具只是示意

　　2.卫生间为整体卫浴

86型暗装暗盒安装一览表

图例	设备名称	安装方法	型号	h(mm)
	带开关五孔插座	86型暗装	10A,220V	600
	空调插座	86型暗装	15A,220V	挂机:2000,柜机:600
	五孔插座	86型暗装	10A,220V	600
	二联跷板开关	86型暗装	10A,220V	1300
	一联跷板开关	86型暗装	10A,220V	1300
	三联跷板开关	86型暗装	10A,220V	1300

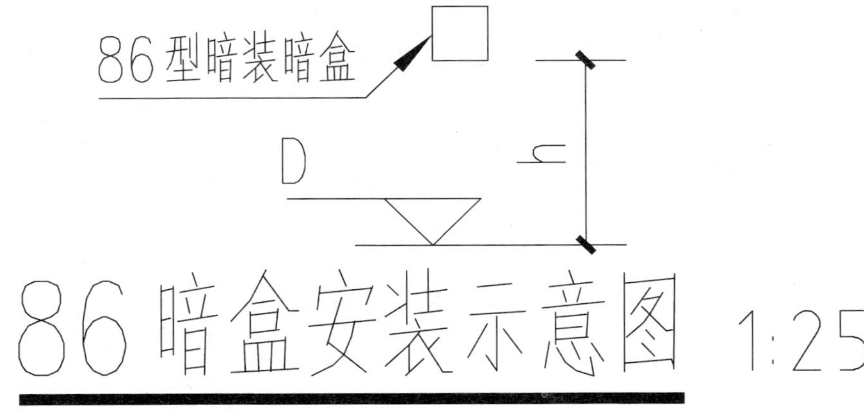

86暗盒安装示意图 1:25

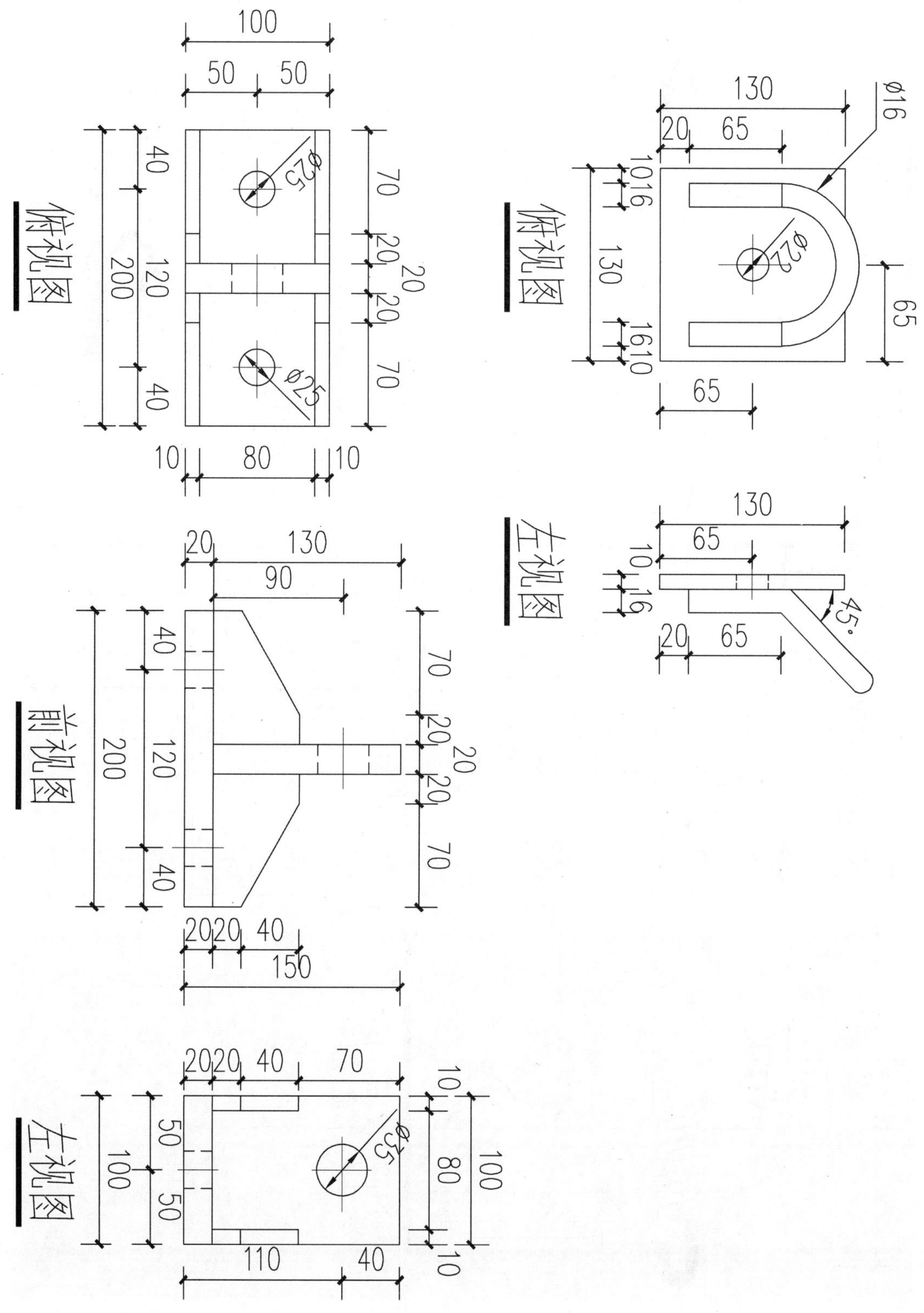
俯视图
前视图
左视图
俯视图
左视图
ø25
ø25
ø35
ø16
ø22
45°

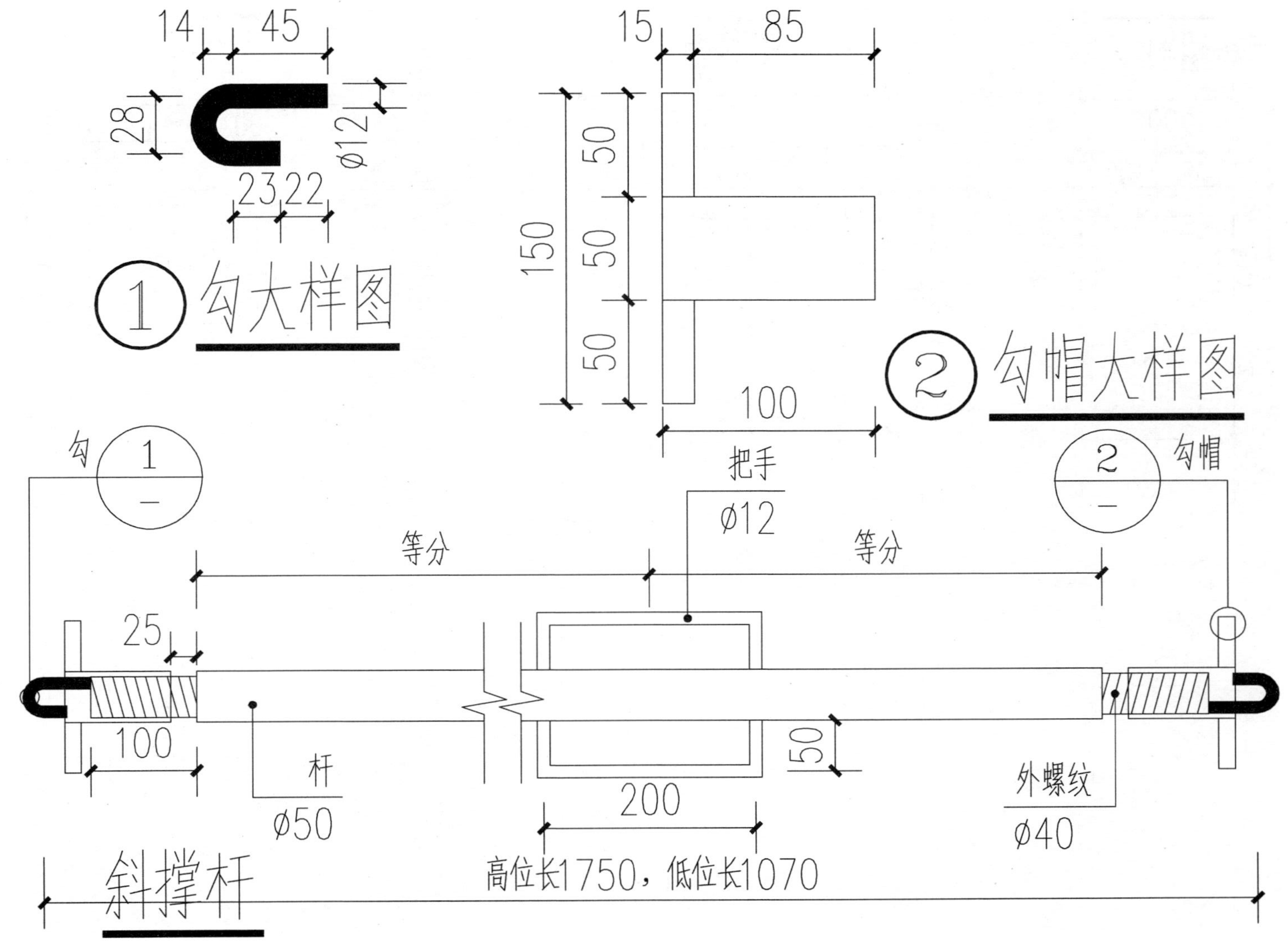

14
45
28
ϕ12
23
22
1
勾大样图
15
85
150
50
50
50
100
2
勾帽大样图
勾
1
把手
ϕ12
2
勾帽
等分
等分
25
100
杆
ϕ50
200
50
外螺纹
ϕ40
斜撑杆
高位长1750，低位长1070

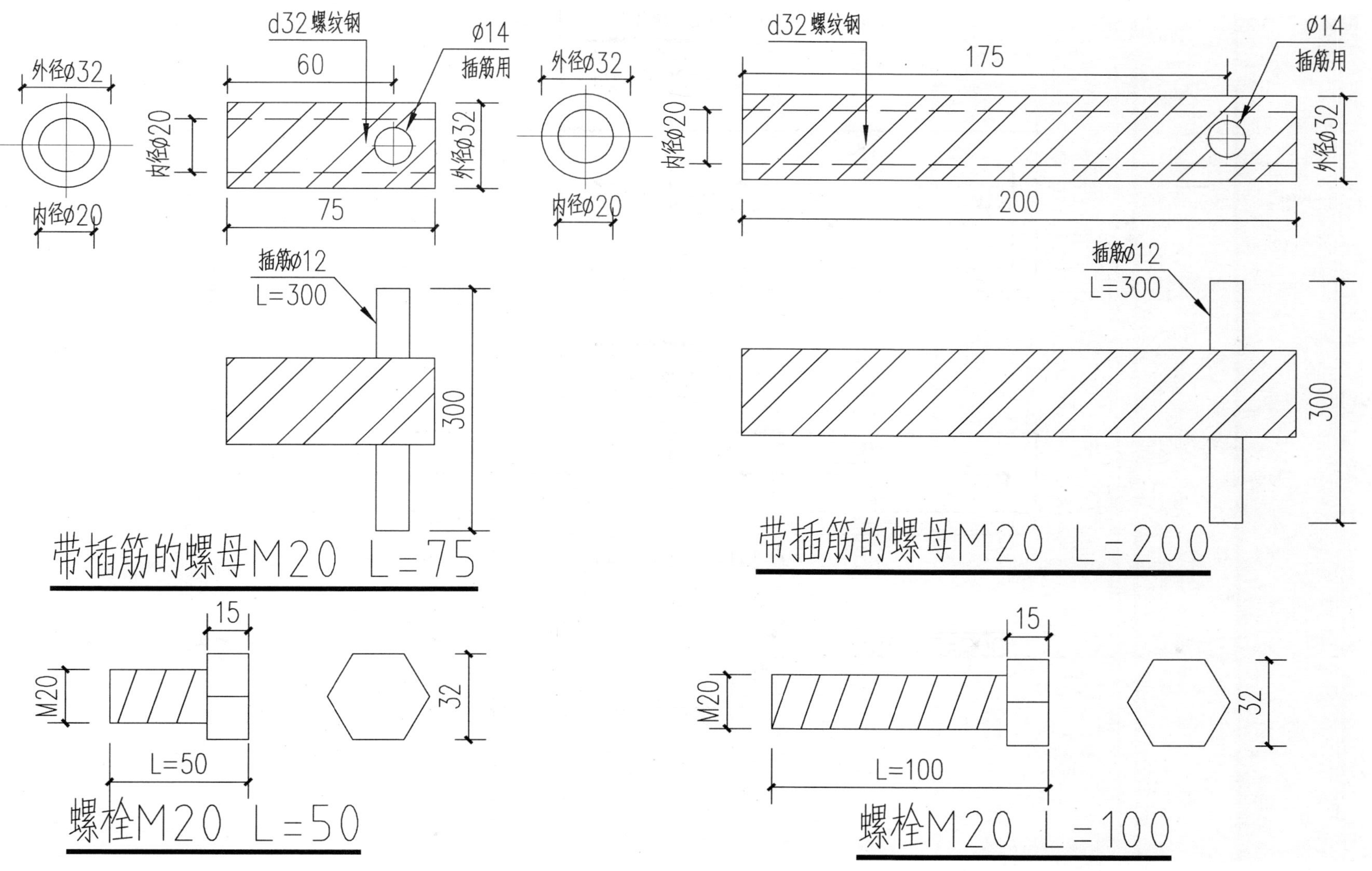

外径ϕ32
内径ϕ20
d32螺纹钢
60
ϕ14
插筋用
内径ϕ20
外径ϕ32
75
插筋ϕ12
L=300
300
带插筋的螺母M20 L=75
外径ϕ32
内径ϕ20
d32螺纹钢
175
ϕ14
插筋用
内径ϕ20
外径ϕ32
200
插筋ϕ12
L=300
300
带插筋的螺母M20 L=200
15
M20
32
L=50
螺栓M20 L=50
15
M20
32
L=100
螺栓M20 L=100

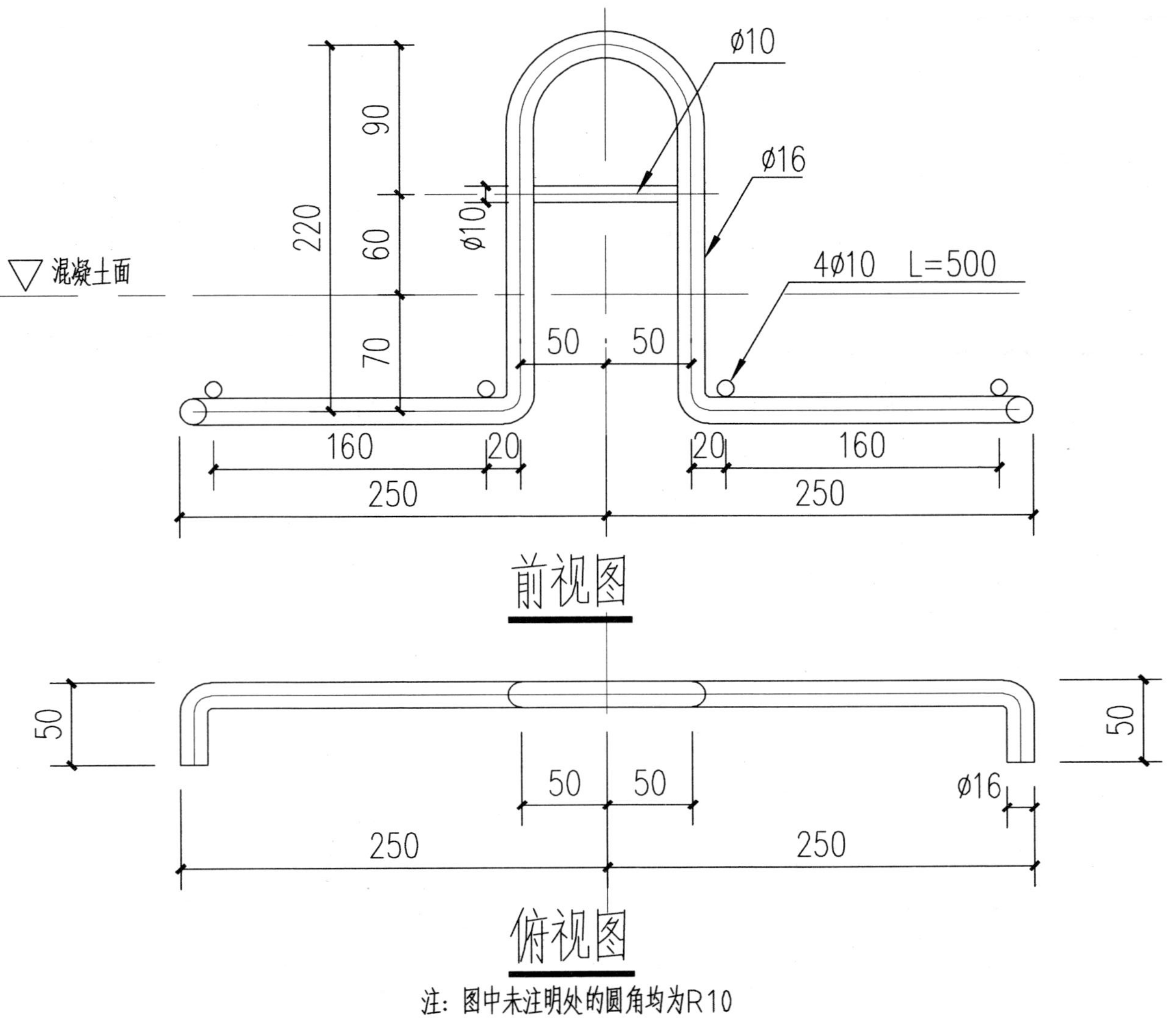
ϕ10
ϕ16
混凝土面
4ϕ10 L=500
220
90
60
70
ϕ10
50
50
160
20
20
160
250
250
前视图
50
50
50
50
ϕ16
250
250
俯视图
注：图中未注明处的圆角均为R10

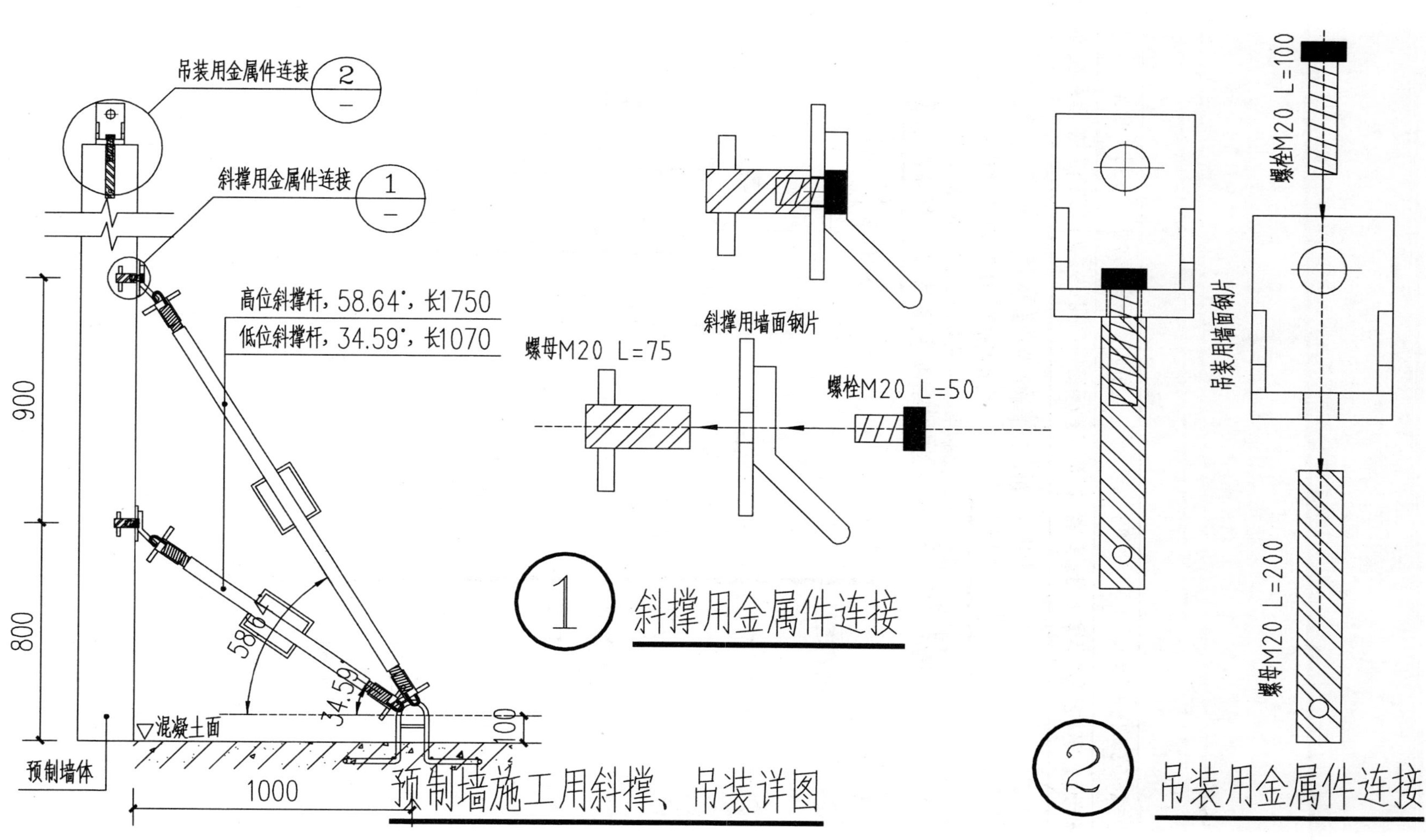

吊装用金属件连接
2
斜撑用金属件连接
1
高位斜撑杆，58.64°，长1750
低位斜撑杆，34.59°，长1070
900
800
58.64°
34.59°
100
混凝土面
预制墙体
1000
预制墙施工用斜撑、吊装详图
斜撑用墙面钢片
螺母M20 L=75
螺栓M20 L=50
1
斜撑用金属件连接
螺栓M20 L=100
吊装用墙面钢片
螺母M20 L=200
2
吊装用金属件连接

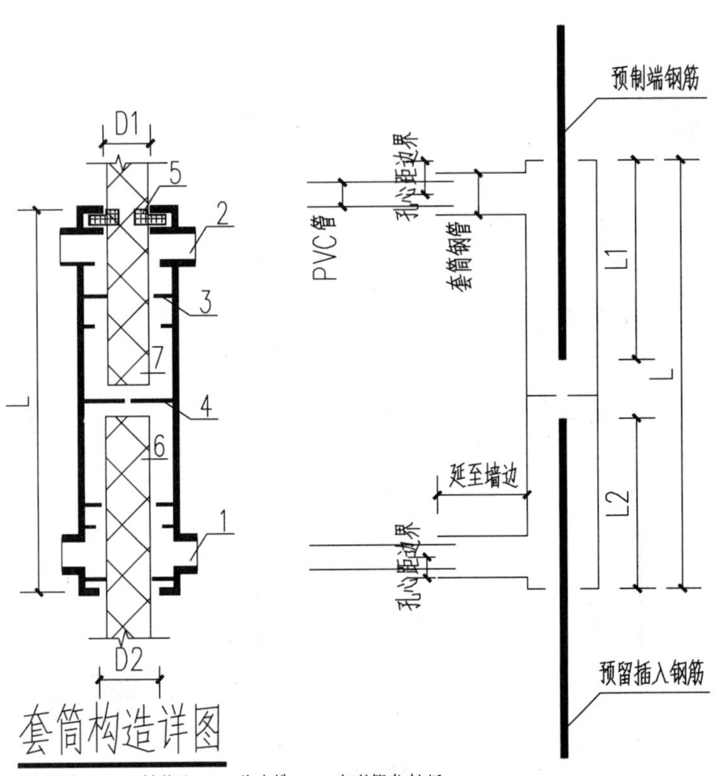

套筒构造详图

1、灌浆孔 2、排浆孔 3、剪力槽 4、钢筋限位挡板
5、封浆橡胶环 6、预留插入钢筋 7、预制端钢筋
D1:预制端开口直径；D2:装配端开口直径

套筒插筋详图

注：套筒总长 L≥1.2LaE

灌浆套筒参数表（单位：mm）

连接钢筋直径	套筒外径	套筒长度L	灌浆端口孔径D	钢筋插入最小深度L1	灌、排浆孔心距边界	套筒内径	灌、排浆孔内外径
ϕ18	ϕ38	256	ϕ28.5±0.2	115	50	ϕ30	ϕ20~24

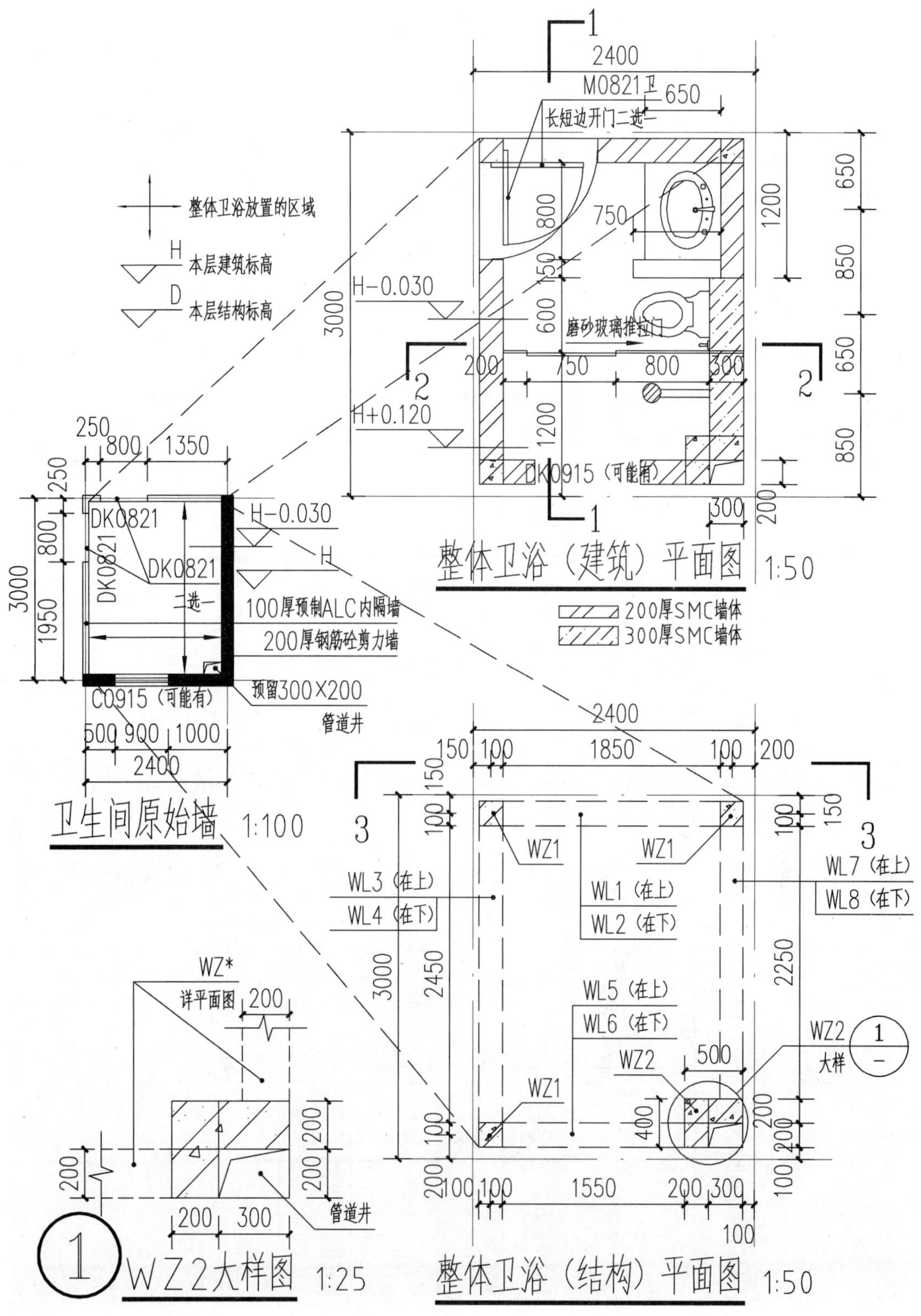
整体卫浴放置的区域
H 本层建筑标高
D 本层结构标高
M0821卫
长短边开门二选一
磨砂玻璃推拉门
DK0915（可能有）
H-0.030
H+0.120
整体卫浴（建筑）平面图 1:50
200厚SMC墙体
300厚SMC墙体
DK0821
二选一
100厚预制ALC内隔墙
200厚钢筋砼剪力墙
C0915（可能有）
预留300X200
管道井
卫生间原始墙 1:100
WL1（在上）
WL2（在下）
WL3（在上）
WL4（在下）
WL5（在上）
WL6（在下）
WL7（在上）
WL8（在下）
WZ1
WZ2
WZ2 大样
整体卫浴（结构）平面图 1:50
WZ*
详平面图
管道井
WZ2大样图 1:25

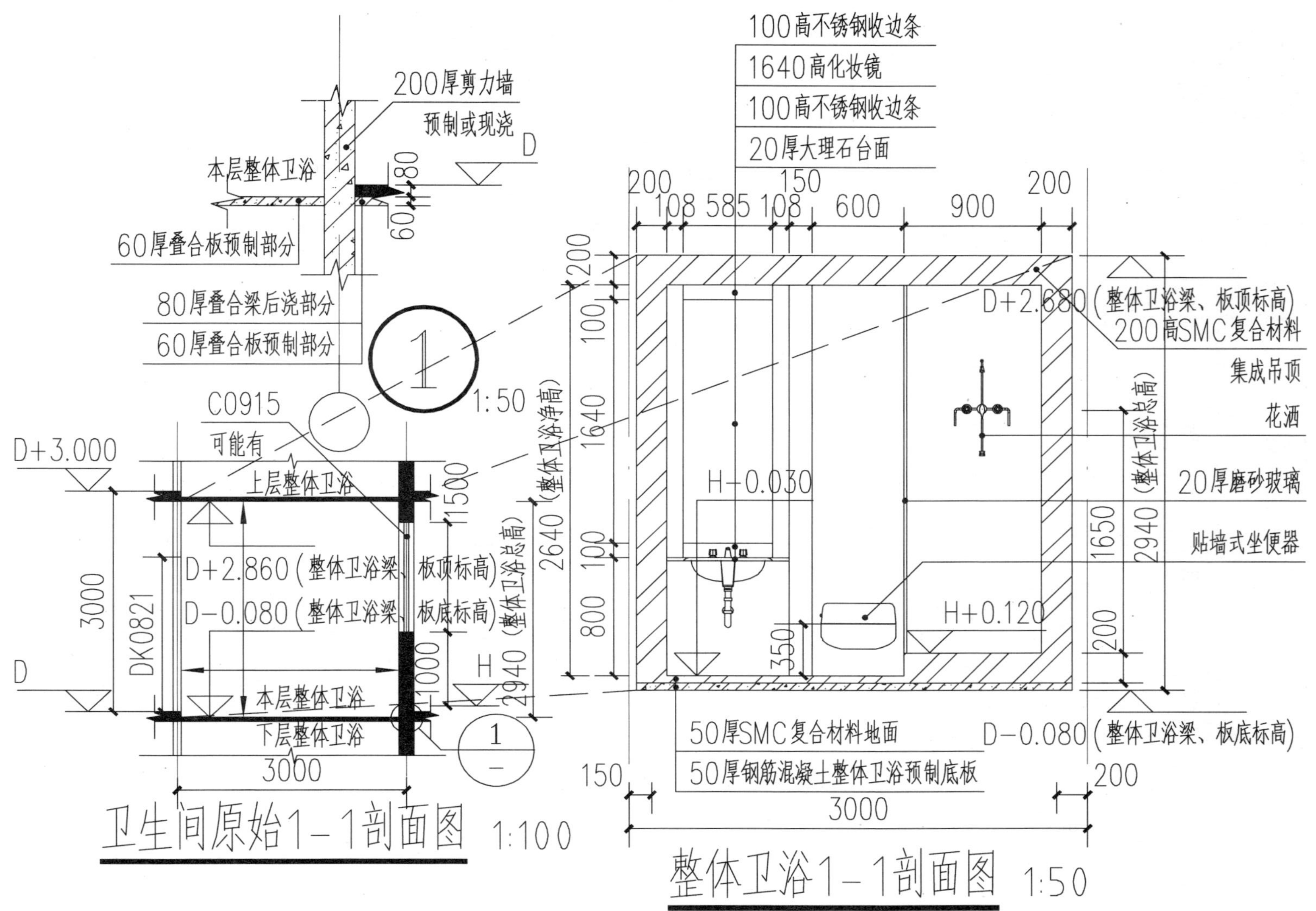

200厚剪力墙
预制或现浇
D
本层整体卫浴
80
60
60厚叠合板预制部分
80厚叠合梁后浇部分
60厚叠合板预制部分
1
1:50
C0915
可能有
D+3.000
上层整体卫浴
1500
D+2.860（整体卫浴梁、板顶标高）
D－0.080（整体卫浴梁、板底标高）
3000
DK0821
D
本层整体卫浴
下层整体卫浴
1000
H
2940（整体卫浴总高）
1
—
3000
卫生间原始1－1剖面图 1:100
100高不锈钢收边条
1640高化妆镜
100高不锈钢收边条
20厚大理石台面
200
108 585 108
150
600
900
200
2640（整体卫浴净高）
100
1640
100
800
H－0.030
350
H+0.120
D+2.680（整体卫浴梁、板顶标高）
200高SMC复合材料
集成吊顶
花洒
20厚磨砂玻璃
贴墙式坐便器
1650
2940（整体卫浴总高）
200
50厚SMC复合材料地面
50厚钢筋混凝土整体卫浴预制底板
D－0.080（整体卫浴梁、板底标高）
150
200
3000
整体卫浴1－1剖面图 1:50

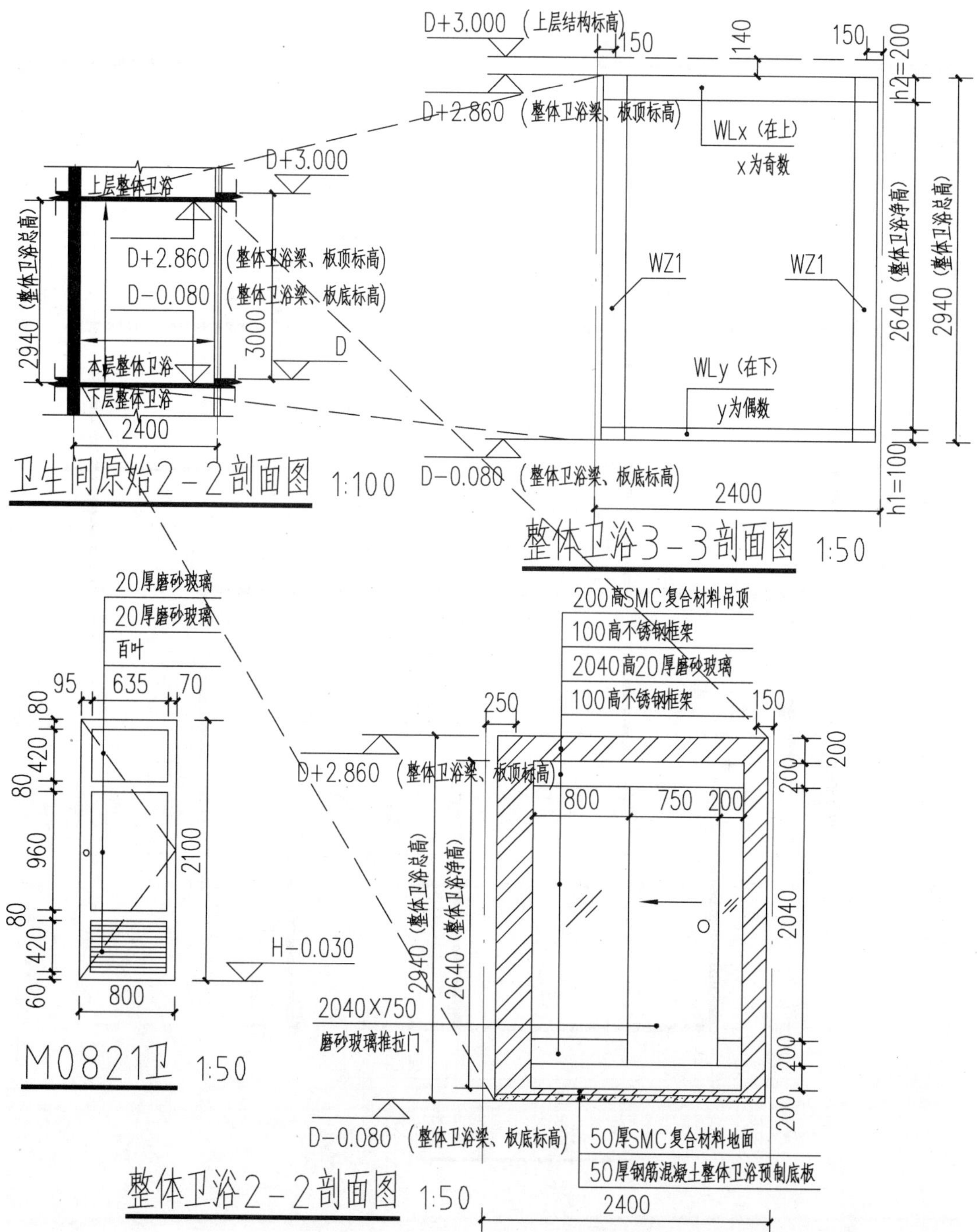
D+3.000（上层结构标高）
150
140
150
h2=200
D+2.860（整体卫浴梁、板顶标高）
WLx（在上）
x为奇数
WZ1
WZ1
2640（整体卫浴净高）
2940（整体卫浴总高）
WLy（在下）
y为偶数
h1=100
D−0.080（整体卫浴梁、板底标高）
2400
整体卫浴3−3剖面图 1:50
D+3.000
上层整体卫浴
2940（整体卫浴总高）
D+2.860（整体卫浴梁、板顶标高）
D−0.080（整体卫浴梁、板底标高）
3000
D
本层整体卫浴
下层整体卫浴
2400
卫生间原始2−2剖面图 1:100
20厚磨砂玻璃
20厚磨砂玻璃
百叶
95
635
70
80
420
80
960
80
420
60
2100
H−0.030
800
M0821卫 1:50
200高SMC复合材料吊顶
100高不锈钢框架
2040高20厚磨砂玻璃
100高不锈钢框架
250
150
D+2.860（整体卫浴梁、板顶标高）
800
750
200
200
200
2940（整体卫浴总高）
2640（整体卫浴净高）
2040
2040X750
磨砂玻璃推拉门
200
200
D−0.080（整体卫浴梁、板底标高）
50厚SMC复合材料地面
50厚钢筋混凝土整体卫浴预制底板
整体卫浴2−2剖面图 1:50
2400

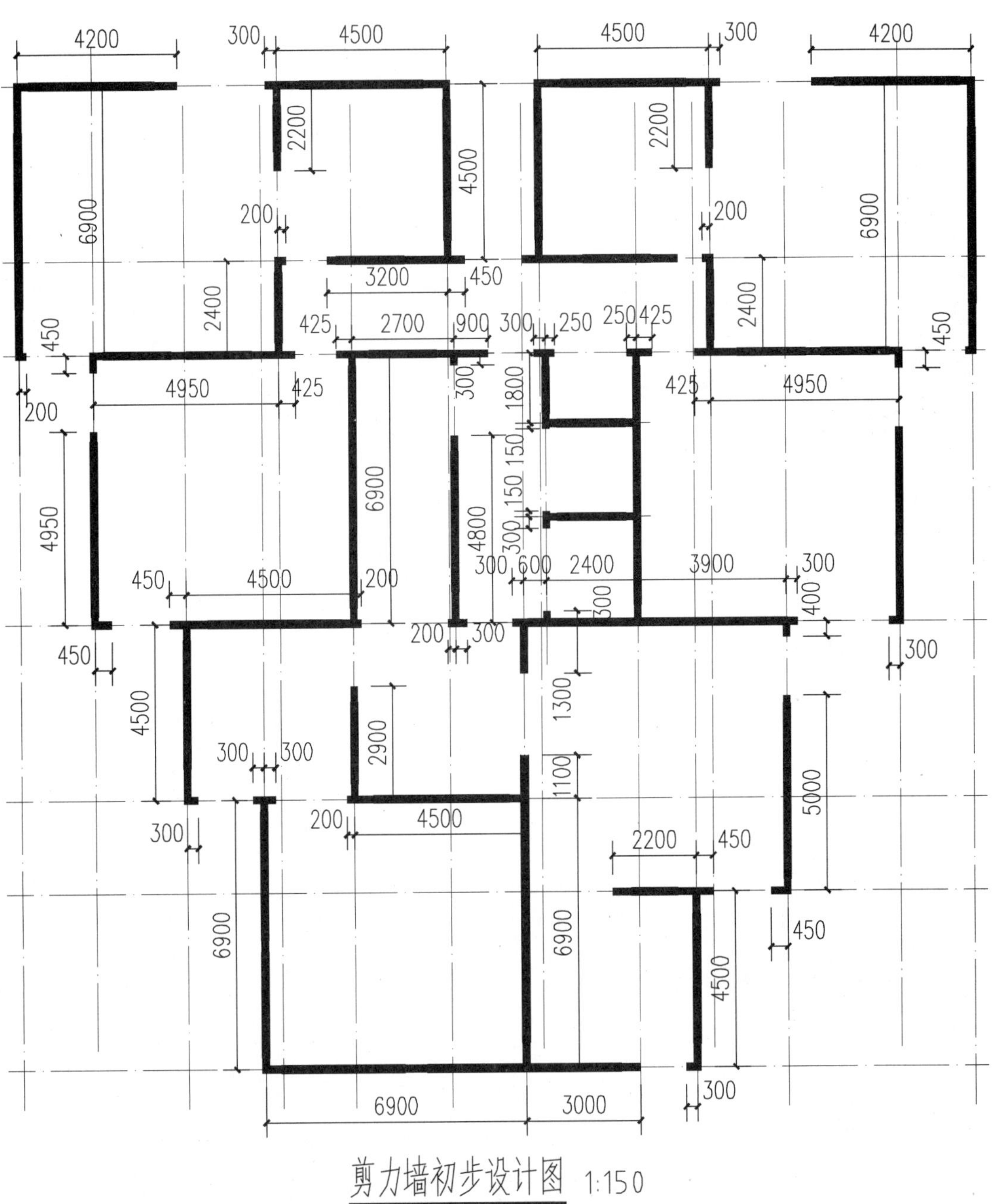

剪力墙初步设计图 1:150

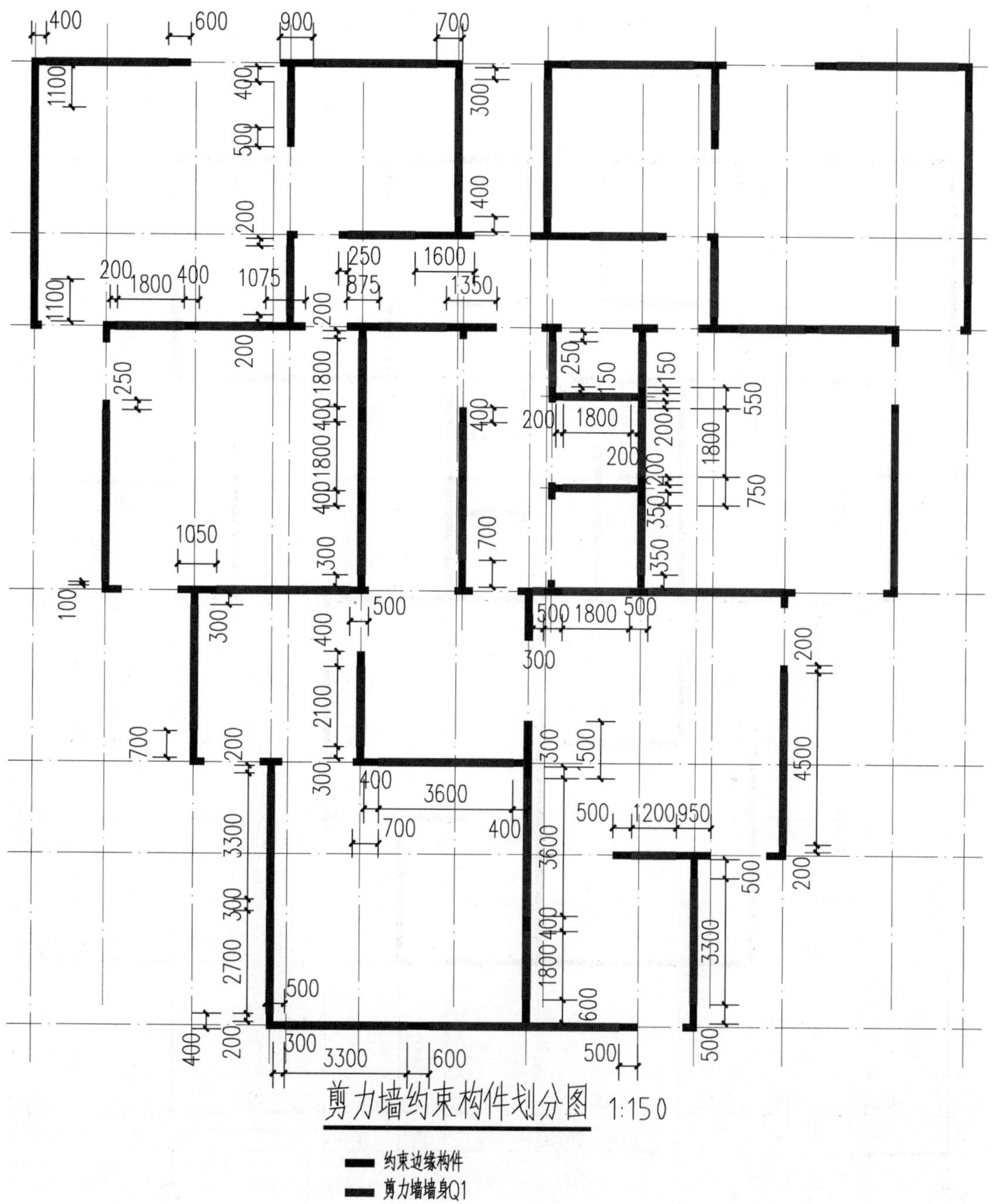

剪力墙约束构件划分图 1:150

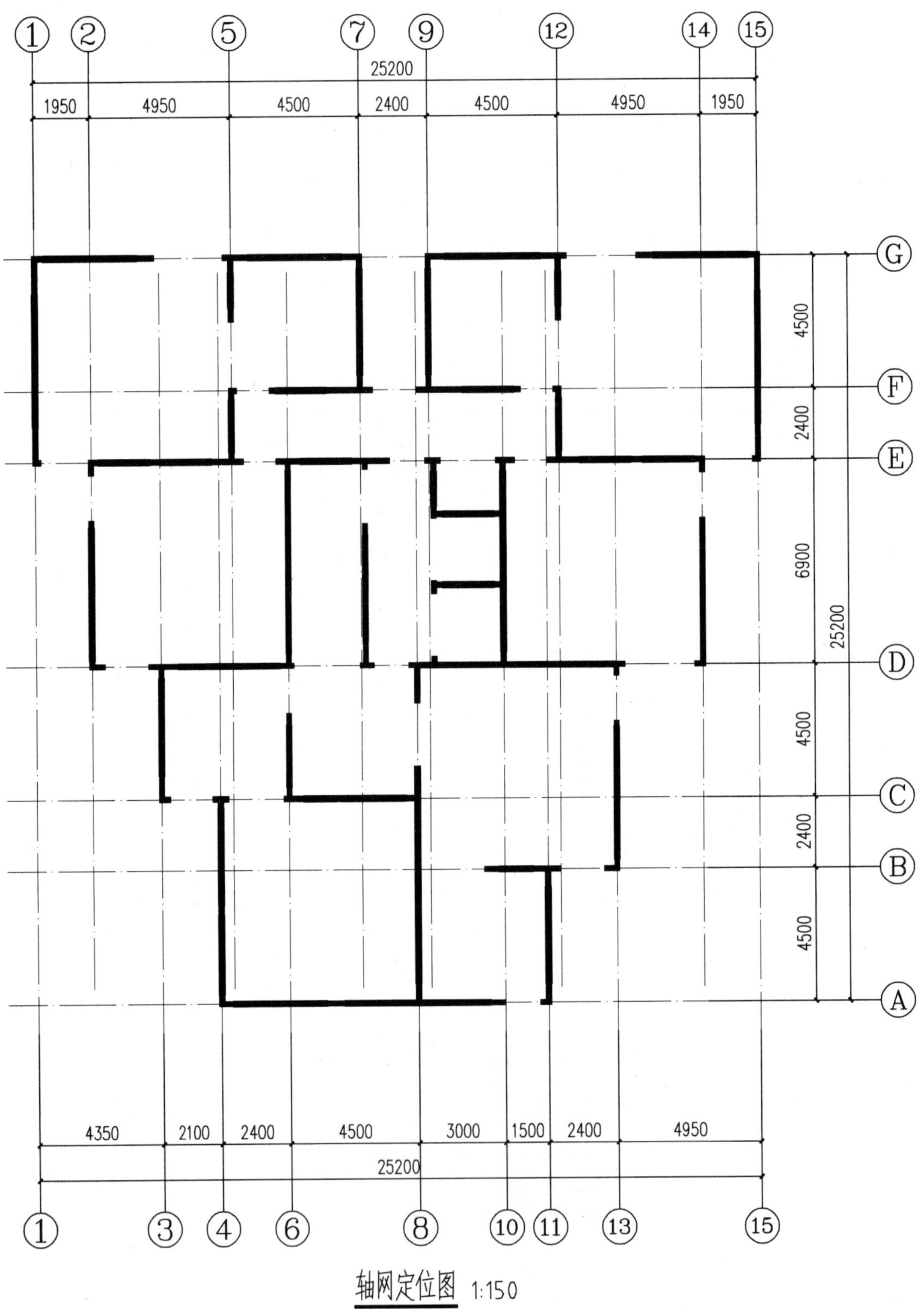
①
②
⑤
⑦
⑨
⑫
⑭
⑮
25200
1950
4950
4500
2400
4500
4950
1950
G
F
E
D
C
B
A
4500
2400
6900
4500
2400
4500
25200
4350
2100
2400
4500
3000
1500
2400
4950
25200
①
③
④
⑥
⑧
⑩
⑪
⑬
⑮

轴网定位图 1:150

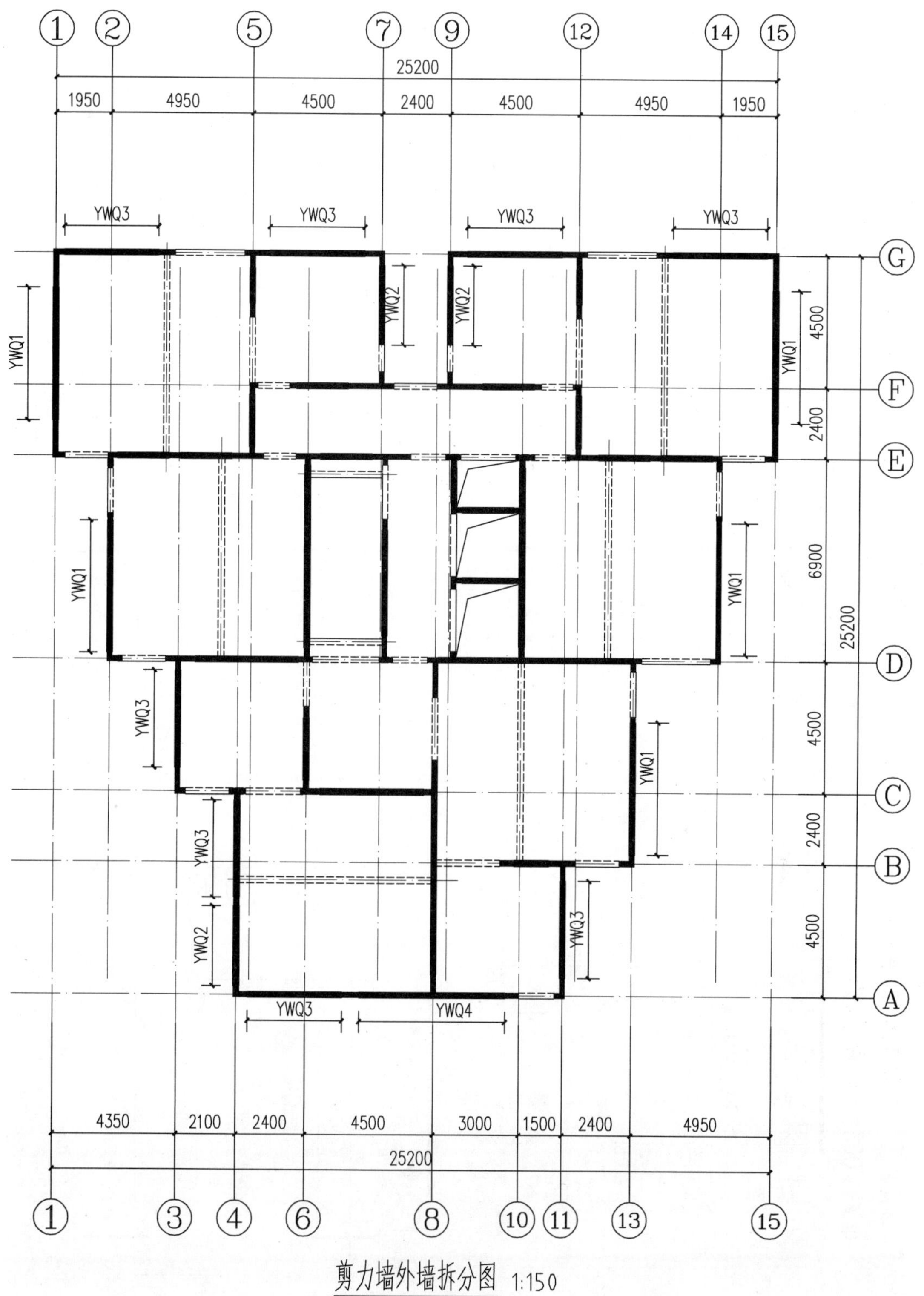

剪力墙外墙拆分图 1:150

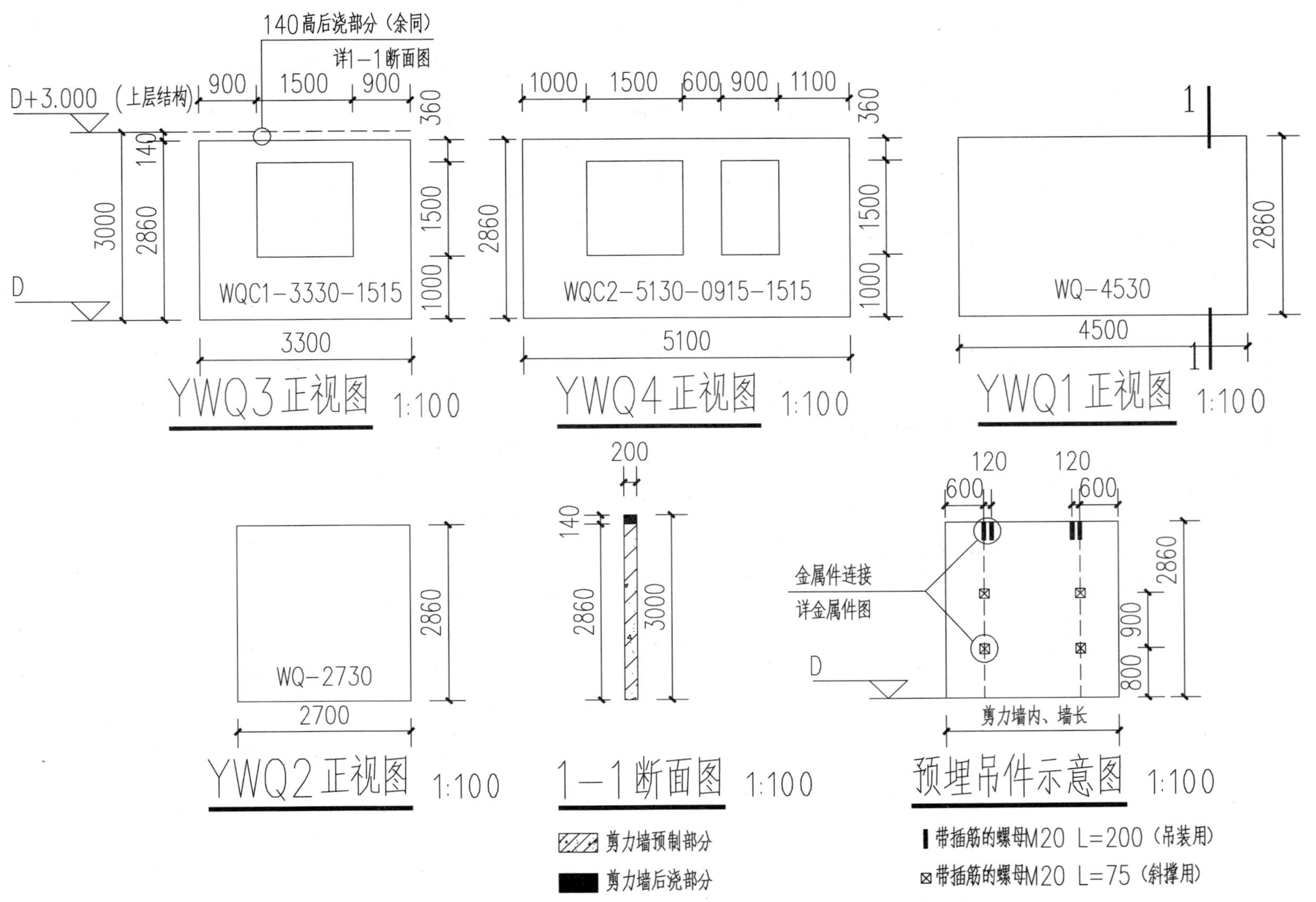

140高后浇部分（余同）
详1-1断面图
D+3.000（上层结构）
900
1500
900
360
140
3000
2860
D
WQC1-3330-1515
1500
1000
3300
YWQ3正视图 1:100
1000
1500
600
900
1100
360
2860
WQC2-5130-0915-1515
1500
1000
5100
YWQ4正视图 1:100
1
WQ-4530
2860
4500
1
YWQ1正视图 1:100
200
140
2860
3000
WQ-2730
2860
2700
YWQ2正视图 1:100
1—1断面图 1:100
剪力墙预制部分
剪力墙后浇部分
120
120
600
600
金属件连接
详金属件图
D
2860
900
800
剪力墙内、墙长
预埋吊件示意图 1:100
带插筋的螺母M20 L=200（吊装用）
带插筋的螺母M20 L=75（斜撑用）

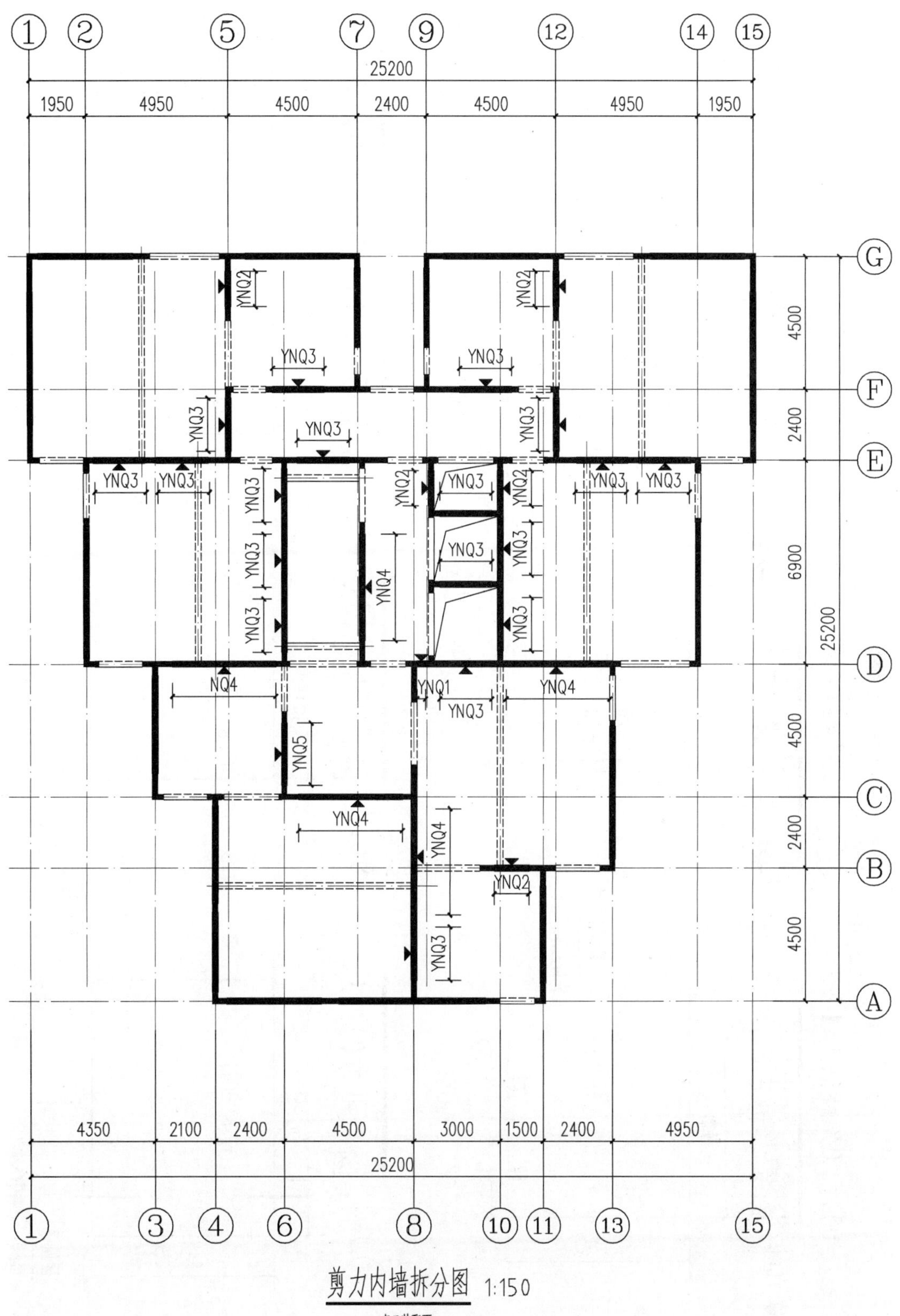

剪力内墙拆分图 1:150

▲ 表示装配面

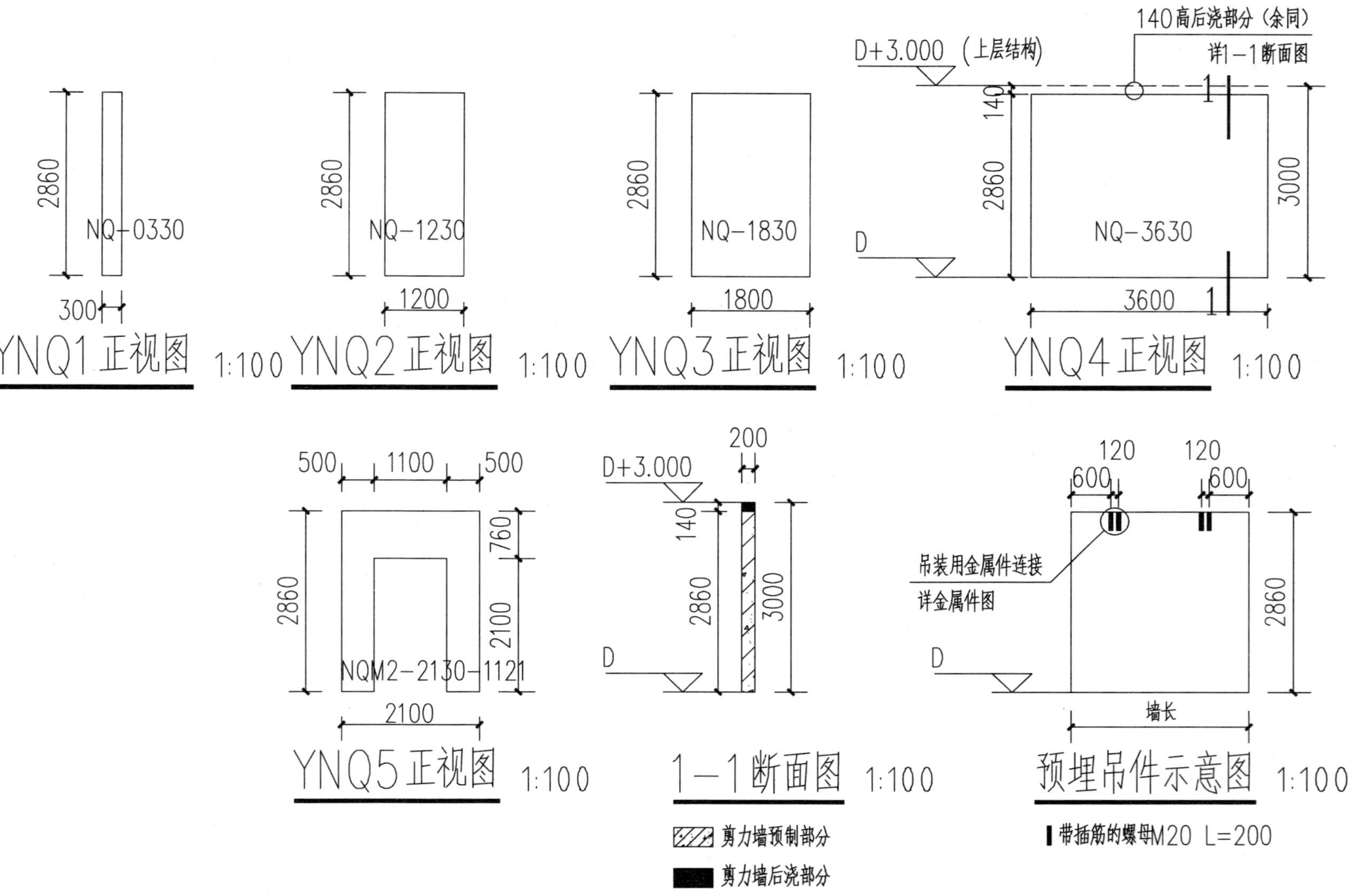
2860
NQ-0330
300
YNQ1正视图 1:100
2860
NQ-1230
1200
YNQ2正视图 1:100
2860
NQ-1830
1800
YNQ3正视图 1:100
140高后浇部分（余同）
详1—1断面图
D+3.000 （上层结构）
140
2860
D
NQ-3630
3000
3600
YNQ4正视图 1:100
500 1100 500
2860
760
2100
NQM2-2130-1121
2100
YNQ5正视图 1:100
200
D+3.000
140
2860
3000
D
1—1断面图 1:100
剪力墙预制部分
剪力墙后浇部分
120 120
600 600
吊装用金属件连接
详金属件图
D
2860
墙长
预埋吊件示意图 1:100
带插筋的螺母M20 L=200

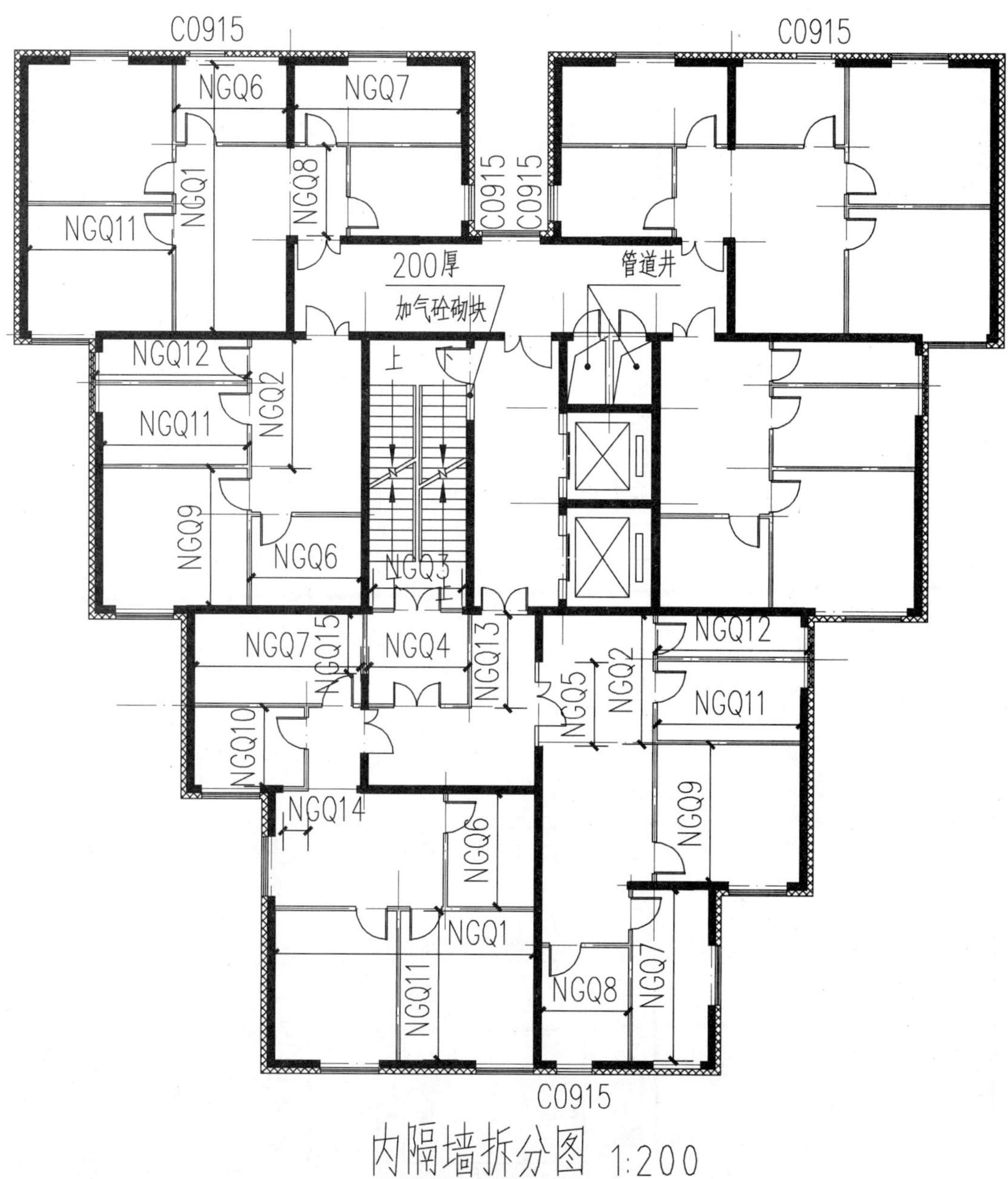

内隔墙拆分图　1:200

注: 1.图中未标注的窗为C1515

2.管道井与电梯井为200厚加气砼砌块

150厚三明治外墙外叶板

200厚钢筋混凝土剪力墙

100厚ALC预制内隔墙

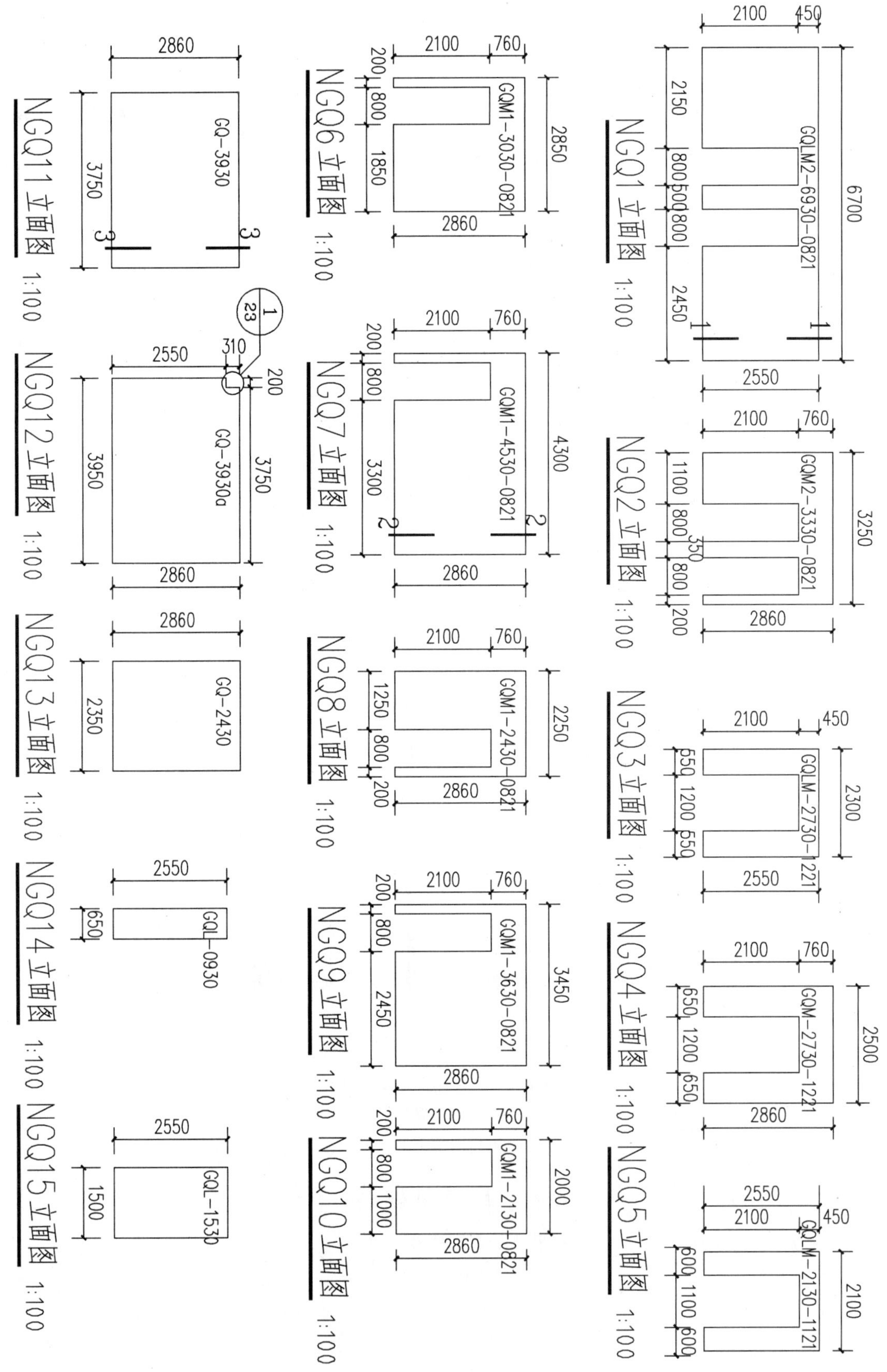
NGQ1立面图 1:100
GQLM2-6930-0821
NGQ2立面图 1:100
GQM2-3330-0821
NGQ3立面图 1:100
GQLM-2730-1221
NGQ4立面图 1:100
GQM-2730-1221
NGQ5立面图 1:100
GQLM-2130-1121
NGQ6立面图 1:100
GQM1-3030-0821
NGQ7立面图 1:100
GQM1-4530-0821
NGQ8立面图 1:100
GQM1-2430-0821
NGQ9立面图 1:100
GQM1-3630-0821
NGQ10立面图 1:100
GQM1-2130-0821
NGQ11立面图 1:100
GQ-3930
NGQ12立面图 1:100
GQ-3930a
NGQ13立面图 1:100
GQ-2430
NGQ14立面图 1:100
GQL-0930
NGQ15立面图 1:100
GQL-1530

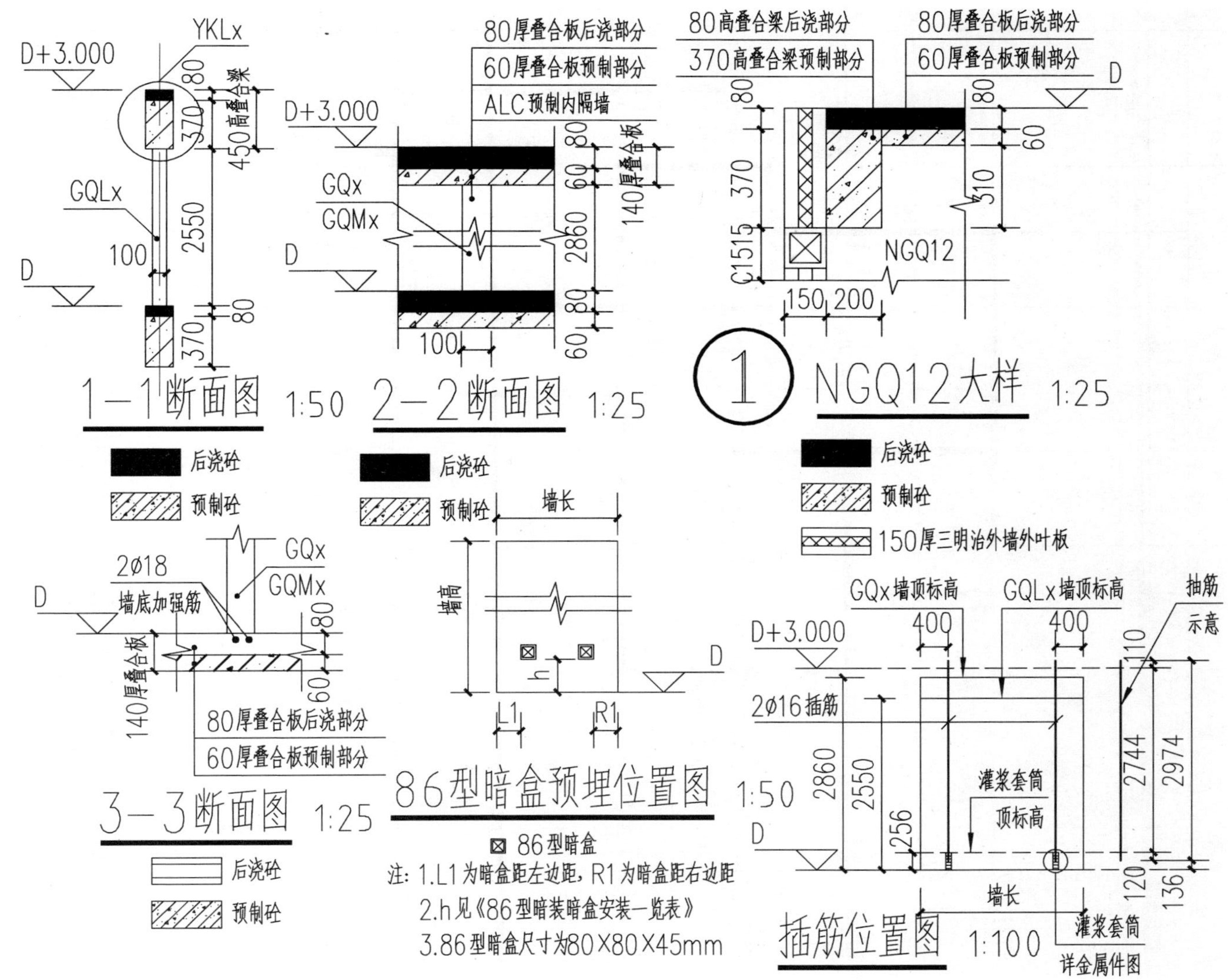
D+3.000
YKLx
450高叠合梁
GQLx
D
1—1断面图 1:50
80厚叠合板后浇部分
60厚叠合板预制部分
ALC预制内隔墙
140厚叠合板
GQx
GQMx
2—2断面图 1:25
80高叠合梁后浇部分
370高叠合梁预制部分
80厚叠合板后浇部分
60厚叠合板预制部分
C1515
NGQ12
1 NGQ12大样 1:25
后浇砼
预制砼
150厚三明治外墙外叶板
2Ø18
墙底加强筋
140厚叠合板
80厚叠合板后浇部分
60厚叠合板预制部分
3—3断面图 1:25
墙长
墙高
86型暗盒预埋位置图 1:50
⊠ 86型暗盒
注：1.L1为暗盒距左边距，R1为暗盒距右边距
2.h见《86型暗装暗盒安装一览表》
3.86型暗盒尺寸为80X80X45mm
GQx墙顶标高
GQLx墙顶标高
抽筋示意
2Ø16插筋
灌浆套筒
顶标高
灌浆套筒
详金属件图
插筋位置图 1:100

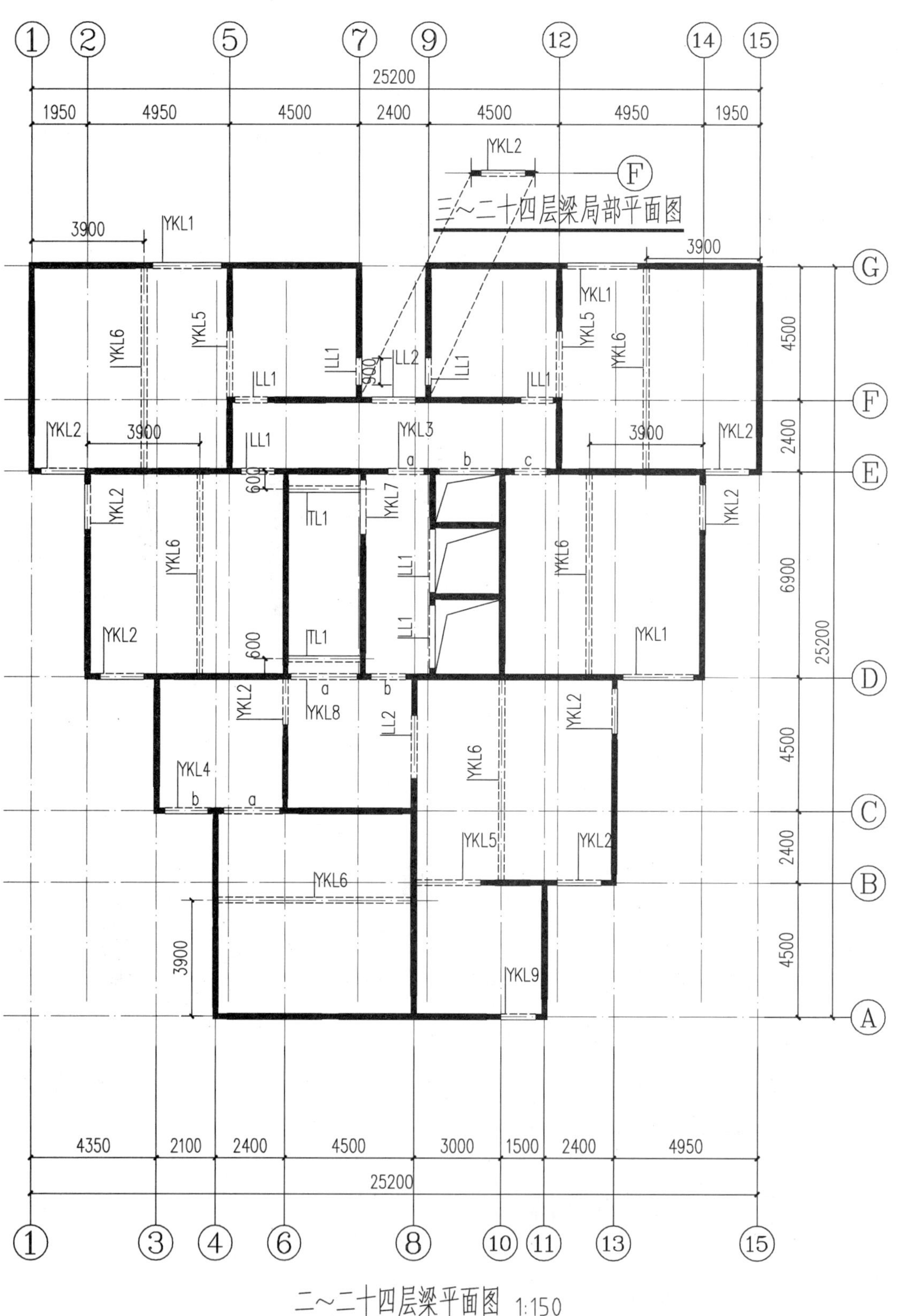

二～二十四层梁平面图 1:150

剪力墙连梁表

编号	宽（mm）	高（mm）	梁顶标高	梁底标高	所在楼层	材料
LL1	200	850	结构：楼层标高	建筑：门顶标高	2~24	后浇砼
LL2	200	850	结构：楼层标高	建筑：门顶标高	2	后浇砼

预制叠合梁表

编号	宽（b）（mm）	高（h）（mm）	顶标高	底标高	第一跨a（mm）	第二跨b（mm）	第三跨c（mm）	材料
YKL1	200	450	结构：楼层标高	建筑：窗顶标高	2400			后浇砼/梁-预制砼
YKL2	200	450	结构：楼层标高	建筑：窗顶标高	1500			后浇砼/梁-预制砼
YKL3	200	450	结构：楼层标高	建筑：窗顶标高	1200	1900	1100	后浇砼/梁-预制砼
YKL4	200	450	结构：楼层标高	建筑：窗顶标高	1900	1500		后浇砼/梁-预制砼
YKL5	200	450	结构：楼层标高	建筑：窗顶标高	2200			后浇砼/梁-预制砼
YKL6	200	450	结构：楼层标高	建筑：窗顶标高	6700			后浇砼/梁-预制砼
YKL7	200	450	结构：楼层标高	建筑：窗顶标高	1800			后浇砼/梁-预制砼
YKL8	200	450	结构：楼层标高	建筑：窗顶标高	2300	1200		后浇砼/梁-预制砼
YKL9	200	450	结构：楼层标高	建筑：窗顶标高	1200			后浇砼/梁-预制砼
TL1	详大样图	370	结构：楼层标高		2500			后浇砼/梁-预制砼

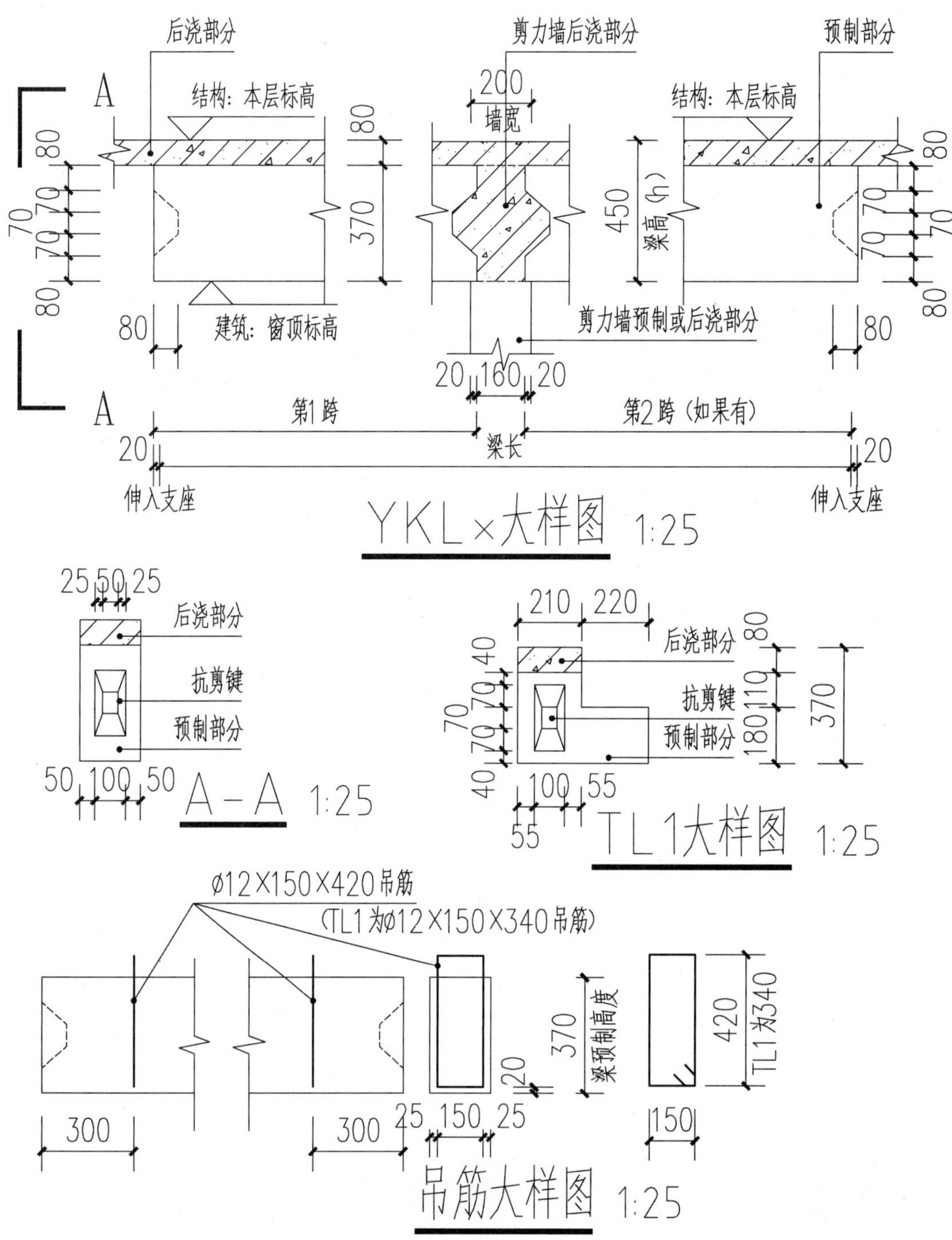
后浇部分
剪力墙后浇部分
预制部分
结构：本层标高
200
墙宽
450
梁高（h）
370
建筑：窗顶标高
剪力墙预制或后浇部分
20 160 20
第1跨
第2跨（如果有）
梁长
伸入支座
YKL×大样图 1:25
后浇部分
抗剪键
预制部分
A-A 1:25
210 220
TL1大样图 1:25
ø12×150×420吊筋
(TL1为ø12×150×340吊筋)
梁预制高度
420
TL1为340
吊筋大样图 1:25

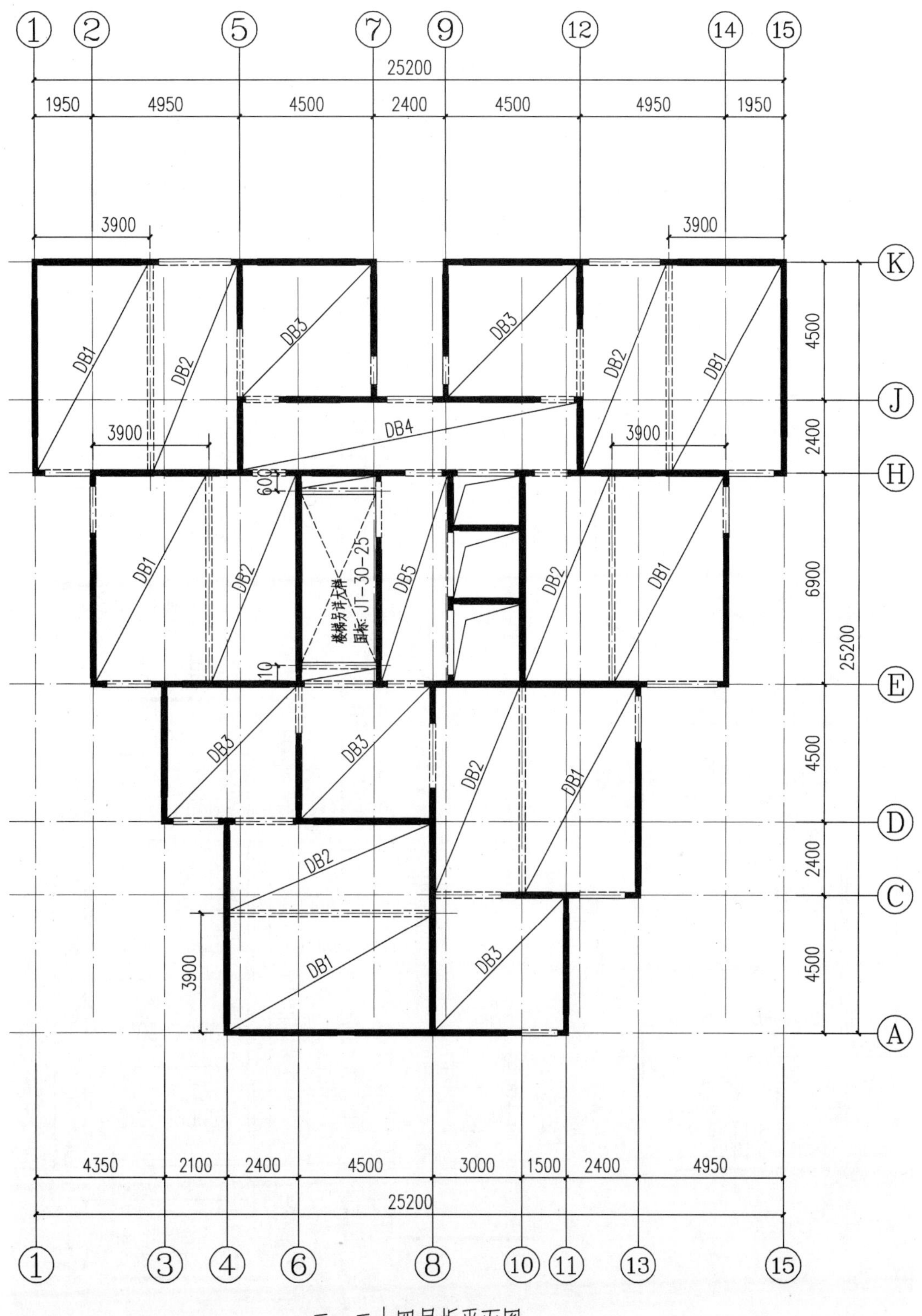

二~二十四层板平面图 1:150

注: 1.图中未标注的板均为PTB1

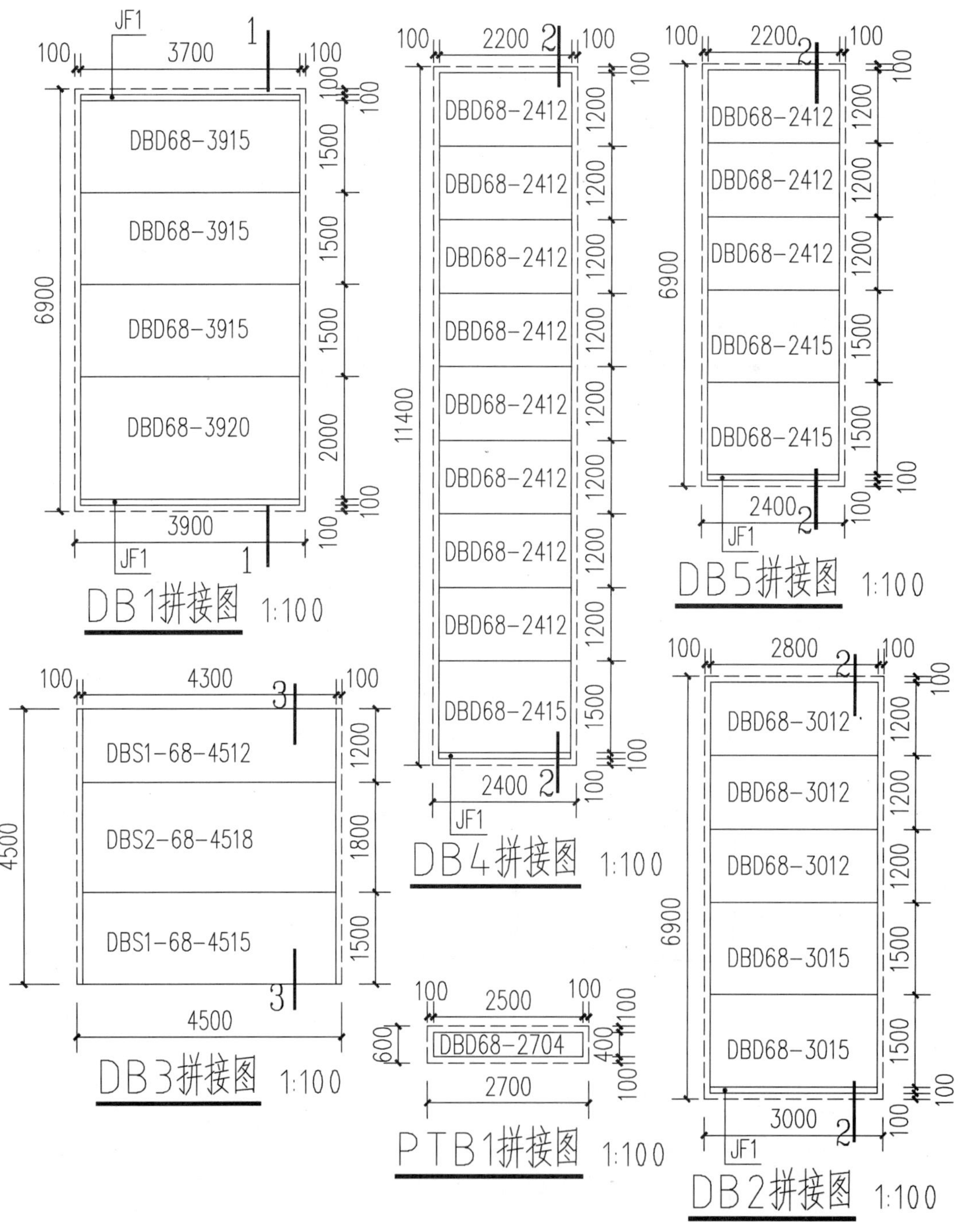
JF1
100
3700
100
1
DBD68-3915
DBD68-3915
DBD68-3915
DBD68-3920
6900
1500
1500
1500
2000
100
3900
JF1
1
DB1拼接图 1:100
100
2200
2
100
DBD68-2412
DBD68-2412
DBD68-2412
DBD68-2412
DBD68-2412
DBD68-2412
DBD68-2412
DBD68-2412
DBD68-2415
11400
1200
1500
2400
2
JF1
DB4拼接图 1:100
100
2200
2
100
DBD68-2412
DBD68-2412
DBD68-2412
DBD68-2415
DBD68-2415
6900
2400
2
JF1
DB5拼接图 1:100
100
4300
3
100
DBS1-68-4512
DBS2-68-4518
DBS1-68-4515
4500
1200
1800
1500
3
4500
DB3拼接图 1:100
100
2500
100
600
DBD68-2704
400
2700
PTB1拼接图 1:100
100
2800
2
100
DBD68-3012
DBD68-3012
DBD68-3012
DBD68-3015
DBD68-3015
6900
3000
2
JF1
DB2拼接图 1:100

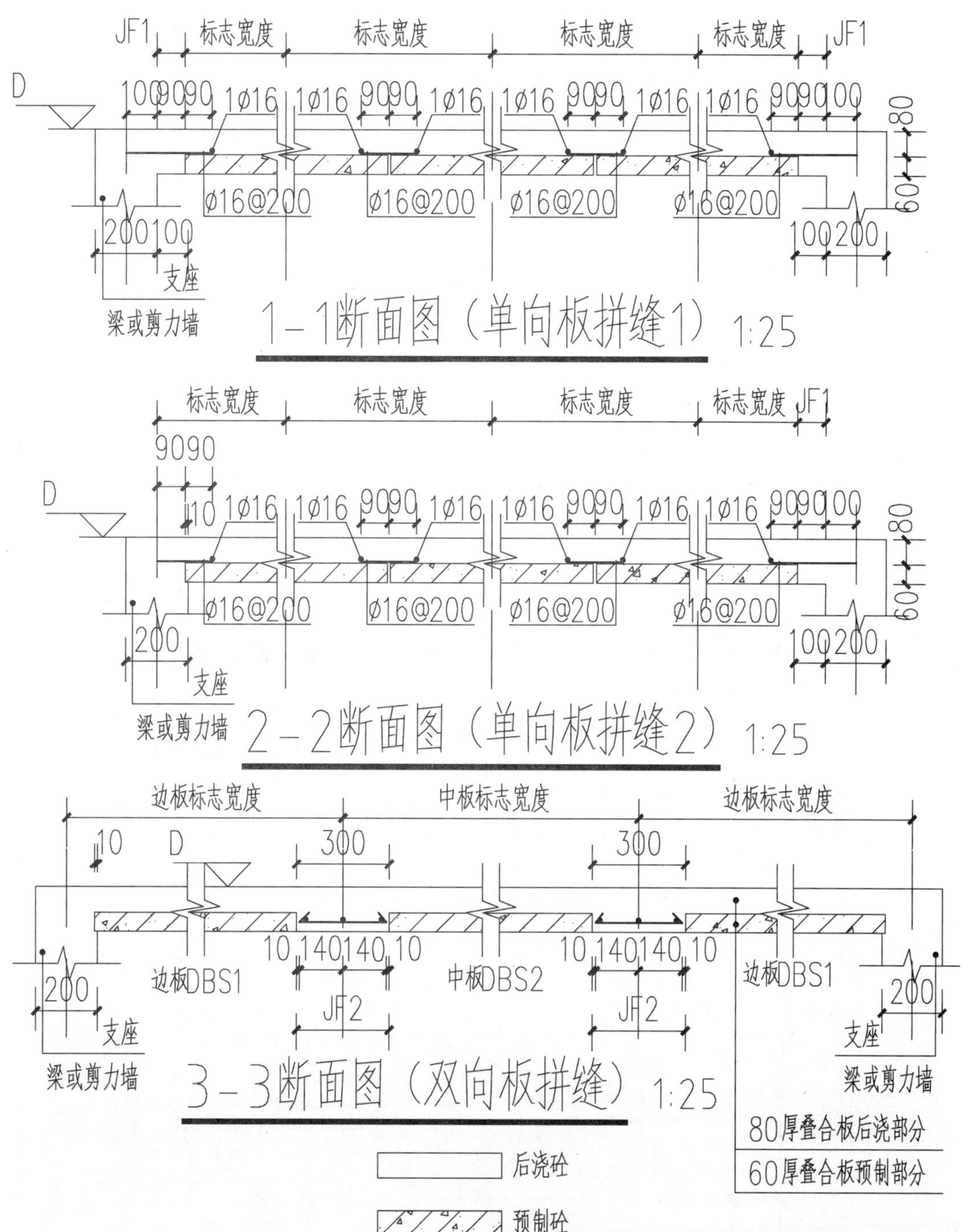
JF1
标志宽度
标志宽度
标志宽度
标志宽度
JF1
D
100
90
90
1ø16
1ø16
90
90
1ø16
1ø16
90
90
1ø16
1ø16
90
90
100
80
60
ø16@200
ø16@200
ø16@200
ø16@200
200
100
100
200
支座
梁或剪力墙
1-1断面图（单向板拼缝1）
1:25
标志宽度
标志宽度
标志宽度
标志宽度
JF1
90
90
D
10
1ø16
1ø16
90
90
1ø16
1ø16
90
90
1ø16
1ø16
90
90
100
80
60
ø16@200
ø16@200
ø16@200
ø16@200
200
100
200
支座
梁或剪力墙
2-2断面图（单向板拼缝2）
1:25
边板标志宽度
中板标志宽度
边板标志宽度
10
D
300
300
10
140
140
10
10
140
140
10
边板DBS1
中板DBS2
边板DBS1
JF2
JF2
200
200
支座
支座
梁或剪力墙
梁或剪力墙
3-3断面图（双向板拼缝）
1:25
80厚叠合板后浇部分
60厚叠合板预制部分
后浇砼
预制砼

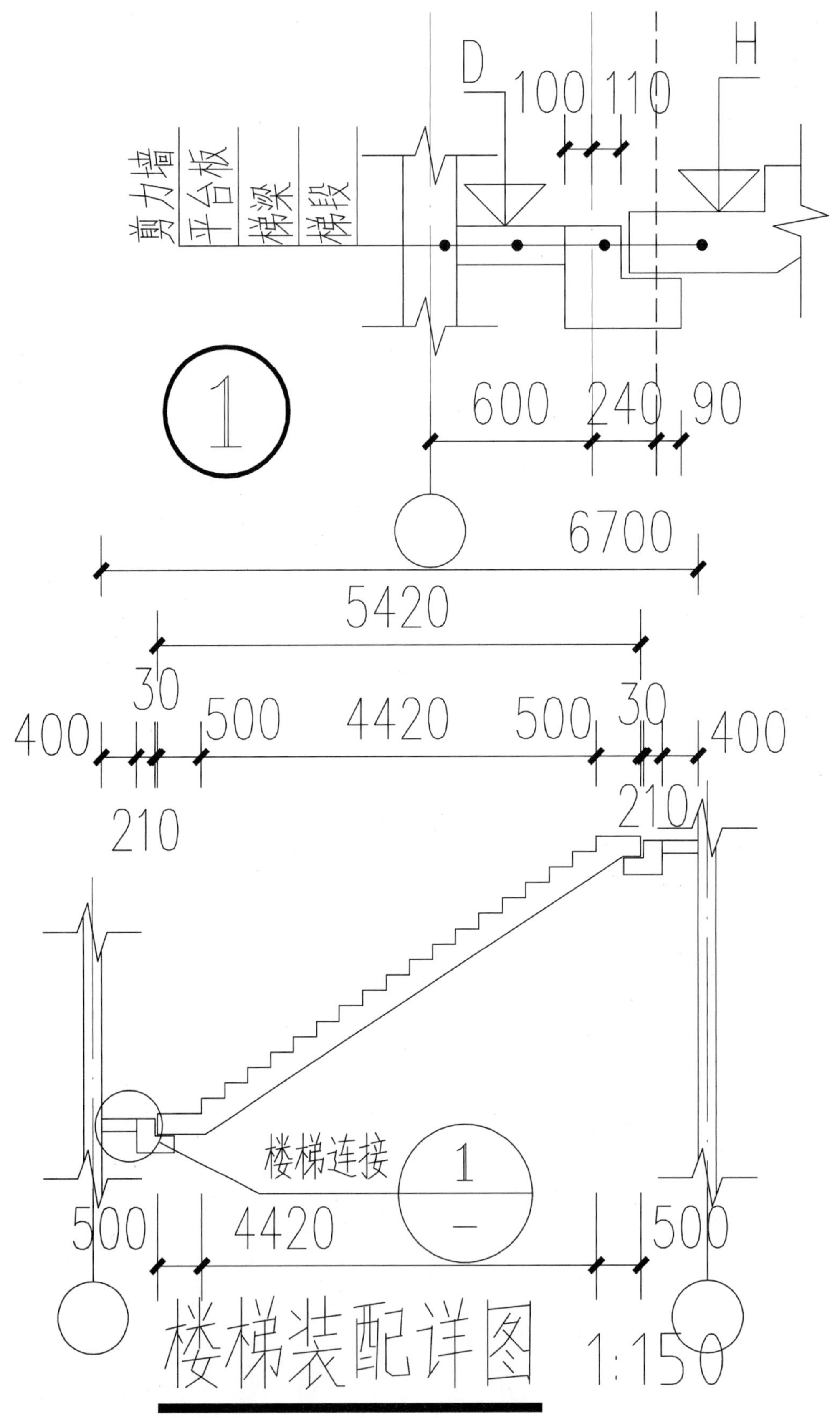
D
H
100
110
剪力墙
平台板
梯梁
梯段
1
600
240
90
6700
5420
30
400
500
4420
500
30
400
210
210
楼梯连接
1
—
500
4420
500
楼梯装配详图
1:150

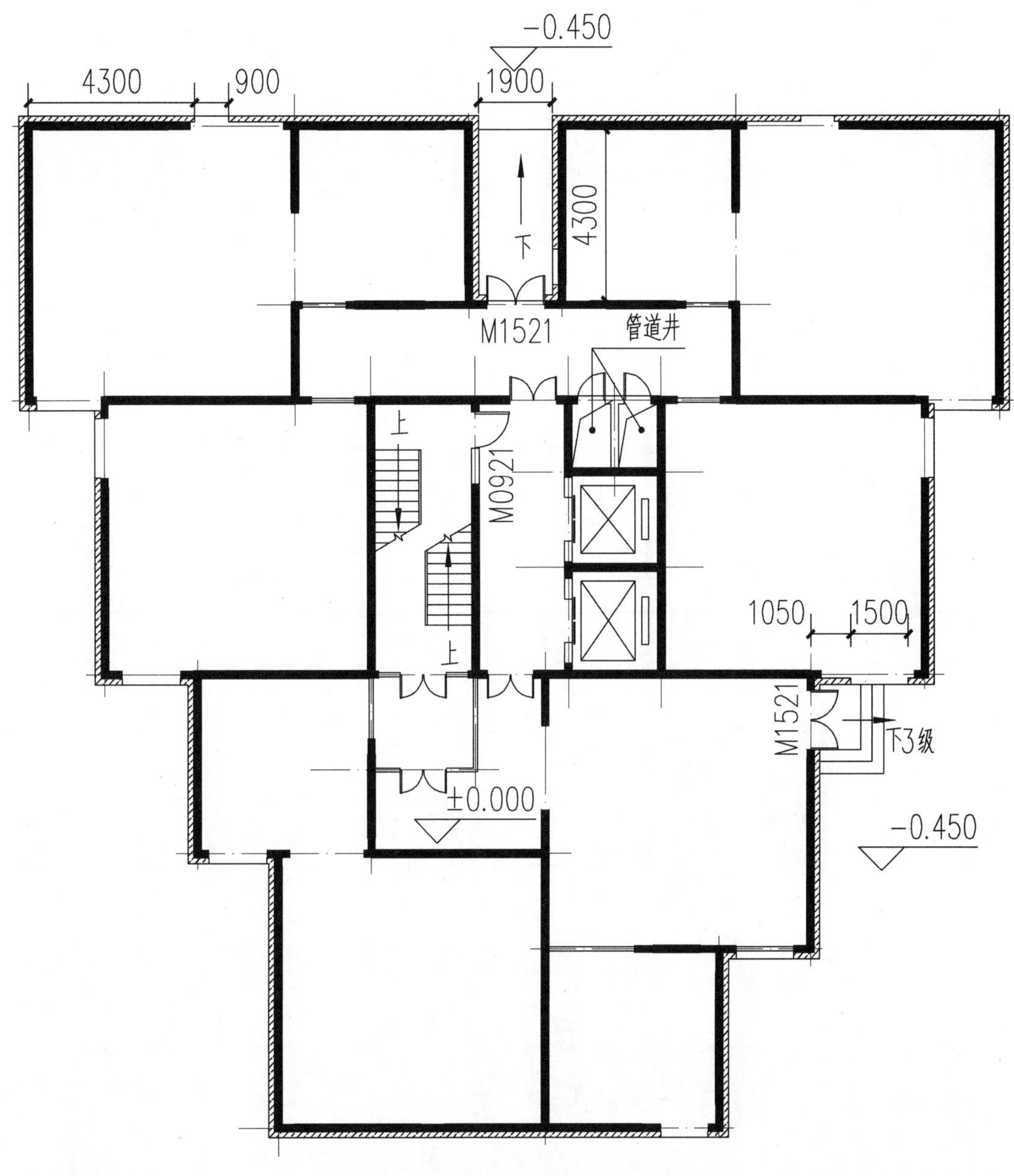

一层平面图 1:200

注: 1.图中未标注明的双开门为M1221

2.图中未注明的单开门为M0718

150厚石材外墙

200厚钢筋混凝土剪力墙

加气砼砌块

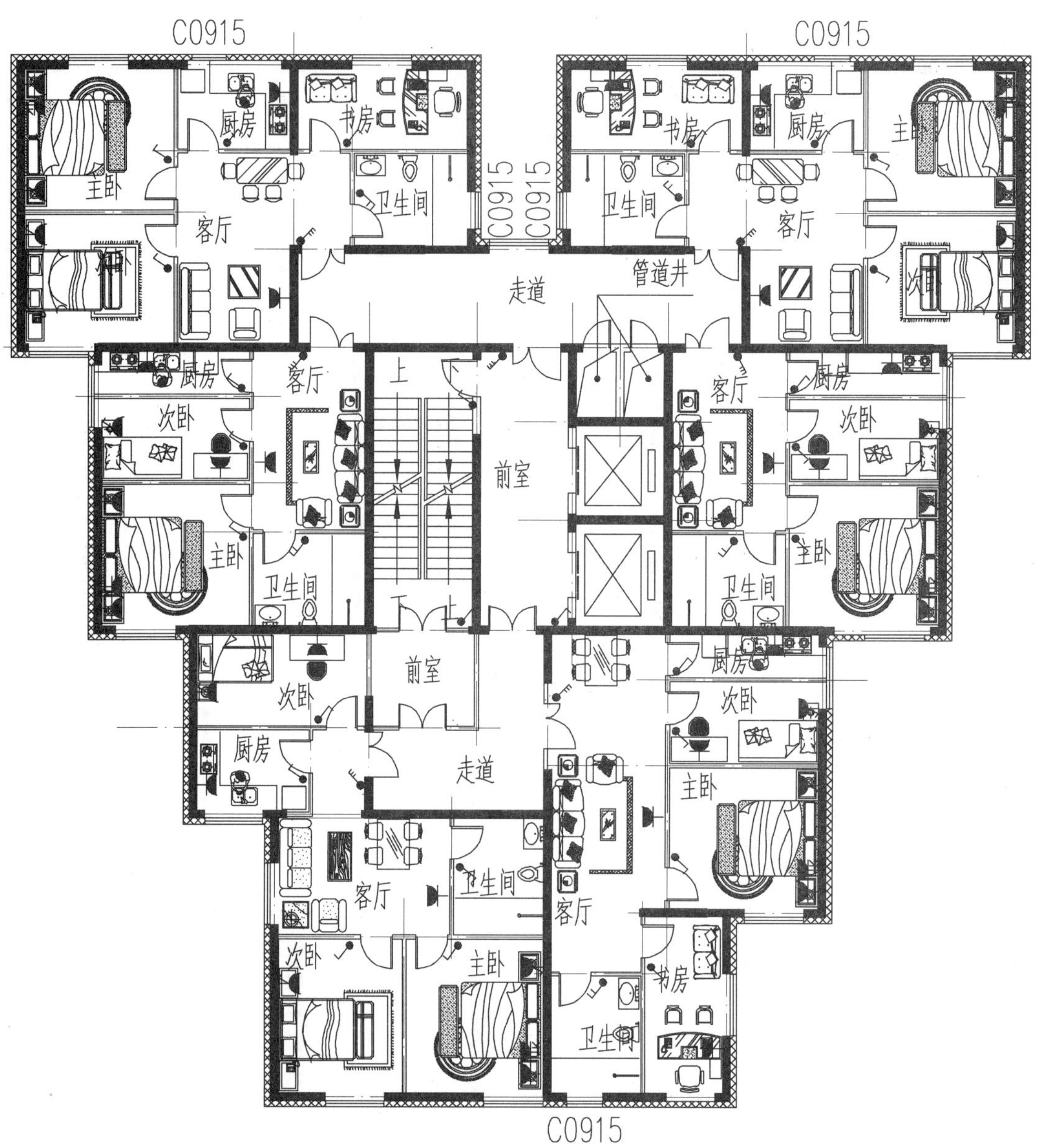

中间层平面图 1:200

注：1.图中未标注的窗为C1515

2.卫生间为整体卫浴

150厚三明治外墙外叶板

200厚钢筋混凝土剪力墙

100厚ALC预制内隔墙

后　记

人到中年，精力大不如以前。最大的感受就是时间不够，明明眼前的事情很紧迫，就是无法抽时间完成。本书的写作依赖咖啡因完成，笔者尝试了用咖啡、可乐、红牛等含有咖啡因的饮料来刺激有些迟钝的思维。在不影响正常的教学工作，并且保证两个小孩的生活与学习的情况下，只有通过减少自己的睡眠时间来完成写作。

在接到城规 15 级两个班《建筑设计（三）》的授课任务时，笔者在课程设置上徘徊不前。对于三年级下学期而言，如果所学知识因为任课老师的想当然而脱离了市场，将会影响学生的就业。大学生就业出了问题，不仅影响学生自己，还会产生一系列的家庭矛盾。因此笔者觉得与其讲授现浇式建筑设计的课程让学生一出校门就失业，还不如大胆尝试讲授装配式建筑设计课程而让学生跟上行业发展的趋势。于是笔者顶住了各种压力，力排众议，大胆地抛弃了传统的现浇式建筑课程，积极组织并推出了装配式建筑设计课程，让学生能够学习新知识，掌握新技能。

本书的构思和编写有赖于笔者的一线教学经验积累，是笔者在讲授《建筑设计（三）》这门课程时的总结与提炼。本书讲授的案例来源于实际工程，选用的是某保障性住房项目。在本书完稿之际，该建筑项目已竣工并正在进行验收。

本书由卫老师环艺教学实验室创始人卫涛主笔完成，其他参与写作的人员还有陈咏梅、程邓昕、戴志豪、邓千丽、何玭、李婉秋、刘春阳、卢梦雨、欧阳理钰、彭然、沈佳燕、舒琴、汪小雨、王梓榆、文席庆、许濒方、杨诗雨、余梦圆、陈嘉辉、陈瑞静、陈喻明、郭紫薇、胡超、胡鑫、胡祎、李平方、刘可欣、毛雯雯、乔静、秦瑶、任熙文、阮鸿舟、隗子涵、夏雪、徐载程、张婉婷、朱丹丹、柳志龙、黄殷婷、杜维月和徐瑾。

可以说，本书是笔者对建筑设计教学和装配式建筑教学所做的思考与总结。由于自身水平所限，加之参考资料相对匮乏，编写时间也较为仓促，书中可能还存在疏漏与不足之处，敬请广大读者批评和指正。

卫涛
于武汉光谷